통신시스템 공학

Modern Digital and Analog Communication Systems

B. P. Lathi · Zhi Ding

변윤식·김장복·김 남·이재진·최수용 공역

홍릉과학출판사

서문

제4판의 주된 목적은 제3판이 출판된 이후로 10여년이 흘렀으며, 통신 시스템 또한 엄청나게 변화가 있었으므로 그간의 기술적 발전을 소상하게 소개하고자 함이다. 또한, 새로운 소프트웨어 및 교육장비들의 등장으로 인해 학생들에게 보다 많은 실험의 기회뿐만 아니라 명쾌한 설명에 도움이 되는 실례들을 제공하기 더 쉬워졌다. 이 새로운 판에는 전기통신 분야의 최신 기술적 발전과 내용이 대폭 포함되면서 수정되었다. 학생들의 관심을 사로잡고 그들로 하여금 이 교재를 통신장비를 사용하는 그들의 일상의 경험과 연결시켜주기 위해 이 본서에서는 이동통신 시스템, 무선 근거리 네트워크(wireless local area networks), 유선(디지털 가입자 회선 혹은 DSL) 인터넷 서비스의 운용 및 특징들과 연관되는 정보를 제공할 것이다.

주된 개정 내용

우리 일상생활에 스며들어 있는 디지털 통신 시스템의 기초를 강조하기 위해서 상당수의 중요한 수정작업을 하였다. 구체적으로 확산 대역과 직교 주파수 분할 다중화(OFDM)와 같이 널리 쓰이고 있는 새로운 기술을 고려하면서 대역 확산 통신(11장)과 주파수 선택 채널과 OFDM 시스템(12장)을 추가하였다. 이와 같은 시스템들의 실제적인 예로써 이동통신 시스템과 IEEE 802.11a/b/g/n 무선 LAN 시스템을 포함한 현재의 무선통신 표준의 기본적인 내용들을 소개하였다. 게다가, 최신 DSL 모뎀 기술과 서비스에 대한 내용도 요약 정리하였다. 또한, 기본적인 내용으로 정보이론과 부호화의 다양한 응용을 포함시켰다. 이번 판에는 앞으로 많이 응용될 다중 입력 다중 출력(MIMO) 기술의 기본 원리가 포함되어 있다. 또한 연판정 복호화(soft decoding), 터보(Turbo) 부호, 저밀도 패리티 검사(LDPC) 부호를 포함한 오류 정정 부호에서의 몇몇 주목할 만한 성과들에 대해서도 다루고 있다.

배운 지식을 활용하고 학생들에게 컴퓨터 기반의 실험을 연습할 기회를 제공하기 위한 MATLAB 예제들과 연습문제들이 각 장별로 주어져 있으며, 학생들은 이것들을 직접 프로그램해 봄으로써 실력을 쌓을 수 있을 것이다.

구 성

제4판은 신호 및 시스템의 기초에 대한 복습을 시작으로 통신의 핵심 주제인 아날로그 변조와 디지털 펄스 부호화 변조에 대해 소개한다. 그 다음으로 확률론의 기본적인 도구들과 랜덤 프로세스가 디지털 통신의 분석 및 설계에 어떻게 사용되는지에 대해 이 책의 나머지 부분에서 다루고 있다. 디지털 통신 시스템의 기초에 대해 다룬 후에 마지막 두 장은 정보이론과 오류 정정 부호에 대한 개요를 소개한다.

이 교재에 다루고 있는 내용들은 두 가지 강좌로 나누어서 소개되는 것이 바람직하다. 한 가지는 통신 시스템의 기초이고, 다른 한 가지는 잡음과 그 이외의 왜곡 상황 하에서의 현대 통신 시스템에 관한 분석이다. 전자는 푸리에 급수나 푸리에 변환 그리고 표본화 이론과 같은 결정론적 분석방법에 많은 의존도를 보이는 반면, 후자는 확률론 및 랜덤 프로세스와 같은 내용을 근거로 하여 메시지 신호와 예측하기 어려운 잡음을 다루고 있다. 그러나 오늘날에는 강좌가 많기 때문에 이것을 전기, 전자, 컴퓨터공학의 전형적인 교육과정인 통신의 두 가지 기초 과목으로 압축한다는 것은 쉽지 않은 일이다. 어떤 대학에서는 확률론과 랜덤 프로세스 강의를 한 학기 과정으로 잘 배울 수 있도록 하면서 선 수강 과목으로 요구하기도 한다. 이 책은 한 학기 강좌(통신 시스템의 결정론적 관점이 강조되고 잡음과 간섭의 영향이 거의 없다고 가정)와 결정론적인 관점 및 확률론적인 관점의 통신 시스템 모두를 다루는 강좌, 이 두 가지 과정의 경우가 모두 가능하도록 만들어졌다. 이 책 안에 확률론과 랜덤 프로세스에서 필요한 모든 배경 지식을 제공한다. 그러나 전에 언급한 것과 같이 만약 한 학기에 결정론적이고 확률론적인 관점의 통신 시스템이 모두 다뤄진다고 하면, 학생들에게는 이미 확률론에 관한 많은 배경지식을 가지고 있어야 할 것이다.

1장은 통신 시스템의 개관적인 관점이 소개된다. 통신 이론의 중요한 모든 개념들이 정성적이고 탐구적인 방법으로 설명된다. 이것은 일반적으로 학생들을 통신 과목에 흥미를 갖게 이끈다. 그들은 신호를 벡터로 표현하고 푸리에 스펙트럼이 신호를 그것들의 벡터 성분으로 표현하는 방법이라는 것을 생각해 볼 수 있는 2, 3장에서 신호 분석의 도구들을 배우기위한 동기부여가 된다. 4, 5장에서는 진폭(선형)과 각(비선형) 변조에 대해 각각 학습하게 된다. 많은 강사들이 디지털세대에 살고 있으니 변조는 덜 강조해야 된다고 느낄 것이다. 하지만 변조는 통신의 방법이라기보다는 신호처리의 가장 기본적인 도구이다. 그것은 통신(디지털 혹은 아날로그)뿐만 아니라 전자공학의 여러 분야에도 항상 필요하다. 따라서 변조를 무시하는 것은 근시안적 접근이라고 볼 수 있다. 아날로그와 디지털 통신 사이의 기초 다리역할을 하는 6장에서는 아날로그-디지털 변환(ADC)에 대해 공부한다. 표본화, 펄스 부호화 변조(DPCM포함), 델타 변조, 음성 코딩(vocoder), 영상/동영상 부호화, 압축에 대해 소개한다. 7장에서는 디지털 변조에서 사용되는 기술과 원리에 대해 논의한다. 채널 왜곡의 개념과 왜곡 보상의 수단으로서의 등화에 대하여도 소개한다.

8, 9장은 확률론과 랜덤 프로세스의 기본적인 배경 이론들을 다루고 있다. 이것들은 통신 시스템을 공부하는데 있어 필요한 두 번째 도구이다. 이 장들에서는 통신 문제의 응용을 제시함으로써 학생들에게 동기부여 및 관심을 지속적으로 가지게 할 것이다. 10장에서는 잡음이 있을 때의 디지털 통신 시스템의 성능분석에 관하여 소개하며 디지털 통신에서의 최적 신호 검파가 포함되어 있다. 11장은 대역 확산 통신에 대해 다룬다. 12장에서는 실제 채널의 왜곡을 줄일 수 있는 있는 실전 기술들에 대해 소개한다. 즉, 채널 등화 및 OFDM의 광범위한 응용 기술에 대해서 다룬다. 13장에서는 정보이론을 소개한다. 마지막으로, 오류 제어 부호화의 원리 및 중요한 실제적인 관점에 대해서 14장에서 다루고 있다.

이 책을 저술할 때의 목적 중에 하나는 학생들로 하여금 배우는 것이 즐겁거나 적어도 두렵지 않게 하기 위함이었으므로, 명료하고 이해하기 쉽고 논리적으로 잘 구성된 방식으로 주제를 전달하려고 최선의 노력을 기울였다. 가급적 이론적인 결과에 대해 자세한 설명을 했을 뿐만 아니라 단순한 이해가 아닌 통찰력을 제공하기 위해 모든 노력을 하였다. 추상적인 결과들을 보다 더 명확히 하기 위해 많은 예제들을 제공했다. 지금까지 제시된 목표들 이 부분적으로라도 달성될 수 있다면 저자들의 모든 노력이 가치가 있을 것이다.

새로운 세계

1998년도에 제3판이 출판된 이래로 많은 주요한 기술적 발전이 있었다. 첫째로, 대부분의 선진국과 개발도상국에서도 휴대전화가 도시지역과 교외지역 가정의 일상에 깊숙이 침투했다는 것이다. 1998년도에는 강의실에서 몇몇 학생들만이 호출기와 휴대전화를 가지고 있었다. 둘째로, 1998년도에는 대부분 가정에서 저속(28.8 kbit/s)의 음성 대역 모뎀을 통한 인터넷이 연결되어 있었다. 현재는 대다수의 학생들이 DSL이나 케이블 서비스로 사이버공간에 연결되어 있다. 게다가 무선 LAN은 IEEE 802.11과 같은 소수만이 아는 용어를 가정으로 불러들였고, 많은 학생들이 이러한 기술들에 대한 경험을 하고 있다.

엄청난 기술발전 덕분에 이 새로운 세대의 학생들은 이러한 새로운 기술들과 그것의 구현에 대해 아주 많은 흥미를 갖고 있다. 또한 학생들은 이런 기술들을 어디에서 어떻게 사용하여야 이 산업에 공헌할 수 있을 지에 대해 간절히 이해하고 싶어 한다. 따라서 학생들의 그러한 강력한 동기를 적극 격려해야 하며 활용해야 한다. 이 새로운 판은 강사로 하여금 학습주제에 대해 직접 강의하거나 학생들이 관련된 정보를 얻을 수 있도록 도와줄 것이다. 이 새로운 판에서는 위의 목표를 달성하기 위하여, 교재를 디지털 관점에서 강조하고 또 가장 널리 알려진 유무선 디지털 기술들을 결합시킬 것이다.

강의 교재로 채택

55년이 넘는 통신 강의의 경험 속에서 많은 주요 대학들이 학기(semester) 및 분기(quarter) 시스템으로 통신 강좌를 개설하였다. 1960년대의 단순한 라디오 세트로부터 21세기의 무선 LAN, 휴대전화, 위성 라디오, 가정 인터넷 서비스로의 쉬운 접근까지 학생들의 통신 시스템과 관련된 개인적인 경험들이 상호보완적인 방식으로 꾸준히 풍부해져 왔다. 그러므로 더욱 더 많은 학생들이 전자 장비들이 어떻게 동작하는 지에 대해 흥미를 가진다. 이러한 중요한 필요성과 과거의 경험을 바탕으로, 이 교재의 네 번째 판이 여러 다른 교육과정 환경 하에 적합하도록 개정하였다. 어떤 경우에서든지 아날로그 및 디지털 통신의 기초(1–7장)는 반드시 다루어져야 한다.

한 학기 과정(확률론을 충분히 이해하지 못한 경우)

현존하고 있는 많은 교육과정에서 학부생들은 그들이 통신과목을 수강할 때까지는 단순한 확률론에 대해서라도 접하기 힘들다. 이러한 일은 학생들이 공학과는 별개인 통계학의 입문 강좌를 수강하기에 흔히 일어난다. 이 교재는 그러한 배경지식을 갖고 있는 학생들에게 적격이다. 앞의 일곱 장은 일반적인 전기, 전자, 컴퓨터공학 학부생들이 이해하기 쉬운 정도의 난이도로 현대 디지털 그리고 아날로그 통신 시스템에 다루고 있다. 그러한 강좌는 한 학기(40~45시간의 강의시간; 15주)동안의 강의가 가능하다. 모든 학생들이 선 수강 과목인 신호와 시스템 강좌를 통해서 푸리에 분석에 대한 확실한 배경지식을 쌓았다는 전제 하에 처음 세 장은 한 주간 복습을 통해 다 다룰 수 있다. 남은 학기 기간 동안에는 4장에서부터 7장을 가르치고 학생들의 흥미를 더 끌기 위해 11장과 12장의 실제 시스템을 부분적으로 다루는 것이 가능할 것이다.

한 학기 과정(확률론을 잘 이해한 경우)

확률론을 배경지식으로 잘 아는 경우의 교육과정에서는 한 학기 동안에 더 광범위하게 디지털 통신에 대해 다룰 수 있다. 심화된 확률론 강좌는 신호 및 시스템 분석의 맥락(cf. George R. Cooper and Clare D. McGillem, *Probabilistic Methods of Signal and System Analysis*, Oxford University Press, 1999)에서 가르칠 수 있다. 이러한 계획대로면, 1장에서 7장 이외에도 10장과 12장의 등화 부분 역시 한 학기에 배울 수 있고, 학생들이 확률론에 대한 배경지식이 충분하다는 가정 하에 8장과 9장은 몇 시간 안에 다룰 수 있다. 이 강좌의 수강을 완료한 학생이라면 대학원에 진학하거나 통신 회사에 취업할 준비가 잘 되었다고 볼 수 있다.

두 학기 과정(확률론을 별도로 수강하지 않은 경우)

확률론이 미리 수강되지 않은 교육과정에서는 교재 전체가 두 학기에 걸쳐 모두 다뤄질 수 있다. 다시 말하면, 두 개 강좌가 연속으로 통신 시스템과 기초 확률론을 가르치는데 그 목적을 둔다. 전기, 전자, 컴퓨터공학 교육과정에 많은 과목들이 있는 상황에서 통신과목을 두 학기 과정으로 따로 분리시킨다는 것은 쉬운 일이 아니다. 반면에 모든 대학들이 비공대 교수가 가르치는 확률론 강좌를 개설하고 있다. 이런 계획이라면 확률론을 두 개의 통신 강좌에 혼합시키는 것이 바람직하다. 그러므로 두 학기 과정은 다음과 같다.

- 첫 번째 학기 : 1장~7장(신호 및 통신 시스템)
- 두 번째 학기 : 8장~12장(현대 디지털 통신 시스템)

한 분기(quarter) 과정(확률론을 잘 이해한 경우)

분기(quarter) 시스템에서는 학생들이 반드시 확률과 통계학에 대해 자세한 학습이 선행되어 있어야 한다(cf. Cooper and McGillem, *Probabilistic Methods of Signal and System Analysis*). 또한 푸리에 분석에 대해서도 확실히 알고 있어야 한다. 한 분기 동안에 이 강좌에서는 아날로그 및 디지털 통신 시스템의 기초(3장~7장)와 10장과 11장에서 디지털 통신 시스템 그리고 확산 대역 통신을 다루게 된다.

한 분기(quarter) 과정(확률론을 충분히 이해하지 못한 경우)

흔치 않지만 확률론에 대한 배경지식이 많지 않은 상태에서 수강을 하려는 학생들일 경우, 그들로 하여금 통신 시스템의 기초를 배우게 하는 것이 중요하다. 디지털 통신 시스템은 다루지 않는 게 더 현명한 판단이다. 그 대신에 아날로그 및 디지털 시스템에 관한 기본 연산들(1~7장)과

대역 확산 시스템(11장)에 관한 심도 있는 토론을 하게 하는 것이 확률론을 선행 학습 하지 않은 학생들에게 기초를 배우게 하는 방법이다.

두 분기(quarter) 과정(기초적인 확률론을 알고 있는 경우)

한 분기 과정과는 다르게 두 분기 과정은 통신 시스템과 그 분석에 대한 거의 모든 중요한 내용들을 다룰 수 있게 구성할 수 있다. 푸리에 분석과 확률론에 대한 기초가 선행된 교육 과정의 경우, 교재의 모든 내용들을 두루 살펴볼 수 있다. 기본적으로 1장부터 3장까지 그리고 8장은 새로운 부분과 복습하는 부분으로 살펴본다고 할 때, 다음과 같이 나눌 수 있다.

- 첫 번째 분기 : 1장~9장(통신 시스템 및 분석)
- 두 번째 분기 : 10장~14장(디지털 통신 시스템)

MATLAB 그리고 실험실의 경험

많은 대학들에서 하드웨어 통신 실험실을 더 이상 보유하고 있지 않기 때문에 MATLAB 기반의 통신 시스템 연습문제들을 통하여 개념을 더욱 이해할 수 있게 된다. 학생들은 시스템을 설계하고 컴퓨터 화면과 비트 오류 확률을 통하여 통신 시스템의 성능에 미치는 전반적인 영향을 평가하기 위해 그 매개변수를 수정할 수 있을 것이다. 학생들은 통신 시스템을 어떻게 설계하고 그것의 시뮬레이션을 어떻게 행하는지에 대해 직접 프로그램을 통해 지식을 얻을 수 있을 것이다.

감사의 말

먼저 저자들은 수년 간 그들과 함께했던 모든 학생들에게 고마움을 전한다. 이번 판은 그들이 준 의견이나 피드백, 그들과 했던 논의들 없이는 불가능한 작업이었다. 저자들은 또한 이 책의 내용을 향상시키기 위한 모든 검토자들의 귀중한 의견에 고마움을 전한다. 마지막으로 University of Cape Town의 Norman Morrison 교수님께서 이번 판에 새로운 문제(P8-2.3)를 제공해 주신 것에 대해 감사하게 생각한다.

B.P. Lathi

Zhi Ding

역자서문

최근 스마트폰은 이미 우리나라 사람 대부분이 가진 시계와 같은 필수품이 되었고, 단순한 음성 통화 기능에서 벗어나 인터넷에 자유롭게 접속하여 다양한 데이터 서비스를 받을 수 있을 뿐만 아니라 소셜 네트워크 서비스(SNS)를 구현하는 종합 정보 단말기로서의 탈바꿈을 계속하고 있다.

이처럼 현대 통신 기술은 엄청나게 빠른 속도로 발전하고 있으며 매일매일 통신 산업의 구조를 바꿔 나가고 있다. 이 통신 기술의 변화를 이해하지 못하면 통신 산업의 미래는 물론 통신 산업과 함께 끊임없이 변해가는 현대 사회의 미래 역시 제대로 예측할 수 없을 것이다.

따라서 정보화 시대를 맞이하여 초고속 정보통신 기술의 기반이 되는 아날로그 및 디지털 통신 시스템을 다루는 통신이론을 이해하는 것이 매우 중요하게 되었다. 통신이론에서는 신호 및 시스템, 확률이론 및 랜덤 프로세스, 아날로그 및 디지털 변복조 방식, 잡음, 신호공간 분석, 기저대역 및 채널대역 전송, 신호검출 및 추정이론, 최적 수신기, 오류정정이론, 대역 확산 통신 등이 다루어지며 이러한 기술들은 디지털 통신기법을 사용하는 3세대와 4세대에서 직접 사용하게 된다.

최근 Lathi 교수와 Ding 교수가 공저한 "Modern Digital and Analog Communication Systems" 4판은 1998년에 출간된 3판에 비해 대역 확산통신, OFDM, MIMO, Turbo 부호, LDPC 부호 등이 추가되었으며 특히 MATLAB 예제와 문제들이 대폭 추가되어 개념과 이해를 돕는데 매우 유용할 것으로 보인다.

Lathi 교수의 저서의 특징은 우선 설명이 명쾌하다는 점과 물리적인 개념이 잘 정리되어 있는 책으로 유명하다. 역자는 그동안 십여 권의 통신 책을 접해 보았지만 물리적인 의미를 이렇게 명확하게 쓴 책은 사실 보지 못했다. 아마도 그것은 저자의 깊은 통찰력과 심오한 통신공학에 대한 이해의 산물이 아닌가 싶다. 독자들도 이 책을 정독하면서 역자들이 느낀 즐거움을 함께 느껴보기를 바란다.

이 책을 번역하면서 여러 분들의 도움을 받았다. 원고를 정리하는데 도움을 준 역자들의 소속 대학의 여러 대학원생들에게 심심한 감사의 마음을 전한다. 이 책의 출간을 위해 애써주신 우명찬 사장님과 김응수 부장님 그리고 책을 잘 만들기 위해 고생이 많으셨던 편집부 여러분께도 깊은 감사를 드린다. 마지막으로 통신공학을 전공한 죄로 마지막 교정과 인덱스 작업에 기꺼이 참여한 기범이에게 고맙다는 말을 하고 싶다. 정성껏 교정을 보았지만 아직도 남아있는 오류는 역자들의 몫이며 이 부분은 추후 수정해 나갈 것을 약속드린다.

2012. 2. 22

역자대표 변윤식

차 례

01 서론

지난 몇 십년동안 디지털 통신 기술의 빠른 발전은 그저 놀라울 따름이다. 최신 과학기술 분야의 전문가뿐만 아니라 일반인에게도 친숙한 단어인 인터넷은 사람들의 일상생활에 깊숙이 침투해 있으며, 현대사회에서 핸드폰에서 블루투스까지의 새로운 통신 기술을 사용하지 않으면서 누군가를 찾는다는 것은 매우 어려운 일일 것이다. 본 교재는 전기신호를 이용한 통신의 기본원리에 대하여 설명한다. 과거의 메시지 전송에는 비둘기, 불빛, 봉화와 같은 것이 사용되었다. 이와 같은 방법은 그 시대의 거리와 "데이터 속도"에 적합하였다. 전세계 대부분에서 이러한 과거의 통신 형태는 더 먼 거리, 심지어 행성과 성운까지의 거리에 대해서도 빛의 속도로 신호를 전송할 수 있는 전기 통신 시스템으로 변천되었다*. 통신 시스템은 꽤 먼 거리(심지어 멀리 떨어져 있는 행성들과 은하의 거리)에 까지 빛의 속도이상으로 신호를 전송 할 수 있다.

전기 통신은 신뢰할 수 있으며 또한 경제적이다. 통신 기술은 생산성을 증대시키며, 에너지를 잘 보존시킨다. 비즈니스 회의는 점점 더 시간과 에너지를 절약하는 원격회의를 이용하게 된다. 유비쿼터스 통신은 전세계 프로젝트 참가자의 관리와 조정을 실시간으로 정할 수 있다. 전자메일은 더 비싸고 느린 "재래식 우편제도(snail mail)"를 빠르게 대체할 것이다. 전자 상거래 또한, 마케팅에 관여되는 비용과 시간적 지연을 과감하게 줄여줌으로써 고객들이 새로운 제품과 정보를 더 빠르게 접할 수 있다. 또한 TV, 라디오, 신문 같은 전통적인 미디어 수단은 지난 몇 년 동안 새로운 통신 및 네트워킹 기술로 빠르게 진화되고 있다. 따라서 교재의 목적은 미래에 더 나은 통신 시스템을 개발할 차세대 통신 엔지니어들과 기술자들에게 필요한 기본적인 전공 지식을 제공할 것이다.

1.1 통신 시스템

그림 1.1은 통신 시스템의 3가지 예를 나타낸다 : 유선 전화–휴대폰 연결, TV 방송 시스템, 무선 컴퓨터 네트워크 등이 있다. 다양한 통신 시스템들이 존재하기 때문에, 이 책에서 모든 통신 시스템의 세부사항들을 공부하는 것은 현명하지 못할 것이다. 대신에 통신을 배우기 위한 가장 효율적이고 효과적인 방법은 실제 모든 통신 시스템의 주 기능적인

* 우편 서비스는 제외

▶▶ 그림 1.1 통신 시스템의 몇 가지 예

블록들을 공부하는 것이다. 이 방법은 학생들이 여태껏 배웠던 시스템의 동작만을 배우는 것이 아니다. 더 중요한 것은 학생들이 이 교재에서 절대 접해보지 못했을 것 같던 새로운 시스템을 설계하고 분석하는데 필요한 기본적인 지식을 얻는 것이다. 그림 1.2에서 보여주는 모델은 통신 시스템에 있어 가장 전형적인 형태이다. 통신 시스템의 주요 구성요소는 다음과 같다.

정보원은 인간의 음성, 텔레비전 영상, 전자메일 또는 데이터와 같은 메시지가 된다. 데이터가 인간의 음성, 텔레비전 영상, 전자메일 메시지와 같은 전기적인 신호가 아니라면 데이터는 **입력 변환기**에 의하여 **기저대역 신호**나 **메시지 신호**와 같은 전기적인 파형의 형태로 반드시 변환되어야만 한다. 이때, 기저대역 또는 메시지 신호는 마이크로폰, 컴퓨터 키보드 또는 CCD 카메라 같은 물리적 장치를 통해 얻게 된다.

송신기는 효율적인 전송을 위하여 기저대역 신호를 변형한다. 송신기는 하나 또는 그 이상의 서브시스템으로 이루어진다. 서브 시스템은 A/D 변환기, 인코더, 변조기로 구성되며, 마찬가지로 수신기는 복조기, 디코더, D/A 변환기로 이루어진다.

채널은 송신기에서 전기신호가 전송되도록 하는 매체로써, 전형적인 채널은 꼬인 구리 전선 쌍(전화기, DSL), 동축케이블(TV, 인터넷), 광섬유 또는 무선 링크를 들 수 있다. 채널은 또한 통신 네트워크를 형성하는 서로 연결된 채널의 망에서 점 대 점 연결이 될 수 있다.

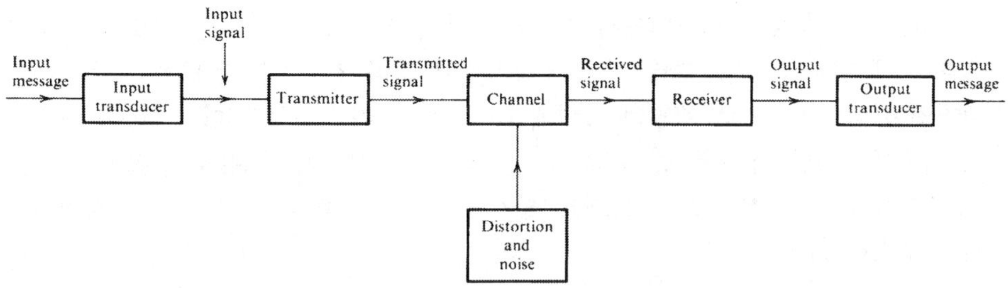

▸▸ 그림 1.2 통신 시스템

수신기는 송신기에서 변형된 신호를 원래의 신호로 복원하고 채널을 통과하면서 생긴 왜곡잡음들을 제거함으로써 채널로부터 수신된 신호를 재생한다. 수신기의 출력은 전기신호를 원래 형태인 메시지로 변환시키는 **출력 변환기**에 입력된다.

목적지는 메시지가 최종적으로 전송되는 장치를 의미한다.

채널은 신호를 일반적으로 감쇠시키고 부분적으로 신호 파형을 왜곡시키는 일종의 필터와 같이 동작하는 물리적인 매체이다. 신호의 감쇠는 채널의 길이에 따라 증가한다. 즉 짧은 거리에 대해서는 감쇠가 작고 행성간 통신과 같은 긴 거리에 대해서는 감쇠가 크게 된다. 신호의 파형들은 주파수 종속이득, 다중경로 효과, 도플러 천이와 같은 물리적인 현상 때문에 왜곡이 된다. 예를 들어, 주파수 선택 채널은 서로 다른 감쇠의 정도와 신호의 다른 주파수 성분에 대한 위상천이로 인하여 왜곡된다. 구형 펄스는 전송 동안에 저대역 채널에 대해 원형이 되거나 "확산"된다. 이러한 왜곡의 형태를 **선형 왜곡**이라 하고 수신기에서는 채널 특성을 보상하기 위하여 이득과 위상 특성을 갖는 등화기를 사용함으로서 이러한 왜곡을 부분적으로 정정할 수 있다. 채널은 또한 신호 진폭을 변화시키는 감쇠로 인하여 **비선형 왜곡**을 발생시킨다. 이러한 왜곡은 또한 수신기에서 보상 등화기를 사용함으로서 부분적으로 정정될 수 있다. 또한 채널 왜곡이 알려진 경우 수신기는 채널-종속 사전 왜곡 방식을 이용하여 송신단에서 미리 보상할 수 있다.

실제 환경에서 채널을 통과한 신호는 채널에 의해 왜곡될 뿐만 아니라 **잡음**과 같은 원하지 않은 신호들에 의해서 경로를 따라 왜곡된다. 이 간섭 신호들은 랜덤하고, 내부와 외부사이의 신호로부터 미리 예측할 수 없다. **외부 잡음**은 근접 채널에서 전송되는 신호로부터 발생되는 간섭, 전기장비에서의 불완전한 교환에 의해 발생되는 인공잡음, 자동차 점화 복사, 형광성 불빛 또는 번개에 의한 잡음, 마이크로 오븐에 의한 잡음, 핸드폰 방사에 의한 잡음, 자기장 폭풍 그리고 태양과 은하계 우주간의 복사를 말한다. 적절한 방법으로 외부 잡음을 최소화할 수 있고 제거하는 것도 가능하지만, 내부 잡음은 전도체에서 전자의 격렬한 운동, 랜덤 복사, 확산 또는 전자장비에서 충전된 전하의 재결합으로 발생되므로 그로 인한 영향을 감소시킬 수는 있지만 결코 제거할 수는 없게 된다. 잡음은 전자통신의 전송률을 제한하는 기본적인 요소들 중의 하나이다.

그래서 실제 통신 시스템에서 채널은 신호를 왜곡하고, 잡음은 경로를 따라 축적된다. 신호의 세기는 송신기로부터 거리가 증가함에 따라 감소하는 반면에 잡음수준은 거리에 관계없이 남아있으므로 채널의 길이에 따라 연속적으로 저하된다. 이러한 감쇠를 보상하기 위하여 수신된 신호를 증폭하는 것은 잡음도 또한 같은 비율로 증폭시키는 효과를 주기 때문에 신호의 질은 거의 그대로 유지된다*. 이는 현대 통신 시스템 설계시 직면해야 하는 중요한 과제들이다.

1.2 아날로그와 디지털 메시지

메시지는 아날로그나 디지털이다. 디지털 메시지는 유한개의 심볼들의 순서를 가진 조합 또는 부호어로 구성된다. 예를 들면 26개의 문자로 구성되는 인쇄된 문자, 10개의 숫자, 공간(space), 몇 개의 구두점이 될 수 있다. 따라서 영어로 쓴 하나의 텍스트 서류는 128개 심볼들의 ASCII 키보드로 구성된 디지털 메시지이다. 인간의 소리 또한 하나의 특정언어로서 유한개의 단어로 구성되기 때문에 디지털 메시지가 된다.† 유사하게, 모스 부호 전보 메시지는 단지 2개의 심볼, 즉 기호(mark)와 공간(space)으로 구성된 디지털 신호이다. 따라서 **2진** 메시지는 단지 2개의 심볼만을 의미한다. **M개**의 심볼들로 구성되는 디지털 메시지를 M진 메시지라고 한다.

반면에 아날로그 메시지는 연속적인 범위에서 다양한 값을 갖는 데이터들로 구성된다. 예를 들면, 어떤 지역의 온도와 대기압은 연속적인 범위에서 무한개의 가능한 값을 갖는다고 가정할 수 있다. 유사하게, 음성 파형은 연속적인 범위에서 다양한 진폭 값들을 갖는다. 주어진 시간 간격동안 서로 다른 무한한 음성 파형들이 존재하는 반면에 디지털 메시지는 유한한 값들만이 존재하게 된다.

1.2.1 디지털 신호의 잡음 면역성

오래된 아날로그 기술을 대체하는 더 새롭고, 더 나은 "디지털 기술"은 최신 전자 통신 생산품을 매시간 바라보는 일상의 옵저버에게조차 비밀이 아니다. 지난 10년내, 휴대폰은 1세대 아날로그 AMPS에서 2세대(예를 들어, GSM, CDMA)와 3세대(예를 들어, WCDMA) 디지털 성과로 변화를 완성해왔다. 좀 더 눈에 띄게는 모든 가정에서 디지털 비디오 기술(DVD)은 대부분 구식인 아날로그 VHS 카세트 시스템을 거의 쓸모없게 만들었다. 디지털 TV는 컬러 TV의 마지막 아날로그 저항을 몰아냄으로써 더 이상 아날로그 기술은 설 땅이

* 실제로, 부가적인 증폭기의 잡음 때문에 증폭은 신호를 저하시킬 수 있다.

† 여기서는 단어의 발음과 억양, 음의 고저, 강조, 기타 등등과 같은 상세한 것보다는 오히려 인쇄된 텍스트를 의미한다. 마이크로폰으로부터의 음성 신호는 이러한 세부항목들을 모두 포함하고 있다. 이러한 신호는 아날로그 신호이고 아날로그 신호의 정보 내용은 동일 언어로 구성된 텍스트에서의 정보량보다 수천 배 이상 크게 된다.

없어졌다. 다음 질문에 모든 이유가 있다: 디지털 기술이 왜 더 나은가? 이는 경제적인 면과 질적인 면으로 나누어서 생각할 수 있다. 경제적인 면의 경우는 다목적이고 강력하며 저렴한 고속 디지털 마이크로프로세서를 채택하기 편리하다는 것이다. 하지만 질적인 측면에서 더 중요한 것은 디지털 통신에서 가장 두드러진 특징이 바로 디지털 신호 대 잡음과 간섭의 면역성이 향상되었다는 점이다.

디지털 메시지는 유한개의 전기적인 파형들을 사용하여 전송된다. 다시 말해서, 유한개의 알파벳으로 디지털 메시지를 생성하고, 알파벳에서 각 글자는 하나의 신호나 이러한 파형의 연속적인 조합으로 표현될 수 있다. 예를 들어 모스 부호의 경우, 기호는 진폭이 A/2인 전기적 펄스로 전송될 수 있고, 공간은 진폭이 −A/2인 전기적 펄스로 전송될 수 있다(그림 1.3a). M진인 경우에서는 M개의 구별 가능한 전기적 펄스(또는 파형)들이 사용된다.

M개의 펄스들 각각은 M개의 가능한 심볼들 중에서 하나의 심볼을 나타낸다. 수신기의 역할은 채널 출력에서 왜곡되고 잡음이 섞인 신호로부터 메시지를 추출하는 것이다. 아날로그 신호보다 디지털 신호로부터 메시지를 추출하는 것이 보다 용이하다. 2가지의 심볼들의 진폭이 $A/2$와 $-A/2$인 구형 펄스로 각각 부호화되는 2진 신호를 고찰하자. 수신기에서는 펄스 모양이 아니라 단지 수신 가능한 2개의 펄스들 중에서 전송된 펄스가 어떤 것인지를 판정한다. 이러한 판정은 펄스가 왜곡되고 잡음이 섞여 있을지라도 적절하게 곧바로 수행된다(그림 1.3).

그림 1.3a에서의 디지털 메시지는 그림 1.3b에서와 같이 채널에 의해 왜곡된다. 그렇지만 왜곡이 제한적이라면, 수신된 펄스가 양(+)인지 음(−)인지를 판정하는 간단한 2진 판정만을 필요로 하기 때문에 오류없이 데이터를 복구할 수 있게 된다. 그림 1.3c는 채널의 왜곡과 잡음의 영향을 받은 동일한 데이터를 나타낸다. 마찬가지로 왜곡과 잡음이 제한적인 동안에는 데이터를 올바르게 복구할 수 있다. 대조적으로 디지털 메시지와는 달리

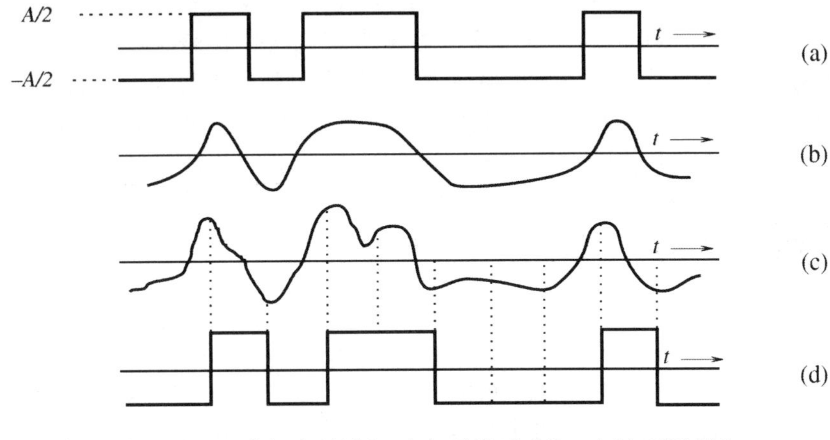

▸▸ 그림 1.3 (a) 송신신호 (b) 잡음이 없는 수신 왜곡신호 (c) 잡음이 포함된 수신 왜곡신호 (d) 지연된 재생신호

아날로그 메시지는 파형이 중요하기 때문에, 파형에 발생하는 약간의 왜곡이나 간섭조차도 수신된 신호에서는 오류로 나타나게 된다. 명백하게, 잡음과 왜곡이 제한적이라면 잡음과 왜곡에 더욱 강하다는 측면에서 디지털 통신 시스템이 아날로그 통신 시스템보다 더욱 강력하다고 할 수 있다.

1.2.2 재생 중계기의 사용

아날로그 시스템에 비하여 디지털 시스템의 주된 장점은 시스템에서 **재생** 중계기를 사용할 수 있다는 것이다. 중계국은 잡음과 왜곡의 정도를 일정하게 유지시키기 위해서 충분한 짧은 거리로 디지털 시스템의 경로를 따라 설치된다. 중계기는 정확하게 펄스를 검출할 수 있도록 해준다. 각각의 중계국 또는 네트워크 노드에서 입력되는 펄스는 검출되고 다시 새롭고 깨끗한 신호는 다음 중계국으로 재전송된다. 이러한 과정은 중계국에서 주기적으로 펄스를 재구성함으로서 경로를 따라 누적되는 잡음과 왜곡을 막을 수 있다. 따라서 보다 정확하게 아주 먼 거리까지 메시지를 전송할 수 있게 된다. 장거리통신 시스템의 중계기에 의한 것과 큰 (여러 다른 종류들로 이루어진) 네트워크의 노드에 의한 무왜곡 재생에 광범위하게 응용할 수 있다.

아날로그 시스템의 같은 대역폭에서 신호와 잡음은 분리될 수 없다. 이 시스템에서 중계기는 기본적으로 필터와 증폭기의 합으로 재생이 되지 않는다. 아날로그 시스템의 경우에는 경로를 따라 잡음과 왜곡이 누적되는 것을 피할 방법이 없기 때문에 결과적으로 전체 전송 경로를 따라 왜곡과 잡음은 누적된다. 종합해보면 신호는 전체 전송 경로에 따라 일정하게 감쇠되며 거리가 증가할수록 왜곡과 잡음은 강해지는 반면에 신호는 약해진다. 결국 신호는 왜곡과 잡음으로 인하여 변형된다. 증폭은 신호와 잡음을 동일한 비율로 증폭시키기 때문에 거의 도움이 되지 않는다. 결론적으로 전송 가능한 아날로그 메시지의 거리는 송신 전력에 의하여 제한된다. 이러한 문제점에도 불구하고, 아날로그 통신은 과거에 광범위하게 그리고 성공적으로 사용되었다. 광섬유의 출현과 디지털 회로 구성에서의 효과적인 비용 감소로 인하여, 새로운 통신 시스템의 대부분이 디지털로 설치되었지만 기존의 아날로그 통신 설비 역시 사용되고 있다. 그러나 AM과 FM 무선 방송을 포함한 일부 오래된 아날로그 통신 시설은 여전히 사용되고 있다.

1.2.3 아날로그-디지털 변환(A/D 변환)

아날로그와 디지털 신호 사이의 차이점에도 불구하고, 아날로그 신호를 디지털 신호로 변환하는 부분 사이에는 공통점이 존재한다. 전자기기의 주요 장치로 아날로그-디지털 (A/D) 변환기는 디지털 통신 시스템을 통해서 오디오나 비디오 신호 같은 아날로그정보신호를 잘 전달하게 한다. 일반적으로 아날로그 신호는 시간의 흐름에 따라 연속적이다. 즉, 매순간에 변화하고, 그 값들은 범위 내에서는 어떤 값을 가지게 된다. 반면에, 디지털 신호는 시간의 이산적인 점에서만 존재하고, 유한한 값만 가질 수 있다. A/D 변환은 절대로 100% 정확할 수 없다. 하지만, 사람의 인지능력은 무한한 정확성을 필요로 하지 않기 때문에 A/D 변환은 디지털 신호 전송에서 아날로그 정보로부터의 필요한 정보를 효과적으로 얻을 수 있다.

A/D 변환에서 2단계를 거치게 된다. 연속시간 신호를 먼저 이산시간 신호로 샘플링한다. 그후 이 신호의 연속 진폭을 이산 레벨 신호로 양자화한다. 신호의 주파수 스펙트럼은 다양한 주파수 성분들의 상대적인 크기를 나타낸다. 6장에서 증명될 표본화 이론은 신호 스펙트럼의 가장 높은 주파수가 B Hz일 경우, 이 신호는 표본들을 적어도 초당 $2B$ 이상의 표본율로 표본들을 표본화함으로써 원 신호를 재구성할 수 있다는 것이다. 이것은 연속시간 신호에서 정보를 전송하기 위해서는 단지 신호의 표본들만을 전송하면 된다는 것을 의미한다(그림 1.4).

하지만 이 표본값들은 연속 범위에 존재하고 이 범위에서의 무한한 값들 중에서 몇몇 값들을 갖기 때문에 아직은 디지털이 아니다. 처음으로 돌아가 보자! 이런 문제들은 그림 1.4에서와 같이 각각의 표본을 가장 가까운 양자화된 레벨로 근사화시키거나 "사사오입" 하는 양자화라는 방법으로 해결할 수 있다. 신호 $m(t)$의 진폭은 각각 $\Delta v = 2m_p/L$의 크기를 가진 L가지의 간격으로 나누어져서 범위 $(-m_p, m_p)$ 사이에 위치하게 된다. 각각의 표본 진폭은 표본값이 위치한 간격의 중간점으로 근사화되고, 그 다음 각각의 표본은 L가지 중의 하나의 값으로 근사화된다. 이런 이유로, 샘플링과 양자화의 2단계를 거친 후, 아날로그-디지털(A/D) 변환은 완성된다.

양자화된 신호는 원신호를 근사화한 것이다. 양자화된 신호의 정확성은 L의 개수를 증가시킴으로서 원하는 정도까지 향상될 수 있다. 예를 들어 음성 신호의 명료도는 L=8 또는 16이면 충분하다. 상업적인 용도에서는 최소 L=32이고, 전화 통화에서는 일반적으로 L=128 또는 256이 사용된다.

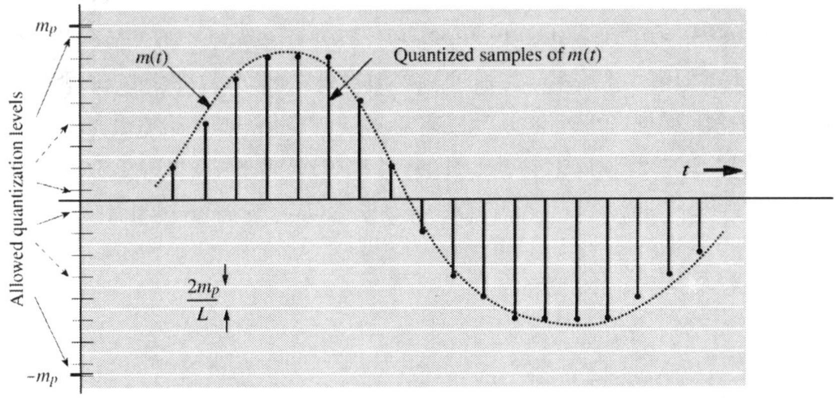

▶▶ 그림 1.4 신호의 아날로그-디지털 변환

채널상에서 발생된 잡음에 의해 왜곡된 신호의 대표적인 예를 그림 1.3에 나타내었다. A가 전반적인 잡음 진폭에 비해 충분히 크다면 수신기는 여전히 두 가지의 펄스를 올바르게 구분할 수 있다. 일반적으로 펄스의 진폭은 잡음 진폭의 제곱 평균 평방근 값에 5~10배가 된다. 높은 신호대 잡음비(SNR)에 대해서 수신기에서의 오류 확률은 10^{-6}보다 작게 된다. 즉, 평균적으로 수신기는 백만 개의 펄스당 하나의 펄스보다 적은 오류를 발생시길 것이다. 따라서 랜덤 채널 잡음과 왜곡의 영향은 실제적으로 제거된다. 그러므로 아날로그 신호가 디지털 방법으로 전송될 때 수신된 신호의 오류 또는 불확실성은 양자화에 의해서만 발생된다. L을 증가시키면 양자화에 따른 불확실성이나 오류를 원하는 만큼 감소시킬 수 있는 동시에 재생 중계기를 사용하기 때문에 아날로그 신호로 전송 가능한 거리보다 훨씬 먼 거리까지 신호를 전송할 수 있다. 이 장의 마지막에서 살펴보겠지만, 디지털 통신의 이러한 모든 이점은 증가된 전송 대역폭으로 상쇄된다.

1.2.4 펄스 부호 변조 – 디지털 표현

일단 A/D 변환이 끝나면 원 아날로그 메시지는 미리 결정된 양자화 레벨 L의 각각의 샘플수열로 표시된다. 양자화된 수열의 전송은 디지털 통신 시스템의 범주에 속한다. 이런 이유로, 신호 파형은 전송 과정에서 양자화된 샘플 수열을 표현하기 위해 사용되어야 한다. 비슷하게, 디지털 저장 장치 또한, 신호 파형처럼 샘플을 표현해야 한다. 펄스부호변조(PCM)는 매우 간단하면서 아직까지 많이 쓰이는 일반적인 방법이다.

먼저, 하나의 정보 *비트*는 **1** 또는 **0**의 하나의 2진 숫자로 나타낸다. PCM의 발상은 2개의 기본 펄스의 정리된 조합에 의해 각각 양자화된 샘플을 표현하기 위한 것이다. 2개의 기본 펄스는 1을 표현하는 $p_1(t)$와 0을 표현하는 $p_0(t)$이다. L개의 가능한 샘플 값 각각이 $\log_2 L$ 길이의 비트 스트링처럼 쓰여질 수 있기 때문에, 각 샘플은 또한 비트의 2진 수열을 표현하는 짧은 펄스 수열로 매핑될 수 있다. 예를 들어, $L=16$이면, 각 양자화된 레벨은 유일하게 4비트로 설명될 수 있다. 2개의 기본펄스를 사용한다면, $p_1(t)=A/2$와 $p_0(t)=-A/2$이다. 그림 1.5에서 보여지는 것처럼, 4개의 펄스들의 수열은 $2\times2\times2\times2=16$개의 서로 다른 패턴을 갖고 있어, 전송되는 16개의 양자화값의 각각마다 할당 할 수 있게 한다. 각각의 양자화된 샘플은 이제 4개의 2진 펄스의 수열로 부호화된다. 이것이 PCM 전송 원리이며, 여기서 신호는 오직 2개의 기본 펄스(또는 심볼)에 의해 전송된다. 2진의 경우 매우 간단하고, 검출하기 편하기 때문에 실제적으로 매우 중요하다. 오늘날 디지털 통신의 대부분이 2진이다*.

* 진폭 $\pm A/2$와 $\pm 3A/2$의 4개의 기본 펄스(4개의 요소로 된 펄스들)를 사용하는 중간의 경우가 존재한다. 2개의 4진 펄스열들은 $4\times4=16$개의 서로 다른 값으로 구성될 수 있다.

Digit	Binary equivalent	Pulse code waveform
0	**0000**	
1	**0001**	
2	**0010**	
3	**0011**	
4	**0100**	
5	**0101**	
6	**0110**	
7	**0111**	
8	**1000**	
9	**1001**	
10	**1010**	
11	**1011**	
12	**1100**	
13	**1101**	
14	**1110**	
15	**1111**	

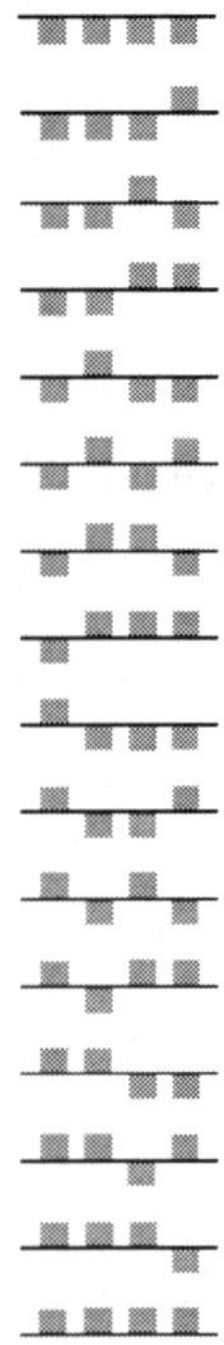

▸▸ 그림 1.5 PCM 부호화의 예

PCM이 P.M.Rainey에 의해 1926년도에 발명되고, 1939년도에 A.H.Reeves에 의해 재발견되긴 했지만, PCM은 Bell 시스템이 최초로 디지털 음성 전송에 PCM을 사용하여 통신 링크를 설치한 1960년대 초까지도 사용되지 않았다. 진공관 회로의 비용과 크기는 초기 PCM 사용에 주된 걸림돌이 되었다. PCM을 실제적으로 가능하게 한 것은 트랜지스터였다.

지금까지 PCM에 관하여 알아보았는데, 다소 흥미있는(그러나 어느 정도 명확하지 않은) 결론에 도달할 수 있다. 즉, 가능한 모든 통신이 최소 2개의 심볼로 이루어질 수 있다. 따라서 그저 눈 깜박이는 적절한 순서만을 이용하여 어떤 메시지를 대화나 책이나 영화 혹은 오페라 등으로 전달할 수 있다는 것이다. 영화 스크린 또는 고화질의 컬러텔레비전에서 재생할 수 있는 가능한 모든 세부사항들(물체 색의 다양한 음영, 음성의 음색 등)은 단지 눈의 깜박임만으로도 정확하게 전달될 수 있다*.

* 물론 영화나 텔레비전 프로그램에서 실시간으로 정보를 전달하기 위해서 눈의 깜박거리는 속도로 매우 높은 고속이 되어야만 할 것이다. 예를 들어 HDTV 신호는 초당 1,900만 비트 혹은 눈의 깜박거림 회수로 표현된다.

1.3 채널 효과, 신호 대 잡음비, 용량

통신 시스템 설계에서 채널특성, 신호특성, 상대적인 잡음강도, 초당 채널로 전송할 수 있는 최대 비트수 그리고 마지막으로 신호품질과 같은 중요한 요소를 이해하고 분석하는 것은 매우 중요하다.

1.3.1 신호 대역폭과 전력

주어진 (디지털) 통신 시스템에서 전송률과 전송품질을 조정하는 기본적인 매개변수와 물리적인 한계는 채널 대역폭 B와 신호 전력 P_S이다. 이 값들에 대한 적절한 관계들은 이후에 유도될 것이다. 여기서는 질적인 면에서 이 값들의 관계를 설명할 것이다.

채널 대역폭은 적절한 신뢰도로 전송될 수 있는 신호의 주파수 영역을 말한다. 예를 들면, 채널이 적절한 신뢰도로 전송할 수 있는 주파수 성분이 0 Hz(dc)에서부터 최대 5000 Hz (5 kHz)까지의 범위를 점유한다면 채널 대역폭 B는 5 kHz가 된다. 비슷하게, 각 신호 또한 이 주파수 요소들의 최대 범위를 측정하는 대역폭을 가지고 있다.

신호의 변화가 빠르면 빠를수록, 최대주파수가 높으면 높을수록 대역폭은 점점 더 커진다. 둔하고 (주간 멜로 드라마나 자는 동물의 영상같이)느리게 변하는 신호보다 (전투장면의 영상 같이)빠르게 변하는 신호가 더 큰 대역폭을 가진다. 채널 대역폭이 신호 대역폭을 초과하면, 신호는 채널에 대해 성공적으로 보내질 수 있다.

B의 역할을 이해하기 위해서, 신호를 시간적으로 압축함으로서 정보 전송의 속도를 증가시키는 것에 대한 가능성을 생각해 보자. 신호가 시간적으로 2배 압축된다면 신호는 반시간 동안에 전송될 수 있고 전송 속도는 2배가 된다. 그러나 2배로 압축하는 것은 신호의 주파수 성분들을 2배로 하는 것과 같기 때문에 빠른 만큼 신호를 2배 "파동치게"한다. 왜곡없이 이러한 압축된 신호를 전송하기 위해서, 채널 대역폭 또한 2배가 되어야만 한다. 따라서 정보 전송률은 대역폭 B와 정비례한다. 좀 더 일반적으로, 채널 대역폭 B가 초당 N개의 펄스를 전송할 수 있다면 초당 KN개의 펄스를 전송하기 위해 필요한 채널 대역폭은 KB가 된다. 다시 말하면, 채널을 통해 전송될 수 있는 초당 펄스의 수는 채널 대역폭 B와 정비례한다.

신호 전력 P_S는 정보 전송에서 2가지 역할을 한다. 첫째로, P_S는 전송량과 관계가 있다. 신호 전력 P_S를 증가시키면 채널 잡음과 간섭의 영향은 감소하고 신호 펄스는 더 강하게 된다. 사실, 아날로그 통신의 품질 혹은 디지털 통신의 품질은 SNR에 따라 다양하게 변한다. 그러므로 성공적인 통신을 위해서는 수신단에서의 어떤 최소 SNR이 요구된다. 그래서 더 큰 신호 전력 P_S은 긴 거리에 대한 최소 SNR을 유지하기 위한 시스템을 허용함으로써 장시간동안 성공적인 통신이 가능하게 된다.

신호 전력의 두 번째 역할은 매우 중요함에도 불구하고 분명하지 않다. 채널 대역폭 B와 신호 전력 P_S가 서로 교환 가능한 경우를 생각해 보자. 주어진 전송률과 정보 전송의 정확도를 유지하기 위해서는 B를 P_S로 또는 그 반대로 교환이 가능하다. 따라서 P_S를 증가시키기 위해서는 B를 감소시켜야 할 것이고, B를 증가시키기 위해서는 P_S를 감소시켜야 할 것이다. 여기에 대한 자세한 증명은 13장에서 할 것이다.

요약하여, 통신에 있어서 중요한 두 가지 자원은 대역폭과 송신전력이다. 주어진 통신 채널에서 한 가지 자원은 다른 한 가지 자원에 비하여 더욱 중요할 수 있으므로 통신 방법은 적절하게 설계되어야만 할 것이다. 예를 들어, 전형적인 전화 채널은 대역폭이 3 kHz로 제한되지만 전력은 덜 제한적이다. 반면 대기에서는 무한한 대역폭을 사용할 수 있지만 전력이 제한된다. 따라서 두 경우에 있어서의 통신 방법은 근본적으로 서로 다르게 된다.

1.3.2 채널 용량과 데이터 전송률

채널 대역폭은 성공적으로 통과할 수 있는 신호의 대역폭으로 제한된다. 반면에 수신단의 신호 SNR은 전송된 신호의 복구가능성으로 결정된다. SNR이 높으면 높을수록 송신된 신호 펄스가 더 많은 신호 레벨을 사용할 수 있다는 것을 의미하기 때문에 더 많은 비트를 전송할 수 있다. 대역폭 B가 넓으면 넓을수록 채널에 대해 더 많은 펄스들을 전송할 수 있다는 것을 의미한다. 이런 이유로 SNR과 대역폭 B는 둘 다 근본적인 채널 "처리량"에 영향을 미칠 수 있다. 채널에 의해 믿을 수 있게 전송할 수 있는 피크 처리량은 채널 용량으로 정의될 수 있다.

가장 널리 쓰이는 채널 중 하나는 부가 백색 가우시안 잡음(AWGN) 채널로 알려져 있다. AWGN 채널 모델은 부가적인 백색 가우시안 잡음과 유한한 대역폭 B를 제외한 채널 왜곡이 없다는 것으로 가정한다. 이상적인 모델은 왜곡없는 채널을 의미하고, 더 많이 존재하는 일반적인 왜곡채널에서 성능 상한을 제공한다. 대역제한된 AWGN 채널 용량은 다음과 같이 Shannon의 방정식으로 표현된다.

$$C = B\log_2(1+\text{SNR}) \quad \text{bit/s} \tag{1.1}$$

여기서 C는 초당 정보 전송률이다. 채널용량이라 알려진 전송률 C는 거의 0에 가까운 오류 확률로 초당 전송할 수 있는 최대 2진 심볼(비트)의 수이다. 다시 말하면, 채널은 누구나 바라는 만큼의 정확도로 초당 $B\log_2(1+\text{SNR})$개의 2진 디지털 비트들 또는 심볼들을 전송할 수 있다. 더욱이 오류를 초래하지 않고 초당 $B\log_2(1+\text{SNR})$ 보다 더 높은 전송률로 전송하는 것은 불가능하다. Shannon의 방정식은 B와 SNR에 의해 제한되는 전송률을 나타낸다. 채널상에 잡음이 존재하지 않다면($SNR=\infty$로 가정), C는 ∞가 되고 통신 전송률은 임의적으로 높게 될 것이다. 따라서 채널을 통해 전세계로 어떠한 정보도 전송할 수 있게 된다. 이것은 쉽게 증명될 수 있다. 잡음이 존재하지 않는다면 수신된 펄스 진폭은 어떠한 변화도 없을 것이고 수신기는 정확하게 펄스 진폭을 검출할 수 있을 것이다. 펄스 진폭의 최소 간격 A는 임의로 작게 할 수 있고 주어진 몇몇 펄스들에 대해서 사용 가능한 무한개의 레벨이 존재하며 모든 메시지마다 하나의 레벨을 할당할 수 있다. 예를 들어, 이 교재의 내용을 하나의 레벨에 할당할 수 있고 이 교재를 전송하기 위해 필요한 것은 이 레벨에 해당하는 하나의 펄스를 전송하는 것이다. 무한개의 레벨이 사용 가능하기 때문에 메시지마다 하나의 레벨을 할당하는 것이 가능하다. 이러한 부호의 목록을 작성하는 것은 비실용적이지만 이것은 요점에서 벗어나 있다. 요점은 잡음이 존재하지 않는다면 적어도 이론적으로는 통신에 있어서 문제가 되지 않는다는 것이다. 이러한 방법의 구현은 정확한 진폭을 가지는 펄스의 발생과 검출에 대한 요구 때문에 어렵게 될 것이다. 그러므로 이러한 현실적인 어려움은 통신에 있어서 전송률을 제한하게 될 것이다. 채널을 통해 통신 전송률에 상한값을 나타내는 Shannon의 결과는 거대한 비현실적인 복잡도를 갖고 무한대로 접근하는 시간 지연을 갖는 시스템에서만 볼 수 있다는 것을 기억해야 한다. 실제 시스템은 Shannon의 전송률 이하에서 작동한다.

결과적으로, 통신 시스템의 성능을 제한하는 B와 SNR의 기본적인 역할을 질적인 면에서 설명하였다. 따라서 이 두 요소는 궁극적으로 통신에서의 전송률을 제한함을 나타낸다. 또한 기본적인 이 두 요소가 서로 타협되거나 교환될 수 있다는 것을 설명하였다. 2개의 기본 매개변수를 교환하는 자원의 가능성 또한 Shannon 방정식에 의해 증명된다.

대역폭 B와 SNR의 타협의 실제적인 예제로써, 완전히 이해하기에는 정도의 조금 빨리 말하는 목소리 부드러운 사람을 만난 시나리오를 고려해보자. 대역폭 B가 너무 낮고, 그래서 용량 C가 빨리 말하는 문장을 수용할 만큼 높지 않다는 것을 청자로서 느낄 수 있다. 하지만, 그 사람이 더 크게 말할 수 있다면(전력이 증가하고 그런 이유로 SNR도 증가한다면), 다른 어떤 변화 없이 더 좋게 그 사람을 이해할 수 있다. 이 예제는 SNR과 B가 교환하는 자원의 개념을 설명한다. 하지만, 1 대 1 교환은 아니다. 말하는 사람의 음량이 2배로 증가하는 것은 말하는 사람이 약간 빠르게 이야기할 수 있는 것을 허용하지만 빠르기가 2배인 것은 아니다. 불공평하게 교환하는 효과는 SNR을 2배 증가시킨 것이 항상 50%로 B의 손실을 보상할 수 없다는 Shannon의 방정식[식 (1.1)]에 의해 전체적으로 확인할 수 있다.

1.4 변조와 검출

아날로그 신호의 A/D 변환에 의해 생성되는 디지털 신호나 메시지 정보에 의해 발생되는 아날로그 신호는 종종 기저대역 신호를 나타내는데, 일반적으로 저대역통과 신호이기 때문이다. 기저대역 신호는 적절한 채널(예를 들어, 전화기나 팩스)을 통하여 직접 전송될 수 있다. 하지만, 채널과 신호 주파수 영역 특성에 따라, 다양한 정보원에 의해 생성되는 기저대역 신호는 주어진 채널을 통하여 직접 전송할 때 항상 적절한 것은 아니다. 신호와 주파수 대역이 정확하게 일치하지 않을 때, 채널은 이동될 수 없다. 이러한 이유로 메시지는 올바른 채널 주파수 대역폭으로 이동해야만 한다. 그러므로 메시지 신호는 전송이 가능하게 수정되어야 한다. 이 변환과정에서 변조로 알려진 기저대역 신호는 무선 주파수(RF) 반송파 신호의 몇몇의 매개변수를 수정(즉, 변조)하기 위해 사용된다.

반송파는 고주파인 정현파이고 진폭, 주파수 또는 위상과 같은 요소 중의 한 요소가 기저대역 신호 $m(t)$에 비례해서 변화한다. 따라서 진폭 변조(AM), 주파수 변조(FM) 및 위상 변조(PM)의 세 가지 변조 형태가 가능하다. 그림 1.6은 기저대역 신호 $m(t)$와 이 신호에 일치하는 AM과 FM 파형들을 나타낸다. AM에서는 반송파의 진폭이 $m(t)$에 비례해서 변화하고 FM에서는 반송 주파수가 $m(t)$에 비례해서 변화한다. 수신기에서 변조된 신호는 기저대역 신호를 재구성하기 위하여 반드시 **복조**라고 하는 역과정을 거쳐야만 한다.

앞서 언급한 것과 같이, 변조는 전송을 용이하게 하기 위해 사용된다. 변조를 하는 몇 가지 중요한 이유는 다음과 같다.

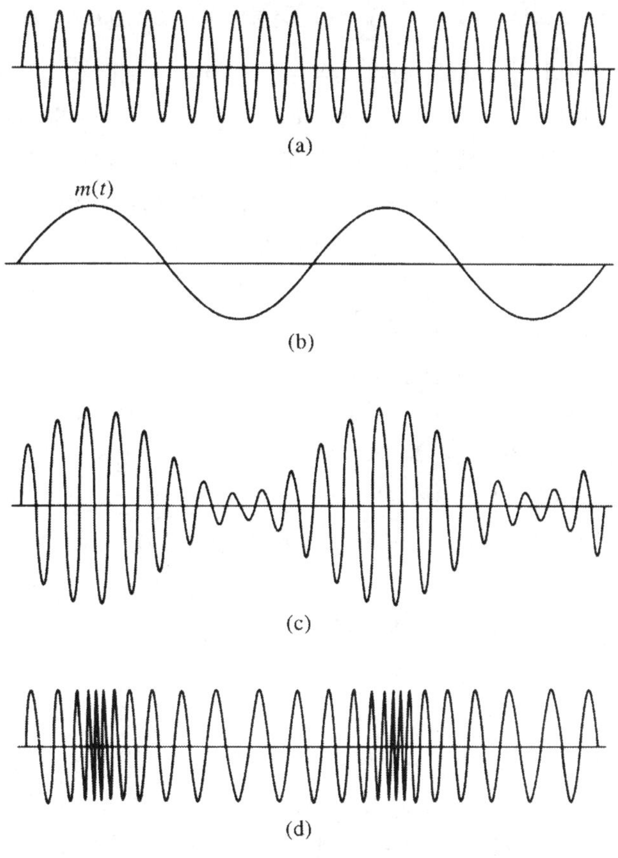

▸▸ 그림 1.6 변조. (a) 반송파 (b) 기저대역신호 (c) 진폭변조파 (d) 주파수변조파

1.4.1 복사/전송의 용이

전자파 에너지의 효율적인 복사를 위해서, 복사하는 안테나는 복사되는 신호 파장의 1/10 이상이 되어야만 할 것이다. 많은 기저대역 신호에 대해, 파장은 적절한 안테나 길이에 비해 더욱 길게 된다. 예를 들어, 음성 신호의 전력은 100~3000 Hz의 범위의 주파수에 집중되어 있다. 이에 일치하는 파장은 100~3000 km가 된다. 이렇게 긴 파장은 엄청난 길이의 안테나를 필요로 할 것이다. 그 대신에 고주파인 반송파로 변조시켜서 아주 작은 파장에 해당하는 반송파 영역의 신호 스펙트럼만을 전송한다. 예를 들어, 1 MHz의 반송파는 단지 300 m의 파장이 되고 필요한 안테나의 길이는 30 m가 된다. 이러한 측면에서, 변조는 마치 기저대역 신호를 고주파인 정현파(반송파)에 실어 나르는 것과 같다. 반송파와 기저대역 신호는 돌과 종이를 비교하는 것과 같다. 종이조각을 멀리 던지려면 종이 자체만으로는 불가능하다. 그러나 종이(기저대역 신호)를 돌(반송파)에 싸면 멀리 던질 수 있게 된다.

1.4.2 다중 신호의 동시 전송 – 멀티플렉싱(Multiplexing)

변조는 직접적인 상호 간섭 없이 같은 시간, 같은 지역에서 전송하기 위해서 다중 신호를 허용한다. 이런 경우는 같은 케이블선(또는 공기 중)으로 사람들의 텔레비전 수신기에 전송되는 다중 텔레비전 방송의 출력을 고려함으로써, 간단히 설명된다. 변조없이 다중 영상 신호는 모두 서로 간섭받을 것이다. 왜냐하면 모든 기저대역 비디오 신호는 효과적으로 같은 대역폭을 갖기 때문이다. 그래서 변조를 하지 않는 케이블 TV나 broadcast TV는 주어진 위치에서 동시에 한 방송국으로 제한되는데 그 이유는 채널 대역폭이 신호 대역폭보다 몇 배 더 크기 때문이다.

이러한 문제를 해결하기 위한 하나의 방법은 변조를 사용하는 것이다. 여러 가지 음성 신호를 다른 반송파들로 변조시킬 수 있다. 따라서 각각의 신호는 다른 주파수 영역으로 옮겨진다. 여러 가지 반송파들이 주파수 상에서 충분히 떨어지도록 선택되면 변조된 신호들의 스펙트럼은 서로 겹쳐지지 않기 때문에 서로간의 간섭은 발생하지 않을 것이다. 수신기에서는 누구나 원하는 무선국이나 신호를 선택하기 위해 대역통과 여파기를 사용할 수 있다. 동시에 몇몇 신호들을 전송하는 이 방법을 **주파수 분할 다중화(FDM)**라 한다. 비슷한 접근이 또한 AM과 FM 무선 방송에서 사용된다. 여기서 채널의 대역폭은 서로 겹쳐지지 않게 신호들에 의해 공유된다.

몇몇 신호들을 다중화하는 또 하나의 방법은 **시간 분할 다중화(TDM)**이다. 이 방법은 PCM에서와 같이 신호가 펄스열의 형태가 될 경우에 적합하다. 펄스의 폭을 더욱 좁게 할 수 있고 펄스들 사이에 남겨진 공간들은 다른 신호들의 펄스들이 사용한다. 그러므로 전송 시간은 사실상 특정한 순서에 따라 여러 가지 신호들의 펄스열들을 인터리빙함으로 많은 신호들에 의해 공유된다. 여러 가지 신호들에 해당하는 펄스열들은 수신기에서 분리된다.

1.4.3 복조

일단 다중 변조된 신호가 수신단에 도착하면, 원하는 신호가 검출되어야 하고, 원래 기저대역 형태로 회복되어야 한다. 주파수분할다중화(FDM) 때문에 일반적인 복조기의 첫 번째 단계는 수신기가 전송국 또는 채널에 의해 미리 결정된 주파수 대역에서 변조된 신호를 선택할 수 있도록 조절가능한 통과대역 필터를 필요로 한다. 일단 특별히 변조된 신호가 고립적이기 때문에 복조기는 진폭, 주파수 또는 위상의 반송파 변화를 다시 기저대역 신호 전압으로 변환하는 게 필요할 것이다.

AM, FM, PM, 3개의 기본 변조 방법에서 해당하는 복조기는 검출기 출력 전압이 입력 변조된 신호의 진폭, 주파수, 위상에 비례하여 각각 다르게 설계되어져야 한다. 일단 응답 특성의 회로가 구현되면, 복조기는 변조된 신호(RF)를 입력 메시지를 표현하는 기저대역 신호로 하향변환(복조)시킬 수 있다.

1.5 디지털 정보원 부호화와 오류 정정 부호화

앞에서 언급한대로, SNR과 대역폭은 주어진 통신의 성능을 결정하는 중요한 요소이다. 아날로그 통신 시스템과 달리 디지털 통신 시스템은 정보 데이터 속도를 낮추고 채널 잡음에 맞서기 위해 적극적인 수단을 종종 채택한다. 특히, 정보원 부호화는 검출 정확성을 희생하지 않고, 주어진 정보에 가능한 가장 적은 비트로 생성하기 위해 적용된다. 반면에, 잡음과 간섭으로부터 발생하는 오류를 방지하기 위해, 부가정보는 송신단에서 체계적으로 도입되어야 할 필요가 있으며, 수신단은 채널 왜곡과 잡음의 원인인 오류를 정정하기 위해 부가정보에 의존할 수 있다. 이는 송신단에서 오류 정정 부호화로 알려지고 수신단에서 복호화로 알려진 과정이다.

디지털 통신 시스템에서 정보원 부호화와 오류 정정 부호화는 두 개의 연속적인 단계이다. 한편, 정보원 부호화는 전송을 필요로 하는 디지털 메시지 수열을 짧게 하기 위해 메시지의 부가정보를 가능한 많이 제거하는 것이 목적이다. 또한 정보원 부호화는 채널 잡음과 간섭없이 가능한 대역폭을 적게 사용하려고 한다. 다른 한편으로는, 오류 정정 부호화는 의도적으로 부가정보를 추가한다. 왜냐하면 오류가 검출할 때 발생하면, 부가정보는 가능성이 많은 오류를 정정하는데 도움을 주기 때문이다.

○ 랜덤성, 부가정보와 정보원 부호화

정보원 부호화를 이해하기 위해 첫째로 통신에 있어 랜덤성의 역할을 논의하는 것은 중요하다. 앞서 언급한 것과 같이, 통신에 있어서 전송률을 제한하는 요소들 중의 하나는 랜덤 신호인 잡음이다. 왜냐하면 잡음은 랜덤하고 예측에 의해 제거되지 않기 때문이다. 랜덤성은 또한 정보와 아주 밀접한 관계가 있다. 사실 랜덤성은 통신의 핵심이다. 랜덤성은 정보메시지가 예측 불가능하거나 불확실하다는 것을 의미한다. 정보원이 이미 예측 가능하고 확실성을 갖는다면 이 정보원은 사전에 공개될 것이고 어떠한 정보도 전송할 수 없을 것이다. 확률은 확실성의 척도이고 정보는 확률과 관련된다. 사람이 눈을 깜박이면 이것은 주어진 상황에 대한 몇몇 정보를 전송한다. 그러나 사람이 시계와 같이 일정하게 눈을 계속해서 깜박인다면, 이것은 어떠한 의미도 전달하지 못할 것이다. 다시 말해서, 예측할 수 있는 신호는 랜덤하지 않고, 전체적으로 불필요하다. 그래서 메시지는 예측이 불가능할 때 정보를 가진다. 결과적으로 더 많이 예측할 수 있다는 것은 더 높은 부가정보와 더 적은 정보를 의미한다. 역으로, 더 예측 불가능하거나 더 랜덤한 신호는 더 많은 정보를 포함한다.

정보원 부호화는 메시지 정보원의 예측 가능함에 기반한 부가정보를 줄인다. 정보원 부호화의 목적은 정보원 신호를 표현하기 위해 가능한 짧게 부호를 사용하기 위함이다. 주어진 데이터율에서 전송하기 위해 더 적은 시간을 필요로 하기 때문에 짧은 부호는 더 효율적이다. 이러한 이유로 정보원 부호는 예측 가능하고 신호의 랜덤한 부분을 부호화하고 전송하는 동안 신호의 부가정보를 제거할 수 있다. 예측 가능한 메시지가 많으면 많을수록 많은 부가정보를 포함하고 있으며, 더 짧은 부호를 필요로 하는 반면, 예측 가능성이 적은 메시지는 많은 정보를 포함하고 더 긴 부호로 부호화되어야 한다. 일어날 확률이 높은 메시지에 더 짧은 부호화를 할당하고 일어날 확률이 적은 메시지에 더 긴 메시지를 할당함으로써 더 효율적인 정보원 부호화를 얻는다. 예를 들어, 모스부호를 고찰해 보자. 이 부호에서는 기호와 공간의 다양한 조합(부호어)이 각각의 문자에 할당된다. 전송시간을 최소화하기 위해서, 짧은 부호어들이 e, t, a와 같은 발생 빈도가 큰(확률이 높은) 문자들에 할당되고, 긴 부호어들은 x, q, z와 같은 발생 빈도가 작은(확률이 낮은) 문자들에 할당된다. 따라서 평균적으로, 영어 메시지는 빠르게 전송될 수 있는 짧은 부호 수열로 이어지기 때문에 알려진 문자의 분포를 따르는 경향이 있다. 이는 모스부호가 왜 좋은 정보원 부호인지를 설명해 준다.

디지털 신호들에 대해, 메시지(또는 심볼)의 발생확률 P가 $\log(1/P)$에 비례하는 길이인 부호어에 할당된다면 전체 전송시간이 최소가 된다는 것을 13장에서 살펴볼 것이다. 그러므로 공학자의 관점으로부터, 발생확률이 P인 메시지의 정보는 $\log(1/P)$에 비례하게 된다. 이는 엔트로피(정보원) 부호화로 알려져 있다.

○ 오류 정정 부호

오류 정정 부호 또한 통신에서 중요한 역할을 한다. 정보원 부호화가 부가정보를 제거하는 반면, 오류 정정 부호는 부가정보를 추가한다. 부가정보의 체계적인 도입은 신뢰 통신을 지원한다.[4] 부가정보 때문에, 소음이나 간섭으로 인해 어떤 비트들이 오류 안에 있다면, 다른 관련된 비트들은 그것들을 수신된 신호에서 오류에도 불구하고, 정확히 메시지를 복호화할 수 있게 복원하는 것을 도와줄 것이다. 모든 언어들에는 부가정보가 존재한다. 예를 들어, 영어는 약 50퍼센트가 부가정보이다. 즉, 평균적으로 메시지의 손실없이 문자들이나 단어들의 절반만으로 말하는 것이 가능하다. 이것은 또한 몇몇 영어 메시지에 대해서 화자나 작가가 평균적으로 문자들이나 단어들의 절반을 자유롭게 선택할 수 있다는 것을 의미한다. 나머지 절반은 언어의 통계적 구조에 의해 결정된다. 영어에서의 모든 부가정보를 제거한다면 전보나 전화 대화를 전송하는데 걸리는 시간은 약 절반으로 줄어들 것이다. 그러나 오류가 수신기에서 발생한다면, 수신된 메시지를 이해하는 것은 오히려 어렵게 될 것이다. 그러므로 메시지에서의 부가정보는 채널에서 잡음을 극복하는데 유용한 역할을 한다.

정보원 부호화에서 계속되는 오류 정정 부호에 많은 부가정보를 추가해야만 부가정보를 제거한다는 개념은 꽤 역설적이다. 이것이 실제로 가능한지를 설명하기 위해 정보원 부호화를 통해 영어의 모든 부가정보를 제거하는 것을 고려해보자. 50%(대역폭 절약을 위한)의 짧은 메시지가 있다. 하지만, 여전히 오류 부호의 같은 양을 제공하는 동안, 정보원 부호화에 의해 제거되는 것은 절반의 잘 설계된 부가정보를 제외하고는 어떤 체계적인 부가정보를 오류 정정에서 회복시킬 것이다. 그러므로 정보원 부호화와 오류 정정 부호의 결합이 오류 정정을 희생시키지 않고, 비효율적인 부가정보를 제거할 수 있는 것은 분명하다. 사실, 이 분야에서 매우 유명한 문제는 오류 정정 손실 없이 신호 부가정보를 최대로 제거할 수 있는 결합 정보-채널 부호화에 대한 끈기있는 연구이다. 부가정보가 어떻게 오류를 정정할 수 있는 지를 다음 예제에서 볼 수 있다. L=16인 양자화 레벨로 표본들을 전송하기 위해서는 그림 1.5에서와 같이 4가지의 2진 펄스 그룹을 사용해야 할 것이다. 이러한 부호 방법에는 어떠한 부가정보도 존재하지 않는다. 즉, 펄스들을 수신함에 있어서 펄스들 중에 단 하나의 펄스에 오류가 발생하는 경우에도 수신기는 잘못된 값을 출력할 것이다. 여기에서는 채널 잡음이나 불완전성으로 인하여 발생되는 오류의 영향을 제거하기 위하여 부가정보를 사용할 것이다. 그러므로 각각의 부호어에 양의 펄스수가 짝수가 되도록 하나의 펄스를 추가하면 어떠한 위치에서도 단일 오류를 검출할 수 있는 부호를 만들 수 있다. 따라서 부호어 0001을 새로운 부호어 00011로 만들기 위해서는 양극성의 다섯 번째 펄스를 추가하면 된다. 결국 양극성 펄스의 수는 짝수인 2가 된다. 어떠한 위치에서 단일 오류가 발생한다면 이 검사 조건을 위반하게 된다. 수신기는 오류가 발생했다는 것을 알게 되고 메시지의 재전송을 요구할 수 있다. 이것은 매우 간단한 부호화 방법이고 오류를 검출할 수는 있지만 오류의 발생 위치는 알 수가 없게 된다. 게다가, 짝수개의 오류가 발생하면 검출할 수도 없다. 좀 더 많은 부가정보를 도입함으로서, 오류의 검출뿐만 아니라 정정하는 것도 가능하게 된다. 예를 들어, L=16인 경우에는 3개의 펄스를 추가함으로서 어떠한 위치에서도 오류의 검출뿐만 아니라 단일 오류도 정정할 수 있게 될 것이다. 오류 정정 부호는 14장에서 논의할 것이다.

1.6 현대 전자통신의 간단한 역사적 고찰

전자통신(원거리 통신)은 항상 인간사회에서 중요하다. 고대에서조차 정부와 군부대는 정보수집과 명령하달에 전자통신을 많이 의존했다. 첫 번째 유형은 걷거나 말을 타는 배달원이었다. 하지만, 장거리에서 짧은 메시지를(도시에 접근하는 침입자에 경고를 주는 것 같은) 전달하기 위해서는 불이나 연기 신호를 사용하였다. 햇빛을 반사하기 위해(회광 신호법) 신호거울을 사용하는 것은 전자통신의 효과적인 다른 방법이다. 이는 고대 그리스에서 사용되었다고 처음 기록되었다. 신호거울은 또한 Marco Polo의 극동지역 여행을 통해 언급되었다.[1] 이 고대 비주얼 통신 기술은 놀랍게도 디지털방식이다. 서로 다른 환경에서 불과 연기는 부호어의 다른 형태이다. 그리스 근처의 언덕 또는 산에 일련의 재생 중계기 형태의 통신을 위한 특별한 장소들이 있었다. 사실, 불과 연기 신호단은 여전히 중국의 만리장성에 흩어져 있다. 더 흥미로운 것은 오늘날 사용하는 증폭기와 안테나와 동일한 기능의 반사면과 렌즈는 빛을 더 멀리 직접 이끄는 데 사용되었다.

당연히, 초기 비주얼 통신 시스템은 설치하기 매우 어려웠었고, 시간당 몇 비트만 전송할 수 있었다. 2세기 이전부터 비주얼 통신 시스템은 매우 빠르게 개발되었다. 1793년, 프랑스의 Claude Chappe는 "수기신호 전보"의 개념을 발명하고 실험하였다. 그의 시스템은 수기신호라 불리는 일련의 신호장비였다. 이때, 수기신호는 일반적으로 10 km 정도 떨어진 탑에서 시작한다(수기신호는 거대한 인간이 양손으로 신호기를 쓰는 것처럼 보인다). 수기신호 통신원은 종종 망원경의 도움으로 시각적으로 표시하고 다음 탑으로, 또 그 다음 탑으로 계속해서 메시지를 이어준다. 이 시각적인 전보는 프랑스 정부의 통신 시스템이 되었고, 미국을 포함한 다른 나라로도 퍼졌다. 그러나 결국 수기신호는 전보에 의해 빛을 잃었다. 오늘날, "전보 언덕"이라는 이름을 갖는 거리나 공원에 남아있는 몇몇의 장소만이 역사 속에서 이 시스템의 장소였다는 것을 상기시켜준다. 아직도 (올디스램프(모스신호를 보내는 휴대형 램프), 선박의 깃발, 일광 반사 신호기를 통한)비주얼 통신은 20세기에서 해상 통신의 중요한 부분을 잘 보여준다.

초기 전자통신 시스템은 비주얼 수신기에 기초한 광학 시스템이다. 가시거리만 포함할 수 있었고, 신호를 복호화하기 위해 조작하는 사람이 필요하다. 전기통신의 역사를 바꾸는 중요한 사건은 1820년에 일어났다. 덴마크의 외르스테드(Hans Christian Oersted)는 전기와 자기 사이의 상호작용을 발견했다.[2] **Michael Faraday**는 다음의 중대한 발견을 했다. 이는 **전기와 전자통신의 역사를 바꿀만한** 발견이다. 자기장 변화에 의한 전도체에서 유도될 수 있는 전류를 발견한 것이다. 게다가 전기 신호의 전송은 멀리 떨어진 회로에서 전류 변화가 유도되기 위한 전자기장을 변화함으로써 가능하게 된다. Faraday가 발견한 유도전류의 놀라운 면은 가시영역 없는 거리의 무선 전자통신을 위한 기초를 제공한다는 점이다. 그리고 더 중요한 것은 에너지 정보원으로서의 전기를 어떻게 발생시킬 수 있는지를 보여주었다는 점이다. 전보의 발명이 곧 이어졌고, 그 후 세계는 현대 전자통신시대로 들어갔다.

현대 통신 시스템은 초창기부터 많은 진전을 보았다. 최근 전자통신의 개발을 나타내는 모든 역사적인 사건을 일일이 말하기 어렵기 때문에 현대 통신 시스템의 개발에 대한 중요한 사건 일부를 표 1.1로 대체하겠다. 전자통신에 초점을 맞추고 있기 때문에 똑같이 광(섬유)통신의 긴 역사를 검토하는 것을 생략하겠다.

초기 모든 전자통신 시스템은 심볼 기반의 디지털 시스템이라는 점을 주목하라. Alexander Graham Bell의 살아있는 아날로그 신호가 전송되는 전화 시스템의 발명전까지는 그렇지 않았다. 살아있는 신호는 수신자가 즉시 듣거나 볼 수 있다. 그러므로 새로운(아날로그 통신) 시대의 시작을 보여주는 Bell의 발명은 전자통신의 역사에서 주요 이정표가 된다. 그림 1.7은 Bell의 획기적인 1876년 전화 특허의 삽화를 보여준다. 과학역사가들은 종종 이 발명이 역사 이래 가장 가치있는 특허라고 찬양한다.

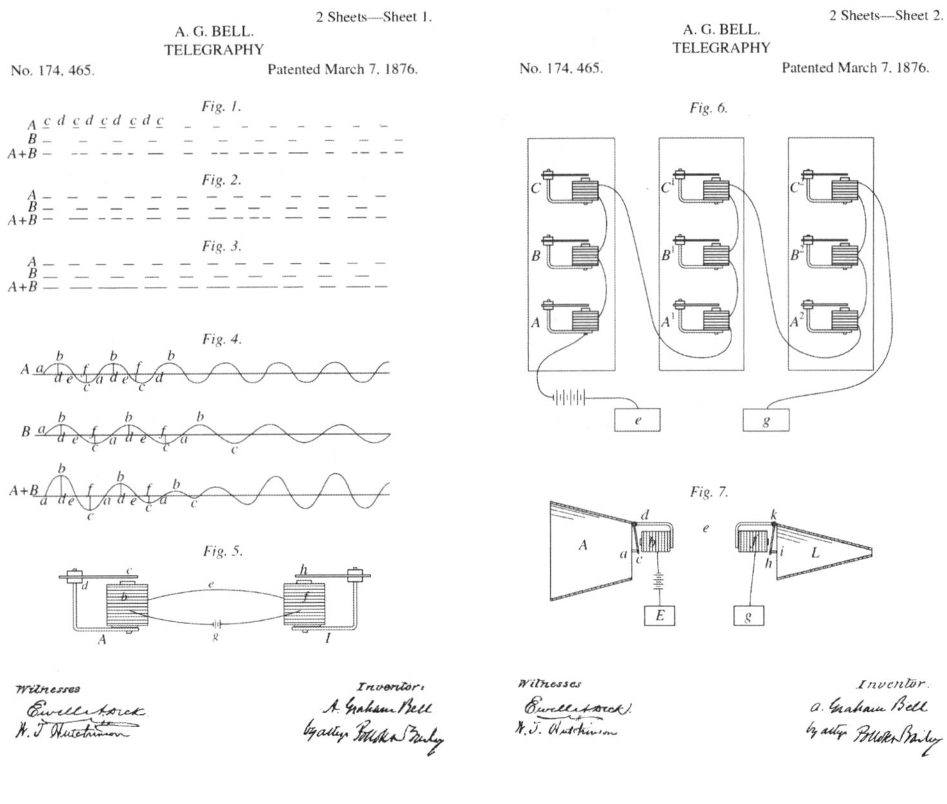

▶▶ 그림 1.7 벨의 미국특허 #174,465(1876.3.7))

▶▶ 표 1.1 과거 200년 전자통신 역사에 중요한 사건들

Year	Major Events
1820	**First experiment of electric current causing magnetism (by Hans C. Oersted)**
1831	**Discovery of induced current from electromagnetic radiation (by Michael Faraday)**
1830–32	Birth of telegraph (credited to Joseph Henry and Pavel Schilling)
1837	Invention of Morse code by Samuel F. B. Morse
1864	Theory of electromagnetic waves developed by James C. Maxwell
1866	First transatlantic telegraph cable in operation
1876	**Invention of telephone by Alexander G. Bell**
1878	First telephone exchange in New Haven, Connecticut
1887	**Detection of electromagnetic waves by Heinrich Hertz**
1896	**Wireless telegraphy (radio telegraphy) patented by Guglielmo Marconi**
1901	First transatlantic radio telegraph transmission by Marconi
1906	**First amplitude modulation radio broadcasting (by Reginald A. Fessenden)**
1907	Regular transatlantic radio telegraph service
1915	First transcontinental telephone service
1920	First commercial AM radio stations
1921	Mobile radio adopted by Detroit Police Department
1925	First television system demonstration (by Charles F. Jenkins)
1928	First television station W3XK in the United States
1935	**First FM radio demonstration (by Edwin H. Armstrong)**
1941	NTSC black and white television standard First commercial FM radio service
1947	**Cellular concept first proposed at Bell Labs**
1948	**First major information theory paper published by Claude E. Shannon** **Invention of transistor by William Shockley, Walter Brattain, and John Bardeen**
1949	The construction of Golay code for 3 (or fewer) bit error correction
1950	Hamming codes constructed for simple error corrections
1953	NTSC color television standard
1958	**Integrated circuit proposed by Jack Kilby (Texas Instruments)**
1960	**Construction of the powerful Reed-Solomon error correcting codes**
1962	First computer telephone modem developed: Bell Dataphone 103A (300 bit/s)
1962	Low-density parity check error correcting codes proposed by Robert G. Gallager
1968–9	First error correction encoders on board NASA space missions (Pioneer IX and Mariner \
1971	**First wireless computer network: AlohaNet**
1973	First portable cellular telephone demonstration to the U.S. Federal Communications Commission, by Motorola
1978	First mobile cellular trial by AT&T
1984	First handheld (analog) AMPS cellular phone service by Motorola
1989	Development of DSL modems for high-speed computer connections
1991	First (digital) GSM cellular service launched (Finland) First wireless local area network (LAN) developed (AT&T-NCR)
1993	Digital ATSC standard established
1993	Turbo codes proposed by Berrou, Glavieux, and Thitimajshima
1996	First commercial CDMA (IS-95) cellular service launched First HDTV broadcasting
1997	IEEE 802.11(b) wireless LAN standard
1998	Large-scope commercial ADSL deployment
1999	IEEE 802.11a wireless LAN standard
2000	First 3G cellular service launched
2003	IEEE 802.11g wireless LAN standard

전화 시스템의 발명 또한 아날로그 통신 시대와 살아있는 신호 전송의 시작을 나타낸다. 무선 통신은 Heinrich Hertz가 처음 전자기파의 존재를 검출하기 위한 방법을 보여주었던, 1887에 시작되었다. 프랑스의 과학자 Edouard Branly, 영국의 물리학자 Oliver Lodge, 러시아의 발명가 Alexander Popov 모두 무선 수신기의 개발에 중요한 공헌을 했다. 이 분야의 다른 중요한 공헌자는 크로아티아에서 태어난 천재 Nikola Tesla이다. 초기 실험과 발명을 기반으로 이탈리아 과학자이자 발명가인 Guglielmo Marconi는 1895년에 무선 전신 시스템을 개발하였다. 그는 이로 인해 1909년 물리학에서 노벨상을 공동수상하였다. Marconi의 무선 전신은 상업적인 무선 통신의 역사적인 사건이었다. 곧 Bell과 Marconi의 발명의 결합은 진폭 변조(AM) 기술덕분에 무선으로 가는 아날로그 오디오 신호가 허용되었다. FM 라디오 방송을 통한 음악 전송 품질은 처음 미국인 발명가 Edwin H. Armstrong 소령에 의해 입증되었다. 1935년에 Armstrong의 FM 시연 방송은 뉴욕 엠파이어스테이트빌딩에서 있었던 IEEE 회의에서 거행되었다.

통신과 전자공학에 대한 역사적인 해는 1948년이다. 그해 디지털 통신이 재탄생되었으며, 반도체 트랜지스터가 발명되었다. 디지털 통신의 부활은 현대 디지털 통신과 정보 이론의 아버지라 불리는 Claude E. Shannon의 독창성과 뛰어남 때문이다. 1948년에 출판된 2개의 독창성이 풍부한 논문에서 Shannon은 채널 용량의 기본적인 개념과 채널용량이 정보 전송률과 관계있음을 확립하였다. 몇 개의 중요한 모델의 채널 용량을 유도하기 위해, 정보가 채널용량 이하의 속도로 채널을 통해 전송되는 동안, 오류없이 통신이 가능하게 될 수 있다는 것을 Shannon[3]이 증명했다. 잡음이 있는 채널이 주어졌을 때, Shannon은 전송 오류의 확률을 마음대로 작게 만들 수 있는 좋은 부호가 존재할 수 있다는 것을 증명하였다. 잡음이 있는 채널 부호화 이론은 현대 오류 정정 부호 분야를 끌어올렸다. 공교롭게도, 같은 해 (Bill Shockley, Walter Brattain, John Bardeen에 의한) 첫 트랜지스터의 발명을 통해 Shannon의 이론을 실용적으로 사용하기 위해 더 축소되고, 더 강력하며, 잡음이 더 적은 회로를 설계하고 실현하기 위한 방법이 가능하게 되었다. 1971년 3월 인공위성 Mariner IX 우주선의 발사는 오류정정부호를 갖춘 공식적인 NASA의 첫 번째 임무였으며 화성으로부터 전송된 사진을 신뢰도 있게 복원하였다.

오늘날 우리는 디지털과 멀티미디어 통신의 시대에 살고 있다. 메인 프레임과 가정용 컴퓨터 연결을 위한 첫 번째 전화 모뎀은 AT&T Bell Labs에서 1962년 개발되었고, 일반 전화 단말기로 접속하기 위해 음향 결합기를 사용한다. 음향 결합기는 잘 들리는 톤으로 로컬 컴퓨터의 데이터를 전환시키고, 전화선을 통해 신호음을 전송하기 위해 일반 전화 마이크로폰을 사용한다. 결합기는 전화 헤드폰을 통해 중앙컴퓨터 데이터를 받고, 300bit/s 이하의 속도로 로컬 컴퓨터 단말기에 데이터를 비트로 변환한다. (1958년 Jack Kilby가 처음 발명한)집적회로와 디지털 통신 기술의 급속한 발전은 1990년대에 56kbit/s로 링크 속도를 증가시켰다. 2000년에 무선 로컬 지역 네트워크(WLAN) 모뎀은 11Mbit/s로 속도를 올리는 컴퓨터를 연결하기 위해 개발되었다. 신용카드 크기의 상업적인 WLAN 모뎀은 최초로 IEEE 802.11b에 표준화되었다.

셀룰러 시스템은 기술이 발전하면서 개조되었다. 셀룰러의 개념은 Bell Labs에서 1947년 개발되었는데 상업적인 시스템이 1983년까지는 사용되지 못했었다. 1980년대의 "모바일"폰은 부피가 크고, 비쌌었기 때문에, 주로 회사업무를 위해 사용되었다. 1983년 모토로라에서 개발되고 DynaTAC 8000X로 알려진 세계 최초의 휴대전화는 무게가 28온스(약 800g)정도였으며, '벽돌'이라는 닉네임을 얻었으며, 가격은 3,995달러까지 판매되었다. 이 아날로그 전화기는 기본적으로 음성에 대해서만 양방향 FM 무선이 가능했다. 오늘날 휴대전화는 멀티미디어, 다기능 장치이다. 음성통신에 대해서만이 아니라 이메일을 보내거나 받을 수 있고, 웹사이트를 접속할 수 있고, 비디오를 볼 수 있는 유용한 장치이다. 셀룰러 장치는 이제 매우 휴대하기 편하고 무게도 몇 온스되지 않는다. 과거와 같지 않게 휴대전화는 이제 대중을 위한 것이다. 사실 유럽은 인구수보다 휴대전화수가 더 많으며, 아프리카에서도 성인의 13%가 각각 휴대전화를 소유하고 있다.

역사를 통틀어, 인간 문명의 진보는 전자통신의 기술적인 진보와 불가분의 관계에 있다. 전자통신은 거의 모든 주요 역사적 사건의 중요한 역할을 하고 있다. 전자통신이 오늘날 우리가 살고 있고 우리의 미래를 정의하기 위해 지속될 세상에 우리의 삶의 모습에 도움을 준다고 진술하는 것은 더 이상 과장이 아닐 것이다. 그러므로 저자들은 이 책이 전자통신 기술에 많은 학생들의 흥미와 관심을 가지도록 도와 줄 수 있다면 더 이상 바람이 없을 것이다. 현대 디지털과 아날로그 통신 시스템의 기본 원리를 제공함으로써, 저자들은 미래에 통신 과학자 또는 공학자가 될 학생들의 훈련을 위한 견고한 토대가 제공되길 간절히 희망한다.

참고문헌

1. M. G. Murray, "Aimable Air/Sea Rescue Signal Mirrors," *The Bent of Tau Beta Pi*, pp. 29–32, Fall 2004.
2. B. Bunch and A. Hellemans, Eds., *The History of Science and Technology: A Browser's Guide to the Great Discoveries, Inventions, and the People Who Made Them from the Dawn of Time to Today*, Houghton Mifflin, Boston, 2004.
3. C. E. Shannon, "A Mathematical Theory of Communications," *Bell Syst. Tech. J.* part I: pp. 379–423; part II: 623–656, July 1948.
4. S. Lin and D. J. Costello Jr., *Error Control Coding*, 2nd ed., Prentice Hall, Upper Saddle River, NJ, 2004.

02 신호와 신호공간

본 장에서는 기본적인 신호의 개념들에 대하여 고찰한다. 신호들은 시스템에 의해서 처리되기 때문에 신호와 시스템이라는 용어들을 설명함으로서 시작한다.

○ 신호

함축된 의미로서의 신호는 정보 또는 데이터의 집합이다. 예를 들면 전화 또는 텔레비전 신호, 회사의 월간 판매 또는 주식시장의 마감 장세(다우존스 평균)와 같은 것이다. 이러한 모든 경우에 신호들은 독립 변수인 시간의 함수들이다. 그러나 항상 신호들이 시간의 함수인 것은 아니다. 실례로 전하가 어떠한 표면에 분포될 때 신호는 시간보다는 오히려 공간 함수인 전하밀도가 된다. 이 책의 대부분은 시간의 함수인 신호들만을 다룬다. 그러나 이러한 고찰은 다른 독립 변수들에도 동일하게 적용된다.

○ 시스템

신호는 신호를 수정하거나 신호로부터 부가적인 정보를 추출하는 **시스템**에 의해서 처리된다. 예를 들면 고사포 사수는 이동 중인 적의 위치를 미리 알기 위해 레이더로 추적한다. 고사포 사수는 레이더 신호로부터 표적의 지나간 위치와 속도를 알 수 있다. 레이더 시스템은 신호(입력)를 적절히 처리함으로써 미래의 표적 위치를 대략적으로 추정할 수 있다. 그러므로 시스템은 다른 신호의 집합(**출력**)을 산출하기 위해 신호의 집합(**입력**)을 처리하는 엔티티이다. 시스템은 전기, 기계 또는 수력시스템(하드웨어 구현)과 같은 물리적인 요소들로 구성되거나 입력 신호로부터 출력신호를 계산하는 알고리즘(소프트웨어 구현)이 될 것이다.

2.1 신호 에너지

어떤 엔티티의 크기는 신호의 세기를 나타내는 양(量)이다. 일반적으로 신호는 시간에 따라 변화한다. 표준이 되는 수의 집합에서 신호세기의 측정은 1옴(ohm) 저항에 걸친 전압과 같이 신호 $g(t)$로 정규화하여 나타낼 수 있다. 신호 $g(t)$의 **신호 에너지** E_g는 저항에서의 전압 $g(t)$로 분산된 에너지와 같이 정의한다. 더욱 정확히 표현하자면, E_g(실신호에 대해)는 다음과 같이 정의할 수 있다.

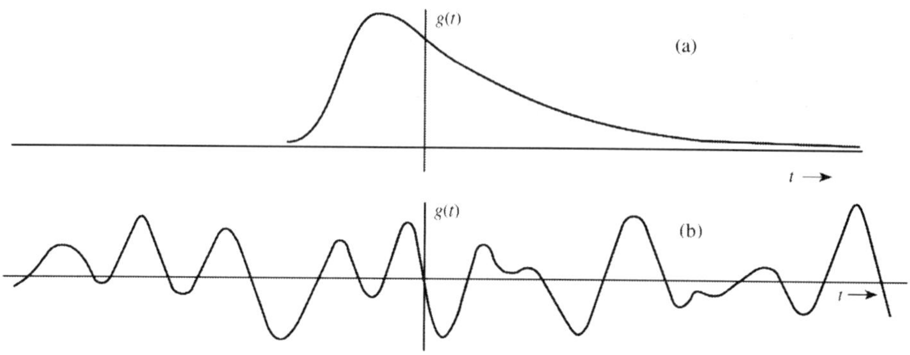

▸▸ 그림 2.1 신호의 예 (a) 유한 에너지 신호 (b) 유한 전력 신호

$$E_g = \int_{-\infty}^{\infty} g^2(t)\, dt \tag{2.1}$$

이 정의는 복소수 값을 가지는 신호 g(t)에 대해서 다음과 같이 일반화할 수 있다.

$$E_g = \int_{-\infty}^{\infty} |g(t)|^2\, dt \tag{2.2}$$

○ 신호 전력

신호 크기의 측정이 의미 있기 위해서는 신호 에너지는 유한해야만 한다. 에너지가 유한하기 위한 필요 조건은 그림 2.1a에서처럼 $|T| \to \infty$ 임에 따라 신호 진폭 $\to 0$ 이어야 한다. 반면에 식 (2.1)에서의 적분은 수렴하지 않는다.

g(t)의 진폭이 시간이 무한대로 감에 따라 0으로 수렴하지 않는다면 신호 에너지는 무한대가 된다(그림 2.1b). 이러한 경우에 신호 크기에 대한 좀 더 의미있는 척도는 에너지(존재한다면)의 시간 평균, 즉 다음과 같이 정의되는(실신호에 대해) 평균 전력 P_g가 될 것이다.

$$P_g = \lim_{T\to\infty} \frac{1}{T} \int_{-T/2}^{T/2} g^2(t)\, dt \tag{2.3}$$

위의 정의를 복소 신호 g(t)에 대하여 다음과 같이 일반화할 수 있다.

$$P_g = \lim_{T\to\infty} \frac{1}{T} \int_{-T/2}^{T/2} |g(t)|^2\, dt \tag{2.4}$$

신호 전력 P_g는 신호 진폭 제곱의 시간평균이며, g(t)의 **제곱평균**(mean square) 값으로 관찰된다. 실제적으로 P_g의 제곱근은 보통 **제곱평균제곱근**(root mean square) 값이다.

무한대에 가까운 긴 시간 간격 상에서 평균된 엔티티의 평균값은 엔티티가 주기적이거나 통계적인 규칙성을 가져야만 존재할 수 있다. 그러나 이러한 조건을 만족하지 않는다면 평균은 존재하지 않을 것이다. 실례로, 램프신호 $g(t)=t$는 $|t|\to\infty$에 따라 무한히 증가하기 때문에 이 신호에 대한 에너지나 전력은 존재하지 않는다.

○ 신호 에너지와 신호 전력의 단위

신호 에너지와 신호 전력의 표준 단위는 와트(Watt)와 줄(Joule)이다. 그렇지만, 관례적으로 신호 전력의 표현으로 로그 스케일을 자주 사용한다. 이 표기법은 신호 전력이 크거나 작을 때 많은 소수자리로 인한 표현의 문제를 해결할 수 있다. P와트의 평균 전력을 갖는 신호는 $[10 \cdot \log_{10} P]$ dBw 또는 $[30+10 \cdot \log_{10} P]$ dBm의 전력을 갖는다고 할 수 있다. 예를 들어, 표준 십진법에서 10^{-6}의 신호 전력은 −30 dBm으로 표현할 수 있다.

● 예제 2.1

그림 2.2에서 신호의 알맞은 측정법을 결정하시오.

풀이 그림 2.2a에서 신호는 $|t|\to\infty$에 따라 0으로 수렴한다. 그러므로 이 신호에 대한 알맞은 측정법은 에너지 E_g이며, 다음과 같이 계산된다.

$$E_g=\int_{-\infty}^{\infty} g^2(t)dt=\int_{-1}^{0}(2)^2 dt+\int_{0}^{\infty}4e^{-t}dt=4+4=8$$

그림 2.2b의 신호는 $|t|\to\infty$에 따라 0으로 수렴하지 않는다. 그러나 신호가 주기적이므로 이 신호의 전력은 존재한다. 신호 전력을 결정하기 위하여 식 (2.3)을 이용할 수 있다. 주기 신호는 매 주기(이 경우는 2초)마다 규칙적으로 반복되므로 주기 신호에 대한 과정을 간단히 할 수 있다. 따라서 무한히 큰 간격에 대한 $g^2(t)$의 평균은 한 주기에 대하여 신호를 평균화하는 것과 같다. 따라서 P_g는 다음과 같다.

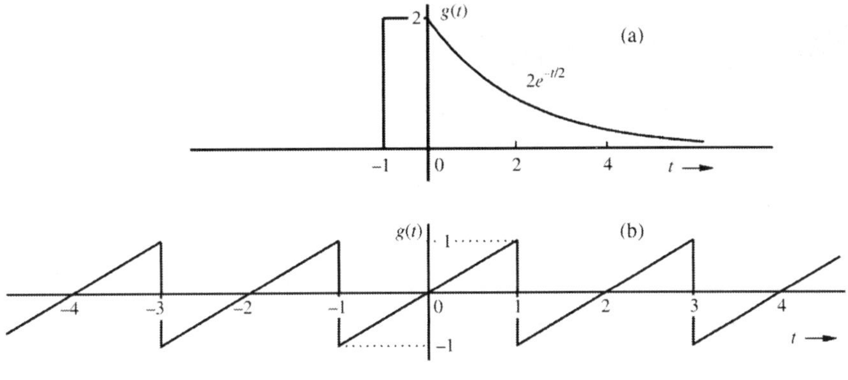

▸▸ 그림 2.2 예제 2.1에 대한 신호

$$P_g = \frac{1}{2}\int_{-1}^{1} g^2(t)dt = \frac{1}{2}\int_{-1}^{1} t^2 dt = \frac{1}{3}$$

신호 전력은 제곱평균값의 제곱임을 상기해야 한다. 그러므로 이 신호의 제곱평균값은 $\frac{1}{\sqrt{3}}$ 이다.

2.2 신호의 분류

신호에는 몇 가지 종류가 있다. 여기서는 이 책의 범위에 적합한 다음과 같은 종류만을 고려할 것이다.

1. 연속시간 신호와 이산시간 신호
2. 아날로그 신호와 디지털 신호
3. 주기 신호와 비주기 신호
4. 에너지 신호와 전력 신호
5. 결정 신호와 랜덤 신호

2.2.1 연속시간 신호와 이산시간 신호

모든 시간 t의 값으로 기술되는 신호를 **연속시간 신호**(그림 2.3a)라 하고, 시간 t=nT의 이산값만으로 기술되는 신호를 **이산시간 신호**(그림 2.3b)라 한다. 오디오와 비디오 카메라의 출력은 연속시간 신호이고, 반면에 분기별 국내 총 생산(GDP), 회사의 월 판매 및 주식 시장의 일일 평균은 이산시간 신호이다.

2.2.2 아날로그 신호와 디지털 신호

종종 연속시간의 개념은 아날로그의 개념과 혼동된다. 이 두 개념은 같지 않다. 이산시간의 개념과 디지털의 개념은 같다. 신호의 진폭이 연속적인 범위에서 어떠한 값을 가질 수 있는 신호는 **아날로그 신호**이다. 이것은 아날로그 신호의 진폭이 무한히 많은 값을 가질 수 있다는 것을 의미한다. 반면에 신호의 진폭이 단지 유한개의 값만을 가질 수 있는 신호는 **디지털 신호**이다. 디지털 컴퓨터와 관련된 신호들은 이 신호들이 단지 2개의 값(2진 신호)만을 가지기 때문에 디지털이 된다. 디지털로 될 수 있는 신호에서는 신호 값의 개수가 2개로 제한될 필요는 없다. 즉 몇몇 유한개의 신호 값의 개수가 될 수 있다. M개의 진폭값을 갖는 디지털 신호를 ***M*진** 신호라 하며 2진(M=2)인 경우는 특별한 경우이다.

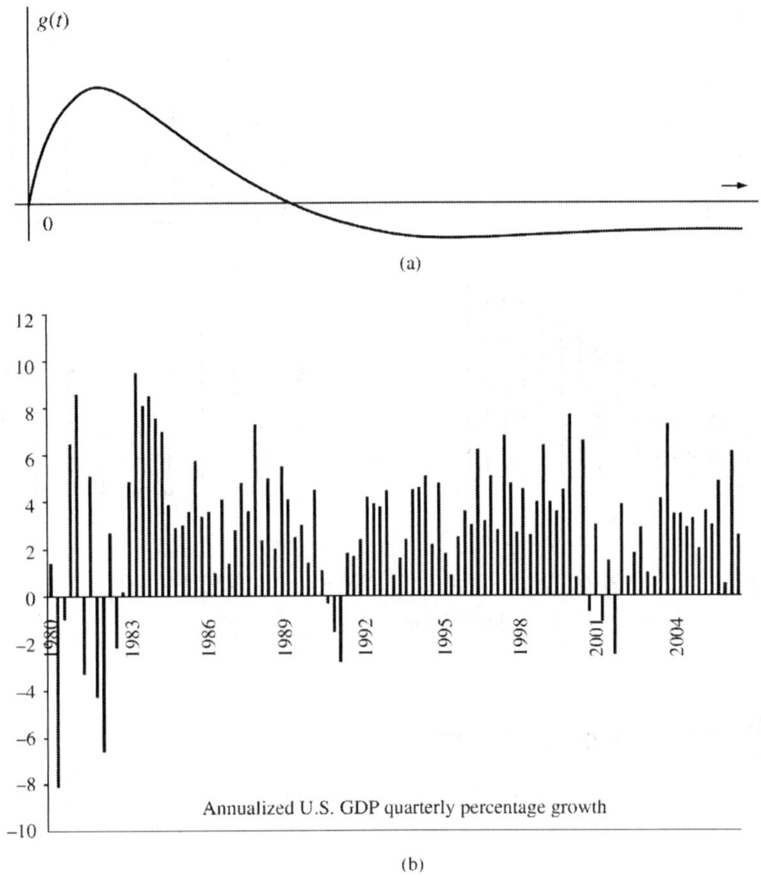

▸▸ 그림 2.3 (a) 연속 시간 신호 (b) 이산 시간 신호

연속시간과 이산시간이란 용어는 시간(수평)축을 따라서 신호의 특성을 제한한다. 반면에 아날로그와 디지털이란 용어는 신호 진폭(수직축)의 특성을 제한한다. 그림 2.4는 다양한 형태의 신호 예제를 보여주고 있다. 이 그림은 아날로그 신호가 연속시간을 필요로 하지 않는다는 것과 디지털 신호가 이산시간일 필요는 없다는 것을 분명히 하고 있다. 그림 2.4c는 아날로그이지만 이산시간 신호인 예를 보여주고 있다. 아날로그 신호는 6장에 설명될 양자화(Quantization)를 통해 디지털 신호[아날로그-디지털(A/D) 변환]로 변환될 수 있다.

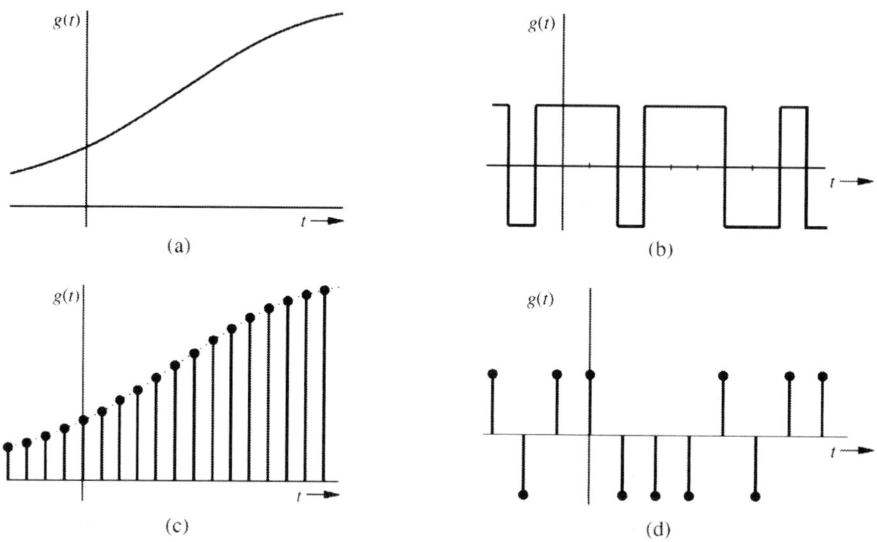

▸▸ 그림 2.4 신호의 예 (a) 아날로그, 연속신호 (b) 디지털, 연속신호 (c) 아날로그, 이산신호 (d) 디지털, 이산신호

2.2.3 주기 신호와 비주기 신호

양(+)의 상수 T_0에 대하여 신호 g(t)가 다음과 같다면, 신호 g(t)를 **주기적**이라고 할 수 있다.

$$g(t) = g(t + T_0) \quad \text{for all } t \tag{2.5}$$

주기 조건인 식 (2.5)을 만족하는 **가장 작은** T_0의 값을 g(t)의 **주기**라 한다. 그림 2.2b의 신호는 주기가 2인 주기 신호이다. 신호가 주기적이지 않다면 그 신호를 **비주기 신호**라 한다. 그림 2.2a의 신호는 비주기 신호이다.

정의에 따라, 주기 신호 g(t)는 한 주기 시간 천이가 되어도 여전히 변하지 않는다. 이것은 주기 신호가 어떤 유한 순간, 즉 t=0에서 시작을 한다면 시간 천이된 신호 g($t+T_0$)는 $t \to -T_0$에서 시작을 할 것이고, g($t+T_0$)는 g(t)와 같지 않을 것이기 때문에 주기 신호는 반드시 $t \to -\infty$에서 시작되어야 한다는 것을 의미한다. 그러므로 정의에 의해서 **주기 신호**는 그림 2.5에서와 같이 반드시 **$-\infty$에서 시작해야만 하고 ∞까지 계속되어야만** 한다. T_0의 정수배로 천이되는 주기 신호가 여전히 변하지 않는다는 것을 알 수 있다. 그러므로 g(t)를 주기가 mT_0인 주기 신호로 간주해도 될 것이다. 여기서 m은 임의의 정수이다. 그러나 정의에 의해서 주기는 주기 조건인 식 (2.5)을 만족하는 가장 작은 간격이 된다. 그러므로 T_0가 주기가 된다.

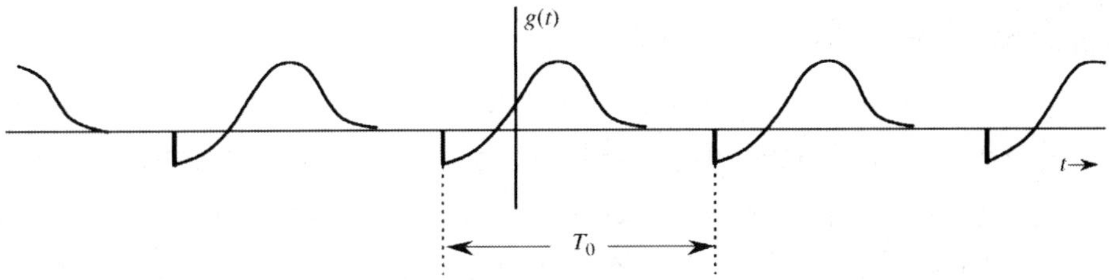

▸▸ 그림 2.5 주기가 T_0인 주기 신호

2.2.4 에너지 신호와 전력 신호

유한한 에너지를 갖는 신호를 **에너지 신호**라 하고, 유한한 전력을 갖는 신호를 **전력 신호**라 한다. 바꾸어 말하면, 다음과 같은 경우에 신호 g(t)는 에너지 신호이다.

$$\int_{-\infty}^{\infty} |g(t)|^2\, dt < \infty \tag{2.6}$$

유사하게, 유한하고 0이 아닌 전력을 가진 신호를 전력 신호라 한다. 바꾸어 말하면, 다음과 같은 경우에는 전력 신호가 된다.

$$0 < \lim_{T\to\infty} \frac{1}{T} \int_{-T/2}^{T/2} |g(t)|^2\, dt < \infty \tag{2.7}$$

그림 2.2a와 2.2b의 신호는 각각 에너지 신호와 전력 신호의 한 예이다. 전력은 에너지의 시간 평균임을 알 수 있다. 무한히 큰 간격으로 평균을 취하였기 때문에 유한한 에너지를 갖는 신호는 전력이 0이 되며, 유한한 전력을 가진 신호는 에너지가 무한하게 된다. 그러므로 신호는 에너지 신호인 동시에 전력 신호일 수가 없다. 반면에 에너지 신호도 전력 신호도 아닌 신호들은 존재한다. 램프 신호가 그러한 예이다.

○ 주석

실제 삶에서 관측되는 모든 신호는 에너지 신호이다. 이에 반해 전력 신호는 반드시 무한한 주기를 가져야만 한다. 만약 그렇지 않다면 신호의 평균 에너지(무한히 큰 간격에서의 평균)인 전력신호는 어떤 극한(0이 아닌)으로 접근하지 않을 것이다. 전력 신호는 무한한 지속시간과 무한한 에너지를 갖기 때문에 실제로 전력 신호를 발생시킨다는 것은 절대로 불가능하다.

또한 주기적으로 반복되기 때문에 한 주기 동안에 $|g(t)|^2$ 아래의 면적이 유한하게 되는 주기 신호들은 전력 신호들이 된다. 그러나 모든 전력 신호들이 주기 신호들인 것은 아니다.

2.2.5 결정 신호와 랜덤 신호

수학적인 형태나 그래픽 형태로 신호의 물리적인 기술을 완전하게 알 수 있는 신호를 **결정 신호**라 한다. 신호를 완전한 수학적 기술이나 그래픽적 기술보다는 오히려 평균값, 제곱평균값 등등과 같은 확률적으로만 기술되는 신호를 **랜덤 신호**라 한다. 실제 접하게 되는 대부분의 잡음 신호들은 랜덤 신호들이다. 이후에 설명될 것과 같이, 모든 메시지 신호들은 정보를 전송하기 위한 신호가 다소 불확실성(랜덤성)을 가져야만 하기 때문에 랜덤 신호들이 된다. 랜덤 신호의 전송은 이후의 장에서 고찰할 것이다.

2.3 단위 임펄스 함수

단위 임펄스 함수 $\delta(t)$는 신호와 시스템을 공부하는데 있어서 가장 중요한 함수 중의 하나이다. 단위 임펄스 함수는 정의와 응용에 많은 편의성을 제공하지만 순수 수학에서는 허용하지 않는다.

단위 임펄스 함수 $\delta(t)$는 P. A. M Dirac("Dirac delta"로 알려져 있는)을 사용하여 우선 정의된다.

$$\delta(t) = 0, \quad t \neq 0 \tag{2.8}$$

$$\int_{-\infty}^{\infty} \delta(t)\,dt = 1 \tag{2.9}$$

그림 2.6에서 볼 수 있는 것과 같이, 임펄스는 단위 면적을 가지는 크고 폭이 좁은 구형 펄스로 볼 수 있다. 이 구형 펄스의 폭은 아주 작은 값 ϵ가 된다. 구형 펄스의 높이는 $\epsilon \to 0$인 극한에서 아주 큰 값 $1/\epsilon$이 된다. 그러므로 단위 임펄스는 매우 작은 폭과 무한히 큰 높이를 가지며 전체 면적이 1인 구형 펄스로 간주할 수 있다*. 따라서 $t=0$ 이외의

▸▸ 그림 2.6 단위 임펄스와 그 근사화

* 또한 임펄스 함수는 지수 펄스, 삼각 펄스 또는 가우시안 펄스와 같은 다른 형태의 펄스들로 근사화될 수 있다.

정의되지 않은 모든 시간에 대해서 $\delta(t)=0$이 된다. 이러한 이유로 단위 임펄스는 그림 2.6a에서와 같이 창같은 심볼로 표현된다.

○ 임펄스에 의한 함수의 곱

이제 단위 임펄스 함수 $\delta(t)$와 $t=0$인 순간에 연속적인 함수 $\phi(t)$를 곱할 때 무슨 일이 일어나는 지를 생각해 보자. 임펄스는 $t=0$인 순간에만 존재하고 $t=0$에서 $\phi(t)$의 값은 $\phi(t)$가 되기 때문에 두 함수의 곱은 다음과 같다.

$$\phi(t)\delta(t) = \phi(0)\delta(t) \tag{2.10a}$$

유사하게, 임펄스 $\delta(t-T)$를 $\phi(t)$에 곱한다면($t=T$에 위치한 임펄스), 다음과 같이 된다.

$$\phi(t)\delta(t-T) = \phi(T)\delta(t-T) \tag{2.10b}$$

$\phi(t)$는 $t=T$와 같이 정의된다.

○ 단위 임펄스 함수의 표본화 특성

식 (2.10)로부터 $\phi(t)$가 $t=0$에서 연속이라면, 다음과 같이 쓸 수 있다.

$$\int_{-\infty}^{\infty} \phi(t)\delta(t-T)\,dt = \phi(T)\int_{-\infty}^{\infty} \delta(t-T)\,dt = \phi(T) \tag{2.11a}$$

이 결과는 임펄스 $\delta(t)$와 어떤 함수를 곱한 아래 면적은 단위 임펄스가 위치한 순간에서 그 함수의 값과 같다는 것을 의미한다. 이것은 매우 중요하고 유용한 특성으로 단위 임펄스의 **표본화 특성**(또는 체질 특성)으로 알려져 있다.

T의 값과 적분 제한에 따라 임펄스 함수는 적분 제한 안에 존재할 수도 있고 존재하지 않을 수도 있다. 그러므로 다음과 같이 정의할 수 있다.

$$\int_a^b \phi(t)\delta(t-T)\,dt = \phi(T)\int_a^b \delta(t-T)\,dt = \begin{cases} \phi(T) & a \le T < b \\ 0 & T < a \le b,\ \text{or}\ T \ge b > a \end{cases} \tag{2.11b}$$

○ 단위 계단 함수 $u(t)$

또 하나의 친숙하고 유용한 함수는 종종 회로의 분석에 쓰이는 **단위 계단 함수** $u(t)$이다. 이는 그림 2.7a로 정의된다.

$$u(t) = \begin{cases} 1 & t \ge 0 \\ 0 & t < 0 \end{cases} \tag{2.12}$$

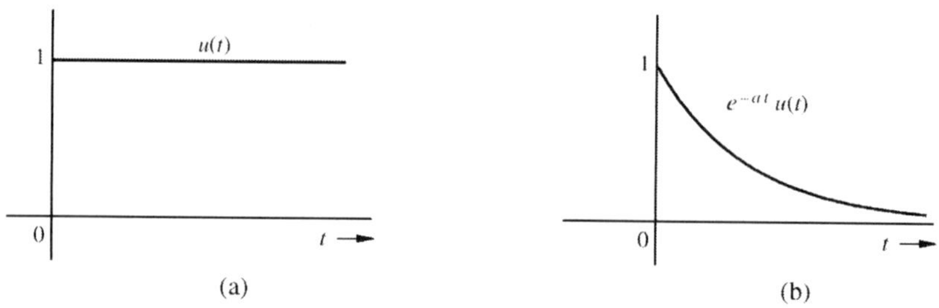

▸▸ 그림 2.7 (a) 단위 계단함수 $u(t)$ (b) Causal 지수 $e^{-at}u(t)$

신호가 $t=0$에서 시작되기를 원한다면($t<0$에서 0의 값이 되도록 하기 위해) 단지 이 신호에 $u(t)$를 곱해주기만 하면 된다. $t=0$ 이후에 시작하는 신호를 **Causal 신호**라 한다. 바꾸어 말하면 $g(t)$가 다음과 같다면, 이 $g(t)$는 Causal 신호가 된다.

$$g(t)=0 \qquad t<0$$

신호 e^{-at}는 $t=-\infty$에서 시작하는 지수함수를 나타낸다. 이 신호가 $t=0$에서 시작되기를 원한다면(Causal 형태), $e^{-at}u(t)$로서 표현할 수 있다(그림 2.7b). 그림 2.6b로부터 $\delta(t)$를 극한 형태로 취할 경우 $-\infty$에서 t까지의 면적은 $t<0$인 경우에는 0이 되고, $t\geq 0$인 경우에는 1이 된다. 그 결과,

$$\int_{-\infty}^{t}\delta(\tau)\,d\tau=\begin{cases}0, & t<0\\ 1, & t\geq 0\end{cases}$$
$$=u(t) \tag{2.13a}$$

이 결과로부터 다음과 같이 나타 낼 수 있다.

$$\frac{du}{dt}=\delta(t) \tag{2.13b}$$

2.4 신호와 벡터

신호와 벡터 사이는 강한 연관성을 가지고 있다. 어떤 신호가 유한 개의 순간시간(N이라 하자)에 대해 정의될 때, 그 신호는 벡터(N차원)로 표현할 수 있다. 그러므로 신호 $g(t)$는 $[a, b]$의 한정된 시간 구간으로 정의하여 생각해야 한다. 시간 구간 $[a, b]$에서 일률적인 N지점을 선택하면 다음과 같다.

$$t_1 = a,\ t_2 = a + \epsilon,\ t_3 = a + 2\epsilon,\ t_N = a + (N-1)\epsilon = b,\ \epsilon = \frac{b-a}{N-1}$$

N차원 벡터와 같이 신호 벡터 g는 다음과 같이 쓸 수 있다.

$$\mathrm{g} = [\mathrm{g}(t_1)\ \mathrm{g}(t_2)\ \cdots\ \mathrm{g}(t_N)]$$

여기서, 순간 시간 N으로 확장되어 표본화된 신호 벡터 g는 증가할 것이다. 결국, $N \to \infty$ 라면, 신호 값은 무한히 긴 차원의 벡터 g형태로 변한다. 왜냐하면, $\epsilon \to 0$일 때 신호 벡터 g는 구간 $[a, b]$에서 정의된 연속 시간 신호 g로 변화할 것이다. 바꾸어 말하면,

$$\lim_{N \to \infty} \mathrm{g} = \mathrm{g}(t) \qquad t \in [a,\ b]$$

이러한 관계를 알기 쉽게 나타내면 연속 시간 신호는 유한한 차원 벡터의 간단한 일반화라 할 수 있다. 그러므로 벡터 공간에서의 연산이나 기초 정의는 연속 시간 신호를 통하여 응용할 수 있다. 여기서 가장 중요한 것은 유한한 차원 벡터 공간과 연속적인 시간 신호 공간 사이의 연결이다. 앞으로 벡터는 굵은 활자의 형식을 사용하여 나타낼 것이다. 예를 들어 **x**는 진폭이나 길이가 $\|\mathbf{x}\|$인 어떤 벡터이다. 벡터는 진폭과 방향을 갖는다. 벡터 공간에서 벡터 **g**와 **x**의 실제 값의 내적은 식 (2.14)와 같이 정의할 수 있다.

$$<\mathbf{g},\ \mathbf{x}> = ||\mathbf{g}|| \cdot ||\mathbf{x}|| \cos\theta \tag{2.14}$$

여기서 θ는 벡터 **g**와 **x** 사이의 각(角)이다. 이 정의를 이용하여 $\|\mathbf{x}\|$를 표현하면, 벡터 **x**의 길이(표준)는 식 (2.15)처럼 나타낼 수 있다.

$$||\mathbf{x}||^2 = <\mathbf{x},\ \mathbf{x}> \tag{2.15}$$

이것은 표준화된 벡터 공간이다.

2.4.1 벡터의 성분

그림 2.8에서 나타난 두 벡터 **g**와 **x**를 고려해 보자. **x**상에서 **g**의 성분을 $c\,\mathbf{x}$라 하자. 기하학적으로 **x**상에서 **g**의 성분은 **x**상에 **g**를 산출한 것이고(그림 2.8), **g**의 끝으로부터 벡터 **x**상에 수직으로 그리면 구해진다. 다른 벡터 상에서 임의의 벡터의 성분이 수학적으로 어떠한 중요성을 지니고 있는가? 그림 2.8과 같이, 벡터 **g**는 다음과 같이 벡터 **x**로 표현될 수 있다.

$$\mathbf{g} = c\mathbf{x} + \mathbf{e} \tag{2.16}$$

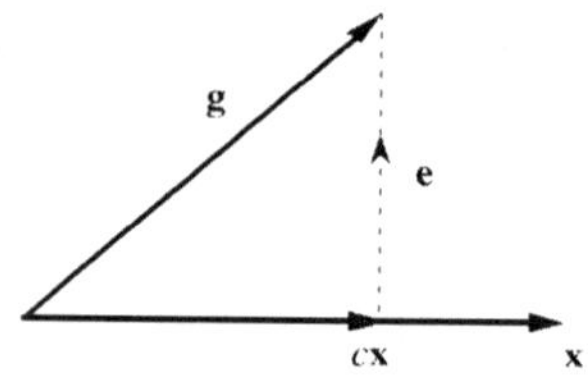

▶▶ 그림 2.8 다른 벡터를 가지는 성분(산출)

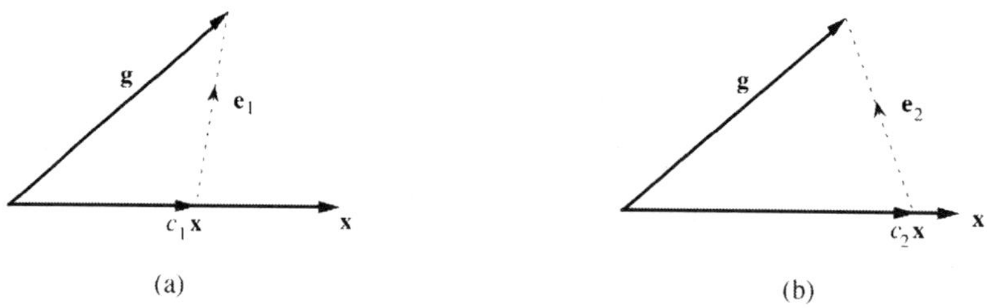

▶▶ 그림 2.9 다른 벡터의 형태에서 벡터의 근사화

그러나 이러한 표현이 **g**를 **x**의 형태로 표현하는 유일한 방법은 아니다. 그림 2.9는 가능한 무수히 많은 방법들 중에 2가지 방법을 보여준다. 그림 2.9a와 b로부터 **g**를 다음과 같이 쓸 수 있다.

$$\mathbf{g} = c_1\mathbf{x} + \mathbf{e}_1 = c_2\mathbf{x} + \mathbf{e}_2 \tag{2.17}$$

****질문** : 최고의 분해는 어떤 것인가? 두 개의 성분에서 분해한 **g**를 사용하여 얻고자 하는 것이 어떤 것인가에 따른 최적화의 개념이 세 가지 표현들 각각에서 **g**는 **x**의 **오류 벡터**라고 하는 또 다른 벡터를 더한 형태로 표현된다. **g**를 $c\mathbf{x}$로 근사화시킨다면(그림 2.8) **g**는 다음과 같다.

$$\mathbf{g} \simeq \hat{\mathbf{g}} = c\mathbf{x} \tag{2.18}$$

이 근사화에서의 오류는 벡터 $\mathbf{e} = \mathbf{g} - c\mathbf{x}$가 된다. 유사하게, 그림 2.9a와 b에서의 근사화 오류는 $\mathbf{e}_1$과 $\mathbf{e}_2$가 된다. 그림 2.15에서의 근사화가 잘된 점은 오류 벡터가 가장 작다는 것이다. 그림 2.8에서의 근사화는 오류 벡터는 매우 짧기 때문에 특별하다 할 수 있다(매우 작은 크기나 평균과 같이). 수학적으로 **x**상에 벡터 **g**의 성분(또는 산출)을 $c\mathbf{x}$로 정의할 수 있다. 여기서 c는 오류 벡터 $\mathbf{e} = \mathbf{g} - c\mathbf{x}$의 길이가 최소화되도록 선택된다. 기하학적으로, **x**상에 **g**성분의 크기는 $\|\mathbf{g}\|\cos\theta$이고, 또한 $c\|\mathbf{x}\|$도 동일하다. 그러므로

$$c \| \mathbf{x} \| = \| \mathbf{g} \| \cos\theta$$

두 벡터 사이의 내적의 정의에 기초해 $\| \mathbf{x} \|$ 를 양변에 곱하면

$$c \| \mathbf{x} \|^2 = \| \mathbf{g} \| \, \| \mathbf{x} \| \cos\theta = < \mathbf{g}, \mathbf{x} >$$

그리고

$$c = \frac{< \mathbf{g}, \mathbf{x} >}{< \mathbf{x}, \mathbf{x} >} = \frac{1}{||\mathbf{x}||^2} < \mathbf{g}, \mathbf{x} > \tag{2.19}$$

그림 2.8로부터 **g**와 **x**가 수직이거나 직교할 경우 **g**는 **x**상에서의 성분이 없다는 것이 분명하다. 결과적으로 $c = 0$이 된다. 식 (2.19)를 유심히 보면, 두 벡터 **g**와 **x**의 내적(스칼라적)이 0이면, 즉 다음과 같다면 이 두 벡터는 서로 직교한다고 정의할 수 있다.

$$< \mathbf{g}, \mathbf{x} > = 0 \tag{2.20}$$

2.4.2 신호 분해와 신호 성분

벡터 성분과 직교성에 대한 개념을 연속 시간 신호로 확장할 수 있다. 실신호 $g(t)$를 구간 $[t_1, t_2]$에서 또 하나의 실신호 $x(t)$의 형태로 근사화하는데 따른 문제점을 생각해 보자.

$$g(t) \simeq cx(t) \qquad t_1 \le t \le t_2 \tag{2.21}$$

근사화에서 오류 $e(t)$는 다음과 같다.

$$e(t) = \begin{cases} g(t) - cx(t) & t_1 \le t \le t_2 \\ 0 & \text{otherwise} \end{cases} \tag{2.22}$$

이제 "최적의 근사화"를 위한 기준을 선택한다. 신호 에너지가 신호의 크기를 측정할 수 있는 하나의 척도가 된다는 것을 알고 있다. 최적의 근사화를 위해서는 오류 신호를 최소화해야만 한다. 이것은 다음과 같이 주어지는 구간 $[t_1, t_2]$에서 신호 에너지 E_e를, 즉 신호의 크기를 최소화하는 것이다.

$$\begin{aligned} E_e &= \int_{t_1}^{t_2} e^2(t)\,dt \\ &= \int_{t_1}^{t_2} [g(t) - cx(t)]^2\,dt \end{aligned}$$

우변이 가상변수인 t에 대한 유한 적분이라는 것을 유의하라. 따라서 E_e는 매개변수 c (t가 아님)의 함수가 되고 적당한 c를 선택함으로서 E_e는 최소가 된다. E_e를 최소화하기 위한 필요조건은 다음과 같다.

$$\frac{dE_e}{dc}=0 \tag{2.23}$$

또는

$$\frac{d}{dc}\left[\int_{t_1}^{t_2}[g(t)-cx(t)]^2\,dt\right]=0$$

적분 내부의 제곱된 항을 확장하면 다음과 같다.

$$\frac{d}{dc}\left[\int_{t_1}^{t_2}g^2(t)\,dt\right]-\frac{d}{dc}\left[2c\int_{t_1}^{t_2}g(t)x(t)\,dt\right]+\frac{d}{dc}\left[c^2\int_{t_1}^{t_2}x^2(t)dt\right]=0$$

위의 식으로부터 다음을 얻을 수 있다.

$$-2\int_{t_1}^{t_2}g(t)x(t)\,dt+2c\int_{t_1}^{t_2}x^2(t)\,dt=0$$

그리고

$$c=\frac{\int_{t_1}^{t_2}g(t)x(t)\,dt}{\int_{t_1}^{t_2}x^2(t)\,dt}=\frac{1}{E_x}\int_{t_1}^{t_2}g(t)x(t)\,dt \tag{2.24}$$

이상을 요약하면, 신호 g(t)는 다음과 같이 다른 신호 x(t)로 근사화된다.

$$g(t)\simeq cx(t)$$

이 근사화에서 오류 신호의 에너지를 최소화하는 c의 최적값은 식 (2.24)로 주어진다.

벡터적으로 해석하면, 신호 g(t)는 성분 $cx(t)$를 포함한다고 말할 수 있고 여기서 c는 식 (2.24)에서 주어진다. 벡터 공간에서처럼 $c\,\mathbf{x}(t)$는 x(t)상에서의 g(t)의 산출이다. 벡터 공간 용어와 일치하도록, x(t)로부터의 신호 g(t)의 성분이 0(즉 $c=0$)이라면, 신호 g(t)와 x(t)는 구간 $[t_1, t_2]$에서 직교한다고 말할 수 있다. 바꾸어 말하면, 실신호에 관하여 두 신호 x(t)와 g(t)는 다른 하나의 신호로부터 영향을 받지 않을 때(즉, $c=0$) 직교 한다고 할 수 있다. 그러므로 x(t)와 g(t)는 다음의 경우에만 직교한다.

$$\int_{t_1}^{t_2} g(t)x(t)\,dt = 0 \tag{2.25}$$

그림 2.9에서 벡터의 예를 바탕으로 두 신호는 내적이 0인 경우에만 직교한다고 할 수 있다. 이것은 식 2.25의 적분은 벡터간의 내적인 개념과 밀접하게 관계되어있음을 보여준다. 실제적으로 두 개의 N 차원 벡터 **g**와 **x**의 내적에 관한 일반적인 정의는 다음과 같다.

$$<\mathbf{g}\cdot\mathbf{x}>=\sum_{i=1}^{N} g_i x_i$$

식 (2.25)의 적분 형태에서 대부분 일치한다. 그러므로 두 신호(실제 값) $g(t)$와 $x(t)$의 내적을 정의하고, 시각 구간을 $[t_1, t_2]$로 정의하면 다음과 같이 나타낼 수 있다.

$$< g(t),\ x(t) >= \int_{t_1}^{t_2} g(t)x(t)\,dt \tag{2.26}$$

대수 기하학에서 벡터 크기 $\|\mathbf{x}\|^2$의 제곱을 상기하여 보면 $<\mathbf{x},\mathbf{x}>$는 동일하다. 이 개념을 기억해 두고 벡터 분석의 유사성을 이어나가면 신호 $g(t)$의 평균은 다음과 같다.

$$||g(t)|| = \sqrt{< g(t),\ g(t) >} \tag{2.27}$$

이것은 시간구간에서 신호 에너지의 제곱근이다. 그러므로 신호의 평균은 유한한 차원의 벡터의 길이와 비슷하다. 더욱 일반적으로 신호는 연속 분할된 $[t_1, t_2]$*로 단순히 정의할 수는 없다.

● 예제 2.2

그림 2.10에 구형파 신호 $g(t)$에 대해, $\sin t$의 형태로 $g(t)$의 성분을 구하시오. 다시 말해, 오류 신호의 에너지가 최소가 되도록, $\sin t$의 형태로 $g(t)$를 근사화하시오.

$$g(t) \simeq c\sin t \qquad 0 \leq t \leq 2\pi$$

---

* 실제적으로 신호 공간을 Θ로 단순히 표현된 시간 분할의 집합으로 하기 위해 신중히 고려 중이다. 그렇게 하기 위하여 신호의 일반적인 공간과 내적은 시간 영역의 적분으로 정의한다. 복소값 신호를 위해 내적은 식 (2.28)로 변환된다.

$$< g(t),\ x(t) >= \int_{\Theta} g(t)x^*(t)\,dt \tag{2.28}$$

내적 정의로 얻어진 신호 평균 $\|g(t)\| = \sqrt{<g(t),g(t)>}$와 신호 공간은 시간 영역 신호를 위해 정의할 수 있다.

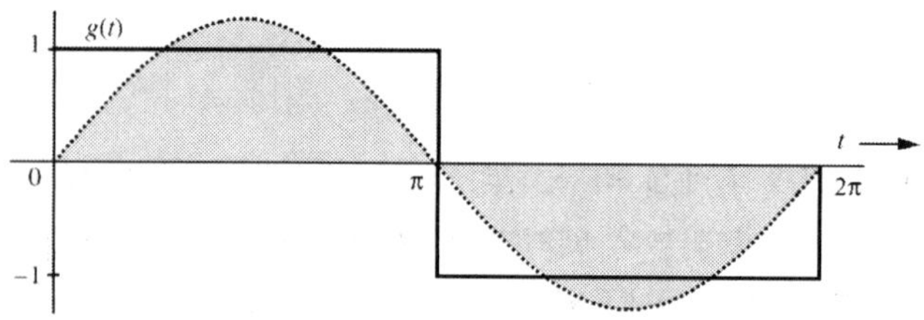

▸▸ 그림 2.10 구형파 신호를 단일 정현파 신호의 형태로 근사화

풀이 이러한 경우에,

$$x(t) = \sin t \quad \text{그리고} \quad E_x = \int_0^{2\pi} \sin^2 t \, dt = \pi$$

식 (2.24)로부터 다음을 구할 수 있다.

$$c = \frac{1}{\pi}\int_0^{2\pi} g(t)\sin t \, dt = \frac{1}{\pi}\left[\int_0^{\pi} \sin t \, dt + \int_{\pi}^{2\pi} (-\sin t) \, dt\right] = \frac{4}{\pi} \tag{2.29}$$

그러므로

$$g(t) \simeq \frac{4}{\pi}\sin t \tag{2.30}$$

다음 식은 함수 $\sin t$로 $g(t)$에 대한 최적의 근사화를 나타낸다. 즉 오류 에너지를 최소화할 것이다. $g(t)$의 정현파 성분을 그림 2.10에서 음영부분으로 나타내었다. 벡터와의 유사점으로 인하여, 그림 2.17에서의 구형파 함수는 신호 $\sin t$의 성분을 가지며, 이 성분의 크기는 $4/\pi$가 된다.

2.4.3 복소 신호 공간과 직교성

지금까지는 t에 대한 실함수로 제한을 했다. 이 결과들을 t에 대한 복소함수로 일반화하기 위해, 함수 $g(t)$를 구간 $(t_1 \le t \le t_2)$에서 함수 $x(t)$로 근사화하는 문제를 다시 생각해 보자.

$$g(t) \simeq cx(t) \tag{2.31}$$

여기서 $g(t)$와 $x(t)$는 t에 대한 복소함수이다. 일반적으로 계수 c와 오류는 복소수이다.

$$e(t) = g(t) - cx(t) \tag{2.32}$$

구간 $[t_1, t_2]$에서 복소신호 $x(t)$의 에너지 E_x가 다음과 같다는 것을 상기하라.

$$E_x = \int_{t_1}^{t_2} |x(t)|^2 dt$$

최적의 근사화를 위해서는 다음과 같이 주어지는 오류 신호 $e(t)$의 에너지 E_e를 최소화하는 c를 선택해야 한다.

$$E_e = \int_{t_1}^{t_2} |g(t) - cx(t)|^2 dt \tag{2.33}$$

또한, 다음과 같은 관계를 상기하라.

$$|u+v|^2 = (u+v)(u^* + v^*) = |u|^2 + |v|^2 + u^*v + uv^* \tag{2.34}$$

이 결과를 이용하여 몇가지 처리를 하면 식 (2.33)에서의 적분 E_e를 다음과 같이 표현할 수 있다.

$$E_e = \int_{t_1}^{t_2} |g(t)|^2 dt - \left| \frac{1}{\sqrt{E_x}} \int_{t_1}^{t_2} g(t)x^*(t)\,dt \right|^2 + \left| c\sqrt{E_x} - \frac{1}{\sqrt{E_x}} \int_{t_1}^{t_2} g(t)x^*(t)dt \right|^2$$

오른쪽 첫 번째 두 항은 c와는 독립적이기 때문에 세 번째 항을 0으로 만드는 c를 선택해야만 E_e가 최소화된다는 것은 명백하다. 그러므로 c는 다음과 같다.

$$c = \frac{1}{E_x} \int_{t_1}^{t_2} g(t)x^*(t)\,dt \tag{2.35}$$

이러한 결과로 미루어 보아 다음과 같이 복소수의 경우에서는 직교성을 재정의해야 한다. 즉 두 복소함수 $x_1(t)$와 $x_2(t)$는 다음과 같은 경우에 구간 $(t_1 \le t \le t_2)$에서 직교한다.

$$\int_{t_1}^{t_2} x_1(t)x_2^*(t)\,dt = 0 \quad \text{or} \quad \int_{t_1}^{t_2} x_1^*(t)x_2(t)\,dt = 0 \tag{2.36}$$

두 방정식 모두 똑같이 만족한다. 이것은 직교성에 대한 일반적인 정의이고, 이 함수들이 실수일 경우에는 식 (2.25)와 일치한다.

유사하게, 시간 영역 Θ에 관하여 복소 신호에 대한 내적의 정의는 다음과 같이 변형할 수 있다.

$$< g(t), x(t) >= \int_{\{t:t\in\Theta\}} g(t)x^*(t)\,dt \tag{2.37}$$

그 결과, 신호 g(t)의 평균은 다음과 같이 간단해진다.

$$||g(t)|| = \left[\int_{\{t:t\in\Theta\}} |g(t)|^2\,dt\right]^{1/2} \tag{2.38}$$

2.4.4 직교 신호들의 합의 에너지

두 직교 벡터의 합의 길이가 두 벡터를 제곱한 길이의 합과 같다는 것을 알고 있다. 그러므로 벡터 **x**와 **y**가 서로 직교하고 **z**= **x**+ **y**라면, 다음과 같이 쓸 수 있다.

$$||\mathbf{z}||^2 = ||\mathbf{x}||^2 + ||\mathbf{y}||^2$$

신호에 대해서도 유사한 결과를 얻을 수 있다. 두 직교 신호의 합의 에너지는 두 신호의 에너지의 합과 같다. 그러므로 신호 x(t)와 y(t)는 구간 $[t_1, t_2]$에서 서로 직교하고 z(t) = x(t) + y(t)라면, 다음과 같이 쓸 수 있다.

$$E_z = E_x + E_y \tag{2.39}$$

이제 실수 신호의 특별한 경우인 복소 신호에 대하여 이 결과를 증명한다. 식 (2.34)으로부터 다음과 같이 쓸 수 있다.

$$\begin{aligned}\int_{t_1}^{t_2} |x(t)+y(t)|^2\,dt &= \int_{t_1}^{t_2} |x(t)|^2\,dt + \int_{t_1}^{t_2} |y(t)|^2\,dt \\ &\quad + \int_{t_1}^{t_2} x(t)y^*(t)\,dt + \int_{t_1}^{t_2} x^*(t)y(t)\,dt \\ &= \int_{t_1}^{t_2} |x(t)|^2\,dt + \int_{t_1}^{t_2} |y(t)|^2\,dt\end{aligned} \tag{2.40}$$

위의 마지막 결과는 외적 $x(t)y^*(t)$와 $x^*(t)y(t)$의 두 적분이 0이 되는 직교성 때문이라는 사실에서 나온다. 이 결과를 서로 직교하는 몇몇 신호들의 합까지 확장할 수 있다.

2.5 신호의 상관

신호의 평균과 내적을 정의하는데 신호 비교를 기초로 할 것이다. 여기에서 다시 잘 알려져 있는 벡터 공간에 대한 개념을 고찰함으로써 얻어지는 이점을 소개할 것이다. 벡터 **g**가 벡터 **x**의 방향으로 큰 성분을 가진다면 두 벡터 **g**와 **x**는 유사하다고 할 수 있다. 다시 말해서 식 (2.19)에서 c 가 크면 벡터 **g**와 벡터 **x**는 유사하다. 벡터 **g**와 벡터 **x** 사이의 유사성에 대한 척도로서 c 를 고려할 수 있지만 그러한 척도는 불완전하다. 벡터 **g**와 벡터 **x** 사이에 유사성의 양은 벡터 **g**와 벡터 **x**의 길이에 독립적이어야만 한다. 예를 들어 벡터 **g**의 길이를 2배로 하더라도 벡터 **g**와 벡터 **x**사이에 유사성의 양은 변하지 않아야만 한다. 그러나 식 (2.26)에서는 벡터 **g**의 길이를 2배로 하면 c 의 값도 2배가 된다는 것을 알 수 있다(반면에 벡터 **x**의 길이를 2배로 하면 c 의 값은 절반이 된다). 이러한 척도는 명백히 불완전한 것이다. 두 벡터 사이의 유사성은 이 벡터들 사이의 각 θ 로 표현된다. 각 θ 가 작으면 작을수록 유사성은 더욱 크게 되고 이와 반대로 각 θ 가 크면 클수록 유사성은 더욱 작게 된다. 그러므로 유사성의 양은 편리하게 $\cos\theta$ 로 측정될 수 있다. $\cos\theta$ 가 크면 클수록 두 벡터 사이의 유사성은 더욱 커진다. 그래서 적당한 척도는 $\rho = \cos\theta$ 가 될 것이고, 다음과 같이 주어진다.

$$\rho = \cos\theta = \frac{<\mathbf{g},\ \mathbf{x}>}{||\mathbf{g}||\ ||\mathbf{x}||} \tag{2.41}$$

이 척도가 벡터 **g**와 벡터 **x**의 길이에 독립적이라는 것은 쉽게 증명될 수 있다. 이 유사성의 척도 ρ를 **상관 계수**라 하며, ρ는 다음의 값들 사이에서 측정된다.

$$-1 \le \rho \le 1 \tag{2.42}$$

따라서 ρ의 크기는 결코 1보다 크게 되지 않는다. 만약 두 벡터가 동일선 상에 있다면 유사성은 최대가 된다($\rho = 1$). 두 벡터가 동일선 상에 있지만 반대 방향이라면 유사성은 최소가 된다($\rho = -1$). 두 벡터가 서로 직교한다면 유사성은 0이 된다($\rho = 0$).

신호에 대한 유사성 지수(상관 계수)를 정의하는데 위와 같은 변수를 사용할 것이고 $-\infty$ 부터 ∞ 까지의 모든 시간에 대하여 신호들을 고려할 것이다. 신호 $g(t)$와 신호 $x(t)$의 에너지(크기)에 독립적인 c 를 만들기 위해서는 두 신호가 단위 에너지를 갖도록 정규화 시킴으로써 c 를 정규화 시켜야만 한다. 그러므로 식 (2.41)과 유사한 적당한 유사성 지수 ρ는 다음과 같이 주어진다.

$$\rho = \frac{1}{\sqrt{E_g E_x}} \int_{-\infty}^{\infty} g(t)x(t)\,dt \tag{2.43}$$

임의의 상수를 신호 g(t) 혹은 신호 x(t)에 곱한다 해도 유사성 지수는 어떠한 영향도 받지 않는다는 것을 알 수 있다. 이것은 유사성 지수가 신호 g(t)와 신호 x(t)의 크기(에너지)에 독립이기 때문이다. Cauchy-Schwarz 부등식(부록 B에 제공된)*을 이용하면 ρ의 크기가 결코 1보다 크지 않다는 것을 증명할 수 있다.

$$-1 \leq \rho \leq 1 \tag{2.44}$$

2.5.1 상관함수

의문의 물체를 검출하기 위해 신호 펄스를 전송하는 레이더의 신호 검출에서 상관의 응용을 고려해 보자. 물체가 존재한다면 펄스는 그 물체에 의해 반사되지만 물체가 존재하지 않는다면 반사되는 펄스는 존재하지 않을 것이다. 반사되는 펄스의 존재 유·무를 검출하여 물체의 존재 유·무를 확인할 수 있다. 전송 펄스와 수신(반사)되는 펄스의 시간 지연을 측정함으로서 물체의 거리를 결정할 수 있다. 전송 펄스와 반사 펄스를 각각 g(t)와 z(t)로 표기하자. 식 (2.43)을 사용하면 상관 계수 ρ를 다음과 같이 구할 수 있다.

$$\rho = \frac{1}{\sqrt{E_g E_z}} \int_{-\infty}^{\infty} z(t) g^*(t)\, dt = 0 \tag{2.45}$$

따라서 펄스들이 서로 분리(시간상에서 겹치지 않는)되어 있기 때문에 상관은 0이 된다. 식 (2.45)의 적분은 상대적인 시간 천이를 갖기 때문에 펄스들이 동일한 경우조차도 0이 될 것이다. 이러한 어려운 문제점을 피하기 위해서 전송 펄스 g(t)를 τ만큼 천이된 수신 펄스 z(t)와 비교한다. 몇몇 τ의 값에 대하여 큰 상관값이 존재한다면, 이 펄스의 존재를 검출할 수 있을 뿐만 아니라 g(t)에 대하여 z(t)의 상대적 시간 천이도 검출할 수 있다. 이러한 이유로 우변의 적분을 사용하는 대신에 두 복소 신호 g(t)와 z(t)의 **상호상관** 함수인 수정된 적분 $\Psi_{\mathrm{gz}}(\tau)$를 사용하고 다음과 같이 정의한다.

$$\psi_{gz}(\tau) \equiv \int_{-\infty}^{\infty} z(t) g^*(t-\tau)\, dt = \int_{-\infty}^{\infty} z(t+\tau) g^*(t)\, dt \tag{2.46}$$

그 결과, $\Psi_{\mathrm{gz}}(\tau)$는 τ초만큼 전진한(좌측 천이) z(t)와 g(t)의 유사성(상관)을 표시한다.

---

* Schwarz 부등식은 두 실수 에너지 신호 $g(t)$와 $x(t)$에 대하여 다음과 같다고 설명한다.

$\left[\int_{-\infty}^{\infty} g(t)x(t)\,dt\right]^2 \leq E_g E_x$ 여기서 $x(t) = K\mathrm{g}(t)$일 때만 등호가 성립하고 K는 임의의 상수이다.

복소 신호에 대해서도 이와 유사한 부등식이 존재한다.

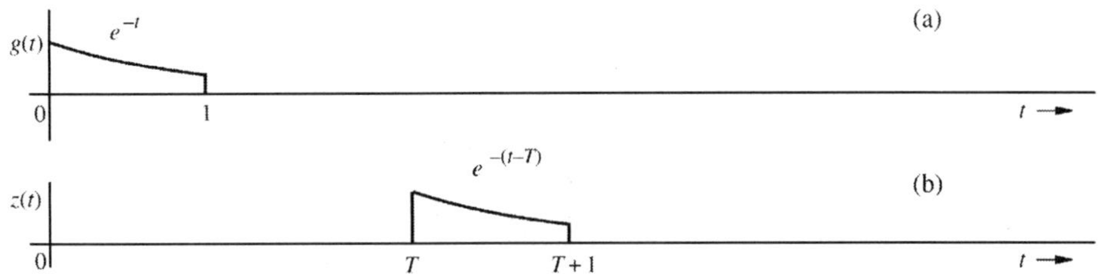

▶▶ 그림 2.11 자기상관 함수의 물리적 설명

2.5.2 자기상관 함수

그림 2.11에서 나타나 있는 것과 같이 그 자신과 같은 신호의 상관을 **자기상관**이라 한다. 실신호 $g(t)$의 자기상관 함수 $\Psi_g(\tau)$는 다음과 같이 정의된다.

$$\psi_g(\tau) \equiv \int_{-\infty}^{\infty} g(t)g(t+\tau)\,dt \tag{2.47}$$

자기상관함수는 자기 자신을 대신하여 설명하는 것처럼 신호 $g(t)$의 유사성을 측정한다. 3장에서는 자기상관함수가 그 신호의 유용한 스펙트럼 정보를 제공한다는 것을 설명할 것이다.

2.6 직교 신호 집합

이 절에서는 임의의 신호를 직교 신호의 합으로서 나타내는 하나의 방법을 설명할 것이다. 실제로는 명확한 신호 공간을 토대로 한 직교 집합의 신호라 할 수 있다. 여기에서 다시 벡터에서의 유사한 문제들로부터 도움을 얻을 것이다. 이미 임의의 벡터를 벡터 공간의 좌표계에서 직교 벡터의 합으로서 나타낼 수 있다는 것을 알고 있다. 신호들이 갖는 문제점은 서로 비슷하고 신호에서의 결과들은 벡터에서의 결과들과 서로 같다. 이러한 이유로 벡터 표현의 문제를 다시 검토하도록 하자.

2.6.1 직교 벡터 공간

3차원 벡터 공간의 명확한 형태로 그림 2.12에 나타내는 것과 같이 세 개의 서로 직교하는 벡터 $\mathbf{x}_1$, $\mathbf{x}_2$, $\mathbf{x}_3$을 이용하여 다차원의 Cartesian 벡터 공간을 생각해 보자. 우선 3차원 벡터 $\mathbf{g}$를 두 개의 서로 직교하는 벡터 $\mathbf{x}_1$과 $\mathbf{x}_2$로 근사화할 것이다. 즉 다음과 같다.

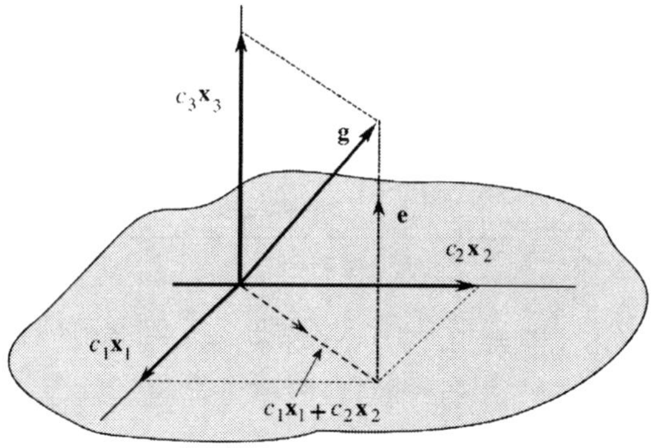

▸▸ 그림 2.12 3차원 공간에서의 벡터 표현

$$\mathbf{g} \simeq c_1\mathbf{x}_1 + c_2\mathbf{x}_2$$

이 근사화에서 오류 e는 다음과 같다.

$$\mathbf{e} = \mathbf{g} - (c_1\mathbf{x}_1 + c_2\mathbf{x}_2)$$

또는, 다음과 같이 쓸 수 있다.

$$\mathbf{g} = c_1\mathbf{x}_1 + c_2\mathbf{x}_2 + \mathbf{e}$$

이전의 기하학적 논의에서와 같이, e가 $\mathbf{x}_1 - \mathbf{x}_2$ 평면에 수직이고, $c_1\mathbf{x}_1$과 $c_2\mathbf{x}_2$가 각각 $\mathbf{x}_1$과 $\mathbf{x}_2$상에서 g로 산출(성분) 될 때 e의 길이가 최소가 되는 것을 그림 2.12로부터 알 수 있다. 그러므로 상수 c_1과 c_2는 식 (2.19)으로 주어진다.

이제 세 개의 서로 직교하는 벡터 $\mathbf{x}_1$, $\mathbf{x}_2$, $\mathbf{x}_3$을 사용하여 g에 대한 최적의 근사화를 결정하자.

$$\mathbf{g} \simeq c_1\mathbf{x}_1 + c_2\mathbf{x}_2 + c_3\mathbf{x}_3 \tag{2.48}$$

그림 2.12는 식 (2.48)이 더 이상 근사화가 아닌 항등식이 되도록 하기 위해 유일한 c_1, c_2, c_3의 값이 존재해야 한다는 것을 설명한다.

$$\mathbf{g} = c_1\mathbf{x}_1 + c_2\mathbf{x}_2 + c_3\mathbf{x}_3$$

이러한 경우에, $c_1\mathbf{x}_1$, $c_2\mathbf{x}_2$, $c_3\mathbf{x}_3$는 각각 $\mathbf{x}_1$, $\mathbf{x}_2$, $\mathbf{x}_3$에서의 g의 산출(성분)이 된다. 이러한 근사화에서 오류는 g가 세 개의 서로 직교하는 벡터 $\mathbf{x}_1$, $\mathbf{x}_2$, $\mathbf{x}_3$에 의해 근사화될 때 0이 된다는 것을 유의하라. 이것은 g가 3차원 벡터이고 벡터 $\mathbf{x}_1$, $\mathbf{x}_2$, $\mathbf{x}_3$가 3차원 공간

에서 완전한 직교 벡터의 집합이기 때문이다. 여기에서 완전하다는 것은 이 3차원 벡터 공간에서 벡터 $\mathbf{x}_1$, $\mathbf{x}_2$, $\mathbf{x}_3$에 모두 직교하는 또 다른 벡터 $\mathbf{x}_4$를 찾는 것이 불가능하다는 것을 의미한다. 그래서 이 공간에서 벡터는 세 개의 벡터로 나타낼 수 있다(이때 오류는 0이다). 각각의 벡터는 **기저** 벡터처럼 알 수 있고, 벡터 공간의 **완전 직교 기저**와 같이 벡터 집합을 알 수 있다. 벡터 $\{\mathbf{x}_i\}$의 집합이 완전하지 않다면, 이 근사화에서 오류는 일반적으로 0이 되지 않을 것이다. 예를 들어, 3차원 공간인 경우에는 일반적으로 오류 없이 단지 두 개의 기저 벡터로 벡터 $\mathbf{g}$를 나타내는 것은 불가능하다.

기저 벡터의 선택이 유일한 것은 아니다. 실제로 각각의 기저 벡터 집합은 좌표계의 특정한 선택에 해당한다. 그러므로 3차원 벡터 $\mathbf{g}$는 어떤 좌표계를 사용하느냐에 따라서 매우 다양한 방법으로 표현된다.

요약하면, 벡터 $\{\mathbf{x}_i\}$의 집합이 서로 직교한다면, 즉 다음과 같다면

$$< \mathbf{x}_m, \mathbf{x}_n >= \begin{cases} 0 & m \neq n \\ |\mathbf{x}_m|^2 & m = n \end{cases}$$

그리고 이 기저 집합이 완전하다면, 이 공간에서 벡터 $\mathbf{g}$는 다음과 같이 표현될 수 있다.

$$\mathbf{g} = c_1\mathbf{x}_1 + c_2\mathbf{x}_2 + c_3\mathbf{x}_3 \tag{2.49}$$

여기서 상수 c_i는 다음과 같이 주어진다.

$$c_i = \frac{< \mathbf{g}, \mathbf{x}_i >}{< \mathbf{x}_i, \mathbf{x}_i >} \tag{2.50a}$$

$$= \frac{1}{||\mathbf{x}_i||^2} < \mathbf{g}, \mathbf{x}_i > \qquad i = 1, 2, 3 \tag{2.50b}$$

2.6.2 직교 신호 공간

벡터 근사화에서 얻은 실마리와 통찰력을 이용하여 신호 근사화 문제를 계속한다. 이전과 같이 시간영역 Θ에 대한 신호 집합 $x_1(t)$, $x_2(t), \cdots, x_N(t)$의 직교성을 다음과 같이 정의한다(구간이 $[t_1, t_2]$일 때).

$$\int_{t\in\Theta} x_m(t)x_n^*(t)\,dt = \begin{cases} 0 & m \neq n \\ E_n & m = n \end{cases} \tag{2.51}$$

에너지들이 모든 n에 대하여 $E_n = 1$이라면, 그 신호 집합은 정규화된 것이고, 이를

직정규 집합이라 한다. 직교 집합은 항상 모든 n에 대하여 $x_n(t)$를 $\sqrt{E_n}$ 으로 나눔으로서 정규화될 수 있다. 이제 N개의 서로 직교하는 신호 집합 $x_1(t)$, $x_2(t),\cdots,x_N(t)$을 사용하여 Θ에 대한 신호 g(t)를 근사화하는 문제를 고려해 보자.

$$g(t) \simeq c_1x_1(t) + c_2x_2(t) + \cdots + c_Nx_N(t) \tag{2.52a}$$

$$= \sum_{n=1}^{N} c_nx_n(t) \qquad t \in \Theta \tag{2.52b}$$

이 근사화에서 오류 신호 $e(t)$의 에너지 E_e는 다음과 같은 c_n을 선택한다면 최소가 됨을 알 수 있다.

$$c_n = \frac{\displaystyle\int_{t\in\Theta} g(t)x_n^*(t)\,dt}{\displaystyle\int_{t\in\Theta} |x_n(t)|^2\,dt} = \frac{1}{E_n}\int_{\Theta} g(t)x_n^*(t)\,dt \qquad n = 1, 2, \ldots, N \tag{2.53}$$

더욱이, 직교 집합이 **완전**하다면 오류 에너지 $E_e \to 0$이고 식 (2.52)은 더 이상 근사화가 아니라 항등식이 된다. 더욱 정확히 말하면, N항 근사화 오류는 다음과 같다.

$$e_N(t) = g(t) - c_1x_1(t) + c_2x_2(t) + \cdots + c_Nx_N(t) = g(t) - \sum_{n=1}^{N} c_nx_n(t) \qquad t \in \Theta \tag{2.54}$$

직교 기저가 **완전**하다면 오류 신호 에너지는 0으로 수렴한다.

$$\lim_{N\to\infty} \int_{t\in\Theta} |e_N(t)|^2 dt = 0 \tag{2.55}$$

그러나, 신호는 에너지 일지라도 0으로 수렴되지 않을 수 있다. 왜냐하면, 신호는 어떤 고립된 지점에서 0이 아닐 수 있기 때문이다*. 그럼에도 불구하고, 실제적으로 신호는 모든 t에 대하여 연속적이며, $N \to \infty$인 0 에너지를 갖는 오류 신호는 식 (2.55)와 같다. 그러므로, $N \to \infty$에 대하여 식 (2.52)와 같이 쓸 수 있다.

$$g(t) = c_1x_1(t) + c_2x_2(t) + \cdots + c_nx_n(t) + \cdots$$
$$= \sum_{n=1}^{\infty} c_nx_n(t) \qquad t \in \Theta \tag{2.56}$$

* measure-zero 집합으로 알려진 것

여기서 계수 c_n은 식 (2.53)으로 주어진다. 오류 신호 에너지가 0으로 근사화하기 때문에, g(t)의 에너지는 직교 성분의 에너지의 합과 같게 된다.

식 (2.56)의 우변의 급수를 집합 $\{x_n(t)\}$에 대한 g(t)의 **일반화된 푸리에 급수**라 한다. 집합 $\{x_n(t)\}$가 모든 구성 요소에 대하여 $N \to \infty$임에 따라 오류 에너지 $E_N \to 0$ 될 경우, 집합 $\{x_n(t)\}$은 이러한 종류의 g(t)에 대해 $[t : \Theta]$에서 완전하다고 말할 수 있고, 이 집합 $\{x_n(t)\}$를 **기저 함수** 또는 **기저 신호** 집합이라고 한다. 특히, Θ을 통한 에너지 신호(유한한)의 종류는 $L^2\{\Theta\}$으로 나타낼 것이다. 앞으로는 아무런 언급이 없는 한, 에너지 신호의 종류만을 고찰할 것이다.

2.6.3 Parseval의 정리

직교 신호들의 합에 대한 에너지가 각각의 에너지의 합과 같다는 것을 상기하라. 그러므로 식 (2.56)에서 우변의 에너지는 개개의 직교 성분이 갖는 에너지의 합과 같게 된다. 성분 $c_n x_n(t)$의 에너지는 $c_n^2 E_n$이 된다. 식 (2.56)에서 양변의 에너지를 같게 하면 다음과 같이 쓸 수 있다.

$$
\begin{aligned}
E_g &= c_1^2E_1 + c_2^2E_2 + c_3^2E_3 + \cdots \\
&= \sum_n c_n^2 E_n
\end{aligned}
\tag{2.57}
$$

이러한 중요한 결과를 **Parseval의 정리**라 한다. 신호 에너지(제곱된 신호의 아래 면적)가 벡터와 신호의 유사점에서 볼 때, 벡터 길이의 제곱과 같다는 것을 상기하라. 벡터 공간에서는 벡터 길이의 제곱이 그 벡터의 직교 성분 길이들을 제곱한 합과 같다는 것을 알고 있다. Parseval의 정리[식 (2.57)]는 신호에 적용될 경우에 이러한 사실을 말해준다.

2.7 지수 푸리에 급수

이전에 직교 신호 표현은 유일하지 않다는 것을 설명하였다. 전통적인 삼각형 푸리에 급수는 모든 주기 신호의 적절한 표현을 인정했다. 여기서도 주기 신호의 직교 표현은 **동일**하게 주어진다. 하지만 간단한 형식을 갖는다.

먼저, 지수 함수 집합인 e^{jnw_0t} $(n = 0, \pm 1, \pm 2, \cdots)$가 주기 $T_0 = 2\pi/w_0$인 구간동안 직교함을 보인다. 즉 다음과 같다.

$$\int_{T_0} e^{jm\omega_0 t}(e^{jn\omega_0 t})^* \, dt = \int_{T_0} e^{j(m-n)\omega_0 t} \, dt = \begin{cases} 0 & m \neq n \\ T_0 & m = n \end{cases} \tag{2.58}$$

더욱이 이러한 집합은 보집합이 된다.[1, 2] 식 (2.53)과 식 (2.56)으로부터 신호 g(t)는 주기 T_0초의 구간동안 지수형 푸리에 급수로서 다음과 같이 표현될 수 있다.

$$\begin{aligned} g(t) &= \sum_{n=-\infty}^{\infty} D_n e^{jn\omega_0 t} \\ &= \sum_{n=-\infty}^{\infty} D_n e^{jn2\pi f_0 t} \end{aligned} \tag{2.59}$$

여기에서 D_n은 다음과 같다[식 (2.53) 참조].

$$D_n = \frac{1}{T_0} \int_{T_0} g(t) e^{-jn2\pi f_0 t} \, dt \tag{2.60}$$

n을 갖은 $e^{jn2\pi f_0 t}$ 형식의 성분으로 구성된 식 (2.59)에서 지수형 푸리에 급수는 $-\infty$에서 ∞까지로 변형된다. 지수형 푸리에 급수는 주기가 T_0인 주기 함수이다.

● 예제 2.3

그림 2.13b에서 신호에 대한 지수형 푸리에 급수를 구하시오.

풀이

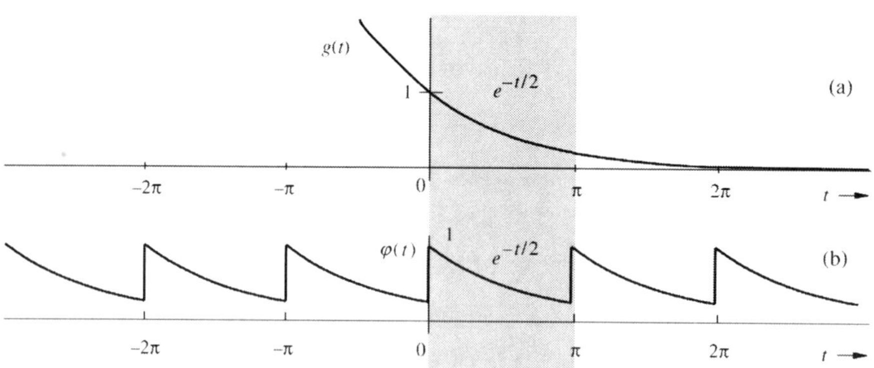

▸▸ 그림 2.13 주기신호

이 경우에 $T_0 = \pi$이고, $2\pi f_0 = 2\pi / T_0 = 2$이며

$$\varphi(t) = \sum_{n=-\infty}^{\infty} D_n e^{j2nt}$$

이다. 여기에서 D_n은 다음과 같다.

$$\begin{aligned}
D_n &= \frac{1}{T_0} \int_{T_0} \varphi(t) e^{-j2nt}\, dt \\
&= \frac{1}{\pi} \int_0^{\pi} e^{-t/2} e^{-j2nt}\, dt \\
&= \frac{1}{\pi} \int_0^{\pi} e^{-(\frac{1}{2}+j2n)t}\, dt \\
&= \frac{-1}{\pi\left(\frac{1}{2}+j2n\right)} e^{-(\frac{1}{2}+j2n)t} \Bigg|_0^{\pi} \\
&= \frac{0.504}{1+j4n}
\end{aligned} \tag{2.61}$$

그리고 $\varphi(t)$은 다음과 같다.

$$\varphi(t) = 0.504 \sum_{n=-\infty}^{\infty} \frac{1}{1+j4n} e^{j2nt} \tag{2.62a}$$

$$\begin{aligned}
&= 0.504 \left[1 + \frac{1}{1+j4} e^{j2t} + \frac{1}{1+j8} e^{j4t} + \frac{1}{1+j12} e^{j6t} + \cdots \right. \\
&\qquad \left. + \frac{1}{1-j4} e^{-j2t} + \frac{1}{1-j8} e^{-j4t} + \frac{1}{1-j12} e^{-j6t} + \cdots \right]
\end{aligned} \tag{2.62b}$$

계수 D_n이 복소수임을 알 수 있다. 더욱이 예측한 바와 같이 D_n과 D_{-n}은 예상대로 공액쌍이다.

○ 지수형 푸리에 스펙트럼

지수형 스펙트럼에서는 계수 D_n을 ω의 함수로 도시한다. 일반적으로 D_n이 복소수이기 때문에 D_n의 실수 부분과 허수 부분 또는 D_n의 진폭(크기)과 각에 대한 두 개의 그림이 필요하다. 삼각함수형 푸리에 급수에 대응하는 성분인 진폭과 위상에 더 밀접한 연관성을 갖기 때문에 후자 쪽을 더 선호한다. 그러므로 $|D_n|$대 ω와 $\angle D_n$ 대 ω를 도시하기로

한다. 이것은 계수 D_n이 $|D_n|e^{j\angle D_n}$과 같은 극좌표 형태로 표현되어야 한다는 것을 의미한다. 실제 주기 신호의 경우에 계수 D_n과 D_{-n}이 공액쌍이고 다음과 같다는 것을 보인다.

$$|D_n| = |D_{-n}| \tag{2.63a}$$

$$\angle D_n = \theta_n \qquad \text{and} \qquad \angle D_{-n} = -\theta_n \tag{2.63b}$$

그러므로

$$D_n = |D_n|e^{j\theta_n} \qquad \text{and} \qquad D_{-n} = |D_n|e^{-j\theta_n} \tag{2.64}$$

다양한 지수 성분 중 $|D_n|$이 진폭들(크기들), $\angle D_n$이 각들을 나타냄에 유의하라. 식 (2.63)으로부터 g(t)가 실신호일 때 진폭 스펙트럼($|D_n|$ 대 f)은 ω의 우함수이고, 각 스펙트럼($\angle D_n$ 대 f)은 ω의 기함수가 된다.

실례로 예제 2.3의 급수에 대하여,

$$D_0 = 0.504$$

$$D_1 = \frac{0.504}{1+j4} = 0.122e^{-j75.96^\circ} \Longrightarrow |D_1| = 0.122,\ \angle D_1 = -75.96^\circ$$

$$D_{-1} = \frac{0.504}{1-j4} = 0.122e^{j75.96^\circ} \Longrightarrow |D_{-1}| = 0.122,\ \angle D_{-1} = 75.96^\circ$$

그리고

$$D_2 = \frac{0.504}{1+j8} = 0.0625e^{-j82.87^\circ} \Longrightarrow |D_2| = 0.0625,\ \angle D_2 = -82.87^\circ$$

$$D_{-2} = \frac{0.504}{1-j8} = 0.0625e^{j82.87^\circ} \Longrightarrow |D_{-2}| = 0.0625,\ \angle D_{-2} = 82.87^\circ$$

등등이다. 예상대로 D_n과 D_{-n}은 공액쌍이다[식 (2.63) 참조].

그림 2.14는 그림 2.13b의 주기 신호 $\varphi(t)$에 대한 지수형 푸리에 급수의 주파수 스펙트럼(진폭과 각)을 보인다.

이러한 스펙트럼에 몇 가지 흥미로운 특성이 있음을 알 수 있다. 첫째로, 스펙트럼은 주파수 f(주파수)의 음의 값 뿐만 아니라 양의 값에 대해서도 존재한다. 둘째로, 진폭 스펙트럼은 f의 우함수이고, 각 스펙트럼은 f의 기함수가 된다. 식 (2.63)은 D_n의 진폭과 위상의 대칭적인 특성을 나타낸다.

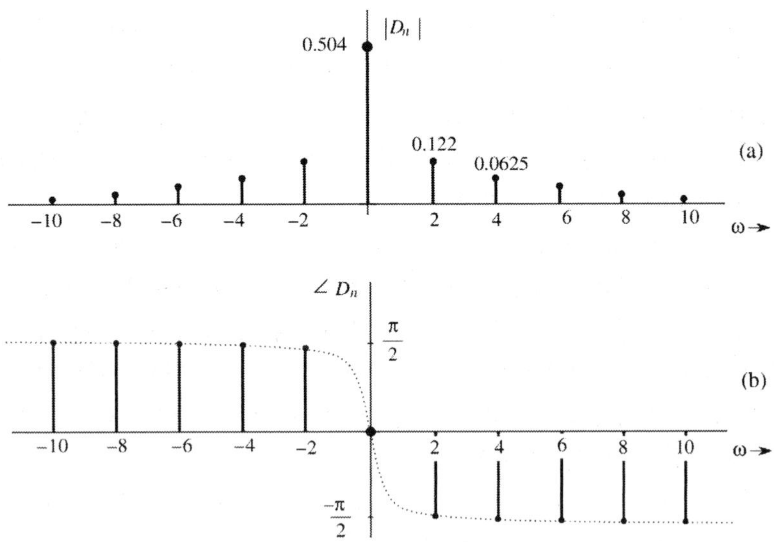

▶▶ 그림 2.14 그림 2.13a의 신호에 대한 지수형 푸리에 스펙트럼

○ 음의 주파수란 무엇인가?

정의를 따르면 주파수(초당 반복수)는 양의 값이기 때문에 음의 주파수에서 스펙트럼의 존재는 다소 의문스러운 일이다. 음의 주파수 f_0를 어떻게 해석해야 할 것인가? $\omega_0 = 2\pi f_0$를 사용하여 음의 주파수 $-f_0$의 사인곡선으로 표현하면 삼각법에 의한 항등식을 사용할 수 있다.

$$\cos(-\omega_0 t + \theta) = \cos(\omega_0 t - \theta)$$

이것은 사인곡선 $\cos(-\omega_0 t + \theta)$의 각 주파수가 $|\omega_0|$이고, 어떤 것은 양의 값임을 명확히 나타낸다. 상식적으로 말하자면 주파수는 실제 값을 갖는 사인곡선으로 조합된 일반 개념으로부터 양의 값으로만 진행해야 한다(사인과 코사인과 같은). 실제적으로 실제 값 사인곡선에 대한 주파수의 개념은 변화 방향에 상관없이 오직 사인 곡선의 변화율로 표현한다. 이것은 실제 값 사인곡선 신호가 변화 방향에 정보를 포함할 수 없기 때문이다.

음의 주파수 개념은 어떤 비율에 대한 복소 사인곡선을 고려할 때에만 의미가 있으며, 변화의 방향도 중요하다.

$$e^{\pm j\omega_0 t} = \cos\omega_0 t \pm j\sin\omega_0 t$$

이 관계는 몇몇 비율의 주기 변화에 의하여 양이나 음의 ω로 명확하게 나타난다. 그러나 결과적으로 복소 신호는 동일하지 않다. 왜냐하면 $|e^{\pm jw_0 t}| = 1$과 $e^{+jw_0 t}$와 $e^{-jw_0 t}$는 복

소 평면에서 나타낼 수 있는 단위 길이 복소 변수이기 때문이다. 여기서 단위 길이 복소 변수처럼 두 개의 지수형 사인 곡선은 그림 2.15에서 시간 t에 의해서 변화한다고 할 것이다. 그러므로 지수$e^{\pm j\omega_0 t}$의 회전율은 $|\omega_0|$이다. 지수 사인 곡선이 양의 주파수에서 반시계 방향으로 회전하고, 음의 주파수에서 시계방향으로 회전하는 것은 명백하다. 이것은 음의 주파수의 실제적인 의미를 나타낸다.

양/음의 주파수와 양/음의 속도 사이에는 큰 유사성이 존재한다. 사람들은 움직이는 물체의 표현에서 음의 속도를 사용하는 것을 좋아하지 않으며, 동일하게 음의 주파수의 표현도 허용하지 않는다. 그러나 음의 속도가 단순히 움직이는 물체의 실제 속력과 음의 방향을 나타내는 것을 이해한다면, 음의 속도를 완벽하게 인지할 수 있다. 마찬가지로, 음의 주파수는 사인이나 코사인의 주기 변화율을 표현하는 것이 아니며, 단위 길이 지수 사인 곡선의 회전 방향 및 그 회전율을 말한다.

이 문제에 대해 생각해 볼 수 있는 또 다른 방법은 계수 D_n을 f의 함수로 도식화 한 것이 지수 스펙트럼이라는 관점이다. $f=-nf_0$에서 스펙트럼이 존재한다는 것은 단지 급수에서 지수 성분 $e^{-jn2\pi f_0 t}$가 존재한다는 것이다. 이것은 Euler 공식과 유사함을 알 수 있다.

$$\cos(wt+\theta)=\frac{e^{j\theta}}{2}\exp(jwt)+\frac{e^{-j\theta}}{2}\exp(-jwt)$$

주파수 nw_0의 사인 곡선은 지수 $e^{jnw_0 t}$와 지수 $e^{-jnw_0 t}$의 켤레 항으로 표현된다. 사인과 코사인은 각각 양의 주파수와 음의 주파수의 지수 사인 곡선 성분으로 구성되므로 주기 변화로만 표현하는 것은 불가능하다. 실제로 주파수 w_0의 사인 함수와 코사인 함수는 주파수 $\pm w_0$의 유사한 크기의 지수 사인 곡선으로 구성된다. 그러므로 사인 주파수와 코사인 주파수는 두 주파수 성분의 절대값이며 사인 곡선 변화율을 나타낼 뿐이다.

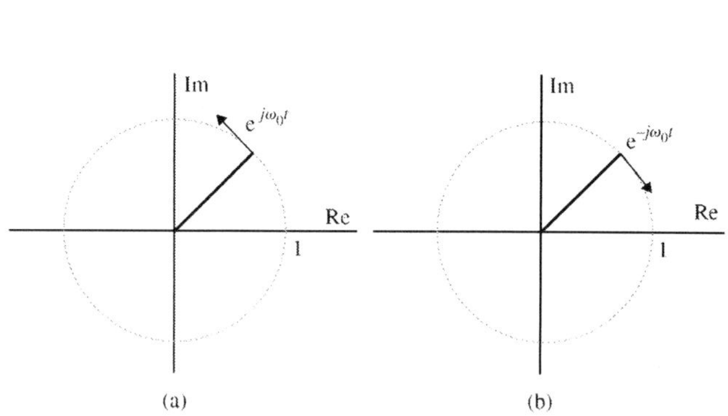

▸▸ 그림 2.15 양의 주파수에서의 단위 길이 복소 변수(반 시계 방향으로 회전) 대 음의 주파수에서의 단위 길이 복소 변수(시계 방향으로 회전)

● 예제 2.4

그림 2.16에서 주기적인 구형파 $w(t)$의 지수형 푸리에 급수를 구하시오.

풀이

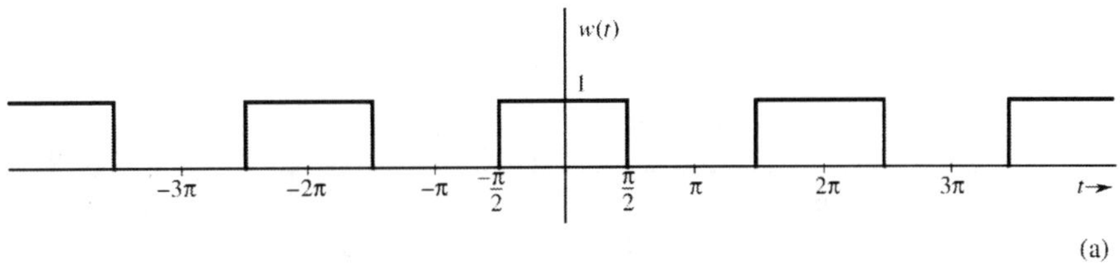

▸▸ 그림 2.16 구형 펄스 주기 신호

$$w_{(t)} = \sum_{n=-\infty}^{\infty} D_n e^{jn2\pi f_0 t}$$

여기서

$$D_0 = \frac{1}{T_0}\int_{T_0} \mathrm{w}(t)dt = \frac{1}{2}$$

$$D_n = \frac{1}{T_0}\int_{T_0} w(t)e^{-jn2\pi f_0 t}\,dt \qquad n \neq 0$$

$$= \frac{1}{T_0}\int_{-T_0/4}^{T_0/4} e^{-jn2\pi f_0 t}\,dt$$

$$= \frac{1}{-jn2\pi f_0 T_0}\left(e^{-jn2\pi f_0 T_0/4} - e^{jn2\pi f_0 T_0/4}\right)$$

$$= \frac{2}{n2\pi f_0 T_0} sin\left(\frac{n2\pi f_0 T_0}{4}\right) = \frac{1}{n\pi} sin\left(\frac{n\pi}{2}\right)$$

이 경우 D_n은 실수이다. 결과적으로 진폭 스펙트럼($|D_n|$ 대 f) 대신에 D_n대 f를 도시하면 그림 2.17에 보이는 것과 같이 위상이나 각의 그림 없이도 스펙트럼을 도시할 수 있다.

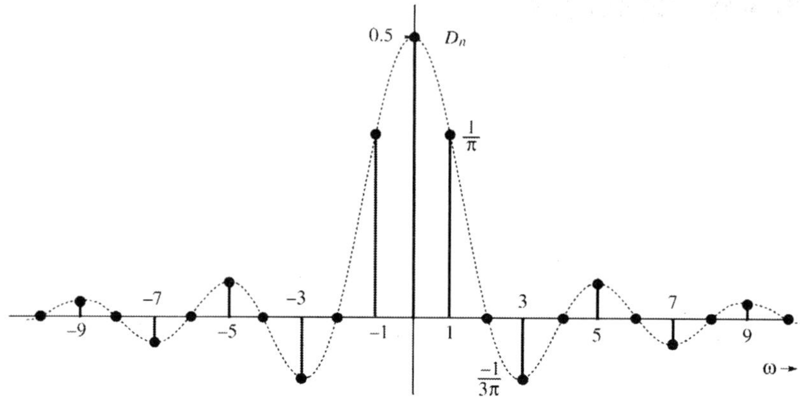

▶▶ 그림 2.17 구형 펄스 주기 신호의 지수형 푸리에 스펙트럼

● 예제 2.5

그림 2.18a에 나타낸 임펄스 열 $\delta_{T_0}(t)$의 지수형 푸리에 급수를 구하고 그에 대응하는 스펙트럼을 도시하시오.

풀이 지수형 푸리에 급수는 다음과 같이 주어진다.

$$\delta_{T_0}(t) = \sum_{n=-\infty}^{\infty} D_n e^{jn2\pi f_0 t} \qquad f_0 = \frac{1}{T_0} \tag{2.65}$$

여기에서 D_n은 다음과 같다.

$$D_n = \frac{1}{T_0}\int_{T_0} \delta_{T_0}(t) e^{-jn2\pi f_0 t}\, dt$$

적분 구간을$(-T_0/2, T_0/2)$로 선택하면 이 구간동안 $\delta_{T_0}(t) = \delta(t)$가 된다는 것을 알 수 있다.

$$D_n = \frac{1}{T_0}\int_{-T_0/2}^{T_0/2} \delta(t) e^{-jn2\pi f_0 t}\, dt$$

이 적분에서 임펄스는 $t=0$에 위치한다. 임펄스 함수의 표본화 특성으로부터 우변의 적분은 임펄스가 위치한 $t=0$에서(임펄스의 위치) $e^{-jn^2\pi f_0 t}$의 값을 갖는다. 그러므로 D_n은 다음과 같다.

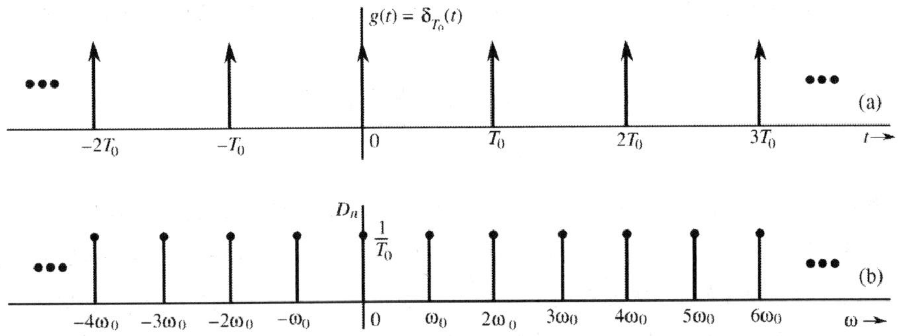

▸▸ 그림 2.18 임펄스열과 임펄스열의 지수형 푸리에 스펙트럼

$$D_n = \frac{1}{T_0} \tag{2.66}$$

그리고 $\delta_{T_0}(t)$는 다음과 같다.

$$\delta_{T_0}(t) = \frac{1}{T_0}\sum_{n=-\infty}^{\infty} e^{jn2\pi f_0 t} \qquad f_0 = \frac{1}{T_0} \tag{2.67}$$

식 (2.67)는 지수형 스펙트럼이 그림 2.18b에 보이는 것과 같이 모든 주파수에서 $D_n = 1/T_0$로 균일함을 보인다. 실함수인 경우 스펙트럼은 진폭 그림만을 요구한다. 모든 위상은 0이 된다.

○ 푸리에 급수에서의 Parseval의 정리

주기 신호 g(t)는 전력 신호이고 또한 이 신호의 모든 푸리에 급수 항들도 전력 신호이다. g(t)의 전력 P_g는 이 신호에 대한 푸리에 급수의 전력과 같다. 푸리에 급수는 한 주기동안 서로 직교하는 항으로 구성되어 있기 때문에 푸리에 급수의 전력은 각각의 푸리에 성분들에 대한 전력의 합과 같다. 이것은 Parseval의 정리를 따른다.

그러므로 지수형 푸리에 급수는 다음과 같다.

$$g(t) = D_0 + \sum_{n=-\infty,\ n\neq 0}^{\infty} D_n e^{jn\omega_0 t}$$

그 전력은 다음과 같이 주어진다(문제 2.1-7 참조).

$$P_g = \sum_{n=-\infty}^{\infty} |D_n|^2 \tag{2.68a}$$

실함수 g(t)의 경우에 $|D_{-n}|=|D_n|$이 된다. 그러므로 전력은 다음과 같다.

$$P_g = {D_0}^2 + 2\sum_{n=1}^{\infty} |D_n|^2 \tag{2.68b}$$

****주석** : Parseval의 정리는 식 (2.57)과 식 (2.68a)에서와 같이 여러 가지 다른 형태로 나타낼 수 있다. 아직 배우지는 않았지만 비주기 신호에 대해 다음 장에서 살펴 볼 것이다. 비록 이 형태들이 다르게 보이지만 이 형태들 모두는 같은 원리, 즉 벡터 길이의 제곱이 이 벡터의 직교 성분들을 제곱한 합과 같다는 것을 설명한다. 첫 번째 [식 (2.57)]의 형태는 에너지 신호에 적용되고 [식 (2.68a)]의 형태는 지수형 푸리에 급수에 의해 표현되는 주기 신호에 적용된다.

○ 직교 신호 집합의 몇 가지 예제

푸리에 급수에 의한 신호 표현은 신호들이 모든 면에서 벡터임을 보인다. 좌표계의 선택에 따라 여러 가지 방법으로 임의의 벡터를 벡터 성분의 합으로서 나타낼 수 있는 것과 같이, 신호도 여러 가지 방법으로 신호 성분들의 합으로써 나타낼 수 있다. 벡터 좌표계가 서로 직교하는 벡터(직사각형, 원기둥, 구, 기타)들로 형성되는 것처럼 신호 좌표계 또한 서로 직교하는 신호 집합들로 형성될 수 있다. 일반화된 푸리에 급수로 표현하기 위한 기본 신호로서 사용될 수 있는 수 많은 직교 신호 집합들이 존재한다. 몇몇 잘 알려진 신호 집합들은 삼각함수(사인 곡선) 함수들, 지수 함수들, Walsh 함수들, Bessel 함수들, Legendre 다항식들, Laguerre 함수들, Jacobi 다항식들, Hermite 다항식들, Chebyshev 다항식들이 있다. 대부분 이 책에서 주요하게 다룰 함수들은 이 절의 마지막에서 다루게 될 삼각함수 집합들과 지수함수 집합들이다.

2.8 매트랩 연습

이번 절에서는 푸리에 급수 분석과 신호 운영, 신호 발생의 처리 등을 몇 가지 기초적인 매트랩 연습 예제로 제공할 것이다.

○ 기초 신호와 신호 그래프

기초함수는 매트랩의 m파일을 사용하여 정의할 수 있다. 여기서는 시간 벡터 t가 주어지고 세 가지 기초적인 함수 도구를 사용하는 세 가지 매트랩 프로그램을 제공할 것이다.

- `ustep.m` 단위계단함수 $u(t)$
- `rect.m` 표준사각함수 $rect(t)$
- `triangl.m` 표준삼각함수 $\Delta(t)$

```
% (file name: ustep.m)
%  The unit step function is a function of time 't'.
%  Usage y = ustep(t)
%
%  ustep(t) = 0 if t < 0
%  ustep(t) = 1, if t >= 1
%
%  t - must be real-valued and can be a vector or a matrix
%
function y=ustep(t)
   y = (t>=0);
end
```

```
% (file name: rect.m)
%  The rectangular function is a function of time 't'.
%
%  Usage y = rect(t)
%  t - must be real-valued and can be a vector or a matrix
%
%  rect(t) = 1, if |t| < 0.5
%  rect(t) = 0, if |t| > 0.5
%
function y=rect(t)
   y =(sign(t+0.5)-sign(t-0.5) >0);
end
```

```
% (file name: triangl.m)
%  The triangle function is a function of time 't'.
%
%  triangl(t) = 1-|t|, if |t| < 1
%  triangl(t) = 0, if |t| > 1
%
%  Usage y = triangl(t)
%  t - must be real-valued and can be a vector or a matrix
%
function y=triangl(t)
   y = (1-abs(t)).*(t>=-1).*(t<1);
end
```

여기서는 예제를 통하여 간단한 신호좌표를 생성하기 위하여 매트랩을 어떻게 사용하는지를 나타냈다. siggraf.m은 제공된다. 예제에서 좌표신호는 다음과 같이 구성하였다.

$$y(t) = \exp(-t)\sin(6\pi t)u(t+1)$$

결과 그래프는 그림 2.19에 나타냈다.

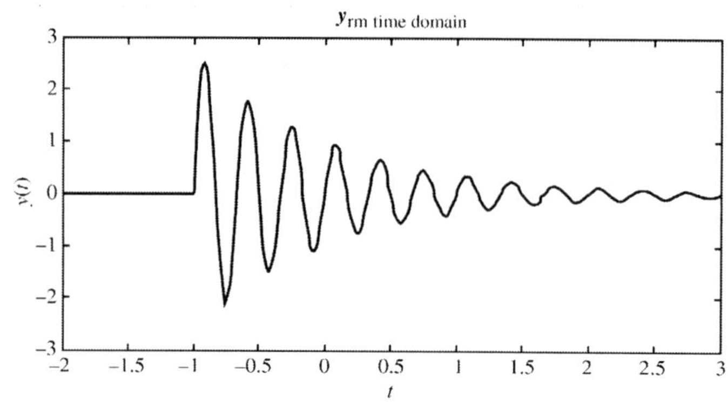

▸▸ 그림 2.19 신호 그래프

```
% (file name: siggraf.m)
%  To graph a signal, the first step is to determine
%  the x-axis and the y-axis to plot
%  We can first decide the length of x-axis to plot
   t=[-2:0.01:3];       % "t" is from -2 to 3 in 0.01 increment
% Then evaluate the signal over the range of "t" to plot
   y=exp(-t).*sin(10*pi*t).*ustep(t+1);
   figure(1); fig1=plot(t,y);       % plot t vs y in figure 1
   set(fig1,'Linewidth',2);       % choose a wider line-width
   xlabel('\it t');       % use italic 't' to label x-axis
   ylabel('\{\bf y\}(\{\it t}) ');       % use boldface 'y'
                                          to label y-axis
   title('\{\bf y\}\_\{\rm time domain\} ');   % can use subscript
```

○ 주기 신호와 신호 전력

주기 신호는 동일한 신호 벡터 병렬 시간을 반복하기 전에 하나의 주기에서 신호값을 결정함으로써 생성할 수 있다.

아래의 매트랩 프로그램 PfuncEx.m에서 $2M$ 주기에서의 동작을 관찰하고 주기 신호를 생성할 것이다. 이번 예제의 주기는 $T=6$이다. 프로그램 또한 평균 신호 전력이 변수 y_power처럼 저장되는지, 한 주기에서의 신호 에너지가 변수 y_energyT로 저장되는지를 평가할 것이다.

```
% (file name: PfuncEx.m)
% This example generates a periodic signal, plots the signal
% and evaluates the average signal power in y_power and signal
% energy in 1 period T:     y_energyT
    echo off;clear;clf;
```

```
% To generate a periodic signal g_T(t),
% we can first decide the signal within the period of 'T' for g(t)
   Dt=0.002;      % Time interval (to sample the signal)
   T=6;           % period=T
   M=3;           % To generate 2M periods of the signal
   t=[0:Dt:T-Dt];   %"t" goes for one period [0, T] in Dt increment
% Then evaluate the signal over the range of "T"
   y=exp(-abs(t)/2).*sin(2*pi*t).*(ustep(t)-ustep(t-4));
% Multiple periods can now be generated.
   time=[];
   y_periodic=[];
for i=-M:M-1,
   time=[time i*T+t];
   y_periodic=[y_periodic y];
end
   figure(1); fy=plot(time,y_periodic);
   set(fy,'Linewidth',2);xlabel('{\it t} ');
   echo on
%  Compute average power
   y_power=sum(y_periodic*y_periodic')*Dt/(max(time)-min(time))
%  Compute signal energy in 1 period T
   y_energyT=sum(y.*conj(y))*Dt
```

프로그램은 생성된 주기 신호를 그림 2.20과 같이 나타낸다. 수치로 나타내면 다음과 같다.

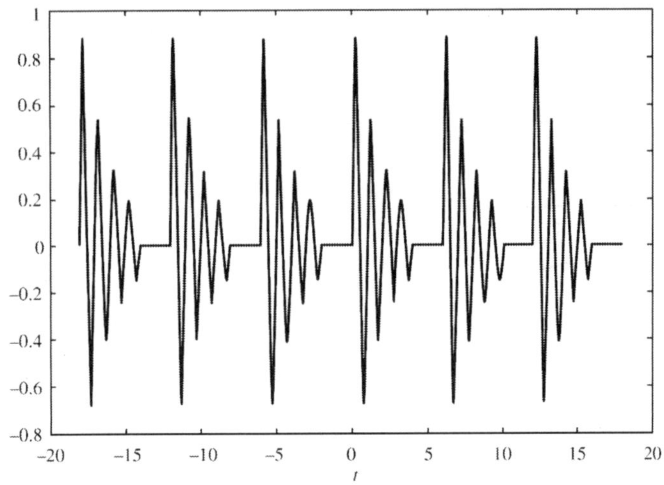

▶▶ 그림 2.20 주기 신호 생성

```
y_power =
    0.0813
y_energyT =
    0.4878
```

○ 신호상관

매트랩 프로그램은 2.5절에서 소개한 신호상관의 개념을 정확히 실행할 수 있다. 다음의 컴퓨터 예제에서 제공되는 프로그램 sign_cor.m은 신호 $g_1(t)$, $g_2(t), \cdots$, $g_5(t)$와 $x(t)$ 사이의 신호상관계수를 평가한다. 프로그램은 먼저 그림 2.21을 생성하고 시간 영역에서의 6개의 신호를 표현할 것이다.

```
% (file name: sign_cor.m)
clear
%   To generate 6 signals x(t), g_1(t), ... g_5(t);
%   of this Example
%   we can first decide the signal within the period of 'T' for g(t)
    Dt=0.01; % time increment Dt
    T=6.0; % time duration = T
    t=[-1:Dt:T]; %"t" goes between [-1, T] in Dt increment
```

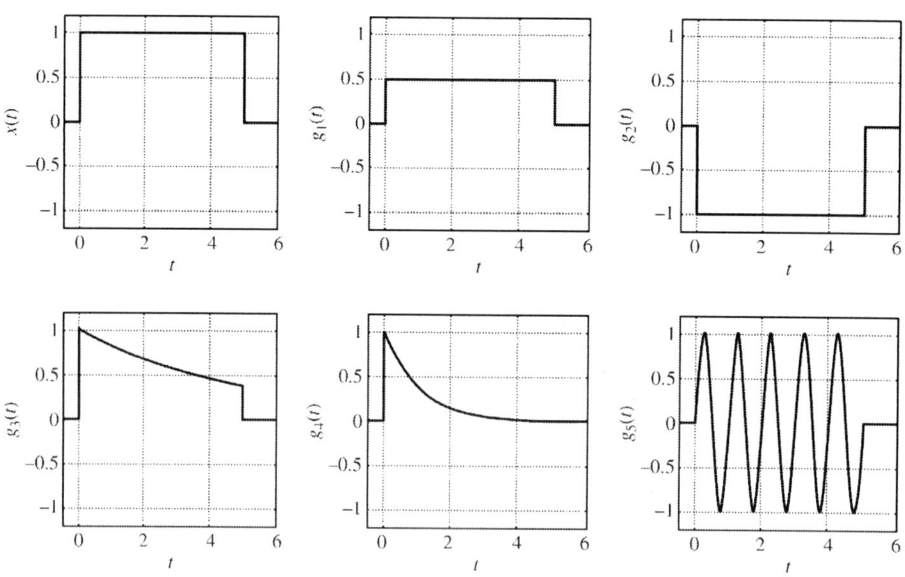

▸▸ 그림 2.21 6개의 간단한 신호

```
% Then evaluate the signal over the range of "t" to plot
   x=ustep(t)-ustep(t-5);
   g1=0.5*(ustep(t)-ustep(t-5));
   g2=-(ustep(t)-ustep(t-5));
   g3=exp(-t/5).*(ustep(t)-ustep(t-5));
   g4=exp(-t).*(ustep(t)-ustep(t-5));
   g5=sin(2*pi*t).*(ustep(t)-ustep(t-5));
subplot(231); sig1=plot(t,x,'k');
xlabel('\it t'); ylabel('{\it x}({\it t}) ');      % Label axis
set(sig1,'Linewidth',2);      % change linewidth
axis([-.5 6 -1.2 1.2]); grid     % set plot range
subplot(232); sig2=plot(t,g1,'k');
xlabel('\it t'); ylabel('{\it g}_1({\it t}) ');
set(sig2,'Linewidth',2);
axis([-.5 6 -1.2 1.2]); grid
subplot(233); sig3=plot(t,g2,'k');
xlabel('\it t'); ylabel('{\it g}_2({\it t}) ');
set(sig3,'Linewidth',2);
axis([-.5 6 -1.2 1.2]); grid
subplot(234); sig4=plot(t,g3,'k');
xlabel('\it t'); ylabel('{\it g}_3({\it t}) ');
set(sig4,'Linewidth',2);
axis([-.5 6 -1.2 1.2]); grid
subplot(235); sig5=plot(t,g4,'k');
xlabel('\it t'); ylabel('{\it g}_4({\it t}) ');
set(sig5,'Linewidth',2);grid
axis([-.5 6 -1.2 1.2]);
subplot(236); sig6=plot(t,g5,'k');
xlabel('\it t'); ylabel('{\it g}_5({\it t}) ');
set(sig6,'Linewidth',2);grid
axis([-.5 6 -1.2 1.2]);

% Computing signal energies
E0=sum(x.*conj(x))*Dt;
E1=sum(g1.*conj(g1))*Dt;
E2=sum(g2.*conj(g2))*Dt;
E3=sum(g3.*conj(g3))*Dt;
E4=sum(g4.*conj(g4))*Dt;
```

```
E5=sum(g5.*conj(g5))*Dt;

c0=sum(x.*conj(x))*Dt/(sqrt(E0*E0))
c1=sum(x.*conj(g1))*Dt/(sqrt(E0*E1))
c2=sum(x.*conj(g2))*Dt/(sqrt(E0*E2))
c3=sum(x.*conj(g3))*Dt/(sqrt(E0*E3))
c4=sum(x.*conj(g4))*Dt/(sqrt(E0*E4))
c5=sum(x.*conj(g5))*Dt/(sqrt(E0*E5))
```

6개의 상관계수들은 다음과 같이 프로그램으로부터 얻어진다.

```
c0 =
    1

c1 =
    1

c2 =
    -1

c3 =
    0.9614

c4 =
    0.6282

c5 =
    8.6748e-17
```

○ 계수 D_n의 수치 계산

푸리에 급수 계수 D_n의 수치 계산을 하는 방법에는 몇 가지가 있다. 여기서는 매트랩을 이용하여 푸리에 급수의 평가에서 수치적분을 어떻게 사용하는지 나타낼 것이다.

수식 (2.60)의 직접 수치 적분을 실행하기 위하여 첫 번째로 신호 $g(t)$의 분석 하에서 상징적인 표현을 정의할 것이다. 아래의 예제에서 삼각함수 $\Delta(t)$를 사용한다.

```
% (funct_tri.m)
% A standard triangle function of base -1 to 1
    function y = funct_tri(t)
% Usage y = func_tri(t)
%    t = input variable i
y=((t>-1)-(t>1)).*(1-abs(t));
```

먼저 파일 funct_tri.m을 함수 $y = \mathrm{g}(t)$로 정의하고, 푸리에 급수 계수 $\{D_n, n = -N, \ldots, -1, 0, 1, \ldots, N\}$의 유한한 수에 대하여 식 (2.60)의 필수 적분을 실행하여 비례적으로 나타낼 수 있다. 주기 [a, b](a=−2, b=2)와 같이 $\Delta(t/2)$의 푸리에 급수를 실행하기 위하여 FSexp_a.m이라고 불리는 매트랩 프로그램을 아래에서 제공할 것이다. 이번 예제에서 N=11이다. 매트랩에서는 이와 같이 짧은 프로그램을 수행해서 진폭과 D_n의 각으로 그림 2.22를 생성할 수 있다.

```
% (file name: FSexp_a.m)
%     This example shows how to numerically evaluate
%     the exponential Fourier series coefficients Dn
%     directly.
%     The user needs to define a symbolic function
%     g(t). In this example, g(t)=funct_tri(t).
echo off; clear; clf;
     j=sqrt(-1);              % Define j for complex algebra
     b=2; a=-2;               % Determine one signal period
     tol=1.e-5;               % Set integration error tolerance
     T=b-a;                       % length of the period
     N=11;                        % Number of FS coefficients
                % on each side of zero frequency
     Fi=[-N:N]*2*pi/T;        % Set frequency range
% now calculate D_0 and store it in D(N+1);
     Func= @(t) funct_tri(t/2);
     D(N+1)=1/T*quad(Func,a,b,tol);    % Using quad.m integration
     for i=1:N
% Calculate Dn for n=1,...,N (stored in D(N+2) ... D(2N+1)
     Func= @(t) exp(-j*2*pi*t*i/T).*funct_tri(t/2);
     D(i+N+1)=quad(Func,a,b,tol);
% Calculate Dn for n=-N,...,-1 (stored in D(1) ... D(N)
     Func= @(t) exp(j*2*pi*t*(N+1-i)/T).*func_tri(t/2);
     D(i)= quad(Func,a,b,tol);

end
figure(1);
subplot(211);s1=stem([-N:N],abs(D));
set (s1,'Linewidth',2); ylabel('|{\it D}_{\it n}| ');
title('Amplitude of {\it D}_{\it n} ')
subplot(212);s2=stem([-N:N],angle(D));
set(s2,'Linewidth',2); ylabel('<{\it D}_{\it n} ');
title('Angle of {\it D}_{\it n} ');
```

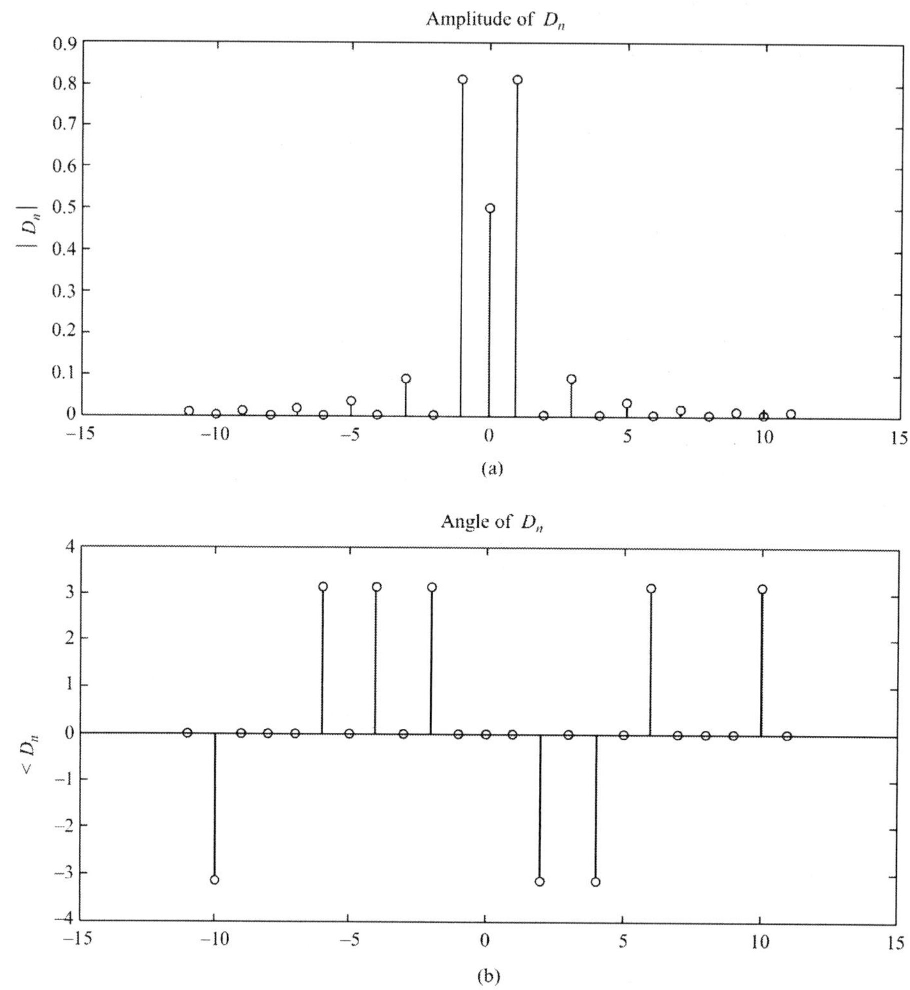

▸▸ 그림 2.22

참고문헌

1. P. L. Walker, *The Theory of Fourier Series and Integrals*, Wiley-Interscience, New York, 1986.
2. R. V. Churchill, and J. W. Brown, *Fourier Series and Boundary Value Problems*, 3rd ed., McGraw-Hill, New York, 1978.

연습문제

2.1-1 그림 P2.1-1에 나타낸 신호의 에너지를 구하시오. 신호의 부호 변화, 시간 천이 또는 신호를 2배로 함으로써 에너지에 미치는 영향을 논하시오. 신호에 k를 곱한다면 에너지에는 어떠한 영향이 미치는가?

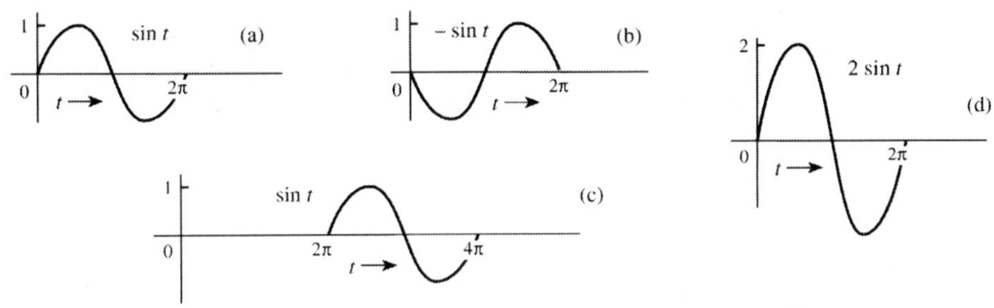

▸▸ 그림 P2.1-1

2.1-2 (a) 그림 P2.1-2a에 나타낸 신호 $x(t)$와 $y(t)$의 E_x와 E_y를 구하시오. 신호 $x(t)+y(t)$와 $x(t)-y(t)$를 도시하고, 이 두 신호 중 어느 신호 에너지도 E_x+E_y와 같음을 보이시오. 그림 P2.1-2b에 대해서도 이와 같은 과정을 반복하시오.

(b) 그림 P2.1-2c의 신호쌍에 대해서도 위의 과정을 반복하시오. 이 경우에 $x(t)+y(t)$와 $x(t)-y(t)$의 두 신호 에너지는 동일한가?

2.1-3 사인 곡선 $C\cos(\omega_0 t+\theta)$의 전력을 구하라.

2.1-4 $\omega_1=\omega_2$라면 $g(t)= C_1\cos(\omega_1 t+\theta_1) + C_2\cos(\omega_2 t+\theta_2)$의 전력이 $(C_1^2+C_2^2)/2$과 같지 않은 $\left[C_1^2+ C_2^2 +2C_1C_2\cos(\theta_1-\theta_2)\right]/2$가 되는 것을 보이시오.

2.1-5 그림 P2.1-5에 나타낸 주기신호 $g(t)$의 전력을 구하라. 또한 (a) $-g(t)$ (b) $2g(t)$ (c) $c\,g(t)$의 전력과 제곱 평균값을 구하시오.

2.1-6 (a) 그림 P2-1-6a (b) 그림 2.16 (c) 그림 P2-1-6b (d) 그림 P2.7-4a (e) 그림 P2.7-4c에서 신호들에 대한 전력과 제곱 평균값을 구하시오.

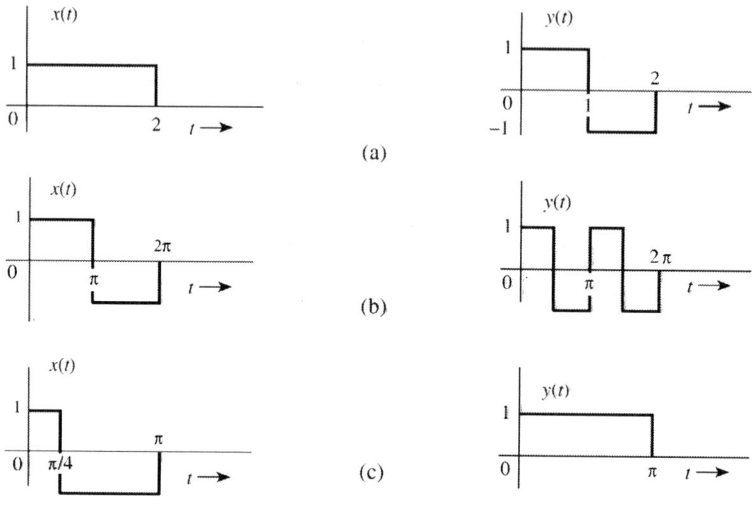

▸▸ 그림 P2.1-2

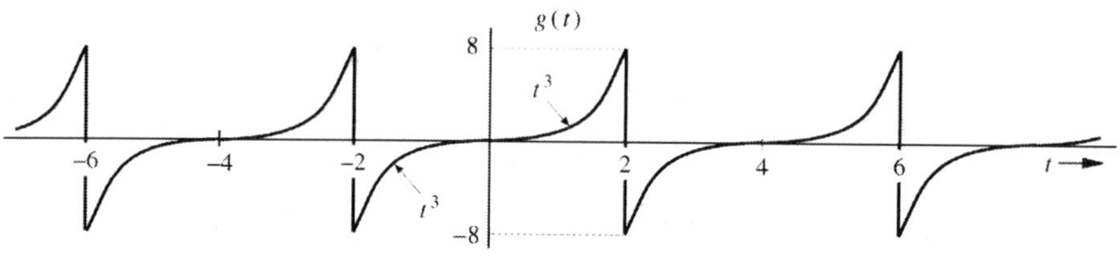

▸▸ 그림 P2.1-5

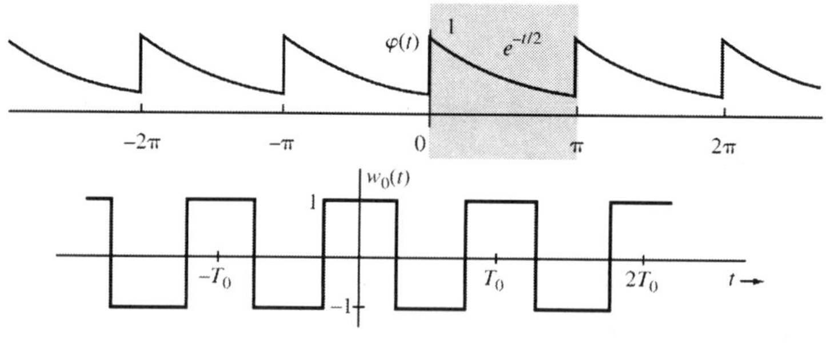

▸▸ 그림 P2.1-6

2.1-7 신호 g(t)의 전력이 다음과 같이 주어질 때

$$\mathrm{g}(t)=\sum_{k=m}^{n} D_k e^{j\omega_k t} \quad i \neq k\text{의 모든 것에 대하여 } \omega_i \neq \omega_k \text{일 때}$$

$$P_\mathrm{g}=\sum_{k=m}^{n} |D_k|^2$$ 이 됨을 보이시오(Parseval의 정리).

2.1-8 다음 신호들 각각에 대한 전력과 제곱 평균값을 구하시오

(a) $10\cos\left(100t+\dfrac{\pi}{3}\right)$

(b) $10\cos\left(100t+\dfrac{\pi}{3}\right)+16\sin\left(150t+\dfrac{\pi}{5}\right)$

(c) $(10+2\sin 3t)\cos 10t$

(d) $10\cos 5t\cos 10t$

(e) $10\sin 5t\cos 10t$

(f) $e^{j\alpha t}\cos\omega_0 t$

2.2-1 $-\infty$에서 시작하는 지수함수 e^{-at}가 임의의 실수값 a에 대하여 에너지 신호도, 전력 신호도 아니라는 것을 보이시오. 그러나 a가 허수라면, 이 신호는 a 값에 상관없이 전력 $P_\mathrm{g}=1$인 전력 신호가 된다.

2.3-1 그림 P2.3-1에서, 신호 $\mathrm{g}_1(\mathrm{t})=\mathrm{g}(-t)$이다. 신호 g$(t)$와 $\mathrm{g}_1(\mathrm{t})$이 두 신호의 시간천이, 시간주사 또는 시간반전의 특성을 이용하여 신호 $\mathrm{g}_2(t)$, $\mathrm{g}_3(t)$, $\mathrm{g}_4(t)$, $\mathrm{g}_5(t)$를 표현하시오. 실례로 몇몇 T의 적당한 값에 대하여 $\mathrm{g}_2(t)=\mathrm{g}(t-T)+\mathrm{g}_1(t-T)$가 된다. 유사하게 $\mathrm{g}_3(t)$와 $\mathrm{g}_4(t)$는 모두 몇몇 T의 적당한 값에 대하여 $\mathrm{g}_3(t)$와 $\mathrm{g}_4(t)$는 $\mathrm{g}(t-T)+\mathrm{g}(t-T)$로 표현될 수 있다. $\mathrm{g}_5(t)$는 g(t)를 시간천이와 시간주사를 한 다음 임의의 상수값을 곱함으로써 표현될 수 있다.

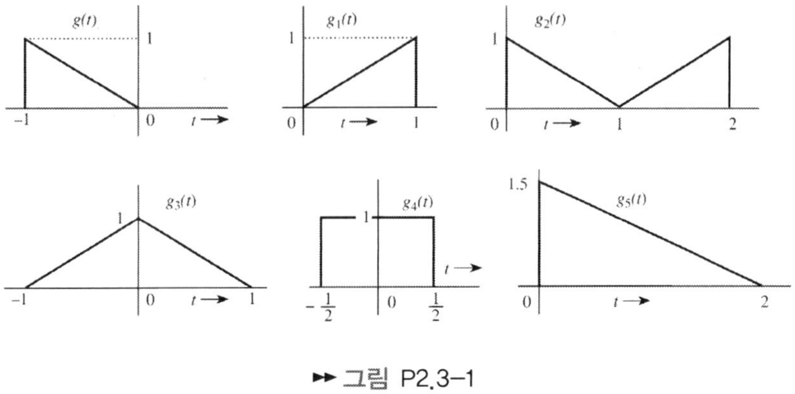

▸▸ 그림 P2.3-1

2.3-2 그림 P2.3-2에 나타낸 신호 g(t)에 대해서 다음의 신호들을 도시하시오.
(a) g($-t$) (b) g($t+6$) (c) g($3t$) (d) g($6-t$)

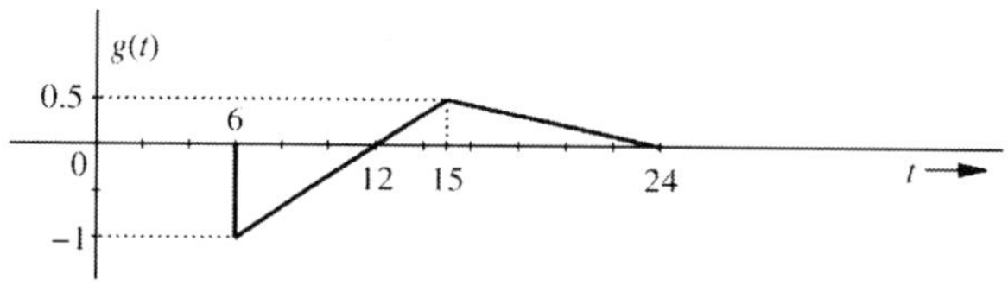

▸▸ 그림 P2.3-2

2.3-3 그림 P2.3-3에 나타낸 신호 g(t)에 대해서 다음의 신호들을 도시하시오.
(a) g($t-4$) (b) g($t/1.5$) (c) g($2t-4$) (d) g($2-t$)

****힌트** : t 대신에 $t-T$를 대입함으로써 신호를 T 만큼 지연시킬 수 있음을 상기하라. 따라서 g($2t-4$)는 g($2t$)에 t 대신에 $t-2$를 대입한 것이 된다. 유사하게 g($2-t$)는 g($-t$)에 t 대신에 $t-2$를 대입한 것이 된다.

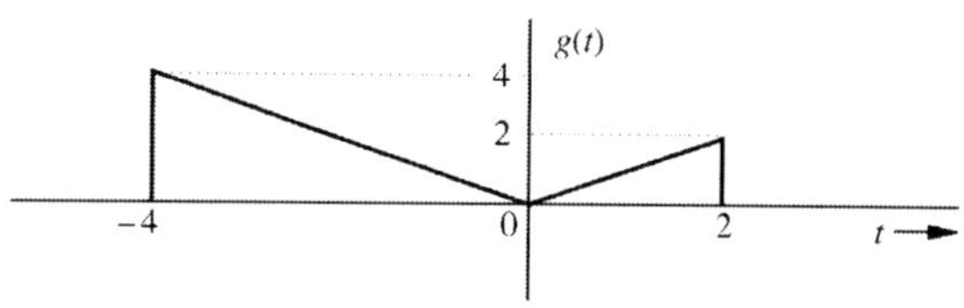

▸▸ 그림 P2.3-3

2.3-4 에너지가 E_g인 에너지 신호 g(t)에 대하여 신호 $-$g(t)와 g($-t$) 및 g($t-T$)도 에너지가 E_g가 됨을 보이시오. 또한 g($at-b$) 뿐만 아니라 g(at)의 에너지가 E_g/a가 됨을 보이시오. 이것은 시간반전과 시간천이가 신호의 에너지에 어떠한 영향도 미치지 않는다는 것을 나타낸다. 반면에 신호를 계수 a로 시간압축하는 것은 그 신호의 에너지를 a만큼 감소시킨다. 신호가 다음과 같을 경우에 신호 에너지에는 어떠한 영향을 미치는가?
(a) 계수 a로 시간 확장($a>1$)
(b) 상수 a를 곱함

2.3-5 다음 표현식들을 간략히 하시오.

(a) $\left(\dfrac{\tan t}{2t^2+1}\right)\delta(t)$

(b) $\left(\dfrac{jw-3}{w^2+9}\right)\delta(\omega)$

(c) $[e^{-t}\cos(3t-\pi/3)]\delta(t+\pi)$

(d) $\left(\dfrac{\sin\pi(t+2)}{t^2-4}\right)\delta(t-1)$

(e) $\left(\dfrac{\cos(\pi t)}{t+2}\right)\delta(2t+3)$

(f) $\left(\dfrac{\sin kw}{\omega}\right)\delta(\omega)$

****힌트** : 식 (2.10b)을 사용하고 (f)의 경우에는 L'Hospital의 법칙을 사용하시오.

2.3-6 다음 적분을 계산하시오

(a) $\int_{-\infty}^{\infty} g(\tau)\delta(t-\tau)d\tau$

(b) $\int_{-\infty}^{\infty} \delta(\tau)g(t-\tau)d\tau$

(c) $\int_{-\infty}^{\infty} \delta(t)e^{-jwt}dt$

(d) $\int_{-\infty}^{1} \delta(t-2)\sin\pi t\, dt$

(e) $\int_{-2}^{\infty} \delta(3+t)e^{-t}dt$

(f) $\int_{-2}^{2} (t^3+4)\delta(1-t)dt$

(g) $\int_{-\infty}^{\infty} g(2-t)\delta(3-t)dt$

(h) $\int_{-\infty}^{\infty} e^{(x-1)}\cos\frac{\pi}{2}(x-5)\delta(2x-3)dx$

****힌트** : $\delta(x)$는 $x=0$에 위치한다. 예를 들어 $\delta(1-t)$는 $1-t=0$, 즉 $t=1$에 위치한다.

2.3-7 $\delta(at)$가 다음과 같이 됨을 증명하시오.

$$\delta(at)=\frac{1}{|a|}\delta(t)$$

따라서 $\delta(\omega)$가 다음과 같이 됨을 보이시오. 여기서 $\omega=2\pi f$이다.

$$\delta(\omega)=\frac{1}{2\pi}\delta(f) \text{ where } \omega=2\pi f$$

****힌트** : $\int_{-\infty}^{\infty}\phi(t)\delta(at)dt=\frac{1}{|a|}\phi(0)$이 됨을 보이시오.

2.4-1 $\mathbf{e}=(\mathbf{g}-c\mathbf{x})$이고 $|\mathbf{e}|^2$가 다음과 같이 될 경우, 식 (2.19)을 유도하시오.

$|\mathbf{e}|^2=(\mathbf{g}-c\mathbf{x})\cdot(\mathbf{g}-c\mathbf{x})=|\mathbf{g}|^2+c^2|\mathbf{x}|^2-2c\mathbf{g}\cdot\mathbf{x}$

2.4-2 그림 P2.4-2의 신호 $g(t)$와 $x(t)$에 대해, $g(t)$에 포함되는 $x(t)$의 성분을 구하시오. 즉, 다시 말해 근사화 $g(t) \approx cx(t)$에서 오류 신호 에너지를 최소로 하기 위한 최적의 c의 값을 구하시오. 이 오류 신호 에너지는 얼마인가?

▸▸ 그림 P2.4-2

2.4-3 그림 P2.4-2의 신호 $g(t)$와 $x(t)$에 대해서, $x(t)$에 포함되는 $g(t)$의 성분을 구하시오. 다시 말해 근사화 $x(t) \approx cg(t)$에서 오류 신호 에너지를 최소로 하기 위한 최적의 c의 값을 구하시오. 이 오류 신호 에너지는 얼마인가?

2.4-4 $x(t)$가 그림 P2.4-4에 나타낸 것과 같이 사인 곡선 펄스일 경우, 문제 2.4-2를 반복하시오.

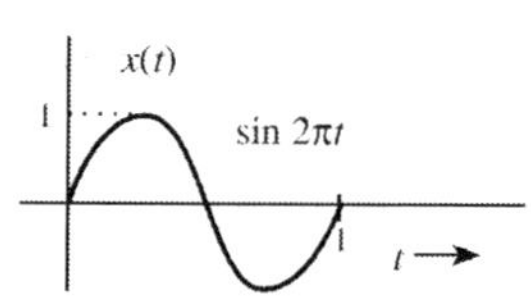

▸▸ 그림 P2.4-4

2.4-5 두 에너지 신호 $x(t)$와 $y(t)$의 에너지는 각각 E_x와 E_y이다.

(a) $x(t)$와 $y(t)$가 서로 직교한다면, 신호 $x(t)+y(t)$의 에너지가 신호 $x(t)-y(t)$의 에너지와 동일하고 $E_x + E_y$로 주어진다는 것을 보이시오.

(b) $x(t)$와 $y(t)$가 서로 직교할 경우에, 신호 $c_1x(t)+c_2y(t)$와 $c_1x(t)-c_2y(t)$의 에너지를 구하시오.

(c) 두 에너지 신호 $x(t)$와 $y(t)$의 상호 에너지를 다음과 같이 E_{xy}라고 정의한다.

$$E_{xy} = \int_{-\infty}^{\infty} x(t)y^*(t)dt$$

$z(t) = x(t) \pm y(t)$일 경우, E_z가 다음과 같이 됨을 보이시오.

$$E_z = E_x + E_y \pm (E_{xy} + E_{yx})$$

2.4-6 $x_1(t)$와 $x_2(t)$를 $t = t_1$에서부터 $t = t_2$까지 구간동안 직교하는 두 개의 단위 에너지 신호라고 하자. 이 두 신호 $x_1(t)$와 $x_2(t)$는 두 개의 단위 길이, 즉 직교 벡터$(\mathbf{x}_1, \mathbf{x}_2)$로 나타낼 수 있다. 다음과 같은 신호 $g(t)$를 고려해 보자.

$$g(t) = c_1 x_1(t) + c_2 x_2(t), \qquad t_1 \le t \le t_2$$

이 신호는 $x_1 - x_2$ 평면의 한 점 (c_1, c_2)로의 벡터 $\mathbf{g}$로 나타낼 수 있다.

(a) 2 차원 벡터 공간에서, 다음의 여섯 신호에 대한 벡터 표현을 결정하시오.

(i) $g_1(t) = 2x_1(t) - x_2(t)$

(ii) $g_2(t) = -x_1(t) + 2_{x2}(t)$

(iii) $g_3(t) = -x_2(t)$

(iv) $g_4(t) = x_1(t) + 2x_2(t)$

(v) $g_5(t) = 2x_1(t) + x_2(t)$

(vi) $g_6(t) = 3x_1(t)$

(b) 위의 여섯 개 벡터들 중에서 서로 직교하는 벡터들의 쌍을 찾으시오. 이러한 직교 벡터에 대응하는 신호 쌍들도 또한 서로 직교함을 증명하시오.

2.5-1 그림 P2.5-1에 나타낸 신호 $x(t)$와 각 네 개의 펄스들 $g_1(t)$, $g_2(t)$, $g_3(t)$와 $g_4(t)$의 상관 계수 c_n을 구하시오. 전송 경로로 인한 잡음에 대해 최대의 마진을 제공하기 위해서 2진 통신에서는 어떤 펄스 쌍을 선택해야 하는가?

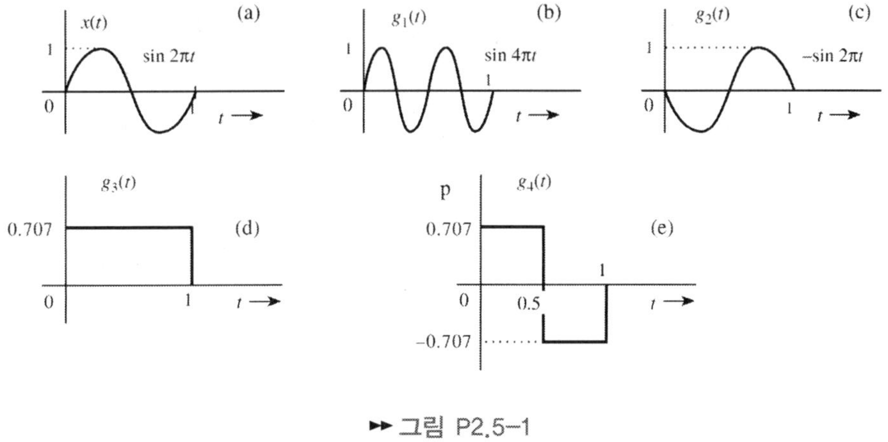

▸▸ 그림 P2.5-1

2.7-1 (a) 신호 $g(t) = t^2$을 도시하고, 구간 (-1, 1) 동안 $g(t)$를 나타내기 위한 지수형 푸리에 급수를 구하시오. 모든 t 값에 대하여 푸리에 급수 $\varphi(t)$를 도시하시오.

(b) 급수가 다음과 같이 주어지는 경우, Parseval의 정리[식 (2.68a)]를 증명하시오.

$$\sum_{n=1}^{\infty} \frac{1}{n^4} = \frac{\pi^4}{90}$$

2.7-2 (a) 신호 $g(t) = t$를 도시하고, 구간 $(-\pi, \pi)$ 동안 $g(t)$를 나타내기 위한 삼각함수형 푸리에 급수를 구하시오. 모든 t 값에 대하여 푸리에 급수 $\varphi(t)$를 도시하시오.

(b) 급수가 다음과 같이 주어지는 경우, Parseval의 정리[식 (2.68a)]를 증명하시오.

$$\sum_{n=1}^{\infty} \frac{1}{n^2} = \frac{\pi^2}{6}$$

2.7-3 주기 신호가 몇몇 대칭 조건을 만족한다면 푸리에 급수 성분들의 계산은 다소 간단하게 된다. 다음을 증명하시오.

(a) 만약 $g(t) = g(-t)$ (우 대칭)라면, 지수형 푸리에 급수는 실수이다.

(b) 만약 $g(t) = -g(-t)$ (기 대칭)라면, 지수형 푸리에 급수는 허수이다.

(c) 또한 각각의 경우에서 주기 신호를 반주기 동안만 적분함으로써 푸리에 계수를 구할 수 있음을 보이시오. 이러한 사실은 한 주기에 대한 정보가 대칭성으로 인하여 반주기로도 설명될 수 있기 때문이다.

****힌트** : 만약 $g_e(t)$와 $g_0(t)$가 각각 t에 대하여 우함수와 기함수가 된다면 다음과 같이 쓸 수 있다.

$$\int_{-a}^{a} g_e(t)dt = 2\int_{0}^{a} g_e(t)dt \qquad \text{그리고} \qquad \int_{-a}^{a} g_0(t)dt = 0$$

또한 우함수와 기함수의 곱은 기함수가 되고, 두 우함수 곱은 우함수가 되며, 두 기함수의 곱은 우함수가 된다.

2.7-4 그림 P2.7-4에 나타낸 각각의 주기 신호에 대해서 지수형 푸리에 급수를 구하고, 진폭 스펙트럼과 위상 스펙트럼을 도시하시오. 대칭 특성에 주의하시오

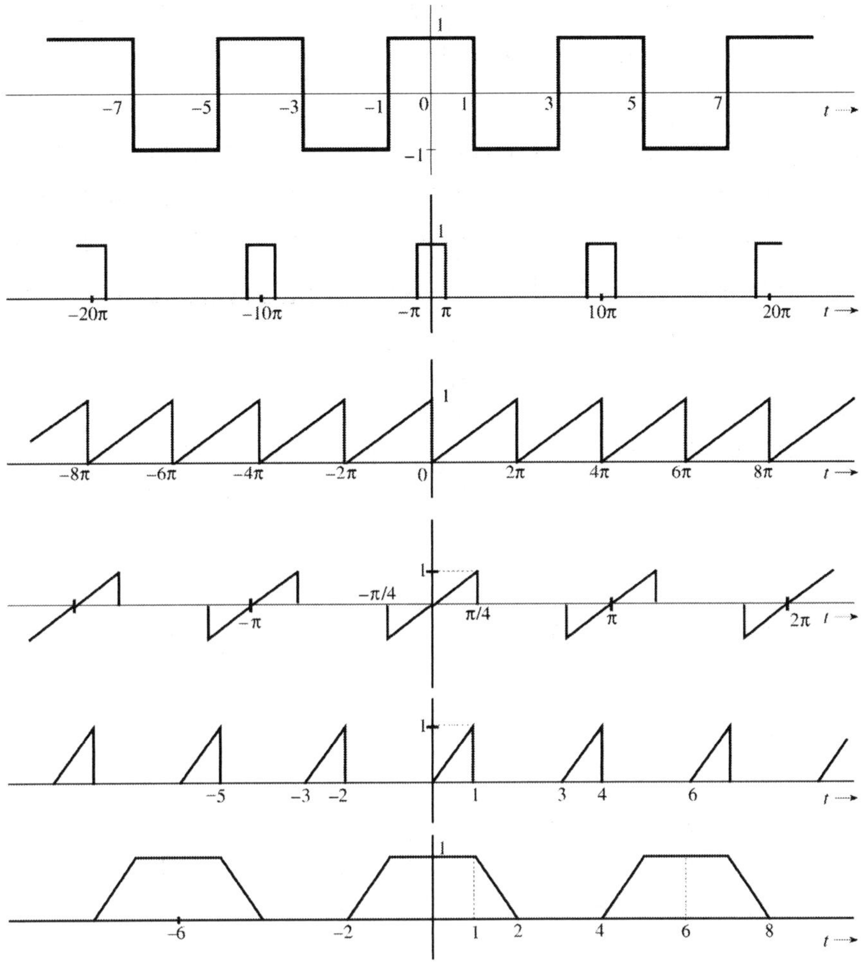

▶▶ 그림 P2.7-4

2.7-5 (a) 임의의 함수 $g(t)$가 우함수 $g_e(t)$와 기함수 $g_0(t)$의 합으로 표현될 수 있음을 보이시오.

$$g(t) = g_e(t) + g_0(t)$$

****힌트** : $g(t) = \underbrace{\frac{1}{2}[g(t)+g(-t)]}_{g_{e(t)}} + \underbrace{\frac{1}{2}[g(t)-g(-t)]}_{g_{o(t)}}$

(b) 다음의 함수들에서 우함수 성분들과 기함수 성분들을 결정하시오.

(i) $u(t)$ (ii) $e^{-at}u(t)$ (iii) e^{jt}

2.7-6 만약 주기 신호의 한 주기에 대해서, 두 개의 반주기 중 하나의 반주기에서의 파형이 나머지 반주기에서의 파형에 음이 되는 경우를 제외하고 두 개의 반주기에서의 파형이 동일하다면, 이 주기 신호를 반파 대칭이라고 한다. 만약 주기가 T_0인 주기 신호 $g(t)$가 반파 대칭 조건을 만족한다면, 다음과 같이 쓸 수 있다.

$$g\left(t-\frac{T_0}{2}\right)=-g(t)$$

이 경우에, 모든 짝수 고조파(계수)가 사라지는 것을 보이시오.

(b) 이러한 결과를 이용하여, 그림 P2.7-6의 주기함수에 대한 푸리에 급수를 구하시오.

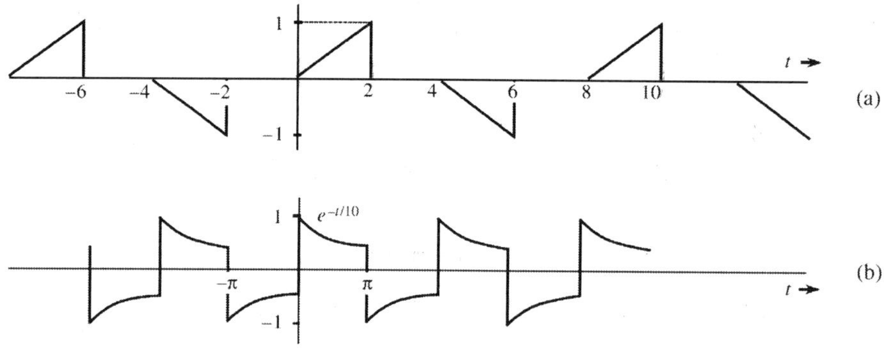

▸▸ 그림 P2.7-6

2.8-1 주기 신호 $g(t)$는 다음과 같은 푸리에 급수로 표현된다.

$$g(t)=3\sin t+\cos\left(3t-\frac{2\pi}{3}\right)+2\cos\left(8t+\frac{2\pi}{3}\right)$$

(a) 신호 $g(t)$와 비례하는 Euler 항등식을 적용하여 $g(t)$에 대한 지수형 푸리에 급수를 쓰시오.

(b) 신호 $g(t)$와 비례하는 Euler 항등식을 적용하여 $g(t)$에 대한 지수형 푸리에 급수 스펙트럼을 도시하시오.

03 신호의 분석과 전송

공학 기술자들은 직관적으로 신호와 시스템을 각각 신호의 주파수 스펙트럼과 신호의 주파수 응답의 관점에서 생각한다. 심지어 10대들조차도 20kHz의 대역폭을 갖는 오디오 신호와 20kHz까지 응답할 수 있는 좋은 품질의 확성기에 대해서 알고 있다. 이것은 기본적으로 주파수 영역에서의 생각이다. 전 장에서는 주기 신호들의 스펙트럼을 고찰하였다면(푸리에 급수), 본 장에서는 이러한 스펙트럼 표현을 비주기 신호들까지 확장한다.

3.1 푸리에 급수에 의한 비주기 신호의 표현

이제 극한 과정을 적용함으로써, 비주기 신호가 무한 지수함수의 연속적인 합(적분)으로써 표현될 수 있음을 보일 것이다. 그림 3.1a에 나타낸 신호와 같이 무한 지수형의 비주기 신호 $g(t)$를 표현하기 위해서, 그림 3.1b에 나타낸 것처럼 매 T_0초마다 신호 $g(t)$를 반복시킨 새로운 주기 신호 $g_{T_0}(t)$를 구성한다. 주기 T_0는 반복되는 펄스들이 서로 중첩되지 않도록 충분히 길게 한다.

주기 신호 $g_{T_0}(t)$는 지수형 푸리에 급수로 표현될 수 있다. 만약 $T_0 \to \infty$로 놓는다면, 이 주기 신호에서 펄스들은 무한한 간격 후에 반복되며, 다음과 같이 쓸 수 있다.

$$\lim_{T_0 \to \infty} g_{T_0}(t) = g(t)$$

따라서 $g_{T_0}(t)$를 나타내는 푸리에 급수는 또한 $T_0 \to \infty$로 극한에서의 $g(t)$로 나타낼 수 있다.

$g_{T_0}(t)$에 대한 지수형 푸리에 급수는 다음과 같이 주어진다.

$$g_{T_0}(t) = \sum_{n=-\infty}^{\infty} D_n e^{jn\omega_0 t} \tag{3.1}$$

여기에서 D_n과 ω_0는 다음과 같다.

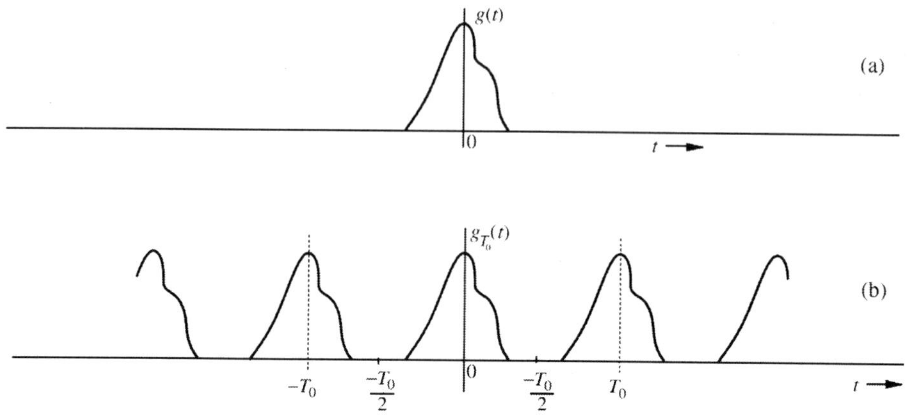

▸▸ 그림 3.1 g(t)의 주기 확장에 의한 주기적 신호의 구성

$$D_n = \frac{1}{T_0}\int_{-T_0/2}^{T_0/2} g_{T_0}(t)e^{-jn\omega_0 t}\,dt \tag{3.2a}$$

그리고

$$\begin{aligned} D_n &= \frac{1}{T_0}\int_{-\infty}^{\infty} g(t)e^{-jn\omega_0 t}\,dt \\ &= \frac{1}{T_0}\int_{-\infty}^{\infty} g(t)e^{-j2\pi nf_0 t}\,dt \end{aligned} \tag{3.2b}$$

구간$(-T_0/2, T_0/2)$ 동안 $g_{T_0}(t)$를 적분한 값이 구간 $(-\infty,\infty)$동안 $g(t)$를 적분한 값과 같다는 것을 알 수 있다. 그러므로 식 (3.2a)는 다음과 같이 표현될 수 있다.

$$\begin{aligned} D_n &= \frac{1}{T_0}\int_{-\infty}^{\infty} g(t)e^{-jn\omega_0 t}\,dt \\ &= \frac{1}{T_0}\int_{-\infty}^{\infty} g(t)e^{-j2\pi nf_0 t}\,dt \end{aligned} \tag{3.2c}$$

스펙트럼 특성이 T_0가 증가함에 따라 어떻게 변하는지 관찰하는 것은 흥미로운 일일 것이다. 이러한 변화를 이해하기 위해서 다음과 같이 $G(f)$, 즉 ω에 연속인 함수를 정의하자.

$$G(f) = \int_{-\infty}^{\infty} g(t)e^{-j\omega t}\, dt \tag{3.3}$$

$$= \int_{-\infty}^{\infty} g(t)e^{-j2\pi ft}\, dt \tag{3.4}$$

$\omega = 2\pi f$ 이므로, 식 (3.2c)와 식 (3.3)을 살펴보면 D_n과 $G(\omega)$의 관계는 다음과 같다.

$$D_n = \frac{1}{T_0}G(nf_0) \tag{3.5}$$

위의 식은 푸리에 계수 D_n이 그림 3.2a에서와 같이 f_0 Hz 간격으로 일정하게 배열된 $G(f)$의 표본들이라는 것을 알 수 있다($1/T_0$배).* 그러므로 $(1/T_0)G(f)$는 계수 D_n의 포락선이 된다. 이제 T_0를 2배씩 계속 늘려서 $T_0 \rightarrow \infty$가 되도록 한다. T_0를 2배로 하는 것은 기본파 주파수 ω_0를 절반이 되도록 하기 때문에 스펙트럼상의 성분(표본)들은 2배가 된다. 그러나 T_0를 2배로 함으로써 포락선 $(1/T_0)G(f)$는 그림 3.2b에서와 같이 절반이 된다. 반복해서 T_0를 2배로 하는 이 과정을 계속하면 스펙트럼은 점차 조밀해지는 반면에 이 스펙트럼의 크기는 작아진다.

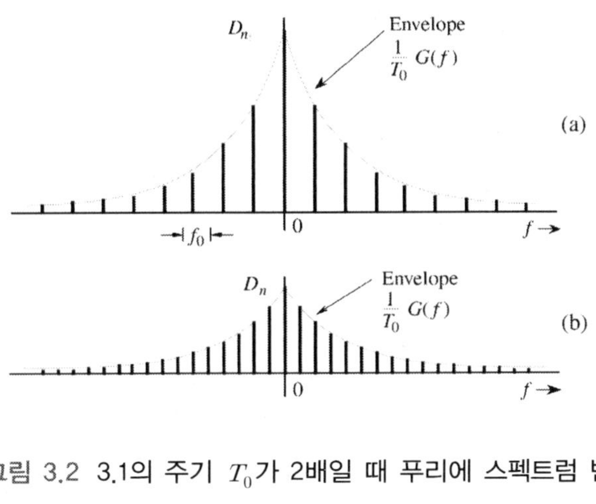

▶▶ 그림 3.2 3.1의 주기 T_0가 2배일 때 푸리에 스펙트럼 변화

* 편의상 그림 3.2의 D_n을 실수, 즉 $G(f)$를 실수라 가정한다. 그러나 복소수 D_n[또는 $G(f)$]에 대해서도 성립한다.

그러나 상대적으로 이 포락선의 형태가 여전히 같다는 것에 유의해야 한다. [식 (3.3)에서의 $G(f)$에 비례]. $T_0 \to \infty$로 극한을 취하면 $f_0 \to 0$이 되고, $D_n = 0$이 된다. 이것은 스펙트럼이 너무 조밀해서 스펙트럼 성분들이 0(무한소)인 간격으로 배열된다는 것을 의미한다. 동시에, 각 성분의 진폭도 0(무한소)이 된다. 우리는 아무것도 갖고 있지 않지만, 무언가를 갖고 있다. 이 말이 이상한 나라의 엘리스처럼 들릴지 모르지만, 앞으로 확인할 바와 같이 이러한 것은 아주 친숙한 현상의 기본 특성이다*.

식 (3.1)에 식 (3.5)를 대입하면 다음과 같다.

$$g_{T_0}(t) = \sum_{n=-\infty}^{\infty} \frac{G(nf_0)}{T_0} e^{jn2\pi f_0 t} \tag{3.6}$$

$T_0 \to \infty$에 따라 $f_0 = T_0$는 무한소($f_0 \to 0$)가 되기 때문에 f_0 대신에 좀 더 적절한 표현으로 Δf를 사용할 것이다. 이 새로운 표기에 따라 식 (3.2b)는 다음과 같이 된다.

$$\Delta f = \frac{1}{T_0}$$

그러므로 식 (3.6)는 다음과 같이 된다.

$$g_{T_0}(t) = \sum_{n=-\infty}^{\infty} [G(n\Delta f)\Delta f] e^{(j2\pi n\Delta f)t} \tag{3.7a}$$

식 (3.7a)는 $g_{T_0}(t)$를 주파수가 $0, \pm\Delta f, \pm 2\Delta f, \pm 3\Delta f, \cdots$인 무한 지수함수의 합(푸리에 급수)으로 나타낼 수 있음을 보인다. 주파수 $n\Delta f$의 성분량은 $[G(n\Delta f)\Delta f]$이다. $T_0 \to \infty$로 극한을 취하면 $\Delta f \to 0$이 되고 $g_{T_0}(t) \to g(t)$가 된다.

그러므로

$$g(t) = \lim_{T_0 \to \infty} g_{T_0}(t) = \lim_{\Delta f \to 0} \sum_{n=-\infty}^{\infty} G(n\Delta f) e^{(j2\pi n\Delta f)t} \Delta f \tag{3.7b}$$

식 (3.7b)에서 우항의 합은 그림 3.3에 나타낸 것과 같이 함수 $G(f)e^{j2\pi ft}$의 아래 영역으로 볼 수 있다.

* 당신은 이것을 아마 모든 것들에 대한 0%의 소유가 아무것도 없는 것들을 100% 소유하는 것 보다 낫다는 제의에 반박할 수 없는 증거라 여길 것이다.

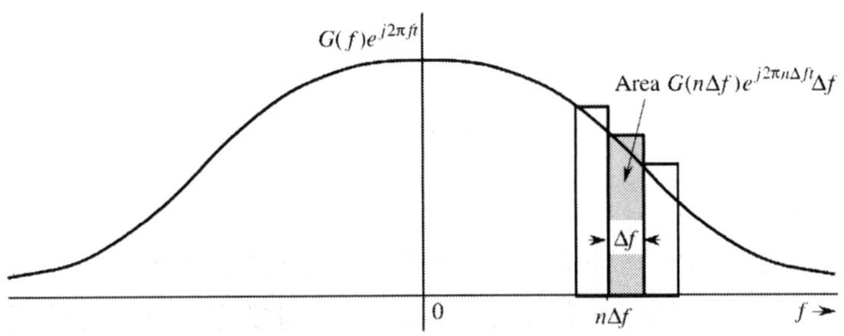

▸▸ 그림 3.3 푸리에 급수는 $T_0 \rightarrow \infty$로 극한을 취하면 푸리에 적분이 된다.

그러므로,

$$g(t) = \int_{-\infty}^{\infty} G(f)e^{j2\pi ft}df \tag{3.8}$$

우변의 적분을 푸리에 적분이라 한다. 이제 비주기 신호 g(t)를 푸리에 급수가 아닌 푸리에 적분으로 나타내는 것이 가능하다*. 이 적분은 원칙상 식 (3.7b)에 나타내었던 것과 같이 기본 주파수 $\Delta f \rightarrow 0$인 극한에서 푸리에 급수이다. 지수함수 $e^{j2\pi n\Delta ft}$의 양은 $G(n\Delta f)\Delta f$이다. 그러므로 식 (3.3)에 주어진 함수$G(f)$는 스펙트럼 함수로 동작한다.

$G(f)$를 g(t)의 직접 푸리에 변환이라 하며, g(t)를 $G(f)$의 역 푸리에 변환이라 한다. 이러한 사실은 g(t)와 $G(f)$가 푸리에 변환쌍이라는 것을 말한다. 푸리에 변환쌍을 기호로 나타내면 다음과 같다.

$$G(f) = \mathcal{F}[g(t)] \text{ 와 } \quad g(t) = \mathcal{F}^{-1}[G(f)]$$

또는

$$g(t) \Longleftrightarrow G(f)$$

요약하면, 다음과 같다.

$$G(f) = \int_{-\infty}^{\infty} g(t)e^{-j\omega t}\, dt \tag{3.9a}$$

---

* 이것으로 식 (3.8)의 증명이 철저하게 된 것이라고 간주해서는 안 된다. 이 증명은 설명되었던 것만큼 간단하지가 않다.

그리고

$$g(t) = \int_{-\infty}^{\infty} G(f)e^{j\omega t}\,df \tag{3.9b}$$

$\omega = 2\pi f$ 이므로

식 (3.9b)의 푸리에 적분이 푸리에 급수[식 (3.7b)]의 기본 주파수 Δf를 0에 접근시킴으로써 얻어진다는 것을 알 수 있다. 그러므로 푸리에 급수의 내용과 특성이 푸리에 변환에서도 대부분 잘 적용된다. 스펙트럼 $G(f)$를 f에 대한 함수로서 나타낼 수 있다. $G(f)$가 복소수이기 때문에 진폭과 각(또는 위상) 스펙트럼이 모두 요구된다.

$$G(f) = |G(f)|e^{j\theta_g(f)}$$

여기에서 $|G(f)|$는 $G(f)$의 진폭이고 $\theta_g(f)$는 위상을 나타낸다. 식 (3.9a)로부터 다음 식을 얻을 수 있다.

$$G(-f) = \int_{-\infty}^{\infty} g(t)e^{j2\pi ft}\,dt$$

○ f 와 ω

전통적으로 우리는 주파수 영역에서 신호의 표현에 있어, 각 주파수 ω와 주파수 f의 기호를 동등하게 사용하였다. 개념적으로 주파수 ω(단위 시간 당 라디안)와 주파수 f(단위 헤르츠, Hz)는 동일하다. 두 기호의 관계는 직접적인 관계이므로, ω영역에서 푸리에 변환을 하기위해서는 간단히 $G(f)$에 $\omega = 2\pi f$를 대입한다.

$$\mathcal{F}[g(t)] = \int_{-\infty}^{\infty} g(t)e^{-j\omega t}dt \tag{3.10}$$

식 3.10에서 사용된 변수 ω 내 2π의 증분에 의하여, ω의 함수로 역변환에서는 2π에 의한 추가 분할이 요구된다. 그러므로 푸리에 변환 중에는 일반적으로 f로의 표기가 더 선호된다. 따라서 앞으로 이 책에서 $G(f)$를 푸리에 변환에서의 신호함수로 표기하기로 한다. 반면에 각 주파수 ω는 사인곡선의 처리에 적절히 이용할 것이다. 따라서 이후의 장부터 혼란을 막고 편의를 위해 두 가지 동일한 방법을 교환으로 사용할 것이다.

○ 복소 대칭성

식 (3.9a)로부터, g(t)가 t에 대한 실함수라면, $G(f)$와 $G(-f)$는 복소쌍, 즉 다음과 같다는 것을 알 수 있다.*

$$G(-f) = G^*(f) \tag{3.11}$$

$$G(-\omega) = G^*(\omega)$$

그러므로 $|G(-\omega)|$와 $\theta_g(-\omega)$는 다음과 같다.

$$|G(-f)| = |G(f)| \tag{3.12a}$$

$$\theta_g(-f) = -\theta_g(f) \tag{3.12b}$$

따라서 g(t)가 실수인 경우, 진폭 스펙트럼 $|G(f)|$는 f에 대하여 우함수가 되고 그 위상 스펙트럼은 기함수가 된다. 이 특성, 즉 복소 대칭성은 g(t)가 실수인 경우에만 성립한다. 이러한 결과들은 2장의 주기 신호의 푸리에 스펙트럼에서 유도되었고 당연한 결과이다. 변환 $G(f)$는 g(t)를 주파수 영역에서 설명한 것이다.

● 예제 3.1

$e^{-at}u(t)$의 푸리에 변환을 구하시오.

풀이 식 (3.9a)에서의 정의에 따라,

$$G(f) = \int_{-\infty}^{\infty} e^{-at}u(t)e^{-j2\pi ft}dt = \int_{0}^{\infty} e^{-(a+j2\pi)t}dt = \frac{-1}{a+j2\pi f}e^{-(a+j2\pi f)t}\Big|_0^\infty$$

그러나 $|e^{-j2\pi ft}| = 1$이 되므로, $a > 0$이면 $t \to \infty$로 됨에 따라 $e^{-(a+j2\pi f)t} = e^{-at}e^{-j2\pi ft} = 0$

그러므로,

$$G(f) = \frac{1}{a+j\omega} \qquad a > 0 \tag{3.13a}$$

$\omega = 2\pi f$이므로 극형식에서, $a+j\omega$를 $\sqrt{a^2+\omega^2}\,e^{j\tan^{-1}(\frac{\omega}{a})}$로 나타내면 다음과 같다.

$$G(f) = \frac{1}{\sqrt{a^2+(2\pi f)^2}}e^{-j\tan^{-1}(\frac{2\pi f}{a})} \tag{3.13b}$$

---

* Hermitian 대칭은 식 (3.11)에 만족하는 복소함수를 기술할 때 이용된다.

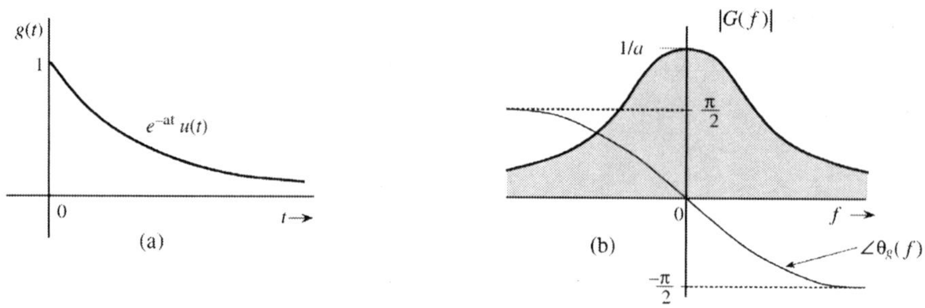

▶▶ 그림 3.4 $e^{-at}u(t)$와 $e^{-at}u(t)$의 푸리에 스펙트럼

그러므로,

$$|G(f)| = \frac{1}{\sqrt{a^2 + (2\pi f)^2}} \qquad \text{and} \qquad \theta_g(f) = -\tan^{-1}\left(\frac{2\pi f}{a}\right)$$

진폭 스펙트럼 $|G(f)|$와 위상 스펙트럼 $\theta_g(f)$를 그림 3.4b에 나타내었다. 예상한 바와 같이, $|G(f)|$가 f 에 대한 우함수가 되고 $\theta_g(f)$가 f 에 대한 기함수가 된다는 것을 알 수 있다.

○ 푸리에 변환의 존재

예제 3.1에서는 $a < 0$일 경우에 $e^{-at}u(t)$의 푸리에 적분이 수렴하지 않는다는 것을 알 수 있었다. 그러므로 $e^{-at}u(t)$에 대한 푸리에 변환은 $a < 0$라면 존재하지 않게 된다(지수함수는 증가됨). 명백히, 모든 신호들이 푸리에 변환될 수 있는 것은 아니다. 푸리에 변환의 존재는 Dirichlet 조건을 만족하는 g(t)에 대해서만 성립한다. 첫 번째 Dirichlet 조건*은 다음과 같다.

$$\int_{-\infty}^{\infty} |g(t)|\,dt < \infty \tag{3.14}$$

위의 식을 증명하기 위해서, $|e^{-j2\pi ft}| = 1$이라는 것을 상기하라. 그러므로 식 (3.9a)로부터 다음과 같이 쓸 수 있다.

$$|G(f)| \le \int_{-\infty}^{\infty} |g(t)|\,dt$$

* 나머지 Dirichlet 조건은 다음과 같다. 즉, 임의의 유한 구간에서 g(t)는 유한한 최대점들과 최소점들 및 유한한 불연속적인 점들만을 가질 것이다. 이러한 조건들이 만족될 경우에, 식 (3.9b)의 우변에 대한 푸리에 적분은 g(t)가 연속적인 모든 점들에서는 g(t)로 수렴하고, g(t)가 불연속적인 모든 점들에서는 g(t)의 우극한과 좌극한의 평균에 수렴하게 된다.

이 식은 조건식 (3.14)를 만족하는 경우에만 푸리에 변환이 존재한다는 것을 나타낸다. 만약 그렇지 않다면 푸리에 변환은 존재하지 않는다. 예제 3.1에서는 지수적으로 증가하는 신호(위의 조건에 위배)에 대한 푸리에 변환이 존재하지 않는다는 것을 나타내었다. 이러한 조건이 충분조건이 될 지라도, 푸리에 변환의 존재에 대한 필요조건은 아니다.

예를 들어, 신호 $(\sin at)/t$는 조건식 (3.14)에 위배되지만 푸리에 변환은 존재한다. 사실상, 생성 가능한 신호들이 Dirichlet 조건을 만족하므로 이 신호들에 대한 푸리에 변환은 존재하게 된다. 따라서 물리적으로 존재 가능한 신호는 이 신호에 대한 푸리에 변환이 존재하기 위한 충분조건이 된다.

○ 푸리에 변환의 선형성(중첩이론)

푸리에 변환은 선형 변환이다. 즉, 다음과 같은 관계를 만족한다면

$$g_1(t) \Longleftrightarrow G_1(f) \qquad \text{and} \qquad g_2(t) \Longleftrightarrow G_2(f)$$

다음과 같이 쓸 수 있다.

$$a_1 g_1(t) + a_2 g_2(t) \Longleftrightarrow a_1 G_1(f) + a_2 G_2(f) \tag{3.15}$$

위의 식에 대한 증명은 식 (3.9a)로부터 간단히 직접 증명된다. 이 이론은 간단히 시간 영역에서의 선형적 신호의 결합은 주파수 영역에서의 푸리에 변환에 상응함을 나타낸다. 이 결과는 임의의 상수 a_k 이나 신호 $g_k(t)$의 임의의 유한한 항들로 확장시킬 수 있다.

$$\sum_k a_k g_k(t) \Longleftrightarrow \sum_k a_k G_k(f)$$

○ 푸리에 변환의 물리적인 이해

푸리에 변환을 이해하는데 있어서, 푸리에 기술이 임의의 신호를 끊임없이 지속되는 정현파들이나 지수항들로 표현하는 하나의 방법임을 상기해야만 한다. 신호의 푸리에 스펙트럼은 그 신호를 합성하는데 요구되는 정현파들의 상대적인 진폭들과 위상들을 나타낸다. 주기 신호의 푸리에 스펙트럼은 유한한 진폭들을 가지고 f 와 f 의 배수인 주파수들에서 이산적으로 그 값들이 존재한다. 이러한 스펙트럼의 표현은 간단하지만, 비주기 신호의 스펙트럼은 모든 주파수에서 연속적인 스펙트럼을 가지기 때문에 표현하기가 쉽지 않게 된다. 연속 스펙트럼의 개념은 더욱 명백한 현상인 아날로그 스펙트럼을 고려하여 이해한다. 연속적인 분포에 대한 친숙한 하나의 예는 빔의 로딩(loading)이다. 그림 3.5a에 나타낸 것과 같이, 균일하게 분포된 점들 $x_1, x_2, \cdots, x_n$에서 $D_1, D_2, D_3, \cdots, D_n$의 가중치들로 로드되는 빔들을 고려해 보자. 이 빔에 대한 총 로드 W_T는 n개의 점들 각각에서 이 점들에 해당하는 로드들의 합으로 다음과 같이 주어진다.

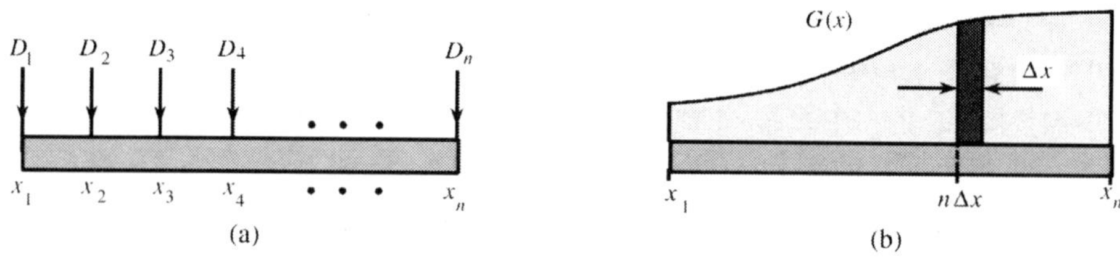

►► 그림 3.5 푸리에 변환에 대한 유추

$$W_T = \sum_{i=1}^{n} D_i$$

이제 그림 3.5b에 나타낸 것과 같이, 연속적으로 로드되는 빔들을 고려해 보자. 이 경우에는 모든 점들에 로드된 것처럼 보이지만, 임의의 한 점에서의 로드는 0이 된다.

이것은 빔에 어떠한 로드도 존재하지 않는다는 것을 의미하는 것이 아니다. 이 상태에서 로드의 측정은 임의의 한 점에 대한 로드를 측정하는 것이 아니라 오히려 이 점에서 단위 길이당 로딩 밀도를 측정하는 것이다. $G(x)$를 빔의 단위 길이당 로딩 밀도라고 하자. 이것은 임의의 점 x에서 빔의 길이 $\Delta x(\Delta x \to 0)$동안 로드가 $G(x)\Delta x$가 된다는 것을 의미한다. 빔에 대한 총 로드를 구하기 위해서는 빔을 $\Delta x(\Delta x \to 0)$의 간격으로 구성되는 부분들로 분할한다. 길이가 Δx인 n번째 부분에 대한 로드는 $[G(n\Delta x)]\Delta x$가 된다. 그러므로 총 로드 W_T는 다음과 같이 주어진다.

$$\begin{aligned} W_T &= \lim_{\Delta x \to 0} \sum_{x_1}^{x_n} G(n\Delta x)\,\Delta x \\ &= \int_{x_1}^{x_n} G(x)\,dx \end{aligned}$$

그림 3.5a에 나타낸 것과 같은 이산적인 로딩인 경우에, 로드는 단지 n개의 이산적인 점들에서만 존재한다. 그 외의 다른 점에서는 로드가 존재하지 않는다. 반면에 연속적으로 로드된 경우에, 로드는 모든 점들에서 존재하지만 어떤 특정한 점 x에서의 로드는 0이 된다. 그러나 그림 3.5b에 나타낸 것과 같이, 작은 구간 Δx 동안의 로드는 $[G(n\Delta x)]\Delta x$가 된다. 따라서 임의의 점 x에서의 로드가 0이 될지라도 이 점에서의 상대적인 로드는 $G(x)$가 된다.

정확히 이와 유사한 상태가 신호 스펙트럼의 경우에도 존재한다. $g(t)$가 주기적일 때, 이 신호의 스펙트럼은 이산적이 되고, $g(t)$는 유한한 진폭들을 갖는 이산적인 지수항들의 합으로써 다음과 같이 표현될 수 있다.

$$g(t) = \sum_n D_n e^{j2\pi n f_0 t}$$

비주기적 신호의 스펙트럼은 연속적이 된다. 즉, 스펙트럼은 모든 f 값에서 존재하지만 스펙트럼의 각 성분이 갖는 진폭은 0이 된다. 여기에서는 어떤 주파수 성분의 진폭을 측정하는 것이 아니라 단위 대역폭당 스펙트럼 밀도를 측정한다. 식 (3.7b)로부터 g(t)가 하나의 지수 성분이 0이 되는 $e^{j2\pi n\Delta ft}$ 형태의 지수항들을 추가함으로써 합성될 수 있다는 것은 분명하다. 그러나 $f = n\Delta f$에 위치하는 무한소 대역 Δf에서 지수항들은 $G(n\Delta f)\Delta f$가 되고 이러한 모든 성분들의 합은 다음과 같이 $g(t)$의 적분 형태가 된다.

$$g(t) = \lim_{\Delta f \to 0} \sum_{n=-\infty}^{\infty} G(n\Delta f) e^{(jn2\pi f)t} \Delta f = \int_{-\infty}^{\infty} G(f) e^{j2\pi ft}\, df$$

대역 df 내의 성분들은 $G(f)df$가 된다. 여기서 df는 Hz 단위의 대역폭이다. 분명히 $G(f)$는 단위 대역폭당 스펙트럼 밀도이다. 이것은 또한 어떤 한 성분의 진폭이 0이 될 때 주파수 f의 상대적인 성분량이 $G(f)$가 된다는 것을 의미한다. 비록 $G(f)$가 스펙트럼 밀도지만, 사실 g(t)의 스펙트럼 밀도보다는 오히려 관습상 $g(t)$의 스펙트럼이라고 한다. 이러한 관습에 따라, $G(f)$를 g(t)의 푸리에 스펙트럼(또는 푸리에 변환)이라고 한다.

3.2 유용한 함수들의 변환

편의상 게이트 함수, 삼각 함수 및 보간 함수와 같은 몇 가지 유용한 함수들에 대한 간결한 표기를 소개한다.

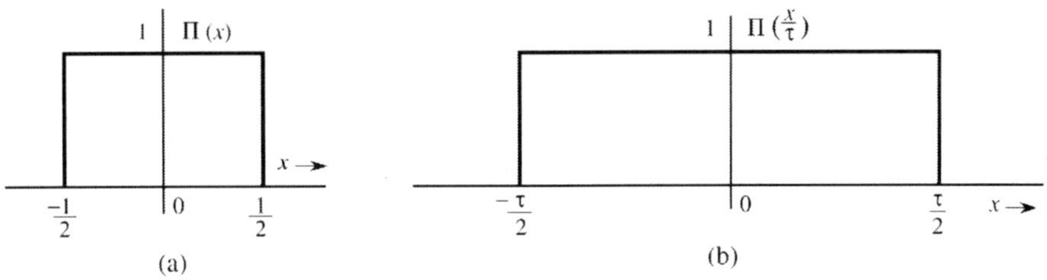

▸▸ 그림 3.6 게이트 펄스

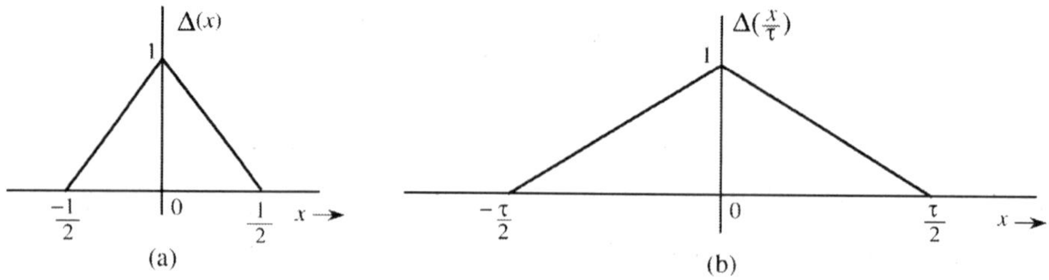

▸▸ 그림 3.7 삼각 펄스

○ 단위 게이트 함수

단위 게이트 함수 $\Pi(x)$는 그림 3.6a에 나타낸 것과 같이 원점을 중심으로 단위 높이와 단위 폭을 갖는 게이트 펄스로 다음과 같이 정의된다.

$$\Pi(x) = \begin{cases} 1 & |x| \le \frac{1}{2} \\ 0.5 & |x| = \frac{1}{2} \\ 0 & |x| > \frac{1}{2} \end{cases} \tag{3.16}$$

그림 3.6b의 게이트 펄스는 단위 게이트 펄스 $\Pi(x)$가 계수 τ에 의해 확장된 게이트 펄스이기 때문에 $\Pi(x/\tau)$로 표현할 수 있다. 여기에서 $\Pi(x/\tau)$의 독립 변수인 분모 τ가 펄스의 폭을 나타낸다는 것을 알 수 있다.

○ 단위 삼각 함수

단위 삼각 함수 $\Delta(x)$는 그림 3.7a에 나타낸 것과 같이 원점을 중심으로 단위 높이와 단위 폭을 갖는 삼각 펄스로 다음과 같이 정의된다.

$$\Delta(x) = \begin{cases} 1 - 2|t| & |x| < \frac{1}{2} \\ 0 & |x| > \frac{1}{2} \end{cases} \tag{3.17}$$

그림 3.7b에서의 펄스는 $\Delta(x/\tau)$이다. 여기에서 $\Delta(x/\tau)$의 독립 변수인 분모 τ가 게이트 펄스에서와 같이 펄스의 폭을 나타낸다는 것을 알 수 있다.

○ 보간 함수 sinc(x)

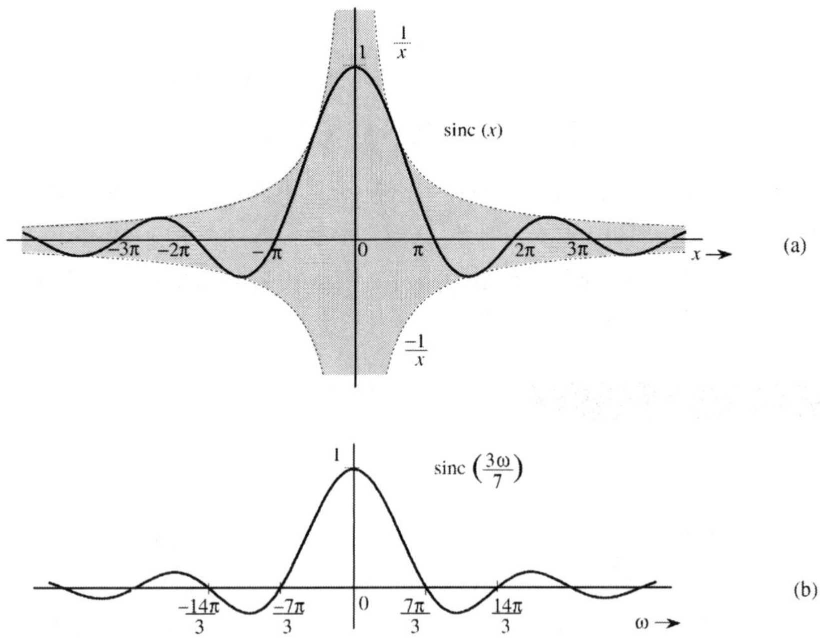

►► 그림 3.8 Sinc 펄스

함수 $(\sin x)/x$ 는 sinc(x)* 로 표기되는 "독립 변수 x 에 대한 사인" 함수가 된다. 이 함수는 신호 처리에서 중요한 역할을 한다. 또한 이 함수를 필터링 또는 보간 함수라고 한다. sinc(x)는 다음과 같이 정의된다.

$$\text{sinc}\,(x) = \frac{\sin x}{x} \tag{3.18}$$

식 (3.18)은 다음과 같은 특성을 갖는다.

1. sinc(x)는 x 의 우함수이다.
2. 부정이 되는 $x = 0$ 일 때를 제외하고는 $\sin x = 0$ 일 때 sinc(x) = 0이 된다. 이것은 $t = \pm\pi, \pm 2\pi, \pm 3\pi, \cdots$ 일 때 sinc(x) = 0이 된다는 것을 의미한다.
3. L'Hôspital 의 법칙을 사용하면, sinc(x) = 1이 된다는 것을 알 수 있다.

* sinc(x)는 또한 문헌에서 Sa(x)로 표기된다. 몇몇 저자들은 sinc(x)를 다음과 같이 정의한다.

$$\text{sinc}\,(x) = \frac{\sin \pi x}{\pi x}$$

4. sinc(x)는 주기 2π를 갖는 정현파 sin x와 단조 감소 함수 $1/x$의 곱이다. 그러므로 sinc(x)는 진폭이 $1/x$ 만큼씩 지속적으로 감소하고 주기가 2π인 정현파를 나타낸다.
5. 요약하면 sinc(x)는 진폭이 감소하는 우함수 정현파이다. 이는 π에 대한 정수배의 영교차와 $x=0$에서의 단위 피크값을 갖고 있다.

그림 3.8a는 sinc(x)를 나타낸다. π에 양의 정수배와 음의 정수배를 한 x의 값들에 대하여 sinc(x)$=0$이 된다는 것을 알 수 있다. 그림 3.8b는 sinc($3\omega/7$)를 나타낸다. $\omega=7\pi/3$ 또는 $f=7/6$일 때 변수 $3\omega/7=\pi$가 된다. 그러므로 이 함수는 $\omega=7\pi/3$ ($f=7/6$)일 때 처음으로 0이 된다.

● 예제 3.2

그림 3.9a에 나타낸 것과 같은 $g(t)=\Pi(t/\tau)$를 푸리에 변환하시오.

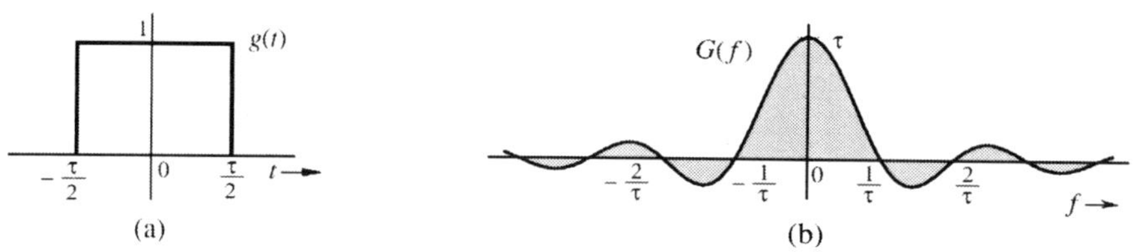

▸▸ 그림 3.9

풀이 게이트 펄스와 이 게이트 펄스의 푸리에 스펙트럼 $G(f)$는 다음과 같다.

$$G(f)=\int_{-\infty}^{\infty}\Pi\left(\frac{t}{\tau}\right)e^{-j2\pi ft}dt$$

$|t|<\tau/2$일 때, $\Pi(t/\tau)=1$이 되고, $|t|>\tau/2$일 때, $\Pi(t/\tau)=0$이 되므로 $G(f)$는 다음과 같다.

$$\begin{aligned}G(f)&=\int_{-\tau/2}^{\tau/2}e^{-j2\pi ft}\,dt\\&=-\frac{1}{j2\pi f}(e^{-j\pi f\tau}-e^{j\pi f\tau})=\frac{2\sin(\pi f\tau)}{2\pi f}\\&=\tau\frac{\sin(\pi f\tau)}{(\pi f\tau)}=\tau\ \text{sinc}\ (\pi f\tau)\end{aligned}$$

그러므로 이 게이트 펄스의 푸리에 변환쌍은 다음과 같다.

$$\Pi\left(\frac{t}{\tau}\right) \Longleftrightarrow \tau \text{ sinc}\left(\frac{\omega\tau}{2}\right) = \tau \text{ sinc } (\pi f \tau) \tag{3.19}$$

$x = \pm n\pi$ 일 때, $\text{sinc}(x) = 0$ 이 된다는 것을 상기하라. 그러므로 그림 3.9b에 나타낸 것과 같이 $\omega\tau/2 = \pm n\pi$ 일 때, 즉 $f = \pm n/\tau$ $(n = 1, 2, 3, \cdots)$ 일 때, $\text{sinc}(\omega\tau/2) = 0$ 이 된다. 이 경우에는 $G(f)$ 가 실수가 된다는 것을 알 수 있다. 그러므로 그림 3.9b의 $G(f)$ 만으로 스펙트럼 정보를 전송할 수 있다.

예제 3.3

$\delta(t)$ 단위 임펄스의 푸리에 변환을 구하시오.

풀이 임펄스의 표본화 특성[식 (2.11)]을 이용하면 $\delta(t)$ 의 푸리에 변환은 다음과 같다.

$$\mathcal{F}[\delta(t)] = \int_{-\infty}^{\infty} \delta(t) e^{-j2\pi ft}\, dt = e^{-j2\pi f \cdot 0} = 1 \tag{3.20a}$$

또는

$$\delta(t) \Longleftrightarrow 1 \tag{3.20b}$$

그림 3.10은 $\delta(t)$ 와 그것의 스펙트럼을 나타낸다.

▸▸ 그림 3.10 단위 임펄스와 그것의 푸리에 스펙트럼

● 예제 3.4

$\delta(2\pi f) = \dfrac{1}{2\pi}\delta(f)$의 푸리에 역변환을 구하시오.

풀이 식 (3.9b)과 임펄스 함수의 표본화 특성으로부터, $\delta(\omega)$의 푸리에 역변환은 다음과 같다.

$$\mathscr{F}^{-1}[\delta(2\pi f)] = \int_{-\infty}^{\infty} \delta(2\pi f)e^{j2\pi ft}df = \frac{1}{2\pi}\int_{-\infty}^{\infty} \delta(2\pi f)e^{j2\pi ft}d(2\pi f)$$
$$= \frac{1}{2\pi}\cdot e^{-j2\pi f\cdot 0} = \frac{1}{2\pi}$$

그러므로 다음과 같은 푸리에 변환쌍을 얻을 수 있다.

$$\frac{1}{2\pi} \Longleftrightarrow \delta(2\pi f) \tag{3.21a}$$

또는

$$1 \Longleftrightarrow \delta(f) \tag{3.21b}$$

이것은 상수 신호 $g(t)=1$의 스펙트럼이 그림 3.11에 나타낸 것과 같이 임펄스 $\delta(f) = 2\pi\delta(2\pi f)$가 된다는 것을 나타낸다.

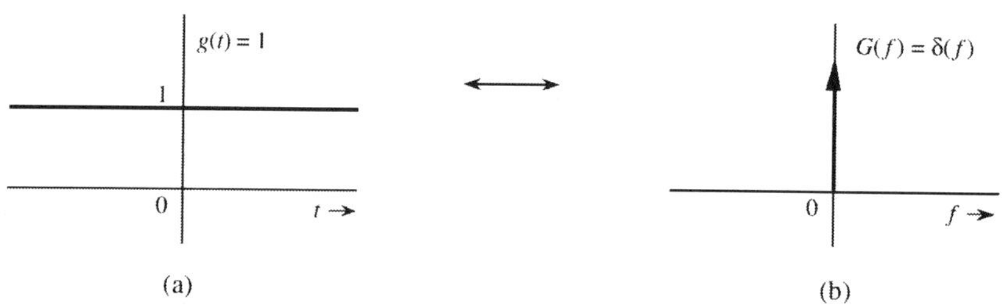

▸▸ 그림 3.11 상수(dc) 신호와 이 신호의 푸리에 변환

이러한 결과 [식 (3.21b)]는 성질상의 측면에서 또한 예상될 수 있었다. $g(t)$의 푸리에 변환이 $e^{j2\pi ft}$의 무한 지수 성분들로 $g(t)$의 스펙트럼을 표현하는 것임을 상기하라. 상수 신호 $g(t)=1$을 표현하기 위해서는 $f=0$인 단일 무한 지수항 $e^{j2\pi ft}$가 필요하게 된다. 이것은 단일 주파수 $f=0$에서 하나의 스펙트럼이 존재하는 것을 의미한다. 또 다른 관점에서, 이러한 현상은 $g(t)=1$이 단일 주파수 $f=0$ (dc)을 갖는 dc 신호가 된다는 것이다.

$f=0$에서 임펄스가 dc 신호의 스펙트럼이라면 $f=f_0$에서 임펄스는 어떻게 설명할 것인가? 다음 예제를 통하여 이 질문에 대한 답을 설명하도록 한다.

● 예제 3.5

$\delta(f-f_0)$의 푸리에 역변환을 구하시오.

풀이 임펄스 함수의 표본화 이론을 사용하면, $\delta(f-f_0)$의 푸리에 역변환은 다음과 같다.

$$\mathcal{F}^{-1}[\delta(f-f_0)] = \int_{-\infty}^{\infty} \delta(f-f_0)e^{j2\pi ft}\,df = e^{j2\pi f_0 t}$$

그러므로 다음과 같은 푸리에 변환쌍을 얻을 수 있다.

$$e^{j2\pi f_0 t} \Longleftrightarrow \delta(f-f_0) \tag{3.22a}$$

이 결과는 무한 지수항 $e^{j2\pi f_0 t}$의 스펙트럼이 $f=f_0$에서 단일 임펄스가 된다는 것을 나타낸다. 성질상의 추론으로도 동일한 결론에 도달할 수 있다. 무한 지수항 $e^{j2\pi f_0 t}$를 표현하기 위해서는 $f=f_0$인 단일 무한 지수항 $e^{j2\pi ft}$가 필요하게 된다. 그러므로 스펙트럼은 주파수 $f=f_0$에서 단일 성분으로 구성된다. 식 (3.22a)로부터 다음과 같은 푸리에 변환쌍을 구할 수 있다.

$$e^{-j2\pi f_0 t} \Longleftrightarrow \delta(f+f_0) \tag{3.22b}$$

● 예제 3.6

무한히 지속되는 정현파 $\cos 2\pi f_0$의 푸리에 변환을 구하시오.

풀이 Euler 공식이 다음과 같다는 것을 상기하라.

$$\cos 2\pi f_0 t = \frac{1}{2}(e^{j2\pi f_0 t} + e^{-j2\pi f_0 t})$$

식 (3.22a)와 식 (3.22b)를 더하고 위의 Euler 공식을 사용하면, $\cos 2\pi f_0 t$의 푸리에 변환쌍은 다음과 같다.

$$\cos 2\pi f_0 t \Longleftrightarrow \frac{1}{2}[\delta(f+f_0)+\delta(f-f_0)] \tag{3.23}$$

$\cos 2\pi f_0 t$의 스펙트럼은 그림 3.12에 나타낸 것과 같이, 두 임펄스는 f 영역에서 f_0와 $-f_0$로 구성되거나, 또는 ω 영역에서 $\pm\omega_0=\pm 2\pi f_0$로 구성된다. 이 결과는 또한 성질상의 추론에 의해서도 얻을 수 있다. 무한히 지속되는 정현파 $\cos \omega_0 t$는 두 개의 무한히 지속되는 지수항 $e^{j\omega_0 t}$와 $e^{-j\omega_0 t}$에 의해서 합성될 수 있다. 그러므로 푸리에 스펙트럼은 단지 주파수 ω_0와 $-\omega_0$의 두 성분으로만 구성된다.

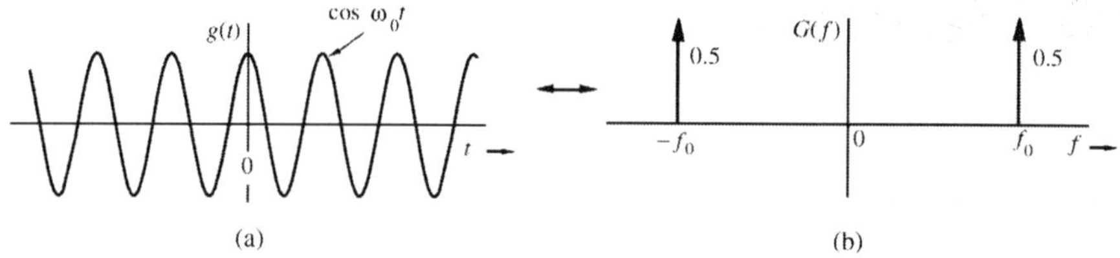

►► 그림 3.12 코사인 신호와 그 푸리에 스펙트럼

예제 3.7

그림 3.13에 나타낸 것과 같이, 시그늄 함수인 sgn(t)(시그늄 t로 발음)의 푸리에 변환을 구하시오. 시그늄 함수 sgn(t)의 값은 t가 양일 때는 $+1$이 되고 음일 때 -1이 된다.

풀이

$$\mathrm{sgn}\,(t) = \begin{cases} 1 & t > 0 \\ 0 & t = 0 \\ -1 & t < 0 \end{cases} \tag{3.24}$$

sgn(t)의 변환을 즉각적으로 구하기 위해 적분을 사용할 수 없다. 왜냐하면 sgn(t)가 Dirichlet 조건을[공식 (3.14)과 관련 각주를 살펴보시오.] 위반하였기 때문이다. 특히, sgn(t)는 절대적으로 미분이 불가능하다. 그러나 sgn(t)의 푸리에 변환은 그림 3.13에서와 같이 sgn(t)를 $a \to 0$으로 극한을 취하는 두 개의 지수항들의 합으로 간주함으로써 구할 수 있다.

$$\mathrm{sgn}\,t = \lim_{a\to 0}\left[e^{-at}u(t) - e^{at}u(-t)\right]$$

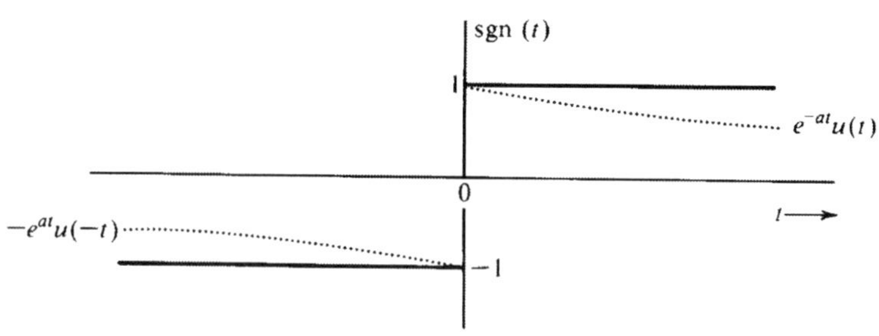

►► 그림 3.13 시그늄 함수

그러므로 sgn(t)의 푸리에 변환은 다음과 같다.

$$\begin{aligned}\mathcal{F}[\text{sgn}(t)] &= \lim_{a\to 0}\left\{\mathcal{F}[e^{-at}u(t)] - \mathcal{F}[e^{at}u(-t)]\right\} \\ &= \lim_{a\to 0}\left(\frac{1}{a+j2\pi f} - \frac{1}{a-j2\pi f}\right) \qquad \text{(표 3.1의 1번과 2번쌍 참조)} \\ &= \lim_{a\to 0}\left(\frac{-j4\pi f}{a^2+4\pi^2 f^2}\right) = \frac{1}{j\pi f} \qquad (3.25)\end{aligned}$$

3.3 푸리에 변환의 특성

이제 푸리에 변환의 응용뿐만 아니라, 몇몇 중요한 특성들과 이 특성들이 의미하는 것에 대해 알아보자. 이에 앞서, 푸리에 변환의 널리 알려진 측면, 즉 **시간-주파수 쌍대성**의 중요성에 대하여 먼저 언급한다.

►► 표 3.1 간단한 푸리에 변환표

	$g(t)$	$G(f)$	
1	$e^{-at}u(t)$	$\dfrac{1}{a+j2\pi f}$	$a>0$
2	$e^{at}u(-t)$	$\dfrac{1}{a-j2\pi f}$	$a>0$
3	$e^{-a\|t\|}$	$\dfrac{2a}{a^2+(2\pi f)^2}$	$a>0$
4	$te^{-at}u(t)$	$\dfrac{1}{(a+j2\pi f)^2}$	$a>0$
5	$t^n e^{-at}u(t)$	$\dfrac{n!}{(a+j2\pi f)^{n+1}}$	$a>0$
6	$\delta(t)$	1	
7	1	$\delta(f)$	
8	$e^{j2\pi f_0 t}$	$\delta(f-f_0)$	
9	$\cos 2\pi f_0 t$	$0.5[\delta(f+f_0)+\delta(f-f_0)]$	
10	$\sin 2\pi f_0 t$	$j0.5[\delta(f+f_0)-\delta(f-f_0)]$	
11	$u(t)$	$\frac{1}{2}\delta(f)+\dfrac{1}{j2\pi f}$	
12	$\text{sgn}\, t$	$\dfrac{2}{j2\pi f}$	

▶▶ 표 3.1 간단한 푸리에 변환표(계속)

	$g(t)$	$G(f)$	
13	$\cos 2\pi f_0 t\, u(t)$	$\frac{1}{4}[\delta(f-f_0)+\delta(f+f_0)]+\frac{j2\pi f}{(2\pi f_0)^2-(2\pi f)^2}$	
14	$\sin 2\pi f_0 t\, u(t)$	$\frac{1}{4j}[\delta(f-f_0)-\delta(f+f_0)]+\frac{2\pi f_0}{(2\pi f_0)^2-(2\pi f)^2}$	
15	$e^{-at}\sin 2\pi f_0 t\, u(t)$	$\frac{2\pi f_0}{(a+j2\pi f)^2+4\pi^2 f_0^2}$	$a>0$
16	$e^{-at}\cos 2\pi f_0 t\, u(t)$	$\frac{a+j2\pi f}{(a+j2\pi f)^2+4\pi^2 f_0^2}$	$a>0$
17	$\Pi\left(\frac{t}{\tau}\right)$	$\tau\,\mathrm{sinc}\,(\pi f\tau)$	
18	$2B\,\mathrm{sinc}\,(2\pi Bt)$	$\Pi\left(\frac{f}{2B}\right)$	
19	$\Delta\left(\frac{t}{\tau}\right)$	$\frac{\tau}{2}\,\mathrm{sinc}^2\left(\frac{\pi f\tau}{2}\right)$	
20	$B\,\mathrm{sinc}^2\,(\pi Bt)$	$\Delta\left(\frac{f}{2B}\right)$	
21	$\sum_{n=-\infty}^{\infty}\delta(t-nT)$	$f_0\sum_{n=-\infty}^{\infty}\delta(f-nf_0)$	$f_0=\frac{1}{T}$
22	$e^{-t^2/2\sigma^2}$	$\sigma\sqrt{2\pi}\,e^{-2(\sigma\pi f)^2}$	

3.3.1 푸리에 변환과 푸리에 역변환의 대칭성 : 시간-주파수 쌍대성

식 (3.9)는 푸리에 변환과 푸리에 역변환이 매우 유사하다는 흥미로운 사실을 나타낸다. 그림 3.14는 $g(t)$에서 $G(f)$로, $G(f)$에서 $g(t)$로 변환하는 연산을 나타낸다. 이러한 연산들에는 단지 두 가지 다른 점들만이 나타난다.

이러한 사실은 시간과 주파수의 쌍대성을 기초로 하며 푸리에 변환을 공부하는데 더욱 많은 결론에 도달하게 될 것이다. 이것은 시간과 주파수의 쌍대성을 기초로 한다. 이러한 쌍대성 원리는 사진의 상과 역상으로 비교될 수 있다. 사진의 상은 이 상의 역상으로부터 구할 수 있고, 동일한 과정을 사용하여 역상은 이 상으로부터 구할 수 있다. $g(t)$와 $G(f)$ 사이의 결과나 상호 관계는 본래의 결과에서 $g(t)$와 $G(f)$의 역할을 상호 교환함으로써 얻을 수 있으며 계수 2π와 부호 변화로 인한 몇 가지 작은 변화들과 더불어 쌍대 결과나 상호 관계가 존재하게 된다. 예를 들어, 이 후에 증명될 시간 천이 특성이 $g(t)\Leftrightarrow G(f)$라면, 다음과 같이 됨을 나타낸다.

$$g(t-t_0) \Longleftrightarrow G(f)e^{-j2\pi f t_0}$$

이러한 특성에 대한 쌍대 관계인 주파수 천이 특성은 다음과 같이 된다.

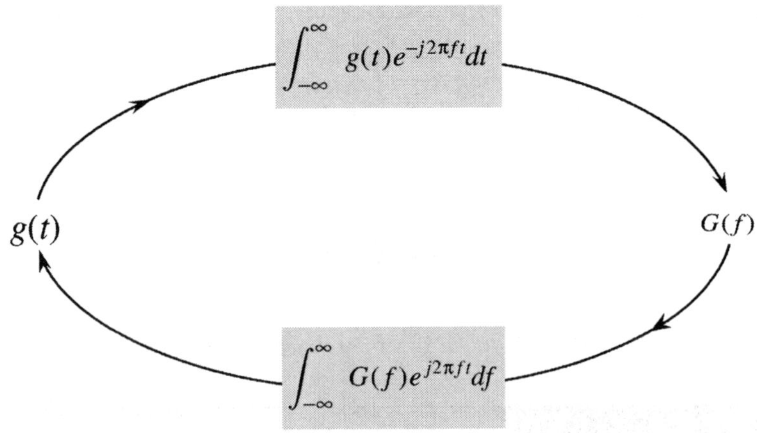

▸▸ 그림 3.14 푸리에 변환과 푸리에 역변환 사이의 근대칭성

$$g(t)e^{j2\pi f_0 t} \Longleftrightarrow G(f - f_0)$$

지수부의 부호만 바뀌는 위의 두 식으로부터, 시간과 주파수는 반대의 역할을 하게 됨을 알 수 있다. 이러한 원리는 몇몇 결과들을 유도할 때마다 이 결과들이 분명히 쌍대성을 갖게 될 것이라는 사실을 말해준다. 신호 처리에 있어서도 이러한 관계는 예기치 않은 많은 특성들이나 결과들에 대해서 유용한 통찰력을 제공할 수 있다.

푸리에 변환의 특성들은 여러 함수들의 푸리에 변환과 푸리에 역변환을 유도할 경우뿐만 아니라 신호 처리에서 몇몇 가치 있는 결론들을 구할 경우에도 유용하게 사용된다. 독자는 이러한 논의에서 항상 존재하는 쌍대성을 발견해야만 할 것이다. 이제 쌍대성 원리의 결과들 중의 하나인 쌍대성부터 살펴본다.

3.3.2 쌍대성 특징

쌍대적 특징은 다음과 같이 가정하였을 때 나타난다.

$$g(t) \Longleftrightarrow G(f)$$

그러면

$$G(t) \Longleftrightarrow g(-f) \tag{3.26}$$

쌍대성 특징은 $g(t)$의 푸리에 변환을 $G(f)$라 가정하였을 때, $G(t)$의 푸리에 변환쌍은 (t로부터 f로의 변환된) $-f$로부터 변환된 최초의 시간 영역 t에서의 신호 $g(-f)$이다.

****증명** : 식 (3.9b)로부터 g(t)는 다음과 같다.

$$g(t) = \int_{-\infty}^{\infty} G(x)e^{j2\pi xt}\,dx$$

따라서

$$g(-t) = \int_{-\infty}^{\infty} G(x)e^{-j2\pi xt}\,dx$$

t를 f로 대체함으로써 결과 식 (3.26)이 도출되었다.

● 예제 3.8

이 예제에서는 그림 3.15a에 나타낸 쌍대성 특징 [식 (3.26)]을 적용시킬 것이다.

풀이

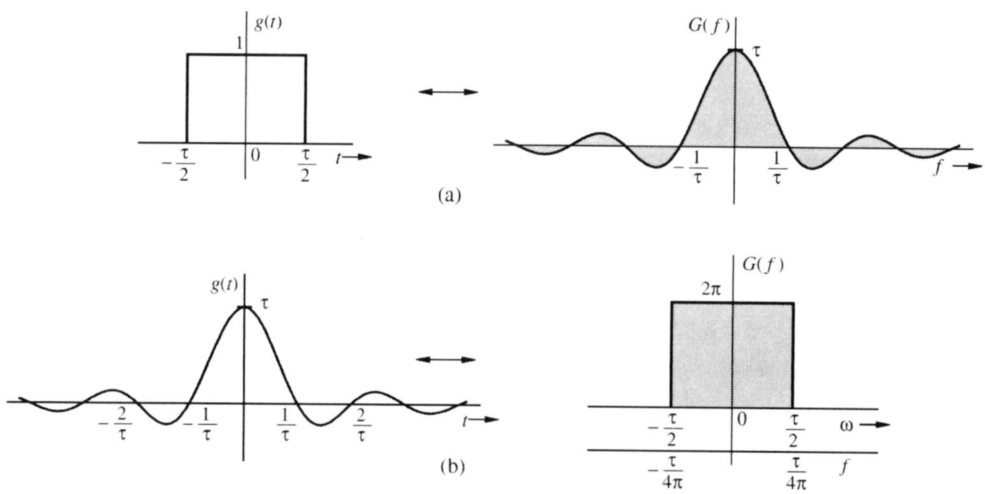

►► 그림 3.15 푸리에 변환의 쌍대성 대칭

식 (3.19)로부터 다음 식을 얻는다.

$$\Pi\left(\frac{t}{\tau}\right) \Longleftrightarrow \tau \operatorname{sinc}(\pi f \tau) \tag{3.27a}$$

$$\underbrace{\Pi\left(\frac{t}{\alpha}\right)}_{g(t)} \Longleftrightarrow \underbrace{\alpha \operatorname{sinc}(\pi f \alpha)}_{G(f)} \tag{3.27b}$$

$G(t)$는 또한 f가 t로 대체된 $G(f)$와 같고, $g(-f)$는 t가 $-f$로 대체된 $g(t)$와 같다. 그러므로 쌍대성 특징을 나타내는 식 (3.26)를 이용하면 다음과 같다.

$$\underbrace{\alpha\,\mathrm{sinc}\,(\pi\alpha t)}_{G(t)} \Longleftrightarrow \underbrace{\Pi\left(-\frac{f}{\alpha}\right)}_{g(-f)} = \Pi\left(\frac{f}{\alpha}\right) \tag{3.28a}$$

$\tau = 2\pi\alpha$로 대체하면, 다음과 같이 얻을 수 있다.

$$\tau\ \mathrm{sinc}\left(\frac{\alpha t}{2}\right) \Longleftrightarrow 2\pi\ \Pi\left(\frac{2\pi f}{\tau}\right) \tag{3.28b}$$

식 (3.8)에서는 $\Pi(-t)$가 우함수이기 때문에 $\Pi(-t) = \Pi(t)$이 된다는 사실을 이용하였다. 그림 3.15b는 이 식의 푸리에 변환쌍을 나타낸다. 계수 2π를 약간 조정하면서 t와 $2\pi f$의 역할을 상호교환할 수 있다는 것을 알 수 있다. 이러한 결과는 표 3.1에 $\frac{\tau}{2} = W$인 18번 쌍으로 나타내었다.

중요한 연습이므로 독자는 대칭성을 적용하여 표 3.1의 모든 쌍의 쌍대성을 구해 보아야 할 것이다.

3.3.3 시간비례 특성

$g(t)$와 $G(f)$가 다음과 같은 푸리에 변환쌍이라면,

$$g(t) \Longleftrightarrow G(f)$$

임의의 실수 a에 대하여, $g(at)$의 푸리에 변환쌍은 다음과 같다.

$$g(at) \Longleftrightarrow \frac{1}{|a|}G\left(\frac{f}{a}\right) \tag{3.29}$$

****증명** : 임의의 양의 실수 a에 대하여, $g(at)$의 푸리에 변환은 다음과 같다.

$$\mathcal{F}[g(at)] = \int_{-\infty}^{\infty} g(at)e^{-j2\pi ft}\,dt = \frac{1}{a}\int_{-\infty}^{\infty} g(x)e^{(-j2\pi f/a)x}\,dx = \frac{1}{a}G\left(\frac{f}{a}\right)$$

유사하게, $a < 0$라면 다음과 같이 된다.

$$g(at) \Longleftrightarrow \frac{-1}{a}G\left(\frac{f}{a}\right)$$

그러므로 식 (3.29)은 성립한다.

○ 비례성의 중요성

함수 $g(at)$는 계수 $a(|a|>1)$만큼 시간상에서 압축된 함수 $g(t)$를 나타낸다. 유사하게, 함수 $G(f/a)$는 계수 a 만큼 주파수상에서 확장된 함수 $G(f)$를 나타낸다. 비례성은 신호의 시간 압축이 주파수 확장으로 나타나고, 이와는 반대로 시간 확장이 주파수 압축으로 나타난다는 것을 의미한다. 직관적으로 시간상에서 계수 a만큼의 압축은 신호가 계수 a만큼 **더 빠르게** 변화한다는 것을 의미한다. 그러한 신호를 합성하기 위한 신호의 정현파 성분들의 주파수들은 계수 a만큼 증가되어야만 한다. 이것은 주파수 스펙트럼이 계수 a만큼 확장된다는 것을 의미한다. 유사하게, 시간상에서 확장된 신호는 천천히 변화한다. 따라서 이 신호 성분들의 주파수들은 낮아진다. 이것은 이 신호의 주파수 스펙트럼이 압축된다는 것을 의미한다. 실례로 신호 $\cos 4\pi f_0 t$는 계수 2만큼 시간 압축된 신호 $\cos 2\pi f_0 t$와 같다.

명백히, 전자의 스펙트럼($\pm 2f_0$ 에서의 임펄스)은 후자의 스펙트럼($\pm f_0$ 에서의 임펄스)을 확장시킨 스펙트럼이 된다. 이러한 비례성의 결과를 그림 3.16에 나타내었다.

○ 신호 주기와 대역폭과의 상호관계

비례성은 함수 $g(t)$가 시간상에서 더욱 넓어진다면, 이 함수의 스펙트럼은 더욱 좁아진다는 것을 말해준다. 또한 그 역도 성립한다. 신호의 주기를 2배로 하면 그 대역폭은 반으로 줄어들고 그 역도 역시 성립한다. 이것은 신호의 대역폭이 신호의 주기 또는 폭(단위는 초)에 반비례한다는 것을 나타낸다. 펄스의 폭이 τ초인 게이트 펄스의 대역폭이 $1/\tau$ Hz가 된다는 사실을 이미 증명하였다. 이러한 흥미로운 주제에 대한 보다 자세한 설명들은 많은 문헌들에서 찾아볼 수 있다.

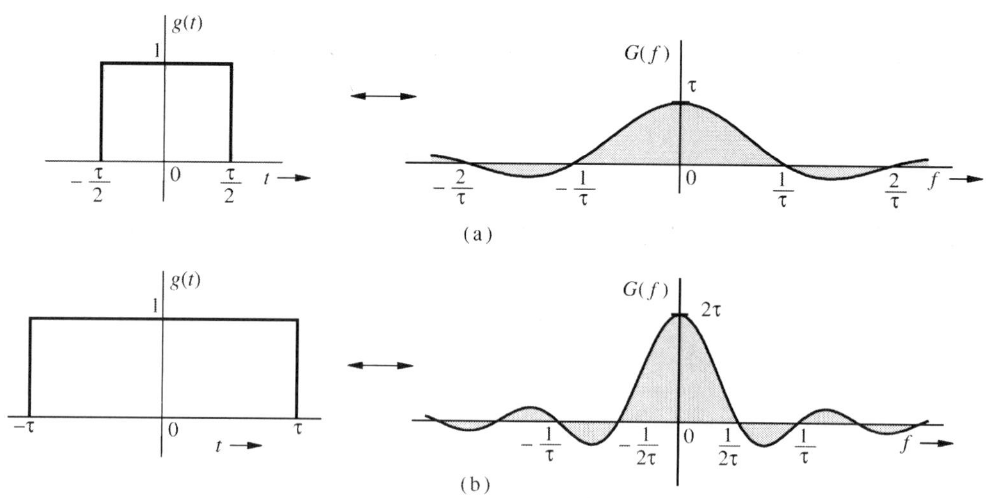

▸▸ 그림 3.16 푸리에 변환의 시간비례 특성

● 예제 3.9

다음을 증명하시오.

풀이

$$g(-t) \iff G(-f) \tag{3.30}$$

위 결과와 $e^{-at}u(t) \Leftrightarrow 1/(a+j2\pi f)$이라는 사실을 이용하여 $e^{at}u(-t)$와 $e^{-a|t|}$의 푸리에 변환을 구하시오.

식 (3.30)은 식 (3.29)의 a에 −1을 대입함으로써 얻을 수 있다. 표 3.1의 1번을 식 (3.30)에 적용하면 다음과 같은 결과를 구할 수 있다.

$$e^{at}u(-t) \iff \frac{1}{a - j2\pi f}$$

또한,

$$e^{-a|t|} = e^{-at}u(t) + e^{at}u(-t)$$

그러므로

$$e^{-a|t|} \iff \frac{1}{a+j2\pi f} + \frac{1}{a-j2\pi f} = \frac{2a}{a^2+(2\pi f)^2} \tag{3.31}$$

그림 3.17은 신호 $e^{-a|t|}$와 $e^{-a|t|}$의 스펙트럼을 나타낸다.

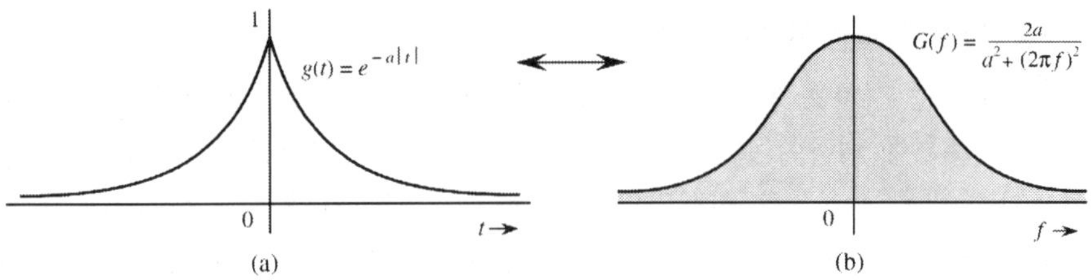

▸▸ 그림 3.17 $e^{-a|t|}$와 $e^{-a|t|}$의 푸리에 스펙트럼

3.3.4 시간 천이성

$g(t)$와 $G(\omega)$가 다음과 같은 푸리에 변환쌍이라면,

$$g(t) \Longleftrightarrow G(f)$$

$g(t-t_0)$의 푸리에 변환쌍은 다음과 같다.

$$g(t-t_0) \Longleftrightarrow G(f)e^{-j2\pi f t_0} \tag{3.32a}$$

****증명** : 정의에 의해서, $g(t-t_0)$의 푸리에 변환은 다음과 같다.

$$\mathcal{F}[g(t-t_0)] = \int_{-\infty}^{\infty} g(t-t_0)e^{-j2\pi f t}\,dt$$

$t-t_0=x$로 치환하면, 다음과 같다.

$$\begin{aligned}\mathcal{F}[g(t-t_0)] &= \int_{-\infty}^{\infty} g(x)e^{-j2\pi f(x+t_0)}\,dx \\ &= e^{-j2\pi f t_0}\int_{-\infty}^{\infty} g(x)e^{-j2\pi f x}\,dx = G(f)e^{-j2\pi f t_0}\end{aligned} \tag{3.32b}$$

이 결과는 신호를 t_0초만큼 지연시키는 것이 이 신호의 진폭 스펙트럼에는 아무런 영향을 주지 않는다는 것을 보인다. 그러나 이 신호의 위상 스펙트럼은 $-2\pi f t_0$ 만큼 변하게 된다.

○ 선형 위상의 물리적 설명

신호의 시간 지연은 이 신호의 스펙트럼 상에서 선형 위상 천이를 발생시킨다. 이는 또한 발견적 추론에 의하여 유도될 수 있다. 신호 $g(t)$가 일정한 진폭들과 위상들을 갖는 정현파들인 푸리에 성분들로 합성된다고 가정하자. 지연된 신호 $g(t-t_0)$는 t_0초만큼 각각 지연되는 동일한 정현파 성분들로 합성될 수 있다. 이때, 푸리에 성분들의 진폭들은 변하지 않는다. 그러므로 $g(t-t_0)$의 진폭 스펙트럼은 $g(t)$의 진폭 스펙트럼과 동일하다. 그러나 각각의 정현파에서 t_0만큼의 시간 지연은 각 성분들의 위상을 변화시키게 된다. t_0만큼 지연된 정현파 $\cos 2\pi f t$는 다음과 같이 주어진다.

$$\cos 2\pi f(t-t_0) = \cos(2\pi f t - 2\pi f t_0)$$

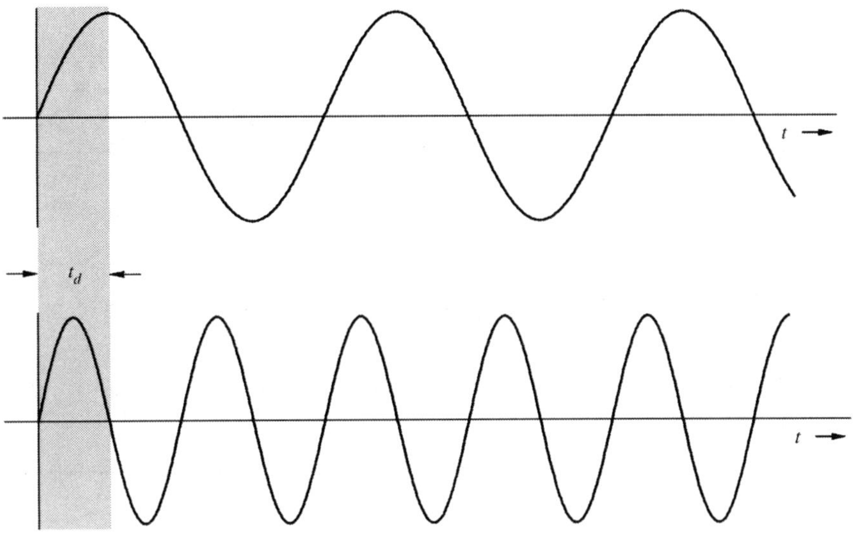

▸▸ 그림 3.18 시간 천이성의 물리적 설명

그러므로 주파수가 f인 정현파에서 t_0만큼의 시간 지연은 $2\pi f t_0$만큼의 위상 지연으로 나타난다.

이것은 f의 선형 함수가 되고 더욱 높은 주파수 성분들은 동일한 시간 지연을 갖기 위해 비례적으로 그 위상 천이가 빨라져야만 한다는 것을 의미한다. 아래쪽 정현파의 주파수가 위쪽 정현파의 주파수에 2배가 되도록 하는 두 정현파를 그림 3.18에 나타내었다. 동일한 시간 지연 t_0는 그림 상단의 정현파에서는 $\pi/2$ 만큼, 하단의 정현파에서는 π만큼 각각 위상을 천이시킨다. 이것은 동일한 시간 지연을 얻기 위해서, 정현파의 주파수가 높으면 높을수록 비례적으로 위상 천이가 빨라진다는 사실을 보여준다.

예제 3.10

$e^{-a|t-t_0|}$의 푸리에 변환을 구하시오.

풀이 그림 3.19a에 나타낸 것과 같이, 이 함수는 $e^{-a|t|}$를 시간 천이시킨 것이다(그림 3.17a 참조). 식 (3.31)와 식 (3.32)으로부터, $e^{-a|t-t_0|}$의 푸리에 변환은 다음과 같다.

$$e^{-a|t-t_0|} \Longleftrightarrow \frac{2a}{a^2+(2\pi f)^2}e^{-j2\pi f t_0} \tag{3.33}$$

그림 3.19b에 나타낸 것과 같이, $e^{-a|t-t_0|}$의 스펙트럼은 위상 천이 $-2\pi f t_0$를 제외하면 그림 3.17b에 나타낸 $e^{-a|t|}$의 스펙트럼과 동일하다.

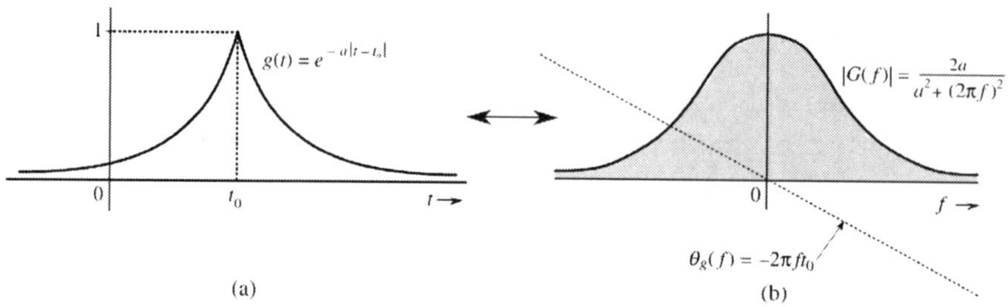

▸▸ 그림 3.19 신호의 푸리에 스펙트럼에서 시간 천이의 효과

시간 지연 t_0가 선형 위상 스펙트럼 $-2\pi f t_0$를 발생시킨다는 것을 알 수 있다. 이 예제는 명백히 시간 천이의 효과를 나타낸다.

3.3.5 주파수 천이성

$g(t)$와 $G(f)$가 다음과 같은 푸리에 변환쌍이라면,

$$g(t) \Longleftrightarrow G(f)$$

$g(t)e^{j2\pi f_0 t}$의 푸리에 변환쌍은 다음과 같다.

$$g(t)e^{j2\pi f_0 t} \Longleftrightarrow G(f - f_0) \tag{3.34}$$

****증명** : 정의에 의해서, $g(t)e^{j2\pi f_0 t}$의 푸리에 변환은 다음과 같다.

$$\mathcal{F}[g(t)e^{j2\pi f_0 t}] = \int_{-\infty}^{\infty} g(t)e^{j2\pi f_0 t}e^{-j2\pi ft}\,dt = \int_{-\infty}^{\infty} g(t)e^{-j(2\pi f - 2\pi f_0)t}\,dt = G(f - f_0)$$

이 성질은 신호와 계수 $e^{j2\pi f_0 t}$의 곱이 $f = f_0$ 만큼 이 신호의 스펙트럼을 천이시킨다는 것을 나타낸다. 시간 천이와 주파수 천이 특성 사이의 쌍대성에 유의하라.

식 (3.34)에서 f_0를 $-f_0$로 치환하면, 다음과 같은 식을 얻을 수 있다.

$$g(t)e^{-j2\pi f_0 t} \Longleftrightarrow G(f + f_0) \tag{3.35}$$

$e^{j2\pi f_0 t}$가 생성 가능한 실수 함수가 아니기 때문에, 사실 주파수 천이는 $g(t)$에 정현파를 곱함으로써 생성된다. 이것은 다음과 같은 사실로부터 알 수 있다.

$$g(t)\cos 2\pi f_0 t = \frac{1}{2}\left[g(t)e^{j2\pi f_0 t} + g(t)e^{-j2\pi f_0 t}\right]$$

식 (3.34)와 식 (3.35)로부터, $g(t)\cos 2\pi f_0 t$는 다음과 같이 된다.

$$g(t)\cos 2\pi f_0 t \Longleftrightarrow \frac{1}{2}\left[G(f-f_0) + G(f+f_0)\right] \tag{3.36}$$

위의 식은 신호 $g(t)$와 주파수가 f_0인 정현파의 곱이 스펙트럼 $G(f)$를 $\pm f_0$만큼 천이시킨다는 것을 보여준다. 정현파 $\cos 2\pi f_0 t$와 $g(t)$의 곱은 정현파의 진폭을 변조시키는 것이다. 이러한 형태의 변조를 진폭 변조라고 한다. 정현파 $\cos 2\pi f_0 t$를 반송파라고 하고, 신호 $g(t)$는 변조 신호라 하며, $g(t)\cos 2\pi f_0 t$를 변조된 신호라 한다. 변조와 복조에 대해서는 4장과 5장에서 자세히 다룰 것이다.

신호 $g(t)\cos 2\pi f_0 t$ 를 그리기 위해서는 다음 사항을 알아야 한다.

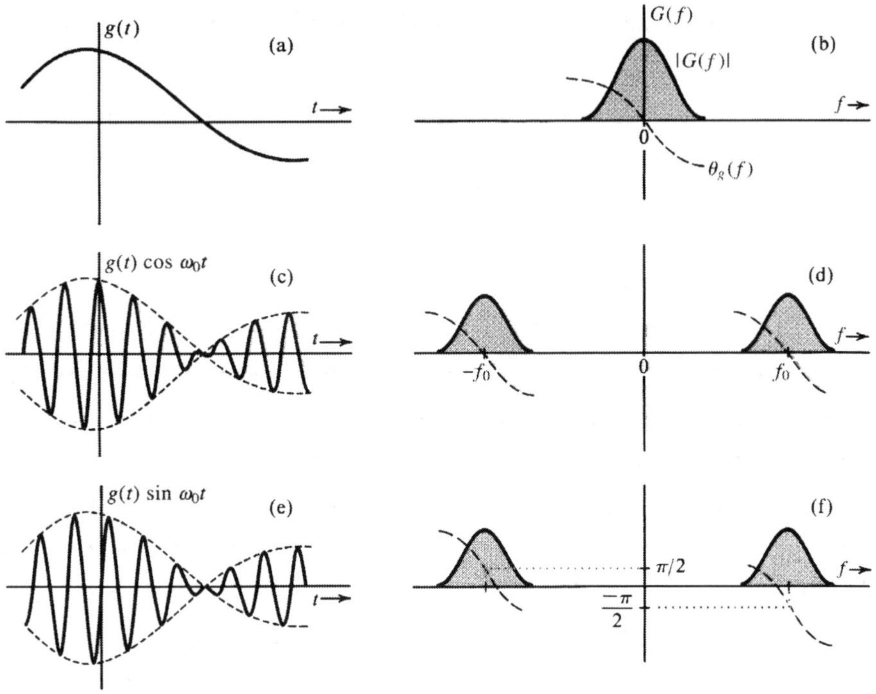

▸▸ 그림 3.20 진폭 변조로 인한 신호의 스펙트럼 천이

$$g(t)\cos 2\pi f_0 t = \begin{cases} g(t) & \cos 2\pi f_0 t = 1\text{인 경우} \\ -g(t) & \cos 2\pi f_0 t = -1\text{인 경우} \end{cases}$$

그러므로 $g(t)\cos 2\pi f_0 t$는 정현파 $\cos 2\pi f_0 t$가 양의 최대값일 때 $g(t)$가 되고, 정현파 $\cos 2\pi f_0 t$가 음의 최대값일 때 $-g(t)$가 된다. 이것은 $g(t)$와 $-g(t)$가 그림 3.20c에 나타낸 것과 같이, 신호 $g(t)\cos 2\pi f_0 t$에 대한 포락선의 역할을 한다는 것을 의미한다. 신호 $-g(t)$는 수평축에 대하여 $g(t)$의 거울상이다. 그림 3.20은 신호 $g(t)$와 $g(t)\cos 2\pi f_0 t$ 및 이 신호들 각각에 대한 스펙트럼을 나타낸다.

○ 변조된 신호의 위상 스펙트럼 천이

반송파 $\cos 2\pi f_0 t$ 대신에 $\cos(2\pi f_0 t + \theta_0)$를 사용하면 변조된 신호에서 각 스펙트럼 성분들의 위상을 일정한 양인 θ_0만큼 천이시킬 수 있다. 신호 $g(t)$와 $\cos(2\pi f_0 t + \theta_0)$를 곱하면, 식 (3.36)를 유도하기 위해 사용한 방법과 유사한 논리로 다음의 식을 얻을 수 있다.

$$g(t)\cos(2\pi f_0 t + \theta_0) \Longleftrightarrow \frac{1}{2}\left[G(f - f_0)\,e^{j\theta_0} + G(f + f_0)\,e^{-j\theta_0}\right] \tag{3.37}$$

$\theta_0 = -\pi/2$인 특별한 경우에 대하여, 식 (3.37)은 다음과 같이 된다.

$$g(t)\sin 2\pi f_0 t \Longleftrightarrow \frac{1}{2}\left[G(f - f_0)\,e^{-j\pi/2} + G(f + f_0)\,e^{j\pi/2}\right] \tag{3.38}$$

$\sin 2\pi f_0 t$가 $\pi/2$ 만큼 위상 지연을 갖는 $\cos 2\pi f_0 t$가 된다는 것을 알 수 있다. 따라서, 반송파 위상을 $\pi/2$ 만큼 천이시키는 것은 모든 스펙트럼 성분들의 위상을 $\pi/2$ 만큼 천이시키게 된다. 그림 3.20e와 3.20f는 신호 $g(t)\sin 2\pi f_0 t$와 이 신호의 스펙트럼을 나타낸다.

변조는 신호의 스펙트럼을 천이시키기 위해서 사용된다. 각각 동일한 주파수 대역을 점유하는 몇몇 신호들이 동일한 전송매체를 통하여 동시에 전송된다면 이 신호들은 서로를 간섭할 것이고 수신기에서는 이 신호들을 구별 또는 검출하는 것이 불가능하게 된다. 예를 들어, 모든 무선국이 동시에 음성 신호를 방송하면, 수신기는 이 신호들을 구별할 수 없을 것이다. 이러한 문제점은 각각의 무선국에 서로 다른 반송파 주파수를 할당하는 변조를 사용함으로써 해결된다. 각각의 무선국은 신호 스펙트럼을 이 신호에 할당되어 있는 대역으로 천이시킨 변조된 신호를 전송한다. 이때 할당된 대역은 다른 무선국들에서 사용하지 않는 대역이다. 무선 수신기를 원하는 무선국의 대역으로 조정함으로써 원하는 무선국을 선국할 수 있게 된다. 수신기는 수신된 신호를 복조시켜야 한다. 즉, 변조된 신호를 원상태로 복구시켜야만 한다. 그러므로 복조는 신호를 변조되기 전의 대역으로 복구하기 위한 또 하나의 스펙트럼 천이가 된다.

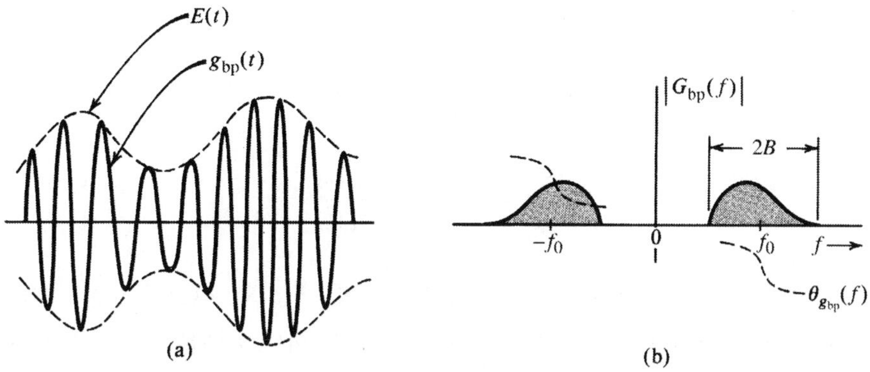

►► 그림 3.21 대역통과 신호와 이 대역통과 신호의 스펙트럼

○ 대역통과 신호

그림 3.20d와 3.20f에서 $g_c(t)$와 $g_s(t)$가 각각 대역폭 B Hz 또는 $2\pi B$ rad/s를 갖는 저역통과 신호들이라면, 신호 $g_c(t)\cos 2\pi f_0 t$와 $g_s(t)\sin 2\pi f_0 t$는 둘 다 동일한 대역폭을 점유하는 대역통과 신호가 되고 각각의 신호 대역폭은 $2B$ Hz가 된다. 그러므로 이러한 두 신호의 선형 조합은 또한 각 신호의 대역과 동일한 대역을 점유하고 동일한 대역폭 $2B$ Hz를 갖는 대역통과 신호가 될 것이다. 그러므로 일반적인 대역통과 신호 $g_{bp}(t)$는 다음과 같이 표현될 수 있다.*

$$g_{bp}(t) = g_c(t)\cos 2\pi f_0 t + g_s(t)\sin 2\pi f_0 t \tag{3.39}$$

$g_{bp}(t)$의 스펙트럼은 그림 3.21에 나타낸 것과 같이, $\pm f_0$가 중심이 되고 대역폭은 $2B$가 된다. $g_c(t)\cos 2\pi f_0 t$와 $g_s(t)\sin 2\pi f_0 t$의 진폭 스펙트럼이 둘 다 $\pm f_0$에 대하여 대칭일지라도 이 신호들의 합인 $g_{bp}(t)$의 진폭 스펙트럼은 $\pm f_0$에 대하여 대칭이 되지 않는다. 이것은 두 신호의 위상이 다음과 같기 때문에 두 신호의 진폭을 직접 더하는 것이 불가능하다는 사실 때문이다.

$$a_1 e^{j\varphi_1} + a_2 e^{j\varphi_2} \neq (a_1 + a_2)e^{j(\varphi_1+\varphi_2)}$$

대표적인 대역통과 신호 $g_{bp}(t)$와 이 신호의 스펙트럼을 그림 3.21에 나타내었다. 잘 알려진 삼각함수 항등식을 이용하면, 식 (3.39)은 다음과 같이 쓸 수 있다.

$$g_{bp}(t) = E(t)\cos[2\pi f_0 t + \psi(t)] \tag{3.40}$$

* 이 식의 자세한 증명은 9.9절에서 다룰 것이다.

여기서, $E(t)$와 $\Psi(t)$는 다음과 같다.

$$E(t) = +\sqrt{g_c^2(t) + g_s^2(t)} \tag{3.41a}$$

$$\psi(t) = -\tan^{-1}\left[\frac{g_s(t)}{g_c(t)}\right] \tag{3.41b}$$

$g_c(t)$와 $g_s(t)$가 저역통과 신호들이기 때문에, $E(t)$와 $\Psi(t)$도 또한 저역통과 신호들이 된다. $E(t)$가 식 (3.41a)에서와 같이 음의 값이 아니기 때문에 그림 3.40에 나타낸 것과 같이 $E(t)$가 대역통과 신호 $g_{bp}(t)$의 서서히 변하는 포락선이 되고, $\Psi(t)$가 대역통과 신호 $g_{bp}(t)$의 서서히 변하는 위상이 된다는 것을 식 (3.21)로부터 알 수 있다. 따라서 대역통과 신호 $g_{bp}(t)$는 진폭이 서서히 변하는 정현파로 나타날 것이다. 시변하는 위상 $\Psi(t)$로 인하여, 정현파의 주파수는 또한 중심 주파수 f_0에서 시간에 따라 서서히 변하게 된다.*

예제 3.11

주기가 T_0인 주기 신호 $g(t)$의 푸리에 변환을 구하고, 그림 3.22a에 나타낸 것과 같은 주기적인 임펄스 열 $\delta_{T_0}(t)$의 푸리에 변환을 구하시오.

주기 신호 $g(t)$는 다음과 같은 지수형 푸리에 급수로 표현될 수 있다.

$$g(t) = \sum_{n=-\infty}^{\infty} D_n e^{jn2\pi f_0 t} \qquad f_0 = \frac{1}{T_0}$$

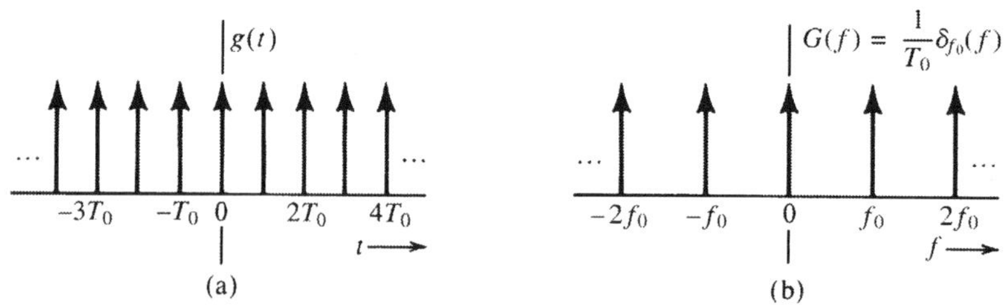

▶▶ 그림 3.22 임펄스 열과 이 임펄스 열의 스펙트럼

* 포락선 검출이 잘 수행되도록 하기 위해서는 $2B \ll f_0$가 되도록 하는 것이 필요하다. 그렇지 않으면 $E(t)$는 반송파와 동일한 순서로 변하게 되어 이 반송파로부터 포락선을 구별하는 것이 어렵게 될 것이다.

그러므로 g(t)의 푸리에 변환은 다음과 같다.

$$g(t) \Longleftrightarrow \sum_{n=-\infty}^{\infty} \mathcal{F}[D_n e^{jn2\pi f_0 t}]$$

식 (3.22a)로부터 g(t)의 푸리에 변환쌍은 다음과 같이 된다.

$$g(t) \Leftrightarrow \sum_{n=-\infty}^{\infty} D_n \delta(f - nf_0) \tag{3.42}$$

식 (2.67)은 임펄스 열 $\delta_{T_0}(t)$가 다음과 같은 지수형 푸리에 급수로 표현될 수 있다는 것을 나타낸다.

$$\delta_{T_0}(t) = \frac{1}{T_0} \sum_{n=-\infty}^{\infty} e^{jn2\pi f_0 t} \qquad f_0 = \frac{1}{T_0}$$

여기서 $D_n = 1/T_0$이다. 그러므로 식 (3.42)로 부터 $\delta_{T_0}(t)$의 푸리에 변환쌍은 다음과 같다.

$$\begin{aligned} \delta_{T_0}(t) &\Longleftrightarrow \frac{1}{T_0} \sum_{n=-\infty}^{\infty} \delta(f - nf_0) \\ &= \frac{1}{T_0} \delta_{f_0}(f) \qquad f_0 = \frac{1}{T_0} \end{aligned} \tag{3.43}$$

따라서 임펄스 열의 스펙트럼은 또한 그림 3.22b에 나타낸 것과 같이, 주파수 영역에서도 임펄스 열로 나타난다.

3.3.6 콘볼루션

두 함수 $g(t)$와 $w(t)$의 콘볼루션은 $g(t) * w(t)$로 표기되고 다음과 같이 정의된다.

$$g(t) * w(t) = \int_{-\infty}^{\infty} g(\tau) w(t - \tau)\, d\tau$$

시간 콘볼루션의 특성과 쌍대성 및 주파수 콘볼루션 특성이 다음 식을 만족한다면

$$g_1(t) \Longleftrightarrow G_1(f) \quad \text{그리고} \quad g_2(t) \Longleftrightarrow G_2(f)$$

시간 콘볼루션은 다음과 같고

$$g_1(t) * g_2(t) \Longleftrightarrow G_1(f)G_2(f) \tag{3.44}$$

주파수 콘볼루션은 다음과 같다.

$$g_1(t)g_2(t) \Longleftrightarrow G_1(f) * G_2(f) \tag{3.45}$$

콘볼루션 이론에 의하면 시간 영역에서 콘볼루션 관계의 두 신호는 주파수 영역에서 곱셈으로 표현되나, 반면에 시간 영역에서 곱셈관계인 두 신호는 주파수 영역에서 콘볼루션 관계로 표현된다.

****증명** : 정의에 의해서

$$\begin{aligned}\mathcal{F}|g_1(t) * g_2(t)| &= \int_{-\infty}^{\infty} e^{-j2\pi ft}\left[\int_{-\infty}^{\infty} g_1(\tau)g_2(t-\tau)d\tau\right]dt \\ &= \int_{-\infty}^{\infty} g_1(\tau)\left[\int_{-\infty}^{\infty} e^{-j2\pi ft}g_2(t-\tau)dt\right]d\tau\end{aligned}$$

$\int_{-\infty}^{\infty} e^{-j\omega t}g_2(t-\tau)dt$ 는 $g_2(t-\tau)$의 푸리에 변환인 $G_2(f)e^{-j2\pi f\tau}$가 된다(식 (3.32a)에서의 시간 천이 특성). 그러므로 다음과 같다.

$$\begin{aligned}\mathcal{F}[g_1(t) * g_2(t)] &= \int_{-\infty}^{\infty} g_1(\tau)e^{-j2\pi f\tau}G_2(f)\,d\tau \\ &= G_2(f)\int_{-\infty}^{\infty} g_1(\tau)e^{-j2\pi f\tau}\,d\tau = G_1(f)G_2(f)\end{aligned}$$

식 (3.45)의 주파수 콘볼루션 특성은 $g(t)$와 $G(f)$의 역할을 바꿈으로써 동일한 방법으로 정확히 증명될 수 있다.

○ 두 신호의 곱에 대한 대역폭

$g_1(t)$와 $g_2(t)$의 대역폭이 각각 B_1과 B_2 Hz라면, $g_1(t)g_2(t)$의 대역폭은 B_1+B_2 Hz가 된다. 이러한 결과는 콘볼루션의 대역폭 특성을 식 (3.45)에 적용함으로써 얻어진다. 이러한 특성은 $x*y$의 대역폭이 x와 y에 대한 대역폭의 합이 된다는 것을 나타낸다. 결과적으로 $g(t)$의 대역폭이 B Hz라면 $g^2(t)$의 대역폭은 $2B$ Hz가 되고 $g^n(t)$의 대역폭은 nB Hz가 된다*.

* 콘볼루션의 대역폭 특성은 몇몇 경우에는 성립하지 않는다. 이것은 두 함수가 0이 아닌 경우조차도 두 함수의 콘볼루션, 즉 $\sin 2\pi f_0 t\, u(t) * u(t)$가 임의의 범위에서 0이 될 때 발생한다. 기술적으로 이 특성은 콘볼루션된 함수의 대역폭을 계산하는데 있어서 이 콘볼루션이 0이 되는 영역을 고려하는 경우에도 성립한다.

● 예제 3.12

시간 콘볼루션 특성을 이용해서, 다음과 같이 $g(t)$와 $G(f)$가 푸리에 변환쌍일 때 식 (3.46)이 성립된다는 것을 증명하시오.

$$g(t) \Longleftrightarrow G(f)$$

그러면

$$\int_{-\infty}^{t} g(\tau)d\tau \Longleftrightarrow \frac{G(f)}{j2\pi f} + \frac{1}{2}G(0)\delta(f) \tag{3.46}$$

$u(t-\tau)$가 다음과 같기 때문에,

$$u(t-\tau) = \begin{cases} 1 & \tau \le t \\ 0 & \tau > t \end{cases}$$

$g(t) * u(t)$는 다음과 같이 된다.

$$g(t) * u(t) = \int_{-\infty}^{\infty} g(\tau)u(t-\tau)\,d\tau = \int_{-\infty}^{t} g(\tau)\,d\tau$$

이제 시간 콘볼루션 특성[식 (3.44)]을 이용하면 다음과 같이 쓸 수 있다.

$$\begin{aligned} g(t) * u(t) \Longleftrightarrow\ & G(f)U(f) \\ &= G(f)\left[\frac{1}{j2\pi f} + \frac{1}{2}\delta(f)\right] \\ &= \frac{G(f)}{j2\pi f} + \frac{1}{2}G(0)\delta(f) \end{aligned}$$

마지막 결과를 유도하기 위해서 표 3.1의 11번과 식 (2.10a)를 사용하였다.

3.3.7 시간 미분과 시간 적분

다음과 같이 $g(t)$와 $G(f)$가 푸리에 변환쌍이면,

$$g(t) \Longleftrightarrow G(f)$$

시간 미분*은 다음과 같고

$$\frac{dg(t)}{dt} \Longleftrightarrow j2\pi f G(f) \tag{3.47}$$

시간 적분은 다음과 같다.

$$\int_{-\infty}^{t} g(\tau)d\tau \Longleftrightarrow \frac{G(f)}{j2\pi f} + \frac{1}{2}G(0)\delta(f) \tag{3.48}$$

****증명** : 식 (3.9b)의 양변을 미분하면 다음과 같다.

$$\frac{dg(t)}{dt} = \int_{-\infty}^{\infty} j2\pi f G(f) e^{j2\pi ft}\, df$$

이 시간 미분 특성을 다음과 같이 쓸 수 있다.

$$\frac{dg(t)}{dt} \Longleftrightarrow j2\pi f G(f)$$

이러한 시간 미분 특성을 반복하여 적용하면 다음과 같다.

$$\frac{d^n g(t)}{dt^n} \Longleftrightarrow (j2\pi f)^n G(f) \tag{3.49}$$

시간 적분 특성[식 (3.48)]은 이미 예제 3.12에서 증명하였다.

● 예제 3.13

시간 미분 특성을 이용하여, 그림 3.23a에 나타낸 삼각 펄스 $\Delta(t/\tau)$ 의 푸리에 변환을 구하시오.

풀이 이 삼각 펄스의 푸리에 변환을 구하기 위해서는 그림 3.23b와 c에 나타낸 것처럼 연속적으로 이 펄스를 미분한다. 두 번째 미분은 그림 3.23c에 나타낸 것처럼 임펄스의 열로 구성된다. 계단식 불연속점에서 신호의 미분은 펄스의 높이와 같은 세기의 임펄스임을 유의하라. 함수 $dg(t)/dt$ 는 $t = \pm\tau/2$ 에서 크기가 $2/\tau$인 양(+)의 임펄스와 $t=0$ 에서 크기가 $4/\tau$인 음(−)의 임펄스를 갖는다. 그러므로 $d^2g(t)/dt^2$ 는 다음과 같다.

* dg/dt 의 변환이 존재할 경우에만 성립한다.

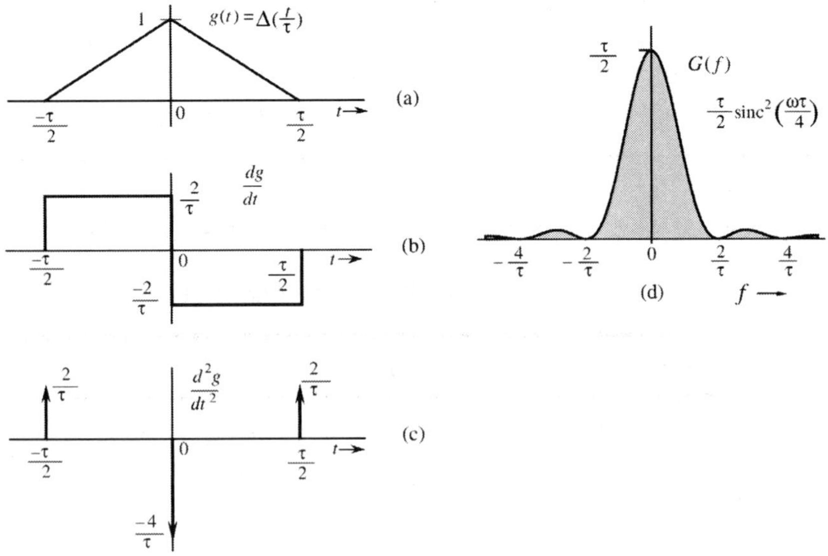

►► 그림 3.23 시간 미분 특성을 이용한 불연속 선형 신호의 푸리에 변환

$$\frac{d^2g(t)}{dt^2} = \frac{2}{\tau}\left[\delta\left(t+\frac{\tau}{2}\right) - 2\delta(t) + \delta\left(t-\frac{\tau}{2}\right)\right] \tag{3.50}$$

시간 미분 특성인 식 (3.49)로부터 다음과 같이 쓸 수 있다.

$$\frac{d^2g}{dt^2} \Longleftrightarrow (j2\pi f)^2G(f) = -(2\pi f)^2G(f) \tag{3.51a}$$

또한 시간 천이 특성인 식 (3.32)으로부터 $\delta(t-t_0)$는 다음과 같다.

$$\delta(t-t_0) \Longleftrightarrow e^{-j2\pi f t_0} \tag{3.51b}$$

식 (3.50)을 푸리에 변환하고, 식 (3.51)에 이 결과를 대입하면 다음과 같이 쓸 수 있다.

$$(j2\pi f)^2G(f) = \frac{2}{\tau}\left(e^{j\pi f\tau} - 2 + e^{-j\pi f\tau}\right) = \frac{4}{\tau}(\cos\pi f\tau - 1) = -\frac{8}{\tau}\sin^2\left(\frac{\pi f\tau}{2}\right)$$

그리고

$$G(f) = \frac{8}{(2\pi f)^2\tau}\sin^2\left(\frac{\pi f\tau}{2}\right) = \frac{\tau}{2}\left[\frac{\sin(\pi f\tau/2)}{\pi f\tau/2}\right]^2 = \frac{\tau}{2}\operatorname{sinc}^2\left(\frac{\pi f\tau}{2}\right) \tag{3.52}$$

스펙트럼 $G(f)$를 그림 3.23d에 나타내었다. 푸리에 변환을 구하는 이러한 과정은 $|t| \to \infty$일 때 $g(t) \to 0$인 직선 부분들로 구성되는 몇몇 함수 $g(t)$에 적용될 수 있다. 이러한 신호의 2차 미분은 임펄스 열을 생성시키며, 이 임펄스 열의 푸리에 변환은 시간 천이 특성으로 구할 수 있다. 이 예제는 신호를 직선 부분들로 근사화함으로써 임의의 신호 $g(t)$의 푸리에 변환을 구하는 방법을 제시한다.

손쉬운 참조를 위해 푸리에 변환의 중요한 특성 몇 개를 표 3.2에 요약하였다.

▶▶ 표 3.2 선형 시불변 시스템을 통한 신호 전송

Operation	$g(t)$	$G(f)$
Superposition	$g_1(t) + g_2(t)$	$G_1(f) + G_2(f)$
Scalar multiplication	$kg(t)$	$kG(f)$
Duality	$G(t)$	$g(-f)$
Time scaling	$g(at)$	$\frac{1}{\lvert a \rvert} G\left(\frac{f}{a}\right)$
Time shifting	$g(t - t_0)$	$G(f)e^{-j2\pi f t_0}$
Frequency shifting	$g(t)e^{j2\pi f_0 t}$	$G(f - f_0)$
Time convolution	$g_1(t) * g_2(t)$	$G_1(f)G_2(f)$
Frequency convolution	$g_1(t)g_2(t)$	$G_1(f) * G_2(f)$
Time differentiation	$\frac{d^n g(t)}{dt^n}$	$(j2\pi f)^n G(f)$
Time integration	$\int_{-\infty}^{t} g(x)\, dx$	$\frac{G(f)}{j2\pi f} + \frac{1}{2}G(0)\delta(f)$

3.4 선형 시스템을 통한 신호 전송

선형 시불변 (LTI) 연속 시간 시스템은 시간과 주파수 영역 모두에서 거의 같은 특성을 갖는다. 그림 3.24와 같은 LTI 시스템 모델에서는 보통 통신채널로 흔히 특징지어진다. 통신 시스템의 신호처리에 있어 우리는 안정적인 BIBO 선형 시스템을 선호한다. 시스템의 안정성에 대한 세부적인 검토는 Lathi에 의해 쓰인 교과서에서 발견할 수 있다.

안정된 선형 시불변 시스템은 시간영역에서 단위 임펄스 입력의 선형 시불변 시스템 응답 $h(t)$에 의해 다음과 같은 특성을 갖는다.

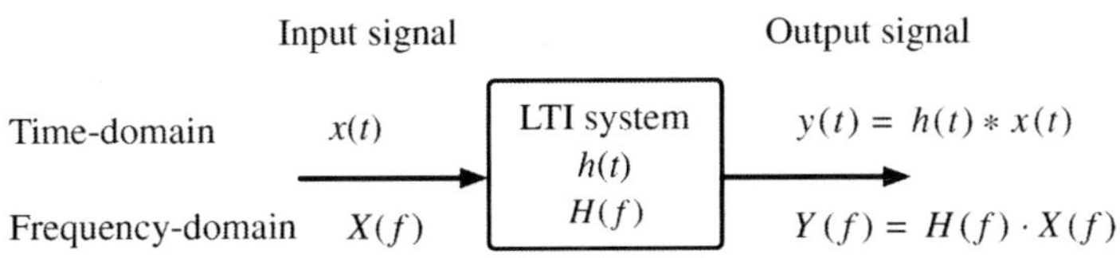

▸▸ 그림 3.24 벨

$$y(t) = h(t) \text{일 때} \quad x(t) = \delta(t)$$

입력 제한 신호 $x(t)$에 대한 시스템 응답은 콘볼루션 관계를 따른다.

$$y(t) = h(t) * x(t) \tag{3.53}$$

주파수 영역 입력과 출력사이의 관계는 푸리에 변환에 식 (3.53)을 양변에 취함으로써 얻어진다.

$$x(t) \Longleftrightarrow X(f)$$
$$y(t) \Longleftrightarrow Y(f)$$
$$h(t) \Longleftrightarrow H(f)$$

그리고 콘볼루션 정리에 따르면, 식 (3.53)은

$$Y(f) = H(f) \cdot X(f) \tag{3.54}$$

일반적으로 임펄스 응답 $h(t)$의 푸리에 변환 $H(f)$는 **전달함수** 또는 선형 시불변 시스템의 **주파수 응답**으로써 언급되어진다. 다시 말해서 $H(f)$는 복소함수이고

$$H(f) = |H(f)|e^{j\theta_h(f)}$$

처럼 쓸 수 있다. 여기서 $|H(f)|$는 진폭 응답이고, $\theta_h(f)$는 선형 시불변 시스템의 위상 응답이다.

3.4.1 전송 시 신호 왜곡

입력 신호 $x(t)$를 시스템을 통하여 전송하면 그 신호는 출력 신호 $y(t)$로 바뀐다. 식 (3.54)는 이러한 변화 또는 변형의 특징을 나타낸다. 여기서 $X(f)$와 $H(f)$는 각각 입력과 출력의 스펙트럼을 나타낸다. 그러므로 $H(f)$는 시스템의 스펙트럼 응답이다. 출력 스펙트럼은 입력 스펙트럼과 시스템의 스펙트럼 응답을 곱함으로써 얻어진다. 식 (3.54)는

확실히 시스템에 의한 신호의 스펙트럼 모양(또는 변형)을 나타낸다. 식 (3.54)는 다음과 같이 극좌표계로 표현될 수 있다.

$$|Y(f)|e^{j\theta_y(f)} = |X(f)||H(f)|e^{j[\theta_x(f)+\theta_h(f)]}$$

그러므로 다음과 같은 진폭과 위상 관계를 얻는다.

$$|Y(f)| = |X(f)|\,|H(f)| \tag{3.55a}$$

$$\theta_y(f) = \theta_x(f) + \theta_h(f) \tag{3.55b}$$

전송 동안에 입력 신호 진폭 스펙트럼 $|X(f)|$는 $|X(f)||H(f)|$로 바뀐다. 유사하게 입력 신호 위상 스펙트럼 $\theta_x(f)$는 $\theta_x(f) + \theta_h(f)$로 바뀐다.

주파수 f의 입력 신호 스펙트럼 성분은 $|H(f)|$에 의해서 진폭이 조정되고, $\theta_h(f)$에 의해서 위상이 천이된다. 분명히 $|H(f)|$는 시스템의 진폭 응답이고, $\theta_h(f)$는 시스템의 위상 응답이다. f의 함수로써 $|H(f)|$와 $\theta_h(f)$의 그림은 시스템이 여러 가지 정현파 입력들의 진폭들과 위상들을 어떻게 변화시키는지를 일목요연하게 보여준다. 이것은 $H(f)$를 왜 시스템의 **주파수 응답**이라 하는지를 말해준다. 시스템을 통해서 전송하는 동안에 일부 주파수 성분의 진폭들은 커지는 반면 나머지 주파수 성분의 진폭들은 감쇠된다. 여러 성분들의 상대적인 위상들 또한 바뀐다. 일반적으로 출력 파형은 입력 파형과 다르게 될 것이다.

3.4.2 무왜곡 전송

통신 채널을 통한 신호 증폭이나 메시지 신호 전송과 같은 몇몇 응용분야에서는 출력 파형이 입력 파형과 동일하게 되도록 하는 것이 요구된다. 이러한 경우에는 증폭기나 통신 채널에 의해 발생되는 왜곡을 최소화시켜야만 한다. 그러므로 신호가 왜곡없이 전송(**무왜곡 전송**)될 수 있도록 시스템의 특성들을 결정하는 것은 실제로 매우 관심있는 일이 된다.

입력과 출력이 상수배 내에서 동일한 파형을 갖는다면 이 전송을 무왜곡 전송이라고 한다. 입력 파형을 유지하는 지연된 출력 파형 또한 무왜곡이라 간주할 수 있다. 따라서 무왜곡 전송에서 입력 $x(t)$와 출력 $y(t)$는 다음과 같은 조건을 만족한다.

$$y(t) = k \cdot x(t - t_d) \tag{3.56}$$

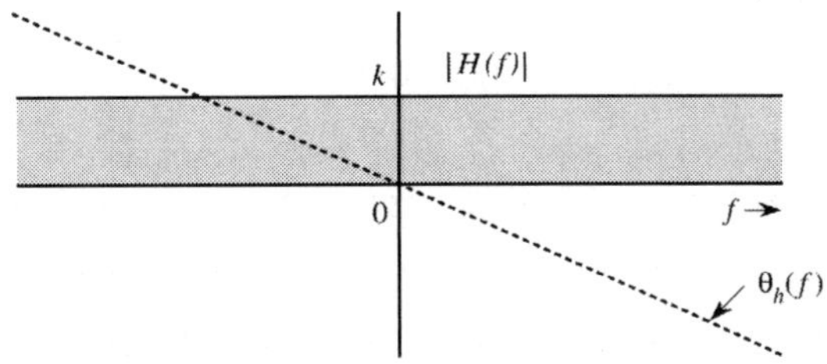

▸▸ 그림 3.25 무왜곡 전송을 위한 선형 시불변 시스템의 주파수 응답

이 식의 푸리에 변환은 다음과 같다.

$$Y(f) = kX(f)e^{-j2\pi f t_d}$$

그러나 $Y(f)$가 다음과 같기 때문에

$$Y(f) = X(f)H(f)$$

$H(f)$는 다음과 같이 쓸 수 있다.

$$H(f) = k\, e^{-j2\pi f t_d}$$

이것은 무왜곡 전송을 하기 위해 요구되는 전달 함수이다. 이 식으로부터 다음과 같이 쓸 수 있다.

$$|H(f)| = k \tag{3.57a}$$

$$\theta_h(f) = -2\pi f t_d \tag{3.57b}$$

이것은 무왜곡 전송을 위해서는 진폭 응답 $H(f)$가 일정해야 하고 위상 응답 $\theta_h(f)$가 그림 3.25에서 보이는 것처럼 원점 $f=0$를 통과하는 f의 선형 함수이어야 한다는 것을 나타낸다. 각주파수 $\omega = 2\pi f$에 대한 $\theta_h(f)$의 기울기는 $-t_d$이고, 여기서 t_d는 입력에 대한 출력의 지연이다.*

* 덧붙여서, 그림 3.26에서와 같이 $\theta_h(0)$가 0이 되거나 어떤 상수값 $n\pi$ (n은 정수)가 되어야 한다. 즉, $\theta_h(f) = n\pi - 2\pi f t_d$가 되어야 한다. $n\pi$에 더해지는 초과 위상은 기껏해야 신호의 부호만을 변화시킬 것이다.

○ 전대역 대 무왜곡시스템

회로 분석과 필터 설계에서, 우리는 때때로 주로 시스템 응답의 이득을 함께 고려한다. 전대역 시스템은 선형 위상 필요조건 없이 모든 주파수들[즉, $|H(f)| = k$]의 상수 이득이 있다. 식 (3.57)로부터 무왜곡 시스템은 항상 전대역이지만 역은 참이 아님을 유의해야 한다. 왜냐하면 그것은 전대역과 무왜곡 시스템 사이의 차이에 의해서 초보자들이 혼란스러워하는 것이 매우 일반적이기 때문이다. 이에 대하여 명확히 알아보자.

전대역 시스템이 왜곡되는 현상으로 이끄는지 보기 위해 실제로 예시를 고려해 보자. 바이올린-첼로 이중주로부터 녹음된 음악 신호를 전송하고 싶어하는 것을 생각해 보자. 바이올린은 음악 신호의 고주파의 원인인 반면에 첼로는 낮은 부분의 원인이다. 이 음악 신호가 특정한 전대역 시스템을 통하여 전송되어 졌을 때, 두 부분은 같은 이득을 갖는다. 그러나 이 전대역 시스템은 음악(바이올린으로 부터)의 고주파 속에 1초 이상의 지연이 야기되었다고 가정한다. 결과적으로 받는 입장의 청중은 비록 모든 신호 요소들이 같은 이득을 가지고 있고 모든 것이 현재일지라도 완전히 동시에 이루어지지 않는 음악 신호를 들을 것이다. 다른 주파수 성분의 전송 지연의 차이는 $H(f)$의 비선형 위상의 원인이 된다.

더 정확하게, 전달 함수 이득 $|H(f)|$은 각 입력 주파수 요소의 이득을 결정하지만, $\angle H(f)$는 각 요소의 지연을 결정하지 않는다. 시스템 입력 $x(t)$가 정현파($x(t)$의 스펙트럼 성분)의 곱으로 구성되어 있다고 생각하자. 출력 신호 $y(t)$가 무왜곡이라면, 입력 신호에 k배 만큼 곱하고 t_d만큼 지연시킨다. 신호 합성을 위해 $y(t)$는 각 k를 곱하고 t_d만큼 지연시킨 요소 $x(t)$처럼 정확하게 같은 요소를 필요로 한다. 이것은 시스템 전달 함수 $H(f)$가 각각의 정현파 성분을 k배 만큼 동일하게 감쇠시키고 t_d초 만큼 동일하게 시간 지연을 시켜야만 한다는 것을 의미한다. 그 첫 번째 조건은 다음과 같다.

$$|H(f)| = k$$

앞서 3.3절에서, 모든 주파수 성분들에 대하여 t_d 만큼의 동일한 시간 지연을 시키기 위해서는 그림 3.19에서와 같이 선형 위상 지연 $2\pi f t_d$가 필요하다는 것을 보았다. 그러므로,

$$\theta_h(f) = -2\pi f t_d$$

실제로 많은 시스템은 아마도 거의 선형적 특성을 갖는다. 위상 선형성 확인의 편리한 방법은 주파수 함수처럼 $\angle H(f)$의 기울기를 보는 것이다. 이 기울기는 일반적인 경우에 f의 함수라고 할 수 있고, 다음과 같다.

$$t_d(f) = -\frac{1}{2\pi} \cdot \frac{d\theta_h(f)}{df} \tag{3.58}$$

만약 θ_h의 기울기가 상수(즉, θ_h는 f에 대하여 선형이기 때문에)라면, 모든 요소들은 같은 시간 간격 t_d 만큼 지연될 것이다. 그러나 기울기가 상수가 아니라면, 시간 지연 t_d는 주파수에 따라 달라진다. 이것은 주파수 성분들이 서로 다르게 시간 지연이 되어 결과적으로 출력 파형이 입력 파형(바이올린-첼로 이중주의 예로써)과 같지 않게 된다는 것을 의미한다. 만약 무왜곡 신호 전송이라면, $t_d(f)$는 반드시 관심을 갖는 주파수 대역에서 상수 t_d가 되어야만 할 것이다.*

그러므로 전대역과 무왜곡 시스템 사이의 차이는 명확하다. 진폭 응답 $|H(f)|$를 일정하게만 하면 신호의 질을 보장할 수 있다는 잘못된 생각을 종종한다. 위상 응답이 선형이 아니라면(상수가 아닌 t_d) 시스템은 일정한 진폭 응답을 갖지만 알아볼 수 없을 정도로 신호를 왜곡시킬 것이다.

○ 음성과 영상 신호의 왜곡 특성

일반적으로 말하면 사람의 귀는 진폭 왜곡을 곧바로 감지할 수 있는 반면에 위상 왜곡에 대해서는 상대적으로 둔감하다. 위상 왜곡이 뚜렷이 나타나려면, 지연에서의 변동(기울기 θ_h의 변동)은 신호의 지속 시간(또는 신호 자체가 긴 경우, 물리적으로 감지할 수 있는 지속 시간)과 비교되어야만 한다. 음성 신호인 경우에 각각의 구어 음절은 개개의 신호로 간주될 수 있다. 구어 음절의 평균 지속 기간은 대략 0.01~0.1초 사이이다. 음성 시스템은 비선형 위상을 가질 것이지만 실제 음성 시스템에서는 기울기 θ_h의 최대 변동이 천분의 일초보다 작기 때문에 주목할 만한 어떠한 신호 왜곡도 발생하지 않는다. 이것은 "사람의 귀가 상대적으로 위상 왜곡에 둔감하다"라고 주장하는 실제의 이유이다. 결과적으로 이러한 이유 때문에 오디오 장비 제조업자는 시스템의 진폭 응답 특성 $|H(f)|$만을 이용하게 된다. 반면에 영상 신호에서는 정반대가 된다. 사람의 눈은 위상 왜곡에 민감하지만 상대적으로 진폭 왜곡에는 둔감하다. TV 신호에서 진폭 왜곡은 화면에서 사람의 눈이 곧바로

* 그림 3.25은 무왜곡 전송을 위해서는 위상 응답이 선형이 되어야할 뿐만 아니라 원점을 지나야만 한다는 것을 나타낸다. 이 요구사항은 대역통과 신호에 대해 다소 완화될 수 있다. 원점에서의 위상은 어떤 상수$[\theta_h(f) = \theta_0 - 2\pi f t_d$ 또는 $\theta_h(0) = \theta_0]$가 될 것이다. 이 이유는 대역통과 신호의 스펙트럼에 더해진 일정한 위상 θ_0가 결국 반송파의 위상 천이를 θ_0 만큼 시킨다는 것을 보이는 식 (3.37)로부터 알 수 있다. 변조한 신호(포락선)는 영향을 받지 않는다. 출력 포락선은 그룹 지연이나 포락선 지연이라고 하는

$$t_g = -\frac{1}{2\pi}\frac{d\theta_h(f)}{df}$$

에 의해서 지연된 입력 포락선과 동일하게 되고 출력 반송파는 위상 지연이라고 하는

$$t_p = -\frac{\theta_h(f)}{2\pi f}$$

에 의해서 지연된 입력 반송파와 동일하게 된다. 여기서 f_0는 대역통과 신호의 중심 주파수이다.

감지할 수 없는 부분적으로 반음 값이 깨져서 나타난다. 반면에 위상 왜곡(비선형 왜곡)은 화면 요소마다 다른 시간 지연들을 발생시킨다. 이것은 화면을 희미하게 하며 곧바로 사람의 눈에 감지된다. 채널의 비선형 위상 특성이 번갈아가며 이웃하는 펄스들을 간섭하는 펄스들을 발생시켜서 펄스들을 퍼지게(확산)하기 때문에 위상 왜곡은 디지털 통신 시스템에서 매우 중요하다. 이러한 간섭은 수신기에서 펄스 진폭 에러를 발생시킬 수 있다 : 2진인 경우에 1은 0으로, 0은 1로 판정할 것이다.

3.5 이상적인 필터 대 실제적인 필터

이상적인 필터는 어떤 임의의 주파수 대역을 무왜곡 전송할 수 있고 그 외의 모든 주파수들은 통과시키지 않는다. 예를 들어 이상적인 저역통과 필터(그림 3.26)는 왜곡없이 $f = B$ Hz 내의 모든 성분들을 통과시키고 $f = B$ Hz 이상의 모든 성분들은 통과시키지 않는다. 그림 3.27은 이상적인 고역통과 필터와 대역통과 필터의 특성을 나타낸다.

그림 3.26a에서의 이상적인 저역통과 필터는 B Hz 내의 모든 입력 주파수 성분들에 대해 t_d 초의 시간 지연을 발생시키는 기울기가 $-t_d$ 인 선형 위상을 갖는다. 그러므로 입력이 B Hz로 대역 제한된 신호 g(t)라면, 출력 $y(t)$는 t_d 만큼 지연된 g(t)가 된다. 즉, 다음과 같이 된다.

$$y(t) = g(t - t_d)$$

신호 g(t)는 왜곡없이 이 시스템에 의해서 전송되지만 시간 지연 t_d 가 발생한다. 이러한 필터에 대해서, $|H(f)| = \Pi(f/2B)$, 그리고 $\theta_h(f) = -2\pi f t_d$ 가 된다. 따라서

$$H(f) = \Pi\left(\frac{f}{2B}\right) e^{-j2\pi f t_d} \tag{3.59a}$$

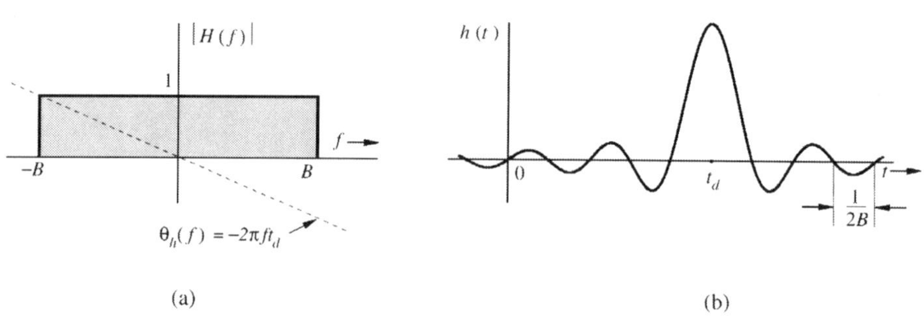

▸▸ 그림 3.26 이상적인 저역통과 필터의 주파수 응답과 임펄스 응답

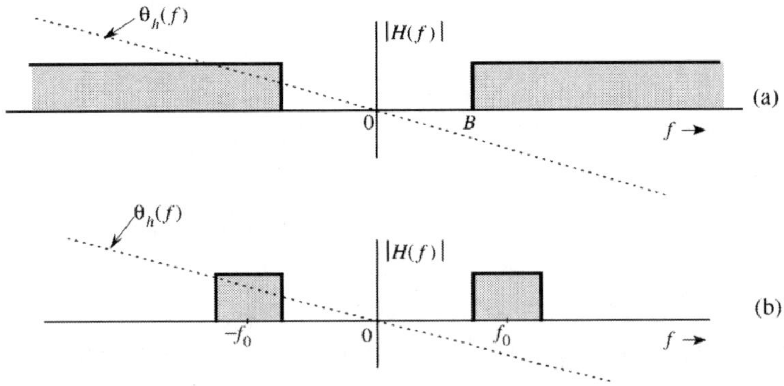

▸▸ 그림 3.27 이상적인 고역통과 필터와 대역통과 필터의 주파수 응답

이 필터의 단위 임펄스 응답 $h(t)$는 표 3.1의 18번 푸리에쌍과 시간 천이 특성으로부터 다음과 같이 구할 수 있다.

$$H(f) = \Pi\left(\frac{f}{2B}\right)e^{-j2\pi f t_d} \tag{3.59b}$$

$h(t)$가 $t = 0$인 경우의 임펄스 입력 $\delta(t)$에 대한 시스템 응답임을 유의하라. 그림 3.26b는 특이한 사실을 나타낸다 : 응답 $h(t)$가 입력이 적용되기 **전에** 시작한다($t = 0$일 때). 분명히 이 필터는 인과적이 아니므로 물리적으로 구현이 불가능하다. 유사하게 이상적인 필터(그림 3.27에 나타낸 이상적인 고역통과 필터 또는 이상적인 대역통과 필터)도 역시 물리적으로 구현이 불가능하다.

물리적으로 구현할 수 있는 시스템에서의 $h(t)$는 인과적이어야만 한다. 즉,

$$h(t) = 0 \qquad \text{for } t < 0$$

주파수 영역에서 이 조건은 잘 알려진 **Paley-Wiener** 판별식과 동일한 것이다. 즉, 진폭응답 $|H(f)|$를 구현시키기 위한 필요충분조건이 다음과 같다는 것이다.*

$$\int_{-\infty}^{\infty} \frac{|\ln|H(f)||}{1+(2\pi f)^2}df < \infty \tag{3.60}$$

* $|H(f)|$는 다음과 같이 제곱 적분이라고 생각할 수 있다.

$$\int_{-\infty}^{\infty} |H(f)|^2 df$$

이 식은 유한 값을 갖는다.

$H(f)$가 이 조건을 만족하지 않는다면, 구현은 불가능하게 된다. 어떤 유한한 대역에 대하여 $|H(f)|=0$이라면 그 대역에 대하여 $|\ln|H(f)||=\infty$ 가 되어 조건식 (3.60)에 위배된다는 것에 유의하라. 그러나 단일 주파수(또는 이산적인 주파수들의 집합)에서 $H(f)=0$이면, 식 (3.60)에서의 적분은 적분식이 무한대로 될지라도 여전히 유한하다. 그러므로 물리적으로 시스템을 구현 가능하도록 하기 위해서 $H(f)$는 일부 이산 주파수에서 0이 될 것이다. 그러나 어떤 유한한 대역에서는 0이 되지 않을 것이다. 이 판별식에 따르면 이상적인 필터의 특성(그림 3.26과 그림 3.27)은 확실히 구현 불가능하다.

그림 3.26의 임펄스 응답 $h(t)$는 구현 불가능하다. 실제적인 필터를 설계하기 위한 하나의 근사 방법은 $t<0$에 대한 $h(t)$의 후미 부분을 차단하는 것이다. 이 결과로 인과적 임펄스 응답 $\hat{h}(t)$는 다음과 같다.

$$\widehat{h}(t)=h(t)u(t)$$

그림 3.28에서와 같이 인과적이 되기 때문에 물리적으로 구현이 가능하게 된다. t_d가 충분히 크다면, $\hat{h}(t)$는 $h(t)$에 가깝게 근사될 것이고 이 결과, 필터 $\widehat{H}(f)$는 이상적인 필터에 더욱 적합한 근사가 될 것이다. 이렇게 이상적인 필터에 가깝게 구현되는 것은 증가된 시간 지연 t_d의 값 때문에 가능하게 된다. 이것은 이러한 구현이 출력에 보다 긴 지연을 발생시킨다는 것을 의미한다. 물론 이론적으로는 지연 $t_d=\infty$가 되도록 하는 것이 이상적인 특성을 구현하기 위해 필요하긴 하다. 그러나 그림 3.27b를 보면 π/W에 3배 또는 4배가 되는 지연 t_d가 $\hat{h}(t)$를 $h(t-t_d)$와 유사한 형태로 변화시킬 수 있다는 것을 알 수 있다. 예를 들어 음성 필터는 20 kHz까지의 주파수를 처리해야 한다(사람이 들을 수 있는 가장 높은 주파수). 이 경우에, t_d는 대략 10^{-4}(0.1 ms) 정도가 적당하게 될 것이다. 절단 동작[인과적이 되도록 $h(t)$의 후미를 잘라내는 것]은 스펙트럼 확산과 누설과 같은 예기치 않은 몇 가지 문제를 발생시키지만 점감되는 윈도우 함수를 사용하여 점차적으로 $h(t)$를 절단함으로써 부분적으로 정정될 수 있다.

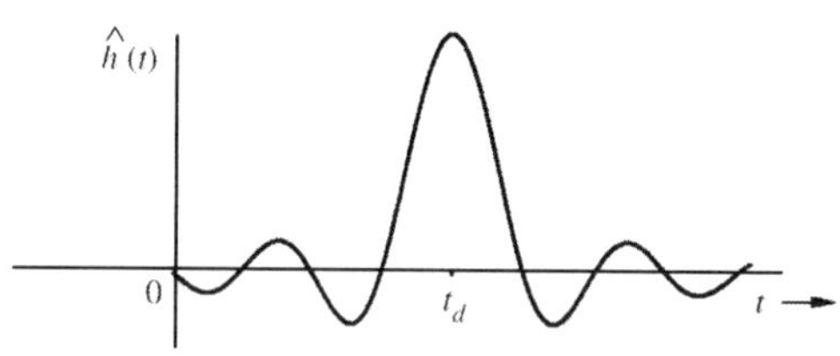

▶▶ 그림 3.28 임펄스 응답을 절단함으로써 이상적인 저역통과 필터에 근사되도록 구현

실제로는 이상적인 특성에 근사하기 위한 필터의 여러 특성들을 구현할 수 있다. 실제 필터(구현 가능한 필터)의 진폭 응답 $|H(f)|$ 에서는 계단식 불연속 특성이 나타나지 않고 연속적으로 된다. 예를 들면 Butterworth와 Chebychev 필터들은 실제 통신 회로에 포함되어 다양한 적용을 하며 이용된다.

아날로그 신호들은 디지털 신호(A/D 변환)로 처리될 수 있다. 이러한 과정은 표본화, 양자화와 부호화를 수반한다. 이렇게 변환되는 디지털 신호는 입력 수열을 원하는 출력 수열로 변환시키도록 고안된 작고 특정 목적의 디지털 컴퓨터에 의해서 처리될 수 있다. 출력 수열은 다시 원하는 아날로그 신호로 변환된다. 신호를 처리하는 디지털 컴퓨터에서 사용되는 특별한 알고리즘은 주어진 신호 연산, 즉 저역통과, 대역통과 또는 고역통과 필터링을 하기 위해서 사용될 수 있다. 디지털 필터링은 다소 본 과정의 범위를 벗어난다. 자세한 내용은 디지털 필터링에 대하여 다루고 있는 몇몇 책들을 참조하기 바란다.

3.6 통신 채널상의 신호 왜곡

채널을 통해 전송된 신호는 다양한 채널의 불완전함으로 인해서 왜곡된다. 이 절에서는 신호 왜곡 특성에 대하여 알아볼 것이다.

3.6.1 선형 왜곡

우선 선형 시불변 채널에 대하여 알아보자. 신호의 왜곡은 신호가 진폭이나 위상 또는 두 가지 특성들이 모두 이상적이지 않은 채널을 통과할 경우에 발생할 수 있다. **비이상적인** 채널이 갖게 될 영향을 이러한 채널을 통하여 전송되는 펄스 $g(t)$로부터 확인할 수 있다. 이 펄스가 (a, b)의 구간에만 존재하고 그 외의 구간에서는 0이 된다고 하자. 펄스들의 푸리에 스펙트럼 성분들은 (a, b)의 구간에는 펄스 $g(t)$에, 이 구간 이외의 구간에서는 0에 정확하게 일치하는 진폭들과 위상들로 완전하고 정밀한 균형을 갖는다. 무왜곡 전송의 조건을 만족하는 이상적인 채널을 통하여 $g(t)$를 전송하는 것은 또한 무왜곡 채널이 각 성분에 같은 계수를 곱하고 각 성분을 동일한 시간으로 지연시키기 때문에 이 균형이 깨지지 않도록 한다. 채널의 진폭 응답이 이상적이지 않다면[즉, $|H(f)|$가 일정하지 않다면], 이 정밀한 균형은 깨질 것이고 모든 성분들의 합은 (a, b)의 구간 이외에서 0이 되지 않을 것이다. 간단히 말하면, 펄스는 확산될 것이다(예제 3.14 참조). 채널의 위상 특성 또한 이상적이지 않다면, 즉 $\theta_h(f) \neq -2\pi f t_d$라면 동일한 결과를 발생시킬 것이다. 따라서 펄스의 확산이나 **분산**은 진폭 응답이나 위상 응답 또는 둘 다 이상적이지 않을 경우에 발생할 것이다.

선형 채널 왜곡(시간의 분산)은 특히 디지털 통신 시스템에서 피해를 준다. 그것은 심볼간 간섭(ISI)으로 알려져 있다. 다시 말하자면 분산된 채널을 통해 전송되었을 때 디지털 부호는 할당된 시간보다 더 넓게 확산되는 경향이 있다. 따라서 인접한 심볼들은 서로 간섭하게 되고, 그로 인하여 수신기에서의 검출 오류확률은 증가하게 된다.

● 예제 3.14

저역통과 필터(그림 3.29a)의 전달 함수 $H(f)$는 다음과 같이 주어진다.

풀이

$$H(f) = \begin{cases} (1 + k\cos 2\pi fT)e^{-j2\pi f t_d} & |f| < B \\ 0 & |f| > B \end{cases} \tag{3.61}$$

B Hz로 대역 제한된 펄스 g(t) (그림 3.29b)가 이 필터에 입력된다. 출력 $y(t)$를 구하시오.

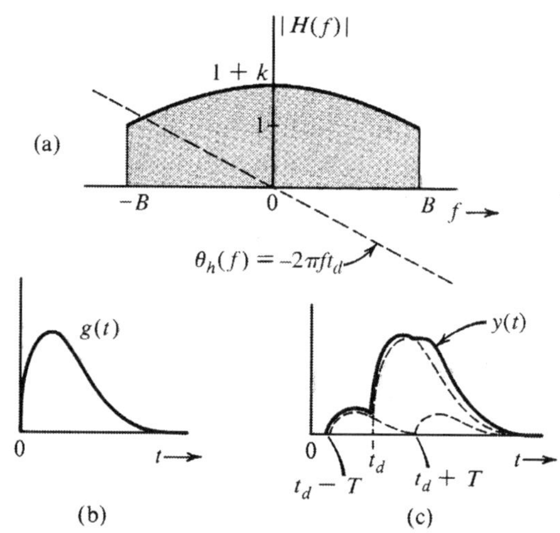

▸▸ 그림 3.29 왜곡된 시스템을 통과할 경우의 펄스의 퍼짐

이 필터는 이상적인 위상과 비이상적인 진폭의 특성을 갖는다. g$(t) \Leftrightarrow G(f)$이기 때문에, $y(t) \Leftrightarrow Y(f)$가 된다.

$$\begin{aligned} Y(f) &= G(f)H(f) \\ &= G(f)\cdot\Pi\left(\frac{f}{2B}\right)(1 + k\cos 2\pi fT)e^{-j2\pi f t_d} \\ &= G(f)e^{-j2\pi f t_d} + k\,[G(f)\cos 2\pi fT]\;e^{-j2\pi f t_d} \end{aligned} \tag{3.62}$$

유도한 식 (3.62)에서 $g(t)$는 B Hz에서 대역 제한되었기 때문에 $G(f) \cdot \Pi(\frac{f}{2B}) = G(f)$를 얻는다. 그리고 시간 천이 특성과 식 (3.32a)를 이용함으로써 다음 식을 얻는다.

$$y(t) = g(t - t_d) + \frac{k}{2}[g(t - t_d - T) + g(t - t_d + T)] \tag{3.63}$$

실제 출력은 $g(t)+(k/2)[g(t-T)+g(t+T)]$를 t_d 만큼 시간 지연시킨 것이다. 즉, $g(t)$와 $\pm t_d$ 만큼 천이된 이 신호의 반영들로 구성된다. 이 반영에 의해 발생되는 펄스의 퍼짐을 그림 3.29c에 나타내었다. $H(f)$가 비이상적인 위상 특성과 이상적인 진폭 특성을 가질 경우에도 이와 유사한 결과가 나타난다(문제 3.6-1 참조).

3.6.2 채널의 비선형으로 인한 왜곡

지금까지는 채널을 선형이라고 간주하였다. 이러한 근사는 작은 신호에서만 적용될 수 있다. 진폭이 크면 비선형을 무시할 수 없게 된다. 비선형 시스템에 대한 일반적인 개요는 언급하지 않을 것이다. 여기서는 간단한 무기억 비선형 채널에 대하여 알아볼 것이다. 무기억 비선형 채널의 입력 g와 출력 y를 다음과 같은 비선형 방정식으로 나타낼 수 있다.

$$y = f(g)$$

이 방정식의 우변은 다음과 같이 Maclaurin의 급수로 확장될 수 있다.

$$y(t) = a_0 + a_1 g(t) + a_2 g^2(t) + a_3 g^3(t) + \cdots + a_k g^k(t) + \cdots$$

$g(t)$의 대역폭이 B Hz라면 $g^k(t)$의 대역폭은 kB Hz가 되는 3.3.6절(콘볼루션)에서의 결과를 상기하라. 그러므로 $y(t)$의 대역폭은 kB Hz **보다 더 크게** 된다. 결론적으로 출력 스펙트럼은 입력 스펙트럼보다 큰 대역폭으로 확산되고 출력신호는 입력 신호의 주파수 성분이 아닌 새로운 주파수 성분들을 가지게 된다. 방송 통신에서는 매우 높은 전력 수준으로 신호를 증폭시키는 것이 필요하다. 여기서는 신호를 증폭시키기 위한 증폭기로 고효율 증폭기(C급)를 사용하는 것이 바람직하다. 불행하게도, 이러한 증폭기들은 비선형 특성을 갖고 있기 때문에 신호를 증폭시킬 경우에 신호의 왜곡을 초래한다. 따라서 이것은 AM 신호들에서 발생하는 심각한 문제 중의 하나가 된다. 그러나 FM 신호는 5장에서 살펴보겠지만, 비선형 왜곡의 영향을 받지 않는다. 신호가 비선형 채널을 통하여 전송되면, 비선형성은 신호를 왜곡시킬 뿐만 아니라 스펙트럼의 분산(확산)으로 인하여 채널 상에서 다른 신호들을 간섭한다.

디지털 통신 시스템의 비선형 왜곡 효과는 선형 왜곡으로 인한 시간 확산과는 대조적이다. 선형 왜곡은 동일한 채널 안에 신호들의 간섭을 야기시키지만, 비선형 왜곡에 의한 스펙트럼 분산은 다른 주파수 채널을 사용하는 신호들의 간섭을 야기시킨다.

● 예제 3.15

어떤 비선형 채널의 입력 $x(t)$와 출력 $y(t)$는 다음과 같은 관계를 갖는다.

풀이

$$y(t) = x(t) + 0.000158x^2(t)$$

입력 신호 $x(t) = 2000\text{sinc}(2000\pi t)$일 경우에, 출력 신호 $y(t)$와 출력 스펙트럼 $Y(f)$를 구하시오. 출력 신호의 대역폭이 입력 신호 대역폭의 2배가 된다는 사실을 증명하시오. 이것은 신호를 제곱하였기 때문이다. 출력 $y(t)$로부터 왜곡 없이 신호 $x(t)$를 복원할 수 있는가?
$x(t)$와 $X(f)$가 다음과 같기 때문에,

$$x(t) = 2000\text{sinc}(2000\pi t) \quad \Leftrightarrow \quad X(f) = \Pi(\frac{f}{2000})$$

$y(t)$와 $Y(f)$는 다음과 같다.

$$y(t) = x(t) + 0.000158x^2(t) = 2000\text{sinc}(2000\pi t) + 0.316 \cdot 2000\text{sinc}^2(2000\pi t)$$

$$\Leftrightarrow$$

$$Y(f) = \Pi\left(\frac{f}{2000}\right) + 0.316\Delta\left(\frac{f}{4000}\right)$$

수신 신호에서 $0.316 \cdot 2000\text{sinc}^2(2000\pi t)$가 원하지 않는 항(왜곡)이라는 것을 알 수 있다. 그림 3.30a는 입력 신호 스펙트럼 $X(f)$를 나타내고, 그림 3.30b는 원하지 않는 항(왜곡)의 스펙트럼을 나타내며, 그림 3.30c는 수신된 신호의 스펙트럼 $Y(f)$를 나타낸다. 이제 다음과 같은 사실을 알 수 있다.

1. 수신된 신호 $y(t)$의 대역폭은 입력 신호 $x(t)$의 대역폭에 2배가 된다(신호의 제곱으로 인하여).
2. 수신된 신호는 입력 신호 $x(t)$와 원하지 않는 신호 $632\text{sinc}^2(2000\pi t)$를 내포하고 있다. 이 두 신호의 스펙트럼을 그림 3.30a와 3.30b에 나타내었다. 그림 3.30c는 수신된 신호의 스펙트럼 $Y(f)$를 나타낸다. 원하는 신호와 왜곡된 신호 스펙트럼이 서로 겹쳐지기 때문에 수신 신호 $y(t)$로부터 왜곡 없이 신호 $x(t)$를 복원하는 것은 불가능하게 된다는 것에 유의하라.
3. 수신 신호를 대역폭이 1000 Hz인 저역통과 필터에 통과시킴으로써 왜곡을 감소시킬 수 있다. 이 필터의 출력 스펙트럼을 그림 3.30d에 나타내었다. 이 필터의 출력이 몇몇 잔여 왜곡과 더불어 원하는 입력 신호 $x(t)$가 된다는 것을 알 수 있다.
4. 입력 신호가 이 채널 상에서 몇몇 다른 신호들과 함께 주파수 분할 다중화가 된다면, 추가적으로 다른 신호들과의 간섭 문제가 발생하게 된다. 이것은 겹치지 않도록 주파수 대역을 점유하는 몇몇 신호들이 동시에 동일한 채널을 통하여 전송된다는 것을 의미한다. 원래의 대역 1000 Hz 이외의 스펙트럼인 $X(f)$의 확산은 1000에서 2000 Hz까지의 대역에 존재하는 신호를 간섭할 것이다. 따라서 $x(t)$의 왜곡과 더불어 인접하는 대역을 또한 간섭하게 된다.

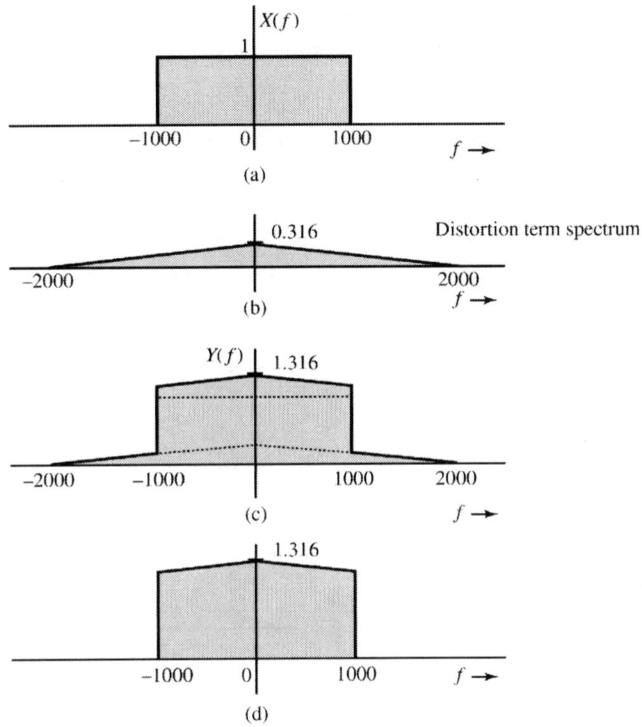

►► 그림 3.30 비선형 연산으로 발생하는 신호 왜곡 (a) 입력 신호 스펙트럼 (b) 수신 신호에서 원하지 않는 신호(왜곡)의 스펙트럼 (c) 수신 신호의 스펙트럼 (d) 저역통과 필터를 통과한 수신 신호의 스펙트럼

5. $x(t)$가 펄스 열로 구성되는 디지털 신호라면, 각각의 펄스는 왜곡될 것이지만 인접 펄스들에는 어떠한 간섭도 주지 않을 것이다. 게다가 디지털 통신이 정보의 손실 없이 상당한 펄스 왜곡에도 견딜 수 있기 때문에 왜곡된 펄스들에서 조차 데이터는 손실 없이 수신될 수 있다. 따라서 이 채널이 두 개의 펄스열을 서로 끼워 넣은 시분할 다중화 신호를 송신하기 위해 사용된다면, 이 두 펄스열 안의 데이터는 수신기에서 복원될 수 있을 것이다.

3.6.3 다중경로로 인한 왜곡

다중경로 전송은 전송된 신호가 서로 다른 시간 지연으로 두 개 이상의 경로를 통하여 수신기에 도달할 경우에 발생한다. 예를 들어, 경로에 따라 임피던스가 불규칙한 선로를 통하여 신호가 전송되면 이 신호는 직접파와 서로 다른 시간 지연을 갖는 여러 반사파들이 합쳐진 형태로 수신기에 도달할 것이다. 무선 링크들에서의 신호는 송수신 안테나 사이의 직접파와 언덕, 건물 등과 같은 여러 물체들로 인한 반사파들로 수신될 수 있다. 전리층을 이용하는 장거리 무선 링크에서는 단일 홉과 다중 홉 경로들로 인하여 유사한 현상이 발생한다. 이러한 각각의 경우에서, 전송 채널은 각각 서로 다른 상대적인 감쇠와 시간 지연을 갖는 병렬 채널들로 표현될 수 있다. 단지 두 경로의 경우, 즉 그림 3.31a에 나타낸 것과 같이, 이득이 1이고 시간지연이 t_d인 경우와 이득이 α이고 시간지연이 $t_d + \Delta t$인 경우에 대해서 살펴보자. 이 두 경로의 전달함수는 각각 $e^{-j2\pi ft_d}$와 $\alpha e^{-j2\pi f(t_d+\Delta t)}$로 주어진다. 이 채널의 전체적인 전달함수 $H(f)$는 다음과 같이 주어진다.

$$\begin{aligned} H(f) &= e^{-j2\pi ft_d} + \alpha e^{-j2\pi f(t_d+\Delta t)} \\ &= e^{-j2\pi ft_d}(1 + \alpha e^{-j2\pi f\Delta t}) \\ &= e^{-j2\pi ft_d}(1 + \alpha\cos 2\pi f\Delta t - j\alpha\sin 2\pi f\Delta t) \end{aligned} \tag{3.64a}$$

$$= \underbrace{\sqrt{1+\alpha^2+2\alpha\cos 2\pi f\Delta t}}_{|H(f)|}\exp\left[-j\underbrace{\left(2\pi ft_d + \tan^{-1}\frac{\alpha\sin 2\pi f\Delta t}{1+\alpha\cos 2\pi f\Delta t}\right)}_{\theta_h(f)}\right] \tag{3.64b}$$

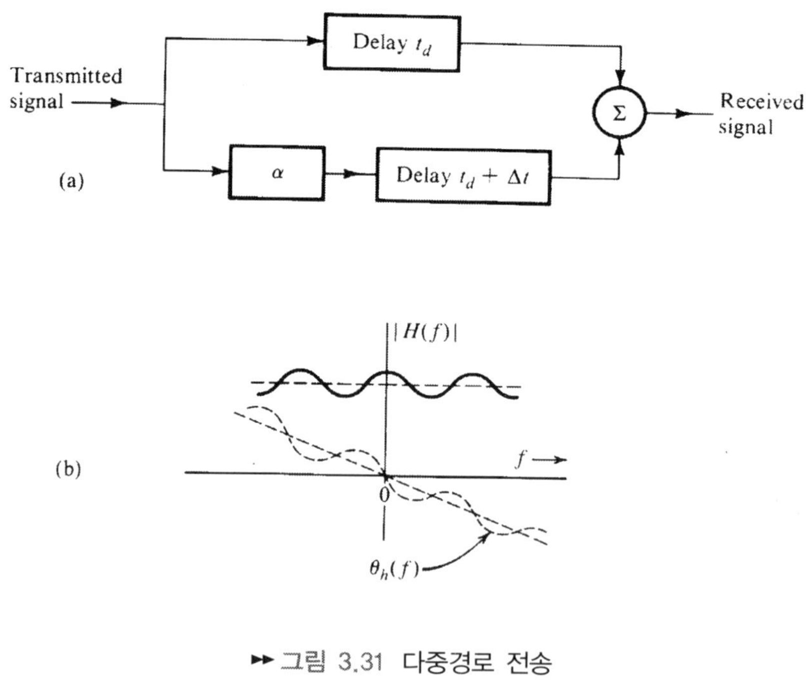

►► 그림 3.31 다중경로 전송

$H(f)$의 크기와 위상 특성들은 모두 주기가 $1/\Delta t$로 f에 주기적이다(그림 3.31b). 그러므로 다중경로 전송은 채널의 크기와 위상 특성들에서 이상적이지 못하게 되어 앞서 설명한 것과 같이, 선형왜곡(펄스의 분산)을 일으킬 것이다.

실례로, 두 경로의 이득이 거의 같다면, 즉 $\alpha \approx 1$이라면 이 두 경로에 의하여 수신되는 신호에서는 이 신호들의 위상으로 인하여 π 라디안만큼 떨어져 있는 몇몇 주파수들을 서로 상쇄시킬 것이다. 식 (3.64b)는 $\alpha \approx 1$일 경우에, $f=n/(2\Delta t)$(n은 홀수)인 주파수에서 $\cos 2\pi f\Delta t=-1$이 되고 $|H(f)| \approx 0$이 된다는 것을 나타낸다. 이 주파수들은 다중경로에서 존재하지 않는 주파수들이다. 주파수 $f=n/(2\Delta t)$(n은 짝수)에서, 두 신호는 이득을 향상시키기 위하여 서로 간섭하게 된다. 이러한 채널들은 송신된 신호의 **주파수 선택적 페이딩**을 발생시킨다. 이러한 왜곡은 문제 3.6-2에 나타낸 것과 같이, 지연 탭 라인 등화기를 사용함으로써 부분적으로 정정될 수 있다. 이러한 등화기들은 몇몇 통신 활용분야에서 유용하게 사용된다. 그것들의 설계 주제는 7장과 12장에 추가되었다.

3.6.4 페이딩 채널

지금까지 채널의 특성들은 시간에 일정하다고 가정해 왔다. 실제로는 채널의 전송 특성들이 시간에 따라 변하는 채널들이 된다. 이 채널들은 대류권 산란 채널들과 장거리 통신을 위해 무선신호를 반사시키는 전리층을 이용하는 채널들이다. 채널 특성들 중에서 시간 변이 특성은 매체의 전파 특성들에서의 반주기 변화와 랜덤 변화 때문에 나타난다. 예를 들어, 전리층의 반사 특성들은 날씨가 바뀌는 것과 같이 계절, 날짜 그리고 시간마다 변화하는 기상 상태와 관계가 있다. 갑작스러운 폭풍기간에 또한 발생한다. 그러므로 실제적인 채널의 전달함수는 반주기적이고 랜덤하게 변화하기 때문에 신호의 랜덤 왜곡을 발생시킨다. 이러한 현상을 **페이딩**이라고 한다. 이 페이딩 효과를 줄이기 위한 하나의 방법은 **자동 이득 조절**(AGC)을 사용하는 것이다.*

페이딩은 주파수 성분들이 동일한 영향을 받지 않고 서로 다른 영향을 받기 때문에 발생한다. 이러한 페이딩을 주파수 선택적 페이딩이라 하고 통신에 있어서 심각한 문제를 낳을 수 있다. 다중경로 전파는 또한 주파수 선택적 페이딩을 발생시킬 수 있다.

* AGC는 원신호의 느린 변화를 또한 억제할 것이다.

3.7 신호 에너지와 에너지 스펙트럼 밀도

신호 g(t)의 에너지 E_g는 $|g(t)|^2$ 아래의 면적으로 정의된다. 또한 Parseval의 정리를 사용하여 이 신호의 푸리에 변환인 $G(f)$로부터 이 신호의 에너지를 구할 수도 있다.

3.7.1 Parseval의 정리

다음과 같이 식 (2.2)에 식 (3.9b)를 대입함으로써 신호 에너지를 신호 스펙트럼 $G(f)$에 관계시킬 수 있다.

$$E_g = \int_{-\infty}^{\infty} g(t)g^*(t)\,dt = \int_{-\infty}^{\infty} g(t)\left[\int_{-\infty}^{\infty} G^*(f)e^{-j2\pi ft}\,df\right]dt$$

여기에서는 g(t)의 공액인 $g^*(t)$가 식 (3.9b) 우변의 공액으로써 표현된다는 사실을 사용하였다. 이제 적분 순서를 바꾸면 다음과 같이 된다.

$$\begin{aligned} E_g &= \int_{-\infty}^{\infty} G^*(f)\left[\int_{-\infty}^{\infty} g(t)e^{-j2\pi ft}\,dt\right]df \\ &= \int_{-\infty}^{\infty} G(f)G^*(f)\,df \\ &= \int_{-\infty}^{\infty} |G(f)|^2\,df \end{aligned} \tag{3.65}$$

위의 식은 잘 알려진 Parseval의 정리에 대한 설명이다. 식 (2.68)에서 주기 신호와 이 신호의 푸리에 급수로부터 이와 유사한 결과를 구하였다. 이 결과는 시간 영역에서의 g(t) 혹은 동일한 신호에 대한 주파수 영역에서의 $G(f)$로부터 이 신호의 에너지를 결정할 수 있다는 것을 나타낸다.

● 예제 3.16

신호 $g(t)=e^{-at}u(t)(a>0)$에 대하여 Parseval의 정리를 증명하시오.

풀이 E_g는 다음과 같다.

$$E_g = \int_{-\infty}^{\infty} g^2(t)\,dt = \int_0^{\infty} e^{-2at}\,dt = \frac{1}{2a} \tag{3.66}$$

이제 다음과 같이 주어지는 신호 스펙트럼 $G(f)$,

$$G(f) = \frac{1}{j2\pi f + a}$$

Parseval의 정리를 증명하는 식 (3.65)로부터 E_g를 구하면,

$$E_g = \int_{-\infty}^{\infty} |G(f)|^2 \, df = \int_{-\infty}^{\infty} \frac{1}{(2\pi f)^2 + a^2} \, df = \frac{1}{2\pi a} \tan^{-1} \frac{2\pi f}{a} \bigg|_{-\infty}^{\infty} = \frac{1}{2a}$$

3.7.2 에너지 스펙트럼 밀도(ESD)

식 (3.65)는 신호 g(t)의 에너지가 신호 g(t)의 모든 스펙트럼 성분들에 의해 분포된 에너지들이 된다는 의미로 해석될 수 있다. 주파수 f의 스펙트럼 성분의 분포는 $|G(f)|^2$에 비례한다. 좀 더 자세한 설명을 위해, 그림 3.32a에 나타낸 전달함수 $H(f)$를 갖는 이상적인 대역통과 필터의 입력에 g(t)가 인가된다고 하자. 이 필터는 주파수 ω_0를 중심으로 하는 협대역 $\Delta f (\Delta f \to 0)$ 이외의 모든 주파수 성분들을 제거한다(그림 3.32b). 필터 출력이 $y(t)$라면 이 출력의 푸리에 변환은 $Y(f) = G(f)H(f)$가 되고, 출력 $y(t)$의 에너지 E_y는 다음과 같이 된다.

$$E_y = \int_{-\infty}^{\infty} |G(f)H(f)|^2 \, df \tag{3.67}$$

통과 대역 Δf에 대해서 $H(f) = 1$이 되고 그 밖의 다른 곳에 대해서는 0이 되기 때문에 우변의 적분은 그림 3.32b에서 두 음영부분에 대한 면적의 합이 되고 $\Delta f \to 0$로 하면 E_y는 다음과 같이 된다.

$$E_y = 2\,|G(f_0)|^2 \, df$$

따라서 $2|G(f)|^2 df$ 는 $\pm f_0$를 중심으로 하고 각각의 폭이 Δf Hz인 두 개의 협대역 안에 있는 스펙트럼 성분들에 의해 분포된 에너지가 된다. 그러므로 $|G(f)|^2$는 f를 중심으로 하는 신호 g(t)의 스펙트럼 성분들에 대한 단위 대역폭 당 에너지로 해석될 수 있다. 다시 말하면, $|G(f)|^2$는 g(t)의 에너지 스펙트럼 밀도(단위 대역폭 당 헤르츠)이다. 사실 단위 대역폭당 분포된 에너지는 양의 주파수 성분들과 음의 주파수 성분들이 Δf 대역에서의 성분들을 형성하기 위하여 결합되기 때문에 $2|G(f)|^2$가 된다. 그러나 편의를 위해 독립적이 되는 양의 주파수 성분들과 음의 주파수 성분들만을 고려한다. **에너지 스펙트럼 밀도(ESD)** $\Psi_g(t)$는 다음과 같이 정의된다.

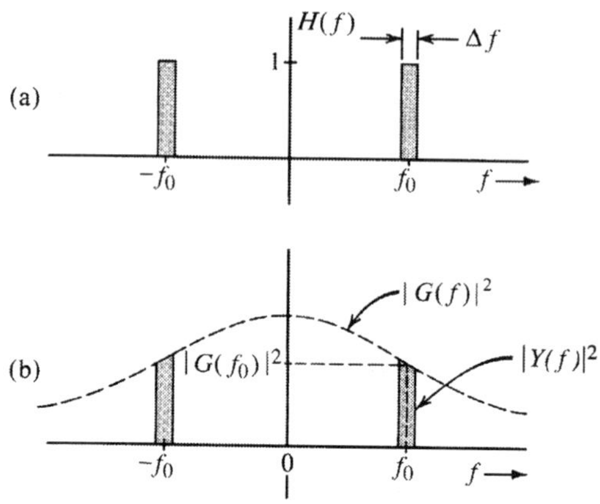

▸▸ 그림 3.32 신호의 에너지 스펙트럼 밀도에 대한 해석

$$\Psi_g(f) = |G(f)|^2 \tag{3.68}$$

식 (3.65)는 다음과 같이 표현될 수 있다.

$$E_g = \int_{-\infty}^{\infty} \Psi_g(f)\, df \tag{3.69a}$$

예제 3.16의 결과로부터, 신호 $g(t) = e^{-at}u(t)$의 ESD는 다음과 같다.

$$\Psi_g(f) = |G(f)|^2 = \frac{1}{(2\pi f)^2 + a^2} \tag{3.69b}$$

3.7.3 신호의 필수 대역폭

대부분 신호의 스펙트럼은 무한대로 확장된다. 그러나 실제 신호는 유한한 에너지를 갖기 때문에 신호의 스펙트럼은 $f \to \infty$로 증가시킴에 따라 0으로 접근해야만 한다. 부분의 신호 에너지는 임의의 대역 B Hz안에 포함되기 때문에 B Hz보다 큰 주파수 성분들의 에너지는 무시할 수 있다. 그러므로 신호의 모양과 에너지에 거의 영향을 주지 않는 B Hz를 초과하는 대역의 신호 스펙트럼을 억제시킬 수 있다. 이 대역폭 B를 신호의 **필수 대역폭**이라고 한다. 실제 응용에 있어서 B의 선택 기준은 오류 허용치에 따라 달라진다. 실례로, B를 신호 에너지의 95%를 포함하도록 선택할 수 있을 것이다.* 이 수치는 요구

* 저역 통과 신호에 대한 필수 대역폭은 또한 이 신호에 대한 진폭 스펙트럼의 최대값에 비하여 작은값(약 5~10%)이 되는 주파수로서 정의된다. 예제 3.16에서 $|G(f)|$의 최대값은 $f=0$에서 $1/a$이 된다.

되는 정확도에 따라 95% 보다 크거나 작게 될 것이다. 이러한 기준을 사용하여 신호의 필수 대역폭을 결정할 수 있다. 필수 대역폭을 초과하는 $g(t)$의 모든 스펙트럼 성분들을 억제시키면 $g(t)$에 거의 근사한 신호 $\hat{g}(t)$가 될 것이다.* 필수 대역폭으로 95% 기준을 사용한다면 에러 에너지 $g(t)-\hat{g}(t)$는 E_g의 5%가 된다. 다음의 예제는 대역폭 계산 과정을 나타낸다.

● 예제 3.17

필수 대역폭이 신호 에너지의 95%를 포함해야 할 경우에, 신호 $e^{-at}u(t)$의 필수 대역폭 W (rad/s)를 구하시오.

풀이

이 경우에, $G(f)$는 다음과 같다.

$$G(f) = \frac{1}{j2\pi f + a}$$

그리고 ESD는

$$|G(f)^2| = \frac{1}{(2\pi f)^2 + a^2}$$

그림 3.33은 이 신호의 ESD를 나타낸다. 그리고 신호 에너지 E_g는 이 ESD 아래의 면적으로 이미 $1/2a$로 구하였다. W rad/s를 전체 신호 에너지 E_g의 95%를 포함하는 필수 대역폭이라고 하자. 이것은 그림 3.33에 나타낸 음영부분 면적에 $1/2\pi$를 곱한 것이 $0.95/2a$가 된다는 것을 의미한다. 즉, 다음과 같다.

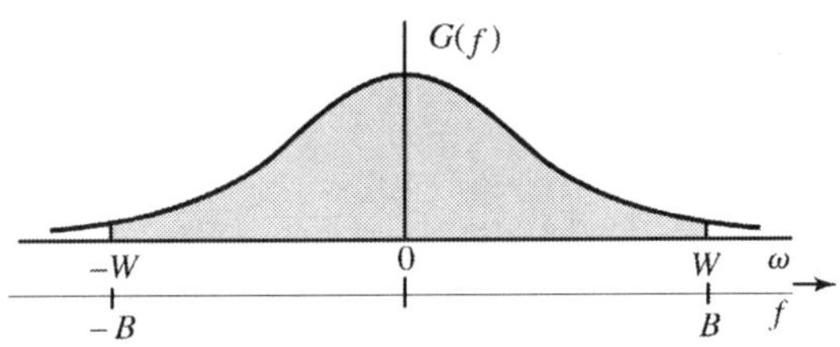

▸▸ 그림 3.33 신호의 필수 대역폭 계산

* 사실 절단은 가파른 절단을 원인으로 하는 과도한 스펙트럼의 누출을 피하기 위하여 점점 작아지는 창들을 사용하여 점차적으로 수행된다.

$$\frac{0.95}{2a} = \int_{-W/2\pi}^{W/2\pi} \frac{df}{(2\pi f)^2 + a^2}$$
$$= \frac{1}{2\pi a} \tan^{-1} \frac{2\pi f}{a}\bigg|_{-W/2\pi}^{W/2\pi} = \frac{1}{\pi a} \tan^{-1} \frac{W}{a}$$

또는

$$\frac{0.95\pi}{2} = \tan^{-1} \frac{W}{a} \Longrightarrow W = 12.7\, a \,\text{rad/s}$$

Hz의 측면에서 필수 대역폭은

$$B = \frac{W}{2\pi} = 2.02\, a \quad \text{Hz}$$

이것은 0 (dc)에서 $12.7 \times a$ rad/s ($2.02 \times a$ Hz)까지의 대역에 존재하는 $g(t)$의 스펙트럼 성분들이 전체 신호 에너지의 95%를 차지한다는 것을 의미한다. 남아있는 모든 스펙트럼 성분들($2.02 \times a$ Hz에서 ∞ 까지의 대역)은 전체 신호 에너지의 5%만을 차지한다.*

● 예제 3.18

필수 대역폭이 펄스 에너지의 90%를 포함해야 하는 경우에, 그림 3.34a에 나타낸 구형 펄스 $g(t) = \Pi(t/T)$의 필수 대역폭을 구하시오.

풀이 이 펄스에 대한 에너지 E_g는 다음과 같다.

$$E_g = \int_{-\infty}^{\infty} g^2(t)\, dt = \int_{-T/2}^{T/2} dt = T$$

또한 다음과 같은 푸리에 변환쌍의 관계로,

$$\Pi\left(\frac{t}{T}\right) \Longleftrightarrow T \ \text{sinc}\,(\pi f T)$$

* ESD가 -∞부터 ∞까지의 대역에 존재할지라도, 그 삼각함수형 스펙트럼은 0에서 ∞까지의 대역에만 존재한다는 것에 유의하라. 스펙트럼 범위 -∞부터 ∞는 지수 스펙트럼에 적절하다. 실제로 대역폭을 언급할 때마다, 삼각함수의 관점에서의 대역폭을 의미한다. 그러므로 필수 대역은 -B에서 B가 아니라, 0에서 B Hz가 된다.

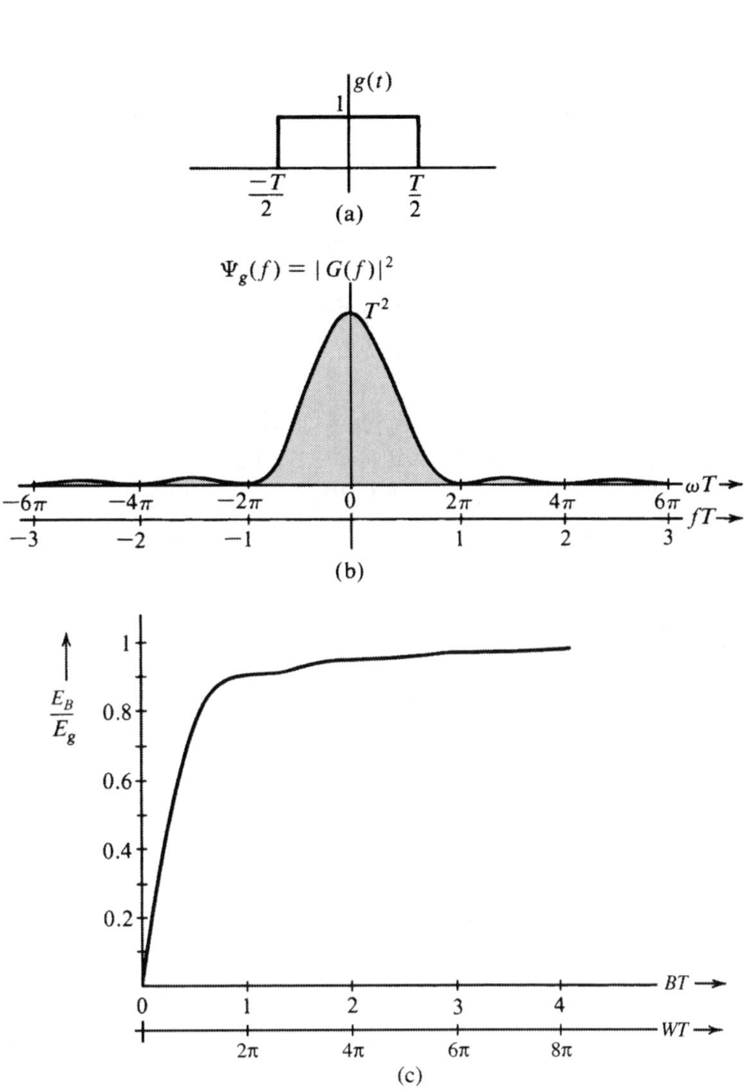

▸▸ 그림 3.34 (a) EX-FGN/FGC 구형 함수 (b) 에너지 스펙트럼 밀도 (c) B(H₂) 에너지 속의 일부

이 펄스의 ESD는 다음과 같이 된다.

$$\Psi_g(f) = |G(f)|^2 = T^2 \operatorname{sinc}^2 (\pi f T)$$

이 ESD는 fT 뿐만 아니라 ωT의 함수로써 그림 3.34b에 나타내었다. 여기에서 f는 단위가 Hz인 주파수이다. 0에서부터 B Hz까지의 대역에 대한 에너지 E_B는 다음과 같이 주어진다.

$$E_B = \int_{-B}^{B} T^2 \operatorname{sinc}^2 (\pi f T)\, df$$

위의 적분에서 $df = dx/(2\pi T)$이 되도록 $2\pi f T = x$라 놓으면, E_W는 다음과 같이 된다.

$$E_B = \frac{T}{\pi} \int_0^{2\pi BT} \operatorname{sinc}^2\left(\frac{x}{2}\right) dx$$

또한 $E_g = T$이기 때문에, 다음과 같이 쓸 수 있다.

$$\frac{E_B}{E_g} = \frac{1}{\pi} \int_0^{2\pi BT} \operatorname{sinc}^2\left(\frac{x}{2}\right) dx$$

우변의 적분은 수치적으로 계산되고 E_B/E_g대 BT의 그래프를 그림 3.34c에 나타내었다. 펄스 $g(t)$의 전체 에너지 중에서 90.28%가 $B = 1/T$ Hz의 대역 내에 존재하는 것에 유의하라. 그러므로 90%를 기준으로 하면 폭이 T초인 구형 펄스의 대역폭은 $1/T$ Hz가 된다.

3.7.4 변조 신호 에너지

변조가 신호 스펙트럼 $G(f)$를 f_0만큼 좌·우로 천이시킨다는 것은 앞서 설명하였다. 이제 이와 같은 사실이 변조된 신호의 ESD에서도 유사하게 나타난다는 것을 보일 것이다.

$g(t)$를 B Hz로 대역 제한된 기저대역 신호라고 하자. 진폭 변조된 신호 $\varphi(t)$는 다음과 같다.

$$\varphi(t) = g(t) \cos 2\pi f_0 t$$

$\varphi(t)$의 스펙트럼, 즉 푸리에 변환은 다음과 같이 된다.

$$\Phi(f) = \frac{1}{2}[G(f + f_0) + G(f - f_0)]$$

변조된 신호 $\varphi(t)$의 ESD는 $|\Phi(f)|^2$가 된다. 즉, 다음과 같이 된다.

$$\Psi_\varphi(f) = \frac{1}{4}|G(f + f_0) + G(f - f_0)|^2$$

$f_0 \geq B$라면, 그림 3.35에서 나타낸 것과 같이 $G(f + f_0)$와 $G(f - f_0)$는 겹치지 않기 때문에 다음과 같이 나타낼 수 있다.

$$\begin{aligned}\Psi_\varphi(f) &= \frac{1}{4}\left[|G(f + f_0)|^2 + |G(f - f_0)|^2\right] \\ &= \frac{1}{4}\Psi_g(f + f_0) + \frac{1}{4}\Psi_g(f - f_0)\end{aligned} \tag{3.70}$$

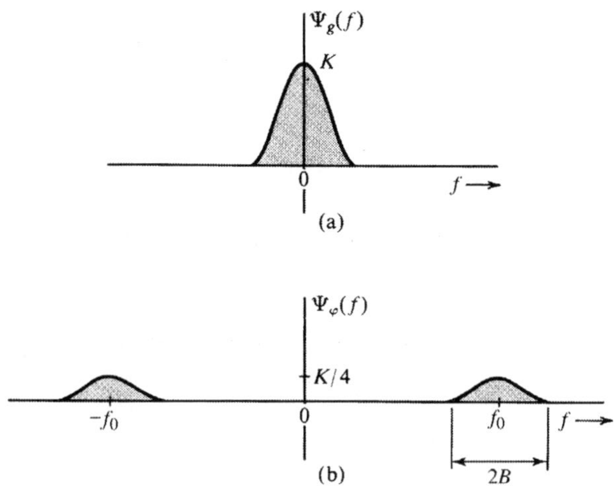

▸▸ 그림 3.35 변조 신호의 에너지 스펙트럼 밀도

g(t)와 변조 신호 $\varphi(t)$의 ESD를 그림 3.35에 나타내었다. 이 그림에서 알 수 있듯이, 변조가 신호 g(t)의 ESD를 $\pm f_0$만큼 천이시킨다. $\Psi_\varphi(f)$ 아래의 면적은 $\Psi_g(f)$ 아래의 면적의 1/2이 된다. 신호 에너지가 ESD 아래의 면적에 비례하기 때문에, $\varphi(t)$의 에너지는 다음과 같이 g(t)의 에너지에 1/2이 된다.

$$E_\varphi = \frac{1}{2}E_g \qquad f_0 \geq B \tag{3.71}$$

신호 $\varphi(t)$는 g(t)와 비교하여 더 큰 에너지를 가질 것 같지만 단지 g(t)가 갖는 에너지의 1/2만을 갖는다는 것을 알 수 있다. 일반적으로 외관상 모습에 현혹되기 쉽다. 신호의 에너지는 신호 진폭의 제곱에 비례하고, 진폭이 크면 클수록 더욱 많은 에너지를 갖게 된다. 신호 g(t)는 대부분의 시간 축에서 큰 진폭을 갖는다. 반면에, $\varphi(t)$는 $\cos 2\pi f_o t$ 때문에 시간축 상에서 매번 0으로 진폭이 떨어지므로 그 에너지는 감소하게 된다.

3.7.5 시간 자기상관함수와 에너지 스펙트럼 밀도

2장에서는 두 신호 g(t)와 $z(t)$를 비교하기 위한 좋은 척도가 식 (2.46)에서 정의된 상관 함수 $\psi_{gz}(\tau)$가 된다는 것을 설명하였다. 식 (2.47)에서는 또한 신호 $g(t)$와 이 신호 자체에 대한 상관, 즉 자기상관함수 $\psi_g(\tau)$를 정의한다. 실신호 g(t)에 대한 자기상관함수 $\psi_g(\tau)$는 다음과 같이 주어진다.*

* 복소수 신호 g(t)를 다음과 같이 정의한다.

$$\psi_g(\tau) = \int_{-\infty}^{\infty} g(t)g^*(t-\tau)\,dt = \int_{-\infty}^{\infty} g^*(t)g(t+\tau)\,dt$$

$$\psi_g(\tau) = \int_{-\infty}^{\infty} g(t)g(t+\tau)\,dt \tag{3.72a}$$

식 (3.72a)에서 $x = t+\tau$로 치환하면

$$\psi_g(\tau) = \int_{-\infty}^{\infty} g(x)g(x-\tau)\,dx$$

위의 식에서 x는 가상 변수이고 t로 바꾸어 쓸 수 있으므로, 다음과 같이 된다.

$$\psi_g(\tau) = \int_{-\infty}^{\infty} g(t)g(t\pm\tau)\,dt \tag{3.72b}$$

이것은 실신호 $g(t)$에 대한 자기상관함수가 다음과 같이 τ의 우함수가 된다는 것을 나타낸다.

$$\psi_g(\tau) = \psi_g(-\tau) \tag{3.72c}$$

사실 신호의 자기 상관과 ESD 사이에는 매우 중요한 관계가 있다. 명확하게 말하면 신호 $g(t)$의 자기상관함수와 ESD $\Psi_g(f)$ 형태는 푸리에 변환 쌍이다. 즉,

$$\psi_g(\tau) \Longleftrightarrow \Psi_g(f) \tag{3.73a}$$

그러므로,

$$\Psi_g(f) = \mathcal{F}\left\{\psi_g(\tau)\right\} = \int_{-\infty}^{\infty} \psi_g(\tau)e^{-j2\pi f\tau}\,d\tau \tag{3.73b}$$

$$\psi_g(\tau) = \mathcal{F}^{-1}\left\{\Psi_g(f)\right\} = \int_{-\infty}^{\infty} \Psi_g(f)e^{-j2\pi f\tau}\,df \tag{3.73c}$$

식 (3.73a)의 푸리에 변환은 t 대신에 τ에 대하여 행해졌음을 유의한다. 이제 ESD $\Psi_g(f) = |G(f)|^2$가 자기상관함수 $\psi_g(\tau)$의 푸리에 변환임을 증명할 것이다. 이 결과가 실신호에 대하여 증명될 지라도, 복소수 신호에 대해서도 또한 성립한다. 자기상관함수가 t가 아니라 τ에 대한 함수임에 유의하라. 그러므로 자기상관함수의 푸리에 변환은 $\int \psi_g(\tau)e^{-j2\pi f\tau}d\tau$이 된다. 따라서 다음과 같이 쓸 수 있다.

$$\mathcal{F}[\psi_g(\tau)] = \int_{-\infty}^{\infty} e^{-j2\pi f\tau}\left[\int_{-\infty}^{\infty} g(t)g(t+\tau)\,dt\right]d\tau$$
$$= \int_{-\infty}^{\infty} g(t)\left[\int_{-\infty}^{\infty} g(\tau+t)e^{-j2\pi f\tau}d\tau\right]dt$$

내부 적분은 $g(\tau)$가 t 만큼 왼쪽으로 천이된 $g(\tau+t)$의 푸리에 변환이다. 그러므로 식 (3.32a)의 시간 천이 특성으로부터 $G(f)e^{j2\pi ft}$가 되기 때문에, 다음과 같이 된다.

$$\mathcal{F}[\psi_g(\tau)] = G(f)\int_{-\infty}^{\infty} g(t)e^{j2\pi ft}dt = G(f)G(-f) = |G(f)|^2$$

위의 식은 다음과 같은 관계를 나타낸다.

$$\psi_g(\tau) \Longleftrightarrow \Psi_g(f) = |G(f)|^2 \tag{3.74}$$

상관 연산을 주의 깊게 살펴보면 콘볼루션과 밀접한 관계를 가진다는 것을 알 수 있다. 사실 자기상관함수 $\psi_g(\tau)$는 다음과 같이 $g(\tau)$와 $g(-\tau)$의 콘볼루션이 된다.

$$g(\tau) * g(-\tau) = \int_{-\infty}^{\infty} g(x)g[-(\tau-x)]\,dx = \int_{-\infty}^{\infty} g(x)g(x-\tau)\,dx = \psi_g(\tau)$$

위의 식에 시간 콘볼루션 성질인 식 (3.44)을 적용하면, 식 (3.74)을 구할 수 있다.

○ 입력과 출력의 ESD

$g(t)$와 $y(t)$가 선형 시불변(LTI) 시스템의 입력과 이 입력에 일치하는 출력이라면, $Y(f)$는 다음과 같다.

$$Y(f) = H(f)X(f)$$

그러므로,

$$|Y(f)|^2 = |H(f)|^2|X(f)|^2$$

위의 식을 다음과 같이 쓸 수 있다.

$$\Psi_y(f) = |H(f)|^2\Psi_x(f) \tag{3.75}$$

따라서 출력 신호 ESD는 입력 신호의 ESD에 $|H(f)|^2$을 곱한 것이다.

3.8 신호 전력과 전력 스펙트럼 밀도

전력 신호의 경우 신호의 크기[식 (2.4)에서 정의된]를 측정할 수 있는 척도는 무한한 시간 간격동안 평균을 취한 신호 에너지의 시간 평균으로서 식 (2.4)에서 정의된 신호의 전력이 된다. 실신호 $g(t)$의 전력 P_g는 다음과 같이 주어진다.

$$P_g = \lim_{T\to\infty} \frac{1}{T} \int_{-T/2}^{T/2} g^2(t)\, dt \tag{3.76}$$

신호의 전력과 이와 관련된 개념은 다음과 같이 절단된 신호 $g_T(t)$를 정의함으로써 쉽게 이해될 수 있다.

$$g_T(t) = \begin{cases} g(t) & |t| \le T/2 \\ 0 & |t| > T/2 \end{cases}$$

절단된 신호를 그림 3.36에 나타내었다. 식 (3.76)에서 우변의 적분은 절단된 신호 $g_T(t)$의 에너지가 된다. 따라서 신호의 전력은 다음과 같이 된다.

$$P_g = \lim_{T\to\infty} \frac{E_{g_T}}{T} \tag{3.77}$$

위의 식은 비주기적인 전력과 에너지 사이의 관계를 설명한다. 이러한 관계를 이해하는 것은 모든 전력 개념과 에너지 개념을 이해하고 연관시키는데 매우 유용하게 된다. 신호의 전력이 단지 에너지의 시간 평균이기 때문에, 신호의 에너지 개념에 적절하게 시간 평균을 취한다면 신호 에너지의 모든 개념이나 결과를 신호 전력에도 적용할 수 있다.

3.8.1 전력 스펙트럼 밀도(PSD)

신호 $g(t)$가 전력 신호라면, 이 신호의 전력은 유한하게 되고 절단된 신호 $g_T(t)$는 T가 유한할 동안에는 에너지 신호가 된다. $g_T(t) \Leftrightarrow G_T(f)$라면, Parseval의 정리로부터 에너지는 다음과 같이 된다.

$$E_{g_T} = \int_{-\infty}^{\infty} g_T^2(t)\, dt = \int_{-\infty}^{\infty} |G_T(f)|^2\, df$$

그러므로 $g(t)$의 전력 P_g는 다음과 같이 주어진다.

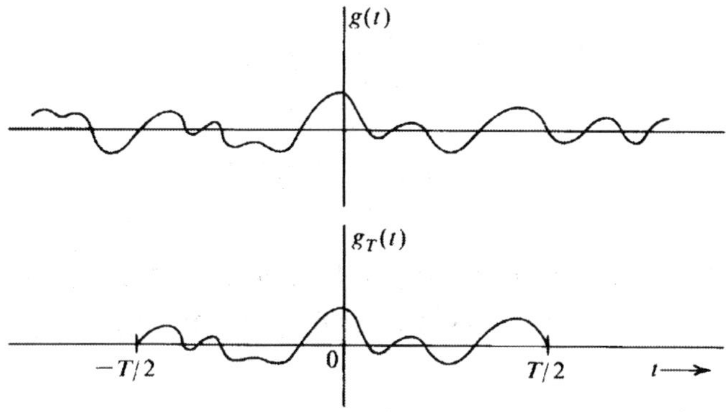

▸▸ 그림 3.36 PSD의 유도를 위한 극한 과정

$$P_g = \lim_{T\to\infty} \frac{E_{g_T}}{T} = \lim_{T\to\infty} \frac{1}{T}\left[\int_{-\infty}^{\infty} |G_T(f)|^2\, df\right] \tag{3.78}$$

T가 증가함에 따라 $g_T(t)$의 주기는 증가하게 되고, 에너지 E_{g_T}도 또한 비례적으로 증가하게 된다. 이것은 $|G_T(f)|^2$도 또한 T에 따라 증가하고, $T\to\infty$이면 $|G_T(f)|^2$도 ∞로 접근한다는 것을 의미한다. 그러나 전력 신호의 경우에는 식 (3.78)의 우변이 수렴해야 하기 때문에 $|G_T(f)|^2$는 T와 동일한 비율로 ∞에 접근해야만 한다. 이러한 수렴은 식 (3.78)의 극한 과정과 적분의 순서를 바꾸는 것을 가능하게 하여 다음과 같이 나타낼 수 있다.

$$P_g = \int_{-\infty}^{\infty} \lim_{T\to\infty} \frac{|G_T(f)|^2}{T}\, df \tag{3.79}$$

전력 **스펙트럼 밀도(PSD)** $S_g(f)$는 다음과 같이 정의된다.

$$S_g(f) = \lim_{T\to\infty} \frac{|G_T(f)|^2}{T} \tag{3.80}$$

결론적으로,*

* $S_g(f)$가 원점에서 임펄스를 포함(dc 성분)할 경우에는 $P_g = 2\int_0^{\infty} S_g(f)df$와 같이 일방적인 표현식을 사용하는데 주의를 해야만 한다. 임펄스 부분에 계수 2를 곱해서는 안 된다.

$$P_g = \int_{-\infty}^{\infty} S_g(f)\, df \tag{3.81a}$$

$$= 2\int_{0}^{\infty} S_g(f)\, df \tag{3.81b}$$

이러한 결과는 에너지 신호의 결과인 식 (3.69a)과 유사하다. 전력은 PSD 아래의 면적이다. PSD가 식 (3.80)에 나타낸 것과 같이, $g_T(t)$의 ESD를 시간 평균한 것이라는 것을 알 수 있다.

ESD와 마찬가지로, PSD도 또한 양의 값이고 실수이며 f의 우함수가 된다. $g(t)$가 전압 신호라면 PSD의 단위는 Hz당 제곱 전압이 된다.

3.8.2 전력 신호의 시간 자기상관함수

전력 신호 $g(t)$의 시간적 자기상관함수 $\mathcal{R}_g(\tau)$는 다음과 같이 정의된다.*

$$\mathcal{R}_g(\tau) = \lim_{T\to\infty} \frac{1}{T}\int_{-T/2}^{T/2} g(t)g(t-\tau)\, dt \tag{3.82a}$$

에너지 신호[식 (3.72b)와 식 (3.72c)]와 동일한 방식을 사용하면 $\mathcal{R}_g(\tau)$가 τ의 우함수가 된다는 것을 알 수 있다. 이것은 실신호 $g(t)$에 대하여 다음과 같이 된다는 것을 의미한다.

$$\mathcal{R}_g(\tau) = \lim_{T\to\infty} \frac{1}{T}\int_{-T/2}^{T/2} g(t)g(t+\tau)\, dt \tag{3.82b}$$

그리고

$$\mathcal{R}_g(\tau) = \mathcal{R}_g(-\tau) \tag{3.83}$$

에너지 신호의 경우에 ESD $\Psi_g(f)$는 자기상관함수 $\psi_g(\tau)$의 푸리에 변환이 된다. 전력 신호에서도 이와 같은 결과를 얻을 수 있다. 이제 전력 신호의 경우에 PSD $S_g(f)$가 자기상관함수 $\mathcal{R}_g(\tau)$의 푸리에 변환이 된다는 것을 보일 것이다. 식 (3.82b)와 그림 3.36으로부터, 자기상관함수 $\mathcal{R}_g(\tau)$는 다음과 같이 된다.

---

* 복소수 신호 $g(t)$에 대한 자기상관함수는 다음과 같이 정의된다.

$$\mathcal{R}_g(\tau) = \lim_{T\to\infty} \frac{1}{T}\int_{-T/2}^{T/2} g(t)g^*(t-\tau)\, dt = \lim_{T\to\infty} \frac{1}{T}\int_{-T/2}^{T/2} g^*(t)g(t+\tau)\, dt$$

$$\mathcal{R}_g(\tau) = \lim_{T \to \infty} \frac{1}{T} \int_{-\infty}^{\infty} g_T(t) g_T(t+\tau)\, dt = \lim_{T \to \infty} \frac{\psi_{g_T}(\tau)}{T} \tag{3.84}$$

Wiener-Khintchine 정리로부터 $\psi_{g_T}(\tau) \Leftrightarrow |G_T(f)|^2$인 관계를 상기하라. 그러므로 위의 식의 푸리에 변환은 다음과 같다.

$$\mathcal{R}_g(\tau) \Longleftrightarrow \lim_{T \to \infty} \frac{|G_T(f)|^2}{T} = S_g(f) \tag{3.85}$$

이러한 결과들이 실신호 $g(t)$에 대해서 증명되었지만 식 (3.80), 식 (3.81a), 식 (3.81b)과 식 (3.85)는 복소수 신호 $g(t)$에 대해서도 동일하게 성립한다.

신호 전력에 대한 개념들과 상호관계들은 신호 에너지와 유사하다. 이것을 표 3.3에 나타내었다.

○ 신호 전력은 평균 제곱 값이다.

식 (3.76)에서는 신호 전력이 신호를 제곱한 값의 시간 평균이 된다는 것을 알 수 있었다. 다시 말해서, P_g는 $g(t)$의 제곱 평균값이 된다. 그러나 평균은 통계적인 평균이 아니라 시간 평균이라는 점을 유의해야만 한다. 통계적인 평균은 변수 위에 '−'로 표기된다. 그러므로 변수 x의 통계적인 제곱 평균은 $\overline{x^2}$로 표기된다. 이러한 평균의 종류를 구별하기 위해서 시간 평균은 물결 모양으로 표기한다. 그러므로 $g(t)$의 시간 제곱 평균은 $\widetilde{g^2}(t)$로 표기될 것이다. 관습적으로, 시간 평균은 $< g^2(t) >$와 같이 꺾음 괄호로 표기된다. 그러나 꺾음 괄호보다 오히려 변수 위에 '−'로 표기하는 것이 평균들과 연관시키기가 더욱 쉽기 때문에 물결 모양의 표기를 사용할 것이다. 이러한 표기법을 사용하여 신호 전력을 다음과 같이 나타낼 수 있다.

▸▸ 표 3.3

$E_g = \int_{-\infty}^{\infty} g^2(t)\, dt$	$P_g = \lim_{T \to \infty} \frac{1}{T} \int_{-T/2}^{T/2} g^2(t)\, dt = \lim_{T \to \infty} \frac{E_{g_T}}{T}$
$\psi_g(\tau) = \int_{-\infty}^{\infty} g(t)g(t+\tau)\, dt$	$\mathcal{R}_g(\tau) = \lim_{T \to \infty} \frac{1}{T} \int_{-T/2}^{T/2} g(t)g(t+\tau)\, dt = \lim_{T \to \infty} \frac{\psi_{g_T}(\tau)}{T}$
$\Psi_g(f) = \|G(f)\|^2$	$S_g(f) = \lim_{T \to \infty} \frac{\|G_T(f)\|^2}{T} = \lim_{T \to \infty} \frac{\Psi_{g_T}(f)}{T}$
$\psi_g(\tau) \Longleftrightarrow \Psi_g(f)$	$\mathcal{R}_g(\tau) \Longleftrightarrow S_g(f)$
$E_g = \int_{-\infty}^{\infty} \Psi_g(f)\, df$	$P_g = \int_{-\infty}^{\infty} S_g(f)\, df$

$$P_g = \widetilde{g^2(t)} = \lim_{T\to\infty} \frac{1}{T}\int_{-T/2}^{T/2} g^2(t)\,dt \tag{3.86a}$$

신호의 제곱 평균 평방근 값은 이 신호의 제곱 평균값의 제곱근이다. 그러므로,

$$[g(t)]\text{rms} = \sqrt{P_g} \tag{3.86b}$$

식 (3.82)로부터 실신호 g(t)에 대한 시간적 자기상관함수 $R_g(\tau)$가 g(t)g($t\pm\tau$)의 시간 평균이라는 것은 분명하다. 그러므로,

$$\mathcal{R}_g(\tau) = \widetilde{g(t)g(t\pm\tau)} \tag{3.87}$$

이것은 또한 “자기상관”만을 사용하는 것보다 “시간적 자기상관”을 사용하는 이유를 설명하는 것이다. 여기에서 거론한 자기상관 함수(시간 평균)와 통계이론은 랜덤 프로세스에 관련있는 9장에서 다루게 될 통계적 자기상관 함수(통계적인 평균)와는 명백히 구별해야 할 것이다.

○ 전력 스펙트럼 밀도의 해석

PSD가 g(t)의 ESD를 시간 평균한 것이기 때문에 ESD의 해석에 사용된 방법에 따라 설명할 것이다. PSD $S_g(f)$가 주파수 f에서 스펙트럼 성분들의 단위 대역폭(Hz) 당 전력을 나타낸다는 것은 쉽게 알 수 있다. 대역 f_1에서부터 f_2까지의 스펙트럼 성분들에 의해 분포된 전력은 다음과 같이 주어진다.

$$\Delta P_g = 2\int_{f_1}^{f_2} S_g(f)\,df \tag{3.88}$$

○ 자기상관 방법 : 강력한 도구

신호 g(t)에 대하여 $|G(f)|^2$과 같게 되는 ESD는 또한 자기상관함수의 푸리에 변환을 구함으로써 얻을 수 있다. 신호의 푸리에 변환이 이 신호의 ESD를 결정하기에 충분하다면, 왜 불필요하게 자기상관함수의 개념을 도입하여 복잡하게 만드는가? 이 이유는 전력 신호와 랜덤 신호를 다루기 위한 기초를 제시하기 위한 것이다. 일반적으로 전력 신호에 대한 푸리에 변환은 존재하지 않는다. 게다가, 푸리에 변환은 시간의 함수로서 표현될 수 있는 결정 신호에 대해서만 가능하다. 통신에서 사용되는 랜덤 메시지 신호, 즉 랜덤 2진 펄스열은 시간의 함수로서 표현될 수 없기 때문에 푸리에 변환을 구하는 것은 불가능하다. 그러나 이러한 랜덤 신호에 대한 자기상관함수는 통계적 정보로부터 결정될 수 있다.

그러므로 자기상관함수로부터 이러한 신호의 PSD(스펙트럼 정보)를 결정할 수 있게 된다. 사실 자기상관함수는 전력 신호들과 랜덤 신호들에 대한 푸리에 일반식으로 간주될 수 있다. 다음 예제의 랜덤 2진 펄스열을 통하여 이 기술이 강력하다는 것을 설명한다.

● 예제 3.19

그림 3.42a는 랜덤 2진 펄스열 g(t)를 나타낸다. 펄스 폭은 $T_b/2$ 이고 하나의 비트는 매 T_b 초마다 전송된다. 2진수 1은 양의 펄스로 전송되고 2진수 0은 음의 펄스로 전송된다. 두 심볼들은 동일한 확률로 랜덤하게 발생된다. 이 신호의 자기상관함수와 PSD 및 필수 대역폭을 구하시오.

풀이 신호의 랜덤 특성으로 인하여 정확한 파형을 알 수가 없기 때문에 이 신호를 시간의 함수로 표현할 수 없게 된다. 그러나 이 신호의 평균(통계적 정보)은 알고 있다. 신호의 평균 파라미터(시간 평균)가 되는 자기상관함수는 주어진 통계적 정보(평균)로부터 구할 수 있게 된다. 식 (3.82a)로부터 자기상관함수는 다음과 같이 된다.

$$\mathcal{R}_g(\tau) = \lim_{T\to\infty} \frac{1}{T} \int_{-T/2}^{T/2} g(t)g(t-\tau)\,dt$$

그림 3.37b에서 g(t)는 실선으로 나타내었고, τ 만큼 지연된 g$(t-\tau)$는 점선으로 나타내었다. 위의 식에서 우변을 적분하기 위하여, g(t)와 g$(t-\tau)$를 곱한 다음, g(t)g$(t-\tau)$ 아래의 면적을 구하고, 이 면적을 주기 T로 나눈다. 이 주기 T 동안에 N개의 비트(펄스)들이 존재한다면, $T=NT_b$가 되고 $T\to\infty$ 이면, $N\to\infty$ 가 된다. 따라서

$$\mathcal{R}_g(\tau) = \lim_{N\to\infty} \frac{1}{NT_b} \int_{-NT_b/2}^{NT_b/2} g(t)g(t-\tau)\,dt$$

우선 $\tau < T_b/2$의 경우를 고려해보자. 이러한 경우에 g(t)와 g$(t-\tau)$의 각 펄스들 사이에는 겹치는 부분(음영부분)이 존재하게 된다. 각 펄스에 대하여, g(t)g$(t-\tau)$ 아래의 면적은 $T_b/2-\tau$가 된다. 평균 주기 동안에 N개의 펄스들이 존재하기 때문에 g(t)g$(t-\tau)$ 아래의 전체 면적은 $N(T_b/2-\tau)$이 되고

$$\begin{aligned}\mathcal{R}_g(\tau) &= \lim_{N\to\infty} \frac{1}{NT_b}\left[N\left(\frac{T_b}{2}-\tau\right)\right] \\ &= \frac{1}{2}\left(1-\frac{2\tau}{T_b}\right) \qquad \tau < \frac{T_b}{2}\end{aligned}$$

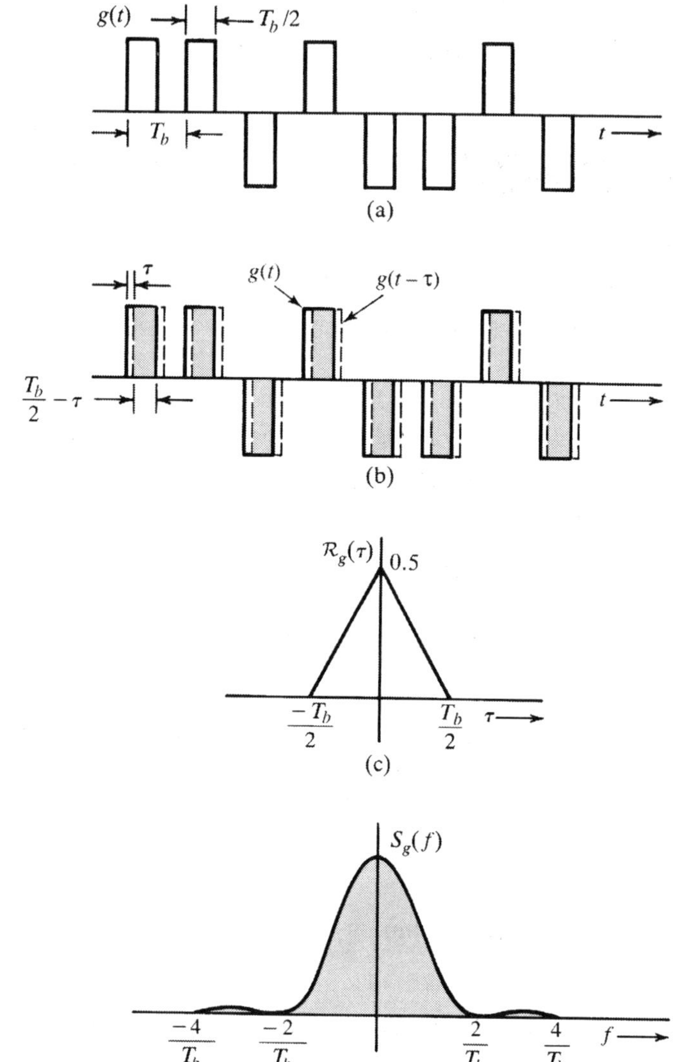

▸▸ 그림 3.37 랜덤 2진 펄스열의 자기상관함수와 전력 스펙트럼 밀도

그림 3.37c에 나타낸 것과 같이, $\mathfrak{R}_g(\tau)$ 가 τ에 대한 우함수이기 때문에

$$\mathcal{R}_g(\tau) = \frac{1}{2}\left(1 - \frac{2|\tau|}{T_b}\right) \qquad |\tau| < \frac{T_b}{2} \tag{3.89a}$$

$T_b/2$ 이상으로 τ가 증가시키면 각 펄스와 인접 펄스는 겹치게 될 것이다. 겹쳐진 이 두 펄스는 동일한 극성이 되거나 정 반대의 극성이 된다. 두 펄스의 곱은 겹치는 간격에서 거의 동일하게 1 또는 −1이 된다. 평균적으로 1은 양과 양 또는 음과 음의 결합이고, −1은 양과 음 또는 음과 양의 결합이다. 결론적으로 무한한 시간($T \to \infty$)으로 평균을 취하면 $g(t)g(t-\tau)$ 아래의 면적은 0이 되고

$$\mathcal{R}_g(\tau) = 0 \qquad |\tau| > \frac{T_b}{2} \tag{3.89b}$$

이 경우 식 (3.89)의 두 부분 자기상관함수는 그림 3.37c에 나타낸 것과 같이, 삼각 함수 $\frac{1}{2}\Delta(t/T_b)$가 된다. PSD는 다음과 같이 예제 3.13(또는 표 3.1의 19번 쌍)에서 구한 $\frac{1}{2}\Delta(t/T_b)$의 푸리에 변환이 된다.

$$S_g(f) = \frac{T_b}{4}\,\mathrm{sinc}^2\left(\frac{\pi f T_b}{2}\right) \tag{3.90}$$

PSD는 그림 3.37d에 나타낸 것과 같이, sinc 함수를 제곱한 것이다. 예제 3.18의 결과로부터, 스펙트럼 면적의 90.28%가 0부터 $4\pi/T_b$rad/s 까지의 대역, 혹은 0부터 $2/T_b$ Hz까지의 대역 내에 포함되어 있다. 그러므로 전력 기준을 90%라고 가정하면 필수 대역폭은 $2/T_b$ Hz이다. 이 예제는 푸리에 스펙트럼을 구하는데 기존의 방법을 사용할 수 없는 랜덤 신호의 스펙트럼 정보를 얻기 위하여 자기상관함수가 어떻게 사용되는 가를 설명한다.

3.8.3 입력과 출력 전력 스펙트럼 밀도

PSD는 ESD의 시간 평균이기 때문에, 선형 시불변(LTI) 시스템에서 입력과 출력 신호의 PSD에 대한 관계는 ESD에서와 유사하다. 식 (3.75)에 나타낸 ESD를 따라, $g(t)$와 $y(t)$가 전달 함수가 $H(f)$인 LTI 시스템의 입력과 출력 신호라면, 출력의 PSD는 다음과 같이 된다.

$$S_y(f) = |H(f)|^2 S_g(f) \tag{3.91}$$

● 예제 3.20

PSD $S_{n_i}(f) = K$인 잡음 신호 $n_i(t)$는 그림 3.38a에서 나타낸 것과 같이 이상적인 미분기의 입력으로 인가된다. 출력 잡음 신호 $n_o(t)$의 PSD와 전력을 구하시오.

풀이

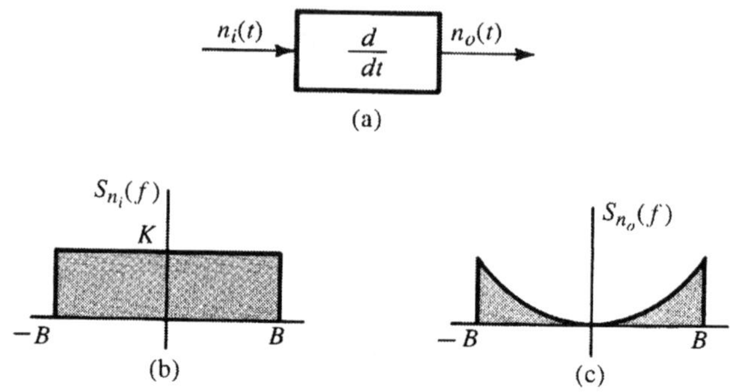

▶▶ 그림 3.38 이상적인 미분기의 입력과 출력에서의 전력 스펙트럼 밀도

이상적인 미분기의 전달함수는 $H(f) = j2\pi f$이다. 복조기 출력에서의 잡음이 $n_o(t)$라면 식 (3.91)로부터,

$$S_{n_o}(f) = |H(f)|^2 S_{n_i}(f) = |j2\pi f|^2 K$$

출력 PSD $S_{n_o}(f)$는 그림 3.38c에 나타낸 것과 같이 포물선 모양이다. 출력 잡음 전력 N_o는 출력 PSD 아래 면적이다. 그러므로,

$$N_o = \int_{-B}^{B} K(2\pi f)^2\, df = 2K \int_0^B (2\pi f)^2\, df = \frac{8\pi^2 B^3 K}{3}$$

3.8.4 변조 신호의 전력 스펙트럼 밀도

에너지 신호에 대하여 식 (3.70)과 식 (3.71)을 유도한 경우와 마찬가지로, 시간 평균을 취함으로써 전력 신호에 대해서도 유사한 결과들을 유도할 수 있다. 전력 신호 $g(t)$에 대하여, $\varphi(t)$가 다음과 같다면,

$$\varphi(t) = g(t) \cos 2\pi f_0 t$$

변조된 신호 $\varphi(t)$의 PSD $S_\varphi(f)$는 다음과 같이 주어진다.

$$S_\varphi(f) = \frac{1}{4}\left[S_g(f + f_0) + S_g(f - f_0)\right] \tag{3.92}$$

7.8절에서 자세하게 유도되어 증명하였다. 따라서 변조는 $\pm f_0$ 만큼 g(t)의 PSD를 천이시킨다. $\varphi(t)$의 전력은 다음과 같이 g(t) 전력의 1/2이 된다.

$$P_\varphi = \frac{1}{2}P_g \qquad f_0 \ge B \tag{3.93}$$

3.9 푸리에 변환의 수치적 계산 : 이산 푸리에 변환(DFT)

수치적으로 g(t)의 푸리에 변환인 $G(f)$를 계산하기 위해서는 g(t)의 표본들을 사용해야만 한다. 게다가 한정된 주파수들만으로 $G(f)$를 구할 수 있다. 따라서 $G(f)$의 표본들만을 계산하면 된다. 이러한 이유 때문에, 지금부터는 g(t)와 $G(f)$의 표본들 사이의 관계를 구할 것이다.

수치적 계산을 하기 위하여 데이터는 유한해야만 한다. 이것은 g(t)와 $G(f)$의 표본수가 유한해야 한다는 것을 의미한다. 다시 말하면, 시간 제한된 신호들을 다루어야만 한다.

신호가 시간 제한되지 않는다면 이 신호의 지속시간이 유한하도록 이 신호를 절단해야만 한다. 이는 $G(f)$에 대해서도 동일하게 적용된다. 우선 그림 3.39a에 나타낸 것과 같이, $t=0$에서 시작하고 지속시간이 τ인 신호 g(t)를 고려해보자. 분명히 하기 위하여, 그림 3.39a에 나타낸 것과 같이 구간 $\tau < t \le T_0$에서 g(t) = 0이 되고, g(t)의 지속시간 T_0가 $T_0 \ge \tau$가 되도록 할 것이다. 이것은 $G(f)$의 계산에서 어떠한 오류도 발생시키지 않는다. 일정한 구간인 T_s초로 g(t)의 표본들을 취한다. 그러므로 전체 표본들의 수는 다음과 같이 N_0가 된다.

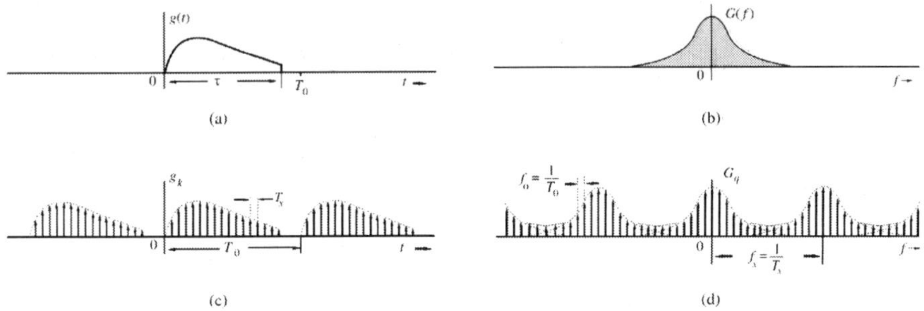

►► 그림 3.39 g(t)와 $G(f)$ 표본들 사이의 관계

$$N_0 = \frac{T_0}{T_s} \tag{3.94}$$

이제, $G(f)$를 구하면 다음과 같이 된다.*

$$\begin{aligned} G(f) &= \int_0^{T_0} g(t)e^{-j2\pi ft}\,dt \\ &= \lim_{T_s\to 0} \sum_{k=0}^{N_0-1} g(kT_s)e^{-j2\pi fkT_s}\,T_s \end{aligned} \tag{3.95}$$

일정한 구간 f_0에서 $G(f)$의 표본들을 고려해 보자. q번째 표본을 G_q이라고 하면, 즉 $G_q = G(qf_0)$라면 식 (3.94)로부터 G_q은 다음과 같이 된다.

$$\begin{aligned} G_q &= \sum_{k=0}^{N_0-1} T_s g(kT_s)e^{-jq2\pi f_0 T_s k} \\ &= \sum_{k=0}^{N_0-1} g_k e^{-jq\Omega_0 k} \end{aligned} \tag{3.96}$$

여기에서 g_k와 G_q 및 Ω_0는 다음과 같다.

$$g_k = T_s g(kT_s), \qquad G_q = G(qf_0), \qquad \Omega_0 = 2\pi f_0 T_s \tag{3.97}$$

따라서 식 (3.96)은 $g(t)$의 표본들과 $G(f)$의 표본들 사이의 관계를 나타낸다. $T_s\to 0$이 된다는 가정 하에서 이러한 결론을 유도하였다. 사실상 데이터가 터무니없이 많아지기 때문에 $T_s\to 0$는 불가능하게 된다. 가능한 한 작은 T_s를 만들어야만 하지만 작은 T_s로 인해 약간의 계산상 오류가 발생하게 된다.

식 (3.96)으로부터 흥미로운 사실을 알 수 있다. 표본 G_q은 $2\pi/\Omega_0$ 표본의 주기로 주기적이 된다. 이것은 $G_{(q+2\pi/\Omega_0)} = G_q$임을 보이는 식 (3.96)으로부터 알 수 있다. 따라서 G_q의 표본들 중에 $2\pi/\Omega_0$개만이 독립적이 된다. 식 (3.96)은 G_q가 N_0개의 독립적인 값 g_k에 의해 결정된다는 것을 나타낸다. 그러므로 이 식의 유일한 역은 단지 N_0개의 독립적인 표본 값들인 G_q이라 할 수 있다. 이것은 다음과 같다는 것을 의미한다.

---

* 덧셈의 마지막 항이 $(N_0-1)T_s$에서 시작하고 $N_0T_s = T_0$까지 더한 부분이기 때문에, 식 (3.95)에서 가법의 상한은 N_0가 아니라 N_0-1이 된다.

$$N_0 = \frac{2\pi}{\Omega_0} = \frac{2\pi}{2\pi f_0 T_s} = \frac{2\pi N_0}{2\pi f_0 T_0} \tag{3.98}$$

그러므로 $2\pi f_0$와 f_0는 다음과 같다.

$$2\pi f_0 = \frac{2\pi}{T_0} \qquad \text{and} \qquad f_0 = \frac{1}{T_0} \tag{3.99}$$

따라서 주파수 표본화 간격 f_0 Hz는 적당한 T_0를 선택함으로써 조절이 가능하다. 즉, T_0가 크면 클수록 f_0는 작아진다. $T_0 \geq \tau$로 선택해야 한다는 것은 분명하다. T_0가 τ보다 클 때, τ부터 T_0 사이에 0의 값을 갖는 표본들 g_k가 존재하게 된다. 따라서 0의 값을 갖는 표본들 g_k의 수를 증가시킴에 따라 f_0를 줄일 수 있다. 즉, $G(f)$에 더욱 가까운 표본들이 될 수 있다. 0의 값을 갖는 표본들 g_k를 포함함으로써 f_0를 줄이는 이 과정을 **영-삽입**이라고 한다. 또한 주어진 표본화 구간 T_s에서, T_0가 크면 클수록 N_0도 커진다는 것을 의미한다. 따라서 적당하게 큰 N_0를 선택함으로써 가능한 한 가까운 $G(f)$의 표본들을 얻을 수 있다.

역의 관계를 구하기 위해서는 다음과 같이 식 (3.96)의 양변에 $e^{jm\Omega_0 q}$을 곱하고 q에 대하여 합하면 된다.

$$\sum_{q=0}^{N_0-1} G_q e^{jm\Omega_0 q} = \sum_{q=0}^{N_0-1} \left[\sum_{k=0}^{N_0-1} g_k e^{-jq\Omega_0 k} \right] e^{jm\Omega_0 q}$$

우변의 덧셈 순서를 바꾸면 다음과 같이 된다.

$$\sum_{q=0}^{N_0-1} G_q e^{jm\Omega_0 q} = \sum_{k=0}^{N_0-1} g_k \left[\sum_{q=0}^{N_0-1} e^{j(m-k)\Omega_0 q} \right] \tag{3.100}$$

우변 내부의 합을 구하기 위하여 이제 다음과 같다는 것을 보일 것이다.

$$\sum_{k=0}^{N_0-1} e^{jn\Omega_0 k} = \begin{cases} N_0 & n = 0, \pm N_0, \pm 2N_0, \ldots \\ 0 & \text{otherwise} \end{cases} \tag{3.101}$$

위의 식을 증명하기 위해서는 $n = 0, \pm N_0, \pm 2N_0, \cdots$일 때, $\Omega_0 N_0 = 2\pi$가 되고 $e^{jn\Omega_0 k} = 1$이 된다는 것을 상기하라. 그러므로 다음과 같이 쓸 수 있다.

$$\sum_{k=0}^{N_0-1} e^{jn\Omega_0 k} = \sum_{k=0}^{N_0-1} 1 = N_0 \qquad n = 0, \pm N_0, \pm 2N_0, \ldots$$

다른 n의 값에 대한 합을 계산하기 위해서는 식 (3.101)에서 좌변의 합이 공비가 $\alpha = e^{jn\Omega_0}$인 기하학적 과정이라는 것에 유의해야 한다. 그러므로 초기 N_0의 부분합계 조건은 다음과 같다.

$$\sum_{k=0}^{N_0-1} e^{jn\Omega_0 k} = \frac{e^{jn\Omega_0 N_0} - 1}{e^{jn\Omega_0} - 1} = 0,$$

$$e^{jn\Omega_0 N_0} = e^{j2\pi n} = 1$$

위의 식은 식 (3.101)을 증명한다. 식 (3.100)에서 우변의 내부 합은 $k \neq m$일 때 0이 되고, $k = m$일 때 N_0가 된다. 그러므로 외부 합은 $k = m$일 때 0이 아닌 항만을 갖게 되고, 그 값은 $N_0 g_k = N_0 g_m$이 된다. 그러므로 g_m은 다음과 같이 된다.

$$g_m = \frac{1}{N_0} \sum_{q=0}^{N_0-1} G_q e^{jm\Omega_0 q} \qquad \Omega_0 = \frac{2\pi}{N_0} \tag{3.102}$$

식 (3.102)은 $g_{(m+N_0)} = g_m$이라는 흥미로운 사실을 나타낸다. 이것은 수열 g_k가 N_0개의 표본들(시간 지속 시간 $N_0 T_s = T_0$초를 나타냄)이 주기가 되는 주기성을 갖는다는 것을 의미한다. 게다가 G_q도 또한 주파수 구간이 $N_0 f_0 = (T_0/T_s)(T_0) = 1/T_s = f_s$ Hz임을 나타내는 N_0개의 표본들이 주기가 되는 주기성을 갖는다. 그러나 $1/T_s$은 초당 $g(t)$의 표본수이다. 따라서 $g(t)$의 표본화 주파수(Hz)는 $1/T_s = f_s$가 된다. 이것은 G_q가 N_0의 주기를 갖는, 즉 f_s Hz마다 반복됨을 의미한다. 지금까지 유도된 결과를 요약해 보면 다음과 같은 이산 푸리에 변환(DFT)쌍을 나타낼 수 있다.

$$G_q = \sum_{k=0}^{N_0-1} g_k e^{-jq\Omega_0 k} \tag{3.103a}$$

$$g_k = \frac{1}{N_0} \sum_{q=0}^{N_0-1} G_q e^{jk\Omega_0 q} \tag{3.103b}$$

여기에서,

$$
\begin{aligned}
g_k &= T_s g(kT_s) & G_q &= G(qf_0) \\
2\pi f_0 &= \frac{2\pi}{T_0} & 2\pi f_s &= \frac{2\pi}{T_s} \\
N_0 &= \frac{T_0}{T_s} = \frac{f_s}{f_0} & \Omega_0 &= 2\pi f_0 T_s = \frac{2\pi}{N_0}
\end{aligned}
\tag{3.104}
$$

두 수열 g_k와 G_q은 N_0 표본들의 주기로 주기성을 갖는다. 이것은 주기 T_0초마다 반복되는 g_k와 주기 $f_s = 1/T_s$ rad/s 또는 $f_s = 1/T_s$ Hz(표본화 주파수)마다 반복되는 G_q을 의미한다. g_k의 표본화 간격은 T_s초이고, G_q의 표본화 간격은 $f_0 = 1/T_0$ Hz이다. 이를 그림 3.39c와 d에 나타내었다. 편의상, 주파수 변수로 ω(rad/s)보다는 f(Hz)를 사용하기로 한다.

신호 $g(t)$가 τ초로 시간 제한된다고 가정하였다. 이것은 $G(f)$가 대역 제한되어 있지 않음을 의미한다.* 그러므로, 그림 3.39d에 나타낸 것과 같이 스펙트럼 G_q의 주기적인 반복은 오류로 나타나는 스펙트럼 성분들을 겹치게 할 것이다. 이러한 오류를 **aliasing 오류**라 하고, 이 오류의 성질에 대해서는 6장에서 좀 더 자세하게 설명할 것이다. 스펙트럼 G_q는 f_s Hz마다 반복된다. 반복 주파수 f_s를 증가시키면 aliasing 오류는 줄어들게 된다(그림 3.39d 참조). 요약하면, $g(t)$가 시간 제한되어 있을 때, DFT를 사용한 G_q의 계산은 aliasing 오류를 발생시킨다. 이러한 aliasing 오류는 표본화 주파수 $f_s = 1/T_s$를 증가시킴으로써(또는 표본화 간격 T_s를 줄임으로써) 감소시킬 수 있다. aliasing 오류는 식 (3.95)에서 요구되는 $T_s \to 0$을 만족시키지 않는 결과이다.

$g(t)$가 시간 제한된 신호가 아니라면 시간이 제한 되도록 $g(t)$를 잘라주어야 한다. 이로 인하여 G_q에서는 더욱 많은 오류가 발생할 것이다. 이러한 오류는 절단 간격 T_0를 적절히 증가시킴으로써 줄일 수 있다.†

식 (3.103b)의 역 DFT를 사용하여 푸리에 역변환을 계산함에 있어서도 유사한 문제점들이 나타난다. $G(f)$가 대역 제한되어 있다면, $g(t)$는 시간에 제한되어 있지 않고 표본 g_k의 주기적인 반복은 겹쳐져서 나타날 것이다(시간영역에서의 aliasing). T_0와 g_k의 주기(sec)를 증가시킴으로써 aliasing 오류를 줄일 수 있다. 이것은 $G(f)$의 주파수 표본화 간격 $f_0 = 1/T_0$를 줄이는 것과 동일하다. $G(f)$가 대역 제한되어 있지 않다면, $G(f)$를 잘라주어야 한다. 이로 인하여 g_k의 계산에 있어서도 부가적인 오류가 발생할 것이다.

* 신호는 동시에 시간 제한과 대역 제한이 될 수 없다. 만일 신호가 시간 제한된 신호라면 그 신호는 대역 제한된 신호는 아니고, 그 역도 성립한다.

† DFT 관계는 그 자체가 변환을 나타내고 이 관계는 정확하다. 그러나 신호 $g(t)$와 이 신호의 푸리에 변환인 $G(f)$의 표본들로서 g_k와 G_q를 동일하게 본다면 DFT 관계는 aliasing과 절단 효과로 인하여 근사적이 될 것이다.

이러한 오류는 절단 대역을 증가시킴으로써 줄일 수 있다. 사실 창함수는 수직 절단으로 발생되는 심각한 몇 가지 문제점들을 줄이기 위하여 자주 사용된다.

G_q가 주기 N_0를 갖기 때문에, 임의의 한 주기에서 G_q의 값을 구하면 된다. 일반적으로 G_q의 값은 $(-N_0/2,\ N_0/2-1)$의 구간보다는 $(0, N_0-1)$의 구간에서 구하며, g_k 역시 마찬가지이다.

○ T_s, T_0, N_0의 선택

DFT 계산에 있어서, 우선 T_s, T_0, N_0에 대한 적절한 값들을 선택하는 것이 필요하다. 이를 위해 $g(t)$의 필수 대역폭 B를 결정해야만 한다. 그림 3.39d로부터 주파수 $f_s/2$ Hz에서 스펙트럼 겹칩(aliasing)이 발생함을 알 수 있다. 이러한 스펙트럼 겹침 현상은 주파수 $f_s/2$에서 포개진 $f_s/2$ 이상의 스펙트럼으로 생각할 수 있다. 이러한 주파수를 **접힌 주파수(folding frequency)**라고 한다. 이러한 접힌 주파수가 이 주파수 이상에서의 스펙트럼 $G(f)$를 무시할 수 있도록 선택되면 aliasing(스펙트럼 겹침)은 중요한 문제가 되지 않는다. 그러므로 접힌 주파수는 최상위 주파수, 즉 $G(f)$를 무시할 수 있을 정도의 주파수와 같아야만 한다. 이러한 주파수를 **필수 대역폭(essential bandwidth)** B라고 한다. $g(t)$가 대역 제한된 신호라면, 이 신호의 대역폭은 필수 대역폭과 동일하게 된다. 그러므로 다음과 같은 관계를 갖는다.

$$\frac{f_s}{2} \geq B \text{ Hz} \tag{3.105a}$$

게다가 식 (3.104)에서 표본화 간격 T_s는 $1/f_s$이다. 그러므로 다음과 같이 된다.

$$T_s \leq \frac{1}{2B} \tag{3.105b}$$

일단 B를 구하면, 식 (3.105b)로부터 T_s를 선택할 수 있다. 또한 다음과 같은 관계를 갖는다.

$$f_0 = \frac{1}{T_0} \tag{3.106}$$

여기에서 f_0는 $G(f)$의 표본들을 분리하는 **주파수 해상도(frequency resolution)**이다. 그러므로 f_0가 주어지면 식 (3.106)에 따라 T_0를 구할 수 있다. T_0와 T_s를 알게 되면 다음과 같은 식으로부터 N_0를 구할 수 있다.

$$N_0 = \frac{T_0}{T_s} \tag{3.107}$$

일반적으로, 신호 $g(t)$가 시간 제한된다면 $G(f)$는 대역 제한되지 않기 때문에, G_q의 계산에 있어서는 aliasing이 발생한다. aliasing의 효과를 줄이기 위해서는 접힌 주파수를 증가시켜야만 한다. 즉, 실행 가능할 정도로 최대한 표본화 간격 T_s를 줄여야만 한다. 신호가 대역 제한된다면 $g(t)$는 시간 제한되지 않기 때문에 g_k의 계산에 있어서는 aliasing이 발생하지 않는다. 이 aliasing을 줄이기 위해서는 g_k의 주기 T_0를 증가시킬 필요가 있다. 즉, 주파수 표본화 간격 f_0(Hz)가 줄여야만 한다. 어떠한 경우에도(시간 제한된 경우에 T_s를 줄이는 경우나 대역 제한된 경우에 T_0를 증가시키는 경우) 더욱 높은 정확도를 얻으려면 $N_0 = T_0/T_s$이기 때문에 표본 N_0의 수를 증가시켜야만 한다. 또한 시간제한이나 대역 제한되지 않는 신호들도 존재한다. 이러한 신호의 경우에도 T_s를 줄이거나 T_0를 증가시켜야 한다.

○ 불연속점

$g(t)$가 표본점에서 계단식 불연속점을 갖는다면 이 표본 값은 불연속점에서의 푸리에 표현이 평균값에 수렴하기 때문에 이 두 불연속점의 값을 평균함으로써 얻을 수 있다.

○ FFT 알고리즘을 사용한 DFT 계산

DFT를 수행하는데 요구되는 계산량은 1965년 Tukey와 Cooley에 의해 개발된 알고리즘에 의하여 크게 줄어들었다. **고속 푸리에 변환(FFT)**이라고 하는 이 알고리즘은 계산량을 N_0^2차에서 $N_0 \log N_0$차로 감소시킨다. 식 (3.103a)로부터 한 개의 표본 G_r을 계산하기 위하여 N_0의 복소수 곱과 N_0-1개의 복소수 덧셈이 요구된다. $G_r\,(r=0, 1, \ldots, N_0-1)$의 N_0 값을 계산하기 위해서는 총 N_0^2의 복소수 곱과 $N_0(N_0-1)$의 복소수 덧셈이 요구된다. N_0 값이 큰 경우에는 고성능 컴퓨터라도 많은 시간이 소요된다. 그러므로 신호 처리 응용에 있어서 FFT는 매우 효율적이다. 본 장에서 다루지는 않지만 FFT 알고리즘은 2의 승수인 N_0 값을 선택함으로서 단순화시킬 수가 있으며, 이러한 FFT의 자세한 사항은 신호처리에 관한 책에서 찾아 볼 수 있다.

3.10 매트랩 연습

○ 푸리에 변환 계산

DFT를 사용하여 푸리에 변환을 구하는 두 예제를 고려해 보자. FFT 알고리즘에 의한 DFT를 구하기 위해 매트랩을 사용할 것이다. 첫 번째 예제에서 신호 $g(t)=e^{-2t}u(t)$는 $t=0$에서 시작한다. 두 번째 예제에서는 $t=-\frac{1}{2}$에서 시작하는 신호 $g(t)=\Pi(t)$를 사용한다.

● 컴퓨터 예제 C3.1

$e^{-2t}u(t)$의 푸리에 변환을 계산하기 위하여 FFT 알고리즘에 의해 수행되는 DFT를 사용하고, 이 결과로 나타나는 푸리에 스펙트럼을 도시하시오.

우선 T_s와 T_0를 구한다. $e^{-2t}u(t)$의 푸리에 변환은 $1/(j2\pi f+2)$이다. 이 저역통과 신호는 대역 제한되지 않았다. 필수 대역폭이 $|G(f)|$가 $f=0$에서 최대값의 1%가 되는 주파수가 되도록 구한다. 그러므로 다음과 같이 쓸 수 있다.

$$|G(f)| = \frac{1}{\sqrt{(2\pi f)^2+4}} \approx \frac{1}{2\pi f} \qquad 2\pi f \gg 2$$

또한, $f=0$에서 $|G(f)|$은 최대값이 되고 이때 최대값은 $|G(0)|=0.5$가 된다. 그러므로 필수대역폭 B는 $f=B$에서 다음과 같이 된다.

$$|G(f)| \approx \frac{1}{2\pi B} = 0.5 \times 0.01 \quad \Rightarrow \quad B = \frac{100}{\pi}\ \text{Hz}$$

식 (3.105b)로부터 다음과 같은 관계를 알 수 있다.

$$T_s \le \frac{1}{2B} = 0.005\pi = 0.0157$$

초당 64개의 표본들이 되도록 하기 위하여 $T_s=0.015625$초로 끝수를 조정하자. 다음으로는 T_0를 결정하는 것이다. 신호는 시간 제한되지 않았다. $g(T_0) \ll 1$이 되도록 T_0에서 신호를 절단해야 한다. $T_0=4$를 선택하여 $N_0=T_0/T_s=256$이 되도록 한다. 이 것은 2의 거듭 제곱 형태이다. 요구되는 정확성과 가능한 계산량에 따라 T_s와 T_0를 결정하는 데는 많은 융통성이 있다는 것에 유의하라. 약간 더 큰 aliasing 오류가 발생함에도 불구하고, $N_0=256$이 되도록 $T_0=8$과 $T_s=1/32$을 선택할 수 있다.

이 신호가 $t=0$에서 계단식 불연속점을 갖기 때문에, $t=0$에서의 첫 번째 표본은 이 불연속점에 대한 양쪽 값의 평균인 0.5가 된다. FFT 알고리즘을 사용하여 DFT를 실행하는 매트랩 프로그램은 다음과 같다.

```
Ts=1/64; T0=4; N0=T0/Ts;
t=0:Ts:Ts*(N0-1); t=t';
g=Ts*exp(-2*t);
g(1)=Ts*0.5;
G=fft(g);
$[Gp, Gm]$=cart2pol($real(G), imag(G));
```

```
k=0:N0-1; k=k';
w=2*pi*k/T0;
subplot(211), stem(w(1:32), Gm(1:32));
subplot(212), stem(w(1:32), Gp(1:32))
```

G_q은 N_0의 주기를 가지고 $G_q = G_{(q+256)}$이 되기 때문에 $G_{256} = G_0$이 된다. 그러므로 G_q은 $q=0$부터 256이 아니라 255까지 나타난다. 이 주기성 때문에 $G_{-q} = G_{(-q+256)}$이 되고, $q=-127$부터 -1까지의 G_q은 $q=129$부터 255까지의 G_q와 동일하게 된다. 따라서 $G_{-127} = G_{129}, G_{-126} = G_{130}, \cdots, G_{-1} = G_{255}$ 가 된다. 부가적으로, 푸리에 변환의 공액 대칭성인 $G_{-q} = G_q^*$ 으로 인하여, $G_{129} = G_{127}^*$, $G_{130} = G_{126}^*$, …, $G_{255} = G_1^*$이 된다. 따라서 $q=0$에서 128의 범위에서는 G_q이 공액쌍이 되기 때문에, 실 신호에 대해서는 $q = N_0/2$, 즉 이 경우에서는 128 이상에 대한 그림은 필요가 없게 된다.

그림 3.40에서 푸리에 스펙트럼은 $1/T_0 = 1/4$ Hz 또는 $\omega_0 = 1.5708$ rad/s의 간격에서 $G(f)$의 크기와 위상에 대한 표본들을 나타낸다. 그림 3.40에서는 데이터들이 너무 응집되어 보이는 것을 피하기 위하여 128개의 모든 표본들이 아닌 처음 28개의 표본들만을 나타내었다.

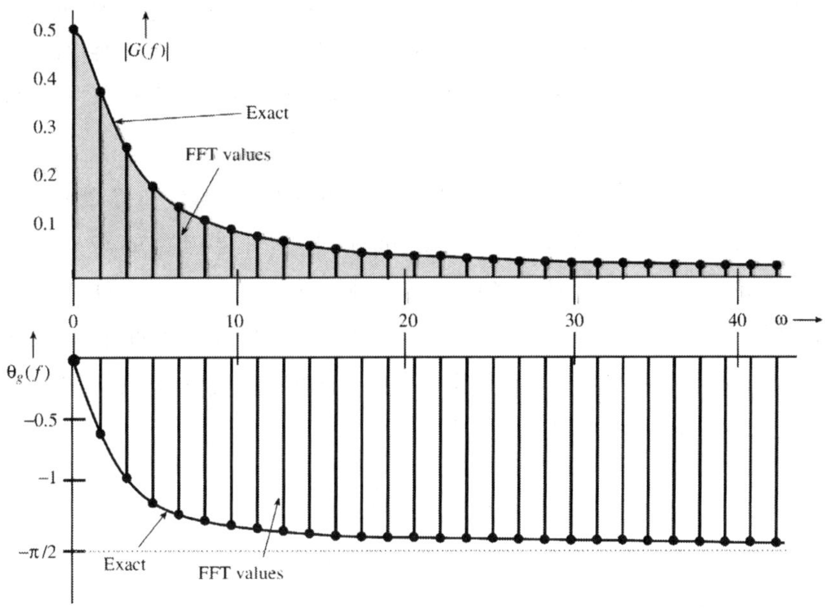

▸▸ 그림 3.40 지수 신호 $e^{-2t}u(t)$ 의 이산 푸리에 변환

이 예제에서는 $G(f)$를 미리 알고 있었기 때문에 적절한 B(표본호 주파수 f_s)를 선택할 수 있었다. 일반적으로는 $G(f)$를 미리 알 수 없기 때문에 이것을 결정하는 것은 매우 중요하다. 이러한 경우에는 상황 증거로부터 B 또는 f_s에 대한 적절한 추측을 해야만 한다. 그 다음 T_S의 값을 줄이면서 이 결과가 원하는 2진수 안으로 안정될 때까지 변환을 반복 계산해야 할 것이다.

다음으로는 $g(t) = 8\Pi(t)$의 푸리에 변환을 계산한다.

● 컴퓨터 예제 C3.2

$8\Pi(t)$의 푸리에 변환을 계산하기 위하여 FFT 알고리즘에 의하여 수행되는 DFT를 사용하라. 이 결과로 나타나는 푸리에 스펙트럼을 도시하시오.

사각 함수와 이 신호의 푸리에 변환을 그림 3.41a와 b에 나타내었다. 표본화 간격 T_s의 값을 결정하기 위해서는 우선 필수 대역폭 B를 결정해야 한다. 그림 3.41b로부터 알 수 있듯이 $G(f)$가 오히려 f에 따라 서서히 감소하므로 필수 대역폭 B는 증가하게 된다. 실례로, $B = 15.5$ Hz (97.39 rad/s)에서, 최대 $G(0)$의 약 2%인 $G(f) = -0.1643$이 된다. 그러므로 필수 대역폭은 16 Hz가 된다. 그러나 다음과 같은 이유 때문에 $B = 4$로 취할 것이다. 즉, (1) aliasing 효과를 보이기 위해서이고 (2) $B > 4$을 사용하면 책에 표시할 수 없을 정도로 표본들의 수가 많아지기 때문이다. 따라서 DFT의 개념을 분명하게 하기 위해서는 수용할 수 있는 근사를 사용할 것이다.

$B = 4$의 선택은 표본화 간격 $T_s = 1/2B = \frac{1}{8}$이 되도록 한다. 그림 3.41b에서 스펙트럼을 다시 관찰하면, 주파수 해상도는 $f_0 = \frac{1}{4}$ Hz가 적당하다. 이것은 $G(f)$의 각 로브에 4개의 표본들이 존재한다는 것을 의미한다. 이 경우에는 $T_0 = 1/f_0 = 4$초와 $N_0 = T_0/T = 32$가 된다. $g(t)$의 주기는 단지 1초가 된다. 그림 3.41c에 나타낸 것과 같이 4초($T_0 = 4$)마다 반복하고 표본들은 0.125초마다 구해야 한다. 그러므로 32개의 표본들($N_0 = 32$)을 얻을 수 있다. 또한, g_k는 다음과 같이 된다.

$$\begin{aligned} g_k &= T_s g(kT) \\ &= \frac{1}{8} g(kT) \end{aligned}$$

$g(t) = 8\Pi(t)$이므로 그림 3.41c에서 나타낸 것과 같이 g_k의 값들은 불연속점에서 1, 0 또는 0.5가 된다. 이 그림에서 g_k는 편의상 k 뿐만 아니라 t의 함수로서 나타내었다.

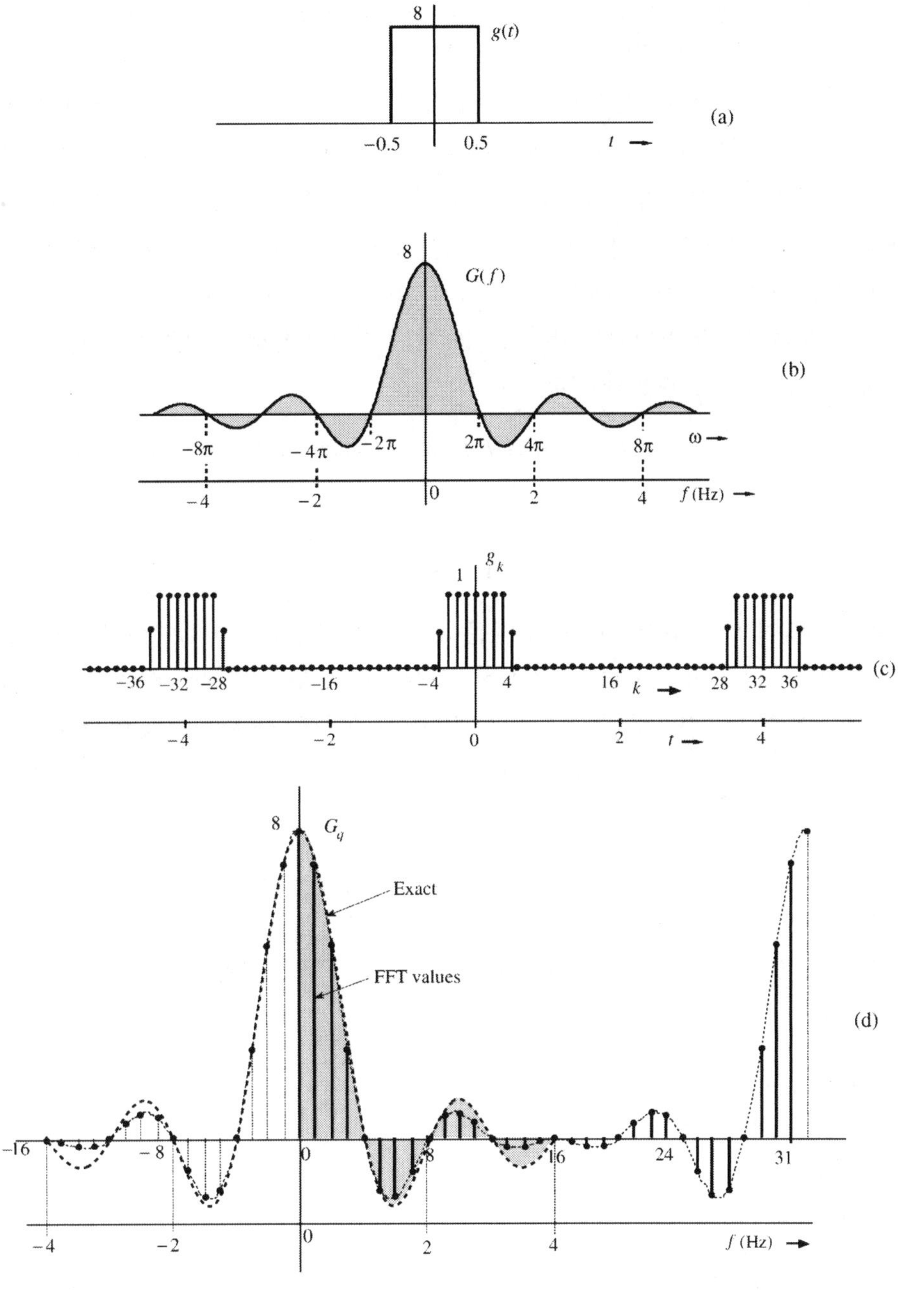

▸▸ 그림 3.41 사각 펄스의 이산 푸리에 변환

DFT를 유도할 경우에는 그림 3.39a에서 나타낸 것과 같이 $g(t)$가 $t=0$에서 시작하고, 간격 $(0,\ T_0)$에서 N_0개의 표본들을 취한다고 가정해야 한다. 그러나 여기에서 $g(t)$는 $t=-\frac{1}{2}$에서 시작한다. 이러한 어려운 문제점은 이 절차에 따라 구해지는 DFT가 T_0마다 주기적으로 반복되는 g_k의 DFT라는 사실을 알고 있다면 쉽게 해결된다. 그림 3.41c로부터 −2에서 2초까지의 간격에서 g_k를 주기적으로 반복시키는 것은 0부터 4초까지의 구간에서 g_k를 반복시키는 것과 동일하게 된다. 그러므로 −2에서 2초까지 구한 표본들의 DFT는 0에서 4초까지 구한 표본들과 동일하게 된다. 그러므로 $g(t)$의 시작점에 관계없이 항상 $g(t)$의 표본들과 0에서 T_0까지 간격에서 주기적인 확장을 얻을 수 있다. 이 예제에서 32개의 표본 값들은 다음과 같다.

$$g_k=\begin{cases}1 & 0\le k\le 3 \quad \text{그리고} \quad 29\le k\le 31\\ 0 & 5\le k\le 27\\ 0.5 & k=4,\ 28\end{cases}$$

신호의 반복이 $t=4$에서 시작되기 때문에, 마지막 표본은 $t=4$가 아니라 $t=31/8$에서 나타나고, $t=4$에서의 표본은 $t=0$의 표본과 같게 된다. 이제 $N_0=32$가 되고 $\Omega_0=2\pi/32=\pi/16$이 된다. 그러므로 식 (3.103a)로부터 G_q은 다음과 같이 된다.

$$G_q=\sum_{k=0}^{31} g_k e^{-jq\frac{\pi}{16}k}$$

FFT 알고리즘을 사용하여 이 DFT 방정식을 처리하는 매트랩 프로그램은 다음과 같다. 우선 g_k에 대한 32개의 표본들을 생성하기 위한 매트랩 프로그램이 제공되고, 그 다음 DFT를 계산한다.

```
% (c32.m)
B=4;  f0=1/4;
Ts=1/(2*B);   T0=1/f0;
N0=T0/Ts;
k=0:N0; k=k';
for m=1:length(k)
$  $  if k(m)$>$=0 & k(m)$<$=3,  gk(m)=1; end
$  $  if k(m)==4 & k(m)==28,  gk(m)=0.5; end
$  $  if k(m)$>$=$5 & k(m)$<$=27,  gk(m)=0; end
$  $  if k(m)$>$=$29 & k(m)$<$=31,  gk(m)=1; end
end
```

```
gk=gk';
Gr=fft(gk);
subplott(211), stem(k, gk)
subplott(212), stem(k, Gr)
```

그림 3.41d는 G_q에 대한 그림이다.

표본들 G_q은 $f_0 = 1/T_0$ Hz에 의하여 분리된다. $T_0 = 4$인 경우에 원하는 주파수 해상도는 $\frac{1}{4}$ Hz이다. 접힌 주파수 $f_s/2 = B = 4$ Hz는 $q = N_0/2 = 16$에 해당한다. G_q가 N_0 ($N_0 = 32$) 주기이기 때문에 $q = -16$에서 -1까지인 G_q값은 $q = 16$에서 31까지인 G_q값과 동일하다. DFT는 스펙트럼 $G(f)$의 표본들을 제공한다.

비교를 하기 위해서 그림 3.41d의 어두운 부분은 $8\Pi(t)$의 푸리에 변환인 $8\text{sinc}(\pi f)$을 나타낸다. DFT식으로부터 계산된 G_q값은 aliasing 오류를 나타내며, 이 오류는 두 개의 겹쳐진 부분을 비교함으로써 정확히 알 수 있다. G_2에서의 오류는 약 1.3%이다. 그러나 aliasing 오류는 r에 따라 크게 증가한다. 예를 들면 G_6에서의 오류는 약 12%이고, G_{10}에서의 오류는 33%이다. G_{14}에서의 오류는 72%이다. 퍼센트 오류는 g(t)가 계단식 불연속점을 갖기 때문에 접힌 주파수($r = 16$) 근처에서 빠르게 증가하고, $G(f)$는 $1/f$에 따라 서서히 감소한다. 그러므로 접힌 주파수 근처에서, aliasing으로 인한 반전된 꼬리는 $G(f)$와 거의 동일하다. 최종 값은 정확한 값과 접힌 값의 차로써 나타난다.

그러므로 절대치 오류가 매우 작을지라도 접힌 주파수($r = 16$) 근처에서의 퍼센트 오류는 매우 높다. 계단식 불연속점을 갖는 신호에 대하여 접힌 주파수 근처에서의 aliasing 오류는 N_0에 관계없이 항상 높다. 임의의 q에 대해서 무시할만한 aliasing 오류를 갖는다면 $N_0 \gg q$이다. 이것은 계단식 불연속점을 갖는 모든 신호에서 성립한다.

○ 필터링

일반적으로 일부 하드웨어 측면에서의 해결 방법은 필터링이다(즉, RLC 소자들과 연산 증폭기들로 구성되는 회로). 그러나 필터링은 또한 소프트웨어 측면에서도 해결할 수 있다[주어진 입력 g(t)에 대하여 필터링된 출력 $y(t)$를 생성하는 컴퓨터 알고리즘]. 이것은 DFT를 사용함으로써 쉽게 얻어질 수 있다. g(t)가 필터링된 신호라면 g_k의 DFT인 G_q를 구할 수 있다. 그 다음, 스펙트럼 G_q는 G_q에 H_q을 곱함으로써 바라는 만큼 필터링 된다. 여기서 H_q은 여파기의 전달함수 $H(f)$의 표본[$H_q = H(qf_0)$]들이다. 결국, 필터링 된 출력 y_k[$y_k = T_s y(kT)$]를 얻기 위해서 $G_q H_q$의 DFT(또는 IDFT)를 취하면 된다. 이 절차는 다음 예제에서 설명한다.

● 컴퓨터 예제 C3.3

그림 3.42a에서 신호 g(t)는 전달함수가 3.42b에서 보이는 $H(f)$인 이상적인 저역통과 필터를 통과한다. DFT를 사용하여 이 필터의 출력을 구하시오.

그림 3.41d에서와 같이 이미 g(t)의 32개 표본들에 대한 DFT를 구하였다. 다음으로 G_q에 H_q를 곱한다. H_q을 계산하기 위하여 g(t)의 32개 표본들에 대한 DFT를 계산함에 있어서 $f_0 = 0.25$가 사용되었다. G_q가 32개의 표본으로 주기적이기 때문에 H_q는 또한 0.25 Hz에 의하여 분리되는 표본들을 갖는 32개의 표본으로 주기적이 된다. 이것은 그림 3.42c에서와 같이 H_q가 8 Hz나 16π rad/s 마다 반복된다는 것을 의미한다. $0 \le f \le 8$에서 32개의 H_q 표본들은 다음과 같이 주워진다.

$$H_q = \begin{cases} 1 & 0 \le q \le 7 \quad \text{그리고 } 25 \le q \le 31 \\ 0 & 9 \le q \le 23 \\ 0.5 & q = 8, 24 \end{cases}$$

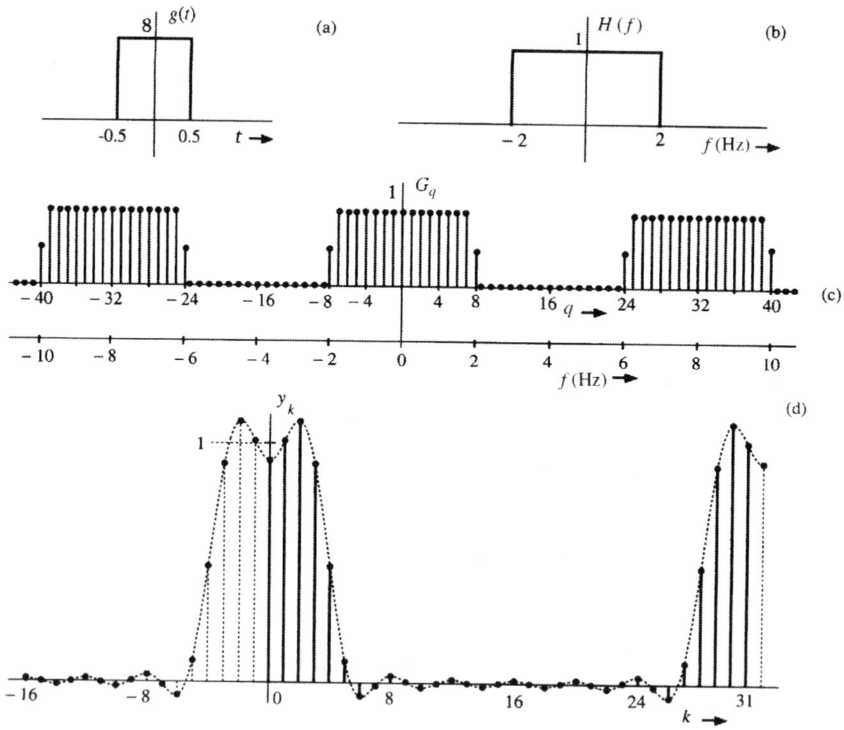

▶▶ 그림 3.42 $H(f)$를 통한 g(t)의 여파

G_q에 H_q을 곱하고 역 DFT를 취한다. 그림 3.42d는 결과 신호를 나타낸다. 표 3.4는 g_k, G_q, H_q, Y_q과 y_k의 출력정보를 나타낸다.

예제 C3.2에서 g(t)의 32개의 표본들에 대한 DFT(G_q)를 구하였다. 예제 C3.2의 매트랩 프로그램은 m 화일, 즉 "c32.m"으로 저장될 것이다. 명령어 "c32"에 의하여 매트랩 환경에서 G_q를 나타낼 수 있다. 다음으로 G_q에 H_q을 곱함으로써 32개의 H_q 표본들을 생성하고 y_k를 계산하기 위하여 역 DFT를 취한다. 또한 h_k와 g$_k$를 콘볼루션함으로써 y_k를 구할 수 있다.

▸▸ 표 3.4

No.	gk	G_q	H_q	G_qH_q	y_k
0	1	8,000	1	8.000	0.9285
1	1	7,179	1	7.179	1.009
2	1	5,027	1	5.027	1.090
3	1	2,331	1	2.331	0.9123
4	1	0.000	1	0.000	0.4847
5	0.5	−1.323	1	−1.323	0.08884
6	0	−1.497	1	−1.497	−0.05698
7	0	−0.8616	1	−0.8616	−0.01383
8	0	0.000	0.5	0.000	0.02933
9	0	0.5803	0	0.000	0.004837
10	0	0.6682	0	0.000	−0.01966
11	0	0.3778	0	0.000	−0.002156
12	0	0.000	0	0.000	0.01534
13	0	−0.2145	0	0.000	0.0009828
14	0	−0.1989	0	0.000	−0.01338
15	0	−0.06964	0	0.000	−0.0002876
16	0	0.000	0	0.000	0.01280
17	0	−0.06964	0	0.000	−0.0002876
18	0	−0.1989	0	0.000	−0.01338
19	0	−0.2145	0	0.000	0.0009828
20	0	0.000	0	0.000	0.01534
21	0	0.3778	0	0.000	−0.002156
22	0	0.6682	0	0.000	−0.01966
23	0	0.5803	0	0.000	0.004837
24	0	0.000	0.5	0.000	0.03933
25	0	−0.8616	1	−0.8616	−0.01383
26	0	−1.497	1	−1.497	−0.05698
27	0	−1.323	1	−1.323	0.08884
28	0.5	0.000	1	0.000	0.4847
29	1	2.331	1	2.331	0.9123
30	1	5.027	1	5.027	1.090
31	1	7.179	1	7.179	1.009

```
c32;
r=0:32; r=r';
for m=1:length(r)
    if r(m)>=0 & r(m)<=7,  Hr(m)=1; end
    if r(m)>=25 & r(m)<=31,  Hr(m)=1; end
    if r(m)>=9 & r(m)<=23,  Hr(m)=0; end
    if r(m)==8 & r(m)==24,  Hr(m)=0.5; end

end
Hr=Hr';
Yr=Gr.*Hr;
yk=ifft(Yr);
clg, stem(k,yk)
```

참고문헌

1. R. V. Churchill and J. W. Brown, *Fourier Series and Boundary Value Problems*, 3rd ed., McGraw-Hill, New York, 1978.
2. R. N. Bracewell, *Fourier Transform and Its Applications*, rev. 2nd ed., McGraw-Hill, New York, 1986.
3. B. P. Lathi, *Signal Processing and Linear Systems*, Oxford University Press, 2000.
4. E. A. Guillemin, *Theory of Linear Physical Systems*, Wiley, New York, 1963.
5. F. J. Harris, "On the Use of Windows for Harmonic Analysis with the Discrete Fourier Transform," *Proc. IEEE*, vol. 66, pp. 51–83, Jan. 1978.
6. J. W. Tukey and J. Cooley, "An Algorithm for the Machine Calculation of Complex Fourier Series," *Mathematics of Computation*, Vol. 19, pp. 297–301, April 1965.

연습문제

3.1-1 g(t)의 푸리에 변환이 다음과 같이 표현됨을 증명하시오.

$$G(f) = \int_{-\infty}^{\infty} g(t)\cos 2\pi ft\, dt - j\int_{-\infty}^{\infty} g(t)\sin 2\pi ft\, dt$$

가 시간 t에 대하여 우함수라면, g(t)의 푸리에 변환이 다음과 같다는 것을 증명하시오.

$$G(f) = 2\int_{0}^{\infty} g(t)\cos 2\pi ft\, dt$$

가 시간 t에 대하여 기함수라면, g(t)의 푸리에 변환이 다음과 같다는 것을 증명하시오.

$$G(f) = -2j\int_{0}^{\infty} g(t)\sin 2\pi ft\, dt$$

가 각각 다음과 같이 주어지는 경우에, $G(f)$도 각각 다음과 같다는 것을 증명하시오.

g(t)	$G(f)$
실수이고 t에 대하여 우함수	실수이고 f에 대하여 우함수
실수이고 t에 대하여 기함수	허수이고 f에 대하여 기함수
허수이고 t에 대하여 우함수	허수이고 f에 대하여 우함수
복소수이고 t에 대하여 우함수	복소수이고 f에 대하여 우함수
복소수이고 t에 대하여 기함수	복소수이고 f에 대하여 기함수

3.1-2 (a) 실수 g(t)에 대하여 식 (3.9b)의 역변환이 다음과 같다는 것을 증명하시오.

$$g(t) = 2\int_{0}^{\infty} |G(f)| \cos[2\pi ft + \theta_g(2\pi f)]\, df$$

이것은 (역) 푸리에 변환의 삼각법에 의한 형태이다. 간단한 삼각 푸리에 급수와 비교하시오.

(b) (a)에서 주어진 삼각법에 의한 형태에서 g(t) = $e^{-at}u(t)$에 대한 푸리에 급수(푸리에 역변환)를 구하시오.

3.1-3 $g(t) \Leftrightarrow G(f)$라면, $g^*(t) \Leftrightarrow G^*(-f)$임을 증명하시오.

3.1-4 정의 (3.9a)로부터, 그림 P3.1-4에 나타낸 신호의 푸리에 변환을 구하시오.

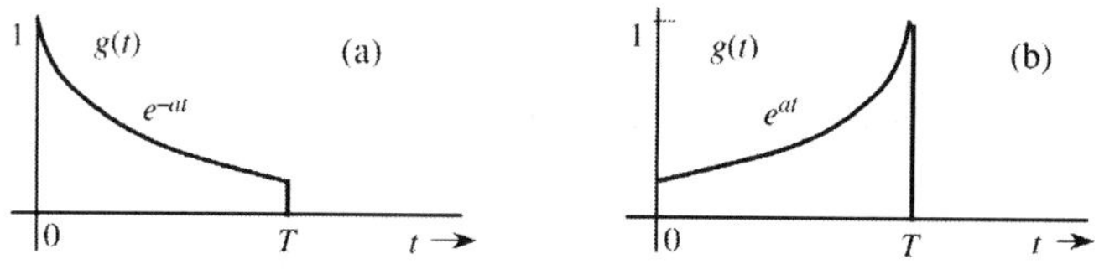

▶▶ 그림 P3.1-4

3.1-5 정의 (3.9a)로부터, 그림 P3.1-5에 나타낸 신호의 푸리에 변환을 구하시오.

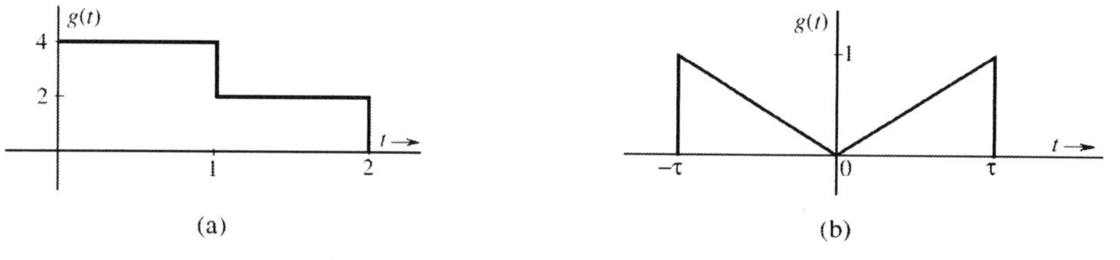

▶▶ 그림 P3.1-5

3.1-6 정의 (3.9b)로부터, 그림 P3.1-6에 나타낸 스펙트럼의 푸리에 역변환을 구하시오.

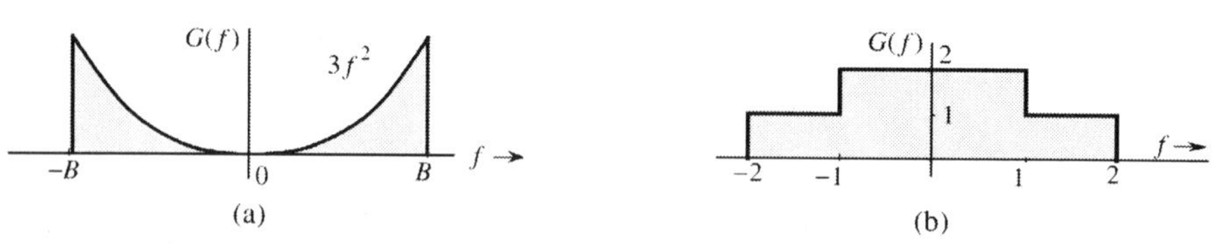

▶▶ 그림 P3.1-6

3.1-7 정의 (3.9b)로부터, 그림 P3.1-7에 나타낸 스펙트럼의 푸리에 역변환을 구하시오.

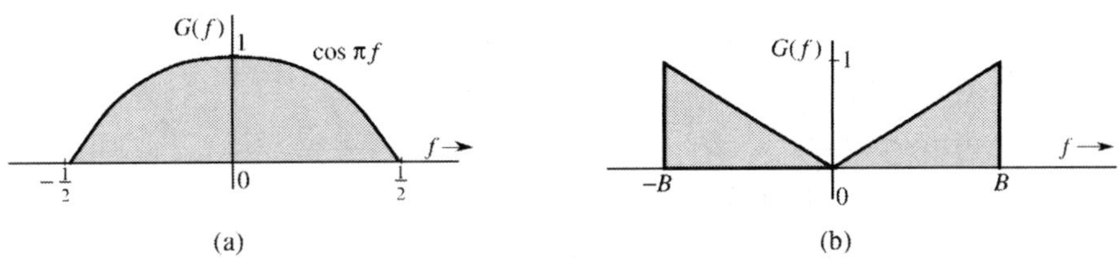

▸▸ 그림 P3.1-7

3.1-8 그림 P3.1-8에 나타낸 스펙트럼에 대한 $G(f)$의 푸리에 역변환을 구하시오.

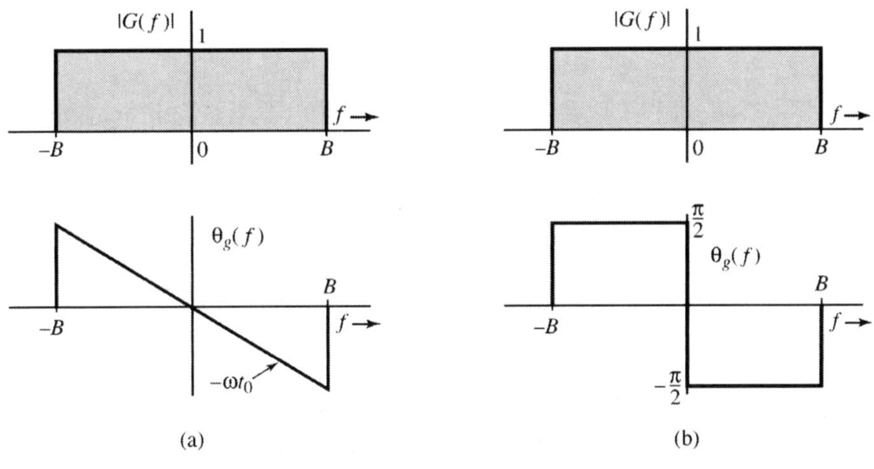

▸▸ 그림 P3.1-8

**힌트 : $G(f)=|G(f)|e^{j\theta_g(f)}$이다. (a)에서 $G(f)=1\cdot e^{-j2\pi f t_0}$이다. (b)는 $|f|\le B$일 때, 다음과 같다.

$$G(f)=\begin{cases} 1e^{-j\pi/2}=-j & 0<f\le B \\ 1e^{j\pi/2}=j & 0>f\ge -B \end{cases}$$

이 문제는 같은 진폭 스펙트럼을 갖는 위상 스펙트럼의 차이가 어떻게 전혀 다른 신호를 표현하는지를 설명한다.

3.2-1 다음의 함수를 도시하시오.

(a) $\Pi(t/2)$;

(b) $\Delta(3\omega/100)$;

(c) $\Pi(t-10/8)$;

(d) $\mathrm{sinc}(\pi\omega/5)$;

(e) $\mathrm{sinc}[(\omega-10\pi)/5]$;

(f) $\mathrm{sinc}(t/5)\Pi(t/10\pi)$.

** **힌트** : $g\left(\frac{x-a}{b}\right)$는 $g\left(\frac{x}{b}\right)$를 a만큼 오른쪽으로 천이한 식이다.

3.2-2 정의 (3.9a)로부터 $\mathrm{rect}(t-5)$의 푸리에 변환이 $\mathrm{sinc}(\pi f)e^{-j10\pi f}$임을 증명하시오.

3.2-3 정의 (3.9b)로부터 $\mathrm{rect}[(2\pi f-10)/2\pi]$의 푸리에 역변환이 $\mathrm{sinc}(\pi t)e^{j10t}$임을 증명하시오.

3.2-4 표 3.1에서 7과 12를 사용하여 $u(t) \Leftrightarrow 0.5\delta(f)+1/j2\pi f$임을 증명하시오.

3.2-5 $\cos(2\pi f_0 t+\theta) \Leftrightarrow \frac{1}{2}[\delta(f+f_0)e^{-j\theta}+\delta(f-f_0)e^{j\theta}]$임을 증명하시오.

****힌트** : Euler 공식을 사용하여 $\cos(2\pi f_0 t+\theta)$을 지수 항으로 표현하라.

3.3-1 다음을 증명하기 위하여 표 3.1의 적당한 쌍에 대칭성을 적용하시오.

(a) $0.5[\delta(t)+(j/\pi t)] \Leftrightarrow u(f)$

(b) $\delta(t+T)+\delta(t-T) \Leftrightarrow 2\cos 2\pi f T$

(c) $\delta(t+T)-\delta(t-T) \Leftrightarrow 2j\sin 2\pi f T$

****힌트** : $g(-t) \Leftrightarrow G(-f)$이고 $\delta(t)=\delta(-t)$이다.

3.3-2 그림 P3.3-2a에서 삼각파 g(t)의 푸리에 변환이 다음과 같다.

$$G(f)=\frac{1}{(2\pi f)^2}(e^{j2\pi f}-j2\pi fe^{j2\pi f}-1)$$

위의 식과 시간 천이 및 시간 주사를 사용하여 그림 P3.3-2b, c, d, e 와 f에 나타낸 신호의 푸리에 변환을 구하시오.

****힌트** : g(t)에서 시간 반전은 그림 P3.3-2b에서 펄스 $g_1(t)$이다. 결론적으로 $g_1(t)=g(-t)$이다. 그림 3.3-2c에서 펄스는 $g(t-T)+g_1(t-T)$로 표현된다. 그림 3.3-2d와 e에서 펄스는 적절하게 선택된 T에 대하여 T만큼 지연된 g(t)와 T 만큼 앞선 $g_1(t)$의 합 $g(t-T)+g_1(t+T)$로 표현된다. 그림 P3.3-2f에서 펄스는 2로 인하여 시간 확장되고 2초만큼 시간 지연이 되거나 g(t)가 1초 지연되고 그로 인하여 시간 확장된다.

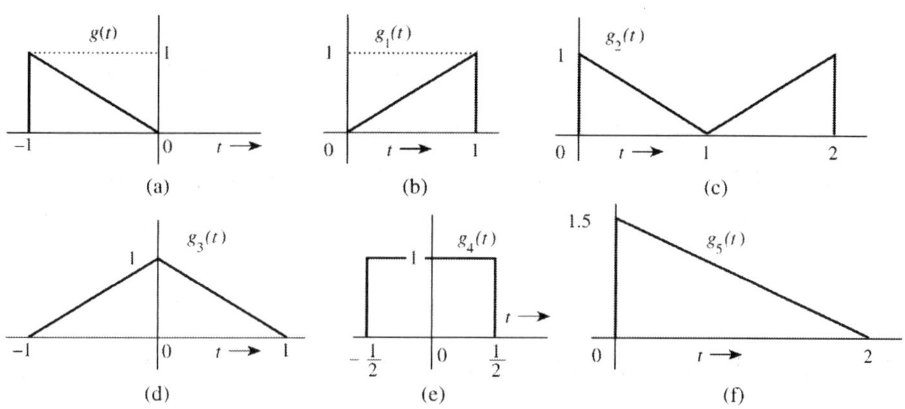

▸▸ 그림 P3.3-2

3.3-3 시간 천이성과 표 3.1을 사용하여 그림 P3.3-3에 나타낸 신호의 푸리에 변환을 구하시오.

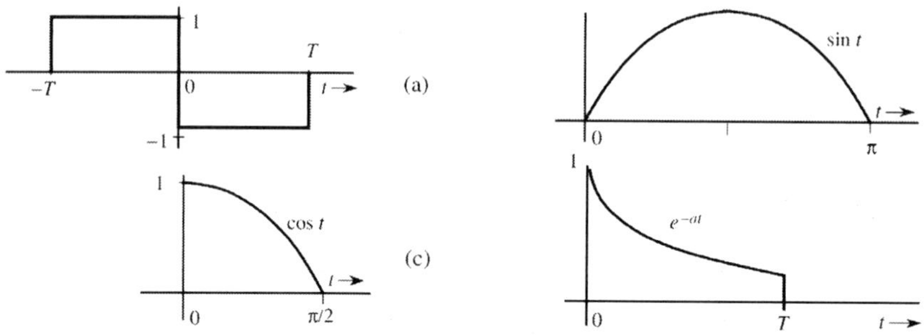

▶▶ 그림 P3.3-3

힌트 : 그림 P3.3-3a는 두 개의 천이된 게이트 펄스의 합이다. 그림 P3.3-3b는 다음 식으로 표현된다.

$$\sin t\,[u(t)-u(t-\pi)]=\sin t\,u(t)-\sin t\,u(t-\pi)=\sin t\,u(t)+\sin(t-\pi)u(t-\pi)$$

독자는 이 두 사인곡선의 합이 그림 3.3-3b에서 펄스를 발생한다는 것을 증명해야만 한다. 같은 방법으로 $\cos t\,u(t)+\sin(t-\pi/2)u(t-\pi/2)$로 그림 P3.3-3c의 신호를 나타낼 수 있다. 그림 P3.3-3d의 신호는 $e^{-at}[u(t)-u(t-T)]=e^{-at}u(t)-e^{-aT}e^{-a(t-T)}u(t-T)$이다.

3.3-4 시간 천이성을 이용하여 $g(t)\Leftrightarrow G(f)$일 때 $g(t-T)+g(t-T)\Leftrightarrow 2G(f)\cos 2\pi fT$임을 증명하시오. 이것은 식 (3.36)의 이중성이다. 이 결과와 표 3.1의 17과 19를 사용하여 그림 P3.3-4에 나타낸 신호의 푸리에 변환을 구하시오.

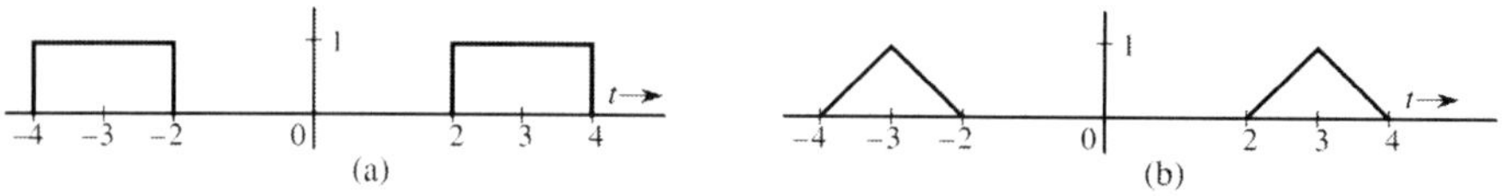

▶▶ 그림 P3.3-4

3.3-5 다음을 증명하시오.

$$g(t)\sin 2\pi f_0 t \Longleftrightarrow \frac{1}{2j}[G(f-f_0)-G(f+f_0)]$$

$$\frac{1}{2j}[g(t+T)-g(t-T)] \Longleftrightarrow G(f)\sin 2\pi fT$$

두 번째 결과식과 표 3.1을 사용하여 그림 P3.3-5에 나타낸 신호의 푸리에 변환을 구하시오.

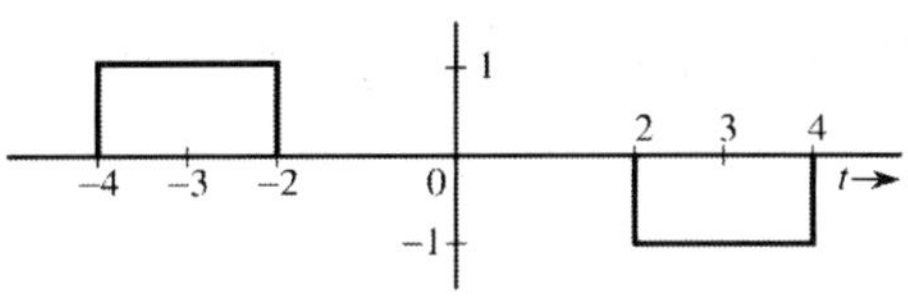

▸▸ 그림 P3.3-5

3.3-6 그림 P3.3-6의 신호는 반송파 $\cos 10t$에 의하여 변조된 신호이다. 푸리에 변환의 성질과 표 3.1을 사용하여 그 신호의 푸리에 변환을 구하시오. (a)와 (b)에 대한 진폭과 위상 스펙트럼을 도시하시오.

****힌트** : 이 함수들은 $g(t)\cos 2\pi f_0 t$로 표현된다.

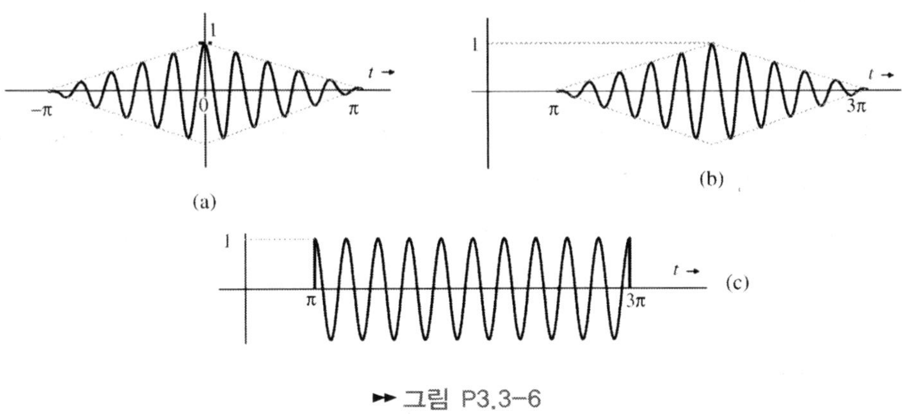

▸▸ 그림 P3.3-6

3.3-7 주파수 천이성과 표 3.1을 사용하여 그림 P3.3-7에서 스펙트럼의 푸리에 역변환을 구하시오.

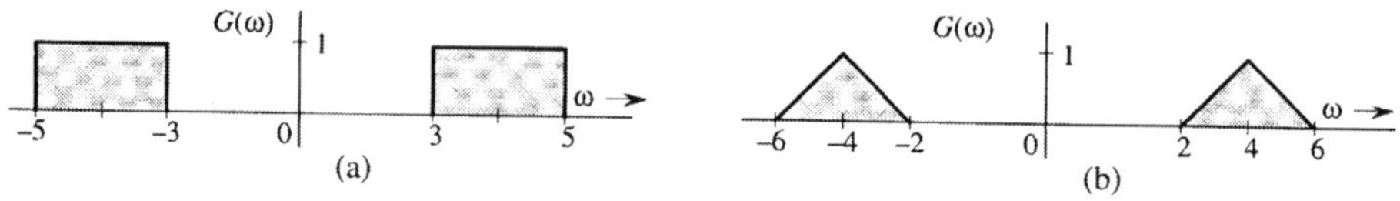

▶▶ 그림 P3.3-7

3.3-8 신호 g(t)가 B Hz로 대역제한 되어 있을 때, 신호 $g^n(t)$는 nB Hz로 대역 제한됨을 증명하시오.

****힌트** : $g^2(t) \Leftrightarrow [G(f) * G(f)]$이고, 콘볼루션을 사용하라.

3.3-9 다음의 세 가지 방법으로 그림 3.3-3a에서 신호의 푸리에 변환을 구하시오.

(a) 정의 (3.9a)를 사용한 직접 적분법

(b) 표 3.1의 17과 시간 천이성 사용

(c) $\delta(t) \Leftrightarrow 1$과 시간 미분 및 시간 천이성 사용

****힌트** : $1 - \cos 2x = 2\sin^2 x$

3.3-10 변조 신호 $g(t)\cos 2\pi f_0 t$로부터 신호 $g(t)$를 복원하는 과정을 **복조(demodulation)** 라고 한다. 신호 $g(t)\cos 2\pi f_0 t$는 $2\cos 2\pi f_0 t$를 곱함으로써 복조되고 대역폭 B Hz ($g(t)$의 대역폭)의 저역통과 여파기를 통하여 얻어진다는 것을 증명하시오. 이때, $B < f_0$이다.

****힌트** : $2\cos^2 2\pi f_0 t = 1 + \cos 4\pi f_0 t$. $g(t)\cos 4\pi f_0 t$의 스펙트럼은 그 중심이 $2f_0$에 있고, 대역폭 B Hz의 저역통과 필터에 의해 여파된다.

3.4-1 신호 $g_1(t) = 10^4 \Pi(10^4 t)$와 $g_2(t) = \delta(t)$는 이상적인 저역통과 여파기 $H_1(f) = \Pi(f/20{,}000)$과 $H_2(f) = \Pi(f/10{,}000)$의 입력이다(그림 P3.4-1). 이 필터의 출력 $y_1(t)$와 $y_2(t)$는 신호 $y(t) = y_1(t)\, y_2(t)$를 얻기 위하여 곱해진다.

(a) $G_1(f)$와 $G_2(f)$를 도시하시오.

(b) $H_1(f)$와 $H_2(f)$를 도시하시오.

(c) $Y_1(f)$와 $Y_2(f)$를 도시하시오.

(d) $y_1(t)$, $y_2(t)$와 $y(t)$의 대역폭을 구하시오.

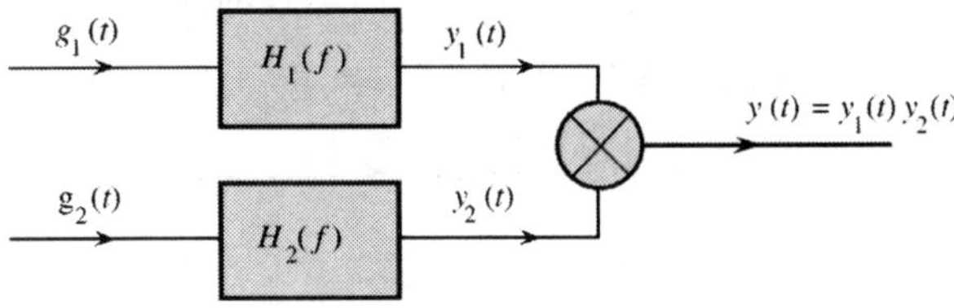

▶▶ 그림 P3.4-1

3.5-1 다음과 같은 시스템에 대한 임펄스 응답에서 어떤 시스템이 인과적인가?

(a) $h(t) = e^{-at}u(t), \ a > 0$

(b) $h(t) = e^{-a|t|}, \ a > 0$

(c) $h(t) = e^{-a(t-t_0)}u(t-t_0), \ a > 0$

(d) $h(t) = \mathrm{sinc}(at), \ a > 0$

(e) $h(t) = \mathrm{sinc}[a(t-t_0)], \ a > 0$

3.5-2 전달함수

$$H(f) = e^{-k(2\pi k f)^2 - j2\pi f t_0}$$

인 여파기를 구하시오.

이 여파기는 시간영역(인과적이 아닌 $h(t)$)과 주파수 영역(Paley-Wiener)을 사용함으로써 물리적으로 실현 불가능함을 증명하시오. 이 여파기는 t_0가 충분히 크다면 실현 가능한가? t_0를 결정하기 위하여 실현 가능한 기준을 사용하시오.

****힌트** : 표 3.1에서 22를 사용하라.

3.5-3 전달함수 $H(f) = \dfrac{2(10^5)}{(2\pi f)^2 + 10^{10}} e^{-j2\pi f t_0}$를 가진 여파기가 실현 불가능함을 증명하시오. 이 여파기를 충분히 큰 t_0를 선택함으로써 실현 가능하게 만들 수 있는가? t_0를 결정하기 위하여 실현 가능한 기준을 사용하라.

****힌트** : 임펄스 응답이 인과적이 아님을 보이시오.

3.5-4 그림 P3.5-4에서 $R = 1000$이고 $C = 10^{-9}$인 저역통과 RC 여파기를 통하여 전송되는 신호의 최대 대역폭을 구하시오. 단, 이 대역에서 진폭 응답(이득) 변화는 5% 이하이고, 시간 지연 변화는 2% 이하이다.

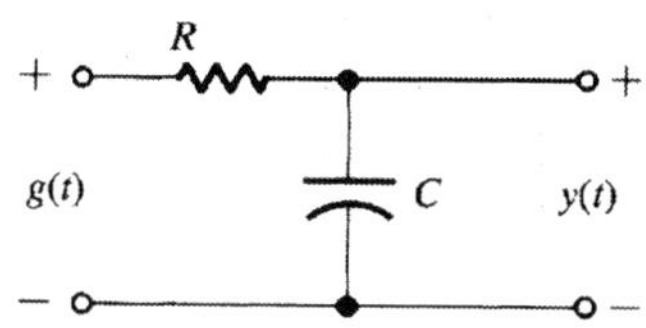

▶▶ 그림 P3.5-4

3.5-5 $f = 10^5$ Hz를 중심으로 대역폭 $B = 2000$ Hz인 기저 신호 $g(t)$가 그림 3.5-4에서 $RC = 10^{-3}$인 RC 여파기를 통과한다. 통과 대역에서 진폭 응답이 2% 이하이고, 시간 지연이 1% 이하의 변동이 무왜곡 전송되어진다면, $g(t)$가 왜곡 없이 전송되어지는가? 출력 신호에 대한 근사식을 구하시오.

3.6-1 다음과 같이 이상적인 진폭과 이상적이지 않은 위상응답을 갖는 채널이 있다(그림 P3.6-1).

$$|H(f)| = 1$$
$$\theta_h(f) = -2\pi f t_0 - k \sin 2\pi f T \qquad k \ll 1$$

(a) B Hz로 대역 제한된 입력 펄스 $g(t)$에 상응하는 채널 응답 $y(t)$를 증명하시오.

$$y(t) = g(t - t_0) + \frac{k}{2}[g(t - t_0 - T) - g(t - t_0 + T)]$$

****힌트** : $e^{-jk\sin 2\pi f T} \approx 1 - jk\sin 2\pi f T$를 사용하라.

(b) 이 채널이 복합된 신호 중에서 간섭의 관점에서 TDM과 FDM 시스템에 어떻게 영향을 주는가?

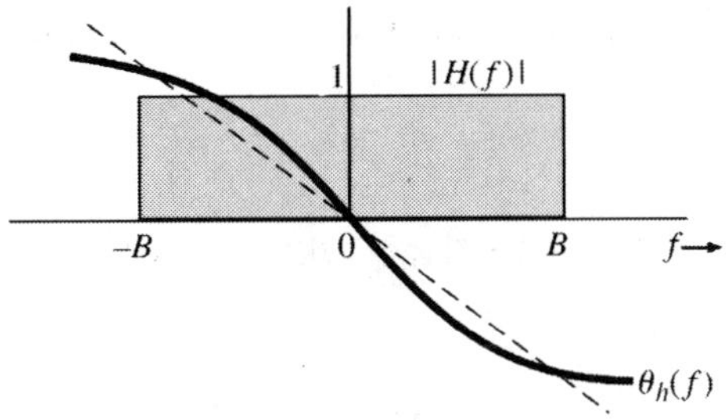

►► 그림 P3.6-1

3.6-2 다중경로 전송으로 인하여 발생하는 왜곡은 연결된 지연 등화기에 의하여 부분적으로 정정된다. $\alpha \ll 1$일 때, 그림 3.31a에서 수신된 신호가 그림 P3.6-2에서와 같이 연결된 지연 등화기를 통과한다면, 그림 3.31a의 다중경로 시스템에의 왜곡이 거의 정정됨을 보이시오.

**힌트 : 식 (3.64a)로부터 등화 여파기의 전달함수는 $H_{eq}(f) = 1/(1+\alpha e^{-j2\pi f \Delta t})$이다. $x \ll 1$일 때, $1/(1-x) = 1 + x + x^2 + x^3 + \cdots$이라는 사실을 이용하라.

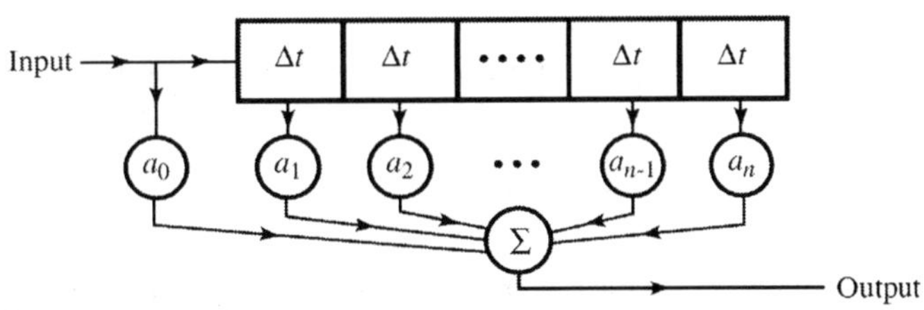

►► 그림 P3.6-2

3.7-1 가우시안 펄스 $g(t) = \dfrac{1}{\sigma\sqrt{2\pi}}e^{-\frac{t^2}{2\sigma^2}}$의 에너지는 $1/2\sigma\sqrt{\pi}$이다. Parseval 정리를 사용하여 $G(f)$로부터 에너지 E_g를 유도함으로써 결과를 증명하시오.

**힌트 : 표 3.1에서 22를 보아라.

$\int_{-\infty}^{\infty}\int_{-\infty}^{\infty} e^{-x^2-y^2}dxdy = \pi \Rightarrow \int_{-\infty}^{\infty} e^{-x^2}dx = \sqrt{\pi}$을 사용하라.

3.7-2 $\int_{-\infty}^{\infty} \operatorname{sinc}^2(kt)dt = \frac{\pi}{4}$ 임을 증명하시오.

**힌트 : 적분은 $g(t)=\operatorname{sinc}(kt)$이다. Parseval 정리를 사용하여 에너지를 구하라.

3.7-3 실수에 대하여 푸리에 변환 가능한 신호 $g_1(t)$와 $g_2(t)$를 증명하기 위하여 Parseval 정리를 일반화하시오.

$$\int_{-\infty}^{\infty} g_1(t)g_2(t)\,dt = \int_{-\infty}^{\infty} G_1(-f)G_2(f)\,df = \int_{-\infty}^{\infty} G_1(f)G_2(-f)\,df$$

3.7-4 $\int_{-\infty}^{\infty} \operatorname{sinc}(2\pi Bt - m\pi)\operatorname{sinc}(2\pi Bt - n\pi)dt = \begin{cases} 0 & m \neq n \\ \frac{1}{2B} & m = n \end{cases}$ 을 증명하시오.

**힌트 : $\operatorname{sinc}(2\pi Bt - k\pi) = \operatorname{sinc}\left[2\pi B\left(t - \frac{k}{2B}\right)\right] \Leftrightarrow \frac{1}{2B}\Pi\left(\frac{f}{2B}\right)e^{-jpifk/B}$이다.

위의 사실과 증명 3.7-3의 결과를 사용하여 다음을 증명하시오.

$$\int_{-\infty}^{\infty} \operatorname{sinc}(2\pi Bt - m\pi)\operatorname{sinc}(2\pi Bt - n\pi)\,dt = \frac{1}{4B^2}\int_{-B}^{B} e^{j[(n-m)/2B]2\pi f}\,df$$

3.7-5 신호 $g(t) = \frac{2a}{t^2 + a^2}$ 에 대하여 B Hz 이하의 주파수에서 $g(t)$의 스펙트럼 성분에 포함되어 있는 에너지가 신호 에너지 E_g의 99%인 $g(t)$의 필수 대역폭 B Hz를 결정하시오.

**힌트 : 표 3.1의 3에 대칭성[식 (3.26)]를 적용함으로써 $G(f)$를 결정하시오.

3.7-6 제곱기에 저역통과 신호 $g(t)$가 인가된다. 제곱기 출력 $g^2(t)$는 대역폭 Δf Hz의 단위 이득을 갖는 이상적인 저역 통과 여파기에 인가된다.(그림 P3.7-6) Δf가 매우 작다면($\Delta f \to 0$), 여파기 출력은 진폭 $2E_g\Delta f$인 dc 신호가 된다. 여기서 E_g는 $g(t)$의 에너지이다.

**힌트 : 출력 $y(t)$는 스펙트럼 $Y(f)$의 중심이 $f=0$에 있고 $\Delta f \to 0$인 $-\Delta f$에서 Δf의 스펙트럼이므로 dc 신호이다. $g^2(t) \Leftrightarrow A(f)$이고 $y(t) \Leftrightarrow Y(f)$라면 $Y(f) \approx [4\pi A(0)\Delta f]\delta(f)$이다.

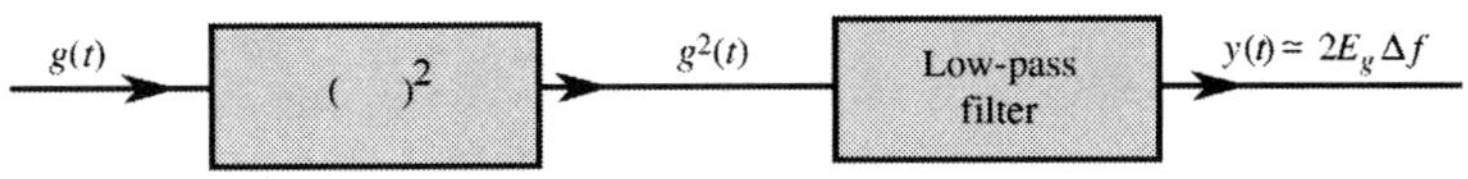

▸▸ 그림 P3.7-6

3.8-1 $g(t) = C\cos(2\pi f_0 t + \theta_0)$의 자기상관함수는 $\Re_g(\tau) = (C^2/2)\cos 2\pi f_0 \tau$이고 PSD는 $S_g(f) = (C^2/4)[\delta(f-f_0) + \delta(f+f_0)]$ 임을 증명하시오.

그러므로 $y(t) = C_0 + \sum_{n=1}^{\infty} C_n \cos(n2\pi f_0 t + \theta_n)$에 의하여 주어진 신호 $y(t)$에 대한 자기상관 함수와 PSD는 다음과 같음을 증명하시오.

$$\mathcal{R}_y(\tau) = C_0{}^2 + \frac{1}{2}\sum_{n=1}^{\infty} C_n{}^2 \cos n2\pi f_0 \tau$$

$$S_y(f) = C_0{}^2\delta(f) + \frac{1}{4}\sum_{n=1}^{\infty} C_n{}^2[\delta(f-nf_0) + \delta(f+nf_0)]$$

**힌트 : $g(t) = g_1(t) + g_2(t)$라면 $R_g(\tau) = R_{g_1}(\tau) + R_{g_2}(\tau) + R_{g_1 g_2}(\tau) + R_{g_2 g_1}$ 임을 증명하라. 이때, $\Re_{g_1 g_2}(\tau) = \lim_{T\to\infty}(1/T)\int_{-T/2}^{T/2} g_1(t)g_2(t+\tau)dt$이다. $g_1(t)$와 $g_2(t)$ $y(t)$에서 임의의 두 항이라면, $\Re_{g_1 g_2}(\tau) = \Re_{g_2 g_1}(\tau) = 0$임을 보이시오. 시간 간격이 매우 클 때 사인파 아래의 면적이 파형의 반주기의 면적과 같다는 사실을 이용하라.

3.8-2 그림 P3.8-2에서 보여준 랜덤 2진 신호 $x(t)$는 T_b초마다 한 이진수를 전송한다. 2진 1은 폭 $T_b/2$이고 진폭이 A인 펄스 $p(t)$에 의하여 전송되고, 2진 0은 펄스가 전송되지 않는다. 2진 1과 0은 동일하고 랜덤하게 발생한다. 자기상관함수 $R_x(\tau)$와 PSD $S_x(f)$를 구하시오.

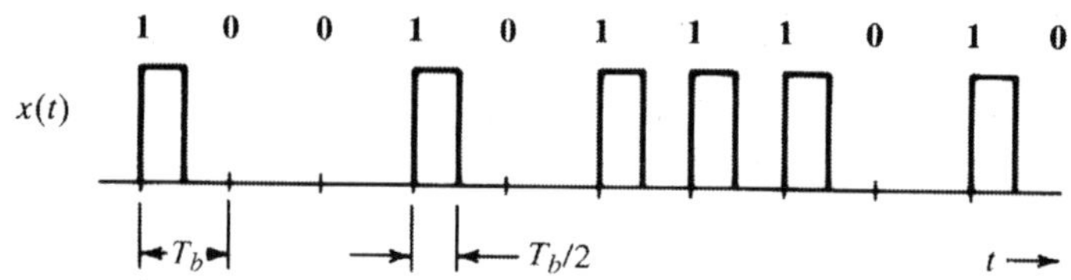

▸▸ 그림 P3.8-2

3.8-3 입력 전압 PSD $S_x(f)$가 주어졌을 때 그림 P3.5-4에서 보여준 $RC=2\pi$인 RC 네트워크의 출력 전압 $y(t)$의 제곱 평균값(전력)을 구하시오. (a) K; (b) $\Pi(\pi f)$; (c) $[\delta(f+1)+\delta(f-1)]$. 위의 경우에 입력 신호 $x(t)$의 전력(제곱 평균값)을 계산하시오.

3.8-4 입력 전압 PSD $S_x(f)=\Pi(\pi f)$가 주어졌을 때 그림 P3.8-4에 나타난 시스템의 출력 전압 $y(t)$의 제곱 평균값(전력)을 구하시오. 입력 신호 $x(t)$의 전력(제곱평균값)을 계산하시오.

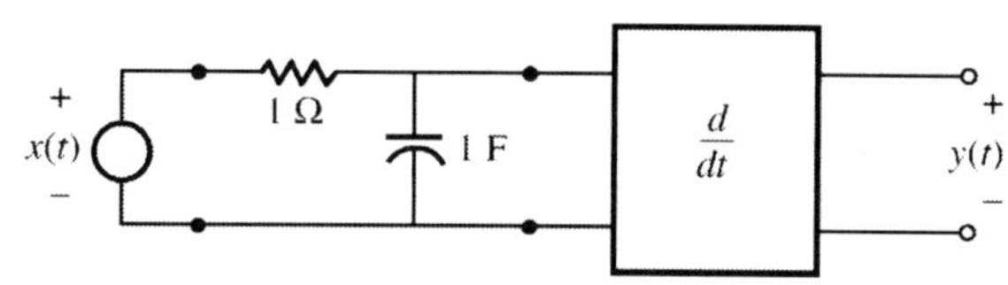

▸▸ 그림 P3.8-4

04 진폭 변조와 복조

변조는 특정 주파수 대역에 메시지 신호로 이동하는 과정을 말하고 그것은 물리적 채널에 의해 규정된다. 변조는 1장에서 언급한 몇 가지 이득을 얻기 위해 사용되는 기법이며 RF 전송의 용이성과 주파수 분할 다중화가 포함된다. 변조는 아날로그와 디지털 모두에서 사용할 수 있다. 전통적인 통신 시스템인 AM/FM 라디오와 NTSC TV 신호는 아날로그 변조 방식을 기반으로 하며 보다 최근 시스템인 2G, 3G 휴대폰, HDTV, 그리고 DSL은 모두 디지털 변조 방식을 기반으로 한다.

이번 장과 다음 장에서는 고전적인 아날로그 변조인 진폭 변조와 각도변조에 초점을 둘 것이다. 우리는 변조를 사용하지 않는 통신 시스템(**기저대역 통신**)과 변조를 사용하는 시스템(**통과대역 통신**)을 구별하는 것이 중요하다.

4.1 기저대역과 통과대역 통신

기저대역이라는 말은 신호가 원래 가지고 있는 주파수의 범위를 의미한다. 즉, 전화기에서의 기저대역은 음성 대역을 의미하며 0~3.5 kHz 영역을 나타낸다. 또한 TV에서는 영상대역이 기저대역이며 0~4.3 MHz이다. 그리고 신호율이 R_b인 디지털 신호의 경우 기저대역은 0~R_b Hz이다.

○ 기저대역 통신

기저대역 통신의 경우 신호를 수정하지 않고 직접 전송한다. 대부분의 기저대역 신호들은 오디오와 비디오 같은 저주파의 내용을 포함하고 그것들은 라디오(무선) 링크를 통해 전송하는데 있어 효과적이지 못하다. 대신, 사용자 채널은 이중 나선 구리선과 동축 케이블을 사용하여 장거리 통신을 위해 각 사용자에게 할당된다. 기저대역 신호는 중복된 대역을 가지기 때문에 심각한 경우에는 일반 채널을 공유할 경우 방해받을 수 있다. 따라서 기저대역 통신은 주파수 상에서 신호의 스펙트럼이 이동되지 않은 채로 전송되는 경우가 많다. 변조방식을 이용하면 광범위한 주파수 영역을 효과적으로 사용할 수 있게 된다.

FDM(Frequency Division Multiplexing)방식은 여러 개의 기저대역 신호를 변조를 통하여 서로 겹치지 않는 대역에 위치시킴으로써 넓은 주파수 대역을 사용하도록 하는 방식이다. 무선 링크를 이용한 장거리 통신 방식에서도 적절한 크기의 안테나와 효율적인 전력 사용을 위해서는 변조를 통하여 신호의 주파수를 고주파 대역으로 옮겨야 한다. 변조는 전송 대역폭을 교환할 경우 간섭에 대하여 보다 좋은 성능을 위해서도 사용된다.

○ 반송파 변조

통신은 변조를 사용하여 신호의 주파수 스펙트럼을 천이하는 것으로 알려진 **통과대역 통신**이다. 아날로그 변조에서는 하나의 기본적인 스펙트럼(진폭, 주파수 또는 위상)의 **정현 반송파**의 고주파수 f_c Hz(또는 $\omega_c = 2\pi f_c$ rad/s)는 기저대역 신호 $m(t)$에 대하여 선형적으로 변화한다. 이 결과가 각각 진폭 변조(AM), 주파수 변조(FM) 또는 위상 변조(PM)이다. 진폭 변조는 선형이지만 반면, 후자의 두 종류의 통과대역 변조는 유사하고 비선형이며 통틀어 **각 변조**로 알려져 있다.

펄스 변조 신호에 대해 말하면 순서는 다음과 같다. 펄스진폭변조(PAM), 펄스폭변조(PWM), 펄스위치변조(PPM), 펄스부호변조(PCM), 델타변조(DM)가 있다. 변조라는 용어에도 불구하고 이러한 신호들은 기저대역 디지털 신호이다. "변조"라는 단어는 주파수나 대역의 천이성에서 사용되지 않는다. 대신에 디지털 펄스 방식은 원래 아날로그 신호를 나타내는데 사용되는 부호화를 설명하는 경우도 있다. 다른 말로 하면 아날로그 메시지 신호는 디지털 펄스열의 파라미터를 변조하는 것이다. 이 신호들이 반송파로 변조하려면 그 신호들의 스펙트럼을 천이시켜야 한다.

○ 진폭 변조와 각 변조

우리는 송신자에 의해 전송되는 정보원 신호를 $m(t)$로 표시하고 그것을 푸리에 변환한 것을 $M(f)$로 표시한다. 새로운 주파수 대역을 f_c의 중심으로 $m(t)$의 주파수 응답을 이동하고 우리는 이미 공개된 푸리에 변환의 강력한 속성인 주파수 천이의 목표를 얻을 수 있다. 다른 말로 하면 우리 모두는 $m(t)$와 정현파 주파수인 f_c를 곱할 필요가 있다. 그것은 다음과 같다.

$$s_1(t) = m(t)\cos\ 2\pi f_c t$$

즉시 신호 주파수의 내용을 f_c의 중심을 통해 이동하고 변조의 기본 목표를 달성한다.

$$S_1(f) = \frac{1}{2}M(f - f_c) + \frac{1}{2}M(f + f_c)$$

이 간단한 곱셈은 허용된 진폭에서 정현파 $s_1(t)$는 메시지 신호에 비례한다. 이 변조 방법은 매우 유용한 진폭 변조로 알려져 있다.

보다 넓게 정현 신호를 생각해보면 다음과 같다.

$$s(t) = A(t)\cos[\omega_c t + \phi(t)]$$

정현파에는 세 가지 변수가 있는데 그것은 진폭, (순간적인) 주파수, 그리고 위상이다. 실제로 메시지 신호의 세 가지 파라미터 중 하나를 송신기에서 수신기에 이르기까지 정보를 전달할 수 있도록 $s(t)$에서 조절할 수 있다.

$m(t)$에 따라 선형으로 변하는 진폭 $A(t)$ $\Rightarrow$ 진폭 변조
$m(t)$에 따라 선형으로 변하는 주파수 $\Rightarrow$ 주파수 변조
$m(t)$에 따라 선형으로 변하는 위상 $\phi(t)$ $\Rightarrow$ 위상 변조

위 내용들은 각각 진폭 변조, 주파수 변조, 그리고 위상 변조로 알려져 있다. 이번 장에서 우리는 실질적인 통신 시스템에서의 다양한 형태의 진폭 변조에 대하여 설명할 것이다. 진폭 변조는 선형이며 시간 및 주파수 영역에서 보다 간단한 분석을 할 수 있다. 5장에서는 별도로 비선형적인 각 변조에 대하여 다룰 것이다.

○ f와 ω의 상호 이용

3장에서 주파수 f와 각주파수 ω가 주파수 응답에서 동등하게 표시됨을 지적했다. 이러한 각각의 두 표기법은 장점과 단점이 있다. 3장 이후에서의 예제나 문제에서 독자들이 잘 알고 있거나 편안한 표기법을 사용한다. 따라서 이 시점에서 우리는 두 개의 서로 다른 표기법을 사용하고 표기법 또는 단순한 도표에서 하나를 선택하여 사용한다.

4.2 진폭 변조 : DSB

AM은 **반송파** 신호 $A\cos(\omega_c t + \theta_c)$의 크기 값 A가 전송하고자 하는 변조 신호(modulating signal) $m(t)$에 비례해서 변화되는 경우이다. 이 경우 주파수와 위상값은 고정되어 있다. 특히 $\theta_c = 0$으로 가정하여도 무방하다. 변조된 신호는 $m(t)\cos\omega_c t$ 로 나타난다(그림 4.1 참조).

3장의 식 (3. 36)에서 보였듯이 이 경우는 $m(t)$의 스펙트럼이 ω_c로 옮겨져 있음을 알 수 있다. 즉, 다음과 같은 수식으로 나타난다.

$$m(t) \Longleftrightarrow M(f)$$

$$m(t)\cos 2\pi f_c t \Longleftrightarrow \frac{1}{2}[M(f+f_c) + M(f-f_c)] \tag{4.1}$$

여기서 $M(f+f_c)$는 $M(f)$를 f_c만큼 좌측으로 이동시킨 것이고, $M(f-f_c)$는 $M(f)$를 f_c만큼 우측으로 이동시킨 것이다. 즉, 변조 과정은 변조 신호를 f_c만큼 좌우측으로 이동시키는 과정이다. 또 한 가지 언급할 사항은 만일 $m(t)$의 대역폭이 B Hz라면 그림 4.1c처럼 변조된 신호의 대역폭은 $2B$ Hz가 된다. 또한 변조 신호의 스펙트럼이 f_c을 중심으로 위쪽(Upper Sideband ; USB)과 아랫쪽(Lower Sideband ; LSB)으로 나타난다. 즉, 변조된 신호의 스펙트럼이 f_c을 중심으로 두 개의 대역을 차지하게 된다(double-sideband). 그리고 이 경우 주파수 f_c에 임펄스 성분이 존재하지 않는다. 이러한 이유 때문에 이 방식을 **반송파 억압 양측대파(DSB-SC) 변조**라 부른다.

신호의 대역폭 B와 반송 주파수 f_c의 관계는 그림 4.1c에서 보듯이 스펙트럼이 겹치지 않게 하기 위해서 $f_c \geq B$를 유지해야 한다. 만일 $f_c < B$가 되면 변조 과정에서 스펙트럼이 겹치게 되고 그렇게 되면 $m(t)\cos\omega_c t$에서 $m(t)$를 복원할 수 없게 된다. f_c에 대해 추가적인 제한을 부과할 수 있다. 예를 들어 방송 어플리케이션에서 안테나는 좁은 대역에서 왜곡 없이 전송할 수 있다. 이것은 안테나의 전송에 있어서 왜곡의 발생을 피하는 것을 의미하며 $f_c/B \gg 1$이어야 한다. 예를 들면 AM 라디오의 방송에서 통과 주파수가 $B=5$ kHz이고 대역은 550에서 1600 kHz일 때, 대략 100에서 300의 범위에서 f_c/B의 비율을 제공한다.

○ 복조

DSB-SC 변조는 신호의 주파수 스펙트럼을 f_c만큼 좌우로 옮겨 놓는 것이다. 따라서 변조된 신호로부터 $m(t)$를 복원하기 위해서는 스펙트럼을 원래의 위치에 다시 가져다 놓아야 한다. 이렇게 변조된 신호로부터 원래의 신호 $m(t)$를 복원하는 과정을 **복조**라고 한다.

그림 4.1c의 변조된 신호를 f_c만큼 좌, 우로 위치 변화를 주면 그림 4.1d와 같이 원래의 신호자리에 원하는 기저대역 신호가 위치하게 되고, $\pm 2f_c$위치에 또 다른 스펙트럼이 생기게 된다. $\pm 2f_c$에 위치한 신호들은 저역통과 필터로 제거할 수 있다. 따라서 복조 과정은 변조 과정과 같은 과정을 거친 후, 저역통과 필터를 사용하면 된다. 이 과정을 그림 4.1e에서 보여주고 있다. 위의 과정을 시간 측면에서 검증해 보기로 하자. 그림 4.1e의 $e(t)$는

$$\begin{aligned} e(t) &= m(t)\cos^2\omega_c t \\ &= \frac{1}{2}[m(t) + m(t)\cos\, 2\omega_c t] \end{aligned} \tag{4.2a}$$

로 나타난다. 그리고 $e(t)$를 푸리에 변환시키면, 다음 식으로 표현된다.

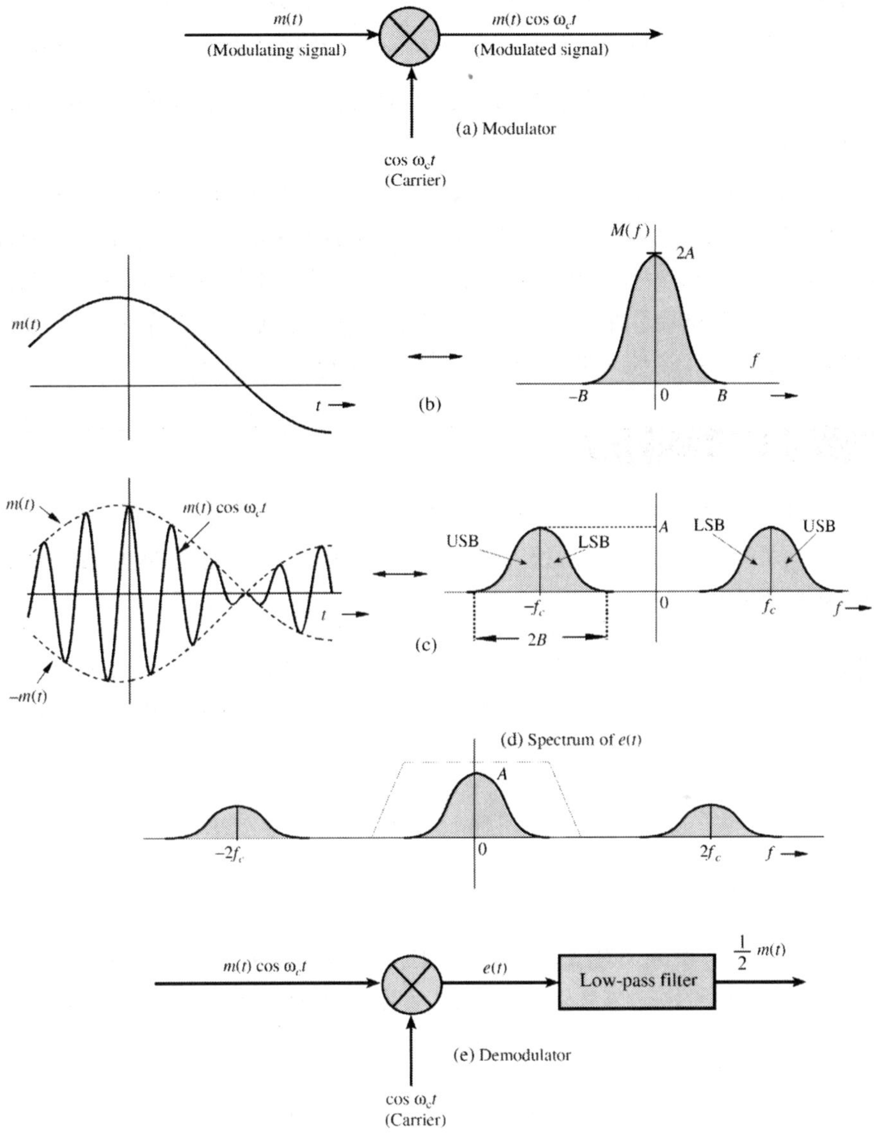

▸▸ 그림 4.1 DSB-SC 변복조 과정

$$E(f) = \frac{1}{2}M(f) + \frac{1}{4}[M(f + 2f_c) + M(f - 2f_c)] \tag{4.2b}$$

여기서 $e(t)$는 $\frac{1}{2}m(t)$와 $\frac{1}{2}m(t)\cos\omega_c t$로 구성되어 있으며, $e(t)$의 스펙트럼은 그림 4.1d에서 보여준다. 위 식의 두 번째 항은 $2f_c$만큼 $m(t)$가 천이된 꼴로 나타나며,

그림 4.1e의 저역통과 필터에 의해 제거된다. 우리가 원하는 신호는 저역통과 필터를 통과하여 $\frac{1}{2}m(t)$로 나타난다. 여기서 $\frac{1}{2}$값은 $\cos\omega_c t$ 대신에 $2\cos\omega_c t$를 사용하면 없앨 수 있다. 즉, $\frac{1}{2}$값은 신호의 성질에 영향을 주는 값이 아니므로 증폭기 등을 사용하여 조절하면 된다.

그림 4.1d에서는 저역통과 필터의 한 예를 보여주고 있다. 위의 설명과 같은 방법으로 신호를 복원하는 방법을 동기검출(Synchronous Detection, or Coherent Detection)이라고 한다. 그리고 이 경우는 변조시 사용한 정현파 함수와 같은 주파수와 위상을 갖는 정현파 함수를 사용해야 한다. 다시 말해서 복조기에서는 변조기에서 사용한 정현파 함수를 그대로 복원할 수 있는 국부 발진기를 갖추어야 한다.

● 예제 4.1

$m(t) = \cos\omega_m t = \cos 2\pi f_m t$ 신호의 DSB-SC 신호를 구하고 스펙트럼을 그려라. 그리고 상측대파와 하측대파를 표시하시오. 그리고 그림 4.1e에 있는 복조기로 이 신호가 복조되는지를 검증하시오.

풀이 이 예제의 형태를 톤 변조라고 한다. 왜냐하면 송신하고자 하는 기저대역 신호가 순수한 정현파 함수 혹은 톤인 $\cos\omega_m t$이기 때문이다. 이 문제를 시간 영역과 주파수 영역에서 각각 검증해 보기로 하자. 기저대역 신호 $m(t) = \cos\omega_m t$의 스펙트럼은

$$
\begin{aligned}
M(f) &= \frac{1}{2}[\delta(f - f_m) + \delta(f + f_m)] \\
&= \pi[\delta(\omega - \omega_m) + \delta(\omega + \omega_m)]
\end{aligned}
$$

로 표현되고 그림 4.2(a) 처럼 $\pm f_m$에 두 개의 임펄스를 나타낸다. 변조된 신호의 스펙트럼은 그림 4.2(b)처럼 $\pm f_c$에 각각 2개씩의 임펄스를 갖는 형태로 나타난다. f_c보다 큰 영역의 스펙트럼이 USB이고 작은 영역의 스펙트럼이 LSB이다. 이 경우 $\pm f_c$ 부분에는 신호가 존재하지 않는다. 이것을 보고 억압된 반송파라는 말을 사용한다(suppressed carrier).

이제 시간 영역에서의 접근을 해보기로 하자. 기저대역 신호 $m(t) = \cos\omega_m t$의 DSB-SC 신호 $\varphi_{\mathrm{DSB-SC}}(t)$는 다음과 같다.

$$
\begin{aligned}
\varphi_{\mathrm{DSB-SC}}(t) &= m(t)\cos\ \omega_c t \\
&= \cos\ \omega_m t \cos\ \omega_c t \\
&= \frac{1}{2}[\cos(\omega_c + \omega_m)t + \cos(\omega_c - \omega_m)t]
\end{aligned}
$$

위 식에서 볼 수 있듯이 기저대역 신호가 f_m의 주파수를 갖는 한 개의 정현파 함수인 경우 변조된 신호는 $f_c + f_m$과 $f_c - f_m$을 갖는 두 개의 정현파 함수로 표현된다. 그림 4.2b에서 정확한 스펙트럼을

보여준다. 또한 f_c 부분에 아무런 신호가 없는 것도 알 수 있다. 이것이 DSB-SC로 불리는 이유이다.

이제 $\varphi_{DSB-SC}(t)=\cos\omega_m t\cos\omega_c t$ 를 그림 4.1(e)에 입력시켰을 때 출력이 $\cos\omega_m t$의 형태로 나오는지 검증해 보자. 그림 4.1(e)의 신호 $e(t)$는 다음과 같이 나타난다.

$$\begin{aligned} e(t) &= \cos\ \omega_m t\cos^2\omega_c t \\ &= \frac{1}{2}\cos\ \omega_m t\,(1+\cos\ 2\omega_c t) \end{aligned}$$

위 식에서 $\frac{1}{2}\cos\omega_m t\cos 2\omega_c t$는 $2\omega_c$의 주파수 값에 위치하게 된다. 따라서 저역통과 여파기를 통과하면 $\frac{1}{2}\cos\omega_m t$가 남게 된다. 위와 같은 결과를 주파수 영역에서도 똑같이 볼 수 있다.

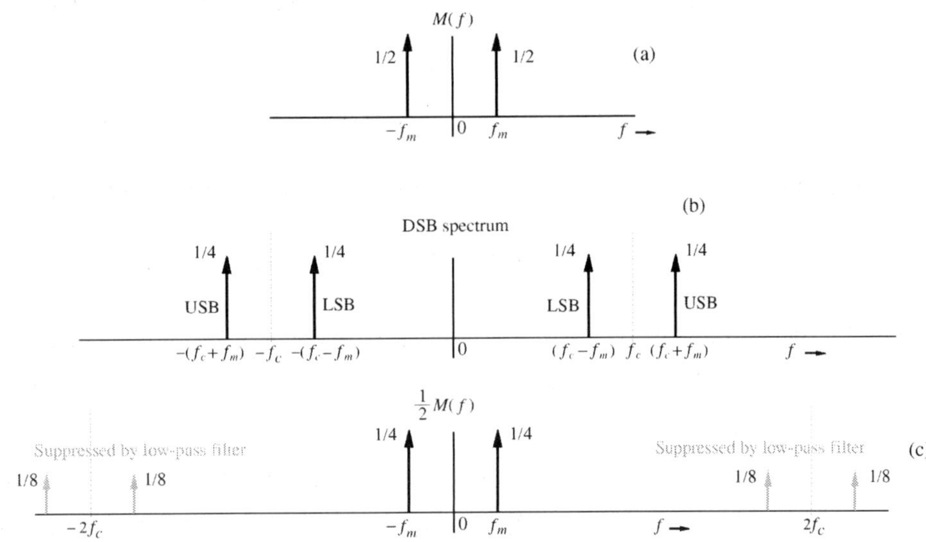

▸▸ 그림 4.2 DSB-SC 변조의 한 예

○ **변조기**

변조 효과는 여러 가지 방법으로 얻을 수 있다. 여기서는 몇 가지 중요한 변조기들에 대해 얘기해 보기로 한다.

곱 변조기 : $m(t)$에 $\cos\omega_c t$를 직접 곱하는 아날로그 곱셈기를 사용하는 변조기를 의미한다. 출력은 두 개의 입력 신호의 곱에 비례한다. 일반적으로 곱셈기는 하나의 신호에 의해 제어되는 이득 파라미터(트랜지스터의 β와 같은)를 가변 이득 증폭기에서 얻을 수 있다. 이 증폭기에서 입력 신호가 $\omega_c t$이면 출력은 $m(t)\cos\omega_c t$에 비례한다. 초기에 회로 설

계자는 상당한 크기의 동적 범위에서 두 신호의 곱셈을 도전했다. 그러나 반도체 기술의 지속적인 발전에 의해 신호의 곱셈에 대한 주요 관심사는 중지되었다. 아직도 우리는 몇 가지 사용하지는 않지만 전통적인 변조기를 소개한다. 이러한 변조기를 공부하면 몇 가지 새로운 신호 분석 기술과 독특한 통찰력을 얻을 수 있을 것이다.

비선형 변조기 : 변조 신호는 다이오드나 트랜지스터와 같은 비선형 소자를 이용해서 만들 수도 있다. 그림 4.3에서는 2개의 비선형 소자를 이용한 변조기를 보여주고 있다.

비선형 소자의 입출력 관계를 다음과 같이 근사화해 보자.

$$y(t) = ax(t) + bx^2(t) \tag{4.3}$$

여기서 $x(t)$와 $y(t)$는 비선형 소자에 대한 출력을 나타낸다. 여기서 그림 4.3의 출력 $z(t)$는

$$z(t) = y_1(t) - y_2(t) = [ax_1(t) + bx_1{}^2(t)] - [ax_2(t) + bx_2{}^2(t)]$$

로 나타난다. $x_1(t) = \cos\omega_c t + m(t)$, $x_2(t) = \cos\omega_c t - m(t)$를 대입하면

$$z(t) = 2a \cdot m(t) + 4b \cdot m(t)\cos\ \omega_c t$$

로 된다. $m(t)$의 스펙트럼은 원점에 중심을 두고 $m(t)\cos\omega_c t$는 $\pm\omega_c$에 중점을 둔다. 즉 $z(t)$ 신호를 $\pm\omega_c$에 맞추어진 BPF에 통과시키면 $am(t)$는 제거되고, 우리가 원하는 변조 신호 $4bm(t)\cos\omega_c t$가 남게 된다.

이 시스템에는 두 개의 입력 신호가 필요하다. 즉, $m(t)$와 $\cos\omega_c t$이다. 하지만 $z(t)$에는 $\cos\omega_c t$ 값이 포함되어 있지 않다. 결과적으로 반송파 신호가 BPF의 입력에 존재하지 않는다.

그림 4.3의 회로는 1개의 입력 신호에 대해서 평형 브릿지를 이룬다. 이러한 회로를 평형 회로라고 부른다. 따라서 그림 4.3의 비선형 변조기를 평형변조기라 부른다. 이 시스템은

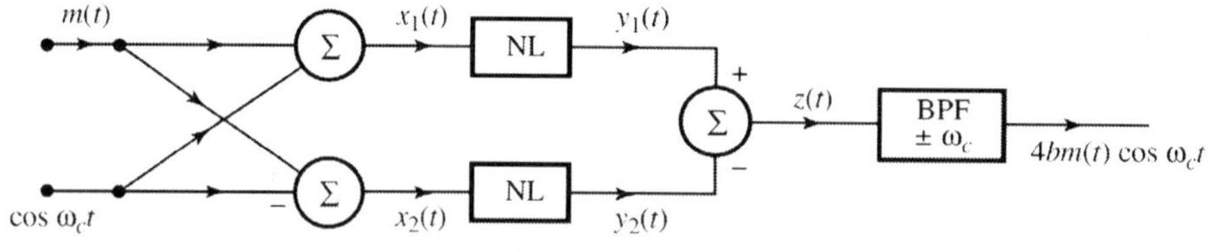

►► 그림 4.3 비선형 DSB-SC 변조기

$\cos\omega_c t$에 대해서만 평형을 이룬다; $m(t)$ 신호는 여전히 BPF에 존재한다. 이러한 이유로 이런 회로를 단일 평형 변조기라 부른다. 두 입력 신호 모두를 평형시키는 회로를 이중 평형 변조기라 부른다. 예로서 그림 4.6에 있는 링 변조기(ring modulator)가 있다.

스위칭 변조기 : 변조 방식에서 필요한 곱셈은 간단한 스위치 동작으로 대체될 수 있다. 이것의 원리는 $m(t)$를 하나의 정현파 함수로 곱하는 것이 아니라 기본 주파수가 ω_c인 임의의 주기 함수와 곱해져도 우리가 원하는 $m(t)\cos\omega_c t$를 얻을 수 있다는 것이다. 그러한 주기 함수는 삼각 푸리에 급수에 의해 다음과 같이 표현될 수 있다.

$$\phi(t) = \sum_{n=0}^{\infty} C_n \cos(n\omega_c t + \theta_n) \tag{4.4a}$$

그러므로

$$m(t)\phi(t) = \sum_{n=0}^{\infty} C_n\, m(t) \cos(n\omega_c t + \theta_n) \tag{4.4b}$$

위의 식에서 $m(t)\phi(t)$의 스펙트럼은 $M(\omega)$가 $\pm\omega_c$, $\pm 2\omega_c$, $\cdots$, $\pm n\omega_c$, $\cdots$로 위치 이동한 것임을 알 수 있다. 만일 이 신호가 대역폭이 $2B$ Hz이고 중심 주파수가 ω_c인 BPF에 통과하면 $c_1 m(t)\cos(\omega_c t + \theta_1)$의 변조 신호를 얻을 수 있다.

그림 4.4(b)의 직각 펄스 열 $w(t)$의 푸리에 급수 전개식은

$$w(t) = \frac{1}{2} + \frac{2}{\pi}\left(\cos\omega_c t - \frac{1}{3}\cos 3\omega_c t + \frac{1}{5}\cos 5\omega_c t - \cdots\right) \tag{4.5}$$

으로 나타난다. 따라서 $m(t)w(t)$는

$$m(t)w(t) = \frac{1}{2}m(t) + \frac{2}{\pi}\left[m(t)\cos\omega_c t - \frac{1}{3}m(t)\cos 3\omega_c t + \frac{1}{5}m(t)\cos 5\omega_c t - \cdots\right] \tag{4.6}$$

으로 된다. $m(t)w(t)$는 $m(t)$와 무한대의 변조 신호들로 구성되어 있다. 그래서 $m(t)w(t)$ 스펙트럼은 $M(f)$와 $\pm f_c$, $\pm 3f_c$, $\pm 5f_c$, $\cdots$에 $M(f)$가 이동하여 위치하게 된다(그림 4.4c 참조). 여기에서 우리가 원하는 신호는 $m(t)\cos\omega_c t$이다. 따라서 이 신호를 $2B$ Hz (또는 $\omega_c \geq 4\pi B$)의 대역폭과 중심주파수 f_c를 가지는 BPF에 통과시키면 그림 4.4d처럼 $\frac{2}{\pi}m(t)\cos\omega_c t$를 얻을 수 있다.

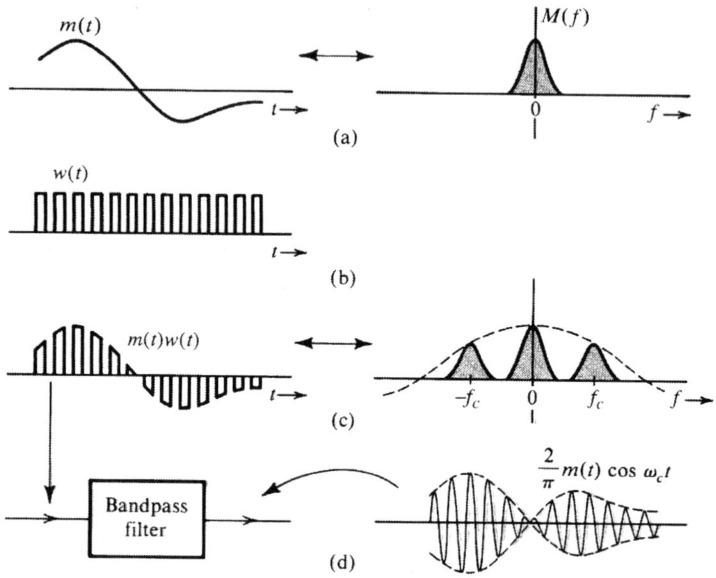

▸▸ 그림 4.4 DSB-SC를 위한 스위칭 변조기

신호를 연속된 구형파와 곱하는 것은 스위치 동작으로 구현할 수 있다. 즉 $m(t)$에 의해 구동되는 스위치로 켰다 껐다를 주기적으로 반복하면 된다. 그림 4.5a에서는 **다이오드-브릿지 변조기**를 보여준다. 여기서는 $A\cos\omega_c t$에 의해 구동되는 다이오드 스위치를 이용하고 있다. 다이오드 D_1, D_2 그리고 D_3, D_4가 대응 짝이다. 반송파 $\cos\omega_c t$의 c부분의 값이 d에 비해 큰 값이 되면, 모든 다이오드는 도체가 된다. 이때, 다이오드 D_1과 D_2가 대응 짝이기 때문에, a 단자와 b 단자가 같은 전위를 갖게 되고 결국 닫히게 된다. 그 다음 반주기 동안은 d 단자가 c 단자에 비해 크게 되고 모든 다이오드는 절연이 된다. 따라서 a와 b는 열리게 된다. 이러한 원리로 그림 4.5(a)의 다이오드 브릿지가 전기 스위치로 동작하게 된다.

즉 c와 d 단자에 $A\cos\omega_c t$의 신호가 가해지면 a와 b 단자가 f_c의 주기로 "열렸다가 닫혔다가"하게 된다. $m(t)w(t)$를 얻기 위해서는 그림 4.5b처럼 $m(t)$와 직렬로 연결할 수도 있고, 그림 4.5c처럼 병렬로 연결할 수도 있다.

이러한 변조기를 각각 **연속 브릿지 다이오드 변조기**와 **분로 브릿지 다이오드 변조기**로 부른다.

또 다른 스위치 변조기로는 그림 4.6a와 같은 **링 변조기**가 있다. $A\cos\omega_c t$의 양의 반주기 동안은 D_1과 D_3가 도체되고 D_2와 D_4는 절연이 된다. 그러므로 a와 c가 연결되고 b와 d가 연결된다. 나머지 음의 반주기 동안은 D_1과 D_3는 절연이 되고 D_2와 D_4는 도체가 된다. 따라서 a와 d가 연결이 되고 b와 c가 연결이 된다. 결과적으로 양의 반주기

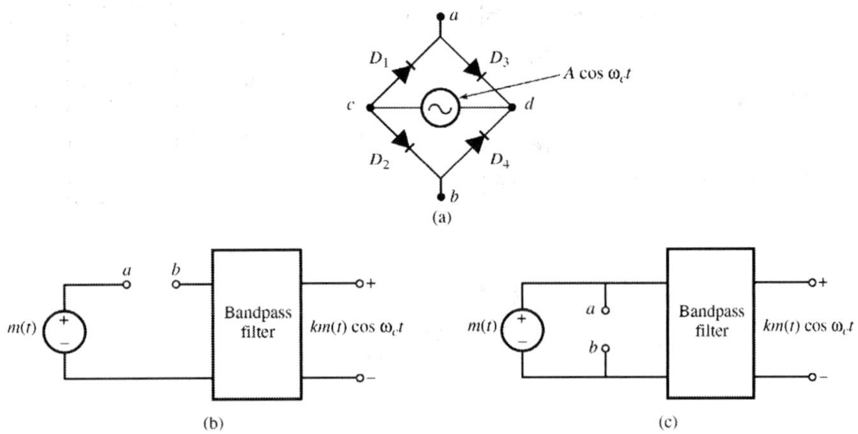

▸▸ 그림 4.5 (a) 다이오드 – 브릿지 전기적 스위치 (b) 직렬 브릿지 다이오드 변조기 (c) 분로 – 브릿지 다이오드 변조기

동안은 출력값이 $m(t)$에 비례하고, 음의 반주기 동안은 $-m(t)$에 비례하게 된다. 이것은 결국 $m(t)$가 그림 4.6(b)와 같은 구형 펄스 열에 곱해지는 효과가 난다. $w_0(t)$의 푸리에 급수는

$$w_0(t) = \frac{4}{\pi}\left(\cos\ \omega_c t - \frac{1}{3}\cos\ 3\omega_c t + \frac{1}{5}\cos\ 5\omega_c t - \cdots\right) \tag{4.7a}$$

로 되고

$$v_i(t) = m(t)w_0(t) = \frac{4}{\pi}\left[m(t)\cos\ \omega_c t - \frac{1}{3}m(t)\cos\ 3\omega_c t + \frac{1}{5}m(t)\cos\ 5\omega_c t - \cdots\right] \tag{4.7b}$$

로 표현된다. 그림 4.6d에 $m(t)w_0(t)$가 그려져 있다. 이 신호가 ω_c를 중심으로 한 BPF를 통과하게 되면 우리가 원하는 변조 신호 $(4/\pi)m(t)\cos\omega_c t$를 얻을 수 있다.

이 회로의 입력 신호는 $m(t)$와 $\cos\omega_c t$이다. 하지만 BPF의 입력으로 들어가는 신호에는 두 신호가 모두 없어지게 된다. 결과적으로 이 회로가 **이중 평형 변조기**의 한 예가 된다.

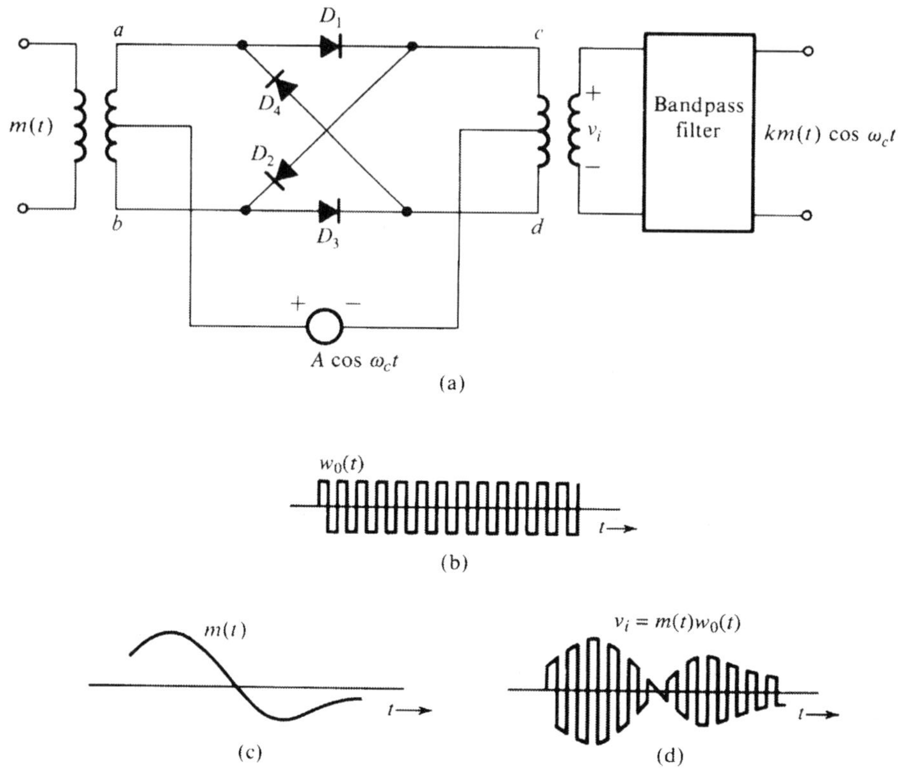

▸▸ 그림 4.6 링 변조기

● 예제 4.2

• 주파수 혼합기 또는 변환기

여기서는 변조된 신호 $m(t)\cos\omega_c t$의 반송파 주파수를 ω_I로 바꾸기 위하여 주파수 혼합기 혹은 주파수 변환기에 대하여 알아보자.

풀이

위의 결과를 얻기 위해서는 그림 4.7(a)처럼 먼저 $m(t)\cos\omega_c t$에 $2\cos\omega_{\mathrm{mix}}t$ (여기서 $\omega_{\mathrm{mix}} = \omega_c + \omega_I$ 혹은 $\omega_c - \omega_I$)를 곱한 뒤 BPF를 통과시키면 된다.

$$x(t) = 2m(t)\cos\omega_c t\cos\omega_{\mathrm{mix}}t$$

$$= m(t)[\cos(\omega_c - \omega_{\mathrm{mix}})t + \cos(\omega_c + \omega_{\mathrm{mix}})t]$$

여기서 $\omega_{\text{mix}} = \omega_c - \omega_I$로 놓으면 $x(t) = m(t)[\cos \omega_I t + \cos(2\omega_c - \omega_I)t]$가 된다. 또, $\omega_{\text{mix}} = \omega_c + \omega_I$로 놓으면 $x(t) = m(t)[\cos \omega_I t + \cos(2\omega_c + \omega_I)t]$가 된다. 두 경우 모두 ω_I에 중심을 갖는 BPF를 통과시키면 $m(t)\cos\omega_I t$의 값만이 남게 된다.

주파수 혼합기 혹은 변환기(heterodyning)는 ω_I와 ω_c의 차이만큼의 반송파 신호를 $m(t)\cos\omega_c t$로 변조해 주는 것이다. 다시 말해서 앞에서 언급한 모든 변조기들이 주파수 변환기로 쓰일 수 있다. $\omega_{\text{mix}} = \omega_c + \omega_I$로 선택하면 **전송대역 변환**이라고 부르고, $\omega_{\text{mix}} = \omega_c - \omega_I$로 선택하면 **기저대역 변환**이라고 부른다.

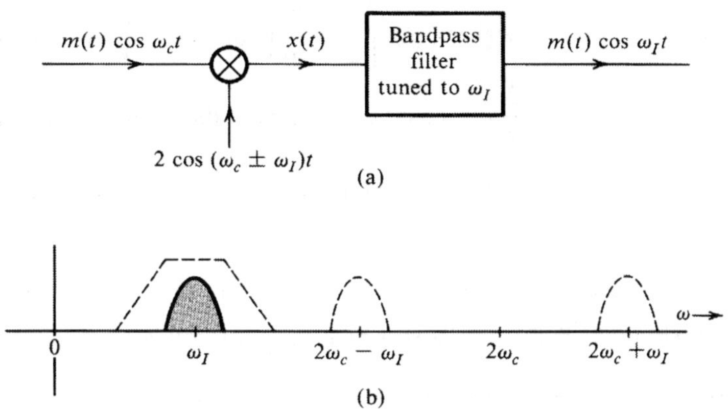

▸▸ 그림 4.7 주파수 혼합기 또는 변환기

○ DSB-SC 신호의 복조

앞서 이미 언급했지만 DSB-SC의 복조 과정은 변조 과정과 일치한다. 수신기에서는 수신된 신호를 변조기에서 사용한 주파수와 위상이 같은 반송파 신호로 곱해 준다. 그 곱셈 결과를 LPF에 통과시키면 된다. 즉 변조기와 복조기의 **유일한 차이**는 마지막 출력 필터의 차이이다. 변조기에서는 ω_c에 중심을 둔 BPF를 사용하고 복조기에서는 LPF를 사용한다. 그러므로 앞에서 언급한 모든 변조기는 BPF를 LPF로 바꾸면 복조기로 사용할 수 있다. 복조를 하기 위해서는 수신기는 반드시 수신된 신호의 반송파 주파수와 위상을 정확히 알아야 한다. 이러한 수신기의 형태를 동기검출이라고 한다(**Synchronous** 혹은 **Coherent** demodulators).

● 예제 4.3

그림 4.5의 스위치를 사용하여 구성한 스위치 복조기를 분석하시오.

풀이 입력 신호는 $m(t)\cos\omega_c t$이다. 반송파 신호는 입력 신호에 대해 on/off를 주기적으로 수행한다. 그러므로 출력값은 $m(t)\cos\omega_c t \times w(t)$가 된다.

$\cos x \ \cos y = 0.5[\cos(x+y) + \cos(x-y)]$의 성질을 이용하면

$$
\begin{aligned}
m(t)\cos\ \omega_c t \times w(t) &= m(t)\cos\ \omega_c t\left[\frac{1}{2} + \frac{2}{\pi}\left(\cos\ \omega_c t - \frac{1}{3}\cos\ 3\omega_c t + \cdots\right)\right] \\
&= \frac{2}{\pi}m(t)\cos^2\omega_c t + \text{terms of the form } m(t)\cos\ n\omega_c t \\
&= \frac{1}{\pi}m(t) + \frac{1}{\pi}m(t)\cos\ 2\omega_c t + \text{terms of the form } m(t)\cos\ n\omega_c t
\end{aligned}
$$

$m(t)\cos\omega_c t$의 스펙트럼은 $\pm n\,\omega_c$에 중심을 둔 형태로 나타난다. 따라서 LPF를 취하면 $\frac{1}{\pi}m(t)$만이 남게 된다. 독자들이 링 복조기에 대해서 출력 값이 $\frac{2}{\pi}m(t)$가 되는 것을 확인해 보기 바란다.

4.3 진폭 변조(AM)

지난 절에서 DSB-SC의 진폭 변조에 대해 소개하고 논의하였다. 따라서 DSB-SC의 진폭 변조를 시간 영역과 주파수 영역에서 쉽게 이해하고 분석할 수 있다. 그러나 분석적인 단순함(analytical simplicity)은 항상 실제적인 실현(practical implementation)에서의 단순함에 필적하지 않는다. DSB-SC 신호의 동기 복조는 반송 신호 과정의 수신기와 동기화된 입력 신호(incoming signal)가 필요하다. 이러한 필요성은 실제로 다루기 쉽지 않다. 왜냐하면 변조된 신호는 수백 마일을 이동할지도 모르고, 심지어 몇몇 미지의(unknown) 주파수의 천이로 고통(suffer) 받을 수 있으며, 그 대역통과는 신호를 다음과 같은 형태로 받는다.

$$
r(t) = A_c m(t-t_0)\cos[(\omega_c + \Delta\omega)(t-t_0)] = A_c m(t-t_0)\cos[(\omega_c+\Delta\omega)t - \theta_d)]
$$

여기서 $\Delta\omega$는 도플러 현상을 나타낸다.

$$
\theta_d = (\omega_c + \Delta\omega)t_d
$$

이것은 미지의 지연 t_0에서 온다. 동기 복조기를 이용하기 위해서, 수신기는 수신된 신호 $r(t)$에서 단지 국부 발진기의 $\cos[(w_c + \Delta w)t - \theta_d)]$를 생성할 만큼 충분히 정교한(sophisticated) 것임에 틀림없다. 이런 수신기는 구현되는 것이 더 어려울 것이고 매우 높은 비용이 소요된다. 이 비용은 특별히 모든 송신기를 위해 많은 수신기를 가지고 있는 방송 시스템에서 기피했던 것이다.

동기 복조기의 대안으로 송신기에서 $A\cos\omega_c t$ 신호를 $m(t)\cos\omega_c t$ 신호와 더불어 같이 보내는 방법이 있다. 이렇게 함으로써 수신기에서 반송파를 복원할 필요가 없어진다. 이 경우 송신기에서는 더 큰 전력을 송신해야 하며 또한 비싼 송신기가 필요하게 된다. 일대일 통신의 경우는 한 대의 송신기가 모든 수신기를 위해 덜 비싼 송신기에 의해 가격이 절감되면 수신기 시스템의 상당한 복잡도는 정당화 될 수 있다. 하지만 방송 시스템의 경우 각 송신기에 수많은 수신기가 동작하기 때문에 비싸고 큰 전력을 갖는 송신기와 더 간단하고 더 저렴한 수신기가 경제적이다. 수신기에서 어떠한 비용의 절약도 수신기 장치(units)의 수에 의해서 곱해지기 때문이다. 이러한 이유로 방송 시스템에서 많은 수신기로부터 적은 송신기까지 비용의 절충점을 선호하는 경향이 있다.

두 번째 대안으로 방송 시스템에서 변조된 신호를 반송파와 함께 송신하는 경우도 목표한 절충점을 제공하므로 분명한 선택일 수 있다. 이 경우를 AM이라고 부르며, 송신 신호 $\varphi_{AM}(t)$에 의해 수식으로 다음과 같이 나타낸다.

$$\varphi_{\text{AM}}(t) = A\cos\ \omega_c t + m(t)\cos\ \omega_c t \tag{4.8a}$$

$$= [A + m(t)]\cos\ \omega_c t \tag{4.8b}$$

$\varphi_{\text{AM}}(t)$의 스펙트럼은 $\phi_{\text{DSB-SC}}(t) = m(t)\cos\omega_c t$는 $\pm f_c$에 추가된 임펄스(impulse) 함수를 제외하고 기본적으로 같다.

$$\varphi_{\text{AM}}(t) \iff \frac{1}{2}[M(f+f_c) + M(f-f_c)] + \frac{A}{2}[\delta(f+f_c) + \delta(f-f_c)] \tag{4.8c}$$

$\varphi_{\text{AM}}(t)$와 $\phi_{\text{DSB-SC}}(t) = m(t)\cos\omega_c t$를 비교할 때 AM 신호는 변조 신호 $m(t)$를 대신하여 $A+m(t)$를 포함하고 있는 DSB-SC 신호임을 확인할 수 있다. A의 값은 항상 양이다. 따라서, $A+m(t)$를 그리고 $-(A+m(t))$ 그린 후에 그 사이에 반송파 주파수를 갖는 정현파 함수를 그리면 변조된 $\varphi_{\text{AM}}(t)$신호를 그릴 수 있다. A의 크기는 변조된 신호의 시간 영역의 포락선에 영향을 끼친다.

두 경우에 대해 그림 4.8에서 보여준다. 첫 번째 A의 값이 충분히 커서 모든 t에 대해 $A+m(t) \geq 0$이다. 두 번째의 경우는 A가 충분히 크지 못해서 앞의 조건을 만족하지 못하는 경우이다. 첫 번째 경우는 신호의 포락선이 $m(t)$의 모양을 그대로 유지하고 있다.

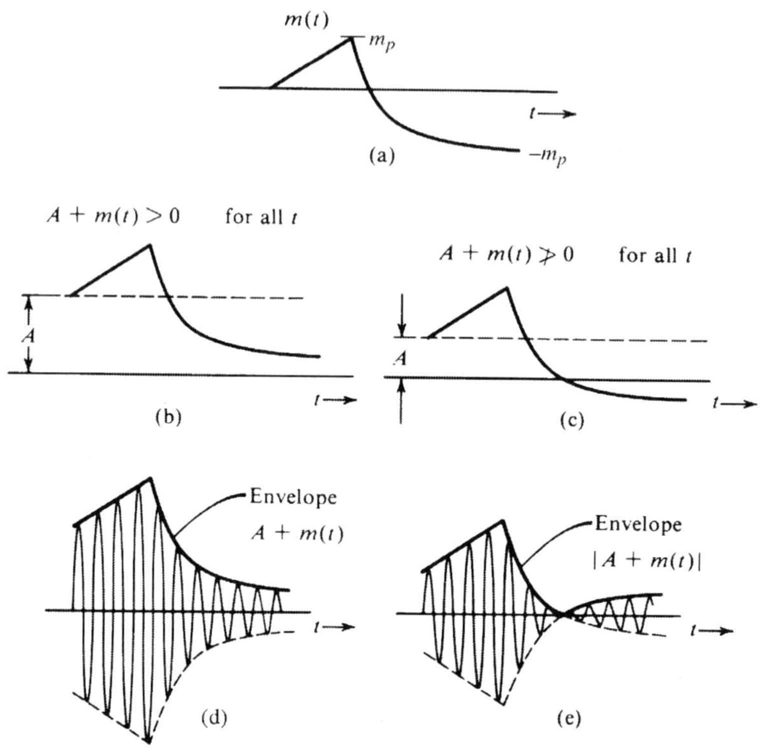

▸▸ 그림 4.8 AM 신호와 AM 신호의 포락선

두 번째 경우는 $m(t)$의 포락선이 그대로 유지되지 못한다. 왜냐하면 $A+m(t)$의 음의 일부분이 정류되어지기 때문이다.

$A+m(t)>0$과 같이 첫 번째 경우는 수신 신호의 포락선을 잡아내면 우리가 원하는 신호 $m(t)$를 얻어낼 수 있다. 하지만 두 번째 경우는 그렇게 신호를 잡을 수가 없다. 포락선 수신은 매우 간단하고 값싸게 구현할 수 있다. 그리고 복조를 위한 국부 반송파의 생성을 필요로 하지 않는다. 하지만 AM 포락선이 AM 신호 $[A+m(t)]\cos\omega_c t$가 모든 t에서 조건 $A+m(t)>0$을 만족하는 경우에만 AM 포락선은 $m(t)$에 관한 정보를 가진다.

지금부터 "포락선"의 정의에 관해 더 명확하게 알아보자. 신호 $E(t)\cos\omega_c(t)$를 가정하자. 만약 $E(t)$가 정현 반송파 $\cos\omega_c t$와 비교해 볼 때 천천히 변화한다면, 그 $E(t)\cos\omega_c t$의 **포락선**이 $|E(t)|$이다. 이것은 식 (4.8b)를 의미한다. 그리고 $A+m(t)\geq 0$가 모든 t 영역에서 성립하는 경우 $\varphi_{\text{AM}}(t)$의 포락선은 다음과 같다.

$$|A+m(t)| = A+m(t)$$

다른 말로 하자면, 포락선 수신을 위한 적절한 $m(t)$를 찾았고, 두 조건이 충족되어야 한다.

(a) $f_c \gg m(t)$의 대역폭

(b) $A + m(t) \geq 0$

이것은 그림 4.8d와 4.8e에서 보여 지고 있고, 그림 4.8d의 경우는 $A + m(t) \geq 0$이고, $A + m(t)$가 포락선이며, 이것으로부터 $m(t)$를 구할 수 있다. 하지만 그림 4.8e의 경우는 $A + m(t)$가 항상 양수가 아니며, 포락선은 $A + m(t)$가 되지 못한다. 따라서 $m(t)$를 포락선에서부터 구할 수 없다. 결론적으로 $\varphi_{\text{AM}}(t)$의 복조는 그림 4.8d와 같이 간단히 포락선 수신을 나타낼 수 있다.

따라서 AM 신호의 **포락선 검출 조건**은 다음과 같다.

$$A + m(t) \geq 0 \qquad \text{for all } t \tag{4.9a}$$

만일 모든 t에 대해 $m(t) \geq 0$라면, $A = 0$인 경우도 (4.9a)의 조건을 만족시킬 수 있다.

이 경우 반송파 신호를 더해 줄 필요가 없고 $m(t)\cos\omega_c t$ (DSB-SC) 신호의 포락선을 그대로 써서 $m(t)$를 얻어낼 수 있다. 이제는 좀 더 일반적인 경우로 $m(t)$가 양수 및 음수가 될 수 있는 상황을 고려해보자.

0 오프셋을 갖는 메시지 신호 $m(t)$: $m(t)$의 최대값과 최소값을 $\pm m_p$라고 그림 4.8과 같이 가정하자. 즉, $m(t) \geq -m_p$인 경우이다. 따라서 포락선 검출의 조건 (4.9a)은 다음과 같이 쓸 수 있다.

$$A \geq -m_{\text{min}} \tag{4.9b}$$

그러므로 포락선 검출을 하기 위해서 더해지는 반송파 크기의 최소값은 m_p이다. 이것은 그림 4.8에서 명확히 보여주고 있다.

변조지수(modulation index) μ를 다음과 같이 정의한다.

$$\mu = \frac{m_p}{A} \tag{4.10a}$$

무왜곡 전송의 포락선 검출을 위한 조건은 $A \geq m_p$이고, 다음과 같은 성질을 얻을 수 있다.

$$0 \leq \mu \leq 1 \tag{4.10b}$$

위의 수식은 AM 수신시 포락선을 검출했을 때 무왜곡 전송 신호를 얻어낼 수 있는 필요조건이다.

$A < m_p$인 경우, 식 (4.10a)로부터 $\mu > 1$이 되고, 이 경우를 과변조(overmodulation) 되었다고 한다. 이 경우는 포락선 수신을 할 수 없다. 이런 경우는 동기 수신을 해야 한다. 참고로 동기 수신은 μ 값이 어떤 값을 갖더라도 가능하다. 단지 추가적으로 직류 전압 A를 제거하기 위해 직류 차단이 필요하다.

포락선 검출기는 동기 검출기보다 훨씬 간단하고 덜 비싸지만 $\mu \le 1$인 경우에만 사용할 수 있다.

0이 아닌 오프셋을 갖는 메시지 신호 $m(t)$: 드문 경우로 $m(t)$가 0이 아닌 오프셋을 가질 경우 최대값과 최소값이 대칭(symmetric) 되지 않는 다음 조건이 성립한다.

$$m_{\min} \neq -m_{\max}$$

이 경우 어떤 오프셋도 포락선 검출기 출력의 모습이 변하지 않는 포락선이 되는 것을 인정할 수 있다.

또한 이 경우에, 포락선 수신이 만일 무왜곡 전송으로 남아 있을 경우, 다음 조건과 같다.

$$0 \le \mu \le 1 \tag{4.11a}$$

여기에 수정된 변조 지수 정의(modified modulation index definition)는 다음과 같다.

$$\mu = \frac{m_{\max} - m_{\min}}{2A + m_{\max} + m_{\min}} \tag{4.11b}$$

● 예제 4.4

$m(t) = B\cos\omega_m t$이고, $\mu = 0.5$, $\mu = 1$인 경우 $\varphi_{AM}(t)$을 각각 그려라. 이 경우는 톤 변조라고 불리는 경우이다.

풀이 경우, $m_p = b$ 즉, $m_{\max} = b$, $m_{\min} = -b$ 라 놓자. 그러면 $\mu = \dfrac{b}{A}$가 된다. 그러므로 $b = \mu A$가 되고, $m(t) = B\cos\omega_m t = \mu A\cos\omega_m t$ 가 된다.
그러므로,

$$\varphi_{AM}(t) = [A + m(t)]\cos\,\omega_c t = A[1 + \mu\cos\,\omega_m t]\cos\,\omega_c t$$

그림 4.9에서 $\mu = 0.5$와 $\mu = 1$인 경우에 대한 $\phi_{\mathrm{AM}}(t)$를 보여준다.

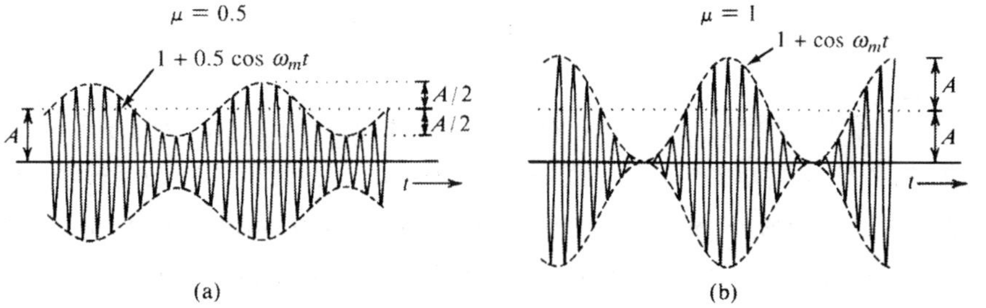

▸▸ 그림 4.9 톤 변조된 AM (a) $\mu = 0.5$ (b) $\mu = 1$

○ 측대파와 반송파 전력

AM을 포락선을 검출하기 위해서는 대가를 치루어야 한다. AM에서 반송파는 아무런 정보도 전송하지 못한다. 따라서 반송파 전력은 헛되이 소모되는 것이다.

$$\phi_{\mathrm{AM}}(t) = \underbrace{A\cos\omega_c t}_{\text{반송파 전력}} + \underbrace{m(t)\cos\omega_c t}_{\text{측대파}}$$

반송파 전력 p_c는 $A\cos\omega_c t$의 제곱평균값이다. 즉, $\dfrac{A^2}{2}$이다. 측대파의 전력 p_s는 $m(t)\cos\omega_c t$의 전력이다. 즉, $0.5\widetilde{m^2}(t)$이다.

$$P_c = \frac{A^2}{2} \text{ 이고 } P_s = \frac{1}{2}\widetilde{m^2}(t)$$

그러므로 측대파의 전력은 유용한 전력이고, 반송파의 전력은 소모성 전력이다. 총 전력은 측대파 전력에 반송파 전력을 더한 것이다. 그러므로 전력효율(power efficiency) η는 다음과 같다.

$$\eta = \frac{\text{유용한 전력}}{\text{총전력}} = \frac{P_s}{P_c + P_s} = \frac{\widetilde{m^2}(t)}{A^2 + \widetilde{m^2}(t)} 100\%$$

특별한 경우로 톤변조를 생각해 보자.

$$m(t) = \mu A\cos\omega_m t,\ \widetilde{m^2}(t) = \frac{(\mu A)^2}{2}$$

그러므로

$$\eta = \frac{\mu^2}{2+\mu^2} 100\%, \quad 0 \leq \mu \leq 1$$

η는 μ값이 커짐에 따라 같이 커지고, $\mu = 1$일 때 $\eta_{\max}$가 얻어진다. 이때 즉, 톤변조의 경우(최상의 경우, 즉 $\mu = 1$), 송신된 전력 중 1/3 정도만이 유용한 전력이다. 실제의 경우는 DSB-SC에 비해 25% 이하의 전력만이 유용한 전력으로 쓰인다. 최상의 경우는 $\mu = 1$인 때이다. μ값이 작아지면 효율은 더 떨어지게 된다. 이러한 이유 때문에 크기 압축과 첨두치 제한 방법이 AM에서는 많이 사용되어진다.

● 예제 4.5

다음의 각 경우에 대하여 η 값을 구하고, 총 전력 중 유용한 전력의 비를 구하여라.
(a) $\mu = 0.5$ (b) $\mu = 0.3$

풀이 $\mu = 0.5$인 경우,

$$\eta = \frac{\mu^2}{2+\mu^2} 100\% = \frac{(0.5)^2}{2+(0.5)^2} 100\% = 11.11\%$$

그러므로 총 전력의 11%만이 유용한 전력이다.

$\mu = 0.3$인 경우,

$$\eta = \frac{(0.3)^2}{2+(0.3)^2} 100\% = 4.3\%$$

그러므로 총 전력의 4.3%만이 유용한 전력이다.

○ AM 신호의 생성

원칙적으로, AM 신호의 생성은 4.2절에서 논의되었던 DSB-SC 변조와 추가적으로 반송파 성분 $A\cos\omega_c t$가 더해진 DSB-SC 신호를 제외하고는 동일하다고 할 수 있다.

○ AM 신호의 복조

DSB-SC 신호와 같이, AM 신호도 국부발진기에서 발생시킨 반송파에 의하여 동기 복조할 수 있다. 하지만 AM 신호를 동기 복조하면 AM의 원래의 목적에 위배하게 된다. 그것은 추가적인 반송파 성분 $A\cos\omega_c t$의 이점을 가지고 있지 않기 때문이다.

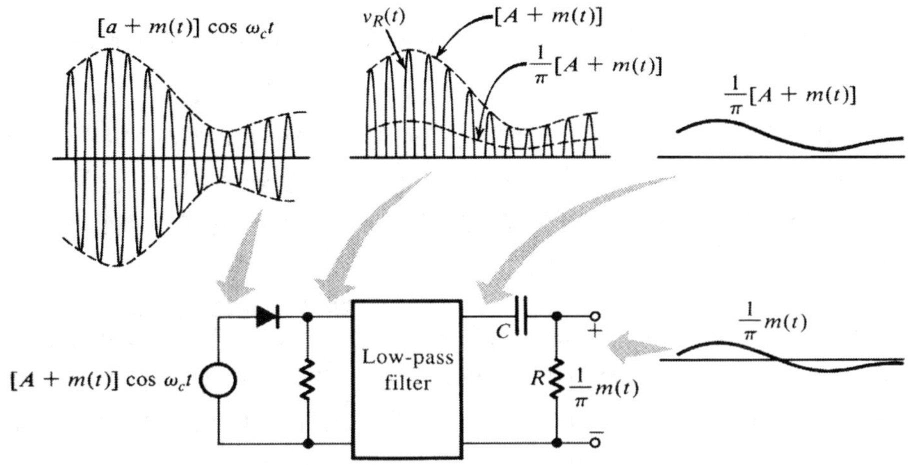

►► 그림 4.10 AM의 정류 검출

$\mu \le 1$일 경우 AM 신호의 포락선은 메시지 신호 $m(t)$를 따른다. 따라서 AM 복조의 두 가지의 비동기 방법을 생각해 볼 수 있다. 다음 조건 $0 < \mu \le 1$에서 정류 검출 방법과 포락선 검출 방법이다.

정류 검출(Rectifier Detector): AM 신호가 그림 4.10에 있는 다이오드와 저항으로 이루어진 회로에 신호로 들어가게 되면, 음의 신호들이 제거된다. 즉 저항에 걸리는 전압은 반파 정류(Half-wave Rectifier)된 AM 신호가 된다. 시각적으로 다이오드는 변조된 정현파의 어떤 음의 반 주기를 자름으로써 한 쌍의 가위들과 같이 행동한다. 본질적으로, 정류 전압은 AM 신호에 $w(t)$가 곱해진 것과 같다. 따라서 정류된 전압 $v_R(t)$은 다음과 같이 표현된다.

$$v_R(t) = \{[A + m(t)] \cos \omega_c t\} w(t) \tag{4.12}$$

$$= [A + m(t)] \cos \omega_c t \left[\frac{1}{2} + \frac{2}{\pi} \left(\cos \omega_c t - \frac{1}{3} \cos 3\omega_c t + \frac{1}{5} \cos 5\omega_c t - \cdots \right) \right] \tag{4.13}$$

$$= \frac{1}{\pi}[A + m(t)] + \text{other terms of higher frequencies} \tag{4.14}$$

$v_R(t)$이 대역폭 B Hz인 LPF를 통과하면 $\frac{1}{\pi}[A + m(t)]$만이 남게 된다. $\frac{A}{\pi}$ 값을 갖는 직류 성분은 그림 4.10에 있는 커패시터에 의해 제거될 수 있으며, 결과적으로 우리가 원

하는 신호 $\frac{m(t)}{\pi}$가 얻어진다. 출력값은 전파 정류(Full wave Rectifier)를 거치면 2배가 될 수 있다.

출력값이 2배가 되는 것은 $w(t)$가 가지고 있는 곱셈 성질 때문이라는 흥미로운 사실을 알 수 있다. 정류 검출은 국부 반송파의 사용 없이 실행되는 동기 검파에 영향이 있다. AM의 높은 반송파에서 영 교차는 주기적이고 송신기에서 반송파의 위상과 주파수에 관한 정보가 AM 신호 자체를 만든다.

포락선 검출(Envelope Detector): 포락선 검출기의 출력은 변조된 신호의 포락선을 찾은 값이다. 그림 4.11a의 회로가 포락선 검출기이다. 입력 신호의 양의 주기 동안 입력이 점차 증가하여 충전 전압이 $v_C(t)$의 용량을 초과하고, 다이오드를 통해 전류가 흐르게 되고, 커패시터 C가 입력 신호주기의 첨두치까지 충전된다. 입력 신호가 이 첨두치 값 아래로 떨어질 때 커패시터 전압도 빠르게 아래로 거의 첨두치 전압까지 떨어진다. 따라서 다이오드가 개방된다. 커패시터는 저항 R을 통해서 천천히 방전된다. 그 다음 양의 주기 동안 신호값이 들어오게 되면 앞에서의 동작을 되풀이 한다. 각각의 양의 주기 때마다 커패시터는 첨두치까지 충전되며, 그 다음 양의 주기까지 천천히 방전된다. 각 양의 주기 동안 커패시터는 첨두치까지 충전되었다가 다음 양의 주기 동안까지 천천히 감소되는 것을 그림 4.11b에서 볼 수 있다. 그러므로 출력전압 $v_C(t)$는 입력 AM 신호의 포락선을 유사하게 표현하게 된다. 똑같이 중요하게, 커패시터가 저항을 거쳐 천천히 방전하면 커패시터 전압은 감소하는 포락선을 찾도록 허용한다. 커패시터 방전과 양의 첨두치는 출력값에서 ω_c 주파수만큼의 r 리플 신호를 생성한다. 이러한 리플 현상은 RC 값을 크게 하여 양의 첨두치($RC \gg \frac{1}{\omega_c}$) 사이에서 천천히 방전하면 줄일 수 있다. 하지만 그림 4.11b와 같이 RC를 너무 크게 하면 방전하는 속도가 너무 늦어져서 포락선을 잡아낼 수가 없다. 왜냐하면 AM 포락선 감소의 최대치는 메시지 신호 $m(t)$의 대역폭 B에 의해 좌우되기 때문이다. 따라서 RC 값은 다음과 같다.

$$\frac{1}{\omega_c} \ll RC \ll \frac{1}{2\pi B} \quad \text{or} \quad 2\pi B < \frac{1}{RC} \ll \omega_c$$

포락선 검출기의 출력은 $v_C(t) = A + m(t)$과 ω_c의 주파수를 갖는 리플로 이루어진다. 직류성분 A는 커패시터나 RC로 이루어진 간단한 HPF로 제거할 수 있다. 리플 성분은 RC 성분으로 이루어진 LPF로 제거가 가능하다.

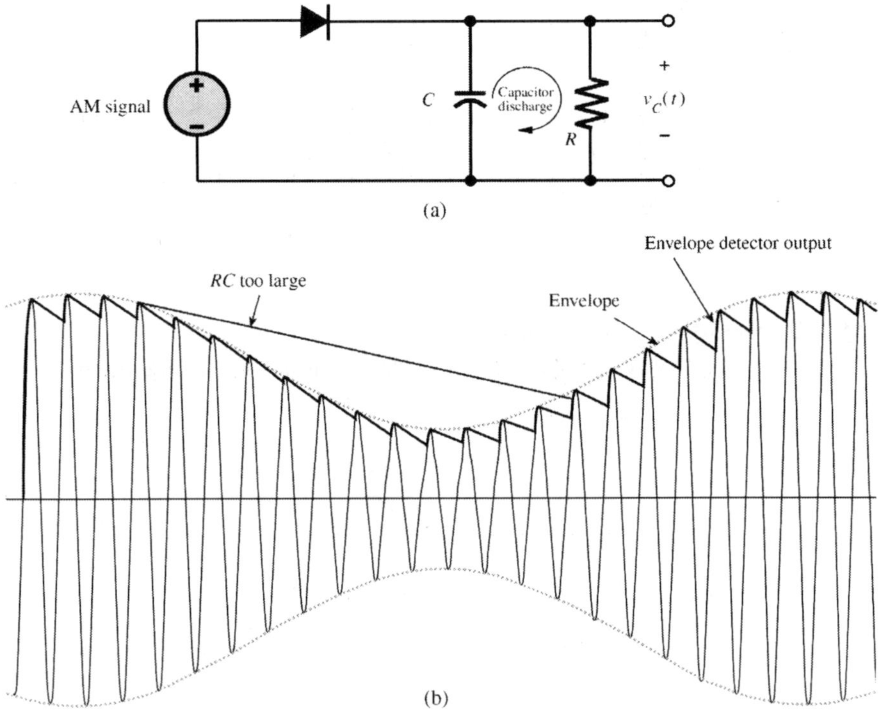

▸▸ 그림 4.11 AM의 포락선 검출

4.4 대역폭이 효율적인 진폭 변조

그림 4.12를 보듯이 DSB 방식의 스펙트럼은 두 개의 측대파 신호(USB, LSB)로 구성되어 있다. 각각의 스펙트럼은 기저대역 신호의 정보를 완전히 가지고 있다. 결과로서, 대역폭이 B Hz를 가지고 있는 기저대역 신호의 DSB 변조는 RF 대역 송신을 위해 2배의 대역폭이 필요하다. 진폭 변조의 스펙트럼 효율을 향상시키기 위해서 100% 스펙트럼 부가정보를 이용하거나 제거하는 두 가지 기본 방식이 있다.

- 단측대파(Single-sideband, SSB) 변조는 단지 하나의 메시지 신호 $m(t)$를 위한 B Hz 대역폭을 사용하여 LSB나 USB를 제거하는 것이다.
- 직교 진폭변조(Quadrature amplitude modulation, QAM)는 2개의 메시지 신호 $m(t)$가 같은 $2B$ Hz의 대역폭을 갖는 동안 스펙트럼 부가정보를 이용한다.

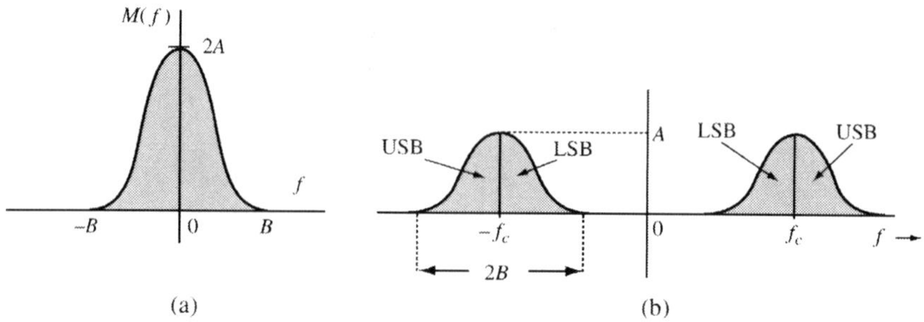

▸▸ 그림 4.12 (a) 최초의 메시지 스펙트럼
(b) DSB 변조에서 여분의 대역폭 소비(Redundant bandwidth consumption)

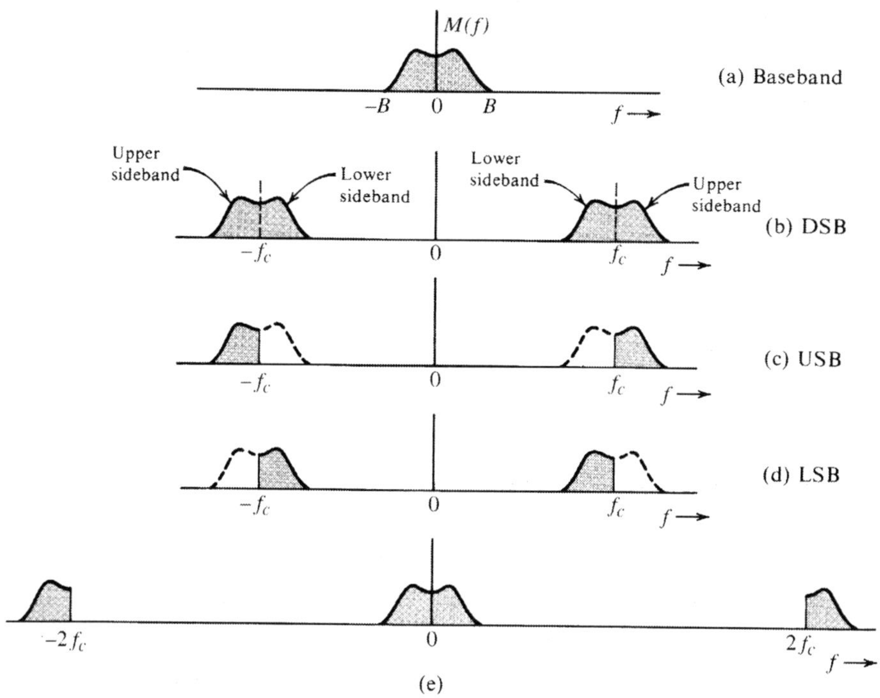

▸▸ 그림 4.13 억압하는 한 DSB 측대파에서의 SSB 스펙트럼

○ 진폭 변조 : 단측대파 변조(SSB)

그림 4.13과 같이 LSB나 USB는 대역 통과 필터링된 DSB 신호가 억압되었다. 하나의 측대파가 전송된 것을 **단측대파 전송**에서 알 수 있다. 그리고 단지 DSB 신호의 1/2의 대역폭이 필요할 뿐이다.

SSB 신호는 DSB-SC 신호와 같이 동기 수신할 수 있다.

예를 들어, 그림 4.13c와 같이 $\cos\omega_c t$를 USB 신호에 곱하면 그림 4.13e과 같은 스펙트럼이 그려진다. 이 신호를 LPF에 통과시키면 원래의 기저대역 신호가 된다. LSB 신호도 같은 방법으로 구할 수 있다. 따라서 SSB 신호의 수신방법은 DSB-SC신호와 같음을 알 수 있다. 지금 언급한 방법에서는 추가적으로 반송파 신호를 전송하지 않고 있다. 따라서 이러한 방식을 SSB-SC라고 부른다.

○ 힐버트 변환(Hilbert Transform)

$x_h(t)$와 $\mathcal{H}\{x(t)\}$를 사용하여 신호 $x(t)$의 힐버트 변환을 나타내면, 다음과 같다.

$$x_h(t) = \mathcal{H}\{x(t)\} = \frac{1}{\pi}\int_{-\infty}^{\infty} \frac{x(\alpha)}{t-\alpha}\, d\alpha \tag{4.15}$$

식 (4.15)의 우측에 콘벌루션을 적용하면, 다음과 같다.

$$x(t) * \frac{1}{\pi t}$$

이제, 푸리에 변환 성질 중 표 3.1의 12번째 성질을 적용하면, 다음을 얻을 수 있다.

$$\frac{1}{\pi t} \Leftrightarrow -j\,\mathrm{sgn}(f)$$

따라서, 위의 특성을 시간 콘벌루션을 적용하여 식 (4.15)에 콘벌루션하면, 다음과 같다.

$$X_h(f) = -jX(f)\,\mathrm{sgn}\,(f) \tag{4.16}$$

식 (4.16)으로부터 만일 $m(t)$를 전달함수 $H(f) = -j\,\mathrm{sgn}\,(f)$에 적용하면, 출력 $m_h(t)$가 되고, 따라서 $m_h(t)$는 $m(t)$의 힐버트 변환식이다.

$$H(f) = -j\,\mathrm{sgn}\,(f) \tag{4.17}$$

$$= \begin{cases} -j = 1\cdot e^{-j\pi/2} & f > 0 \\ j = 1\cdot e^{j\pi/2} & f < 0 \end{cases} \tag{4.18}$$

이기 때문에 $|H(\omega)| = 1$이고, $f > 0$이면 $\theta_h(\omega) = -\pi/2$이고, $f < 0$이면 $\pi/2$이다(그림 4.14 참조). 그러므로 $m(t)$의 위상을 $\pi/2$만큼 지연시키면 그 결과가 바로 힐버트 변환된 $m_h(t)$가 된다. 그러므로 Hilbert 변환은 위상을 $-\pi/2$만큼 이동시키는 이상적인 위상 변환기이다.

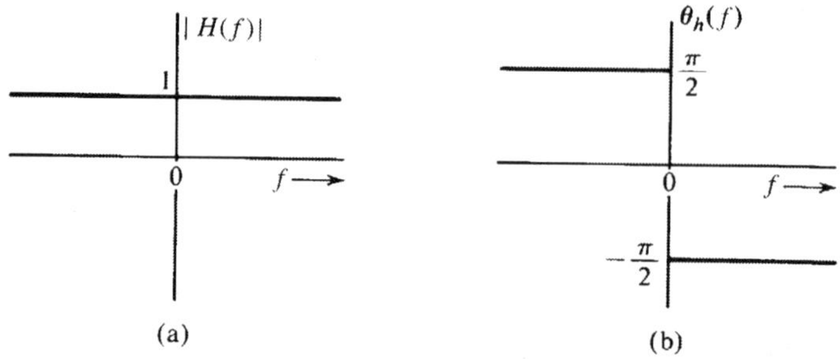

▸▸ 그림 4.14 이상적인 $-\pi/2$ 위상 변환기의 전달함수

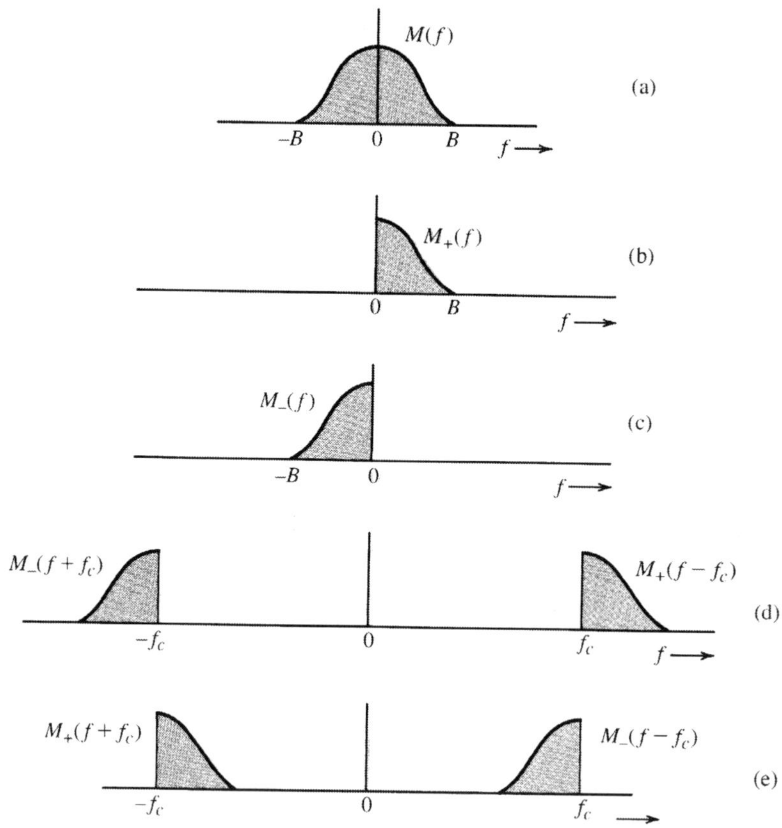

▸▸ 그림 4.15 $M_+(-f)$와 $M_-(f)$에 의해 표현된 SSB의 스펙트럼

○ 단측대파 신호의 시간 영역 표현

SSB 신호는 측대파 신호들로 구성되어 있다. 따라서 먼저 각각의 측대파 신호들에 대하여 시간 영역에서의 표현을 구해보자. 그림 4.15a는 $M(f)$의 스펙트럼을 보여주고 있다. 그림 4.15b는 USB$M_+(f)$를, 그림 4.15c는 LSB$M_-(f)$를 보여준다. 그림 4.15b와 c로부터 다음과 같은 식을 알 수 있다.

$$M_+(f) = M(f)\cdot u(f) = M(f)\frac{1}{2}[1+\text{sgn}(f)] = \frac{1}{2}[M(f)+jM_h(f)] \tag{4.19a}$$

$$M_-(f) = M(f)u(-f) = M(f)\frac{1}{2}[1-\text{sgn}(f)] = \frac{1}{2}[M(f)-jM_h(f)] \tag{4.19b}$$

이제 SSB 신호를 $m(t)$와 $m_h(t)$를 이용해서 표현해 보자. 그림 4.15d에서 보면 USB의 스펙트럼 $\Phi_{USB}(f)$는

$$\begin{aligned}\Phi_{\text{USB}}(f) &= M_+(f-f_c)+M_-(f+f_c)\\ &= \frac{1}{2}[M(f-f_c)+M(f+f_c)] - \frac{1}{2j}[M(f-f_c)-M(f+f_c)]\end{aligned}$$

가 되고, 주파수 천이성으로부터, 이 식을 역변환하면

$$\varphi_{\text{USB}}(t) = m(t)\cos\,\omega_c t - m_h(t)\sin\,\omega_c t \tag{4.20a}$$

가 되고, 마찬가지 방법으로

$$\varphi_{\text{LSB}}(t) = m(t)\cos\,\omega_c t + m_h(t)\sin\,\omega_c t \tag{4.20b}$$

가 된다. 일반적인 SSB의 신호 $\Phi_{USB}(t)$는 다음과 같이 표현된다.

$$\varphi_{\text{SSB}}(t) = m(t)\cos\,\omega_c t \mp m_h(t)\sin\omega_c t \tag{4.20c}$$

이때 (−) 부호는 USB 신호를 나타내고, (+) 부호는 LSB 신호를 나타낸다.

SSB-SC 신호의 시간 영역 표현이 주어졌을 때 SSB-SC 신호가 동기적으로 변조된 것을 분석적으로 확인할 수 있다.

$$\begin{aligned}\varphi_{\text{SSB}}(t)\cos\,\omega_c t &= [m(t)\cos\,\omega_c t \mp m_h(t)\sin\omega_c t]\,2\cos\,\omega_c t\\ &= m(t)[1+\cos\,2\omega_c t] \mp m_h(t)\sin\,2\omega_c t\\ &= m(t) + [m(t)\cos\,2\omega_c t \mp m_h(t)\sin\,2\omega_c t]\end{aligned}$$

○ $2\omega_c$의 반송파를 갖는 SSB-SC 신호

따라서, $\varphi_{SSB}(t)\cdot 2\cos\omega_c t$ 곱은 기저대역 신호와 반송파 $2\omega_c$를 갖는 다른 SSB 신호가 있다. 그림 4.13e의 스펙트럼은 정확하게 이 결과를 보여준다. LPF는 원치않는 SSB 성분들을 감소시킬 것이고 바람직한 기저대역 신호 $m(t)$를 얻을 수 있다. 따라서 수신기(복조기)는 DSB-SC를 위해 사용된 동기 수신기(복조기)와 동일하다. 그러므로, 동기 DSB-SC 수신기가 4.2절에서 이미 논의 되었듯이 SSB-SC 신호는 수신(복조)되는데 사용될 수 있다.

● 예제 4.6

• **톤 변조: SSB**

$m(t)=\cos\omega_m t$인 경우의 $\varphi_{SSB}(t)$를 구하시오.

풀이 힐버트 변환은 신호의 위상을 $\pi/2$ 만큼 이동시키는 작용을 한다는 것을 상기하자. 이 예의 경우 신호의 성분은 ω_m 하나뿐이다. 따라서 $m(t)$의 위상을 $\pi/2$ 만큼 지연시키면,

$$m_h(t)=\cos\left(\omega_m t-\frac{\pi}{2}\right)=\sin\omega_m t$$

가 된다. 그러므로 (식 4.17(c))를 이용하면

$$\varphi_{SSB}(t)=\cos\omega_m t\cos\omega_c t \mp \sin\omega_m t\sin\omega_c t=\cos(\omega_c\pm\omega_m)t$$

가 된다. 따라서

$$\varphi_{USB}(t)=\cos(\omega_c+\omega_m)t,\ \ \varphi_{LSB}(t)=\cos(\omega_c-\omega_m)t$$

이다. $m(t)$의 스펙트럼(그림 4-16a), DSC-SC 스펙트럼(그림 4-16b), USB(그림 4-16c)와 LSB(그림 4-16d) 스펙트럼을 통해서 보면 결과를 알 수 있다.

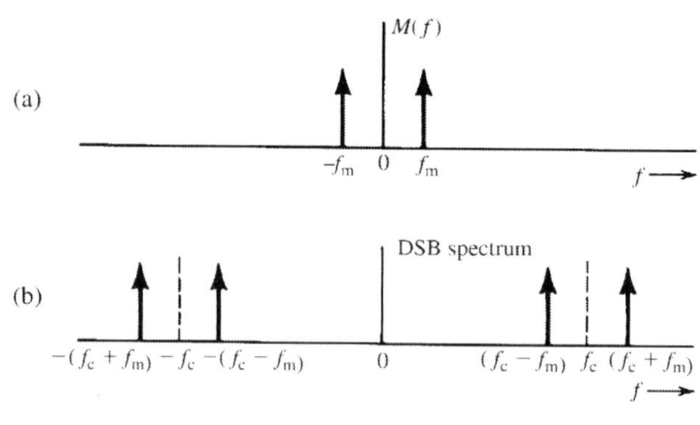

▸▸ 그림 4.16 $M_+(-f)$와 $M_-(f)$에 의해 표현된 SSB의 스펙트럼

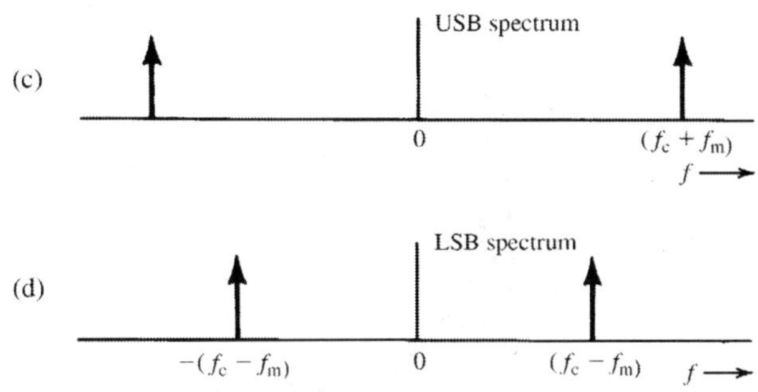

▸▸ 그림 4.16 $M_+(-f)$와 $M_-(f)$에 의해 표현된 SSB의 스펙트럼(계속)

○ SSB 변조 시스템

일반적으로 SSB 신호를 만드는 세 가지 방법이 있다. 위상천이, 선택적인 필터링, Weaver 방법[1]이 그 세 가지 방법이다. 이 변조 방법들의 어느 것도 명확하지 않다. 그리고 모든 기저대역 신호의 스펙트럼은 일반적으로 영-주파수 근처에서 거의 전력을 갖지 않아야 한다.

위상천이 방법은 식 (4.20)의 방법이 기본이 되는 식이다. 그림 4.17에서 식 (4.20)을 적용하는 방법을 보여준다. "$-\pi/2$"라고 써 있는 부분이 $\pi/2$ 위상 변환을 시키는 역할을 한다.

즉, 힐버트 변환 부분이다. 하지만 이상적인 힐버트 위상 변환기도 실현할 수 없다. 힐버트 위상 변환기는 영(zero) 주파수에서 π의 갑작스런 위상 변경이 필요하기 때문이다.

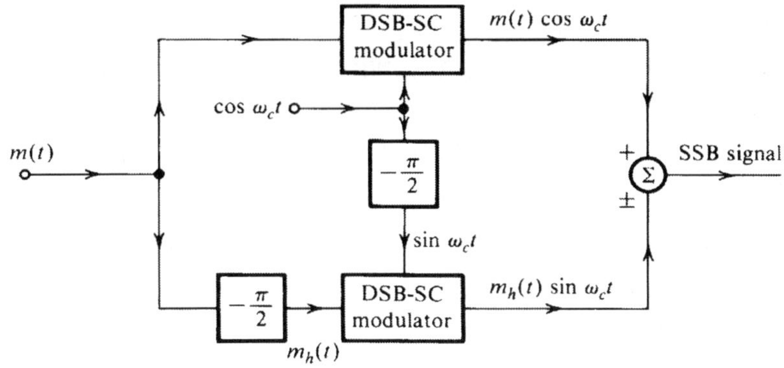

▸▸ 그림 4.17 위상천이 방법을 이용한 SSB 생성

(a)

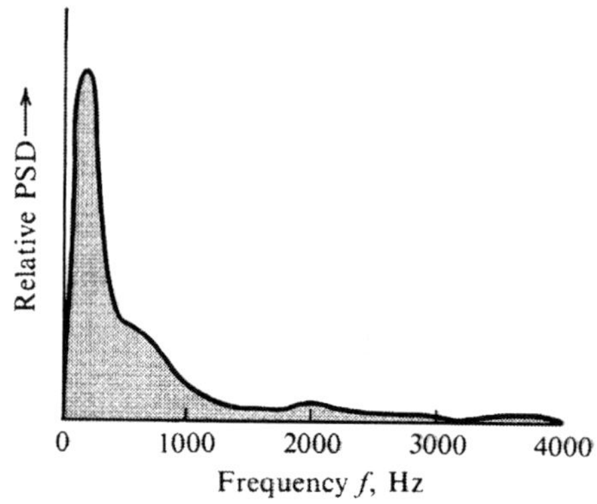

(b)

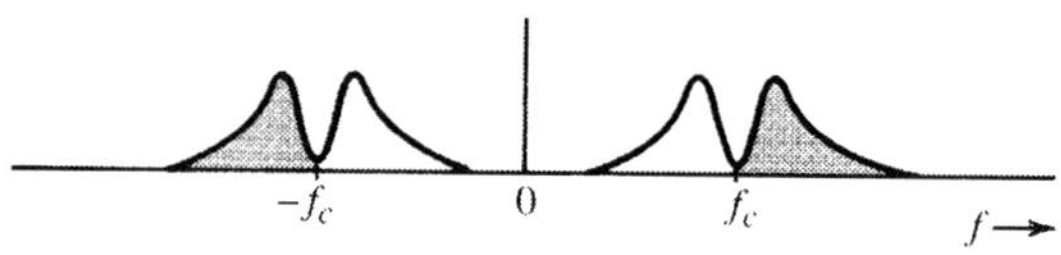

▸▸ 그림 4.18 (a) 음성 신호의 상대 전력 스펙트럼 (b) 대응하는 USB 스펙트럼

메시지 $m(t)$가 직류 성분이 없고 매우 작은 저주파 성분을 가지고 있을 때 이상적인 위상 천이의 실질적인 근사값은 실제적인 효과를 갖지 못하며, SSB 변조의 정확성에 영향을 미치지 않는다.

선택적인 필터링 방법은 SSB 신호를 만드는 가장 일반적으로 사용되는 방법이다. 이 방법은 DSB-SC 신호를 아주 정교한 필터에 넣어서 불필요한 측대파를 제거하는 것이다.

USB 신호를 얻기 위해서는 f_c를 중심으로 위쪽은 감소없이 완전히 통과시키고, f_c아래쪽 신호는 완전히 제거시켜야 한다. 하지만 그러한 결과를 얻기 위해서는 이상적인 필터가 필요하고 실제로 실현 불가능하다. 하지만 통과대역과 억압대역의 간격이 충분이 떨어져 있다면 필터의 사용도 가능하다.

다행히도 음성신호는 이 조건을 제공한다. 때문에 스펙트럼은 영-주파수 근처에서 적은 전력양을 보여준다(그림 4.18). 추가적으로 유절발음(articulation) 테스트의 결과에 의하면, 음성 신호에 대하여 300 Hz 이하의 주파수 성분은 중요치 않다. 다른 말로 하면, 300 Hz 이하(그리고 3500 Hz 위)의 스펙트럼을 없애는 것은 신호의 성능에 크게 영향을 주지 못한다. 따라서 음성 신호를 SSB 신호로 만드는 것은 f_c 주변에 600 Hz의 변화 구간을 가지고 있기 때문에 비교적 쉬운 일이다. 또한 옆 채널에 대한 간섭을 최소화하기 위해서는 불가피한 측대파를 최소한 40 dB 이상 감소시켜야 한다.

매우 높은 반송파 주파수 f_c에서는 반송파 주파수에 의한 간격 대역(600 Hz)의 비율이 너무 작을 수 있어서 600 Hz 이상의 진폭에서 40 dB의 변화는 어려울 수도 있다. 이런 경우에 세 번째 방법으로 SSB 진폭 변조의 두 단계를 이용한 **Weaver's method**[1]를 사용한다. 처음에 더 작은 반송파 주파수 f_c를 사용하는 것에 의해 변조가 수행된다. 결과로서 생기는 SSB 신호는 효과적으로 $2f_{c_1}$의 간격이 넓게 된다(그림 4.18b). 이제, 이 신호를 새로운 기저대역 신호로 간주하는 것에 의해 더 높은 반송파 주파수에서 SSB 변조가 가능할 것이다.

○ 반송파를 가진 SSB 신호의 검출(SSB+C)

우리는 이제 반송파(SSB+C)가 더해진 SSB 신호에 대하여 생각해 보자. 이 신호를 다음과 같이 표현 할 수 있다.

$$\varphi_{\text{SSB+C}} = A\cos\,\omega_c t + [m(t)\cos\,\omega_c t + m_h(t)\sin\,\omega_c t]$$

위의 식에서 만일 반송파 성분 $A cos\omega_c t$가 φ_{SSB+C}에 의해 추론(협대역 필터를 사용)될 수 있다면 $m(t)$는 동기검출에 의해 복원될 수 있다. 선택적으로 만일 반송파 진폭 A가 충분히 크다면 $\varphi_{\text{SSB+C}}$ 신호로부터 포락선 검출 또한 정류 검출을 통해서 $m(t)$ 신호를 복원할 수 있다. 이것을 다음과 같이 표현할 수 있다.

$$\begin{aligned}\varphi_{\text{SSB+C}} &= [A + m(t)]\cos\,\omega_c t + m_h(t)\sin\,\omega_c t \\ &= E(t)\cos\,\,(\omega_c t + \theta)\end{aligned} \tag{4.21}$$

여기서, $E(t)$는 $\varphi_{\text{SSB+C}}$의 포락선이며, 다음과 같이 쓸 수 있다(식 (3.41a) 참고).

$$\begin{aligned}E(t) &= \{[A + m(t)]^2 + m_h^2(t)\}^{1/2} \\ &= A\left[1 + \frac{2m(t)}{A} + \frac{m^2(t)}{A^2} + \frac{m_h^2(t)}{A^2}\right]^{1/2}\end{aligned}$$

만일 $A \gg |m(t)|$이면 일반적으로* $A \gg |m_h(t)|$이고, $m^2(t)/A^2$, $m_h^2(t)/A^2$은 생략할 수 있다. 따라서

$$E(t) \simeq A\left[1 + \frac{2m(t)}{A}\right]^{1/2}$$

이고, 테일러 급수를 확장하고, 고차항을 제거하면($\because\ m(t)/A \ll 1$)

$$\begin{aligned}E(t) &\simeq A\left[1 + \frac{m(t)}{A}\right] \\ &= A + m(t)\end{aligned}$$

* 이것은 모든 t에 사실이 아닐지도 모른다. 그러나 대부분의 t에 대해 사실이다.

즉 A 값이 크면, 포락선 검출을 통해 $m(t)$를 복원할 수 있다는 것을 알 수 있다.

AM의 경우의 포락선을 검출하기 위한 조건은 $A \geq |m(t)|$이지만, SSB+C의 경우는 $A \gg |m(t)|$의 조건이 필요하다. 따라서 SSB의 경우 AM의 경우보다 훨씬 큰 반송파 전력이 필요하다. 따라서 SSB+C의 전력효율은 더 나빠지게 된다.

○ 직교 진폭변조(QAM)

SSB-SC 신호가 정확히 생성되기 어렵기 때문에 직교 진폭변조(QAM)라는 매력적인 대안이 SSB-SC에 제공된다. QAM은 요구하는 정교한 대역통과 필터들 없이 정확하게 생성될 수 있다. QAM은 주파수는 동일하지만 위상이 직교인 반송파들을 사용하여 송신하는 두 DSB 신호에 의해 동작한다(그림 4.19). 이러한 구조를 **Quadrature Amplitude Modulation(QAM)** 또는 **quadrature multiplexing**이라 한다. 그림 4.19에서 이와 같은 경우를 보여주고 있다. 그림에서 $-\frac{\pi}{2}$라고 쓴 부분이 위상 천이기이다. 위상 천이기에서는 정현파 입력의 위상을 $-\frac{\pi}{2}$rad 만큼 지연시킨다. 두 개의 기저대역 신호 $m_1(t)$와 $m_2(t)$를 QAM 방식으로 전송하는 경우가 다음과 같은 식으로 표현된다(QAM 신호는 두 개의 변조된 DSB 신호의 합으로 나타낸다).

$$\varphi_{QAM}(t) = m_1(t)\cos\,\omega_c t + m_2(t)\sin\,\omega_c t$$

두 변조 신호는 같은 주파수 대역을 사용한다. 하지만 그림 4.19와 같은 두 개의 기저대역 신호는 두 개의 위상이 서로 직교인 반송파를 이용하여 동기검출을 하면 신호를 분리할 수 있다. 이것은 그림에서 수신기의 위쪽 가지의 출력값 $x_1(t)$를 분석해 보면 알 수 있다.

$$\begin{aligned} x_1(t) &= 2\varphi_{QAM}(t)\cos\,\omega_c t = 2[m_1(t)\cos\,\omega_c t + m_2(t)\sin\,\omega_c t]\cos\,\omega_c t \\ &= m_1(t) + m_1(t)\cos\,2\omega_c t + m_2(t)\sin\,2\omega_c t \end{aligned} \tag{4.22a}$$

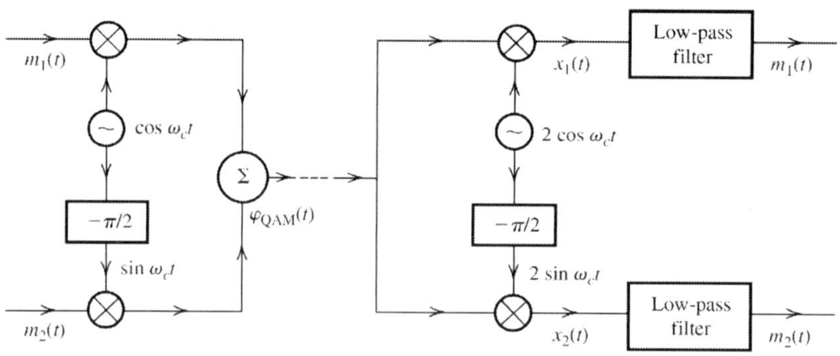

▸▸ 그림 4.19 직교 진폭 다중화(Quadrature Amplitude Multiplexing)

위 식에서 뒤의 두 항은 $2\omega_c$중심 주위에 있는 대역통과 신호이다. 사실, 두 항은 실제로 반송파 주파수로서 $2\omega_c$를 가진 QAM 신호이다. 그리고 두 항은 LPF에 의해 제거되고, $m_1(t)$ 값만 남게 된다. 마찬가지로 해서 $m_2(t)$도 구할 수 있게 된다.

$$\begin{aligned} x_2(t) &= 2\varphi_{\text{QAM}}(t)\sin\omega_c t = 2[m_1(t)\cos\ \omega_c t + m_2(t)\sin\ \omega_c t]\sin\ \omega_c t \\ &= m_2(t) - m_2(t)\cos\ 2\omega_c t + m_1(t)\sin\ 2\omega_c t \end{aligned} \tag{4.22b}$$

따라서, 각각 대역이 B Hz인 두 기저대역 신호는 $2B$ 대역으로의 DSB 전송과 직교 다중화(quadrature multiplexing)를 사용하여 동시에 전송할 수 있다. 그림에서 위쪽의 **in-phase**(I) 채널, 아래쪽을 **quadrature**(Q) 채널이라고 부른다. $m_1(t)$와 $m_2(t)$의 두 신호는 각각 복조된다.

그러나 QAM 복조는 모두 동기 변조기가 있어야 한다. 수신기에서 주파수나 위상에 조금의 오차가 발생하면, 그것은 신호 감쇠를 일으킬 뿐 아니라 다른 채널에 간섭을 유발하게 된다. 이 현상을 보이기 위해 수신기의 반송파 신호를 $2\cos(\omega_c t+\theta)$라고 하자.

$$\begin{aligned} x_1(t) &= 2[m_1(t)\cos\ \omega_c t + m_2(t)\sin\ \omega_c t]\cos(\omega_c t+\theta) \\ &= m_1(t)\cos\theta - m_2(t)\sin\ \theta + m_1(t)\cos(2\omega_c t+\theta) + m_2(t)\sin(2\omega_c t+\theta) \end{aligned}$$

위의 식을 LPF에 통과시키면, $2\omega_c$ 대역의 신호는 사라지게 되고

$$m_1(t)\cos\theta - m_2(t)\sin\theta$$

값이 남게 된다.

따라서 우리가 원하는 신호 $m_1(t)$에 $m_2(t)$가 섞여서 나타나는 것을 알 수 있다.

이러한 **동일 채널 간섭**(cochannel interference)은 바람직하지 못하다. 주파수 오차도 비슷한 현상을 보여준다(문제 4.4-1 참조). 위의 현상 이외에도 USB와 LSB가 전송 중에 서로 다르게 감쇠되어도 혼선이나 동일 채널 간섭을 일으키게 된다.

직교 다중화는 칼라 TV의 chrominance 신호를 전송할 때 쓰인다. 여기서 동기방법은 반송파 신호를 주기적으로 전송하여 얻어낸다. 디지털 위성 TV 전송에도 QAM이 적용된다.

대역폭 필요 관점에서, SSB는 QAM과 유사하다. 하지만 반송파 주파수와 위상 또는 무왜곡 전송 매체의 필요 관점에서는 덜 정확한 표현이다. 한편 SSB는 만일 기저대역 신호 $m(t)$가 dc 근처에서 상당한 스펙트럼 양을 가지면 생성되기 어렵다.

4.5 진폭변조: VSB

앞에서 본 것과 같이 SSB 신호를 만드는 것은 매우 어려운 일이다. 필터를 써서 구현하는 경우는 직류 성분이 없는 경우에만 가능하다. 또한 위상 변환기는 구현 불가능하며, 단지 근사화만이 가능하다. DSB 신호를 만드는 것은 훨씬 간단하지만 신호의 대역폭이 두 배가 필요하다. DSB와 SSB의 중간적인 방법이 **VSB(Vestigial-Sideband)** 기법이며, 비대칭 측대파 기법이라고도 한다. VSB는 SSB와 DSB의 장점을 추구하고 적은 비용으로 단점을 극복하고자 하는 방법이다. VSB 신호는 비교적 간단히 만들 수 있고, 사용하는 주파수 대역폭도 SSB 신호보다 약간 더 사용한다(일반적으로 25%정도 더 사용함).

VSB의 경우는 그림 4.20d와 같은 한쪽의 신호를 완벽히 제거하지 않고 조금 남겨 놓아도 된다. 수신기에서 그림 4.21과 같은 등화기 필터 $H_o(f)$를 사용하고 동기 검출기에 의해 기저대역 신호를 복원할 수 있다. 만일 큰 반송파가 VSB 신호와 함께 전송되면, 기저대역 신호는 포락선 검출기나 정류 검출기를 사용하여 복원할 수 있다.

그림 4.21과 같은 DSB 신호에서 VSB 신호를 만드는 필터를 $H_i(\omega)$라고 하면, VSB 신호의 스펙트럼은

$$\Phi_{VSB}(f) = [M(f + f_c) + M(f - f_c)]H_i(f) \tag{4.23}$$

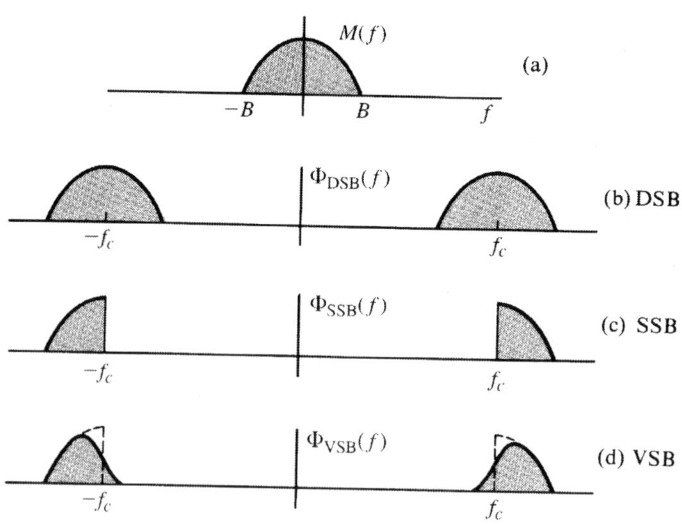

▸▸ 그림 4.20 변조하는 신호의 스펙트럼과 대응하는 DSB, SSB, VSB 신호들

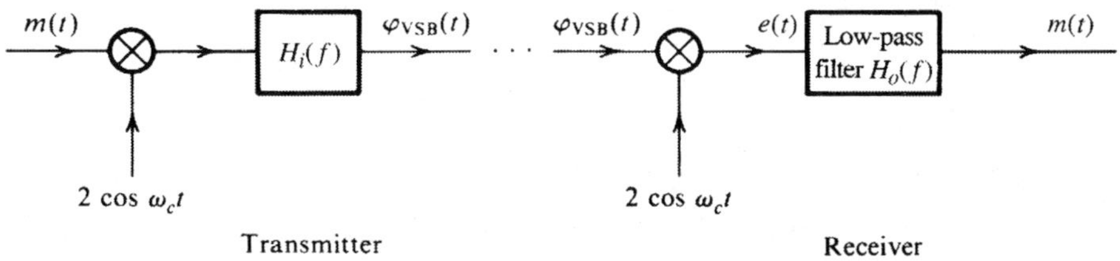

►► 그림 4.21 VSB 변조기와 복조기

으로 나타난다. $H_i(f)$는 한쪽의 신호는 완전히 전달하는 반면, 다른 쪽 신호는 완전히 제거하지 않고 조금 남겨서 보내게 된다. 이런 필터는 만들기가 쉽지만 SSB보다 사용하는 대역폭은 조금 늘어나게 된다. 일반적으로 VSB의 대역폭은 SSB보다 25~33% 정도 더 사용한다.

$\varphi_{\text{VSB}}(t)$는 수신기에서 동기 복조된다. VSB 신호 $\varphi_{\text{VSB}}(t)$에 $2\cos w_c t$를 곱하면 $e(t)$를 얻는다. 즉,

$$e(t) = 2\varphi_{\text{VSB}}(t)\cos\,\omega_c t \Longleftrightarrow [\Phi_{\text{VSB}}(f+f_c) + \Phi_{\text{VSB}}(f-f_c)]$$

신호 $e(t)$는 전달함수 $H_o(f)$의 LPF 등화기를 통과하게 되고, 결과는 $m(t)$값이 된다. 따라서 필터의 출력값의 스펙트럼은 다음과 같이 주어진다.

$$M(f) = [\Phi_{\text{VSB}}(f+f_c) + \Phi_{\text{VSB}}(f-f_c)]H_o(f)$$

식 (4.23)을 이 식에 넣고, $\pm 4f_c$의 신호를 제거하면, 다음과 같은 관계식을 얻게 된다.

$$M(f) = M(f)[H_i(f+f_c) + H_i(f-f_c)]H_o(f) \tag{4.24}$$

그러므로

$$H_o(f) = \frac{1}{H_i(f+f_c) + H_i(f-f_c)} \qquad |f| \le B \tag{4.25}$$

여기서 $H_i(f)$는 BPF이다. 따라서 $H_i(f \pm f_c)$는 저주파 대역의 신호 성분으로 구성되어 있다.

○ 상보적인 VSB 필터와 VSB+C 신호의 포락선 검출

VSB 변조기에서의 필터는 특별한 경우로서, $H_i(f)$는 다음과 같다.

$$H_i(f+f_c) + H_i(f-f_c) = 1 \qquad |f| \le B \tag{4.26}$$

출력 필터는 간단히 전달함수를 갖는 LPF이다. 다음과 같다.

$$H_o(f) = 1 \qquad |f| \le B$$

반송파(VSB+C)를 더한 결과로서 생기는 VSB 신호는 포락선 검출을 할 수 있다. 이 복조 방법은 SSB+C 신호들을 위한 경우의 증명을 위해 사용되는 같은 논의를 정확하게 사용하면 증명이 된다. 특별히 식 (4.26) 때문에 새로운 LPF를 정의하면 다음과 같다.

$$F(f) = j[1 - 2H_i(f - f_c)] = -j[1 - 2H_i(f + f_c)] \qquad |f| \le B$$

새로운 저역통과 신호를 정의하면 다음과 같다.

$$m_v(t) \iff M_v(f) = F(f)M(f)$$

VSB 신호를 다시 쓰면 다음과 같다.

$$\Phi_{\mathrm{VSB}}(f) = \frac{M(f - f_c) + M(f + f_c)}{2} + \frac{M_v(f - f_c) - M_v(f + f_c)}{2j} \tag{4.27a}$$

$$\varphi_{\mathrm{VSB}}(t) = m(t)\cos 2\pi f_c t + m_v(t)\sin 2\pi f_c t \tag{4.27b}$$

분명히, SSB와 VSB 변조된 신호는 모두 같은 형태를 가지고 있고, VSB에 low-pass 신호 $m_v(t)$에 의해 SSB의 $m_h(t)$가 대체된 것을 포함하고 있다. SSB+C의 포락선 검출로부터 같은 분석을 적용하면, 큰 반송파 신호는 $\varphi_{\mathrm{VSB}}(t)$에 더해지고 VSB+C의 포락선 검출이 되도록 허용한다.

우리는 SSB+C가 포락선 검출을 위한 DSB+C(AM) 보다 더 큰 반송파를 필요로 한다는 것을 보였다. 왜냐하면 VSB+C는 VSB에서 필요로 해서 추가되었던 반송파는 AM보다 더 크지만 SSB+C 보다 더 작기 때문이다.

● 예제 4.7

VSB 시스템을 고려해 보자. $f_c = 20$ kHz이고, 기저대역 신호는 6 kHz의 대역폭을 가진다. VSB 필터 $H_i(f)$는 그림 4.22a와 같은 저주파 영역에 2 kHz정도 잔류 대역을 가지고 있다. 수신기에서의 필터 $H_o(f)$를 구하여라.

풀이 그림 4.22b에서는 $H_i(f+f_c)+H_i(f-f_c)$의 저주파 성분을 보여준다. 여기서 기저대역의 대역폭만큼 관심이 있다. 그림 4.22b와 같은 이 스펙트럼은 0 ~ 2 kHz 사이의 크기가 0.5이고, 2 ~ 6 kHz 사이의 크기가 1이다. 그림 4.22c에서 $H_o(f)$의 스펙트럼이 그려져 있다.

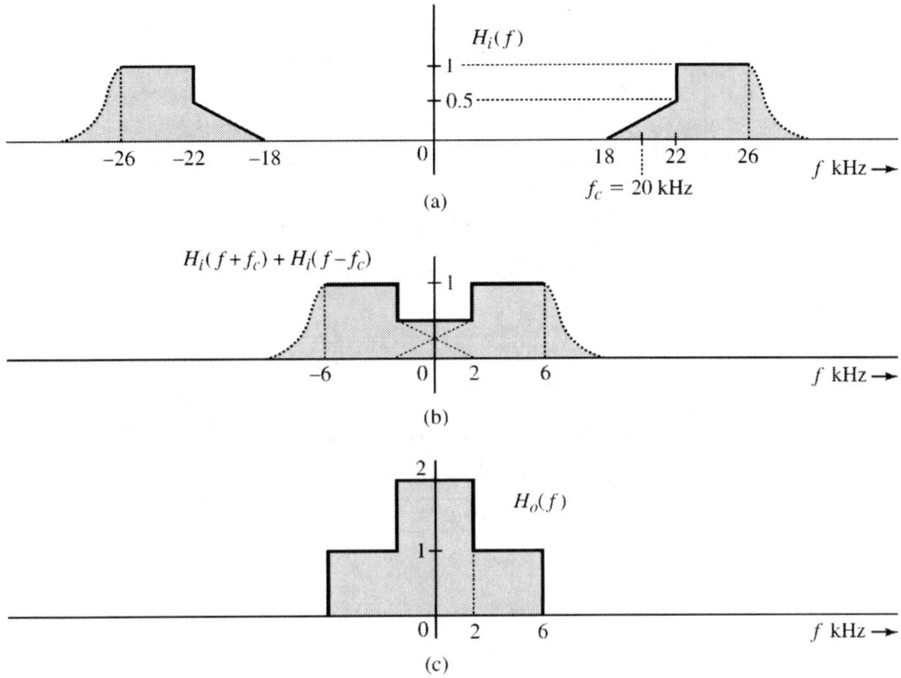

▸▸ 그림 4.22 VSB 변조기와 수신기

○ TV 방송에서 VSB의 사용

VSB 방식은 SSB와 DSB의 중간 방법으로서, TV 방송 시스템에 매우 효과적인 방법이다. TV의 기저 영상신호는 4.5 MHz의 대역을 차지한다. 그리고 DSB 신호를 사용하면 9 MHz의 대역이 필요하다. 이런 큰 대역폭을 줄이기 위해서 SSB 방식을 사용하면 좋으리라는 생각을 할 수 있다. 하지만 SSB를 사용 하는데 몇 가지 문제가 있다. 첫째로, 기저 영상신호는 저주파 영역에 꽤 많은 정보가 담겨져 있다. 따라서 한쪽의 대역만을 완벽히 살리는 데는 매우 큰 어려움이 뒤따른다. 둘째로, 방송시스템의 경우는 단말기가 동기검출보다 포락선 검출을 하는 것이 가격 면에서 더 유리하다. 하지만 SSB+C는 앞에서 보았듯이 전력측면에서 비효율적이고, 또한 SSB 수신기를 매우 복잡하게 만드는 것을 알 수 있다.

텔레비전 VSB 신호의 스펙트럼 형상은 그림 4.23으로 설명될 수 있다. 잔류 스펙트럼은 두 개의 필터에 의해 제어된다. 송신기 RF 필터 $H_T(f)$와 수신기 RF 필터 $H_R(f)$가 그 두 개의 필터이다. 이 두 개의 필터를 함께 표현하면 다음과 같다.

$$H_i(f) = H_T(f)H_R(f)$$

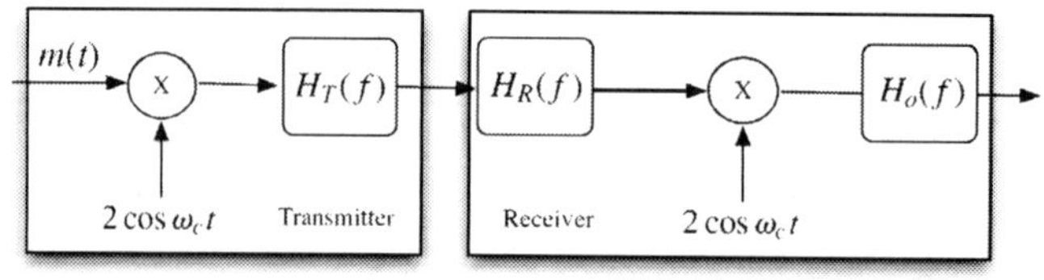

▸▸ 그림 4.23 VSB TV 방송 시스템에서 송신기 필터 $H_T(f)$, 수신기 front-end 필터 $H_R(f)$, 수신기 출력 LPF 필터 $H_0(F)$

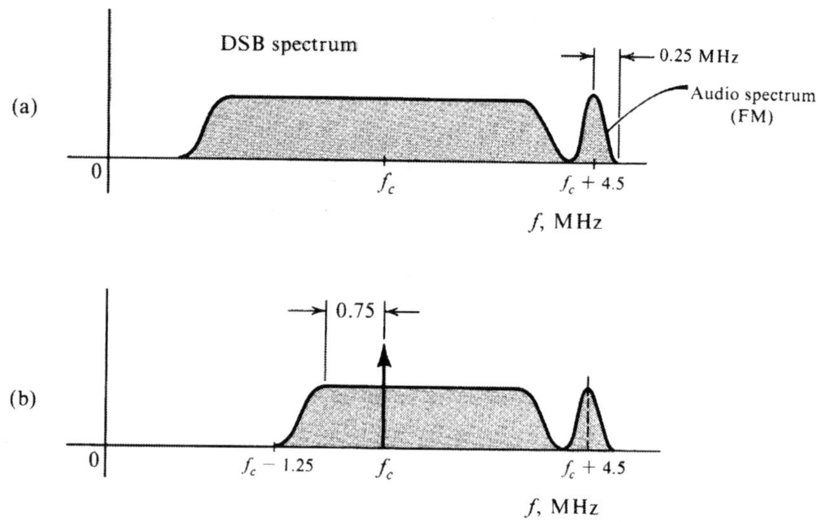

▸▸ 그림 4.24 텔레비전 신호의 스펙트럼 (a) DSB 신호 (b) 전송된 신호

따라서, 수신기 출력단의 필터 $H_0(F)$는 식 (4.25)와 같다.

그림 4.24a에서 TV 신호의 DSB 스펙트럼을 보여준다. 그림 4.24b에서 잔류 대역 필터에 의해 중심 주파수에서 0.75 MHz 떨어진 곳에서부터 1.25 MHz까지 점차적으로 줄어들게 되는 스펙트럼을 볼 수 있다. 출력 필터 $H_0(f)$는 식 (4.25)와 같이 구현된다. 결과적으로 VSB 스펙트럼 대역은 6 MHz의 대역을 차지한다. 반면 DSB는 9 MHz, SSB는 4.5 MHz의 대역을 차지하게 된다.

4.6 국부 반송파 동기

DSB-SC(혹은 SSB-SC, VSB-SC) 경우에는 동기 복조를 해야 하므로 수신기에서 반드시 반송파를 복원해야 한다. 이상적으로 말하면 수신기에서는 수신되는 신호의 주파수와 위상을 완벽히 복원해야 한다. 주파수나 위상에서의 편차는 수신기 출력의 왜곡으로 이어진다.

SSB-SC의 경우 수신된 신호는 다음과 같다.

$$m(t)\cos\ [(\omega_c + \Delta\omega)t + \delta] - m_h(t)\sin\ [(\omega_c + \Delta\omega)t + \delta]$$

이것은 전파 지연과 도플러 주파수 천이 때문이다. 국부 반송파는 $2\cos\omega_c t$로서 남아 있다.

수신 신호와 발진기 신호의 곱을 $e(t)$라 하면, $e(t)$는 다음과 같이 주어진다.

$$\begin{aligned} e(t) &= 2\cos\ \omega_c t\,[m(t)\cos(\omega_c t + \Delta\omega t + \delta) - m_h(t)\sin(\omega_c t + \Delta\omega t + \delta)] \\ &= m(t)\cos(\Delta\omega t + \delta) - m_h(t)\sin(\Delta\omega t + \delta) \\ &\quad + \underbrace{m(t)\cos[(2\omega_c + \Delta\omega)t + \delta] - m_h(t)\sin[(2\omega_c + \Delta\omega)t + \delta]}_{\text{bandpass SSB-SC signal around } 2\omega_c + \Delta\omega} \end{aligned} \tag{4.28}$$

위의 대역통과 성분은 수신기의 LPF에 의해 제거되고 출력값 $e_o(t)$는 다음과 같이 표현된다.

$$e_o(t) = m(t)\cos(\Delta\omega t + \delta) - m_h(t)\sin(\Delta\omega t + \delta) \tag{4.29}$$

만일 $\Delta\omega$와 δ 둘 다 "0"이면(주파수와 위상오차가 없다)

$$e_o(t) = m(t)$$

가 된다.

실제적으로, 만일 무선파(radio wave) 운동이 d 미터의 거리와 빛 c의 속력일 때, 위상 지연은 다음과 같다.

$$\delta = -(\omega_c + \Delta\omega)d/c$$

이것은 $[-\pi, +\pi]$간격 내에 어떤 값일 수 있다. 2개의 발진기들은 처음에 일치하는 주파수의 안에서 또한 뿔뿔이 흩어질 수도 있다. 더욱이, 만일 수신기 또는 송신기에서 v_e의 속도로 움직인다면, 최대 도플러 주파수 천이는 다음과 같다.

$$\Delta f_{\max} = \frac{v_e}{c} f_c$$

속도 v_e는 실제의 이동 수단(우주선, 비행기, 차)에 의존한다.

예를 들면, 이동속도 v_e는 108 km/Ph 일 때, 100 MHz에서 반송파 주파수를 위해, 최대 도플러 주파수 천이는 10 Hz일 것이다. 모든 주파수 성분의 천이는 고정된 양 $\Delta\omega$가 주파수 성분들 간의 고조파 관계를 깨뜨리게 된다. 예를 들자면, $\Delta f = 10$ Hz인 경우 1000 Hz 주파수 성분과 2000 Hz 주파수 성분은 1010 Hz와 2010 Hz로 이동하게 된다. 그러므로 두 신호가 고조파 관계를 유지하지 못하게 된다. 음성신호가 높은 부가정보의 신호가 있고, 만일 Δf가 매우 크지 않다면 출력의 명료함이 변화는 것을 깨뜨리지 못한다는 흥미로운 사실을 알려준다. 음성신호가 $\Delta f < 30$ Hz인 경우는 신호의 질에 큰 영향을 주지 않는다. $\Delta f > 30$ Hz인 경우 디즈니 만화의 도날드 덕과 같은 소리를 내게 된다. 하지만 완벽하게 신호를 깨뜨리는 것은 아니다.

일반적으로, 수신기에서 반송파를 회복하기 위한 2가지 방법이 있다. 한 가지 방법은 송신기에서 정확한 반송파나 반송파와 관련된 신호를 파일럿 신호로 전송하는 것이다. 수신기에서 파일럿 신호는 파일럿 주파수에 맞춰지는 매우 좁은 대역 필터에 의해 분리된다. 그렇게 분리된 신호를 증폭시켜서 수신기의 발진기를 동기시킨다.

또 다른 방법은 파일럿 신호가 전송되지 않는 경우에 수신기를 위해 수신된 신호의 처리를 위해 비선형 장치를 사용하고, 분리된 반송파 성분은 좁은 대역통과 필터를 사용하여 얻을 수 있다. 분명히, 좁은 대역통과 필터는 효과적이고 두 가지 방법에 매우 중요하다. 더욱이, 대역통과 필터는 또한 도플러 천이 또는 상당한 주파수 편이에 대처할 수 있도록 적절하게 중심 주파수를 조절하는 능력을 가지고 있어야 한다. 몇몇 전형적인 대역통과 필터 디자인들을 제외하고 위상동기루프(PLL)는 다양한 변조의 반송파 획득에 매우 중요한 역할을 하며, 좁고 적응적인 대역통과 필터에서 볼 수 있다. 위상동기루프(PLL)의 원리는 이 장에서 곧 논의될 것이다.

4.7 주파수 분할 다중화(FDM)

신호 다중화는 같은 채널에 여러 신호를 전송하게 하는 방법이다. 6장에서 시분할 다중화 (TDM) 방법을 논의할 것이다. 이 경우는 같은 채널을 시간에 따라 나누어 사용하는 것이다. FDM에서는 여러 신호가 한 개의 채널을 나누어 쓴다. 각각의 신호는 각기 다른 반송파를 변조하여 보낸다. 각각의 반송파는 신호들이 서로 겹치치 않도록 나누어져야 한다. 이러한 반송파를 부 반송파라 부른다. 각 신호는 다른 형태의 변조 방법을 사용할 수 있다(예를 들면, DSB-SC, AM, SSB-SC, VSB-SC, FM, PM 등). 변조된 신호들의 스펙트럼 사이에는 보호 간격(Guard interval)을 두어서 간섭이 일어나지 않도록 하고 또한 수신기에서의 분리를 좀 더 손쉽게 해준다.

모든 변조된 신호가 합해지면 이 전체 신호를 무선 주파수(RF)의 더 높은 주파수로 한 번 더 변조하여 전송한다.

수신기에서는 먼저 RF 신호에 의해 복조하고, 이렇게 복조된 신호들은 각각의 반송파에 의해 또다시 복조되어 원래의 신호로 바뀐다. 각각 변조된 신호는 적절한 부 반송파가 모든 기본 기저대역 신호를 얻음으로써 각각 복조되었다.

FDM의 간단한 한 가지 예로는 장거리 아날로그 전화 시스템이 있다. 장거리 전화 반송파 시스템의 두 가지 형태는 : 북미(또는 유럽의 E–반송파)[3]에서 사용되고 있는 레거시(legacy) 아날로그 L–반송파 계층 시스템과 디지털 T–반송파 계층 시스템이다. 이 두 가지 시스템은 CCITT(Comité Consultatif International Téléphonique et Télégraphique)처럼 국제 통신 연합(International Telcommunication Union)의 전임자(1992년 이전)들에 의해 표준화 되었다.

우리는 여기서 처음으로 FDM과 SSB 변조를 이용한 아날로그 전화 계층에 대해 설명하였다. 디지털 계층 논의는 6장 이후에서 다루기로 한다.

아날로그 L–반송파 계층[4]의 각 음성 채널은 SSB+C를 사용하여 변조되었다. 60 kHz에서 108 kHz 대역을 차지하고 있는 기본 채널 **그룹(group)**으로부터 12개의 음성 채널이 있다. 그림 4.25에서 볼 수 있다. 각 사용자(user) 채널은 LSB를 사용한다. 그리고 주파수 분할 다중화(FDM)는 4 kHz씩 분리되어 채널 반송파를 유지하면서 구성되어 있다.

그 계층의 위로,[5] FDM을 통해 한 **슈퍼그룹(supergroup)**으로부터 5개의 그룹이 있다. 10개의 슈퍼그룹 다중화는 한 **마스터그룹(mastergroup)**을 생성한다. 6개의 슈퍼그룹 다중화는 한 **점보그룹(jumbogroup)**이 되고, 이는 L4 시스템에서 16.984 MHz 주파수 대역 동안 3600개의 음성 채널로 구성되어 있다. 슈퍼그룹으로부터 계층의 각 레벨(level)에 더해진 주파수 간격은 간섭 감소와 삽입하는 파일럿 주파수들을 위해 제공된다. 다중화된 신호는 기저대역의 마이크로파 라디오 채널 또는 동축 전송 시스템에 직접 삽입되어 공급될 수 있다.

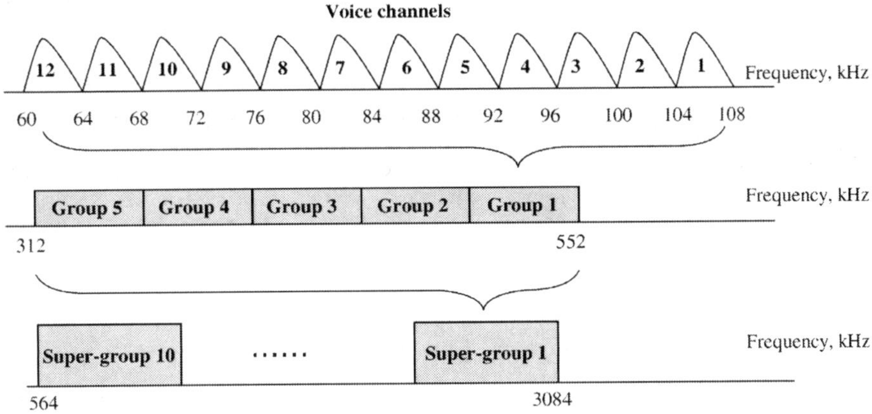

▸▸ 그림 4.25 주파수 분할 다중화 시스템에서 L–반송파 계층의 장거리 아날로그 전화

4.8 위상 동기 루프와 몇 가지 적용들

○ 위상 동기 루프(PLL)

PLL은 입력 신호(incoming signal)의 반송파 성분 중의 주파수와 위상을 추적하는데 사용하는 제일 중요한 장치이다. 따라서 이 장비는 억압 반송파 또는 적은 반송파(pilot)를 가진 AM 신호의 동기 복조방식을 취하는 변조방식에서 제일 중요한 부품이다. PLL은 각 변조된 신호를 수신할 때에도 쓰일 수 있다. 특히 낮은 신호대 잡음비의 조건하에서 쓰일 수 있다.

또한 디지털 수신기에서 타이밍 회복(timing recovery)을 포함하는 많은 수의 클럭 회복 시스템(clock recovery systems)이 중요하게 적용된다. 이런 이유로 PLL은 모든 현대의 디지털과 아날로그 통신 시스템 사이에서 매우 중요한 역할을 하고 있다.

PLL의 3가지 기본 소자는 다음과 같다.

1. 전압 제어 발진기(VCO)
2. 곱셈기, 이것은 위상 검파기(phase detector, PD) 또는 위상 비교기(phase comparator)로 쓰인다.
3. 루프 필터 $H(s)$

○ 기본 PLL 동작

그림 4.26a와 같은 PLL은 궤환 구조를 이루고 있다. 일반적인 궤환 시스템의 동작은 다음과 같다. 궤환된 신호와 입력신호가 같이 시스템에 들어오게 되고, 궤환 신호가 입력 신호와 다르게 되면, 오차만큼 궤환 신호를 바꾸어서 입력 신호와 같아지도록 한다. PLL도 위와 같은 방식에 의해 동작된다. 단지 다른 점은 PLL의 경우에는 신호가 진폭 값이 아니라 위상 값이라는 점이다. VCO는 출력 주파수를 계속 변화시켜서 입력 신호와 같은 사인 함수(sine)가 되도록 조절한다. 이 점에서 두 신호의 주파수와 위상이 동기되었다고 본다.

VCO는 발진기 입력 전압에 의해 선형적으로 출력 주파수 값이 변한다. 만일 VCO의 입력 전압이 $e_0(t)$이고, 출력 주파수가 순간적인 주파수(instantaneous frequency)를 가진 정현곡선이라면, 다음과 같다.

$$\omega(t) = \omega_c + ce_o(t) \tag{4.30}$$

여기서 c는 VCO의 고유상수이고, ω_c는 **free-running 주파수**이다(즉, $e_0(t) = 0$일 때의 주파수 값). 곱셈기의 출력 값은 루프 필터에 의해 저역 통과되고 그 값이 VCO에 들어가게 된다. 이런 전압 변화가 발진기의 주파수를 변화시키므로, 주파수 동기가 계속 이루어지게 된다.

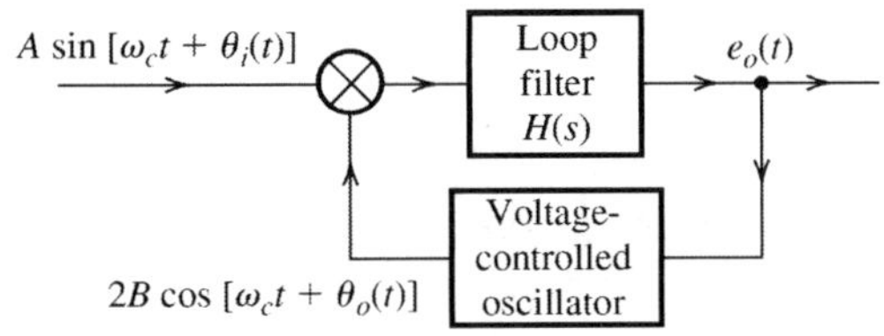

(a)

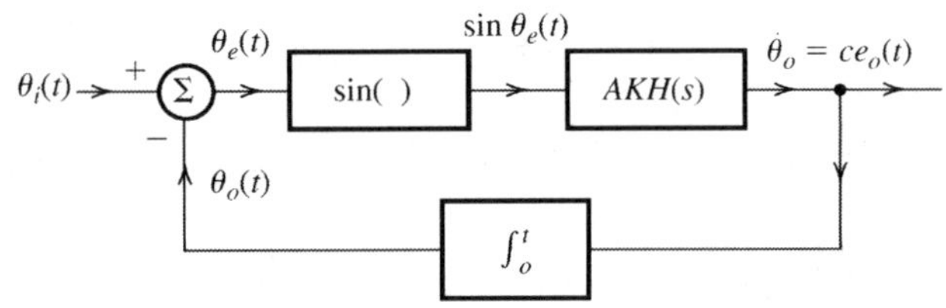

(b)

▸▸ 그림 4.26 위상 동기 루프와 등가 회로

만일 VCO 출력 신호가 $B\cos[w_c t+\theta_0(t)]$이고, 순간적인 주파수(instantaneous frequency)가 $\omega_c+\dot{\theta}_0(t)$이면, 다음과 같다.

$$\dot{\theta}_o(t) = ce_o(t) \tag{4.31}$$

여기서 c와 B는 PLL의 고유상수 매개변수들이다.

PLL의 입력 신호를 $A\sin[w_c t+\theta_i(t)]$라고 하고, 만일 입력신호가 $A\sin[\omega_0-\omega_c]t+\psi(t)$가 된다면 이것을 다시 $A\sin[w_c t+\theta_i(t)]$로 표현할 수 있고, $\theta_i(t)=(\omega_0-\omega_c)t+\psi(t)$로 나타낼 수 있다. 따라서 VCO의 출력 신호를 $B\cos[w_c t+\theta_0(t)]$라고 하자. 곱셈기 출력 값은 다음과 같이 주어진다.

$$AB\sin(\omega_c t+\theta_i)\cos(\omega_c t+\theta_o) = \frac{AB}{2}[\sin(\theta_i-\theta_o)+\sin(2\omega_c t+\theta_i+\theta_o)]$$

합 주파수 성분은 루프 필터에 의해 제거된다. 따라서 루프 필터의 효과적인 입력 신호는 $\frac{1}{2}AB\sin[\theta_i(t)-\theta_0(t)]$가 된다. 만일 $h(t)$가 루프 필터의 임펄스 응답일 경우는 다음과 같다.

$$\begin{aligned} e_o(t) &= h(t) * \frac{1}{2}AB\sin\,[\theta_i(t)-\theta_o(t)] \\ &= \frac{1}{2}AB\int_0^t h(t-x)\,\sin[\theta_i(x)-\theta_o(x)]\,dx. \end{aligned} \tag{4.32}$$

식 (4.32)를 식 (4.31)에 넣고, $K=\frac{1}{2}cB$라고 하면, 다음 식과 같이 된다.

$$\dot{\theta}_o(t) = AK\int_0^t h(t-x)\sin\,\theta_e(x)\,dx \tag{4.33}$$

여기서 $\theta_e(t)$는 위상오차이고, 다음과 같이 정의된다.

$$\theta_e(t) = \theta_i(t) - \theta_o(t)$$

이 방정식은 식 (4.31)과 함께 PLL을 위한 모델로 즉시 제안되고, 그림 4.26b에서 볼 수 있다.

PLL은 루프 필터 $H(s)$와 루프 이득 AK의 주의깊은 선택을 필요로 한다. 다른 루프 필터도 주파수 변화의 다른 종류를 가진 입력신호를 따라가거나 붙잡을 수 있는 PLL이 가능하다.

그 반면, 루프 이득은 따라 갈 수 있는 주파수 변화의 범위에 영향을 끼칠 수 있다.

○ 작은 오차(Small-Error) PLL 분석

작은 오차 PLL 분석에서, $\sin\theta_e \simeq \theta_e$와 블록도는 그림 4.26b와 같다. 그림 4.27a과 같이 선형 시스템으로 축소하였다. 간단한 궤환 분석은 다음과 같다.

$$\frac{\Theta_o(s)}{\Theta_i(s)} = \frac{AKH(s)/s}{1+[AKH(s)/s]} = \frac{AKH(s)}{s+AKH(s)} \tag{4.34}$$

따라서, PLL은 전달함수 $AKH(s)/[s+AKH(s)]$를 가진 필터와 같이 행동할 수 있다. 그림 4.27b와 같다. 오차가 $\Theta_e(s)$라고 주어질 때, 다음 식과 같다.

$$\begin{aligned}\Theta_e(s) &= \Theta_i(s) - \Theta_o(s) = \left[1 - \frac{\Theta_o(s)}{\Theta_i(s)}\right]\Theta_i(s) \\ &= \frac{s}{s+AKH(s)}\Theta_i(s)\end{aligned} \tag{4.35}$$

PLL의 중요한 적용 중의 하나는 동기를 위한 위상과 주파수의 획득이다. 입력 신호를 $A\sin(\omega_0 t+\phi_0)$라고 할 때, 주파수 ω_0와 위상* ϕ_0의 국부 신호를 생성한다. VCO의 주파수 ω_c가 있다고 할 때, 입력 신호는 $A\sin[w_c t+\theta_i(t)]$로 표현할 수 있고, 따라서

$$\theta_i(t) = (\omega_0 - \omega_c)t + \varphi_0$$

* $\pi/2$ 차이가 있다.

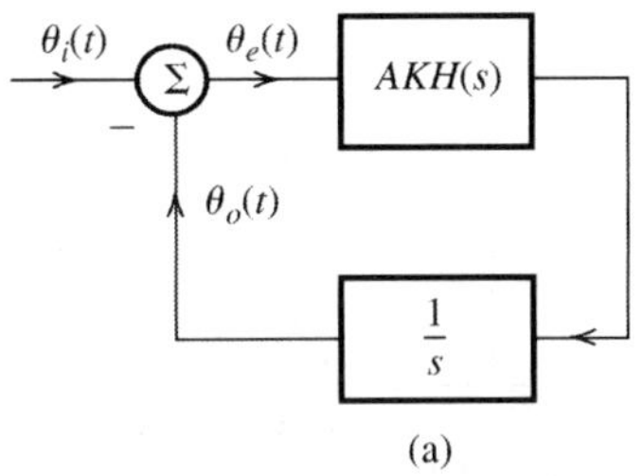

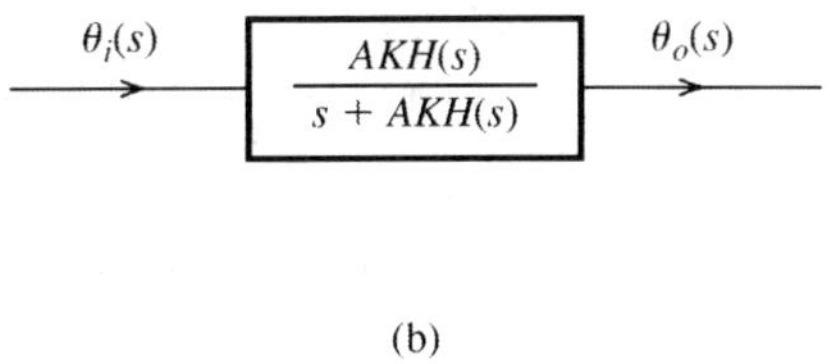

▸▸ 그림 4.27 일차 PLL의 곡선

가 되고,

$$\Theta_i(s) = \frac{\omega_0 - \omega_c}{s^2} + \frac{\varphi_0}{s}$$

가 된다. 특별히 $H(s)=1$인 경우, 이 식을 식 (4.35)에 넣으면,

$$\begin{aligned}\Theta_e(s) &= \frac{s}{s+AK}\left[\frac{\omega_0 - \omega_c}{s^2} + \frac{\varphi_0}{s}\right] \\ &= \frac{(\omega_o - \omega_c)/AK}{s} - \frac{(\omega_0 - \omega_c)/AK}{s+AK} + \frac{\varphi_0}{s+AK}\end{aligned}$$

가 된다. 따라서, 다음과 같이 나타낼 수 있다.

$$\theta_e(t) = \frac{(\omega_0 - \omega_c)}{AK}\left(1 - e^{-AKt}\right) + \varphi_0 e^{-AKt} \tag{4.36a}$$

좀 더 자세하게 관찰하면 다음과 같다.

$$\lim_{t\to\infty} \theta_e(t) = \frac{\omega_0 - \omega_c}{AK} \tag{4.36b}$$

따라서, 일시적으로 멎으면($4/AK$ 초 동안), 위상 오차는 $(\omega_0 - \omega_c)/AK$의 고유 상수 값을 유지한다. 이것은 PLL 주파수가 결국 입력 주파수 ω_0와 같다는 것을 의미한다. 하지만 위상 상수 오차는 있고, PLL 출력은 다음과 같다.

$$B\cos\left[\omega_0 t + \varphi_0 - \frac{\omega_0 - \omega_c}{AK}\right]$$

2차 PLL을 사용하면

$$H(s) = \frac{s+a}{s} \tag{4.37a}$$

$$\Theta_e(s) = \frac{s}{s+AKH(s)}\Theta_i(s)$$
$$= \frac{s^2}{s^2+AK(s+a)}\left[\frac{\omega_0-\omega_c}{s^2}+\frac{\varphi_0}{s}\right] \tag{4.37b}$$

최종 값 정리는 바로 다음과 같다.

$$\lim_{t\to\infty}\theta_e(t) = \lim_{s\to 0} s\Theta_e(s) = 0 \tag{4.38}$$

이 경우, PLL은 결국 입력 신호의 주파수와 위상 둘 다 얻을 수 있다.

작은 오차(small-error) 분석을 사용하여 일차 루프는 시간에 따라 선형적인 주파수의 변화를 갖는 입력신호를 추적할 수 없다는 것을 보일 수 있다. 더욱이, 이러한 신호는 식 (4.37)과 같이 2차 루프의 사용에 의한 위상 상수(위상 상수 오차)를 추적할 수 있다. 그리고 3차 루프 사용에 의해 영-위상 오차를 추적할 수 있다.[7]

앞의 분석을 선형 모델로 가정하고, 단지 $\theta_e(t) \ll \pi/2$일 때만 유효하다는 것을 기억하고 있어야 한다. 이 의미는 이 분석이 유효하기 위해 주파수 ω_0와 ω_c가 매우 가까이에 있어야 한다. 일반적인 경우, 그림 4.26b와 같이 비선형 모델을 사용해야 한다. 이런 분석을 위해, 독자는 Viterbi,[7] Gardner,[8] or Lindsy[9]를 참조하길 바란다.

○ 일차 루프 분석(Firs-Order Loop Analysis)

여기서, 그림 4.26b와 같이 비선형 모델을 이용한다. 하지만 $H(s)=1$과 같이 간단한 경우에 $h(t)=\delta(t)$,* 식 (4.33)에 의해

$$\dot{\theta}_0(t) = AK\sin\,\theta_e(t)$$

가 된다. 왜냐하면 $\theta_e = \theta_i - \theta_0$이기 때문이다.

$$\dot{\theta}_e = \dot{\theta}_i - AK\sin\,\theta_e(t). \tag{4.39}$$

여기서 주파수와 위상 획득의 문제에 대해 생각해 보자. 입력 신호가 $A\sin(w_0 t+\phi_0)$일 경우, VCO는 주파수 ω_c를 가질 수 있다. 따라서

$$\theta_i(t) = (\omega_0-\omega_c)t+\varphi_0$$

* 사실 $h(t)=2B\mathrm{sinc}(2\pi Bt)$, 루프 필터의 대역폭은 B이다. 이것은 저역 통과 협대역 필터이고, $2\omega_c$의 중심에서 고주파 신호가 감쇠된다. $H(s)=1$일 때, B Hz의 저역 통과 협대역을 만든다.

가 되고, 그리고

$$\dot{\theta}_e = (\omega_0 - \omega_c) - AK \sin\, \theta_e(t) \tag{4.40}$$

가 된다. PLL의 행동을 더 잘 이해하기 위해 식 (4.40)을 이용하여, $\dot{\theta}_e$ 대 θ_e를 그렸다.

식 (4.40)은 $\dot{\theta}_e$가 수직적으로 천이된 정현파인 것을 그림 4.28에서 볼 수 있다. 식 (4.40)을 만족하기 위해 루프 동작은 그림 4.28과 같이 정현곡선을 유지해야 한다. $\dot{\theta}_e = 0$일 때, 시스템은 평형이다. 왜냐하면 이 포인트에서 θ_e 시간에 따라 변하는 것을 정지하기 때문이다. $\theta_e = \theta_1$, θ_2, θ_3 및 θ_4일 때 모두 평형점이다.

만일, 초기 위상 오차 $\theta_e(0) = \theta_{e0}$ (그림 4.28)이면, θ_e의 이 값과 대응하는 $\dot{\theta}_e$는 음이다. 따라서, 위상 오차 정현 곡선은 θ_3값 일 때까지 따라 감소하기 시작할 것이고 평형이 될 것이다.

따라서, 안정된 상태에서, 위상 오차는 고유상수 θ_3이다. 이것은 루프가 주파수 lock 안에 있는 것을 의미한다. VCO 주파수는 ω_0이다. 하지만 θ_3의 위상오차가 있다.; 만일 $|\omega_0 - \omega_c| > AK$일 때, 그림 4.28에서 평형점이 없다. 루프는 결코 고정시킬 수 없고, θ_e는 계속해서 끊임없이 곡선을 따라 이동한다. 따라서, 입력 주파수 ω_0가 AK보다 더 많은 것에 의해 VCO 주파수 ω_c와 다르지 않다면, 이 간단한 루프는 위상의 고정상태를 이룰 수 있다.

그림 4.28에서, 몇몇 평형점이 존재한다. 하지만 이 점들의 절반은 불안정한 평형 점이고, 시스템 상태의 적은 변화가 평형점들에서 떨어져서 동작점이 이동할 것을 의미한다. 점 θ_1과 θ_3는 안정한 점이다. 왜냐하면 시스템 상태에서의 어떤 작은 동요는 점들에 의하여 되돌려 질수 있기 때문이다.

예를 들어, 점 θ_3에 대해 생각해 보자. 만일 상태가 오른쪽으로 곡선을 따라 불안정하게 변한다면, $\dot{\theta}_e$은 음이 되고, θ_e는 감소하는 경향이 있고, θ_3에게 돌아온다.

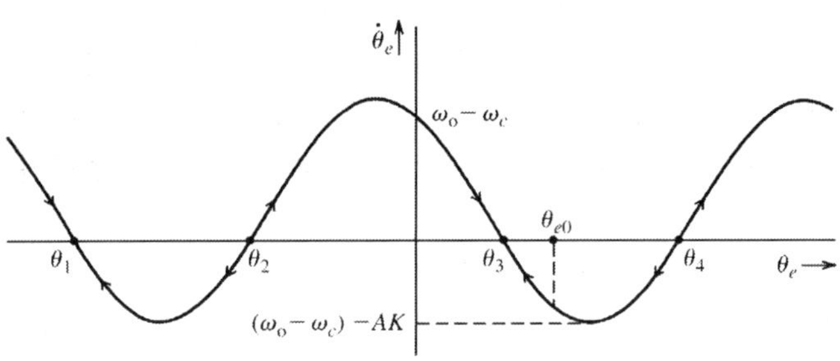

▸▸ 그림 4.28 일차 PLL의 곡선

만일 θ_3로 부터 동작점이 왼쪽으로 곡선을 불안정하게 따라 변한다면, $\dot{\theta}_e$는 양이 되고, θ_e는 증가하는 경향이 있고, 동작점은 θ로 돌아올 것이다. 그 반면, 점 θ_2가 오른쪽으로 곡선을 따라 변한다면, $\dot{\theta}_e$는 양이 되고, θ_3에 도달할 때까지 θ_e는 증가할 것이다. 마찬가지로, θ_2가 왼쪽으로 곡선을 따라 변한다면, $\dot{\theta}_e$는 음이 되고, θ_1에 도달할 때까지 θ_e는 감소할 것이다. 따라서, θ_2는 불안정한 점이다. 잡음과 같은 가장 약한 방해요소는 θ_1에서 또는 θ_3에서 어느 쪽이라도 위치를 바꿔야 할 것이다. 유사한 방법으로, θ_4는 불안정한 점이고, θ_1이 안정한 평형점인 것을 볼 수 있을 것이다.

$\dot{\theta}_e = 0$일 때 평형점 θ_3이 발생하고, 식 (4.40)으로부터 다음과 같다.

$$\theta_3 = \sin^{-1}\frac{\omega_0 - \omega_c}{AK}$$

만일 $\theta_3 \ll \pi/2$일 경우

$$\theta_3 \simeq \frac{\omega_0 - \omega_c}{AK}$$

식 (4.36b)으로 부터 작은 오차 분석의 결과가 일치함을 알 수 있다.

1차 루프는 실제적으로 위상 상수 오차로부터 영향을 받는다. 더욱이, 단지 입력 주파수와 VCO 주파수는 AK rad/s보다 적고 다르면 주파수 lock을 얻을 수 있다. 더 높은 차수 루프는 이 단점을 극복하지만, 안정성의 새로운 문제를 만든다. 더 자세한 분석은 Gardener[8]에서 찾을 수 있다.

○ PLL 행동들의 일반화

일반화를 위하여, 루프가 고정되었다고 가정하면, 입력과 출력 정현파가 동일하다는 것을 의미한다. 두 신호는 서로 위상이 일치되었다고 한다(phase coherent or inphase lock). 즉, VCO가 입력신호의 주파수와 위상을 추적하는 것이다. PLL은 입력 신호의 주파수를 주파수 천이의 한정된 범위 내에서만 추적이 가능하다. 이 범위를 hold-in 혹은 lock 범위라고 한다. 또한 만일 입력과 출력 주파수가 너무 많이 다르게 되면 PLL은 lock 시키지 못하게 된다. 주파수 범위가 lock 범위보다는 넓지만 lock범위로 좁혀갈 수 있는 범위를 pull-in 혹은 capture 범위라고 한다. 그리고 주파수 변화가 너무 빨리 일어나도 PLL은 lock 시키지 못한다.

만일 입력 정현파에 잡음이 있다면, PLL은 정현파를 추적할 뿐만 아니라 깨끗하게 해준다. PLL은 또한 주파수 변조(FM) 복조기와 주파수 신디사이저(synthesizer)에서 사용되며, 다음 장에서 설명할 것이다. 주파수 곱셈기와 분할기는 또한 PLL을 만들 수도 있다. PLL은 상대적으로 덜 비싼 집적 회로이고, 통신 회로에서 빈번하게 사용되는 것 중에 하나이다.

우주 비행체 등에서 도플러 천이와 발진기의 천이 때문에 수신된 신호의 주파수는 많은 불확실성을 가지고 있다. 반송파 자체의 도플러 천이는 ±75 Hz 정도가 된다. 이런 경우에 원하는 주파수 대역폭이 10 Hz이지만 150 kHz의 대역을 수신해야 신호를 얻을 수 있다.

이렇게 되면 원치 않는 신호 잡음을 많이 수신하게 된다(약 15000배 정도). 왜냐하면 잡음 전력은 대역폭에 비례하게 되기 때문이다. 이때 PLL을 쓰게 되면 수신기에서 항상 반송파와 정확히 동기를 맞출 수 있기 때문에 10 Hz 대역 만큼만 수신하면 된다.

○ DSB-SC에서 반송파 획득

DSB-SC의 수신기에서 PLL를 사용하여 반송파를 재생하는 두 가지 방법에 대해 논의한다. 신호 제곱과 Costas 루프가 그 두 가지 방법이다.

신호 제곱 방법: 그림 4.29에서 이 방법의 개략적인 설명을 보여준다. 입력 신호가 제곱된 뒤 좁은 대역폭을 갖는 BPF를 통과하여 $2\omega_c$로 되고, 이 신호는 원하는 신호 성분인 $k\cos 2\omega_c t$ 신호와 약간의 다른 신호들이 섞인 형태로 되며, 이 신호를 PLL에 통과시켜서 반송파 신호의 2배가 되는 주파수가 나타나게 한다. 그 뒤에 2:1 주파수 분할기를 통과시키면 원하는 동기신호를 얻을 수 있다. 수식적으로 검토를 해보자.

$$x(t) = [m(t)\cos\,\omega_c t]^2 = \tfrac{1}{2}m^2(t) + \tfrac{1}{2}m^2(t)\cos\,2\omega_c t$$

여기서, $m^2(t)$는 항상 0 이상의 수이다. 따라서 평균값이 항상 0보다 크게 된다. 이 평균값을 k라고 하고, dc 성분 $\frac{1}{2}m^2(t)$를 다시 나타내면,

$$\frac{1}{2}m^2(t) = k + \phi(t)$$

되고, 여기서 $\phi(t)$는 평균값이 "0"이 되는 기저대역 신호이다. 그러므로

$$\begin{aligned} x(t) &= \frac{1}{2}m^2(t) + \frac{1}{2}m^2(t)\cos\,2\omega_c t \\ &= \frac{1}{2}m^2(t) + k\,\cos\,2\omega_c t + \phi(t)\cos\,2\omega_c t \end{aligned}$$

가 된다.

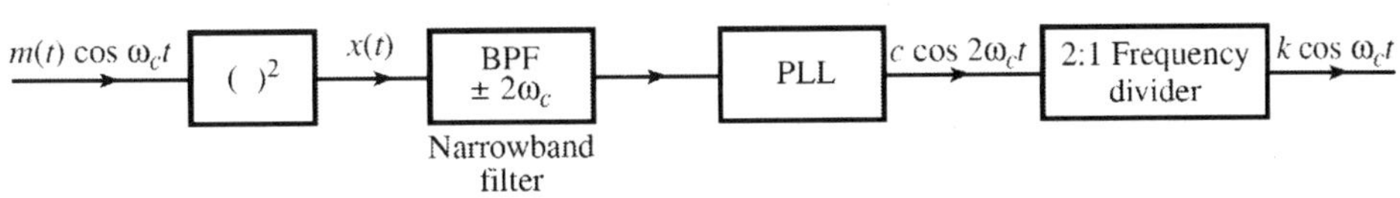

▸▸ 그림 4.29 신호 제곱법에 의한 동기 복조 반송파의 생성

BPF는 $2\omega_c$의 중심주파수를 가진 대역폭이 매우 좁은 필터가 사용된다. 따라서 기저대역 신호 $m^2(t)$는 완벽히 제거된다. 그리고 $\phi(t)\cos 2\omega_c t$는 거의 제거된다. 그 이유는 설령 $\phi(t)\cos 2\omega_c t$가 $2\omega_c$에 중심주파수를 두고 있지만 $\phi(t)$의 직류값이 0이므로 $2\omega_c$ 근처에 0의(극소의) 전력을 가지고 있다. 또한 이 신호는 $2\omega_c$를 중심으로 해서 $4B$ Hz 만큼 펼쳐져 있다. 따라서 BPF*를 통과하는 성분은 매우 적게 된다. 반면에 $k\cos 2\omega_c t$는 $2\omega_c$에 모든 전력이 집중되어 있기 때문에 모든 신호가 다 통과하게 된다.

따라서 필터의 출력은 $k\cos 2\omega_c t$와 약간의 원치 않는 값이 $\phi(t)\cos 2\omega_c t$에서부터 남게 된다. 이 원치 않는 값은 PLL을 통과함으로써 제거할 수 있다. 이 PLL 출력값이 주파수 분할기를 통과하면 원하는 신호가 된다. 입력신호(incoming signal)의 부호는 제곱하는 과정에서 모두 없어지기 때문에 만들어지는 반송파의 부호가 모호해진다. 이것은 아날로그 신호에는 큰 영향을 미치지 못한다. 하지만 디지털 신호에서는 신호의 위상이 제일 중요한 정보이다. 따라서 이 방법을 디지털 수신기에는 직접 쓸 수가 없다.

Costas 루프 : 또 다른 방안으로는 그림 4.30에서 Costas[10]가 제안한 국부 반송파의 생성을 볼 수 있다. 입력신호(incoming signal)는 $m(t)\cos(\omega_c t+\theta_i)$이고, VCO가 만드는 신호는 $\cos(\omega_c t+\theta_0)$이다. 따라서 위상 오차는 $\theta_e=\theta_i-\theta_0$이다. 그림 4.20에서 여러 가지 신호를 보여준다. 신호를 LPF에 통과시키면 $m(t)\cos\theta_e$와 $m(t)\sin\theta_e$가 된다. 이 신호들은 다시 곱셈에 의해 $m^2(t)\sin 2\theta_e$가 된다. 이것을 아주 좁은 대역의 LPF에 통과시키면 $R\sin 2\theta_e$가 된다. 이때 R값은 $m^2(t)/2$의 직류성분이다.

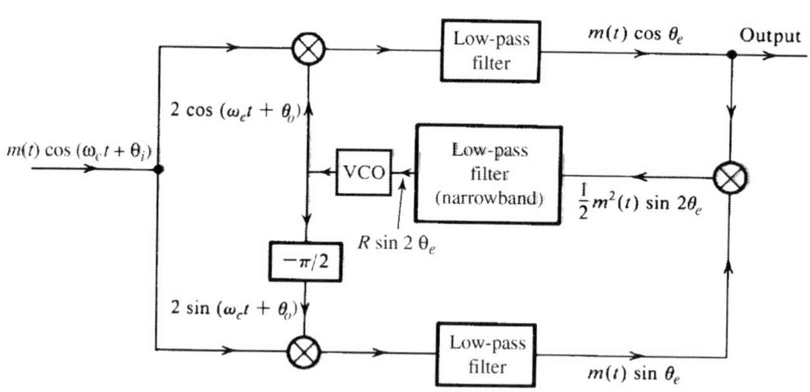

▶▶ 그림 4.30 동기 복조 반송파의 생성을 위한 Costas PLL

* 이것은 또한 우리가 ω_c에 집중된 대역폭이 좁은 필터를 통과한 $m(t)\cos\omega_c t$로부터 직접 반송파를 얻을 수 없는지에 대해 설명해준다. 그 이유는 $m(t)\cos\omega_c t$의 전력은 영이고, $m(t)$는 직류 성분이 없기 때문이다[$m(t)$의 평균값이 0이다].

$R\sin 2\theta_e$ 값이 ω_c에 맞추어져 있는 VCO에 입력으로 들어간다. 입력신호 $R\sin 2\theta_e$는 출력 주파수를 크게 하고, 그렇게 되면 θ_e가 줄어들게 되며, 이러한 과정은 이미 논의되었고 그림 4.26에 의해 이미 설명되어 있다.

○ SSB-SC에서의 반송파 획득

SSB 수신기의 동기를 얻기 위해서는 수신기와 송신기에 동시에 들어가는 매우 안정된 크리스탈 발진기를 사용해야 한다. 하지만 매우 높은 주파수에서는 수정조차 적절한 성능을 낼 수 없게 되며 파일럿 신호를 전송해야 한다. SSB-SC에서는 DSB-SC에서 사용한 제곱 방법이나 Costas 루프방법을 사용할 수 없다. 이것은 다음 수식들에 의해 알 수 있다.

$$\begin{aligned}\varphi_{\text{SSB}}(t) &= m(t)\cos\,\omega_c t \mp m_h(t)\sin\,\omega_c t \\ &= E(t)\cos\,[\omega_c t + \theta(t)]\end{aligned}$$

여기서

$$\begin{aligned}E(t) &= \sqrt{m^2(t) + m_h^2(t)} \\ \theta(t) &= \tan^{-1}\left[\frac{\pm m_h(t)}{m(t)}\right]\end{aligned}$$

이 신호를 제곱하면, 다음 수식이 얻어진다.

$$\begin{aligned}\varphi_{\text{SSB}}^2(t) &= E^2(t)\cos^2\,[\omega_c t + \theta(t)] \\ &= \frac{E^2(t)}{2}\{1 + \cos\,[2\omega_c t + 2\theta(t)]\}\end{aligned}$$

$E^2(t)$는 대역 통과 필터로 제거된다. 하지만 남아 있는 신호가 DSB의 경우처럼 순수한 $2\omega_c$주파수의 값만을 가진 것이 아니다. 게다가 시변 위상인 $2\theta(t)$를 제거할 수 있는 방법은 없다. 따라서 SSB의 경우는 제곱 방법을 쓸 수 없다. Costas 루프 방법도 마찬가지로 쓸 수 없다. 이것은 VSB 방법에도 적용할 수 없다.

4.9 매트랩 연습

이 절에서는, 이전의 절에 포함된 아날로그 변조의 기본적인 개념들을 강화하기 위해 매트랩 연습을 제공한다. DSB-SC, AM, SSB-SC, 그리고 QAM의 변조와 복조를 설명하는 예들이 포함될 것이다.

○ DSB-SC 변조와 복조

매트랩 프로그램 처음에 triplesinc.m은 (거의) 절대적으로 대역 제한되고, 서로 다른 세 가지 지연된 형태의 sinc신호로 구성된 다음과 같은 신호를 발생시키는 것이다.

$$m_2(t) = 2\,\mathrm{sinc}\,(2t/T_a) + \mathrm{sinc}\,(2t/T_a + 1) + \mathrm{sinc}\,(2t/T_a - 1)$$

```
% (triplesinc.m)
%  AM 신호의 기저대역
%  m=triplesinc (t,Ta)를 사용
%  t는 신호의 길이다.
%  Ta는 두 번 지연된 것과 같은 매개변수이다.
%
   sig_1=sinc(2*t/Ta) ;
   sig_2=sinc(2*t/Ta-1) ;
   sig_3=sinc(2*t/Ta+1) ;
   m=2*sig_1+sig_2+sig_3 ;
end
```

DSB-SC 신호는 t가 -0.04에서 0.04의 범위에 대해서 DSB-SC 신호를 발생시키는 매트랩 파일 ExampleDSB.m로 발생시킬 수 있다. 그 반송 주파수는 300 Hz이다. 시간 영역과 주파수 영역에 대한 본래의 메시지 신호와 DSB-SC 신호가 그림 4.31에 나타나있다.

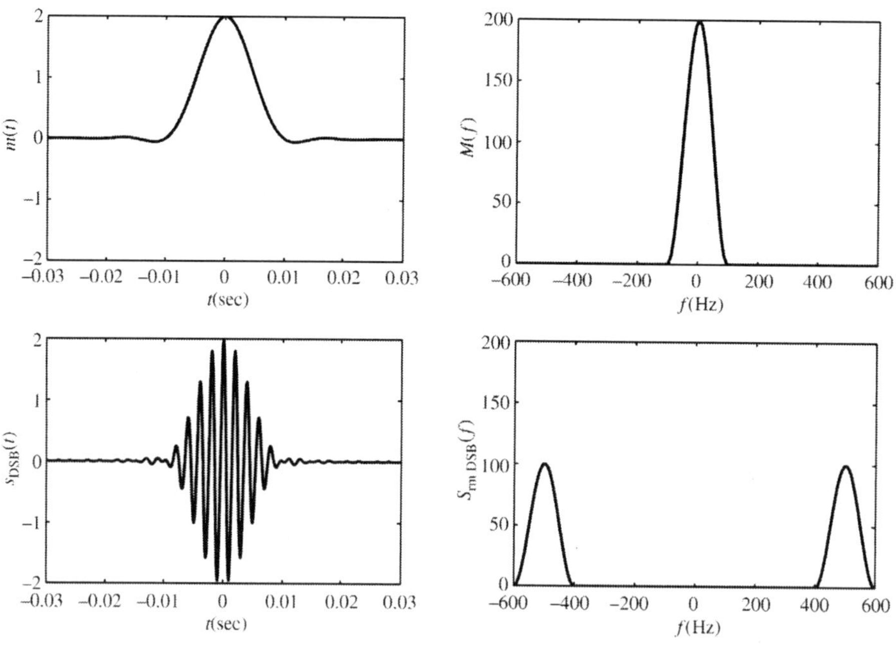

►► 그림 4.31 DSB-SC 변조 동안 시간과 주파수 영역에 대한 신호의 예

```
% (ExampleDSB.m)
% 이 프로그램은 DSB 변조와 복조를 나타내기 위해서 triplesinc.m을 사용한다.

ts=1.e-4

t=-0.04:ts:0.04;
Ta=0.01;
m_sig=triplesinc(t,Ta);
Lfft=length(t); Lfft=2^ceil(log2(Lfft));
M_fre=fftshift(fft(m_sig,Lfft));
freqm=(-Lfft/2:Lfft/2-1)/(Lfft*ts);

s_dsb=m_sig.*cos(2*pi*500*t);
Lfft=length(t); Lfft=2^ceil(log2(Lfft)+1);
S_dsb=fftshift(fft(s_dsb,Lfft));
freqs=(-Lfft/2:Lfft/2-1)/(Lfft*ts);

Trange=[-0.03 0.03 -2 2]
figure(1)
subplot(221);td1=plot(t,m_sig);
axis(Trange); set(td1,'Linewidth',2);
xlabel('{\it t} (sec)'); ylabel('{\it m}({\it t})')
subplot(223);td2=plot(t,s_dsb);
axis(Trange); set(td2,'Linewidth',2);
xlabel('{\it t} (sec)'); ylabel('{\it s}_{\rm DSB}({\it t})')

Frange=[-600 600 0 200]
subplot(222);fd1=plot(freqm,abs(M_fre));
axis(Frange); set(fd1,'Linewidth',2);
xlabel('{\it f} (Hz)'); ylabel('{\it M}({\it f})')
subplot(224);fd2=plot(freqs,abs(S_dsb));
axis(Frange); set(fd2,'Linewidth',2);
xlabel('{\it f} (Hz)'); ylabel('{\it S}_{rm DSB}({\it f})')
```

처음 변조의 예인 ExampleDSBdemfilt.m은 기저대역 메시지 신호 $m_0(t)$에 기초를 두고 있다. 다음에 우리는 엄격히 대역 제한되지 않은 다른 메시지 신호를 발생시킬 것이다. 실제로, 새로운 메시지 신호는 두 개의 삼각파로 구성되어 있다.

$$m_1(t) = \Delta\left(\frac{t+0.01}{0.01}\right) - \Delta\left(\frac{t-0.01}{0.01}\right)$$

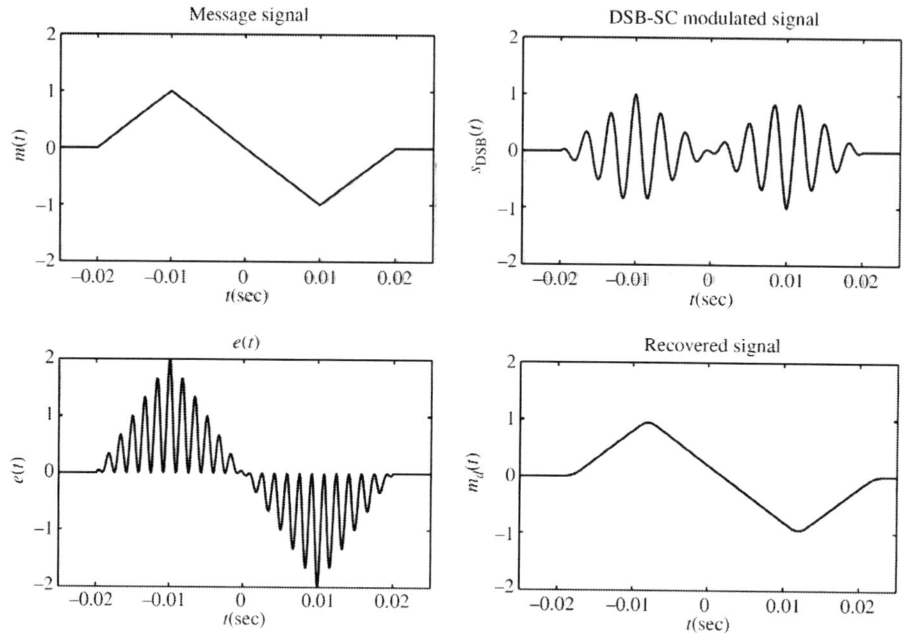

▸▸ 그림 4.32 DSB-SC 변조와 복조 동안의 시간 영역 신호

동기 변조는 또한, 차수가 40인 유한 임펄스 응답 (FIR) 기저대역 필터로 시행될 수 있다. 본래의 메시지 신호 $m(t)$, DSB-SC 신호 $m(t)\cos\omega_c t$, 복조기 신호 $e(t) = m(t)\cos^2\omega_c t$, 그리고 기저대역 필터링을 한 후에 복원된 메시지 신호 $m_d(t)$는 시간 영역에 대한 그림 4.32와 주파수 영역에 대한 그림 4.33에 모두 주어져 있다. 복조기에서 기저대역 필터는 150 Hz의 대역폭을 가진다. 복조 결과는 거의 왜곡이 없음을 보여준다.

```
% (ExampleDSBdemfilt.m)
% 이 프로그램은 DSB 변조와 복조를 나타내기 위해서 triang1.m을 사용한다.

ts=1.e-4;

t=-0.04:ts:0.04;
Ta=0.01;
m_sig=triangl((t+0.01)/0.01)-triangl((t-0.01)/0.01);
Lm_sig=length(m_sig);
Lfft=length(t);
Lfft=2^ceil(log2(Lfft));
M_fre=fftshift(fft(m_sig,Lfft));
freqm=(-Lfft/2:Lfft/2-1)/(Lfft*ts);
B_m=150;    %Bandwidth of the signal is B_m Hz.
```

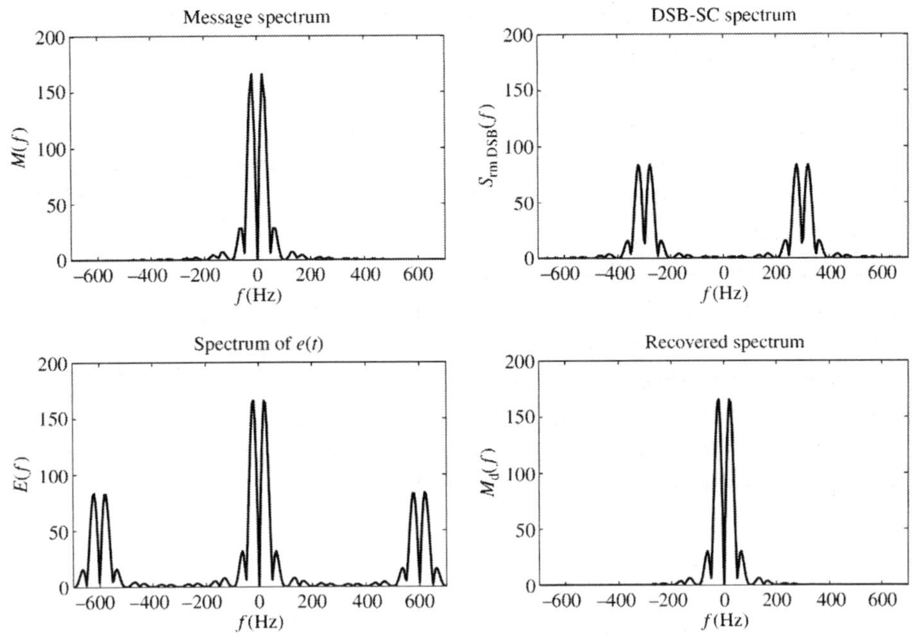

▶▶ 그림 4.33 DSB-SC 변조와 복조 동안의 주파수 영역 신호

```
h=fir1(40,[B_m*ts]);
t=-0.04:ts:0.04;
Ta=0.01;fc=300;
s_dsb=m_sig.*cos(2*pi*fc*t);
Lfft=length(t); Lfft=2^ceil(log2(Lfft)+1);
S_dsb=fftshift(fft(s_dsb,Lfft));
freqs=(-Lfft/2:Lfft/2-1)/(Lfft*ts);

% 복조는 반송파를 곱하여 시작한다.
s_dem=s_dsb.*cos(2*pi*fc*t)*2;
S_dem=fftshift(fft(s_dem,Lfft));

% 150Hz 대역폭인 이상적인 LPF 사용
s_rec=filter(h,1,s_dem);
S_rec=fftshift(fft(s_rec,Lfft));

Trange=[-0.025 0.025 -2 2];
figure(1)
subplot(221);td1=plot(t,m_sig);
axis(Trange); set(td1,'Linewidth',1.5);
```

```
xlabel('{\it t} (sec)'); ylabel('{\it m}({\it t})');
title('message signal');
subplot(222);td2=plot(t,s_dsb);
axis(Trange); set(td2,'Linewidth',1.5);
xlabel('{\it t} (sec)'); ylabel('{\it s}_{\rm DSB}({\it t})')
title('DSB-SC modulated signal');
subplot(223);td3=plot(t,s_dem);
axis(Trange); set(td3,'Linewidth',1.5);
xlabel('{\it t} (sec)'); ylabel('{\it e}({\it t})')
title('{\it e}({\it t})');
subplot(224);td4=plot(t,s_rec);
axis(Trange); set(td4,'Linewidth',1.5);
xlabel('{\it t} (sec)'); ylabel('{\it m}_d({\it t})')
title('Recovered signal');

Frange=[-700 700 0 200];
figure(2)
subplot(221);fd1=plot(freqm,abs(M_fre));
axis(Frange); set(fd1,'Linewidth',1.5);
xlabel('{\it f} (Hz)'); ylabel('{\it M}({\it f})');
title('message spectrum');
subplot(222);fd2=plot(freqs,abs(S_dsb));
axis(Frange); set(fd2,'Linewidth',1.5);
xlabel('{\it f} (Hz)'); ylabel('{\it S}_{rm DSB}({\it f})');
title('DSB-SC spectrum');
subplot(223);fd3=plot(freqs,abs(S_dem));
axis(Frange); set(fd3,'Linewidth',1.5);
xlabel('{\it f} (Hz)'); ylabel('{\it E}({\it f})');
title('spectrum of {\it e}({\it t})');
subplot(224);fd4=plot(freqs,abs(S_rec));
axis(Frange); set(fd4,'Linewidth',1.5);
xlabel('{\it f} (Hz)'); ylabel('{\it M}_d({\it f})');
title('recovered spectrum');
```

○ AM 변조와 복조

이번 연습에서는, 변조지수가 $\mu = 1$인 종래의 AM 신호를 발생시킨다. 같은 메시지 신호 $m_1(t)$를 사용하여, 매트랩 프로그램 ExampleAMdemfilt.m은 메시지 신호, 부합하는 AM 신호, 비동기 복조에서 정류된 신호, 그리고 기저대역 필터를 통과한 후 정류된 신호를 발생시킨다.

복조기에서 기저대역 필터는 150 Hz의 대역폭을 가진다. 시간 영역에 대한 신호는 그림 4.34에 나타나 있고, 그에 해당하는 주파수 영역에 대한 신호는 그림 4.35에 나타나있다.

AM 신호의 주파수 영역에서 큰 임펄스를 주목하라. 제한된 시간 창은 이상적인 임펄스가 가능하지 않고, 반송파 주파수 ±300 Hz 중앙에 놓여진 매우 큰 스파이크를 볼 수 있음을 의미한다. 결국, 메시지 신호 대역폭이 완전히 대역 제한되지 않기 때문에, 비교적 300 Hz의 낮은 반송파 주파수는 복조기 내의 메시지 성분으로 길이를 줄이는 복조기에서 기저대역 필터를 강화시킨다. 복원된 신호의 뾰족한 모서리 근처에서 왜곡을 볼 수 있다.

```
% (ExampleAMdemfilt.m)
% 이 프로그램은 AM 변조와 복조를 나타내기 위해서 triangl.m를 사용한다.

ts=1.e-4;
t=-0.04:ts:0.04;
Ta=0.01;   fc=500;
m_sig=triangl((t+0.01)/0.01)-triangl((t-0.01)/0.01);
Lm_sig=length(m_sig);
Lfft=length(t);   Lfft=2^ceil(log2(Lfft));
M_fre=fftshift(fft(m_sig,Lfft));
freqm=(-Lfft/2:Lfft/2-1)/(Lfft*ts);
B_m=150;    %신호의 대역폭은 B_m Hz이다.
h=fir1(40,[B_m*ts]);

% AM 신호는 DSB-SC에 반송파를 더하여 발생된다.
s_am=(1+m_sig).*cos(2*pi*fc*t);
Lfft=length(t); Lfft=2^ceil(log2(Lfft)+1);
S_am=fftshift(fft(s_am,Lfft));
freqs=(-Lfft/2:Lfft/2-1)/(Lfft*ts);

% 복조는 정류기를 사용하여 시작한다.
s_dem=s_am.*(s_am>0);
S_dem=fftshift(fft(s_dem,Lfft));

% 150 Hz 대역폭인 이상적인 LPF 사용
s_rec=filter(h,1,s_dem);
S_rec=fftshift(fft(s_rec,Lfft));

Trange=[-0.025 0.025 -2 2];
figure(1)
subplot(221);td1=plot(t,m_sig);
axis(Trange); set(td1,'Linewidth',1.5);
xlabel('{\it t} (sec)'); ylabel('{\it m}({\it t})');
title('message signal');
```

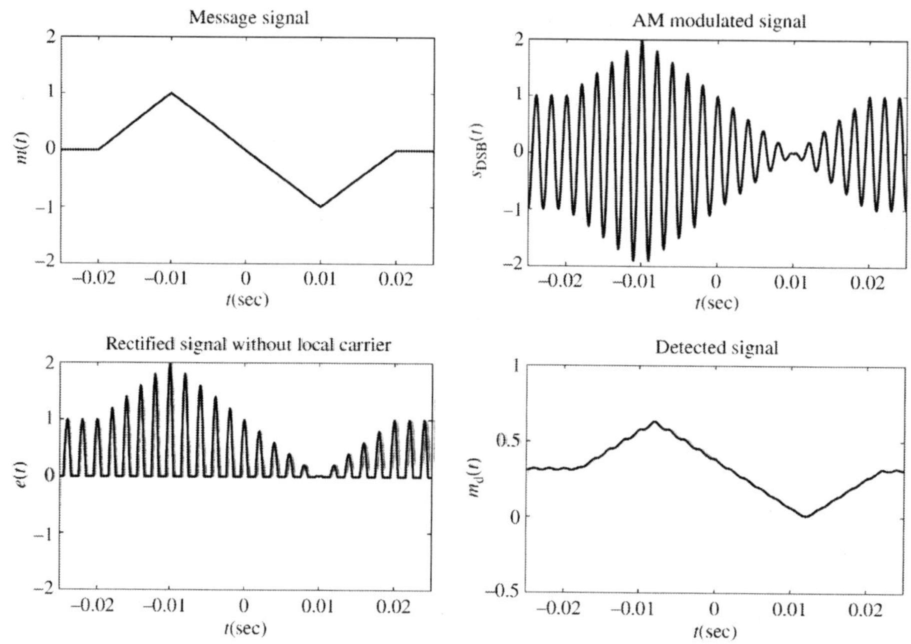

▶▶ 그림 4.34 AM 변조와 비동기 복조에서의 시간 영역 신호

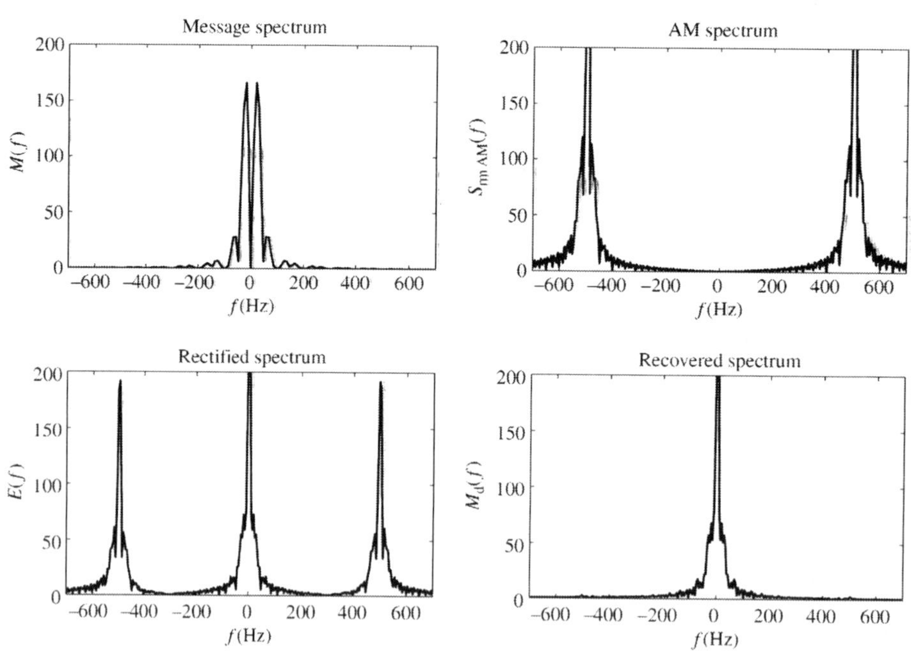

▶▶ 그림 4.35 AM 변조와 비동기 복조에서의 주파수 영역 신호

```
subplot(222);td2=plot(t,s_am);
axis(Trange); set(td2,'Linewidth',1.5);
xlabel('{\it t} (sec)'); ylabel('{\it s}_{\rm DSB}({\it t})')
title('AM modulated signal');
subplot(223);td3=plot(t,s_dem);
axis(Trange); set(td3,'Linewidth',1.5);
xlabel('{\it t} (sec)'); ylabel('{\it e}({\it t})')
title('rectified signal without local carrier');
subplot(224);td4=plot(t,s_rec);
Trangelow=[-0.025 0.025 -0.5 1];
axis(Trangelow); set(td4,'Linewidth',1.5);
xlabel('{\it t} (sec)'); ylabel('{\it m}_d({\it t})')
title('detected signal');
Frange=[-700 700 0 200];
figure(2)
subplot(221);fd1=plot(freqm,abs(M_fre));
axis(Frange); set(fd1,'Linewidth',1.5);
xlabel('{\it f} (Hz)'); ylabel('{\it M}({\it f})');
title('message spectrum');
subplot(222);fd2=plot(freqs,abs(S_am));
axis(Frange); set(fd2,'Linewidth',1.5);
xlabel('{\it f} (Hz)'); ylabel('{\it S}_{rm AM}({\it f})');
title('AM spectrum');
subplot(223);fd3=plot(freqs,abs(S_dem));
axis(Frange); set(fd3,'Linewidth',1.5);
xlabel('{\it f} (Hz)'); ylabel('{\it E}({\it f})');
title('rectified spectrum');
subplot(224);fd4=plot(freqs,abs(S_rec));
axis(Frange); set(fd4,'Linewidth',1.5);
xlabel('{\it f} (Hz)'); ylabel('{\it M}_d({\it f})');
title('recovered spectrum');
```

○ SSB-SC 변조와 복조

SSB-SC 변조와 복조 과정을 나타내기 위해서, 이번 연습은 두 개의 삼각파를 가진 동일한 메시지 신호 $m_1(t)$를 사용한 SSB-SC 신호를 만들어낸다. 반송파 주파수는 여전히 300 Hz이다. 매트랩 프로그램 ExampleSSBdemfilt.m은 이 기능을 수행한다. 동기 복조는 복원된 메시지 신호를 다듬는데 사용된 대역폭이 150 Hz인 간단한 기저대역 필터에 적용된다.

시간 영역 신호는 그림 4.36에 나타나 있고, 그에 해당하는 주파수 영역 신호는 그림 4.37에 나타나 있다.

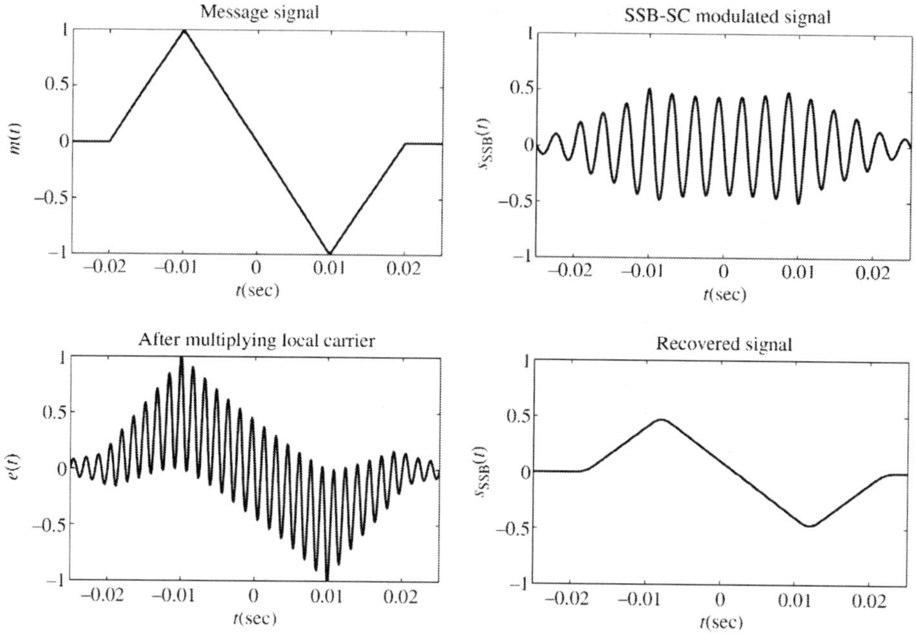

▸▸ 그림 4.36 SSB-SC 변조와 동기 복조 동안의 시간 영역 신호

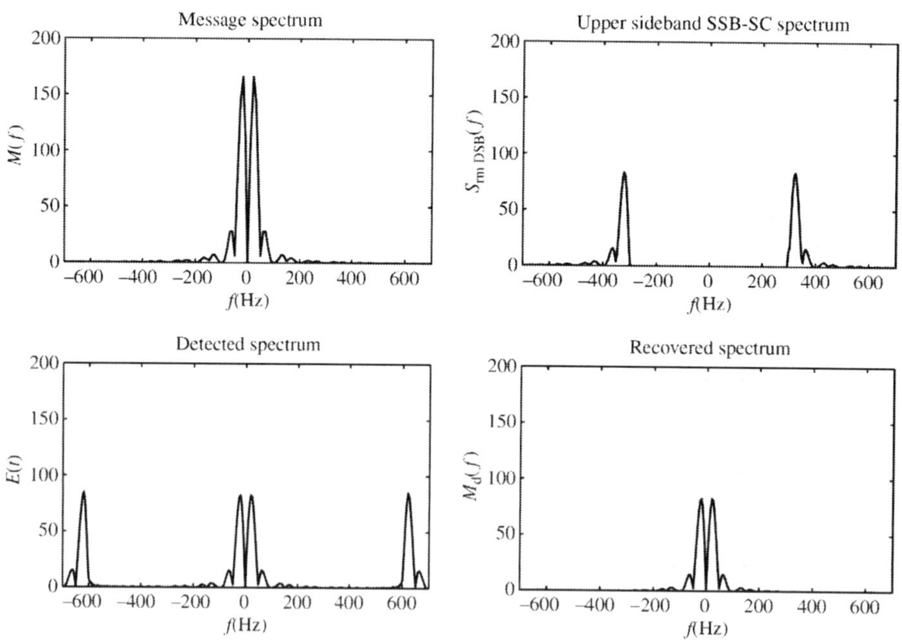

▸▸ 그림 4.37 SSB-SC 변조와 동기 복조 동안의 주파수 영역 신호

```
% (ExampleSSBdemfilt.m)
% 이 프로그램은 SSB 변조와 복조를 나타내기 위해 triangl.m를 사용한다.
clear;clf;
ts=1.e-4;
t=-0.04:ts:0.04;
Ta=0.01; fc=300;
m_sig=triangl((t+0.01)/0.01)-triangl((t-0.01)/0.01);
Lm_sig=length(m_sig);
Lfft=length(t); Lfft=2^ceil(log2(Lfft));
M_fre=fftshift(fft(m_sig,Lfft));
freqm=(-Lfft/2:Lfft/2-1)/(Lfft*ts);
B_m=150; %Bandwidth of the signal is B_m Hz.
h=fir1(40,[B_m*ts]);
s_dsb=m_sig.*cos(2*pi*fc*t);
Lfft=length(t); Lfft=2^ceil(log2(Lfft)+1);
S_dsb=fftshift(fft(s_dsb,Lfft));
L_lsb=floor(fc*ts*Lfft);
SSBfilt=ones(1,Lfft);
SSBfilt(Lfft/2-L_lsb+1:Lfft/2+L_lsb)=zeros(1,2*L_lsb);
S_ssb=S_dsb.*SSBfilt;
freqs=(-Lfft/2:Lfft/2-1)/(Lfft*ts);
s_ssb=real(ifft(fftshift(S_ssb)));
s_ssb=s_ssb(1:Lm_sig);

% 복조는 반송파를 곱하여 시작한다.
s_dem=s_ssb.*cos(2*pi*fc*t)*2;
S_dem=fftshift(fft(s_dem,Lfft));

% 150 Hz 대역폭인 이상적인 LPF 사용
s_rec=filter(h,1,s_dem);
S_rec=fftshift(fft(s_rec,Lfft));
Trange=[-0.025 0.025 -1 1];
figure(1)
subplot(221);td1=plot(t,m_sig);
axis(Trange); set(td1,'Linewidth',1.5);
xlabel('{\it t} (sec)'); ylabel('{\it m}({\it t})');
title('message signal');
subplot(222);td2=plot(t,s_ssb);
axis(Trange); set(td2,'Linewidth',1.5);
xlabel('{\it t} (sec)'); ylabel('{\it s}_{\rm SSB}({\it t})')
title('SSB-SC modulated signal');
```

```
subplot(223);td3=plot(t,s_dem);
axis(Trange); set(td3,'Linewidth',1.5);
xlabel('{\it t} (sec)'); ylabel('{\it e}({\it t})')
title('after multiplying local carrier');
subplot(224);td4=plot(t,s_rec);
axis(Trange); set(td4,'Linewidth',1.5);
xlabel('{\it t} (sec)'); ylabel('{\it m}_d({\it t})')
title('Recovered signal');
Frange=[-700 700 0 200];
figure(2)
subplot(221);fd1=plot(freqm,abs(M_fre));
axis(Frange); set(fd1,'Linewidth',1.5);
xlabel('{\it f} (Hz)'); ylabel('{\it M}({\it f})');
title('message spectrum');
subplot(222);fd2=plot(freqs,abs(S_ssb));
axis(Frange); set(fd2,'Linewidth',1.5);
xlabel('{\it f} (Hz)'); ylabel('{\it S}_{rm DSB}({\it f})');
title('upper sideband SSB-SC spectrum');
subplot(223);fd3=plot(freqs,abs(S_dem));
axis(Frange); set(fd3,'Linewidth',1.5);
xlabel('{\it f} (Hz)'); ylabel('{\it E}({\it f})');
title('detector spectrum');
subplot(224);fd4=plot(freqs,abs(S_rec));
axis(Frange); set(fd4,'Linewidth',1.5);
xlabel('{\it f} (Hz)'); ylabel('{\it M}_d({\it f})');
title('recovered spectrum');
```

○ QAM 변조와 복조

이번 연습에서는, 두 메시지 신호 $m_1(t)$과 $m_2(t)$를 변조하고 복조하는 QAM을 적용할 것이다.

반송파 주파수는 여전히 300 Hz이지만, 두 신호는 동시에 변조되고 검출되었다. QAM 신호는 두 신호를 복원하기 위해서 각각 $\cos 600\pi t$와 $\sin 600\pi t$를 곱하여 일관성있게 복조된다. 각 신호의 곱은 차수가 40인 동일한 기저대역 필터로 여파된다. 매트랩 프로그램 ExampleQAMdemfilt.m은 첫 번째 신호 $m_1(t)$과 두 번째 신호 $m_2(t)$의 변조와 복조 동안의 시간 영역 신호를 보여줌으로써 이 그림을 완성한다. $m_1(t)$에 대한 시간 영역 결과는 그림 4.38에 나타나 있고, 주파수 영역 신호는 그림 4.39에 나타나 있다. 덧붙여서, $m_2(t)$에 대한 시간 영역 결과는 그림 4.40에 나타나 있고, 주파수 영역 신호는 그림 4.41에 나타나 있다.

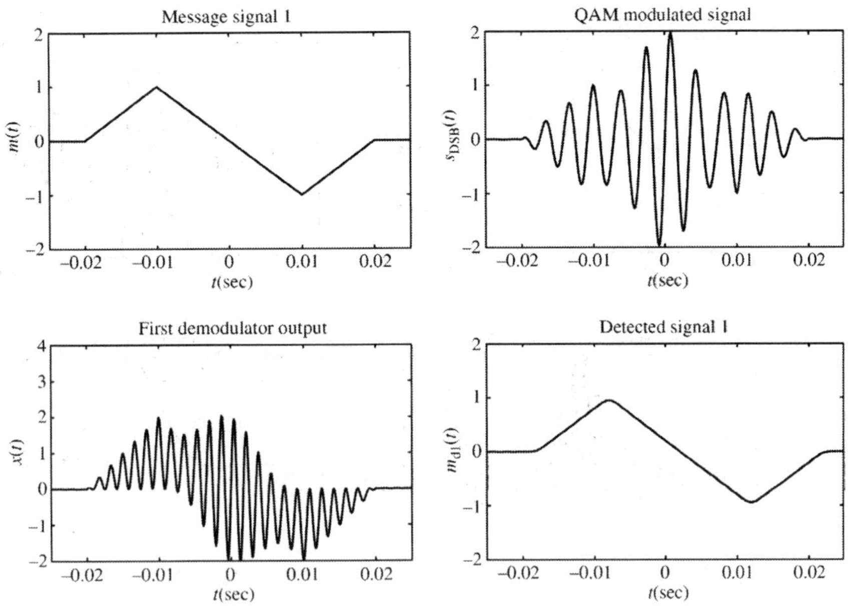

▸▸ 그림 4.38 첫 번째 메시지 $m_1(t)$에 대한 QAM 변조와 동기 복조 동안의 시간 영역 신호

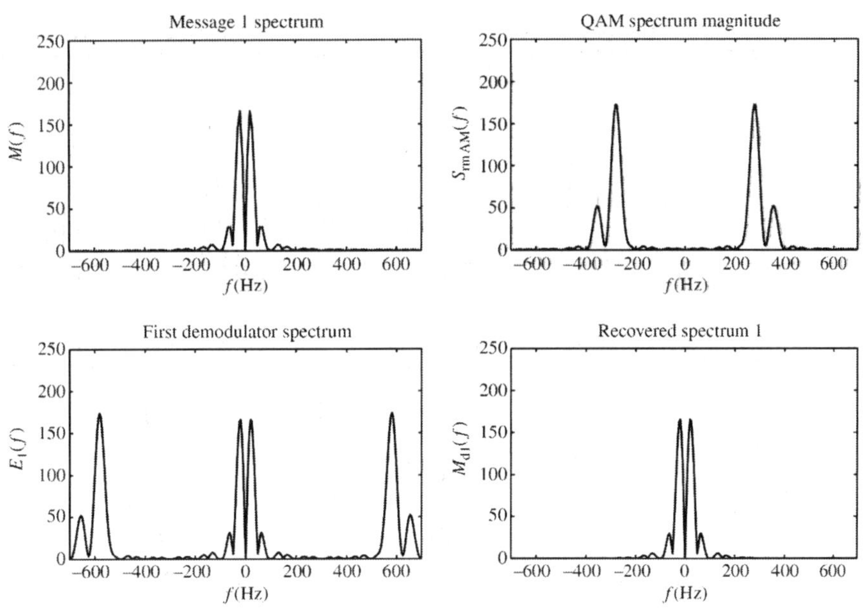

▸▸ 그림 4.39 첫 번째 메시지 $m_1(t)$에 대한 QAM 변조와 동기 복조 동안의 주파수 영역 신호

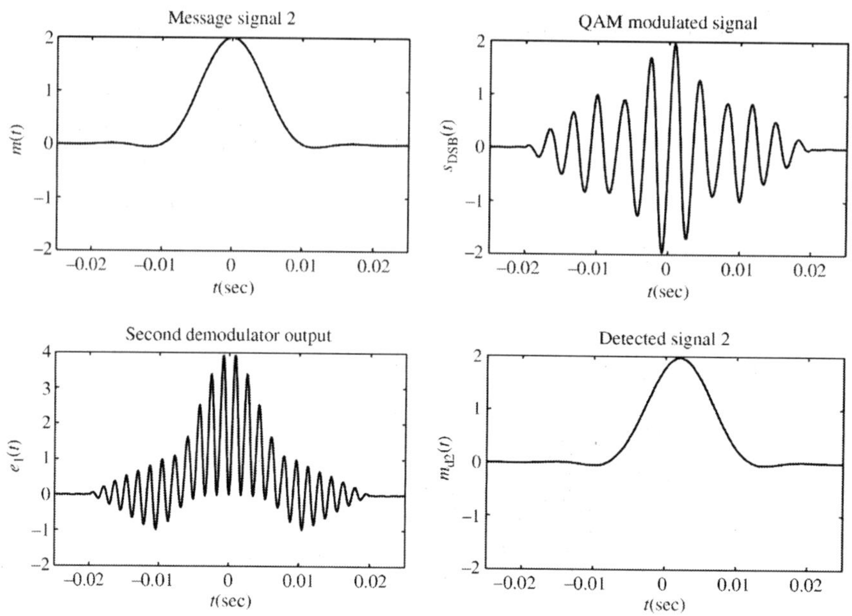

▶▶ 그림 4.40 두 번째 메시지 $m_2(t)$에 대한 QAM 변조와 동기 복조 동안의 시간 영역 신호

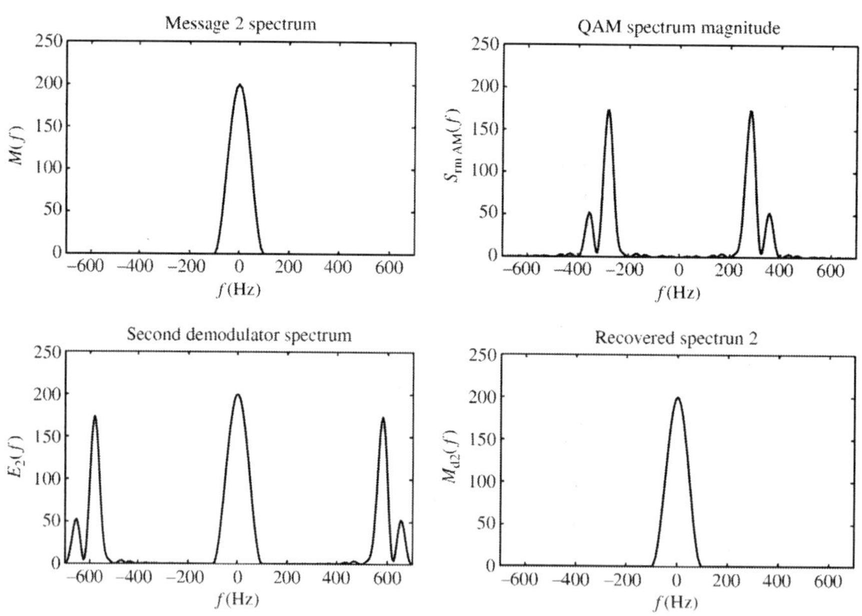

▶▶ 그림 4.41 두 번째 메시지 $m_2(t)$에 대한 QAM 변조와 동기 복조 동안의 주파수 영역 신호

```
% (ExampleQAMdemfilt.m)
% 이 프로그램은 두 메시지 신호의 QAM 변조와 복조를 나타내기 위해 triangl.m과
% triplesinc.m을 사용한다.
clear;clf;
ts=1.e-4;
t=-0.04:ts:0.04;
Ta=0.01; fc=300;
% 형태와 스펙트럼이 다른 두 메시지 신호를 발생시키기 위해 triangl.m과
% triplesinc.m을 사용하라.
m_sig1=triangl((t+0.01)/0.01)-triangl((t-0.01)/0.01);
m_sig2=triplesinc(t,Ta);
Lm_sig=length(m_sig1);
Lfft=length(t); Lfft=2^ceil(log2(Lfft));
M1_fre=fftshift(fft(m_sig1,Lfft));
M2_fre=fftshift(fft(m_sig2,Lfft));
freqm=(-Lfft/2:Lfft/2-1)/(Lfft*ts);
%
B_m=150;   % 신호의 대역폭은 B_m Hz이다.
% 대역폭이 B_m Hz인 간단한 기저대역필터를 설계하라.
h=fir1(40,[B_m*ts]);

% QAM 신호는 DSB-SC에 반송파를 더하여 생성된다.
s_qam=m_sig1.*cos(2*pi*fc*t)+m_sig2.*sin(2*pi*fc*t);
Lfft=length(t); Lfft=2^ceil(log2(Lfft)+1);
S_qam=fftshift(fft(s_qam,Lfft));
freqs=(-Lfft/2:Lfft/2-1)/(Lfft*ts);

% 복조는 정류기를 사용하여 시작한다.
s_dem1=s_qam.*cos(2*pi*fc*t)*2;
S_dem1=fftshift(fft(s_dem1,Lfft));
% 두 번째 신호를 복조하라.
s_dem2=s_qam.*sin(2*pi*fc*t)*2;
S_dem2=fftshift(fft(s_dem2,Lfft));
%
% 150 Hz 대역폭인 이상적인 LPF 사용

s_rec1=filter(h,1,s_dem1);
S_rec1=fftshift(fft(s_rec1,Lfft));
s_rec2=filter(h,1,s_dem2);
S_rec2=fftshift(fft(s_rec2,Lfft));

Trange=[-0.025 0.025 -2 2];
Trange2=[-0.025 0.025 -2 4];
figure(1)
subplot(221);td1=plot(t,m_sig1);
```

```
axis(Trange); set(td1,'Linewidth',1.5);
xlabel('{\it t} (sec)'); ylabel('{\it m}({\it t})');
title('message signal 1');
subplot(222);td2=plot(t,s_qam);
axis(Trange); set(td2,'Linewidth',1.5);
xlabel('{\it t} (sec)'); ylabel('{\it s}_{\rm DSB}({\it t})')
title('QAM modulated signal');
subplot(223);td3=plot(t,s_dem1);
axis(Trange2); set(td3,'Linewidth',1.5);
xlabel('{\it t} (sec)'); ylabel('{\it x}({\it t})')
title('first demodulator output');
subplot(224);td4=plot(t,s_rec1);
axis(Trange); set(td4,'Linewidth',1.5);
xlabel('{\it t} (sec)'); ylabel('{\it m}_{d1}({\it t})')
title('detected signal 1');

figure(2)
subplot(221);td5=plot(t,m_sig2);
axis(Trange); set(td5,'Linewidth',1.5);
xlabel('{\it t} (sec)'); ylabel('{\it m}({\it t})');
title('message signal 2');
subplot(222);td6=plot(t,s_qam);
axis(Trange); set(td6,'Linewidth',1.5);
xlabel('{\it t} (sec)'); ylabel('{\it s}_{\rm DSB}({\it t})')
title('QAM modulated signal');
subplot(223);td7=plot(t,s_dem2);
axis(Trange2); set(td7,'Linewidth',1.5);
xlabel('{\it t} (sec)'); ylabel('{\it e}_1({\it t})')
title('second demodulator output');
subplot(224);td8=plot(t,s_rec2);
axis(Trange); set(td8,'Linewidth',1.5);
xlabel('{\it t} (sec)'); ylabel('{\it m}_{d2}({\it t})')
title('detected signal 2');

Frange=[-700 700 0 250];
figure(3)
subplot(221);fd1=plot(freqm,abs(M1_fre));
axis(Frange); set(fd1,'Linewidth',1.5);
xlabel('{\it f} (Hz)'); ylabel('{\it M}({\it f})');
title('message 1 spectrum');
subplot(222);fd2=plot(freqs,abs(S_qam));
axis(Frange); set(fd2,'Linewidth',1.5);
xlabel('{\it f} (Hz)'); ylabel('{\it S}_{rm AM}({\it f})');
title('QAM spectrum magnitude');
subplot(223);fd3=plot(freqs,abs(S_dem1));
```

```
axis(Frange); set(fd3,'Linewidth',1.5);
xlabel('{\it f} (Hz)'); ylabel('{\it E}_1({\it f})');
title('first demodulator spectrum');
subplot(224);fd4=plot(freqs,abs(S_rec1));
axis(Frange); set(fd4,'Linewidth',1.5);
xlabel('{\it f} (Hz)'); ylabel('{\it M}_{d1}({\it f})');
title('recovered spectrum 1');
figure(4)
subplot(221);fd1=plot(freqm,abs(M2_fre));
axis(Frange); set(fd1,'Linewidth',1.5);
xlabel('{\it f} (Hz)'); ylabel('{\it M}({\it f})');
title('message 2 spectrum');
subplot(222);fd2=plot(freqs,abs(S_qam));
axis(Frange); set(fd2,'Linewidth',1.5);
xlabel('{\it f} (Hz)'); ylabel('{\it S}_{rm AM}({\it f})');
title('QAM spectrum magnitude');
subplot(223);fd7=plot(freqs,abs(S_dem2));
axis(Frange); set(fd7,'Linewidth',1.5);
xlabel('{\it f} (Hz)'); ylabel('{\it E}_2({\it f})');
title('second demodulator spectrum');
subplot(224);fd8=plot(freqs,abs(S_rec2));
axis(Frange); set(fd8,'Linewidth',1.5);
xlabel('{\it f} (Hz)'); ylabel('{\it M}_{d2}({\it f})');
title('recovered spectrum 2');
```

참고문헌

1. Single Sideband Issue, *Proc. IRE*, vol. 44, Dec. 1956.
2. D. K. Weaver Jr., "A Third Method of Generation and Detection of Single Sideband Signals," *Proc. IRE*, vol. 44, pp. 1703–1705, Dec. 1956.
3. Bell Telephone Laboratories, *Transmission Systems for Communication*, 4th ed., Murray Hill, NJ, 1970.
4. R. T. James, "AT&T Facilities and Services," *Proc. IEEE*, vol. 60, pp. 1342–1349, Nov. 1972.
5. W. L. Smith, "Frequency and Time in Communications," *Proc. IEEE*, vol. 60, pp. 589–594, May 1972.
6. B. P. Lathi, B. P., *Linear Systems and Signals,* Oxford University Press, New York, 2000.
7. A. J. Viterbi, *Principles of Coherent Communication*, McGraw-Hill, New York, 1966.
8. F. M. Gardner, *Phaselock Techniques*, 3rd ed., Wiley, Hoboken, NJ, 2005.
9. W. C. Lindsey, *Synchronization Systems in Communication and Control*, Prentice-Hall, Englewood Cliffs, NJ, 1972.
10. J. P. Costas, "Synchronous Communication," *Proc. IRE*, vol. 44, pp. 1713–1718, Dec. 1956.

연습문제

4.2-1 (i) $m(t) = \cos 1000\pi t$; (ii) $m(t) = 2\cos 1000\pi t + \sin 2000\pi t$; (iii) $m(t) = \cos 1000\pi t \cos 3000\pi t$

위와 같은 기저대역 신호에 대하여,

(a) $m(t)$의 스펙트럼을 그리시오.

(b) DSB-SC 신호 $m(t)\cos 10{,}000\pi t$의 스펙트럼을 그리시오.

(c) 상측대역(USB)과 하측대역(LSB)의 스펙트럼을 명시하시오.

(d) 기저대역에서 주파수 성분과 DSB-SC, USB 및 LSB의 스펙트럼에서 주파수 성분을 명시하시오. 또한, 각 경우에 대하여 주파수 천이의 특성을 설명하시오.

4.2-2 (i) $m(t) = \mathrm{sinc}(100t)$; (ii) $m(t) = e^{-|t|}$; (iii) $m(t) = e^{-|t-1|}$
위의 세 가지 경우에 대하여, 문제 4.2-1의 (a), (b), (c)를 반복하시오.
$e^{-|t-1|}$는 $e^{-|t|}$의 지연된 신호임을 확인하고, $e^{-|t-1|}$에 대해서는 진폭과 위상을 고려하시오.

4.2-3 반송파가 $\cos(10{,}1000t - \pi/4)$일 때, $m(t) = e^{-|t|}$에 대하여 문제 4.2-1의 (a), (b), (c)를 반복하시오.

4.2-4 B Hz로 대역 제한된 신호 $m(t)$에 대하여, 변조된 신호 $km(t)\cos(\omega_c t + \theta)$를 발생시키는 DSB-SC 변조기를 구성하고자 한다. 그림 P4.2-4는 사용 가능한 DSB-SC 변조기를 나타낸다. 사용 가능한 반송파 발생기는 $\cos\omega_c t$를 만들어 내지 못하고, $\cos^3\omega_c t$를 만들어 낸다고 한다. 만약 어떠한 종류의 여파기라도 사용 가능하다고 할 때, 그림에서 주어진 것들만을 이용하여 원하는 신호를 생성할 수 있는지를 설명하시오.

(a) 그림 4.2-3에서 어떠한 여파기가 필요한가?

(b) 점 ⓑ와 ⓒ에서의 신호를 알아내고, 스펙트럼을 차지하는 주파수 대역을 그리시오.

(c) 사용 가능한 ω_c의 최소값은 얼마인가?

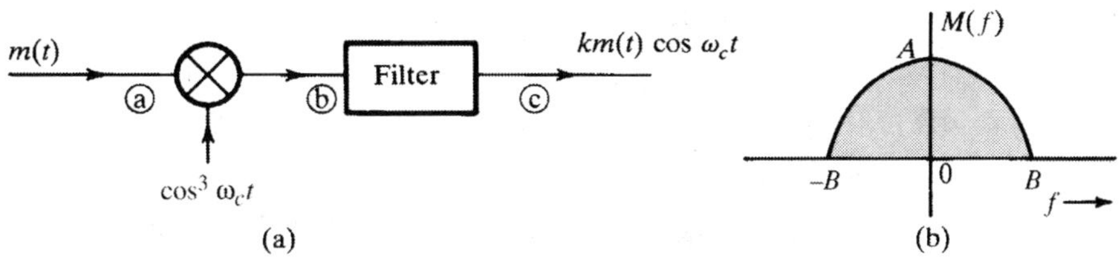

▸▸ 그림 P4.2-4

(d) 만약 반송파 발생기의 출력이 $\sin^3\omega_c t$라고 한다면, 변조기가 올바로 동작하는지에 대하여 언급하시오.

(e) 만약 반송파 발생기의 출력이 $\cos^n\omega_c t$ ($n \geq 2$, n은 정수) 라고 한다면, 변조기가 올바로 동작하는지에 대하여 언급하시오.

4.2-5 반송파 주파수가 $f_c =$ 300 kHz$(\omega_c = 2\pi \times 300{,}000)$일 때, 변조된 신호 $km(t)\cos\omega_c t$를 발생시키는 DSB-SC 변조기를 만들고자 한다. 다음과 같은 것들이 이용 가능하다고 한다.

(i) 주파수가 100 kHz인 신호를 발생시키는 신호 발생기 ; (ii) 링 변조기 ;
(iii) 대역폭이 300 kHz인 대역 통과 여파기

(a) 원하는 신호를 어떻게 발생시킬 수 있는지 보이시오.

(b) 변조기의 출력이 $k \cdot m(t)\cos\omega_c t$라면, k를 구하시오.

4.2-6 진폭 변조기와 복조기는 배율기 사용 없이 만들 수 있다. 그림 P4.2-6에서, 입력 $\phi(t)$가 $m(t)$이고, 진폭이 $A \gg |\phi(t)|$를 만족한다고 한다. 두 개의 다이오드는 '동작 모드'에서 r옴의 저항을 갖고 '차단 모드'에서 무한대의 저항을 갖는 이상적인 것으로 가정한다. 출력이 다음과 같이 주어짐을 보이시오.

$$e_O(t) = \frac{2R}{R+r}\, w(t)\, m(t)$$

여기서, $w(t)$는 $2\pi/W_c$를 주기로 갖는 그림 2.20a의 주기적인 스위칭 신호이다.

(a) 이 회로가 DSB-SC 변조기로 사용될 수 있음을 보이시오.

(b) 이 회로가 DSB-SC 신호의 동기 복조기로 사용될 수 있는지에 대하여 언급하시오.

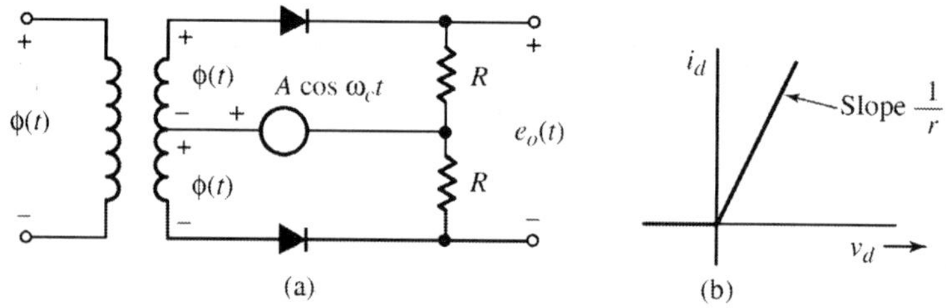

▶▶ 그림 P4.2-6

4.2-7 그림 P4.2-6에서, $\phi(t) = \sin(\omega_c t + \theta)$이고, 출력 $e_o(t)$는 기저대역 필터를 통과한다고 가정한다. 이러한 회로가 같은 주파수(ω_c)를 갖는 두 개의 사인파 신호들 간의 위상차를 측정하는 위상 검출기로 사용될 수 있음을 보이시오.

**힌트 : 필터의 출력은 $\sin\theta$에 비례하는 dc 신호임을 보이시오.

4.2-8 5000 Hz으로 대역 제한된 신호 $m_1(t)$와 $m_2(t)$가 그림 P4.2-8과 같이 동시에 전송된다. 점 b에서의 다중 접속된 신호는 주파수 20,000 Hz의 반송파에 의해 변조된다. 그리고 점 c의 변조된 신호는 채널을 통하여 전송된다.

(a) 점 a, b와 c에서의 신호에 대한 주파수 스펙트럼을 그리시오.
(b) 채널의 대역폭은 얼마이어야 하는가?
(c) 변조된 신호(점 c)로부터 $m_1(t)$와 $m_2(t)$를 복원하는 수신기를 설계하시오.

4.2-9 그림 P4.2-9의 시스템은 오디오 신호들을 비화하는데 사용된다. 출력 $y(t)$는 입력 $m(t)$의 비화된 형태이다.

(a) 비화된 신호 $y(t)$의 스펙트럼을 구하라.
(b) $y(t)$로부터 $m(t)$를 복원하는 역 비화 방법을 제안하시오.

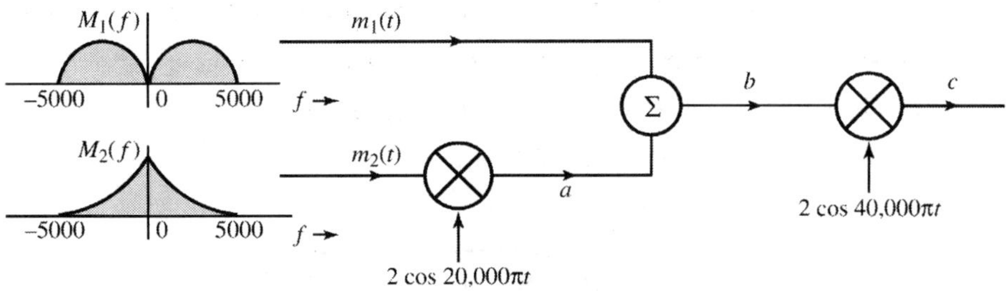

►► 그림 P4.2-8

이 스크램블러의 간단히 변조된 형태는 25마일 정도 떨어진 로스앤젤레스와 산타카탈리나섬을 연결하는 최초의 상업적 무선전화로 사용되었다.

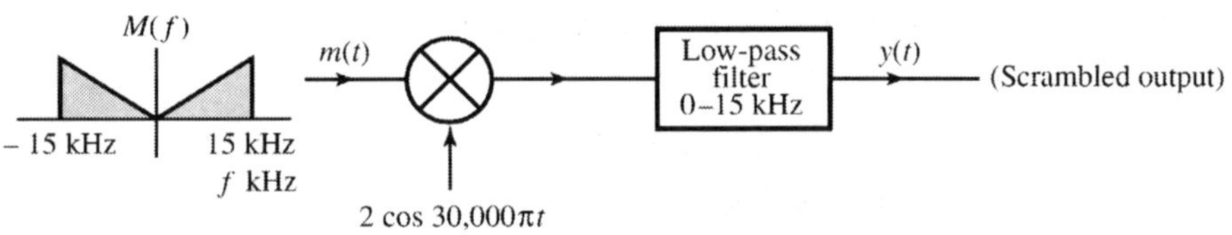

►► 그림 P4.2-9

4.2-10 DSB-SC 신호가 $m(t)\cos(2\pi)10^6 t$로 주어졌다. 이 신호의 1 MHz 반송파 주파수가 400 kHz로 바뀌었다. 이용 가능한 장치는 링 변조기, 중심 주파수가 400 kHz인 통과대역 필터, 그리고 주파수를 150 kHz에서 210 kHz로 바꿀 수 있는 사인파 발생기라고 한다. 주어진 신호 $m(t)\cos(2\pi)10^6 t$로부터 $cm(t)\cos(2\pi\times 400\times 10^3 t)$를 얻을 수 있음을 보이고 c의 값을 구하여라.

4.3-1 그림 P4.3-1은 동기적 복조기를 보여주고 있다. 이러한 복조기가 A의 값에 상관없이 AM 신호 $[A+m(t)]\cos(2\pi f_c t)$를 복조할 수 있음을 보여라.

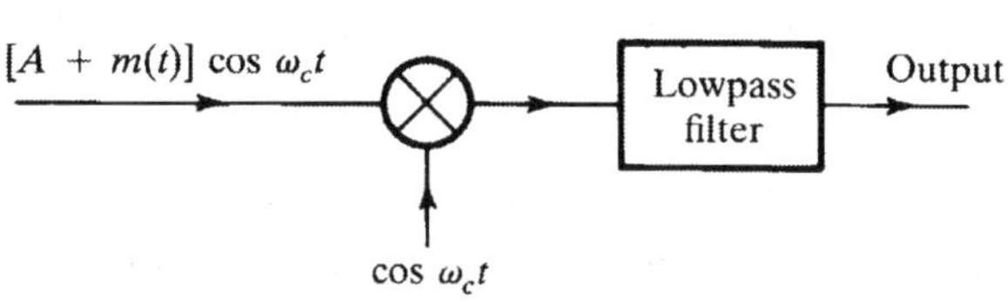

►► 그림 P4.3-1

4.3-2 그림 P4.3-2의 주기적 삼각파 신호 $m(t)$에 대하여, AM 신호$[A+m(t)]\cos(2\pi f_c t)$를 변조지수가 아래와 같이 주어질 경우에 대해 각각 그리시오.

(a) $\mu=0.5$; (b) $\mu=1$; (c) $\mu=2$; (d) $\mu=\infty$

$\mu=\infty$인 경우는 어떻게 이해해야 하는가?

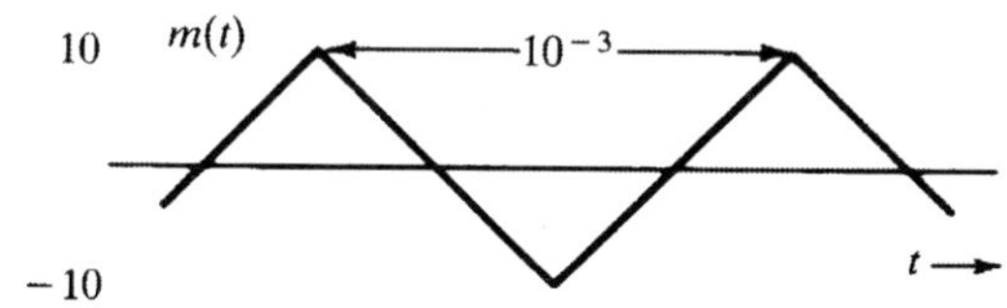

▸▸ 그림 P4.3-2

4.3-3 $\mu=0.8$인 그림 4.3-2의 AM 신호에 대하여,

(a) 반송파의 진폭과 전력을 구하시오.

(b) 전력효율 η와 부대역 전력을 구하시오.

4.3-4 (a) DSB-SC 신호 $m(t)=\cos 2\pi t$를 그리시오.

(b) (a)의 DSB-SC 신호가 포락선 검파기에 입력이 된다. 포락선 검파기의 출력이 $m(t)$가 아니고 $|m(t)|$임을 보이시오. 일반적으로 AM 신호 $[A+m(t)]\cos\omega_c t$가 포락선 검출되면 출력은 $|A+m(t)|$으로 주어짐을 보이시오. 그리고 포락선 검파기로부터 $m(t)$를 복원해낼 수 있는 조건이 모든 t에 대하여 $A+m(t)>0$임을 보이시오.

4.3-5 DSB-SC 신호를 생성하는데 사용되는 시스템들은 AM 신호를 생성하는데 사용될 수 있음을 보이시오. 이러한 관계의 역이 성립되는지 설명하시오.

4.3-6 DSB-SC 신호를 복조하는데 사용되는 시스템들은 AM 신호를 복조하는데 사용될 수 있음을 보이시오. 이러한 관계의 역이 성립되는지 설명하시오.

4.3-7 본문에서 사인파 $m(t)$에 대한 AM의 전력효율을 구했다. $m(t)$가 그림 P4.3-7의 $\mu=1$인 랜덤 2진 신호일 때, AM의 전력효율을 구하라. $\mu=1$인 AM 신호를 그리시오. AM 신호의 전력에 대한 부대역의 전력과 전체 전력을 구하고, 또한 그 비인 전력효율 η를 구하시오.

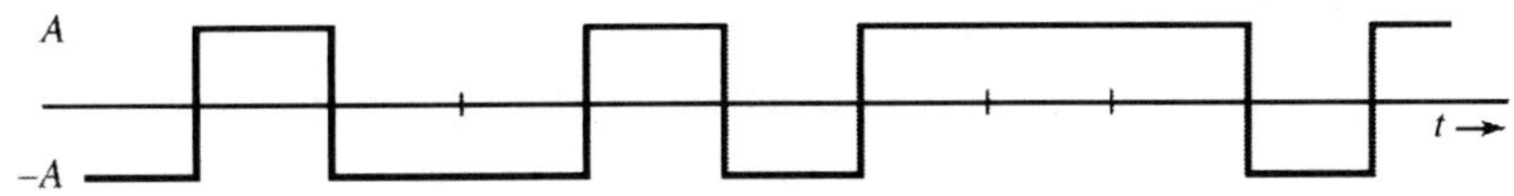

▸▸ 그림 P4.3-7

4.3-8 AM 신호는 그림 4.3-8과 같이 크리스탈 검파기, 기저대역 여파기와 dc 차단기에 의해 복조될 수 있었다. 크리스탈 검파기는 기본적으로 제곱의 연산을 수행하는 장치라 가정하라. 점 a, b, c와 d에서의 신호를 구하시오. 출력 $y(t)$에서 왜곡된 부분을 나타내시오. 그리고 $A \gg |m(t)|$일 경우에 왜곡이 적음을 보이시오.

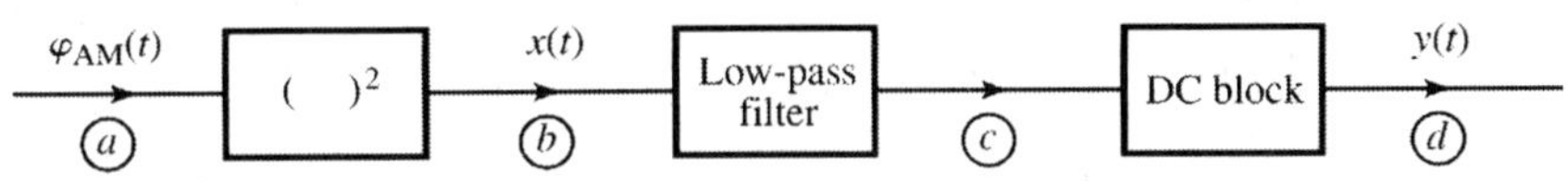

▸▸ 그림 P4.3-8

4.4-1 그림 4.14의 QAM 시스템에서 국부 발생된 반송파는 $\Delta\omega$의 주파수 오차와 δ의 위상 오차를 갖는다. 이것은 수신기의 반송파가 $\cos[(\omega_c + \Delta\omega)t + \delta]$이거나 $\sin[(\omega_c + \Delta\omega)t + \delta]$임을 의미한다. 수신기에서 위 가지의 출력이 $m_1(t)$ 대신에

$$m_1(t)\cos[(\Delta\omega)t + \delta] - m_2(t)\sin[(\Delta\omega)t + \delta]$$

이고, 아래 가지의 출력은 $m_2(t)$ 대신에

$$m_1(t)\sin[(\Delta\omega)t + \delta] + m_2(t)\cos[(\Delta\omega)t + \delta]$$

임을 보여라.

4.4-2 변조 신호 $m(t)$가 다음과 같을 때,
(a) $m(t) = \cos 100\pi t + 2\cos 300\pi t$ (b) $m(t) = \sin 100\pi t \sin 500\pi t$

각각의 경우에 대하여,

(i) $m(t)$의 스펙트럼을 그리시오.
(ii) DSB-SC 신호 $2m(t)\cos 1000\pi t$의 스펙트럼을 그려라.
(iii) (ii)의 스펙트럼으로부터, LSB 스펙트럼을 제거하여 USB 스펙트럼을 구하여라.

(iv) (ii)의 USB 스펙트럼 이용해, USB 신호에 대한 $\varphi_{USB}(t)$를 구하시오.

(v) (iii)와 (iv)를 반복하여 LSB 신호에 대한 $\varphi_{LSB}(t)$를 구하시오.

4.4-3 반송파 주파수가 $\omega_c = 1000$일 때, 문제 4.4-2의 신호에 대해 식 (4.20)을 이용하여 $\varphi_{LSB}(t)$와 $\varphi_{USB}(t)$를 결정하시오.

힌트 : $m(t)$가 사인파라면 그것의 힐버트 변환 $m_h(t)$는 위상이 $\pi/2$ 지연된 사인파 $m(t)$이다.

4.4-4 $B = 2000$ Hz이고, 반송 주파수 $f_c = 10{,}000$ Hz를 갖는 변조 신호 $m(t) = \pi B \mathrm{sinc}^2(2\pi Bt)$에 대하여 $\varphi_{LSB}(t)$와 $\varphi_{USB}(t)$를 구하라. 다음의 단계를 따르라.

(a) $m(t)$의 스펙트럼을 그리고, 그것의 DSB-SC 신호 $2m(t)\cos\omega_c t$의 스펙트럼 그려라.

(b) (a)에서 구한 DSB-SC에서 USB가 억압된 LSB의 스펙트럼을 그려라.

(c) (b)에서 구한 LSB 스펙트럼의 역 푸리에 변환 LSB 신호 $\varphi_{LSB}(t)$를 구하라. $\varphi_{USB}(t)$를 구한 유사한 과정을 이용하라.

4.4-5 만약 $m_h(t)$가 $m(t)$의 힐버트 변환이면,

(a) $m_h(t)$의 힐버트 변환은 $-m(t)$임을 보여라.

(b) 또한 $m(t)$와 $m_h(t)$의 에너지가 같음을 보여라.

4.4-6 하나의 LSB 신호가 그림 P4.4-6와 같이 동기적으로 복조된다. 불행하게도 전송지연 때문에, 수신된 반송파는 $2\cos\omega_c t$가 아니고 $2\cos[(\omega_c + \Delta\omega)t + \delta]$이다. 국부 발진기는 여전히 $\cos\omega_c t$이다. 다음을 보여라.

(a) $\delta = 0$일 때 출력 $y(t)$는 모든 주파수 성분들이 $\Delta\omega$만큼 천이된(오프셋) $m(t)$신호임을 보여라.

힌트 : 출력 $y(t)$는 $\Delta\omega$ 대신에 ω_c를 갖는 식 (4.20a)의 우변과 동일하다.

(b) $\Delta\omega = 0$일 때 출력은 δ만큼 주파수 성분이 천이된 위상을 갖는 신호 $m(t)$이다.

힌트 : 출력 스펙트럼이 $f \ge 0$일 때 $Y(f) = M(f)e^{j\delta}$이고, $f < 0$일 때 $M(f)e^{-j\delta}$와 같음을 보여라.

(c) 이러한 각각의 경우에 왜곡의 특성을 설명하라.

****힌트** : (a)에 대하여 복조는 LSB 스펙트럼을 $\omega_c + \Delta\omega$ 만큼 오른쪽과 왼쪽으로 천이시키고, 결과는 기저대역 필터링하는 것으로 구성된다. (b)에서는 $\varphi_{LSB}(t)$에 대한 식 (4.20b)를 이용하고, 국부 반송파 $2\cos(\omega_c t + \delta)$를 곱하여 결과를 기저대역 필터링한다.

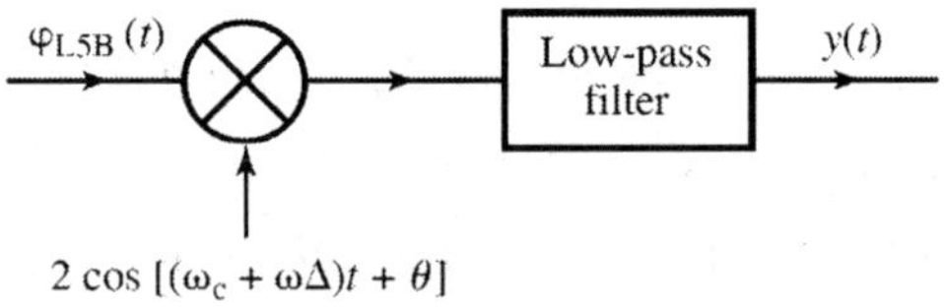

▶▶ 그림 P4.4-6

4.4-7 하나의 USB 신호는 그림 4.17과 같은 위상 천이의 방법에 의하여 발생된다. 이러한 시스템의 입력이 $m(t)$ 대신에 $m_h(t)$라면 출력은 무엇인가? 이러한 신호는 $m(t)$의 대역폭과 같은 대역폭을 가지는 SSB 신호인가? 또한 이 신호는 $m(t)$를 얻기 위하여 복조될 수 있는가? 복조될 수 있다면 방법은 무엇인가?

4.5-1 그림 4.21의 송신기에서 나타낸 잔류 필터 $H_i(f)$는 그림 P4.5-1에 나타낸 전달함수를 갖는다. 반송 주파수는 $f_c = 10$ kHz이고, 기저대역 신호의 대역폭은 4 kHz이다. 이러한 경우, 그림 4.21의 수신기에 나타낸 등화기 전달함수 $H_o(f)$를 구하라.

****힌트** : 식 (4.25)를 사용하라.

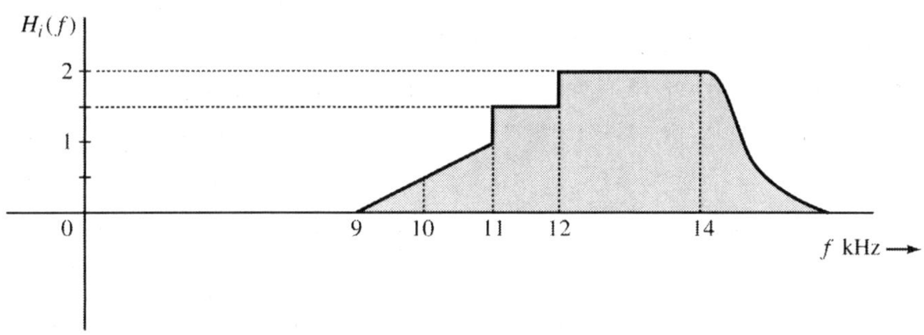

▶▶ 그림 P4.5-1

05 각 변조와 복조

이전 장에서 언급했듯이, 반송파의 변조는 정현파 신호(sinusoidal signal)의 주파수 f_c의 크기, 주파수와 위상을 변조함으로써 얻을 수 있다. 또한, 이전 장에서 다양한 선형 진폭 변조, 복조 시스템에 대해 공부하였다. 이 장에서는 종종 각 변조로 알려진 비선형 주파수 변조(Frequency Modulation; FM)와 위상 변조(Phase Modulation; PM)에 대해 논의할 것이다.

5.1 비선형 변조

진폭 변조에서는 정보 신호 $m(t)$에 의해 반송파의 크기가 변조된다. 따라서 반송파의 크기 값의 변화가 정보를 가지고 있는 부분이다. 정현파 반송파의 다른 두 매개변수 즉, 주파수와 위상은 주파수 변조된 신호, 위상 변조된 신호로써 각각의 정보신호의 비율이 다를 수 있다. 이제 주파수 변조(FM)와 위상 변조(PM)의 핵심 개념에 대해 알아보자.

○ 심각한 오류

1920년대는 방송의 태동기이다. 초기에는 잡음을 줄이기 위한 부단한 노력이 있었다. 그리고 잡음은 신호의 대역폭의 크기에 따라 변화하기 때문에, 사용하는 대역폭을 줄일 수 있는 변조방식을 찾는데 연구가 집중되었다. 그 당시에 측대파를 제거하고 통신을 할 수 있다는 새로운 변조 기법이 등장했는데, 그것은 **주파수 변조(FM)** 기법으로써 반송파의 주파수가 정보 신호 $m(t)$에 비례해서 변화하는 방법이었다. 그것은 매우 큰 관심을 끄는 방법이었다. 즉, 반송파 주파수 $\omega(t)$가 시간에 따라서 변화하는 것이다. 여기서 $\omega(t) = \omega_c + km(t)$로 나타나며, 이 식에서 k는 상수 값이다. $m(t)$의 피크가 m_p이면, 반송파 주파수의 최대값, 최소값은 $\omega_c + km_p$와 $\omega_c - km_p$로 된다. 따라서 신호의 주파수 성분은 ω_c를 중심으로 $2km_p$만큼의 대역폭을 형성한다. 신호의 대역폭은 우리가 정할 수 있는 임의의 상수 k에 따라 변화한다. 즉, k값을 매우 작게 선택하면, 신호의 대역폭을 작게 줄일 수 있게 된다. 이것은 통신의 천국을 이루는 방법으로 여겨졌다. 하지만 불행하게도 위에서 언급한 내용들을 실험적으로 검증해본 결과 매우 심각한 오류가 있음이 밝혀졌다. 주파수 변조된 신호의 대역폭은 진폭 변조된 것보다 항상 크거나 같다는 것이 밝혀진 것이다.

심지어 어떤 경우는 AM보다 몇 배나 큰 대역폭이 필요하게 되었다. 이러한 잘못된 생각이 어디에서부터 나왔을까? 이제 곧 그것을 밝혀내도록 하자.

○ 순시 주파수의 개념

AM 신호가 다양한 진폭을 가진 메시지를 전송하는 반면, FM 신호는 반송파의 주파수를 변조 신호 $m(t)$에 비례해서 변화시킨다. 즉, 반송파의 주파수 값이 모든 순간마다 연속적으로 변화하고 있다. 하지만 주파수를 정의하기 위해서는 최소한 한 주기 이상(또는 1/2주기 또는 1/4주기)의 동일한 주파수를 가지는 정현파 신호가 있어야 한다. 이 문제는 우리가 물리학을 배울 때 순시 속도(instantaneous velocity)의 개념을 떠올리게 한다. 라이프니츠와 뉴턴이 정리한 미분을 배울 때 까지도 일정구간 안에서의 속도는 일정하다고 생각했었고, 순간순간마다 속도가 다를 수 있다는 것을 상상할 수 없었기 때문에, 미분에 대한 새로운 개념과 순시 속도 개념이 처음 소개되었을 때, 경이로움과 놀라움에 가득찼었다. 비슷한 개념으로 우리는 **순시 주파수(instantaneous frequency)**를 사용하기로 한다.

일반화된 정현파 신호를 다음과 같이 생각해보자.

$$\varphi(t) = A\cos\theta(t) \tag{5.1}$$

여기서 $\theta(t)$를 **일반화된 각도**라 하면, 이것은 시간 t에 대한 함수이다. 그림 5.1에서 $\theta(t)$의 한 예를 보여준다. 기존의 정현파 신호 $A\cos(\omega_c t+\theta_0)$의 일반화된 각도는 $\omega_c t+\theta_0$이다. 이 값은 그림 5.1처럼 절편이 θ_0이고 기울기가 ω_c인 직선으로 나타난다. 임의의 각도를 나타낸 그림 5.1의 실선의 경우 곡선의 어느 한 부분의 순간 기울기 값이 $\omega_c t+\theta_0$와 같아지는 형태가 될 수 있다. 즉 $\Delta t \to 0$일 때, $\varphi(t) = A\cos\theta(t)$와 $A\cos(\omega_c t+\theta_0)$가 같은 값을 주는 경우임을 의미한다.

$$\varphi(t) = A\cos(\omega_c t+\theta_0) \qquad t_1 < t < t_2$$

여기서 Δt동안 $\phi(t)$의 각 주파수는 ω_c임을 규명할 수 있다. $(\omega_c t+\theta_0)$는 $\theta(t)$에 대해 접선이기 때문에 $\varphi(t)$의 각 주파수는 이 작은 구간에서 각 $\theta(t)$의 기울기이다. 이러한 개념을 일반화시켜 순시 주파수 ω_i를 시간 t에 대한 $\theta(t)$의 기울기로 표현할 수 있다. 따라서 식 (5.1)로부터 다음의 관계를 얻을 수 있다.

$$\omega_i(t) = \frac{d\theta}{dt} \tag{5.2a}$$

$$\theta(t) = \int_{-\infty}^{t} \omega_i(\alpha)\,d\alpha \tag{5.2b}$$

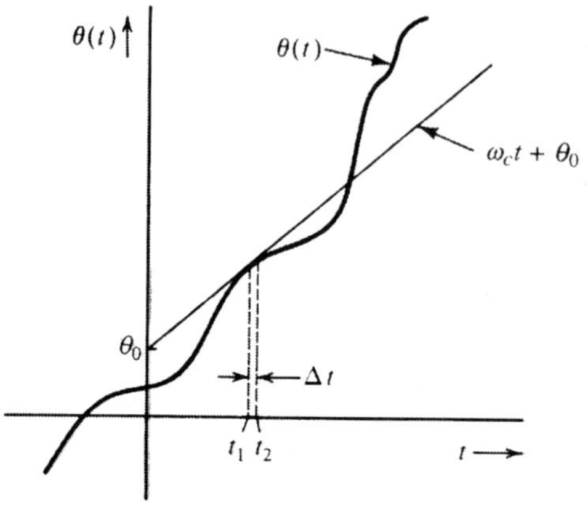

▶▶ 그림 5.1 순시 주파수의 개념

다음으로 $m(t)$의 정보를 반송파의 각도 변화에 반영시켜 전송할 수 있는 가능성을 살펴보자. 이렇게 정보 신호 $m(t)$를 이용해서 반송파의 각도를 변화시키는 변조 기법을 각 변조 혹은 지수 변조라 한다. 각 변조 방법 중 제일 간단한 두 가지 방법으로 위상 변조(phase modulation, PM)와 주파수 변조(frequency modulation, FM)가 있다. PM에서는 $m(t)$의 값이 각도 $\theta(t)$를 선형적으로 변화시킨다 :

$$\theta(t) = \omega_c t + \theta_0 + k_p m(t)$$

여기서 k_p는 상수이고, ω_c는 반송파의 주파수이다. $\theta_0 = 0$이라고 가정해도 일반성을 잃지 않으며, 다음과 같이 $\theta(t)$를 나타낼 수 있다.

$$\theta(t) = \omega_c t + k_p m(t) \tag{5.3a}$$

결과적으로 PM 신호는 다음 식으로 나타낸다.

$$\varphi_{\text{PM}}(t) = A\cos[\omega_c t + k_p m(t)] \tag{5.3b}$$

이 경우 순시 주파수는 다음 식으로 표현된다.

$$\omega_i(t) = \frac{d\theta}{dt} = \omega_c + k_p \dot{m}(t) \tag{5.3c}$$

따라서 PM의 경우, 순시 주파수 ω_i는 변조 신호 $m(t)$의 미분값에 따라 선형적으로 변화한다. 만일 순시 주파수가 변조 신호에 따라 선형적으로 변화하면 그것은 FM이 된다. 그러므로 FM에서의 순시 주파수는 다음과 같다.

$$\omega_i(t) = \omega_c + k_f m(t) \tag{5.4a}$$

여기서 k_f는 상수이다. 이 경우 각도 $\theta(t)$는 다음과 같다.

$$\begin{aligned}\theta(t) &= \int_{-\infty}^{t} [\omega_c + k_f m(\alpha)]\, d\alpha \\ &= \omega_c t + k_f \int_{-\infty}^{t} m(\alpha)\, d\alpha\end{aligned}$$

여기서 $\theta(t)$의 상수항을 0으로 놓아도 일반성을 잃지 않는다. FM 신호는 다음 식으로 나타난다.

$$\varphi_{\mathrm{FM}}(t) = A \cos\left[\omega_c t + k_f \int_{-\infty}^{t} m(\alpha)\, d\alpha\right] \tag{5.5}$$

○ FM과 PM 사이의 관계

식 (5.3b)와 식 (5.5)를 놓고 볼 때, FM과 PM은 매우 유사하며 밀접한 관계를 가지고 있다는 것을 알 수 있다. 식 (5.3b)에서 $m(t)$ 대신 $\int m(\alpha)d\alpha$를 넣으면 PM을 FM으로 바꾸는 것이 된다. 따라서 $m(t)$ 신호에 대한 FM 신호는 $\int m(\alpha)d\alpha$ 신호에 대해서는 PM이 된다(그림 5.2a). 마찬가지로 $m(t)$에 대한 PM은 $\dot{m}(t)$에 대한 FM이 된다.
(그림 5.2b). 그러므로 각 변조된 신호를 놓고 이것이 PM 변조된 신호인지 FM 변조된 신호인지를 말할 수 없다. 즉, 각 변조된 신호가 FM인지 PM인지를 묻는 것은 의미 없는 것이다. 아이가 있는 결혼한 남자에게 아버지인지 아들인지를 묻는 것과 유사하다. 이 토론과 그림 5.2는 또한 각각의 변조 타입의 발생과 복조의 토론 방법을 분리할 필요가 없다는 것을 보여준다.

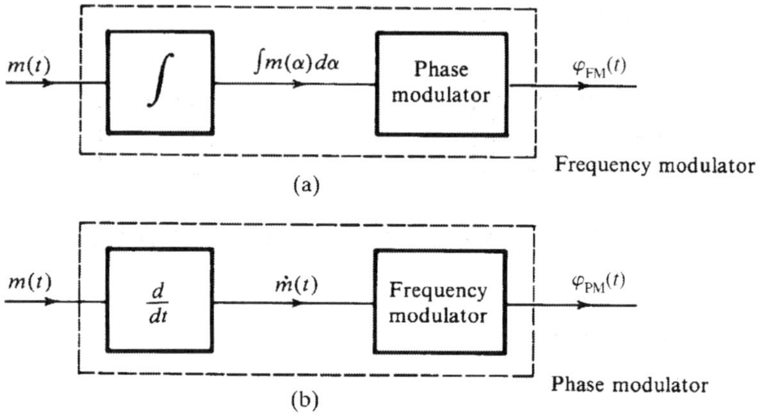

►► 그림 5.2 위상 변조와 주파수 변조는 동치관계이며 상호교환이 가능하다

식 (5.3b)와 (5.5)를 통해서 보면 PM과 FM 두 가지 방식 모두 신호 $m(t)$의 어떠한 형태 값에 따라 반송파의 각을 변화시키고 있다는 것을 알 수 있다. PM의 경우는 $m(t)$의 값에 직접 비례해서 변화시키는 반면에 FM의 경우에는 $m(t)$의 적분값에 비례해서 변화시킨다. 그림 5.2b에서 보여주듯이, 주파수 변조기는 FM 신호를 발생시키기 위해 직접적으로 사용될 수 있다. 또는 PM 신호를 발생시키기 위해 전달함수 $H(s)=s$인 필터(미분기)로 정보 입력 신호 $m(t)$가 처리될 수 있다. 그러면 왜 이런 두 가지 경우만을 논의하는 것인가? 무한히 많은 방법으로 $m(t)$ 신호의 계량화를 할 수 있다. 만일 선형 시스템으로 그 방법을 제한한다고 하면, $m(t)$의 계량화된 신호는 전달함수 $H(s)$ 또는 임펄스 응답 $h(t)$의 변환 가능한 선형(time-invariant) 시스템의 출력으로 얻을 수 있다. 이 때 일반화된 각 변조 반송파 $\varphi_{EM}(t)$은 다음과 같이 표현될 수 있다.

$$\varphi_{\text{EM}}(t) = A\cos[\omega_c t + \psi(t)] \tag{5.6a}$$

$$= A\cos\left[\omega_c t + \int_{-\infty}^{t} m(\alpha)\, h(t-\alpha)\, d\alpha\right] \tag{5.6b}$$

$H(s)$가 가역(또는 변환 가능한) 연산을 하는 동안, $m(t)$는 그림 5.3에서 보듯이 전달함수 $[H(s)]^{-1}$의 시스템을 통해 전달됨으로써 $\psi(t)$로 회복될 수 있다. PM과 FM은 $h(t)=k_p\delta(t)$와 $h(t)=k_f u(t)$, 각각으로 두 개의 특별한 경우이다.

한 가지 형태의 각 변조 시스템을 분석하면, 손쉽게 다른 형태의 각 변조 시스템을 분석할 수 있게 된다. 역사적으로 FM 방식이 먼저 발견되었다. 이 책에서는 FM을 먼저 설명하고, 간단히 PM에 대해서 설명한다. 하지만 이것이 FM 방식이 PM에 비해 성능이 뛰어나다는 것을 의미하지 않는다. 도리어 대부분의 실제 신호의 경우 PM의 성능이 FM보다 좋으며, 실제로 최상의 성능을 주는 변조 기법은 순수한 FM이나 순수한 PM이 아니라 두 가지 방식 사이의 어떤 방법이다.

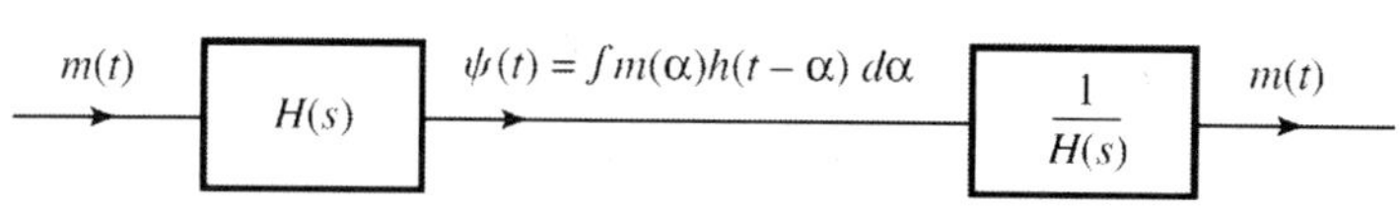

▸▸ 그림 5.3 H(S)에 의해 위상 변조된 신호가 역필터인 1/H(S)에 의해 원신호를 복원한다.

○ 각 변조된 파형의 전력

각 변조된 파형의 순시 주파수와 위상이 시간에 따라 변할 수 있지만, 진폭 A는 상수로 남게 된다. 따라서 각 변조된 파형의 전력(PM 또는 FM)은 k_p 또는 k_f의 값과 상관없이 항상 $A^2/2$가 된다.

예제 5.1

그림 5.4a에 있는 신호 $m(t)$에 대한 FM 신호와 PM 신호를 그려라. k_f와 k_p는 각각 $2\pi \times 10^5$와 10π이다. 그리고 반송파 주파수 $f_c = 100$ MHz이다.

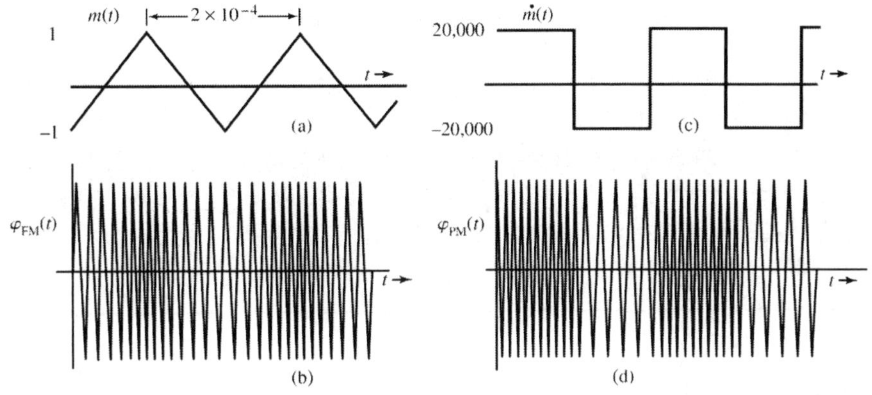

▸▸ 그림 5.4 FM과 PM의 파형

풀이 FM :

$$\omega_i = \omega_c + k_f m(t)$$

식의 양변을 2π로 나누어 주면, f의 식으로 나타난다. 순시 주파수 f_i는 다음과 같이 나타난다.

$$\begin{aligned} f_i &= f_c + \frac{k_f}{2\pi} m(t) \\ &= 10^8 + 10^5 m(t) \\ (f_i)_{\min} &= 10^8 + 10^5 [m(t)]_{\min} = 99.9 \text{ MHz} \\ (f_i)_{\max} &= 10^8 + 10^5 [m(t)]_{\max} = 100.1 \text{ MHz} \end{aligned}$$

$m(t)$는 시간에 따라서 선형적으로 커졌다 작아졌다 하기 때문에 순시 주파수는 99.9~100.1 MHz를 반주기 동안 선형적으로 증가하고 나머지 반주기 동안은 100.1에서 99.9 MHz로 선형적으로 감소한다(그림 5.4b).

PM : $m(t)$에 대한 PM은 $\dot{m}(t)$에 대한 FM이다. 식 (5.3c)로부터

$$f_i = f_c + \frac{k_p}{2\pi}\dot{m}(t)$$
$$= 10^8 + 5\,\dot{m}(t)$$
$$(f_i)_{\min} = 10^8 + 5\,[\dot{m}(t)]_{\min} = 10^8 - 10^5 = 99.9\text{ MHz}$$
$$(f_i)_{\max} = 10^8 + 5\,[\dot{m}(t)]_{\max} = 100.1\text{ MHz}$$

$\dot{m}(t)$의 값은 −20,000에서부터 20,000까지 변화하기 때문에 그림 5.4d 처럼 반송파 주파수는 99.9에서부터 100.1 MHz까지 변화한다.

이와 같이 PM 신호를 그리는 간접적인 방법은 $m(t)$가 연속적인 신호인 경우에만 가능하다. 만일 $m(t)$가 불연속하다면, 그것은 PM 신호가 갑작스럽게 위상이 변한다는 것을 의미한다. 따라서 이 때 $\dot{m}(t)$는 임펄스를 가지게 된다. 이러한 간접적인 방법은 불연속적인 지점에서 실패한다. 그러한 경우에는 직접적인 방법이 사용된다. 이것에 대한 예는 다음 예제에서 보여준다.

예제 5.2

그림 5.5a에 있는 신호 $m(t)$에 대한 FM 신호와 PM 신호를 그려라. k_f 와 k_p 값은 각각 $2\pi\times10^5$과 $\frac{\pi}{2}$이다. 그리고 반송파 주파수 f_c=100 MHz이다.

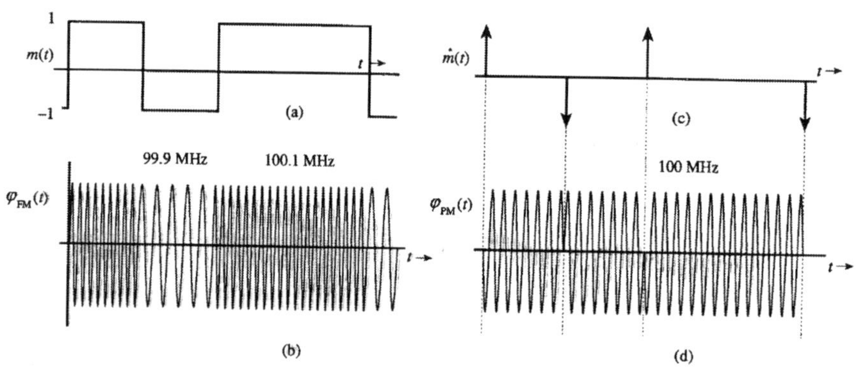

►► 그림 5.5 FM과 PM의 파형

풀이 FM

$$f_i = f_c + \frac{k_f}{2\pi}m(t) = 10^8 + 10^5 m(t)$$

$m(t)$의 값이 −1 과 1을 취하기 때문에 FM 신호의 주파수 값도 99.9 MHz와 100.1 MHz 사이의 값을 가지며, 그림 5.5b에서 보여준다. 이러한 디지털 신호(그림 5.5b)를 가지고 주파수 변조하는 것을 FSK(Frequency Shift Keying)이라 한다. 이러한 이름이 붙여진 이유는 반송파 주파수를 천이(shift)시키면서 전송하기 때문이다(7.8절 참조).

PM

$$f_i = f_c + \frac{k_p}{2\pi}\dot{m}(t) = 10^8 + \frac{1}{4}\dot{m}(t)$$

그림 5.5c처럼 미분식 $\dot{m}(t)$는 세기가 ± 2인 임펄스를 가지게 된다. 이러한 임펄스 신호에 대해서 주파수가 어떻게 변하는지를 쉽게 알 수가 없다. 직접 구하는 방법을 생각해 보자.

$$\begin{aligned}\varphi_{\text{PM}}(t) &= A\cos\left[\omega_c t + k_p m(t)\right] \\ &= A\cos\left[\omega_c t + \frac{\pi}{2}m(t)\right] \\ &= \begin{cases} A\sin\omega_c t & \text{when } m(t) = -1 \\ -A\sin\omega_c t & \text{when } m(t) = 1 \end{cases}\end{aligned}$$

이 PM 신호는 그림 5.5d에 나타나 있다. 이렇게 디지털 신호에 대해 반송파를 위상 변조한 결과를 PSK(Phase Shift Keying)이라 한다. 왜냐하면 정보 단위가 반송파의 위상값을 천이시킴으로써 얻을 수 있기 때문이다. PSK는 $m(t)$를 DSB-SC 변조시킨 것과 같은 결과를 얻어낸다.

이 경우의 $\varphi_{\text{PM}}(t)$는 $\dot{m}(t)$값이 임펄스를 가질 때마다 위상 불연속점이 나타난다. 그러한 경우에 순간적으로 π만큼의 위상 변이를 나타내게 된다. 한 순간에 유한한 값의 위상 천이가 일어난다는 것은, 그 순간에 무한대의 순시 주파수 성분이 존재한다는 의미이다. 이번 예제에서는 $m(t)$의 크기 값이 불연속점에서 −1에서 1 사이로 2만큼씩 바뀐다.

따라서 $\varphi_{\text{PM}}(t)$에서 위상 불연속 값은 $k_p m_d = \frac{\pi}{2}\times 2 = \pi$ rad만큼 일어나게 되고 이 사실은 앞에서 얘기한 사실을 증명하여 준다.

그림 5.5a처럼 $m(t)$가 디지털 신호인 경우, $\varphi_{PM}(t)$는 위상 불연속점을 갖게 된다. 그러한 경우에 위상차의 값 $k_p m(t)$는 $(-\pi,\ \pi)$값이어야만 복조 시 위상의 모호함을 피할 수 있음을 보인다. 예를 들자면, 만일 k_p가 $\frac{3}{2}\pi$라고 하면, $\varphi_{\text{PM}}(t)$는 다음과 같다.

$$\varphi_{\text{PM}}(t) = A\cos\left[\omega_c t + \frac{3\pi}{2}m(t)\right]$$

이 경우 $\varphi_{\text{PM}}(t) = A\sin\omega_c t(m(t) = 1 \text{ or } -\frac{1}{3}$일 때)가 된다. 수신단에서 $A\sin\omega_c t$가 수신되면 어떤 신호가 전송되었는지 모호해진다. 만일 $k_p m(t)$가 $(-\pi,\pi)$ 사이의 값을 갖게 되면 그러한 모호성은 없어진다.

어떤 이유로 그러한 모호성이 생기는가? 만일 $m(t)$가 불연속점을 가지면서 크게 값이 변화한다면, $\varphi_{\text{PM}}(t)$의 값도 순간적으로 변화한다. φ_0와 $\varphi_0 + 2n\pi$는 구별할 수 없게 되기 때문에, 위상변화가 $(-\pi, \pi)$ 사이로 제한되지 않으면 복조기에서의 모호성을 피할 수 없다. 따라서 k_p값은 $k_p m(t)$값이 $(-\pi, \pi)$ 사이에 있을 수 있도록 작은 값을 유지해야 한다.

$m(t)$가 연속함수일 경우는 그러한 제약조건이 필요 없어진다. 이 경우 위상의 변화는 시간에 따라서 점진적으로 이루어진다. 그리고 위상값 $\varphi_0 + 2n\pi$는 φ_0에 비해서 n회의 부가적인 주기를 나타낸다. PM 신호는 FM 복조기에 적분기를 붙여서 검출할 수 있다(문제 5.4-1 참조). FM 복조기에 의해 추가적인 n 주기는 검출되어지고, 이어지는 적분기에 의해 $2n\pi$의 값을 얻는다. 따라서 φ_0와 $\varphi_0 + 2n\pi$는 모호함없이 복조될 수 있다. 이 결론은 최대 위상 변화 값을 $\Delta\varphi = 10\pi$로 놓으면 예제 5.1로부터 증명될 수 있다.

대역 제한되어 있는 신호는 불연속점을 가질 수 없기 때문에, 대역 제한된 신호 $m(t)$는 k_p 값에 제한이 없다.

5.2 각 변조된 파형의 대역폭

AM과는 달리 각 변조는 비선형이며 대역폭 분석에 직접 적용되는 푸리에 변환의 특성이 존재하지 않는다. FM 신호의 대역폭을 알아보기 위해서 다음 식을 정의해보자.

$$a(t) = \int_{-\infty}^{t} m(\alpha)\, d\alpha \tag{5.7}$$

그리고

$$\hat{\varphi}_{\text{FM}}(t) = A\, e^{j[\omega_c t + k_f a(t)]} = A e^{jk_f a(t)} e^{j\omega_c t} \tag{5.8a}$$

이러한 식의 FM 신호와의 관계는

$$\varphi_{\text{FM}}(t) = \text{Re}\left[\hat{\varphi}_{\text{FM}}(t)\right] \tag{5.8b}$$

식 (5.8a)의 $e^{jk_f a(t)}$를 파워 급수로 전개하면 다음과 같다.

$$\hat{\varphi}_{\text{FM}}(t) = A\left[1 + jk_f a(t) - \frac{k_f^2}{2!}a^2(t) + \cdots + j^n \frac{k_f^n}{n!}a^n(t) + \cdots\right] e^{j\omega_c t} \tag{5.9a}$$

그래서

$$\begin{aligned}\varphi_{\mathrm{FM}}(t) &= \mathrm{Re}\,[\hat{\varphi}_{\mathrm{FM}}(t)] \\ &= A\left[\cos\omega_c t - k_f a(t)\sin\omega_c t - \frac{k_f^2}{2!}a^2(t)\cos\omega_c t + \frac{k_f^3}{3!}a^3(t)\sin\omega_c t + \cdots\right]\end{aligned} \quad (5.9b)$$

변조된 신호는 원래의 반송파 신호에 여러 가지 형태로 진폭변조된 신호들의 합으로 표현된다. 즉 $a(t)\sin\omega_c t$, $a^2(t)\cos\omega_c t$, $a^3(t)\sin\omega_c t$, $\cdots$. 여기서 신호 $a(t)$는 $m(t)$를 적분한 것이다. 만일 $M(f)$가 대역폭 B로 대역제한된 신호라면 $A(f)$도 B로 대역제한된 신호이다*. $a^2(t)$의 스펙트럼은 $A(f)*A(f)/2\pi$ 이고 대역폭은 $2B$가 된다. 마찬가지로 $a^n(t)$의 대역폭은 nB가 된다. 따라서 신호의 스펙트럼은 변조되지 않은 반송파의 스펙트럼에 $a(t)$, $a^2(t)$, $\cdots$, $a^n(t)$, $\cdots$의 스펙트럼이 ω_c에 중심을 갖고 생기게 된다. 따라서 변조된 신호는 대역제한된 신호가 아니다. FM 변조된 신호는 무한대의 대역폭을 가지게 되고, AM의 경우와 마찬가지로 변조 신호의 스펙트럼과는 전혀 상관이 없다.

이론적으로 FM 신호의 대역폭은 무한대이지만, $|a(t)|, |k_f a(t)|$로 된 신호는 유한대로 존재하게 될 것이다. 왜냐하면 $|k_f a(t)|^n$ 보다 $n!$이 더 빨리 증가하기 때문이다.

$$\frac{k_f^n a^n(t)}{n!} \simeq 0 \qquad \text{큰 } n\text{값에 대해}$$

따라서 변조된 신호의 전력의 대부분은 유한한 대역 내에 존재한다. 이것이 각 변조를 위한 대역폭 분석의 기본적인 개념이 된다. 그래서 두 가지 형태로 FM을 분류할 수 있다 – 협대역 FM과 광대역 FM.

○ 협대역 각 변조(Narrow-Band Angle Modulation) 근사

AM과는 다르게 각 변조는 비선형 변조이다. $a(t)$와 $\varphi(t)$사이의 비선형 관계는 식 (5.9b)에서 $a^n(t)$를 포함하기 때문에 명백하다. k_f는 매우 작기 때문에,

$$|k_f a(t)| \ll 1$$

따라서, 식 (5.9b)에서 처음 두 항을 제외한 나머지 항을 무시할 수 있다. 이를 보기 좋게 근사식으로 바꾸면

$$\varphi_{\mathrm{FM}}(t) \approx A\left[\cos\omega_c t - k_f a(t)\sin\omega_c t\right] \quad (5.10)$$

* 이것은 적분 과정이 선형 시스템으로 $\frac{1}{j2\pi f}$을 갖는 전달함수를 통과시키는 것이다. 따라서 $M(f)$의 대역폭이 B라면 $A(f)$의 대역폭도 반드시 B여야 한다.

이 근사식은 메시지 신호 $a(t)$의 AM 신호의 식과 유사한 식을 갖는 선형 변조의 형태로 나타난다. $a(t)$의 대역폭이 B이기 때문에 식 (5.10)의 $\varphi_{FM}(t)$의 대역폭은 $a(t)\sin\omega_c t$에 의한 주파수천이 속성에 따라 $2B$이다. 이러한 이유 때문에 $|k_f\, a(t)| \ll 1$의 경우를 협대역 FM(NBFM)이라 부른다. 유사하게 협대역 PM(NBPM)의 경우는 다음 식으로 주어진다.

$$\varphi_{\text{PM}}(t) \approx A\left[\cos\omega_c t - k_p m(t)\sin\omega_c t\right] \tag{5.11}$$

NBPM 또한, $2B$의 근사 대역폭을 갖는다.

식 (5.10)과 식 (4.8a)를 비교해보면 NBFM과 AM의 유사점과 차이점을 확연히 알 수 있다. 두 변조 방식 모두 같은 변조 대역폭 $2B$를 가지고 있다. FM의 경우 측대파 스펙트럼들의 위상이 반송파 위상과는 $\pi/2$ 위상 차이를 갖지만, AM의 경우는 반송파 신호와 동위상을 갖는다. NBFM과 AM이 명백한 유사점을 갖고 있지만, 두 신호는 서로 매우 다른 신호들이다. AM 신호는 주파수가 일정하고 진폭이 변화하는 신호이고, FM 신호는 진폭은 일정하지만 주파수가 변화하는 신호이다.

○ 광대역 FM(WBFM) 대역폭 분석 : 잘못된 오류

FM 신호는 반송파의 주파수 편이가 충분히 커야만 의미가 있다. 즉, 실제 FM 변조는 상수 k_f를 큰 값으로 선택하기 때문에 $|k_f\, a(t)| \ll 1$인 조건을 만족시키지 못한다. 이런 FM신호를 광대역 FM(WBFM)이라고 한다. 그래서 WBPF의 대역폭을 분석하면 식 (5.9b)의 고차항들을 무시할 수 없게 된다. FM 대역폭을 추정한 연구자들의 루트를 그대로 가면서 그들이 직관적으로 무슨 추론을 잘못했는지 확인해보자. 만일 그들의 추론에서 오류를 발견한다면, (광대역) FM 대역폭의 좀 더 정확한 추정을 할 수 있을 것이다.

대역폭이 B Hz인 저역 통과 신호 $m(t)$를 고려해보자. 이 신호는 그림 5.6(a)에서처럼 계단 모양신호 $\hat{m}$으로 근사화된다. 따라서 $m(t)$는 여러 개의 펄스들로 근사화되었다고 볼 수 있다. 편의를 위해서 각각의 펄스 신호를 셀이라고 부르자. $\hat{m}(t)$가 $m(t)$의 정보를 완벽하게 갖기 위해서, 샘플링 이론(제 6장)에 따라 $\hat{m}(t)$의 셀폭은 Nyquist의 간격 $1/2B$보다 커서는 안된다.

$\hat{m}(t)$의 FM 변조 신호는 $m(t)$의 FM 변조된 신호보다 분석하기가 더 쉽다. 왜냐하면 $\hat{m}(t)$는 $T=1/2B$초를 가지는 상수의 진폭(셀)을 갖고 있기 때문이다. 하나의 셀의 시작점을 $t=t_k$라고 하자. 이 셀은 상수의 크기 $m(t_k)$를 갖는다. 따라서 그림 5.6(b)에서 보듯이 이 신호의 주파수 변조된 신호는 $\omega_c + k_f m(t_k)$의 주파수를 $T=1/2B$의 지속시간 동안 갖는다. $\hat{m}(t)$의 FM 신호는 $T=1/2B$ 기간의 일정한 주파수의 정현파 펄스시퀀스로 이루어진다. $\hat{m}(t)$의 FM 신호의 스펙트럼은 모든 셀에 대응하는 정현파 펄스의 푸리에 변환된 스펙트럼의 합으로 나타난다. 그림 5.6(b)의 (k번째 셀에 대응하는)정현파 펄스

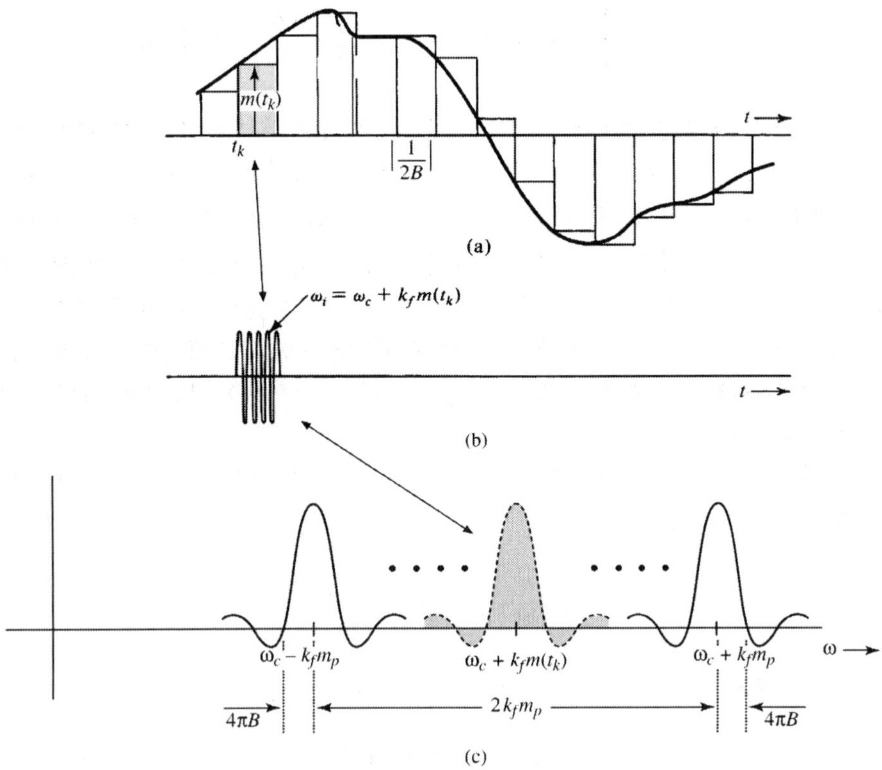

►► 그림 5.6 FM 대역폭의 추정

신호의 푸리에 변환된 스펙트럼은 ($\tau = 1/2B$인 식 (3.27a)와 $f_0 = f_c + k_f m(t_k)/2\pi$인 식 (3.26) 참조) 그림 5.6(c)에 음영진 sinc 함수로 나타난다.

$$\text{rect}(2Bt)\cos[\omega_c t + k_f m(t_k)t] \iff \frac{1}{2}\text{sinc}\left[\frac{\omega + \omega_c + k_f m(t_k)}{4B}\right] + \frac{1}{2}\text{sinc}\left[\frac{\omega - \omega_c - k_f m(t_k)}{4B}\right]$$

이 신호의 스펙트럼은 sinc 함수의 주엽(main lobe)의 대역폭인 $4\pi B$에 의해 가운데 주파수 $\omega_c + k_f m(t_k)$의 양쪽으로 퍼진다. 그림 5.6c는 정현파 펄스 신호의 여러 셀에 의해서 생기는 스펙트럼을 보여준다. 셀의 최대 및 최소 진폭값은 m_p와 $-m_p$이다. 따라서 모든 셀의 FM 신호의 최대 주파수와 최소 주파수는 각각 $\omega_c + k_f m_p$와 $\omega_c - k_f m_p$이다. 그림 5.6c에서 보듯이, 이들 주파수의 sinc 주엽은 FM 대역폭에 크게 기여한다. 그래서 이 스펙트럼의 최대, 최소 주파수들은 $\omega_c + k_f m_p + 4\pi B$와 $\omega_c - k_f m_p - 4\pi B$이다. FM 스펙트럼 대역폭을 근사화하면 다음과 같다.

$$B_{\mathrm{FM}} = \frac{1}{2\pi}(2k_f m_p + 8\pi B) = 2\left(\frac{k_f m_p}{2\pi} + 2B\right) \text{ Hz}$$

그러면 앞서 논의했던 초기 FM 개발자들의 생각의 오류에 대해 분석해보자. 앞에서 논의한바 대로 FM 신호의 최대와 최소 주파수는 각각 $\omega_c + k_f m_p$와 $\omega_c - k_f m_p$로 된다. 따라서 FM의 대역폭이 $2k_f m_p$로 보일 수 있다. 그러나 이러한 가정이 성립하기 위해서는 각 셀의 주파수 ω를 갖는 정현파 신호의 스펙트럼이 ω에 집중되어 있어야 한다. 하지만 (sinc 함수가 임펄스로 가기 때문에) $T = \infty$ 에서도 끝없는 정현파가 존재하는 것은 사실이다. 유한한 시간 T초 동안에는 스펙트럼이 $2\pi/T$만큼 ω에서부터 양쪽으로 sinc 형태로 퍼지게 된다. 즉, 초기에 FM을 개발했던 사람들은 이 확산효과에 대해서 미처 생각지 못했던 것이다.

편리하게 표기하기 위해 주어진 반송파 주파수의 편이가 $\pm k_f m_p$이면, Δf 즉, 피크 주파수 편이를 Hz로 표기할 수 있다. 따라서,

$$\Delta f = k_f \frac{m_{\max} - m_{\min}}{2 \cdot 2\pi} = f = k_f \frac{m_p}{2\pi}$$

추정된 FM 대역폭은 다음과 같이 표현 할 수 있다.

$$B_{\mathrm{FM}} \simeq 2(\Delta f + 2B) \tag{5.12}$$

추정된 FM 신호의 대역폭은 실제의 경우보다 더 넓을 수 있다. 왜냐하면 추정된 스펙트럼은 $m(t)$를 계단 모양으로 근사화한 것이고, 실제 $m(t)$는 이것보다 더 부드러운 함수이기 때문에 좀 더 낮은 주파수 대역의 신호를 더 포함하게 되기 때문이다. 따라서 실제의 대역폭은 더 좁다. 그림 5.6c로 볼 때 더 좋은 FM 대역폭의 근사치는 다음 범위 사이에 있다.

$$[\,2\Delta f,\ 2\Delta f + 4B\,]$$

따라서 여기서 현재의 추정 방법을 조금 더 수정해야 한다. 이러한 중간수정을 하기 위해서 k_f 값이 매우 작은 NBFM을 생각해 보자. 고정된 m_p가 주어졌을 때, NBFM의 경우 Δf가 B에 비해서 매우 작기 때문에 식 (5.12)에서 Δf 항을 무시할 수 있다. 그 결과는 다음과 같다.

$$B_{\mathrm{FM}} \approx 4B$$

이 값은 우리가 앞에서 구한 NBFM의 $2B$ Hz보다 훨씬 크게 된다. 따라서 좀 더 정확한 대역폭의 측정은 다음과 같이 할 수 있다.

$$B_{FM} = 2(\Delta f + B) = 2\left(\frac{k_f m_p}{2\pi} + B\right) \tag{5.13}$$

위의 식은 Carson[1]에 의해서 정확하게 제시된 식이고, Carson은 $m(t)$가 sin함수인 경우에 대하여 수학적으로 대역폭을 계산하였다. 일반적으로 위 식은 Carson의 법칙으로 불리는 식이다. $\Delta f \gg B$인 광대역인 경우의 식 (5.13)은 다음과 같이 근사된다.

$$B_{FM} \approx 2\Delta f \qquad \Delta f \gg B \tag{5.14}$$

이 경우 $\Delta\omega = k_f m_p$이므로, 초창기에 FM을 개발했던 사람들과 같은 결과를 얻을 수 있다.

초창기에 FM을 개발했던 사람들이 한 가지 실수를 한 것은 이 근사화한 식이 모든 경우에 다 적용될 수 있다고 생각한 것이다. 즉 WBFM의 경우에도 이 식이 성립된다고 생각한 것이 실수였다.

편이율(deviation ratio) β를 다음과 같이 정의하자.

$$\beta = \frac{\Delta f}{B} \tag{5.15}$$

Carson의 법칙을 β를 이용해서 표현하면 다음과 같다.

$$B_{FM} = 2B(\beta + 1) \tag{5.16}$$

β값은 변조의 양을 조절한다. 따라서 AM의 변조지수와 비슷한 역할을 하게 된다. 톤 변조 FM의 경우에 β는 변조 지수(modulation index)라고 불리기도 한다.

○ 위상 변조

FM에서 유도된 모든 결과는 PM에 그대로 적용이 가능하다. 따라서 PM의 경우 순시 주파수는 다음과 같이 쓸 수 있다.

$$\omega_i = \omega_c + k_p \dot{m}(t)$$

그리고 피크 주파수 편이 Δf는 다음 식으로 주어진다.

$$\Delta f = k_p \frac{[\dot{m}(t)]_{\max} - [\dot{m}(t)_{\min}]}{2 \cdot 2\pi} \tag{5.17a}$$

다음을 가정하면,

$$\dot{m}_p = [\dot{m}(t)]_{\max} = -\left|\dot{m}(t)_{\min}\right| \tag{5.17b}$$

그러면

$$\Delta f = k_p \frac{\dot{m}_p}{2\pi} \tag{5.17c}$$

그러므로*,

$$B_{\text{PM}} = 2(\Delta f + B) \tag{5.18a}$$

$$= 2\left(\frac{k_p \dot{m}_p}{2\pi} + B\right) \tag{5.18b}$$

FM의 경우 재미있는 사실 하나는 $\Delta\omega = k_f m_p$값이 $m(t)$의 피크치에만 영향을 받는다는 것이다. 즉, $\Delta\omega$는 $m(t)$의 스펙트럼에 영향을 받지 않는다. 한편 PM의 경우는 $\Delta\omega = k_p \dot{m}_p$가 $\dot{m}(t)$의 피크치에 영향을 받는다. 그러나 $\dot{m}(t)$는 $m(t)$의 스펙트럼 구성에 크게 영향을 받는다. 즉, $m(t)$가 고주파 성분을 가지게 되면, $\dot{m}_p$의 값은 커지고 반대로, 저주파 성분이 존재하면 $\dot{m}_p$값이 작아진다. 그래서 FM 신호 대역폭(식 5.13)은 $m(t)$에 독립적이지만, PM 신호 대역폭(식 5.18)은 $m(t)$에 많은 영향을 받는다. $m(t)$가 저주파 스펙트럼을 가질 때, B_{PM}은 $m(t)$가 고주파 스펙트럼을 가질 때에 비해 더 작아진다.

○ 톤 주파수 변조의 스펙트럼 분석

정보 신호 $m(t)$를 가지는 FM 반송파에 대해 스펙트럼 분석은 계단신호 근사값을 사용한다. 톤 변조는 $m(t)$가 정현파일 때, 정확한 스펙트럼이 가능한 특별한 경우이다. 이 경우를 이용하여 FM 대역폭 근사값을 확인해보자.

$$m(t) = \alpha \cos \omega_m t$$

식 (5.7)로부터 $a(-\infty) = 0$를 가정하면,

$$a(t) = \frac{\alpha}{\omega_m} \sin \omega_m t$$

그러면, 식 (5.8a)로부터

$$\hat{\varphi}_{\text{FM}}(t) = A e^{(j\omega_c t + k_f \alpha/\omega_m \sin \omega_m t)}$$

* $m(t)$가 시간에 대해 연속함수일 경우에 식 (5.17a)를 적용할 수 있다. 만일 $m(t)$가 불연속이면, 그것의 미분은 존재하지 않는다. 이런 경우 $\varphi_{PM}(t)$를 구하기 위해 예제 5.2에서 논의된 직접 접근법을 사용하고, 그 후에 $\varphi_{PM}(t)$로부터 $\Delta(\omega)$를 결정해야 한다.

게다가

$$\Delta\omega = k_f m_p = \alpha k_f$$

이며, $m(t)$의 대역폭은 $2\pi B = \omega_m$ rad/s이다. 편이율(또는 여기선 변조 지수)은 다음과 같다.

$$\beta = \frac{\Delta f}{B} = \frac{\Delta\omega}{2\pi B} = \frac{\alpha k_f}{\omega_m}$$

따라서,

$$\begin{aligned}\hat{\varphi}_{\text{FM}}(t) &= Ae^{j(\omega_c t + \beta \sin \omega_m t)} \\ &= Ae^{j\omega_c t}(e^{j\beta \sin \omega_m t})\end{aligned} \tag{5.19}$$

여기서 $e^{j\beta \sin \omega_m t}$는 주기가 $2\pi/\omega_m$인 주기 신호이고, 다음과 같이 푸리에 급수로 전개할 수 있다.

$$e^{j\beta \sin \omega_m t} = \sum_{n=-\infty}^{\infty} D_n e^{j\omega_m t}$$

여기서

$$D_n = \frac{\omega_m}{2\pi}\int_{-\pi/\omega_m}^{\pi/\omega_m} e^{j\beta \sin \omega_m t} e^{-jn\omega_m t}\, dt = \frac{1}{2\pi}\int_{-\pi}^{\pi} e^{j(\beta \sin x - nx)}\, dx$$

오른쪽의 적분항은 적분식에 의해 직접 적분되지 않고 급수로 전개해서 적분해야 한다. 이 적분을 n차의 베셀 함수인 $J_n(\beta)$로 나타내며, 표로 그 값이 계산되어져 있다. 그림 5.7(a)에 여러 가지 β에 대해서 n에 대한 함수로 이 함수가 그려져 있다. 따라서 지수항은 다음과 같이 표현된다.

$$e^{j\beta \sin \omega_m t} = \sum_{n=-\infty}^{\infty} J_n(\beta) e^{jn\omega_m t} \tag{5.20}$$

식 (5.20)을 식 (5.19)에 대입하면,

$$\hat{\varphi}_{\text{FM}}(t) = A\sum_{n=-\infty}^{\infty} J_n(\beta) e^{j(\omega_c t + n\omega_m t)}$$

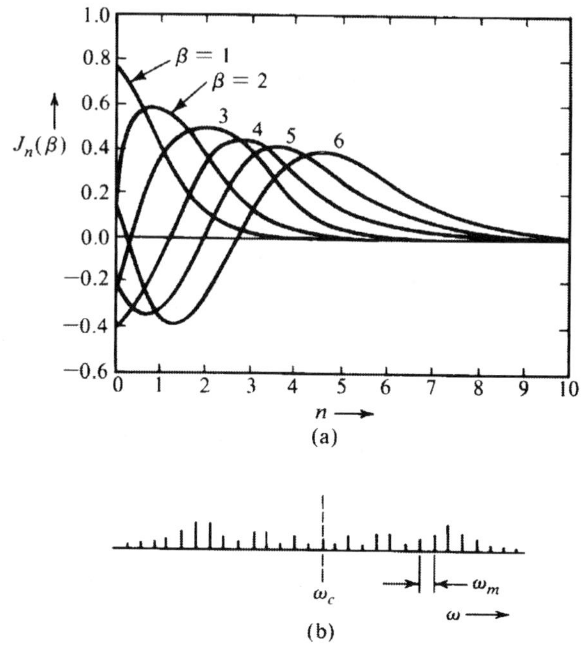

▸▸ 그림 5.7 (a) 다양한 β값에 따른 n의 함수로써의 $J_n(\beta)$의 변화
(b) 톤변조된 FM 스펙트럼

그리고

$$\varphi_{\text{FM}}(t) = A \sum_{n=-\infty}^{\infty} J_n(\beta) \cos(\omega_c + n\omega_m)t$$

톤 변조된 FM 신호는 그림 5.7b처럼 반송파 성분과 $\omega_c \pm \omega_m$, $\omega_c \pm 2\omega_m$, $\cdots$, $\omega_c \pm n\omega_m$, $\cdots$ 등 무한대의 측대파 신호들을 갖고 있다. 이는 반송파 주파수의 어느 쪽이든 오직 한쪽의 측대파의 DSB-SC 스펙트럼과 극명한 대조를 이룬다. $\omega = \omega_c + n\omega_m$에 위치한 n번째 측대파 신호의 크기는 $J_n(\beta)$로 나타난다*. 그림 5.7a의 그림처럼, 주어진 β에 대해서, $J_n(\beta)$는 n이 커질수록 작아진다. n값이 충분히 커지게 되면, $J_n(\beta)$ 값은 거의 사라지게 된다. 따라서 유한한 갯수의 측대파 스펙트럼 라인들이 의미를 가지게 된다. 그림 5.7(a)에서 보면 $n > \beta + 1$인 경우 $J_n(\beta)$값은 무시해도 좋은 값이다. 그래서 일반적으로 의미가 있는 측대파 임펄스의 갯수를 $\beta + 1$로 잡는다. 따라서 FM 신호의 대역폭은 다음과 같이 표현된다.

* $J_{-n}(\beta) = (-1)^n J_n(\beta)$이다. 그러므로, $\omega = \omega_c - n\omega_m$에서 LSB의 크기는 $\omega = \omega_c + n\omega_m$에서의 USB의 크기와 같다.

$$\begin{aligned} B_{\text{FM}} &= 2(\beta + 1)f_m \\ &= 2(\Delta f + B) \end{aligned}$$

이 식은 식 (5.13)의 결과에 대해 검증해 준다. $\beta \ll 1$(NBFM)인 경우는 $B_{\text{FM}} = 2f_m = 2B$이다. 이 톤변조 해석은 Carson 법칙을 검증해 줄 뿐 증명을 한 것은 아니다.

일반적으로 많은 문헌에서 FM에 대한 톤 변조 과정이 설명되고 있다. 하지만 각 변조의 경우는 비선형적 특성을 가지기 때문에, 톤 변조의 결과를 실제 상황에 그대로 적용시키기는 어렵다. 실제로 톤 변조에 대한 결과는 기껏해야 의미없는 결과이고, 최악의 경우 FM 변조에 대해 잘못된 결과를 주게 될 수 있다*. 톤 변조는 오해할 수 있는 점이 있기 때문에 여기서는 생략한다.

$m(t)$가 일반적인 주기함수일 때, 톤 변조된 FM 신호 스펙트럼을 찾는 방법은 FM 신호 스펙트럼을 찾는 데 유용하게 쓸 수 있다. 이 경우의 FM 변조된 신호는 다음과 같다.

$$\hat{\varphi}_{\text{FM}}(t) = Ae^{j\omega_c t}[e^{jk_f a(t)}]$$

여기서 $a(t)$는 주기 함수이기 때문에 $e^{jk_f a(t)}$ 또한 주기함수이다. 따라서 이 식은 앞에서처럼 푸리에 급수로 표현할 수 있다. 이렇게 한 뒤에 스펙트럼을 구하는 방법은 앞에서 설명한 방법대로 따라하면 된다.

예제 5.3

(a) $k_f = 2\pi \times 10^5$, $k_p = 5\pi$일 때, 그림 5.4(a)의 $m(t)$에 대한 B_{FM}과 B_{PM}을 구하라. 제3고조파의 주파수를 주기적인 신호 $m(t)$의 필요한 대역폭으로 가정하라.

(b) $m(t)$의 크기를 2배로 했을 때의 결과를 구하라.

풀이

(a) $m(t)$의 피크치는 1이다. 즉, $m_p = 1$이다. 자, 이제 먼저 $m(t)$의 대역폭을 구해보자. $m(t)$를 푸리에 급수로 전개하면 다음과 같다.

$$m(t) = \sum_n C_n \cos n\omega_0 t \qquad \omega_0 = \frac{2\pi}{2 \times 10^{-4}} = 10^4 \pi$$

여기서,

* 예를 들면, 톤 변조의 경우 FM이 PM보다 출력 SNR 측면에서 3배 좋다고 하지만, 실제로 대부분의 신호에 대해 사실이 아니다.

$$C_n = \begin{cases} \dfrac{8}{\pi^2 n^2} & n\text{이 홀수} \\ 0 & n\text{이 짝수} \end{cases}$$

윗 식에서 보면 n이 커질수록 고조파 신호의 크기가 빨리 줄어드는 것을 알 수 있다. 제3고조파와 제5고조파의 크기는 처음 것에 비해 11%, 4%정도이고, 전력으로 비교하면 1.21%, 0.16% 이다. 따라서 제3고조파 성분까지만을 신호로 보아도 무방하다. 따라서 $m(t)$의 대역폭 B는 다음과 같다.

$$B = 3 \times \frac{10^4}{2} = 15 \text{ kHz}$$

FM :

$$\Delta f = \frac{1}{2\pi} k_f \, m_p = \frac{1}{2\pi}(2\pi \times 10^5)(1) = 100 \text{이고,}$$

$$B_{\text{FM}} = 2(\Delta f + B) = 230 \text{ kHz}$$

또 다른 방법으로 구하면, 다음과 같이 주어진 편이율 β를 이용하는 것이다.

$$\beta = \frac{\Delta f}{B} = \frac{100}{15}$$

그리고

$$B_{\text{FM}} = 2B(\beta + 1) = 30\left(\frac{100}{15} + 1\right) = 230 \text{ kHz}$$

PM : $\dot{m}(t)$의 피크치는 20,000이다. 그리고

$$\Delta f = \frac{1}{2\pi} k_p \dot{m}_p = 50 \text{ kHz}$$

이다. 따라서 B_{PM}은 다음과 같이 나타난다.

$$B_{\text{PM}} = 2(\Delta f + B) = 130 \text{ kHz}$$

B_{FM} 경우와 마찬가지로 다른 방법인 편이율 β를 이용해 구하면 다음과 같다.

$$\beta = \frac{\Delta f}{B} = \frac{50}{15}$$

$$B_{\text{PM}} = 2B(\beta + 1) = 30\left(\frac{50}{15} + 1\right) = 130 \text{ kHz}$$

(b) $m(t)$의 크기를 두 배로 하면, $m_p = 2$가 되고, 대역폭 B는 그대로 15 kHz를 유지한다.

FM

$$\Delta f = \frac{1}{2\pi}k_f m_p = \frac{1}{2\pi}(2\pi \times 10^5)(2) = 200 \text{ kHz}$$

$$B_{\text{FM}} = 2(\Delta f + B) = 430 \text{ kHz}$$

마찬가지로 β를 먼저 구하고 B_{FM}을 구하면

$$\beta = \frac{\Delta f}{B} = \frac{200}{15}$$

$$B_{\text{FM}} = 2B(\beta + 1) = 30\left(\frac{200}{15} + 1\right) = 430 \text{ kHz}$$

PM : $m(t)$를 2배로 크게 하면 $\dot{m}_p = 40{,}000$이 된다. 따라서

$$\Delta f = \frac{1}{2\pi}k_p \dot{m}_p = 100 \text{ kHz}$$

$$B_{\text{PM}} = 2(\Delta f + B) = 230 \text{ kHz}$$

다른 방법으로 구하면

$$\beta = \frac{\Delta f}{B} = \frac{100}{15}$$

$$B_{\text{PM}} = 2B(\beta + 1) = 30\left(\frac{100}{15} + 1\right) = 230 \text{ kHz}$$

따라서 변조 신호들의 크기를 두 배로 늘이면, FM과 PM의 주파수 편의도 대략 두 배 정도 늘어나게 됨을 알 수 있다.

● 예제 5.4

예제 5.3의 $m(t)$ 신호를 시간축으로 2배 늘렸을 때, 즉 $m(t)$의 주기가 4×10^{-4}인 경우 위의 문제를 다시 풀어라.

풀이

시간 영역에서 신호를 2배 늘이게 되면, 신호의 대역폭은 1/2로 줄게 된다. 따라서 제1고조파의 주파수는 2.5 kHz가 되고 제3고조파의 주파수는 7.5 kHz이다. 따라서 $B = 7.5$ kHz가 된다. 그리고 시간축으로의 늘림은 크기를 변화시키지 않는다. 따라서 $m_p = 1$이 된다. 하지만 $\dot{m}_p$는 반으로 줄어들어서 $\dot{m}_p = 10{,}000$이 된다.

FM

$$\Delta f = \frac{1}{2\pi}k_f\, m_p = 100\ \text{kHz}$$

$$B_{\text{FM}} = 2(\Delta f + B) = 2(100 + 7.5) = 215\ \text{kHz}$$

PM

$$\Delta f = \frac{1}{2\pi}k_p \dot{m}_p = 25\ \text{kHz}$$

$$B_{\text{PM}} = 2(\Delta f + B) = 65\ \text{kHz}$$

여기서 보면 시간축으로 신호를 늘이게 되면 FM의 대역폭에는 거의 영향을 미치지 않지만 PM의 대역폭은 반으로 줄게 된다. 이것으로 볼 때 PM의 대역폭은 $m(t)$의 대역폭에 크게 영향을 받는다는 것을 알 수 있다.

예제 5.5

반송파 주파수 $\omega_c = 2\pi \times 10^5$를 각 변조한 신호가 다음과 같다.

$$\varphi_{\text{EM}}(t) = 10\cos(\omega_c t + 5\sin 3000t + 10\sin 2000\pi t)$$

(a) 변조된 신호의 전력을 구하라.
(b) 주파수 편이 Δf 를 구하라.
(c) 편이율 β를 구하라.
(d) 위상편이 $\Delta\phi$를 구하라.
(e) $\varphi_{\text{EM}}(t)$의 대역폭을 추정하라.

풀이

신호 $m(t)$의 대역폭은 $m(t)$(혹은 $m(t)$의 미분)의 최고 주파수로 표현된다. 따라서 $B = 2000\pi/2\pi = 1000$ kHz이다.

(a) 반송파의 크기가 10이므로, 전력은 $P = 10^2/2 = 50$이다.

(b) 주파수 편이 Δf를 구하기 위해 순시 주파수 ω_i를 구하면

$$\omega_i = \frac{d}{dt}\theta(t) = \omega_c + 15{,}000\cos 3000t + 20{,}000\pi\cos 2000\pi t$$

반송파 편이는 $15{,}000\cos 3000t + 20{,}000\pi\cos 2000\pi t$이다. 두 신호가 합쳐져서 나타날 수 있는 최대값은 $15{,}000 + 20{,}000\pi$이다. 이 값이 최대 반송 주파수 편이 $\Delta\omega$이다. 따라서

$$\Delta f = \frac{\Delta\omega}{2\pi} = 12{,}387.32 \text{ Hz}$$

(c)

$$\beta = \frac{\Delta f}{B} = \frac{12{,}387.32}{1000} = 12.387$$

(d) $\theta(t) = \omega t + (5\sin 3000t + 10\sin 2000\pi t)$. 위상 편이는 괄호안의 각도값 중 최고의 값을 의미한다. 즉 $\Delta\phi = 15\,\text{rad}$이다.

(e)

$$B_{EM} = 2(\Delta f + B) = 26{,}774.65 \text{ Hz}$$

이 예제에서 설명한 방법은 각 변조된 신호가 어떤 신호이든지 상관없이 대역폭을 구할 수 있는 방법이다. 즉 위의 신호가 FM 변조된 신호인지 PM 변조된 신호인지 또 다른 종류의 각 변조에 상관없이 대역폭을 구할 수 있다.

○ 역사적 고찰 : Edwin H. Armstrong(1890~1954)

요즈음 FM 방식이 방송이나 통신에서 주요하게 쓰이는 기법이라는 데에 이견을 제시하는 사람은 없다. 하지만 60년대 말까지만 해도 FM 방송의 대역폭 사용에 있어서 비경제성 때문에 미래에 계속 FM 방식을 쓸 수 있을 것인지가 불투명했었다.

Edwin H. Armstrong

FM은 매우 아이러니한 역사를 가지고 있다. 사실 FM을 개발하려는 움직임은 전송 대역폭을 줄이기 위해서였다. 피상적인 몇 가지 사실들이 FM을 사용하면 대역폭을 줄일 수 있으리라 보였다. 하지만 실험적인 결과는 그 반대였다. FM의 대역폭은 AM보다 더 크게 들었다. 특히 Carson에 의해서 수학적으로 FM의 대역폭이 AM보다 크다는 것이 증명되었다. 하지만 Carson은 대역폭 손실 대신에 잡음을 줄일 수 있다는 것을 알아내지 못하였다. 그는 충분히 검토도 해보지 못하고 FM은 기본적인 왜곡현상을 보이며, 잡음에 대한 보상 능력이 없다고 결론지었다.[1] 그 후 그의 논문에서 "사실 더 많은 구조에 대해 분석하면 할수록 문제점의 좀 더 심각한 본질을 볼 수 있었다. 또한 항상 신호에 잡음이 끼여 있다는 결론을 피할 수 없다"라고 했다.[2] 통신 분야에서 그 시대에 가장 유능한 수학자의 이 의견은 FM의 개발을 10년 이상 멈추게 했다. 그 뒤에 E. H. Armstrong 소령[3]에 의해서 잡음을 줄일 수 있다는 장점이 발견되었다. 그의 통신 분야에 대한 기여는 Hertz나 Marconi에 버금간다. FM이 최근처럼 많이 쓰이게 되는 데 가장 큰 기여를 한 사람은 바로 Armstrong이다.

실제로 FM 방식이 Armstrong에 의해 발명되지는 않았지만, 현대의 FM의 아버지로 여겨져 왔다. 1890년 12월 18일 뉴욕에서 태어난 Edwin H. Armstrong은 20세기 무선 전자공학을 위해 공헌한 가장 중요한 사람들 중에 한명이라고 할 수 있다. Armstrong은 재생회로(그가 컬럼비아 대학교 3학년인 1912년에 얻은 미국 특허번호 1,113,149), 슈퍼헤테로다인 회로(제1차 세계대전 동안 파리에서 미군으로 봉사하던 1918년에 얻은 미국 특허번호 1,342,885), 초재생 회로(미국 특허번호 1,424,065, 1922) 그리고 FM 라디오 방송 시스템(미국 특허번호 1,941,066, 1933)의 발명가로 알려졌다. Armstrong은 무선분야에서 여러 가지 주요한 기여를 해왔다. 1939년, Fortune지에서 말하기를 "광대역 FM은 Armstrong이 개발한 4번째 발명이며, 그의 발명 중에 가장 훌륭했다. Armstrong은 무선 장비에서 증폭기를 사용할 수 있도록 재생 궤환 회로를 발명했으며, 슈퍼헤테로다인 기법을 개발해서 현재의 라디오 시스템의 기본을 구축했으며, 단파 시스템[4]에 쓰이는 초재생 회로를 개발했다."

Armstrong은 외로운 다락방 발명가의 마지막 유형이었다. 1933년 FM 특허권을 받은 후, 그는 1935년 11월 5일의 FM 방송의 첫 공개 시연을 동반한 그의 유명한 논문(IRE의 논문지에 후에 인쇄되어 나왔다)을 IRE(IEEE의 전신)의 뉴욕지부학술회의에서 발표했다. FM을 이용해서 극적으로 고정된 잡음을 감소시키는 것에 대한 그의 성공은 방송 설립으로 인해 완전하게 환영받지 못했으며, 이 방송 설립은 FM을 AM 라디오의 광대한 상업 투자에 대한 위협으로 인식시켰다. FM 방송을 정착시키기 위해서 Armstrong은 FCC(Federal Communication Commission)와 길고도 힘든 싸움을 했다. 그럼에도 불구하고, 1941년 12월 67개의 상업적인 FM 방송들은 무려 50만 명이나 되는 수신자들에게 인정받았으며, 43개의 특허가 출원 중에 있었다. 사실, RTPB(Radio Technical Planning Board)는 마지막으로 1944년 9월동안 FCC가 41~56 MHz 대역안의 75개 채널들이 FM에 주어지도록 마지막으로 권고하였다.

무선 공학 단체로부터 최상의 조언을 얻을 수 있는 RTPB의 추천에도 불구하고, FM 대역을 지속적으로 바꾸려고 하는 FCC에 대한 강력한 로비가 주로 40 MHz 대역에서 강한 무선 간섭들의 우려를 고집하는 자들에 의해 전리층 반사 결과처럼 가능해졌다. 1945년 6월 FCC에서는 기술자의 잘못된 증언을 기초로 해서 이미 정해졌던 주파수 대역 42~50 MHz를 88~108 MHz로 갑자기 이동시켜 버렸다. 이것은 기존의 FM 대역에 따라 이미 만들어진 송수신기, 안테나 등을 쓸모없게 함으로써 FM을 불구로 만들어 버렸다. Armstrong은 이 결정에 대하여 계속 싸웠고, 결국 1947년 그 기술자로부터 그의 실수를 인정받게 되었다. 그럼에도 불구하고, FCC는 새로운 주파수 대역을 그대로 고집하였다. Armstrong은 그 이전에 모아 두었던 재산과 정력을 그의 법정 투쟁에 다 소진하였다. 그리고 나서, 방송업계에서는 그에게 아무런 보상도 하지 않은 채 그렇게 반대하던 FM을 쓰기 시작했다. Armstrong은 이 분야에서 가장 길고, 가장 주목받고, 가장 치열한 법정공방에 그의 인생의 절반을 사용하였다.[5] 결국 그의 돈과 정력이 소진되고, 그의 가족 생활도 망가졌으며, 1954년 자살하고 말았다.

Armstrong의 미망인의 합법적인 투쟁과 승리는 계속 되었고, 1960년대, FM은 우수한 무선 시스템으로 우뚝 섰다.[6] 그리고 Edwin H. Armstrong은 완전하게 주파수 변조의 발명가로 인정되었다. 1955년 ITU는 그를 그들의 최고의 발명가들 중 한 사람으로 정했다. 1980년 Edwin H. Armstrong은 U.S. 국제 발명가 명예의 전당에 올랐고, 1983년에는 그의 사진이 U.S. 우표로 발행되었다.[7]

5.3 FM 신호의 생성

기본적으로 FM 신호를 만드는 방법이 두 가지가 있다. 하나는 간접 생성 방법이고, 또 다른 하나는 직접 생성 방법이다. 먼저 광대역 각 변조 신호의 간접적인 FM 생성에서 활용되는 협대역 FM 생성기를 알아보자.

○ NBFM 생성

NBFM 신호와 NBPM 신호에 대해 $|k_f a(t)| \ll 1$와 $|k_p m(t)| \ll 1$인 것을 앞서 증명했었다. 변조된 신호는 다음에 의해 근사화될 수 있다. $B_{\text{FM}} \simeq 2(\Delta f + 2B)$

$$\varphi_{\text{NBFM}}(t) \simeq A[\cos \omega_c t - k_f a(t) \sin \omega_c t] \tag{5.21a}$$

$$\varphi_{\text{NBPM}}(t) \simeq A[\cos \omega_c t - k_p m(t) \sin \omega_c t] \tag{5.21b}$$

두 근사식은 선형이고, AM 파의 표현식과 비슷하다. 사실 식 (5.21)은 DSB-SC 변조기를 사용함으로써 협대역 FM과 PM 신호를 생성하는 가능한 방법을 제안한다. 그림 5.8의 블록 다이어그램은 각 시스템을 보여준다.

그림 5.8b에 의해 생성되는 NBFM이 식 (5.10)의 근사치 때문에 일부 왜곡을 가진다는 점은 중요하다. 이 NBFM 변조기 출력 또한 일부의 진폭 변조를 가진다. 비선형 장치는 이 왜곡 대부분을 제거할 수 있는 대역통과 신호의 진폭을 제한하기 위해 설계됐다.

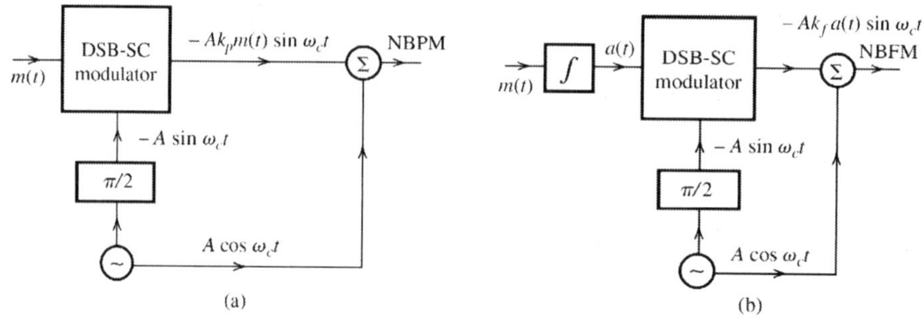

▸▸ 그림 5.8 (a) 협대역 PM 생성기, (b) 협대역 FM 생성기

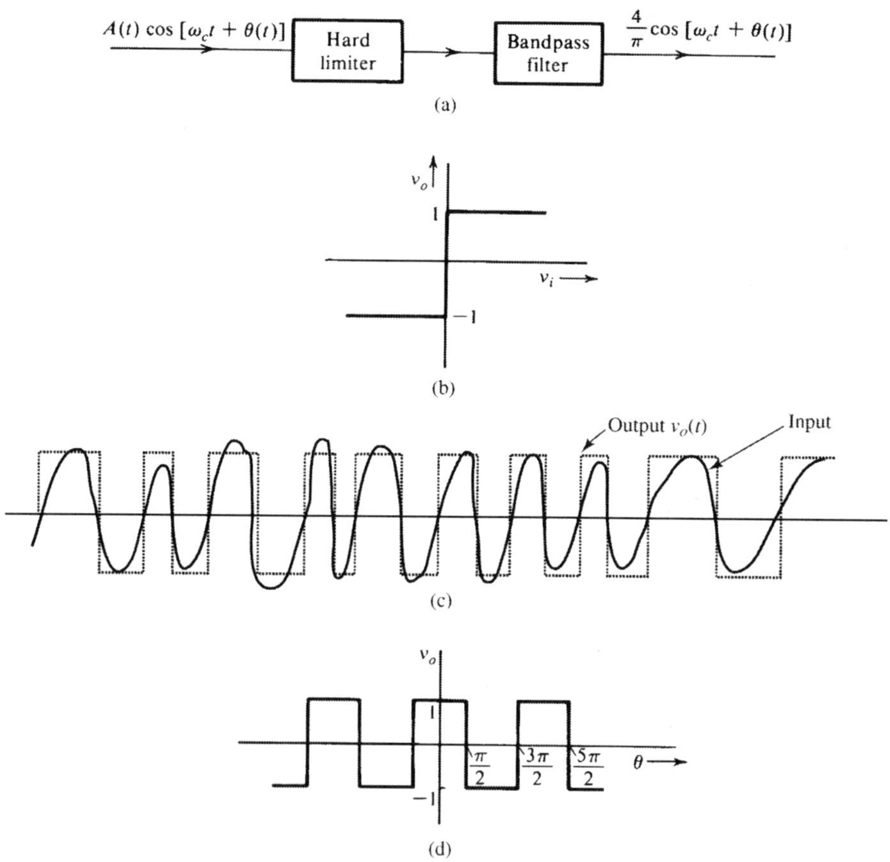

▸▸ 그림 5.9 (a) 하드리미터와 대역통과 필터 (b) 하드리미터 입출력특성
(c) 하드리미터 입력과 상응하는 출력, (d) θ의 함수로서 하드리미터 출력

○ 대역 통과 리미터(Bandpass Limiter)

대역 통과 리미터는 각 변조된 신호의 진폭 변화를 제거하기 위하여 사용되며, 일반적으로 그림 5.9a처럼 신호를 하드 리미터를 통과시킨 뒤 대역 통과 필터를 통과시킨다. 그림 5.9b에서 하드 리미터의 입출력 관계를 보여준다. 대역 통과 리미터의 출력 값은 입력 신호의 진폭과는 상관없이 '1'의 진폭 값을 갖는 연속적인 구형파의 형태로 나타난다. 게다가 입력이 '0'일 때 이므로, 입력 정현파 신호의 영점통과를 정확하게 표현하고 있다(그림 5.9b). 따라서 그림 5.9c처럼 각 변조된 정현파 입력 신호 $v_i(t) = A(t)\cos\theta(t)$는 일정한 진폭을 갖는 각 변조된 구형파 $v_o(t)$로 바뀌게 된다. $v_o(t)$를 ω_c를 중심 주파수로 갖는 대역 통과 필터에 통과 시키면, 출력 값은 일정한 진폭의 각 변조된 신호가 된다. 이 현상을 증명하기 위해 먼저 각 변조된 신호를 살펴보자.

$$v_i(t) = A(t)\cos\theta(t)$$

여기서,

$$\theta(t) = \omega_c t + k_f \int_{-\infty}^{t} m(\alpha)d\alpha$$

하드 리미터의 출력 값 $v_o(t)$는 $v_i(t) = A(t)\cos\theta(t)$가 양수인지 음수인지에 따라서 ± 1의 값을 갖는다(그림 5.9c). 여기서 $A(t) \ge 0$ 이므로, $v_o(t)$는 θ의 함수로 표현될 수 있다.

$$v_0(\theta) = \begin{cases} +1 & \cos\theta > 0 \\ -1 & \cos\theta < 0 \end{cases}$$

그러므로 θ의 함수인 v_0는 주기가 2π인 구형파 함수이다(그림 5.9d). 따라서 이 식은 푸리에 급수로 전개할 수 있다(제 2장 참조).

$$v_0(\theta) = \frac{4}{\pi}\left(\cos\theta - \frac{1}{3}\cos 3\theta + \frac{1}{5}\cos 5\theta + \cdots\right)$$

임의의 시간 t에서, $\theta = \omega_c t + k_f \int m(\alpha)d\alpha$이므로, 출력 값 v_o는 시간의 함수로 다음과 같이 나타낼 수 있다.

$$
\begin{aligned}
v_0[\theta(t)] &= v_0\left[\omega_c t + k_f \int m(\alpha)d\alpha\right] \\
&= \frac{4}{\pi}\left\{\cos\left[\omega_c t + k_f \int m(\alpha)d\alpha\right] - \frac{1}{3}\cos 3\left[\omega_c t + k_f \int m(\alpha)d\alpha\right]\right. \\
&\quad \left. + \frac{1}{5}\cos 5\left[\omega_c t + k_f \int m(\alpha)d\alpha\right]\cdots\right\}
\end{aligned}
$$

따라서 출력 값은 원래의 FM 신호와 3, 5, 7, ...배로 주파수가 곱해진 FM 신호의 합으로 표현된다. 이 신호를 그림 5.9a처럼 중심 주파수가 ω_c이고, 대역폭이 B_{FM}인 대역통과 필터에 통과시킨다. 이 대역통과 필터의 출력 값 $e_o(t)$가 바로 원하던 일정한 진폭을 갖는 각 변조된 신호이다.

$$e_0(t) = \frac{4}{\pi} cos\left[\omega_c(t) + k_f \int m(\alpha)d\alpha\right]$$

위의 내용들은 FM에 대한 유도 과정이지만, 이 과정은 PM을 포함한 모든 각 변조된 신호에 적용될 수 있다. 대역통과 필터는 각 변조된 신호의 일정한 진폭을 유지해 줄 뿐만 아니라, 채널의 잡음이 작은 경우 잡음 제거도 가능하다.[8]

○ Armstrong의 간접 생성 방법

이 방법은 그림 5.8b(또는 식 (5.10))에 나타났듯이 먼저 $m(t)$를 적분한 뒤 NBFM을 만든 후 그것을 이용해서 반송파를 위상 변조 시키는 것이다. NBFM은 가산 주파수 곱셈기를 이용해서 WBFM을 만든다.

주파수 곱셈기는 대역통과 필터에 이어, 비선형 장치에 의해 구현될 수 있다. 우선 입력이 $x(t)$이고, 출력신호가 $y(t)$인 다음과 같은 비선형 장치를 고려해보자.

$$y(t) = a_2\, x^2(t)$$

FM 신호가 이 장치를 통과하면, 출력은 다음과 같을 것이다.

$$
\begin{aligned}
y(t) &= a_2 \cos^2\left[\omega_c t + k_f \int m(\alpha)d\alpha\right] \\
&= 0.5a_2 + 0.5a_2 \cos\left[2\omega_c t + 2k_f \int m(\alpha)d\alpha\right]
\end{aligned}
\tag{5.22}
$$

그래서 $2\omega_c$가 중심인 대역통과 필터는 원래 순시 주파수가 2배인 FM 신호를 복원할 것이다. 일반화하기 위해, 비선형 장치는 다음과 같은 특성을 가지게 된다.

$$y(t) = a_0 + a_1 x(t) + a_2 x^2(t) + \cdots + a_n x^n(t) \tag{5.23}$$

만일 $x(t)= A\cos\left[\omega_c t+ k_f\int m(\alpha)d\alpha\right]$ 라면, $y(t)$는 다음과 같이 나타난다.

$$y(t)= c_0+ c_1\cos\left[\omega_c t+ k_f\int m(\alpha)d\alpha\right]+ c_2\cos\left[2\omega_c t+ 2k_f\int m(\alpha)d\alpha\right] + \cdots + c_n\cos\left[n\omega_c t+ nk_f\int m(\alpha)d\alpha\right] \tag{5.24}$$

따라서 출력 값은 ω_c, $2\omega_c, \cdots, n\omega_c$의 반송파에 주파수 편이를 $\Delta f, 2\Delta f, \cdots, n\Delta f$ 를 각각 갖는 스펙트럼을 갖는다. 이러한 구성 요소 각각은 다른 요소들로부터 분리된 FM 신호이다. 그래서 $n\omega_c$가 중심인 대역통과 필터는 n으로 곱해지는 순시 주파수의 FM 신호로 복원할 수 있다. 비선형성과 대역통과 필터들로 구성된 이러한 장치들은 주파수 곱셈기로 불린다. 사실, 주파수 곱셈기는 정수 n에 의해 반송파 주파수와 주파수 편이를 증가시킬 수 있다. 주파수 편이값을 12배 만큼 증가시키기 위해서 12차의 비선형 소자를 사용하던지 혹은 2개의 2차 비선형 소자와 1개의 3차 소자를 직렬로 연결해서 사용한다. 비선형 소자의 출력은 $12\omega_c$를 중심 주파수로 갖는 대역통과 필터를 통과한다. 대역통과 필터의 출력은 주파수 편이 Δf가 12배 커진 것이다.

다음은 Armstrong의 간접 주파수 변조기의 기반을 형성한다. 우선, NBFM을 근사적으로 생성한다. 그리고 NBFM 주파수를 곱하고, 그의 진폭 변화를 제한한다. 일반적으로 Δf값은 매우 큰 수인 n배로 증가하게 된다. 이렇게 되면 반송파 주파수도 n배가 된다. 때때로 그렇게 큰 반송파 주파수는 필요 없을 수 있기 때문이다. 이 경우는 주파수 혼합기(예제 4.2의 그림 4.7 참조)를 이용해서 원하는 낮은 주파수대로 낮춘다.

그림 5.10에서 Armstrong의 방법에 의해 만들어진 상용 FM 송신기의 회로를 보여준다. 마지막 출력의 반송파 주파수는 91.2 MHz이고, Δf=75 kHz이다. 크리스탈 발진기에서 만들어진 f_{c_1}=200 kHz를 반송파로 갖는 NBFM을 먼저 만든다. 이 주파수를 택한 이유는 이 주파수에서 안정적인 크리스탈 발진기를 만들 수 있을 뿐 아니라, 평형 변조기들을

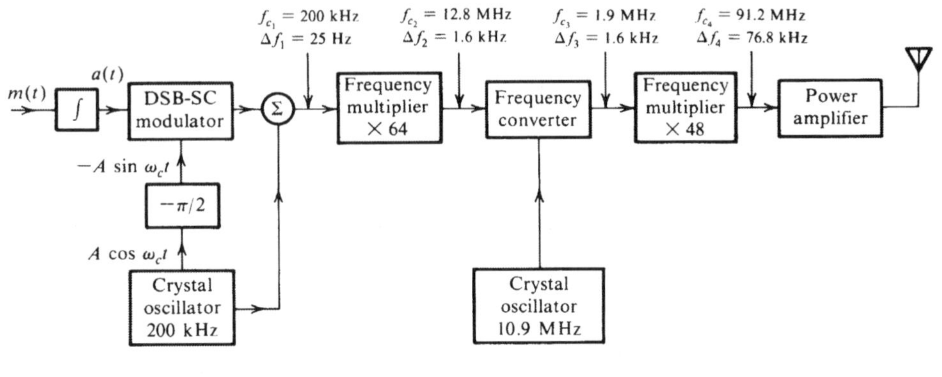

►► 그림 5.10 Armstrong 간접 FM 송신기의 블록 다이어그램

만들기도 쉽기 때문이다. $\beta \ll 1$을 유지하기 위하여 NBPM에서 요구하는 대로 주파수 편이 Δf는 25 Hz로 선택되었다. 톤 변조는 $\beta = \dfrac{\Delta f}{f_m}$이다. 기저 대역의 스펙트럼은 50 Hz에서 15 kHz이다. 따라서 Δf=25 Hz로 정한 것은 최악의 경우 $\beta = 0.5$가 되므로 적절히 정해진 값이다($f_m = 50$).

Δf = 75 kHz를 얻기 위해서는 75000/25 = 3000배의 곱셈이 필요하다. 이것은 두 단계의 곱셈에 의해서 만들어진다. 즉, 그림 5.10처럼 64배와 48배에 의해 64×48 = 3072, 따라서 Δf = 76.8 kHz를 얻는다*. 곱셈 과정은 주파수 배수기 혹은 3배수기를 직렬로 연결하여 얻는다. 즉, 64배를 얻기 위해서는 6개의 배수기를 사용하고, 48배를 얻기 위해서 4개의 배수기와 한 개의 3배수기를 사용한다. 하지만, 3072배를 곱함으로서 f_c = 200 kHz도 약 600 MHz로 바뀌게 된다. 이러한 점을 극복하기 위하여 첫번째 곱셈기를 통과한 후 주파수 천이를 시킨다. 첫번째 곱셈기를 통과한 반송파는 f_{c_2} = 200 kHz×64 = 12.8 MHz이고, 주파수 편이 Δf_2 = 25×64 = 1.6 kHz이다. 이 스펙트럼을 10.9 MHz의 주파수를 이용하여 천이시킨다. 이렇게 함으로써 f_{c_3} = 12.8 − 10.9 = 1.9 MHz가 된다. 이 때 Δf의 값은 변하지 않는다. 즉, Δf_3 = 1.6 kHz이다. 이 신호를 48배하면 f_{c_4} = 1.9×48 = 91.2 MHz, Δf_4 = 1.6×48 = 76.8 kHz가 된다.

이 방법은 주파수가 안정된다는 장점이 있는 반면, $\Delta f/f_m$이 충분히 작지 않을 때, 과도한 곱셈에 의한 고유의 잡음이 발생하고 낮은 변조 주파수에서의 왜곡이 생긴다.

● 예제 5.6

Armstrong의 간접 FM 생성기의 고유의 왜곡 현상에 관해 논의하라.

풀이

이 방법에는 2가지의 왜곡이 있다. 하나는 진폭의 왜곡이고, 다른 하나는 주파수의 왜곡이다. NBFM 파형은 다음과 같이 주어진다.

$$\varphi_{\mathrm{FM}}(t) = A[\cos\omega_c t - k_f\, a(t)\sin\omega_c t]$$

$$= AE(t)\cos[\omega_c t + \theta(t)]$$

$$E(t) = \sqrt{1 + k_f^2\, a^2(t)} \qquad \text{and} \qquad \theta(t) = \tan^{-1}[k_f\, a(t)]$$

진폭의 왜곡은 변조된 신호의 진폭 $AE(t)$가 상수가 아니기 때문이다. 이 문제점은 비교적 쉽게 해결된다. 즉, 다음 절에 나오는 그림 5.12와 같은 대역 통과 리미터에 의해 제거될 수 있기 때문이다

* Δf가 76.8 kHz 대신에 정확히 75 kHz가 되면, 25 Hz부터 25(75/76.8) = 24.41 Hz의 범위를 갖는 협대역으로 줄어들어야만 한다.

(그림 5.9 참조). 이상적인 결과는 $\theta(t)$가 $k_f a(t)$가 되어야 한다. 대신, 앞의 식에서 $\theta(t)$는 다음과 같이 나타낸다.

$$\theta(t) = \tan^{-1}[k_f a(t)]$$

그렇게 되면 순시 주파수 $\omega_i(t)$는 다음과 같이 된다.

$$\begin{aligned}\omega_i(t) = \dot{\theta}(t) &= \frac{k_f\,\dot{a}(t)}{1+k_f^2\,a^2(t)} \\ &= \frac{k_f\,m(t)}{1+k_f^2\,a^2(t)} \\ &= k_f\,m(t)[1-k_f^2\,a^2(t)+k_f^4\,a^4(t)-\cdots]\end{aligned}$$

이상적으로는 순시 주파수가 $k_f m(t)$가 되어야 한다. 따라서 수식에서 뒤에 붙은 항들은 왜곡된 값들이다. $m(t)=\alpha\cos\omega_m t$, $a(t)=\dfrac{\alpha\sin\omega_m t}{\omega_m}$인 경우에 이 문제를 분석해 보자. 이 때 $\beta=\dfrac{\alpha k_f}{\omega_m}$이다. 따라서

$$\omega_i(t) = \beta\omega_m\cos\omega_m t(1-\beta^2\sin^2\omega_m t+\beta^4\sin^4\omega_m t-\cdots)$$

이 수식을 보면 이 방법에서는 홀수의 고조파 성분들이 왜곡 신호로 나타나며, 제3고조파 신호가 가장 중요하다. 나머지 항들을 모두 생략하면

$$\begin{aligned}\omega_i(t) &\simeq \beta\omega_m\cos\omega_m t(1-\beta^2\sin^2\omega_m t) \\ &= \underbrace{\beta\omega_m\left(1-\frac{\beta^2}{4}\right)\cos\omega_m t}_{\text{원하는 신호}} + \underbrace{\frac{\beta^3\omega_m}{4}cos3\omega_m t}_{\text{왜곡신호}}\end{aligned}$$

원하는 신호 대 제3고조파에 대한 비는 그림 5.10의 생성기에 대해 구할 수 있다. NBFM에서

$$\beta B = \Delta f_1 = 25\text{ Hz}$$

그래서 최악의 경우는 더 낮은 변조 주파수에서 발생한다. 예를 들어, 톤 주파수가 50 Hz이면, $\beta=0.5$이다. 이 경우 제3고조파에 의한 왜곡은 1/15 혹은 6.67%이다.

○ 직접 생성(Direct Generation)

전압제어 발진기(VCO)에서는 외부의 전압에 의해서 주파수가 조절된다. VCO의 출력 신호의 주파수는 가해지는 제어 전압에 비례해서 나타난다. 다시 말해서 $m(t)$를 제어 신호로 사용함으로써 FM 신호를 만들 수 있다. 즉,

$$\omega_i(t) = \omega_c + k_f\, m(t)$$

VCO는 OP앰프와 이력 비교기(hysteric comparator)[9] (슈미트 트리거 회로와 같은)를 사용해서 만들 수 있다. 또 다른 방법은 발진기의 공진회로의 C나 L 값을 변화시켜서 만들 수 있다. 역 바이어스가 걸린 반도체 다이오드는 커패시터로 동작될 수 있다. 여기서 커패시턴스는 바이어스가 걸리는 전압에 의해 조절된다. 이러한 다이오드의 커패시턴스는 정해진 영역내에서 바이어스 전압 $m(t)$와 선형적인 관계를 갖는다. 이러한 소자를 varicap, varactor, voltacap이라고 부르기도 한다. 예를 들면, Hartley나 Colpitt 발진기에서 발진 주파수는 다음과 같이 주어진다.

$$\omega_0 = \frac{1}{\sqrt{LC}}$$

만일 커패시턴스 C 값이 변조 신호 $m(t)$에 의해 바뀐다면, 즉,

$$C = C_0 - km(t)$$

그러면,

$$\begin{aligned}
\omega_0 &= \frac{1}{\sqrt{LC_0\left[1 - \dfrac{km(t)}{C_0}\right]}} \\
&= \frac{1}{\sqrt{LC_0}\left[1 - \dfrac{km(t)}{C_0}\right]^{1/2}} \\
&\approx \frac{1}{\sqrt{LC_0}}\left[1 + \frac{km(t)}{2C_0}\right] \qquad \frac{km(t)}{C_0} \ll 1
\end{aligned}$$

여기서 테일러 급수 근사를 적용시키면, 다음 식과 같다.

$$(1+x)^n \approx 1 + nx, \qquad |x| \ll 1$$

이 때 $n = 1/2$이면,

$$\begin{aligned}
\omega_0 &= \omega_c\left[1 + \frac{km(t)}{2C_0}\right] \qquad \text{where} \qquad \omega_c = \frac{1}{\sqrt{LC_0}} \\
&= \omega_c + k_f\, m(t) \qquad \text{with} \qquad k_f = \frac{k\omega_c}{2C_0}
\end{aligned}$$

$C = C_o - km(t)$이므로, 최대 커패시턴스 변이는

$$\Delta C = km_p = \frac{2k_f C_0 m_p}{\omega_c}$$

그러므로,

$$\frac{\Delta C}{C_0} = \frac{2k_f m_p}{\omega_c} = \frac{2\Delta f}{f_c}$$

실제적으로 $\Delta f / f_c$는 작은 수이다. 그리고 ΔC는 C_o의 작은 부분이다. 이러한 요소가 지금까지 유도한 근사화 과정때문에 발생할 수 있는 고조파 왜곡의 값을 제한하는 요건이 된다.

포화 철심 리액터(Saturable core reactor)를 이용해서 직접 FM 신호를 만들 수도 있다. 여기서는 2차 코일에 흐르는 전류 값에 의해 코일의 인덕턴스 값을 바꿀 수 있다. 이런 방법으로 가변 인덕터를 만들 수 있다.

직접 FM 생성 방법은 적은 횟수의 주파수 곱셈을 사용하며, 충분한 주파수 편이를 얻을 수 있다. 하지만 이 방법은 주파수가 불안정해지는 단점이 있다. 실제 시스템에서는 주파수 안정화를 위하여 궤환 회로를 사용한다. 출력 주파수는 안정한 크리스털 발진기에 의해 생성되는 일정한 주파수와 비교된다. 오류신호는 검출된 이후, 오류를 수정하기 위하여 발진기로 궤환된다.

○ 각 변조의 특징

FM은 무선 시스템에서 각광을 받는 여러 가지 좋은 특징들을 가지고 있다. AM 방송의 대역폭은 변화될 수 없다. 이 때문에 AM 시스템에서는 전송대역에 대한 신호 전력을 교환하는 특성을 갖지 못한다. 그러나 PCM 시스템(제 6장)과 각 변조 시스템은 그러한 성질을 가지고 있다. 각 변조 시스템에서는 Δf를 조절함으로써 전송 대역폭을 조절할 수 있으며, SNR값이 전송대역폭 B_T의 제곱에 비례함을 알 수 있다. 한편, PCM에서는 SNR 값이 B_T에 지수적으로 좋아짐을 알 수 있다. 따라서 PCM이 각 변조보다 성능이 우수하다.

● 예제 5.7

반송파 주파수가 97.3 MHz이고, $\Delta f = 10.24$ kHz인 FM 신호를 생성하는 Armstrong 간접 FM 변조기를 설계하라. $f_{c1} = 20$ kHz이고 $\Delta f = 5$ Hz의 NBFM 생성기를 사용할 수 있다. 주파수 체배기(frequency doubler)만이 배율기(multiplier)로써 사용될 수 있다. 추가적으로 400~500 kHz 사이로 조절가능한 주파수를 가진 국부발진기(Local Oscillator)는 주파수 혼합을 위해 손쉽게 사용할 수 있다.

풀이

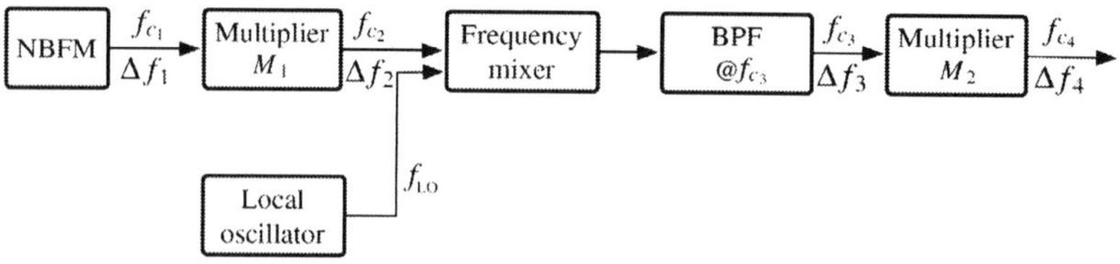

▸▸ 그림 5.11 Armstrong 간접 변조기 설계

그림 5.11은 변조기를 보여주고 있다. 변조기는 M_1, M_2, f_{LO}을 결정하기 위해 필요하다. 첫째로, NBFM 발생기로 다음을 발생시킨다.

$$f_{c1} = 20{,}000 \text{ 그리고 } \Delta f_1 = 5$$

최종적인 WBFM은 다음을 가진다.

$$f_{c4} = 97.3 \times 10^6 \text{ 그리고 } \Delta f_4 = 10{,}240$$

주파수 곱셈의 총 요소는 다음 식에 의해 필요하므로 제일 먼저 구한다.

$$M_1 \cdot M_2 = \frac{\Delta f_4}{\Delta f_1} = 2048 = 2^{11} \tag{5.25}$$

주파수 체배기가 사용될 수 있으므로, 다음의 3가지 식을 가질 수 있다.

$$M_1 = 2^{n_1}$$
$$M_2 = 2^{n_2}$$
$$n_1 + n_2 = 11$$

위 식을 이용해서 다음 식으로 나타낼 수 있다.

$$f_{c2} = 2^{n_1} f_{c1} \text{ 그리고 } f_{c4} = 2^{n_2} f_{c3}$$

f_{LO}을 구하기 위해, 3가지 관계가 있다.

$$f_{c3} = f_{c2} \pm f_{LO} \text{ 그리고 } f_{c3} = f_{LO} - f_{c2}$$

하나의 값으로 결정하기 위해 각각의 값이 다음의 범위에 속하는지 알아봐야 한다.

$$400{,}000 \le f_{LO} \le 500{,}000$$

(a) 첫째로, $f_{c3} = f_{c2} - f_{LO}$을 테스트해보면 다음과 같다.

$$97.3\times 10^6 = 2^{n_2}\left(2^{n_1}f_{c1} - f_{\text{LO}}\right)$$

$$= 2^{n_1+n_2}f_{c1} - 2^{n_2}f_{\text{LO}}$$

$$= 2^{11}20\times 10^3 - 2^{n_2}f_{\text{LO}}$$

그러면,

$$f_{\text{LO}} = 2^{-n_2}\left(4.096\times 10^7 - 9.73\times 10^7\right) < 0$$

이는 국부발진기의 주파수 범위를 벗어난다.

(b) 다음으로, $f_{c3} = f_{c2} + f_{\text{LO}}$을 테스트해보면,

$$97.3\times 10^6 = 2^{n_2}\left(2^{n_1}f_{c1} + f_{\text{LO}}\right)$$

$$= 2^{11}20\times 10^3 + 2^{n_2}f_{\text{LO}}$$

그러면,

$$f_{\text{LO}} = 2^{-n_2}\left(5.634\times 10^7\right)$$

$n_2=7$이면, f_{LO}는 국부발진기의 실현가능한 범위인 440 kHz이다.

(c) $f_{c3} = f_{\text{LO}} - f_{c2}$ 를 선택하면,

$$97.3\times 10^6 = f_{\text{LO}} - 2^{n_2}2^{n_1}f_{c1}$$

$$= 2^{n_2}f_{\text{LO}} - 2^{11}\left(20\times 10^3\right)$$

그러면,

$$f_{\text{LO}} = 2^{-n_2}\left(13.826\times 10^7\right)$$

f_{LO}를 실현하기 위한 n_2의 정수값이 없다.

따라서 최종 설계는 M_1=16, M_2=128, f_{LO}=440 kHz이다.

5.4 FM 신호의 복조

FM 신호의 정보는 순시 주파수 $\omega_i = \omega_c + k_f m(t)$에 있다. 따라서 그림 5.12와 같은 전달 함수 $|H(f)| = 2a\pi f + b$를 FM 주파수 대역에서 갖게 되는 주파수 선택 회로를 구성하면 순시 주파수에 비례한 출력 값을 얻을 수 있다*. 그러한 성질을 갖는 회로는 여러 가지 방법으로 구축할 수 있다. 가장 간단한 방법은 이상적인 미분기를 구축하는 것이다. 미분기의 전달 함수는 $j2\pi f$이다.

미분기에 $\varphi_{\mathrm{FM}}(t)$를 입력시키면, 출력은 다음 식으로 나타난다.

$$\begin{aligned}\dot{\varphi}_{\mathrm{FM}}(t) &= \frac{d}{dt}\left\{A\cos\left[\omega_c t + k_f\int_{-\infty}^{t} m(\alpha)d\alpha\right]\right\} \\ &= A\left[\omega_c + k_f m(t)\right]\sin\left[\omega_c t + k_f\int_{-\infty}^{t} m(\alpha)d(\alpha) - \pi\right]\end{aligned} \tag{5.26}$$

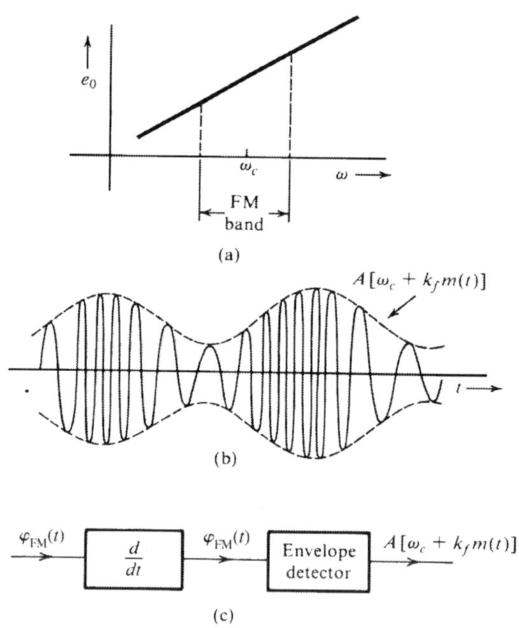

▸▸ 그림 5.12 (a) FM 복조기 주파수 응답 (b) 입력 FM에 대한 미분기 출력 (c) 직접 미분에 의한 FM 복조

* ω_i의 변화는 네트워크의 시간 상수와 비교했을 때 느리다.

$\dot{\varphi}_{\mathrm{FM}}(t)$는 진폭 변조와 주파수 변조가 같이 수행된 형태로 나타난다(그림 5.12b). 여기서 포락선은 $A[\omega_c + k_f m(t)]$이다. 이 식에서 $\Delta\omega = k_f m_p < \omega_c$, $\omega_c + k_f m(t) > 0$이기 때문에 $m(t)$는 $\dot{\varphi}_{\mathrm{FM}}(t)$를 포락선 검출을 함으로써 구할 수 있다(그림 5.12c 참조).

수신되는 FM 신호의 진폭은 일정하다고 가정된다. 만일 수신되는 신호의 진폭이 상수가 아니고 시간에 따라 변하는 함수라면, (식 5.26)의 오른쪽에 dA/dt의 항이 더해지게 된다. 설사 이 항이 작은 항이 될 지라도 이 성분에 의해 $\dot{\varphi}_{\mathrm{FM}}(t)$의 포락선은 $A[\omega_c + k_f m(t)]$가 되며, 포락선 검출기의 출력 값은 $m(t)A(t)$에 비례하게 된다. 따라서 A 값을 일정하게 유지하는 것은 기본적으로 지켜져야 할 일이다. 여러 가지 요인에 의해 A 값이 변하지만, 대표적인 것은 채널의 잡음, 감쇄 등에 의해서 변한다. 이러한 A 값의 변화는 신호가 FM 신호를 검출하기 이전에 (이미 5.3절에서 언급한) 대역통과 리미터로 제거되어야 한다.

○ 실질적인 주파수 복조기

미분기는 FM 신호의 주파수변화를 진폭변화로 전환시키기 위한 유일한 방법이다. 진폭의 변화는 그 후 포락선 검출기에 의해 검출될 수 있다. FM 수신기에서 OP-AMP를 이용한 미분기를 사용할 수 있다. 한편, 미분기의 역할은 양의 기울기가 선형성을 가진 주파수 응답인 선형 시스템에 의해 대체될 수 있다. 그림 5.12a에 이상적인 선형 기울기를 근사화한 방법을 보여주며, 이 방법은 기울기 검출(slope detection)이라 부른다.

간단한 장치로 그림 5.13의 RC 고역 통과 필터(high-pass filter)가 있다. RC 주파수 응답은 간단하게 다음과 같다.

$$H(f) = \frac{j2\pi fRC}{1 + j2\pi fRC} \approx j2\pi fRC \qquad \text{if} \quad 2\pi fRC \ll 1$$

따라서 RC가 매우 작아 반송파 주파수와의 곱인 $\omega_c RC \ll 1$이 되면, RC 필터는 미분기에 근사하게 된다.

마찬가지로, 포락선 검출기에 의해 간단히 조절된 RLC 회로도 주파수 검출기로 사용될 수 있는데, 여기서 주파수 응답 $|H(f)|$는 공명 주파수 $\omega_o = 1/\sqrt{LC}$ 아래로 선형 기울기에 가깝게 된다. 그러므로 그런 수신기 설계에는 다음 식이 요구된다.

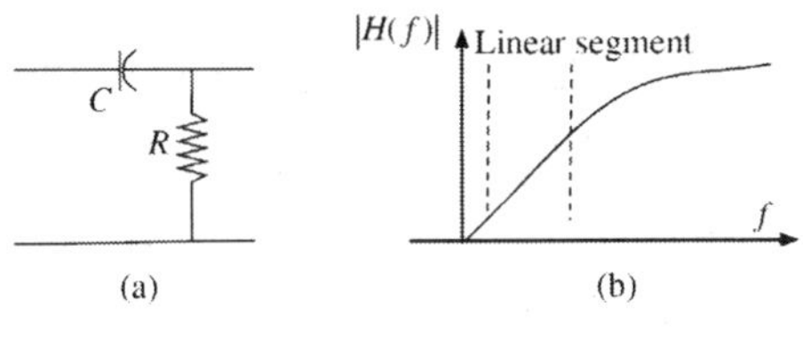

▸▸ 그림 5.13 (a) RC 고역 통과 필터, (b) 진폭 응답에서의 양의 기울기 부분

$$\omega_c < \omega_o = \frac{1}{\sqrt{LC}}$$

검출 동작이 $|H(f)|$의 경사면에서 이루어지기 때문에, 기울기 검출기라고 부른다. 하지만 $|H(f)|$의 경사면 중 선형성을 갖는 부분이 작기 때문에 출력 값은 상당한 왜곡을 겪게 된다. 이러한 단점을 보완한 것이 평형 판별기이다. 또 다른 평형 복조기로는 라디오 검출기가 있는데, 이 방법 역시 과거에는 많이 사용되었다. 이 방법은 판별기보다 반송파의 변화에 대해 잘 견뎌 내기 때문에 오랫동안 FM 수신기의 표준으로 쓰였다.[10]

영 교차 검출기(Zero-crossing detector)도 디지털 회로의 발전에 의해 사용되었다. 첫 단계는 그림 5.9c의 구형파 출력을 생성하기 위해 그림 5.9a의 진폭 리미터를 사용하는 것이다. 다양한 폭을 가지는 구형파 열은 주파수 계수기를 트리거 하는데 적용될 수 있다.

주파수 계수기는 0점을 통과하는 숫자로부터 순시 주파수를 측정하기 위해 설계되었다. 이 회로에서는 신호가 0점을 통과하는 율이 신호의 순시 주파수로 판명된다.

○ PLL을 통한 FM 복조

입력 신호가 $\sin[\omega_c t + \theta_i(t)]$이고, 출력 오류 신호가 $e_o(t)$로 고정된 PLL을 고려하자. 입력 신호가 FM 신호일 때,

$$\theta_i(t) = k_f \int_{-\infty}^{t} m(\alpha)d\alpha + \frac{\pi}{2} \tag{5.27}$$

그러면,

$$\theta_o(t) = k_f \int_{-\infty}^{t} m(\alpha)d\alpha + 0.5\pi - \theta_e(t)$$

교정된 PLL에서 작은 주파수 오류가 $\dot{\theta}_o(t) \approx 0$라고 가정할 수 있다. 그러면 루프필터 출력 신호는 다음과 같다.

$$e_o(t) = \frac{1}{c}\dot{\theta}_o(t) = \frac{1}{c}\frac{d}{dt}\left[k_f \int_{-\infty}^{t} m(\alpha)d\alpha + 0.5\pi - \theta_e(t)\right] \simeq \frac{k_f}{c}m(t) \tag{5.28}$$

PLL은 FM 복조기처럼 작용한다. 입력 신호가 PM파이면, $e_o(t) = k_p\dot{m}(t)/c$이다. 이 경우 원하는 신호 $m(t)$를 구하기 위해 $e_o(t)$를 적분하는 것이 필요하다.

FM 복조기로의 PLL을 좀 더 정확하게 분석하기 위하여 $H(s) = 1$이고 작은 오류(PLL의 선형 모델)의 경우를 생각해보자. 이 경우, 이미 4장에서 논의한 작은-오류 PLL의 궤환 분석이 된다.

$$\Theta_s(s) = \frac{AKH(s)}{s + AKH(s)}\Theta_i(s) = \frac{AK}{s + AK}\Theta_i(s)$$

만일 $E_0(s)$와 $M(s)$가 각각 $e_0(t)$와 $m(t)$의 라플라스 변환된 식이라면, 식 (5.27)과 식 (5.28)로부터

$$\Theta_i(s) = \frac{k_f M(s)}{s} \qquad \text{and} \qquad s\Theta_0(s) = cE_0(s)$$

가 되고, 그러면,

$$E_0(s) = \left(\frac{k_f}{c}\right)\frac{AK}{s + AK}M(s)$$

가 된다. 따라서 PLL의 출력값 $e_0(t)$는 $m(t)$가 왜곡된 형태로 나타나며 전달 함수를 $k_f AK/c(s + AK)$로 갖는 단일 극점 회로의 출력 값으로 나타난다. 여기서 왜곡 현상을 줄이기 위해서는 AK를 $m(t)$의 대역폭 보다 크게 잡아야 한다. 그래야 $e_0(t) \simeq k_f m(t)/c$를 얻을 수 있다.

잡음이 적은 경우에 PLL의 성능은 주파수 판별기(discriminator)의 성능과 비슷하다. PLL의 성능이 우수한 경우는 잡음이 클 경우이다.

5.5 비선형 왜곡과 간섭 효과

○ 비선형에 대한 각 변조의 면역

각 변조의 아주 유용한 특징은 일정한 진폭인데, 이것은 비선형에 덜 민감하게 해준다. 예를 들어 입력이 $x(t)$이고, 출력이 $y(t)$이고, 다음의 관계를 갖는 2차 비선형 왜곡증폭기를 고려하자.

$$y(t) = a_0 + a_1 x(t) + a_2 x^2(t) + \cdots + a_n x^n(t)$$

명백하게 첫 항은 원하는 신호 증폭항이다. 반면에, 나머지 항들은 원하지 않은 비선형 왜곡이다. 각 변조 신호로 표현하면,

$$x(t) = A\cos\left[\omega_c t + \Psi(t)\right]$$

삼각함수를 비이상적인 시스템 출력 $y(t)$으로 고쳐서 적용하면,

$$y(t) = c_0 + c_1 \cos\left[\omega_c t + \Psi(t)\right] + c_2 \cos\left[2\omega_c t + 2\Psi(t)\right]$$
$$+ \cdots + c_n \cos\left[n\omega_c t + n\Psi(t)\right]$$

충분히 큰 ω_c는 주파수 영역에서 분리될 수 있는 $y(t)$의 각 구성요소를 만들기 때문에, 대역폭이 B_{FM}(또는 B_{PM})이고, ω_c를 중심으로 하는 통과대역 필터는 어떠한 왜곡 없이 설계된 FM 신호 요소 $c_1 \cos\left[\omega_c t + \Psi(t)\right]$를 추출할 수 있다. 이는 각 변조된 신호가 비선형 왜곡에 영향을 받지 않는다는 것을 의미한다.

AM에서 비슷한 비선형은 반송파 주파수 $n\omega_c$를 갖는 원하지 않은 변조를 일으킬 뿐 아니라, 원하는 신호의 왜곡도 일으킨다. 예를 들어, DSB-SC 신호 $m(t)\cos\omega_c t$가 비선형 시스템 $y(t) = ax(t) + bx^3(t)$를 통과한다면, 출력은 다음과 같다.

$$y(t) = am(t)\cos\omega_c t + bm^3(t)\cos^3\omega_c t$$
$$= \left[am(t) + \frac{3b}{4}m^3(t)\right]\cos\omega_c t + \frac{b}{4}m^3(t)\cos 3\omega_c t$$

대역통과 필터를 통한 이 신호의 전달은 여전히 $\left[am(t) + (3b/4)m^3(t)\right]\cos\omega_c t$ 을 생성한다. 원하는 신호 $am(t)$와 함께 왜곡 요소 $(3b/4)m^3(t)$을 관찰해보자.

비선형 왜곡에 대해 영향을 받지 않는 것은 전력이 높은 마이크로파 무선 중계 시스템에서 각 변조를 사용하는 주된 이유이다. 이는 고효율 비선형 클래스 C 증폭기를 필요로 한다. 게다가 FM의 일정한 진폭은 빠른 페이딩에 영향을 받지 않는다. 빠른 페이딩에 의해 생긴 진폭 변화의 영향은 자동 이득 조절 장치를 사용하고 대역통과를 제한함으로써 제거될 수 있다. 이러한 장점들은 1세대 휴대폰 시스템의 기술로 FM을 매력적으로 만들었다.

FM의 동일한 장점들은 또한, 마이크로파 무선 중계 시스템 또한 매력적으로 만든다. 기존의 아날로그 장거리 전화 시스템에서 몇몇의 채널은 L-반송파 신호로 구성하기위해 SSB 신호를 사용함으로써 다중화된다. 다중화된 신호는 주파수 변조되며, 동시에 많은 링크의 마이크로파 무선 중계 시스템이 전송된다. 하지만 이 적용에서 FM은 잡음 효과를 줄이는데 사용되는 것이 아니라, 일정한 진폭의 다른 장점을 실현 시키는데 사용된다. 따라서, WBFM 보다는 NBFM을 사용한다.

○ 간섭 효과

또한 각 변조는 인접한 채널들에 대한 작은 신호 간섭이 AM에 비해 덜 취약하다.

비변조된 전송파 신호 $A\cos\omega_c t$에 $I\cos(\omega_c + \omega)t$이 간섭 신호로 되는 경우를 고려해보자. 수신 신호 $r(t)$는 다음과 같이 나타난다.

$$r(t) = A\cos\omega_c t + I\cos(\omega_c+\omega)t$$
$$= (A + I\cos\omega t)\cos\omega_c t - I\sin\omega t\sin\omega_c t$$
$$= E_r(t)\cos[\omega_c t + \psi_d(t)]$$

여기서

$$\psi_d(t) = \tan^{-1}\frac{I\sin\omega t}{A + I\cos\omega t}$$

만일 간섭 신호가 반송파보다 훨씬 작은 신호라면 $(I \ll A)$

$$\psi_d(t) \simeq \frac{I}{A}\sin\omega t \tag{5.29}$$

$E_r(t)\cos[\omega_c t + \psi_d(t)]$의 위상은 $\psi_d(t)$이고, 순시 주파수는 $\omega_c + \dot{\psi}_d(t)$이다. 만일 이 신호가 이상적인 위상 복조기에 들어가게 되면 출력 값 $y_d(t)$는 $\psi_d(t)$가 될 것이다. 마찬가지로, 이상적인 주파수 복조기의 출력은 $\dot{\psi}_d(t)$가 될 것이다. 그러므로

$$y_d(t) = \frac{I}{A}\sin\omega t \qquad \text{for PM} \tag{5.30}$$

$$y_d(t) = \frac{I\omega}{A}\cos\omega t \qquad \text{for FM} \tag{5.31}$$

위의 결과를 살펴보면 간섭 출력은 반송파 신호의 크기 A에 반비례함을 알 수 있다. 따라서 반송파 주파수 A가 커질수록 간섭 효과는 줄어들게 된다. 이 경우는 AM과는 매우 다른 현상을 보여 준다. 즉, AM 신호의 경우는 간섭 신호가 반송파 신호의 크기에 전혀 상관이 없다*. 따라서 약한 간접 신호의 경우 각 변조 시스템은 AM 시스템의 경우 보다 간섭 신호를 잘 줄일 수 있다$(I \ll A)$.

---

* 예를 들어 간섭 정현파가 $I\cos(\omega_c+\omega)t$인 AM 신호가 다음과 같이 주어진다면

$$r(t) = [A + m(t)]\cos\omega_c t + I\cos(\omega_c+\omega)t$$
$$= [A + m(t) + I\cos\omega t]\cos\omega_c t - I\sin\omega t\sin\omega_c t$$

이 신호의 포락선은 다음과 같다.

$$E(t) = \{[A + m(t) + I\cos\omega t]^2 + I^2\sin^2\omega t\}^{1/2} \approx A + m(t) + I\cos\omega t \qquad I \ll A$$

따라서 포락선 검출기 출력에서의 간섭 신호는 $I\cos\omega t$이고, 이 신호는 반송파 진폭 A에 영향을 받질 않는다. 동기 복조기를 사용할 때 같은 결과를 얻을 수 있고, AM-SC 시스템을 통해서도 비슷한 결과를 얻을 수 있다.

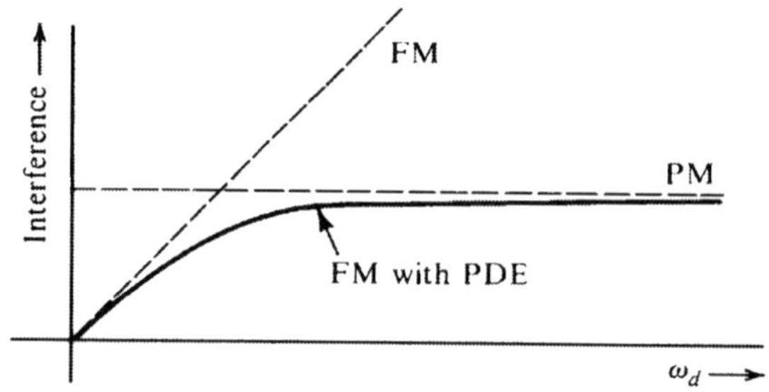

▶▶ 그림 5.14 PM, FM, FM과 PDE 에서의 간섭효과

FM에서의 약한 간섭 신호에 대한 억제 능력 때문에 우리는 이것을 capture 효과라 한다. 만일 두 송신기가 반송파 간격을 오디오 주파수대 이내로 유지하게 되면, 더 강한 반송파 신호가 다른 하나를 억제하게(capture) 되어 강한 반송파 신호를 잘 수신하게 된다. 이러한 현상을 검증하게 위하여 실험해 본 결과 오디오 신호에 있어서 AM의 경우 35dB 정도 낮은 간섭 신호인 경우에만 원하는 목적을 달성할 수 있었다. 하지만 FM의 경우는 capture 효과 때문에 단지 6dB 정도 이하의 낮은 간섭 신호에 대해서도 신호를 잡아낼 수 있었다.

그림 5.14에서 ω에 대한 간섭의 크기(PM에서는 I/A, FM에서는 $I\omega/A$)를 보여준다. PM의 경우는 간섭 진폭이ω에 대해 상수로 나타나고, FM의 경우는 ω에 따라 증가한다*.

○ 채널 잡음에 의한 간섭

채널의 잡음은 각 변조된 신호에서는 간섭 신호로 작용한다. 여기서는 가장 일반적인 잡음인 백색 잡음을 생각해 보는데, 이 백색 잡음은 일정한 전력 스펙트럼 밀도(PSD)를 가진다. 이러한 잡음은 모든 주파수 대역에 있는 사인 함수의 합으로 표현된다. 모든 성분은 일정한 밀도 때문에 같은 크기를 갖는다. 이것은 모든 ω에 대해 크기 값이 일정하다는 것이고, 수신단 출력값의 간섭 신호의 스펙트럼의 크기는 그림 5.14에서 보여준다. PM의 경우 간섭 진폭 스펙트럼이 일정하고, FM의 경우는 ω에 따라 선형적으로 커진다.

○ FM 방송에서의 Preemphasis와 Deemphasis

그림 5.14는 FM에서 간섭(잡음)이 주파수에 선형적으로 증가하는 것과 수신기 출력에서의 잡음 전력이 더 높은 주파수에서 집중되는 것을 보여준다. 그림 4.18b은 오디오 신호 $m(t)$의 PSD는 2.1 kHz 이하의 더 낮은 주파수에 집중되는 것을 보여준다. 그러므로 잡음 PSD는 $m(t)$가 가장 약할 때, 더 높은 주파수에 집중된다. 이는 마치 재앙처럼 보일 수 있다. 그러나 실제로는, 바로 이 상황이 소음을 크게 줄일 수 있는 숨겨진 기회다. 그림 5.15의

* 식 (5.30)과 (5.31)의 결과는 쉽게 두개 이상의 간섭 신호에 대해 서로 적용될 수 있다. 이 시스템은 반송파의 크기에 비해 매우 작은 다중 간섭 신호에 대해 선형적으로 동작한다.

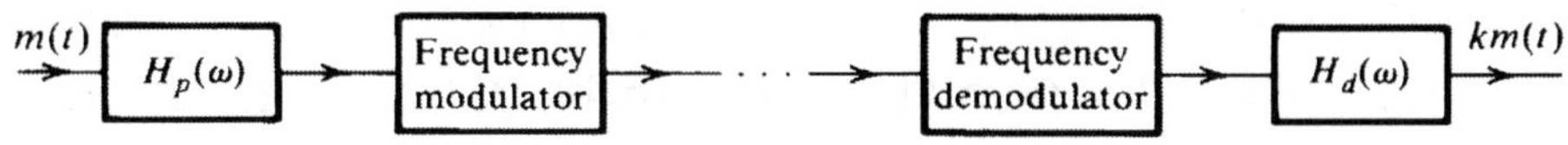

▶▶ 그림 5.15 FM 시스템에서의 Preemphasis-deemphasis

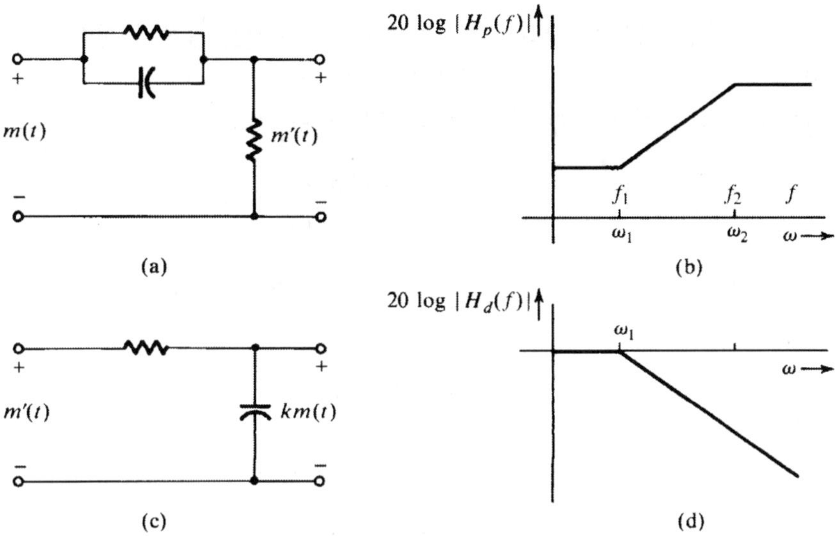

▶▶ 그림 5.16 (a) Preemphasis 필터 (b) 주파수 응답
(c) Deemphasis 필터 (d) 주파수 응답

과정은 다음과 같다. 송신기에서 오디오 신호 $m(t)$의 약한 고주파수 요소(2.1 kHz 이상)은 변조 전에 전달 함수 $H_p(f)$의 **preemphasis** 필터에 의해 증가된다. 수신기에서 복조기 출력은 전달 함수 $H_d(f) = 1/H_p(f)$의 **deemphasis** 필터를 통해 전달된다. 그러므로 deemphasis 필터는 (2.1 kHz 이상의) 더 높은 주파수 요소를 감쇄시킴으로써 preemphasis 상태로 돌린다. 그렇게 함으로써, 원신호 $m(t)$를 복구한다. 그러나 잡음은 채널로 들어간다. 그러므로 잡음이 증가하지(preemphasized) 않는다. 하지만 잡음은 더 높은 주파수 요소를 감쇄시키는 deemphasis 필터를 통해 전달되는데, 이 경우 잡음전력의 대부분이 집중된다(그림 5.14). 따라서 preemphasis-deemphasis(PDE)의 과정은 원하는 신호에 본래 그대로의 신호를 남기지만, 잡음 전력은 상당히 줄어든다.

○ Preemphasis와 Deemphasis 필터

그림 5.14에서 preemphasis의 과정을 볼 수 있다. FM은 PM에 비해서 더 작은 간섭을 저주파 영역에서 받게 되고, 고주파 영역에서는 그 반대이다. 따라서 만일 저주파 영역에서는 FM처럼 고주파 영역에서는 PM처럼 동작한다면 양쪽 개념의 장점을 다 취하는 것이다.

즉 그림 5.15에서처럼 상용방송 시스템에서 preemphasis와 deemphasis 필터를 그림 5.16의 $H_p(f)$와 $H_d(f)$처럼 사용하면 가능하다. 주파수 f_1은 2.1 kHz이고 f_2는 30 kHz나 그 이상이다. 따라서 f_2는 그림에 나타나지 않을 수도 있다. 이러한 필터는 간단한 RC 회로로 구현될 수 있다(그림 5.16). $f_1 = 2.1$ kHz로 선택한 것은 실험적 결과에 의해서이다. 즉, f_1을 택함으로 인해서 동일한 피크 진폭 m_p값을 preemphasis를 하건 안하건 관계없이 유지할 수 있다는 사실을 알 수 있었다.[11] 이것을 통해서 전송대역폭이 고정됨을 알 수 있다.

Preemphasis 전달함수는 다음 식으로 나타난다.

$$H_p(f) = K\frac{j2\pi f + \omega_1}{j2\pi f + \omega_2} \tag{5.32a}$$

여기서 K는 이득값이고, ω_2/ω_1에 고정되어 있다. 따라서

$$H_p(f) = \left(\frac{\omega_2}{\omega_1}\right)\frac{j2\pi f + \omega_1}{j2\pi f + \omega_2} \tag{5.32b}$$

를 나타내며, $2\pi f \ll \omega_1$인 경우에 $H_p(f)$는 다음과 같다.

$$H_p(f) \simeq 1 \tag{5.32c}$$

또한 $\omega_1 \ll 2\pi f \ll \omega_2$에 대해서는 다음과 같이 나타난다.

$$H_p(f) \simeq \frac{j2\pi f}{\omega_1} \tag{5.32d}$$

따라서 preemphasis 필터는 2.1~15 kHz의 중간 주파수에서의 미분기로 동작하고, 그것으로 인해 이 주파수 대역에서 PM처럼 동작하게 된다. 이것은 PDE를 사용한 FM은 0~2.1 kHz 영역에서는 FM처럼 동작하고 2.1~15 kHz 영역에서는 거의 PM처럼 동작하게 된다.

Deemphasis 필터 $H_d(f)$는 다음과 같이 주어진다.

$$H_d(f) = \frac{\omega_1}{j2\pi f + \omega_1}$$

여기서 $2\pi f \ll \omega_2$의 경우는 $H_p(f) \simeq (j2\pi f + \omega_1)/\omega_1$으로 된다. 따라서 0~15 kHz의 기저대역내에서 $H_p(f)H_d(f) \simeq 1$이 된다.

최적의 PDE 필터는 역사적인 이유와 실질적인 이유 때문에, 실제로는 쓰여지지 않는다. PDE는 SNR 측면에서 13.27 dB만큼 개선된다(전력비로 보면 21.25이다).

PDE의 부가이득은 간섭 특성에서의 개선 효과이다. 간섭 신호는 송신단 다음에 첨가되기 때문에 이 과정은 deemphasis 동작에 의해서만 수행된다. 따라서 2.1 kHz 이후의 주파수에 대한 간섭의 크기는 주파수에 대해 대략적으로 선형적으로 감소시킨다.

PDE 방법이 잡음을 줄이는 역할을 하는 것은 FM 방송에만 국한되는 내용이 아니다. 오디오 테이프 녹음기나 축음기에 기록된 신호를 재생하는 과정에도 쉬하는 잡음이 고주파 영역에 집중되어 있기 때문에 이 방법을 그대로 사용할 수 있다. 날카로운 쉿소리는 기록매체의 불규칙성에 기인한다. Dolby사의 잡음 감소 시스템도 같은 원리로 동작되는데, Dolby-A 시스템은 좀 더 정교한 시스템이다. Dolby-B와 Dolby-C 시스템에서는 주파수 대역이 반으로 나뉘어진다(2.1 kHz 대신에 3 kHz를 중심으로). Dolby-A 시스템은 상용에서 쓰여지는 시스템으로 80 Hz이하, 80 Hz~3 kHz, 3 kHz~9 kHz, 9 kHz이상의 주파수를 기준으로 해서 4개의 영역으로 나뉘어진다. 각 대역에 대해 preemphasis의 양은 각각 따로 최적화되어진다.

AM의 경우에도 PDE 방법을 사용해서 출력 SNR을 높일 수 있지만, 실제적으로 여러 가지 이유에서 사용하지는 않는다. 첫째는 AM의 출력잡음 진폭은 주파수에 따라 일정하다. 즉, FM처럼 선형적으로 증가하지 않는다. 따라서 deemphasis 과정이 FM에서처럼 극적으로 신호를 감소시키지 못한다. 두 번째로 PDE를 도입하기 위해서는 기존에 쓰고 있는 수신기를 개조해야 한다. 세 번째로 고주파 영역을 강조하게 되면 인접 방송국과의 간섭(FM에서는 그런 문제가 발생하지 않는다)을 증가시키게 된다. 더구나 고주파 영역에서 편이율을 높이게 되면 검출기의 설계를 더 힘들게 만들기 때문이다.

5.6 슈퍼헤테로다인 아날로그 AM/FM 수신기

AM과 FM 시스템을 방송하는데 쓰이는 라디오 수신기는 슈퍼헤테로다인 수신기라고 불린다(그림 5.17). 슈퍼헤테로다인 수신기는 RF 영역, 주파수 변환기(예제 4.2), IF 증폭기, 포락선 검출기, 그리고 오디오 증폭기로 이루어졌다.

RF 영역은 올바른 주파수 대역으로 필터를 맞춰서 원하는 방송을 선택할 수 있게 조절 가능한 필터와 증폭기로 구성된다. 주파수 혼합기(변환기)는 w_c를 w_{IF}의 고정 IF 주파수로 반송파를 바꾼다(예제 4.2 주파수 변환 참고). 이러한 목적을 위해, 수신기는 주파수 f_{LO}가 입력 반송파 주파수 f_c이상의 주파수 f_{IF}의 국부발진기를 사용한다. 즉,

$$f_{\text{LO}} = f_c + f_{\text{IF}}$$

국부발진기와 RF 필터를 하나의 공동 노브를 통해 동시에 조정할 수 있다. 두 회로에 튜닝 커패시터는 국부발진기의 튜닝 주파수가 항상 RF 필터의 튜닝 주파수 f_c보다 높은

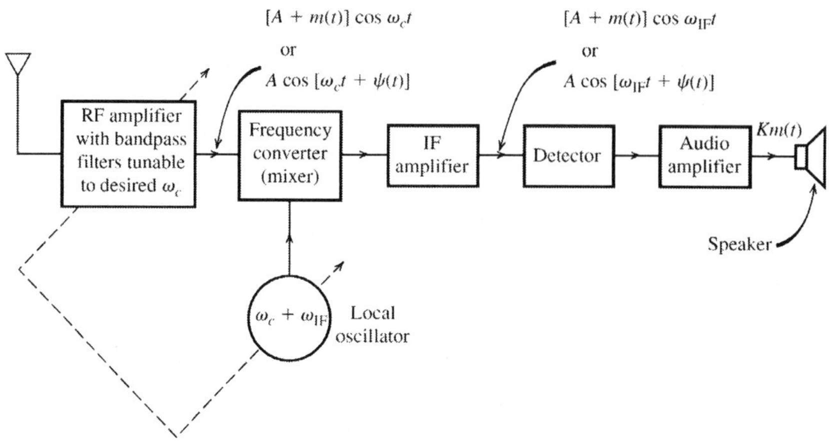

▸▸ 그림 5.17 슈퍼헤테로다인 수신기

주파수 f_{IF} Hz가 되도록 함께 편성되고 설계된다. 이는 중간주파수에서 주파수 변환기에 의해 f_{IF} Hz의 고정된 반송파 주파수로 변환되는 것을 의미한다.

슈퍼헤테로다인 수신기 구조는 대략적으로 대부분의 방송 시스템에서 활용된다. 중간주파수들은 455 kHz(AM radio), 10.7 MHz(FM radio), 38 MHz(TV 수신)가 되도록 선택된다.

AM 신호에서 Armstrong에 의해 발견된 것과 같이 고정된 중간주파수(AM에서의 f_{IF} =455 kHz)의 모든 채널의 변환은 적당한 선택도를 얻기 위해 허용된다. 중심 주파수 f_c가 매우 높다면, 10 kHz의 대역폭을 갖는 정밀한 대역통과 필터를 설계하기 어렵다. 조정 가능한 필터의 경우는 특별히 더 그렇다. 이러한 이유로, RF 필터는 인접한 채널들에 대해 적당한 선택도를 제공할 수 없다. 하지만 신호가 변환기에 의해 IF 주파수로 바뀌면, 좋은 선택도를 가진 IF 증폭기(보통 3단증폭기)에 의해 더 증폭된다. IF 주파수가 꽤 낮기 때문이다. 게다가 중심 주파수가 고정되어 있고, 제조 공장에서 정해진다. 그래서 IF 영역은 높은 선택도에 의해 효율적으로 인접한 채널들의 간섭을 억제할 수 있다. 또한, 포락선 검출을 위해 신호를 증폭할 수도 있다.

사실은 전체 선택도가 실제적으로 IF 영역에서 실현된다. 즉, RF 영역은 무시한다. RF 영역의 주기능은 형상 주파수 억제이다. 예제 4.2에서 이미 논의한 것과 같이 혼합기 또는 변환기의 출력은 입력(f_c)과 국부발진기 주파수(f_{LO}) 사이의 차이로 구성된다 (예를 들어, $f_{\mathrm{IF}}=|f_{\mathrm{LO}}-f_c|$). 이제 AM 예제를 고려해보자. 입력 반송파 주파수가 $f_c=1000$ kHz이면, $f_{\mathrm{LO}}=f_c+f_{\mathrm{RF}}=1000+455=1455$ kHz 이지만, $f_c'=1455+455=1910$ kHz를 가지는 다른 반송파 또한 찾아내게 될 것이다. 왜냐하면 $f_c'-f_{\mathrm{LO}}$ 역시 455 kHz이기 때문이다. 1910 kHz에서의 채널은 1000 kHz의 채널의 형상이라고 한다. $2f_{\mathrm{IF}}=910$ kHz

떨어진 AM 채널은 형상 채널이라고 불리고 수신기 입력에서 IF 출력이 동시에 나타난다. RF 필터는 10 kHz에 의해 분리된 가까운 채널과 대조적으로 좋지 못한 선택도를 제공하지만, 910 kHz로 분리된 채널과 대비해 괜찮은 선택도를 제공한다. 그래서 1000 kHz로 조절되는 RF 필터의 1000 kHz의 채널에서 조절하길 원할 때, 1910 kHz의 형상 채널의 적당한 억제를 가능하게 한다.

수신기(그림 5.17)는 입력 반송파 주파수보다 높은 주파수 f_{LO}의 국부발진기를 사용함으로써 IF로 입력 반송파 주파수를 변환한다. 그래서 이를 슈퍼헤테로다인 수신기라고 부른다. 국부발진기에 대해 최소한의 튜닝 주파수에서부터 최대로 작은 튜닝 비율에 이르기 때문에, f_c보다 높은 f_{LO}을 고른다. AM 방송대역 주파수는 530–1710 kHz이다. 슈퍼헤테로다인 f_{LO}는 1005–2055 kHz(2.045의 비율)인 반면, f_{LO}의 준헤테로다인 범위는 95–1145 kHz(12.05의 비율)이다. 더 작은 주파수 비율에 대해 조절가능한 발진기를 설계하기가 더 쉽다.

라디오와 텔레비전 방송에서의 슈퍼헤테로다인 원리의 중요성은 아무리 강조하더라도 지나친게 아니다. 초기에(1919년 이전), 가까운 채널에 대한 전체 선택도는 RF 필터에서 실현되었다. 이 필터는 종종 나쁜 선택도를 가지기 때문에 인접한 선택도를 위한 직렬로 몇 가지 단계(몇 가지 공진 회로)를 사용하기 위해 필요했다. 초기 수신기에서의 각 필터는 개별적으로 조절되었다. 이는 모든 공진회로를 동기시킴으로써 채널에서 조절하기 위한 시간이 걸리고, 복잡했다. 이 작업은 한쪽 노브에 의해 회전된 같은 통로에서 시작함으로써 다양한 커패시터 때문에 더 쉽게 만들어진다. 그러나 다양한 커패시터는 부피가 크고 함께 집어넣을 수 있는 수는 한정되어 있다. 결국 이런 요소들은 수신기로부터 얻어지는 선택도를 제한시켰다. 결과적으로 인접 반송파 주파수는 보다 적은 주파수 대역폭으로 폭넓게 분리되어졌다. 보다 많은 무선 채널을 수용할 수 있도록 만들어진 것이 바로 슈퍼헤테로다인 수신기이다.

5.7 FM 방송 시스템

FCC에서는 FM 방송 주파수 대역을 88 MHz에서 108 MHz로 정하고, 각 방송국들은 200 kHz만큼 떨어지며, 최대 주파수 편이 $\Delta f = 75$ kHz로 정하였다.

모노 FM 수신기는 그림 5.17의 AM 수신기와 같은 구조를 가진다. 차이점은 중간 주파수가 10.7 MHz이고, 포락선 검출기 대신에 PLL이나 주파수 판별장치가 있고, 그 뒤에 deemphasis가 있다.

초창기의 FM 방송은 모노 방송이었다. 왼쪽과 오른쪽의 소리를 같이 전송하는 스테레오 방송은 나중에 제안되었다. FCC는 스테레오 방송을 모노 방송과 호환성이 있도록 정하였다. 이것은 이전의 모노 수신기가 $L+R$의 신호를 수신할 수 있어야 한다. 또한 두 신호

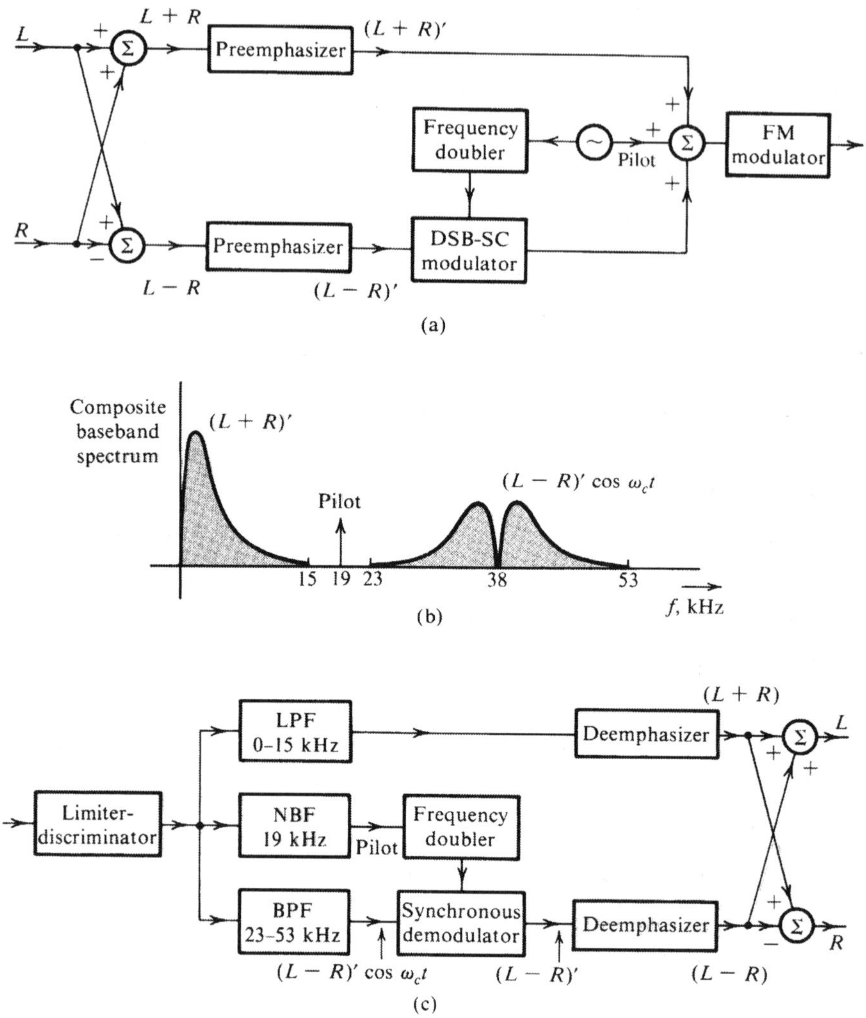

▸▸ 그림 5.18 (a) FM 스테레오 송신기 (b) 기저대역 스테레오 신호의 스펙트럼 (c) FM 스테레오 수신기

(L과 R)을 전송하는데 필요한 전송대역폭은 200 kHz이어야 한다. 또한 $\Delta f=$ 75 kHz를 유지해야 한다. 이것은 이전의 수신기로 이전의 모노방송을 스테레오 효과가 없다하더라도 그대로 들을 수 있어야 하고, 스테레오 방송도 들을 수 있어야 한다는 것이다.

그림 5.18b와 c에서는 스테레오 방송을 위한 송수신기를 보여준다. 송신단에서는 두 신호 L과 R이 더해지고, 빼져서 $L+R$ 신호와 $L-R$ 신호를 만든다. 이 신호들은 preemphasis된다. preemphasis된 신호$(L-R)'$은 파일럿 신호인 19 kHz가 두 배로 된 38 kHz의 반송파를 DSB-SC변조시킨다. 반면 $(L+R)'$은 직접 사용된다. 이 세 신호가 합해져서 기저대역신호 $m(t)$를 구성한다(그림 5.18b).

$$m(t) = (L+R)' + (L-R)'\cos\omega_c t + \alpha\cos\frac{\omega_c t}{2} \tag{5.33}$$

38 kHz를 파일럿으로 사용하지 않고 19 kHz를 사용한 이유는 19 kHz 신호를 분리해내기가 더 쉽기 때문이다. 그 이유는 19 kHz 주변으로 4 kHz 이내에는 아무런 신호성분이 없기 때문이다.

그림 5.18c에 수신기의 동작이 설명되어져 있다. 모노 수신기는 스테레오 수신기의 위쪽가지만으로 구성되어 있다. 따라서 $L+R$ 신호만을 수신한다. 물론 이 신호는 스테레오 성분은 없지만 원래의 신호가 그대로 다 있는 오디오 신호이다. 따라서 이 시스템은 호환성이 있다. 파일럿 신호가 뽑아진 후 두 배가 된 뒤 $(L-R)'\cos\omega_c t$ 신호를 동기복조 하는데 사용한다.

스테레오 전송을 하는데 있어서 재미있는 점 하나는, 식 (5.33)의 합성신호 $m(t)$의 피크는 실질적으로 모노신호의 피크와 같다는 것이다. 따라서 스테레오 신호의 Δf는 모노신호의 경우와 같게 된다. 이러한 현상은 끼워넣기(interleaving)현상에 의해 다음과 같이 설명될 수 있다.

일반적으로 L'과 R'은 매우 비슷한 신호이다. 따라서 그 신호들의 피크를 A_p로 놓을 수 있다. 최악의 경우를 생각하면, L'과 R'이 각각의 최고치에 같은 때에 도달하는 경우이며, 이 경우 식 (5.33)은 다음과 같이 된다.

$$|m(t)|_{\max} = 2A_p + \alpha$$

모노 신호의 경우 기저대역 신호의 피크 $(L+R)'$은 $2A_p$이다. 따라서 두 신호의 피크의 차이는 파일럿 신호의 크기인 α만큼만 나게 된다. 이것을 고려해서 일반적으로 스테레오 신호는 원래 신호의 90% 정도로 신호를 구성한다. 이 크기는 신호의 전력측면으로 보면 $(0.9)^2 = 0.81$배가 되고 1 dB정도가 된다. 따라서 파일럿 신호의 추가로 인한 신호의 SNR의 감소는 1 dB정도 된다.

5.8 매트랩 연습

이 절에서는 FM 변조와 복조 예제를 매트랩으로 설계하고자 한다. ExampleFM.m으로 매트랩 프로그램이 주어졌다. 다시 한번 같은 메시지 신호 $m_2(t)$를 이용한다. FM 계수는 $k_f = 80$이고, PM 계수는 $k_p = \pi$이다. 반송파 주파수는 300 MHz이다. 그림 5.19는 시간영역에서의 FM과 PM 신호의 결과에 해당하는 주파수 응답을 보여주고 있다. 진폭 변조와 비교했을 때, 주파수 응답은 FM과 PM 신호가 더 큰 대역폭을 가지고 있다는 것을 확실하게 보여주고 있다.

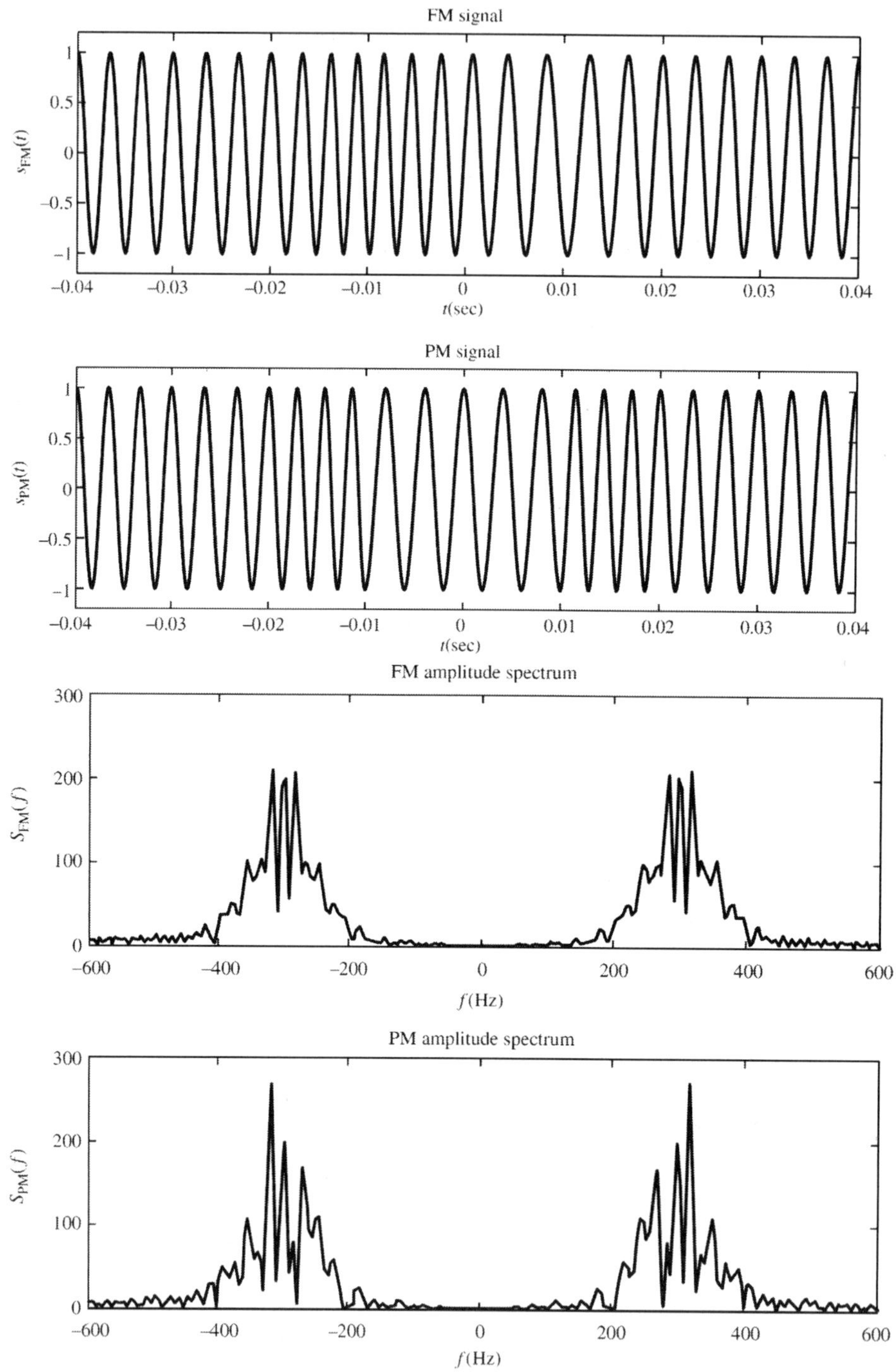

▸▸ 그림 5.19 시간 영역과 주파수 영역에서의 FM과 PM 신호

```
%  (ExampleFM.m)
%  This program uses triangl.m to illustrate frequency modulation
%  and demodulation
ts=1.e-4;

t=-0.04:ts:0.04;
Ta=0.01;
m_sig=triangl((t+0.01)/Ta)-triangl((t-0.01)/Ta);
Lfft=length(t); Lfft=2^ceil(log2(Lfft));
M_fre=fftshift(fft(m_sig,Lfft));
freqm=(-Lfft/2:Lfft/2-1)/(Lfft*ts);
B_m=100;    %Bandwidth of the signal is B_m Hz.
%  Design a simple lowpass filter with bandwidth B_m Hz.
h=fir1(80,[B_m*ts]);
%
kf=160*pi;
m_intg=kf*ts*cumsum(m_sig);
s_fm=cos(2*pi*300*t+m_intg);
s_pm=cos(2*pi*300*t+pi*m_sig);
Lfft=length(t); Lfft=2^ceil(log2(Lfft)+1);
S_fm=fftshift(fft(s_fm,Lfft));
S_pm=fftshift(fft(s_pm,Lfft));
freqs=(-Lfft/2:Lfft/2-1)/(Lfft*ts);

s_fmdem=diff([s_fm(1) s_fm])/ts/kf;
s_fmrec=s_fmdem.*(s_fmdem>0);
s_dec=filter(h,1,s_fmrec);

%  Demodulation
%  Using an ideal LPF with bandwidth 200 Hz

Trange1=[-0.04 0.04 -1.2 1.2];

figure(1)
subplot(211);m1=plot(t,m_sig);
axis(Trange1); set(m1,'Linewidth',2);
xlabel('{\it t} (sec)'); ylabel('{\it m}({\it t})');
title('Message signal');
```

```
subplot(212);m2=plot(t,s_dec);
set(m2,'Linewidth',2);
xlabel('{\it t} (sec)'); ylabel('{\it m}_d({\it t})')
title('demodulated FM signal');

figure(2)
subplot(211);td1=plot(t,s_fm);
axis(Trange1); set(td1,'Linewidth',2);
xlabel('{\it t} (sec)'); ylabel('{\it s}_{\rm FM}({\it t})')
title('FM signal');
subplot(212);td2=plot(t,s_pm);
axis(Trange1); set(td2,'Linewidth',2);
xlabel('{\it t} (sec)'); ylabel('{\it s}_{\rm PM}({\it t})')
title('PM signal');

figure(3)
subplot(211);fp1=plot(t,s_fmdem);
set(fp1,'Linewidth',2);
xlabel('{\it t} (sec)'); ylabel('{\it d s}_{\rm FM}({\it t})/dt')
title('FM derivative');
subplot(212);fp2=plot(t,s_fmrec);
set(fp2,'Linewidth',2);
xlabel('{\it t} (sec)');
title('rectified FM derivative');

Frange=[-600 600 0 300];
figure(4)
subplot(211);fd1=plot(freqs,abs(S_fm));
axis(Frange); set(fd1,'Linewidth',2);
xlabel('{\it f} (Hz)'); ylabel('{\it S}_{\rm FM}({\it f})')
title('FM amplitude spectrum');
subplot(212);fd2=plot(freqs,abs(S_pm));
axis(Frange); set(fd2,'Linewidth',2);
xlabel('{\it f} (Hz)'); ylabel('{\it S}_{\rm PM}({\it f})')
title('PM amplitude spectrum');
```

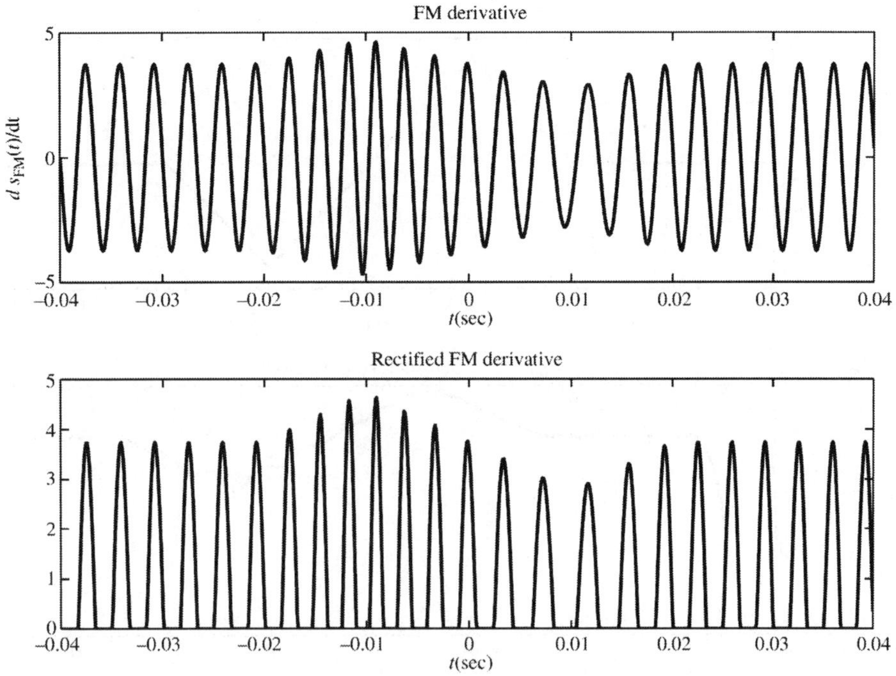

▸▸ 그림 5.20 복조기에서의 신호들 : (a) 미분기를 통과한 후 (b) 정류기를 통과한 후

그림 5.20의 복조 결과를 얻기 위해서 미분기가 FM 신호를 AM과 FM 신호로 변화시키기 위해 적용된다.

포락선 검출을 위해 정류기를 적용할 경우, 메시지 신호가 밀접하게 정류기 출력의 포락선 변화에 따라간다.

마침내, 정류기 출력 신호는 대역폭이 100 Hz인 저대역통과 필터를 통과한다. 이 예제에는 엄격한 필터 제약 때문에 차수가 80인 유한 임펄스 응답(FIR) 저대역통과 필터를 사용했다. FM 검출기 출력은 그림 5.21에서처럼 원 메시지 신호와 비교된다.

FM 복조 결과는 뚜렷한 왜곡을 보여준다. 첫째로, 고차 저대역 통과 필터는 더 긴 시간과 지연 응답을 가진다. 둘째로, 메시지의 음의 부분 동안의 왜곡은 정류기가 매우 적은 반-정현파의 사이클을 발생하기 때문에 매우 심각하다. 이는 메시지 신호가 음의 신호일 때, FM 신호의 순시 주파수가 낮기 때문에 발생한다. 오직 300 Hz인 반송파 주파수를 사용하기 때문에, 낮은 순시 주파수의 효과는 좀 더 확실하다. 100 MHz의 실제적인 반송파 주파수가 사용된다면, 왜곡은 완전하게 무시할 수 있을 것이다.

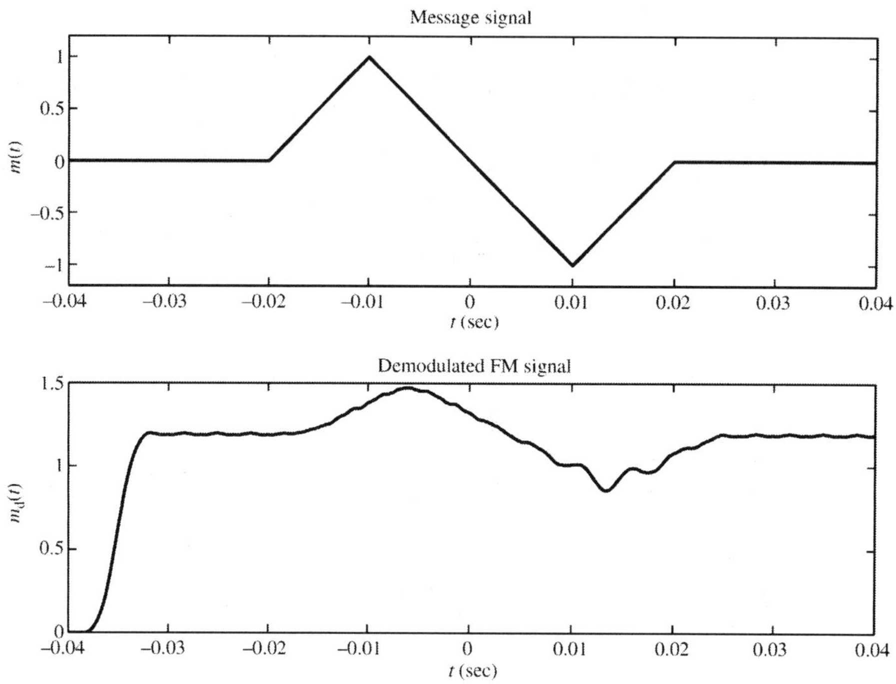

▸▸ 그림 5.21 주파수 변조 및 복조 : (a) 원 신호 (b) 복원 신호

참고문헌

1. J. Carson, "Notes on the Theory of Modulation," *Proc. IRE*, vol. 10, pp. 57–64, Feb. 1922.
2. J. Carson, "Reduction of Atmospheric Disturbances," *Proc. IRE*, vol. 16, July 1928.
3. E. H. Armstrong, "A Method of Reducing Disturbances in Radio Signaling by a System of Frequency Modulation," *Proc. IRE*, vol. 24, pp. 689–740, May 1936.
4. "A Revolution in Radio," *Fortune*, vol. 20, p. 116, Oct. 1939.
5. L. Lessing, *Man of High Fidelity: Edwin Howard Armstrong*, Lippincott, Philadelphia, 1956.
6. H. R. Slotten, "'Rainbow in the Sky': FM Radio Technical Superiority, and Regulatory Decision Making," Society for the History of Technology, 1996.
7. J. E. Brittain, "Electrical Engineering Hall of Fame—Edwin H. Armstrong," *Proc. IEEE*, vol 92, pp. 575–578, Mar. 2004.
8. W. B. Davenport, Jr., "Signal-to-Noise Ratios in Bandpass Limiters," *J. Appl. Phys.*, vol. 24, pp. 720–727, June 1953.
9. D. H. Sheingold, ed., *Nonlinear Circuits Handbook*, Analog Devices, Inc., Norwood, MA, 1974.
10. H. L. Krauss, C. W. Bostian, and F. H. Raab, *Solid-State Radio Engineering*, Wiley, New York, 1980.

연습문제

5.1-1 $m(t)$가 그림 P5.1-1일 때 $\varphi_{FM}(t)$와 $\varphi_{PM}(t)$를 그려라. 이때 $\omega_c = 10^8, k_f = 10^5$, $k_p = 25$이다.

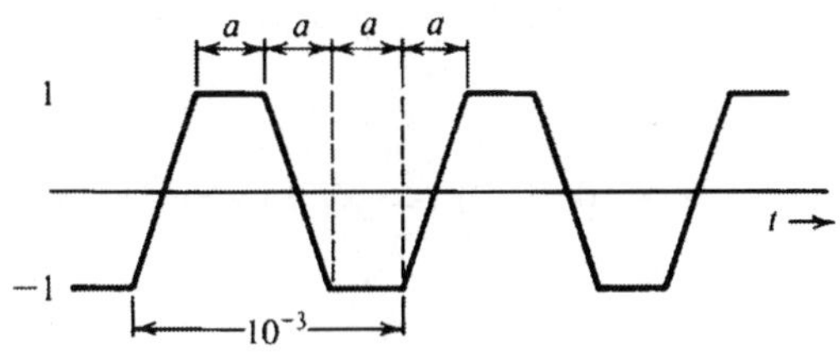

▸▸ 그림 P5.1-1

5.1-2 기저대역 신호 $m(t)$가 그림 P5.1-2와 같이 주기적인 톱니함수일 때,

(a) $\varphi_{\text{FM}}(t)$와 $\varphi_{\text{PM}}(t)$를 그려라. 이때 $\omega_c = 2\pi \times 10^6, k_f = 2000\pi, k_p = \pi/2$이다.

(b) PM 신호는 주기적인 구형파 신호에 의해 변조된 PM 신호와 동등함을 보여라. 이 경우 $k_p < \pi$를 사용하는 게 왜 필요한지를 설명하라. [PM 신호는 일정한 주파수를 가지지만 $m(t)$의 불연속에 대응하는 위상 불연속을 가진다.]

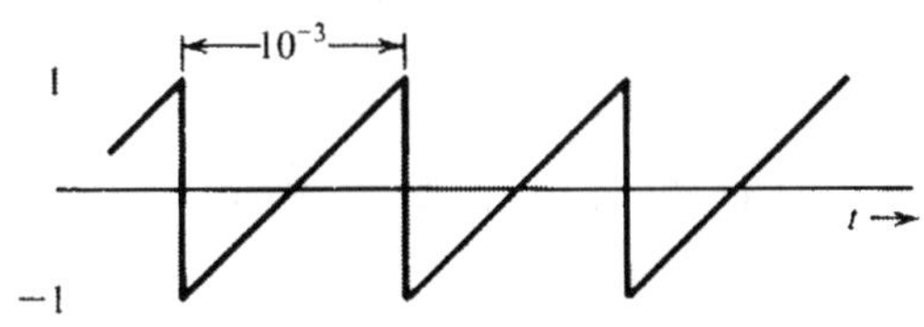

▸▸ 그림 P5.1-2

5.1-3 $|t| \le 1$ 구간에서 각 변조된 신호가 다음과 같이 주어졌다.

$$\varphi_{\text{EM}}(t) = 10\cos 13{,}000\pi t$$

이고, 이때 반송파 주파수는 $\omega_c = 10{,}000\pi$이다.

(a) 만일 이 신호가 $k_p = 1000$인 PM 신호라면, $|t| \le 1$ 구간에서의 $m(t)$는?

(b) 만일 이 신호가 $k_f = 1000$인 FM 신호라면, $|t| \le 1$ 구간에서의 $m(t)$는?

5.2-1 정보 신호가 다음과 같을 때 문제에 답하라.

$$m(t) = 2\cos 100t + 18\cos 2000\pi t$$

(a) $A = 10, \omega_c = 10^6, k_f = 1000\pi, k_p = 1$일 때 $\varphi_{\mathrm{PM}}(t)$과 $\varphi_{\mathrm{FM}}(t)$을 식으로 표현하라. $\varphi_{\mathrm{FM}}(t)$를 결정하기 위해서는 $m(t)$의 무한 적분을 사용하여라. 즉, $t = -\infty$에서의 적분 값은 0이다.

(b) $\varphi_{\mathrm{PM}}(t)$와 $\varphi_{\mathrm{FM}}(t)$의 대역폭을 추정하라.

5.2-2 반송 주파수 $\omega_c = 2\pi \times 10^6$인 경우의 각 변조된 신호가 다음 식으로 표현될 때 각 문제를 풀어라.

$$\varphi_{\mathrm{EM}}(t) = 10\cos(\omega_c t + 0.1\sin 2000\pi t)$$

(a) 변조된 신호의 전력을 구하라.

(b) 주파수 편이 Δf를 구하라.

(c) 위상편이 $\Delta\phi$를 구하라.

(d) $\varphi_{\mathrm{EM}}(t)$의 대역폭을 추정하라.

5.2-3 다음 식에 대하여 문제 5.2-2를 반복하라.

$$\varphi_{\mathrm{EM}}(t) = 5\cos(\omega_c t + 20\sin 1000\pi t + 10\sin 2000\pi t)$$

5.2-4 문제 5.1-1의 $\varphi_{\mathrm{PM}}(t)$와 $\varphi_{\mathrm{FM}}(t)$의 대역폭을 추정하라. 이때 $m(t)$의 대역폭을 $m(t)$의 제3고조파 신호까지로 놓고 풀어라.

5.2-5 문제 5.1-2의 $\varphi_{\mathrm{PM}}(t)$와 $\varphi_{\mathrm{FM}}(t)$의 대역폭을 추정하라. 이때 $m(t)$의 대역폭을 $m(t)$의 제5고조파 신호까지로 보아라.

5.2-6 $m(t) = \sin 2000\pi t,\ k_f = 200{,}000\pi,\ k_p = 10$일 때,

(a) $\varphi_{\mathrm{PM}}(t)$와 $\varphi_{\mathrm{FM}}(t)$의 대역폭을 추정하라.

(b) 신호의 크기가 두 배로 증가했을 때 (a)를 풀어라.

(c) 신호의 주파수가 두 배로 증가했을 때 (a)를 풀어라.

(d) $m(t)$의 스펙트럼에 대한 $\varphi_{\mathrm{PM}}(t)$와 $\varphi_{\mathrm{FM}}(t)$의 대역폭의 민감도에 관하여 논하라.

5.2-7 $m(t)=e^{-t^2}$, $f_c=10^4$ Hz, $k_f=6000\pi$, $k_p=8000\pi$ 일 때,

(a) FM과 PM에 대한 주파수 편이 Δf를 구하라.

(b) FM과 PM의 대역폭을 추정하라.

****힌트** : $M(f)$를 구하고, 3 dB 대역폭($B \ll \Delta f$)을 구하라.

5.3-1 반송파가 98.1 MHz이고, Δf = 75 kHz인 Armstrong의 간접 FM 변조기를 설계하라. NBFM 신호는 반송파가 100 kHz이고, 주파수 편이 Δf = 10 Hz이다. 또한 10 MHz~11 MHz 사이의 주파수를 낼 수 있는 발진기가 있다. 또한 많은 수의 주파수 배수기, 3 배수기, 4배수기가 있다.

5.3-2 반송파가 96 MHz이고, Δf = 20 kHz의 Armstrong의 간접 FM 변조기를 설계하라. NBFM신호는 f_c = 200 kHz이고, Δf는 9 Hz~10 Hz로 가변이다. 또한 발진기는 9~10 MHz의 영역을 발생시킬 수 있다. 또한 여러 가지의 중심주파수를 갖는 BPF가 있고, 오직 주파수 배수기만이 이용가능하다.

5.4-1 (a) $m(t)$가 임펄스가 들어 있는 불연속점이 없는 경우 그림 P5.4-1a처럼 FM 복조기 뒤에 적분기가 있으면 PM 복조기가 된다. 적분기 전에 dc 오프셋을 제거하기 위해 FM 복조기가 필요한 이유를 설명하라.

(b) 그림 P5.4-1b에서 보듯이 $m(t)$가 불연속적이거나 PM 복조기 출력이 dc 오프셋을 가진다하더라도 임의의 $m(t)$에 대해 PM 복조기 뒤에 미분기가 붙어 있으면 FM 복조기가 되는 것을 보여라.

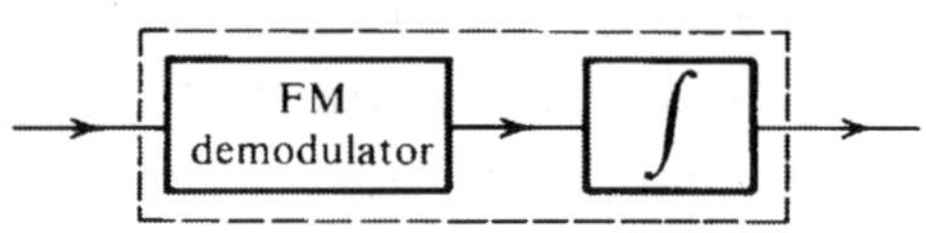

(a) PM demodulator

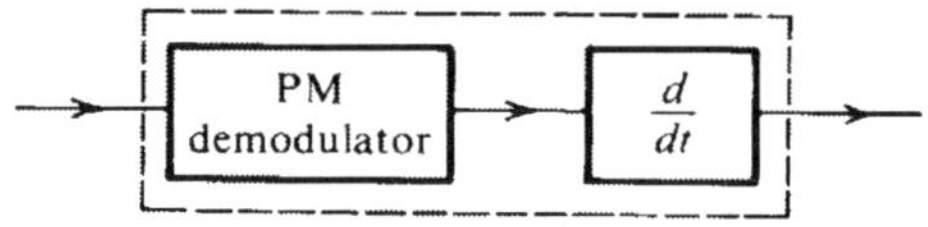

(b) FM demodulator

►► 그림 P5.4-1

5.4-2 그림 P5.4-2a처럼 주기 구형파 $m(t)$ 신호가 있을 때, $m(t)$를 이용해서 $f_c = 10$ kHz와 $\Delta f = 1$ kHz로 주파수 변조를 시킨다. 이때 반송파신호의 크기는 A이다. 이렇게 FM 변조된 신호가 5.4절의 그림 5.12의 방법에 의해 그림 P5.4-2b처럼 복조된다. 그림에서 b, c, d, e점에서의 파형을 그려라.

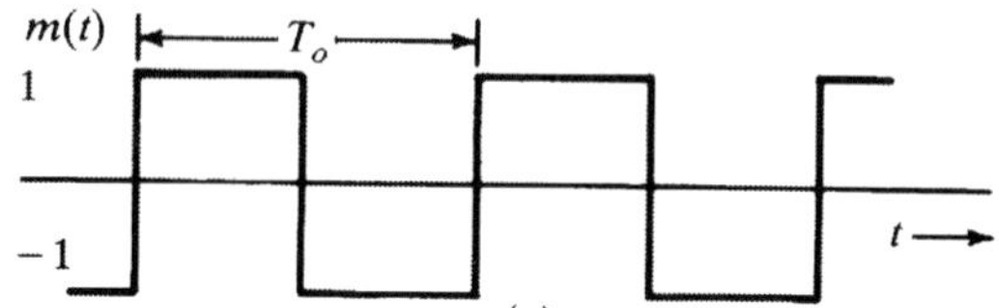

(a)

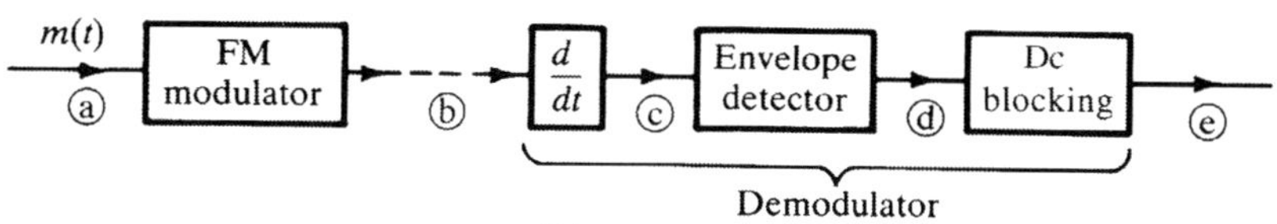

(b)

▸▸ 그림 P5.4-2

5.4-3 작은 오류 PLL분석을 통해서, 1차 루프[$H(s) = 1$]로는 순시 주파수가 시간에 따라 선형적으로 변화하는 [즉, $\theta_i(t) = kt^2$]경우에는 입력 신호를 추적할 수 없다는 것을 보여라. 이 신호는 $H(s) = (s+a)/s$ 인 경우에는 일정한 위상 오류를 갖는 형태로 추적될 수 있다. 또한 $H(s) = (s^2 + as + b)/s^2$ 인 경우에는 위상 오류없이 추적할 수 있다.

5.6-1 반송파 주파수가 1500 kHz인 AM 신호를 전송한다. 저렴한 무선 수신기(RF 통과대역 필터에서 낮은 선택도를 가졌다)를 1500 kHz로 조정할 때, 신호는 크고 분명하게 들린다. 또한 같은 신호는 다른 설정 다이얼에서도 들린다. 여기서 들을 수 있는 주파수가 무엇인지와 그 이유를 설명하라. IF 주파수는 455 kHz이다.

5.6-2 1 MHz~30 MHz 주파수 대역을 수신하기 위해 설계된 IF 주파수가 8 MHz를 가진 슈퍼헤테로다인 FM 수신기를 고려하자. 이 수신기를 위한 국부발진기에 의해 생성되는 주파수의 범위는 얼마인가? 반송파 주파수가 10 MHz인 입력신호는 10 MHz에서 수신된다. 수신기의 이 설정에서 수신기 RF-단계의 대역통과 필터가 낮은 선택도를 가진다면, 다른 반송파 주파수로 인한 신호 간섭이 생긴다. 간섭 신호의 반송파 주파수는 무엇인가?

06 표본화와 A/D 변환

1장에서 간략히 언급된 바와 같이, 아날로그 신호는 표본화 및 양자화 과정을 통하여 디지털화할 수 있다. 이 A/D 변환이 현재 디지털 통신 시스템의 기본이 된다. A/D 변환기에서 표본화율은 표본화 신호로부터 아날로그 신호가 재구성될 때에 충분한 정확도를 지닐 수 있도록 넉넉히 높아야 한다. 주어진 신호에 대한 특정(손실없는) 표본화율을 결정하는 표본화 정리(sampling theorem)는 신호처리, 통신이론 그리고 A/D 변환회로 설계에서 매우 중요하다.

6.1 표본화 정리

어떤 신호 g(t)의 주어진 스펙트럼이 B Hz로 대역-제한된 경우 즉,

$$G(f)=0 \quad \text{단, } |f|>B$$

이 신호를 정확하게(오류없이) 재현하기 위하여 표본화율이 $R>2B$ Hz가 되도록 균일하게 표본화해야 한다. 다시 말해, 완벽한 신호 복원을 위한 최소 표본화 주파수는 $f_s=2B$ Hz이다.

표본화 정리를 증명하기 위하여, 그림 6.1a에 주어진 신호 g(t)의 스펙트럼이 그림 6.1b에서와 같이 B Hz로 대역-제한된 경우를 생각하자*. 편의상 스펙트라는 ω 뿐만 아니라 f (Hz)의 함수로 보였다. 신호 g(t)를 f_s Hz로 표본화한다는 것은, 초당 f_s개의 균일한 표본을 취한다는 것이다. 이러한 균일한 표본화는 매 T_s $(T_s=1/f_s)$초마다 주기적으로 단위 임펄스(unit impulse)가 반복되는 임펄스 열(그림 6.1c) $\delta_{T_s}(t)$와 g(t)를 곱함으로써 수행될 수 있다. 그 결과 표본화된 신호 $\overline{g}(t)$는 그림 6.1d와 같다. 이 표본화된 신호는 매 T_s초(표본화 간격)마다 주어지는 임펄스로 구성되어지며, 시간 $t=nT_s$에 위치한 n번째 임펄스의 크기는 그 시점의 g(t)의 값 g(nT_s)으로 주어진다. 즉, 원신호 g(t)와 표본화 신호 $\overline{g}(t)$의 관계는 식 (6.1)과 같다.

---

* 그림 6.1b에 표시된 스펙트럼 $G(f)$는 편의상 실수값으로 취하였다. 그러나 $G(f)$가 복소수인 경우에도 언급된 사항은 유효하다.

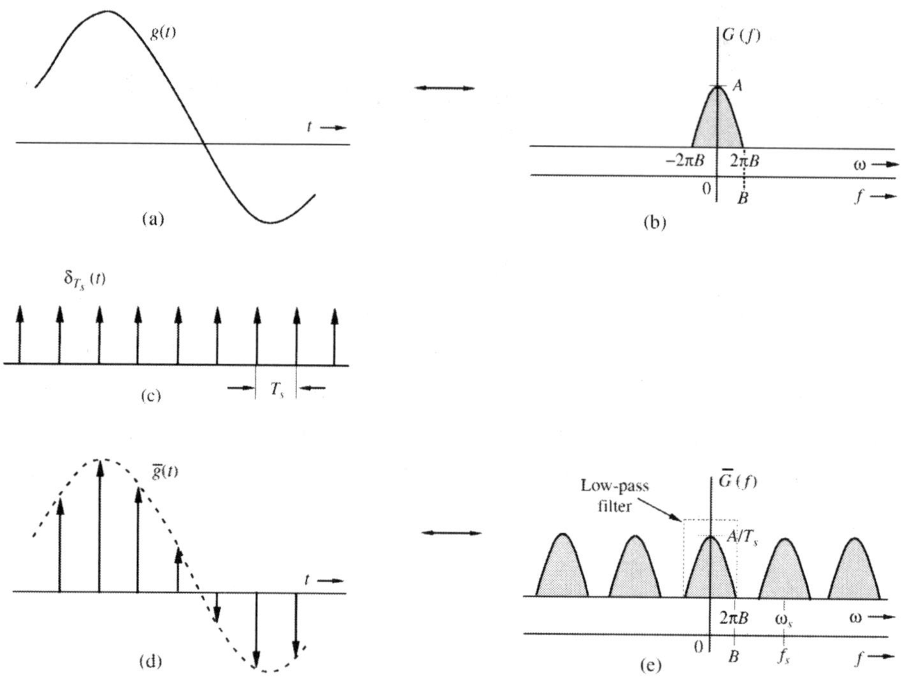

►► 그림 6.1 표본화 신호와 그 푸리에 스펙트럼

$$\overline{g}(t) = g(t)\delta_{T_s}(t) = \sum_n g(nT_s)\delta(t - nT_s) \tag{6.1}$$

임펄스열 $\delta_{T_s}(t)$는 주기가 T_s인 주기 신호이므로 푸리에 급수로 표현될 수 있는데, 이 푸리에 급수는 예제 3.11에 주어진 바와 같이,

$$\delta_{T_s}(t) = \frac{1}{T_s}\sum_{n=-\infty}^{\infty} e^{jn\omega_s t} \qquad \omega_s = \frac{2\pi}{T_s} = 2\pi f_s \tag{6.2}$$

그러므로,

$$\begin{aligned}\overline{g}(t) &= g(t)\delta_{T_s}(t)\\ &= \frac{1}{T_s}\sum_{n=-\infty}^{\infty} g(t)e^{jn2\pi f_s t}\end{aligned} \tag{6.3}$$

$\bar{g}(t)$의 푸리에 변환 값인 $\overline{G}(f)$를 구하기 위하여, 식 (6.3)의 무한급수를 푸리에 변환한다. 주파수 천이 특성에 의하여, n번째 항의 변환은 nf_s만큼 천이된다.

$$\overline{G}(f) = \frac{1}{T_s} \sum_{n=-\infty}^{\infty} G(f - nf_s) \tag{6.4}$$

이 결과 $\overline{G}(f)$는 그림 6.1e에 보인 바와 같이 $1/T_s$ Hz의 주기를 갖고 규칙적으로 $G(f)$가 반복되는 것을 의미한다.

균일표본화로, 신호 표본 $g(kT_s)\}$를 발생시킨 후에는 당연히 다음과 같은 의문이 생길 것이다: 과연 어떤 손실이나 찌그러짐 없이 $\bar{g}(t)$로부터 $g(t)$를 복원할 수 있을까? 같은 개념으로, $\bar{g}(t)$로부터 $g(t)$를 재생하기 위해서는 주파수 영역에서도 $\overline{G}(f)$로부터 $G(f)$를 재생할 수 있어야 한다. 그림 6.1을 보면, $\overline{G}(f)$의 연속되는 스펙트럼 사이에 겹침이 없다면 이것이 가능하다. 그림 6.1e를 살펴보면 다음의 조건이 요구됨을 알 수 있다.

$$f_s > 2B \tag{6.5}$$

또한, 표본화 간격도 $T_s = 1/f_s$이므로

$$T_s < \frac{1}{2B} \tag{6.6}$$

따라서 표본화 주파수 f_s가 신호의 대역폭 B Hz의 2 배보다 크기만 하다면 $\overline{G}(f)$는 겹침이 없는 $G(f)$의 반복으로 구성될 것이다. 이 조건이 성립된다면, 표본화 신호 $\bar{g}(t)$를 대역폭이 B Hz인 이상적인 저역-통과 필터로 필터링하여 $g(t)$를 재생할 수 있음을 그림 6.1e에서 알 수 있다. $g(t)$를 $\bar{g}(t)$로부터 재생할 수 있는 최저 표본화율 $f_s = 2B$를 $g(t)$에 대한 나이퀴스트율(Nyquist rate), 이때의 표본화 간격 $T_s = 1/2B$을 $g(t)$에 대한 나이퀴스트 간격(Nyquist interval)이라 부른다*.

$f_s = 2B$의 가능성에 관한 중요한 한 가지 사항과 특정 저역통과 신호에 대해 좀 더 살펴보기로 하자. 일반적인 신호 스펙트럼에 대하여는 표본화율이 $f_s > 2B$임을 이미 증명하였다. 만약 스펙트럼 $G(f)$가 최고주파수 B에서 임펄스(또는 그 미분값) 성분이 없다면,

* 여기서 언급된 (추후 증명될) 정리는 저역 통과 신호에 적용된다. 주파수 대역이 $f_c - B/2 < |f| < f_c + B/2$인 대역통과 신호는 대역폭이 B Hz로 주어진다. 이런 신호는 나이퀴스트 주파수 $2B$ 이상으로 취해진 표본들에 의해서만 유일하게 검증되어질 수 있다. 일반적으로 이런 경우에 표본화 정리는 좀 더 복잡하다. 각각 표본화율 $R_s > B$의 절반 비율로 주어지는 두 개의 시간차(interaced) 균일 표본열을 사용한다. 예를 보자면 참고문헌 1과 2를 참조하자.

스펙트럼이 겹치는 부분은 표본화율이 나이퀴스트율과 같거나 높을 때, 여전히 0의 값을 지닌다.

$$f_s \geq 2B$$

다시 말해 $G(f)$가 최고주파수 $\pm B$에 임펄스 성분을 포함하고 있다면, 위 조건식에서 등호(=)는 제거해야 한다. 그렇지 않으면 스펙트럼 겹침이 발생할 것이다. 이 경우 표본화율 f_s는 $2B$Hz보다 높아야만 한다. 잘 알려진 예가 $g(t) = \sin 2\pi B(t - t_0)$이다. 이 신호는 대역폭이 B Hz이지만, $f_s = 2B(t = t_0$부터 시작하는)율로 균일하게 표본값을 취해보면 모든 값들이 0 이다. 따라서 나이퀴스트 표본들로부터 원신호 $g(t)$를 복원할 수가 없다. 따라서 정형파인 경우, 표본화율은 $f_s > 2B$를 만족해야만 한다.

6.1.1 균일 표본으로부터의 신호 복원

아날로그 신호 $g(t)$를 디지털 표본 신호로부터 복원하는 작업은 보간법으로 알려져 있다. 그림 6.1에서 신호 $g(t)$가 B Hz로 대역-제한되었을 때 디지털 표본 신호로부터 정확하게 복원될(보간되어) 수 있음을 알았다. 이 작업은 나이퀴스트율 이상으로 균일하게 표본화 되면 신호의 모든 정보가 보존될 뿐만 아니라, 표본화 신호를 대역폭이 B Hz인 이상적 저역-통과 필터에 통과만 시킴으로써 원 신호가 복원된다는 것을 뜻한다. 식 (6.3)에서 표본화 신호는 $(1/T_s)g(t)$의 성분으로 표시됨으로, $g(t)$[또는 $G(f)$]를 재생하기 위하여, 표본화 신호는

$$\overline{g}(t) = \sum g(nT_s)\delta(t - nT_s)$$

$\overline{g}(t)$는 대역폭이B Hz이고, 이득이 T_s인 이상적 저역-통과 필터를 거쳐야 한다. 이러한 이상적 필터의 전달함수는

$$H(f) = T_s \Pi\left(\frac{\omega}{4\pi B}\right) = T_s \Pi\left(\frac{f}{2B}\right) \tag{6.7}$$

○ 이상적 복원

균일 표본들로부터 아날로그 신호를 복원하는데 필요한, 식 (6.7)과 같은 전달함수로 표현되는 이상적 복원 필터를 그림 6.2a에 보였다. 전달함수 $H(f)$의 푸리에 역변환 값인 이 필터의 임펄스 응답은 다음과 같다.

$$h(t) = 2BT_s \operatorname{sinc}(2\pi Bt) \tag{6.8}$$

나이퀴스트 표본율로 간주하면, 즉 $2BT_s = 1$이면,

$$h(t) = \text{sinc}\,(2\pi Bt) \tag{6.9}$$

$h(t)$를 그림 6.2b에 보였다. $t = 0$인 경우를 제외한 모든 나이퀴스트 표본 순간 $(t = \pm n/2B)$에서 $h(t) = 0$인 흥미로운 사실을 관측할 수 있다. 표본화 신호 $\bar{g}(t)$를 이 필터에 입력시키면 출력단에서 $g(t)$를 얻게 된다. $\bar{g}(t)$의 각 표본들은 임펄스인데, 그림 6.2c에서와 같이 그 크기가 표본 크기와 똑같은 sinc 펄스를 발생시킨다. 이 과정은 그림 6.6에 보인 것과 같은데 $h(t)$가 구형파 펄스가 아니고 sinc 펄스임이 다르다. 이 sinc 펄스들을 모두 합함으로써 $g(t)$를 얻을 수 있다. 입력 $\bar{g}(t)$의 k번째 표본은 $g(kT_s)\delta(t - kT_s)$인 임펄스이고, 이 임펄스에 대한 필터 출력은 $g(kT_s)h(t - kT_s)$이다. 따라서 $\bar{g}(t)$에 대한 필터 출력은 다음과 같은 덧셈으로 표현될 수 있다.

$$\begin{aligned} g(t) &= \sum_k g(kT_s)h(t - kT_s) \\ &= \sum_k g(kT_s)\,\text{sinc}\,[2\pi B(t - kT_s)] \end{aligned} \tag{6.10a}$$

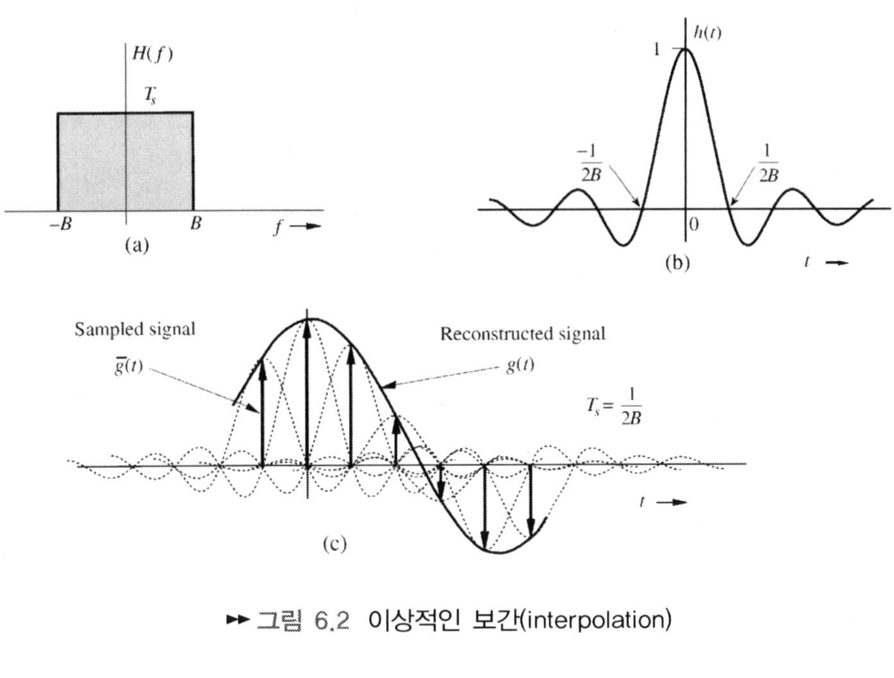

▸▸ 그림 6.2 이상적인 보간(interpolation)

$$g(t) = \sum_k g(kT_s)\,\text{sinc}\,(2\pi Bt - k\pi) \tag{6.10b}$$

식 (6.10)을 보간 공식(interpolation formula)이라 하고, 모든 표본값들의 비중에 따른 덧셈을 행함으로써 표본 사이의 g(t)값을 산출하는데 쓰인다.

● 예제 6.1

대역-제한이 B Hz이고, 각 표본값들이 다음과 같을 때 신호 g(t)를 구하라. 단, 표본화 간격 T_s는 g(t)에 대한 나이퀴스트 간격으로 $T_s = 1/2B$이다.

$$g(0) = 1 \ \text{그리고}\ g(\pm T_s) = g(\pm 2T_s) = g(\pm 3T_s) = \cdots = 0$$

풀이 g(t)를 그 표본값들로부터 재생하기 위하여, 보간 공식 (6.10b)를 사용한다. 식 (6.10b)의 우측 덧셈에서 $k=0$인 경우를 제외하고, 모든 나이퀴스트 표본값들이 0의 값이므로

$$g(t) = \text{sinc}\,(2\pi Bt) \tag{6.11}$$

그림 6.3에 신호의 형태를 보였다. 표본값 g$(0)=1$이고, g$(nT_s)=0$ $(n \neq 0)$이면서 대역폭이 B Hz인 조건을 만족시키는 신호는 위 경우를 제외하고는 존재하지 않는다.

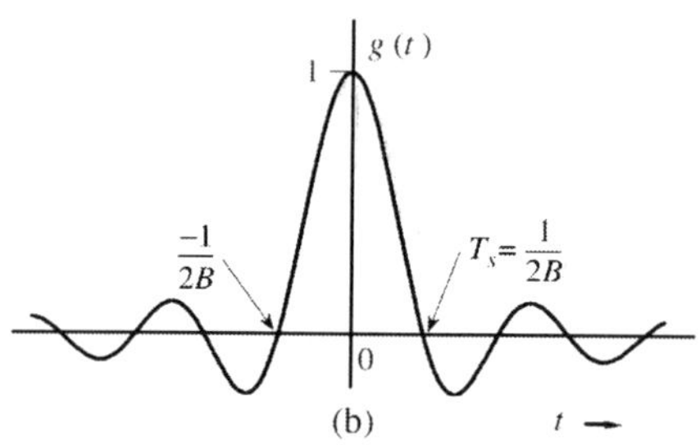

▸▸ 그림 6.3 예제 6.1의 나이퀴스트 표본으로부터의 신호 복원

○ 실제신호의 복원(보간법)

3.5절에서 이상적인 저역통과 필터는 causal 하지 못하므로 실현이 불가능하다고 하였다. 이것은 식 (6.10)과 같이 이상적인 복원에 사용되는 sinc 펄스가 무한개의 항으로 주어짐을 고찰할 때 동일한 결론을 얻을 수 있다. 신호 복원의 실제적 운용시에는(예로, CD 플레이어), 균일한 신호들로부터 신호복원 시스템을 실현할 필요가 있다.

실제 응용시, 이 복원 펄스 $p(t)$는 발생시키기가 손쉬워야만 한다. 예를 들면, 그림 6.4에 보인 것과 같이 복원 펄스 $p(t)$를 적용할 수 있을 것이다. 어쨌든, 복원신호의 정확성을 분석하기 위해서 먼저 이상적이지 못한 보간 펄스 $p(t)$를 사용해야만 한다. 복원된 신호를 식 (6.12)와 같이 표기하기로 하자.

$$\tilde{g}(t) \triangleq \sum_n g(nT_s)p(t-nT_s) \tag{6.12}$$

이 복원 신호와 원래의 아날로그 신호 $g(t)$ 사이의 관계를 검증하기 위하여, 콘볼루션 특성과 식 (6.1)에 의하여 다음과 같은 결과를 얻을 수 있다:

$$\begin{aligned}\tilde{g}(t) &= \sum_n g(nT_s)p(t-nT_s) = p(t) * \left[\sum_n g(nT_s)\delta(t-nT_s)\right] \\ &= p(t) * \overline{g}(t)\end{aligned} \tag{6.13a}$$

주파수 영역에서는, 복원 신호와 원래의 아날로그 신호의 관계는 식 (6.4)에 의해,

$$\tilde{G}(f) = P(f)\frac{1}{T_s}\sum_n G(f-nf_s) \tag{6.13b}$$

이 결과는 펄스 $p(t)$를 이용한 복원신호 $\tilde{g}(t)$는 그 중심주파수가 nf_s만큼 천이된 $G(f)$들의 다중 반복으로 구성되어지고 $P(f)$에 의해 여과되어진다. $g(t)$를 완벽히 복원하기 위해서는 $\tilde{g}(t)$를 다시 여과시켜야 하는데, 이러한 필터를 등화기라 부른다.

$E(f)$를 등화기의 전달함수라 한다면, 찌그러짐이 없는 복원을 위해 다음과 같은 사항이 요구된다.

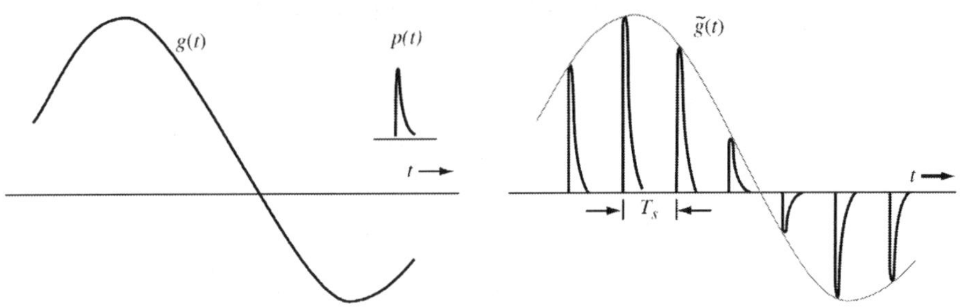

▶▶ 그림 6.4 실제적 복원(보간) 펄스

$$G(f) = E(f)\tilde{G}(f)$$
$$= E(f)P(f)\frac{1}{T_s}\sum_n G(f - nf_s)$$

이 관계는 등화기가 무한급수에서 $n=0$인 저역통과 항을 제외한 모든 천이된 $G(f-nf_s)$들을 제거해야만 함을 명백히 설명하고 있다. 즉,

$$E(f)P(f) = 0 \quad |f| > f_s - B \tag{6.14a}$$

덧붙이자면, 찌그러짐이 없는 복원에는 식 (6.14b)와 같은 관계가 요구된다.

$$E(f)P(f) = T_s \quad |f| < B \tag{6.14b}$$

등화기 필터 $E(f)$는 본질적으로 $f_s - B$ Hz 이상의 모든 주파수 성분을 억압할 수 있는 저역통과 값이어야 한다. 그림 6.5에 이러한 등화기를 이용하는 실제적 복원시스템의 다이아그램을 보였다.

그림 6.6에 보인 것과 같은 폭이 좁은 (0차 지연) 펄스를 발생시키는 매우 단순한 보간 펄스 발생기를 생각해보자.

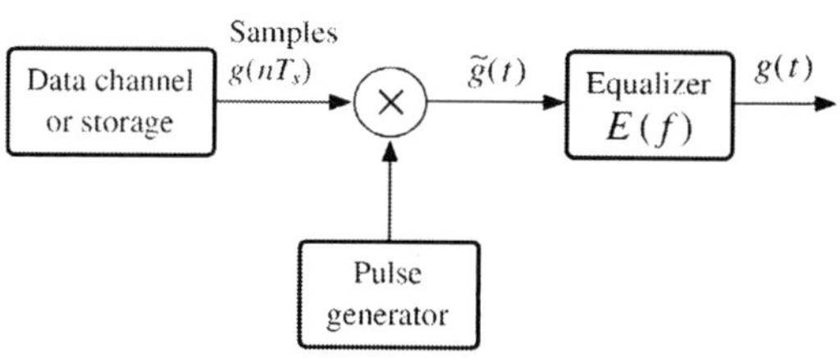

▶▶ 그림 6.5 실제적 신호 복원

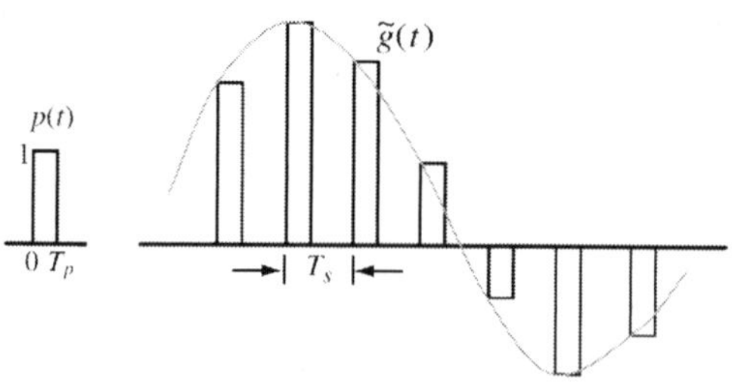

▶▶ 그림 6.6 단순한 구형파에 의한 보간법

$$p(t) = \Pi\left(\frac{t - 0.5T_p}{T_p}\right)$$

이 펄스는 펄스폭이 T_p이고, 크기가 1인 구형파이다. 복원시 처음 발생되는 신호는 다음과 같다.

$$\widetilde{g}(t) = \sum_n g(nT_s)\,\Pi\left(\frac{t - nT_s - 0.5T_p}{T_p}\right)$$

필터 $P(f)$의 전달함수는 $0.5\,T_p$만큼 천이된 $\Pi\,(t/\,T_p)$의 푸리에 변환값이다:

$$P(f) = T_p \operatorname{sinc}\left(\pi f T_p\right) e^{-j\pi f T_p} \tag{6.15}$$

결과적으로, 등화기는 다음 주파수 응답을 만족시켜야 한다.

$$E(f) = \begin{cases} T_s/P(f) & |f| \le B \\ \text{Flexible} & B < |f| < (1/T_s - B) \\ 0 & |f| \ge (1/T_s - B) \end{cases}$$

등화기의 통과대역 응답특성이 실현될 수 있음을 확신하는 것은 중요하다. 우선 다음 식 (6.16)과 같이 복원작업에 따른 시간 지연항을 첨가할 수 있다.

$$E(f) = T_s \cdot \frac{\pi f}{\sin\left(\pi f T_p\right)} e^{-j2\pi f t_0} \qquad |f| \le B \tag{6.16}$$

$E(f)$의 통과대역 이득이 잘 정리되기 위하여, 좁은 펄스 폭 T_p를 다음과 같이 선택하는 것은 불가피하다.

$$\frac{\sin\left(\pi f T_p\right)}{\pi f} \neq 0 \quad |f| \le B$$

이것은 등화기 $E(f)$의 이득이 무한할 필요가 없음을 의미한다. 그렇지 않다면 등화기는 실현 불가능해질 것이다. 등가적으로 다음의 요구사항이 주어진다.

$$T_p < 1/B$$

그러므로, 구형파 복원 펄스의 폭이 $1/B$보다 좁으면 좁을수록, 이상적이지 않은 복원 펄스 열로부터 원래의 아날로그 신호 $g(t)$를 복구하는 아날로그 등화기 필터의 설계가 용이해질 것이다. 물론, 이것이 구형파 복원 펄스 발생기에 대한 요구사항이다. 실제로 T_p는 매우 작은 값으로 선택될 수 있어서 다음과 같은 등화기의 통과대역 특성을 얻을 수 있다.

$$E(f) = T_s \cdot \frac{\pi f}{\sin(\pi f T_p)} \approx \frac{T_s}{T_p} \qquad |f| \le B \tag{6.17}$$

이것은 신호의 복원에 아주 좁은 구형파 펄스를 사용할 때 약간의 찌그러짐이 남겨질 수 있음을 뜻한다. 이러한 경우가 등화기 설계를 아주 불필요하게 하거나 단순화 시킨다. 6.9절에서 이를 설명할 매트랩 예제가 주어진다.

0차 지연 필터의 특성을 개선하기 위하여 1차 지연 필터(first-order hold filter)를 사용할 수 있는데, 이에 따라 계단형 보간법이 선형 보간법으로 바뀐다. 선형 보간기는 임펄스 응답이 삼각파 펄스 $\Delta(t/2T_s)$로 주어지는데, 연속되는 표본들의 마루부분들이 직선 성분에 의하여 연결되어진다(문제 6.1-7을 참조).

6.1.2 신호의 표본화 및 복원에서의 실제적 문제들

○ 복원 필터의 실현

나이퀴스트율 $f_s = 2B$ Hz로 표본화할 경우, 그 신호의 스펙트럼 $\overline{G}(f)$는 그림 6.7a에서와 같이 계속되는 주기마다 간격(gap) 없이 $G(f)$가 반복되는 성분으로 구성되어진다. $\overline{g}(t)$로부터 $g(t)$로 복원하기 위하여 이상적 저역-통과 필터(그림 6.7a에 점선으로 표시된)를 사용해야 한다. 3.5절에서 언급된 바에 의하면 이러한 필터는 실현 불가능하다; 응답특성이 무한히 긴 시간지연을 갖는 경우로 간주할 경우 매우 근사적으로 실현성이 있다. 이것은 신호 $g(t)$를 그 표본들로부터 복구하기 위하여 무한한 시간지연이 필요하다는 것을 의미한다.

이런 난점을 해결할 수 있는 실제적 방법은 신호를 나이퀴스트율보다 더 높은 비율($f_s > 2B$ 또는 $w_s > 4\pi B$)로 표본화하는 것이다. 이렇게 함으로써 $\overline{G}(f)$는 그림 6.7b에서와 같이 일정한 대역 간격을 지닌 $G(f)$가 반복되는 것으로 주어진다. 이 경우 점진적 차단특성을 지닌 저역 통과 필터(그림 6.7b에 점선으로 표현한)를 사용하여 $\overline{G}(f)$로부터 $G(f)$를 재생할 수 있다. 그렇지만 이 경우에도 $G(f)$의 한 주기 이외의 구간에서 필터의 이득이 0(zero)으로 주어져야만 한다(그림 6.7b 참조). Paley-Wiener 조건에 의하면 이러한 필터조차 실현 불가능하다. 조금 다행스러운 것은 이러한 필터가 짧은 시간 지연만으로 좀 더 양호하게 근사화할 수 있다는 것이다. 즉 나이퀴스트율보다 더 높은율로 표본화한다고 하더라도 그 표본들로부터 대역-제한된 신호 $g(t)$를 정확하게 재생한다는 것은 실제적으로 불가능함을 알 수 있다. 어쨌든, 표본화율을 높히면 높힐수록 재생된 신호는 원래의 신호에 좀 더 근사화된다.

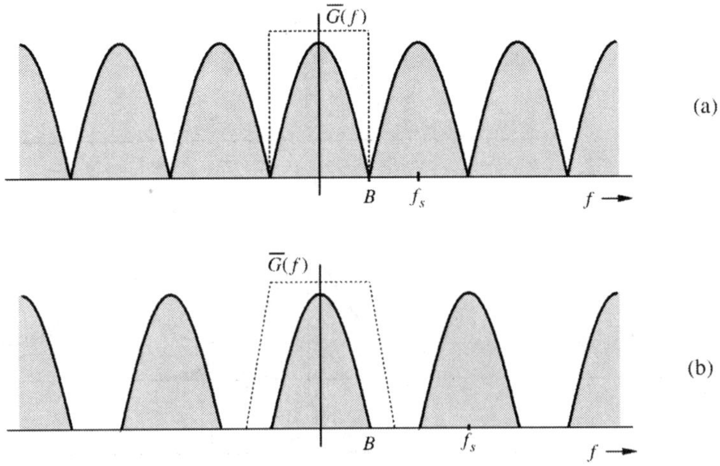

▸▸ 그림 6.7 표본화된 신호의 스펙트라
(a) 나이퀴스트율일 때 (b) 나이퀴스트율보다 높을 때

○ Aliasing의 배반

신호를 그 표본값으로부터 재생하는데 어려운 실제적 문제가 또 하나 있다. 표본화 정리는 신호 g(t)가 대역-제한된 것으로 가정하여 증명되었다. 실제의 모든 신호는 시간-제한적이다, 즉 존재시간이 유한하거나 또는 신호폭이 유한하다. 신호의 특성상 시간-제한과 대역-제한이 동시에 주어질 수 없다(문제 6.1-8). 신호가 시간-제한적이면 대역-제한이 될 수 없으며, 그 반대도 성립한다(그러나 동시에 시간-무제한적이며 대역-무제한적일 수는 있다). 따라서 그림 6.8a에 보인 바와 같이, 시간-제한된 실제의 모든 신호들은 대역-무제한적임을 의미한다; 즉 무한대의 대역폭을 갖고, 스펙트럼 $\overline{G}(f)$는 그림 6.8b에서와 같이 매 f_s Hz (표본화 주파수)마다 반복적으로 $G(f)$가 중첩된다. 대역폭이 무한대이므로 스펙트럼의 중첩은 표본화율과 상관없이 피할 수 없다. 표본화율을 높힌다면 감소되겠지만 스펙트럼의 반복 주기 사이에 주어지는 중첩을 제거하지는 못한다. $\overline{G}(f)$는 중첩되는 꼬리부분들 때문에 $G(f)$와는 더 이상 동일한 정보를 지닐 수 없어, 이론적으로 표본화 신호 $\overline{\text{g}}(t)$로부터 g(t)를 정확히 재생하는 것은 불가능하다. 표본화 신호를 차단주파수가 $f_s/2$ Hz인 이상적인 저역-통과 필터에 통과시킨다 해도 그 출력은 $G(f)$가 되지 못하고 다음의 두 가지 원인에 의해 찌그러진 $G(f)$인 $G_a(f)$ (그림 6.8c)가 된다.

1. $|f| > f_s/2$ Hz인 영역에서 $G(f)$의 꼬리부분을 상실한다.
2. 이 꼬리부분이 반전 또는 접혀서 스펙트럼 상에 재현된다.

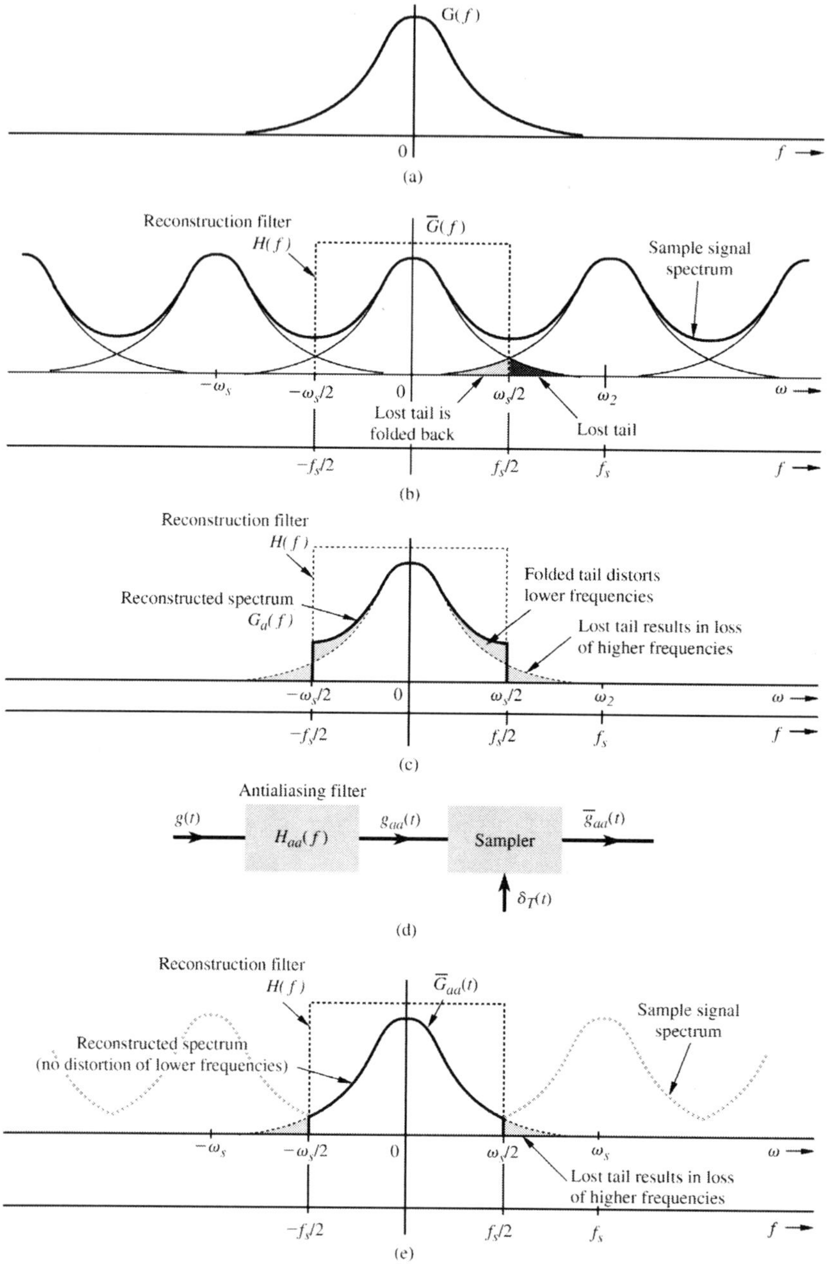

►► 그림 6.8 Aliasing 효과. (a) 실제 신호 $g(t)$의 스펙트럼 (b) 표본화된 $g(t)$의 스펙트럼
(c) 재생된 신호 스펙트럼 (d) aliasing방지 필터를 사용한 표본화
(e) aliasing 필터를 사용한 경우의 스펙트럼:
(점선) 표본화된 신호의 스펙트럼 (실선) 재생된 신호의 스펙트럼

주파수가 $f_s/2 = 1/2T$ Hz인 곳의 스펙트라를 유의하자. 이 주파수를 접힌 주파수(folding frequency)라 부른다. 스펙트럼은 접힌 주파수에서 자신의 상실된 부분이 되접혀지는 것처럼 보일 것이다. 설명하자면, 주파수 $(f_s/2)+f_z$ 성분은 재생된 신호에서 낮은 주파수 $(f_s/2)-f_z$ 성분의 "흉내내기"이다. 따라서 주파수가 $f_s/2$ 이상인 영역에 $f_s/2$ 이하의 성분이 재현된다. 이런 스펙트럼의 꼬리부분이 반전되는 현상을 그림 6.8b와 6.8c에 보였는데, 이것을 스펙트럼 접힘(spectral folding) 또는 aliasing이라 한다. 이 aliasing 현상으로 인하여 접힌 주파수 $f_s/2$ 이상의 모든 주파수 성분이 상실될 뿐만 아니라 이 성분이 그림 6.8b 또는 c의 낮은 주파수 성분으로 재현(aliased) 된다. 이러한 aliasing은 그림 6.8c에서와 같이 접힌 주파수 $f_s/2$ 이하의 주파수 성분의 원래 모습도 파괴한다.

Aliasing 문제는 군사적 측면에서 아군의 임의의 일개 소대가 배반하여 비밀스럽게 적군측에 예속된 경우로 분석되기도 한다. 이 소대는 명목상으로는 아군에 충성하지만, 아군은 두 가지의 위험에 직면하게 된다. 그 하나는 실질적인 공격력으로서의 소대 병력을 잃게 되는 것이고, 다른 하나는 실제의 전투에서 이 배반자들에 의한 사보타지에 직면함으로써 이것을 억제하기 위하여 새로운 충성스런 소대를 배치해야 하는 것이다. 즉 아군은 비생산적인 임무에 두 개의 소대를 상실하게 된다.

○ 배반자 제거: aliasing 방지 필터

배반이 일어난 부대의 지휘관이라면 이 문제에 대한 해결책은 명백하다. 지휘관이 배반의 냄새를 맡자마자 어떤 수단을 써서라도 전투가 개시되기 전에 배반한 소대를 무력화해야 한다. 이렇게 함으로써 지휘관은 단지 한 개의 소대(배반한 소대)*만을 잃게 된다. 이런 방법은 배반에 의한 두 개의 위험에 대한 부분적 해결책이다. 즉 부분적으로 문제를 걸러서 그 손실을 절반으로 감소시키는 것이다.

똑같은 작업을 신호에 대해서도 시행한다. 잠재적인 배반자는 접힌 주파수 $f_s/2 = 1/2T$ Hz 이상의 모든 주파수 성분이다. 그래서 $g(t)$를 표본화하기 전에 $g(t)$에서 이러한 성분을 제거(억제)시켜야만 한다. 이 고주파 성분의 억제는 그림 6.8d에서와 같이 차단 주파수가 $f_s/2$ Hz인 이상적 저역-통과 필터에 의하여 수행될 수 있다. 이 필터를 aliasing 방지 필터(antialiasing filter)라 한다. aliasing 방지 필터링은 표본화 이전에 수행되어야 함을 그림 6.8d에 보였다. aliasing 방지를 사용할 경우의 표본화 신호 스펙트럼과 재생신호 $G_{aa}(f)$를 그림 6.8e에 보였다. aliasing 필터는 본질적으로 신호 $g(t)$의 대역을

* 그림 6.8b에서 수없이 반복되는 주기들 중 이웃하는 스펙트럼 주기만이 중첩됨을 볼 수 있다. 이것은 약간 단순화한 그림으로서 실제로는, 모든 신호의 스펙트럼이 무한대의 대역폭으로 주어짐으로, 모든 무한 주기 동안에 중첩이 일어나고 서로 다른 주기 신호에 영향을 끼치게 된다. 다행스럽게도 모든 실제 스펙트라는 고주파에서 감쇄되어야만 하므로 이웃하는 주기 이외로부터의 간섭량은 그리 크지 않다. 이런 가정이 성립하지 못한다면 aliasing에 대한 계산은 좀 더 복잡해진다.

$f_s/2$ Hz로 제한한다. 이러한 방법으로 접힌 주파수 $f_s/2$ Hz 이상의 성분만 잃게 된다. 이렇게 제거된 성분은 재현되지 않고, 접힌 주파수 이하의 성분을 훼손시킬 수 없다. aliasing 필터를 사용함으로써 재생 신호 스펙트럼이 $|f| < f_s/2$인 경우 $G_{aa}(f) = G(f)$가 됨은 명백하다. 즉, $f_s/2$ Hz 이상의 스펙트럼 성분은 잃지만 $f_s/2$ Hz 이하의 주파수 성분은 전혀 영향을 받지 않는다. 결과적으로 aliasing 찌그러짐은 접히는 현상의 제거로 인하여 절반으로 준다. 다시 강조하지만, aliasing 방지 동작은 신호가 표본화되기 전에 수행되어야만 한다.

aliasing 방지 필터는 잡음의 감소에도 도움이 된다. 일반적으로 잡음은 넓은 대역폭의 스펙트럼을 지니므로, aliasing 방지를 하지 않는다면, 원하는 신호 대역 밖의 잡음 성분이 aliasing 현상에 의해 신호 대역 안에 나타날 것이다. aliasing 방지 작업은 주파수 $f_s/2$ Hz 이상의 잡음 스펙트럼 전체를 억제한다.

Aliasing 방지 필터는 이상적 필터이므로 실현성이 없다. 실제로는 접힌 주파수 $f_s/2$ 이상의 주파수 성분을 매우 작게 감쇄시킬 수 있는 기울기가 큰, 차단 필터(steep cutoff filter)를 사용한다.

표본화는 대역-무제한 신호를 대역-제한 신호로 변화시킨다.

그림 6.8b에서 신호 $\bar{g}(t)$의 스펙트럼이 $G(f)$를 주기마다 겹쳐놓은 것과 같음을 알 수 있다. 즉, $\bar{g}(t)$는 $g(t)$의 부-나이퀴스트 표본임을 의미한다. 또한 그림 6.8b의 스펙트럼이 $G_a(f)$(그림 6.8c)가 중복없이 매 f_s Hz마다 반복적으로 주어진다고 볼 수도 있다. 스펙트럼 $G_a(f)$는 $f_s/2$ Hz로 대역-제한된 신호이므로 $g(t)$의 이 (부-나이퀴스트) 표본들은 신호 $g_a(t)$에 대한 실질 나이퀴스트 표본들이다. 결과적으로 대역-무제한 신호 $g(t)$를 f_s Hz로 표본화한다면, 대역이 $f_s/2$ Hz로 제한된 신호 $g_a(t)$의 나이퀴스트 표본을 얻을 수 있다. 다시 말하면, 대역-무제한 신호를 표본화하면 그 결과는 $f_s/2$ Hz의 대역폭을 지닌 대역-제한된 신호 $g_a(t)$로 주어진다. 유사한 결론이, $g(t)$가 대역-제한된 신호일 때 부-나이퀴스트율로 표본화된다면 적용된다.

6.1.3 최대정보율: 1 Hz에 대한 초당 두 개의 정보 조각

대역폭이 B Hz인 채널을 통해 전송할 수 있는 정보의 최대전송율은 디지털 통신에서 매우 중요하다.표본화 정리로부터, 대역폭 B Hz인 채널에 잡음이 존재하지 않는다면 초당 최대 2B개의 정보가 오류없이 전송될 수 있음을 얻게 될 것이다.

표본화 정리로부터 대역폭이 B Hz인 저역 통과 신호는 초당 $2B$개의 균일한 표본들로부터 재생될 수 있음을 알 수 있다. 역으로, $2B$ Hz율의 어떤 독립적 데이터 열이 대역폭 B인 저역 통과 신호의 균일한 표본들로부터 주어질 수 있음을 확인할 필요가 있다. 더욱이 독립적 데이터 열로부터 이 저역 통과 신호를 구현할 수 있을 것이다.

독립적 데이터 표본 열을 $\{g_n\}$으로 표기하자. 이 데이터는 초당 $2B$개의 표본들로 주어진다. 그러면 다음 식과 같은 신호 $g(t)$(꼭 대역-제한될 필요는 없는)가 항상 존재한다.

$$g_n = g(nT_s) \qquad T_s = \frac{1}{2B}$$

그림 6.9a에, 대역-무제한 신호 $g(t)$를 $f_s = 2B$ Hz로 표본화한 결과를 다시 보였다. Aliasing 때문에, 이상적 표본화 신호는

$$\begin{aligned}\overline{g}(t) &= \sum_n g(nT_s)\delta(t - nT_s) \\ &= \sum_n g_a(nT_s)\delta(t - nT_s)\end{aligned}$$

단, $g_a(t)$는 표본값 $g_a(nT_s)$가 $g(nT_s)$의 표본값과 같은 aliased 저역 통과 신호이다. 즉, 신호 $g(t)$의 부-나이퀴스트 표본화는 대역-제한 신호 $g_a(t)$의 나이퀴스트 표본화에서 얻어지는 것과 똑같은 표본들을 발생시킨다. 따라서 그림 6.9에서 $g(t)$와 $g_a(t)$를 $2B$ Hz 율로 표본화하여 똑같은 독립적 정보열 $\{g_n\}$이 발생될 것임을 설명해준다.

$$g_n = g(nT_s) = g_a(nT_s) \qquad T_s = \frac{1}{2B} \tag{6.18}$$

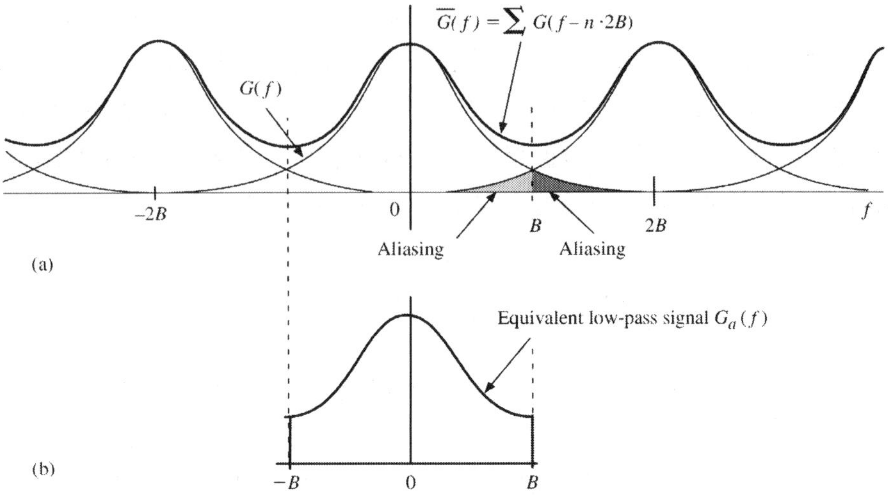

▸▸ 그림 6.9 (a) 대역-무제한 신호의 스펙트럼과 표본신호의 스펙트럼 $\overline{G}(f)$ (b) 표본화율 $2B$로 균일하게 표본화한 $g(t)$의 등가적 저역 통과 신호 스펙트럼 $G_a(f)$

또한, 표본화 정리로부터 대역폭이 B인 저역통과 신호 $g_a(t)$는 균일한 표본들[식(6.10)]로부터 재생될 수 있다.

$$g_a(t) = \sum_n g_n \operatorname{sinc}(2\pi Bt - k\pi)$$

잡음이 없다고 가정하면, 이 신호는 대역폭이 B Hz인 무손실 채널을 통하여 오류없이 전송될 수 있다. 수신단에서 데이터 열 $\{g_n\}$은 무손실 채널의 출력 $g_a(t)$의 나이퀴스트 표본들을 이용하여 재생될 수 있다.

통신에 대한 이론적 속도는 무잡음 채널인 경우를 가정한 것이다. 실제로는 채널 잡음을 무시할 수 없으므로 이러한 속도는 약간의 검출오류를 야기할 수 있다. 14장에서 잡음이 존재하는 환경에서도 오류없이 통신할 수 있는 이론적 전송속도인 Shannon 용량에 대해 학습할 것이다.

6.1.4 실질적인 표본화 분석

지금까지는 정확한 순간 $t = kT_s$에 신호값 $g(kT_s)$를 정확하게 얻기 위한 이상적 임펄스 표본화 펄스 열을 사용할 수 있는 이상적 균일 표본화에 중점을 두었었다. 실제로는 이러한 작업을 수행할 수 있는 장치가 존재하지 않는다. 결과적으로 좀 더 현실적인 표본화에 대해 고찰할 필요가 있다. 이러한 분석은 실제의 A/D 변환에서 발생되는 오류 및 신호의 재생에 주어지는 오류의 효과를 이해하는 데에 아주 중요하다.

실제의 표본화장치들은 $t = kT_s$ 근방의 짧은 시간 T_p 동안 신호의 표본을 얻는다. 다시 말해, 매 T_s초마다 표본화 장치는 신호 $g(t)$의 표본을 T_p 동안의 스냅샷으로 잡는다. 이것은 마치 100m 올림픽 경주동안 주자의 정지사진 열을 얻는 것과 같다. 시간 T_p 동안의 장면을 평균함으로써 정지사진을 얻는 보통 카메라처럼, 실제의 표본화기도 시간 T_p 동안의 신호 $g(t)$의 평균값을 구하여 $t - kT_s$의 표본값을 발생시킨다. 즉,

$$g_1(kT_s) = \frac{1}{T_p}\int_{-T_p/2}^{T_p/2} g(kT_s + t)\, dt \tag{6.19a}$$

실제 장비에 따라 평균값은 그 장비의 평균함수 $q(t)$에 의해 제어되므로,

$$g_1(kT_s) = \frac{1}{T_p}\int_{-T_p/2}^{T_p/2} q(t) g(kT_s + t)\, dt \tag{6.19b}$$

따라서 카메라 분석 방법에 따라 실제의 표본화기는 다음 식과 같은 표본 신호를 발생한다.

$$\breve{g}(t) = \sum g_1(kT_s)\delta(t - kT_s) \tag{6.20}$$

실질 표본 신호 $\breve{g}(t)$와 원래의 저역 통과 아날로그 신호 $g(t)$ 사이의 관계를 주파수 영역에서 살펴보도록 하자.

$\breve{g}(t)$와 $g(t)$ 균일 크기의 특수한 경우에 대한 이 관계를 설명하기 위해 그림 6.10을 이용한다, 즉,

$$q(t) = \begin{cases} 1 & |t| \le 0.5T_p \\ 0 & |t| > 0.5T_p \end{cases}$$

그림 6.10에서와 같이 $g_1(t)$는 신호 스냅샷을 발생시키기 위해 자연적 규격화(natural gating)를 우선 사용하여 등가적으로 얻어질 수 있다.

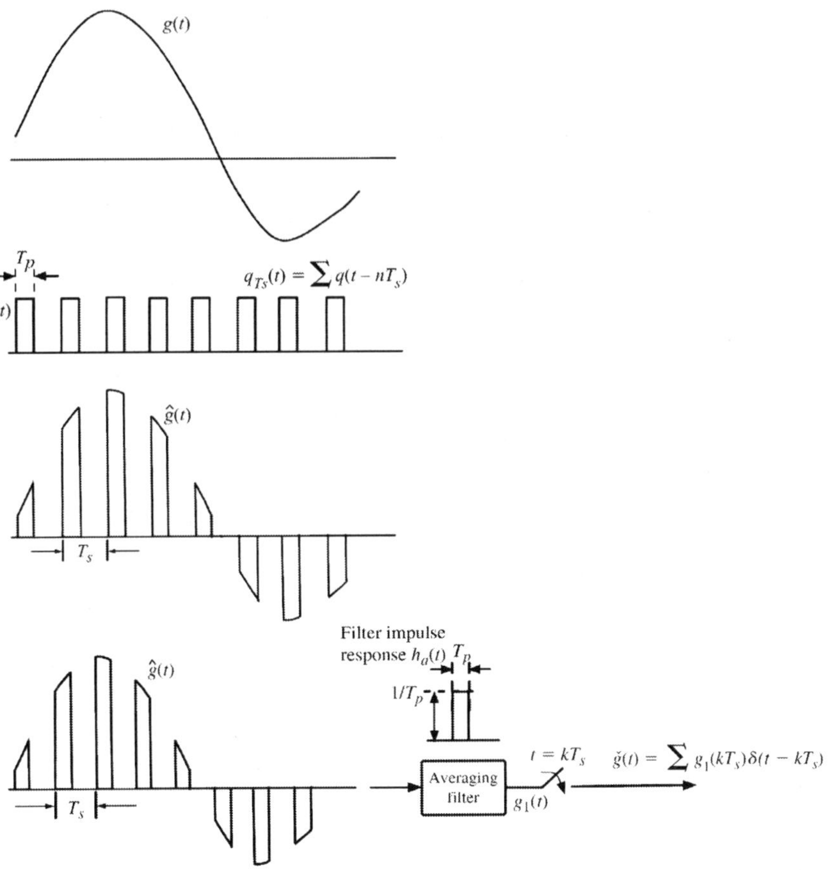

▸▸ 그림 6.10 실질 표본화

$$\hat{g}(t) = g(t) \cdot q_{T_s}(t) \tag{6.21}$$

단,

$$q_{T_s}(t) = \sum_{n=-\infty}^{\infty} q(t - nT_s)$$

그림 6.10b에 스냅샷 신호 $\hat{g}(t)$를 보였다. 이제 임펄스 응답이 다음과 같은 평균필터를 정의하자.

$$h_a(t) = \begin{cases} \dfrac{1}{T_p} & -\dfrac{T_p}{2} \le t < \dfrac{T_p}{2} \\ 0 & \text{elsewhere} \end{cases}$$

또는 전달함수가

$$H_a(f) = \text{sinc}\left(\pi f T_p\right)$$

스냅샷 신호 $\hat{g}(t)$를 이 평균필터에 입력시키면, 그 출력은 다음과 같다.

$$g_1(t) = h_a(t) * \hat{g}(t)$$

그림 6.10c에 보인 바와 같이, 실제 표본화기는 평균필터 출력 $g_1(kT_s)$를 표본화하여 표본화 신호 $\breve{g}(t)$를 발생시킨다. 즉, $g(t)$의 실제 표본을 발생시키는 과정이 그림 6.10c처럼 스냅샷, 평균계산, 표본화의 과정을 거친다. 이제 이런 실제적 표본화기에서 발생되는 왜곡을 분석하기 위하여 주파수 영역의 관계를 확인해보자.

이 후의 분석에서 함수 $q(t)$는 다음과 같은 조건하에서 고찰될 것이다.

$$q(t) = 0, \qquad t \notin (-0.5T_p,\ 0.5T_p)$$

$q_{T_s}(t)$가 주기함수임에 유의하면, 다음과 같이 푸리에 급수로 표현될 수 있다.

$$q_{T_s}(t) = \sum_{n=-\infty}^{\infty} Q_n e^{jn\omega_s t}$$

단,

$$Q_n = \frac{1}{T_s} \int_{-0.5T_p}^{0.5T_p} q(t) e^{-jn\omega_s t} dt$$

따라서 평균필터의 출력은

$$\begin{aligned} g_1(t) &= h_a(t) * \left[g(t)q_{T_s}(t)\right] \\ &= h_a(t) * \sum_{n=-\infty}^{\infty} Q_n g(t) e^{jn\omega_s t} \end{aligned} \tag{6.22}$$

주파수 영역에서는,

$$\begin{aligned} G_1(f) &= H(f) \sum_{n=-\infty}^{\infty} Q_n\, G(f - nf_s) \\ &= \text{sinc}\left(\pi f T_p\right) \sum_{n=-\infty}^{\infty} Q_n\, G(f - nf_s) \end{aligned} \tag{6.23}$$

$$\breve{g}(t) = \sum_k g_1(kT_s)\delta(t - kT_s)$$

이기 때문에 표본화 정리를 적용하여 다음과 같이 쓸 수 있다.

$$\begin{aligned} \breve{G}(f) &= \frac{1}{T_s}\sum_m G_1(f + mf_s) \\ &= \frac{1}{T_s}\sum_m \text{sinc}\left[\frac{(2\pi f + m2\pi f_s)T_p}{2}\right]\sum_n Q_n\, G(f + mf_s - nf_s) \\ &= \sum_\ell \left(\frac{1}{T_s}\sum_n Q_n\, \text{sinc}\left[(\pi f + (n+\ell)\pi f_s)T_p\right]\right) G(f + \ell f_s) \end{aligned} \tag{6.24}$$

마지막 등식은 급수의 지수를 $\ell = m - n$으로 치환하여 얻는다.
주파수 응답을 다음과 같이 정의할 수 있다.

$$F_\ell(f) = \frac{1}{T_s}\sum_n Q_n\, \text{sinc}\left[(\pi f + (n+\ell)\pi f_s)T_p\right]$$

이 정의에 의해 식 (6.24)를 간단히 정리하면,

$$\breve{G}(f) = \sum_\ell F_\ell(f) G_1(f + \ell f_s) \tag{6.25}$$

B Hz의 대역폭을 지닌 저역 통과 신호 $G(f)$에 이상적 저역 통과 (보간)필터를 적용하면 왜곡 신호는 다음과 같을 것이다.

$$F_0(f)G(f) \tag{6.26a}$$

여기서

$$F_0(f) = \frac{1}{T_s}\sum_n Q_n \operatorname{sinc}\left[\pi(f+nf_s)T_p\right] \tag{6.26b}$$

식 (6.25)와 (6.26)에서부터 실제적 표본 신호는 이미 알고 있는 왜곡 $F_0(f)$를 포함함을 알 수 있다.

더군다나 식 (6.12)처럼 실제 재생 펄스 $p(t)$를 사용한다면, 부가적인 왜곡이 더 발생할 것이다. 실제 표본을 사용하여 $g(t)$를 재생하여 보자.

$$\breve{g}(t) = \sum_n g_1(nT_s)p(t-nT_s)$$

식 (6.13)으로부터 재생 스펙트라와 원 메시지 $G(f)$의 관계를 얻을 수 있는데 다음과 같다.

$$\breve{G}(f) = P(f)\sum_n F_n(f)G(f+nf_s) \tag{6.27}$$

$G(f)$의 대역폭이 B Hz이기 때문에 대역폭 B 내에서 왜곡없는 재생을 할 수 있는 등화기 $E(f)$를 새로 설계할 필요가 있을 것이다.

$$E(f)P(f)F_0(f) = \begin{cases} 1 & |f| < B \\ \text{Flexible} & B < |f| < f_s - B \\ 0 & |f| > f_s - B \end{cases} \tag{6.28}$$

이 유일한 등화기는 $F_0(f)$의 이상적이지 못한 표본화 효과와 $P(f)$의 이상적이지 못한 재현에 따른 왜곡을 보상할 수 있도록 설계되어질 수 있다. 두 종류의 왜곡이 앞으로 규명될 것이기 때문에 실제로 이러한 등화기의 제작은 가능하다.

6.1.5 표본화 정리의 응용

표본화 정리는 연속-시간 신호를 이산-시간 수열(sequence of numbers)로 바꿀 수 있도록 함으로써 신호의 해석, 처리, 전송에 있어서 매우 중요한 사항이다. 연속-시간 신호를 처리하는 것과 이산-시간 수열을 처리하는 것이 등가이다. 이런 개념이 디지털 필터링의 영역에 도입되어, 통신 현장에서 연속-시간 메시지의 전송이 수열의 전송으로 바뀐다. 연속-시간 신호를 펄스 열(pulse train)로 바꾸어 통신하는 기술들이 개발되는 것이다.

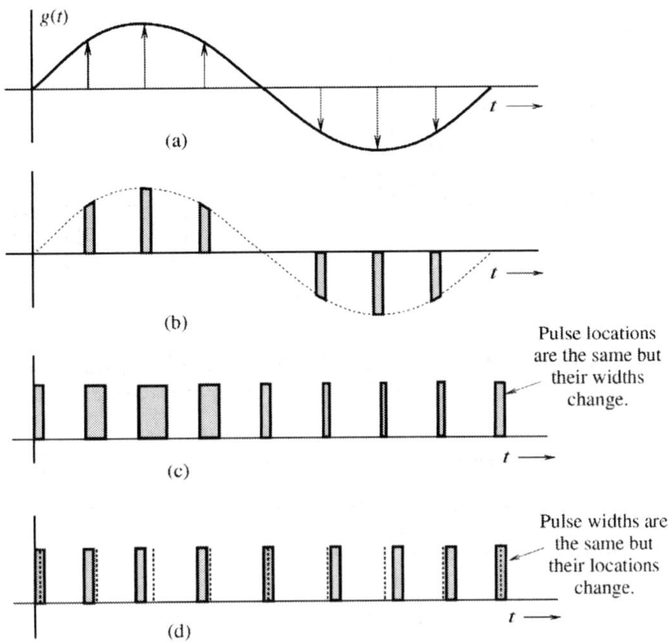

▸▸ 그림 6.11 펄스-변조된 신호들
(a) 원래의 신호, (b) PAM 신호, (c) PWM(PDM) 신호, (d) PPM 신호

연속-시간 신호 $g(t)$는 표본화되고, 표본값들이 주기적인 펄스 열의 특정 매개변수로 변조된다. 즉, 펄스 진폭(그림 6.11b), 펄스 폭(그림 6.11c), 펄스 위치(그림 6.11d)가 신호 $g(t)$의 표본값에 비례하여 변조된다. 일반적으로 이를 펄스 진폭 변조(PAM), 펄스 폭 변조(PWM), 펄스 위치 변조(PPM)라 한다. 펄스 변조의 가장 중요한 형태는 현재로선 1.2절에 언급된 펄스 부호 변조(PCM)이다. 이 모든 변조 방식에서는 $g(t)$를 전송하는 대신 그에 상응하는 펄스-변조된 신호를 전송한다. 수신단에서 이 펄스-변조된 신호의 정보를 읽어서 아날로그 신호 $g(t)$를 재생한다.

펄스 변조를 사용하는 장점 중 하나는 시분할 다중화(TDM) 방식에 의하여 동시에 여러 개의 신호를 동일 채널로 전송할 수 있다는 것이다. 펄스-변조된 신호는 채널 시간중 일부분만을 점유하므로, 여러 개의 펄스-변조된 신호를 짜깁기함으로써 동일 채널로 전송할 수 있다. 그림 6.12는 두 개의 PAM 신호를 TDM하는 경우이다. 이런 방식으로, 펄스 폭을 더욱 좁게 함으로써 더 많은 신호들을 다중화할 수 있다.

여러 개의 기저 대역(base band) 신호를 동시에 전송하는 또 하나의 방법은 제 4장에서 간략히 언급된 주파수 분할 다중화(FDM)이다. FDM 방식에서는 개개의 신호가 채널 대역폭을 분할함으로써 다중화된다. 각 메시지의 스펙트럼은 다른 신호의 스펙트럼에 의하여

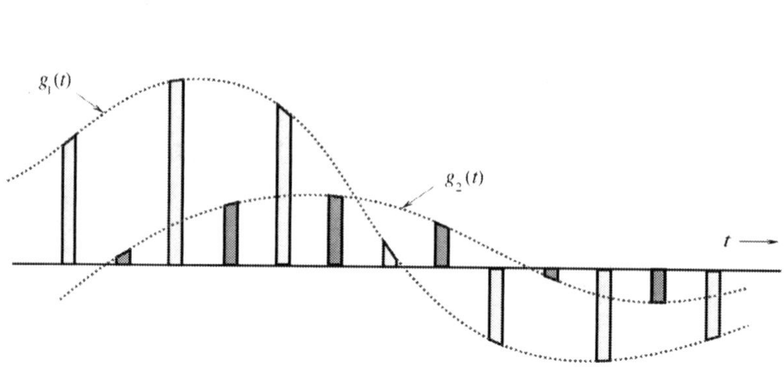

▶▶ 그림 6.12 두 신호의 시분할 다중화

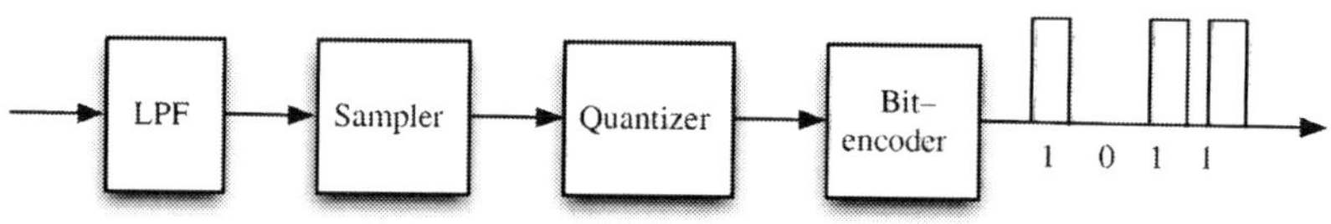

▶▶ 그림 6.13 PCM 시스템

점유되지 않는 특정 대역으로 천이된다. 각 신호의 정보는 채널의 주파수 대역에 서로 겹치지 않도록 위치가 지정된다. 방법상으로는 TDM과 FDM은 서로 대칭적인 것이다.

6.2 펄스부호변조(PCM)

앞에서 언급된 모든 펄스 변조방식중에서 가장 널리 쓰이고, 매우 유용한 방식이 PCM이다. 그림 6.13에서와 같이 기본적으로, PCM은 아날로그 신호를 디지털 신호로 변환(A/D 변환)하는 것이다. 아날로그 신호는 연속 영역에서 그 진폭의 크기가 임의의 값을 가질 수 있다는 점이 특징이다. 즉, 그 값이 무한대의 자리수를 취할 수 있다는 것을 의미한다. 반면에 디지털 신호의 크기는 유한한 자리수의 값만을 취할 수 있다. 아날로그 신호는 표본화와 양자화(quantizing)에 의하여 디지털 신호로 변환될 수 있는데, 양자화란 그림 6.14에서와 같이 신호 크기의 값을 가장 근접한 허락된 수(또는 양자화된 크기: quantized level)의 값으로 자릿수의 뒷부분을 떨구는(rounding off) 것을 말한다. 아날로그 신호의 크기 $m(t)$는 $(-m_p,\ m_p)$ 범위로 주어지고, 이 구간은 각각의 크기가 $\Delta v = 2m_p/L$의 L개의 부분 구간으로 분리되어진다. 그 다음 각 표본의 크기는 그 표본이 놓여진 부분 구간의 가운데 값으로 근사화된다(L=16인 그림 6.14 참조). 각 표본은 L개의 수치 중 하나로 근사화된다. 즉 신호는 양자화된 표본이 L개의 수치중 하나를 취함으로써 디지털화된다. 이러한 신호를 L-진 디지털 신호(L진 digital signal)라 한다.

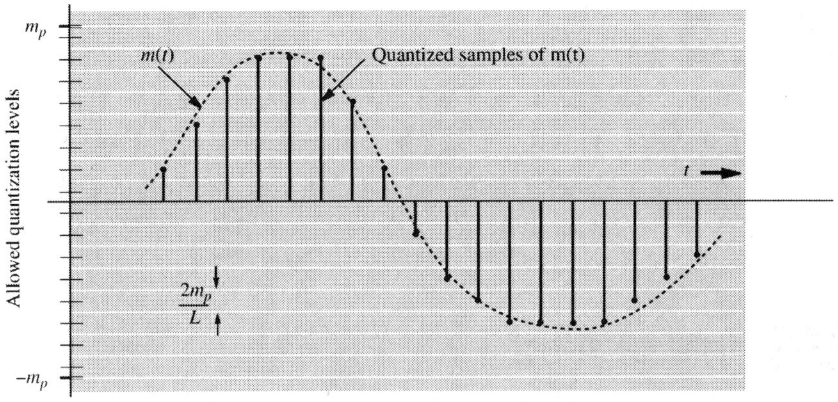

▸▸ 그림 6.14 표본화된 아날로그 신호의 양자화

실제적인 면에서 보면, 2진 디지털 신호(신호의 값이 두 값만으로 표현된다)가 가장 바람직하다. 그 이유는 2진 신호가 단순하고, 경제적이어서 공학적 응용이 쉽기 때문이다. 펄스 부호화를 사용하여 L-진 신호를 2진 신호로 변환할 수 있다. $L=16$인 경우에 대한 부호화를 그림 1.5에 보인 바 있다. 0에서 15까지의 16개의 십진수를 2진수로 표현한 이 부호를 자연 2진 부호(NBC: natural binary code)라 한다. 2진 부호를 생성하는 다른 방법들에 대해서는 추후에 언급될 것이다. 전송되어야 할 16가지 크기들은 각각 4자리의 2진 부호로 할당된다. 아날로그 신호 $m(t)$는 (2진화) 디지털 신호로 변환되어진다. 2진 숫자의 자리를 편의상 비트(bit: binary digit)라 부른다. 비트로 간략화된 표현은 공업적 표준이 되었고, 이 책에서도 전적으로 사용될 것이다.

따라서 위의 각 표본은 각각 4비트로 부호화된다. 이 2진 데이터를 전송하기 위하여 두 비트마다 독특한 펄스 모양을 할당해 줄 필요가 있다. 가능한 방법 중 하나가 2진수 0에 대하여 음의 펄스(negative pulse)를 2진수 1에 대하여는 양의 펄스(positive pulse)를 할당하는 것이다(그림 1.5). 이렇게 함으로써 각 표본은 4개의 2진 펄스(펄스 부호) 그룹으로 전송되어진다. 이렇게 얻어진 신호를 2진 신호라 한다.

오디오 신호의 대역폭은 대략 15 kHz이지만 주관적 실험에 의하면 신호의 발음 인식도(명료도)는 3,400 Hz 이상의 성분을 모두 제거시켜도 영향을 받지 않는다.[*, 3] 전화에서는 고음질보다는 명료도가 목적이므로 3,400 Hz 이상의 요소는 저역-통과 필터로 제거한다. 고주파 부분이 제거된 이 신호는 초당 8,000개의 표본율(8 kHz)로 표본화된다. 이 표본율은 신호를 재생하는데 필요한 나이퀴스트 표본율 6.8 kHz보다 훨씬 높아서 신호재생이 가능하다. 최종적으로 각 표본은 256개의 구간(L=256)으로 양자화되기 위해 각 표본당 8개

* 300 Hz 이하의 성분도 명료도에 영향을 미치지 않으므로 제거될 수 있다.

의 2진 펄스 그룹이 요구된다($2^8 = 256$). 따라서 전화 신호로는 초당 8 x 8,000= 64,000개의 2진 펄스가 필요하다.

컴팩 디스크(CD)는 PCM의 최근 응용 예이다. 여기에는 오디오 신호의 대역폭 20 kHz에 고음질이 요구된다. 나이퀴스트 표본율은 40 kHz이지만 앞서 언급된 이유 때문에 실제의 표본화율은 44.1 kHz가 사용된다. 이 표본화 신호는 양자화 오류를 감소시키기 위하여 다소 많은 구간 (L=65,536)으로 양자화된다. 이렇게 발생된 2진 부호화된 표본들(1.4Mbps)이 CD상에 기록된다.

6.2.1 디지털 통신의 장점

아날로그 통신과 비교한 디지털 통신의 장점을 나열하면 다음과 같다.

1. 잡음과 찌그러짐이 제한적 범위 내에 존재한다면, 채널 잡음과 찌그러짐을 무시할 수 있으므로 디지털 통신이 아날로그 통신보다 좀 더 강하다. 아날로그 메시지에서는 찌그러짐이나 잡음이 얼마나 작든 간에 수신된 신호에는 찌그러짐이 존재할 것이다.
2. 아날로그 통신에 비하여 디지털 통신의 가장 큰 장점은 재생 중계기(regenerative repeater)의 재생 능력이다. 아날로그 시스템에서는, 채널(전송로)을 따라 전송되는 메시지 신호가 채널 잡음과 찌그러짐의 누진에 의해 점차 악화된다. 잡음과 찌그러짐에 의해 최종적으로 틀려진다. 증폭을 시킨다고 해도 그 효과는 미미하다. 왜냐하면 신호와 잡음이 동일하게 증폭되기 때문이다. 결과적으로 아날로그 메시지가 전송될 수 있는 거리는 최초의 전송전력에 의해 제한된다. 전송로가 길다면 채널 찌그러짐과 잡음이 누적되어 디지털 신호일지라도 충분히 악화될 것이다. 그 해결책은 잡음과 찌그러짐이 충분히 누적되기 전, 신호 펄스를 검출할 수 있을 정도의 짧은 거리마다 전송로 상에 중계기를 설치하는 것이다. 각 중계기에서 펄스를 검출하여 잡음이나 찌그러짐을 제거한 새 펄스를 재생하고, 이 펄스를 다음단 중계기로 전송하여, 똑같은 방법으로 그 다음단 중계기에서 이 작업이 계속 반복되도록 하는 것이다. 잡음과 찌그러짐이 어느 한계 이내로 주어지면(중계기 간격이 충분히 근접해 있어서), 펄스를 정확하게 검출할 수 있다*. 이런 방식에 의하여 디지털 메시지가 매우 긴 거리에 전송되어도 그 결과는 매우 신뢰할 수 있다. PCM 방식에서의 가장 큰 오류는 양자화로부터 발생한다. 이 오류는 양자화 구간수를 증가시킴으로써 감소시킬 수 있다. 물론 그 대가로 전송채널의 대역폭이 증가되어야 한다.
3. 디지털 하드웨어는 그 응용이 매우 유연하여 마이크로 프로세서, 디지털 스위칭, LSI 회로들을 사용할 수 있게 허용된다.

* 펄스 검출에 있어서의 오류는 무시할 수 있을 정도로 작다.

4. 디지털 신호는 전용선에서와 같이 매우 낮은 오류율과 고음질이 주어지도록 부호화 될 수 있다.
5. 여러 개의 디지털 신호를 다중화하는 것이 매우 쉽고, 효율적이다.
6. 디지털 통신이 아날로그 통신에 비하여 대역폭에 대한 SNR 변경을 효율적으로 할 수 있다.
7. 디지털 신호는 저장하기가 상대적으로 쉽고 매우 경제적이다. 또한 원거리 데이터 베이스로부터 정보를 검색하거나 선택하도록 할 수 있다.
8. 디지털 메시지의 재생은 매우 신뢰도가 높아서 변경되는 부분이 없다. 사진이나 필름등의 아날로그 메시지는 재생하는 단계마다 화질이 떨어진다. 따라서 장거리 전송에 매우 비싼 비용을 치뤄야 한다.
9. 디지털 하드웨어의 가격은 2~3년마다 반값으로 되고, 그 성능이나 용량은 동일 기간마다 2 배씩 향상된다. 또한 디지털 기술 부분의 이러한 기하급수적인 개선 경향은 그 끝이 없다. 결과적으로 통신 또는 저장기술의 어느 영역에서나 디지털 기술이 주도권을 쥐게 될 것이다.

○ **역사적 단편**

고대 인디언 작가 Pingala는 운율학을 묘사하기 위해 진보적 수학개념을 적용했는데, 이 과정에서 8세기 BCE 일찍이, 2진수 시스템을 처음으로 설명하였다.[6] R. Hall와 같은 다른 사람들이 추후 약 200 BCE에 그를 운율학의 수학 분야에 올려 놓았다. Grottfried Wilhelm Leibnits(1646-1716)는 임의의 수를 체계적으로 2진수(0과 1을 사용한)로 표현하는 연구를 한 서양 최초의 수학자였다. 그는 1을 신의 상징으로, 0을 텅빈 것의 상징으로 간주하였기 때문에 그의 연구에 영적인 신성함을 느꼈다. 즉 모든 수를 0과 1로 표현할 수 있다는 것은 텅빈 공간에서 신이 우주를 창조하였다는 사실을 증명하는 것이었다!

6.2.2 양자화

앞에서 언급된 바와 같이 디지털 신호는 다양한 신호원으로부터 주어진다. 컴퓨터와 같은 몇 가지 신호원은 원래부터 디지털 신호원이다. 많은 대부분의 경우는 아날로그 신호원인데 앞으로 분석될 PCM이나 델타 변조(DM) 등의 기술을 사용하여 디지털 신호로 변환된다. 이 절의 나머지 부분에서는 PCM에 대하여 그 다양성 즉 양자화, 부호화, 동기화, 요구되는 전송 대역폭, SNR 등에 대한 정량적 분석이 주어진다.

양자화를 위하여 메시지 신호 $m(t)$의 진폭은 그림 6.14에서와 같이 $(-m_p, m_p)$ 범위로 제한한다. m_p가 $m(t)$의 최대값일 필요는 없다. $\pm m_p$를 넘어서는 $m(t)$의 진폭값은 짤라 버린다. 즉, m_p는 신호 $m(t)$의 매개변수가 아니고, 양자화기의 제한값이다. 진폭 범위 $(-m_p, m_p)$는 각 구간의 폭이 $\Delta v = 2m_p/L$로 되는 L개의 균등한 구간으로 나누어진다. 표본의 값은 그 표본이 주어지는 구간의 중간 값으로 근사화된다(그림 6.14). 양자화된 표본은 부호화되어 2진 펄스로 전송되어진다. 수신단에서 몇 개 정도의 펄스는 부정확하게 검출될 수 있다. 그러므로 이러한 방식에서의 오류는 두 가지가 있는데, 양자화 오류(quantization error)와 펄스 검출 오류(pulse detection error)이다. 모든 실제적인 경우에서는 펄스 검출 오류가 양자화 오류에 비하여 매우 작으므로 무시될 수 있다. 따라서 현재의 분석에서 수신단 신호에서의 오류는 전적으로 양자화 오류에 의해 야기된다고 간주할 것이다.

신호 $m(t)$의 k번째 표본을 $m(kT_s)$, 이의 양자화 표본을 $\hat{m}(kT_s)$라 한다면, 식 (6.10)의 보간 공식으로부터, $m(t)$, $\hat{m}(t)$는 다음과 같이 주어진다.

$$m(t) = \sum_k m(kT_s)\ \text{sinc}\ (2\pi Bt - k\pi)$$

$$\hat{m}(t) = \sum_k \hat{m}(kT_s)\ \text{sinc}\ (2\pi Bt - k\pi)$$

단, $\hat{m}(t)$는 양자화 표본으로부터 재생된 신호이다. 재생에서의 찌그러진 성분 $q(t)$는 $q(t) = \hat{m}(t) - m(t)$이다. 즉,

$$\begin{aligned} q(t) &= \sum_k [\hat{m}(kT_s) - m(kT_s)]\,\text{sinc}\,(2\pi Bt - k\pi) \\ &= \sum_k q(kT_s)\,\text{sinc}\,(2\pi Bt - k\pi) \end{aligned}$$

단, $q(kT_s)$는 k번째 표본에서의 양자화 오류이다. 신호 $q(t)$는 원하지 않는 잡음과 같은 신호로서 양자화 잡음(quantization noise)이라 한다. $q(t)$의 전력을 계산하기 위하여 제곱 평균값을 구해보면,

$$\begin{aligned} \widetilde{q^2(t)} &= \lim_{T\to\infty} \frac{1}{T} \int_{-T/2}^{T/2} q^2(t)\,dt \\ &= \lim_{T\to\infty} \frac{1}{T} \int_{-T/2}^{T/2} \left[\sum_k q(kT_s)\ \text{sinc}\ (2\pi Bt - k\pi) \right]^2 dt \end{aligned} \tag{6.29a}$$

신호 $\text{sinc}(2\pi Bt - m\pi)$와 $\text{sinc}(2\pi Bt - n\pi)$는 서로 직교하므로(문제 3.7-4 참조),

$$\int_{-\infty}^{\infty} \text{sinc}\,(2\pi Bt - m\pi)\,\text{sinc}\,(2\pi Bt - n\pi)\,dt = \begin{cases} 0 & m \neq n \\ \dfrac{1}{2B} & m = n \end{cases} \tag{6.29b}$$

식 (6.29a) 우변의 교차-곱항에 대한 적분값은 0이다. 따라서,

$$\widetilde{q^2(t)} = \lim_{T\to\infty} \frac{1}{T} \int_{-T/2}^{T/2} \sum_k q^2(kT_s) \operatorname{sinc}^2(2\pi Bt - k\pi)\,dt$$

$$= \lim_{T\to\infty} \frac{1}{T} \sum_k q^2(kT_s) \int_{-T/2}^{T/2} \operatorname{sinc}^2(2\pi Bt - k\pi)\,dt$$

식 (6.29b)의 직교 관계에 의하여,

$$\widetilde{q^2(t)} = \lim_{T\to\infty} \frac{1}{2BT} \sum_k q^2(kT_s) \tag{6.30}$$

$2B$는 표본화율이므로 $2BT$는 간격 T 동안에 평균적으로 주어지는 표본의 총 갯수이다. 따라서 식 (6.30)의 우변은 양자화 오류의 평균값(또는 제곱 평균값)을 나타낸다. 양자화 간격이 $\Delta v = 2m_p/L$로, 표본 값을 그 구간(크기가 Δv)의 중간값으로 근사화하였으므로 최대 양자화 오류는 $\pm\Delta v/2$이다. 즉, 양자화 오류는 범위 $(-\Delta v/2, \Delta v/2)$ 사이에 존재한다. 단,

$$\Delta v = \frac{2m_p}{L} \tag{6.31}$$

오류가 범위 $(-\Delta v/2, \Delta v/2)$ 사이의 임의의 값으로 주어질 확률이 균등하다면 양자화 오류 $\widetilde{q^2}$ 의 제곱 평균값은 다음식과 같이 주어진다*.

$$\widetilde{q^2} = \frac{1}{\Delta v} \int_{-\Delta v/2}^{\Delta v/2} q^2\,dq = \frac{(\Delta v)^2}{12} \tag{6.32}$$

$$= \frac{m_p^2}{3L^2} \tag{6.33}$$

$\widetilde{q^2(t)}$가 양자화 잡음의 제곱 평균값 즉 전력이므로 N_q로 표현될 수 있다.

* 확률이론에 익숙한 독자라면 양자화 오류 q의 확률 밀도를 범위 $|q| \le m_p/L$에서 $1/(2m_p/L) = L/2m_p$로 취함으로써 그 결과를 쉽게 구할 수 있다. 즉,

$$\widetilde{q^2} = \int_{-m_p/L}^{m_p/L} q^2 p(q)\,dq = \int_{-m_p/L}^{m_p/L} \frac{L}{2m_p} q^2\,dq = \frac{m_p^2}{3L^2}$$

$$N_q = \widetilde{q^2(t)} = \frac{m_p^2}{3L^2}$$

수신단에서의 펄스 검출 오류를 무시한다면, 수신단에서 재생된 신호 $\hat{m}(t)$는 다음과 같다.

$$\hat{m}(t) = m(t) + q(t)$$

출력단에서 희망되는 신호는 $m(t)$이고 양자화 잡음은 $q(t)$이다. 메시지 신호 $m(t)$의 전력을 $\widetilde{m^2(t)}$로 하면,

$$\frac{S_o}{N_o} = 3L^2 \frac{\widetilde{m^2(t)}}{m_p^2} \tag{6.34}$$

이 식에서 m_p는 양자화기가 받아들일 수 있는 최대 진폭값이므로 양자화기의 상수이다. 이 식의 SNR S_0/N_0는 메시지 신호 전력 $\widetilde{m^2(t)}$에 대해 선형적으로 비례함을 보여주고 있다(그림 6.18에서 $\mu = 0$인 경우를 참조).

6.2.3 누진과세(progressive taxation)의 원리 : 비선형 양자화

S_0/N_0, 즉 SNR은 수신된 신호의 질을 지시하는 값임을 상기하자. 이상적인 경우 신호의 전력 $\widetilde{m^2(t)}$의 모든 크기에서 동일한 SNR(동일한 질)이 되기를 원할 것이다. 불행히도 SNR은 신호의 전력 $\widetilde{m^2(t)}$에 직접 비례하여 화자에 따라 40dB(전력비로 10^4) 정도까지 변한다. 신호의 전력은 사용하는 회로의 길이에 따라서도 변할 수 있다. 즉, 식 (6.34)의 SNR은 화자와 회로의 길이에 따라서 매우 폭넓게 변할 수 있다는 것을 의미한다. 심지어 동일한 화자인 경우에도 작게 이야기 할 때에는 수신 신호의 질이 눈에 띄게 악화된다. 통계적으로 음성에서는 큰 소리보다는 작은 소리가 더 자주 쓰인다. 이것은 대부분 시간대의 SNR이 낮을 것이라는 것을 시사한다.

이 문제의 근원은 양자화 간격이 균등하게 $\Delta v = 2m_p/L$로 주어진다는 사실에 기인한다. 양자화 잡음 $N_q = (\Delta v)^2/12$ [식 (6.32)]는 양자화 간격의 제곱에 비례한다. 그림 6.15a에 보인 바와 같이 작은 신호일수록 더 작은 양자화 간격(비선형 양자화)을 사용함으로써 이 문제는 해결될 수가 있다. 먼저 신호의 표본을 압축한 다음 선형양자화를 사용해도 똑같은 결과를 얻게 된다. 압축기의 입력-출력 특성은 그림 6.15b와 같다. 수평축은 평준화된 입력 신호이다(예로, 입력 신호의 진폭 m을 그 신호의 최대치 m_p로 나눈다). 수직축 y는 출력 신호이다. 압축기는 작은 입력 신호에 대하여는 입력신호의 변화값 Δm

을 큰 변화량 Δy로 치환하고, 큰 신호에 대하여는 그 반대의 동작을 한다. 따라서 m이 작을 경우 주어진 구간 Δm은 더 많은 수의 양자화 단계(더 작은 양자화 간격)를 포함하게 된다. 입력 신호가 작으면 작을수록 양자화 잡음도 더 작아진다. 대수적 압축 특성은 근사적으로 신호의 크기 $\widetilde{m^2(t)}$에 비례하는 양자화 잡음을 생성한다. 따라서 실제적으로 SNR이 넓은 범위에서 입력 신호의 크기와 무관하게 된다[5](그림 6.18 참조). SNR의 등화를 행하는 이러한 방법은 수입에 맞게끔 누진 세율을 사용하는 것과 유사하다. 목소리가 큰 화자와 강한 신호에 대하여는 목소리가 작은 화자와 약한 신호를 보상할 수 있도록 잡음 간격 Δv를 더 크게 강화한다.

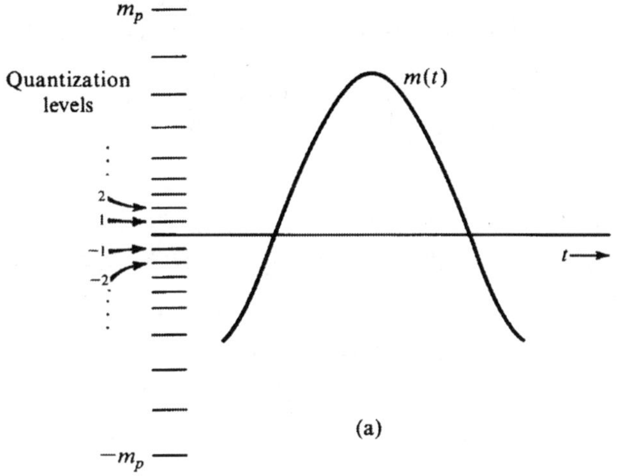

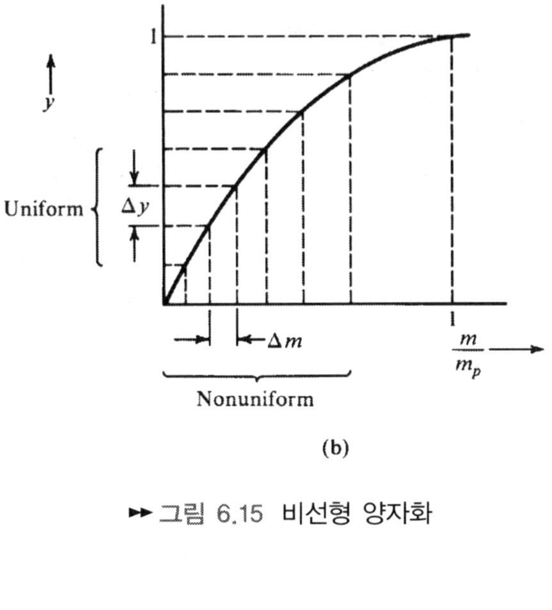

►► 그림 6.15 비선형 양자화

여러 선택 기준 중에서, ITU-T에서는 두 개의 압축에 대한 표준을 지정하였다:[6] 북미와 일본에서 사용되는 μ-law와 유럽 등 그 외 지역에서 사용되고, 국제 표준화된 A-law. μ-law와 A-law 커브는 둘 다 수직축에 대하여 점대칭 특성을 지닌다. μ-law (양의 진폭에 대한)의 식은 다음과 같고,

$$y = \frac{1}{\ln(1+\mu)} \ln\left(1 + \frac{\mu m}{m_p}\right) \qquad 0 \le \frac{m}{m_p} \le 1 \tag{6.35a}$$

A-law(양의 진폭에 대한)의 식은

$$y = \begin{cases} \dfrac{A}{1+\ln A}\left(\dfrac{m}{m_p}\right) & 0 \le \dfrac{m}{m_p} \le \dfrac{1}{A} \\[2ex] \dfrac{1}{1+\ln A}\left(1 + \ln\dfrac{Am}{m_p}\right) & \dfrac{1}{A} \le \dfrac{m}{m_p} \le 1 \end{cases} \tag{6.35b}$$

그림 6.16에 그 특성을 보였다.

압축 매개변수 μ(또는 A)는 압축정도를 결정한다. 입력 신호 전력의 동적 영역이 40dB 이상에서 S_0/N_0가 일정하기 위해서는 μ의 값이 100 이상이어야 한다. 과거 북미의 채널 층과 여타 디지털 터미널들에서는 7-bit(128 구간) 부호화에서 최적의 결과를 생성할 수 있는 μ=100의 값이 사용되었었다. 최근에는 이 값이 폐지되고, 8-bit(256 구간) 디지털 터미널 용으로 μ=255의 값이 사용된다. A-law에서는 ITU-T에서 표준화되고 비슷한 결과를 줄 수 있는 A=87.6이 사용된다.[6]

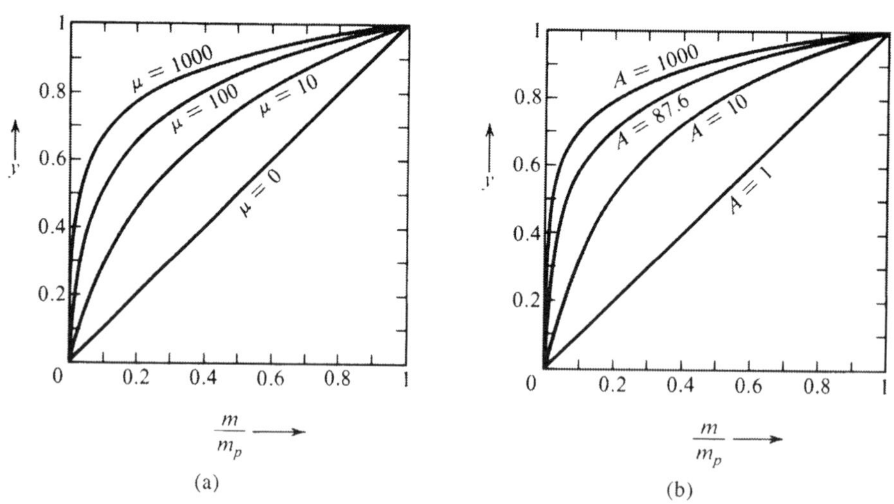

▶▶ 그림 6.16 (a) μ-law 특성, (b) A-law 특성

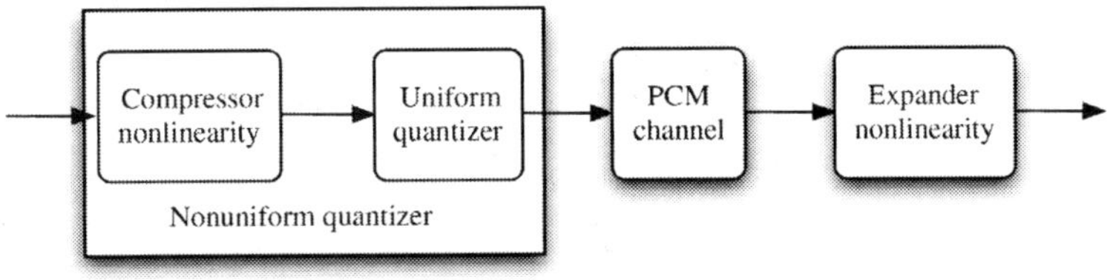

▸▸ 그림 6.17 비선형 양자화에의 압축기 및 신장기 이용

압축된 표본들은 압축기에서와 반대되는 특성을 지닌 신장기에 의하여 수신단에서 원래의 값으로 복귀되어야 한다. 압축기와 신장기를 함께 압신기(compandor)라 부른다. 그림 6.17에 비선형 양자화를 얻기 위해 선형양자화에 압축기 및 신장기를 사용하는 것을 보였다.

일반적으로 신호의 시간 압축은 그 신호의 대역폭을 증가시킨다. 그러나 PCM에서는 신호 $m(t)$를 압축하는 것이 아니라 그 표본을 압축한다. 이 경우에는 시간 축이나 표본 개수가 변하지 않으므로 대역폭 증가라는 문제는 발생하지 않는다. μ-law를 사용할 때의 출력단 SNR은,

$$\frac{S_o}{N_o} \simeq \frac{3L^2}{[\ln(1+\mu)]^2} \qquad \mu^2 \gg \frac{m_p^2}{\widetilde{m^2(t)}} \tag{6.36}$$

$\mu=255$ 및 $\mu=0$(선형 양자화)일 때, $\widetilde{m^2(t)}$ (메시지의 신호 전력)에 대한 출력 SNR은 그림 6.18과 같다.

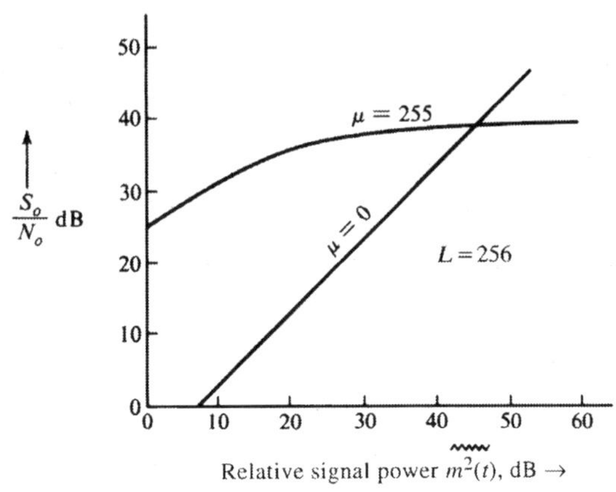

▸▸ 그림 6.18 압축을 사용할 때와 사용하지 않을 때 PCM에서의 SQNR

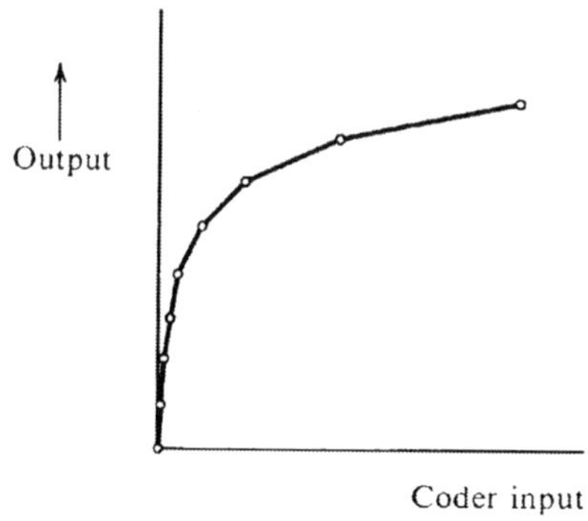

▸▸ 그림 6.19 부분적 선형 압축 특성

○ 압신기

대수적 압축기는 반도체 다이오드에 의해 실현될 수 있다. 이는 반도체 다이오드의 V-I 특성이 1/4 분면에서 요구되는 형태를 지니기 때문이다.

$$V = \frac{KT}{q} \ln \left(1 + \frac{I}{I_s} \right)$$

두 개의 조화된 다이오드를 그 극성이 서로 반대되도록 병렬로 사용한다면 1/4 분면 3/4 분면에서 근사적인 특성을 얻을 수 있다(포화 전류를 무시함). 실제로는 각 다이오드에 직렬로 가변 저항을 달고, 3번째 저항을 병렬로 부가한다. 각 저항을 적당히 가변함으로써 이상적인 특성 커브와 일정한 수(통상 7)의 위치에서 부합하도록 한다.

또 다른 방법으로는 대수적 특성에 알맞도록 부분적 선형 근사법을 사용하기도 한다. $\mu=255$, 8-bit(L=256)에 대한 15-구간 근사법(그림 6.19)이 T1 반송 시스템과 연관되는 D2 채널 층에 널리 쓰이고 있다. 구간 근사법은 SNR의 관점에서 열악하다.[8] 부분 선형 근사법은 $\mu=255$인 경우의 대수적 특성을 일찌감치 대체하여 북미의 표준으로 선택되었다. $\mu=255$의 순정 압축기가 $\mu=255$의 신장기와 더불어 사용된다면 부분 선형 장치를 사용하는 경우보다 특성이 월등하겠지만, 현존 통신망에서 순정 특성을 지닌 디지털 단말 장치는 부분 근사법을 사용하는 망의 다른 요소들과도 단-대-단으로 동작되어야 한다. 이렇게 서로 다른 특성을 갖는 장비들을 조합한 경우 동일한 압축 방법을 사용하는 압축기와 신장기를 사용할 때보다 그 특성이 열악해진다.

SUN, Unix, Java에 사용되는 표준 오디오 파일 포맷에서, "au" 파일에 있는 오디오는 μ-law 또는 A-law를 사용하여 ITU-T G.711 표준에 맞게 PCM화 또는 압축될 수 있다.[6] μ-law 압축기($\mu = 255$)는 14-비트의 선형(부호를 지닌) PCM 표본을 대수적 8-비트 표본으로 변환하여 저장요소를 절약한다. A-law 압축기(A=87.6)는 13-비트의 선형(부호를 지닌) PCM 표본을 대수적 8-비트 표본으로 변환한다. 두 경우 모두, G.77 부호화기는 8

kHz의 표본율로 오디오 신호를 64 kbps의 비트 열로 만들어 낸다. A-law나 μ-law는 서로 호환되기 때문에 "au" 파일에 저장된 오디오는 서로 다른 포맷으로 복호화될 수 있다. 또한 마이크로소프트의 WAV 오디오 포맷도 μ-law와 A-law를 사용하는 압축 옵션이 주어진다.

○ PCM 부호화기

다중화된 PAM 출력은 부호화기의 입력에 인가된다. 부호화기는 각 표본을 양자화하여 n개 비트의 그룹으로 부호화한다. 부호화기의 종류는 다양하다. 본 절에서는 digit-at-a-time 부호화기를 다룰 것이다. 이것은 n-bit 부호(code word)를 만들기 위하여 n번 연속 비교를 행한다. 표본은 2^7, 2^6, 2^5, $\cdots$, 2^0에 비례하는 참조 전압(reference voltage)의 조합으로 주어지는 전압과 비교된다. 참조 전압은 저항 층 R, $2R$, 2^2R, $\cdots$, 2^7R에 의하여 손쉽게 생성된다.

부호화 작업이란 표본의 크기가 허용된 범위의 중간 이상인가 이하인가로 시작되는 연속 질문에 대한 대답과 같다. 주어진 영역의 중간값 이상인가 이하인가에 의하여 부호의 첫째 자리가 1 또는 0으로 결정된다. 두 번째 단계에서는 표본이 속한 부분 구간의 중간값 이상인가 이하인가에 의하여 또 하나의 자리가 1 또는 0으로 정해진다. 이런 작업이 부호의 마지막 자리가 결정될 때까지 계속된다.

복호화는 부호화와 반대적 작업이다. n자리의 각 비트는 서로 다른 값의 저항에 적용된다. k번째 자리는 저항 2^kR에 인가된다. 모든 저항에서 발생되는 전류는 모두 더해진다. 그 합은 양자화 표본의 크기와 비례한다. 예를 들면, 2진 부호가 10010110일 때 전류는 $2^7+0+0+2^4+0+2^2+2^1+0=150$에 비례하도록 주어질 것이다. 이렇게 하여 D/A 변환이 완료된다.

6.2.4 전송대역폭과 출력 SNR

2진 PCM에서 L개의 양자화 구간 각각에 대하여 n 비트의 고유 그룹이 지정된다. n 비트의 수열은 2^n개의 고유 패턴으로 정리될 수 있으므로,

$$L = 2^n \qquad \text{또는} \qquad n = \log_2 L \tag{6.37}$$

즉, 각 양자화 표본은 n 비트로 부호화된다. B Hz로 대역-제한된 신호 $m(t)$는 초당 최소 $2B$개의 표본이 요구되므로 초당 총 $2nB$ 비트 즉, $2nB$개의 정보 조각이 필요하다. 단위 대역폭(1 Hz)은 최대 초당 2개의 정보 조각을 전송할 수 있으므로(6.1.3절), 채널의 최소 대역폭 B_T는 다음과 같이 주어진다.

$$B_T = nB \text{ Hz} \tag{6.38}$$

이 값은 PCM 신호를 전송하는데 필요한 전송 대역폭으로 이론적 최저값이다. 7.2절 및 7.3절에서 실질적인 이유로 전송 대역폭을 이 값보다 더 크게 잡을 것이다.

● 예제 6.2

3 kHz로 대역-제한된 신호 $m(t)$를 나이퀴스트율보다 33⅓% 더 높은율로 표본화한다. 표본의 진폭에서 허용되는 최대 오류(최대 양자화 오류)는 최대 진폭 m_p의 0.5%이다. 양자화 표본은 2진 부호화된다. 부호화된 2진 신호를 전송하는데 필요한 채널의 최소 대역폭을 구하라. 24개의 이러한 신호가 시분할 다중화된다면, 이 다중화 신호를 전송하는데 필요한 최소 전송 대역폭은 얼마인가?

풀이 나이퀴스트 표본율은 $R_N = 2 \times 3{,}000 = 6{,}000$ Hz(초당 표본수)이고, 실제의 표본화율은 $R_A = 6{,}000 \times (1\frac{1}{3}) = 8{,}000$ Hz이다.
양자화 간격이 Δv이면, 최대 양자화 오류는 $\pm \Delta v/2$ 이므로 식 (6.31)에 의하여

$$\frac{\Delta v}{2} = \frac{m_p}{L} = \frac{0.5}{100} m_p \quad \Rightarrow \quad L = 200$$

2진 부호화이므로 L은 2의 누승이어야 한다. L이상의 값 중에서 가장 가까운 2의 누승은 L=256이다. 식 (6.37)로부터 $n = \log_2 256 = 8$ 비트/표본이고, 총 전송 정보량은 $C = 8 \times 8{,}000$=64,000 bps인데 1 Hz 당 2 bps를 전송할 수 있으므로 최소 전송 대역폭은 $B_T = C/2 = 32$ kHz이다.
다중화된 총 정보량은 $C_M = 24 \times 64{,}000 = 1.536$ Mbit/s이므로 전송 대역폭으로 최소 $1.536/2 = 0.768$ MHz가 요구된다.

○ 출력 SNR의 지수 함수적 증가

식 (6.37)로부터 $L^2 = 2^{2n}$이고, 식 (6.34) 또는 식 (6.36)의 출력 SNR은 다음과 같이 표현될 수 있다.

$$\frac{S_o}{N_o} = c(2)^{2n} \tag{6.39}$$

단,

$$c = \begin{cases} \dfrac{3\widetilde{m^2(t)}}{m_p^2} & \text{[비압축인 경우, 식 (6.34)에서]} \\[2ex] \dfrac{3}{[\ln(1+\mu)]^2} & \text{[압축인 경우, 식 (6.36)에서]} \end{cases}$$

식 (6.38)을 식 (6.39)에 대입하면,

$$\frac{S_o}{N_o} = c(2)^{2B_T/B} \tag{6.40}$$

식 (6.40)로부터 SNR은 전송 대역폭 B_T에 의해 지수 함수적으로 증가됨을 알 수 있다. 대역폭에 대한 SNR의 이러한 경향은 매력적인 것으로 이론적 상한값에 근접한다. 대역폭을 조금만 넓혀도 SNR에서는 매우 큰 효과가 산출된다. 식 (6.39)를 dB 크기로 다시 써보면 이러한 관계는 명백해진다.

$$\begin{aligned}\left(\frac{S_o}{N_o}\right)_{\text{dB}} &= 10\log_{10}\left(\frac{S_o}{N_o}\right)\\ &= 10\log_{10}[c(2)^{2n}] \\ &= 10\log_{10} c + 2n\log_{10} 2\\ &= (\alpha + 6n) \quad \text{dB}\end{aligned} \tag{6.41}$$

단, $\alpha = 10\log_{10} c$. n의 값을 1 만큼 증가시키면(부호에서 1 비트를 증가시키면), 출력 SNR은 4배가 된다(6-dB 증가한다). 즉, n의 값을 8에서 9로 증가시키면, SNR은 4배가 되지만, 전송 대역폭은 단지 32 kHz에서 36 kHz로 증가된다(겨우 12.5% 증가). 이로부터, PCM 방식에서는 전송 대역폭을 사용하여 SNR을 제어할 수 있음을 알 수 있다. 추후 주파수 및 위상 변조에서도 이런 특성이 있음을 밝힐 것이다. 하지만 SNR을 4배로 하기 위하여 대역폭을 2배로 해야만 한다. 이런 관점에서 보면, PCM은 FM이나 PM에 비하여 그 우수성이 현저하다.

● 예제 6.3

대역폭 B = 4 kHz인 신호 $m(t)$가 $\mu = 100$으로 압축되어 2진 PCM으로 전송된다. 전송 대역폭 및 출력 SNR의 관점으로부터 L=64인 경우와 L=256인 경우를 비교하여라.

풀이 L=64, n=6, 전송 대역폭 nB=24 kHz 인 경우,

$$\frac{S_0}{N_0} = (\alpha + 36) \text{ dB}$$

$$\alpha = 10\log\frac{3}{[\ln(101)]^2} = -8.51$$

그러므로,

$$\frac{S_0}{N_0} = 27.49 \text{ dB}$$

L=256, n=8, 전송 대역폭이 32 kHz일 때,

$$\frac{S_0}{N_0} = \alpha + 6n = 39.49 \text{ dB}$$

두 경우에서 SNR의 차이는 12 dB로 16배의 비율이다. 즉, L=256일 때의 SNR이 L=64일 때의 SNR의 16배이다. 전자가 후자에 비하여 대역폭은 단지 33%를 더 요구할 뿐이다.

○ 대수적 단위에 대한 언급

대수적 단위와 대수적 크기는 변수가 넓은 동적 영역을 갖는 경우 매우 편리하다. 주파수 변수 또는 SNR 등이 이런 경우이다. 전력비(power ratio)의 대수적 단위는 데시벨(dB)로서 $10\log_{10}$(전력비)로 정의한다. 따라서 SNR이 x dB라는 것은 다음과 같음을 나타낸다.

$$x = 10 \log_{10} \frac{S}{N}$$

어떤 전송 매체에서의 전력 이득이나 손실을 표현하는 데에도 동일한 단위를 사용한다. 예를 들어, 어떤 케이블에서 신호 전력이 1/15로 감쇄된다면, 그 케이블의 이득을

$$G = 10 \log_{10} \frac{1}{15} = -11.76 \text{ dB}$$

로 표현하거나 또는 케이블의 감쇄(손실)가 11.76 dB라 한다.

데시벨이 전력비의 측정치이긴 하지만, 가끔 전력 그 자체의 측정치를 나타내는 데 쓰이기도 한다. 즉, 100 W의 전력은 1 W의 전력에 비해 전력비가 100이므로 dBW라는 단위로 표현하면 다음과 같다.

$$P_{\text{dBW}} = 10 \log_{10} 100 = 20 \text{ dBW}$$

그러므로 100 W의 전력은 20 dBW와 동일하다. 같은 방법으로, 1 mW에 대한 전력비로 측정되는 전력을 dBm으로 표현한다. 즉, 100 W의 전력을 dBm으로 나타내면 다음과 같다.

$$P_{\text{dBm}} = 10 \log \frac{100 \text{ W}}{1 \text{ mW}} = 50 \text{ dBm}$$

6.3 디지털 전화 : T1 반송 시스템의 PCM

○ 역사적 단편

PCM 방식의 개발과 그 실현 사이에는 20년 이상의 시간차가 발생되었는데, 이는 적절한 스위칭 소자가 개발되지 못한 때문이었다. 트랜지스터가 발명되기 전에 가능한 소자는 진공관이었는데, 이것은 크기가 너무 클 뿐 아니라 스위치로서의 특성이 불량하였고, 열로 인한 전력 손실이 컸다. 진공관을 스위치로 사용한 시스템은 크기도 했지만 신뢰도가 낮았고 곧잘 과열 현상을 유발하였다. 결국 PCM 방식은 크기도 작고, 저전력으로 이상적 스위치에 가까운 트랜지스터가 발명될 때까지 그 응용이 지연되었다.

거의 같은 시기에, 전화 서비스에 대한 요구가 구형 시스템이 과부하 상태가 될 정도로 폭주하였다, 특히 대도시에서. 대부분 도시에서 길거리의 지하 관로는 여타 많은 서비스(상수도, 하수도, 가스관 등)에 의하여 거의 점유되었기 때문에 새로운 지하 케이블을 설치하기가 쉽지 않았다. 더군다나 길거리를 파헤쳐 큰 혼잡을 일으키는 것은 매우 바람직하지 않은 일이었다. 진폭 변조를 사용한 여러 개의 음성 채널을 주파수 분할 다중화함으로써 통신 용량을 증가시키고자 하는 시도는 제한된 범위에서만 가능하였다. 불행히도, 케이블은 애초부터 음성 영역(0에서 4 kHz)에 적합하도록 설계되었기 때문에 잡음이 심각하게 주어졌다. 더군다나 동일 케이블 상에서 여러 쌍의 채널 사이에 발생되는 고주파 누화는 부적합한 특성이었다. 얄궂게도, PCM - FDM 신호에 비하여 여러 배나 더 넓은 대역폭을 요구하는 - 방식이 이 문제를 해결하였다. 디지털 시스템은 중계기의 간격을 좁게 하면 잡음이 많고, 고주파 특성이 나쁜 선로에서도 만족스럽게 동작하기 때문이다.[9] 대략 6,000 피트 간격으로 주어지는 중계기는 펄스가 너무 악화되어 잡음화되기 전에 신호를 정제하여 새로운 펄스로 재생한다. 이것이 Bell System 사의 T1 반송 시스템의 역사이다.[3, 10] 하나의 오디오 신호 대역폭 4 kHz를 전송하는데 쓰였던 한 쌍의 전선이, 지금은 24개의 신호를 시분할 다중화하여 총 대역폭이 1.544 MHz인 PCM 전화 신호를 전송하는데 사용되고 있다.

○ T1 시분할 다중화

그림 6.20a에 T1 반송 시스템의 개념도를 보였다. 24개의 채널 모두 순서대로 표본화된다. 표본화기의 출력단에서는 시분할 다중화된 PAM 신호가 주어진다. 이 다중화된 PAM 신호는 부호화기의 입력으로 주어지고, 각 표본은 양자화 되어 8개의 2진 펄스인 2진 부호로 부호화된다*(그림 6.20b 참조). 디지털 형태로 변환된 신호는 전송 매체를 통하여 송신된다. 약 6,000 피트 간격으로 주어지는 중계기는 펄스를 검출하여 새 펄스로

* 예전에는 각 표본이 7-bit로 부호화되었고, 시그널링 용으로 한 비트가 더해졌다.

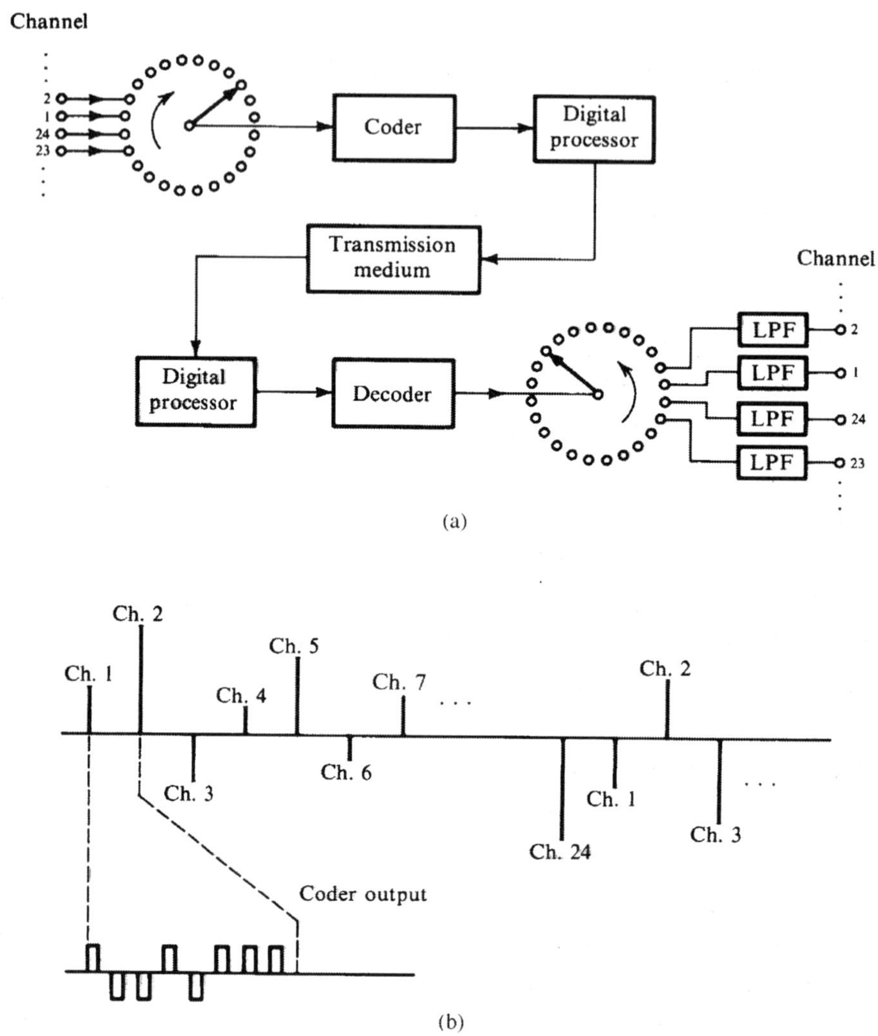

▸▸ 그림 6.20 T1 반송 시스템

전송한다. 수신단에서는 복호화기가 2진 펄스들을 표본 값으로 변환한다(복호화). 표본값들은 역다중화 되어진다(예로, 24개의 채널 각각에 분배된다). 각 채널에서 이 표본들을 저역-통과 필터를 사용하여 원하는 오디오 신호로 재생한다.

그림 6.20의 교환기(commutator)는 기계적 부분이 아니고, 고속 전자 스위칭 회로이다. 이런 목적에 부합되는 방식은 몇 가지가 있다.[11] 표본화는 전자적 개폐기(그림 4.5에서와 같은 다이오드 결합 회로)를 $2\mu s$ 의 좁은 펄스 폭을 지닌 펄스 신호에 의해 주기적으로 개방시킴으로써 수행된다. T1 시스템의 1.544 Mbps 신호를 1단계 디지털 신호(DS1:

digital signal level 1)라 부르는데, 그 뒷 단에서 점진적으로 6.4절에서 언급할 더 높은 단계의 신호 DS2, DS3, DS4로 다중화하는데 사용된다.

Bell System 사가 미국에서 T1 반송 시스템을 개시한 후, ITU-T에서 2.048 Mbps의 속도를 갖는 30-채널용 PCM 시스템(T1은 1.544 Mbps 속도에 24-채널용)을 표준화하기 전까지 많은 변형이 제기되거나 적용되었다. 30-채널 시스템은 미국과 일본을 제외한 대부분의 국가에서 사용되고 있다. ITU-T의 표준화가 되기 전에 미국과 일본에서 T1 반송 시스템이 널리 적용되었기 때문에, 국제 통신에서는 적절한 인터페이스에 의하여 이 두 표준이 세계의 각기 다른 지역에서 사용되고 있다.

○ 동기화 및 시그널링

24개 채널의 각 표본 값에 대응되는 부호는 그림 6.21에서와 같이 순서대로 다중화된다. 24개 채널의 각각으로부터 하나의 부호씩(표본 값에 대응되는) 모아놓은 부분을 프레임(frame)이라 부른다. 각 프레임은 $24 \times 8 = 192$개의 정보 비트를 지니고 있다. 초당 8,000개의 표본을 발생시키므로, 각 프레임은 $125\mu s$로 주어진다. 수신단에서는 각각의 정보 비트를 정확하게 분리할 수 있도록 매 프레임의 시작 부분을 확실시 할 필요가 있다. 이런 목적을 위하여 프레임화 비트(framing bit)를 각 프레임의 맨 앞에 부가시킨다. 이로 인하여 프레임의 길이는 총 193 비트가 된다. 프레임화 비트는 각 프레임의 시작 부분에 하나씩 주어지는 프레임화 비트의 열이 대화 신호(speech signal)와는 다른 패턴이 되도록 선정된다.

각 프레임의 첫 자리에 주어진 비트로 형성되는 이 프레임화 비트 열은 수신단의 논리 회로에 의하여 검증된다. 이 비트 열이 주어진 부호 패턴(프레임화 비트 패턴)을 따르지 않으면 동기 상실이 검출되고, 그 다음 단 위치가 실제적 프레임 비트인가 검증된다. 검출하는데 소요되는 시간은 약 0.4 내지 6 ms이고, 프레임 재구성에는 (최악의 경우) 50 ms 정도가 필요하다.

정보 및 프레임화 비트 외에도 전화를 걸기/끊기 신호와 같은 다이얼링 펄스에 해당하는 시그널링 비트를 전송해야 한다. 이런 시스템의 채널이 전화 스위칭 시스템 사이에 신호를 전송하는데 사용될 때, 스위치들은 효과적으로 채널을 이용할 수 있도록 서로 통신 가능해야 한다. 예전에 사용되던 7 비트 대신에 모든 8비트를 전송용으로 사용하므로*, 8번째 비트에 의해 제공되던 시그널링 채널은 더 이상 제공될 수 없다. 매우 낮은 속도의 시그널링 채널이 요구되므로, 이 정보용으로 별도의 시간대(time slot)를 잡지 않고, 전송해야 할 신호 중 매 6번째 표본 신호의 한 정보 비트(최우측 비트: LSB)를 사용한다. 이것은 각 음성 신호의 매 6번째 표본이 LSB에 해당하는 만큼 오류가 주어질 수 있음을

* 과거의 T1 시스템에서는 양자화 구간 L = 128로 단 7개의 정보 비트만이 요구되었고, 8번째 비트는 시그널링 용이었다.

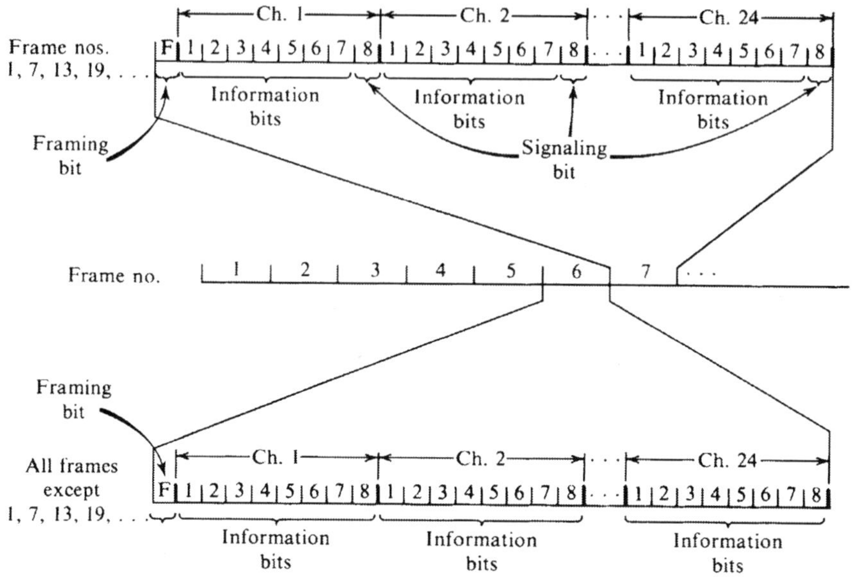

▶▶ 그림 6.21 T1 시스템의 시그널링 포맷

의미한다. 그러므로 매 6번째 프레임은 $7 \times 24 = 168$개의 정보 비트, 24개의 시그널링 비트, 1개의 프레임화 비트로 구성된다. 모든 나머지 프레임들은 192개의 정보 비트와 1개의 프레임화 비트로 주어진다. 이런 기법을 $7\frac{5}{6}$ 비트 부호화라 부르며, 이렇게 얻어지는 시그널링 채널을 비트 차용 신호 방식(robbed-bit signaling)이라 부른다. 6 프레임 중 하나가 불완전함으로써 야기되는 SNR의 미소한 감소는 수용 가능한 단점으로 간주된다. 각 신호 당 발생되는 시그널링 비트는 $8{,}000/6 = 1{,}333$ bit/s의 비율로 주어진다. 그림 6.21에 프레임 포맷을 보였다.

예전의 7 비트 프레임화 포맷에서는 비트 열 상에 채널이 속할 수 있기 위해서 프레임 경계를 확인하는 것만이 요구되었다. 시그널링이 매 6번째 프레임의 채널들에 내재될 때에는 어떤 프레임이 시그널링 프레임인가가 수신단에서 확인될 필요가 있다. 이 새로운 프레임화 구조는 슈퍼 프레임(super frame)이라 하는데, 이런 문제를 조심스럽게 다루기 위하여 개발되었다. 프레임화 비트는 이전과 같이 8 kbps의 속도로 전송되고, 각 프레임의 첫 비트가 사용된다. 프레임화 비트는 12개의 프레임마다 반복되는 특수 패턴으로 구성된다: 100011011100. 이 패턴은 이전과 같이 프레임 경계를 규명하는데 사용되며, 슈퍼 프레임 내에서 6번째 및 12번째 프레임 위치를 결정할 수 있도록 한다. 여기서 설명하는 슈퍼 프레임은 길이가 12 프레임이다. 슈퍼 프레임 당 2 비트가 채널의 시그널링에 쓰일 수 있으므로, 두 시그널링 비트에 의한 4 가지 가능한 패턴을 사용함으로써 한 채널에 4 상태의 시그널링을 제공하는 것이 가능하다: 00, 01, 10, 11. 그렇지만 전화망에서 대부분의 스위치-대-스위치 응용에는 2 상태 시그널링만이 요구되므로 3-상태, 4-상태 시그널링 기술은 어떤 특정 응용에 사용된다.

디지털 전자공학과 부호화 이론의 진보에 의하여, 프레임화 목적으로 DS1 신호에서 프레임화 채널의 8 kbps 전부를 사용할 필요가 없어졌다. 새로운 슈퍼 프레임 구조를 확장 슈퍼 프레임(ESF: extended super frame) 포맷이라 부르는데, 요구되는 프레임화 대역폭을 감소시킬 수 있는 장점을 갖는 방법으로 1970년대에 소개되었다. ESF는 길이가 24 프레임이고, 프레임 6, 12, 18, 24에서 각 채널의 8번째 비트에 시그널링 비트를 지닌다. 따라서 16 상태의 시그널링이 가능하며, 가끔 슈퍼 프레임 포맷과 같이 사용되기도 하는데, 대부분의 응용에서는 2 상태 시그널링만이 요구된다.

ESF 신호에서의 8 kbps의 간접 용량(프레임화에 필요한)은 3개의 채널로 분리되어진다: 프레임화에 2 kbps, 순환 중복 확인(CRC-6) 오류 검출 채널용 2 kbps, 데이터 채널용 4 kbps. CRC-6 패턴에 의해 제공되는 오류 조사에의 고 신뢰도와 장거리 터미널에 수신되는 신호 성능에 대한 정보를 전송할 수 있는 데이터 채널의 사용이 과거의 슈퍼 프레임 포맷에서보다 서비스 제공자들에게 ESF가 좀 더 매력적이도록 한다. 이 CRC 오류 검출에 대한 검토는 제 14장에서 좀 더 언급될 것이다.

ESF 포맷의 2 kbps 프레임화 채널은 반복적 패턴 001011...으로 주어지는데, 이는 24 채널마다 반복되는 패턴으로, 과거의 포맷을 결합한 패턴보다 흉내내기가 매우 어렵다.

여러 가지 이유로, 지능형 통신망 스위칭 노드에 대한 개발을 포함하여, 시그널링 기능은 메시지 또는 데이터 신호를 운송하는 채널로부터 격리되어지는데, 이때의 시그널링 네트워크를 CCIS(common channel interoffice signaling) 시스템이라 한다. 이러한 시스템의 보편화로 인하여 비트 차용 신호 방식의 중요성은 크게 감소될 것이고, 대부분의 응용에서 8 비트 모두를 각 메시지(또는 표본) 전송에 할당할 것이다.

유럽 우편 전신 운용 협회(CEPT)는 프레임 당 256개의 시간대를 갖는 PCM 방식을 표준화 하였다. 각 프레임은 30개 음성 채널(각각 8 비트인)에 해당하는 $30 \times 8 = 240$개의 정보 비트로 구성된다. 프레임 당 나머지 16 비트는 프레임 동기화와 시그널링 용으로 사용된다. 그러므로 전송 속도는 32 음성 채널용에 맞는 2.048 Mbps이지만 30개의 음성 채널만이 전송된다.

6.4 디지털 다중화

낮은 속도의 신호 몇 개를 다중화, 또는 결합해서 고속의 신호를 만들어 고주파 매개체를 통하여 전송할 수 있다. 이 매개체를 여러 입력 신호가 시간-할당하여 점유하므로, 이를 시분할 다중화(TDM)라 한다. 다양한 입력 채널 또는 매체로부터 주어지는 신호는 디지

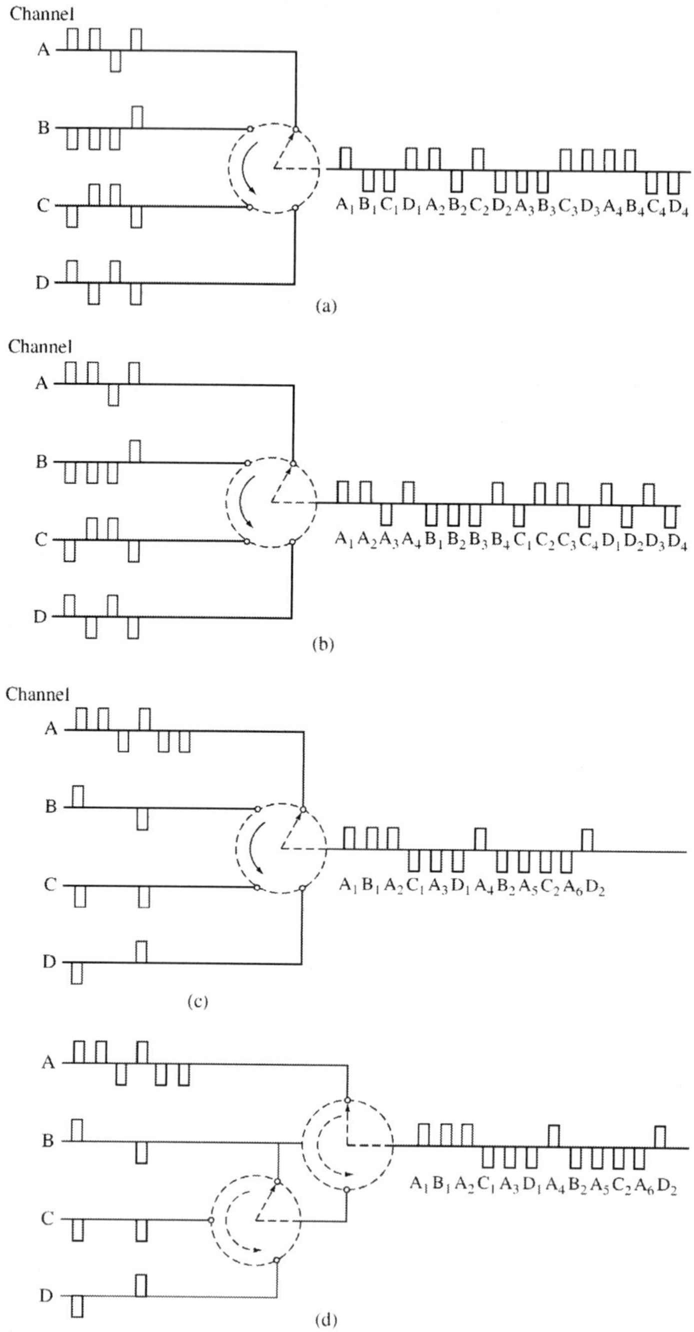

▸▸ 그림 6.22 디지털 신호의 시분할 다중화

털화 음성 신호(PCM), 컴퓨터 출력, 전보 데이터, 디지털 팩시밀리 등과 같이 다양한 속성을 지닌다. 각 매체에서 주어지는 데이터의 속도가 모두 같을 필요는 없다.

모든 매체의 전송 속도가 동일한 경우로부터 시작하자. 다중화 방법은 그림 6.22a와 같이 비트 단위로(bit or digit interleaving), 또는 부호어 단위로(byte or word interleaving) 할 수 있다. 그림 6.22b에는 4 비트로 주어지는 부호어 짜깁기(interleaving) 예를 보였다. 북미 디지털 계위에는 다양한 신호로부터 한 비트씩 취하여 다중화하는 비트 짜깁기를(아주 낮은 계위를 제외하고는) 사용한다. DS1 신호와 SONET용 신호를 구성할 때, 각 채널로부터 연속하여 바이트(8 비트)를 삽입하는 바이트 짜깁기 다중화가 사용된다.

6.3절에서 설명한 T1 반송장치도 8-비트 부호어 짜깁기를 사용한다. 입력 채널 속도가 동일하지 못한 경우에는, 고속 채널이 그에 상응되게 좀 더 많은 슬롯을 점유한다. 그림 6.22c와 d에 4 채널이 다중화되는 경우를 보였는데, 3개의 채널(B, C, D)은 모두 비트 속도 R이고, 한 채널(A)은 3R의 비트 속도를 갖고 있다. 서로 다른 길이의 부호어로 구성되는 경우에도 유사한 결과를 얻을 수 있다. 다중 송신 프레임의 최소 길이는 입력 채널의 속도 중 가장 낮은 경우의 배수로 주어져야만 한다. 따라서 이 방법은 당연히 각 전송 속도간에 얼마간 단순한 관계가 주어질 경우에만 실용적이다. 완전한 비동기 채널의 경우에 대하여는 추후 언급될 것이다.

수신단에서, 입력 비트 열은 분할되어 적절한 출력 채널에 제공되어야만 한다. 이 목적을 위해, 수신단에서는 각 비트를 정확하게 분리할 수 있어야 한다. 즉, 수신 시스템은 각 프레임의 시작부, 프레임에서의 각 슬롯, 슬롯 내의 각 비트의 동기를 일정하게 잡을 수 있어야 한다. 이것은 프레임화 및 동기화 비트를 데이터 비트에 첨가함으로써 수행될 수 있다. 이 비트들은 일반적으로 오버헤드 비트(overhead bits)로 불리운다.

6.4.1 신호 포맷(signal format)

그림 6.23에 DM1/2 다중화기의 대표적인 포맷을 보였다. 여기서는 채널 속도가 1.544 Mbps인 4 개의 채널을 비트 짜깁기한다. 주 프레임(다중 프레임)은 4 개의 부 프레임으로 구성된다. 각 부 프레임은 오버헤드로 6 비트를 사용한다. 예를 들면, 부-프레임1(그림 6.23의 첫줄)에는 오버헤드 비트로 M_0, C_A, F_0, C_A, C_A, F_1이 쓰였다. 이 오버헤드 비트 사이에는 4 개의 채널에서 주어지는(각 채널당 12 개의 데이터 비트씩) 48 개의 짜깁기 데이터 비트가 삽입된다. 오버헤드 비트 M_0를 시작점으로 하면, 그 뒤에 48 개의 다중화 데이터 비트가 주어지고, 두 번째 오버헤드 비트 C_A가 쓰인 후, 그 다음 다중화 비트 48 개 하는 식으로 계속된다. 따라서 총 $48 \times 6 \times 4 = 1152$ 개의 데이터 비트와 $6 \times 4 = 24$ 개의 오버헤드 비트를 써서 프레임당 1176 비트를 만든다. 효율은 $1152/1176 \simeq 98\%$ 이다. 0의 밑첨자를 가진 오버헤드 비트는 항상 0의 값으로 주어지고, 밑첨자가 1인 경우는 그 값이 항상 1이다. 즉, M_0, F_0는 모두 0이고, M_1, F_1는 모두 1이다. F 자리는 010101...과 같이 주기적인데 주 프레

M_0 [48] C_A [48] F_0 [48] C_A [48] C_A [48] F_1 [48]

M_1 [48] C_B [48] F_0 [48] C_B [48] C_B [48] F_1 [48]

M_1 [48] C_C [48] F_0 [48] C_C [48] C_C [48] F_1 [48]

M_1 [48] C_D [48] F_0 [48] C_D [48] C_D [48] F_1 [48]

▸▸ 그림 6.23 DM1/2 다중화기의 포맷

임 패턴을 제공한다. 다중화기는 이 패턴을 이용하여 프레임 동기를 맞춘다. 이 패턴을 찾아 동기를 잡은 후, 역다중화기는 오버헤드 비트 $M_0M_1M_1M_1$에 의한 0111 패턴을 찾는다. 이로부터 그림 6.23의 각 줄에 해당하는 4 개의 부 프레임을 분류한다. 확률적으론 작지만, 신호 비트가 101010... 패턴을 지닐 수도 있다. 수신기는 이 2진 수열을 오버헤드 비트로 잘 못 판정할 것이다. $M_0M_1M_1M_1$가 주어지면 $F_0F_1F_0F_1$ 2진 수열을 진짜라고 증명하게 된다. C 비트는 나중에 언급될 비트 끼워넣기(bit stuffing)에 대한 부가적인 정보를 전송하는데 사용된다.

대부분의 경우에는 모든 입력 채널들이 항상 데이터를 발생시키지는 않는다. 몇 개는 데이터를 송신하지만, 몇 개는 놀고 있다. 이 경우 시스템 전체가 가동되고 있지는 않는 것이다. 그러므로 몇 개의 채널이 임의의 주어진 시간에 놀고 있을 것이라는 사실을 이용하여 좀 더 많은 입력 채널을 받아들일 수 있다. 이 경우 스위칭 작업이 좀 더 복잡해질 것이고, 시스템 설계가 조심스러워진다. 어떤 랜덤 트래픽의 경우에도, 전송을 요구하는 채널의 수가 사용 가능한 채널의 수를 초과하지 않는다고 보장할 수가 없지만, 신호원의 통계를 활용하여, 이런 경우의 발생 확률을 적정한 낮은 값으로 할 수는 있다. 이런 형태의 복합구조는 위성 시스템용으로 개발되었고 이를 시분할 다중 접속(time-division multiple-access: TDMA) 시스템이라 한다.

전화에 쓰이는 TDMA 시스템은 음성 통신에 적정한 성능을 보장하기 위해, 과부하 상태가 1 초의 몇 분의 1이내만 계속되도록 설계 매개변수가 선택되어진다. 하지만 다른 데이터 형태와 전보 등에서는 전송지연이 그리 중요하지 않기 때문에 과부하 상태에서는, 입력 데이터를 저장하였다가 나중에 전송할 수가 있다.

6.4.2 비동기 채널과 비트 끼워 넣기(bit stuffing)

앞 절에서는 모든 입력 채널과 다중화기 간의 동작이 동기적인 경우로 간주하였다. 이것은 모든 채널이 표준적으로 똑같은 속도로 주어진다 하더라도 어려운 일이다. 예를 들어, 1000-km의 동축 케이블이 초당 2×10^8 개의 펄스를 전송한다고 하자. 케이블의 표준 전파속도가 2×10^8 m/s라고 한다면, 전송되는데 1/200 초가 걸리고, 이 동안에 백만 개의 펄스가 전송될 것이다. 케이블의 온도가 1° F만큼 올라간다면, 전파속도는 약 0.01% 증가한다. 이 때문에 전송 펄스는 더 빨리 도착할 것이고, 수신 펄스의 속도를 일시적으로 증가시키게 된다. 정상 개수 이외의 펄스는 다중화기에 수용되지 못하고 수신단에 잠시 저장되어야만 한다. 만약 케이블 온도가 떨어지면, 수신 펄스율도 감소할 것이고, 다중화기는 데이터가 주어지지 않는 빈 슬롯을 지니게 될 것이다. 이 슬롯은 의미없는 정보로 채워질 필요가 있다(펄스 끼워넣기: pulse stuffing).

북미의 망에서 DS1 신호는 자주 개별 채널 뱅크 또는 다른 디지털 단말 장비에서 수정 발진자에 의해 발생되어진다. 발진기가 매우 안정적이라 하더라도, 모든 발진기가 정확히 똑같은 주파수로 발진되지는 않을 것이다. 이 때문에 망에서는 또다른 비동기적 요소가 주어지게 된다.

결국 동기식 다중화 시스템일지라도, 데이터가 동기에 맞춰 수신되지만은 않을 것이다. 이런 경우를 위해서 저장 장치(탄성 기억 장치: elastic store)와 펄스 끼워넣기(자리맞춤: justification)가 필요하다. 탄성 기억 장치와 펄스 끼워넣기를 사용하는 이 방법은 채널이 비동기적일 때라도 동작할 것이다.

펄스 끼워넣기에는 3 가지 종류가 있다: (1) 양의 펄스 끼워넣기, (2) 음의 펄스 끼워넣기, (3) 양/음의 펄스 끼워넣기. 양의 펄스 끼워넣기에서는, 다중화기의 속도가 모든 입력단의 최대 속도보다 더 높다. 그래서 다중화 신호의 시간 슬롯이 입력 데이터의 속도보다 빨라 입력데이터는 지체되어질 것이다(lag) (그림 6.24). 어느 단계에서는, 이 lag가 충분히 커져 시스템 상에서 펄스 끼워넣기가 일어난다. 이렇게 채워진 펄스의 위치 정보는 오버헤드 비트에 의해 전송된다. 수신단에서는 오버헤드 비트로부터 채워진 펄스의 위치를 알아내 이 펄스를 제거한다.

음의 펄스 끼워넣기는 양의 펄스 끼워넣기와 반대적인 동작을 한다. 다중화된 신호의 시간 슬롯이 입력단의 속도보다 낮은 속도로 주어지기 때문에, 입력단 펄스 중 일부는 다중화 신호에 실릴 수 없다. 이 누락된 데이터에 대한 정보와 그 위치는 오버헤드 비트에 의해 전송된다. 양/음의 펄스 끼워넣기 방식은 이 두 방식을 결합한 것이다. 다중화기의 표준 속도는 모든 입력 채널에 적합한 표준 속도와 같다. 그래서 어떤 때는 양의 펄스 끼워넣기를, 또 다른 때는 음의 끼워넣기가 요구된다. 이에 대한 모든 정보는 오버헤드 비트를 통하여 송신된다.

그림 6.23에서 C 자리가 끼워넣기 정보를 전송하는데 쓰인다. 입력 채널당 단 하나의 끼워넣음 비트(stuffed bit)만이 프레임당 허용된다. 이 정도면 입력 신호 전송률의 예상되는 변이를 조정하기에 충분하다. 비트 C_A가 채널 A에서의 끼워넣기 정보를, C_B가 채널 B에서의 끼워넣기 정보를 나타내며, 이 과정이 계속 반복된다. 어느 한 부-프레임에 채움 비트가 끼워넣기 된다면, 그 줄의 모든 3 개의 C값이 1로 지정된다. 끼워넣기가 일어나지 않는다면, 3개의 C값이 모두 0으로 지정된다. 한 비트가 끼워넣음 비트로 채워졌다면,

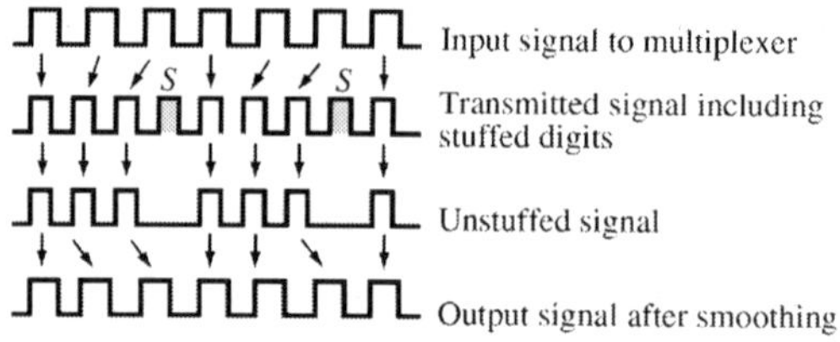

▸▸ 그림 6.24 펄스 끼워넣기

채움 비트의 위치는 F_1 비트 바로 뒤에서 채널에 관련된 첫 번째 정보 비트 자리이다. 즉, 그 프레임의 최종 48-비트 2진 수열의 제일 첫 번째 비트이다. 첫 번째 부-프레임에서, 끼워넣음 비트는 F_1 비트 바로 뒤일 것이다. 두 번째 부-프레임에서는 채움 비트가 F_1 비트 뒤의 두 번째 비트일 것이다. 이와 같은 과정이 계속된다.

6.4.3 근사 동기식 디지털 계층(Plesiochronous Digital Hierarchy)

다음에 보이는 것이 Bell-System에서 개발한 디지털 계위로서 현재 전화에 대한 ANSI의 표준이 되었다(그림 6.25). 이 북미 계위는 북미와 일본에서 쓰이고 있다.

실제로는 두 종류의 다중화기가 쓰이고 있다. 첫째 종류는 저속-데이터 채널을 결합시키는데 쓰인다. 이 다중화기는 9600 bps까지의 채널을 묶어서 64 kbps까지의 데이터율을 갖는 신호로 다중화한다. 다중화된 신호는 북미계위에서 디지털 신호단계 0(DS0)이라 하는데 음성급 채널을 사용하여 전송한다. 두 번째 종류의 다중화기는 더욱 높은 비트율을 갖고 있다.

다중화에는 4 단계가 있다. 1 단계는 T1 다중화기 또는 채널 뱅크로서 각 64 kbps 채널 24개로 구성된다. 이 다중화기의 출력이 DS1(디지털 신호단계 1) 신호인데 1.544 Mbps의 속도이다. 4개의 DS1 신호가 DM1/2 다중화기에 의해 다중화되어 6.312 Mbps 속도의 DS2 신호가 만들어진다. 7개의 DS2 신호는 DM2/3 다중화기에 의해 44.736 Mbps 속도의 DS3 신호가 산출된다. 마지막으로, 3개의 DS3 신호가 DM3/4NA 다중화기에 의해 다중화되어 139.264 Mbps 속도의 DS4NA 신호가 주어진다. 또한 디지털 데이터 시스템(DDS)이라는 낮은 속도의 다중화 계위도 존재하는데, 2.4 kbps의 낮은 속도로 주어지는 디지털 신호를 다중화하여 망을 통해 전송할 수 있는 DS0 신호로 바꾸는 표준을 제공한다.

T1 다중화기의 입력은 디지털화 음성 채널로만 한정될 필요는 없다. 적당한 포맷의 64 kbps의 디지털 신호이기만 하면 전송되어질 수 있다. 더 높은 단계에서도 유사하다. 예를 들면, DM1/2 다중화기에 입력되는 모든 채널이 각각 64 kbps의 채널 24개를 다중화함으로써 얻어진 DS1 신호일 필요는 없다. 그 중 일부는 적당한 포맷의 1.544 Mbps 디지털 신호여도 괜찮다. 이 윗 단계에서도 같은 방식이 적용된다.

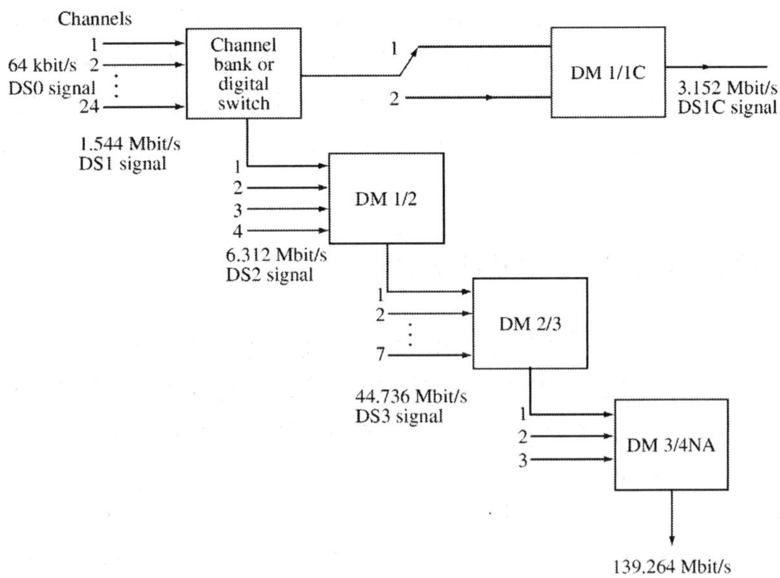

▸▸ 그림 6.25 북미 디지털 계위(AT&T 시스템)

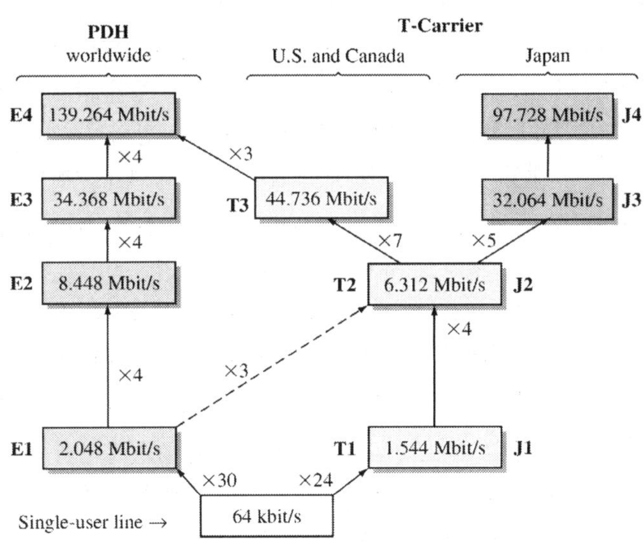

▸▸ 그림 6.26 ITU-T 권장 G.704에 의한 근사 동기식 디지털 계위

유럽과 기타 다른 나라에서는 ITU-T에 의해 다른 계위가 국제 표준으로 적용된다. 이 계위는 64kbps(E-0 채널)의 전화 채널 30개를 다중화하여 E-1 반송 신호인 2.048 Mbps(30 채널)로 만드는 것인데, 이를 그림 6.26에 보였다. 기본 단계인 E-1으로부터, 4

개의 저속 단계를 하나의 고속단계로 다중화하여, 데이터 전송속도가 8.448 Mbps인 E-2, 34.368 Mbps인 E-3, 139.264 Mbps인 E-4, 565.148 Mbps인 E-5 라인을 차례로 발생시킨다. 세계의 3개 시스템(북미. 일본, 기타 국가)과 서로 다른 망들이 연결되어질 수 있어야 하는데, 각각의 상관관계와 공통 접속점들을 그림 6.26에 보였다.

6.5 차동 펄스 부호 변조(DPCM)

PCM은 너무 많은 비트를 발생시켜서 전송에 그만큼의 대역폭을 요구하므로 그리 효율적인 시스템이 아니다. A/D 변환의 부호화 효율을 개선시키기 위하여 여러 가지 아이디어들이 제기되어졌다. 일반적으로, 그 아이디어란 원 신호의 특성을 이용하는 것이다. DPCM도 이런 방법 중 하나이다.

아날로그 신호에서는 이전의 표본 값들에 대한 지식으로부터 한 표본에 대한 추정이 쉽다. 다시 말해, 표본 값들은 독립적이지 않아서, 일반적으로 나이퀴스트 표본들 사이에서는 매우 큰 중복성이 주어진다. 이러한 중복성을 잘 이용하면 더 적은 비트 수로서 신호를 부호화할 수 있다. 간단한 방법 즉 표본 값들을 전송하는 대신에 연속 표본 값 사이의 차이를 전송하는 것을 생각해 보자. 즉 k번째 표본이$m[k]$일 때, $m[k]$를 전송하는 대신 그 차 $d[k]=m[k]-m[k-1]$를 전송하는 것이다. 수신단에서 $d[k]$와 이전 표본의 값 $m[k-1]$을 안다면 $m[k]$를 재생할 수 있다. 그러므로 차이 값 $d[k]$를 안다면, 수신단에서 $m[k]$를 반복적으로 재생할 수 있다. 그런데 연속 표본간의 차이 값은 통상 원래의 표본값보다 훨씬 작다. 그래서 전송해야 할 최대 진폭 m_p가 매우 작아진다. 주어진 L(또는 n) 값에 대한 양자화 간격은 $\Delta v=m_p/L$이므로, 양자화 간격 Δv가 작아지게 되면 $\Delta v^2/12$로 주어지는 양자화 잡음도 감소하게 된다. 즉, 주어진 n(또는 전송 대역폭)에 대한 SNR이 증가되거나, 주어진 SNR에 대한 n(또는 전송 대역폭)이 감소될 수 있다.

이전 표본 값들에 대한 정보로부터 k번째 표본 $m[k]$의 값을 추정(예측)함으로써 이 방법을 개선할 수 있다. 추정된 값이 $\widehat{m}[k]$ 라면, $d[k]=m[k]-\widehat{m}[k]$ 인 차이(예측 오류)를 전송한다. 수신단에서도 마찬가지로 이전의 표본 값들로부터 $\widehat{m}[k]$를 추정하고, 이 값에다 수신된 $d[k]$를 더함으로써 $m[k]$를 재생한다. 이와 같은 방법으로 수신단에서 반복적으로 표본 값들을 재생한다. 사용된 예측 방법이 잘 맞는다면, 예측(추정)된 값 $\widehat{m}[k]$는 $m[k]$에 근접할 것이고, 그 차이(예측 오류) $d[k]$는 연속 표본간의 차이보다 더욱 작을 것이다. 결국 차동 펄스 부호 변조(Differential PCM: DPCM)로 알려진 이 방법은 앞 문단에서 설명한 방식에 비하여 우수한 방법이다. 앞 방식은 DPCM의 특별한 경우로 표본 값의 추정을 그 이전의 표본 값으로 취하는 $\widehat{m}[k]=m[k-1]$의 경우이다.

○ Taylor, Maclaurin, Wiener의 업적

DPCM을 설명하기 전에, 신호 예측(추정) 방법에 대하여 간략히 알아보자. 경험이 없는 초심자에게는, 미래를 예측한다는 것은 무당, 마법사, 영매, 그리고 영적인 세계로부터 구원자를 불러낼 수 있는 존재등을 위한 신비스러운 의식과도 같은 것이다. 전기 기술자는 이러한 일에 전혀 두각을 나타낼 수 없지만 꼭 그런 것만은 아니다. 전기 기술자도 Taylor, Maclaurin, Wiener 등 도와줄 수 있는 존재들의 업적을 불러낼 수 있다. 더군다나, Shakespear의 영혼과 달리, 우리의 혼령은 부를 때 나타난다.* 신호 $m(t)$는 임의의 순간 t에서 모든 차수의 미분 값을 알 수 있다고 가정한다. 이 신호에 대한 Taylor 급수를 사용하면, $m(t+T_s)$는 다음과 같이 표현될 수 있다.

$$m(t+T_s) = m(t) + T_s\dot{m}(t) + \frac{{T_s}^2}{2!}\ddot{m}(t) + \frac{{T_s}^3}{3!}\dddot{m}(t) + \cdots \tag{6.42a}$$

$$\approx m(t) + T_s\dot{m}(t) \qquad \text{for small } T_s \tag{6.42b}$$

식 (6.42a)에서 시간 t에서의 신호 값과 그 미분 값들을 안다면, $t+T_s$에서의 미래 신호 값이 예측될 수 있음을 볼 수 있다. 사실, 단지 1차 미분 값만 알아도 식 (6.42b)에서와 같이 근사적으로 그 값을 예측할 수 있다. $m(t)$의 k 번째 표본을 $m[k]$로 표기하면, 즉, $m(kT_s)=m[k]$이면, $m(kT_s \pm T_s)=m[k\pm 1]$과 같은 표기를 할 수 있다. 식 (6.42b)에서 $t=kT_s$로 놓으면 $\dot{m}(kT_s) \approx [m(kT_s)-m(kT_s-T_s)]/T_s$ 이므로 다음의 결과를 얻는다.

$$\begin{aligned} m[k+1] &\approx m[k] + T_s\left[\frac{m[k]-m[k-1]}{T_s}\right] \\ &= 2m[k] - m[k-1] \end{aligned}$$

이 식은 이전의 표본 두 개로부터 $k+1$번째 표본을 대충 예측할 수 있음을 보여준다. 식 (6.42b)의 근사값은 우변 항의 개수를 늘림으로써 개선된다. 더 고차 미분 값을 결정하기 위해서는 좀 더 많은 과거 표본들이 필요하다. 과거 표본의 갯수가 많을수록 예측은 더욱 정확해진다. 일반적으로 예측 공식을 다음과 같이 쓸 수 있다.

$$m[k] \approx a_1 m[k-1] + a_2 m[k-2] + \cdots + a_N m[k-N] \tag{6.43}$$

* Shakespear, 헨리 4세, 1부, 3막, 1장:
Glendower: 나는 거대한 심연으로부터 영혼을 부를 수 있다.
Hotspur: 물론, 나도, 어느 누구도 그럴 수 있지; 허나 영혼은 자네가 그들을 위해 부를 때에만 나타날 것이네.

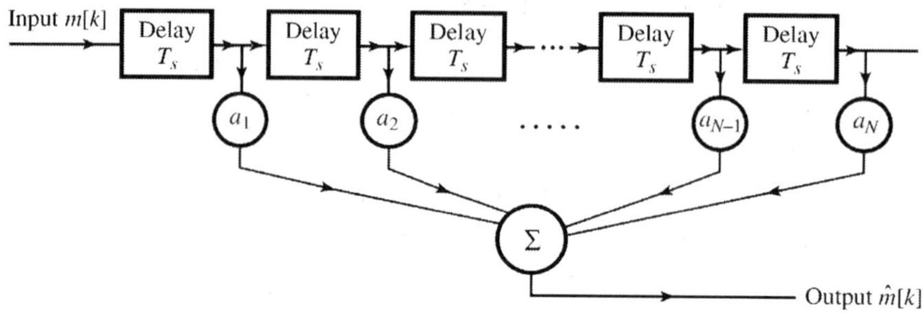

▶▶ 그림 6.27 선형 예측기를 사용한 횡단선 필터(분기 지연 선)

우변은 $\hat{m}[k]$, 즉 $m[k]$의 예측 값이다. 따라서,

$$\hat{m}[k] = a_1 m[k-1] + a_2 m[k-2] + \cdots + a_N m[k-N] \tag{6.44}$$

이 식은 N차 예측기의 수식이다. 일반적으로 N의 값을 크게 할수록 예측 결과는 양호해진다. 이 필터(예측기)의 출력이 $m[k]$의 예측 값 $\hat{m}[k]$이다. 입력은 이전 표본들 $m[k-1]$, $m[k-2], \cdots, m[k-N]$이지만, 습관적으로 입력을 $m[k]$, 출력을 $\hat{m}[k]$라 한다. 1차 예측기라면 이 식은 $\hat{m}[k] = m[k-1]$가 됨을 유의하자. 식 (6.42b)의 우측 항 중 첫 번째 항만을 차용한 것이다. 즉, $a_1 = 1$이고, 단순 시간 지연만 있는 것이다.

예측기 설계에 대하여 간단한 절차만 보였는데, 좀 더 자세한 접근법은 8.5절에서 언급될 것인데, 최선의 예측을 위해 최소 제곱 평균 오류 조건을 사용하고, 다양한 표본간의 통계적 연관성으로부터 식 (6.44)의 예측 계수(prediction coefficient) a_j를 구한다. 식 (6.44)에 설명된 예측기는 선형 예측기(linear predictor)이다. 이것은 기본적으로 횡단선 필터(분기 지연 선)(transversal filter)의 구조로 분기점 이득이 그림 6.27에서와 같이 예측 계수와 같도록 조정된다.

○ DPCM의 분석

앞서 언급한 바와 같이 DPCM 방식에서는 현재의 표본 $m[k]$를 전송하는 것이 아니라 $d[k]$($m[k]$와 예측 값 $\hat{m}[k]$의 차)를 전송한다. 수신단에서는 과거의 표본 값에서 $\hat{m}[k]$를 발생시켜, 수신된 신호 $d[k]$와 더함으로써 $m[k]$를 재생한다. 그러나 이 방법에는 하나의 어려움이 있다. 수신단에서는 $d[k]$ 및 과거의 표본 $m[k-1]$, $m[k-2]$, ⋯ 대신에, 각각의 양자화 값 $m_q[k-1], m_q[k-2], \cdots$ 를 갖고 있다. 따라서 $\hat{m}[k]$를 결정할 수 없다. 양자화 표본 $m_q[k]$를 $m_q[k-1], m_q[k-2], \cdots$의 항들로 계산하여 $\hat{m}_q[k]$만을 결정할 수 있다. 이 때문에 재생시 오류가 증가할 것이다. 이런 경우 $\hat{m}_q[k]$를 결정하기 위해, 송신단에서도 양자화 표본 $m_q[k-1], m_q[k-2], \cdots$ 를 사용하여 $m_q[k]$($m[k]$ 대신에)를 계산하는

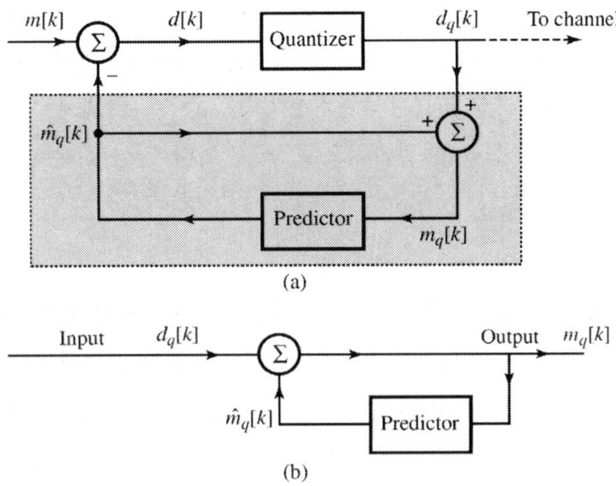

▸▸ 그림 6.28 DPCM 시스템 (a) 송신단, (b) 수신단

것이 더 나은 방법이다. 차이 $d[k] = m[k] - \widehat{m}_q[k]$의 값은 PCM 방식으로 전송된다. 수신단에서는 $\widehat{m}_q[k]$를 발생시킬 수 있고, 그러면 수신된 $d[k]$에 의해 $m_q[k]$를 재생할 수 있다.

그림 6.28a에 DPCM 송신단을 보였다. $m_q[k]$가 예측기의 입력임을 곧 보일 것이다. 당연히 출력은 $m_q[k]$의 예측값인 $\widehat{m}_q[k]$이고, 차이값은

$$d[k] = m[k] - \hat{m}_q[k] \tag{6.45}$$

양자화 하면, 다음 결과를 얻는다.

$$d_q[k] = d[k] + q[k] \tag{6.46}$$

단, $q[k]$는 양자화 오류이다. 예측기 출력 $\widehat{m}_q[k]$는 예측기 입력 $m_q[k]$가 다음과 같이 주어지도록 그 입력단으로 궤환된다.

$$\begin{aligned} m_q[k] &= \hat{m}_q[k] + d_q[k] \\ &= m[k] - d[k] + d_q[k] \\ &= m[k] + q[k] \end{aligned} \tag{6.47}$$

여기서 $m_q[k]$는 $m[k]$가 양자화된 값이다. 가정된 바와 같이 $m_q[k]$가 예측기의 입력으로 주어진다. 그러면 양자화된 신호 $d_q[k]$가 채널을 통하여 전송된다. 그림 6.28b에 보인 수신단은 송신단의 회색 부분과 동일하다. 두 경우 모두 입력이 $d_q[k]$이다. 그러므로

예측기의 출력은 $\hat{m}_q[k]$이어야만 한다(송신단에서의 예측기 출력과 동일함). 즉, 수신단 출력(예측기의 입력으로 주어지는)은 식 (6.47)에 주어진 것과 같이 $m_q[k]=m[k]+q[k]$ 이다. 이것은 원하는 신호 $m[k]$가 양자화 잡음 $q[k]$와 더해져서 수신될 수 있음을 보여주는 것이다. 이 양자화 잡음은 일반적으로 $m[k]$보다 훨씬 작은 차 신호 $d[k]$에 의한 것이다. 수신된 표본들 $m_q[k]$는 복호화되어 D/A 변환을 위해 저역-통과 필터를 거치게 된다.

○ SNR 개선

DPCM 방식이 PCM 방식에 비하여 개선된 점을 고찰하기 위하여 m_p와 d_p를 각각 $m(t)$ 및 $d(t)$의 최대 진폭으로 놓는다. L의 값을 동일하게 양쪽에 적용한다면, DPCM에서의 양자화 간격 Δv는 d_p/m_p만큼 감소된다. 양자화 잡음 전력이 $(\Delta v)^2/12$이므로, DPCM에서의 양자화 잡음은 $(m_p/d_p)^2$만큼 감소된다. 즉 SNR은 이만큼 커진다. 더군다나 신호 전력은 그 최대치의 제곱에 비례한다(다른 통계적 특성들이 불변이라고 가정함). 그러므로 G_p(예측에 의해 개선되는 SNR)는 다음과 같다.

$$G_p = \frac{P_m}{P_d}$$

단, P_m 및 P_d는 각각 $m(t)$, $d(t)$의 전력이다. dB 단위로 SNR은 $10\log_{10}(P_m/P_d)$ dB만큼 커짐을 의미한다. 그러므로 식 (6.41)을 DPCM에 적용하면 α의 값이 $10\log_{10}(P_m/P_d)$ dB만큼 큰 값이 된다. 예제 8.24에서 음성 신호에 대한 2차 예측기 프로세서가 분석되는데, 이 경우 SNR은 5.6 dB만큼 개선된다. 실제로, 짧은 음성 스펙트라와 저속의 영상 스펙트라에서는 SNR이 25 dB까지 개선된다.[12] 달리 말하면, 동일한 SNR에서, DPCM은 PCM에 비하여 표본당 비트율이 3 에서 4 비트까지 적을 수 있다. 따라서 DPCM을 사용한 전화 시스템은 32 kbps 또는 심지어 24 kbps 정도의 낮은 속도로 동작할 수 있을 것이다.

6.6 적응 차동 펄스 부호 변조(ADPCM)

ADPCM은 부호화기에 적응 양자화기를 사용함으로써 DPCM의 효율을 대폭 개선할 수 있다. ADPCM의 기본구조는 그림 6.29에 보였다. 실제적인 이유로 양자화 레벨 수 L은 고정되어진다. 양자화 크기 Δv를 고정할 경우, Δv가 너무 크면 양자화 오류가 커지거나 Δv가 너무 작으면 양자화기가 신호의 전영역을 카버하지 못할 것이다. 그러므로 양자화로 인한 예측오류가 큰가 작은가에 따라 Δv가 커지거나 작아지도록 적응 양자화 크기 Δv를 사용하는 것이 좋다.

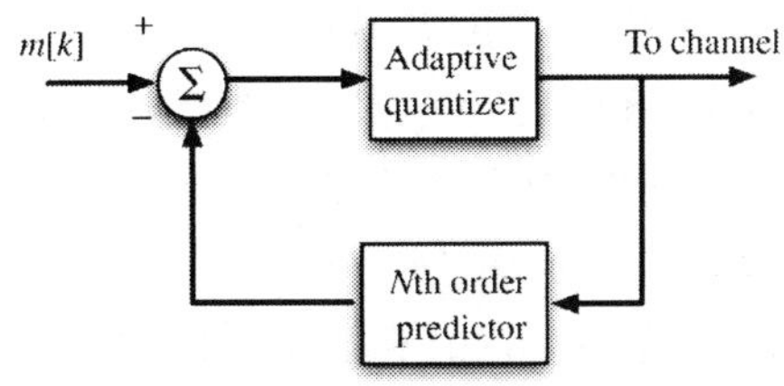

▸▸ 그림 6.29 ADPCM 부호화기

양자화 예측오류 $d_q[k]$는 예측오류의 크기를 표시할 수 있는 좋은 지시계일 수 있음을 염두에 두자. 예로 양자화 예측오류 표본이 양의 최대치(또는 음의 최대치)에 가깝게 변한다면 예측오류가 크므로 Δv를 좀 더 키울 필요가 있다. 반대로, 양자화 표본이 0 근처에서 진동한다면, 예측오류가 작기 때문에 Δv를 감소시킬 필요가 있다. 변조기와 수신기 모두 똑같은 양자화 표본에 동작되어야 하는 것은 중요하기 때문에 적응 양자화기와 수신기는 Δv를 똑같이 제어하는 동일한 알고리즘을 적용할 수 있다.

DPCM에 비해, ADPCM은 신호파형에 필요한 비트 수를 훨씬 감소시킬 수 있다. 예를 들면, 동일한 표본에서 8-비트 PCM 신호열은 4-비트 ADPCM 신호열로 부호화되는 것은 실제, 매우 일반적이다. 이것은 대역폭 또는 저장요소를 아무 손실없이 2:1로 감소시킬 수 있음을 의미한다.

ADPCM 부호화기는 실제로 많이 응용되어지는데, ITU-T 표준 G.726에 8kHz로 표본화한 음성신호에 대한 ADPCM 음성부호화기와 복호화기(코덱(codec)이라 한다)를 규정하였다.[7] G.726 ADPCM 예측기는 8차 예측기를 사용한다. 서로 다른 품질 레벨에 대하여, G.726은 16, 24, 32, 40 kbps율의 4개의 ADPCM에 대해 규정하였다. 각각 음성 표본 2 비트, 3 비트, 4 비트, 5 비트에 대응되며, 이는 각각 양자화 레벨이 4, 8, 16, 32에 상응한 것이다.

대표적인 ADPCM 음성 부호화기는 32 kbps를 사용하지만, 실제로는 여러 종류의 ADPCM 음성 코덱이 있다. ITU-T G.726 규정7 외에도 OKI ADPCM 코덱, WAVE 연주기에 적용된 마이크로소프트 ADPCM, DVI ADPCM으로 알려진 IMA ADPCM 등이 포함된다. 32 kbps ITU-T G.726 ADPCM 음성 코덱은 DECT(digital enhanced cordless telecommunications) 시스템에 널리 쓰이는데, 주택용 및 업무용 무선 전화에 많이 쓰인다. 주 통신망의 단거리용으로 설계된 DECT는 무선 음성, 팩스, 데이터 및 멀티미디어 통신을 제공한다. DECT는 전 세계적으로 100개국 이상에서 쓰이고 있다. 또하나의 32 kbps ADPCM 코덱으로 많이 쓰이는 것은 PHS(personal handy-phone system)인데, PAS(personal access system)으로 팔리고, 중국에서는 Xiaolingtong으로 알려져 있다.

PHS는 휴대폰 망과 유사한 이동 통신망 시스템으로 1880~1930 MHz대의 주파수를 사용하고, 일본, 중국, 타이완을 비롯한 아시아 각국에서 사용되고 있다. 1989년 일본의

NTT 실험실에서 개발된 PHS는 응용과 배치가 용이하나 휴대폰 망과는 달리 PHS 전화와 기지국은 저전력에 단거리 용이다. 이 방식에서 사용 가능 거리의 제한 및 로밍의 어려움 등의 이유로 이 방식을 '가난한 사람의 휴대폰' 서비스라 불리기도 한다. 1995년 일본에서 PHS가 제한된 범위(NTT−Personal, DDI−Pocket, ASTEL)에 차용되었으나 곧 사라져 버렸다. 놀랍게도 PHS는 중국, 타이완, 베트남, 방글라데시, 나이지리아, 말리, 탄자니아, 혼두라스 등의 나라에서 이 시스템의 단점에 개발 비용 및 하드웨어 비용의 저렴화 때문에 재기(부활) 현상을 보이고 있다. 중국 한 나라에서만도 2006년도에 8천만대에 달하는 단말기의 폭발적 수요가 있었다.

6.7 델타변조(DM)

DPCM에 사용된 표본간 연관성은 나중에 기저대역 신호를 과표본화(나이퀴스트율의 4배로) 함으로써 델타변조(DM)에 이용된다. 과표본화에 의하여 이웃하는 표본간의 연관성이 증가되어, 단지 1 비트(L=2) 만을 사용하여 부호화할 수 있을 정도로 예측 오류가 작아진다. 즉 DM이란 기본적으로 1−bit DPCM과 같으며, $m[k]-\hat{m}_q[k]$를 양자화하기 위하여 단 두 단계(L=2) 만을 사용한다. PCM(그리고 DPCM)과 비교한다면 DM은 매우 간단한 방법이고, 경제적인 A/D 변환 방법이다. DM에서의 1−bit 부호는 송신단과 수신단에서 프레임화가 불필요하다. 이런 까닭에 기저대역 신호를 부호화함에 있어서 표본당 비트 수가 더 적어질 수 있다.

DM에서는 앞서 본 바와 같이, T_s(표본화 간격) 만큼의 시간 지연만을 시키는 1차 예측기가 사용된다. 그래서 DM 송신단(변조기)과 수신단(복조기)은 그림 6.28에 주어진 DPCM의 구조와 동일하다. 예측기로는 그림 6.30에 보인 시간 지연 회로가 쓰인다. 이 그림으로부터

$$m_q[k] = m_q[k-1] + d_q[k] \tag{6.48}$$

즉,

$$m_q[k-1] = m_q[k-2] + d_q[k-1]$$

이 식을 식 (6.48)에 대입하면,

$$m_q[k] = m_q[k-2] + d_q[k] + d_q[k-1]$$

이런 식으로 반복 작업을 행하고, 초기 조건을 $m_q[0]=0$으로 주면,

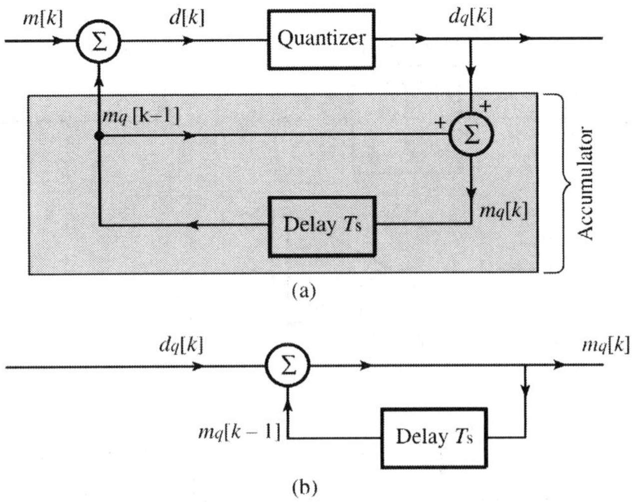

►► 그림 6.30 델타 변조는 DPCM의 특별한 경우이다.

$$m_q[k] = \sum_{m=0}^{k} d_q[m] \tag{6.49}$$

이 결과는 수신단(복조기)이 단지 누진기(덧셈기) 임을 나타낸다. 출력 $d_q[k]$가 임펄스로 표현된다면, 누진기(수신단)는 적분기로 구현될 수 있다. 이는 그 출력이 입력 임펄스 크기의 합(임펄스들에 의해 주어지는 면적의 합)과 같기 때문이다. 마찬가지로 변조기(복조기에서도 동일하다)의 궤환 부분을 적분기로 대체할 수 있다. 복조기의 출력은 $m_q[k]$로, 저역-통과 필터를 거침으로써 양자화된 표본들로부터 원래의 신호로 재생된다.

그림 6.31에 실제적인 델타 변조기 및 복조기를 보였다. 앞서 언급한 바와 같이, 1차 예측기는 저가의 적분 회로(RC 적분기와 같은)로 대체하였다. 변조기(그림 6.31a)는 비교기와 표본화기가 직접 연결되고, 적분-증폭기는 궤환 회로로 연결된다. 이 델타 변조기가 어떻게 동작하는가를 고찰하자.

아날로그 신호 $m(t)$가 궤환 신호(예측 신호로 간주되는) $\hat{m}_q(t)$와 비교된다. 그 차 신호 $d(t) = m(t) - \hat{m}_q(t)$는 비교기에 주어진다. $d(t)$의 값이 양의 값이면 비교기는 일정한 값 E를, 음수이면 $-E$를 출력한다. 즉 차 신호는 1-bit DPCM을 발생시키는데 필요한 2진 신호(L=2)이다. 비교기의 출력은 표본화율 f_s에 의하여 표본화된다. 단, f_s는 일반적으로 나이퀴스트율보다 훨씬 큰 값이다. 따라서 표본화기는 $m(t) > \hat{m}_q(t)$이면 양의 펄스로, $m(t) < \hat{m}_q(t)$이면 음의 펄스로 주어지는 폭 좁은 펄스 열 $d_q[k]$(임펄스를 모조하기 위해)를 형성한다. 각 표본은 요구된 바와 같이 하나의 2진 펄스(1-bit DPCM)로

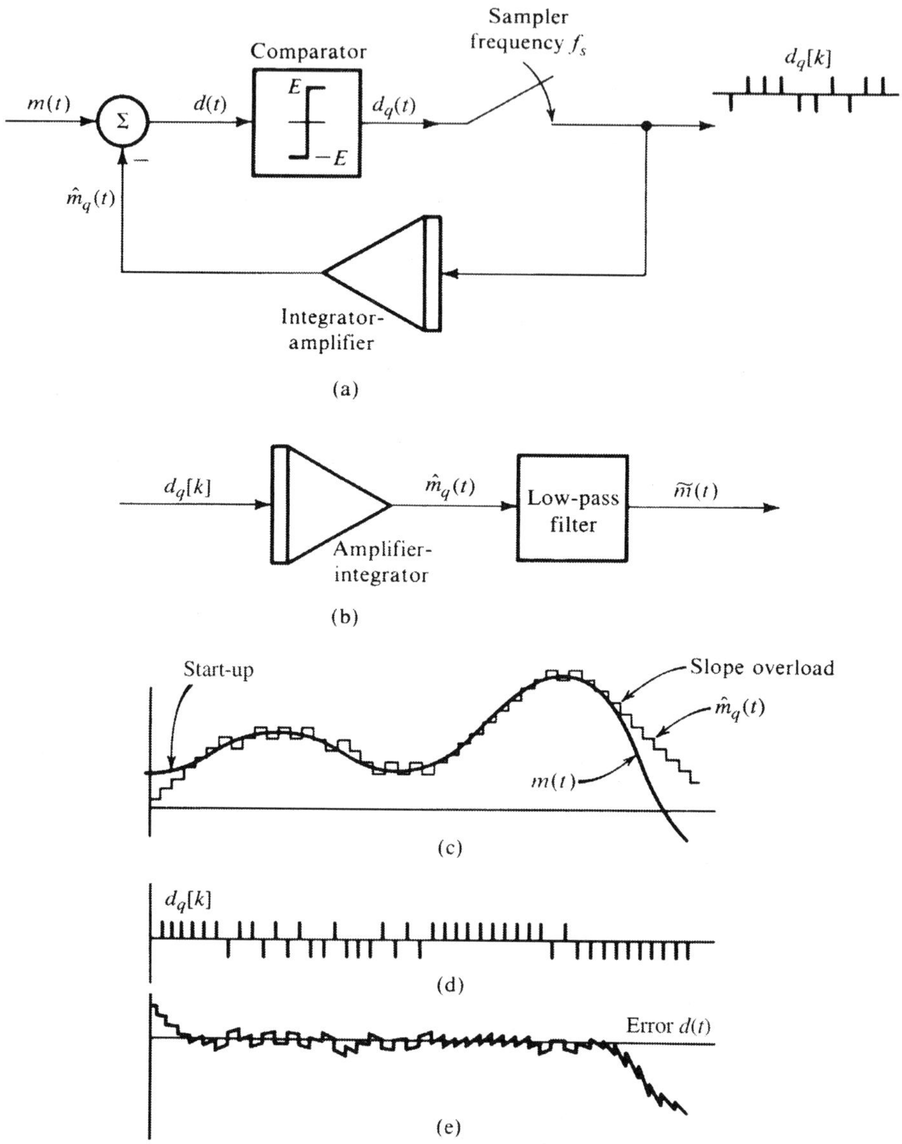

▸▸ 그림 6.31 (a) 델타 변조 (b) 복조기 (c) 메시지 및 적분기 출력 신호
(d) DM 펄스 열 (e) 변조 오류

부호화된다. 펄스 열 $d_q[k]$는 델타 변조된 펄스 열이다(그림 6.31d). 변조된 신호 $d_q[k]$는 궤환 회로에서 증폭되고 적분되어, $m(t)$를 모방하려는 $\hat{m}_q(t)$를 발생시킨다(그림 6.31c).

이런 과정을 이해하기 위해, 적분기에 입력으로 주어지는 $d_q[k]$의 각 펄스가 $\hat{m}_q(t)$의 계단 함수(펄스의 극성에 따라 양 또는 음이 되는)로 주어지는 점을 유의하자. 예를 들어,

$m(t) > \hat{m}_q(t)$라면, 그림 6.31c에 보인 바와 같이 매 표본화 순간마다 작은 계단 크기로 $\hat{m}_q(t)$가 $m(t)$를 쫓아가도록, 양의 펄스 $d_q[k]$는 $\hat{m}_q(t)$를 양의 간격만큼 증가시킨다. 즉, $\hat{m}_q(t)$는 $m(t)$를 근사화하는 계단 함수로 볼 수 있다. $\hat{m}_q(t)$가 저역-통과 필터를 거치면 거친 모서리들이 완만해져 좀 더 양호하게 $m(t)$에 접근된다. 수신단의 복조기는 증폭-적분기(변조기의 궤환 부분에 주어진 것과 동일한)와 그 뒷 단의 저역-통과 필터로 구성된다(그림 6.31b).

○ $m(t)$의 미분값을 전송하는 DM

PCM에서는, 아날로그 신호 표본이 L 구간으로 양자화되고, 이 정보가 표본당 n개의 펄스($n = \log_2 L$)에 의해 전송된다. DM에서 변조된 신호는 신호 표본에 대한 정보를 전송하는 것이 아니라 연속 표본간의 차에 대한 정보를 전송하는 것이다. 그 차가 양 또는 음의 값에 따라, 양 또는 음의 펄스가 발생되어 변조 신호 $d_q[k]$를 이룬다. 결국 기본적으로는 DM이란 $m(t)$의 미분값에 대한 정보를 전송하는 것이고, 이에 따라 명칭도 델타 변조가 된 것이다. 이 점은 델타 변조된 신호를 적분함으로써 $m(t)$의 근사값인 $\hat{m}_q(t)$를 생성한다는 것에서도 알 수 있다.

PCM에서는 양자화된 각 표본 정보가 n-bit 부호에 의해 전송되고, 반면에 DM에서는 연속 표본간 차 신호를 1-bit 부호에 의해 전송하는 것이다.

○ 부호화의 문턱과 과부하

문턱과 과부하 현상은 그림 6.31c에서 확실히 알 수 있다. DM에서는 한 계단 크기(부호화의 문턱)보다 작은 신호의 변화는 무시된다. 또 $m(t)$의 변화가 너무 급속해서, $\dot{m}(t)$의 값이 너무 크면, $\hat{m}_q(t)$는 $m(t)$를 쫓아가지 못하여, 과부하 현상을 일으킨다. 이것을 기울기 과부하(slope overload)라 하는데, 기울기 과부하 잡음을 발생시킨다. 이 잡음은 DM의 성능을 제한하는 기본 요소 중의 하나이다. DM에서는 진폭 과부하보다 기울기 과부하가 주로 언급되어야 할 사항이다. 이는 DM에서는 이론상 $\dot{m}(t)$에 대한 정보를 전송하기 때문이다. 출력 신호의 미소화는 양자화 잡음과 유사한 미립화 잡음(granular noise)을 발생시킨다. E (계단 크기)를 키움으로써 기울기 과부하 잡음을 감소시킬 수 있다. 반면에 미립화 잡음은 더 증가된다. 두 잡음 모두를 최소화할 수 있는 E의 최적값은 신호의 특성과 표본화 주파수 f_s에 의해 변화한다.[12]

기울기 과부하는 $\hat{m}_q(t)$가 $m(t)$를 쫓아가지 못할 때 발생된다. 표본화 간격 T_s동안 $\hat{m}_q(t)$는 한 계단의 크기 E 만큼만 변화할 수 있다. 즉 $\hat{m}_q(t)$가 쫓아갈 수 있는 최대 기울기는 E/T_s 또는 Ef_s이다. 단, f_s는 표본화 주파수이다. 그러므로 다음과 같은 조건이 성립한다면, 과부하현상은 발생하지 않는다.

$$|\dot{m}(t)| < Ef_s$$

정현파 메시지와 같은 톤 변조인 경우를 가정하자:

$$m(t) = A\cos\omega t$$

과부하가 발생하지 않을 조건은

$$|\dot{m}(t)|_{\max} = \omega A < Ef_s \tag{6.50}$$

그러므로 과부하가 발생되지 않을 최대 진폭 $A_{\max}$는 다음과 같이 주어진다.

$$A_{\max} = \frac{Ef_s}{\omega} \tag{6.51}$$

변조 신호의 과부하 진폭은 주파수 ω에 반비례한다. 높은 변조 주파수일수록 더 작은 진폭에서 과부하가 발생된다. 모든 주파수가 4 kHz 이하인 음성 신호의 경우, $\omega = 2\pi\times 4{,}000$의 값을 식 (6.51)에 대입함으로써 $A_{\max}$를 계산할 수 있는데, 이 값은 너무 보수적인 값이다. Jager는 식 (6.51)에 $\omega_r \simeq 2\pi\times 800$를 사용하여 음성에 대한 $A_{\max}$값을 계산할 수 있음을 보였다.[13]

$$[A_{\max}]_{\text{voice}} \simeq \frac{Ef_s}{\omega_r} \tag{6.52}$$

따라서, DM에서 기울기 과부하를 야기시키지 않는 음성 신호의 최대 진폭 $A_{\max}$는 동 시스템에서 기울기 과부하를 발생시키지 않도록 사용될 수 있는 기준 주파수 f_r($f_r \simeq 800$ Hz)로 주어지는 정현파의 최대 진폭과 같다.

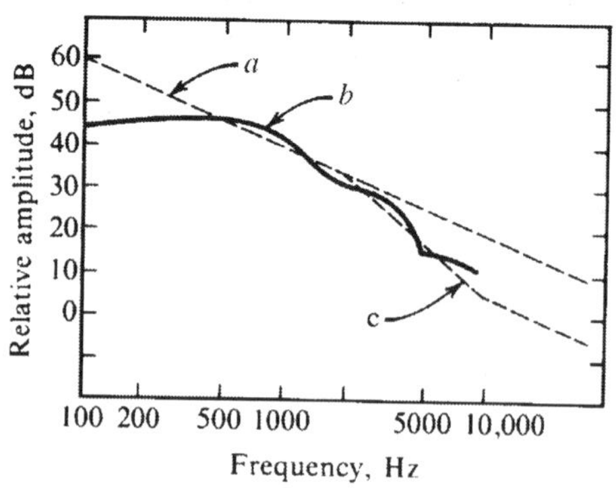

▸▸ 그림 6.32 음성신호의 스펙트럼

다행스럽게도 음성 스펙트럼(TV의 영상신호에서도 마찬가지)은 주파수가 높아질수록 감소하여 과부하 특성(그림 6.32의 c곡선)에 접근된다. 이런 까닭에, DM은 음성(또한 TV) 신호에 잘 맞는다. 실제로 음성 스펙트럼(곡선 b)은 2,000 Hz까지는 $1/\omega$로 감소되고, 그 이상의 주파수 성분은 $1/\omega^2$로 감소된다. 궤환 회로의 단일 적분을 이중 적분으로 놓는다면 식 (6.51)의 $A_{\max}$는 $1/\omega^2$에 비례할 것이다. 따라서 2,000 Hz까지는 단일 적분을, 그 이상의 주파수에는 이중 적분을 사용한다면, 음성 스펙트럼과 과부하 특성이 더욱 잘 어울릴 것이다. 이런 회로(이중 적분)는 응답 특성이 신속하지만, 불안정한 경향을 보인다. 이 현상은 이중 적분에 몇 개의 저차 예측기를 사용함으로써 감소시킬 수 있다. 이중 적분기는 각각 $R_1C_1 = 1/200\pi$와 $R_2C_2 = 1/4,000\pi$인 두 개의 저역-통과 RC 적분기를 연속 연결함으로써 구현될 수 있다. 이 결과 100에서 2,000 Hz까지는 단일 적분이, 2,000 Hz 이상에서는 이중 적분이 얻어진다.

○ 시그마-델타 변조

부호화의 문턱과 과부하에 대해 검토하는 동안 일반적인 DM은 아날로그 메시지 신호의 미분값을 부호화하고 전송함을 설명하였다. 그러므로 DM의 수신기는 그림 6.31과 같은, 또한 등가적으로 그림 6.33a와 같은 적분기를 필요로 했다. 신호 전송에는 채널 잡음과 같은 것은 불가피 한데, 이러한 잡음이 적분된 후 수신기의 출력단에 축적되는, DM의 가장 큰 단점인 매우 불만스런 현상을 야기한다.

DM의 이런 치명적인 단점을 극복하기 위해, 약간의 개조를 해보자. 우선 송・수신기로 구성된 전체 DM 시스템이 근사적으로 찌그러짐이 없으며 선형적인 것으로 간주해본다. 그래서 그림 6.33b에서와 같이 전체적인 변조기 및 복조기의 응답특성에 영향을 주지 않으면서, 직렬 요소 중의 하나인 수신기의 적분기 $1/s$를 송신기(부호화기) 앞 단으로 이동 시킬 수가 있다. 마지막으로 그림 6.33c에서와 같이 두 개의 적분기를 하나의 적분기로 뺄셈기 바로 후단에 위치시킬 수 있다. 이와 같이 개조된 시스템을 시그마-델타 변조 ($\Sigma-\Delta$M)라 한다.

FM에서 프리엠파시스 및 디엠파시스 필터를 학습할 때, 채널잡음과 메시지 신호가 똑같은 경로를 따르지 않기 때문에 전체 변조-복조 시스템의 직렬 요소의 순서에 따라 SNR이 달라질 수 있음을 알았다. 적분기 $1/s$의 외면적인 약간의 이동은 여러 가지 잇점을 제공한다.

- 채널 잡음이 더 이상 복조기에 축적되지 않는다.
- 메시지의 주요한 저주파 성분이 적분기 $1/jw$에 의해 미리 강조되어진다. 이것은 저주파 성분이 중요한 실제적인 많은 신호(음성과 같은)에 긍정적이다.
- 결과적으로 적분기는 부호화할 신호를 완만하게 해준다(그림 6.33b). 따라서 과부하가 덜 발생할 것이다.

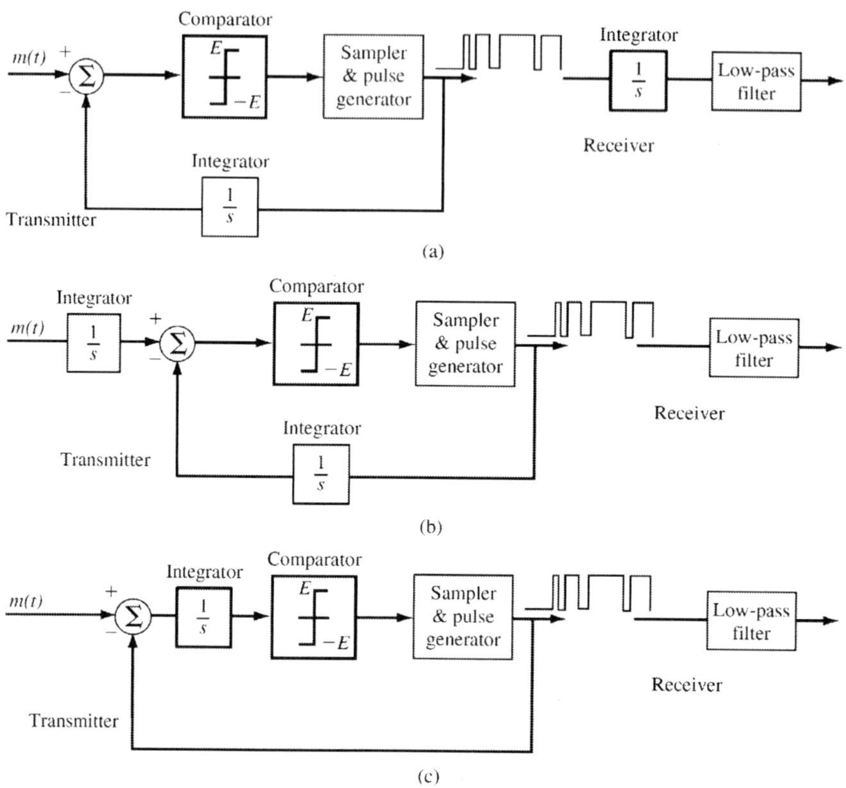

▸▸ 그림 6.33 (a) 일반적인 DM (b) $\Sigma-\Delta$ 변조기 (c) 단순화한 $\Sigma-\Delta$ 변조기

- 적분기의 저역-통과 특성이 연속되는 표본간의 상관관계를 높여주므로 부호화 오류가 작아진다.
- 복조기가 단순해진다.

○ 적응 델타 변조(ADM)

DM에는 하나의 치명적인 단점이 존재한다. 앞서 본 문턱과 과부하 현상으로 진폭의 동적 영역이 너무 좁다. 이 문제를 해결하기 위해서는 여러 종류의 신호 압축 방법이 필요하다. DM에 적당한 방법은 계단 크기 E를 입력 신호의 기울기 수준에 따라 변화하는 적응형으로 하는 것이다. 예를 들어, 그림 6.31에서 신호 $m(t)$가 급격히 떨어지면, 기울기 과부하가 발생된다. 이럴 때 계단 크기를 증가시킬 수 있다면, 과부하 현상을 피할 수 있을 것이다. 한편, $m(t)$의 기울기가 작다면, 계단 크기를 작게 하여 문턱을 낮춤으로써 미립화 잡음을 감소시킬 수 있다. 기울기 과부하가 주어지면, $d_q[k]$는 같은 극성의 펄스가 여러 개 연속하게 된다. 이때에는 계단 크기를 증가시켜야 한다. 마찬가지로 $d_q[k]$에서 펄스들의 극성이 교대로 바뀐다면, 진폭의 변화가 작은 것을 의미하므로 계단 크기를 작게 하도록 요구된다. ADM에서는 이와 같이 펄스들의 패턴을 검사한 후 자동적으로 계단 크기를 조정하도록 한다.[14] 이런 방법에 의하여 DM에서 동적 영역이 매우 넓어지는 결과를 얻는다.

6.8 보코더(vocoder)와 영상 압축

PCM, DPCM, ADPCM, DM, $\Sigma-\Delta$M 모두 파형 부호화기들의 예이다. 기본적으로, 파형부호화기는 디지털화될 신호가 어떻게 발생되는가에 대해서 염두에 두질 않는다. 그러므로 파형부호화기에 의해 얻어질 수 있는 압축정도는 연속되는 신호 표본간의 상관정도에 따라 크게 제한되어진다. 대역폭이 B Hz로 주어진 저역-통과 신호는 최소 나이퀴스트 표본화율 $2B$ Hz와 1-비트 부호화를 적용한다 할지라도 정보량이 $2B$ 이하로 주어질 수는 없다. 음성 신호와 영상 신호의 정보원 부호화율을 대대적으로 감축하는데 많은 방법들이 성공적이었고, 이것은 일상의 통신에서 꼭 필요로 하는 중요한 사항이다. 파형부호화기와는 달리 대부분의 음성 및 영상부호화기는 음성 발생과 영상 취득에 부수되는 인간의 생리학적 모델에 바탕을 두고 있다. 선형 예측 음성 부호화기(보코더라 부른다)와 MPEG(moving picture expert groop)에 의해 제기된 영상 압축의 기본 원리에 대해 살펴보자.

6.8.1 선형 예측 부호화 보코더

○ 음성 모델 및 모델에 근거한 보코더

LPC(linear prediction coding; 선형 예측 부호화) 보코더는 모델에 근거한 시스템이다. 모델은 인간의 음성 발생 방법에 대한 높은 이해력을 바탕으로 한다. 그림 6.34a에 사람의 음성 발생 구조의 단면을 보였다. 간단히 말하면, 사람의 음성은 구강과 비강의 상태와 폐, 성대, 관절의 상호 운동에 따라 발생한다. 이러한 생리학적 모델에 근거하여 사람의 목소리는 유성음과 무성음으로 분류될 수 있다. 유성음은 성대가 진동하는 동안 발생하는데, 손가락을 아담의 사과*에 댄 채 말을 하면 모든 모음과 gut의 g, but의 b, not의 n과 같은 몇 개의 자음이 발음될 때 성대가 떨리는 것을 느낄 수 있을 것이다. 무성음은 성대가 떨리지 않을 때 발생된다. k, p, t와 같은 것이 무성음이다. 무성음의 예에는 hut의 h, cut의 c, put의 p도 포함된다. 유성음의 발성은 폐가 후두개를 통하여 공기를 방출할 때 성대가 진동하여 발생된다. 진동하는 성대는 공기의 흐름을 간섭하여 임펄스로 구성된 의사-주기적인 압력파를 발생한다. 압력파의 임펄스를 보통 피치(pitch) 임펄스라 부르고, 그림 6.34b와 같은 압력신호의 주파수를 피치 주파수 또는 주요 주파수(formant

* 후두의 가장 큰 연골로 형성된 목의 앞 부분에 돌출된 부분으로 보통 남성이 여성의 경우보다 좀 더 뚜렷하다.

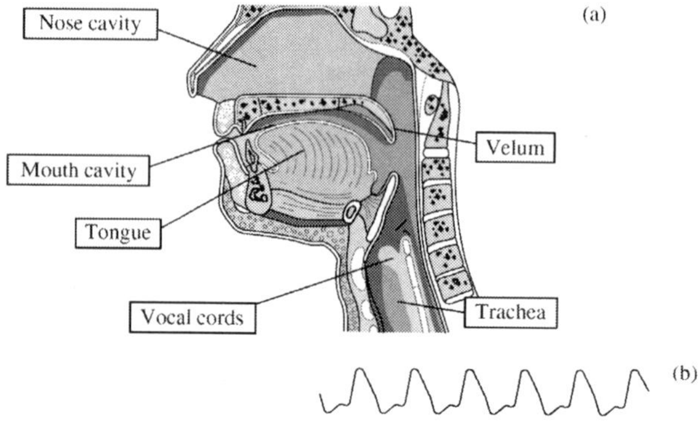

▸▸ 그림 6.34 (a) 인간의 음성 발성 구조 (b) 대표적인 음압 임펄스

frequency)라 한다. 이 부분이 음조를 정의하는 음성 신호 부분이다. 자음 피치 주파수의 음성은 단조롭게 들린다. 보통의 경우 화자의 피치 주파수는 거의 일정하게 변하고, 가끔 음절이 바뀔 때 변화한다.

유성음의 경우, 피치 임펄스는 성도(구강과 비강)의 공기를 자극하지만, 무성음은 공기의 흐름이 직접적으로 유발시킨다. 많은 연구에 의하면[15-17], 무성음의 경우 성도에 주어지는 자극은 광대역 잡음과 유사하다. 성도의 공동들이 자극에 의해 공명할 때 음파를 발생하는 것이고, 곧 이것이 음성 신호이다. 양 공동이 특정적인 공진 주파수(포만트 주파수)를 발생시키는 공진기 역할을 한다. 구강의 모양을 바꾸면(즉, 공진 특성을 바꾸면) 다른 소리가 발생된다. 놀랍게도 이 성도는 전달함수가 전체-극(all-pole)을 지닌 단순한 선형 디지털 필터에 의해 근사적으로 흉내내어 질 수 있다.

$$H(z) = \frac{g}{A(z)} = g \cdot \left(1 - \sum_{i=1}^{p} a_i z^{-i}\right)^{-1}$$

단, g는 이득 계수이고, $A(z)$는 DPCM과 ADPCM에 사용되는 궤환 필터와 유사한 예측 필터이다. 음성 발생 기구의 함수가 스펙트럼 정형 필터 $H(z)$와 같은 모양임을 알았다.

○ LPC 모델

이 음성모델에 근거하여, 파형부호화와는 다른 음성부호화 방법을 얻을 수 있다. 실제 신호 표본을 송신하는 대신, 모델에 기초한 보코더는 최선의 음성 모델 상수값을 결정하기 위해 분절마다 음성신호를 분석한다. 그림 6.35에서와 같이 음성의 분석이 끝나면, 송신기는 각 음절마다 음성모델의 필수적 상수(포만트)를 수신기로 송신한다. 수신기에서는 이 음성모델용 상수를 사용한 음성 합성기를 가동하여 해당하는 음절을 재생한다. 다시 말하면, 수신기에서 흘러나오는 소리는 실제로는 인공적인 음성 구축기에 의해 재현된 신호 성분이다!

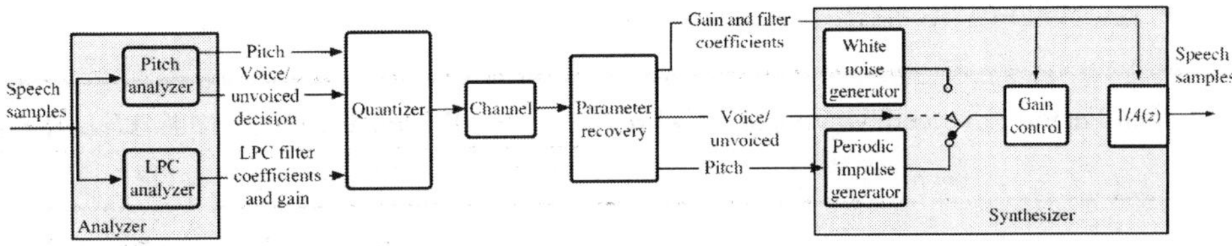

▸▸ 그림 6.35 LPC 부호화 및 복호화기의 음성신호 분석 및 합성

표본화 음절(다중 표본으로 구성된)의 분석에서 피치 분석이 가장 먼저 수행되어 음성이 유성음인지 무성음인지를 판별하게 된다. 신호가 유성음으로 분류되면, 피치 분석기는 피치주파수(또는 등가적으로 피치 주기)를 계산할 것이다. 또한 LPC 분석기는 전-극 필터 $A(z)$의 계수를 계산할 것이다. 선형예측오류는 선형예측필터가 얼마나 음성 표본에 잘 맞는지를 나타내므로, LPC 분석기는 선형 예측 오류의 제곱평균오류(MSE)를 최소화함으로써 최적 필터의 계수를 결정할 수 있다.[18, 19]

바로 전송되는 선형 예측(LP) 필터 상수는 필터가 양자화 및 채널 잡음에 의한 상수오류(parameter error)에 아주 민감하기 때문에 안정적이지 못하다. 더군다나 작은 계수오류에 의해서도 LP 필터는 불안정해질 것이다. 실제로는 이 전-극 선형 예측 필터의 안정성은 잘 알려진 Levinson-Durbin 알고리즘을 통한 단위 래티스(modular lattice) 필터구조를 이용함으로써 확보될 수 있다.[20, 21] 반사계수 $\{r_k\}$인 래티스 필터 상수는 양자화 오류와 잡음에 덜 민감하다. 다음 식과 같이 정의되는 LAR(log-area ratio)를 송신하거나, PARCOR(partial reflection coefficients)로 알려진 Levinson-Durbin 반복계산에서의 중간값을 송신함으로써 전송 특성을 개선할 수 있다.

$$o_k \triangleq \log \frac{1 + r_k}{1 - r_k}$$

또 하나의 실제적 접근방법은 채널을 통하여 전송되는 LPC 필터 계수로서의 등가적 LSP(line spetral pairs)를 구하는 것이다. LSP는 양자화 잡음에 둔감한 장점을 지니고 있다.[22, 23] p차 전-극 LP 필터가 안정적이기만 하다면, p개의 실수값, 선 스펙트럼 주파수에 의하여 표현되어질 수 있다. 모든 경우에, p차 합성 필터는 p개의 실수값 계수들로 주어지는 LPC 부호화기에 의하여 얻어질 수 있다. 실제로는 성도를 나타내는 데에는 8개 내지 14개의 LP상수만으로도 충분하다.

이러한 모델에 기초한 보코더의 부호화 효율을 설명하기 위하여 특별한 LPC의 예를 들어보기로 하자. 일반적인 LPC-10 보코더*에서는 8 kHz로 음성을 표본화 한다. 180개

* $p = 10$을 이용하기 때문에 이런 명칭으로 불리운다. 아이디어는 가능한 각각의 포만트 주파수에 대하여 두 개씩의 상수를 배정하는 것이다.

▶▶ 표 6.1 LPC-10 보코더의 양자화 비트 배정

Pitch Period	Voiced/Unvoiced	Gain g	10 LP Filter Parameters, bits/coefficient				
			r_1-r_4	r_5-r_8	r_9	r_{10}	
			5 bits	4 bits	3 bits	2 bits	Voiced
6 bits	1 bit	5 bits	5 bits		*Not used*		Unvoiced

표본(22.5ms) 구간이 전송에 사용되는 LPC 프레임이다.[24] 음성 프레임당 비트 수는 표 6.1과 같이 피치 주기, 유성음/무성음 표식, 필터 이득 및 10개의 필터 계수들 용으로 사용된다. 즉, 각 프레임은 32(무성음)과 53(유성음) 비트가 사용된다. 프레임 제어용 비트를 더하여 음성 프레임당 평균 부호화 길이는 54 비트가 되거나 또는 총 비트율이 2,400 bps가 된다.[24] 주관적인 실험 결과, 최소형 LPC-10 코덱은 낮은 MOS(mean opinion score)를 나타내지만 음성 연결에는 높은 명료도를 제공한다. LPC-10은 1984년 미 국방성에서 개발한 저속 비화 통신용 전화 코덱의 표준인 FS-1015의 일부로서 추후 LPC-10(e)로 개선되어졌다.

64 kbps PCM 또는 32 kbps ADPCM 파형 코덱과 비교하여 LPC 보코더는 더욱 효율적이라서 음성 부호화율을 9.6 kbps 이하로 내릴 수 있다. 2.4 kbps LPC-10은 음성 파형의 표본화율을 8 kHz보다 낮은율로 디지털화할 수 있다. 음질의 손실은 자연적으로 상호 평균적이다. 파형 보코더와 LPC와 같은 모델에 기초한 보코더 사이의 차이점을 좀 더 잘 이해하기 위하여 음식 주문 서비스의 분석을 활용해 보겠다. 알래스카에 살고 있는 가족이 뉴욕 시에 있는 유명한 음식점에 근사한 요리를 주문하려고 한다고 상상해보자. 실제적인 이유로 음식점에서는 조리되지 않은 미리 준비된 냉동식품을 보내야만 할 것이고; 그러면 이 가족은 요리지침에 따라 요리를 해야 할 것이다. 음식 맛은 좋겠지만 원래 주방장의 섬세한 맛을 낼 수는 없을 것이다. 이 경우가 PCM 방식에 의한 음성전송에서도 같다. 즉, 수신기는 기본적인 신호 요소는 얻기는 하지만 양자화 오류(주방장의 섬세함이 주어지지 못함으로 명백해질)를 감수해야만 할 것이다. 수송 무게를 줄이기 위해서 이 가족은 중요한 재료만을 주문해야 하고, 무겁고 일반적인 재료들(쌀과 감자와 같은)은 현지에서 구할 수 있을 것이다. 이런 방법이 DPCM 또는 ADPCM과 같은 것으로 음성의 예측 불가한 부분만 전송하는 것과 같다. 마지막으로 이 가족은 온-라인으로 주방장의 조리법을 주문할 수 있다. 모든 재료들이 현지에서 구입되고, 또한 현지에서 요리된다. 이 알래스카 가족은 뉴욕으로부터 단 하나의 음식 아이템을 받지 않고도 그들 자신의 식도락 욕망을 만족시킬 수 있을 것이다! 분명히 이 마지막 시나리오는 모델에 기초한 보코더의 아이디어를 보여주는 것이다. LPC 보코더는 본질적으로 수신단에서의 음성 합성을 위한 요리법(예, LPC 상수들)을 전달하는 것이다.

○ 실제 고음질 LP 보코더

그림 6.35의 단순 이중 상태 LPC 합성기는 모델방식 음성 코덱에 대한 기본적 개념을 보여줄 뿐이다. LP 보코더의 음질은 실제로 좀 더 정교한 많은 코덱들에 의해 매우 개선되어졌다. 한 두 비트를 더 부가함으로써, LP 방식의 보코더는 두 가지 방식에서 음질을 개선하고자 한다: 여분의 예측 오류를 부호화하는 것과 여기 신호를 강조하는 것.

가장 성공한 방식이 CELP(code-excited linear prediction) 보코더이다. CELP 보코더는 부호책(codebook)을 사용하는데, 이것은 설계자들이 미리 맞추어 놓은 대표적인 예측 오류(또는 잔류값)에 관한 표이다. 송신기에서는 분석기가 실제의 예측 잔류값과 부호책의 모든 항들을 비교하여 가장 근접한 값을 찾아내어서 송신비트에 이 값이 속한 주소만을 첨부한다. 합성기는 이 부호를 받고, 부호책에서 그 주소에 대응하는 잔류값을 얻어 합성기 출력을 조절하는데 사용한다. CELP가 잘 동작하기 위해서는 부호책이 충분히 커야 하고 전송비트를 더 많이 요구할 수 있어야만 한다. FS-1016 보코더는 FS-1015의 개선판으로, 양질의 자연스런 음성을 4.8 kbps로 제공한다.[25] 최근에는 더 많은 방식들이 주어졌는데, GSM 휴대폰 시스템에 쓰이는 RPELTP(regular pulse excitation, long-term prediction) LPC 코덱, CDMA 휴대폰에 쓰이는 ACELP(algebraic CELP), RCELP (relaxed CELP), QCELP(Qualcom CELP)와 VSELP(vector-sum excited linear prediction) 등이 있다. 이들의 데이터 전송률은 1.2 kbps부터 13 kbps(최고속 GSM)까지 낮은 속도이다. 이 보코더들이 현대의 휴대폰 보코더, VoIP(Voice over Internet Protocol) 및 ITU-T의 다른 G 계열 표준을 형성하고 있다.

○ 영상신호 압축

영상 및 TV의 디지털화에는 엄청난 변화에 직면하게 된다. 영상신호의 넓은 대역폭(약 4.2 MHz)으로 인하여, 곧장 표본화하고 양자화를 시행한다면 비압축 디지털 영상 신호는 150 Mbps에 이르게 된다. 따라서 ADPCM 및 부-대역 부호화[26, 27]와 같은 최근의 기술로도 불충분한 결과를 얻는다. 즉, 영상 압축은 인간의 시각 인지 방식과 결합되어야만 한다.

대단히 많은 연구 및 개발로 영상 전송에 필요한 디지털 대역폭이 대폭 감소될 수 있는 방법을 얻었다. 초기의 영상 압축기술로는 영상신호를 45 Mbps(DS3) 정도로 압축시킬 수 있었다. 그러나 HFC, ADSL, HDTV 등과 같이 새롭게 출현된 영상 전달 기술은 좀 더 큰 압축율이 요구되었다. MPEG이 이 문제에 접근하여 새로운 압축기술을 개발하였는데, 더욱 높은 수준의 압축율을 통신망이나 VCR 급 영상에 제공하였다. MPEG은 국제표준기구(ISO), 국제전기기술위원회(IEC), 미국표준기구(ANSI) X3L3 위원회 등의 협력에 의한 단체이다. MPEG은 MPEG과 JPEG 기술 및 표준에 대해 광범위한 정보를 제공하는 웹사이트를 운영한다(http://www.mpeg.org/index.html/). 또한 제작자들에 의한 산업 포럼도 운영한다(http://www.m4if.org/).

디지털 비디오 압축의 기본 개념은 프레임간의 상대적 화소 중 평균적으로 적은 개수의 화소만이 변화된다는 데에 기초한다. 즉, 변화량만 전송한다면, 전송대역폭이 상당히 줄어들게 된다. 디지털화 함으로써 아날로그 신호에서 잡음에 무관한 신호 재생이 가능해지고 수신기에서의 화질이 개선된다. 압축으로 인하여 요구되는 전송대역폭과 영상의 저장요소가 줄어들게 되므로 채널 용량이 확장된다. 2시간짜리 디지털화 NTSC 영상 프로그램은 압축을 하지 않으면 대략 100GB의 저장 용량이 요구되는데, 이는 어떤 DVD 디스크의 용량도 초과하는 것이다.

MPEG 표준에는 3종류가 있다.

- **MPEG-1**: VCR급 영상을 1.5 Mbps의 데이터율로 영상 CD(VCD)에 저장. 이런 VCD는 일본을 제외한 아시아에서 매우 인기가 있었다. MPEG-1 복호화기는 대부분의 컴퓨터에서 가능하다. VCD는 또한 가라오케에 인기있는 포맷이다.
- **MPEG-2**: VCR급으로부터 HDTV급까지의 전송에 사용되는 영상부호화로 50:1 정도의 영상신호 압축비가 요구된다. MPEG-2는 DVD, HDTV, 지상 디지털 영상 방송(DVB-T), 위성 디지털 영상 방송(DVB-S) 등에 사용되는 포맷이다.
- **MPEG-4**: 인터넷을 포함하여 서로 다른 대역폭을 지닌 멀티미디어(오디오, 영상, 동영상) 신호의 디지털화 제공. MPEG-4는 마이크로소프트 윈도우 미디어 플레이어, 리얼 네트워크, 애플의 퀵타임과 iPod 등에 의해 서비스된다. 최근에는 MPEG-4가 ITU-T 표준 H.264로 집중되어졌는데 이에 대하여는 뒤에서 언급될 것이다.

영상압축의 위력은 깜짝 놀랄만하다. 비교해보면, NTSC TV 방송의 디지털화에는 45~120 Mbps가 필요한 반면, MPEG-2에서는 1.5~15 Mbps 정도만 요구된다. 다른 한편, HDTV는 비압축시 800M bps가 요구될 터인데, MPEG-2를 사용하면 19.39 Mbps로 전송될 것이다.

동영상 신호에서 시청자에게 감지되지 않는 중첩부분을 제거하는 MPEG 압축방식에는 두 종류가 있다.

1. 영상
   - 프레임간 동작을 예측하여 프레임간 중첩을 제거하는 임시 또는 프레임간(interframe) 압축.
   - 각 프레임에 동일 특성(색깔, 강도 등)을 지니는 화소 그룹에 대한 블록을 식별하는 공간 또는 프레임내(intraframe) 압축. 단지 블록 식별 신호만 전송된다.
2. 음성, 마스킹 효과의 정신음향(phychoacoustic) 모델을 사용한다.

(a) (b) (c)

▸▸ 그림 6.36 (a) 프레임 1 (b) 프레임 2 (c) 프레임 1과 2 사이에 전송되어진 정보

영상압축의 기본은 영상신호에서의 중복을 없애는 것이다. 예로 그림 6.36a 및 b에서 프레임간 중복을 고찰해보자. 그림 6.36a에서 주자의 위치는 A에 있고, 그림 6.36b에서는 위치 B에 있다. 배경(성당, 빌딩, 다리)은 프레임이 바뀌어도 그대로 유지되고 있음을 유의하자. 그림 6.36c에 전송용 비중첩 정보를 재현하였다; 즉, 두 프레임간의 변화값이다. 주자의 모습이 프레임 1에서는 좌측에 주어졌었는데 프레임 2에서는 배경화면으로 바뀌었고, 프레임 1의 우측 블록 배경화면이 프레임 2에서는 주자의 모습으로 바뀌었다.

영상압축은 비디오 카메라로부터 주어지는 아날로그 영상신호를 화소 단위의 디지털 포맷으로 변환하는 부호화기로부터 시작된다. 각 비디오 프레임은 8 x 8 화소 블록으로 나뉘어져 부호화기가 어떤 블록을 전송해야 할지를 결정할 때 선택에 도움을 준다. 즉, 프레임이 바뀔 때 중요한 변화가 주어지는 블록을 전송할 수 있도록 블록으로 나뉘어져 있다. 이 과정은 두 단계로 이루어진다:

1. 동작 값이 계산되고 보상된다. 동작계산 시 현 프레임 내에 전 프레임과 일치되는 블록의 면적 또는 그룹을 구분해내서 복호화기의 예측기로 변위 방향과 크기를 보내준다. 이 프레임 차이를 여분(residual)이라 한다.
2. 한 블록씩 여분을 변환하여 좀 더 압축된 형태로 만든다.

부호화된 여분 신호는 DCT(discrete cosine transform, Haska 외[28], 6.5.2절 참조)에 의해 좀 더 압축된 형태로 변환된다. DCT에서 각 화소는 수치로 표현되고 효율적인 전송을 위해 그 값을 균일화 한다. DCT는 다음과 같이 정의된다.

$$F(j,k) = \sum_{n=0}^{N-1}\sum_{m=0}^{N-1} f(n,m)\cos\left[\frac{(2n+1)j\pi}{2N}\right]\cos\left[\frac{(2m+1)k\pi}{2N}\right]$$

단, $f(n,m)$은 위치 (n,m)에 있는 블록의 지정값이다. 역변환은 다음과 같다.

$$f(n,m) = \frac{1}{N^2}\sum_{n=0}^{N-1}\sum_{m=0}^{N-1} F(j,k)\cos\left[\frac{(2n+1)j\pi}{2N}\right]\cos\left[\frac{(2m+1)k\pi}{2N}\right]$$

DCT는 보통 8 x 8 블록에 대한 곱셈인데 $C(j)C(k)/4$로 표현된다. 단,

$$C(x) = \begin{cases} \frac{1}{\sqrt{2}} & \text{for } x = 0 \\ 1 & \text{otherwise} \end{cases}$$

표 6.2 및 표 6.3에 화소 블록값을 DCT 전・후로 나누어 보였다. 표 6.3을 잘 살펴보면 위치(0,0) 주위에 집중된 중요한 값들에 비해 상대적으로 작아 무시해도 될 만한 요소들을 볼 수 있을 것이다. 이런 연유로 매트릭스 대부분의 값을 0으로 가정할 수 있기 때문에 역변환에 의해 원래의 값이 정확하게 재생된다. 이로 인하여 전송되어져야만 하는 데이터의 양이 매우 적어져서 평균적으로 1/8~1/10 정도로 된다. 전송된 여분의 크기는 각 개 블록의 크기거나 전체 영상의 크기임을 유의하자.

변환된 블록의 매트릭스 값(표 6.4)은 블록 매트릭스 내의 대부분의 값이 1보다 작아지도록 균일화되어진다. 결과적으로 주어지는 균일화 매트릭스는 양자화되어 표 6.4가 얻어진다.

균일화는 곱셈 값의 동적 매트릭스에 의해 이뤄진다. 변환된 매트릭스의 요소로 적용시킨 것이다. 표 6.4의 균일화 매트릭스는 부호화기에 전송된 블록 정보이다. 표 6.5에 역균일화 매트릭스를 보였고, 표 6.6의 재생된(역-변환된) 여분은 복호화기에서 결정되어진다. 지그재그 패턴으로의 작업과정은 그림 6.37에 보였다.

MPEG은 일정한 방법으로 임시(프레임과 프레임간) 중첩을 제거함으로써 움직임의 계산 및 보상을 수행한다. MPEG은 3 종류의 프레임을 사용한다. 인프라프레임 또는 I-프레임(가끔 독립적으로 부호화 또는 인프라부호화된 프레임으로도 불린다), 예측(예측된) 또는 P-프레임, 그리고 양방향성 예측 프레임 또는 B-프레임이 그것이다. P-프레임은 I-프레임으로부터 예측되어진다. B-프레임은 앞단 또는 뒷단 양방향으로부터 예측되어진다. 하나의 I-프레임과 하나 이상의 P-프레임과 B-프레임으로 이루어지는 GOP(group of picture)가 MPEG 처리 패턴의 기본이다. 영상을 압축한 MPEG 내의 대부분의 프레임은 B-프레임이다. I-프레임은 MPEG 부호화 과정을 초기화할 때 프레임 차를 제공하기 위한 초기 참조값이다. 이 과정의 양방향성 때문에 프레임 전송에는 지연이 발생한다. 이것이 GOP가 전송 기본 단위여야 하는 까닭이며, 따라서 하나의 GOP가 완료될 때까지는 전송이 시작될 수가 없다(그림 6.38). 이 과정에 대해 더 자세히 언급하는 것은 이 책의 범주를 벗어나는 일이다. 좀 더 자세히 언급한 책들을 쉽게 많이 찾을 수 있을 것이다. 또한, MPEG 압축과 HDTV에 대한 숱한 참고문헌들을 인터넷에서 찾을 수 있을 것이다.

▸▸ 표 6.2 8×8 화소 블록 여분

	n							
	158	158	158	163	161	161	162	162
	157	157	157	162	163	161	162	162
	157	157	157	160	161	161	161	161
	155	155	155	162	162	161	160	159
m	159	159	159	160	160	162	161	159
	156	156	156	158	163	160	155	150
	156	156	156	159	156	153	151	144
	155	155	155	155	153	149	144	139

▸▸ 표 6.3 변환된 8×8 화소 블럭 여분 DCT 계수

	i							
	1259.6	1.0	−12.1	5.2	2.1	1.7	−2.7	−1.3
	22.6	−17.5	6.2	−3.2	2.9	−0.1	−0.4	−1.2
	−10.9	9.3	−1.6	−1.5	0.2	0.9	−0.6	0.1
	7.1	−1.9	−0.2	1.5	−0.9	−0.1	0.0	0.3
k	−0.6	0.8	1.5	−1.6	−0.1	0.7	0.6	−1.3
	−1.8	−0.2	−1.6	−0.3	0.8	1.5	−1.0	−1.0
	−1.3	0.4	−0.3	1.5	−0.5	−1.7	1.1	0.8
	2.6	1.6	3.8	−1.8	−1.9	1.2	0.6	−0.4

▸▸ 표 6.4 균일화 및 양자화된 여분 DCT 계수

	jn							
	21	0	−1	0	0	0	0	0
	2	−1	0	0	0	0	0	0
	−1	1	0	0	0	0	0	0
k	0	0	0	0	0	0	0	0
	0	0	0	0	0	0	0	0
	0	0	0	0	0	0	0	0
	0	0	0	0	0	0	0	0
	0	0	0	0	0	0	0	0

▸▸ 표 6.5 역균일화된 DCT 계수

				jn				
	1260	0	−12	0	0	0	0	0
	23	−18	0	0	0	0	0	0
	−11	10	0	0	0	0	0	0
k	0	0	0	0	0	0	0	0
	0	0	0	0	0	0	0	0
	0	0	0	0	0	0	0	0
	0	0	0	0	0	0	0	0
	0	0	0	0	0	0	0	0

▸▸ 표 6.6 역 DCT 계수에 의해 재생된 여분

				n				
	158	158	158	163	161	161	162	162
	157	157	157	162	163	161	162	162
	157	157	157	160	161	161	161	161
m	155	155	155	162	162	161	160	159
	159	159	159	160	160	162	161	159
	156	156	156	158	163	160	155	150
	156	156	156	159	156	153	151	144
	155	155	155	155	153	149	144	139

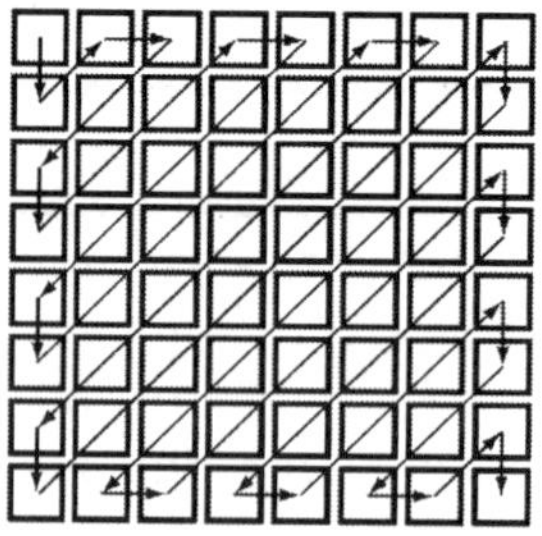

▸▸ 그림 6.37 지그재그 DCT 계수 스캐닝 패턴

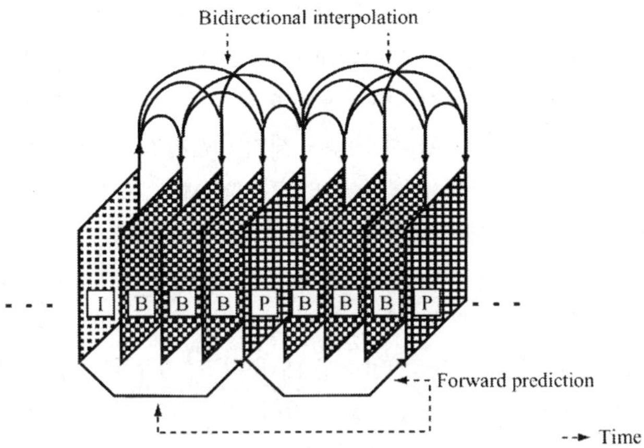

▶▶ 그림 6.38 일시적 MPEG 프레임 구조

○ 다른 영상 압축 표준

MPEG 외에도 ITU-T에서 영상부호화에 대한 표준안을 병행 시도하였는데 이 표준안도 영상압축에 대해 유사한 개념을 적용한다. 현재 ITU-T 영상 압축 표준으로 잘 알려진 것은 H.26x 계열로서, H.261, H.263, H.264 등이다. H.261은 영상 전화와 영상회의 등에 적용되어 6 kbps의 배수값의 속도로 전송된다. MPEG 압축과 유사하게 H.261도 움직임-보상 일시 예측을 사용한다.

H.263은 영상회의와 같은 느린 저속 비트율 부호화에 응용하고자 개발되어졌으며 부호화에 블록 움직임-보상 dct 구조를 사용한다.[30] H.261에 기초한 H.263은 H.261 부호화 방식보다 저속 비트율 부호화에 최적화되어서 효율이 훨씬 높다. YouTube와 MySpace 등의 웹엔진에서 영상 공유용으로 인기가 높은 포맷인 플래시 영상도 Sorenson Spark 코덱이란 H.263에 유사한 변형을 사용한다.

사실 H.264는 ITU-T와 MPEG 간의 최근의 협조 결과로 두 그룹의 결합노력의 결실이다. MPEG-4 Part 10으로 알려진 H.264는 MPEG-2에 비해 탁월한 성능을 보여주어 데이터율을 거의 절반 수준으로 줄여준다. 이 융통성 있는 표준으로 인하여 50~60 kbps의 휴대폰 서비스, 1~2 Mbps의 인터넷/표준영상, 5~8 Mbps의 고품질 영상 등과 같이 대역폭과 화질이 다양한 영상 부분에도 응용되고 있다. 또한 H.264는 iPod, 직접방송 위성 TV, 몇몇의 지역 지상 디지털 TV, Mac OS X(Tiger), Sony의 휴대용 Playstation 등과 같은 많은 제품과 응용에 적용되고 있다.

○ HDTV에 관한 메모

영상 압축에 MPEG-2가 이용됨에 따라, DTV는 직접 방송 위성(DBS; direct broadcast satellite) 또는 케이블에서의 525-라인 압축영상과 함께 ATV(advanced television)의 요소

중 하나이다. HDTV의 구상은 1970년대 후반에 있었다. 처음의 개발 작업은 아날로그 시스템에 근거해 일본에서 이루어졌다. 1980년대 중반, 아날로그 시스템의 대역폭 요구가 과도해짐에 따라 NTSC 텔레비전의 6 MHz 대역폭을 이용할 수 있는 디지털 시스템이 대두되기 시작했다. 1990년대 초 7개의 디지털 시스템이 제기되었지만 시험결과 만족스런 결과를 제시한 것은 하나도 없었다. 그래서 1993년에 FCC는 HDTV 표준을 개발하기 위한 산업적 GA (Grand Alliance) 구성을 제의하였다. 1997년 12월 ATSC(Advanced Television Systems Committee)가 제의한 방송전용의 A/53 표준이 미국의 FCC에 의해 마무리 되었다.

GA HDTV 표준은 NTSC TV의 종횡비 4:3 대신에 16:9(동영상 종횡비)를 사용한다. HDTV는 19.39 Mbps로 MPEG-2 압축을 사용하고, 3-비트 정보용 8-진폭-레벨 기호를 사용한 8-VSB(vestigial sideband)의 디지털 변조 포맷을 사용한다. Reed-Solomon 순방향 오류 교정용 20개 패리티 바이트를 포함하여 207-바이트 블록으로 전송된다. 나머지 187-바이트 패킷 포맷은 MPEG-2 프로토콜의 한 부분으로 타이밍, 스위칭 및 다른 전송 제어용 헤더들이 포함된다.

GA 후계자인 ATSC는 HDTV용 표준을 개발하였고 실행을 권장하였다. 이에 대한 많은 정보들은 그들의 웹사이트에서 발견할 수 있을 것이다: http://www.atsc.org/.

6.9 매트랩 연습

이 절에서는 매트랩 실습을 통하여 신호의 표본화, 표본으로부터의 신호 재생, 균등 양자화, PCM, 그리고 DM에 대해 복습한다.

○ 표본화 및 저역통과 신호재생

표준화 예제에서, 신호 $g(t)$는 2개의 1초짜리 사인파 성분으로 구성한다; 각각의 주파수는 1과 3 Hz이다. 신호의 지속시간이 무한대일 때, $g(t)$의 대역폭은 3 Hz임을 유의하자. 신호의 지속시간이 유한하다면 실제 신호의 대역폭은 무한대여야 하지만 대부분 신호 성분은 5 Hz의 대역폭 내에 존재한다. 이런 이유로 최소 나이퀴스트 주파수인 6 Hz보다 훨씬 높은 50 Hz를 표본화 주파수로 선택한다. 매트랩 프로그램 Exsample.m에는 표본화 및 신호재생까지 포함되어 있다. 그림 6.39에 원 신호, 50 Hz로 표본화된 신호, 표본화 신호의 주파수 응답 특성을 보였다. 6.1절에서의 분석과 같이 표본화 신호 $g_T(t)$의 스펙트럼은 원 신호의 스펙트럼이 50 Hz마다 주기적으로 반복되는 성분임을 볼 수 있다.

```
% (Exsample.m)
% Example of sampling, quantization, and zero-order hold
clear;clf;
td=0.002;         %original sampling rate 500 Hz
t=[0:td:1.];      %time interval of 1 second
xsig=sin(2*pi*t)-sin(6*pi*t);   % 1Hz+3Hz sinusoids
Lsig=length(xsig);

ts=0.02;          %new sampling rate = 50Hz.
Nfactor=ts/td;
% send the signal through a 16-level uniform quantizer
[s_out,sq_out,sqh_out,Delta,SQNR]=sampandquant(xsig,16,td,ts);
%   receive 3 signals:
%       1. sampled signal s_out
%       2. sampled and quantized signal sq_out
%       3. sampled, quantized, and zero-order hold signal sqh_out
%
%   calculate the Fourier transforms
 Lfft=2^ceil(log2(Lsig)+1);
 Fmax=1/(2*td);
 Faxis=linspace(-Fmax,Fmax,Lfft);
 Xsig=fftshift(fft(xsig,Lfft));
 S_out=fftshift(fft(s_out,Lfft));
%   Examples of sampling and reconstruction using
%       a) ideal impulse train through LPF
%       b) flat top pulse reconstruction through LPF
%   plot the original signal and the sample signals in time
%   and frequency domain
figure(1);
subplot(311); sfig1a=plot(t,xsig,'k');
hold on; sfig1b=plot(t,s_out(1:Lsig),'b'); hold off;
set(sfig1a,'Linewidth',2); set(sfig1b,'Linewidth',2.);
xlabel('time (sec)');
title('Signal {\it g}({\it t}) and its uniform samples');
set(sfig1c,'Linewidth',1);  title('Spectrum of {\it g}_T({\it t})
%   calculate the reconstructed signal from ideal sampling and
%   ideal LPF
%   Maximum LPF bandwidth equals to BW=floor((Lfft/Nfactor)/2);
 BW=10;               %Bandwidth is no larger than 10Hz.
 H_lpf=zeros(1,Lfft);H_lpf(Lfft/2-BW:Lfft/2+BW-1)=1;  %ideal LPF
 S_recv=Nfactor*S_out.*H_lpf;                 % ideal filtering
 s_recv=real(ifft(fftshift(S_recv)));         % reconstructed f-domai
 s_recv=s_recv(1:Lsig);                       % reconstructed t-domai
%   plot the ideally reconstructed signal in time
%   and frequency domain
figure(2)
```

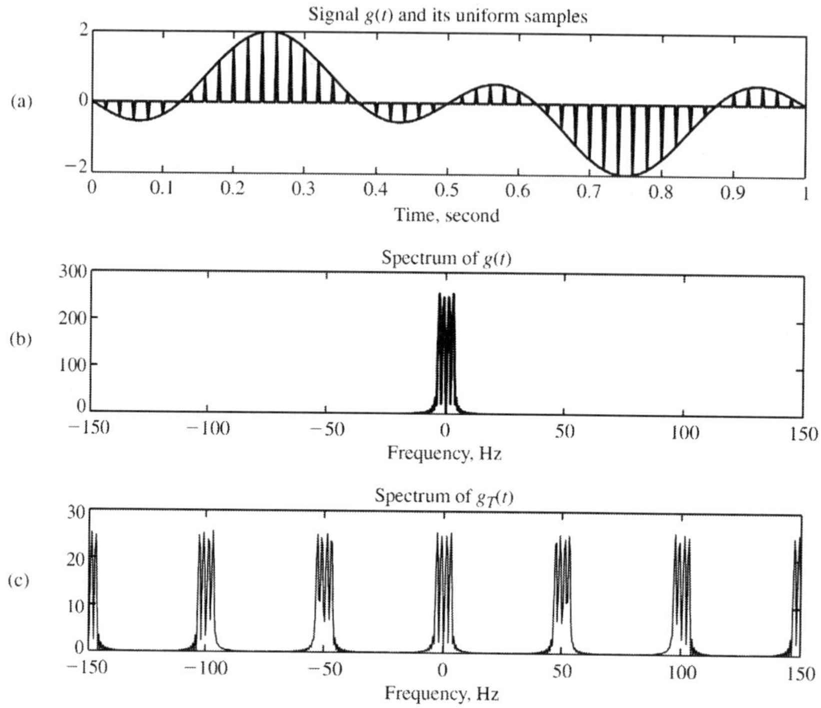

▸▸ 그림 6.39 원 신호와 이상적으로 균등 표본화된 신호간의 관계
(a) 시간 영역 (b) 주파수 영역

```
subplot(211); sfig2a=plot(Faxis,abs(S_recv));
xlabel('frequency (Hz)');
axis([-150 150 0 300]);
title('Spectrum of ideal filtering (reconstruction)');
subplot(212); sfig2b=plot(t,xsig,'k-.',t,s_recv(1:Lsig),'b');
legend('original signal','reconstructed signal');
xlabel('time (sec)');
title('original signal versus ideally reconstructed signal');
set(sfig2b,'Linewidth',2);
%   non-ideal reconstruction
 ZOH=ones(1,Nfactor);
 s_ni=kron(downsample(s_out,Nfactor),ZOH);
 S_ni=fftshift(fft(s_ni,Lfft));
 S_recv2=S_ni.*H_lpf;                  % ideal filtering
 s_recv2=real(ifft(fftshift(S_recv2)));      % reconstructed f-dom.
 s_recv2=s_recv2(1:Lsig);                    % reconstructed t-dom.
%   plot the ideally reconstructed signal in time
%   and frequency domain
```

```
figure(3)
subplot(211); sfig3a=plot(t,xsig,'b',t,s_ni(1:Lsig),'b');
xlabel('time (sec)');
title('original signal versus flat-top reconstruction');
subplot(212); sfig3b=plot(t,xsig,'b',t,s_recv2(1:Lsig),'b--');
legend('original signal','LPF reconstruction');
xlabel('time (sec)');
set(sfig3a,'Linewidth',2); set(sfig3b,'Linewidth',2);
title('original and flat-top reconstruction after LPF');
```

임펄스 표본화 열 $g_T(t)$로부터 원 신호 $g(t)$를 재생하기 위해서, 대역폭이 10 Hz인 이상적 저역-통과 필터를 적용하였다. 이것은 6.1.1절에서 보인 이상적인 sinc 함수를 이용한 보간에 상응하는 것이다. 그림 6.40에 보인 결과 스펙트럼은 원 신호 $g(t)$의 스펙트럼과 매우 근사하다. 더군다나 그림 6.40에서 비교된 시간영역에서의 신호 파형은 거의 완벽하게 일치함을 볼 수 있다.

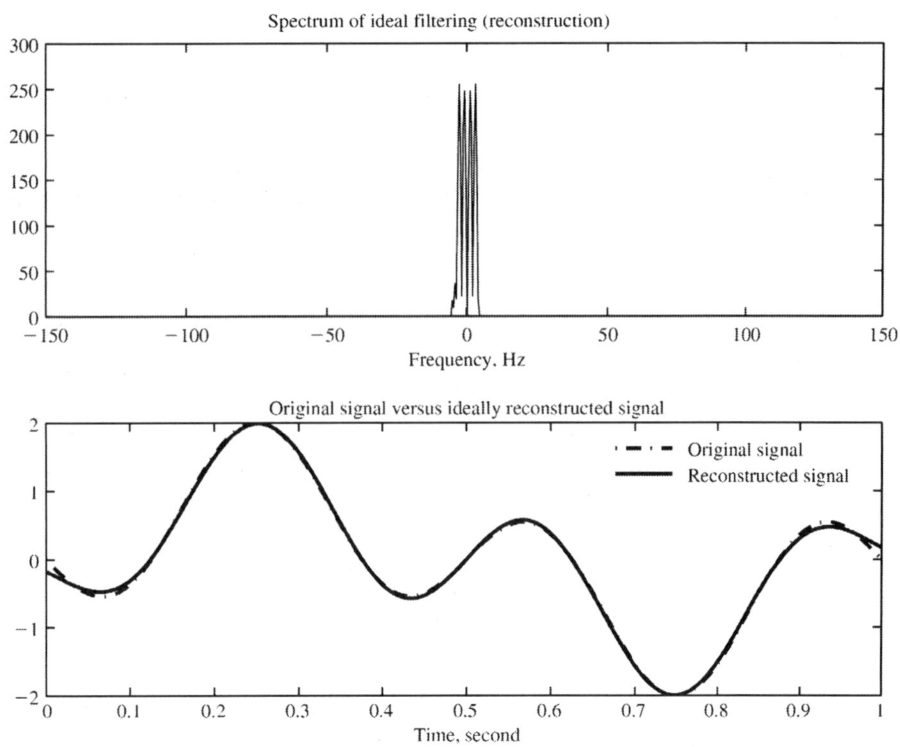

▸▸ 그림 6.40 이상적 저역-통과 필터를 사용한 재생 신호의 스펙트럼과 파형

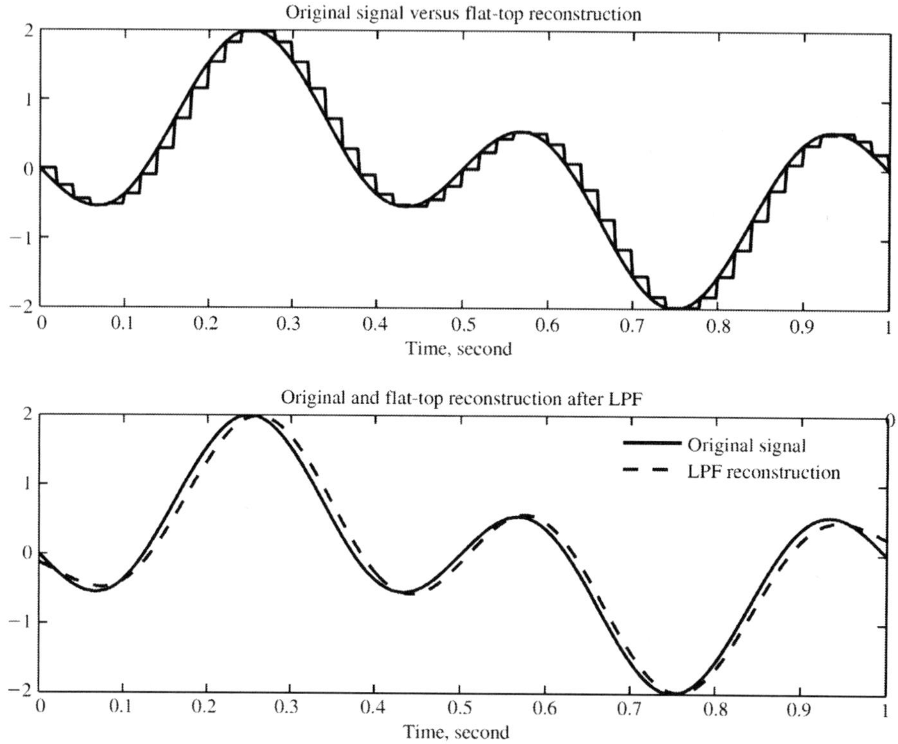

▸▸ 그림 6.41 단순한 구형파(그림 6.6) 펄스를 적용한 재생 신호의 스펙트럼과 파형

이 프로그램의 마지막 예제로서 표본으로부터 원 신호를 재생하기 위해 표본화 주기 T_s인 단순한 구형파를 사용해 본다(그림 6.41). 구형파에 의한 재생에 저역-통과 필터를 적용한 경우도 그림 6.41에 주어졌다. 재생된 신호가 원 신호 $g(t)$에 아직도 근사한 것을 확인할 수 있다. 그 까닭은 식 (6.17)의 근사치가 유지될 수 있도록, $T_p = T_s$가 매우 작아지도록 높은 표본화율을 선택했기 때문이다. 확실히 이 분석에 근거하여, 식 (6.16)의 저역-통과 등화 필터를 사용하면, 재생 오류를 대폭 감소시킬 수 있다.

○ PCM 설명

매트랩 함수 uniquan.m 은 양자화 레벨 수가 L인 균등 양자화를 아날로그 신호에 적용한 것이다.

```
% (uniquan.m)
function [q_out,Delta,SQNR]=uniquan(sig_in,L)
%   Usage
%   [q_out,Delta,SQNR]=uniquan(sig_in,L)
```

```
%   L   -    number of uniform quantization levels
%   sig_in -    input signal vector
%   Function outputs:
%             q_out - quantized output
%             Delta - quantization interval
%             SQNR  - actual signal to quantization noise ratio
sig_pmax=max(sig_in);   % finding the positive peak
sig_nmax=min(sig_in);   % finding the negative peak
Delta=(sig_pmax-sig_nmax)/L;    % quantization interval
q_level=sig_nmax+Delta/2:Delta:sig_pmax-Delta/2;   % define Q-levels
L_sig=length(sig_in);   % find signal length
sigp=(sig_in-sig_nmax)/Delta+1/2;   % convert into 1/2 to L+1/2 range
qindex=round(sigp);      % round to 1, 2, ... L levels
qindex=min(qindex,L);   % eleminate L+1 as a rare possibility
q_out=q_level(qindex);  % use index vector to generate output
SQNR=20*log10(norm(sig_in)/norm(sig_in-q_out)); %actual SQNR value
end
```

함수 sampleandquant.m은 표본화와 균등 양자화를 동시에 수행한다. 단, ts는 표본화 주기, L은 양자화 레벨 수, s_out은 표본화된 출력 신호, sq_out은 표본화와 양자화 후의 출력 신호, sqh_out은 표본화, 양자화, 영차 지연된 신호를 나타낸다.

```
% (sampandquant.m)
function [s_out,sq_out,sqh_out,Delta,SQNR]=sampandquant(sig_in,L,td,ts)
%   Usage
%       [s_out,sq_out,sqh_out,Delta,SQNR]=sampandquant(sig_in,L,td,fs)
%   L   -    number of uniform quantization levels
%   sig_in -    input signal vector
%   td  -    original signal sampling period of sig_in
%   ts  -    new sampling period
% NOTE:  td*fs must be a positive integer;
%   Function outputs:
%             s_out  - sampled output
%             sq_out - sample-and-quantized output
%             sqh_out- sample,quantize,and hold output
%              Delta - quantization interval
%              SQNR  - actual signal to quantization noise ratio

if (rem(ts/td,1)==0)
nfac=round(ts/td);
p_zoh=ones(1,nfac);
s_out=downsample(sig_in,nfac);
[sq_out,Delta,SQNR]=uniquan(s_out,L);
s_out=upsample(s_out,nfac);
```

```
sqh_out=kron(sq_out,p_zoh);
sq_out=upsample(sq_out,nfac);
else
    warning('Error! ts/td is not an integer!');
    s_out=[];sq_out=[];sqh_out=[];Delta=[];SQNR=[];
end
end
```

매트랩 프로그램 ExPCM.m은 앞의 두 매트랩 함수로 PCM 신호를 발생시키는 예제이다.

```
% (ExPCM.m)
% Example of sampling, quantization, and zero-order hold
clear;clf;
td=0.002;          %original sampling rate 500 Hz
t=[0:td:1.];       %time interval of 1 second
xsig=sin(2*pi*t)-sin(6*pi*t);    % 1Hz+3Hz sinusoids
Lsig=length(xsig);
Lfft=2^ceil(log2(Lsig)+1);
Xsig=fftshift(fft(xsig,Lfft));
Fmax=1/(2*td);
Faxis=linspace(-Fmax,Fmax,Lfft);
ts=0.02;           %new sampling rate = 50Hz.
Nfact=ts/td;
% send the signal through a 16-level uniform quantizer
[s_out,sq_out,sqh_out1,Delta,SQNR]=sampandquant(xsig,16,td,ts);
%   obtained the PCM signal which is
%        - sampled, quantized, and zero-order hold signal sqh_out
%   plot the original signal and the PCM signal in time domain
figure(1);
subplot(211);sfig1=plot(t,xsig,'k',t,sqh_out1(1:Lsig),'b');
set(sfig1,'Linewidth',2);
title('Signal {\it g}({\it t}) and its 16 level PCM signal')
xlabel('time (sec.)');
% send the signal through a 16-level uniform quantizer
[s_out,sq_out,sqh_out2,Delta,SQNR]=sampandquant(xsig,4,td,ts);
%   obtained the PCM signal which is
%        - sampled, quantized, and zero-order hold signal sqh_out
%   plot the original signal and the PCM signal in time domain
subplot(212);sfig2=plot(t,xsig,'k',t,sqh_out2(1:Lsig),'b');
set(sfig2,'Linewidth',2);
title('Signal {\it g}({\it t}) and its 4 level PCM signal')
xlabel('time (sec.)');
```

```
 Lfft=2^ceil(log2(Lsig)+1);
 Fmax=1/(2*td);
 Faxis=linspace(-Fmax,Fmax,Lfft);
 SQH1=fftshift(fft(sqh_out1,Lfft));
 SQH2=fftshift(fft(sqh_out2,Lfft));
% Now use LPF to filter the two PCM signals
 BW=10;                %Bandwidth is no larger than 10Hz.
 H_lpf=zeros(1,Lfft);H_lpf(Lfft/2-BW:Lfft/2+BW-1)=1;  %ideal LPF
 S1_recv=SQH1.*H_lpf;                % ideal filtering
 s_recv1=real(ifft(fftshift(S1_recv)));     % reconstructed f-domain
 s_recv1=s_recv1(1:Lsig);                   % reconstructed t-domain
  S2_recv=SQH2.*H_lpf;               % ideal filtering
 s_recv2=real(ifft(fftshift(S2_recv)));     % reconstructed f-domain
 s_recv2=s_recv2(1:Lsig);                   % reconstructed t-domain
 % Plot the filtered signals against the original signal
figure(2)
 subplot(211);sfig3=plot(t,xsig,'b-',t,s_recv1,'b-.');
 legend('original','recovered')
set(sfig3,'Linewidth',2);
title('Signal {\it g}({\it t}) and filtered 16-level PCM signal')
xlabel('time (sec.)');
subplot(212);sfig4=plot(t,xsig,'b-',t,s_recv2(1:Lsig),'b-.');
 legend('original','recovered')
set(sfig4,'Linewidth',2);
title('Signal {\it g}({\it t}) and filtered 4-level PCM signal')
xlabel('time (sec.)');
```

첫 예제에서 표본화주파수 50 Hz를 유지하고 균등 양자화 레벨 수 $L = 16$을 이용해본다. 그 결과 그림 6.42에 PCM 신호를 보였다. 이 PCM 신호는 수신기에서 저역-통과 필터를 사용하여, 그림 6.43과 같이 원 신호와 비교되어질 수 있다. 재생 신호가 원 신호 $g(t)$와 매우 근사하게 보인다.

양자화 효과를 설명하기 위하여 PCM 양자화에 $L = 4$를 적용해 본다. 이 때의 PCM 신호는 그림 6.42에 주어졌다. 이에 대응되는 재생신호는 그림 6.43에 보였다. 더 적은 양자화 레벨 수($L = 4$)로 인하여 근사 오류는 더욱 커짐을 분명히 알 수 있다.

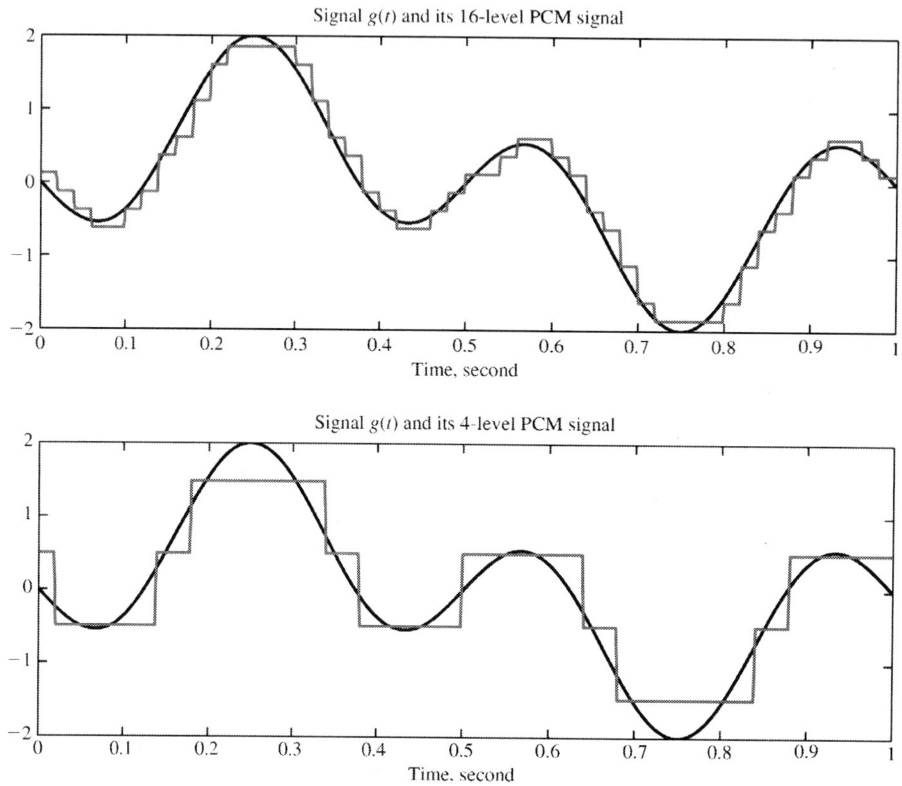

▶▶ 그림 6.42 원 신호와 서로 다른 양자화 레벨 수를 사용한 PCM 신호

○ 델타변조

DM 부호화 설계에서 스텝 크기 Δ의 실제적 효과를 설명하기 위해 프로그램 deltamod.m을 적용해 본다.

```
% (deltamod.m)
function s_DMout= deltamod(sig_in,Delta,td,ts)
%   Usage
%        s_DMout = deltamod(xsig,Delta,td,ts))
%   Delta  -    DM stepsize
%   sig_in -    input signal vector
%   td   -    original signal sampling period of sig_in
%   ts   -    new sampling period
% NOTE:  td*fs must be a positive integer;
%   Function outputs:
%             s_DMout  - DM sampled output
```

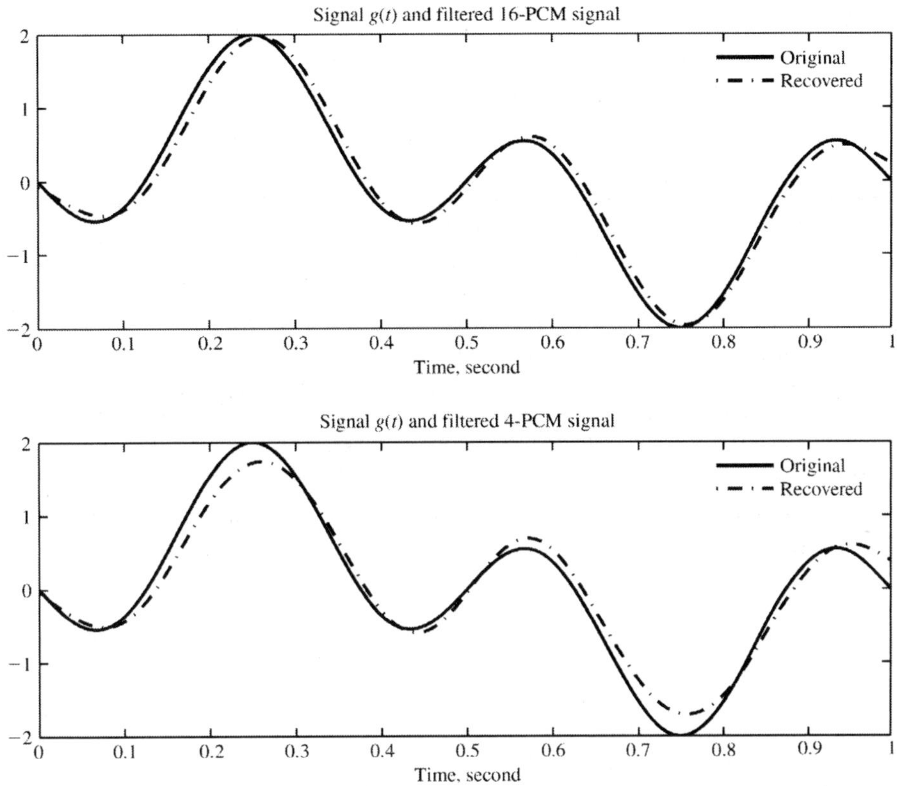

►► 그림 6.43 원 신호와 저역-통과 필터에 의해 재생된 PCM 신호의 비교

```
if (rem(ts/td,1)==0)
nfac=round(ts/td);
p_zoh=ones(1,nfac);
s_down=downsample(sig_in,nfac);
Num_it=length(s_down);
s_DMout(1)=-Delta/2;
for k=2:Num_it
    xvar=s_DMout(k-1);
    s_DMout(k)=xvar+Delta*sign(s_down(k-1)-xvar);
end
s_DMout=kron(s_DMout,p_zoh);
else
    warning('Error! ts/td is not an integer!');
    s_DMout=[];
end
end
```

서로 다른 스텝 크기의 DM 신호를 만들기 위해, PCM에서 사용된 $g(t)$를 그대로 사용한다. 다음 ExDM.m 에는 3가지의 스텝 크기가 적용된다:

$$\Delta_1 = 0.2,\ \Delta_2 = 2\Delta_1,\ \Delta_3 = 4\Delta_1.$$

```
%  (ExDM.m)
% Example of sampling, quantization, and zero-order hold
clear;clf;
td=0.002;        %original sampling rate 500 Hz
t=[0:td:1.];     %time interval of 1 second
xsig=sin(2*pi*t)-sin(6*pi*t);   % 1Hz+3Hz sinusoids
Lsig=length(xsig);
ts=0.02;         %new sampling rate = 50Hz.
Nfact=ts/td;
% send the signal through a 16-level uniform quantizer
Delta1=0.2;      % First select a small Delta=0.2 in DM
s_DMout1=deltamod(xsig,Delta1,td,ts);
%   obtained the DM signal
%   plot the original signal and the DM signal in time domain
figure(1);
subplot(311);sfig1=plot(t,xsig,'k',t,s_DMout1(1:Lsig),'b');
set(sfig1,'Linewidth',2);
title('Signal {\it g}({\it t}) and DM signal')
xlabel('time (sec.)'); axis([0 1 -2.2 2.2]);
%
%  Apply DM again by doubling the Delta

Delta2=2*Delta1;           %
s_DMout2=deltamod(xsig,Delta2,td,ts);
%   obtained the DM signal
%   plot the original signal and the DM signal in time domain
subplot(312);sfig2=plot(t,xsig,'k',t,s_DMout2(1:Lsig),'b');
set(sfig2,'Linewidth',2);
title('Signal {\it g}({\it t}) and DM signal with doubled stepsize')
xlabel('time (sec.)'); axis([0 1 -2.2 2.2]);
%
Delta3=2*Delta2;           % Double the DM Delta again.
s_DMout3=deltamod(xsig,Delta3,td,ts);
%   plot the original signal and the DM signal in time domain
subplot(313);sfig3=plot(t,xsig,'k',t,s_DMout3(1:Lsig),'b');
set(sfig3,'Linewidth',2);
title('Signal {\it g}({\it t}) and DM signal with quadrupled
    stepsize')
xlabel('time (sec.)'); axis([0 1 -2.2 2.2]);
```

DM에서의 효과를 설명하기위해 DM 부호화기로부터 얻은 신호를 그림 6.44에 보였다. 이 예제에서 스텝 크기가 너무 작으면(Δ_1), 원 신호가 너무 빨리 변화할 때 작은 스텝 크기로는 따라 잡을 수 없는 심각한 과부화 현상이 일어난다. 스텝 크기를 두 배로 해보면 확실히 이 과부하의 문제를 해결할 수 있다. 하지만 스텝 크기를 4배로(Δ_3) 하면 불필요하게 큰 양자화 오류가 주어질 것이다. 따라서 이 예제로부터 앞에서의 DM 스텝 크기를 적절히 선택해야만 한다는 분석을 검증하였다.

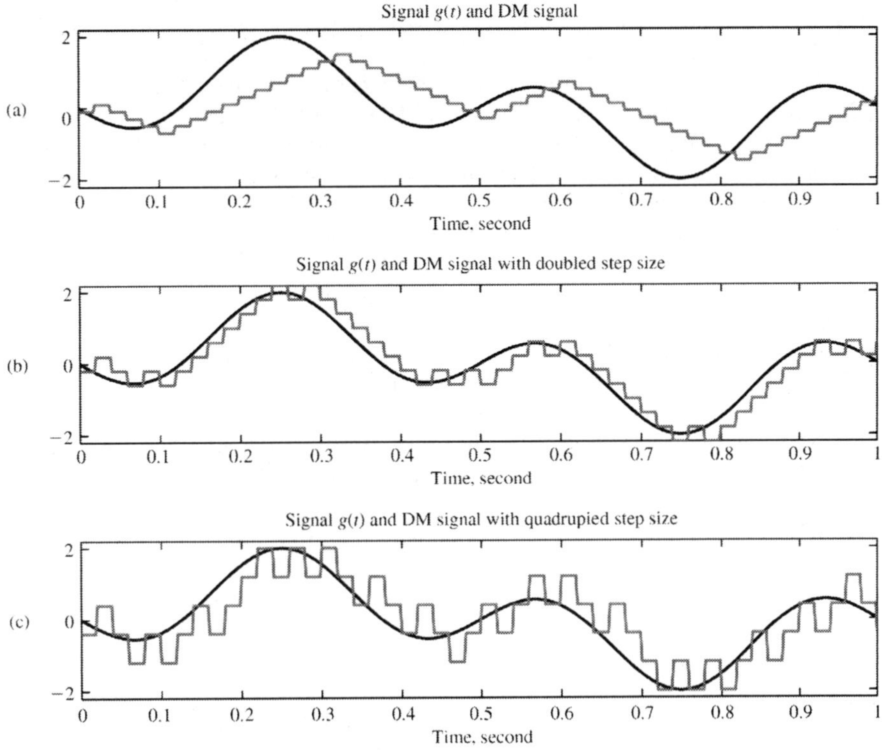

▸▸ 그림 6.44 3가지 스텝 크기에 따른 DM 출력
(a) 작은 스텝 크기에서의 과부하 (b) 적절한 스텝 크기
(c) 큰 스텝에 의한 양자화 오류

참고문헌

1. D. A. Linden, "A discussion of sampling theorem," *Proc. IRE*, vol. 47, no.7, pp. 1219–1226, July 1959.
2. H. P. Kramer, "A Generalized Sampling Theorem," *J. Math. Phys.*, vol. 38, pp. 68–72, 1959.

3. W. R. Bennett, *Introduction to Signal Transmission*, McGraw-Hill, New York, 1970.
4. W. S. Anglin and J. Lambek, *The Heritage of Thales*, Springer, Berlin, 1995.
5. B. Smith, "Instantaneous Companding of Quantized Signals," *Bell Syst. Tech. J.*, vol. 36, pp. 653–709, May 1957.
6. ITU-T Standard Recommendation G.711, English, 1989.
7. ITU-T Standard Recommendation G.726, English, 1990.
8. C. L. Dammann, L. D. McDaniel, and C. L. Maddox, "D-2 Channel Bank Multiplexing and Coding," *Bell Syst. Tech. J.*, vol. 51, pp. 1675–1700, Oct. 1972.
9. K. W. Cattermole, *Principles of Pulse-Code Modulation*, Ilife, England, 1969.
10. Bell Telephone Laboratories, *Transmission Systems for Communication*, 4th ed., Bell, Murray Hill, NJ, 1970.
11. E. L. Gruenberg, *Handbook of Telemetry and Remote Control*, McGraw-Hill, New York, 1967.
12. J. B. O'Neal, Jr., " Delta Modulation Quantizing Noise: Analytical and Computer Simulation Results for Gaussian and Television Input Signals," *Bell Syst. Tech. J.*, pp. 117–141, Jan. 1966.
13. F. de Jager, "Delta Modulation, a Method of PCM Transmission Using the 1-Unit Code," *Philips Res. Rep.*, no. 7, pp. 442–466, 1952.
14. A. Tomozawa and H. Kaneko, "Companded Delta Modulation for Telephone Transmission," *IEEE Trans. Commun. Technol.*, vol. CT-16, pp. 149–157, Feb. 1968.
15. B. S. Atal, "Predictive Coding of Speech Signals at Low Bit Rates," *IEEE Trans. Commun.*, vol. COMM-30, pp. 600–614, 1982.
16. J. P. Campbell and T. E. Tremain, "Voiced/Unvoiced Classification of Speech with Applications to the U.S. Government LPC-10E Algorithm," *Proc. IEEE Int. Conf. Acoust., Speech, Signal Process.*, Tokyo, pp. 473–476, 1986.
17. A. Gersho, "Advances in Speech and Audio Compression," *Proc. IEEE*, vol. 82, pp. 900–918, 1994.
18. L. R. Rabiner and R. W. Schafer, *Digital Processing of Speech Signals*, Prentice-Hall, Englewood Cliffs, NJ, 1978.
19. Lajos Hanzo, Jason Woodward, and Clare Sommerville, *Voice Compression and Communications*, Wiley, Hoboken; NJ, 2001.
20. N. Levinson, "The Wiener rms Error Criterion in Filter Design and Prediction," *J. Math. Phys.*, vol. 25, pp. 261–278, 1947.
21. A. H. Sayed, *Fundamentals of Adaptive Filtering*, Wiley-IEEE Press, Hoboken, NJ, 2003.
22. J. Y. Stein, *Digital Signal Processing: A Computer Science Perspective*, Wiley, Hoboken, NJ, 2000.
23. K. K. Paliwal and B. W. Kleijn, "Quantization of LPC Parameters," in *Speech Coding and Synthesis*, W. B. Kleijn and K. K. Paliwal, Eds. Elsevier Science, Amsterdam, 1995.
24. T. E. Tremain, "The Government Standard Linear Predictive Coding Algorithm LPC-10," *Speech Technol.*, 40–49, 1982.
25. M. R. Schroeder and B. S. Atal, "Code-Excited Linear Prediction (CELP): High-Quality Speech at Very Low Bit Rates," in *Proc. IEEE Int. Conf. Acoustics, Speech, Signal Process. (ICASSP)*, vol. 10, pp. 937–940, 1985.
26. S. Mallat, "A Theory of Multiresolution Signal Decomposition: The Wavelet Representation," *IEEE Trans. Pattern Anal. Machine Intel.*, vol. 11, pp. 674–693, 1989.
27. M. J. Smith and T. P. Barnwell, "Exact Reconstruction for Tree Structured Sub-Band Coders," *IEEE Trans. Acoustics, Speech, Signal Process.*, vol. 34, no. 3, pp. 431–441, 1986.
28. B. G. Haskel, A. Puri, and A. N. Netravali, *Digital Video: An Introduction to MPEG-2*, Chapman & Hall, New York, 1996.
29. J. L. Mitchell, W. B. Pennebaker, C.E Fogg, and D. J. LeGall, *MPEG Video Compression Standard*, Chapman & Hall, New York, 1996.
30. ITU-T Recommendation H.263, Video Coding for Low Bit Rate Communication.

연습문제

6.1-1 그림 P6.1-1은 신호 $g_1(t)$와 $g_2(t)$의 푸리에 스펙트럼을 보여준다. 신호 $g_1(t)$, $g_2(t)$, $g_1^2(t)$, $g_2^m(t)$, 그리고 $g_1(t)\,g_2(t)$에 대한 나이퀴스트 간격(Nyquist interval)과 표본화율(sampling rate)을 구하시오.

**힌트 : 주파수 콘볼루션과 콘볼루션의 넓이 특성을 이용하라.

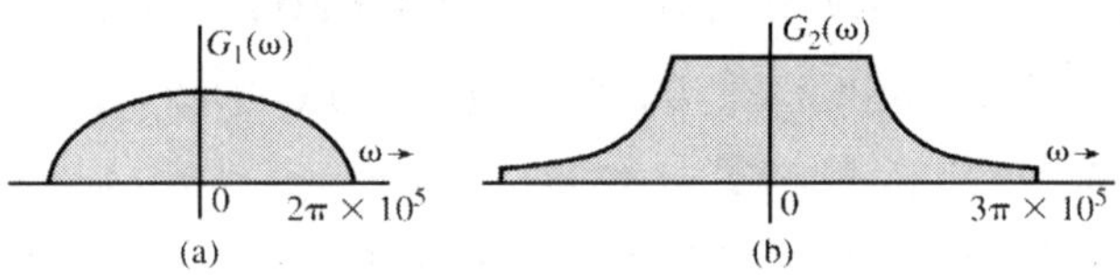

►► 그림 P6.1-1

6.1-2 다음 신호들에 대한 나이퀴스트 표본화율(Nyquist sampling rate)과 나이퀴스트 표본화 간격(Nyquist sampling interval)을 구하시오.

(a) $\text{sinc}(100\pi t)$

(b) $\text{sinc}^2(100\pi t)$

(c) $\text{sinc}(100\pi t) + \text{sinc}(50\pi t)$

(d) $\text{sinc}(100\pi t) + 3\text{sinc}^2(60\pi t)$

(e) $\text{sinc}(50\pi t)\text{sinc}(100\pi t)$

6.1-3 B Hz로 대역 제한한 신호 $g(t)$는 나이퀴스트율(Nyquist rate : $2B$ pulses per second)로 반복되는 폭 $1/8B$초(원점을 중심으로 한)의 구형파로 구성된 주기적인 펄스 열 $p_{T_s}(t)$에 의해서 표본화되었다. 표본화된 신호 $\overline{g}(t)$가 다음과 같이 되는 것을 보여라.

$$\overline{g}(t) = \frac{1}{4}g(t) + \sum_{n=1}^{\infty} \frac{2}{n\pi} \sin\left(\frac{n\pi}{4}\right) g(t) \cos 4n\pi Bt$$

또 신호 $g(t)$는 $\overline{g}(t)$를 대역폭(bandwidth)이 B Hz이고, 이득(gain)이 4인 이상적인 저역-통과 필터를 거침으로써 복원시킬 수 있다는 것을 보여라.

6.1-4 신호 $g(t) = \text{sinc}^2(5\pi t)$는 (uniformly spaced impulses를 사용하여) 다음과 같은 표본화율로 표본화되었다. (i) 5 Hz; (ii) 10 Hz; (iii) 20 Hz. 각각의 경우에 대하여 아래 사항에 대하여 답하시오.

(a) 표본화된 신호를 그려라.

(b) 표본화된 신호의 스펙트럼을 그려라.

(c) 표본화된 신호로부터 신호 $g(t)$를 복원할 수 있는지 설명하시오.

(d) 만약 표본화된 신호가 대역폭이 5 Hz인 이상적인 저역-통과 필터를 거쳤다면, 출력 신호의 스펙트럼을 그려라.

6.1-5 신호 $g_1(t) = 10^4 \Pi(10^4 t)$와 신호 $g_2(t) = \delta(t)$는 이상적인 저역-통과 필터들인 $H_1(f) = \Pi(f/20{,}000)$와 $H_2(f) = \Pi(f/10{,}000)$의 입력으로 주어진다(그림 P6.1-5). 이러한 필터들의 출력 $y_1(t)$와 $y_2(t)$는 신호 $y(t) = y_1(t)y_2(t)$를 얻기 위해 곱해진다. $y_1(t)$, $y_2(t)$, $y(t)$의 나이퀴스트율(Nyquist rate)을 구하라. $y_1(t)y_2(t)$의 대역폭을 결정하기 위해 콘볼루션 특성과 콘볼루션의 넓이 특성을 이용하라. 또한 문제 6.1-1을 보라.

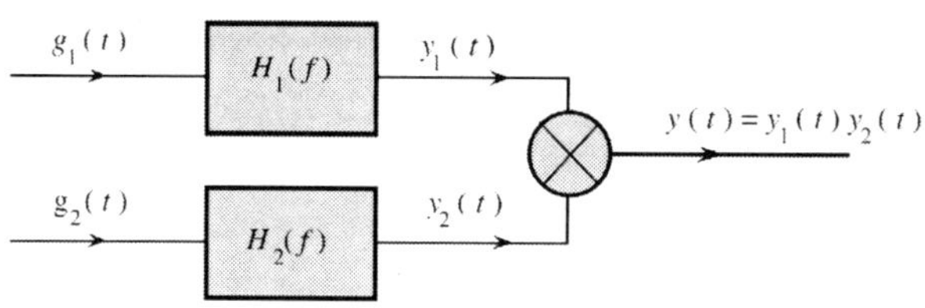

▸▸ 그림 P6.1-5

6.1-6 0차 지연 회로(그림 P6.1-6)는 표본으로부터 신호 $g(t)$를 복원하기 위하여 자주 사용된다.

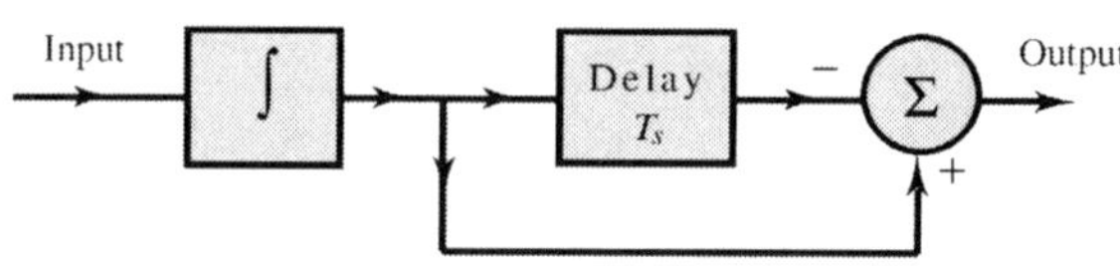

▸▸ 그림 P6.1-6

(a) 이 회로의 단위 임펄스 응답(unit impulse response)을 구하시오.
(b) 전달 함수(transfer function) $H(f)$을 구하고 $|H(f)|$을 그리시오.
(c) 표본화된 신호 $\overline{g}(t)$가 이 회로의 입력으로 들어갈 때, 출력은 $g(t)$의 계단형태의 근사치임을 보이시오. 표본화 간격(sampling interval)은 T_s이다.

6.1-7 (a) 1차 지연 회로(first-order hold circuit) 또한 표본으로부터 원래의 신호 $g(t)$를 복원하는데 사용된다. 이 회로의 임펄스 응답은

$$h(t) = \Delta\left(\frac{t}{2T_s}\right)$$

이다. 여기서 T_s는 표본화 간격(sampling interval)이다. 전형적으로 표본화된 신호 $\overline{g}(t)$을 고려하여, 이 회로가 선형 보간(linear interpolation)을 수행함을 보이시오. 다시 말하면 필터 출력은 직선성분에 의해 표본의 꼭지점들이 연결되어져 있다. 6.1.1절(그림 6.2b)에 나온 과정을 참고하라.
(b) 이 필터의 전달 함수(transfer function)와 진폭 응답(amplitude response)을 구하고, 이것과 신호 복원에 필요한 이상적 필터를 비교하시오.
(c) Noncausal한 이 필터는 실현 불가능하다. 이 필터를 실현하기 위해 수정되어야 할 부분을 제시하시오. 이러한 수정은 $g(t)$를 표본으로부터 복원하는데 어떠한 영향을 끼치는가? 그것은 그 필터의 주파수 응답(frequence response)에 어떻게 영향을 끼치는가?

6.1-8 신호는 동시에 시간-제한(time-limited)이면서 대역-제한(band-limited)일 수 없다는 것을 증명하시오.

**힌트 : 모순을 유도할 수 있는 대조적인 가정을 들어라. $|f| > B$에서 $G(f) = 0$인 것처럼 신호는 동시에 시간-제한(time-limited)이면서 대역-제한(band-limited)이라고 가정한다. 이 경우에 $B' > B$에서 $G(f) = G(f)\,\Pi\,(f/2B')$이다. 이것은 $g(t)$가 $g(t) \times 2B'\text{sinc}(2\pi B't)$와 같다는 것을 의미한다. 여기서 $g(t) \times 2B'\text{sinc}(2\pi B't)$가 시간 제한적(time-limited)일 수 없다는 것을 보이면 된다.

6.2-1 ASCII(American Standard Code for Information Interchange)는 2진 부호(binary code)로 된 128개의 문자를 가지고 있다. 만약 어떤 컴퓨터가 초당 100,000개의 문자를 발생시킨다고 할 때 다음을 구하라.
(a) 문자당 요구되는 비트 수

(b) 컴퓨터 출력을 전송하기 위해 요구되는 초당 비트 수와 이 신호를 전송하기 위해 요구되는 최소 대역폭

(c) 하나의 부가된 비트(parity bit)가 각 문자의 부호에 더해짐으로써 하나의 오류를 검출할 수 있다. 이 정보의 관점에서 (a)와 (b)의 답을 수정하시오.

6.2-2 컴팩 디스크(CD)의 오디오 신호는 PCM을 사용하여 디지털로 기록한다. 오디오 신호의 대역폭(bandwidth)은 15 kHz로 가정한다.

(a) 만일 나이퀴스트 표본(Nyquist sample)들이 L=65,536 레벨로 양자화되고 2진 부호화(binary coding)되었다면 표본을 부호화하기 위해 요구되는 2진 자리수(binary digit)를 구하시오.

(b) 오디오 신호의 전력이 0.1 W 이고, 최고 전압이 1 V 라면 (a)의 균등양자화기 출력의 SQNR(신호대 양자화 잡음비)를 구하시오.

(c) 오디오 신호를 부호화하기 위해 요구되는 초당 비트 수를 구하시오.

(d) 교과서에서 논의된 실용적인 이유 때문에 신호는 나이퀴스트율(Nyquist rate)이상으로 표본화한다. 실제 CD들은 매초 마다 44,100개의 표본을 사용한다. 만일 L= 65,536이면, 신호를 부호화하기 위해 요구되는 초당 비트 수를 구하고, 부호화된 신호를 전송하기 위해 요구되는 최소의 대역폭(bandwidth)을 구하시오.

6.2-3 텔레비전 신호(비디오와 오디오)는 4.5 MHz의 대역폭을 가진다. 이 신호는 PCM 신호를 얻기 위해 표본화되고 양자화되어 2진 부호화된다.

(a) 만일 신호가 나이퀴스트율(Nyquist rate)보다 20% 더 크게 표본화된다면 표본화율(sampling rate)은 얼마인가?

(b) 만약 표본들이 1024 레벨로 양자화된다면 각 표본을 부호화하기 위해 요구되는 2진 펄스(binary pulse)의 수를 구하시오.

(c) 2진수로 부호화된 신호의 2진 펄스율(binary pulse rate : bits per second)을 구하고, 이 신호를 전송하기 위해 요구되는 최소의 대역폭(bandwidth)을 구하시오.

6.2-4 각각 240 Hz의 대역폭인 원격 계측기로 얻은 5개의 신호가 2진(binary) PCM에 의해 동시에 전송된다. 이 신호는 나이퀴스트율(Nyquist rate)의 20% 이상으로 표본화되어야만 한다. 프레임화(framing)와 동기화(synchronizing)는 부가적으로 0.5%의 여분의 비트가 요구된다. 시분할 다중화되어 하나의 데이터 열로 되기 전에 PCM 부호화기가 이 신호들을 변환하는데 사용되어진다. 전송되어야만 하는 최소의 가능한 데이터율(data rate : bits per second)을 구하고, 신호를 전송하기 위해 요구되는 최소의 대역폭을 구하시오.

6.2-5 10명의 환자의 심전도(EGC)를 동시에 검사하기 위하여 중앙 스테이션(central station)을 세우는 것이 요구되어진다. 10명의 환자로부터 데이터는 유선으로 처리 센터(processing center)로 전송되어 표본화, 양자화, 2진 부호화되고 시분할 다중화된다. 다중화된 데이터는 바로 모니터링 스테이션(monitoring station)으로 전송된다(그림 P6.2-5). 심전도(EGC) 신호의 대역폭은 100 Hz이다. 표본 진폭(sample amplitude)에서 최대로 허용할 수 있는 오류는 최대 신호 진폭(peak signal amplitude)의 0.25 %이다. 표본화율(sampling rate)은 적어도 나이퀴스트율(Nyquist rate)의 두 배가 되어야 한다. 이러한 데이터를 전송하는데 요구되는 최소로 가능한 케이블의 대역폭을 구하시오.

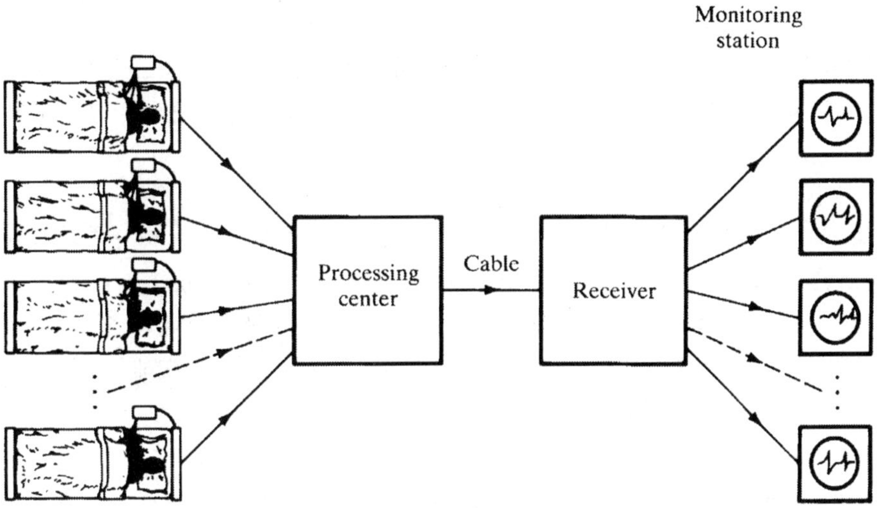

▸▸ 그림 P6.2-5

6.2-6 메시지 신호 $m(t)$는 압축 없이 2진 PCM으로 전송된다. 만약 SQNR이 적어도 47 dB가 요구되어진다면, $m(t)$는 정현파라는 가정 하에 $L = 2^n$의 최소값을 구하여라. 이 최소값 L에서의 실제 SQNR을 구하시오.

6.2-7 $m(t)$가 그림 6.2-7과 같이 주어졌을 때, 문제 6.2-6을 반복하라.

****힌트** : 주기적인 신호의 전력(power)은 한 사이클 동안의 평균 에너지이다. 이 경우에는 신호 진폭(signal amplitude)이 1/4 사이클마다 같은 값을 가지므로 전력(power) 또한 1/4 사이클 동안의 평균 에너지와 같다.

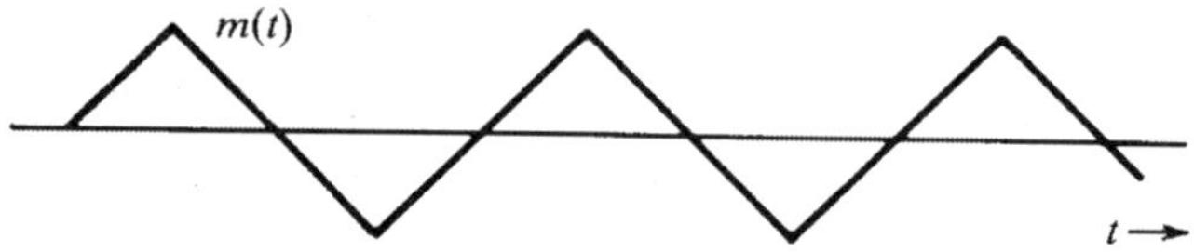

▶▶ 그림 P6.2-7

6.2-8 PCM 신호에서 압축 매개변수 μ=100이고, 최소 SNR이 45 dB일 때, L을 구하라. 또 구한 L값으로 출력 SQNR을 구하라. 단, $L=2^n$ 이어야만 한다.

6.2-9 1 MHz에서 대역-제한(band-limited)되는 신호를 나이퀴스트율(Nyquist rate)보다 50 % 높게 표본화하고, μ=255인 μ-law 양자화기를 사용하여 256 레벨로 양자화하였다.

(a) SQNR을 구하라.

(b) (a)에서 구한 SQNR이 만족스럽지 않다. 적어도 10 dB 이상 증가시키고 싶다. 이럴 경우 전송 대역폭을 증가시키지 않고 표본화율(sampling rate)을 나이퀴스트율(Nyquist rate)보다 20 % 크게 했을 경우 원하는 SQNR을 얻을 수 있겠는가? 만약 가능하다면 어떻게 하는지 설명하고, 이 방식에 의해 실현할 수 있는 최대 SQNR을 구하시오.

6.2-10 10 비트 PCM의 출력 SQNR은 30 dB로 불만족스럽다. 원하는 SNR은 42 dB이다. 이것은 양자화 레벨 수 L을 증가시킴으로써 얻을 수 있다. L이 증가함에 따라 증가하는 전송 대역폭의 비를 구하여라.

6.4-1 어떤 원격 시스템에서 4개의 아날로그 신호 $m_1(t)$, $m_2(t)$, $m_3(t)$, $m_4(t)$가 주어진다. $m_1(t)$의 대역폭은 3.6 kHz 이고, 나머지 신호들은 모두 1.4 kHz 이다. 이 신호들은 각각의 나이퀴스트율보다 낮지 않게 표본화되고 한 word씩 다중화된다. 이것은 4개 신호의 PAM 표본을 다중화하고, 다중화 표본들을 2진 부호화함으로써 수행될 수 있다(그림 6.20a의 PCM T1 전송의 경우와 마찬가지로). 이 목적에 적합한 다중화 방식을 제의해보시오. 교환기의 주파수(초당 회전수)는 얼마이겠는가?

****요점** : 이 경우에 어떤 신호에 대하여는 나이퀴스트율보다 더 높은율로 표본화해야만 할 것이다.

6.4-2 4개의 신호가 각각 1200, 700, 300, 200 Hz의 대역폭으로 주어질 경우 문제 6.4-1을 반복하시오.

6.4-3 신호 $m_1(t)$는 3.6 kHz의 대역폭을 갖고, $m_2(t)$, $m_3(t)$, $m_4(t)$는 1.2 kHz로 대역폭이 제한된다. 이 신호들을 나이퀴스트율로 표본화하고 512 레벨($L=512$)로 2진 부호화한다. 그림 6.12에서와 같이 적절히 한 비트씩 다중화한다고 하자. 교환기 주파수(초당 회전수)는 얼마이며, 출력 비트율은 얼마인가?

6.7-1 단일-적분 DM 시스템에서 음성 신호는 64 kHz로 표본화된다. 최대 신호 진폭(maximum signal amplitude) $A_{\max}=1$이다.

(a) 기울기 과부하(slope overload)를 피하기 위한 계단 크기(step size) σ의 최소 값을 구하여라.

(b) 음성 신호 대역폭이 3.4 kHz일 때, 미립화 잡음 전력(granular-noise power) N_0를 구하여라.

(c) 음성 신호를 정현파라 가정하고 S_0와 SNR을 구하시오.

(d) 음성 신호 진폭이 (−1, 1) 범위에서 균일하게 분포하고 있을 때, S_0와 SNR을 구하시오.

(e) 최소 전송 대역폭을 구하시오.

07 디지털 데이터 전송 원리

20세기 대부분의 기간 동안 통신의 주요한 부분은 아날로그 형태였다. 그러나 1990년대 말부터 급속히 디지털 방식이 대부분의 응용분야에 자리 잡기 시작했다. 아날로그로부터 디지털 통신으로의 지속적인 진화를 보는 것은 그리 어렵지 않다: 오디오 카세트테이프로부터 MP3 및 CD로, NTSC 아날로그 TV로부터 디지털 HDTV로, 일반적인 전화로부터 VoIP로, 폰 비디오테이프로부터 DVD로. 실제로, 아날로그 최후의 보루인 방송에서도 위성 방송과 같은 강력한 디지털 경쟁자와 직면하고 있다. 현재 우리의 생활에 디지털 통신 시스템의 지배가 커지고 있는 상황에서 디지털 데이터 전송에 대한 기본원리 및 다양한 특징들을 이 장에서 학습한다는 것이 결코 너무 서두르는 것은 아니다.

이 장에서는 채널을 통하여 디지털 데이터를 전송하는 문제들에 대해 언급될 것이다. 당연히, 개시하는 메시지는 디지털로 가정된다. 2진수의 경우를 고려할 것이다, 즉, 데이터는 단지 두 개의 기호인 1과 0로만 구성될 것이다. 이 두 개의 기호에 대해 서로 다른 파형(펄스)을 지정한다. 이 펄스열은 채널을 통해 전송되어진다. 수신단에서 이 펄스들이 검출되어 원래의 2진 데이터(1 및 0들)로 복원된다.

7.1 디지털 통신 시스템

디지털 통신 시스템은 그림 7.1에 보인 바와 같이 여러 개의 요소로 구성된다. 본 절에서는 개념적으로 통신시스템의 기능들을 살펴본다. 분석 및 설계에 대한 자세한 사항은 본 장의 다른 절에서 추후 언급할 것이다.

7.1.1 신호원

디지털 시스템의 입력은 수열의 형태로 주어진다. 이 입력은 데이터 세트, 컴퓨터, 디지털화 음성 신호(PCM, DM 또는 LPC), 디지털 팩시밀리 또는 HDTV, 또는 원격 장비와 같은 신호원의 출력일 수 있다. 본 장의 대부분에서는 2진수(단지 두 개의 기호를 사용하여 통신)인 경우로 한정하며, M개의 기호를 사용하는 좀 더 일반적인 경우의 M진 통신에 대하여는 7.7 및 7.9절에서 언급할 것이다.

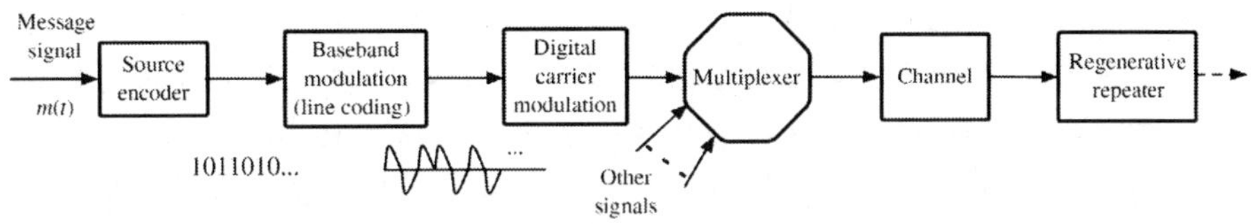

▶▶ 그림 7.1 디지털 통신시스템의 기본 구조

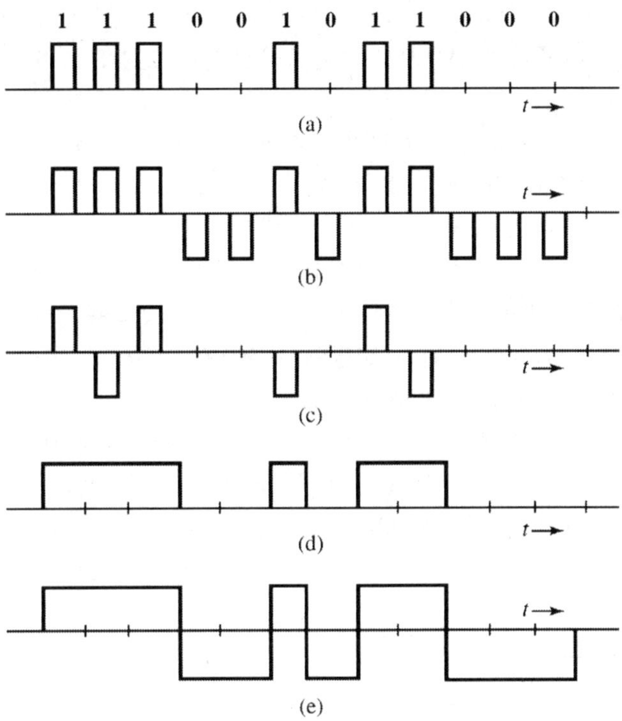

▶▶ 그림 7.2 라인부호의 예 :
(a) 개폐(RZ) (b) 분극(RZ) (c) 쌍극(RZ) (d) 개폐(NRZ) (e) 분극(NRZ)

7.1.2 라인 부호화기(line coder)

신호원 부호화기의 디지털 출력은 채널을 통하여 전송하기 위해, 전기적인 펄스(파형)로 변환(부호화)된다. 이 과정을 라인 부호화(line coding), 또는 전송 부호화(transmission coding)라 한다. 디지털 데이터를 파형(펄스)으로 지정하는 방법은 여러 가지가 가능하다. 일 예로, 2진수(2 개의 기호)인 경우, 개념적으로 가장 단순한 라인 부호는 개폐(on-off) 방식인데, 그림 7.2a에 보인 바와 같이 1은 펄스 $p(t)$로, 0은 펄스없이(0 신호)

전송된다. 일반적으로 사용되는 또 하나의 부호는 분극(polar) 방식이며, 1은 펄스 $p(t)$로, 0은 $-p(t)$로 전송된다(그림 7.2b). 분극 방식은 주어진 잡음 내성(오류 확률)에 대한 요구 전력이 최소이므로 전력면에서 가장 효율적인 부호 방식이다. 또 다른 PCM의 유행 부호 방식은 쌍극(bipolar) 방식인데, 준-3진(pseudoternary), 또는 교대 부호 반전(AMI) 방식이라고도 부르며, 이 방식에서는 0은 펄스를 사용하지 않고, 1은 바로 전의 1이 $p(t)$ 또는 $-p(t)$인가에 따라 $-p(t)$ 또는 $p(t)$로 부호화된다. 간단히 말해서 그림 7.2c에서와 같이 연속되는 1을 나타내는 펄스가 교대로 부호가 반전되는 것을 말한다. 이 부호는 펄스 검출시 하나의 오류가 주어진다면, 수신된 펄스 열에서 쌍극 규칙(bipolar rule)이 위배될 것이므로 즉각적으로 오류를 검출하게(물론 교정은 안되지만) 되는 장점을 갖고 있다.*

또 하나의 라인 부호 방식이 과거에 기대가 컸던, Lender[1, 2]에 의해 제기된 쌍 2진(또한 개선된 쌍 2진(duobinary)) 방식이다. 이 방식은 쌍극 방식에 비하여 대역폭 효율이 향상된다. 하드 디스크의 독출 채널, 메트로 네트워크를 위한 10Gbps 광전송 및 종합정보통신망(ISDN)의 1세대 모뎀 등에서 개선된 쌍 2진 라인부호 방식은 두각을 나타내었다. 쌍 2진 라인부호의 상세한 내용은 본 장의 뒷 부분에서 언급될 것이다.

지금까지의 언급에서는 단지 설명할 목적으로 절반-폭 펄스를 사용하였었다. 물론 다른 폭을 선택할 수도 있다. 최대폭 펄스도 여러 응용분야에 자주 사용된다. 최대폭 펄스가 사용될 때마다, 펄스 진폭은 그 주기동안 일정한 값으로 유지된다(즉, 다음 펄스가 시작되기 전에는 0의 값으로 되지 않는다). 이런 까닭으로 이 방식을 return-to-zero(RZ)의 반대 의미로 nonreturn-to-zero(NRZ) 방식이라 한다(그림 7.2a-c). 그림 7.2d에 NRZ 방식의 개폐 신호를, 그림 7.2e에 NRZ 방식의 분극 신호를 보였다.

7.1.3 다중화기

일반적으로, 실제 채널(예, 동축케이블, 광섬유)의 전송 용량은 개개의 신호원에서 주어지는 데이터율보다 훨씬 크다. 이 용량을 효율적으로 이용하기 위하여, 여러 개의 신호원을 디지털 다중화기에 의해 짜깁기하여 묶는다. 디지털 다중화는 이미 언급된 주파수 분할 또는 시 분할 방식에 의하여 취해질 수 있다. 또한 부호 분할 방식도 실제적이고 효율적인 방법이다(이 방식은 11장에서 다루어질 것이다). 따라서 하나의 실질 채널은 일반적으로 여러 개의 메시지에 의하여 동시에 공유되어진다.

---

* 이것은 2진 수열에서 하나보다 많은 오류가 주어지지 않는다는 가정을 한 경우이다. 복수개의 오류가 주어진다면 이 효과는 사라지고 오류 검출이 불가능하다. 그러나 복수 오류가 발생할 확률은 단일 오류가 주어질 경우보다 훨씬 작다. 단일 오류일지라도 그 오류가 발생한 위치를 정확하게 지적할 수는 없다. 그러므로 이 부호는 단일 오류의 존재만을 검출할 수 있고, 교정할 수는 없는 것이다.

7.1.4 재생 중계기(regenerative repeater)

재생 중계기는 입력되는 디지털 신호를 검출하고, 전송 선로를 따라 계속 전송시키기 위한 깨끗한 새 펄스를 재생하기 위하여, 디지털 전송 선로를 따라 일정 간격마다 사용된다. 이 작업은 주기적으로 전송 선로에서의 잡음 축적과 신호의 찌그러짐을 제거한다. 효과적으로 잡음과 신호의 찌그러짐을 제거할 수 있는 재생중계기의 능력이 상대되는 아날로그 방식과 비교하여 디지털 통신 시스템의 가장 커다란 장점 중 하나이다.

전송 펄스가 초당 R_b 개의 펄스로 주어진다면, 중계기에서 입력 펄스를 표본화하기 위하여 주기적 타이밍 정보(R_b Hz의 클럭 신호)가 필요하다. 이 타이밍 정보는 라인 부호가 특정한 것으로 선정되었다면 수신된 신호 자체로부터 추출될 수 있다. 예를 든다면, 그림 7.2b의 분극 신호를 정류하면, 구하고자 하는 주파수 R_b Hz의 주기적 타이밍 신호를 포함하는 클럭 주파수 R_b Hz의 주기 신호로 된다. 이 신호가 주파수 R_b Hz로 동조된 공진 회로에 주어지면, 타이밍에 사용될 수 있는 주파수 R_b Hz의 정현파가 발생된다. 개폐 신호는 그림 7.3에 보인 바와 같이 주기 신호(클럭 주파수의)와 분극 또는 랜덤신호의 합으로 표현할 수 있다. 주기적 요소의 존재 때문에, 클럭 주파수에 동조된 공진 회로를 사용하여 이 신호로부터 타이밍 정보를 추출할 수 있다. 쌍극 신호도 정류하면 개폐 신호가 된다. 그러므로 같은 방법으로 타이밍 정보를 추출할 수 있다.

타이밍 신호(공진 회로의 출력)는 입력 비트 패턴에 민감하다. 개폐 또는 쌍극 방식인 경우, 0은 "펄스 없음"으로 전송되므로, 2진 수열에서 너무 많은 0들이 주어지면, 공진 회로에 입력되는 신호가 없어서, 그 출력이 감쇄되고, 타이밍 정보에 오류를 유발시킨다.

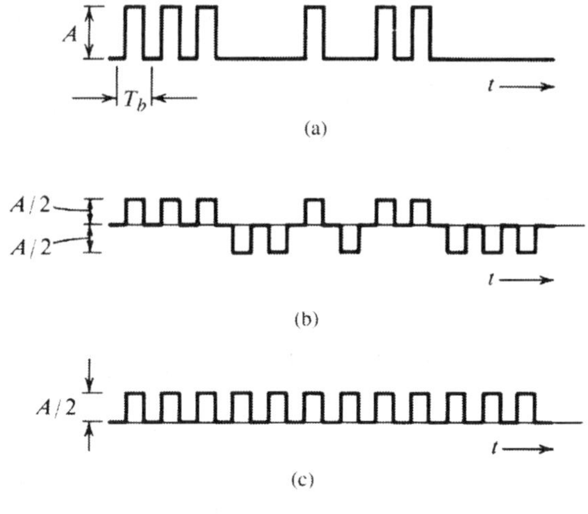

▸▸ 그림 7.3 개폐신호(a)는 랜덤한 분극신호(b)와 클럭주파수의 주기 신호(c)와의 합이다.

이 문제를 극복하는 방법에 대하여는 추후 언급될 것이다. 비트 패턴이 타이밍 정보의 정확도에 영향을 미치지 않는 라인 부호를 투명한(transparent) 라인 부호라 한다. RZ형 분극 방식(각 비트가 일정 펄스에 의해 전송되는)은 투명하지만, 개폐 방식 및 쌍극 방식은 투명성이 주어지지 않는다.

7.2 라인 부호화

디지털 데이터는 다양한 전송 또는 라인 부호(transmission or line code)에 의하여 전송되어질 수 있다. 개폐, 분극, 그리고 쌍극 방식에 대한 예를 들었다. 각 라인 부호는 각각 독특한 장점과 단점들을 지니고 있다. 여타 요구 특성 중에서 라인 부호는 다음과 같은 특성들을 지녀야 한다.

- 전송 대역폭은 가능한 한 좁아야 한다.
- 전력 효율. 주어진 대역폭과 특정 오류율에 대하여 전송 전력은 가능한 한 낮아야 한다.
- 오류 검출 및 교정 능력. 오류를 검출할 수 있어야 하고, 그 오류를 교정할 수 있어야 한다. 쌍극 신호의 경우 하나의 오류가 쌍극 위배를 야기할 것이고 쉽게 검출되어질 수 있다. 오류 교정 부호에 대하여는 14장에서 상세히 언급될 것이다.
- 적절한 전력 스펙트럼 밀도(PSD) 특성. PSD는 $w = 0$(직류)에서 0의 값을 가져야 한다. 그 이유는 중계기에서 교류 정합(ac-coupling)과 변압기가 자주 사용되기 때문이다.* 교류 정합이 사용될 때, 펄스 열의 dc-wander를 야기시키는 저주파 성분의 주 전력은 피해야 한다.
- 정밀한 타이밍 정보. 정확한 타이밍 또는 클럭 정보가 신호로부터 추출 가능해야 한다.
- 투명성. 디지털 신호 1과 0들의 패턴이 어떠하든 간에 정확하게 전송될 수 있어야 한다. 0의 신호가 길게 반복된다면, 개폐 및 쌍극 신호에서의 타이밍 추출에 문제가 발생함을 앞에서 언급한 바 있다. 부호화된 신호의 모든 가능한 데이터 열이 정확하게 수신될 수 있다면, 이 부호는 투명하다.

7.2.1 여러 종류의 라인 부호별 전력 스펙트럼 밀도

예제 3.19에서 극성이 있는 펄스 열의 PSD를 구하는 과정에 대하여 언급하였다. 그림 7.1에 보인 바와 같이, 이 과정이 기저대역 변조(라인 부호화) 출력신호에 대한 PSD의

* 교류정합이 필요한 이유는 중계기간에 케이블 쌍에 의하여 제공되는 직류 공급로가 중계기를 동작시키는데 필요한 전력을 전송하는데 쓰이기 때문이다.

일반적 표현을 구할 때 쓰여질 것이다. 특히, 3.8절 [식 (3.85)]에 주어진 기저대역 변조 신호의 PSD와 자기상관함수 간의 관계를 직접 적용한다.

이후의 내용에서는 기본 펄스를 $p(t)$, 그 푸리에 변환값을 $P(f)$로 하기로 한다. 시간 k에서의 라인부호 기호를 a_k로 표기할 수 있다. 전송속도가 초당 $R_b = 1/T_b$ 펄스일 때, 라인부호는 시간 $t = kT_b$부터 시작되는 진폭이 a_k인 기본펄스 $p(t)$로부터 발생되어진 펄스열이다; 다시 말하면, k번째 전송되는 신호는 $a_k p(t - kT_b)$와 같다. 그림 7.4a에 특정 펄스 $p(t)$를, 그림 7.4b에 라인코더에 의해 기저대역에 발생된 펄스열을 보였다. 그림 7.4b에 보인 바와 같이 T_b초 간격으로 연속 전송되는 기호들을 살펴보면, 기저대역 신호는 다음과 같이 표현되는 펄스 열이다.

$$y(t) = \sum a_k p(t - kT_b) \tag{7.1}$$

라인코더에서는 기호 $\{a_k\}$를 펄스 $p(t - kT_b)$의 진폭으로 간주함을 유의하자.

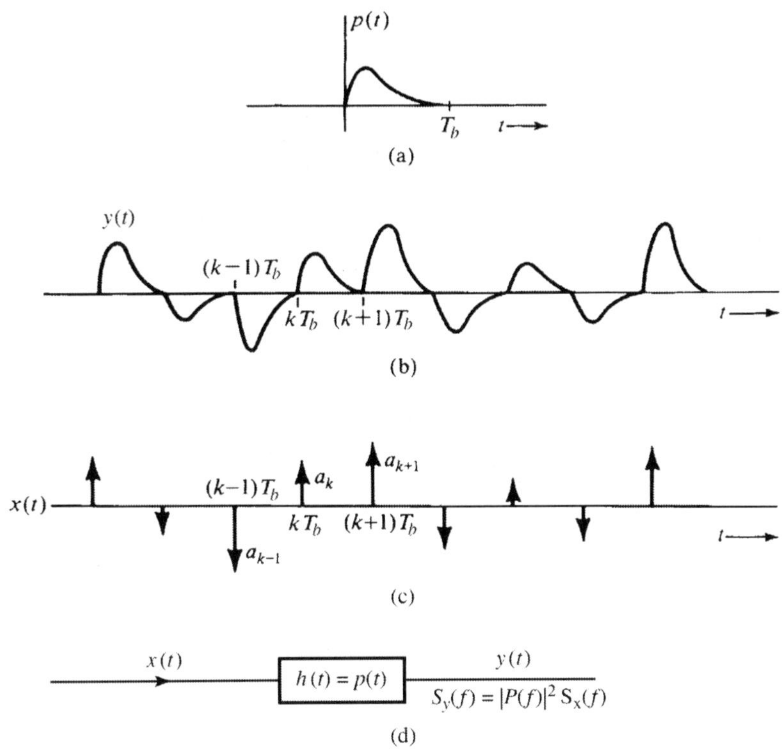

►► 그림 7.4 랜덤 PAM 신호와 PAM 임펄스 열로부터의 PAM 신호 발생

a_k의 값은 랜덤하고, 라인코더의 입력과 라인코더 특성에 의하여 주어진다. $y(t)$는 PAM 신호다. 개폐, 분극, 그리고 쌍극 라인 부호들은 이 펄스 열 $y(t)$에서 a_k의 값은 임의로 어떤 조건에 부합하도록 0, 1, 또는 −1의 값들로 주어지는 특수한 경우들이다. 따라서

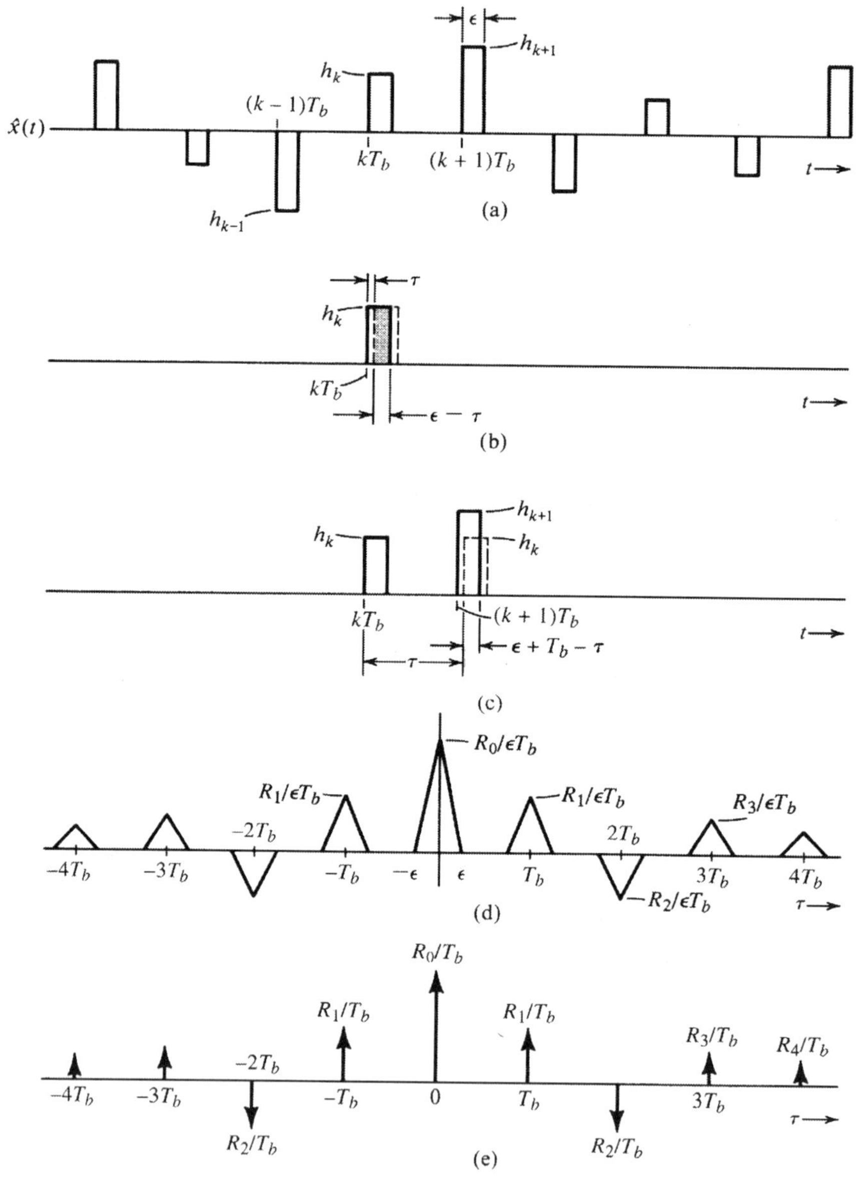

▸▸ 그림 7.5 폭이 ϵ, 높이가 $h_k = a_k/\epsilon$로 좁은 펄스인 랜덤 PAM 신호의 PSD

많은 라인 부호들은 $y(t)$의 PSD 정보로부터 분석될 수가 있다. 이 방법은 불행히도 $y(t)$의 PSD가 a_k 및 $p(t)$ 모두에 영향을 받는다. $p(t)$의 펄스 모양이 바뀐다면, PSD를 모두 다시 구해야만 할 것이다. 이런 어려움을 해결하기 위하여 기본 펄스가 임펄스로 주어진(그림 7.4c) PAM 신호 $x(t)$를 적용하는 간단한 기교를 사용할 수 있다. 임펄스들은 간격 T_b 마다 주어지고, k번째 임펄스의 크기(면적)은 a_k이다. 신호 $x(t)$가 단위 임펄스 응답 특성이 $h(t)=p(t)$인 필터(그림 7.4d)의 입력으로 주어진다면, 그 출력은 그림 7.4b의 펄스 열 $y(t)$가 될 것이다. 또한 식 (3.92)를 적용하면, $y(t)$의 PSD는 다음과 같다.

$$S_y(f) = |P(f)|^2 S_x(f)$$

이 식에 의하여, $S_x(f)$의 값을 먼저 안다면, 펄스 모양 $p(t)$에 상관없이 그 펄스로 주어지는 라인 부호의 PSD $S_y(f)$를 결정할 수 있다. 이런 접근법은 그 보편성 때문에 매우 매력적이다.

이제 임펄스 열 $x(t)$의 시간 영역 자기 상관 함수 $R_x(\tau)$를 구해보자. 이것은 그림 7.5a와 같이 임펄스를 구형파의 형태로 제한함으로써 쉽게 얻어질 수 있다. 각 펄스는 폭이 $\epsilon \to 0$, k번째 펄스 높이가 h_k이다.

$$h_k = \frac{a_k}{\epsilon} \to \infty$$

k번째 임펄스의 크기가 a_k 이므로,

$$\epsilon h_k = a_k$$

이처럼 주어지는 펄스 열을 $\hat{x}(t)$로 표기한다면, 정의[식 (3.82)]에 의하여

$$\mathcal{R}_{\hat{x}}(\tau) = \lim_{T\to\infty} \frac{1}{T} \int_{-T/2}^{T/2} \hat{x}(t)\hat{x}(t-\tau)\, dt \tag{7.2}$$

$R_{\hat{x}}(\tau)$는 τ에 대하여 선대칭 함수이므로[식 (3.83)], τ가 양일 경우만 고찰하면 된다. $\tau < \epsilon$인 경우부터 생각해보자. 이 경우는 식 (7.2)에서의 적분값이 신호 $\hat{x}(t)$와 이 신호가 τ ($\tau < \epsilon$)만큼 지연된 값을 곱한 면적과 같다. 그림 7.5b를 살펴보면, k번째 펄스에 해당하는 면적은 $h_k^2(\epsilon - \tau)$이고,

$$\begin{aligned}\mathcal{R}_{\hat{x}} &= \lim_{T\to\infty}\frac{1}{T}\sum_k h_k^2(\epsilon-\tau)\\ &= \lim_{T\to\infty}\frac{1}{T}\sum_k a_k^2\left(\frac{\epsilon-\tau}{\epsilon^2}\right)\\ &= \frac{R_0}{\epsilon T_b}\left(1-\frac{\tau}{\epsilon}\right)\end{aligned} \tag{7.3a}$$

단,

$$R_0 = \lim_{T\to\infty}\frac{T_b}{T}\sum_k a_k^2 \tag{7.3b}$$

평균 간격 T ($T\to\infty$) 동안에 N ($N\to\infty$) 개의 펄스가 존재한다. 단,

$$N = \frac{T}{T_b} \tag{7.4}$$

식 (7.3b)로부터

$$R_0 = \lim_{N\to\infty}\frac{1}{N}\sum_k a_k^2 \tag{7.5}$$

덧셈이 N 개의 펄스들에 대한 것임을 유의하자. R_0는 펄스 진폭a_k의 제곱값을 시간 영역에서 평균을 취한 것이다. R_0를 시간 평균 표기 방법에 의하여 표현해 보면,

$$R_0 = \lim_{N\to\infty}\frac{1}{N}\sum_k a_k^2 = \widetilde{a_k^2} \tag{7.6}$$

$R_{\hat{x}}(\tau)$ 역시 τ에 대해 대칭 함수이다[식 (3.83) 참조]. 그러므로 식 (7.3)은 다음과 같이 표현될 수 있다.

$$\mathcal{R}_{\hat{x}}(\tau) = \frac{R_0}{\epsilon T_b}\left(1-\frac{|\tau|}{\epsilon}\right) \qquad |\tau| < \epsilon \tag{7.7}$$

이것은 높이가 $R_0/\epsilon T_b$, 폭이 2ϵ, $\tau=0$에 중심을 갖는 삼각 펄스이다(그림 7.5d). 이것은 τ가 ϵ 이상으로 커질 때, 지연 신호 $\hat{x}(t-\tau)$와 $\hat{x}(\tau)$사이에 겹쳐지는 부분이 없다는 데에서 알 수 있다; 즉 그림 7.5d에서와 같이 $\Re_{\hat{x}}(\tau)=0$이다. 그러나 τ를 더 증가시켜

보면, $\hat{x}(t-\tau)$의 k번째 펄스가 $\hat{x}(t)$의 $(k+1)$번째 펄스와 τ가 T_b에 접근함에 따라 겹치기 시작함을 알 수 있다(그림 7.5c). 위와 같은 내용을 반복함으로써, $\Re_{\hat{x}}(\tau)$는 폭이 2ϵ이고, 높이가 $R_1/\epsilon T_b$인 $\tau = T_b$에 중심을 갖는 다른 삼각 펄스가 된다. 단,

$$\begin{aligned} R_1 &= \lim_{T\to\infty} \frac{T_b}{T} \sum_k a_k a_{k+1} \\ &= \lim_{N\to\infty} \frac{1}{N} \sum_k a_k a_{k+1} \\ &= \widetilde{a_k a_{k+1}} \end{aligned}$$

R_1은 모든 펄스 크기 a_k에다 그 바로 옆에 인접하는 펄스 크기 a_{k+1}을 곱하고, 그 결과를 모두 더한 후에 총 펄스 개수로 나눔으로써 얻어짐을 확인하자. 분명 이 값은 곱 $a_k a_{k+1}$의 시간 영역 평균값이므로 $\widetilde{a_k a_{k+1}}$로 나타낸다. 유사한 관계가 $\tau = 2T_b,\ 3T_b,\ \cdots$ 근방에서 일어난다. 따라서, $R_{\hat{x}}(\tau)$는 폭이 2ϵ이고, 중심값이 $\tau = 0, \pm T_b, \pm 2T_b, \cdots$에 중심을 둔 삼각 펄스 열이다. $\pm nT_b$에 주어지는 펄스의 높이는 $R_n/\epsilon T_b$이다. 단,

$$\begin{aligned} R_n &= \lim_{T\to\infty} \frac{T_b}{T} \sum_k a_k a_{k+n} \\ &= \lim_{N\to\infty} \frac{1}{N} \sum_k a_k a_{k+n} \\ &= \widetilde{a_k a_{k+n}} \end{aligned}$$

R_n은 본질적으로 기호 $\{a_k\}$의 이산자기상관함수이다.

$\Re_x(\tau)$를 구하기 위하여, $\Re_{\hat{x}}(\tau)$에서 $\epsilon \to 0$를 취한다. ϵ이 0에 접근됨에 따라, 삼각 펄스의 밑변은 0으로 되고, 높이는 무한히 커진다. 물론 그 넓이는 여전히 일정하다. 즉 $\epsilon\to 0$에 의하여 삼각 펄스는 임펄스화한다. nT_b에 중심을 둔 n번째 펄스는 그 높이가 $R_n/\epsilon T_b$이므로 그 면적은 R_n/T_b가 된다. 즉(그림 7.5e),

$$\mathcal{R}_x(\tau) = \frac{1}{T_b} \sum_{n=-\infty}^{\infty} R_n\, \delta(\tau - nT_b) \tag{7.8}$$

PSD $S_x(f)$는 $R_x(\tau)$의 푸리에 변환값이다. 그러므로,

$$S_x(f) = \frac{1}{T_b} \sum_{n=-\infty}^{\infty} R_n e^{-jn2\pi f T_b} \tag{7.9}$$

$R_{-n} = R_n$이므로 [$R(\tau)$는 τ에 대해 대칭이다],

$$S_x(f) = \frac{1}{T_b} \left[R_o + 2 \sum_{n=1}^{\infty} R_n \cos n2\pi f T_b \right] \tag{7.10}$$

임펄스 응답이 $h(t) = p(t)$인 필터에 입력 $x(t)$를 인가하면, 그림 7.4d와 같이 출력 $y(t)$가 주어진다. $p(t) \Leftrightarrow P(f)$라면, 필터의 전달함수는 $H(f) = P(f)$이므로 식 (3.91)에 의해,

$$S_y(f) = |P(f)|^2 S_x(f) \tag{7.11a}$$

$$= \frac{|P(f)|^2}{T_b} \left[\sum_{n=-\infty}^{\infty} R_n e^{-jn2\pi f T_b} \right] \tag{7.11b}$$

$$= \frac{|P(f)|^2}{T_b} \left[R_o + 2 \sum_{n=1}^{\infty} R_n \cos n2\pi f T_b \right] \tag{7.11c}$$

따라서 라인부호의 PSD는 R_n과 펄스모양 $P(f)$에 의해 완벽히 특성 규명이 된다. 앞으로 기호의 자기상관값 R_n을 우선적으로 측정함으로써, 이 결과를 이용하여 여러 가지 특수한 라인 부호들의 PSD를 구할 것이다.

7.2.2 분극 신호 방식(polar signaling)

분극 신호 방식에서는, $p(t)$가 1의 비트를, $-p(t)$가 0의 비트를 전송한다. 즉, 이 경우의 a_k는 1 또는 −1이며, a_k^2은 항상 1이다. 그러므로,

$$R_0 = \lim_{N \to \infty} \frac{1}{N} \sum_k a_k^2$$

N 개의 펄스가 주어지고, 각각 $a_k^2 = 1$이므로, 이 식의 우변 합은 N이다. 따라서,

$$R_0 = \lim_{N \to \infty} \frac{1}{N}(N) = 1 \tag{7.12a}$$

더군다나 a_k와 a_{k+1} 모두 1이거나 −1 이므로, $a_k a_{k+1}$도 1 또는 −1이다. 펄스 진폭 a_k는 평균적으로 1인 경우와 −1인 경우의 수가 같으며, N 개의 항에서 $a_k a_{k+1}$이 1인 경우 및 −1 인 경우의 수도 $N/2$ 개이다. 그러므로,

▶▶ $a_k a_{k+1}$의 기대값

a_k \ a_{k+1}	−1	+1
−1	1	−1
+1	−1	1

$$R_1 = \lim_{N\to\infty} \frac{1}{N}\left[\frac{N}{2}(1) + \frac{N}{2}(-1)\right] = 0 \tag{7.12b}$$

이런 식으로 간주하여, $a_k a_{k+n}$의 값도 1인 경우와 −1인 경우의 수가 같다. 즉,

$$R_n = 0 \qquad n \geq 1 \tag{7.12c}$$

그러므로 식 (7.11c)로부터

$$\begin{aligned} S_y(f) &= \frac{|P(f)|^2}{T_b} R_0 \\ &= \frac{|P(f)|^2}{T_b} \end{aligned} \tag{7.13}$$

여러 방법을 비교하기 위하여, 특정한 펄스 모양을 고찰할 것이다. $p(t)$는 폭이 $T_b/2$인 구형파 펄스(절반폭 구형파 펄스)로 하자. 즉,

$$p(t) = \Pi\left(\frac{t}{T_b/2}\right) = \Pi\left(\frac{2t}{T_b}\right)$$

그래서

$$P(f) = \frac{T_b}{2}\,\text{sinc}\left(\frac{\pi f T_b}{2}\right) \tag{7.14}$$

그러므로

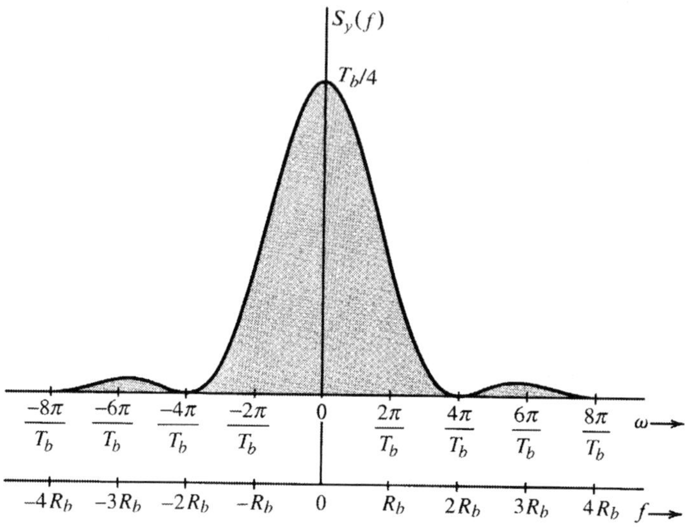

▸▸ 그림 7.6 분극신호의 PSD

$$S_y(f) = \frac{T_b}{4}\,\text{sinc}^2\left(\frac{\pi f T_b}{2}\right) \tag{7.15}$$

그림 7.6에 스펙트럼 $S_y(f)$를 보였다. 분극신호 대부분의 전력은 낮은 주파수에 집중되고 있다. 이론적으로, 스펙트럼은 주파수가 높아짐에 따라 매우 작아지지만 어떤 주파수에서도 완전히 0의 값이 되지는 않는다. 적절한 대역폭을 규정하기 위하여, 직류가 아닌 크기가 0인 첫 번째 주파수(first non-dc null frequency)를 주 대역폭(essential bandwidth)이라 간주하자.*

분극신호의 스펙트럼을 살펴보면 신호의 주 대역폭이 $2R_b$ Hz(단 R_b는 클럭주파수)이다. 이 값은 초당 R_b 개의 펄스를 보내는데 필요한 이론적 대역폭(나이퀴스트 대역폭)의 4배이다. 펄스폭을 증가시키면 대역폭은 감소된다(시간 영역의 확장은 주파수 영역의 압축을 야기한다).

최대폭 펄스†(최대로 가능한 폭의 펄스)에 대한 주 대역폭은 반으로 줄어 R_b Hz이다.

* 엄밀히 말하면, 영직류가 되는 첫 번째 주파수가 항상 신호의 대역폭을 측정하는데 좋은 것은 아니다. 영직류가 아닌 첫 번째 주파수가 적절한 대역폭인가 아닌가는 신호전력이 PSD의 주(또는 첫 번째) 로브(lobe)에 포함되어 있는가에 따른다. 여러 개의 라인부호들(그림 7.9)에 대한 PSD는 뒤에서 언급할 것이다. 대부분의 경우에, 이러한 근사적 방법은 일반적인 라인부호와 펄스 모양에 대하여 적용가능하다.

† 최대폭 펄스 $p(t) = \Pi(t/T_b)$를 사용하는 방법은 NRZ 방식의 일 예이다. 반면, 절반폭 펄스 방법은 RZ 방식의 예이다.

이 값은 여전히 이론적 대역폭의 2 배이다. 따라서 분극 신호 방식은 대역폭 면에서 효율적이지 못하다.

둘째로 분극 신호 방식은 오류 검출 또는 오류 정정 기능이 없다. 세 번째 분극 신호 방식의 단점은 직류($f=0$)에서의 PSD가 0이 아니라는 것이다. 이로 인하여 전송구간에 교류정합 사용이 불가능할 것이다. 교류정합은 변압기와 차단 컨덴서를 사용하여 임피던스 정합, 바이어스 제거, 케이블 쌍을 이용한 선로 중계기의 직류전원 공급 등을 쉽게 하기 위한 것으로 실제 통신에서 매우 중요한 것이다. 추후 $p(t)$ 모양을 조정하여 라인 부호의 PSD를 강제로 0으로 할 수 있음을 보일 것이다.

긍정적인 면에서 보면, 분극 신호 방식은 필요 전력 관점에서 볼 때 가장 효과적인 방법이다. 주어진 전력하에서 분극 방식에서의 검출-오류 확률 값이 가장 작을 수 있음을 볼 수 있다(10장 참조). 분극 신호 방식은 비트 열에 무관하게 항상 어떤 펄스(양 또는 음의)가 주어지므로 투명한 방법이다. 분극 신호의 스펙트럼에는 클럭 주파수 성분이 존재하지 않는다. 그러나 RZ형 분극 신호를 정류하면 클럭 주파수의 주기 신호가 발생되어 타이밍을 추출하는데 사용될 수가 있다.

7.2.3 펄스 정형에 의한 전력 스펙트럼 밀도에서의 영직류성(DC Null)

라인 부호의 PSD $S_y(f)$는 $|P(f)|^2$ 성분을 지니고 있으므로, $P(f)$가 직류($f=0$)에서 0이 되도록 펄스 $p(t)$를 선택함으로써 영직류성을 지닐 수 있다.

$$P(f) = \int_{-\infty}^{\infty} p(t)e^{-j2\pi ft}\, dt$$

에 의하여

$$P(0) = \int_{-\infty}^{\infty} p(t)\, dt$$

그러므로 $p(t)$에 의해 주어지는 면적이 0이 되도록 취한다면, $P(0)$는 0이 되고, 결국 PSD에서 영직류성을 얻게 된다. 구형파 펄스에 대하여는, 그림 7.7a와 같은 $p(t)$ 파형이 그 가능한 방법중 하나이다. 분극 라인 부호화를 이 펄스와 같이 사용할 때, 결과적으로 주어지는 신호를 맨체스터 부호(Manchester code) 또는 위상-분할(또한 쌍-2진) 신호라 한다. 식 (7.13)를 사용하여 이 펄스, 맨체스터 라인 부호의 PSD가 영직류성을 지님을 알 수 있다(문제 7.2-2 참조).

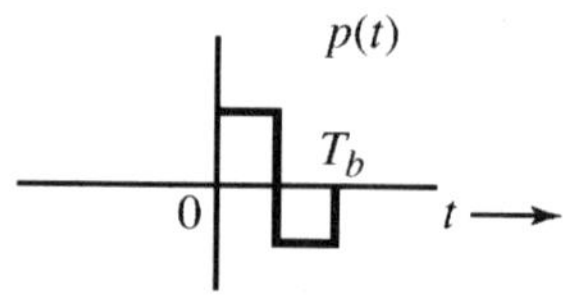

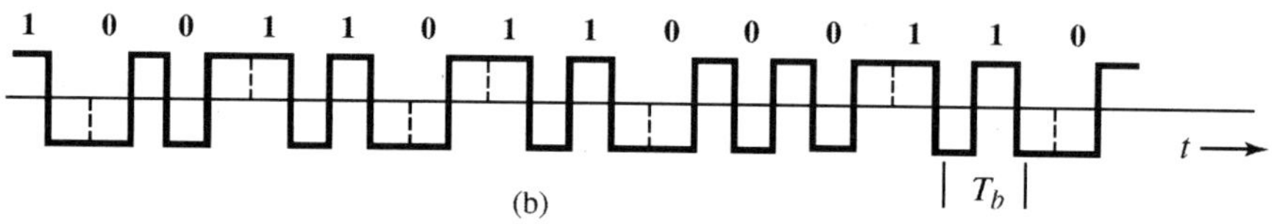

▶▶ 그림 7.7 위상 분할(맨체스터 또는 쌍-2진) 신호
(a) 맨체스터 신호의 기본 펄스 $p(t)$, (b) 맨체스터 신호 방식에서 전송된 파형

7.2.4 개폐 신호 방식

이 경우에는 1의 비트는 펄스 $p(t)$로 전송하고, 0의 신호에는 펄스를 사용하지 않는다. 그러므로 펄스 크기 a_k는 1 또는 0의 경우가 반반이다. T초 동안에 주어지는 N 개의 펄스 출력에 대하여 평균적으로 $N/2$개는 1의 크기로 나머지 $N/2$개는 0으로 주어진다. 그러므로,

$$R_0 = \lim_{N\to\infty} \frac{1}{N}\left[\frac{N}{2}(1)^2 + \frac{N}{2}(0)^2\right] = \frac{1}{2} \tag{7.16}$$

R_n을 계산하기 위하여 $a_k a_{k+n}$의 값을 고찰해 볼 필요가 있다. a_k와 a_{k+n}은 1 또는 0의 경우가 반반씩이므로, 그 곱 $a_k a_{k+n}$의 값은 1×1, $1\times0, 0\times1$, 0×0 즉 1, 0, 0, 0의 경우가 똑같이 주어진다. 즉 곱 $a_k a_{k+n}$은 평균적으로 $N/4$ 개는 1의 값이고, $3N/4$개는 0의 값이다. 그래서,

$$R_n = \lim_{N\to\infty} \frac{1}{N}\left[\frac{N}{4}(1) + \frac{3N}{4}(0)\right] = \frac{1}{4} \qquad n \geq 1 \tag{7.17}$$

그러므로 [식 (7.9)],

$$S_x(f) = \frac{1}{2T_b} + \frac{1}{4T_b} \sum_{\substack{n=-\infty \\ n \neq 0}}^{\infty} e^{-jn2\pi f T_b} \tag{7.18a}$$

$$= \frac{1}{4T_b} + \frac{1}{4T_b} \sum_{n=-\infty}^{\infty} e^{-jn2\pi f T_b} \tag{7.18b}$$

식 (7.18b)는 식 (7.18a)로부터 R_0에 해당하는 $1/2T_b$항을 $1/4T_b$는 합항 외로, $1/4T_b$는 합항 내($n=0$에 해당하는)로 분할함으로써 얻어진다. 공식에 의하여(증명은 하단 각주 참조)*

$$\sum_{n=-\infty}^{\infty} e^{-jn2\pi f T_b} = \frac{1}{T_b} \sum_{n=-\infty}^{\infty} \delta\left(f - \frac{n}{T_b}\right)$$

이 결과를 식 (7.18b)에 대입하면,

$$S_y(f) = \frac{|P(f)|^2}{4T_b}\left[1 + \frac{1}{T_b}\sum_{n=-\infty}^{\infty} \delta\left(f - \frac{n}{T_b}\right)\right] \tag{7.19a}$$

개폐 파형 $y(t)$의 요구 PSD는 [식 (7.11a)],

$$S_y(f) = \frac{|P(f)|^2}{4T_b}\left[1 + \frac{1}{T_b}\sum_{n=-\infty}^{\infty} \delta\left(f - \frac{n}{T_b}\right)\right] \tag{7.19b}$$

식 (7.19b)에서 개폐신호의 PSD는 분극신호의 연속 PSD 스펙트럼과는 달리 불연속적인 부분을 더 지니고 있음을 주의하자. 불연속적인 부분을 없애기 위해서는 펄스의 특성이 다음과 같아지도록 정형하면 될 것이다.

---

* 예제 3.11 그림 (3.23a)의 임펄스 열에서, $\delta_{T_b}(t) = \sum_{n=-\infty}^{\infty} \delta(t - nT_b)$. 또한 이 임펄스 열에 대한 푸리에 급수는 식 (2.67)에 주어진 바

$$\sum_{n=-\infty}^{\infty} \delta(t - nT_b) = \frac{1}{T_b} \sum_{n=-\infty}^{\infty} e^{jn2\pi R_b t} \qquad R_b = \frac{1}{T_b}$$

이 식 양변을 푸리에 변환하고, $\delta(t - nT_b) \Leftrightarrow e^{-jn2\pi f T_b}$와 $e^{-jn2\pi R_b t} \Leftrightarrow \delta(f - nR_b)$인 관계를 이용하면,

$$\sum_{n=-\infty}^{\infty} e^{-jn2\pi f T_b} = \frac{1}{T_b} \sum_{n=-\infty}^{\infty} \delta\left(f - \frac{n}{T_b}\right)$$

$$P\left(\frac{n}{T_b}\right) = 0 \qquad n = 0, \pm 1, \ldots$$

절반폭 구형파 펄스인 경우[식 (7.14) 참조]

$$S_y(f) = \frac{T_b}{16}\operatorname{sinc}^2\left(\frac{\pi f T_b}{2}\right)\left[1 + \frac{1}{T_b}\sum_{n=-\infty}^{\infty}\delta\left(f - \frac{n}{T_b}\right)\right] \tag{7.20}$$

그림 7.8에 PSD를 보였다. 연속 스펙트럼 부분은 $(T_b/16)\operatorname{sinc}^2(\pi f T_b/2)$로서 분극 신호의 스펙트럼과 (크기가 다른 점을 제외하고) 동일하다[식 (7.15)]. 불연속 스펙트럼은 임펄스 열과 연속 스펙트럼 성분 $(T_b/16)\operatorname{sinc}^2(\pi f T_b/2)$의 곱으로 주어지므로 연속 스펙트럼이 포락선으로 주어지는 주기적인 임펄스 형태를 띠게 된다. 또한 주 주파수가 $2\pi/T_b$ rad/s, 또는 $1/T_b$ Hz이므로, 임펄스의 반복 특성은 클럭 주파수$R_b = 1/T_b$와 같다. 그림 7.3에 보인 바와 같이 개폐 신호는 분극 신호와 주기적 요소의 합으로 표현할 수 있기 때문에 논리적으로 합당하다. 분극 요소 $y_1(t)$는 앞에서 언급된 분극 신호의 꼭 절반이다. 따라서 이 요소의 PSD는 식 (7.15)에서 1/4 크기로 주어진다. 주기적 요소는 클럭 주파수 R_b인데, 주파수 R_b의 불연속 성분과 R_b의 고조파 성분으로 구성된다.

개폐 신호 방식은 별로 권장되지 못한다. 주어진 전송 전력에 대하여, 1에 대해 양의 펄스를 0에 대해 음의 펄스를 사용하는 분극 신호 방식에 비하여 잡음 간섭에 대한 내성이

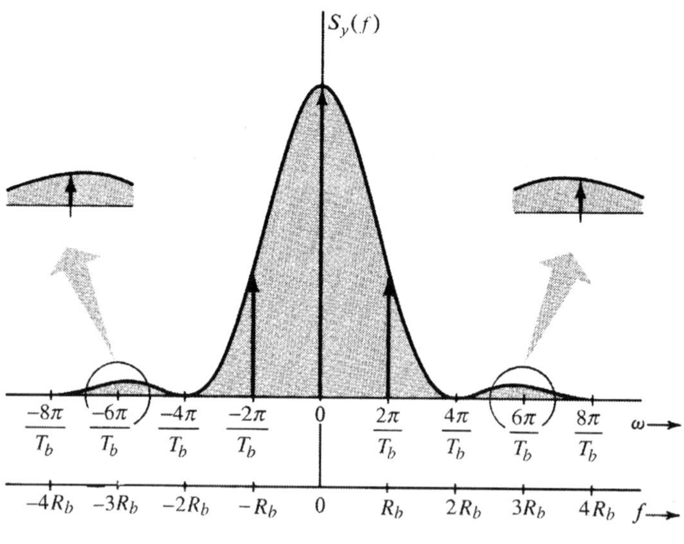

▸▸ 그림 7.8 개폐 신호의 PSD

작기 때문이다. 그 까닭은 잡음에 대한 내성이 1과 0을 나타내는 진폭의 차로 주어지기 때문이다. 따라서 동일한 내성을 위하여, 분극 신호 방식에서 1과 −1이 쓰인다면, 개폐 신호 방식에서는 2와 0을 사용해야 한다. 분극 신호 방식에 비하여 개폐 신호 방식에서는 2배의 전력이 들어야 한다는 것을 밝히는 것은 간단한 일이다. 펄스 진폭 1 또는 −1이 E라는 에너지를 갖고 있다고 가정하면, 진폭이 2인 펄스는 $(2)^2E = 4E$의 에너지를 갖는다. 초당 $1/T_b$개 만큼 전송되기 때문에, 분극 신호 방식에서는 그 전력 값이 $E(1/T_b) = E/T_b$이다. 한편 개폐 신호 방식에서는 각 펄스의 에너지가 $4E$이고, 전체 전송시간의 절반동안만 펄스를 전송하고 나머지 절반동안의 시간에는 펄스를 전송하지 않으므로 개폐방식에서의 평균신호전력은

$$\frac{1}{T_b}\left(4E\frac{1}{2} + 0 \cdot \frac{1}{2}\right) = \frac{2E}{T_b}$$

가 되어 분극 신호 방식에서보다 2 배가 필요하다. 또한, 분극 신호 방식에서와는 달리, 개폐 신호 방식은 투명성이 주어지지 않는다. 긴 0 비트 열은 신호의 부재를 야기할 수 있고, 타이밍을 추출하는데 오류를 발생시킬 수 있다. 더군다나, 분극 신호 방식에서의 모든 단점들(예를 들어, 과도한 전송 대역폭, 직류의 스펙트럼이 0이 아닌 것, 오류 검출 또는 정정 기능의 결여)이 개폐 신호 방식에도 존재한다.

7.2.5 쌍극 신호 방식

최근 PCM 전화에 사용되는 방식은 쌍극(준-3진 또는 교대 부호 반전:AMI) 신호방식이다. 비트 0은 펄스가 주어지지 않고, 비트 1은 그 이전 비트 1이 $-p(t)$ 또는 $p(t)$ 중 어떤 펄스에 의해 전송되어졌는가에 따라 $p(t)$ 또는 $-p(t)$의 펄스가 전송되어진다. 연속되는 펄스를 교대로 반전시켜서, 직류 신호 크기가 변동하는 것(dc wander)을 방지하여 PSD에 영직류성이 주어지도록 한다. 쌍극 신호 방식은 실제적으로 3 개의 기호[$p(t)$, 0, $-p(t)$]를 사용하므로, 2진 신호 방식이라기보다는 3진 신호 방식이다.

PSD를 계산하기 위하여, 다음 식에서,

$$R_o = \lim_{N\to\infty} \frac{1}{N} \sum_k a_k^2$$

평균적으로 a_k 값 중 절반은 0이고, 나머지 절반은 1이거나 −1이어서, $a_k^2 = 1$이다. 즉,

$$R_o = \lim_{N\to\infty} \frac{1}{N}\left[\frac{N}{2}(\pm 1)^2 + \frac{N}{2}(0)^2\right] = \frac{1}{2}$$

R_1을 구하기 위하여 펄스 크기 곱 $a_k a_{k+1}$을 고찰하자. 두 비트로 주어지는 4 개의 상태가 동일 분포로 주어진다 : 11, 10, 01, 00. 비트 0은 펄스가 주어지지 않으므로($a_k = 0$), 뒤로부터 3 개는 $a_k a_{k+1}$=0이다. 즉, 평균적으로 $3N/4$개는 $a_k a_{k+1}$=0이고, 단지 $N/4$개만이 $a_k a_{k+1}$의 값이 0이 아니다. 쌍극 규칙에 의하여 비트 열 11만이 극성이 반대인 두 개의 펄스로만 부호화될 수 있다. 이 결과 $N/4$ 개 조합의 곱셈결과가 $a_k a_{k+1}$=−1로 주어짐을 의미한다. 그러므로,

$$R_1 = \lim_{N\to\infty} \frac{1}{N}\left[\frac{N}{4}(-1) + \frac{3N}{4}(0)\right] = -\frac{1}{4}$$

같은 방법으로 R_2를 계산하기 위하여, $a_k a_{k+2}$값을 고찰할 필요가 있다. 이 경우에는 3 비트로 주어지는 모든 가능한 조합을 확인해야 하는데, 8가지 동일 분포로 주어지는 조합들을 얻을 수 있다: 111, 101, 110, 100, 011, 010, 001, 000. 뒤로부터 6 가지의 경우는 첫 비트 또는 끝 비트가 0이 주어지므로 $a_k a_{k+2}$=0 이다. 앞의 두 가지 경우만이 $a_k a_{k+2}$가 0이 아닌 결과를 얻는다. 쌍극 규칙을 사용하여 111의 경우는 첫 비트와 끝 비트가 같은 극성으로 주어지므로 $a_k a_{k+2}$=1이지만, 101의 경우는 서로 상반되는 극성을 지니므로 $a_k a_{k+2}$=−1이다. 따라서 전체 항 중 평균적으로 $N/8$ 개는 $a_k a_{k+2}$값이 1이고, $N/8$ 개는 −1, 그리고 나머지 $3N/4$ 개는 0이다. 즉,

$$R_2 = \lim_{N\to\infty} \frac{1}{N}\left[\frac{N}{8}(1) + \frac{N}{8}(-1) + \frac{3N}{8}(0)\right] = 0$$

일반적으로,

$$R_n = \lim_{N\to\infty} \frac{1}{N}\sum_k a_k a_{k+n}$$

$n > 2$일 때, $a_k a_{k+n}$의 값은 1, −1, 0일 수 있다. 더구나, 1인 경우와 −1인 경우의 수가 같다. 즉 $R_n = 0$이다. 즉,

$$R_n = 0 \qquad n > 1$$

그리고 [식 (7.11c) 참조],

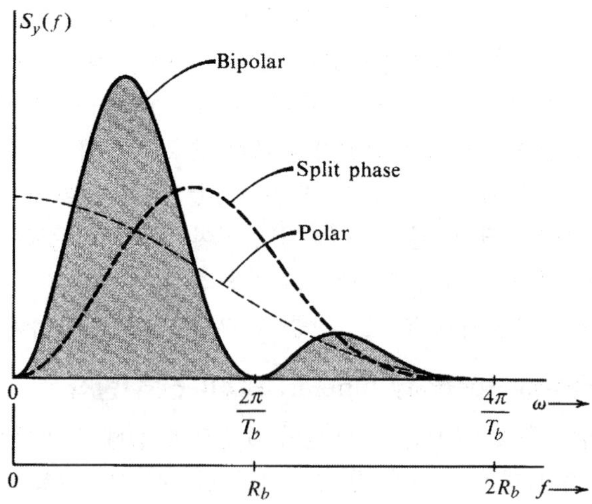

▸▸ 그림 7.9 등가전력의 쌍극, 분극, 위상 분할 신호의 PSD. 절반폭 구형파를 사용함.

$$S_y(f) = \frac{|P(f)|^2}{2T_b}[1 - \cos 2\pi f T_b] \tag{7.21a}$$

$$= \frac{|P(f)|^2}{T_b}\sin^2(\pi f T_b) \tag{7.21b}$$

$P(f)$에 상관없이 $f=0$(직류)에 대한 스펙트럼은 $S_y(f)=0$이다. 따라서 PSD가 교류 정합에 요구되는 영직류성을 지닌다. 또한, $f=1/T_b$ 즉 $f=1/T_b=R_b$ Hz에서 $\sin^2(\pi f T_b)=0$이다. 그러므로 $P(f)$에 무관하게, 0이 아닌 주파수에서 처음 0의 스펙트럼 값을 갖는 대역폭 R_b는 보장된다. 절반폭 펄스인 경우에는,

$$S_y(f) = \frac{T_b}{4}\operatorname{sinc}^2\left(\frac{\pi f T_b}{2}\right)\sin^2(\pi f T_b) \tag{7.22}$$

이 내용을 그림 7.9에 보였다. 신호의 주 대역폭은 R_b ($R_b=1/T_b$)이며, 이 값은 똑같은 절반폭 펄스를 사용하는 분극 또는 개폐 신호 방식에서의 대역폭의 절반이며, 이론적 최소 대역폭의 2 배이다. 분극(또는 개폐) 신호 방식에서 최대폭 펄스를 사용하여 대역폭 R_b를 얻을 수 있었음을 상기하자. 쌍극 신호 방식의 경우 펄스폭이 절반폭이든 최대폭이든 간에 상관없이 항상 대역폭이 R_b Hz이다.

쌍극 신호 방식은 여러 장점을 갖고 있다: (1) 스펙트럼이 영직류성을 갖는다. (2) 대역폭이 낭비적이 아니다. (3) 한 비트의 오류 검출 기능이 있다. 한 비트의 오류가 주어진다면,

펄스 반전의 규칙에 문제를 일으키기 때문에 즉각적으로 오류가 검출되어질 것이다. 쌍극 신호를 정류하면, 클럭 주파수의 불연속 성분을 지니는 개폐 신호를 얻게 된다. 쌍극신호방식의 단점 중에, 쌍극 신호는 분극 신호에서보다 2 배(3 dB)의 전력이 요구된다는 점이 있다. 이것은 쌍극 검출이 검출의 관점에서 개폐 신호 방식과 근본적으로 동일하기 때문이다. 신호가 $\pm p(t)$ 간격 대신에, $+p(t)$ 또는 $-p(t)$와 0 사이에 구별되어져야만 한다.

쌍극 신호 방식의 또 다른 단점은 이 방식이 투명하지 못하다는 점이다. 실제에 있어서, 추출 클럭 신호를 사라지게 하는, 길이가 긴 논리적 0 비트 열을 방지하기 위하여 여러 가지 방법들이 사용되고 있다. 그 중 두 가지 방법에 대하여 언급하고자 한다.

○ 고밀도 쌍극(high-density bipolar: HDB) 신호 방식

HDB 신호방식은 ITU(예전 CCITT)의 표준으로 정해진 방식이다. 이 방식에서는 연속되는 0의 개수가 N개를 초과할 때 부가적인 펄스신호를 사용함으로써 쌍극신호방식에서 보장되지 못하는 투명성 문제를 해결하고자 하는 것이다. 이렇게 개조된 부호화 방식을 고밀도 쌍극 부호화 HDBN으로 표기하는데, 여기서 N은 1, 2, 3, … 등의 임의의 값을 취할 수 있다. HDB 부호의 가장 중요한 것으로 국제표준으로 정해진 HDB3가 있다.

HDBN 부호의 기본적인 아이디어는, N +1개의 연속 0 신호가 주어지면 이 0 신호들을 특정한 N +1개의 2진 신호열 중 하나로 대체하는 것이다. 신호의 타이밍 특성을 강화할 수 있도록, 2진 신호열에는 몇 개의 1 신호가 포함된다. 포함된 1 신호는 이 2진 신호열이 대체 삽입된 신호열임을 나타내기 위하여 쌍극위배 조건을 사용한다. 예를 들어, HDB3 부호화에서는 000V와 B00V의 특정 신호열이 사용되는데, 이때 B는 쌍극준수에 따른 1 신호이고, V는 쌍극위배로 주어지는 1 신호이다. 신호열 000V 또는 B00V는 PSD에서 영직류성 특성을 유지하고, 또한 직류변동(dc wandering) 현상을 피할 수 있도록 연속되는 V 신호의 극성이 교번되도록 선택되어진다. 즉, B00V는 특정 신호열 뒤에 주어지는 1의 개수가 짝수일 때 쓰이고, 000V는 1의 개수가 홀수일 때 선택되어진다. 그림 7.10a에 이 부호화 방식의 예를 보였다. 신호열 B00V에서 B와 V는 동일한 펄스신호에 의하여 부호화되었음을 유의하자. 복호화기에서는 쌍극위배 사실과 쌍극위배 이전에 주어지는 0의 개수를 확인하여 앞에 주어진 1 신호가 대체된 것인지 아닌지를 결정해야 한다.

고의적인 쌍극위배에도 불구하고, HDB 신호방식은 여전히 오류검출 기능을 유지하고 있다. 임의의 한 오류신호가 위조 쌍극위배로 주어지면(또는 고의의 쌍극위배 성분 중 하나를 삭제한다면), 그 다음 번 쌍극위배시에 주어져야 할 교번신호가 나타나지 않음으로 이 오류가 규명될 것이다. 이것은 또한 고의의 쌍극위배가 단일 오류에도 불구하고 검출될 수 있음을 보여준다. 그림 7.10b에 쌍극신호방식과 HDB3 방식의 PSD를 쉽게 비교할 수 있도록 도시하였다.

○ BZNS 신호방식

HDBN과 유사한 라인부호로 N개의 0 신호를 특정 2진 신호열로 대체하는 BNZS 부호

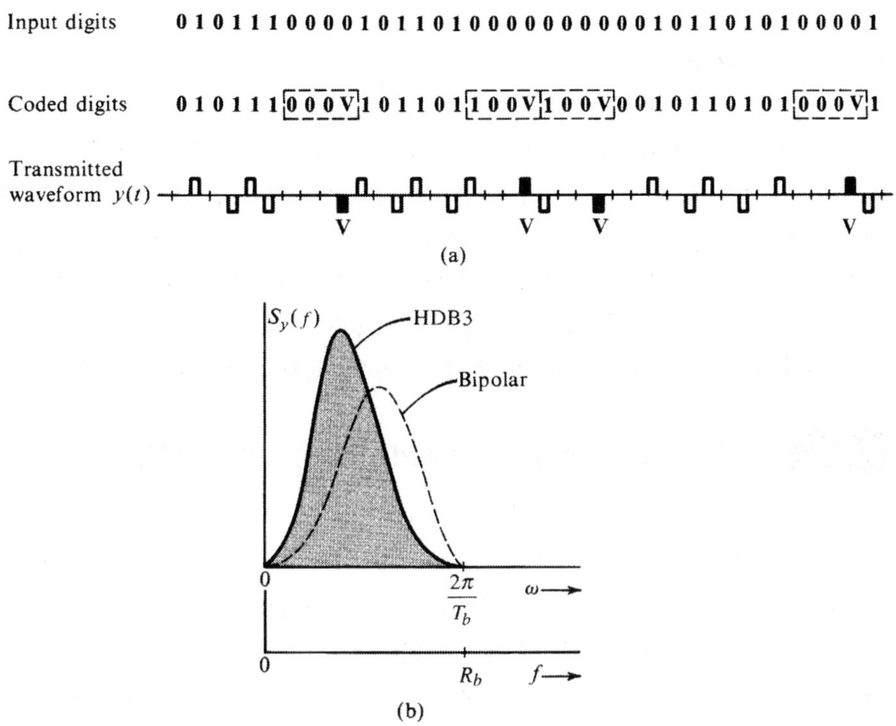

►► 그림 7.10 (a) HDB3 신호 (b) HDB3의 PSD

가 있다. 즉, 연속되는 N개의 0 신호 발생시, 타이밍 정보를 증가시킬 수 있도록 몇 개의 1 신호가 포함된 두 가지의 특정 신호열 중에 하나로 대체하는 방식이다. HDBN에서와 마찬가지로 고의적인 쌍극위배가 주어진다. 8개의 0을 대체하는 B8ZS 부호는 6장의 디지털 전화 계위의 DS1 신호에 쓰여진다. 8개의 연속되는 0 신호는 0과 1이 포함된 신호열로 대체되면서 두 번의 쌍극위배를 사용한다. 이러한 신호열은 오류에 의해 모조되어서는 안되며, 디지털 채널 뱅크에 의해 수신된 어떠한 이런 신호열도 복호화 이전에 8개의 논리적 0 신호열로 대체된다. 치환에 사용되는 신호열은 00VB0VB의 패턴으로 구성된다. 같은 방법으로 DS2 신호에 사용되는 B6ZS 부호는 6개의 0 신호를 0VB0VB로 대체하고 DS3 신호에 사용되는 B3ZS 부호는 조금 복잡해서 B0V 또는 00V로 3개의 0 신호를 대체하는데, 그 선택은 연속되는 V 펄스 사이에 B 펄스 개수가 홀수가 되도록 선택되어진다. 이러한 N이 3, 6, 또는 8인 BNZS 부호는 쌍극위배가 포함되어 있으므로 수신단에서 조심스럽게 등가의 0 신호열로 복원되어져야 한다.

이 외에도 다른 많은 전송(라인) 부호가 있는데, 여기에 나열하기에는 너무 많다. 이러한 부호들 및 적절한 참고사항들은 Bylanski와 Ingram의 문헌에서 찾아볼 수 있을 것이다.[3]

7.3 펄스 정형

디지털 신호 $y(t)$의 PSD $S_y(f)$는 라인부호 또는 펄스모양 $P(f)$에 의해 조정될 수가 있다. 이전 절에선 라인부호에 의해 PSD가 어떻게 조정될 수 있는가를 검토하였다. 본 절에서는 $S_y(f)$가 $p(t)$에 어떤 영향을 받는가를 고찰하고, 원하는 $S_y(f)$를 얻기 위하여, 펄스 모양 $p(t)$를 어떻게 정형하는가에 대하여 학습한다. PSD $S_y(f)$는 $|P(f)|^2$항을 지니고 있기 때문에 펄스 모양 $p(t)$에 직접적으로 강한 영향을 받는다. 따라서 라인부호의 특성에 비하여, 펄스 모양이 PSD $S_y(f)$를 정형시키는데 직접적이고 유력한 요소이다.

7.3.1 심볼간 간섭(Intersymbol Interference; ISI) 및 영향

앞 절에서, 설명을 위해 단순하고 펄스폭이 절반인 구형파를 사용하였다. 이 경우 엄밀히 이야기 해보면 $P(f)$가 무한대의 대역폭을 지니므로, $S_y(f)$의 대역폭도 무한대이다. 하지만 $S_y(f)$의 기본 대역폭은 유한하였음을 알 수 있다. 예로, 쌍극신호에서 대부분의 전력은 기본대역 0에서 R_b Hz 내에 포함된다. 그러나 PSD는 작지만 여전히 $f > R_b$ Hz 영역에 존재함을 기억하자. 그러므로 이런 신호를 대역폭이 R_b Hz인 채널을 통해서 전송한다면, 스펙트럼의 주요부분은 전송이 되지만 적은 일부분은 소멸되어 버린다. 3.5절과 3.6절에서 이러한 스펙트럼의 찌그러짐이 얼마나 펄스를 퍼지게(분산되게) 하는가를 보았다. 허용된 시간간격 T_b를 넘어선 펄스의 분산은 그 이웃하는 펄스들에 영향을 끼치게 될 것이다. 이러한 현상을 심볼간 간섭(Intersymbol Interference; ISI)이라 한다.

ISI는 잡음이 아니다. ISI는 신호의 전체 대역폭에 걸쳐 찌그러짐이 없는 이상적인 채널을 사용하지 못함으로 인해 야기된다. 절반폭 구형파의 경우 엄밀히 말해서 신호대역폭이 무한대이다. 채널 찌그러짐 현상인 ISI는 그 정도가 충분히 크다면 펄스 검출시 오류를 유발할 수 있다.

ISI의 어려움을 해결하기 위하여, 그 문제점을 간략히 되살펴 보자. 매 주기 T_b마다 펄스를 전송할 필요가 있고, k번째 펄스를 $a_k p(t-kT_b)$로 표기하기로 한다. 채널의 대역폭은 유한하고, 펄스 크기 a_k가 정확하게(즉, ISI 없이)검출되어지기를 희망한다. 이 결과는 펄스 찌그러짐(분산)을 일으키고, 결과적으로 ISI를 야기한다. 이 문제를 해결하기 위하여, 대역 제한된 채널에 전송될 수 있도록 대역폭이 제한된 펄스를 우선 사용해보려 할 것이다. 그러나 대역 제한된 펄스는 시간 제한적이지 못하다. 명백히 다양한 펄스들이 중첩되어서 ISI를 유발할 것이다. 따라서 시간제한적 펄스를 사용하거나 대역 제한된 펄스를 사용하여도 ISI는 피할 수 없다. 다행히 이 막다른 골목에서 탈출로는 있다. 만약에 신호 판정 순간에 ISI가 없다면 펄스의 분산(또는 중첩)에도 불구하고 정확한 펄스의 진폭이 검출될 수 있다. 특별히 정형된 대역 제한적 펄스를 사용함으로써 이런 기능이 주어질 수 있다. 나이퀴스트(Nyquist)는 ISI를 제거하기 위해, 펄스들의 중첩을 허용하는 펄스 정형에 대하여 3가지 조건을 제안하였다.[4] 당연히 그 조건들은 신호의 판정 순간에 다른 모든 펄스들에 간섭을 일으키지 않도록(조정되거나) 정형하는 것이다. 즉, 신호의 판정 순간에만 간섭이 일어나지 않도록 제한함으로써 펄스 전체적으로 중첩이 되지 않도록 할 필요가 없어진다. 여기서는 제시된 조건 중 활용도가 많이 떨어지는 세 번째 것을 제외한 앞의 두 가지 사항만 언급할 것이다.[5]

7.3.2 ISI를 없애기 위한 나이퀴스트의 첫 번째 조건

첫 번째 방법으로 나이퀴스트는 신호 중심(말하자면 $t=0$)에서 0이 아닌 진폭을 지니고, $t=\pm nT_b(n=1, 2, 3, \cdots)$에서는 진폭값이 0인 펄스모양을 선택함으로써 ISI를 해결하였다, 단 T_b는 전송펄스간의 간격이다(그림 7.11a). 따라서,

$$p(t)=\begin{cases}1 & t=0\\ 0 & t=\pm nT_b\end{cases}\qquad \left(T_b=\frac{1}{R_b}\right) \tag{7.23}$$

이 조건을 만족시키는 펄스는 그림 7.11a에 보인 바와 같이 $t=0, T_b, 2T_b, 3T_b, \cdots$ $(T_b=1/R_b)$에 중심을 둔 여러 개의 연속되는 펄스들(점선으로 표시된)에서 모든 나머지 펄스의 중심점 또는 시그널링 순간에 ISI를 전혀 유발시키지 않는다.

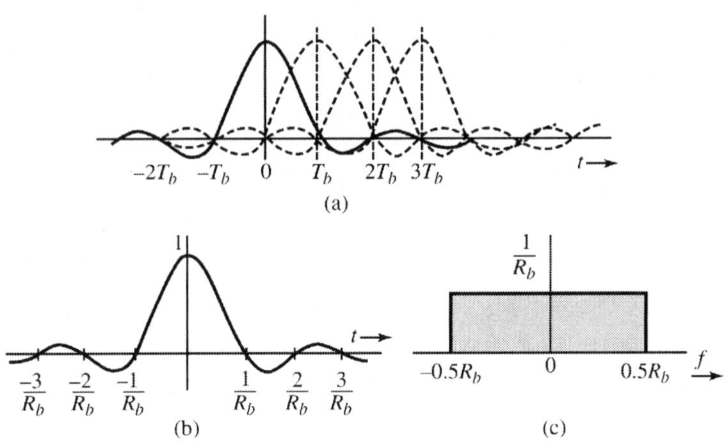

▸▸ 그림 7.11 나이퀴스트의 첫 번째 조건을 만족시키는 최소대역폭 펄스와 그 스펙트럼

편의상 모든 펄스들은 양의 값으로 보였다*. 이 그림을 살펴보면 $t=0,\ T_b,\ 2T_b,\ 3T_b,\ \cdots$에 주어지는 신호들이 다른 펄스들로부터 어떤 간섭도 받지 않고, 단 하나의 펄스(표본화 순간의 중심점에 있는) 만의 진폭으로 구성됨을 명확히 할 수 있다.

R_b bps의 전송률을 얻기 위해서는 이론적으로 최소한 $R_b/2$ Hz의 대역폭이 요구된다. 나이퀴스트 조건을 만족시키는 펄스가 이 최소 대역폭 $R_b/2$ Hz로 주어진다면 좋을 것이다. 이러한 펄스 $p(t)$를 찾을 수 있을 것인가? 이 문제에 대한 해답(예제 6.1, 단 $B=R_b/2$)은 이미 주어졌는데, 나이퀴스트 조건을 만족시키고 대역폭이 $R_b/2$ Hz인 펄스는 단 하나만이 존재함을 보였다. 그것이 바로 $p(t)=\text{sinc}(\pi R_b t)$ (그림 7.11b)로 주어지는 펄스인데, 다음과 같은 특성을 지닌다.

$$\text{sinc}\,(\pi R_b t) = \begin{cases} 1 & t=0 \\ 0 & t=\pm nT_b \end{cases} \qquad \left(T_b = \frac{1}{R_b}\right) \tag{7.24a}$$

또한, 이 펄스를 푸리에 변환해보면,

$$P(f) = \frac{1}{R_b}\Pi\left(\frac{f}{R_b}\right) \tag{7.24b}$$

그림 7.11c에서 볼 수 있는 바와 같이 대역폭이 $R_b/2$ Hz이다. 이 펄스를 사용하여 대역폭이 $R_b/2$인 시스템에서 ISI없이 초당 R_b개의 펄스를 전송할 수 있다.

이 방식은 sinc 펄스를 사용함으로써 이론적으로 최상의 성능을 얻을 수 있음을 보여준다. 하지만 불행히도 이 펄스는 $-\infty$부터 시작되므로 실현될 수가 없다. 이 펄스를 발생시키기 위해서는 무한한 시간동안 기다려야 할 것이다. 시간영역을 단축시키려 한다면 펄스의 대역폭이 $R_b/2$ Hz를 넘어설 것이다. 이 펄스가 실현되어진다 할지라도, $1/t$의 속도로 너무 천천히 감쇄되는 불만스런 특징을 지닐 것이다. 이 때문에 실제적으로 곤혹스러운 문제점들을 야기한다. 예를 들어, 이 방식에서 요구되는 명목상 데이터 속도 R_b bps가 그 값에서 조금 벗어난다면, 그 펄스의 진폭이 다른 펄스의 중심점에서 0의 값을 지니지 못할 것이다. 펄스 감쇄가 단지 $1/t$에 따르기 때문에, 모든 다른 펄스들로부터 임의의 펄스 중심점에 누적되는 간섭의 크기는 $\Sigma(1/n)$의 형태이다. 이런 형태의 무한급수는 수렴되지 못하고 계속 더해져 매우 큰값이 될 수도 있다는 사실은 잘 알려진 일이다. 송신단에서는 모든 사항이 완벽하다 할지라도 수신단의 표본화율이 R_b Hz로부터 벗어난다면 유사한 결과가 발생한다. 다시 말해, 가장 정밀한 시스템일지라도 피할 수 없는 펄스 시간의

* 실제로 0에 해당하는 펄스가 음의 값으로 주어질 수도 있다. 그러나 모든 펄스값들을 양으로 간주하는 것이 타당성에 영향을 끼치지는 않는다. 음의 펄스들을 보임으로써 쓸데없는 혼란을 야기할 수도 있기 때문이다.

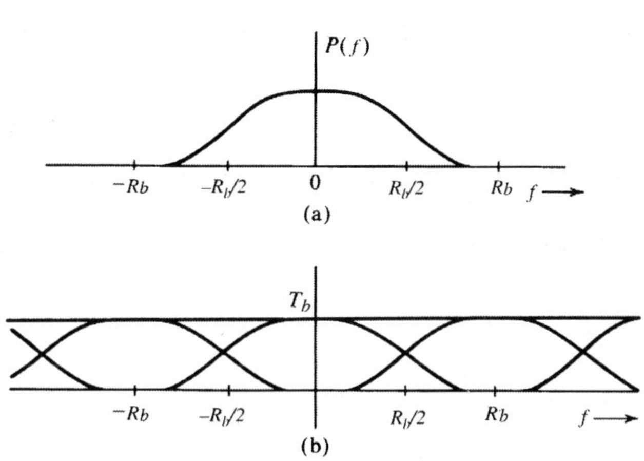

▸▸ 그림 7.12 나이퀴스트 펄스의 유도

지터 때문에 표본화 순간이 약간 벗어난다면 똑같은 일이 발생한다. 그러므로, 이 방식은 모든 사항이 완벽하지 않는 한 실패한다. 즉, 실제적으로 실현불가능하다. 이러한 모든 사항은 $\text{sinc}(\pi R_b t)$가 너무 천천히 ($1/t$ 비율로) 감쇄한다는 것 때문이다. 그러므로 해법은 식 (7.23)을 만족시키면서 감쇄속도가 $1/t$보다 빠른 펄스 $p(t)$를 찾는데 있다. 나이퀴스트에 의하면 이런 펄스는 대역폭이 $kR_b/2$이어야 한다, 단 $1 \le k \le 2$.

증명은 다음과 같이 할 수 있다. $p(t) \Leftrightarrow P(f)$이고, $P(f)$의 대역이 영역 $(R_b/2, R_b)$ 사이에 주어진다고 하자(그림 7.12a). 원하는 펄스 $p(t)$는 식 (7.23)을 만족시킨다. $p(t)$를 매 T_b초마다 $\delta_{T_b}(t)$(임펄스 열)로 곱하여 표본화한다면, 특성 (7.23)에 의하여 원점에서의 하나를 제외한 모든 표본들은 0의 값을 갖는다. 따라서 표본화 신호 $\overline{p}(t)$는

$$\overline{p}(t) = p(t)\delta_{T_b}(t) = \delta(t) \tag{7.25}$$

6장의 식 (6.4)로부터, 표본화 신호 $\overline{p}(t)$의 스펙트럼은 표본화 주파수 R_b의 간격마다 주기적으로 $p(t)$의 스펙트럼이 반복된 것이다(크기는 $1/T_b$배). 그러므로 식 (7.25) 양변을 푸리에 변환하면, 다음과 같다.

$$\frac{1}{T_b}\sum_{n=-\infty}^{\infty} P(f - nR_b) = 1 \qquad \text{where} \qquad R_b = \frac{1}{T_b} \tag{7.26}$$

또는

$$\sum_{n=-\infty}^{\infty} P(f - nR_b) = T_b \tag{7.27}$$

따라서 매 R_b마다 반복되는 $P(f)$에 의한 스펙트럼의 합은 그림 7.12b에 보인 것과 같이 상수 T_b가 된다*.

그림 7.12b에서 구간 $0 < f < R_b$ 사이의 스펙트럼을 관찰하자. 이 구간에서는 식 (7.27)의 덧셈에 두 개의 항 $P(f)$와 $P(f-R_b)$만이 포함된다. 그러므로,

$$P(f) + P(f - R_b) = T_b \qquad 0 < f < R_b$$

$x = f - R_b/2$로 놓으면,

$$P(x + 0.5R_b) + P(x - 0.5R_b) = T_b \qquad |x| < 0.5R_b \tag{7.28a}$$

다시 정리해보면,

$$P\left(x + \frac{R_b}{2}\right) + P\left(x - \frac{R_b}{2}\right) = T_b \qquad |x| < 0.5R_b \tag{7.28b}$$

식 (3.11)의 결과를 식 (7.28)에 사용하면,

$$P\left(\frac{R_b}{2} + x\right) + P^*\left(\frac{R_b}{2} - x\right) = T_b \qquad |x| < 0.5R_b \tag{7.29}$$

$P(f)$를 양의 실수값으로 선정하면, $|P(f)|$만 식 (7.29)를 만족시킬 필요가 있다. $|P(f)|$는 실수이므로 식 (7.29)는,

$$\left|P\left(\frac{R_b}{2} + x\right)\right| + \left|P\left(\frac{R_b}{2} - x\right)\right| = T_b \qquad |x| < 0.5R_b \tag{7.30}$$

그러므로, $|P(f)|$는 그림 7.13의 형태를 따라야 한다. 이 곡선은 α 점[$f = R_b/2$ 일 때의 $|P(f)|$상의 점]에서 점대칭(odd symmetry)이다. 여기서

$$|P(0.5R_b)| = 0.5|P(0)|$$

이어야 함을 유의하자.

$P(f)$의 대역폭은 $0.5R_b + f_x$이다. 단, f_x는 이론적 최소 대역폭 $R_b/2$를 초과하는 대역폭이다. r을 이론적 최소 대역폭 $R_b/2$에 대한 초과 대역폭 f_x의 비율로 한다면:

---

* $R_b > 2B$ 라면, $P(f)$의 스펙트럼들은 중첩되지 않고 따라서 식 (7.27)을 만족시키지 못한다. 단 B는 $P(f)$의 대역폭이다. $R_b = 2B$인 경우에는, 이상적 LPF를 사용할 수 있을 때만 조건식을 만족시킬 수 있으므로 수용될 수 없다. 결국 $B > R_b/2$가 되어야만 한다.

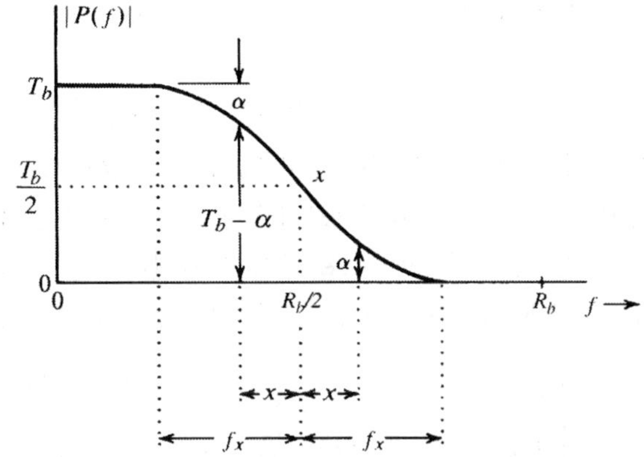

▸▸ 그림 7.13 잔류(상승-코사인) 스펙트럼

$$r = \frac{\text{excess bandwidth}}{\text{theoretical minimum bandwidth}} = \frac{f_x}{0.5R_b} = 2f_xT_b \tag{7.31}$$

f_x가 $R_b/2$보다 클 수 없으므로,

$$0 \le r \le 1 \tag{7.32}$$

주파수 f의 면에서, 이론적 최소 대역폭은 $R_b/2$ Hz이고, 초과 대역폭은 $f_x = rR_b/2$ Hz이다. 그러므로 $P(f)$의 대역폭은

$$B_T = \frac{R_b}{2} + \frac{rR_b}{2} = \frac{(1+r)R_b}{2} \tag{7.33}$$

상수 r은 롤-오프 계수(roll-off factor)라 하며, 백분율로도 표시한다. 예를 들어, $P(f)$가 이론적 최소 대역폭보다 50% 이상 더 넓은 대역폭으로 주어지는 나이퀴스트 제 1 조건 스펙트럼이라 하면, 이때의 롤-오프 계수는 r =0.5 또는 50%이다.

똑같은 진폭 특성을 지닌 필터는 4.5절[식 (4.26)]에서 다룬 잔류 측파대 변조 방식에서도 요구된다. 이런 까닭에 식 (7.29)와 식 (7.30)의 스펙트럼 $P(f)$를 잔류 스펙트럼(vestigial spectrum)이라 한다. 식 (7.23)의 펄스 $p(t)$는 초당 R_b 개의 속도로 주어지는 모든 다른 펄스들의 중심점에서 ISI가 0이다. 모든 다른 펄스들의 중심점(또는 신호 처리 순간)에서 0의 ISI가 되는 펄스 $p(t)$는 나이퀴스트 제 1 조건 펄스이다. 본 절에서, 잔류 스펙트럼을 갖는 펄스[식 (7.29) 또는 (7.30)]가 0의 ISI를 위한 나이퀴스트 제 1 조건을 만족시킴을 보였다.

$0 \le r \le 1$이므로, $P(f)$의 주파수 대역은 구간 $R_b/2$부터 R_b Hz까지로 제한된다. 펄스 $p(t)$는 전달함수가 $P(f)$인 필터의 단위 임펄스 응답으로 주어질 수 있다. 그러나 대역폭 이상에서의 값이 $P(f)=0$이므로 Paley-Wiener 조건을 위배하게 되고, 따라서 실현 불가능하다. 어쨌든, 잔류 롤-오프 특성이 완만하다면 실제적인 필터로 좀 더 근사하게 할 수 있다. 나이퀴스트 제 1 조건을 만족시키는 스펙트럼중 하나는

$$P(f) = \begin{cases} 1, & |f| < \dfrac{R_b}{2} - f_x \\ \dfrac{1}{2}\left[1 - \sin \pi \left(\dfrac{f - R_b/2}{2f_x}\right)\right] & \left|f - \dfrac{R_b}{2}\right| < f_x \\ 0, & |f| > \dfrac{R_b}{2} + f_x \end{cases} \tag{7.34}$$

그림 7.14a에 각각 $f_x = 0\ (r=0)$, $f_x = R_b/4\ (r=0.5)$, $f_x = R_b/2\ (r=1)$인 경우의 곡선을 보였다. 각각에 대한 임펄스 응답 특성은 그림 7.14b에 보였다. 이 그림에서, f_x(또는 r)를 증가시킴에 따라 $p(t)$가 개선됨을 볼 수 있다; 즉 차단 특성이 완만하면 할수록 $p(t)$의 발진 특성을 감소시켜서 좀 더 신속하게 시간영역에서 감쇄시킨다. 최대값 $f_x = R_b/2\ (r=1)$ 경우에 식 (7.34)는 다음과 같이 간략히 할 수 있다.

$$P(f) = \frac{1}{2}(1 + \cos \pi f T_b)\, \Pi\left(\frac{f}{2R_b}\right) \tag{7.35a}$$

$$= \cos^2\left(\frac{\pi f T_b}{2}\right) \Pi\left(\frac{fT_b}{2}\right) \tag{7.35b}$$

식 (7.34)의 이 특성은 코사인 파의 크기를 그 최대값 만큼 증가시킨 것을 나타내므로 상승-코사인(raised-cosine) 특성이라고 한다. 또한 식 (7.35)는 full-cosine roll-off 특성이라고도 한다. 이 스펙트럼의 푸리에 역변환은 이미 주어졌듯이(문제 7.3-8 참조) 다음과 같다.

$$p(t) = R_b \frac{\cos \pi R_b t}{1 - 4R_b^2 t^2} \operatorname{sinc}(\pi R_b t) \tag{7.36}$$

그림 7.14b (r=1)에 이 펄스를 보였다. 상승-코사인 펄스에 대하여 관측하면, 몇 가지 중요한 사항을 알 수 있다. 첫째, 이 펄스의 대역폭은 R_b Hz이고, $t=0$에서의 값이 R_b이며, 신호의 나머지 주기마다 뿐만 아니라 주기 사이의 중간점에서도 0의 값을 갖는다. 둘

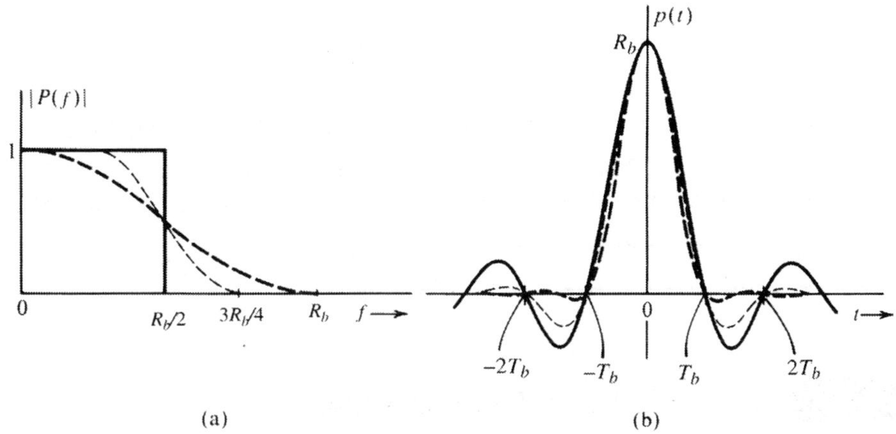

▸▸ 그림 7.14 나이퀴스트 제 1 조건을 만족하는 펄스: 실선, 이상적 $f_x=0$ $(r=0)$; 가는 점선, $f_x=R_b/4$ $(r=0.5)$; 굵은 점선, $f_x=R_b/2$ $(r=1)$

째, 감쇄도가 $1/t^3$으로 매우 크다. 결과적으로 상승-코사인 펄스는 R_b의 분산, 표본화율, 타이밍 지터 등에 상대적으로 덜 민감하다. 더구나 전달 함수 $P(f)$[식 (7.35b)]인 펄스 발생 필터의 실현도가 매우 높다. 이 필터의 위상 특성은 매우 선형적이어서 부가적인 위상 보상이 필요하지 않다.

ISI가 0이 되기 위해서는 검출기의 입력인 수신된 펄스가 나이퀴스트의 형태를 유지해야만 한다는 사실에 유념해야 한다. 실제적으로는, 채널이 이상적(찌그러짐 없는)이지 못하므로 전송된 펄스는 전달 함수가 $H_c(f)$인 채널을 통과하여, 수신단에서 특정한 모양(상승-코사인 펄스와 같은)으로 수신되도록 정형되어야 한다. 따라서 전송된 펄스 $p_i(t)$는 다음을 만족해야 한다.

$$P_i(f)H_c(f) = P(f)$$

단, $P(f)$는 식 (7.30)의 잔류 스펙트럼 특성을 지닌다. 편의상, 채널의 전달함수 $H_c(f)$는 간섭과 불필요한 대역 잡음을 제거할 수 있도록 설계되어진 수신단 필터의 특성을 포함할 수 있다.

● 예제 7.1

펄스 전송율을 전송 대역폭 B_T와 roll-off 계수 r로 표시하시오. 나이퀴스트 조건을 사용하는 것으로 가정하라.

풀이 식 (7.33)으로부터,

$$R_b = \frac{2}{1+r}B_T$$

$0 \le r \le 1$이기 때문에, 펄스 전송율은 r의 값에 따라 $2B_T$부터 B_T까지 변한다. r 의 값이 작을수록 신호 전송율은 커진다. 그러나 펄스 $p(t)$가 서서히 감쇄하므로, sinc 펄스의 경우에 언급했던 것과 똑같은 문제가 발생된다. 상승-코사인 펄스인 경우 $r=1$이면, $R_b = B_T$이므로 이론적 최대 속도의 절반이지만, 펄스가 $1/t^3$로 급격히 감쇄하여, ISI에 덜 취약하다.

7.3.3 ISI-제어된 또는 부분 응답 신호 방식

나이퀴스트 조건을 만족시키는 펄스는 그 대역폭이 이론적 최소값보다는 좀 더 넓다. 펄스의 대역폭을 축소시키고 싶다면, 펄스 $p(t)$를 어떻게 하든 넓혀야 한다(펄스 폭이 넓어질수록, 대역폭은 좁아진다). 펄스 폭을 넓히는 것은 이웃하는 펄스와 간섭(ISI)을 유발시킬 수 있다. 그러나, 단 두 개의 기호만 사용하는 2진 통신의 경우, 아주 적은 수의 가능한 간섭 패턴만이 존재하기 때문에 알려진 일정 크기의 ISI는 제거되거나 보상되어질 수 있다.

다음과 같이 규정된 펄스를 고찰하자(그림 7.15 참조).

$$p(nT_b) = \begin{cases} 1 & n = 0,\ 1 \\ 0 & \text{for all other } n \end{cases} \tag{7.37}$$

k번째 펄스로부터 바로 그 다음 전송되는 펄스에 주어지는 ISI는 잘 알려져 있어 제어가 가능하다. 이 펄스를 분극 신호에 사용해보자. 즉, 1은 $p(t)$에 의하여, 0은 펄스 $-p(t)$에 의하여 전송된다. 수신 신호는 $t = nT_b$마다 표본화되며, 그 결과 $p(t)$값이 그림 7.15에서와 같이 1로 주어지는 $n=0$인 경우와 1인 경우를 제외한 모든 n에 대하여 0의 값을 갖는다. 이러한 펄스는 분명히 바로 연속되는 펄스를 제외한 모든 펄스들에 ISI를 발생시키지 않는다. 즉, 연속되는 펄스와의 ISI에 대해서만 염두에 둘 필요가 있다. 이런 두 개의 연속 펄스가 0와 T_b에 각각 주어졌다고 가정하자. 만약 두 펄스 모두 양의 값이면, $t = T_b$에서의 표본 결과는 2일 것이다. 두 펄스가 모두 음의 값이면, 결과는 −2일 것이다. 그러나 두 펄스가 서로 상반되는 극성이면, 그 결과 값은 0일 것이다. 이 3가지 값뿐이므로, 분명 신호 표본에 대해, 표본화 순간 올바른 판정을 가능케 한다. 판정 규칙은 다음과 같다. 표본값이 양의 값이면, 현재의 비트와 이전 비트 모두 1이다. 표본이 음의 값이면, 현재의 비트와 이전 비트 모두 0이다. 표본값이 0이면, 현재 비트와 이전 비트는 서로 보수 관계이다. 그러므로 이전 비트를 알고 있다면, 현재의 비트를 결정할 수 있다.

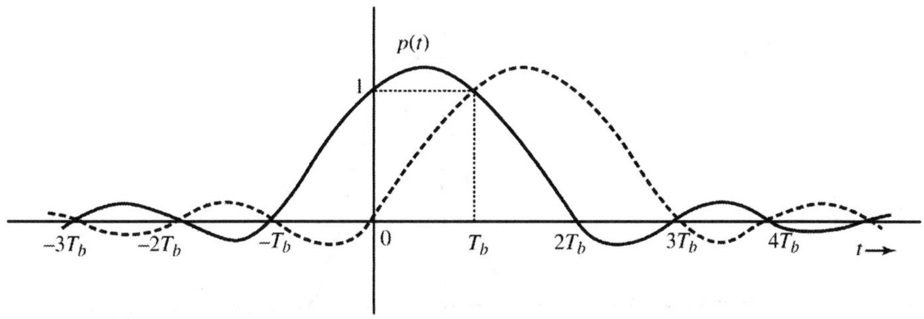

▸▸ 그림 7.15 ISI-제어 또는 나이퀴스트 제 2 조건 펄스를 이용한 통신

표 7.1에 전송 비트 열, 수신 신호 $x(t)$의 표본값(채널 잡음에 의한 오류가 없다고 가정함), 검출기 판정을 보였다. 이 예는 또한 이러한 방식에서의 오류 검출 특성을 나타내고 있다. 표 7.1의 파형 $y(t)$의 표본을 검사하면, 동일 극성의 두 최대값 사이에 표본값이 0인 경우의 수는 짝수이고, 반대 극성인 경우는 홀수이다. 즉, $x(t)$의 첫번째 표본값은 2이고, 그 다음 최대값 표본은(4번째 표본) 2이다. 이 두 최대값 표본은 동일 극성이고, 그 사이의 0 표본은 짝수(예, 2)개이다. 표본값 중 하나가 잘못 검출된다면, 이런 규칙이 위배되어 오류가 검출된다.

펄스 $p(t)$는 $t=-T_b$와 $2T_b$에서 0이 된다. 이 결과는 나이퀴스트 제 1 조건의 펄스에서보다 펄스 폭이(중요 대역의) 50% 더 넓다. 즉, 그 대역폭이 감소된다. 이런 방식이 나이퀴스트에 의해 제기된 두 번째 조건이다. 이러한 ISI-제어 방법을 상관(correlative) 또는 부분-응답(partial-response) 방법이라 한다. 식 (7.37)의 제 2 조건을 만족시키는 펄스를 쌍 2진 펄스(duobinary pulse)라 한다.

▸▸ 표 7.1 ISI-제어 방식에 있어서의 전송 비트와 수신된 표본

정보수열	1	1	0	1	1	0	0	0	1	0	1	1	1
표본 $y(kT_b)$	1	2	0	0	2	0	−2	−2	0	0	0	2	2
검출된 수열	1	1	0	1	1	0	0	0	1	0	1	1	1

7.3.4 쌍 2진 펄스의 예

펄스의 대역폭을 $R_b/2$로 제한한다면, 예제 7.1의 과정에 따라, 식 (7.37)의 요구 사항을 만족시키는 쌍 2진 펄스는 다음의 펄스 $p(t)$뿐임을 알 수 있다(문제 7.3-9 참조).

$$p(t) = \frac{\sin(\pi R_b t)}{\pi R_b t(1 - R_b t)} \tag{7.38}$$

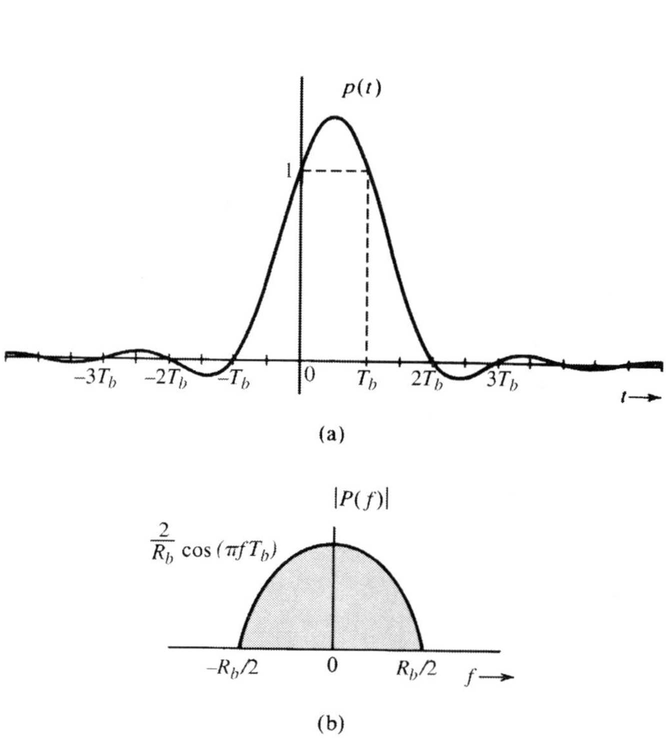

▸▸ 그림 7.16 (a) 쌍 2진 펄스 조건을 만족하는 최소 대역폭 펄스와 (b) 그 스펙트럼

$p(t)$의 푸리에 변환 $P(f)$는 다음과 같이 주어진다(문제 7.3-9 참조).

$$P(f) = \frac{2}{R_b} \cos\left(\frac{\pi f}{R_b}\right) \Pi\left(\frac{f}{R_b}\right) e^{-j\pi f/R_b} \tag{7.39}$$

펄스 $p(t)$와 그 진폭 스펙트럼 $|P(f)|$을 그림 7.16에 보였다*. 이 펄스는 R_b bit/s의 속도로 2진 데이터를 전송하고, 이론적 최소 대역폭 $R_b/2$ Hz을 지닌다. 식 (7.38)은 이 펄스가 $1/t^2$에 비례하여 신속히 감쇄함을 보여주고 있다. 이 펄스는 $p(t)$가 causal하지 못하고, 무한대의 기간동안[$P(f)$가 대역-제한적이므로] 주어지므로 실현될 수는 없지만, 신속한 감쇄 특성($1/t^2$에 비례하는) 때문에, 매우 근사적으로 구현될 수 있다.

쌍 2진 펄스를 사용하여 이론적 전송율을 얻을 수 있음이 놀라울 것이다. 하지만 사실 그것은 착각이다. 이론적 전송 속도는 단위 주파수에 대하여 초당 두 개의 독립적인 정보 조각을 전송하는 것이다. 2진 정보에 대한 이 속도를 마침내 획득한 것이다! 하지만 2진 정보가 임의의 값을 가질 수 없기 때문에 독립적인 정보 조각으로 확정되지는 못한다. 즉, 유한 집합에서 선택되어야만 한다. 쌍 2진 펄스는, 펄스들이 진정 독립된 정보 조각이라

* 위상 스펙트럼은 선형적이다, $\theta_p(f) = -\pi f T_b$.

면, 다시 말해, 펄스들의 진폭이 임의의 값을 지닌다면, 성립하지 못한다. 이 방식은, 2진 펄스들이 알고 있는 유한한 값들로 주어져서 펄스간의 간섭 패턴이 유한한(알려진) 개수만이 존재해, 간섭에도 불구하고 펄스의 진폭을 정확히 판정할 수 있을 때에만, 동작한다.

7.3.5 영-ISI, 쌍 2진 및 개선된 쌍 2진 펄스간의 관계

나이퀴스트의 제 1 조건(영ISI)를 만족시키는 펄스 $p_a(t)$와 쌍 2진 펄스 $p_b(t)$ (ISI-제어된)와의 간단한 관계를 정립할 수 있다. 식 (7.23) 및 (7.37)로부터 $p_a(kT_b)$와 $p_b(kT_b)$는 $k=1$인 경우에만 다르고, 다른 정수 k에서는 동일한 표본값을 갖고 있음을 알 수 있다. 즉, 다음 식과 같이 펄스 $p_a(t)$로부터 $p_b(t)$를 쉽게 구할 수 있다.

$$p_b(t) = p_a(t) + p_a(t - T_b)$$

제어된 ISI 또는 부분 응답 신호방식에서 차후 신중하게 다룰 대역폭 축소 역할이 이 덧셈으로부터 주어진다. 쌍 2진 신호방식이 주파수 대역폭에 어떤 효과를 주는지 알기 위하여, 주파수 영역에서 두 펄스간의 관계를 고찰해보자:

$$P_b(f) = P_a(f)[1 + e^{-j2\pi f T_b}] \tag{7.40a}$$

$$|P_b(f)| = |P_a(f)|\sqrt{2(1 + \cos(2\pi f T_b)}2\,|\cos(\pi f T_b)| \tag{7.40b}$$

실제로 부분 응답 신호방식이 $2\pi f T_b = \pi$ 또는 등가적으로 $f = 0.5/T_b$에서 강제로 스펙트럼 값을 영(frequency null)이 되도록 하는 것을 알 수 있을 것이다. 즉, 개념적으로 부분응답 신호방식이 PSD 또는 전송대역폭을 재정형하기 위한 부가적인 기회를 제공함을 알 수 있다. 정말로, 쌍 2진 신호방식은 $0.5/T_b$에서 강제로 0 (frequency null)의 값이 되도록 함으로써 주 대역폭이 데이터율 $1/T_b$에 (6.1.3절에서 언급된 바와 같이) 필요한 최소전송 대역폭이 되도록 한다.

사실 자성기록(magnetic recording)에서와 같이 많은 실제적 채널들은 직류에서 증폭도가 0이다. 그러므로, 기저대역 신호의 PSD에 어떤 직류성분을 지닐 수가 없다. 개선된 부분-응답 신호방식에서는 가끔 직류값이 강제로 0이 되도록 하기도 한다. 주목할 만한 예를 하나 들어본다면 개선된 쌍 2진 신호방식을 들 수 있는데, 이 방식에서는 다음 사항이 요구된다.

$$p_c(nT_b) = \begin{cases} 1 & n = -1 \\ -1 & n = 1 \\ 0 & \text{for all other integers } n \end{cases} \tag{7.41}$$

유사한 논법으로 $p_c(t)$가 아래 식을 통해 나이퀴스트의 제 1 조건을 만족하는 어떤 펄스 $p_a(t)$로부터 발생될 수 있음을 제시해본다.

$$p_c(t) = p_a(t + T_b) - p_a(t - T_b)$$

쌍 2진 펄스를 주파수 영역에서 등가적 표현을 해보면 다음과 같다.

$$P_c(f) = 2jP_a(f)\sin(2\pi f T_b)$$

이 식의 $\sin(2\pi f T_b)$에 의해 실제 채널 조건에 부합하는 강제적 영직류성을 얻게 된다.

7.3.6 쌍 2진 신호방식의 신호검출 및 차동 부호화(differential encoding)

그림 7.17에 쌍 2진 신호방식의 ISI-제어 방식을 위한 기본적인 송신기의 다이아그램을 보였다. 기저대역에서의 모든 데이터 기호간의 관련성과 신호검출 작업에 대해 심도있게 다루어 보자. 2진 메시지 비트 $I_k = 0$ 또는 1은 분극기호에서 다음과 같이 단순하게 표현된다.

$$a_k = 2I_k - 1$$

ISI 제어 하에서 전송신호 $y(t)$의 표본들은 다음 식과 같이 주어진다.

$$y(kT_b) = b_k = a_k + a_{k-1} \tag{7.42}$$

수신단에서 $y(kT_b)$ 또는 b_k로부터 I_k를 어떻게 검출하는가가 의문이다. 이 의문에 답하기 위해서는 우선적으로 b_k 또는 $y(kT_b)$의 모든 가능한 값들을 고려해본다. $a_k = \pm 1$이므로, $b_k = 0,\ \pm 2$ 이다. 식 (7.42)에 의해 다음 결과들이 확실해진다.

$$\begin{array}{llll} b_k = 2 & \Rightarrow & a_k = 1 & \text{or } I_k = 1 \\ b_k = -2 & \Rightarrow & a_k = -1 & \text{or } I_k = 0 \\ b_k = 0 & \Rightarrow & a_k = -a_{k-1} & \text{or } I_k = 1 - I_{k-1} \end{array} \tag{7.43}$$

그러므로 쌍 2진 신호방식에서의 신호검출은 단순히 $b_k = \pm 2$에 대응되는 모든 비트 I_k를 우선 찾아내는 것이다. 나머지 표본값이 0인 경우는 과도 상태(transition)를 의미한다. 즉, 검출 신호가 1이라면, 그 이전의 값은 0이고, 그 역도 성립한다. 이것은 이전 데이터에 의하여 현재의 데이터가 해석된다는 것을 의미한다. 표 7.1에 이런 방식으로 한 자리씩 검출하는 예를 보였다. 식 (7.43)과 같은 검출방식에서의 단점은 $y(kT_b) = 0$일 때, 현 비트의 판정이 그 전 비트의 판정에 의존적이라는 것이다. 만약 앞 자리가 부정확하게 검출

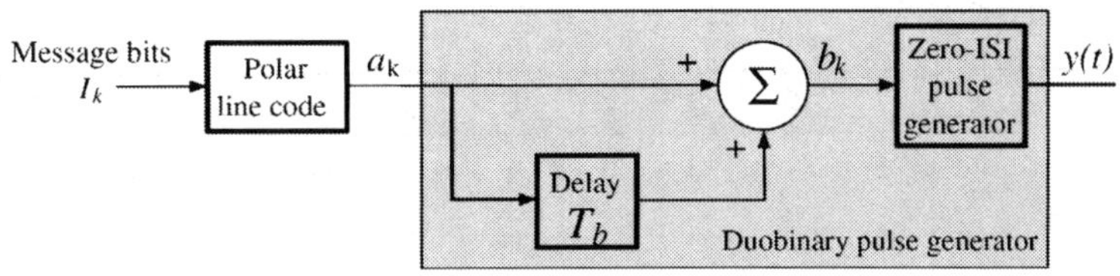

►► 그림 7.17 등가 쌍 2진 신호방식

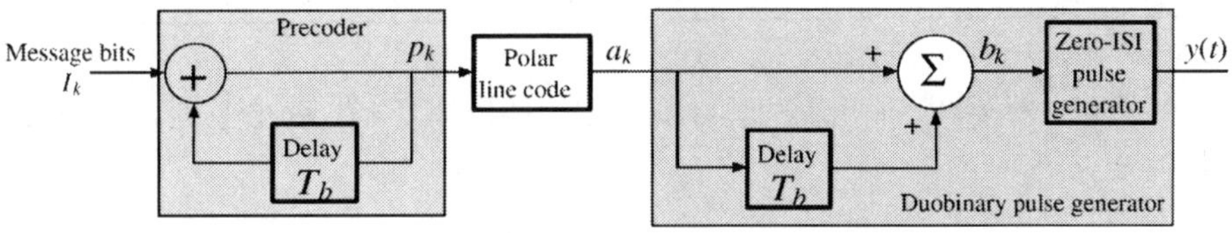

►► 그림 7.18 차동 부호화가 쓰이는 쌍 2진 신호방식

된다면, 표본값이 ± 2가 될 때까지 오류가 전파되어질 것이다. 이와 같은 오류의 전파문제를 완화하기 위해, 차동부호화로 알려진 효과적인 방법을 적용한다.

그림 7.18에 부분-응답 펄스 발생 이전에 부수적인 차동 인코더가 적용된 쌍 2진 신호발생기를 보였다. 이 그림에서 보는 바와 같이 차동부호화는 라인부호와 메시지 비트 사이의 관계를 바꾸어주는 단순한 단계이다. 차동부호화에서 발생되는 새로운 2진 수열은 다음과 같으며, 그 초기 상태는 $p_0 = 0$ 또는 $p_0 = 1$로 가정된다.

$$p_k = I_k \oplus p_{k-1} \qquad \text{modulo 2}$$

전처리기(precoder)의 출력은 분극 라인 코더에 입력되어 다음과 같은 비트를 발생시킨다.

$$a_k = 2p_k - 1$$

쌍 2진 신호방식에서 $b_k = a_k + a_{k-1}$이고, ISI가 없는 펄스발생기를 사용하면, 잡음이 없는 수신단 신호 $y(t)$의 표본값은 다음과 같이 주어진다.

$$\begin{aligned} y(kT_b) = b_k &= a_k + a_{k-1} \\ &= 2(p_k + p_{k-1}) - 2 \\ &= 2\,(p_{k-1} \oplus I_k + p_{k-1} - 1) \\ &= \begin{cases} 2(1 - I_k) & p_{k-1} = 1 \\ 2(I_k - 1) & p_{k-1} = 0 \end{cases} \end{aligned} \tag{7.44}$$

▸▸ 표 7.2 차동부호화에 의한 쌍 2진 신호방식

시간 k	0	1	2	3	4	5	6	7	8	9	10	11	12	13
I_k		1	1	0	1	1	0	0	0	1	0	1	1	1
p_k	0	1	0	0	1	0	0	0	0	1	1	0	1	0
a_k	−1	1	−1	−1	1	−1	−1	−1	−1	1	1	−1	1	−1
b_k		0	0	−2	0	0	−2	−2	−2	0	2	0	0	0
검출비트		1	1	0	1	1	0	0	0	1	0	1	1	1

식 (7.44)에 의해 메시지 비트와 표본값 간의 직접적인 관계는 식 (7.45)와 같이 요약될 수 있다.

$$y(kT_b) = \begin{cases} 0 & I_k = 1 \\ \pm 2 & I_k = 0 \end{cases} \tag{7.45}$$

이 관계식은 기호를 한 자리씩 검출하는 알고리즘의 기본으로 쓰인다. 간단히 말해, 판정 알고리즘은 현 표본 $y(kT_b)$에 기준한다. 잡음이 없다면 $y(kT_b) = b_k$이므로 수신단에서의 판정은 식 (7.46)과 같다.

$$I_k = \frac{2 - |y(kT_b)|}{2} \tag{3.46}$$

그러므로, 차동부호화를 채용함에 따라 쌍 2진 신호방식에서의 판정규칙이 단순해질 뿐만 아니라, 앞 단의 신호와 무관하게 판정을 할 수 있으므로 오류가 전파되는 문제점을 제거할 수 있게 된다. 표 7.2에, 표 7.1의 예를 차동부호화를 사용하여 다시 계산하여 보였다. 식 (7.45)에 주어진 복호화 관계를 이 예에서 명료하게 보여주고 있다.

차동부호화는 2진 정보 기호에서 정의 되었지만, 2진 기호가 아닌 경우에도 손쉽게 일반화할 수 있다. 정보 기호 I_k가 M진 신호일 때, 차동부호화 블록에서의 바뀌는 부분은 단지 "2진 나눗셈" 대신에 "M진 나눗셈"을 사용하는 것이다. 다른 일반화된 부분-응답 신호방식에서도 개선된 쌍 2진 방식에서와 마찬가지로 신호 검출시 오류의 전파를 피할 수 없다는 문제점이 있다. 그러나 차동부호화의 적절한 응용으로 이러한 오류 전파를 방지할 수 있을 것이다.

7.3.7 펄스 발생

나이퀴스트 조건을 만족하는 펄스 $p(t)$는 전달 함수 $P(f)$인 필터의 임펄스 응답으로 발생시킬 수 있다. 이것은 항상 쉽지만은 않다. 좀 더 좋은 방법으로는 여기에서 언급된 횡단선 필터(분기 지연선)를 이용하여 직접 파형을 발생시키는 것이다. 펄스 $p(t)$는 충분히 작은 표본화 간격 T_s(그림 7.19a)로 표본화되어야 하고, 필터 분기 이득은 그림 7.19b에 보인 바와 같이 2진 수열의 표본값에 비례하도록 조정되어야 한다. 표본화 간격 T_s로 펄스 폭이 주어진 구형파를 이 횡단선 필터에 가하면, $p(t)$의 계단형 근사치인 출력을 얻게 될 것이다. 이 출력을 저역-통과 필터를 사용하여 매끄럽게 해준다. 근사화 작업은 펄스의 표본화 간격인 T_s를 작게 함으로써 개선될 수가 있다.

다시 한번 강조하지만, 수신단의 검출기 입력단에 주어지는 펄스는 나이퀴스트의 조건을 만족시킬 필요가 있다. 따라서 전송된 펄스는 채널을 통과한 뒤에 희망하는 형태(나이

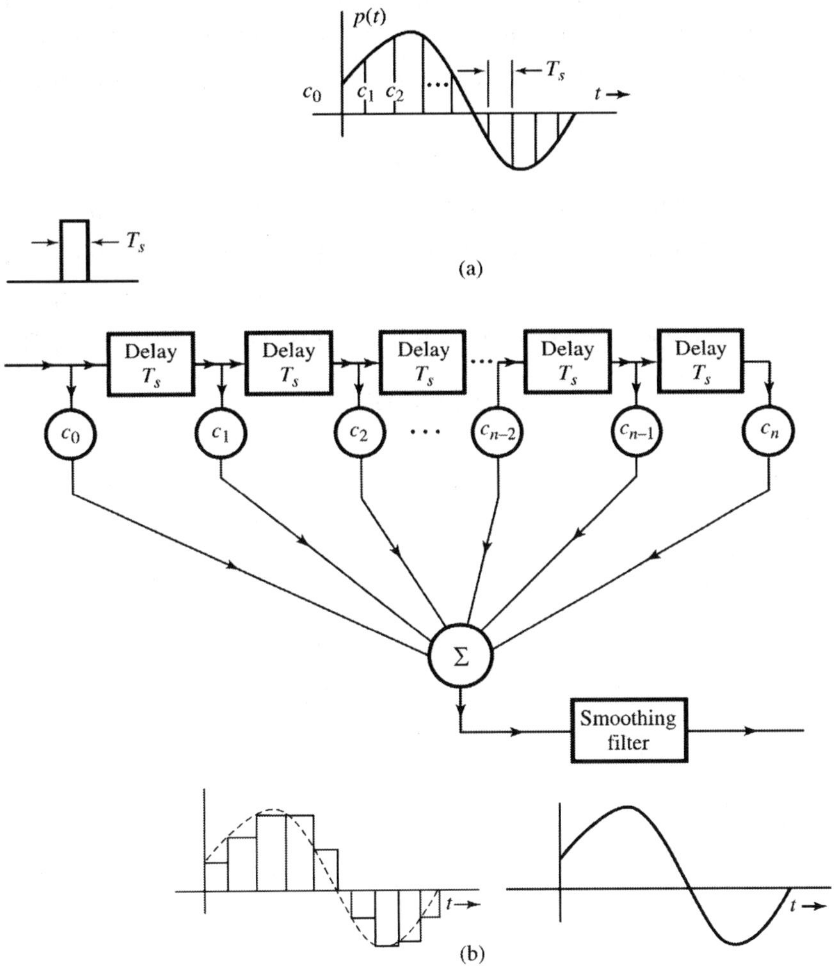

▸▸ 그림 7.19 횡단선 필터에 의한 펄스 발생

퀴스트)로 정형화되어야만 한다. 그러나 실제로, 송신단에서는 펄스가 정밀하게 정형화될 필요가 없다. 최종 정형화는 수신단의 등화기에 의해 이행될 수 있다. 이 내용은 7.5절에서 다룰 것이다.

7.4 비화(scrambling)

일반적으로 비화기(scrambler)는 1이 연속되거나 0이 연속되는 것을 방지함으로써 데이터를 좀 더 랜덤하게 만든다. 2진 데이터에서 연속되는 0을 제거하여 줌으로 비화는 타이밍 정보의 추출에 도움을 줄 수 있다. 그러나 비화기는 원칙적으로 제3자가 데이터를 액세스하지 못하도록 하는데 쓰이고, 이런 목적에 최적화된다. 이런 최적화는 실제적으로 데이터에 계속되는 0을 발생시킬 수도 있다. 디지털 망에서는 이렇게 연속되는 0의 열을 7.2절에서 다룬 0 억제 기술을 사용하여 극복할 수 있어야만 한다.

그림 7.20에 대표적인 비화기와 역비화기(descrambler)를 보였다. 그림 7.20에서와 같이 비화기는 궤환(feedback)이 주어지는 천이 레지스터로 구성되고, 이에 부합하는 역비화기는 선-궤환(feedforward)이 주어지는 천이 레지스터로 구성된다. 천이 레지스터에서의 각 단에서는 한 단위씩 한 비트를 지연시킨다. 비화기와 호환 역비화기를 분석하기 위하여, 비화기의 출력 수열을 T라 하자(그림 7.20a). 비화기의 입력 수열을 S라 한다면,

$$S \oplus D^3T \oplus D^5T = T \tag{7.47}$$

단, D는 지연 조작기를 나타낸다; 즉, $D^n T$는 수열 T가 n 단위만큼 지연된 것을 나타낸다. 자신과의 모듈로 2 덧셈은 그 수열의 모든 자리가 0으로 됨을 기억하자. $(D^3 \oplus D^5)T$를 식 (7.47) 양변에 더하면,

$$\begin{aligned} S &= T \oplus (D^3 \oplus D^5)T \\ &= [1 \oplus (D^3 \oplus D^5)]T \\ &= (1 \oplus F)T \end{aligned} \tag{7.48}$$

단, $F = D^3 \oplus D^5$.

수신단의 역비화기를 설계하기 위해, 역비화기에 수신된 수열을 T라 하자. 식 (7.48)로부터,

$$T \oplus FT = T \oplus (D^3 \oplus D^5)T = S$$

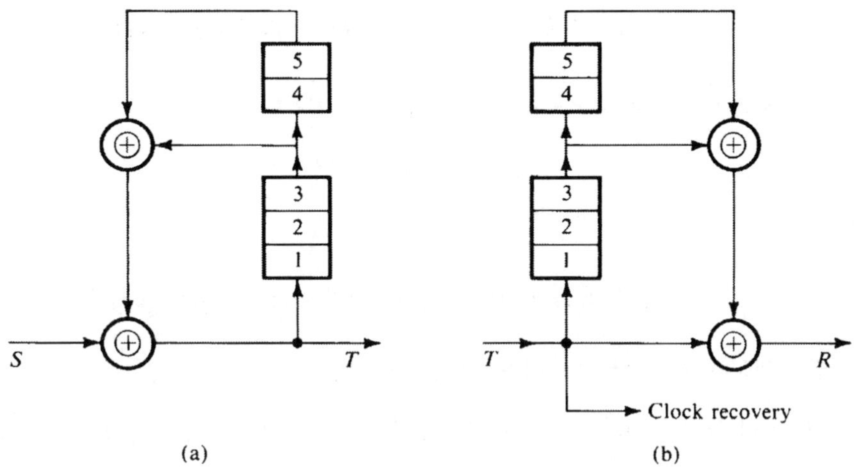

▶▶ 그림 7.20 (a) 비화기 (b) 역비화기

수신된 수열 T로부터 입력 수열 S를 재생하는 이 식은 그림 7.20b에 보인 것과 같은 역비화기에 응용된다.

수신된 수열 T에서, 검출된 단 하나의 오류가 R에서 3 개의 출력 비트에 영향을 줄 것이다. 그러므로, 비화 작업은 단 한 비트의 수신 오류에 대해 여러 개의 오류를 유발시키는 단점이 있다.

● 예제 7.2

데이터 열 101010100000111이 그림 7.20a의 비화기에 주어졌다. 비화기 출력 T를 구하시오. 단, 레지스터의 초기 상태는 모두 0으로 가정한다.

풀이 그림 7.20a로부터 초기 상태는 $T=S$이고, 수열 S가 레지스터에 입력되면, 궤환 회로에 의하여 $(D^3 \oplus D^5)S = FS$가 되어 되돌아온다. 이 새로운 수열 FS가 레지스터에 다시 입력되면 F^2S가 되돌아오고, 계속해서 이 과정이 반복된다. 그러므로,

$$\begin{aligned} T &= S \oplus FS \oplus F^2S \oplus F^3S \oplus \cdots \\ &= (1 \oplus F \oplus F^2 \oplus F^3 \oplus \cdots)S \end{aligned} \tag{7.49}$$

다음과 같이

$$F = D^3 \oplus D^5$$

이므로

$$F^2 = (D^3 \oplus D^5)(D^3 \oplus D^5) = D^6 \oplus D^{10} \oplus D^8 \oplus D^8$$

어느 수열이든 그 자신과의 모듈로 2 연산은 0이므로, $D^8 \oplus D^8 = 0$이고,

$$F^2 = D^6 \oplus D^{10}$$

같은 방법으로,

$$F^3 = (D^6 \oplus D^{10})(D^3 \oplus D^5) = D^9 \oplus D^{11} \oplus D^{13} \oplus D^{15}$$

이와같은 과정이 계속 반복된다. 따라서[식 (7.49) 참조],

$$T = (1 \oplus D^3 \oplus D^5 \oplus D^6 \oplus D^9 \oplus D^{10} \oplus D^{11} \oplus D^{12} \oplus D^{13} \oplus D^{15} \cdots)S$$

D^nS는 단순하게 수열 S를 n비트만큼 지연시킨 것이므로, 위 식의 여러 항들은 다음과 같은 수열로 표현할 수 있다.

$$\begin{aligned}
S &= \mathbf{101010100000111} \\
D^3S &= \mathbf{000101010100000111} \\
D^5S &= \mathbf{00000101010100000111} \\
D^6S &= \mathbf{000000101010100000111} \\
D^9S &= \mathbf{000000000101010100000111} \\
D^{10}S &= \mathbf{0000000000101010100000111} \\
D^{11}S &= \mathbf{00000000000101010100000111} \\
D^{12}S &= \mathbf{000000000000101010100000111} \\
D^{13}S &= \mathbf{0000000000000101010100000111} \\
\underline{D^{15}S} &= \underline{\mathbf{000000000000000}}\mathbf{101010100000111} \\
T &= \mathbf{101110001101001}
\end{aligned}$$

입력 수열이 반복되는 0의 긴 수열뿐만 아니라 주기적인 수열 10101010...을 포함하고 있음을 유의하자. 비화기의 출력에서는 효과적으로 연속되는 0뿐만 아니라 주기적인 성분도 제거된다. 입력 수열은 15자리이다. 비화기의 출력은, 입력단이 15자리이므로, 15번째 자리까지만 나타낸다.
이 입력 수열 T가 역비화기의 입력으로 주어지면, 역비화기의 출력은 바로 S가 됨을 증명할 수 있다.

7.5 디지털 수신기 및 재생 중계기(Regenerative Repeater)

기본적으로 수신기 또는 재생 중계기는 다음 3가지 기능을 수행한다: (1) 등화기에 의한 입력 펄스의 재정형, (2) 최적 순간에 입력 펄스를 표본화하는데 필요한 타이밍 정보의 추출, (3) 펄스 표본에 근거한 신호 판정. 그림 7.21에 중계기의 구성도를 보였다. 완벽한 중계기는 또한 교류 신호로부터 직류 전력을 분리하는 기능을 포함할 수 있다. 이것은 보통 변압기에 의하여 신호는 연결시키고, 직류는 우회시켜 전력 공급 회로에 공급함으로써 수행된다*.

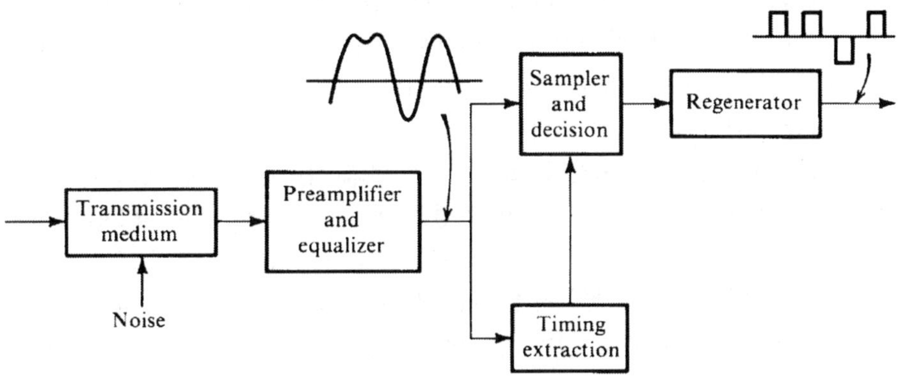

►► 그림 7.21 재생 중계기

7.5.1 등화기(equalizer)

전송 매개체에 의하여 펄스 열은 감쇄되고, 찌그러진다. 찌그러짐은 등화기에 의해 보상되어질 수 있는 한편, 감쇄는 전치증폭기에 의해 보상되어질 수 있다. 채널 찌그러짐은 분산의 형태로 나타나는데 데이터 펄스의 특정주파수 성분을 감쇄시킨다. 이론적으로 등화기는 전송 매개체의 주파수 특성과 정반대의 특성을 지녀야만 한다. 그래서 특정 주파수 성분을 재위치 시켜서 펄스의 분산을 제거할 것이다. 불행히도 이 과정은 특정 주파수 성분을 증폭시킴으로써 수신된 채널 잡음을 증가시키기도 한다.

* 중계기는 통상 전자 부문을 전력단에서 발생하는 고전압의 순간적 변화 및 번개로부터 보호될 수 있는 회로를 포함한다. 이 목적에 맞도록 사용된 케이블 쌍으로 잘못 위치한 신호가 주어지도록 특별한 변압기의 권선 감기가 사용될 수 있다.

그러나 디지털 신호에 대해서는 완벽한 등화가 실제로 필요하지는 않다. 왜냐하면, 검출기는 상대적으로 매우 단순하게 판정을 내리기 때문이다. 즉, 펄스가 양의 값인가 음의 값인가(또는 펄스가 존재하는가, 사용되지 않았는가)로 판정한다. 그러므로, 적당한 펄스의 분산은 허용될 수 있다. 펄스 분산은 ISI를 유발시키고, 결국에는 오류 검출 확률을 증가시킨다. 등화기에 의해 증가된 잡음(고주파 성분을 증폭시킴으로써)도 또한 오류 검출 확률을 증가시킨다. 이런 까닭에, 최적 등화기의 설계에는 ISI를 감소시키는 것과 채널 잡음을 감소시키는 것 사이에서 숙명적인 적정선을 찾는 것이 포함된다. 등화 특성의 적당한 선택은 모든 디지털 통신 시스템의 주안점이다.[6]

○ 0-강요 등화기

실제적으로 모든 시간에 대하여 이웃하는 펄스와의 ISI(간섭)를 제거 또는 최소화할 필요는 없다. 수신단에서의 판정이 표본값에 의해서만 주어지기 때문에, 상대적 표본화 순간에서만 이웃하는 펄스와 간섭이 제거되거나 최소화될 필요가 있다. 이 과정은 앞서 설명된 횡단선 필터 등화기에 의해 수행될 수 있다. 통상적 필터와 달리, 횡단선 필터 등화기는 다른 채널들 또는 시간적으로 천천히 변화하는 채널들에 대해서도 손쉽게 보상을 조절할 수 있다. 이 등화기는 표본화(판정을 내리는) 순간에 출력 펄스를 강제로 0의 값이 되도록 한다. 다시 말하면, 등화기의 출력 펄스는 나이퀴스트 조건 또는 ISI-제어 조건을 만족시킨다. 연속되는 탭간의 지연 시간 T는 펄스간의 간격인 T_b의 값으로 잡는다.

탭 이득은 $c_0=1$로 하고, 그림 7.22a의 횡단선 필터에서의 모든 다른 k에 대해 $c_k=0$으로 놓자. 따라서 필터의 출력은 NT_b만큼 지연된 입력과 같을 것이다. 위 조건으로 주어지는 횡단선 필터의 입력으로 단일 펄스 $p_r(t)$(그림 7.22b)가 주어지면, 필터의 출력 $p_o(t)$는 $p_r(t)$가 NT_b만큼 지연된 $p_r(t-NT_b)$와 정확히 똑같을 것이다. 이 지연은 통신시스템에 아무런 효과를 주지 않으므로 편의상 무시하겠다. 이것은 또한 그림 7.22b의 $p_r(t)$가 위와 같은 탭 조건($c_0=1$ 및 $c_k=0,\ k\neq 0$)에서의 필터의 출력 $p_o(t)$를 나타냄을 의미한다. 이 출력 펄스 $p_o(t)$가 나이퀴스트 조건 또는 ISI-제어 조건을 만족해야 한다. 나이퀴스트 조건에서 출력 펄스 $p_o(t)$는 모든 T_b의 배수 값에서 0의 값을 가져야만 한다. 그림 7.22b에서 시간 $T_b, -T_b, 2T_b$에서의 펄스 진폭들 $a_1,\ a_{-1},\ a_2$ 들이 무시할 정도가 아님을 알 수 있다. 탭 이득(c_k)을 조정함으로써, 출력 펄스가 $t=0, \pm T_b, \pm 2T_b, \cdots$에서 원하는 값을 갖도록 강요된 천이 펄스를 발생시킨다.

출력 $p_o(t)$(그림 7.22c)는 $c_k p_r(t-kT_b)$ 형태의 펄스들을 합한 것이다(지연값 NT_b는 무시함). 따라서,

$$p_o(t)=\sum_{n=-N}^{N} c_n p_r(t-nT_b) \tag{7.50}$$

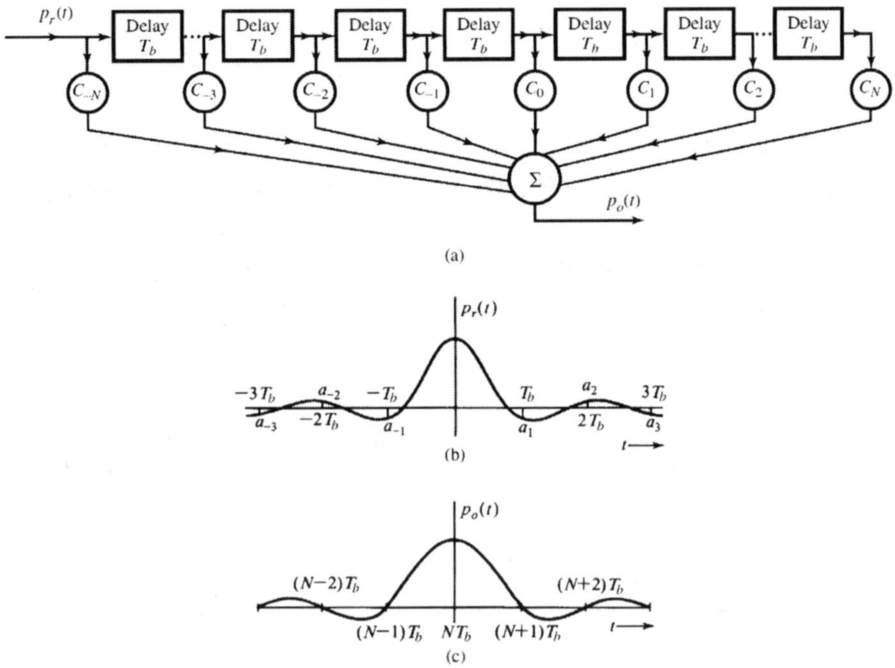

▸▸ 그림 7.22 0-강요 등화기 분석

$t = kT_b$에서의 $p_o(t)$의 표본들은

$$p_o(kT_b) = \sum_{n=-N}^{N} c_n p_r(kT_b - nT_b) \qquad k = 0, \pm1, \pm2, \pm3, \ldots \tag{7.51a}$$

좀 더 편하게, $p_r(kT_b)$를 $p_r[k]$로, $p_o(kT_b)$를 $p_o[k]$로 하면, 식 (7.43a)는 다음과 같이 표현될 수 있다.

$$p_o[k] = \sum_{n=-N}^{N} c_n p_r[k-n] \qquad k = 0, \pm1, \pm2, \pm3, \ldots \tag{7.52b}$$

나이퀴스트 제 1 조건에서 $k=0$일 때 $p_0[k]=1$, $k \neq 0$일 때 $p_0[k]=0$이 요구된다. 이 값을 식 (7.51b)에 대입해주면, $2N+1$개의 변수로 주어지는 무한 연립 방정식을 얻게 된다. 이 방정식들을 푼다는 것은 분명 불가능한 일이다. 그러나 $p_o[k]$의 값을 단지 다음과 같은 $2N+1$개의 점에서만 규정한다면,

$$p_o[k] = \begin{cases} 1 & k = 0 \\ 0 & k = \pm 1, \ \pm 2, \ldots, \pm N \end{cases} \tag{7.52}$$

유일한 답이 존재한다. 이것은 한 펄스가 이전 N 개 및 이후 N 개의 펄스들과 표본화 순간에 간섭이 없다는 것을 보증한다. 펄스 진폭이 신속히 감쇄하기 때문에, 일반적으로 $N > 2$인, N번째 이후의 펄스와의 간섭은 별 문제가 되지 않는다. 조건 (7.52)를 식 (7.51b)에 대입하면, $2N+1$개의 변수로 주어지는 $2N+1$개의 연립 방정식이 산출된다. 이 $2N+1$개의 방정식을 매트릭스 형태로 다시 써보면 다음과 같다.

$$\underbrace{\begin{bmatrix} 0 \\ \vdots \\ 0 \\ 1 \\ 0 \\ \vdots \\ 0 \end{bmatrix}}_{\mathbf{p}_o} = \underbrace{\begin{bmatrix} p_r[0] & p_r[-1] & \cdots & p_r[-2N+1] & p_r[-2N] \\ p_r[1] & p_r[0] & \cdots & p_r[-2N+2] & p_r[-2N+1] \\ \vdots & \ddots & \ddots & \vdots & \vdots \\ p_r[2N-1] & p_r[2N-2] & \ddots & p_r[0] & p_r[-1] \\ p_r[2N] & p_r[2N-1] & \cdots & p_r[1] & p_r[0] \end{bmatrix}}_{\mathbf{P}_r} \underbrace{\begin{bmatrix} c_{-N} \\ c_{-N+1} \\ \vdots \\ c_{-1} \\ c_0 \\ c_1 \\ \vdots \\ c_{N-1} \\ c_N \end{bmatrix}}_{\mathbf{c}} \tag{7.53}$$

$(2N+1)\times(2N+1)$ 매트릭스 $\mathbf{P}_r$에서 대각선 방향으로는 모두 같은 값들이 주어진다. 이런 매트릭스를 Toeplitz 매트릭스라 부르며, 상관관계를 나타낼 때에 일반적으로 주어진다. Toeplitz 매트릭스는 첫째 행과 첫째 열에 의해 충분히 고찰되어지며, 역변환을 위한 간단한 알고리즘(예로 Trench 방법)과 몇 가지 좋은 특성을 지니고 있다. 탭-이득 c_k는 이 매트릭스 $\mathbf{P}_r$의 역변환을 취함으로써 연립 방정식을 풀어 얻을 수 있다.

$$\mathbf{c} = \mathbf{P}_r^{-1}\mathbf{p}_o$$

● 예제 7.3

그림 7.22b의 수신 펄스 $p_r(t)$에 대하여 다음의 값이 주어질 때,

$$p_r[0] = 1$$
$$p_r[1] = -0.3 \qquad p_r[2] = 0.1$$
$$p_r[-1] = -0.2 \qquad p_r[-2] = 0.05$$

3-탭(N=1) 등화기를 설계하시오.

풀이 식 (7.53)에 위 값을 대입하면,

$$\begin{bmatrix} 0 \\ 1 \\ 0 \end{bmatrix} = \begin{bmatrix} 1 & -0.2 & 0.05 \\ -0.3 & 1 & -0.2 \\ 0.1 & -0.3 & 1 \end{bmatrix} \begin{bmatrix} c_{-1} \\ c_0 \\ c_1 \end{bmatrix} \tag{7.54}$$

이 식을 풀면, $c_{-1}=0.210$, $c_0=1.13$, $c_1=0.318$을 얻는다. 이 탭 값들은 $p_o[0]=1$, $p_o[-1]=p_o[1]=0$을 보장한다. 출력 $p_o(t)$를 그림 7.22c에 보였다.

식 (7.53)에서 결정된 등화기는 식 (7.52)의 ISI가 0이라는 조건하에서만 보장될 수가 있다. 다시 말해 $k=0, \pm 1, \cdots, \pm N$일 때만 ISI가 0이어야 한다. 사실 이 범위를 벗어난 k에서는 표본값이 일반적으로 $p_o(kT_b) \neq 0$, 즉 약간의 ISI가 존재함을 알 수 있다. 예제 7.3을 잘 관찰해 보자. $k=-1, 0, 1$일 때는 등화펄스의 표본값에 ISI가 없지만,

$$p_o[k] = \sum_{n=-N}^{N} c_n p_r[k-n]$$

으로부터 3-탭 0-강요 등화기의 파라미터가 다음의 값으로 주어짐을 볼 수 있다.

$$\begin{aligned} &p_o[-3] = 0.010 \quad p_o[-2] = 0.0145 \quad p_o[2] = 0.0176 \\ &p_o[3] = 0.0318 \quad p_o[k] = 0 \quad k = 0, \pm 1, \pm 4, \ldots \end{aligned}$$

그러므로 0이 아닌 4개의 등화기 출력펄스의 표본값들 때문에 모든 ISI가 제거되지 못했음은 자명하다. 사실 등화기에서 단지 $2N+1$개(예제 7.3 에서는 $N=1$) 파라미터만 주어짐으로 $N=\infty$가 아닐 경우 모든 k에 대해 $p_O[k]=0$이 되기는 불가능하다. 이것은 실제적으로 유한개의 탭을 지닌 등화기로 완벽히 0의 ISI를 취할 수 없다는 점을 의미한다. 그래도 N이 충분히 크다면, 0이 아닌 ISI의 표본값들은 매우 작을 것이다. 즉, ISI 대부분이 억제됨을 의미한다.

○ 최소 제곱 평균 오류(MMSE) 방법

실제로 등화기 출력값 $p_o[k]$와 희망사항인 0의 ISI 응답 특성 사이의 차이를 최소화하기 위하여 다른 방법이 쓰이는데, 이를 MMSE 방법이라 하며, 횡단선 필터 등화기를 설계하는 방법이다. MMSE 방법에서는 $2N$개의 지점에서 펄스 표본값을 강제로 0으로 만들려고 하지 않는 대신 출력 표본값 집합에 대한 제곱 오류의 평균을 최소화한다. 이 방법에는 더 많은 연립방정식이 주어진다. 즉, 좀 더 넓은 범위 $[-K, K]$상에서 주어지는 제곱 오류의 평균이 최소화되도록 등화기의 탭값을 결정해야만 한다.

$$\text{MSE} \triangleq \frac{1}{2K+1}\sum_{k=-K}^{K}(p_o[k]-\delta[k])^2$$

단, $\delta[k]$는 Kronecker delta로 다음과 같은 특성을 지닌다.

$$\delta[k]=\begin{cases}1 & k=0\\ 0 & k\neq 0\end{cases}$$

최소화 문제를 풀기 위해 매트릭스 형태로 표현해 보면 좀 더 나을 것이다.

$$\mathbf{c}=\mathbf{P}_r^{\dagger}\mathbf{p}_o$$

단, $\mathbf{P}_\mathrm{r}^{\dagger}$는 $(2K+1)\times(2K+1)$ 크기의 매트릭스 $\mathbf{P}_\mathrm{r}$의 Moore-Penrose 의사-역항을 나타낸다. 가끔 MMSE 설계 결과로 ISI를 감소시킬 수 있는 강력한 등화기를 얻기도 한다.

○ 적응 등화(Adaptive Equalization) 및 기타 등화기들

등화기 필터의 구조는 아주 단순한 형태이다. 실제의 디지털 통신 시스템에서도 가끔 좀 더 정교한 등화기 구조나 좀 더 진보된 등화 알고리즘이 적용된다.[6] 개연적인 도구가 필요하기 때문에 등화에 대한 특별 주제는 12장에서 자세히 다룰 것이다.

7.5.2 타이밍 추출

수신된 디지털 신호는 정확한 순간에 표본화될 필요가 있다. 이 때문에 수신단에서 송신단에 사용하는 클럭 신호와 동기가 맞는 클럭 신호가 요구된다(기호 또는 비트 동기). 동기를 맞추는 방법으로는 일반적으로 3가지가 있는데,

1. 1차 또는 2차 표준으로부터 구함(예, 송신기 및 수신기가 주 타이밍 장치에 종속)
2. 동기 신호를 별도로 송신함(파이롯 클럭)
3. 자율-동기, 즉 수신된 신호로부터 타이밍 정보를 추출함.

첫째 방법은, 고가의 경비 때문에, 대용량 데이터 또는 고속 통신 시스템에 적합하다. 둘째 방법은, 타이밍 정보를 전송하기 위해 채널 용량의 일부를 사용하므로 데이터 량에 비해 채널 용량이 크고 부가적인 전송 파워를 할애할 수 있는 경우에 적합하다. 셋째 방법은, 타이밍 정보가 디지털 신호 자체로부터 추출되기 때문에 매우 효과적인 타이밍 추출 또는 클럭 복원 방법이다. 자율-동기 방법을 알아보자.

이미 개폐 신호(그림 7.3a)와 같은 디지털 신호는 클럭 주파수 성분을 포함하고 있음을 보였었다(그림 7.3c) 즉, 개폐 2진 신호를 클럭 주파수에 동조된 공진 회로에 적용하면, 원하는 클럭 신호를 출력하게 된다.

모든 2진 신호가 클럭 주파수 성분을 포함하는 것은 아니다. 일례로, 쌍극신호는 전혀 어떤 주파수 성분도 지니고 있지 않다[식 (7.21) 또는 그림 7.9 참조]. 이런 경우에도 비선형 소자에 의하여 타이밍 정보를 추출할 수 있다. 즉, 쌍극 신호를 단순히 정류하기만 하여도 개폐 신호로 변환되고, 타이밍 정보를 추출하는데 사용될 수 있게 된다.

아무리 정밀한 시스템일지라도, 입력 펄스들이 원래의 이상적 위치로부터 조금씩 랜덤하게 분산되는 일은(타이밍 지터라 함) 항상 존재한다. 신호원에서는 정확한 순간에 펄스를 송신하지만, 전송과정에 주어지는 연이은 조작(예, Doppler 천이) 때문에 펄스들이 원 위치로부터 벗어나게 된다. 동조 회로에 사용되는 Q값은 타이밍 추출시 타이밍 지터를 정확히 억제시키기 위하여 매우 큰 값을 가져야 하고, 시스템 안정도를 위해서는 충분히 작은 값이어야 한다. 입력으로 펄스가 주어지지 않는 동안에도 Q가 큰 회로의 관성효과 때문에 발진은 계속된다. 하지만 발진 회로의 출력은 펄스 패턴에 아직도 민감하다. 예를 들면, 1 신호가 계속되면 출력 진폭은 증가할 것이고, 0 신호가 계속되면 반대로 감소할 것이다. 이 때문에 타이밍 신호를 추출할 때 부수적인 지터가 발생된다.

그림 7.23에 분극신호인 경우의 완전한 타이밍 추출 및 펄스 발생기를 보였다. 오실레이터(타이밍 추출기)의 정현파 출력은 위상 천이기를 통과하면서, 타이밍 펄스가 눈이 최

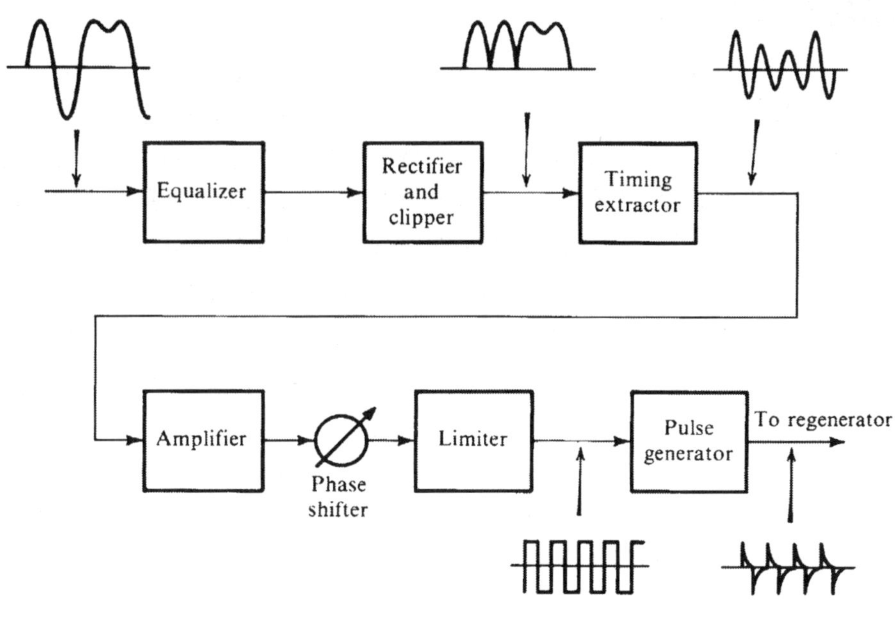

▸▸ 그림 7.23 타이밍 추출

대로 열렸을 때 발생하도록, 타이밍 신호의 위상이 조정된다. 이 방법은 PCM 시스템에서 각 재생기마다 클럭을 복원하는데 쓰인다. 계속되는 재생기에 의한 지터는 합해지기 때문에, 몇 개의 중계기 뒤에는 필수적으로 PLL과 같은 정밀한 클럭 복원 시스템이 사용되어야 한다.

○ 타이밍 지터

펄스 위치 또는 표본화 순간의 변화가 타이밍 지터를 야기한다. 이런 결과 중 일부는 전송되어지는 펄스 패턴에 의한 것이고, 일부는 그렇지 않다. 전자는 모든 중계기가 동일한 방법으로 영향을 미치기 때문에 연속되는 중계기를 따라 누적되는 반면 후자는 재생기로부터 발생되는 지터가 랜덤하여, 장거리 전송 선로에서 그 효과가 부분적으로 서로 상쇄되기도 한다. 랜덤 지터는 잡음, 간섭, 클럭 회로의 불완전한 동조에 의하여 발생된다. 패턴에 따른 지터는 클럭의 불완전한 동조, 클럭 회로에서의 진폭-위상 변환, ISI에 의한 것인데, 패턴에 따라 입력 신호의 최대점 위치를 이동시킨다. N개의 중계기로 연결되는 장거리 선로에서 발생되는 지터의 제곱 평균 평방근(rms) 값은 $\sqrt{N}$에 비례하여 증가한다.

디지털 통신 구간에 주어지는 지터의 축적을, 통신 구간에 탄력적 저장 메모리를 지닌 버퍼를 사용함으로써, 클럭이 고안정도의 PLL 제어하에 있도록 하여, 감소시킬 수 있다. 지터의 최대값이 적당선의 한계 내에 유지되도록 하기 위하여, 장거리 디지털 통신 구간에서 필수적으로 매 200 마일마다 지터를 감소시켜야 한다.

7.5.3 검출-오류

전송신호가 등화기를 통과하면, 검출기에서는 타이밍 추출기에 의해 제공된 클럭으로 수신신호를 검출할 수 있다. 검출기에 수신된 신호에는 원래의 펄스 열과 랜덤한 채널 잡음이 섞여있다. 잡음은 펄스 검출에 오류를 유발시킬 수 있다. 기본 펄스 $p(t)$(그림 7.24a)를 사용하여 분극 전송하는 예를 들어보자. 펄스의 최대 진폭을 A_p라 하자. 대표적인 수신 펄스 열을 보인 것이 그림 7.24b이다. 펄스들이 자신의 최대값에서 표본화된다고 하자. 잡음이 존재하지 않으면, 양 펄스(1에 해당하는)의 표본값은 A_p이고, 음 펄스(0에 해당하는)의 경우는 $-A_p$일 것이다*. 잡음 때문에, 표본값은 $\pm A_p + n$일 것이다. 단, n은 랜덤한 잡음의 진폭이다(그림 7.24b 참조). 대칭성 때문에 검출 기준은 0의 값이다; 즉, 펄스 표본값이 양수이면, 비트는 1로, 음수이면 0으로 검출된다.

전송된 비트가 1 또는 0으로의 판정은 n이 랜덤하여 예측 불가능한 것을 제하면 펄스 표본값으로부터 내려질 수 있을 것이다. 잡음의 크기는 크거나 작을 수 있으며, 양의 값일 수도 음수일 경우도 있다. 1의 비트가 전송되었지만, 표본화 순간의 n의 값이 큰 음수일

* ISI가 0인 경우로 간주한다.

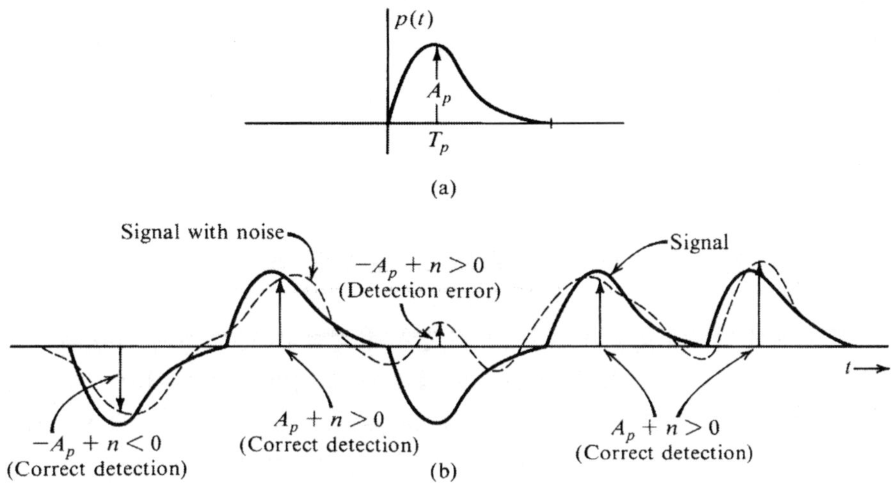

▶▶ 그림 7.24 문턱 검출에서의 오류 확률

수도 있다. 이 때 표본값 $A_p + n$은 작아지거나 심지어 음의 값이 될 수도 있다. 반면에, 0이 전송되었는데, 표본화 순간의 n이 큰 양수라서, 표본값 $-A_p + n$이 양수가 될 수 있고, 따라서 1이 검출된 것으로 오판할 수도 있다. 그림 7.24b를 보면 이를 확인해 볼 수 있다.

일반적으로 디지털 시스템의 성능은 검출된 오류 개수의 평균으로 규정된다. 예를 들어 한 송신탑으로부터 전송되는 경우 동일지점에서의 두 휴대폰 중 검출된 오류의 개수가 적은 것일수록 좋은 휴대폰이고, 당연히 이 휴대폰은 통화중 끊김이 적고, 명료한 음성을 수신하기에 좋을 것이다. 하지만 잡음이 랜덤하기 때문에, 어떤 때는 이 휴대폰이 나은가 하면, 또 다른 때엔 다른 휴대폰이 오류를 적게 발생시킬 수도 있다. 그래서 수신기의 실제 성능은 전송된 데이터의 전체 개수에 대한 오류 개수의 비로 주어진다. 즉, 성능 비교는 검출오류의 가능성, 또는 검출오류 확률에 의한다.

오류 가능성에 대한 정밀한 분석과 계산은 확률이론에 대한 지식과 도구가 필요하므로, 8장의 확률기초를 학습한 이후로 그 분석을 미루겠다. 추후 10장에서, 여러 가지 잡음에 대한 시스템 설계에서, 여러 가지 잡음 모델에 대한 서로 다른 디지털 시스템을 확률적으로 심도있게 분석할 것이다. 예로 가우시안 잡음은 일반적으로 온도효과(thermal effect)와 시스템 간섭에 의한 누화로부터 발생되는 랜덤 채널 잡음을 잘 나타낼 수 있다. 최적 검출기는 가우시안 잡음으로부터 오류 가능성을 감소시킬 수 있도록 설계 되어진다. 그러나 스위치 단락, 번개, 전력선 부하 스위칭 등 불특정 현상은 디지털 신호를 전송하는 케이블에 아주 짧은 순간에 매우 큰 수준의 잡음 펄스를 야기한다. 이런 펄스들을 통틀어 임펄스 잡음(impulsive noise)이라 하는데, 기술적으로 쉽게 제거할 수가 없어, 디지털 시스템 외부환경으로부터 주어지는 가장 강력한 오류의 원인이 된다. 오류는 결코 따로 따로 분리된 채로 주어지질 않고, 한꺼번에 수백 개까지 갑자기 발생된다. 이러한 폭발적인 오류를 수정하기 위해 14장에서 폭발성 오류 수정 부호(burst error correcting codes)를 특별히 사용한다.

7.6 눈 그림(EYE DIAGRAM) : 중요한 도구

전 절에서 디지털 전송의 검출에서의 잡음과 채널 ISI의 영향에 대해 학습하였다. 또한 채널 찌그러짐을 보상하기 위한 등화기 설계 및 타이밍 추출 과정에 대하여 설명하였다. 이제 실제적 공학 도구인 눈 그림(eye diagram)에 대해 알아보자. 이 눈 그림에서 ISI의 심각도, 타이밍 추출의 정확도, 잡음 내성등 기타 중요한 요소들에 대한 시각적 확인이 가능하므로, 기술자들에 의해 쉽게 발생되어 자주 응용된다.

눈 그림을 발생시키기 위해서는 단지 오실로스코프만이 필요하다. 채널 출력단에 기저대역 신호가 다음과 같이 주어진다면,

$$y(t) = \sum a_k p(t - kT_b)$$

이 값은 오실로스코프의 수직축 입력으로 적용될 수 있다. 오실로스코프의 시간축은 입력 펄스와 같은 속도 $1/T_b$로 맞추면, 하나의 전송데이터 a_k의 발생간격인 T_b초동안 정확히 파형이 유지될 것이다. 오실로스코프는 채널 출력 $y(t)$로부터 T_b초 동안의 여러 궤적을 중첩시켜 나타낸다. 오실로스코프에 나타나는 것은 단순히 매 T_b초마다 발췌한 입력신호(수직입력)를 계속 중첩시켜 놓은 것이다. 오실로스코프에 나타난 패턴이 사람의 눈과 닮았으므로 이를 눈 그림이라 이름을 붙였다. 좀 더 일반화하기 위하여, 시간축을 m개의 기호 간격인 mT_b로 잡을 수 있다. 오실로스코프의 패턴은 입력신호(수직입력)를 매 mT_b초 마다 발췌하여 계속 중첩시켜놓은 것이다. 오실로스코프에는 수평축상에 mT_b초의 폭으로 m개의 눈 모양이 보여질 것이다.

예를 들어 보자. 2진 신호를 분극 NRZ 방식의 펄스로(그림 7.25a) 전송하기로 한다. 그림 7.25b에 시간축을 T_b초, $2T_b$초로 할 경우 각각의 눈 그림을 보였다. 이 예에서 NRZ 펄스를 통과시키기에 충분하게 대역폭이 무한대라면 채널 찌그러짐은 발생하지 않는다. 즉, 눈이 최대로 열린 눈 그림을 얻게 된다. 그림 7.25c에 분극방식의 RZ형의 펄스를 사용한 경우를 보였다. 그림 7.25d에서 볼 수 있는 바와 같이 눈 그림은 펄스의 중간점에서 최대로 눈이 열려있다. 판정 순간에 최선의 잡음내성을 얻기 위하여 눈이 최대로 열린 펄스의 중간점에서 적절한 타이밍 추출에 의해 표본화하여야만 한다(7.5.3절). 이것은 어느

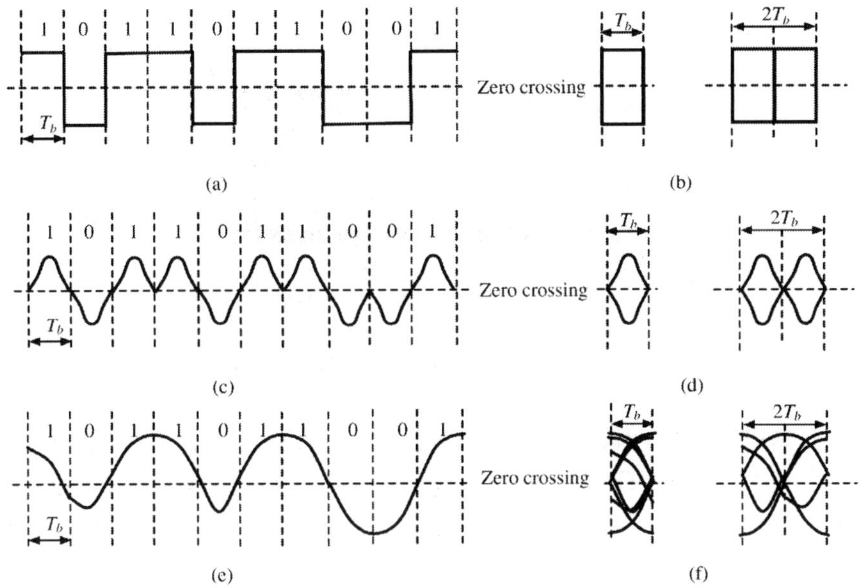

►► 그림 7.25 눈 그림

이웃하는 펄스로부터 간섭받지 않을 수 있도록(ISI가 0) 펄스의 진폭이 최대값이어서 눈의 중간지점이 각 펄스의 최선의 표본화 순간이기 때문이다.

이제 채널이 찌그러짐을 유발하거나, 대역폭이 유한하거나, 또는 두 조건이 같이 주어지는 경우를 생각해보자. 그림 7.25a의 NRZ 분극신호가 이러한 이상적이지 못한 채널을 통과하면 그림 7.25e와 같은 파형이 된다. 수신된 신호는 더 이상 구형파가 아니고, 깍이거나, 찌그러지거나, 퍼진 모양이 된다. 그림 7.25f에서 볼 수 있듯이 눈 그림은 충분히 열리지 못한다. 이것은 ISI가 있는 경우이기 때문에, 각각 대응되는 표본화 순간의 펄스값들이 각 궤적에서 변화됨으로써 최대치로부터 달라질 것이고, 뭉개짐을 야기하여 눈 그림의 일부가 닫히게 된다.

채널 잡음이 존재하면, 눈은 모든 경우에 좁아질 것이다. 잡음이 작을수록 덜 좁히게 될 것이다. 어느 비트(1 또는 0)가 전송되었는가의 판정 기준은 눈의 중간점에 있다*. ISI가 0인 경우, 잡음의 크기가 눈의 수직으로 열린 크기의 절반까지는 시스템이 견딜 수 있음을 확인하자. 이 값보다 잡음의 크기가 크고, 그 부호가 데이터의 부호와 반대라면, 잘못된 판정이 야기될 수도 있다. ISI가 열린 눈을 좁히므로, ISI는 잡음에 대한 내성을 감소시킬 것이다. 또한 눈 그림은 등화기의 최적 탭 값을 결정하는 데에도 쓰인다. 눈이 수직 및 수평으로 최대가 되도록 탭이 조정된다.

* 이것은 $p(t)$와 $-p(t)$를 1과 0의 신호로 사용하는 2-단계 판정에서는 옳지만, 3-단계(쌍극 신호와 같은 경우) 판정에서는 2개의 기준이 있다.

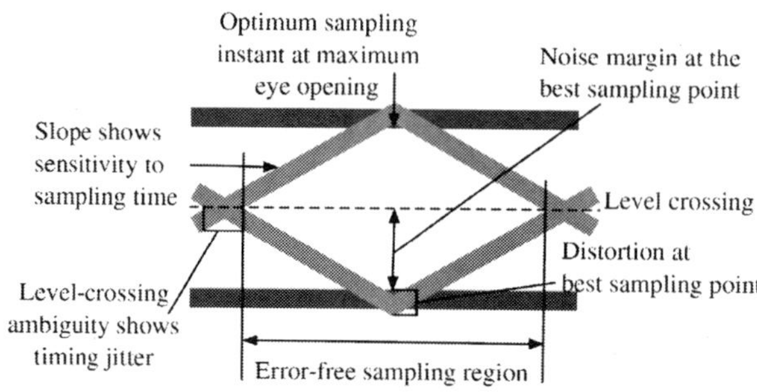

▸▸ 그림 7.26 눈 그림 읽기

눈 그림은 실시간 실험 중 신호분석에 가장 효과적인 도구이다. 이것은 발생시키기도 쉽고, 수신된 디지털 신호의 품질과 민감성에 대한 매우 풍부하고도 중요한 정보를 제공해준다. 그림 7.26과 같은 표준 눈 그림으로부터 신호의 품질에 관한 여러 가지 주요 측정을 할 수 있다.

- 최대 열림점. 표본화 및 판정 순간의 눈의 열림 정도는 오류를 발생시키지 않는 검출기에서의 잡음의 정도를 알려준다. 이 값을 잡음허용치(noise margin)라 한다. 최대로 눈이 열린 순간은 최적 표본화 시점 또는 판정 결정 순간을 가리킨다.
- 타이밍 지터에의 감도. 눈의 넓이는 판정을 정확히 내릴 수 있는 시간구간을 나타내므로, 눈의 넓이가 수평축상에서 최대로 열리도록 하는 것이 좋다. 눈이 수직으로 최대로 열렸을 때에서 벗어난 순간에 판정을 내리면, 잡음에 대한 내성이 감소하여, 펄스 검출에서 오류 확률이 높아지게 된다. 눈의 기울기는 잡음내성이 얼마나 빨리 감소하는가를 보여주므로 판정시 잡음내성의 감도는 표본화 시점에 따라 변하게 되어 타이밍 지터의 결과가 설명된다.
- 단계-교차 (타이밍) 지터. 일반적으로, 실질 수신기에서는 수신 신호 파형의 0-교차점으로부터 펄스 속도와 표본화 클럭에 대한 타이밍 정보를 추출한다. 0-교차점의 변동은 눈의 귀퉁이 부분의 넓이로 볼 수 있는데, 이 넓이가 수신기에서 우려되는 타이밍 지터에 대한 정보를 제공한다.

마지막으로, 분극신호 파형에서의 실제적 눈 그림을 보도록 하자. ISI가 0이 될 수 있는 나이퀴스트의 제 1 조건을 만족시키는 코사인 roll-off 펄스를 가정하자. 롤-오프 계수를 $r = 0.5$로 잡자. 그림 7.27에서 시간 축을 $2T_b$로 한 눈 그림을 보였다. 사실 시간 축상의 시작점을 다르게 잡는다면 똑같은 신호일지라도 눈 그림은 좀 다르게 나타날 수 있다. 그림 7.27a가 시간 축 시작점을 $T_b/2$만큼 지연되게 잡아본 분극신호의 눈 그림이고, 그림 7.27b가 지연없이 시간 축을 잡았을 때의 보편적 눈 그림이다. 이 두 그림을

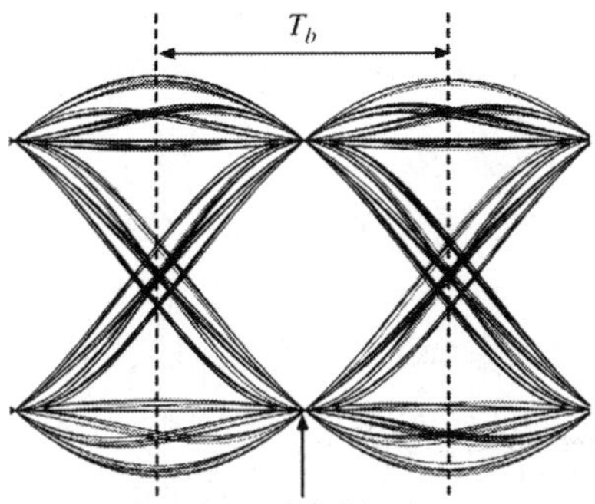

(a)

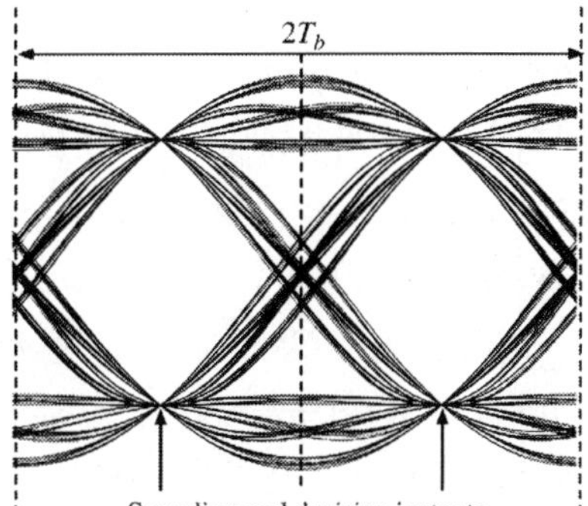

(b)

▸▸ 그림 7.27 롤-오프 계수 0.5인 상승-코사인 펄스를 사용하는 분극신호방식 시스템의 눈 그림 (a) 시간 천이가 $T_b/2$인 경우 (b) 시간 천이가 없는 경우

비교해보면, 두 그림은 단순히 수평축 상의 천이관계 특성을 지님을 확인할 수 있다. 눈이 최대로 열린 지점을 살펴보면 이 기저대역 신호엔 ISI가 없음을 알 수 있어서, 상승-코사인 펄스의 기본적 특성을 확인할 수 있다. 다른 한편, 나이퀴스트의 제 1 조건이 펄스의 0-교차 특성과 아무런 관련이 없으므로 눈 그림에서 타이밍 지터가 주어질 수도 있음을 보여준다.

7.7 PAM : 고속 데이터 속도를 위한 M진 기저대역 신호방식

어떤 라인부호를 사용하던 2진 기저대역 변조에는 공통점이 하나 있는데 어느 방식이던간에 T_b초 동안에 한 비트의 정보를 전송한다는 점이다. 즉, 전송률이 초당 $1/T_b$ 비트이다. 송신기에서 더 고속으로 정보를 보내길 원한다면, T_b가 짧아져야 할 것이다. 예를 들어 전송률을 M배 증가시켜야 한다면, T_b는 $1/M$만큼 단축되어져야 한다는 것이다. 그러나 이러한 방법을 위해서는 대역폭에 매우 큰 비용을 투자해야 한다. 그림 7.9에서 설명한 바와 같이, 기저대역 변조에 필요한 대역폭은 펄스 속도 $1/T_b$에 비례한다. T_b를 $1/M$만큼 단축시키기 위해서는 채널 대역폭이 M배 넓어져야 할 것이다. 다행스럽게도 데이터 속도를 증가시키는 방법으로 T_b를 단축하는 방법만 있는 것은 아니다. 실제로 효과적인 방법은 하나의 펄스가 다중 비트를 전달하도록 하는 것이다. 이에 대한 개념을 살표보도록 하자.

시간 T_b 동안에 여러개의 비트를 전달하기 위하여 각 기호 전송에 두 개 이상의 기호가 선택되어야만 한다. 기호의 개수를 M개까지 늘리면 각 기호가 전달하는 정보도 M배 만큼 증가한다는 것을 확인할 수 있다. 예로, $M=4$ (4진) 일 때는 4개의 기본 기호 또는 펄스가 통신에 사용 가능하도록 한다(그림 7.28a). 두 비트의 정보 열은 단지 4가지의 패턴

(11, 10, 01, 00)만을 형성할 수 있기 때문에, 두 비트의 정보열이 단 하나의 4진 기호로 전송되어질 수 있다. 4가지 서로 다른 기호가 사용 가능하므로 각 조합에 대해 4개중 하나의 기호를 지정해 줄 수가 있기 때문이다(그림 7.28a). 각 기호는 시간축 상에서 T_s초 동안 존재하는데, 그림 7.28b에 이 신호방식의 짧은 예를 보였으며, 그림 7.28c에 4진 눈 그림을 보였다.

이러한 신호 방식에서는 2진 쌍을 하나의 4진 펄스로 전송할 수가 있다(그림 7.28b). 그러므로, n 비트를 전송하는 데에는, 4진 펄스 $n/2$ 개만이 필요하다. 이것은 4진 기호 하나가 2 비트의 정보를 전송할 수 있음을 의미한다. 또한 3개의 2진수는 $2\times2\times2=8$개의 조합을 형성할 수 있으므로, 3 쌍의 조합으로 주어지는 2진 수열은 하나의 8진 기호로 전송될 수가 있다. 같은 방법으로 4 비트의 그룹은 하나의 16진 기호로 전송되어질 수 있다. 일반적으로 M진 기호에 의해 전송되는 정보량 I_M은

$$I_M = \log_2 M \text{ bits} \tag{7.55}$$

이것은 M의 값을 증가시킴에 따라 전송 정보량을 증가시킬 수 있음을 의미한다.

이러한 특수한 M진 신호방식은 펄스의 진폭이 데이터 정보에 따라 변하기 때문에 펄스 진폭 변조(PAM)라 한다. 물론 PAM은 여러 M진 신호방식 중 하나임을 유의하자. 선택할 수 있는 방법은 무한히 많다. 하지만 잡음에 효과적이고 대역폭이나 전력면에 효율적인 방법은 그리 많지 않다. 7.9절에서 M진 신호방식에 대해 좀 더 자세히 검토될 것이다.

대부분의 시스템 설계에서와 마찬가지로, 어떤 이득을 가능케 하기 위하여는 그만큼의 비용이 부수적으로 든다. PAM에서 데이터 속도를 증가시키기 위하여 드는 비용은 전력이다. 전송전력은 M이 증가함에 따라 비례하여 증가한다. 그 이유는 동일한 잡음내성을 유지하기 위하여, 펄스 진폭간의 최소간격이 2진 펄스와 비견될 수 있어야만 하기 때문이다. 그래서 펄스 진폭이 M배만큼 커진다(그림 7.28). 이 때문에 전송 전력이 M^2만큼 증가한다(문제 7.7-5). 즉 통신 속도를 $\log_2 M$만큼 올리기 위해서는 M^2배만큼의 전력이 요구된다. 전송대역폭은 펄스진폭과는 무관하고 단지 펄스 속도에만 관련되므로 M과는 무관하다. 다음의 PSD 분석에 대한 예제가 이 점을 잘 설명해 줄 것이다.

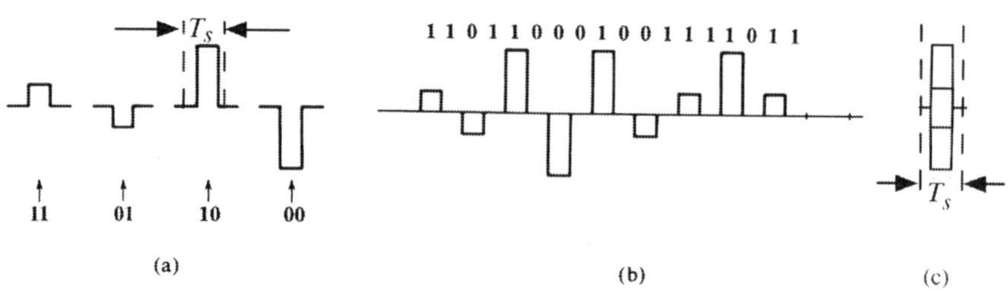

▸▸ 그림 7.28 4진 PAM 신호 방식 : (a) 4개의 RZ 기호 (b) 기저대역 전송 (c) 4진 RZ의 눈 그림

● 예제 7.4

메시지 비트 1과 0의 발생확률이 같을 경우, 그림 7.28의 4진 기저대역 신호방식에서의 PSD를 구하시오.

풀이 4진 라인부호는 두 비트의 메시지 비트에 의해 4개의 조합으로 서로 다른 기호가 주어진다. 다음과 같이 매핑을 한다면,

$$a_k = \begin{cases} -3 & \text{message bits 00} \\ -1 & \text{message bits 01} \\ +1 & \text{message bits 10} \\ +3 & \text{message bits 11} \end{cases} \tag{7.56}$$

모든 a_k의 4가지 경우도 발생확률이 똑같으므로, 그 값은 1/4이다. 즉,

$$R_0 = \lim_{N\to\infty} \frac{1}{N} \sum_k a_k^2$$

에 의해 a_k가 ± 1, ± 3이 될 확률이 1/4이므로

$$R_0 = \lim_{N\to\infty} \frac{1}{N} \left[\frac{N}{4}(-3)^2 + \frac{N}{4}(-1)^2 + + \frac{N}{4}(1)^2 + + \frac{N}{4}(3)^2 \right] = 5$$

또, $n > 0$에 대하여,

$$R_n = \lim_{N\to\infty} \frac{1}{N} \sum_k a_k a_{k+n}$$

을 구하기 위하여 $a_k a_{k+n}$의 모든 조합을 표로 만들어 보자.

$a_k a_{k+n}$의 기대값

a_{k+n} \ a_k	−3	−1	1	3
−3	9	3	−3	−9
−1	3	1	−1	−3
1	−3	−1	1	3
3	−9	−3	3	9

위 $a_k a_{k+n}$의 기댓값 표로부터 $a_k a_{k+n}$의 값은 $\pm 1, \pm 3, \pm 9$의 6가지 임을 알 수 있다. 우선 $(\pm 1, \pm 9)$는 1/8 확률로 나타나는 한편, ± 3은 1/4 확률로 주어진다. 그러므로,

$$R_n = \lim_{N \to \infty} \frac{1}{N} \left[\frac{N}{8}(-9) + \frac{N}{8}(+9) + \frac{N}{8}(-1) + \frac{N}{8}(+1) + \frac{N}{4}(-3) + \frac{N}{4}(+3) \right] = 0$$

결과적으로

$$S_x(f) = \frac{5}{T_s} \quad \Longrightarrow \quad S_y(f) = \frac{5}{T_s} |P(f)|^2$$

따라서 M진 라인부호의 PSD도 2진 분극신호방식의 PSD와 모양이 같고, 원 신호 전력의 5배가 쓰인다는 점만 다르다.

대부분의 지상 디지털 전화망은 2진 부호화를 사용하지만, 종합 정보 통신망(ISDN)의 가입자 루프 부분은 그림 7.25a에 보인 4진 부호 2B1Q를 사용한다. 160 kbps의 데이터를 전송하기 위해, NRZ 펄스로 보 속도(baud rate; pulse rate) 80 kbps인 신호를 사용한다. ANSI 표준 위원회에 의해 여러 가지 라인 부호들이 시험되어졌는데, 잡음이 존재하고, 누화가 발생되는 케이블 장비 하에서는 2B1Q 방식이 보 속도 감소 면에서 탁월한 특성을 보였다.

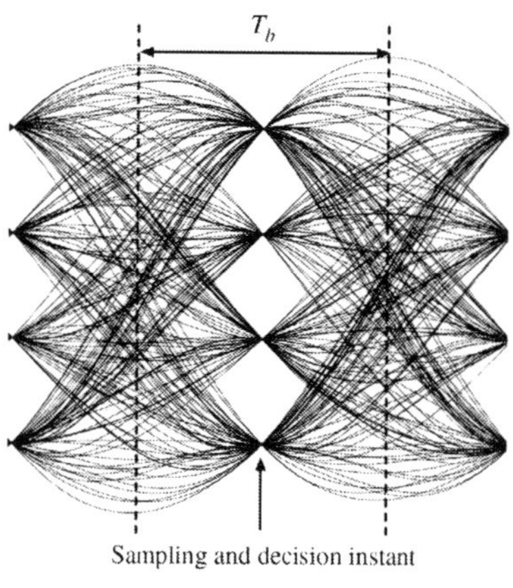

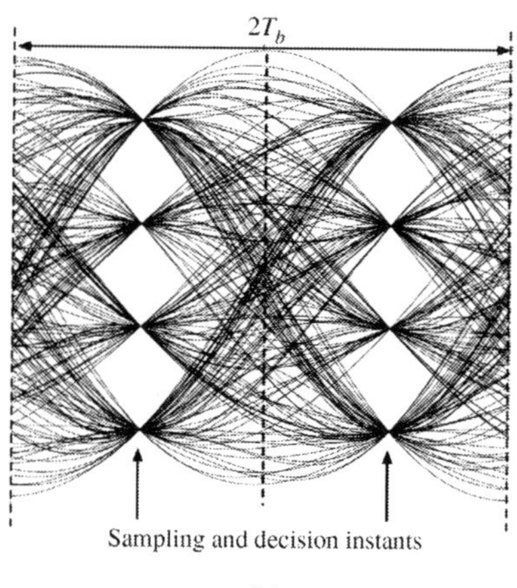

▶▶ 그림 7.29 롤-오프 계수 0.5인 상승-코사인 펄스를 이용한 4진 PAM 신호방식 시스템의 눈 그림. (a) 시간 천이 $T_b/2$일 때 (b) 시간 천이가 없을 때

펄스 정형화 및 PAM에서의 눈 그림 : 이 경우에는, 나이퀴스트 조건 펄스가 사용될 수 있다. 이는 펄스 중심에서의 ISI가 0이고, 따라서 펄스 중심에서 표본화함으로써 정확하게 펄스 진폭을 검출할 수 있기 때문이다. 또한 M진 신호에 대하여는 ISI-제어 방식(부분 응답 신호 방식)도 사용할 수 있다.[8]

2진 변조에서와 같은 방법으로 M진 PAM에 대한 눈 그림도 발생시킬 수 있다. 다차 신호방식이기 때문에, ISI가 없는 경우 최적 표본화 순간에서 M개의 진폭이 눈 그림에 주어져야 한다. 그림 7.27에는 롤-오프 계수가 0.5인 코사인 펄스를 사용한 4-차 PAM 신호의 눈 그림 예를 보였다. 시간 천이가 $T_b/2$인 경우와 0인 경우를 각각 그림 7.29a, b에 보였다. 한번 더 확인해보면, 표본화 순간에는 ISI가 관측되지 않는다. 최적 표본화 순간에 ISI가 없으면 4개의 등간격으로 분리된 신호값을 눈 그림에서 확인할 수 있다.

7.8 디지털 반송 시스템

현재까지는, 신호가 다른 주파수 대로 천이되지 않고 직접 전송되는 경우인 기저 대역의 디지털 시스템에 대해 언급하였다. 기저 대역 신호는 저주파에 대부분의 전력이 집중되기 때문에, 전선, 동축 케이블 등을 통한 전송에 적합하다. 현대 통신의 대부분은 이런 방법에 의하여 처리된다. 그러나 기저 대역 신호는 신호의 저역 스펙트럼을 효과적으로 전파시키기 위해서는 실제로 불가능한 크기의 안테나를 필요로 하기 때문에 라디오 통신 계통 또는 위성 통신을 이용하여 전송되어질 수가 없다. 따라서 이런 목적을 위해서는 신호의 스펙트럼이 고주파 대로 천이되어야만 한다. 또한 스펙트럼을 고주파 영역으로 천이하는 것은 전송 매체의 넓은 대역폭을 분할하여 동시에 여러 개의 메시지를 전송하는

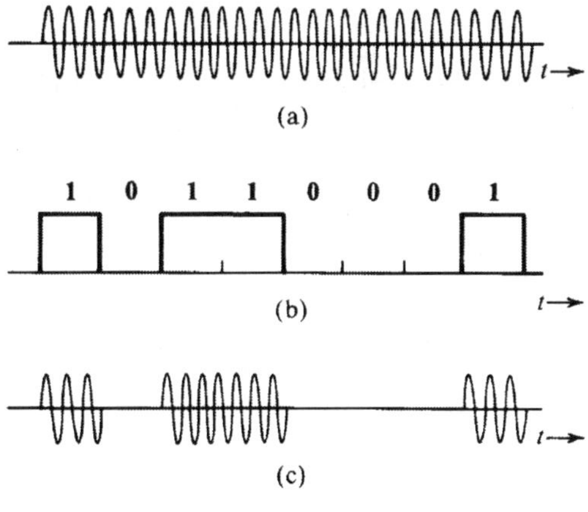

▶▶ 그림 7.30 (a) 반송파 $\cos\omega_c t$. (b) 변조 신호 $m(t)$ (c) ASK: 피변조 신호 $m(t)\cos\omega_c t$

데도 필요하다. 4장에서 언급한 바와 같이, 신호의 스펙트럼은 기저 대역 신호를 고주파 정현파(반송파)로 변조함으로써 고주파 영역으로 천이될 수 있다.

디지털 반송파 신호를 송신 및 수신하는 데에는 데이터를 송신 및 수신할 수 있는 변조기와 복조기가 필요하다. 변조기와 복조기는 보통 하나의 장치에 같이 조립되어지며, 양방향(2중) 통신에서 모뎀(modem)이라 부른다.

7.8.1 2진 반송파 변조

반송파 변조에는 두 가지 형태가 존재한다: 진폭 변조 및 각 변조. 진폭 변조에서는 반송파의 진폭이 변조 신호(기저 대역 신호)에 비례하여 변한다. 그림 7.30에 이를 보였다. 변조되지 않은 반송파 $\cos\omega_c t$는 그림 7.30a에 보였다. 개폐 기저 대역 신호 $m(t)$(변조 신호)는 그림 7.30b와 같다. 식 (7.1)에 의해 다음과 같이 쓸 수 있다.

$$m(t) = \sum a_k p(t - kT_b), \quad \text{단} \quad p(t) = \Pi\left(\frac{t - T_b/2}{T_b}\right)$$

라인부호는 $a_k = 0, 1$로 개폐신호이다. 반송파 진폭이 $m(t)$에 따라 변할 때, 피변조 반송파는 그림 7.30c와 같다.

$$\varphi_{\text{ASK}}(t) = m(t)\cos\omega_c t \tag{7.57}$$

변조된 신호는 여전히 개폐 신호임을 유의하자. 이와 같은 2진 데이터 전송 방식을 개폐 키잉(on-off keying: OOK) 또는 진폭 천이 키잉(amplitude shiftkeying: ASK)이라 한다.

물론, 기저대역 신호 $m(t)$는 그림 7.30의 예에서 보인 구형파와는 다른 펄스 $p(t)$를 사용할 수도 있다. 이 경우 1 신호($a_k = 1$)를 전송하는 동안 진폭이 일정하지 않은 ASK 신호가 발생될 것이다.

기저 대역 신호 $m(t)$가 분극 신호라면(그림 7.31a), 이와 대응되는 피변조 신호 $m(t)\cos\omega_c t$는 그림 7.31b와 같다. 이 경우, 기본 펄스가 $p(t)$라면, 비트 1은 $p(t)\cos\omega_c t$로, 비트 0은 $-p(t)\cos\omega_c t = p(t)\cos(\omega_c t + \pi)$로 전송한다. 즉, 두 펄스는 π 라디안만큼 위상차가 주어진다. 정보가 펄스의 위상 또는 부호에 존재하는 것이다. 이 때문에 이런 방식을 위상 천이 키잉(phase shift keying: PSK)이라 한다. 전송되는 파형이 여전히 분극 상태임을 유의하자. 사실, ASK에서와 마찬가지로, PSK 변조된 반송파 신호는 다음과 같은 형태로 주어진다.

$$\varphi_{\text{PSK}}(t) = m(t)\cos\omega_c t \qquad m(t) = \sum a_k p(t - kT_b) \tag{7.58}$$

차이점은 라인부호가 분극, 즉 $a_k = \pm 1$이라는 점이다.

데이터가 그림 7.31c와 같이 주파수 변화로 전송된다면, 주파수 천이 키잉(frequency shift keying: FSK)이라 한다. 비트 0은 주파수 ω_{c0}의 펄스로, 비트 1은 주파수 ω_{c1}의 펄스로 전송한다. 전송 데이터에 대한 정보는 반송파 주파수에 존재한다. FSK 신호는 변조 주파수가 ω_{c0}인 ASK 신호와 변조주파수가 ω_{c1}인 다른 ASK를 짜깁기 한 것과 같다. 식 (7.57)의 2진 ASK 표현을 이용하여 FSK 신호를 써보면 다음과 같다.

$$\varphi_{\text{FSK}}(t) = \sum a_k p(t - kT_b) \cos \omega_{c_1} t + \sum (1 - a_k) p(t - kT_b) \cos \omega_{c_0} t$$

단, $a_k = 0, 1$은 개폐신호를 나타낸다. 따라서 FSK 신호는 서로 다른 반송파 주파수를 지니고 진폭관계가 서로 보수 관계인 두 개의 AM 신호를 중첩시킨 것과 같다.

실제로, 개폐방식으로서의 ASK는 현대 광통신 시스템에서 레이저-강도 변조의 형태로 보편적으로 쓰인다. PSK는 보통 디지털 위성 통신에 활용되고, 초창기의 전화모뎀 (2400 및 4800 bps)에도 쓰였었다. 1962년에 AT&T에서 FSK 방식 최초인 전화선 모뎀 103A를 개발하였는데, FSK 방식으로 300bps 속도의 송신용으로 두 개의 주파수 1070 및 1270 Hz를, 수신용으로는 2025 및 2225 Hz를 사용하였다.

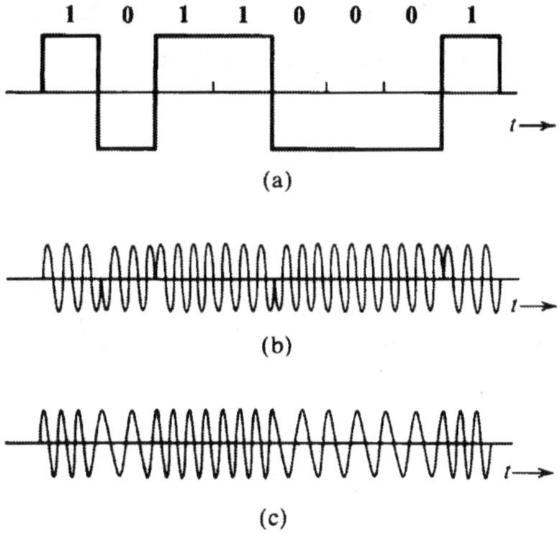

▸▸ 그림 7.31 (a) 변조 신호 $m(t)$ (b) PSK: 피변조 신호 $m(t)\cos w_c t$ (c) FSK: 피변조파

7.8.2 디지털 반송파 변조의 전력 스펙트럼 밀도

ASK, PSK, FSK 방식 모두 $m(t)\cos w_c t$의 유형으로 쓸 수 있음을 학습하였다. ASK, PSK, FSK 신호의 PSD를 구하기 위하여 우선적으로 $m(t)$의 PSD와 피변조 신호

$$\varphi(t) = m(t)\cos\omega_c t$$

의 PSD의 관계를 찾으면 좋을 것이다.

식 (3.80)으로부터 $\varphi(t)$의 PSD는

$$S_\varphi(f) = \lim_{T\to\infty} \frac{|\Psi_T(f)|^2}{T}$$

단, $\Psi_T(f)$는 다음과 같이 시간축이 제한된 신호의 푸리에 변환값이다.

$$\begin{aligned}\varphi_T(t) &= \varphi(t)[u(t+T/2) - u(t-T/2)] \\ &= m(t)[u(t+T/2) - u(t-T/2)]\cos\omega_c t \\ &= m_T(t)\cos\omega_c t\end{aligned} \tag{7.59}$$

윗 식에서 $m_T(t)$는 시간축이 제한된 기저대역 신호로 그 푸리에 변환을 $M_T(f)$로 표기한다. 주파수 천이 특성[식 (3.36)]을 적용하면,

$$\Psi_T(f) = \frac{1}{2}[M_T(f-f_c) + M_T(f+f_c)]$$

결과적으로, 피변조 반송파 신호 $\phi(t)$는 다음과 같은 PSD를 지닌다.

$$S_\varphi(f) = \lim_{T\to\infty} \frac{1}{4}\frac{|M_T(f+f_c) + M_T(f-f_c)|^2}{T}$$

$M(f)$가 기저대역 신호이므로, $M_T(f+f_c)$ 및 $M_T(f-f_c)$는 f_c가 $M(f)$의 대역폭보다 더 크다면 $T\to\infty$일 때 겹치지 않는다. 그러므로,

$$\begin{aligned}S_\varphi(f) &= \lim_{T\to\infty} \frac{1}{4}\left[\frac{|M_T(f+f_c)|^2}{T} + \frac{|M_T(f-f_c)|^2}{T}\right] \\ &= \frac{1}{4}S_M(f+f_c) + \frac{1}{4}S_M(f-f_c)\end{aligned} \tag{7.60}$$

다시 말하면, 반송파 주파수를 적절히 잡는다면, 변조시 기저대역 신호 PSD의 천이 된다.

그림 7.30c의 ASK 신호는 $m(t)$가 개폐 신호(최대폭 또는 NRZ 펄스)로 이 모델에 적합하다. 따라서 ASK 신호의 PSD는 개폐 신호의 스펙트럼(그림 7.46)이 그림 7.32a와 같이 $\pm f_c$만큼 천이된 것과 같다. 최대폭 구형파 펄스 $p(t)$를 사용함을 염두에 두자.

$$P\left(\frac{n}{T_b}\right) = 0 \qquad n = \pm 1, \pm 2, \ldots$$

이 경우, 기저대역 개폐신호의 PSD는 그림 7.30b에 보인 바와 같이 직류의 경우를 제외하고는 불연속 성분이 없다. 즉, ASK 스펙트럼은 w_c에서만 불연속 성분이 주어진다.

PSK 신호도 $m(t)$가 최대폭 NRZ 펄스로 주어지는 분극 신호일 때 이 변조상황에 잘 맞는다. 즉, PSK의 PSD는 그림 7.32b에서와 같이 기저 대역 신호의 스펙트럼을 $\pm\omega_c$만큼 천이시킨 것과 같다. 이 결과는 ASK의 PSD에서 불연속 성분을 뺀 것과 동일하다는 것(크기는 다르지만)을 유의하자.

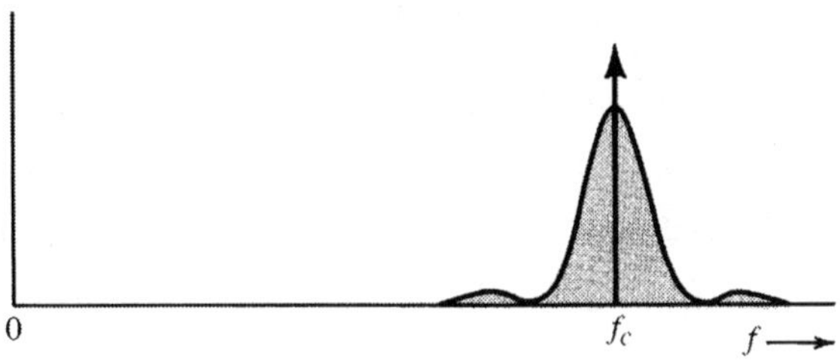

(a)

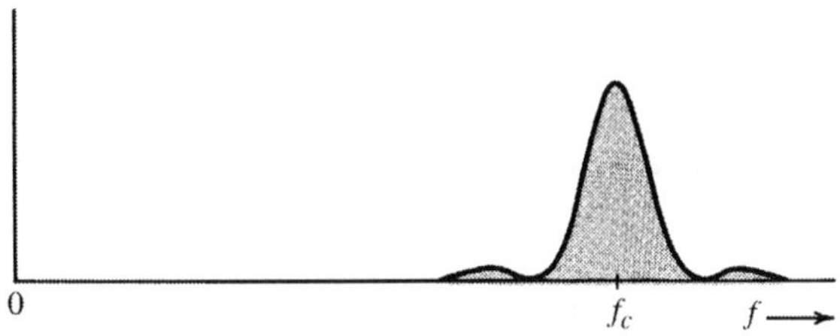

(b)

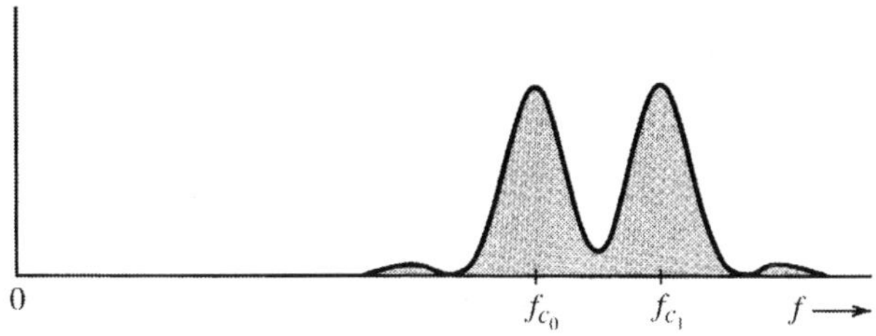

(c)

▸▸ 그림 7.32 PSD의 모양 (a) ASK (b) PSK (c) FSK

마지막으로, FSK 신호는 최대폭 펄스를 사용하는 두 ASK 신호를 짜깁기하여 더한 것으로 볼 수 있다. 따라서 FSK의 스펙트럼은 그림 7.32c에서와 같이 주파수 ω_{c0} 및 ω_{c1}에 주어지는 두 ASK 스펙트라의 합이다. w_{c0}와 w_{c1}을 특정 값으로 선택하고, 주파수 스위칭 동안 위상의 연속성을 유지함으로써 w_{c0}와 w_{c1}에서 불연속 성분이 제거될 수 있음을 보여준다. 따라서 이 스펙트럼에는 불연속 성분이 나타나지 않는다. FSK의 대역폭이 ASK나 PSK의 대역폭에 비하여 더 넓음을 유의해야 한다.

앞서 언급된 바와 같이 분극 방식이 전력면에서는 가장 효율적인 방식이다. PSK는 분극 방식이기 때문에, 동일한 잡음 조건에 대하여, 즉, 펄스 검출시 똑같은 오류 확률일 경우, ASK(또는 FSK)에 비하여 3 dB 만큼 전력을 덜 요구한다.

물론, 이미 학습한 쌍극신호나 다른 방식의 신호도 변조가 가능하다. 또한 그림 7.30이나 7.31에서 NRZ 구형파를 사용한 것은 단지 설명할 목적에서였다. 실제로 기저대역 펄스도 ISI를 없앨 수 있도록 스펙트럼이 정형될 수 있다.

7.8.3 아날로그 및 디지털 반송파 변조간의 관계

메시지의 정보가 직접적으로 피변조파 신호의 진폭 변화에 반영되므로 ASK 방식과 AM 방식은 자연스럽고 명료한 관계를 유지한다. ASK 신호는 그 진폭이 항상 양의 값으로 주어지므로, 성격상 변조지수가 $\mu = 1$인 AM 신호와 같다. FSK와 FM 사이에도 유사한 관계가 주어진다. 즉, FSK 신호는 단지 제한된 개수의 순간주파수만으로 주어지는 FM 신호와 같다.

PSK 방식과 아날로그 변조 사이의 관계는 약간 미묘하다. PSK방식에서 피변조 신호는 다음과 같이 쓸 수 있다.

$$\varphi_{\text{PSK}}(t) = A\cos(\omega_c t + \theta_k) \qquad kT_b \le t < kT_b + T_b$$

따라서 PM과 관련지을 수 있다. 그러나 PSK 신호를 잘 관찰해보면 위상 θ_k가 상수이므로, 순간주파수가 쉽사리 변하지 않는다. PSK 신호를 다시 써보면,

$$\begin{aligned}\varphi_{\text{PSK}}(t) &= A\cos\theta_k \cos\omega_c t - A\sin\theta_k \sin\omega_c t \\ &= a_k \cos\omega_c t + b_k \sin\omega_c t \qquad kT_b \le t < kT_b + T_b\end{aligned} \tag{7.61}$$

위에서 $a_k = A\cos\theta_k$, $b_k = -A\sin\theta_k$로 놓았다. 식 (7.61)로부터 그 특성이 4.4절에서 학습한 QAM 신호와 너무나 닮아 있음을 알 수 있다. 즉, 디지털 PSK 변조는 아날로그 QAM 신호와 밀접한 관계이다. 특히 2진 PSK에서는 $\theta = 0, \pi$이므로 다음과 같이 쓸 수 있다.

$$\pm A\cos\omega_c t$$

결과적으로 이것은 DSB-SC 진폭 변조의 디지털 표현이다. 사실, 뒤에서 언급하겠지만, a_k는 여러 값으로 하고 $b_k = 0$으로 잡는다면, 변조시간 간격 T_b초 동안 여러 비트를 전송할 수 있는 펄스 진폭 변조(PAM)와 같은 다른 디지털 반송파 변조방식을 얻을 수 있다.

4장에서 학습한 바와 같이 DSB-SC 진폭 변조는 AM보다 전력면에서 다소 효율적이다. 따라서 2진 PSK 방식은 ASK 방식에 비해 전력면에서 조금 유리하다. 대역폭 효율면에서는, 아날로그 변조와의 관련성에서 ASK 및 PSK 방식은 동등한 대역폭을 점유하지만, FSK는 좀 더 넓은 대역폭을 요구한다. 이러한 관점이 그림 7.32의 PSD 결과에 대해 직관적으로 확인해준다.

7.8.4 복조

디지털 변조 신호의 복조는 아날로그 변조 신호의 경우와 유사하다. ASK와 AM, FSK와 FM, PSK와 QAM(또는 DSB-SC AM) 사이의 관계로 아날로그 변조의 여러 복조 기술이 해당되는 디지털 방식에 바로 적용될 수 있다.

○ ASK 검출

AM에서와 같이 ASK(그림 7.30c) 신호는 coherent하게(동기적 검출) 복조되거나, noncoherent하게(포락선 검출로) 복조될 수 있다. Coherent 검출기는 좀 더 정교한 장비가 필요한데, 특히 신호 전력이 작을 때(낮은 SNR) 그 성능이 뛰어나다. 높은 SNR일 경우, 포락선 검출기가 동기식 검출기 정도로 성능이 양호하다. 즉, coherent 검출기는 여러 목적에 부합하지 못하므로(예, 검출의 단순성), ASK에 대해서는 잘 쓰이지 않는다. 만약 동기식 검출기를 사용할 수 있다면, ASK 방식보다 전력 효율이 유리한 PSK를 사용할 것이다.

○ FSK 검출

다시 한번 언급하지만, FSK는 반송파 주파수가 각각 ω_{c0}, ω_{c1}으로 주어지는 두 개의 ASK 신호를 짜깁기한 것으로 볼 수 있다(그림 7.32c). 따라서 FSK는 coherent하게 또는 noncoherent하게 검출되어질 수 있다. Noncoherent한 검출에서는, 입력 신호를 ω_{c0}와 ω_{c1}에 동조된 두 개의 필터에 가한다. 각 필터의 뒷단에는 포락선 검출기가 주어진다(그림 7.33a 참조). 두 포락선 검출기의 출력은 표본화되어 비교된다. 비트 0는 주파수 ω_{c0}인 펄스에 의하여 전송되므로, ω_{c0}에 동조된 필터의 출력으로 이 펄스가 나타날 것이다. ω_{c1}에 동조된 필터의 출력으로는 아무 신호도 나타나지 않는다. 따라서 ω_{c0} 필터 뒷단 포락선 검출기의 표본은 ω_{c1} 필터 뒷단의 포락선 검출기의 표본보다 클 것이고, 수신기는 비트 0이 전송되어졌다고 결정한다. 비트 1의 경우는 이와 반대이다.

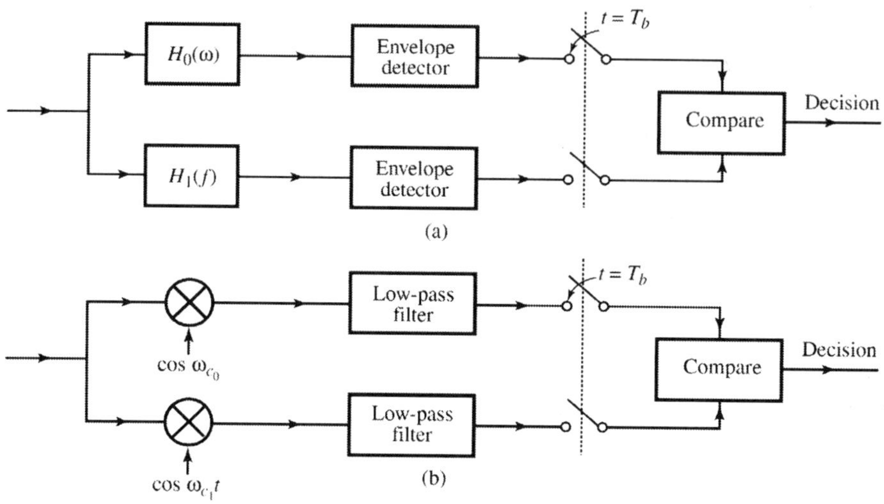

▸▸ 그림 7.33 (a) FSK의 noncoherent 검출 (b) FSK의 coherent 검출

물론 FSK 방식에서는 또한 그림 7.33b에서와 같이 두 개의 기준 주파수 ω_{c0}, ω_{c1}을 발생시켜 이 두 개의 반송파를 사용한 두 복조기에 의해 수신 신호를 복조하고, 두 복조기의 출력을 비교함으로써 coherent하게 검출할 수도 있다. 따라서 coherent한 FSK 검출기는 변조주파수와 동기가 맞는 두 개의 반송파를 발생시켜야 한다. 다시 한번 살펴보면, 이러한 복조기가 간단한 noncoherent 검출기로의 FSK의 기본적 설계 목적에 맞지 않으므로 실제로는 coherent 검출기는 쓰이지 않는다.

○ PSK 검출

2진 PSK 방식에서는, 비트 1이 펄스 $A\cos\omega_c t$에 의하여, 비트 0은 펄스 $-A\cos\omega_c t$에 의해서 전송되어진다(그림 7.31b 참조). 그러므로 PSK 신호의 정보는 반송파의 위상에 존재한다. DSB-SC에서와 마찬가지로, 이 방식에서의 신호는 1과 0 모두 똑같은 포락선을 지니므로(그림 7.31b 참조) 포락선 검출로 복조되어질 수 없다. 2진 PSK 변조에서의 coherent 복조는 그림 7.34에 보였다. Coherent 검출은 아날로그 신호에 사용하는 방법과 유사하다. 반송파 획득 방법은 4.8절에서 언급하였다.

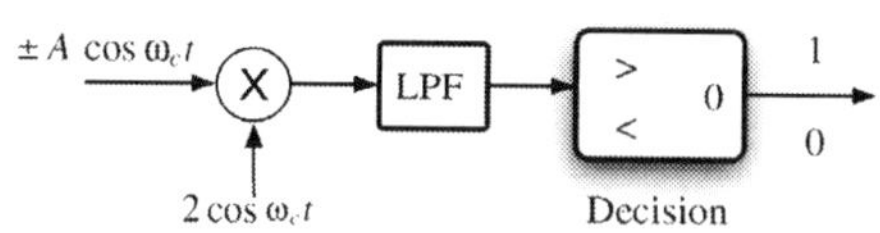

▸▸ 그림 7.34 Coherent 2진 PSK 검출기(DSB-SC 복조기와 유사)

○ 차동 PSK(differential PSK)

포락선 검출은 PSK 검출에 사용될 수는 없지만, noncoherent 검출로 유한개의 변조 위상값을 추출할 수는 있다. 실제로 PSK 신호는 차동 PSK(DPSK)로 알려진 단순한 방법에 의해 noncoherent하게 복조될 수 있다. 차동검출의 기본원리는 수신기가 연속되는 피변조위상 θ_k와 θ_{k-1} 사이의 상대 위상 변화를 검출하는 것이다. PSK의 위상값이 유한하기 때문에(2진 PSK에서 0 및 π) 송신기는 정보데이터를 위상차 $\theta_k - \theta_{k-1}$로 부호화할 수 있다. 예로, 위상차가 0이면 2진 정보 0을, 위상차가 π면 1을 나타낸다.

이런 기술을 변조하기 전의 차동 부호화(differential encoding)라 한다. 차동부호의 한 예로 2진 정보가 0이면 그 전 데이터 비트와 같은 펄스로 부호화하고(천이가 없다), 1이면 그 전 데이터 비트와 반대 부호로 부호화한다(천이됨). 차동부호화는 그림 7.35a에서 보듯 응용하기가 쉽다. 그림에서 덧셈은 modulo-2 덧셈임에 유의하자. 부호화된 신호를 그림 7.35b에 보였다. 따라서 라인부호 펄스 열에서 반전 현상이 주어지면, 비트 1을, 그렇지 않으면 비트 0을 지시한다. 피변조 신호는 펄스

$$A \cos(\omega_c t + \theta_k) = \pm A \cos \omega_c t$$

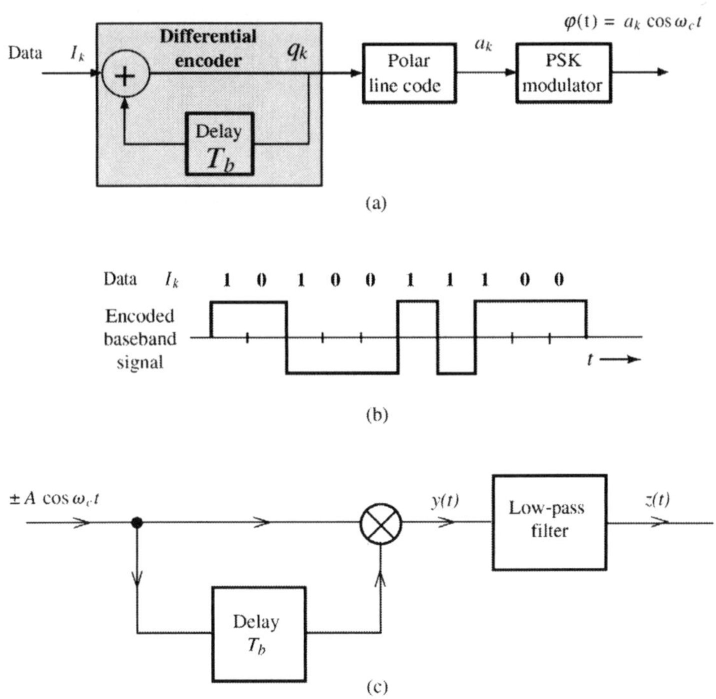

▸▸ 그림 7.35 (a) 차동부호화 (b) 부호화된 신호 (c) 차동 PSK 수신기

로 구성된다. 데이터 비트가 0이면, 현재의 펄스와 그 직전의 펄스는 똑같은 극성 또는 위상을 지닌다; 양쪽 모두 $A\cos\omega_c t$ 이거나 $-A\cos\omega_c t$ 이다. 데이터 비트가 1이면, 현재의 펄스와 그 직전의 펄스가 서로 상반되는 극성 또는 위상을 갖는다; 현재의 펄스가 $A\cos\omega_c t$ 라면, 그 직전 펄스는 $-A\cos\omega_c t$ 이고, 그 역도 성립한다.

DPSK의 복조에서는(그림 7.35c), 국부 반송파를 발생시키지 않는다. 수신된 피변조 신호 자체가 임의의 기호를 지닌 반송파($\pm A\cos\omega_c t$)임을 알기 때문이다. 복조하기 위하여, 반송파 대신에 수신된 신호를 T_b 만큼(1-비트 간격) 지연시켜 사용한다. 만약 수신 펄스가 그 이전 펄스와 똑같다면, 곱한 결과는 $y(t)=A^2\cos^2\omega_c t=(A^2/2)(1+\cos 2\omega_c t)$ 이고, 저역-통과 필터의 출력은 $z(t)=A^2/2$ 이다. 즉각적으로 현재의 비트가 0임이 검출된다. 만약 수신 펄스와 그 이전 펄스가 극성이 반대라면, $y(t)=-A^2\cos^2\omega_c t$ 이고, $z(t)=-A^2/2$ 이어서 검출된 현재의 비트는 1이다. 표 7.3에 특정한 부호화 및 복호화의 예를 보였다.

따라서 복조의 복잡성에서, ASK, FSK, DPSK 모든 수신기는 동조 반송파 없이 noncoherent하게 검출할 수가 있는 한편, PSK는 반드시 coherent하게 복조되어야 한다. 그러나 noncoherent 검출에선 잡음 내성을 위한 비용이 부각된다. 잡음내성의 측면에서 본다면 coherent PSK가 모든 다른 방식에 비해 우월하다. 또한 PSK는 FSK보다 더 좁은 대역폭이 요구된다(그림 7.32a 참조). 이 주제에 대한 정량적 고찰은 10장에서 주어질 것이다.

▶▶ 표 7.3 차동부호화 및 2진 DPSK의 검출

시간 k	0	1	2	3	4	5	6	7	8	9	10
I_k		1	0	1	0	0	1	1	1	0	0
q_k	0	1	1	0	0	0	1	0	1	1	1
라인부호 a_k	−1	1	1	−1	−1	−1	1	−1	1	1	1
θ_k	π	0	0	π	π	π	0	π	0	0	0
$\theta_k-\theta_{k-1}$		π	0	π	0	0	π	π	π	0	0
검출 비트		1	0	1	0	0	1	1	1	0	0

7.9 M진 디지털 반송파 변조

ASK, FSK, PSK의 2진 디지털 반송파 변조는 어느 것이나 시간 T_b초 동안에 1 비트의 정보를 전송한다. 즉, 전송속도가 $1/T_b$ bps이다. 디지털 기저대역 전송과 유사하게, T_b값을 감소시키거나 M진 신호방식을 적용함으로써 고속 전송이 가능한데, 그 첫 조건으로 더 넓은 대역폭이 요구되고, 두 번째로는 더 큰 전력이 요구된다. 대부분의 통신시스템에서는 대역폭이 엄격하게 제한되어진다. 즉, 대역폭은 그대로 유지하면서, 데이터 전송속도를 효과적으로 증가시키는 방법으로는 M진 신호방식을 채용하는 것이다. 특히 M-단 ASK, M-주파수 FSK 그리고 M-위상 PSK 변조를 적용할 수 있다.

○ M진 ASK와 noncoherent 검출

M진 ASK는 2진 ASK를 일반화하여 쉽게 얻을 수 있다. 즉,

$$\varphi(t) = 0 \text{ for } \mathbf{0} \qquad \text{and} \qquad \varphi(t) = A\cos\omega_c t \text{ for } \mathbf{1}$$

윗 식대신에 M진 ASK는 아랫 식의 예와 같은 신호를 전송함으로써 $\log_2 M$ 비트를 매 순간 송신할 수 있다.

$$\varphi(t) = 0,\ A\cos\omega_c t,\ 2A\cos\omega_c t,\ \ldots,\ (M-1)A\cos\omega_c t$$

이 신호는 여전히 M개의 다른 진폭과 변조지수 $\mu = 1$을 사용한 AM 신호로 대역폭은 2진 ASK와 똑같지만, 전력은 M^2에 비례하여 증가된다. 포락선 검출 또는 coherent 검출에 의해 다시 복조될 수 있을 것이다.

○ M진 FSK와 직교신호방식

M-FSK는 집합 $\{A\cos 2\pi f_i t,\quad i = 1, \cdots, M\}$으로부터 하나의 항을 선택함으로써 똑같이 발생된다. 보통 FSK는 주파수 증분 δf가 다음 식을 만족하도록 설계된다.

$$f_m = f_1 + (m-1)\delta f \qquad m = 1, 2, \ldots, M$$

이 FSK에서 등간격 주파수 분리라면, 주파수 편차(FM 신호의 분석에서 사용된)는 다음과 같다.

$$\Delta f = \frac{f_M - f_1}{2} = \frac{1}{2}(M-1)\delta f$$

그러므로 주파수 집합 $\{f_i\}$의 선택으로 FSK 변조의 성능과 대역폭이 결정되는 것은 당연하다. δf를 너무 크게 잡으면, M진 FSK의 대역폭이 너무 넓어질 것이고, 반면에 δf를 너무 작게 잡으면, T_b초 동안에 다른 FSK 기호사이에 실질적인 차이가 없어서 수신기가 서로 다른 기호를 신뢰있게 식별해내지 못할 것이다. 즉, 큰 δf는 대역폭의 낭비를 초래하고, 반면에 작은 δf는 잡음과 간섭 때문에 검출오류를 유발하게 된다.

M진 FSK 설계의 과제는 각 FSK 기호 $A\cos w_i t$가 서로 다른 모든 기호와 확실하게 식별될 수 있는 범위내에서 충분히 작은 δf를 잡는 것이다. 실제로 이 FSK 신호 설계의 문제에 대한 해결책은 2.6.2절의 직교 신호 공간에 대한 검토에서 찾아볼 수 있다. 작은 δf(또는 Δf)를 선택함으로써 FSK 기호들이 T_b내에서 직교하도록 설계할 수 있다면, FSK 기호들은 T_b동안 확실히 식별되어질 수 있고, 대역폭 소비도 매우 적어질 것이다.

FSK 신호들의 직교 집합을 형성할 수 있는 최소값 δf를 구하기 위하여, 2.6.2절로부터 다음과 같은 직교 조건을 필요로 한다.

$$\int_0^{T_b} A\cos(2\pi f_m t)\,A\cos(2\pi f_n t)\,dt = 0 \qquad m \neq n \tag{7.62}$$

이 요구조건을 사용하여 최소 δf를 찾을 수 있는데, 우선

$$\begin{aligned}\int_0^{T_b} A\cos(2\pi f_m t)\,A\cos(2\pi f_n t)\,dt &= \frac{A^2}{2}\int_0^{T_b}[\cos 2\pi(f_m+f_n)t + \cos 2\pi(f_m-f_n)t]\,dt \\ &= \frac{A^2}{2}T_b\frac{\sin 2\pi(f_m+f_n)T_b}{2\pi(f_m+f_n)T_b} + \frac{A^2}{2}T_b\frac{\sin 2\pi(f_m-f_n)T_b}{2\pi(f_m-f_n)T_b}\end{aligned} \tag{7.63}$$

실제 변조에서는 $(f_m+f_n)T_b$는 매우 큰 값으로(종종 10^3이상), 식 (7.6.3)의 첫째 항이 0에 가까워 무시된다. 따라서 직교조건은 임의의 정수 $m \neq n$에 대하여 다음의 조건으로 축소된다.

$$\frac{A^2}{2}\frac{\sin 2\pi(f_m-f_n)T_b}{2\pi(f_m-f_n)} = 0$$

$f_m = f_1 + (m-1)\delta f$이므로, 상호직교성은 다음과 같이 표현된다.

$$\sin[2\pi(m-n)\delta f T_b] = 0 \qquad m \neq n$$

이 조건으로부터 상호직교 조건을 만족시키는 최소 δf 값은 다음과 같다.

$$\delta f = \frac{1}{2T_b}\,\text{Hz}$$

선택된 이 최소 주파수 분리값을 최소천이 FSK라 부르며, 기호들의 직교 집합을 형성하기 때문에 직교 신호 방식이라고 한다.

실제로 2.6절의 직교 기초 함수의 개념을 적용함으로써 최소천이 FSK를 기하학적으로 설명할 수 있다.

$$\psi_i(t) = \sqrt{\frac{2}{T_b}}\cos 2\pi\left(f_1 + \frac{i-1}{2T_b}\right)t \qquad i = 1, 2, \ldots, M$$

으로 놓으면, 다음식은 쉽게 증명될 수 있다.

$$\int_0^{T_b} \psi_m(t)\psi_n(t)\,dt = \begin{cases} 1 & m = n \\ 0 & m \neq n \end{cases}$$

따라서 FSK 기호 각각은 아래와 같이 쓸 수 있다.

$$A\cos 2\pi f_m t = A\sqrt{\frac{T_b}{2}}\psi_m(t) \qquad m = 1, 2, \ldots, M$$

$M=2$에 대한 두 개의 FSK 기호 간의 기하학적 관계를 간단히 나타내보면 그림 7.36과 같다.

M진 FSK 신호의 복조는 2진 FSK의 복조방식과 똑같으므로, 그림 7.33의 2진 FSK 복조기를 일반화하여, M진 FSK 신호에 강력한 검출 분지에 의한 판정이 주어지는 앞 단에, M개의 coherent 또는 noncoherent 검출기 군을 적용할 수 있다.

앞에서 기저대역 변조의 PSD 분석시 기호간 간격 T_b인 기저대역 디지털 신호의 대역폭은 $1/T_b$로 근사될 수 있음을 보였었다. 그러므로 최소천이 FSK는 $\Delta f = (M-1)/(4T_b)$이고, 그 대역폭은 Carson의 법칙에 의해 근사적으로 다음과 같다.

$$2(\Delta f + B) = \frac{M-3}{2T_b}$$

사실, 직교 M진 신호방식의 대역폭이 2진 신호방식의 대역폭보다 일반적으로 M배 넓다는 것을 볼 수 있다[10.7절 식 (10.123) 참조]. 즉, M진 직교 방식에서는 통신속도가 $\log_2 M$배 빨라지는 대신 대역폭이 M배 넓어진다. 동등한 잡음내성에서 전송전력은 직교 방식에서 M과 무관하므로, M진 ASK와는 달리 M진 FSK는 더 큰 전송전력이 요구되지 않는다. 그러나 대역폭의 요구사항은 거의 M에 따라 선형적으로 증가된다(2진 FSK 또는 M진 ASK에 비해서).

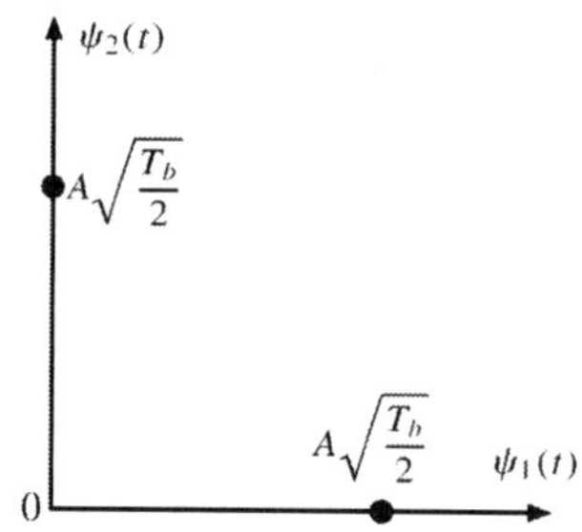

►► 그림 7.36 ??

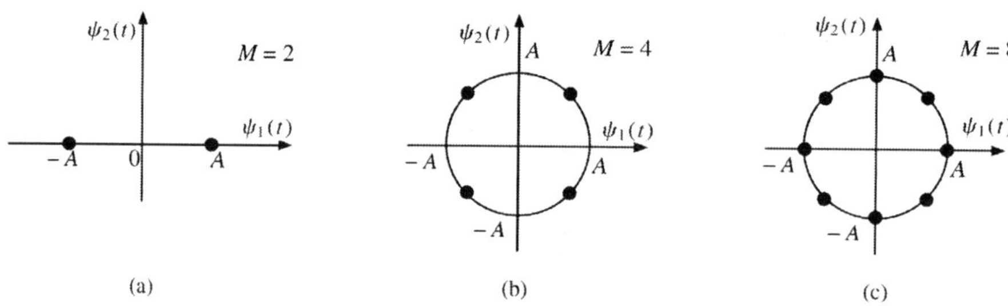

►► 그림 7.37 직교 신호 공간상의 M진 PSK 기호 (a) $M=2$ (b) $M=4$ (c) $M=8$

○ M진 PSK, PAM, QAM

식 (7.61)을 약간 손질하면 PSK 신호에 대한 일반적 표현을 다음과 같이 얻을 수 있다.

$$\varphi_{\text{PSK}}(t) = a_m\sqrt{\frac{2}{T_b}}\cos\omega_c t + b_m\sqrt{\frac{2}{T_b}}\sin\omega_c t \qquad 0 \le t < T_b \tag{7.64a}$$

단, $a_m = A\cos\theta_m$, $b_m = -A\sin\theta_m$. 2.6절의 분석에 의하면 $\sqrt{2/T_b}\cos w_c t$와 $\sqrt{2/T_b}\sin w_c t$는 서로 직교하며, 구간 $[0,\ T_b]$에서 정규화된다. 결과적으로 모든 PSK 기호를 다음과 같은 2차원 신호공간의 축함수로 나타낼 수 있다.

$$\psi_1(t) = \sqrt{\frac{2}{T_b}}\cos\omega_c t \qquad \psi_2(t) = \sqrt{\frac{2}{T_b}}\sin\omega_c t$$

즉,

$$\varphi_{\text{PSK}}(t) = a_m\psi_1(t) + b_m\psi_2(t) \tag{7.64b}$$

기하학적으로 살펴보면 그림 7.37의 신호공간에서 PSK 기호간 관계를 알 수 있을 것이다. 식 (7.64)는 PSK 변조가 QAM 신호처럼 표현될 수 있음을 의미한다. 실제로 신호가 PSK이므로 신호 위치(signal point)는 다음과 같은 특수한 요구사항을 만족시켜야 한다.

$$\begin{aligned} a_m^2 + b_m^2 &= A^2 \cos^2 \theta_m + (-A)^2 \sin^2 \theta_m \\ &= A^2 = \text{constant} \end{aligned} \tag{7.64c}$$

다시 말하면, 모든 신호 위치는 반경 A인 원상에 주어져야 한다. 실제로 모든 신호 위치는 잡음에 대한 최상의 내성을 얻기 위하여 등간격으로 놓이도록 한다. 즉, M진 PSK 신호방식에서 각도는 다음 식과 같이 균일하게 선정된다.

$$\theta_m = \theta_0 + \frac{2\pi}{M}(m-1) \qquad m = 1, 2, \ldots, M$$

$M=4$인 PSK 신호방식은 특별히 인기가 있고 위력적인 디지털 변조 방식이다.* 이 방식은 실제로 2개의 2진 PSK 신호를 합한 것인데, 하나는 (동상인) $\cos w_c t$를 반송파로 사용하고, 다른 하나는 똑같은 주파수의 (직교위상) $\sin w_c t$를 사용하기 때문에 직교위상 PSK(QPSK)라 한다. 동일 채널로 이 두가지 신호를 한꺼번에 보내고 받을 수 있기 때문에 전송속도는 두 배가 된다.

고속의 데이터 속도를 얻기 위해 PSK를 좀 더 일반화해보면, 식 (7.64)의 PSK는 4장 (그림 4.19)에서 다룬 QAM 신호의 특수한 경우임을 알 수 있다. 유일한 다른 점이라면 피변조 신호의 진폭이 상수 A라는 PSK의 요구사항이다. 사실 좀 더 다양하고 유연한 일반적인 QAM 신호방식 포맷은 디지털 변조에 편리하게 쓰일 수 있다. M진 QAM 시스템에 의해 전송된 신호는 다음과 같이 요약될 수 있다.

$$\begin{aligned} p_i(t) &= a_i p(t) \cos \omega_c t + b_i p(t) \sin \omega_c t \\ &= r_i p(t) \cos(\omega_c t - \theta_i) \qquad i = 1, 2, \ldots, M \end{aligned}$$

단,

$$r_i = \sqrt{a_i^2 + b_i^2} \qquad \text{and} \qquad \theta_i = \tan^{-1} \frac{b_i}{a_i} \tag{7.65}$$

또한, $p(t)$는 특정 형태의 기저대역 펄스이다. 가장 간단한 형태의 $p(t)$는 구형파 펄스일 것이다.

* QPSK에는 여러 가지 효과적인 변이가 있다.

$$p(t) = \sqrt{\frac{2}{T_b}}\,[u(t) - u(t - T_b)]$$

확실히, 좋은 펄스는 대역폭 보호가 적용될 수 있다.

그림 7.38a에 QAM 변조기 및 복조기를 보였다. $m_1(t)$, $m_2(t)$ 각각 기저대역 $\sqrt{M}$-진 펄스열이다. 이 두 신호는 동일한 주파수이지만, 위상이 직교관계로 주어지는 두 개의 반송파로 변조된다. 디지털 QAM 신호 $p_i(t)$는 $m_1(t) = a_i p(t)$, $m_2(t) = b_i p(t)$로 놓음으로써 발생될 수 있다. $m_1(t)$, $m_2(t)$ 모두 기저대역 PAM 신호이다. QAM 신호의 눈 그림은 동상 성분 $m_1(t)$ 및 직교위상 성분 $m_2(t)$로 구성되며, 두 경우 모두 7.6절에서 이미 언급한 바와 같이 M진 PAM의 눈 그림을 보여준다.

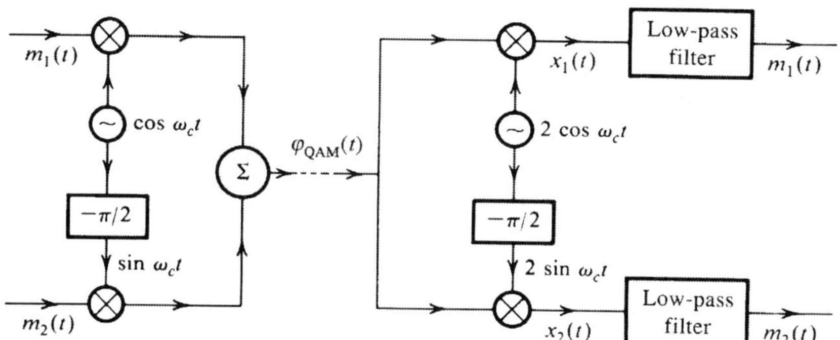

(a)

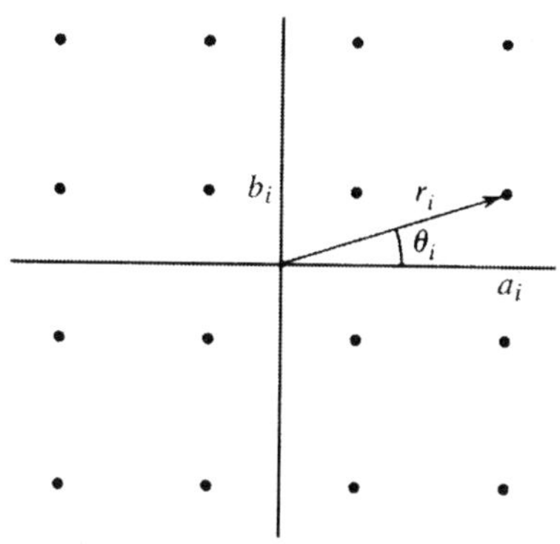

(b)

▶▶ 그림 7.38 (a) QAM (b) 16-point QAM(M=16)

M진 QAM의 기하학적 표현은 PSK 신호공간에서 식 (7.64c)에 주어지는 상수 계수의 제한을 없앰으로써 쉽게 확장되어질 수 있다. $M=16$에 대한 매우 실제적이고 보편적인 r_i 및 θ_i의 선택 값을 그림 7.38b에 보였다. 전송펄스 $p_i(t)$가 16개의 서로 다른 형태를 취할 수 있으므로 16진 펄스이다. M=16임으로 각 펄스가 전송하는 정보는 $\log_2 16=4$ 비트이다. 4 비트로 16가지의 조합을 만들 수 있으므로 그림 7.38b에서와 같이 16개의 조합 (a_i, b_i)가 주어진다. 따라서 매 가능한 4 비트 열은 특정 (a_i, b_i) 또는 (r_i, θ_i)로 전송된다. 즉 하나의 펄스 $r_i p(t) \cos(w_c t-\theta_i)$는 4 비트를 전송한다. 2진 PSK(BPSK)와 비교하여, 16진 QAM의 전송속도는 대역폭을 증가시키지 않고도 4배가 된다. M의 값을 늘리면 더욱 빠른 전송속도를 얻을 수 있다.

변조 및 복조는 그림 7.38a에 주어진 시스템을 사용하여 수행될 수 있다. 입력이 $m_1(t)=a_i p(t)$, $m_2(t)=b_i p(t)$이면, 복조기에서의 출력은 $a_i p(t)$, $b_i p(t)$이다. (a_i, b_i)에 대해 알면, 전송된 4 비트를 결정할 수 있다. 잡음이 존재하는 채널에서의 16진 QAM에 대한 분석은 10.6절[식 (10.104)]에서 학습할 것이다. 16진 QAM 신호방식에 대한 실제적 가치는 넓은 범위의 응용성에서 충분히 클 것이다. 실제로 16-QAM은 V.32 전화의 데이터/팩스 모뎀(9600 bps), 고속 케이블 모뎀 및 최근의 위성 디지털 텔레비전 방송 등에 사용 중이다.

QAM에서 $\sin w_c t$로 변조되는 데이터 열을 사용하지 못한다면, 모든 신호위치는 1차원으로 감소됨에 유의하자. 즉, $m_2(t)=0$으로 놓으면, QAM은 다음과 같다.

$$p_i(t) = a_i p(t) \cos \omega_c t, \qquad t \in [0, T_b]$$

이 결과는 PAM으로 되돌아 간 것이다. $p_i(t)$와 아날로그 DSB-SC 신호를 비교해보면, PAM은 DSB-SC의 디지털 버전임이 명백해진다. 아날로그 QAM이 두 개의 위상이 직교하는 DSB-SC 진폭 변조의 중첩으로 주어지듯이, 디지털 QAM도 각각 $\sqrt{M}$ 신호크기로 주어지는 두 개의 PAM 신호로 구성된다. 아날로그 DSB-SC와 QAM 간의 관계에서와 유사하게, PAM에서도 QAM에서와 같은 크기의 대역폭이 요구된다. 그러나, PAM은 한 차원에 M개의 변조 신호 크기가 필요하지만, QAM은 단지 두 개의 직교 QAM 차원 각각에서 $\sqrt{M}$개만의 신호 크기가 요구되므로 PAM은 매우 비효율적인 방식이다.

○ 전력과 대역폭의 절충

다른 여러 가지 M진 신호 방식에 대해 10장에서 학습할 것이다. 전송대역폭과 전송되어진 전력(또는 SNR)은 어떤 M진 방식을 선택하는가에 따라 바뀐다. 일 예로, 직교 신호방식에서는 전송된 전력은 M과 무관하지만 전송대역폭은 M에 비례하여 넓어진다. 반면 PAM 경우에는, 전송된 전력은 M^2에 비례하여 커지지만, 대역폭은 일정한 값을 유지한다. 따라서 M진 신호방식에서는 신호전력(또는 SNR)과 전송대역폭간의 절충이 매우 유동적이다. 적절한 시스템의 선택은 주어진 특정 환경에 의한다. 대역폭이 중요하다면(전화선에서와 같이) QAM 신호 방식이 적합하지만, 전력이 중요한 요소라면(무선통신에서와 같이) 직교 신호 방식이 적합할 것이다.

7.10 매트랩 연습

본 절에서는 눈그림을 발생시키는 매트랩 프로그램을 소개한다. 우선 PAM에서 기본적인 펄스 모양을 규정하고, 그 다음에 NRZ, RZ, 절반폭-sin, 상승-코사인 펄스 등 4개의 펄스를 발생시키는 짧은 프로그램을 보였다.

```
% (pnrz.m)
% generating a rectangular pulse of width T
% Usage function pout=pnrz(T);
function pout=prect(T);
pout=ones(1,T);
end
```

```
% (prz.m)
% generating a rectangular pulse of width T/2
% Usage function pout=prz(T);
function pout=prz(T);
pout=[zeros(1,T/4) ones(1,T/2) zeros(1,T/4)];
end
```

```
% (psine.m)
% generating a sinusoid pulse of width T
%
function pout=psine(T);
pout=sin(pi*[0:T-1]/T);
end
```

```
% (prcos.m)
%  Usage   y=prcos(rollfac,length, T)
function y=prcos(rollfac,length, T)
% rollfac = 0 to 1 is the rolloff factor
% length is the onesided pulse length in the number of T
% length = 2T+1;
% T is the oversampling rate
y=rcosfir(rollfac, length, T,1, 'normal');
end
```

첫 프로그램(binary_eye.m)은 2진 분극신호 방식의 눈 그림을 발생시키는 프로그램이다.

```
% (binary_eye.m)
% generate and plot eyediagrams
%
clear;clf;
data = sign(randn(1,400));  % Generate 400 random bits
Tau=64;                     % Define the symbol period
dataup=upsample(data, Tau); % Generate impulse train
yrz=conv(dataup,prz(Tau));  % Return to zero polar signal
yrz=yrz(1:end-Tau+1);
ynrz=conv(dataup,pnrz(Tau)); % Non-return to zero polar
ynrz=ynrz(1:end-Tau+1);
ysine=conv(dataup,psine(Tau));  % half sinusoid polar
ysine=ysine(1:end-Tau+1);
Td=4;                       % truncating raised cosine to 4 periods
yrcos=conv(dataup,prcos(0.5,Td,Tau)); % rolloff factor = 0.5
yrcos=yrcos(2*Td*Tau:end-2*Td*Tau+1); % generating RC pulse train
eye1=eyediagram(yrz,2*Tau,Tau,Tau/2);title('RZ eye-diagram');
eye2=eyediagram(ynrz,2*Tau,Tau,Tau/2);title('NRZ eye-diagram');
eye3=eyediagram(ysine,2*Tau,Tau,Tau/2);title('Half-sine eye-diagram');
eye4=eyediagram(yrcos,2*Tau,Tau); title('Raised-cosine eye-diagram');
```

두 번째 프로그램(Mary_eye.m)은 4-단 PAM 신호 방식의 눈 그림을 발생시키기 위한 프로그램이다.

```
% (Mary_eye.m)
% generate and plot eyediagrams
%
%
clear;clf;
data = sign(randn(1,400))+2* sign(randn(1,400)); % 400 PAM symbols
Tau=64;                     % Define the symbol period
dataup=upsample(data, Tau); % Generate impulse train
yrz=conv(dataup,prz(Tau));  % Return to zero polar signal
yrz=yrz(1:end-Tau+1);
ynrz=conv(dataup,pnrz(Tau)); % Non-return to zero polar
ynrz=ynrz(1:end-Tau+1);
ysine=conv(dataup,psine(Tau));  % half sinusoid polar
ysine=ysine(1:end-Tau+1);
Td=4;                       % truncating raised cosine to 4 periods
yrcos=conv(dataup,prcos(0.5,Td,Tau)); % rolloff factor = 0.5
yrcos=yrcos(2*Td*Tau:end-2*Td*Tau+1); % generating RC pulse train
eye1=eyediagram(yrz,2*Tau,Tau,Tau/2);title('RZ eye-diagram');
eye2=eyediagram(ynrz,2*Tau,Tau,Tau/2);title('NRZ eye-diagram');
eye3=eyediagram(ysine,2*Tau,Tau,Tau/2);title('Half-sine eye-diagram');
eye4=eyediagram(yrcos,2*Tau,Tau); title('Raised-cosine eye-diagram');
```

참고문헌

1. A. Lender, "Duobinary Technique for High Speed Data Transmission," *IEEE Trans. Commun. Electron.*, vol. CE-82, pp. 214–218, May 1963.
2. A. Lender, "Correlative Level Coding for Binary-Data Transmission," *IEEE Spectrum*, vol. 3, no. 2, pp. 104–115, Feb. 1966.
3. P. Bylanski and D. G. W. Ingram, *Digital Transmission Systems*, Peter Peregrinus Ltd., Hertshire, England, 1976.
4. H. Nyquist, "Certain Topics in Telegraph Transmission Theory," *AIEE Trans.*, vol. 47, p. 817, April 1928.
5. E. D. Sunde, *Communication Systems Engineering Technology*, Wiley, New York, 1969.
6. R. W. Lucky and H. R. Rudin, "Generalized Automatic Equalization for Communication Channels," *IEEE Int. Commun. Conf.*, vol. 22, 1966.
7. W. F. Trench, "An Algorithm for the Inversion of Finite Toeplitz Matrices," *J. SIAM*, vol. 12, pp. 515–522, Sept. 1964.
8. A. Lender, Chapter 7, in *Digital Communications: Microwave Applications*, K. Feher, Ed., Prentice-Hall, Englewood Cliffs, NJ, 1981.

연습문제

7.2-1 최대폭 구형파 펄스

$$p(t) = \Pi(t/T_b)$$

일 때, 다음에 답하시오.

(a) 분극, 개폐, 쌍극 신호 방식의 PSD를 구하라.

(b) 개략적인 PSD를 그리고, 대역폭을 구하라. 그리고 $p(t)$가 절반폭 구형파 펄스일 경우의 대역폭과 각각의 대역폭을 비교하여라.

7.2-2 (a) 그림 7.6a에 있는 $p(t)$를 랜덤한 2진 데이터 2진 수열 110100101...으로 맨체스터(위상 분할) 라인 부호화(Manchester line code)하여 전송하였다. $y(t)$의 파형을 스케치하시오.

(b) (a)에서 1, 0이 같은 확률로 주어진다고 가정한 맨체스터(위상 분할) 신호의 PSD인 $S_y(f)$을 유도하시오. 그리고 PSD를 개략적으로 그리고 대역폭을 구하시오.

7.2-3 펄스 모양이

$$p(t) = \Pi\left(\frac{t}{0.5T_b}\right)$$

일 때, 2진 신호에 대한 PSD를 유도하기 위해 차동 부호(그림7.17)를 사용하고, PSD $S_y(f)$를 구하시오.

7.2-4 Lender에 의해 제안된 쌍 2진 라인 부호화는 쌍극방식과 유사하게 3 극성이지만 쌍극방식의 대역폭의 절반만 필요하다. 실제로 쌍 2진 부호화는 7.3절(그림 7.18 참조)에서 언급한 특수한 펄스 모양을 사용함으로써 간접적으로 실현된다. 이 부호에 있어서 0은 펄스가 없이 전송되고, 1은 다음과 같은 규칙을 이용하여 펄스 $p(t)$ 또는 $-p(t)$로 전송된다. 1은 전에 1을 부호화하는데 사용된 펄스에 의해 부호화되는데, 이럴 경우에는 두 개의 1 사이에 짝수 개의 0이 있어야 한다. 만약에 홀수 개의 0이 존재한다면 1은 반대 극성의 펄스에 의해 부호화된다. 여기서 0은 짝수로 간주한다. 쌍극신호 방식과 마찬가지로 같은 극성의 연속 펄스는 짝수 개의 0의 발생을 의미하고, 반대로 정반대의

극성의 연속 펄스는 홀수 개의 0의 발생을 의미하기 때문에, 3 극성 부호도 하나의 오류를 검출할 수 있다.

(a) 절반폭 펄스 $p(t)$를 이용하여 랜덤 2진 수열 1110001101001010...에 대한 쌍 2진 신호 $y(t)$를 그리시오.

(b) 이 부호에 대한 R_0, R_1, R_2를 결정하시오. 모든 $n > 2$에 대해 $R_n = 0$으로 가정하고, 이 라인 부호(절반폭 펄스로 가정한다)의 PSD를 구하고 그리시오. 또한 이 부호의 대역폭이 $R_b/2$(즉 쌍극방식의 절반)가 되는 것을 보이시오.

7.3-1 6 kbps의 데이터가 나이퀴스트 조건 펄스(Nyquist criterion pulse)를 사용하는 4 kHz의 대역폭의 전용선을 통해 전송된다. 사용되어질 수 있는 roll-off 계수 r 의 최대 값을 구하시오.

7.3-2 어떤 시스템에서 각각 2 kHz의 대역폭을 갖는 8개의 아날로그 신호가 있다. 이 신호의 표본들은 시 분할 다중화되고, 양자화되고, 2진 부호화된다. 표본 진폭에서의 오류는 최대 진폭의 1% 보다 클 수 없다.

(a) 양자화 레벨 수 L을 구하시오.

(b) 만약 나이퀴스트 조건 펄스가 roll-off 계수 r =0.2를 사용했을 때의 전송 대역폭 B_T를 구하여라. 그때 표본화율은 나이퀴스트율보다 25% 높아야만 한다.

7.3-3 대역폭이 3 kHz인 전화선이 2진 데이터 전송에 사용되어 진다. 다음 경우에 대해서 전송가능한 데이터 전송률(단위 bps)을 계산하시오.

(a) 구형파 절반폭 펄스의 분극 신호

(b) 구형파 최대폭 펄스의 분극 신호

(c) r =0.25인 나이퀴스트 조건 펄스를 사용하는 분극 신호

(d) 구형파 절반폭 펄스의 쌍극 신호

(e) 구형파 최대폭 펄스의 쌍극 신호

7.3-4 어떤 2진 통신 시스템에서 사용된 펄스 $p(t)$의 푸리에 변환한 $P(f)$가 그림 P7.3-4에 그려져 있다.

(a) $P(f)$의 모양으로부터 이 펄스가 나이퀴스트 조건을 만족하는지를 설명하여라.

(b) $p(t)$를 구하고 이 펄스가 나이퀴스트 조건을 만족하는지 아닌지를 증명하여라.

(c) 만약 이 펄스가 나이퀴스트 조건을 만족한다면 전송율(단위 bps)과 roll-off 계수는 얼마인가?

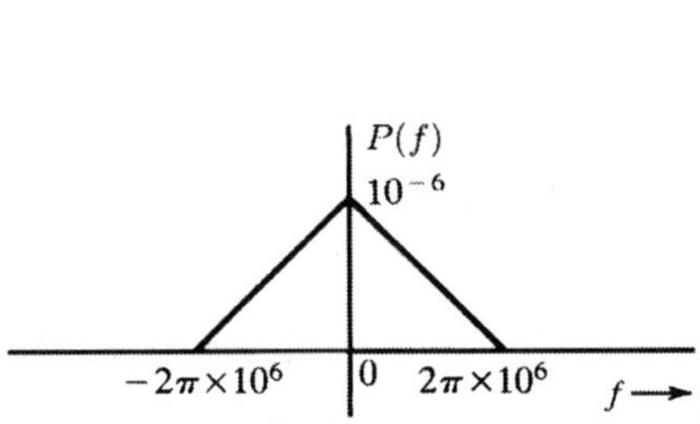

►► 그림 P7.3-4

7.3-5 그림 P7.3-5에서 보여주고 있는 펄스 $p(t)$의 스펙트럼 $P(f)$는 나이퀴스트 조건을 만족한다. 만약 $f_1 = 0.8\mathrm{MHz}$이고 $f_2 = 1.2\mathrm{MHz}$일 때, 나이퀴스트 조건을 사용한 펄스에 의해 전송되어질 수 있는 2진 데이터의 최대 속도는 얼마인가? roll-off 계수는 얼마인가?

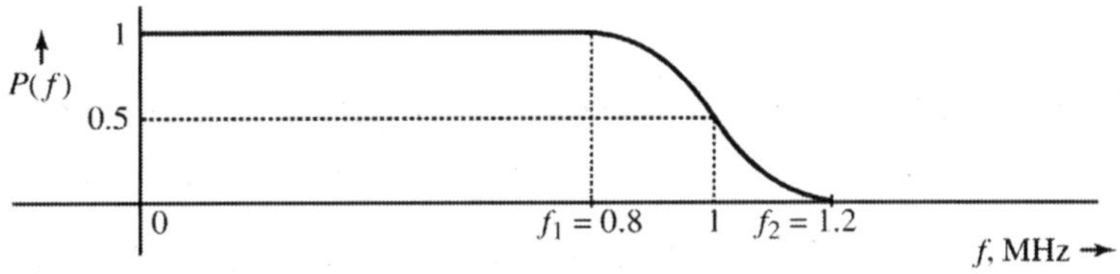

►► 그림 P7.3-5

7.3-6 그림 P7.3-5에서 보여진 $P(f)$에 나이퀴스트 조건 펄스를 이용하여 1 Mbit/s 전송속도로 2진 데이터가 전송된다. 이 스펙트럼의 주파수 f_1과 f_2는 조절될 수 있다. 이 데이터의 전송을 위해 이용할 수 있는 채널의 대역폭은 700 kHz이다. 이 때의 f_1과 f_2 그리고 roll-off 계수를 구하시오.

7.3-7 식 (7.39)에 보여진 $P(f)$의 역 푸리에 변환이 식 (7.38)에서 보여진 두 번째 조건 펄스 $p(t)$임을 보이시오.

힌트 : 식 (7.39)에 있는 $P(f)$의 역 푸리에 변환을 구하는데 식 (3.32)를 사용하고 $\sin x/x$의 형태를 $\mathrm{sinc}(x)$로 표현하시오.

7.3-8 식 (7.35)에 보여진 상승-코사인 펄스 스펙트럼 $P(f)$의 역 푸리에 변환이 식 (7.36)에 보여진 펄스 $p(t)$임을 보이시오.

**힌트 : 식 (7.38)에 있는 $P(f)$의 역 푸리에 변환을 구하는데, 식 (3.32)를 사용하고 $\sin x/x$의 형태를 $\mathrm{sinc}(x)$로 표현하시오.

7.3-9 제 2 조건 펄스[식 (7.37)]를 만족시키고, 대역폭이 $R_b/2$가 되는 펄스$p(t)$가 오직 하나만 존재한다는 것을 보이시오. 이 펄스가 다음 식에 의해서 주어진다는 것을 보이시오.

$$p(t) = \{\mathrm{sinc}\,(\pi R_b t) + \mathrm{sinc}\,[\pi R_b(t - T_b)]\} = \frac{\sin\,(\pi R_b t)}{\pi R_b t(1 - R_b t)}$$

그리고 이 식의 푸리에 변환이 식 (7.39)에 주어진 $P(f)$ 임을 보이시오.

**힌트 : 대역폭이 $R_b/2$인 펄스에 대한 나이퀴스트 간격은 $1/R_b = T_b$이다. 그리고 조건 식 (7.37)은 $t = \pm nT_b$에서 나이퀴스트 표본 값들을 제공한다.
$B = R_b/2$, $T_s = T_b$를 식 (6.10)에 사용하여 $p(t)$를 구하고, $P(f)$를 결정할 때 $(1 + e^{-j2\pi f T_b}) = e^{-j\pi f T_b}(e^{j\pi f T_b} + e^{-j\pi f T_b})$을 사용하라.

7.3-10 쌍 2진 펄스를 사용하여 2진 데이터를 전송할 때 표본값이 다음과 같이 주어졌다.

1 2 0 −2 −2 0 0 −2 0 2 0 0 2 0 0 0 −2

(a) 여기에서 오류가 검출되는지를 설명하시오.
(b) 만약 검출 오류가 없다면, 수신된 비트 시퀀스를 결정하시오.

7.3-11 쌍 2진 펄스를 사용하여 2진 데이터를 전송할 때 표본값이 다음과 같이 주어졌다.

1 2 0 0 0 −2 0 0 −2 0 2 0 0 −2 0 2 2 0 −2

(a) 여기에서 오류가 검출되는지를 설명하시오.
(b) 정확히 전송된 신호 열을 추측할 수 있는가? 정확한 신호 열이 하나 이상 존재한다. 하나 이상의 오류가 검출될 확률이 희박하다고 할 때 정확한 신호 열을 가능한 대로 나타내시오.

7.4-1 예제 7.2에서 처럼 신호 열 $S=$ **101010100000111**가 그림 7.20a의 비화기(scam-bler)의 입력으로 주어질 때, 출력 T는 **101110001101001**이다. 이 출력 시퀀스 T가 그림 7.20b의 역비화기(descrambler)의 입력으로 주어질 때 출력은 원 신호 열 S가 됨을 증명하시오.

7.4-2 그림 7.4-2는 비화기이다. 대응하는 역비화기를 설계하시오. 만약 신호 열 $S=$ **101010100000111**가 이 비화기의 입력으로 주어질 때, 출력 신호 열 T를 결정하시오. 이 결정된 T가 역비화기에 입력되면 출력은 S가 됨을 증명하시오.

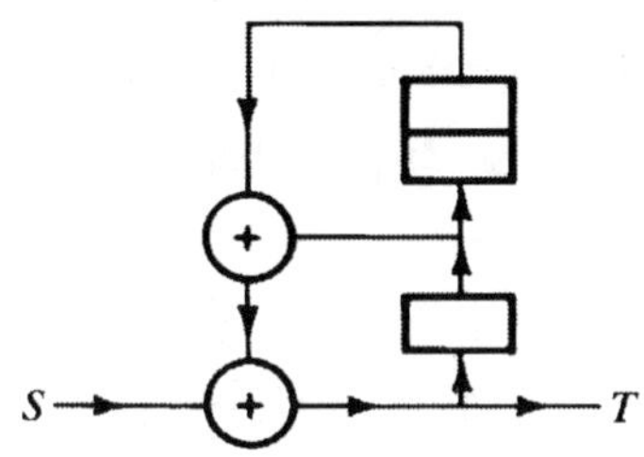

▸▸ 그림 P7.4-2

7.4-3 그림 P7.4-3에 주어진 비화기가 복합 비화기를 구축하기 위해 그림 P7.4-2의 비화기에 연계되어 질 때, 위 7.4-2의 문제를 반복하시오.

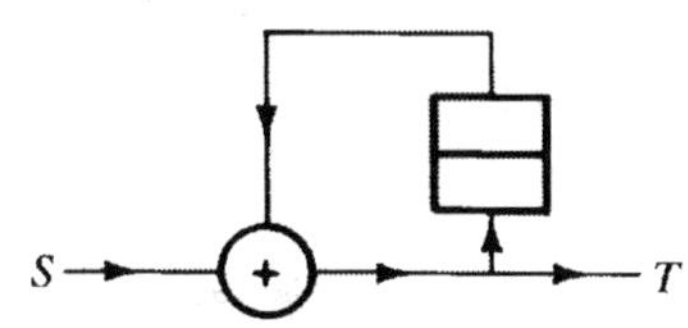

▸▸ 그림 P7.4-3

7.5-1 나이퀴스트 조건 펄스를 사용하는 어떤 2진 통신 시스템에서 수신된 펄스 $p_r(t)$(그림 7.22a 참조)는 다음과 같은 표본화 값을 가진다.

$$p_r(0) = 1$$

$$p_r(T_b) = 0.1 \qquad p_r(-T_b) = 0.3$$

$$p_r(2T_b) = -0.02 \qquad p_r(-2T_b) = -0.07$$

(a) 3-탭 0-강요 등화기의 탭값을 결정하시오.
(b) (a)의 등화기를 사용하여 나머지 0이 아닌 ISI 값을 구하시오.

7.7-1 M=16인 PAM 방식에서
(a) ISI가 없을 경우, 전송률이 12,000 bit/s일 때, 요구되는 최소 전송 대역폭은 얼마인가?
(b) roll-off 계수 r=0.2인 나이퀴스트 조건 펄스를 데이터 전송에 사용할 경우, 전송 대역폭은 얼마인가?

7.7-2 대역폭이 4 kHz인 음성신호가 나이퀴스트율보다 25% 높은 속도로 표본화되고 양자화되었다. 양자화 오류가 신호 최대 크기의 0.1%를 초과하지 않으며, 양자화된 값들은 4진 펄스로 부호화된 후 전송된다.
(a) 각 표본들을 부호화하기 위한 4진 펄스의 최소 개수를 구하라.
(b) ISI가 없을 경우에 이 데이터를 전송하기 위해 요구되는 최소 전송 대역폭을 결정하라.
(c) 25%의 roll-off를 가진 나이퀴스트 조건 4진 펄스를 사용하여 데이터를 전송할 경우 전송 대역폭은 얼마인가?

7.7-3 2진 데이터가 R_b bit/s로 전송되고 있다. 전송 대역폭을 줄이기 위해서 16진 PAM 신호 방식을 사용하여 데이터를 전송하기로 했을 경우,
(a) 어떤 요소에 의해서 대역폭이 줄어드는가?
(b) 펄스 진폭 사이에서 최소 간격은 같다고 했을 때 어떤 요소에 의해서 전송된 전력이 증가되는가?

**힌트 : $\pm A/2, \pm 3A/2, \pm 5A/2, \ldots, \pm[(M-1)/2]A$ 인 펄스 진폭들은 최소 간격이 A이다. (2진 펄스의 $\pm A/2$와 같이). 16개 모두 발생할 확률이 같다고 가정한다. 또한 펄스를 k배 크게 하면 그 에너지는 k^2배 됨을 기억하자.

7.7-4 대역폭이 10 kHz인 오디오 신호가 24 kHz의 표본화율로 표본화되고, 256 레벨로 양자화된 후 roll-off 계수 r=0.2를 가진 나이퀴스트 조건을 만족시키는 M진 PAM 펄스를 사용하여 부호화되었다. 전송 가능한 대역폭이 30 kHz일 때, 최선의 M 값은 얼마인가?

7.7-5 데이터 전송률이 R_b bit/s이고, 크기가 $A/2$과 $-A/2$인 절반폭 구형파 펄스를 사용한 분극 신호 방식으로의 2진 전송을 고려하자.

(a) 최소 대역폭과 전송된 전력은 얼마인가?

(b) 이 데이터는 진폭이 $\pm A/2$, $\pm 3A/2$, $\pm 5A/2$, . . . , $\pm[(M-1)/2]A$인 M진 절반폭 구형파 펄스에 의해서 전송된다. 같은 잡음을 유지하기 위하여 최소 펄스 진폭 간격을 A라 하자. 만약 M진 펄스 각각 똑같은 확률로 발생한다고 했을 때 전송 파워가 다음과 같이 됨을 보여라.

$$P = \frac{(M^2-1)A^2}{24\log_2 M}$$

또한 전송 대역폭을 구하여라.

7.8-1 그림 P7.8-1은 2진 데이타 전송을 보여준다. 기저 대역 신호 발생기는 최대폭 펄스와 분극 신호 방식을 사용하고, 데이터 전송률은 1 Mbit/s이다.

(a) 변조기가 PSK신호를 발생한다면, 변조된 출력의 대역폭은 얼마인가?

(b) 변조기가 $f_{c1}-f_{c0}$ = 100 kHz(그림 7.32c 참조)인 FSK 신호를 발생시킨다면, 변조된 신호의 대역폭은 얼마인가?

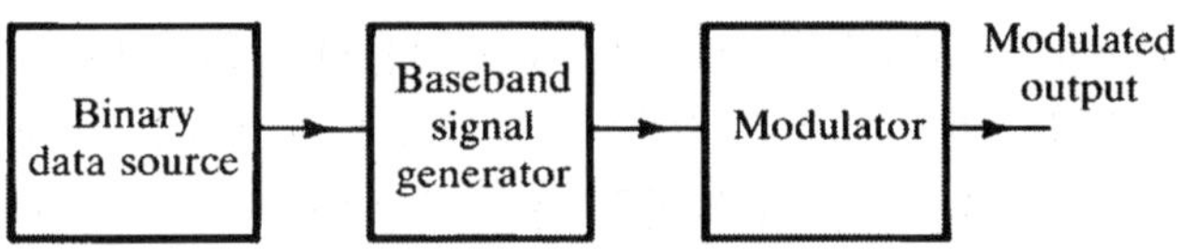

▸▸ 그림 P7.8-1

7.8-2 최대폭 펄스대신에, r=0.2인 나이퀴스트 조건 펄스를 사용할 때에 문제 7.8-1을 다시 푸시오.

7.8-3 M=4(최대폭 펄스인 PAM 신호방식)인 다치 진폭 방식을 사용하여 문제 7.8-1을 반복하라. FSK[문제 7.8-1의 (b)]에서 진폭 크기는 100 kHz의 주파수 간격으로 전송된다고 가정하라.

08 확률이론의 기초

지금까지 우리는 어느 주어진 시간 t에서 수식이나 그림으로 표현할 수 있는 신호들에 대하여 공부하였다. 이러한 신호를 결정 신호(deterministic signal)라 하며, 이 신호들은 어느 시간 t가 주어지면 그 값을 정확히 알 수 있음을 의미한다. 이렇게 정확하게 표현되는 신호들은 어떤 정보를 내포할 수 없다. 정보가 불확실성과 관련이 있다는 것은 13장에서 공부하기로 하자. 수신되는 신호(혹은 메시지)의 불확실성이 높으면 높을수록 그 속에 포함되는 정보의 양은 더 많아진다. 만일 수신되는 메시지를 구별할 수 있다면(즉 그것을 미리 알고 있다면), 그것은 불확실성을 포함한 것이 아니며, 따라서 수신자에게 새로운 정보를 전달하지 않는다. 그러므로 정보를 전달하는 신호는 반드시 예측할 수 없어야 한다. 정보를 포함하는 신호 외에도, 시스템에서 정보신호를 교란하는 잡음신호도 예측할 수 없는 신호이다(그렇지 않다면 이 신호는 간단히 제거될 수 있다). 이러한 예측할 수 없는 메시지 신호나 잡음의 파형들은 통신시스템들과 그들의 분석에 중요한 역할을 하는 랜덤 프로세스(random processes)의 예이다.

불규칙(random)한 현상들은 (메시지 혹은 잡음신호들에서와 같이) 복잡한 생성 구조를 간략화한다거나, (양자 역학과 같은) 어떤 현상을 지배하는 법칙 그 자체가 원래 불규칙하기 때문에 발생한다. 주사위 놀이를 하는 상황이라 하자. 만일 우리가 예를 들어, 던지는 각도라든지, 바닥의 재질이라든지, 던지는 힘 등과 같은 모든 조건을 정확하게 알 수만 있다면, 그 결과를 예측하는 것은 가능하다. 하지만, 그토록 정확하게 해석하기란 모든 조건들에 대하여 너무도 복잡하고 너무도 민감해서 실제적인 분석이 불가능하며, 우리는 평균을 바탕으로 한 대강의 결과를 예측하는 것만으로도 만족한다. 따라서 불규칙한 현상들은 모든 조건들을 정확하게 다루는 것이 비현실적이거나 또는 그렇게 노력을 할 가치가 없기 때문에 우리는 그것을 정확하고 완벽하게 해석하고 싶지 않은 마음으로부터 생긴다는 것을 알 수 있다.

이제, 랜덤 프로세스를 표현하는 기초가 되는 확률이론의 기초적인 개념들을 복습하면서 이 장을 시작하기로 하자.

8.1 확률의 개념

확률에 대해 논의하기 위하여, 우리는 몇 가지 기본적인 요소들과 중요한 용어들을 정의하여야만 한다. 실험(experiment)이란 용어는 만일 그 실험이 수행되는 조건이 충분히 정확하고 완벽하게 미리 결정될 수 없기 때문에 그 결과를 정확하게 예측할 수 없는 어떤 과정을 설명하기 위한 확률 이론에서 사용된다. 동전 던지기, 주사위 놀이, 카드 뽑기 등이 그러한 실험의 예들이다. 하나의 실험은 구분이 가능한 여러 가지의 결과(outcomes)를 가질 수 있다. 예를 들어, 주사위 놀이는 여섯 가지의 가능한 구별되는 결과(1,2,3,4,5,6)를 가진다. 사건(events)은 어떤 공통적인 특성을 공유하는 결과들의 집합이다. 만일 실험의 결과가 그 사건을 정의하는 결과들의 어느 특정한 부분집합에 속한다면 하나의 사건이 일어난 것이다. 예를 들어, 주사위 놀이의 실험에서, "한 번 던졌을 때 홀수일" 사건은 세 가지 결과(1,3,5) 중 하나에서 나올 수 있다. 따라서 이 사건은 세 가지의 결과(1,3,5)로 이루어진 하나의 집합이다. 그러므로 사건은 우리가 구분하려고 선택한 결과들만을 모아 놓은 것이다. 이러한 실험(experiment), 결과(outcomes) 그리고 사건(events) 등의 개념은 확률이론의 기본적인 바탕을 이룬다. 이러한 개념들은 집합이론의 개념을 이용하면 더 쉽게 이해할 수 있다.

우리는 표본 공간(sample space, S)을 한 실험에서 각각으로 구분할 수 있는 모든 가능한 결과들의 모음(collection)으로 정의한다. 다르게 말하자면, 표본 공간(sample space, S)은 실험(experiment)을 설명한다. 각각의 결과는 이 공간 S의 한 원소(element) 혹은 표본값(sample point)이며, 표본 공간에서의 한 점으로 편리하게 표현될 수 있다. 예를 들어 주사위 놀이와 같은 실험에서, 표본 공간은 여섯 개의 표본값 ζ_1, ζ_2, ζ_3, ζ_4, ζ_5, ζ_6로 표현되는 여섯 원소들로 구성된다. 여기서 ζ_i는 "숫자 i가 나오는" 결과를 나타낸다(그림 8.1). 한편, 사건은 S의 부분집합이다. "홀수가 나올" 사건 A_o는 S의 부분집합이다(즉, 표본값 ζ_1, ζ_3, ζ_5 로 된 집합이다). 마찬가지로, "짝수가 나올" 사건 A_e도 S의 또 다른 부분집합이다(즉, 표본값 ζ_2, ζ_4, ζ_6 로 된 집합이다).

$$A_o = (\zeta_1,\ \zeta_3,\ \zeta_5) \qquad\qquad A_e = (\zeta_2,\ \zeta_4,\ \zeta_6)$$

여기서, "4와 같거나 작은 수가 나올" 사건을 B라고 하자. 그러면,

$$B = (\zeta_1,\ \zeta_2,\ \zeta_3,\ \zeta_4)$$

이다. 이 사건들을 그림 8.1에 표시해 놓았다. 하나의 결과는 단 하나의 원소를 갖는 S의 부분집합이기 때문에 하나의 결과 역시 하나의 사건이 될 수 있다.

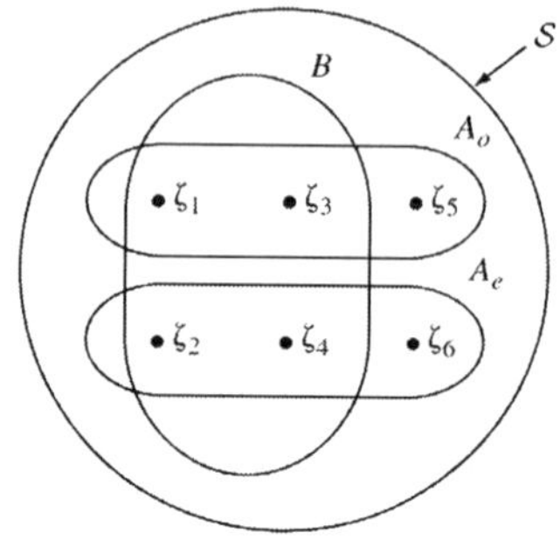

▶▶ 그림 8.1 하나의 주사위를 던질 때의 표본 공간

어떤 사건 A 의 역(complement)을 A^c 로 표시하며, 이것은 A에 있지 않은 모든 점을 포함하는 사건이다. 따라서, 그림 8.1에 있는 사건 B에 대하여, $B^c=(\zeta_5, \zeta_6)$, $A_o^c = A_e$, $A_c^e = A_o$이다. 표본값을 갖지 않는 사건은 공사건(null event)이라 하고, Ø로 표기하며, S^c 와 같다.

사건 A 와 B의 합집합(union)은 $A \cup B$로 표기하고, A 와 B에 있는 모든 점들을 포함하는 사건이다. 이것은 사건 "A 또는 B의 결과"를 가지는 것으로 표현되는 사건이다. 그림 8.1에 있는 사건들에 대하여,

$$A_o \cup B = (\zeta_1, \zeta_3, \zeta_5, \zeta_2, \zeta_4)$$
$$A_e \cup B = (\zeta_2, \zeta_4, \zeta_6, \zeta_1, \zeta_3)$$

이다. 합 연산은 교환법칙이 성립함을 관찰할 수 있다.

$$A \cup B = B \cup A \tag{8.1}$$

두 사건 A와 B의 교집합(intersection)은 A와 B에 공통으로 속하는 점(points)들을 포함하는 사건이며, $A \cap B$ 혹은 간단히 AB로 표시한다. 이것은 "결과가 A와 B에 동시에 있는" 사건이며, 다른 표현으로 결합사건(joint event) $A \cap B$라고도 한다. 따라서 앞의 예에서 "짝수이고 4와 같거나 작은 수"가 나올 사건 A_eB는 집합(ζ_2, ζ_4)가 되며, 비슷하게 A_oB에 대해서도

$$A_eB = (\zeta_2, \zeta_4) \qquad A_oB = (\zeta_1, \zeta_3) \tag{8.1}$$

이다. 한편, 교집합 역시 교환법칙이 성립한다.

$$A \cap B = B \cap A \tag{8.2}$$

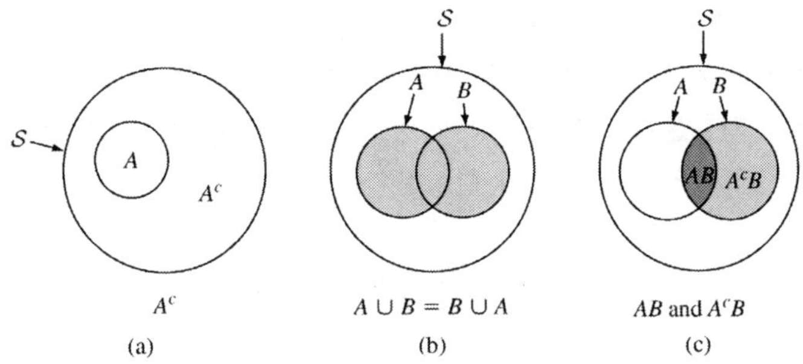

▸▸ 그림 8.2 (a) 역 (b) 합집합 (c) 교집합 사건의 표현

이러한 모든 개념들을 밴 다이어그램(Venn diagram)으로 표현할 수 있다(그림 8.2). 만일 사건 A와 B가

$$A \cap B = \emptyset \tag{8.3}$$

이라면, A와 B는 배반(disjoint) 혹은 상호불포함(mutually exclusive) 사건이라 한다. 이것은 사건 A와 B가 동시에 일어날 수 없음을 의미한다. 그림 8.1에서 사건 A_e와 A_o는 상호불포함이며, 어떤 경우에도 A_e가 발생하면 A_o는 동시에 일어날 수 없고, 그 반대도 마찬가지이다.

○ 상대 빈도와 확률

비록 한 실험의 결과는 예측할 수 없지만, 그 결과에 대한 통계적 규칙성(statistical regularity)은 존재한다. 예를 들어 동전을 아주 여러 번 던지면 그 결과의 약 반은 앞면(head)이 나오고, 그 나머지는 뒷면(tail)이 나온다. 따라서, 우리는 두 결과인 앞면과 뒷면의 상대적 빈도는 1/2이라고 할 수 있다. 이러한 상대 빈도는 어떤 특정한 사건의 유사도(likelihood)를 나타낸다.

어떤 한 실험에서 관심이 있는 사건 중에 한 사건을 A라고 하자. 만일 이 실험을 N번 독립 시행(independent trials)*하였을 때, 사건 A가 나온 횟수를 $N(A)$라고 하면, 그 비율은

$$f(A) = \lim_{N \to \infty} \frac{N(A)}{N} \tag{8.4}$$

이며, 이것을 사건 A의 상대 빈도(relative frequency)라고 한다. 작은 값의 N에 대하여 관찰하면 분수 $N(A)/N$은 N에 따라서 많은 차이가 날 것이다. 하지만 N이 커지면서

* 동일한 조건에서의 시행들

그 비율은 통계적 규칙성에 의해 어떤 한 수로 수렴할 것이다.

어떤 사건의 확률은 그 사건의 상대 빈도와 같은 의미를 내포하고 있다. 따라서, 우리는 각 사건의 확률을 그 사건의 상대 빈도로써 추정한다.* 그러므로, 사건 A에 대하여, 우리는 확률 P(A)를 다음과 같이 할당한다.

$$P(A) = \lim_{N \to \infty} \frac{N(A)}{N} \tag{8.5}$$

식 (8.5)로부터, 다음과 같은 사실을 알 수 있다.

$$0 \le P(A) \le 1 \tag{8.6}$$

예제 8.1

그림 8.1에서 여섯 가지 결과에 대해 각각의 확률을 할당하시오.

풀이 그 많은 수의 독립 시행을 할 때 여섯 가지 결과의 각각은 거의 같으므로(equally likely), 각 결과는 전체 시행의 1/6로 나타날 것이다. 따라서, 각 결과의 확률은 다음과 같이 할당할 수 있다.

$$P(\zeta_i) = \frac{1}{6} \qquad i = 1,\ 2,\ 3,\ 4,\ 5,\ 6 \tag{8.7}$$

이제 한 실험의 두 가지 사건 A와 B를 생각해보자. 여기서 우리는 이 실험을 N번 독립 시행하였을 때 사건 A와 B가 각각 $N(A)$와 $N(B)$번 일어났다고 가정한다. 만일 A와 B가 상호불포함(mutually exclusive, or disjoint)일 때, 사건 A가 일어나면 사건 B는 일어나지 않고 그 반대도 마찬가지이다. 따라서, 사건 $A \cup B$는 $N(A)+N(B)$번 일어나고, 다음과 같은 확률을 갖게 된다.

$$\begin{aligned} P(A \cup B) &= \lim_{N \to \infty} \frac{N(A) + N(B)}{N} \\ &= P(A) + P(B) \qquad \text{if } A \cap B = \emptyset \end{aligned} \tag{8.8}$$

* 상대 빈도에 의해 확률을 정의하려는 것이 아님을 명심하자. 하나의 주어진 사건에 대해 우리는 단지 그 사건의 상대 빈도와 똑같이 확률을 할당한다. 현대 확률이론은 수학의 한 분야로서 확률의 공리로부터 시작한다[식 (8.6), (8.8), (8.11)]. 한 사건에 대하여 어떤 방법으로 확률을 할당할 것인지는 관여치 않는다. 어떤 식으로 이 확률들이 할당될지를 가정한다. 우리가 생각하는 확률이라는 말과 가장 가깝다고 생각하는 의미로서 우리는 상대 빈도를 확률로 할당하려는 것이다.

이 결과는 두 개 이상의 상호불포함 사건들에 대해서도 확장시킬 수 있다. 다르게 말하자면, 만일 사건들 $\{A_i\}$가

$$A_i \cap A_j = \emptyset \qquad i \neq j$$

와 같이 상호불포함이면,

$$P\left(\bigcup_i A_i\right) = \sum_i P(A_i)$$

이다.

● 예제 8.2

그림 8.1에서 사건 A_e, A_o, B, A_eB, A_oB의 확률을 할당하시오.

풀이 $A_e = (\zeta_2 \cup \zeta_4 \cup \zeta_6)$인데 ζ_2, ζ_4, ζ_6은 서로 상호불포함 관계이므로 확률은 다음과 같다.

$$P(A_e) = P(\zeta_2) + P(\zeta_4) + P\zeta_6)$$

그러므로 식 (8.7)에서

$$P(A_e) = \frac{1}{2} \tag{8.9a}$$

마찬가지로

$$P(A_o) = \frac{1}{2} \tag{8.9b}$$

$$P(B) = \frac{2}{3} \tag{8.9c}$$

그림 8.1로부터

$$A_eB = \zeta_2 \cup \zeta_4$$

이고

$$P(A_eB) = P(\zeta_2) + P(\zeta_4) = \frac{1}{3} \tag{8.10a}$$

마찬가지로

$$P(A_o B) = \frac{1}{3} \tag{8.10b}$$

이다.

한편, 다음과 같은 식도 성립한다.

$$P(\mathcal{S}) = 1 \tag{8.11}$$

이 결과는 상대 빈도를 이용하여 증명할 수 있다. 한 실험이 N번(N은 아주 큰 수임) 반복된다고 하자. S는 모든 가능한 결과들의 합집합이므로 모든 시행에서 S가 발생한다. 따라서 N번 시행에 N번 발생은 사건 S가 되기 때문에, 위 식과 같은 결과를 얻는다.

● 예제 8.3

두 개의 주사위를 던질 때, 두 숫자의 합이 7이 될 확률을 구하시오.

풀이 이 실험에서 표본 공간은 36가지의 가능한 결과가 있으므로 36개의 표본값(sample point)을 가지고 있다. 모든 결과는 똑같이 비슷하다(equally likely). 따라서 각 결과의 확률은 1/36이다. 합이 7이 되기 위하여 가능한 조합들: (1,6), (2,5), (3,4), (4,3), (5,2), (6,1). 따라서 "7이 될" 사건은 이들 여섯 가지 결과의 합집합이며, 각각의 확률은 1/36이다. 그러므로 구하는 확률은 다음과 같다.

$$P(\text{"a seven is thrown"}) = \frac{1}{36} + \frac{1}{36} + \frac{1}{36} + \frac{1}{36} + \frac{1}{36} + \frac{1}{36} = \frac{1}{6}$$

● 예제 8.4

동전을 연속하여 네 번 던진다. 이때 앞면이 정확하게 두 번만 나올 확률을 구하시오.

풀이 총 2^4=16가지의 서로 다른 결과가 가능하며, 상황이 대칭적이므로 그 모든 결과가 똑같이 비슷하다. 따라서 표본 공간은 16개의 점으로 구성되며 각각의 확률은 1/16이다. 16가지의 결과는 다음과 같다:

$$
\begin{array}{rr}
HHHH & TTTT \\
HHHT & TTTH \\
HHTH & TTHT \\
\longrightarrow HHTT & \longrightarrow TTHH \\
HTHH & THTT \\
\longrightarrow HTHT & \longrightarrow THTH \\
\longrightarrow HTTH & \longrightarrow THHT \\
HTTT & THHH
\end{array}
$$

이들 16가지 중에서 여섯 경우가 "정확하게 두 번만 나올" 사건이다(화살표로 표시됨). 그리고 이 여섯 가지 결과들은 서로 상호불포함이므로 확률은 다음과 같다.

$$P(\text{obtaining exactly two heads}) = \frac{6}{16} = \frac{3}{8}$$

예제 8.4에서 모든 가능한 결과들을 기록하는 것은 동전을 던지는 횟수가 증가함에 따라 금방 불가능해지게 된다. 예를 들어, 만일 동전을 열 번만 던진다고 하더라도 나올 수 있는 결과의 총 가짓수는 1024가 된다. 좀 더 편리한 방법으로는 베르누이 시행(Bernoulli trials)에서 사용되는 조합 해석학(combinatorial analysis)의 결과를 이용하는 것이다.

○ 조건 확률과 독립 사건

조건 확률: 한 사건의 확률이 다른 사건의 결과에 의해 영향을 받는 상황이 흔히 발생한다. 예로써, 한 벌의 카드에서 연속하여 두 장의 카드를 뽑는다고 가정하자. 사건 A를 첫 번째 뽑은 카드가 에이스(ace)인 사건이라 하자. 우리는 첫 번째 시행에서 뽑은 카드를 다시 제 자리에 넣을 수 없다. 사건 B를 두 번째 뽑은 카드가 에이스인 사건이라 하자. 이 때 첫 번째 뽑은 결과에 의해서 두 번째 시행에서 에이스를 뽑을 확률은 당연히 영향을 받는다. 만일 첫 번째 뽑은 것이 에이스가 아니라면, 두 번째 시행에서 에이스를 뽑을 확률은 $\frac{4}{51}$가 된다. 그러므로 사건 B의 확률은 사건 A가 일어났느냐에 좌우된다. 이제 우리는 사건 A가 일어났음을 알았을 때 사건 B가 일어날 확률을 나타내기 위하여 조건 확률(conditional probability) $P(B \mid A)$를 소개한다. $P(B \mid A)$는 "A가 주어졌을 때 B의 확률"이라고 읽는다.

어떤 실험을 N번 실행하였으며, 사건 A가 n_1번 일어났다고 하자. 이 n_1번 가운데서 사건 B가 n_2번 일어났다. 이럴 때 n_2는 결합 사건(joint event) $A \cap B$가 발생한 횟수라는 것이 분명하다(그림 8.2c). 즉,

$$P(A \cap B) = \lim_{N\to\infty}\left(\frac{n_2}{N}\right) = \lim_{N\to\infty}\left(\frac{n_1}{N}\right)\left(\frac{n_2}{n_1}\right)$$

여기서 $\lim_{n\to\infty}\left(\frac{n_1}{N}\right) = P(A)$이다. 또한, $\lim_{n\to\infty}\left(\frac{n_2}{n_1}\right) = P(B \mid A)$이며,* 이것은 사건 A가 일어난 횟수 n_1번 중에서 사건 B가 n_2번 일어났기 때문이다. 그러므로

$$P(A \cap B) = P(A)P(B|A) \tag{8.12}$$

이 되며

$$P(B|A) = \frac{P(A \cap B)}{P(A)} \qquad \text{provided } P(A) > 0 \tag{8.13a}$$

마찬가지로 다음과 같이 구할 수 있다.

$$P(A|B) = \frac{P(A \cap B)}{P(B)} \qquad \text{provided } P(B) > 0 \tag{8.13b}$$

식 (8.13)으로부터

$$P(A|B) = \frac{P(A)P(B|A)}{P(B)} \tag{8.14a}$$

$$P(B|A) = \frac{P(B)P(A|B)}{P(A)} \tag{8.14b}$$

식 (8.14)를 Bayes 법칙(Bayes' rule)이라 한다. Bayes 법칙에서 하나의 조건 확률은 상반된 조건 확률(reversed conditional probability)로 표현된다.

● 예제 8.5

한 벌의 카드에서 연속하여 두 장의 카드를 뽑는 실험을 한다(한 번 뽑은 카드는 다시 넣지 않는다). 두 번을 뽑을 때 두 장의 빨간 에이스를 뽑을 확률을 구하시오.

---

* 여기서 우리는 $N\to\infty$임에 따라 $n_1\to\infty$라고 포괄적으로 가정하였다. $\lim_{n\to\infty}\frac{n_1}{N} \neq 0$ [즉, $P(A) \neq 0$이라는 가정하에서만 성립한다.

풀이 사건 A와 B를 각각 "첫 번째에서 빨간 에이스"와 "두 번째에서 빨간 에이스"를 뽑을 사건이라고 하자. 우리가 구하고자 하는 확률 $P(A \cap B)$는

$$P(A \cap B) = P(A)P(B|A)$$

이며, A의 상대 빈도는 2/52 = 1/26이므로

$$P(A) = \frac{1}{26}$$

이다. 한편, $P(B \mid A)$는 첫 번째에 빨간 에이스를 뽑은 후 두 번째에 다시 빨간 에이스를 뽑을 확률이다. 이 사건의 상대 빈도는 1/51이다.

$$P(B|A) = \frac{1}{51}$$

그러므로, 구하는 확률은 다음과 같다.

$$P(A \cap B) = \left(\frac{1}{26}\right)\left(\frac{1}{51}\right) = \frac{1}{1326}$$

독립 사건 : 조건 확률에서 한 사건이 다른 사건의 발생 여부에 따라 영향을 받는 경우를 살펴보았다. 물론 둘 혹은 그 이상의 사건들이 서로 독립적인 경우도 많이 있다; 즉, 한 사건의 발생이 전혀 다른 사건의 발생에 영향을 주지 않는 것이다. 두 장의 카드를 뽑는 경우의 예를 다시 들어보자. 이번에는 두 번째 카드를 뽑기 전에 첫 번째 뽑은 카드를 전체 카드에 다시 넣어서 섞는다. 이 경우에는 두 번째 뽑은 결과는 첫 번째 뽑은 결과에 전혀 영향을 받지 않는다. 그러므로, 두 번째에 에이스를 뽑을 확률 $P(B)$는 (첫 번째 에이스를 뽑을 사건) A와 무관하게 된다. 따라서 사건 A와 B는 독립(independent)이다. 조건 확률 $P(B \mid A)$는 $P(B)$가 된다.

다음을 만족하면 사건 B는 사건 A와 독립(independent)이다.

$$P(A \cap B) = P(A)P(B) \tag{8.15a}$$

만일 사건 A와 B가 독립이라면, 식 (8.13a)와 (8.15a)로부터 다음 식이 성립한다.

$$P(B|A) = P(B) \tag{8.15b}$$

이 관계식은 만일 B가 A에 독립이면 그 확률은 A에 영향을 받지 않음을 나타낸다. 당연히 만일 사건 B가 사건 A에 독립이면, 사건 A는 B에 역시 독립이다. 이것은 식 (8.14)로부터

$$P(A|B) = P(A) \tag{8.15c}$$

임을 볼 수 있다.

독립 사건(independent events)과 배반 사건(mutually exclusive events) 사이에는 아주 큰 차이가 있음을 유의하자. 만일 A와 B가 상호 배반(mutually exclusive)이면, $A \cap B$은 공집합(empty)이고, $P(A \cap B) = 0$이다. 만일 A와 B가 상호 배반이면, A와 B는 동시에 일어날 수 없다. 이것은 이들이 서로 독립적이지 않은 사건들임을 분명하게 의미한다.

○ 베르누이 시행

베르누이 시행(Bernoulli trials)에서, 만일 어떤 사건 A가 일어나면, 우리는 그것을 "성공"이라 부른다. 만일 $P(A) = p$라면, 성공의 확률은 p이다. 만일 q를 실패의 확률이라 하면, $q = 1 - p$이다. 이제 n번의 (베르누이) 시행에서 k번 성공할 확률을 구해보자. 각 시행의 결과는 다른 시행의 결과에 대해 독립이다. n번의 시행에서 k번 성공하면 실패는 분명히 $n - k$번 일어난다. 각 시행의 결과는 독립적이라고 하였으므로 이 사건의 확률은 $p^n(1-p)^{n-k}$, 즉

$$P(k \text{ successes in a specific order in } n \text{ trials}) = p^k(1-p)^{n-k}$$

이다. 하지만 "n번의 시행에서 k번 성공"할 사건은 여러 가지 방법(순서)으로 일어날 수 있다. 이것은 조합 이론에서 잘 알려진 바와 같이 n개 중에서 k개를 뽑을 경우의 수(n번의 시행에서 k번 성공하는 경우의 수와 같은)는

$$\binom{n}{k} = \frac{n!}{k!(n-k)!} \tag{8.16}$$

이다.

이것은 다음과 같이 증명할 수 있다. 1부터 n까지 표시된 n개의 구별이 가능한 공이 항아리에 있다고 하자. 뽑은 공은 다시 넣지 않기로 하고 k개의 공을 뽑는다고 가정하자. 첫 번째 공은 분명히 n개 중의 하나일 것이다. 두 번째 공은 나머지 $n - 1$개 중의 하나이다. 이와 같이 계속해 나가면, k개의 공을 뽑을 수 있는 모든 경우의 수는 다음과 같다.

$$n(n-1)(n-2)\ldots(n-k+1) = \frac{n!}{(n-k)!}$$

다음으로, 임의의 한 방법으로 뽑은 k개의 공만을 생각하자. 이 공들은 여러 가지의 순서로 배열될 수 있다. k개 중의 한 개를 1 번이라 하자. 그리고 나머지 $k-1$개 중의 하나를 2 번이라 하자. 이렇게 계속하여 가면 k개의 공으로 만들 수 있는 총 배열의 가지 수는 $k(k-1)(k-2)\cdots 1 = k!$이다. n개 중에서 k개를 뽑을 경우의 총 가지수는 $n!/(n-k)!$이다. 하지만 이 중에서 많은 경우는 같은 k개를 가지고 순서만 다르게 하였다. 순서를 고려하지 않고 n개 중에서 k개를 뽑을 경우의 수는 $n!/(n-k)!$ 나누기 $k!$ 이다. 이것은 식 (8.16)에 의해 정확하게 정의된다.

이것은 n번의 시행에서 k번 성공할 확률은 다음과 같음을 의미한다.

$$\begin{aligned} P(k \text{ successes in } n \text{ trials}) &= \binom{n}{k} p^k (1-p)^{n-k} \\ &= \frac{n!}{k!(n-k)!} p^k (1-p)^{n-k} \end{aligned} \tag{8.17}$$

동전을 던져서 앞면이 나오는 수를 관찰하는 것은 $p=0.5$를 갖는 베르누이 시행과 같다. 따라서, n번을 던져서 k번 앞면이 나올 확률은 다음과 같다.

$$P(k \text{ heads in } n \text{ tosses}) = \binom{n}{k} (0.5)^k (0.5)^{n-k} = \frac{n!}{k!(n-k)!} (0.5)^n$$

● 예제 8.6

2진 대칭 채널(binary symmetric channel, BSC)은 오류 확률이 P_e이다(즉, 1을 보냈을 때 0을 받을 확률 또는 그 반대의 확률이 P_e이다). 채널 특성이 0과 1에 대하여 대칭임을 유의하자. 따라서

$$P(\mathbf{0}|\mathbf{1}) = P(\mathbf{1}|\mathbf{0}) = P_e$$

이고

$$P(\mathbf{0}|\mathbf{0}) = P(\mathbf{1}|\mathbf{1}) = 1 - P_e$$

이다. 여기서 $P(y \mid x)$는 x를 전송했을 때 y를 수신할 확률을 의미한다. 이 채널을 통하여 n비트를 전송할 때, 정확히 k비트 오류가 수신될 확률을 구하시오.

풀이 각 비트의 수신은 다른 비트와는 독립적이다. 이것은 성공 확률 $p=P_e$를 갖는 베르누이 시행의 한 예이다(여기서 “성공”은 수신된 비트가 오류임을 의미한다). 따라서 n번의 시행에서 k번 성공할(n비트에서 k비트 오류) 확률은 다음과 같다.

$$P(\text{receiving } k \text{ out of } n \text{ digits in error}) = \binom{n}{k} P_e^k (1-P_e)^{n-k}$$

예를 들어, 만일 $P_e = 10^{-5}$이라면, 여덟 비트 중에서 두 비트 오류가 날 확률은 다음과 같다.

$$\binom{8}{2}(10^{-5})^2(1-10^{-5})^6 \simeq \frac{8!}{2!\,6!}10^{-10} = (2.8)10^{-9}$$

● 예제 8.7

• PCM 리피터의 오류 확률

PCM에서 재생 리피터는 (잡음으로 인하여 사라지기 전에) 펄스를 검출하여 새롭게 깨끗한 신호를 재전송한다. 이것은 잡음과 펄스왜곡의 축적을 방지하기 위함이다.

PCM 채널이 n개의 동일한 링크로 직렬연결 되어 있다(그림 8.3). 각 링크의 끝에서 펄스를 검출하고 깨끗한 새신호를 다음 링크로 재전송한다. 만일 어떤 한 링크에서 한 펄스에 오류가 생길 확률이 P_e라면, 전체의 채널(직렬로 연결된 n개 링크)에서 한 펄스가 오류가 생길 확률 P_E가 다음과 같음을 보이시오.

$$P_E \simeq nP_e \qquad nP_e \ll 1$$

▸▸ 그림 8.3 PCM 리피터

풀이 한 링크에서 그리고 전체 채널(직렬로 연결된 n개 링크)에서 한 펄스를 정확하게 받을 확률은 각각 1−P_e와 1−P_E이다. 한 펄스가 전체 채널을 통하여 정확하게 수신되는 경우는 모든 링크에서 정확하게 검출되거나 혹은 짝수 개의 링크에서 오류가 생기는 경우이다.

$$\begin{aligned}1-P_E = {} & P(\text{correct detection over all links}) \\ & + P(\text{error over two links only}) \\ & + P(\text{error over four links only}) + \cdots \\ & + P\left(\text{error over } 2\left\lfloor \frac{n}{2} \right\rfloor \text{ links only}\right)\end{aligned}$$

여기서 $\lfloor a \rfloor$ 는 a보다 작거나 같은 최대 정수이다. 각 링크에서의 펄스 검출은 다른 링크에 독립적이기 때문에(예 8.6 참조),

$$P(\text{correct detection over all } n \text{ links}) = (1 - P_e)^n$$

이고

$$P(\text{error over } k \text{ links only}) = \frac{n!}{k!(n-k)!} P_e^k (1 - P_e)^{n-k}$$

따라서,

$$1 - P_E = (1 - P_e)^n + \sum_{k=2,4,6,\ldots}^{\alpha} \frac{n!}{k!(n-k)!} P_e^k (1 - P_e)^{n-k}$$

실제 상황에서는 $P_e \ll 1$이므로 위 식의 오른쪽 항에서 처음 두 항까지만 유효하다. 그리고 $(1-P_e)^{n-k} \simeq 1$이므로 다음과 같이 된다.

$$\begin{aligned} 1 - P_E &\simeq (1 - P_e)^n + \frac{n!}{2!(n-2)!} P_e^2 \\ &= (1 - P_e)^n + \frac{n(n-1)}{2} P_e^2 \end{aligned}$$

만일 $nP_e \ll 1$이면, 두 번째 항 역시 무시할 수 있다.

$$\begin{aligned} 1 - P_E &\simeq (1 - P_e)^n \\ &\simeq 1 - nP_e \qquad nP_e \ll 1 \end{aligned}$$

그리고

$$P_E \simeq nP_e$$

$N(N \to \infty)$개의 펄스를 전송하는 경우를 이용하여 이 결과를 설명할 수 있다. 각 링크마다 NP_e 개의 오류를 발생시키고, 전체의 오류 개수는 약 nNP_e 개가 된다(대략, 한 링크에서 일어나는 오류 펄스들의 일부는 다른 링크에서도 오류일 것이기 때문이다). 따라서 전체 오류 확률은 nP_e 이다.

● 예제 8.8

2진 통신(binary communication)에서 채널의 신뢰도를 높이는 기술 중의 하나는 메시지를 여러 번 반복하여 보내는 것이다. 예를 들어, 각 메시지(0 혹은 1)를 세 번 반복하여 보낼 수 있다. 그러면 전송되는 비트는 000(메시지 0을 위하여) 혹은 111(메시지 1을 위하여)이 된다. 채널 잡음 때문에, 수신되는 것은 세 비트로 만들 수 있는 여덟 가지의 가능한 조합 중 하나가 된다. 전송된 메시지를 알아내기 위한 결정은 다수결 원칙(majority rule)을 따른다. 즉, 만일 세 비트 중 두 비트 이상이 0이라면 결정은 0으로 하는 것이다. 이 방법은 세 비트 중 한 비트의 오류가 발생하여도 정확한 수신을 할 수 있게 된다. 검출 오류(detection error)는 두 비트 이상 오류가 발생한 경우에만 생기게 된다. 만일 한 비트의 오류 확률이 P_e 라면, 이 방법을 이용하였을 때 잘못된 결정을 할 확률 $P(\epsilon)$는 다음과 같다.

$$P(\epsilon) = \sum_{k=2}^{3} \binom{3}{k} P_e^k (1 - P_e)^{3-k}$$
$$= 3P_e^2(1 - P_e) + P_e^3$$

실제 상황에서는 $P_e \ll 1$이므로

$$P(\epsilon) \simeq 3P_e^2$$

예를 들어, $P_e = 10^{-4}$이면 $P(\epsilon) \simeq 3 \times 10^{-8}$이다. 그러므로, 오류 확률은 10^{-4}에서 3×10^{-8}로 줄어들게 된다. 이 방법이 동작하도록 하려면, 홀수 번의 반복을 사용하면 된다.
이 예에서, 정보 전송률을 세 배로 늘리는 대가로 신뢰도를 향상시켰다. 제 14장에서 오류정정부호의 사용을 통하여 전송률과 신뢰도간에 존재하는 상호배반적인 성질에 영향을 주는 더 효율적인 방법이 있음을 보게 될 것이다.

○ 조건 확률에 대한 곱셈규칙

식 (8.12)에서 보는 것처럼, 결합 사건(joint event)을

$$P(A \cap B) = P(A)P(B|A) \tag{8.12}$$

로 쓸 수 있다. 이러한 결합 사건에 대한 규칙은 여러 사건들 $A_1, A_2, \cdots, A_n$에 대하여 반복을 이용하여 일반화시킬 수 있다. 만일 $A_1A_2 \cdots A_n \neq \varnothing$ 이면,

$$P(A_1A_2\cdots A_n) = \frac{P(A_1A_2\cdots A_n)}{P(A_1A_2\cdots A_{n-1})}\cdot\frac{P(A_1A_2\cdots A_{n-1})}{P(A_1A_2\cdots A_{n-2})}\cdots\frac{P(A_1A_2)}{P(A_1)}\cdot P(A_1) \quad (8.18a)$$

$$= P(A_n|A_1A_2\cdots A_{n-1})\cdot P(A_{n-1}|A_1A_2\cdots A_{n-2})\cdots P(A_2|A_1)\cdot P(A_1) \quad (8.18b)$$

이다. 여기서 $A_1A_2\cdots A_n \neq \varnothing$ 이기 때문에 식 (8.18a)의 모든 분모는 양수이며 잘 정의된다.

● 예제 8.9

N_g개의 양호한 다이오드와 N_b개의 불량 다이오드가 들어 있는 다이오드 상자를 가정하자. 만일 뽑은 것을 다시 넣지 않고, 한 번에 하나씩 다섯 개의 다이오드가 무작위로 선택되었다면, "양호, 불량, 양호, 양호, 불량"의 순서로 다이오드를 얻는 확률을 구하라.

풀이 그 i번째 뽑은 것이 양호한 다이오드인 사건을 G_i라고 표기할 수 있다. 우리는 $G_1G_2^cG_3G_4G_5^c$인 사건에 관심이 있다.

$$P(G_1G_2^cG_3G_4G_5^c) = P(G_1)P(G_2^c|G_1)P(G_3|G_1G_2^c)P(G_4|G_1G_2^cG_3)P(G_5^c|G_1G_2^cG_3G_4)$$

$$= \frac{N_g}{N_g+N_b}\cdot\frac{N_b}{N_g+N_b-1}\cdot\frac{N_g-1}{N_b+N_g-2}\cdot\frac{N_g-2}{N_g+N_b-3}\cdot\frac{N_b-1}{N_g+N_b-4}$$

○ 나누고 공략하기: 전체 확률 이론

어떤 특정한 관심이 있는 사건을 분석하는데 있어서, 때로는 계산하기에 너무 많은 다른 결과들이 있기 때문에 그 확률을 계산하기 위한 직접적인 접근 방법이 어려울 수 있다. 그러한 문제를 다룰 때, 흔히 특정한 관심이 있는 사건 B를 이루는 모든 가능한 원인들로 구분하여 나누고 공략하기(divide-and-conquer) 접근법을 채택하는 것이 유리하다. 전체 확률 이론(total probability theory)은 그러한 문제들의 확률을 구하는데 완벽한 도구를 제공한다.

S를 관심을 두는 실험의 표본 공간이라고 정의하자. 그림 8.4에서 보는 것처럼, 전체 표본 공간은 n개의 배반 사건 $A_1, A_2, \cdots, A_n$로 분할(partition)될 수 있다. 이제 이론을 적으면 다음과 같다:

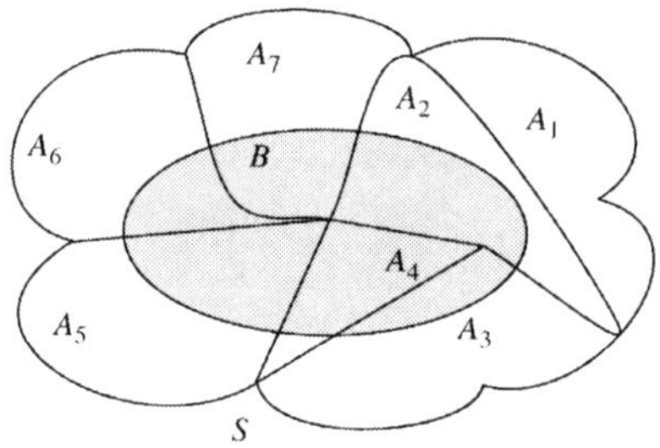

▸▸ 그림 8.4 관심 있는 사건 B와 $\{A_i\}$에 의한 S의 분할

전체 확률 이론 : n개의 배반 사건 $A_1, A_2, \cdots, A_n$ 이 다음과 같이 표본 공간 S를 분할한다고 하자.

$$\bigcup_{i=1}^{n} A_i = S \quad \text{and} \quad A_i \cap A_j = \emptyset, \quad \text{if} \quad i \neq j$$

그러면 사건 B의 확률은 다음과 같이 쓸 수 있다.

$$P(B) = \sum_{i=1}^{n} P(B|A_i)P(A_i)$$

증명 : 이 이론의 증명은 그림 8.4에 근거하면 아주 간단하다. $\{A_i\}$는 S의 분할을 이루기 때문에,

$$\begin{aligned} B &= B \cap S = B \cap (A_1 \cup A_2 \cup \cdots \cup A_n) \\ &= (A_1B) \cup (A_2B) \cup \cdots \cup (A_nB) \end{aligned}$$

이다.

$\{A_i\}$는 배반이기 때문에, $\{A_iB\}$도 그렇다. 따라서

$$P(B) = \sum_{i=1}^{n} P(A_iB) = \sum_{i=1}^{n} P(B|A_i)P(A_i)$$

이다.

이 이론은 B에 대하여 모두 다른 원인들인 A_i로 구별함으로써 더 복잡한 사건 B의 분석을 단순화시킬 수 있다. B에 대한 A_i의 영향을 $P(B|A_i)$로 양을 정함으로써, 이 이론은 우리가 (사건 B의) 복잡한 문제를 "나누고 공략하게" 한다.

● 예제 8.10

있을 수 있는 N개의 다른 오류 유형들 $E_1, E_2, \cdots, E_N$ 때문에 데이터 패킷의 복호에 오류가 있을 수 있다. 이 오류 유형들은 서로 배반적이며, 각각은 $P(E_i) = p_i$의 확률을 갖는다. 오류 유형 E_i가 일어났을 때, 데이터 패킷은 q_i의 확률로 틀리게 복호된다. 데이터 패킷이 틀리게 복호될 확률을 구하라.

풀이 이 문제를 대적하기 위하여 전체 확률 이론을 적용하자. 먼저, B를 데이터 패킷이 틀리게 복호된 사건으로 정의하자. 문제에서,

$$P(B|E_i) = q_i \quad \text{and} \quad P(E_i) = p_i$$

이다. 게다가, 데이터 패킷은 틀리게 복호되었다. 그러므로,

$$\sum_{i=1}^{n} p_i = 1$$

전체 확률 이론을 적용하면,

$$P(B) = \sum_{i=1}^{n} P(B|E_i)P(E_i) = \sum_{i=1}^{n} q_i p_i$$

임을 구할 수 있다.

○ 특정한 원인의 분리: Bayes 이론

전체 확률 이론은 나누고 공략하기(divide-and-conquer) 접근 방법을 사용하여 복잡한 사건의 확률적 분석을 용이하게 한다. 실제에서, 많은 배반 가능한 원인들 사이에서 한 사건의 특정한 원인의 유사도를 결정하는 것에 역시 흥미를 가질 수도 있다. Bayes 이론은 이런 문제의 답을 제공한다.

Bayes 이론 : n 개의 배반 사건들 $A_1, \cdots, A_n$이 표본 공간 S의 한 조각을 형성한다고 하자. B는 $P(B) > 0$인 사건이라 하자. 그러면 $j = 1, \cdots, n$에 대하여,

$$P(A_j|B) = \frac{P(B|A_j)P(A_j)}{P(B)} = \frac{P(B|A_j)P(A_j)}{\sum_{i=1}^{n} P(B|A_i)P(A_i)}$$

이 증명은 이미 이론 자체에 의해 주어졌다.

Bayes 이론은 B가 일어났다는 사실이 주어졌을 때 A_j의 조건 확률을 계산하기 위한 간단한 방법을 제공한다. 확률 $P(A_j|B)$는 흔히 사건 A_j의 사후 확률(posterior probability)이라 알려져 있다. 이것은 B의 n 가지 가능한 원인들 가운데 B가 A_j에 의해 일어날 확률을 의미한다. 다른 말로 해서, Bayes 이론은 어느 관심있는 사건에 대해 각각의 가능한 원인의 상대적인 유사도를 분리하고 구한다.

● 예제 8.11

어느 통신 시스템은 세 가지 간섭 파형 (F_1, F_2, F_3) 가운데 하나를 항상 만난다. 각 간섭의 확률은 각각 0.8, 0.16, 0.04이다. 이 통신 시스템은 F_1, F_2, F_3를 각각 만났을 때 0.01, 0.1, 0.4의 확률로 고장난다. 이 시스템이 고장났다면, 이 고장이 F_1, F_2 혹은 F_3에 의한 결과일 확률을 각각 구하라.

풀이 B를 시스템 고장의 사건이라 하자. 위 설명으로부터

$$P(F_1) = 0.8 \qquad P(F_2) = 0.16 \qquad P(F_3) = 0.04$$

게다가, 시스템에서 각 간섭의 영향은 다음과 같이 주어진다.

$$P(B|F_1) = 0.01 \qquad P(B|F_2) = 0.1 \qquad P(B|F_3) = 0.4$$

이제 Bayes 이론을 따라하면,

$$P(F_1|B) = \frac{P(B|F_1)P(F_1)}{\sum_{i=1}^{3} P(B|F_i)P(F_i)} = \frac{(0.01)(0.8)}{(0.01)(0.8) + (0.1)(0.16) + (0.4)(0.04)} = 0.2$$

$$P(F_2|B) = \frac{P(B|F_2)P(F_2)}{\sum_{i=1}^{3} P(B|F_i)P(F_i)} = 0.4$$

$$P(F_3|B) = \frac{P(B|F_3)P(F_3)}{\sum_{i=1}^{3} P(B|F_i)P(F_i)} = 0.4$$

예제 8.11은 사후 확률(posterior probability) $P(F_i|B)$와 사전 확률(prior probability) $P(F_i)$ 사이에 큰 차이가 있음을 보여준다. 비록 사전 확률 $P(F_3) = 0.04$가 세 가지 가능한 간섭들 가운데 가장 작지만, 고장 사건 B가 발생하면 $P(F_3|B) = 0.4$가 실제로는 가장 일어날 확률이 높은 사건들 가운데 하나이다. Bayes 이론은 한 사건의 특정 원인에 대한 상대적인 유사도를 결정하기 위한 통신에서 중요한 도구이다.

○ 공리적 확률 이론

확률을 상대 빈도(relative frequency)로 정의하는 것은 너무 직관적인 면이 많이 있다. 불행하게도 이것은 아주 심각한 문제점을 지니고 있다. 논리적으로 따져볼 때 10,000 번이나 20 번이나 왜 우리가 똑같은 상대 빈도를 추정해야 하는지 아무런 근거가 없다. 더구나, 상대 빈도로 정의하게 되면 식 (8.5)에서 나온 극한의 개념이 어떤 수학적 근거에 의해서 나오게 되었는지 명확하지가 않다. 만일 우리가 무한 번의 시행을 한다고 하면, 이것을 여러 개의 부분 집합으로 나눌 수 있다. 예를 들어, 짝수 번째와 홀수 번째 시행의 두 집합으로 나눌 수 있다. 이들 각각의 부분 집합(각각은 또 다시 무한 번의 시행이다)은 그 나름대로의 상대 빈도를 가질 수 있다. 지금까지, 모든 부분 집합들의 상대 빈도가 같다고 주장하려는 모든 노력은 별 효과가 없다는 것이 밝혀졌다.[1] 그리고 또 다른 어려움이 있다. 예를 들어, 쥴리어스 시저(Julius Caesar)가 영국(Great Britain)을 방문했던 것처럼, 어떤 경우, 우리는 무한 번 시행할 수가 없다. 그래서 우리는 그와 같은 사건의 확률을 결코 알 수가 없다. 그러므로 우리는 어떤 특별한 경우에만 적용되는 확률을 정의할 수 없으며 따라서 확률의 이론을 발전시킬 필요가 있다. 다시 말해, 확률의 경험적인 면과 정식 문제를 구별해야만 한다. 사건들에 확률을 할당하는 것은 경험적인 면이 있다. 확률(비록 경험적인 방법으로 할당을 하더라도)을 다루기 위한 정식 대수의 문제는 정형적인 면을 생각해야 한다.

여기서 물리와 수학의 기본적인 차이점을 생각해 보기로 하자. 물리는 귀납적인 논리(inductive logic)이고, 수학은 완전히 연역적인 논리(deductive logic)이다. 귀납적인 논리는 아주 많은 횟수의 관찰을 한 후에 이 결과를 일반화하여 이들 관찰 결과를 설명할 수 있는 법칙을 만든다. 예를 들어, 수백만 년 동안의 경험과 관찰을 통하여 볼 때 모든 인간은 언젠가는 죽는다고 얘기할 수 있다. 이것은 인간은 죽어야 할 운명이다라는 법칙에 이르게 한다. 이것이 귀납적 논리이다. 귀납적 논리에 의해 얻어진 법칙(혹은 법칙들)을 기초로 우리는 또 다른 연역을 할 수 있다. "존은 인간이어서 언젠가는 죽을 것이다"와 같은 것이다. 이것은 연역적 논리이다. 물리 법칙의 유도는 기본적으로 귀납적 논리의 활동이며, 반면에 수학은 순수한 연역적 논리이다. 물리학에서 우리는 어떤 분야에 대하여 관찰을 한다. 그리고 옴의 법칙(Ohm's law)이나 맥스웰의 방정식(Maxwell's equation), 양자역학 등과 같은 어떤 법칙으로 이들 관찰을 일반화시킨다. 이런 귀납적으로 형성된 법칙들에 대한 다른 증명은 없다; 그 법칙들은 관찰을 통하여 사실임이 밝혀졌다. 그러나 한번 우리가 그렇게 귀납적으로 수식화된 법칙들(공리 혹은 가정)을 갖고 있으면, 사고의 전개를 통하여, 우리는 이 기초적인 법칙들이나 공리들만 가지고서 추가적인 연역적 결과들을 얻을 수 있다. 이것은 수학의 적절한 영역이다. 이 모든 연역적 결과들은 어떤 공리 집합만으로 엄밀하게 증명되어질 수 있다. 따라서 우리는 맥스웰의 방정식 하나만으로도 전자기파의 전파에 관한 법칙을 유도할 수 있는 것이다.

이러한 논의는 수학이란 학문은 한 마디로 "이것은 저것을 의미한다"라는 격언으로 요약될 수 있음을 보여주는 것이다. 다시 말해, 만일 우리에게 어떤 공리(가정) 집합이 주어지면, 그 공리들만을 기반으로 하여 또 다른 사실이 무엇이 있을까 찾는 것이다. 버트란드 러셀(Bertrand Russell)이 말한 것처럼 "순수 수학은 전적으로 만일 이런 저런 전제는 어떤 것에 대해 사실이라면, 그런 저런 다른 전제가 그런 것에 대해 사실이다와 같은 단언들로 이루어지는 것이다." 이러한 관점에서 볼 때, 어떤 사건에 대해 확률을 할당하는 것이 꼭 확률을 수학적 논리에 의해서 할 필요가 없어 보일지도 모른다. 수학적 논리로서 따지자면, 우리는 확률에 대한 어떤 공리의 집합으로부터 출발할 필요가 있다. 그리고 그 공리들만을 기반으로 확률에 관한 또 다른 사실이 무엇이 있을까 찾는 것이다. 우리는 확률이나 기초적인 공리들의 개념(아직 정의되지 않은)에서부터 시작한다. 공리는 일관성이 있어야 하며, 실제적이거나 직관적인 면에서 확률의 관계를 관찰하였을 때 그 결과를 확인시켜줄 수 있어야만 한다. 여기서는 이들 공리가 어떻게 만들어졌는지를 논의하는 것은 이 책의 범위를 벗어나므로 피하기로 하자. 현대적 확률 이론은 식 (8.6), (8.8), (8.11)에 있는 공리들에서 시작한다. 이 세 가지 공리를 기본으로 다른 사실을 알아내는 것이 현대 확률 이론의 필수요건이다. 상대 빈도 접근법은 식 (8.5)를 이용하여 확률을 정의하는 것이며, 그러면 이 정의로부터 식 (8.5), (8.8), (8.11)의 결과가 된다. 한편, 공리적 접근 방법에서는 어떻게 사건 A의 확률 $P(A)$를 할당할 것인지에 관하여는 언급하지 않는다; 오히려 확률식들은 식 (8.6), (8.8), (8.11)과 같은 세 가지 공리를 만족시켜야 한다는 것이다. 현대적 확률 이론은 사건에 확률을 할당하는 그 자체에만 관한 것이 아니다. 어떻게든 확률은 선험적인 기반에서 이들 사건에 대해 할당된다고 가정한다.

만일 어떤 수학적 모델이 실제 현상을 확인하기 위한 것이라면, 이들에 대한 확률은 경험적이거나 직관적으로 이해할 수 있는 확률과 일치하도록 할당하여야 한다. 상대 빈도의 개념이 이런 면에서는 아주 잘 맞는다. 따라서, 우리는 비록 확률을 (정의하는 것이 아니라)할당하기 위해 상대 빈도를 사용하지만, 그것은 확률에 대한 수학적 학문의 한 부분이 아닌 모두 녹아들어가 있는 것이다.

8.2 확률 변수

한 실험(an experiment)의 결과는 (주사위 던지기처럼) 실수일 수도 있으며 또는 (동전 던지기처럼 "앞면" 혹은 "뒷면"과 같이) 수로 표현할 수 없고 어떤 문구로 묘사를 해야 하는 경우도 있다. 수학적인 관점에서 보면 모든 결과들이 수로 표현되는 것이 바람직하다. 이러한 이유로 어떤 기준을 정하여 표본 공간 내의 각 점에 대하여 실수를 할당한다. 만일 m 개의 점(sample points) ζ_1, ζ_2, $\cdots$, ζ_m이 있다고 하면, 편리한 규칙을 정해서 각 점 $\zeta_i(i=1,\ 2,\ \cdots,\ m)$에 대응하는 실수 $x(\zeta_i)$를 할당한다. 예를 들어 동전 던지기의 경우, 앞면에 1을 할당하고 뒷면에 −1을 할당할 수 있다(그림 8.5).

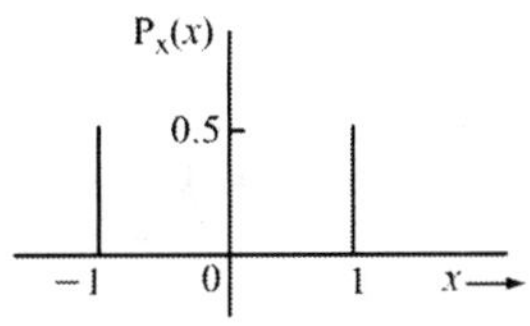

▸▸ 그림 8.5 동전 던지기 실험의 확률

따라서, x(.)는 점 ζ_1, ζ_2, ⋯, ζ_m 들을 실수 x_1, x_2, ⋯, x_n에 대응시키는 함수이다.* 이제 x_1, x_2, ⋯, x_n값들을 갖는 확률 변수(random variable) x가 생겼다. 여기서 확률 변수(RV)를 표현할 때는 로마체(Roman type) x로 쓰고, 그 변수가 갖는 값들을 표현할 때는 이탤릭체(Italic type)로 쓴다(예를 들어, x_1, x_2, ⋯, x_n 등과 같이). 어떤 확률 변수 x가 값 x_i를 취할 확률은 $P_{\mathrm{x}}(x_i)=$ "$\mathrm{x}=x_i$"일 확률이다.

○ 이산 확률 변수

아래의 식을 만족하는 서로 다른 숫자들(distinct numbers) x_i들로 이루어진 하나의 셀 수 있는 수열(a denumerable sequence)이 있다면, 이 확률 변수는 이산적(discrete)이라 한다.

$$\sum_i P_{\mathrm{x}}(x_i) = 1 \tag{8.19}$$

따라서 이산 확률 변수(discrete random variable)는 이산값들만 가질 수 있다. 어떤 연속한 구간에 있는 임의의 수를 다 가질 수 있는 확률 변수는 연속 확률 변수(continuous random variable)라고 한다.

● 예제 8.12

두 개의 주사위를 던진다. 두 주사위에서 나오는 수의 합을 확률 변수 x라 하자. 이 때 x가 가질 수 있는 모든 값들을 구하고 그에 대응하는 확률을 구하시오.

풀이 x는 2에서 12까지의 모든 정수값을 가질 수 있다. 예 8.3에 소개된 방법에 의해서 여러 확률들을 정할 수 있다.
여기에는 모두 36개의 점이 있으므로 각각의 확률은 1/36이다. 여러 가지의 x 값을 만드는 주사위 결과들이 표 8.1에 있다. 비록 36 개의 점이 있지만 이들은 x의 11 개 값으로 모두 대응된다. 이것은 하나 이상의 점들이 같은 x 값으로 대응되기 때문이다. 예를 들어, 여섯 개의 점이 x=7에 대응된다. 독자는 $P_{\mathrm{x}}(x_2)+P_{\mathrm{x}}(x_3)+\cdots+P_{\mathrm{x}}(x_{12})=1$임을 금방 증명할 수 있을 것이다.

* m은 n과 똑같을 필요는 없다. 하나 이상의 점들이 하나의 값 x에 대응될 수 있다.

▸▸ 표 8.1

x값 x_i	주사위 결과값	$P_x(x_i)$
2	(1,1)	1/36
3	(1,2), (2,1)	2/36=1/18
4	(1,3), (2,2), (3,1)	3/36=1/12
5	(1,4), (2,3), (3,2), (4,1)	4/36=1/9
6	(1,5), (2,4), (3,3), (4,2), (5,1)	5/36
7	(1,6), (2,5), (3,4), (4,3) (5,2), (6,1)	6/36=1/6
8	(2,6), (3,5), (4,4), (5,3), (6,2),	5/36
9	(3,6), (4,5), (5,4), (6,3),	4/36=1/9
10	(4,6), (5,5), (6,4),	3/36=1/12
11	(5,6), (6,5),	2/36=1/18
12	(6,6),	1/36

앞서의 논의는 두 개의 확률 변수 x, y로 확장될 수 있다. 결합 확률(joint probability) $P_{xy}(x_i,\ y_j)$는 x= x_j이고 y= y_j일 때의 확률이다. 예를 들어 동전을 두 번 연속하여 던지는 경우를 생각하자. 만일 첫 번째와 두 번째 결과가 확률 변수 x와 y로 대응되었다고 하면, x와 y는 1 또는 −1의 값을 가진다. 두 번 던진 것의 결과는 독립적이므로 x와 y는 독립이며,

$$P_{xy}(x_i,\ y_j) = P_x(x_i)\, P_y(y_j)$$

이고

$$P_{xy}(1,\ 1) = P_{xy}(1,\ -1) = P_{xy}(-1,\ 1) = P_{xy}(-1,\ -1) = \frac{1}{4}$$

이다. 이 확률들은 그림 8.6에 그려져 있다.

변수 x가 $x_1,\ x_2,\ \cdots,\ x_n$ 등의 값을 갖고 y는 $y_1,\ y_2,\ \cdots,\ y_m$ 등의 값을 갖는 일반적인 경우에 대하여 다음과 같은 식이 성립한다.

$$\sum_i \sum_j P_{xy}(x_i,\ y_j) = 1 \tag{8.20}$$

이 결과는 왼쪽에 있는 덧셈이 모든 가능한 결과의 합집합의 확률이고, 이것은 1이 되어야만 하기 때문이다.

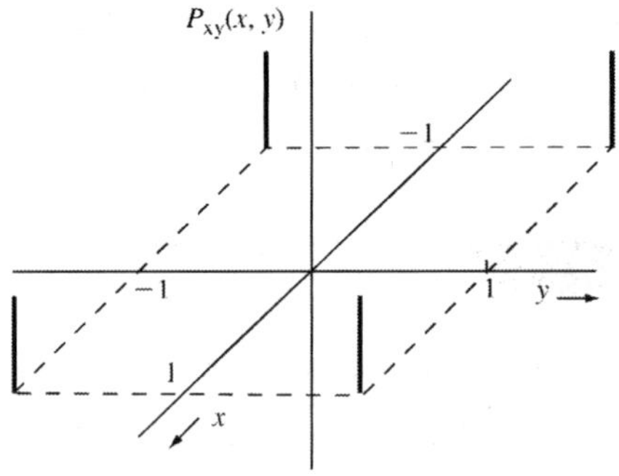

▸▸ 그림 8.6 두 확률 변수에 대한 결합 확률의 표현

○ 조건 확률

만일 x 와 y 를 두 확률 변수라 하면, $y = y_j$가 주어진 $x = x_i$의 조건 확률은 $P_{x|y}(x_i|y_j)$로 표시하며 다음과 같은 식이 성립한다.

$$\sum_i P_{x|y}(x_i|y_j) = \sum_j P_{y|x}(y_j|x_i) = 1 \tag{8.21}$$

이 식은 확률 $P_{x|y}(x_i|y_j)$가 조건 $y = y_j$에 해당하는 표본 공간에 대하여 기술되었다는 점을 이용하여 증명할 수 있다. 따라서 $\sum_i P_{x|y}(x_i \mid y_j)$는 (조건 $y= y_j$에서) x 의 모든 가능한 합집합(union)의 확률이며 (전체 사건이므로) 1이 되어야 한다. 비슷한 논리를 $\sum_j P_{y \mid x}(y_j \mid x_i)$에도 적용할 수 있다. 또 식 (8.12)를 이용하면 다음과 같다.

$$P_{xy}(x_i, y_j) = P_{x|y}(x_i|y_j)P_y(y_j) = P_{y|x}(y_j|x_i)P_x(x_i) \tag{8.22}$$

Bayes 법칙은 식 (8.22)를 이용하면 되고, 또 식 (8.22)에서

$$\begin{aligned}\sum_i P_{xy}(x_i, y_j) &= \sum_i P_{x|y}(x_1|y_j)P_y(y_j) \\ &= P_y(y_j)\sum_i P_{x|y}(x_i|y_j) \\ &= P_y(y_j)\end{aligned} \tag{8.23a}$$

이 된다. 마찬가지로

$$P_x(x_i) = \sum_j P_{xy}(x_i, y_j) \tag{8.23b}$$

이다. 확률 $P_{\text{x}}(x_i)$와 $P_{\text{y}}(y_j)$를 부분 확률(marginal probabilities)라고 부른다. 식 (8.23)은 결합 확률에서 부분 확률을 구하는 방법을 보여준다. 식 (8.20)에서 (8.23)까지의 결과는 두 개 이상의 확률 변수들로 확장할 수 있다.

● 예제 8.13

2진 대칭 채널(Binary Symmetric Channel, BSC)의 오류 확률이 P_e 이다. 1을 전송할 확률이 Q이고 0을 전송할 확률이 1-Q(그림 8.7)이다. 수신단에서 1을 받을 확률과 0을 받을 확률을 구하라.

풀이 만일 x와 y를 각각 전송한 비트와 수신한 비트라 하면, 2진 대칭 채널에서

$$P_{\text{y}|\text{x}}(\mathbf{0}|\mathbf{1}) = P_{\text{y}|\text{x}}(\mathbf{1}|\mathbf{0}) = P_e$$
$$P_{\text{y}|\text{x}}(\mathbf{0}|\mathbf{0}) = P_{\text{y}|\text{x}}(\mathbf{1}|\mathbf{1}) = 1 - P_e$$

이다. 또한,

$$P_{\text{x}}(\mathbf{1}) = Q \qquad \text{and} \qquad P_{\text{x}}(\mathbf{0}) = 1 - Q$$

우리가 구하고자 하는 것은 $P_{\text{y}}(1)$과 $P_{\text{y}}(0)$이다.

$$P_{\text{y}}(y_j) = \sum_i P_{\text{x}}(x_i) P_{\text{y}|\text{x}}(y_j|x_i)$$

마찬가지로,

$$P_{\text{y}}(\mathbf{1}) = P_{\text{x}}(\mathbf{0}) P_{\text{y}|\text{x}}(\mathbf{1}|\mathbf{0}) + P_{\text{x}}(\mathbf{1}) P_{\text{y}|\text{x}}(\mathbf{1}|\mathbf{1})$$
$$= (1 - Q)P_e + Q(1 - P_e)$$
$$P_{\text{y}}(\mathbf{0}) = (1 - Q)(1 - P_e) + QP_e$$

그림 8.7에서 보면 이 결과는 당연하다.
채널 오류 때문에 1을 수신할 확률은 1을 송신할 확률과 같지 않다. 0에 대해서도 마찬가지이다.

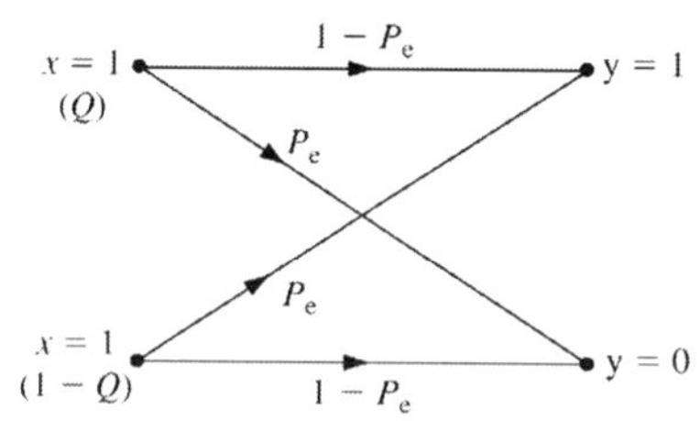

▸▸ 그림 8.7 2진 대칭 채널

● 예제 8.14

어느 2진 통신 채널에서 심볼 0이 전송될 확률이 0.4이고 1이 전송될 확률이 0.6이다. $P(\epsilon \mid 0)=10^{-6}$이고 $P(\epsilon)=10^{-4}$이다. 여기서 $P(\epsilon \mid x_i)$는 x_i가 전송되었을 때 오류가 날 확률이다. 채널의 오류 확률 $P(\epsilon)$를 구하시오.

풀이 만일 x_i가 전송되고 오류가 날 결합 확률을 $P(\epsilon, x_i)$라고 하면, 전체 확률 이론에 의해

$$\begin{aligned} P(\epsilon) &= \sum_i P(\epsilon|x_i)P(x_i) \\ &= P_{\mathrm{x}}(\mathbf{0})P(\epsilon|\mathbf{0}) + P_{\mathrm{x}}(\mathbf{1})P(\epsilon|\mathbf{1}) \\ &= 0.4(10^{-6}) + 0.6(10^{-4}) \\ &= 0.604(10^{-4}) \end{aligned}$$

$\mathrm{P}(\epsilon|0)=10^{-6}$이라함은 평균적으로 백만 개의 0을 전송하였을 때 그 중 하나가 오류가 생기는 것을 의미한다. 마찬가지로 $\mathrm{P}(\epsilon|1)=10^{-4}$이라 함은 평균적으로 10,000개의 1을 전송하였을 때 그 중 하나가 오류가 생기는 것을 의미한다. $\mathrm{P}(\epsilon)=0.604(10^{-4})$는 (1과 0에 상관없이) 16,556($\simeq 1/0.604(10^{-4})$) 비트 중 한 비트가 오류가 날 확률을 의미한다.

○ 누적 분포 함수

확률 변수 x의 누적 분포 함수(cumulative distribution function, CDF) $F_{\mathrm{x}}(x)$는 x가 x 보다 작거나 같을 확률이다. 즉

$$F_{\mathrm{x}}(x) = P(\mathrm{x} \le x) \tag{8.24}$$

CDF $F_{\mathrm{x}}(x)$는 다음과 같은 성질을 갖는다.

$$1.\ F_{\mathrm{x}}(x) \ge 0 \tag{8.25a}$$

$$2.\ F_{\mathrm{x}}(\infty) = 1 \tag{8.25b}$$

$$3.\ F_{\mathrm{x}}(-\infty) = 0 \tag{8.25c}$$

4. $F_{\mathrm{x}}(x)$ is a nondecreasing function, that is, (8.25d)

$$F_{\mathrm{x}}(x_1) \le F_{\mathrm{x}}(x_2) \text{ for } x_1 \le x_2 \tag{8.25e}$$

첫 번째 성질은 당연하다. 두 번째와 세 번째 성질은 $F_{\mathrm{x}}(\infty)=P(\mathrm{x}\le\infty)$와 $F_{\mathrm{x}}(-\infty)=P(\mathrm{x}\le-\infty)$를 이용하여 증명할 수 있다. 네 번째 성질은 식 (8.24)으로부터

$$F_x(x_2) = P(x \le x_2)$$
$$= P[(x \le x_1) \cup (x_1 < x \le x_2)]$$

$x \le x_1$과 $x_1 \le x \le x_2$은 배반이므로 다음과 같은 식이 성립한다.

$$F_x(x_2) = P(x \le x_1) + P(x_1 < x \le x_2)$$
$$= F_x(x_1) + P(x_1 < x \le x_2) \tag{8.26}$$

$P(x_1 \le x \le x_2)$은 음이 아닌 수이므로 네 번째 성질이 증명된다.

● 예제 8.15

한 실험에서 동전을 네 번 연속하여 던지는 것을 한 번의 시행이라 하자. 만일 확률 변수 x를 한 번의 시행에서 나오는 앞면의 수라 할 때 $P_x(x)$와 $F_x(x)$를 구하라.

풀이 예제 8.4에서 나열된 것과 같이 총 16가지의 같은 확률을 갖는 결과들이 있다. 여러 확률들은 x가 가질 수 있는 결과를 세어봄으로써 구할 수 있다. 예를 들어, 단 한 가지의 결과가 x=0에 대응하며, 여섯 가지의 결과가 x=2에 대응한다. 따라서, $P_x(0)$=1/16이고 $P_x(2)$=6/16이다. 같은 방법으로

$$P_x(0) = P_x(4) = 1/16$$
$$P_x(1) = P_x(3) = 4/16 = 1/4$$
$$P_x(2) = 6/16 = 3/8$$

확률들 $P_x(x_i)$와 그에 해당하는 CDF $F_x(x_i)$가 그림 8.8에 있다.

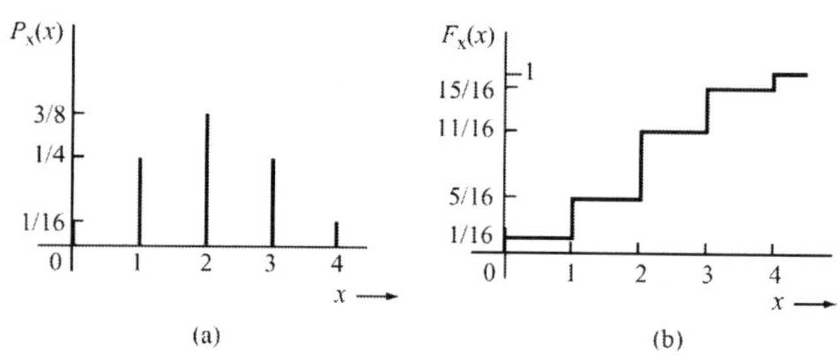

▸▸ 그림 8.8 (a) 확률 $P_x(x_i)$와 (b) 누적 분포 함수(CDF)

○ 연속 확률 변수

연속 확률 변수(continuous random variable) x는 어떤 구간의 값으로 가정한다. 연속된 구간에서는 셀 수 없이 많은 무한개의 수가 존재한다. 따라서 $\mathrm{x}=x_i$의 확률인 $P_{\mathrm{x}}(x_i)$는 무한개 중의 하나이므로 영이 된다. 어떤 장소의 온도 T를 생각해 보자. 우리는 이 온도를 어느 값의 범위에 있다고 생각할 수 있다. 따라서 셀 수 없이 무한히 많은 온도값이 있을 수 있으며 확률 변수 T가 어느 값 T_i를 가질 확률은 영이다. 연속하여 발생하는 빔(그림 3.5b)의 경우와 연관하여 3.1절에서 설명한 것과 비슷한 상황이라고 할 수 있다. 빔이 모든 점에서 발생하기 때문에 어느 한 점에서 발생하는 것은 영이다. 그런 경우에는 어떤 측정이 의미가 있으려면 한 점에서가 아니라 어느 일정한 구간에서의 발생량(혹은 가중치)이라는 것이다. 마찬가지로, 연속 확률 변수의 경우도 의미 있는 양이라는 것은 $\mathrm{x} = x_i$의 확률이 아니라 $x < \mathrm{x} \le x+\Delta x$의 확률이다. 이렇게 하게 되면 그 확률은 단순히 $F_{\mathrm{x}}(x+\Delta x)-F_{\mathrm{x}}(x)$가 되기 때문에 CDF의 의미를 잘 살릴 수 있다[식 (8.26) 참조]. 따라서, 우리는 CDF를 이용하여 연속 확률 변수를 공부하기로 한다.

앞에서 유도된 CDF의 성질들[식 (8.25), (8.26)]은 일반적인 것으로 이산 확률 변수들뿐 아니라 연속 확률 변수에 대하여도 유효하다.

확률 밀도 함수 : 식 (8.25)로부터

$$F_{\mathrm{x}}(x+\Delta x) = F_{\mathrm{x}}(x) + P(x < \mathrm{x} \le x+\Delta x) \tag{8.27a}$$

만일 $\Delta x \to 0$이면, 테일러 급수 전개(Taylor expansion)에 의하여 $F_{\mathrm{x}}(x+\Delta x)$는

$$F_{\mathrm{x}}(x+\Delta x) \simeq F_{\mathrm{x}}(x) + \frac{dF_{\mathrm{x}}(x)}{dx}\Delta x \tag{8.28b}$$

이고, 식 (8.27)로부터 $\Delta x \to 0$에 따라 다음과 같이 된다.

$$\frac{dF_{\mathrm{x}}(x)}{dx}\Delta x = P(x < \mathrm{x} \le x+\Delta x) \tag{8.28}$$

여기서 x에 대한 $F_{\mathrm{x}}(x)$의 미분값을 $p_{\mathrm{x}}(x)$로 표현하자(그림 8.9).

$$\frac{dF_{\mathrm{x}}(x)}{dx} = p_{\mathrm{x}}(x) \tag{8.29}$$

함수 $p_{\mathrm{x}}(x)$를 확률 변수 x의 확률 밀도 함수(probability density function, PDF)라고 한다. x가 구간 $(x,\ x+\Delta x)$에 있을 확률은 식 (8.28)로부터 $p_{\mathrm{x}}(x)\,\Delta x\,(\Delta x \to 0)$이 된다. 이것은 그림 8.9b에 나타난 것처럼 구간 Δx에서 PDF $p_{\mathrm{x}}(x)$의 아래에 있는 면적이다.

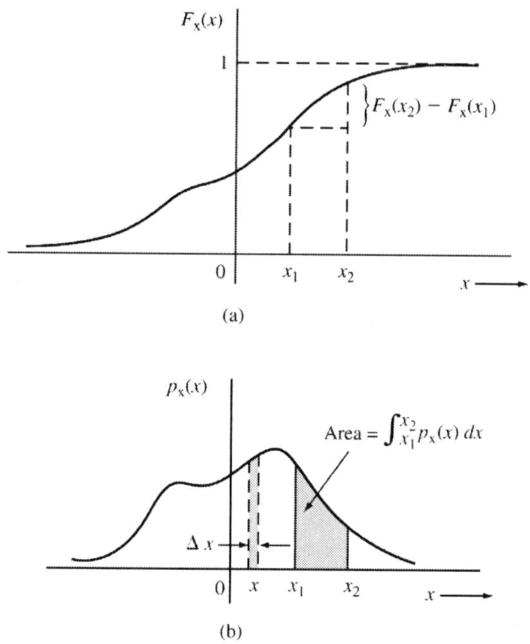

▸▸ 그림 8.9 (a) 누적 분포 함수(CDF) (b) 확률 밀도 함수(PDF)

식 (8.29)로부터,

$$F_x(x) = \int_{-\infty}^{x} p_x(u)\,du \tag{8.30}$$

여기서는 $F_x(-\infty) = 0$인 성질을 이용한다. 또 식 (8.26)으로부터

$$\begin{aligned} P(x_1 < x \le x_2) &= F_x(x_2) - F_x(x_1) \\ &= \int_{-\infty}^{x_2} p_x(x)\,dx - \int_{-\infty}^{x_1} p_x(x)\,dx \\ &= \int_{x_1}^{x_2} p_x(x)\,dx \end{aligned} \tag{8.31}$$

따라서, 어떤 구간 (x_1, x_2)에 x가 있을 확률은 그림 8.9b에서 처럼 그 구간 (x_1, x_2)에서 PDF $p_x(x)$ 아래의 면적으로 주어진다. 이것을 연속 발생 빔(그림 3.5b)의 경우와 비교해 보라. 어느 구간에 대한 가중치(weight)는 그 구간 동안의 발생 밀도를 적분한 것으로 구했다.

$F_x(\infty)=1$이므로,

$$\int_{-\infty}^{\infty} p_x(x)\,dx = 1 \tag{8.32}$$

이 사실은 식 (8.32)에 있는 적분은 x가 $(-\infty,\infty)$의 구간에 있을 확률을 의미하기 때문이다. 모든 PDF는 식 (8.32)의 조건을 만족하여야 한다. 그리고 PDF는 음수가 될 수 없다는 사실도 자명하다. 즉,

$$p_x(x) \geq 0$$

불가능 사건(impossible event)의 확률은 0이며 전체 사건(certain event)의 확률은 1이라는 것이 사실이지만, 그 반대도 항상 성립하는 것은 아니다. 확률이 0인 사건이라고 하여 그 사건이 꼭 불가능 사건이라고 할 수는 없으며, 확률이 1이라고 해서 전체 사건이라고 말할 수 없다. 다음의 예를 통하여 살펴보자. 어느 여름날 어떤 도시의 기온 T를 5도에서 50도 사이의 값을 갖는 확률 변수라 하자. PDF $p_T(T)$는 연속이기 때문에 온도가 T=34.56도가 될 확률은 영이다. 하지만 이것은 불가능 사건은 아니다. 마찬가지로, T가 34.56도를 제외한 어떤 값을 가질 확률은 1이지만 이것이 전체 사건은 아니다. 연속 확률 변수 x는 어떤 구간에 있는 모든 값을 갖는다. 하지만 그 구간내의 모든 x에 대하여 x=x일 확률 $P_x(x)$는 영이다.

이산 확률 변수에 대한 $p_x(x)$도 구할 수 있다. 이산의 경우 CDF $F_x(x)$는 항상 계단함수(step function), (그림 8.8)의 모양을 하며, PDF(CDF의 미분)는 임펄스열(impulse train)로 구성된다. 만일 확률 변수 x가 각각 $a_1,\ a_2,\cdots,\ a_n$의 확률로 $x_1,\ x_2,\cdots,\ x_n$의 값을 갖는다고 하면,

$$F_x(x) = a_1u(x-x_1) + a_2u(x-x_2) + \cdots + a_nu(x-x_n) \tag{8.33a}$$

이것은 예제 8.15를 통하여 쉽게 증명할 수 있다(그림 8.8). 따라서,

$$\begin{aligned} p_x(x) &= a_1\,\delta(x-x_1) + a_2\,\delta(x-x_2) + \cdots + a_n\,\delta(x-x_n) \\ &= \sum_{r=1}^{n} a_r\,\delta(x-x_r) \end{aligned} \tag{8.33b}$$

물론 PDF가 연속인 부분과 임펄스 부분이 섞여 있는 혼합형 확률 변수에 대해서도 마찬가지이다(문제 8.2-4 참조).

○ 가우시안 확률 변수

다음의 PDF(그림 8.10a)를 생각하자.

$$p_{\mathrm{x}}(x) = \frac{1}{\sqrt{2\pi}} e^{-x^2/2} \tag{8.34}$$

이것이 잘 알려진 가우시안(Gaussian) 혹은 정규(normal) 확률 밀도이다. 이것은 평균이 0이고 1의 분산을 갖는다. 이 함수는 유명한 수학자 Carl Friedrich Gauss의 이름에서 유래했다.

이 경우에 CDF $F_{\mathrm{x}}(x)$는 다음과 같다.

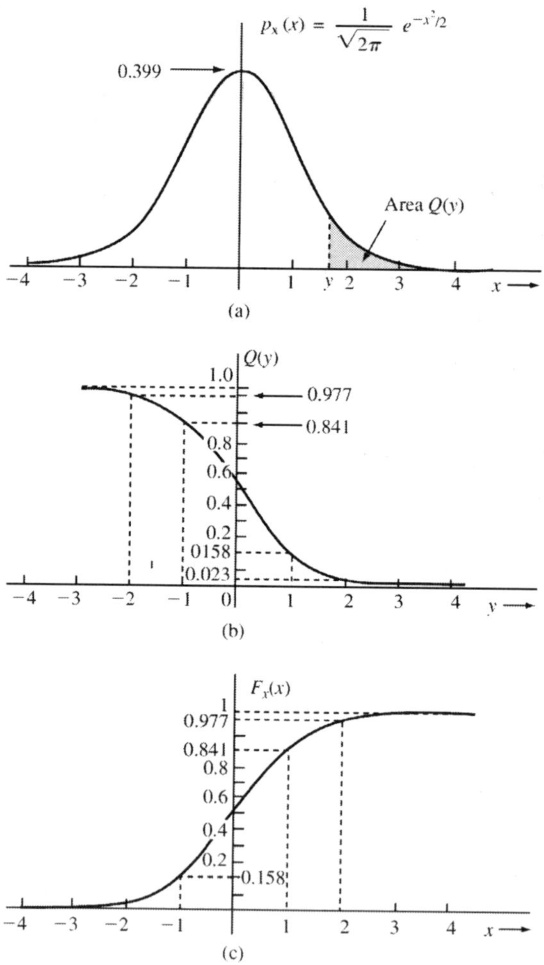

▸▸ 그림 8.10 (a) 가우시안 PDF (b) 함수 Q(y) (c) 가우시안 PDF의 CDF

$$F_{\mathrm{x}}(x) = \frac{1}{\sqrt{2\pi}} \int_{-\infty}^{x} e^{-x^2/2}\, dx$$

이 적분은 하나의 식으로 구해지지 않기 때문에 수치적으로 계산해야만 한다. 따라서 다음과 같이 새로운 함수 $Q(.)$를 정의하는 것이 편리하다.[2]

$$Q(y) \triangleq \frac{1}{\sqrt{2\pi}} \int_{y}^{\infty} e^{-x^2/2}\, dx \tag{8.35}$$

확률 밀도 함수 $p_{\mathrm{x}}(x)$를 y에서 ∞까지(그림 8.10a에서 색칠한 부분)의 면적이 $Q(y)$이다.* 확률 밀도 함수 $p_{\mathrm{x}}(x)$는 원점에 대칭이며, $p_{\mathrm{x}}(x)$ 아래의 전체 면적=1이라는 사실을 이용하여 다음과 같이 유도할 수 있다.

$$Q(-y) = 1 - Q(y) \tag{8.36}$$

그림 8.10a에서 PDF를 관찰하면, CDF는 다음과 같다(그림 8.10c).

$$F_{\mathrm{x}}(x) = 1 - Q(x) \tag{8.37}$$

함수 $Q(x)$가 표 8.2에 있다(그림 8.12d 참조). 이 함수는 대부분의 표준 수학표로 흔히 볼 수 있다.[2, 3] 그리고 다음과 같이 근사값을 구할 수 있다.[4]

$$Q(x) \simeq \frac{1}{x\sqrt{2\pi}} e^{-x^2/2} \qquad \text{for } x \gg 1 \tag{8.38a}$$

예를 들어, $x=2$일 때, 이 근사치의 오류율은 18.7%이다. 그러나 $x=4$일 때는 10.4%이고, $x=6$일 때는 2.3%이다.

좀 더 정확한 $Q(x)$의 근사값은 다음과 같다.

$$Q(x) \simeq \frac{1}{x\sqrt{2\pi}} \left(1 - \frac{0.7}{x^2}\right) e^{-x^2/2} \qquad x > 2 \tag{8.38b}$$

---

* 함수 $Q(x)$는 $\mathrm{erf}(x)$와 $\mathrm{erfc}(x)$ 함수와 밀접한 관계가 있다.

$$\mathrm{erfc}\,(x) = \frac{2}{\sqrt{\pi}} \int_{x}^{\infty} e^{-y^2}\, dy = 2Q(x\sqrt{2})$$

$$Q(x) = \frac{1}{2}\,\mathrm{erfc}\left(\frac{x}{\sqrt{2}}\right) = \frac{1}{2}\left[1 - \mathrm{erf}\left(\frac{x}{\sqrt{2}}\right)\right]$$

▸▸ 표 8.2

$Q(x)$

x	0.00	0.01	0.02	0.03	0.04	0.05	0.06	0.07	0.08	0.09
0.0000	.5000	.4960	.4920	.4880	.4840	.4801	.4761	.4721	.4681	.4641
.1000	.4602	.4562	.4522	.4483	.4443	.4404	.4364	.4325	.4286	.4247
.2000	.4207	.4168	.4129	.4090	.4052	.4013	.3974	.3936	.3897	.3859
.3000	.3821	.3783	.3745	.3707	.3669	.3632	.3594	.3557	.3520	.3483
.4000	.3446	.3409	.3372	.3336	.3300	.3264	.3228	.3192	.3156	.3121
.5000	.3085	.3050	.3015	.2981	.2946	.2912	.2877	.2843	.2810	.2776
.6000	.2743	.2709	.2676	.2643	.2611	.2578	.2546	.2514	.2483	.2451
.7000	.2420	.2389	.2358	.2327	.2296	.2266	.2236	.2206	.2177	.2148
.8000	.2119	.2090	.2061	.2033	.2005	.1977	.1949	.1922	.1894	.1867
.9000	.1841	.1814	.1788	.1762	.1736	.1711	.1685	.1660	.1635	.1611
1.000	.1587	.1562	.1539	.1515	.1492	.1469	.1446	.1423	.1401	.1379
1.100	.1357	.1335	.1314	.1292	.1271	.1251	.1230	.1210	.1190	.1170
1.200	.1151	.1131	.1112	.1093	.1075	.1056	.1038	.1020	.1003	.9853E-01
1.300	.9680E-01	.9510E-01	.9342E-01	.9176E-01	.9012E-01	.8851E-01	.8691E-01	.8534E-01	.8379E-01	.8226E-01
1.400	.8076E-01	.7927E-01	.7780E-01	.7636E-01	.7493E-01	.7353E-01	.7215E-01	.7078E-01	.6944E-01	.6811E-01
1.500	.6681E-01	.6552E-01	.6426E-01	.6301E-01	.6178E-01	.6057E-01	.5938E-01	.5821E-01	.5705E-01	.5592E-01
1.600	.5480E-01	.5370E-01	.5262E-01	.5155E-01	.5050E-01	.4947E-01	.4846E-01	.4746E-01	.4648E-01	.4551E-01
1.700	.4457E-01	.4363E-01	.4272E-01	.4182E-01	.4093E-01	.4006E-01	.3920E-01	.3836E-01	.3754E-01	.3673E-01
1.800	.3593E-01	.3515E-01	.3438E-01	.3362E-01	.3288E-01	.3216E-01	.3144E-01	.3074E-01	.3005E-01	.2938E-01
1.900	.2872E-01	.2807E-01	.2743E-01	.2680E-01	.2619E-01	.2559E-01	.2500E-01	.2442E-01	.2385E-01	.2330E-01
2.000	.2275E-01	.2222E-01	.2169E-01	.2118E-01	.2068E-01	.2018E-01	.1970E-01	.1923E-01	.1876E-01	.1831E-01
2.100	.1786E-01	.1743E-01	.1700E-01	.1659E-01	.1618E-01	.1578E-01	.1539E-01	.1500E-01	.1463E-01	.1426E-01
2.200	.1390E-01	.1355E-01	.1321E-01	.1287E-01	.1255E-01	.1222E-01	.1191E-01	.1160E-01	.1130E-01	.1101E-01
2.300	.1072E-01	.1044E-01	.1017E-01	.9903E-02	.9642E-02	.9387E-02	.9137E-02	.8894E-02	.8656E-02	.8424E-02
2.400	.8198E-02	.7976E-02	.7760E-02	.7549E-02	.7344E-02	.7143E-02	.6947E-02	.6756E-02	.6569E-02	.6387E-02
2.500	.6210E-02	.6037E-02	.5868E-02	.5703E-02	.5543E-02	.5386E-02	.5234E-02	.5085E-02	.4940E-02	.4799E-02
2.600	.4661E-02	.4527E-02	.4396E-02	.4269E-02	.4145E-02	.4025E-02	.3907E-02	.3793E-02	.3681E-02	.3573E-02
2.700	.3467E-02	.3364E-02	.3264E-02	.3167E-02	.3072E-02	.2980E-02	.2890E-02	.2803E-02	.2718E-02	.2635E-02
2.800	.2555E-02	.2477E-02	.2401E-02	.2327E-02	.2256E-02	.2186E-02	.2118E-02	.2052E-02	.1988E-02	.1926E-02
2.900	.1866E-02	.1807E-02	.1750E-02	.1695E-02	.1641E-02	.1589E-02	.1538E-02	.1489E-02	.1441E-02	.1395E-02
3.000	.1350E-02	.1306E-02	.1264E-02	.1223E-02	.1183E-02	.1144E-02	.1107E-02	.1070E-02	.1035E-02	.1001E-02
3.100	.9676E-03	.9354E-03	.9043E-03	.8740E-03	.8447E-03	.8164E-03	.7888E-03	.7622E-03	.7364E-03	.7114E-03
3.200	.6871E-03	.6637E-03	.6410E-03	.6190E-03	.5976E-03	.5770E-03	.5571E-03	.5377E-03	.5190E-03	.5009E-03
3.300	.4834E-03	.4665E-03	.4501E-03	.4342E-03	.4189E-03	.4041E-03	.3897E-03	.3758E-03	.3624E-03	.3495E-03
3.400	.3369E-03	.3248E-03	.3131E-03	.3018E-03	.2909E-03	.2802E-03	.2701E-03	.2602E-03	.2507E-03	.2415E-03
3.500	.2326E-03	.2241E-03	.2158E-03	.2078E-03	.2001E-03	.1926E-03	.1854E-03	.1785E-03	.1718E-03	.1653E-03
3.600	.1591E-03	.1531E-03	.1473E-03	.1417E-03	.1363E-03	.1311E-03	.1261E-03	.1213E-03	.1166E-03	.1121E-03
3.700	.1078E-03	.1036E-03	.9961E-04	.9574E-04	.9201E-04	.8842E-04	.8496E-04	.8162E-04	.7841E-04	.7532E-04
3.800	.7235E-04	.6948E-04	.6673E-04	.6407E-04	.6152E-04	.5906E-04	.5669E-04	.5442E-04	.5223E-04	.5012E-04
3.900	.4810E-04	.4615E-04	.4427E-04	.4247E-04	.4074E-04	.3908E-04	.3747E-04	.3594E-04	.3446E-04	.3304E-04
4.000	.3167E-04	.3036E-04	.2910E-04	.2789E-04	.2673E-04	.2561E-04	.2454E-04	.2351E-04	.2252E-04	.2157E-04
4.100	.2066E-04	.1978E-04	.1894E-04	.1814E-04	.1737E-04	.1662E-04	.1591E-04	.1523E-04	.1458E-04	.1395E-04
4.200	.1335E-04	.1277E-04	.1222E-04	.1168E-04	.1118E-04	.1069E-04	.1022E-04	.9774E-05	.9345E-05	.8934E-05
4.300	.8540E-05	.8163E-05	.7801E-05	.7455E-05	.7124E-05	.8807E-05	.6503E-05	.6212E-05	.5934E-05	.5668E-05
4.400	.5413E-05	.5169E-05	.4935E-05	.4712E-05	.4498E-05	.4294E-05	.4098E-05	.3911E-05	.3732E-05	.3561E-05
4.500	.3398E-05	.3241E-05	.3092E-05	.2949E-05	.2813E-05	.2682E-05	.2558E-05	.2439E-05	.2325E-05	.2216E-05
4.600	.2112E-05	.2013E-05	.1919E-05	.1828E-05	.1742E-05	.1660E-05	.1581E-05	.1506E-05	.1434E-05	.1366E-05
4.700	.1301E-05	.1239E-05	.1179E-05	.1123E-05	.1069E-05	.1017E-05	.9680E-06	.9211E-06	.8765E-06	.8339E-06
4.800	.7933E-06	.7547E-06	.7178E-06	.6827E-06	.6492E-06	.6173E-06	.5869E-06	.5580E-06	.5304E-06	.5042E-06
4.900	.4792E-06	.4554E-06	.4327E-06	.4111E-06	.3906E-06	.3711E-06	.3525E-06	.3448E-06	.3179E-06	.3019E-06
5.000	.2867E-06	.2722E-06	.2584E-06	.2452E-06	.2328E-06	.2209E-06	.2096E-06	.1989E-06	.1887E-06	.1790E-06
5.100	.1698E-06	.1611E-06	.1528E-06	.1449E-06	.1374E-06	.1302E-06	.1235E-06	.1170E-06	.1109E-06	.1051E-06

▶▶ 표 8.2 (계속)

x	0.00	0.01	0.02	0.03	0.04	0.05	0.06	0.07	0.08	0.09
5.200	.9964E-07	.9442E-07	.8946E-07	.8476E-07	.8029E-07	.7605E-07	.7203E-07	.6821E-07	.6459E-07	.6116E-07
5.300	.5790E-07	.5481E-07	.5188E-07	.4911E-07	.4647E-07	.4398E-07	.4161E-07	.3937E-07	.3724E-07	.3523E-07
5.400	.3332E-07	.3151E-07	.2980E-07	.2818E-07	.2664E-07	.2518E-07	.2381E-07	.2250E-07	.2127E-07	.2010E-07
5.500	.1899E-07	.1794E-07	.1695E-07	.1601E-07	.1512E-07	.1428E-07	.1349E-07	.1274E-07	.1203E-07	.1135E-07
5.600	.1072E-07	.1012E-07	.9548E-08	.9010E-08	.8503E-08	.8022E-08	.7569E-08	.7140E-08	.6735E-08	.6352E-08
5.700	.5990E-08	.5649E-08	.5326E-08	.5022E-08	.4734E-08	.4462E-08	.4206E-08	.3964E-08	.3735E-08	.3519E-08
5.800	.3316E-08	.3124E-08	.2942E-08	.2771E-08	.2610E-08	.2458E-08	.2314E-08	.2179E-08	.2051E-08	.1931E-08
5.900	.1818E-08	.1711E-08	.1610E-08	.1515E-08	.1425E-08	.1341E-08	.1261E-08	.1186E-08	.1116E-08	.1049E-08
6.000	.9866E-09	.9276E-09	.8721E-09	.8198E-09	.7706E-09	.7242E-09	.6806E-09	.6396E-09	.6009E-09	.5646E-09
6.100	.5303E-09	.4982E-09	.4679E-09	.4394E-09	.4126E-09	.3874E-09	.3637E-09	.3414E-09	.3205E-09	.3008E-09
6.200	.2823E-09	.2649E-09	.2486E-09	.2332E-09	.2188E-09	.2052E-09	.1925E-09	.1805E-09	.1692E-09	.1587E-09
6.300	.1488E-09	.1395E-09	.1308E-09	.1226E-09	.1149E-09	.1077E-09	.1009E-09	.9451E-10	.8854E-10	.8294E-10
6.400	.7769E-10	.7276E-10	.6814E-10	.6380E-10	.5974E-10	.5593E-10	.5235E-10	.4900E-10	.4586E-10	.4292E-10
6.500	.4016E-10	.3758E-10	.3515E-10	.3288E-10	.3077E-10	.2877E-10	.2690E-10	.2516E-10	.2352E-10	.2199E-10
6.600	.2056E-10	.1922E-10	.1796E-10	.1678E-10	.1568E-10	.1465E-10	.1369E-10	.1279E-10	.1195E-10	.1116E-10
6.700	.1042E-10	.9731E-11	.9086E-11	.8483E-11	.7919E-11	.7392E-11	.6900E-11	.6439E-11	.6009E-11	.5607E-11
6.800	.5231E-11	.4880E-11	.4552E-11	.4246E-11	.3960E-11	.3692E-11	.3443E-11	.3210E-11	.2993E-11	.2790E-11
6.900	.2600E-11	.2423E-11	.2258E-11	.2104E-11	.1960E-11	.1826E-11	.1701E-11	.1585E-11	.1476E-11	.1374E-11
7.000	.1280E-11	.1192E-11	.1109E-11	.1033E-11	.9612E-12	.8946E-12	.8325E-12	.7747E-12	.7208E-12	.6706E-12
7.100	.6238E-12	.5802E-12	.5396E-12	.5018E-12	.4667E-12	.4339E-12	.4034E-12	.3750E-12	.3486E-12	.3240E-12
7.200	.3011E-12	.2798E-12	.2599E-12	.2415E-12	.2243E-12	.2084E-12	.1935E-12	.1797E-12	.1669E-12	.1550E-12
7.300	.1439E-12	.1336E-12	.1240E-12	.1151E-12	.1068E-12	.9910E-13	.9196E-13	.8531E-13	.7914E-13	.7341E-13
7.400	.6809E-13	.6315E-13	.5856E-13	.5430E-13	.5034E-13	.4667E-13	.4326E-13	.4010E-13	.3716E-13	.3444E-13
7.500	.3191E-13	.2956E-13	.2739E-13	.2537E-13	.2350E-13	.2176E-13	.2015E-13	.1866E-13	.1728E-13	.1600E-13
7.600	.1481E-13	.1370E-13	.1268E-13	.1174E-13	.1086E-13	.1005E-13	.9297E-14	.8600E-14	.7954E-14	.7357E-14
7.700	.6803E-14	.6291E-14	.5816E-14	.5377E-14	.4971E-14	.4595E-14	.4246E-14	.3924E-14	.3626E-14	.3350E-14
7.800	.3095E-14	.2859E-14	.2641E-14	.2439E-14	.2253E-14	.2080E-14	.1921E-14	.1773E-14	.1637E-14	.1511E-14
7.900	.1395E-14	.1287E-14	.1188E-14	.1096E-14	.1011E-14	.9326E-15	.8602E-15	.7934E-15	.7317E-15	.6747E-15
8.000	.6221E-15	.5735E-15	.5287E-15	.4874E-15	.4492E-15	.4140E-15	.3815E-15	.3515E-15	.3238E-15	.2983E-15
8.100	.2748E-15	.2531E-15	.2331E-15	.2146E-15	.1976E-15	.1820E-15	.1675E-15	.1542E-15	.1419E-15	.1306E-15
8.200	.1202E-15	.1106E-15	.1018E-15	.9361E-16	.8611E-16	.7920E-16	.7284E-16	.6698E-16	.6159E-16	.5662E-16
8.300	.5206E-16	.4785E-16	.4398E-16	.4042E-16	.3715E-16	.3413E-16	.3136E-16	.2881E-16	.2646E-16	.2431E-16
8.400	.2232E-16	.2050E-16	.1882E-16	.1728E-16	.1587E-16	.1457E-16	.1337E-16	.1227E-16	.1126E-16	.1033E-16
8.500	.9480E-17	.8697E-17	.7978E-17	.7317E-17	.6711E-17	.6154E-17	.5643E-17	.5174E-17	.4744E-17	.4348E-17
8.600	.3986E-17	.3653E-17	.3348E-17	.3068E-17	.2811E-17	.2575E-17	.2359E-17	.2161E-17	.1979E-17	.1812E-17
8.700	.1659E-17	.1519E-17	.1391E-17	.1273E-17	.1166E-17	.1067E-17	.9763E-18	.8933E-18	.8174E-18	.7478E-18
8.800	.6841E-18	.6257E-18	.5723E-18	.5234E-18	.4786E-18	.4376E-18	.4001E-18	.3657E-18	.3343E-18	.3055E-18
8.900	.2792E-18	.2552E-18	.2331E-18	.2130E-18	.1946E-18	.1777E-18	.1623E-18	.1483E-18	.1354E-18	.1236E-18
9.000	.1129E-18	.1030E-18	.9404E-19	.8584E-19	.7834E-19	.7148E-19	.6523E-19	.5951E-19	.5429E-19	.4952E-19
9.100	.4517E-19	.4119E-19	.3756E-19	.3425E-19	.3123E-19	.2847E-19	.2595E-19	.2365E-19	.2155E-19	.1964E-19
9.200	.1790E-19	.1631E-19	.1486E-19	.1353E-19	.1232E-19	.1122E-19	.1022E-19	.9307E-20	.8474E-20	.7714E-20
9.300	.7022E-20	.6392E-20	.5817E-20	.5294E-20	.4817E-20	.4382E-20	.3987E-20	.3627E-20	.3299E-20	.3000E-20
9.400	.2728E-20	.2481E-20	.2255E-20	.2050E-20	.1864E-20	.1694E-20	.1540E-20	.1399E-20	.1271E-20	.1155E-20
9.500	.1049E-20	.9533E-21	.8659E-21	.7864E-21	.7142E-21	.6485E-21	.5888E-21	.5345E-21	.4852E-21	.4404E-21
9.600	.3997E-21	.3627E-21	.3292E-21	.2986E-21	.2709E-21	.2458E-21	.2229E-21	.2022E-21	.1834E-21	.1663E-21
9.700	.1507E-21	.1367E-21	.1239E-21	.1123E-21	.1018E-21	.9223E-22	.8358E-22	.7573E-22	.6861E-22	.6215E-22
9.800	.5629E-22	.5098E-22	.4617E-22	.4181E-22	.3786E-22	.3427E-22	.3102E-22	.2808E-22	.2542E-22	.2300E-22
9.900	.2081E-22	.1883E-22	.1704E-22	.1541E-22	.1394E-22	.1261E-22	.1140E-22	.1031E-22	.9323E-23	.8429E-23
10.00	.7620E-23	.6888E-23	.6225E-23	.5626E-23	.5084E-23	.4593E-23	.4150E-23	.3749E-23	.3386E-23	.3058E-23

주: (1) E−01은 10^{-1}으로 읽고, E−02는 10^{-2} 등으로 읽는다.

(2) 이 표는 x의 값이 0부터 10까지 범위에서 0.01 간격으로 표시하였다. 예를 들어, Q(5.36)의 값을 찾으면 $x=5.3$으로 시작하는 행을 찾아보면 된다. 이 행의 여섯 번째 값(0.06열)이 원하는 값 0.4161×10^{-7}이다.

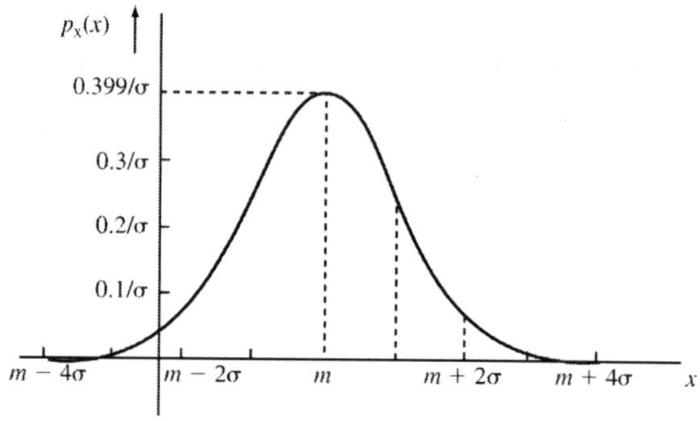

▶▶ 그림 8.11 평균 m과 분산 σ^2를 갖는 가우시안 PDF

이 근사값의 오류는 $x > 2.15$일 때 1% 이내이다. 더 큰 x 값에 대해서는 거의 0에 접근한다.

좀 더 일반적인 가우시안 밀도 함수는 두 가지 매개변수 (m, σ)를 가지며, 다음 식과 같다(그림 8.11).

$$p_{\mathrm{x}}(x) = \frac{1}{\sigma\sqrt{2\pi}} e^{-(x-m)^2/2\sigma^2} \tag{8.39}$$

이 경우에,

$$F_{\mathrm{x}}(x) = \frac{1}{\sigma\sqrt{2\pi}} \int_{-\infty}^{x} e^{-(x-m)^2/2\sigma^2}\, dx$$

여기서 $(x-m)/\sigma = z$로 치환하면

$$\begin{aligned} F_{\mathrm{x}}(x) &= \frac{1}{\sqrt{2\pi}} \int_{-\infty}^{(x-m)/\sigma} e^{-z^2/2}\, dz \\ &= 1 - Q\left(\frac{x-m}{\sigma}\right) \end{aligned} \tag{8.40a}$$

따라서,

$$P(\mathrm{x} \le x) = 1 - Q\left(\frac{x-m}{\sigma}\right) \tag{8.40b}$$

이고

$$P(\mathrm{x} > x) = Q\left(\frac{x-m}{\sigma}\right) \tag{8.40c}$$

가우시안 PDF는 아마도 통신 분야에서 가장 중요한 PDF일 것이다. 실제 상황에서 잡음(noise process)의 대다수는 가우시안 프로세스(Gaussian processes)이다. 가우시안 잡음 신호의 진폭 n 은 가우시안 PDF를 갖는 확률 변수이다. 이것은 어떤 구간 $(n, n+\Delta n)$에 n 이 존재할 확률이 $p_{\mathrm{n}}(n)\Delta n$ 임을 뜻한다. 여기서 $p_{\mathrm{n}}(n)$은 [$m=0$인] 식 (8.39)의 형태를 갖는다.

예제 8.16

• 임계치 검출(threshold detection)

2진 채널을 통하여, 메시지 $m=0$과 1을 같은 발생 확률로 각각 양과 음의 펄스를 사용하여 전송한다. 그림 8.12a에 있는 것처럼 1에 해당하여 수신된 펄스를 $p(t)$라 하고, 0에 해당하는 펄스를 $-p(t)$라 하자. 시간 $t=T_p$에서 $p(t)$의 최대값(peak amplitude)을 A_p라 하자. 채널 잡음 $n(t)$로 인하여 수신된 펄스는 $\pm p(t)+n(t)$가 된다(그림 8.12c).

$$\pm p(t) + \mathrm{n}(t)$$

수신기에서 펄스를 검출하기 위하여, 각 펄스는 최대 진폭에서 표본화되어야 한다. 잡음이 없는 경우, 표본화된 출력은 $A_p(m=1$일 때) 또는 $-A_p(m=0$일 때)가 된다. 채널 잡음이 있는 경우는 표본기의 출력은 $\pm A_p$+n 이 되며, 여기서 표본화된 순간의 잡음 진폭 n 은 (그림 8.12b) 하나의 확률 변수이다. 가우시안 잡음일 때 n 의 PDF는(그림 8.12b) 다음과 같다.

$$p_{\mathrm{n}}(n) = \frac{1}{\sigma_n\sqrt{2\pi}}e^{-n^2/2\sigma_n^2} \tag{8.41}$$

이 시스템은 대칭적인 형태이므로, 최적의 검출을 위한 임계값은 영이 된다. 즉, 수신된 펄스가 1인지 0인지는 표본화된 값이 양수인지 음수인지에 달려있다.
잡음의 범위는 $-\infty$에서 ∞이므로 표본값 $-A_p$+n 은 양수가 될 수도 있으며 0을 전송하였는데 1로 읽는 결과를 초래한다(그림 8.12b 참조). 마찬가지로, A_p+n 도 음수가 될 수 있으며 1을 전송하였는데 0으로 읽는 결과를 초래한다. 만일 0을 보냈는데 1로 검출하는 것은 $-A_p+\mathrm{n}>0$ 즉, $\mathrm{n}>A_p$이기 때문이다.
만일 $P(\epsilon \mid \mathbf{0})$를 0을 전송하였을 때의 오류 확률이라 한다면,

$$P(\epsilon|\mathbf{0}) = P(\mathrm{n} > A_p)$$

여기서 $P(\mathrm{n}>A_p)$는 그림 8.12b에서 A_p의 오른쪽에 있는 그늘진 영역이기 때문에, [$m=0$이고] 식 (8.40c)로부터

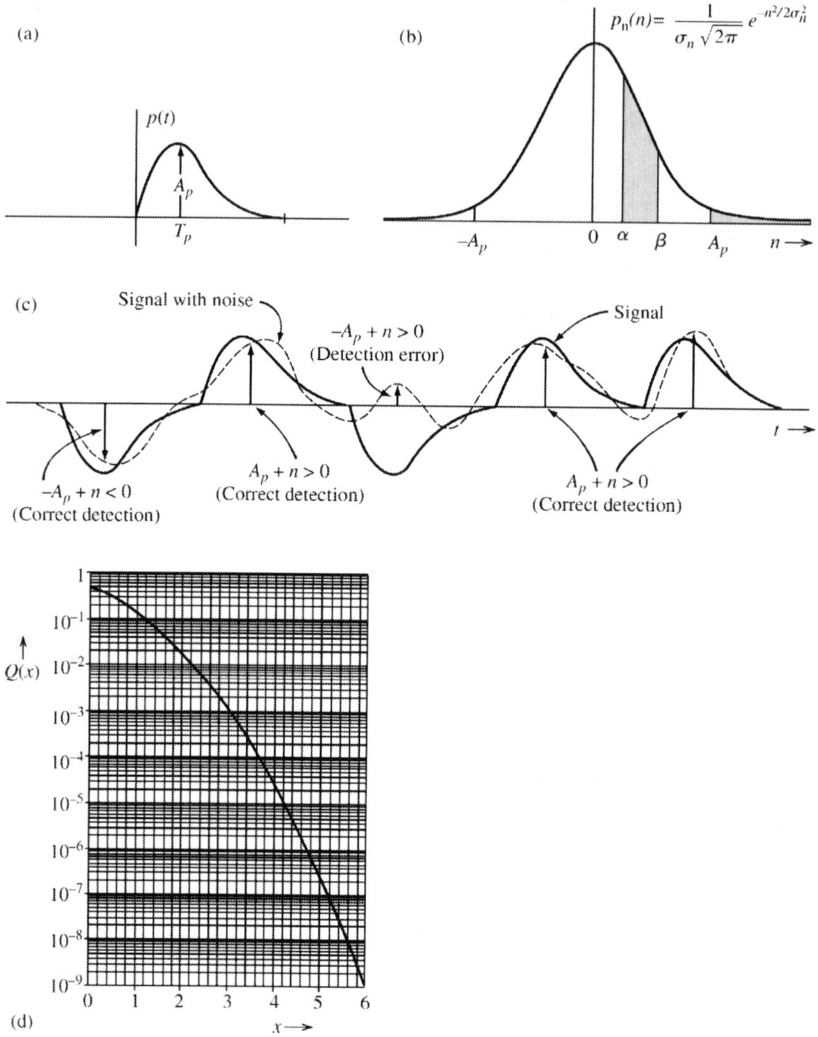

▸▸ 그림 8.12 임계치 검출에서 오류 확률: (a) 전송된 펄스 (b) 잡음 PDF (c) 잡음이 있는 수신된 펄스 (d) 검출 오류 확률

$$P(\epsilon|\mathbf{0}) = Q\left(\frac{A_p}{\sigma_{\mathrm{n}}}\right) \tag{8.42a}$$

마찬가지로,

$$\begin{aligned} P(\epsilon|\mathbf{1}) &= P(\mathrm{n} < -A_p) \\ &= Q\left(\frac{A_p}{\sigma_{\mathrm{n}}}\right) = P(\epsilon|\mathbf{0}) \end{aligned} \tag{8.42b}$$

그리고

$$\begin{aligned} P_e &= \sum_i P(\epsilon, m_i) \\ &= \sum_i P(m_i)P(\epsilon|m_i) \\ &= Q\left(\frac{A_p}{\sigma_n}\right)\sum_i P(m_i) \\ &= Q\left(\frac{A_p}{\sigma_n}\right) \end{aligned} \tag{8.42c}$$

오류 확률 P_e 는 그림 8.12d에서 구할 수 있다.

○ **결합 분포(Joint Distribution)**

두 확률 변수 x, y에 대하여, 다음과 같이 CDF $F_{\mathrm{xy}}(x, y)$를 정의한다.

$$F_{\mathrm{xy}}(x, y) \triangleq P(\mathrm{x} \leq x \text{ and } \mathrm{y} \leq y) \tag{8.43}$$

그리고 결합 PDF는

$$p_{\mathrm{xy}}(x, y) = \frac{\partial^2}{\partial x\, \partial y} F_{\mathrm{xy}}(x, y) \tag{8.44}$$

하나의 변수만 고려할 때와 마찬가지로 $\Delta x \to 0$이고, $\Delta y \to 0$에 따라 다음을 보일 수 있다.

$$p_{\mathrm{xy}}(x, y)\Delta x\, \Delta y = P(x < \mathrm{x} \leq x + \Delta x,\ y < \mathrm{y} \leq y + \Delta y) \tag{8.45}$$

따라서, 변수 x가 구간 $(x, x+\Delta x)$에 있고, y가 구간 $(y, y+\Delta y)$에 있을 결합 확률은 그림 8.13a에서 보는 것처럼 $(x, x+\Delta x)$와 $(y, y+\Delta y)$를 경계로 하는 영역에서 결합 PDF $p_{\mathrm{xy}}(x, y)$의 아래에 있는 체적(volume)이 된다.

식 (8.45)로부터 다음이 성립한다.

$$P(x_1 < x \leq x_2,\ y_1 < y \leq y_2) = \int_{x_1}^{x_2} \int_{y_1}^{y_2} p_{xy}(x, y)\, dx\, dy \tag{8.46}$$

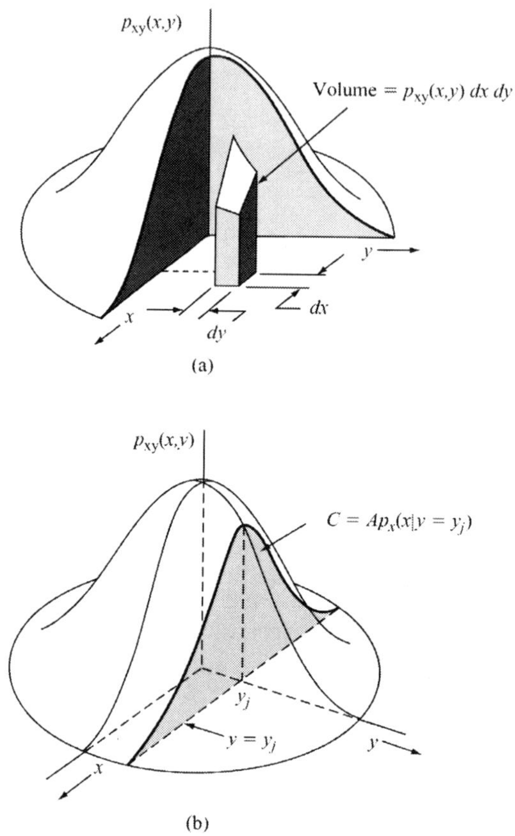

▸▸ 그림 8.13 (a) 결합 PDF (b) 조건 PDF

그러므로 변수 x가 구간 (x_1, x_2)에 있고, y가 구간 (y_1, y_2)에 있을 결합 확률은 (x_1, x_2)와 (y_1, y_2)로 한정된 영역에 해당하는 PDF의 아래에 있는 체적(volume)이다.

x가 구간 $(-\infty, \infty)$에 있고, y가 구간 $(-\infty, \infty)$에 있을 사건은 전체 사건이다. 따라서,

$$\int_{-\infty}^{\infty}\int_{-\infty}^{\infty} p_{xy}(x, y)\,dx\,dy = 1 \tag{8.47}$$

따라서, 결합 PDF 아래에 있는 전체 체적은 1이다.

두 확률 변수 x, y가 있을 때, 각각의 확률 밀도 $p_x(x)$와 $p_y(y)$는 결합 밀도 $p_{xy}(x, y)$로부터 구할 수 있다. 이 개개의 밀도를 부분 밀도(marginal density)라고 한다. 이 밀도들을 구하기 위하여, $p_x(x)\Delta x$는 확률 변수 x가 구간 $(x, x+\Delta x)$에 있을 확률이라는 점을 이용한다. y는 구간 $(-\infty, \infty)$의 아무 곳에나 있을 수 있다. 따라서,

$$\begin{aligned}\lim_{\Delta x\to 0} p_{\mathrm{x}}(x)\Delta x &= \lim_{\Delta x\to 0} \text{Probability } (x < \mathrm{x} \le x+\Delta x,\ -\infty < \mathrm{y} \le \infty)\\ &= \lim_{\Delta x\to 0}\int_x^{x+\Delta x}\int_{-\infty}^{\infty} p_{\mathrm{xy}}(x,\ y)\,dx\,dy\\ &= \lim_{\Delta x\to 0}\int_{-\infty}^{\infty} p_{\mathrm{xy}}(x,\ y)\,dy\int_x^{x+\Delta x} dx\\ &= \lim_{\Delta x\to 0}\Delta x\int_{-\infty}^{\infty} p_{\mathrm{xy}}(x,\ y)\,dy\end{aligned}$$

마지막 두 단계는 $\Delta x \to 0$이므로 $p_{\mathrm{xy}}(x,\ y)$가 구간 $(x,\ x+\Delta x)$에서 상수라는 점을 이용한 것이다.

$$p_{\mathrm{x}}(x) = \int_{-\infty}^{\infty} p_{\mathrm{xy}}(x,\ y)\,dy \tag{8.48a}$$

마찬가지로,

$$p_{\mathrm{y}}(y) = \int_{-\infty}^{\infty} p_{\mathrm{xy}}(x,\ y)\,dx \tag{8.48b}$$

CDF에 대하여는,

$$F_{\mathrm{y}}(y) = F_{\mathrm{xy}}(\infty,\ y) \tag{8.49a}$$

$$F_{\mathrm{x}}(x) = F_{\mathrm{xy}}(x,\ \infty) \tag{8.49b}$$

이 결과는 n개의 확률 변수 $x_1,\ x_2, \cdots,\ x_n$으로 확장할 수 있다.

○ 조건 밀도

조건 확률의 개념은 연속 확률 변수들의 경우로 확장될 수 있다. 조건 PDF $p_{\mathrm{x|y}}(x \mid y_j)$를 y가 y_j 값을 가질 때 x의 PDF로 정의한다. 이것은 $p_{\mathrm{x|y}}(x \mid y_j)\Delta x$가 $\mathrm{y} = y_j$일 때 x가 구간 $(x,\ x+\Delta x)$에 있을 확률이라는 말과 같다. 확률 밀도 $p_{\mathrm{x|y}}(x \mid y_j)$는 결합 PDF $p_{\mathrm{xy}}(x,\ y)$와 $y = y_j$ 평면이 교차하는 것이다(그림 8.13b). 하지만 모든 PDF는 면적이 1이므로 원하는 PDF를 얻기 위하여 교차 곡선 C 아래의 면적을 정규화(normalize)하여야 한다. 따라서, C는 $Ap_{x|y}(x \mid y_j)$가 되고 A는 C 아래의 면적이다. 이산의 경우에 대하여 유도된 결과를 확장하면 다음과 같다.

$$p_{\mathrm{x|y}}(x|y)p_{\mathrm{y}}(y) = p_{\mathrm{xy}}(x,\ y) \tag{8.50a}$$

$$p_{\mathrm{y|x}}(y|x)p_{\mathrm{x}}(x) = p_{\mathrm{xy}}(x,\ y) \tag{8.50b}$$

그리고

$$p_{x|y}(x|y) = \frac{p_{y|x}(y|x)p_x(x)}{p_y(y)} \tag{8.51a}$$

식 (8.51a)는 연속 확률 변수에 관한 Bayes 법칙(Bayes' rule)이다. 혼합 변수(이산과 연속)일 때, 혼합형 Beyes 법칙은

$$P_{x|y}(x|y)p_y(y) = P_x(x)p_{y|x}(y|x) \tag{8.51b}$$

이며, 여기서 x는 이산 확률 변수이고 y는 연속 확률 변수이다.*

$p_{x|y}(x \mid y)$는 여전히 맨 첫째로 확률 밀도 함수이다. 그러므로,

$$\int_{-\infty}^{\infty} p_{x|y}(x|y)\,dx = \frac{\int_{-\infty}^{\infty} p_{xy}(x,\ y)\,dx}{p_y(y)} = \frac{p_y(y)}{p_y(y)} = 1 \tag{8.52}$$

○ **독립 확률 변수**

연속 확률 변수 x, y는 다음이 성립하면 독립(independent)이다.

$$p_{x|y}(x|y) = p_x(x) \tag{8.53a}$$

식 (8.53a)와 (8.51)로부터

$$p_{y|x}(y|x) = p_y(y) \tag{8.53b}$$

이것은 독립인 두 확률 변수 x, y에 대하여

$$p_{xy}(x,\ y) = p_x(x)p_y(y) \tag{8.53c}$$

임을 의미한다. 식 (8.53c)에 따라서, 결합 CDF 역시 분리할 수 있다.

$$\begin{aligned} F_{xy}(x,\ y) &= \int_{-\infty}^{x}\int_{-\infty}^{y} p_{xy}(v,\ w)\,dw\,dv \\ &= \int_{-\infty}^{x} p_x(v)\,dv \cdot \int_{-\infty}^{y} p_y(w)\,dw \\ &= F_x(x) \cdot F_y(y) \end{aligned} \tag{8.54}$$

* $P_{x|y}(x|y)$는 확률 0을 갖는 사건 $y = y$에 대한 조건이 되는 것을 주목할 필요가 있다.

● 예제 8.17

• 레일리 밀도(Rayleigh density)

레일리 밀도는 다음의 PDF에 의해서 결정된다(그림 8.14b).

$$p_r(r) = \begin{cases} \dfrac{r}{\sigma^2} e^{-r^2/2\sigma^2} & r \geq 0 \\ 0 & r < 0 \end{cases} \tag{8.55}$$

레일리 확률 변수는 다음과 같이 독립인 두 가우시안 확률 변수를 이용하여 구할 수 있다. x와 y를 같은 PDF를 갖는 독립 가우시안 변수들이라 하자.

$$p_x(x) = \frac{1}{\sigma\sqrt{2\pi}} e^{-x^2/2\sigma^2}$$
$$p_y(y) = \frac{1}{\sigma\sqrt{2\pi}} e^{-y^2/2\sigma^2}$$

그러므로

$$p_{xy}(x,\ y) = p_x(x)p_y(y) = \frac{1}{2\pi\sigma^2} e^{-(x^2+y^2)/2\sigma^2} \tag{8.56}$$

결합 밀도는 그림 8.13에서 보는 것처럼 종모양(bell-shaped)의 표면처럼 생겼다. x, y 평면의 점들은 (r, θ)의 극좌표로 표현할 수 있다(그림 8.14a). 여기서

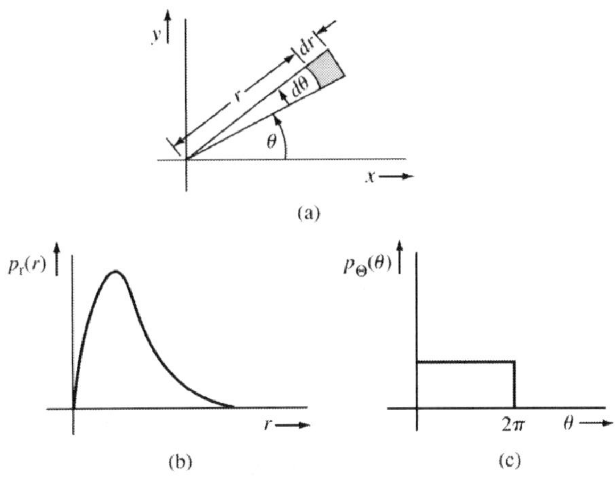

►► 그림 8.14 레일리 밀도의 유도

$$r = \sqrt{x^2 + y^2} \qquad \Theta = \tan^{-1}\frac{y}{x}$$

그림 8.14a에서 색칠한 부분은 $r < \mathrm{r} \le r + dr$과 $\theta < \Theta \le \theta + d\theta$(여기서 dr과 $d\theta$는 모두 → 0)에 해당하는 부분을 나타낸다. 따라서, 만일 $p_{\mathrm{r}\Theta}(r, \theta)$가 r과 Θ의 결합 PDF라면, 정의식 (8.45)]에 의해서 이 영역에 r과 Θ가 있을 확률은 $p_{\mathrm{r}\Theta}(r, \theta)dr\,d\theta$가 된다. 한편, 이 확률은 $p_{\mathrm{xy}}(x, y)$와 색칠한 부분의 면적 $rdrd\theta$를 곱한 것이다. 그러므로 [식 (8.56)]

$$\frac{1}{2\pi\sigma^2}e^{-(x^2+y^2)2\sigma^2}\, r\,dr\,d\theta = p_{\mathrm{r}\Theta}(r, \theta)\,dr\,d\theta$$

그리고

$$\begin{aligned} p_{\mathrm{r}\Theta}(r, \theta) &= \frac{r}{2\pi\sigma^2}e^{-(x^2+y^2)/2\sigma^2} \\ &= \frac{r}{2\pi\sigma^2}e^{-r^2/2\sigma^2} \end{aligned} \tag{8.57}$$

그리고 [식 (8.48a)]

$$p_{\mathrm{r}}(r) = \int_{-\infty}^{\infty} p_{\mathrm{r}\Theta}(r, \theta)\,d\theta$$

Θ의 범위는 $(0, 2\pi)$이므로

$$\begin{aligned} p_{\mathrm{r}}(r) &= \int_0^{2\pi} \frac{r}{2\pi\sigma^2}e^{-r^2/2\sigma^2}\,d\theta \\ &= \frac{r}{\sigma^2}e^{-r^2/2\sigma^2}u(r) \end{aligned} \tag{8.58a}$$

r은 항상 0보다 크다. 비슷한 방법으로,

$$p_\Theta(\theta) = \begin{cases} \dfrac{1}{2\pi} & 0 \le \Theta < 2\pi \\ 0 & \text{otherwise} \end{cases} \tag{8.58b}$$

확률 변수 r과 Θ는 $p_{\mathrm{r}\Theta}(r, \theta) = p_{\mathrm{r}}(r)p_\Theta(\theta)$이므로 독립이다. PDF $p_{\mathrm{r}}(r)$는 레일리 밀도 함수(Rayleigh density function)이다. 협대역 가우시안 잡음의 포락선이 레일리 밀도를 갖는 것은 나중에 보이겠다. $p_{\mathrm{r}}(r)$와 $p_\Theta(\theta)$가 그림 8.14b와 c에 있다.

8.3 통계적 평균

평균은 확률 변수를 공부하는데 있어서 대단히 중요하다. 확률 변수 x의 평균에 대한 적절한 정의를 찾아보기 위하여 한 국가 전체 인구의 평균키를 구하는 문제를 생각해 보자. 우선 모든 국민의 키에 대한 자료는 충분히 모을 수 있다고 가정하자. 만일 그 데이터가 1인치 이내의 정확도를 가지고 기록된다고 가정하면 모든 사람의 키 x는 x_1, x_2, ⋯, x_n 처럼 n 개의 숫자 중 하나로 추측할 수 있다. 만일 x_i의 키를 가진 사람이 N_i명 있다면 평균키 $\overline{\mathrm{x}}$는 다음과 같이 주어진다.

$$\overline{\mathrm{x}} = \frac{N_1x_1 + N_2x_2 + \cdots + N_nx_n}{N}$$

여기서 전체 사람 수는 $N = \sum_i N_i$이다. 따라서,

$$\overline{\mathrm{x}} = \frac{N_1}{N}x_1 + \frac{N_2}{N}x_2 + \cdots + \frac{N_n}{N}x_n$$

$N \to \infty$함에 따라 N_1/N은 확률의 상대 빈도 정의에 의해 $P_{\mathrm{x}}(x_i)$에 수렴한다. 그러므로,

$$\overline{\mathrm{x}} = \sum_{i=1}^{n} x_i P_x(x_i)$$

평균값(mean value)은 확률변수 x의 평균값(average value) 혹은 기댓값(expected value)이라고 하며, $E[\mathrm{x}]$로 표기한다. 그러므로,

$$\overline{\mathrm{x}} = E[\mathrm{x}] = \sum_{i} x_i P_x(x_i) \tag{8.59a}$$

우리는 이 표현들을 모두 사용할 것이며, 상황과 편의성에 따라서 선택하여 쓸 것이다.

만일 확률 변수 x가 연속이면 식 (8.59a)에 있는 것과 비슷한 이유로 다음과 같이 평균을 구할 수 있다.

$$\overline{\mathrm{x}} = E[\mathrm{x}] = \int_{-\infty}^{\infty} x p_{\mathrm{x}}(x)\, dx \tag{8.59b}$$

이것은 연속 변수 x를 Δx 의 간격으로 양자화(quantizing)하여 이산(discrete)으로 만든 후 $\Delta x \to 0$이 되도록 하여 근사화시킴으로써 유도할 수 있다.

식 (8.59b)가 좀 더 일반적인 식이며 식 (8.59a)를 포함하는데, 이것은 이산 확률 변수는 임펄스 모양의 밀도를 가진 연속 확률 변수로 생각할 수 있기 때문이다. 그와 같이 생각하면 식 (8.59b)는 식 (8.59a)로 변한다.

예로써 식 (8.11)로 주어지는 일반적인 가우시안 PDF를 생각해 보자.

$$p_{\mathrm{x}}(x) = \frac{1}{\sigma\sqrt{2\pi}} e^{-(x-m)^2/2\sigma^2} \tag{8.60a}$$

식 (8.59b)로부터,

$$\overline{\mathrm{x}} = \frac{1}{\sigma\sqrt{2\pi}} \int_{-\infty}^{\infty} x e^{-(x-m)^2/2\sigma^2}\, dx$$

$x = y + m$으로 변수 치환하면

$$\begin{aligned}\overline{\mathrm{x}} &= \frac{1}{\sigma\sqrt{2\pi}} \int_{-\infty}^{\infty} (y+m) e^{-y^2/2\sigma^2}\, dy \\ &= \frac{1}{\sigma\sqrt{2\pi}} \int_{-\infty}^{\infty} y e^{-y^2/2\sigma^2}\, dy + m\left[\frac{1}{\sigma\sqrt{2\pi}} \int_{-\infty}^{\infty} e^{-y^2/2\sigma^2}\, dy\right]\end{aligned}$$

우변의 첫 번째 항은 적분항이 적분 변수 y에 대하여 기함수이므로 영이다. 대괄호 안의 항은 가우시안 PDF의 적분이며, 1과 같다. 그러므로,

$$\overline{\mathrm{x}} = m \tag{8.60b}$$

○ 한 개의 확률 변수를 갖는 함수의 평균

가끔 한 개의 확률 변수를 갖는 함수의 평균을 구할 때가 있다. 예를 들어 실제 상황에서는 어떤 신호의 평균 제곱 진폭(mean square amplitude)을 필요로 할 경우가 있다. 평균 제곱 진폭은 진폭 x를 제곱하여 평균을 낸 것이다. 즉, $\overline{\mathrm{x}^2}$이다.

일반적으로, 확률 변수 x의 함수인 한 확률 변수 y의 평균을 구한다. 즉, $\mathrm{y} = g(\mathrm{x})$에서 $\overline{\mathrm{y}}$를 구하려는 것이다. 확률 변수 x는 $x_1, x_2, \cdots, x_n$의 값을 가지며, 각각 $P_{\mathrm{x}}(x_1)$, $P_{\mathrm{x}}(x_2)$, …, $P_{\mathrm{x}}(x_n)$의 확률을 갖는다고 하자. 하지만 $y = g(x)$이므로 y는 $\mathrm{g}(x_1)$, $\mathrm{g}(x_2)$, … , $\mathrm{g}(x_n)$의 값을 가지며 각각 $P_{\mathrm{x}}(x_1)$, $P_{\mathrm{x}}(x_2)$, … , $P_{\mathrm{x}}(x_n)$의 확률을 갖는다. 따라서 식 (8.59a)로부터

$$\overline{y} = \overline{g(x)} = \sum_{i=1}^{n} g(x_i)P_x(x_i) \tag{8.61a}$$

만일 x가 연속 확률 변수이면, 비슷한 이유로 해서 다음과 같이 쓸 수 있다.

$$\overline{g(x)} = \int_{-\infty}^{\infty} g(x)p_x(x)\,dx \tag{8.61b}$$

● 예제 8.18

정현파 발생기의 출력 전압이 $A\cos\omega t$이다. 이 출력을 랜덤하게 표본화한다(그림 8.15a). 표본화된 출력은 $(-A, A)$ 범위의 모든 값을 갖는 확률 변수 x이다. 이 표본화된 출력값 x의 평균 $(\overline{x})$과 제곱평균 $(\overline{x^2})$을 구하시오.

풀이 만일 출력이 불규칙 시간 t에서 표본화된다면, 출력 x는 확률 변수 t의 함수가 된다.

$$x(t) = A\cos\omega t$$

만일 $\omega t = \Theta$라 하면, Θ는 역시 확률 변수가 된다. 또 Θ의 값을 모듈로 2π로 생각하면 확률 변수 Θ는 $(0, 2\pi)$의 범위에 있다. 만일 t를 불규칙하게 선택하면, Θ는 $(0, 2\pi)$의 범위에 있으면서 균일한 확률(uniform probability)을 갖는다. 또한, PDF 아래의 면적은 1이므로 $p_\Theta(\theta)$는 그림 8.15b와 같다. 그러므로 확률 변수 x는 다른 확률 변수 Θ의 함수이다.

$$x = A\cos\Theta$$

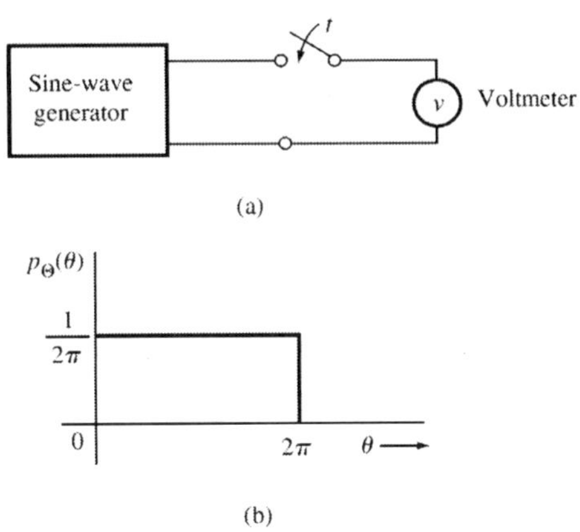

►► 그림 8.15 정현파 발생기의 불규칙 표본화

따라서, 식 (8.61b)로부터

$$\overline{\mathrm{x}} = \int_0^{2\pi} x p_\Theta(\theta)\,d\theta = \frac{1}{2\pi}\int_0^{2\pi} A\cos\theta\,d\theta = 0$$

이고

$$\overline{\mathrm{x}^2} = \int_0^{2\pi} x^2 p_\Theta(\theta)\,d\theta = \frac{A^2}{2\pi}\int_0^{2\pi} \cos^2\theta\,d\theta$$
$$= \frac{A^2}{2}$$

마찬가지로, x, y의 두 변수인 경우에 대해서도 다음과 같이 쓸 수 있다.

$$\overline{g(\mathrm{x},\ \mathrm{y})} = \int_{-\infty}^{\infty}\int_{-\infty}^{\infty} g(x,\ y)p_{\mathrm{xy}}(x,\ y)\,dx\,dy \tag{8.62}$$

○ 합의 평균

만일 $g_1(\mathrm{x},\mathrm{y})$, $g_2(\mathrm{x},\mathrm{y}),\cdots$, $g_n(\mathrm{x},\mathrm{y})$가 확률 변수 x와 y의 함수이면,

$$\overline{g_1(\mathrm{x},\ \mathrm{y}) + g_2(\mathrm{x},\ \mathrm{y}) + \cdots + g_n(\mathrm{x},\ \mathrm{y})} = \overline{g_1(\mathrm{x},\ \mathrm{y})} + \overline{g_2(\mathrm{x},\ \mathrm{y})} + \cdots + \overline{g_n(\mathrm{x},\ \mathrm{y})} \tag{8.63a}$$

증명은 식 (8.62)로부터 간단히 구할 수 있다.

그러므로, 합의 평균(기대값, expected value)은 평균의 합과 같다. 특별히 중요한 경우는 다음과 같다.

$$\overline{\mathrm{x}+\mathrm{y}} = \overline{\mathrm{x}} + \overline{\mathrm{y}} \tag{8.63b}$$

식 (8.63a)는 여러 개의 확률 변수들에 대하여 확장시킬 수 있다.

○ 두 함수의 곱의 평균

불행하게도 두 함수의 곱에 대하여는 식 (8.63)과 같이 간단히 적용되는 결과가 없다. 특별한 예로써,

$$g(\mathrm{x},\ \mathrm{y}) = g_1(\mathrm{x})g_2(\mathrm{y})$$
$$\overline{g_1(\mathrm{x})g_2(\mathrm{y})} = \int_{-\infty}^{\infty}\int_{-\infty}^{\infty} g_1(\mathrm{x})g_2(\mathrm{y})p_{\mathrm{xy}}(x,\ y)\,dx\,dy \tag{8.64a}$$

만일 x와 y가 독립이라면, [식 (8.53c)]

$$p_{\mathrm{xy}}(x,\ y) = p_{\mathrm{x}}(x)p_{\mathrm{y}}(y)$$

이고

$$\begin{aligned}\overline{g_1(\mathrm{x})g_2(\mathrm{y})} &= \int_{-\infty}^{\infty} g_1(x)p_{\mathrm{x}}(x)\,dx \int_{-\infty}^{\infty} g_2(y)p_{\mathrm{y}}(y)\,dy \\ &= \overline{g_1(\mathrm{x})}\ \overline{g_2(\mathrm{y})} \qquad \text{if x and y independent}\end{aligned} \tag{8.64b}$$

이 식의 특별한 경우는

$$\overline{\mathrm{xy}} = \overline{\mathrm{x}}\ \overline{\mathrm{y}} \qquad \text{if x and y independent} \tag{8.64c}$$

○ 모멘트

확률 변수 x의 n 차 모멘트(moment)는 x^n 의 평균으로 정의된다. 따라서, x의 n차 모멘트는 다음과 같다.

$$\overline{\mathrm{x}^n} \triangleq \int_{-\infty}^{\infty} x^n p_{\mathrm{x}}(x)\,dx \tag{8.65a}$$

확률 변수 x의 중심 모멘트(central moment)는 다음과 같이 정의된다.

$$\overline{(\mathrm{x}-\overline{\mathrm{x}})^n} \triangleq \int_{-\infty}^{\infty} (x-\overline{\mathrm{x}})^n p_{\mathrm{x}}(x)\,dx \tag{8.65b}$$

확률 변수 x의 2차 중심 모멘트(second central moment)는 특별히 중요하다. 이것은 x의 분산(variance)이라 하며 σ_{x}^2으로 표기한다. 여기서 σ_{x}를 확률 변수 x의 표준 편차(standard deviation, SD)라 한다. 정의에 의해서

$$\begin{aligned}\sigma_{\mathrm{x}}^2 &= \overline{(\mathrm{x}-\overline{\mathrm{x}})^2} \\ &= \overline{\mathrm{x}^2} - 2\overline{\mathrm{x}\overline{\mathrm{x}}} + \overline{\mathrm{x}}^2 = \overline{\mathrm{x}^2} - 2\overline{\mathrm{x}}^2 + \overline{\mathrm{x}}^2 \\ &= \overline{\mathrm{x}^2} - \overline{\mathrm{x}}^2\end{aligned} \tag{8.66}$$

그러므로, x의 분산은 제곱 평균값 빼기 평균의 제곱값이다. 평균이 영이면 분산은 제곱 평균과 같다. 즉, $\overline{\mathrm{x}^2} = \sigma_{\mathrm{x}}^2$.

● 예제 8.19

식 (8.39)로 주어진 PDF를 갖는 가우시안 확률 변수의 제곱 평균과 분산을 구하시오(그림 8.11 참조).

풀이 정의로부터

$$\overline{x^2} = \frac{1}{\sigma\sqrt{2\pi}} \int_{-\infty}^{\infty} x^2 e^{-(x-m)^2/2\sigma^2}\,dx$$

변수 치환을 $y=(x-m)/\sigma$로 하고 적분을 하면,

$$\overline{x^2} = \sigma^2 + m^2 \tag{8.67a}$$

또, 식 (8.66)과 (8.60b)로부터

$$\begin{aligned}\sigma_x^2 &= \overline{x^2} - \bar{x}^2 \\ &= (\sigma^2 + m^2) - (m)^2 \\ &= \sigma^2\end{aligned} \tag{8.67b}$$

따라서, 식 (8.60a)의 밀도를 가진 가우시안 확률 변수는 평균이 m 이고, 분산이 σ^2이다. 다시 말해서, 가우시안 밀도 함수는 1차 모멘트 $\bar{x}$와 2차 모멘트 $\overline{x^2}$로 모든 것이 표현될 수 있다.

● 예제 8.20

• PCM에서 균일 양자화 오류의 제곱 평균
(Mean square of the uniform quantization error in PCM)

제 6장에서 논의한 PCM 구조에서, BHz로 대역 제한된 신호를 $2B$ 표본/초(samples per second)의 비율(rate)로 표본화한다. 신호가 갖는 진폭의 전체 범위 $(-m_p,\ m_p)$를 L개의 일정한 간격(uniform intervals)으로 나눈다. 이렇게 하면 하나의 간격은 $2m_p/L$(그림 8.16a)이 된다. 각 표본은 그 값이 속한 구간의 중앙값(midpoint)으로 근사화된다. 따라서, 그림 8.16a에서처럼 m값은 m이 속한 구간의 가운데 값인 $\hat{m}$으로 근사화된다. 그러므로 각 표본은 L 가지 숫자 중의 하나로 근사화(양자화)되는 것이다.

그 차이 $q = m - \hat{m}$을 양자화 오류(quantization error)라 하며, 이것은 확률 변수이다. 이제 이 양자화 오류의 제곱 평균 $\overline{q^2}$을 구하여 보자. 그림 8.16a로부터, q는 구간 $(-m_p/L,\ m_p/L)$에서만 값이 존재하고 이 구간 밖에서는 영인 연속 확률 변수임을 알 수 있다.

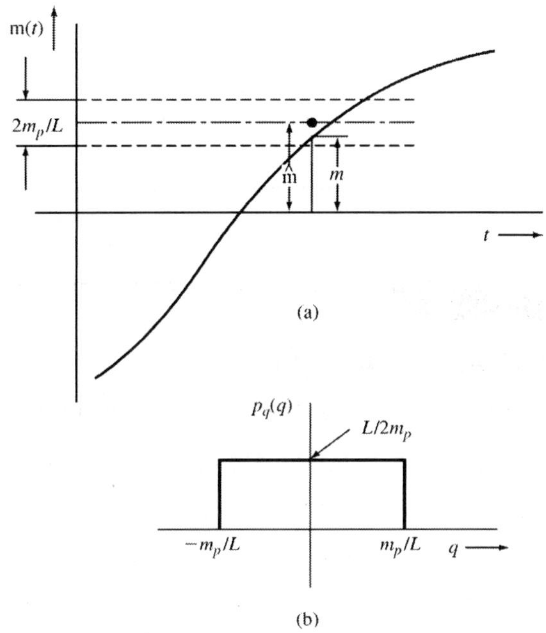

►► 그림 8.16 (a) PCM에서 양자화 오류 (b) 그것의 PDF

만일 표본이 양자화 구간 중의 어느 곳에서든지 그 발생 확률이 일정하다면* 확률 변수 q의 PDF는 그림 8.16b에 보이는 것처럼 구간 $(-m_p/L,\ m_p/L)$에서 일정(uniform)하다.

$$p_{\mathrm{q}}(q) = L/2m_p \qquad q \in (-m_p/L,\ m_p/L)$$

그리고,

$$\begin{aligned}\overline{\mathrm{q}^2} &= \int_{-m_p/L}^{m_p/L} q^2 p_{\mathrm{q}}(q)\,dq \\ &= \frac{L}{2m_p}\frac{q^3}{3}\Bigg|_{-m_p/L}^{m_p/L} \\ &= \frac{1}{3}\left(\frac{m_p}{L}\right)^2\end{aligned} \tag{8.68a}$$

* 양자화 구간은 일반적으로 아주 작으므로, 그 구간에 대한 신호의 진폭 변화량 또한 아주 작으며, 이 가정은 타당성이 있다.

그림 8.16b에서, $\bar{q} = 0$이다. 따라서

$$\sigma_q^2 = \overline{q^2} = \frac{1}{3}\left(\frac{m_p}{L}\right)^2 \tag{8.68b}$$

예제 8.21

• PCM에서 채널 잡음에 의한 제곱 평균 오류 (Mean square error caused by channel noise in PCM)

양자화 잡음은 PCM에서 생기는 오류의 원인(sources of error) 중의 하나이다. 또 다른 오류의 원인은 채널 잡음이다. 각각의 양자화된 표본은 n개의 2진 펄스로 묶어서 부호화(coded)된다. 잡음으로 인하여, 이 펄스들 중의 약간은 수신기에서 틀리게 받아들인다. 따라서, 수신기에서 복호된(decoded) 표본값 $\tilde{m}$는 전송된 양자화 표본값 $\tilde{m}$와 다르게 된다. 이 오류 $\epsilon = \hat{m} - \tilde{m}$는 확률 변수이다. 이제 채널 잡음에 의해 발생하는 표본값의 제곱 평균 오류 $\overline{\epsilon^2}$를 구해보자.

풀이 우선, ϵ가 취할 수 있는 값들과 그 확률부터 구해보자. 각 표본은 n개의 2진 펄스들에 의해 전송된다. 그리고 ϵ의 값은 틀리게 검출된 펄스의 위치에 좌우된다. 예를 들어, 그림 1.5에 있는 것처럼, 네 비트의 펄스($n = 4$)에 의해 전송되는 $L = 16$인 경우를 생각해 보자. 이 경우, 전송부호(transmitted code) 1101은 13의 값을 나타낸다. 첫 번째 위치에서 전송 오류가 발생하였다고 가정하면 수신된 부호는 0101, 즉 5의 값을 나타낸다. 이것은 오류가 $\epsilon = 8$이 된다. 마찬가지로, 두 번째 비트에서 오류가 생기면 $\epsilon = 4$이다. 세 번째와 네 번째는 각각 $\epsilon = 2$와 $\epsilon = 1$이 될 것이다. 일반적으로, i 번째 비트에서 오류가 생기면 오류는 $\epsilon_i = (2^{-i})16$이 된다. 일반적인 경우 PCM에서, 오류는 $\epsilon_i = (2^{-i})F$이며, 여기서 F는 전체 범위 즉, $2m_p$이다. 따라서,

$$\epsilon_i = (2^{-i})(2m_p) \qquad i = 1, 2, \ldots, n$$

오류 ϵ는 이산 확률 변수이므로,*

$$\overline{\epsilon^2} = \sum_{i=1}^{n} \epsilon_i^2 P_\epsilon(\epsilon_i) \tag{8.69}$$

* 여기서 우리는 오류는 n비트 중에서 한 비트만 발생한다고 가정한다. 그러나 한 비트 이상의 오류가 발생할 수도 있다. 하지만, 비트 오류 확률이 $P_e \ll 1(10^{-5}$ 이하 정도)이기 때문에, 한 비트보다 많은 비트의 오류가 발생할 확률은 극히 작다(예제 9.6 참조). 그래서 $\epsilon_i^2 P_\epsilon(\epsilon_i)$의 영향은 무시할 수 있다.

$P_\epsilon(\epsilon_i)$는 $\epsilon = \epsilon_i$일 확률이므로, $P_\epsilon(\epsilon_i)$는 i 번째 비트에서 오류가 생길 확률을 의미한다. 임의의 한 비트에서 오류가 생기는 확률은 다 같은 P_e이므로

$$\begin{aligned}\overline{\epsilon^2} &= P_e \sum_{i=1}^{n} \epsilon_i^2 \\ &= P_e \sum_{i=1}^{n} 4m_p^2(2^{-2i}) \\ &= 4m_p^2 P_e \sum_{i=1}^{n} 2^{-2i}\end{aligned}$$

위의 덧셈은 첫 번째 항이 $a_1 = 2^{-2}$, 마지막 항이 $a_n = 2^{-2n}$이고, $r = 2^{-2}$의 비율을 가지고 지수적으로 증가하므로 (부록 E.4 참조)

$$\begin{aligned}\overline{\epsilon^2} &= 4m_p^2 P_e \left[\frac{(2^{-2})2^{-2n} - 2^{-2}}{2^{-2} - 1}\right] \\ &= \frac{4m_p^2 P_e(2^{2n} - 1)}{3(2^{2n})}\end{aligned} \tag{8.70a}$$

오류 ϵ의 크기는 $2^{-1}(2m_p)$에서 $2^{-n}(2m_p)$ 까지 변한다. 그리고 오류 ϵ는 음수가 될 수도 있고 양수가 될 수도 있다. 예를 들어 1101에서 첫 번째 오류가 나면 $\epsilon = 8$이다. 그러나 만일 전송된 부호가 0101이라면 해당하는 오류는 $\epsilon = -8$이다. 물론, 식 (8.69)에서는 ϵ의 부호(sign)는 관계없다. 하지만 ϵ의 크기는 $-2^{-n}(2m_p)$에서 $2^{-n}(2m_p)$ 까지 변하며, 그 발생 확률은 $\epsilon = 0$을 중심으로 대칭인 것을 꼭 기억해야 한다. 따라서, $\bar{\epsilon} = 0$이 되며

$$\sigma_\epsilon^2 = \overline{\epsilon^2} = \frac{4m_p^2 P_e(2^{2n} - 1)}{3(2^{2n})} \tag{8.70b}$$

○ 독립 확률 변수들 합의 분산

독립 확률 변수들 합의 분산(variance of a sum of independent; RVs)은 그들 각각의 분산들의 합과 같다. 그러므로 만일 x, y가 독립한 확률 변수들이고

$$\mathrm{z} = \mathrm{x} + \mathrm{y}$$

이면,

$$\sigma_{\mathrm{z}}^2 = \sigma_{\mathrm{x}}^2 + \sigma_{\mathrm{y}}^2 \tag{8.71}$$

이 식은 다음과 같이 증명할 수 있다.

$$\sigma_z^2 = \overline{(z-\bar{z})^2} = \overline{[x+y-(\bar{x}+\bar{y})]^2}$$
$$= \overline{[(x-\bar{x})+(y-\bar{y})]^2}$$
$$= \overline{(x-\bar{x})^2} + \overline{(y-\bar{y})^2} + \overline{2(x-\bar{x})(y-\bar{y})}$$
$$= \sigma_x^2 + \sigma_y^2 + \overline{2(x-\bar{x})(y-\bar{y})}$$

x와 y가 독립인 확률 변수이므로 $(x-\bar{x})$와 $(y-\bar{y})$도 독립한 확률 변수가 된다. 따라서, 식 (8.64b)로부터

$$\overline{(x-\bar{x})(y-\bar{y})} = \overline{(x-\bar{x})} \cdot \overline{(y-\bar{y})}$$

그러나,

$$\overline{(x-\bar{x})} = \bar{x} - \bar{\bar{x}} = \bar{x} - \bar{x} = 0$$

이 된다. 마찬가지로,

$$\overline{(y-\bar{y})} = 0$$

이고

$$\sigma_z^2 = \sigma_x^2 + \sigma_y^2$$

이다. 이 결과는 여러 개의 변수로 확장될 수 있다. 만일 확률 변수 x, y가 모두 평균이 영이면(즉, $\bar{x} = \bar{y} = 0$), $\bar{z} = \bar{x} + \bar{y} = 0$이다. 또한, 평균이 영일 때 분산은 제곱 평균값과 같으므로

$$\overline{z^2} = \overline{(x+y)^2} = \overline{x^2} + \overline{y^2} \tag{8.72}$$

이것은 $\bar{x} = \bar{y} = 0$이고 x, y가 독립 확률 변수인 경우이다.

● 예제 8.22

• PCM에서의 전체 제곱 평균 오류(Total mean square error in PCM)

PCM에서, 예제 8.20과 8.21에서처럼, 신호의 표본값 m은 양자화된 표본값 $\hat{m}$으로 전송되므로 양자화 오류 $q = m - \hat{m}$이 생긴다. 또 채널 잡음으로 인하여, 전송된 표본 $\hat{m}$은

$\widetilde{\text{m}}$로 읽히며, 검출 오류 $\epsilon = \hat{\text{m}} - \widetilde{\text{m}}$가 발생한다. 따라서, 실제로 신호의 표본 m은 $\widetilde{\text{m}}$로 수신되며 전체 오류는

$$\text{m} - \widetilde{m} = (\text{m} - \hat{\text{m}}) + (\hat{\text{m}} - \widetilde{\text{m}}) = \text{q} + \epsilon$$

이며, 여기서 q와 ϵ는 평균이 영인 확률 변수이다. 양자화 오류 q와 채널 잡음 ϵ는 독립이므로 합의 제곱 평균은 [식 (8.72) 참조] 다음과 같다.

$$\begin{aligned}\overline{(\text{m} - \widetilde{\text{m}})^2} &= \overline{(\text{q} + \epsilon)^2} = \overline{\text{q}^2} + \overline{\epsilon^2} \\ &= \frac{1}{3}\left(\frac{m_p}{L}\right)^2 + \frac{4m_p^2 P_\epsilon (2^{2n} - 1)}{3(2^{2n})}\end{aligned}$$

또, $L = 2^n$이므로,

$$\overline{(\text{m} - \widetilde{\text{m}})^2} = \overline{\text{q}^2} + \overline{\epsilon^2} = \frac{{m_p}^2}{3(2^{2n})}[1 + 4P_\epsilon(2^{2n} - 1)] \tag{8.73}$$

○ 체비셰프 부등식

확률 변수 x의 표준 편차(standard deviation) σ_x는 그 PDF의 퍼진 정도(measure of the width)를 나타낸다. σ_x가 크면 클수록 PDF는 넓게 퍼지게 된다. 가우시안 PDF에 대하여 그림 8.17에서 이 현상을 보여준다. 체비셰프 부등식(Chebyshev's inequality)은 이 사실을 말해주고 있다. 평균이 영인 확률 변수 x에 대하여,

$$P(|\text{x}| \le k\sigma_\text{x}) \ge 1 - \frac{1}{k^2} \tag{8.74}$$

이것은 표준 편차의 몇 배 내에서 x가 발생할 확률이 아주 크다는 것을 의미한다. 예를 들어, $3\sigma_\text{x}$ 내에서 $|\text{x}|$가 발생할 확률은 0.88보다 크거나 같다. $\sigma_\text{x} = 1$인 PDF에 대하여 $P(|\text{x}| \le 3) \ge 0.88$인 반면, $\sigma_\text{x} = 3$인 PDF에 대하여는 $P(|\text{x}| \le 9) \ge 0.88$이 된다. 이것은 $\sigma_\text{x} = 3$인 PDF는 $\sigma_\text{x} = 1$인 PDF 보다 훨씬 더 넓게 퍼져있음을 명확하게 보여준다. 따라서 σ_x 혹은 σ_x^2이 PDF의 폭을 측정하는 요소로 흔히 쓰인다. 10장에서 이것을 신호 스펙트럼의 대역폭을 측정하는데 쓸 것이다. 식 (8.74)의 증명은 다음과 같다.

$$\sigma_\text{x}^2 = \int_{-\infty}^{\infty} x^2 p_\text{x}(x)\, dx$$

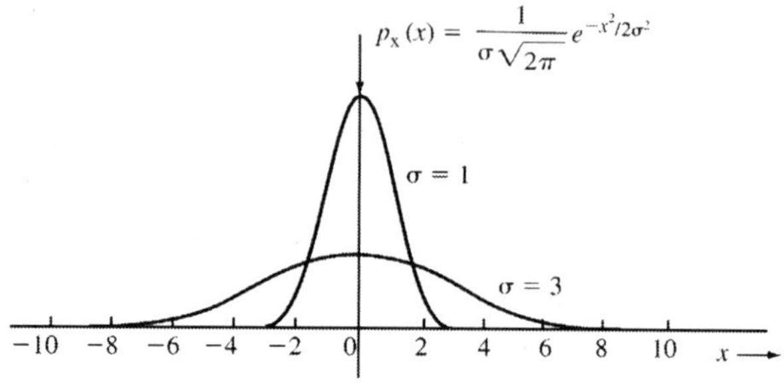

▸▸ 그림 8.17 표준 편차 $\sigma = 1$과 $\sigma = 3$의 가우시안 PDF

적분항이 양수이므로

$$\sigma_X^2 \geq \int_{|x| \geq k\sigma_X} x^2 p_X(x)\, dx$$

만일 x를 가장 작은 값 $k\sigma_x$로 바꾸어도, 부등식은 만족한다.

$$\sigma_X^2 \geq k^2 \sigma_X^2 \int_{|x| \geq k\sigma_X} p_X(x)\, dx = k^2 \sigma_X^2 P(|\mathrm{x}| \geq k\sigma_X)$$

즉,

$$P(|\mathrm{x}| \geq k\sigma_X) \leq \frac{1}{k^2}$$

따라서,

$$P(|\mathrm{x}| < k\sigma_X) \geq 1 - \frac{1}{k^2}$$

이 부등식은 다음과 같이 평균이 영이 아닌 확률 변수에 대하여 일반화시킬 수 있다.

$$P(|\mathrm{x} - \bar{\mathrm{x}}| < k\sigma_X) \geq 1 - \frac{1}{k^2} \tag{8.75}$$

● 예제 8.23

가우시안 PDF [식 (8.60a)]의 폭 혹은 퍼짐을 측정하시오.

풀이 가우시안 확률 변수[식 (8.35)와 (8.40b) 참조]에 대하여,

$$P(|\mathrm{x}-\bar{\mathrm{x}}|<\sigma)=1-2Q(1)=0.6826$$
$$P(|\mathrm{x}-\bar{\mathrm{x}}|<2\sigma)=1-2Q(2)=0.9546$$
$$P(|\mathrm{x}-\bar{\mathrm{x}}|<3\sigma)=1-2Q(3)=0.9974$$

이것은 구간 $(\bar{\mathrm{x}}-3\sigma,\ \bar{\mathrm{x}}+3\sigma)$에서 PDF 아래의 면적이 전체 면적의 99.74%임을 뜻한다. 무시되는 부분(0.26%)은 이 구간의 밖에 있다. 그러므로, 가우시안 PDF의 폭 혹은 퍼짐은 대략 전체폭이 6σ를 갖는, 평균값에서 $\pm 3\sigma$라고 생각할 수 있다.

8.4 상관(Correlation)

가끔 우리는 흡연과 폐암의 관계처럼 두 개체간의 종속성(nature of dependence)을 알고 싶을 때가 있다. 확률 변수 x, y에 의해 설명되는 두 결과를 갖는 어떤 불규칙 실험을 생각해보자. 이 실험을 여러 번 시행하고, 각 시행의 결과 x, y를 적는다. 이 데이터로부터, x와 y 사이의 종속성을 발견할 수도 있다. 확률 변수 x와 y의 상관분산(covariance)은 계산이 쉬우며 x와 y 사이의 관계에 대한 유용한 정보를 준다.

두 확률 변수의 상관분산 σ_{xy}는 다음과 같이 정의된다.

$$\sigma_{\mathrm{xy}} \triangleq \overline{(\mathrm{x}-\bar{\mathrm{x}})(\mathrm{y}-\bar{\mathrm{y}})} \tag{8.76}$$

상관분산의 개념은 다음과 같이 정의되는 분산의 개념을 확장한 것이다.

$$\sigma_{\mathrm{x}}^2=\overline{(\mathrm{x}-\bar{\mathrm{x}})(\mathrm{x}-\bar{\mathrm{x}})}$$

두 변수 x, y가 x가 증가하면 y도 증가하고, x가 감소하면 y도 감소하는 것처럼 조화를 이루면서 변하는 서로 종속적인 경우를 생각해 보자. 예를 들어, x는 한 도시의 평균 주간 온도이고, y는 그 도시에서 하루에 팔리는 음료수의 양이라 하자. 대부분의 경우 두 양은 조화를 이루면서 변하리라고 예상할 수 있다. 다음의 실험을 생각해보자: 어느 한 날을 정하여 x 값으로 그날의 평균 온도를 적고 y 값으로 그날 팔린 음료수의 양을 적는다.

이 실험을 여러 날에 걸쳐서 하고(여러 번의 실험을 시행) 각 시행에 대하여 x, y 값을 기록한다. 이제 모든 시행에 관한 점 (x, y)들을 그려 본다. 분포 다이어그램(scatter diagram)이라 불리는 이 그림은 그림 8.18a처럼 보일 것이다. 그림을 보면 x가 크면 y도 큰 경향이 있다. 여기서 경향이 있다(likely)라는 용어의 사용에 주의하자. 이것은 x가 크다고 해서 y도 크다는 사실이 항상(always) 성립하지는 않지만 대부분의 경우는 성립한다는 의미이다. 다시 말해, 낮은 평균 온도에서도 음료수가 가끔은 많이 팔릴 경우도 있다는 것이다. 그림 8.18a를 보면 이를 알 수 있다.

이 예를 계속하면, 변수 $x-\bar{x}$는 실제 양과 평균치의 차이를 나타낸다. $y-\bar{y}$는 역시 y의 실제 양과 평균치의 차이를 나타낸다. $(y-\bar{y})$와 $(x-\bar{x})$간의 관계를 그림으로 그리면 더욱 명확해진다. 이것은 그림 8.18a의 그림을 $(\bar{x}, \bar{y})$만큼 축을 이동하여 그린 것이다(그림 8.18b 참조). 이 그림으로부터 평균 이상의 온도를 기록한 날에는 평균 이상의 음료수가 팔리고 평균 이하의 온도를 기록한 날에는 평균 이하의 음료수가 팔린 것을 알 수 있다. 즉, $x-\bar{x}$가 양수이면 $y-\bar{y}$도 양수이고, $x-\bar{x}$가 음수이면 $y-\bar{y}$도 음수이다. 따라서, 대부분의 경우에 있어서 $(x-\bar{x})(y-\bar{y})$의 값은 양수이다. 모든 짝(every pair)에 대하여 이 곱셈을 하고 다 더한다. 그리고 이 값을 총 시행 횟수로 나눈다. 이렇게 하면 $(x-\bar{x})(y-\bar{y})$의 평균값이 된다. 즉, 상관분산 $\sigma_{xy} = \overline{(x-\bar{x})(y-\bar{y})}$이다. 앞의 예에서는 상관분산이 양수이다. 그런 경우 우리는 변수 x, y 간에는 양의 상관(positive correlation)이 있다고 한다. 양의 상관은 두 변수가 조화있게(같은 방향으로, 위로 혹은 아래로) 변화하는 것을 의미한다고 말할 수 있다.

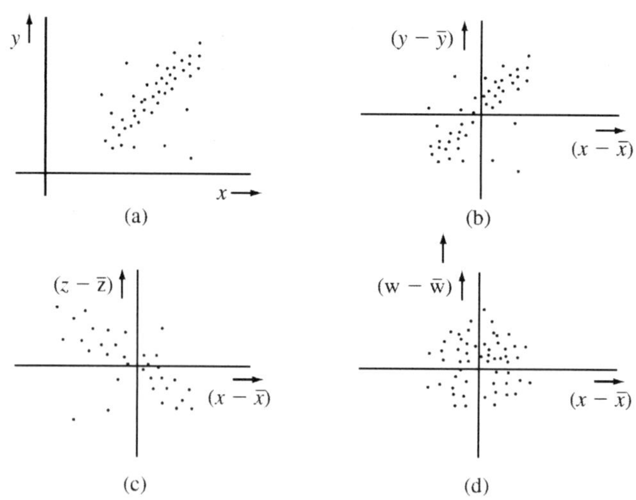

▶▶ 그림 8.18 분포 다이어그램: (a), (b) 양의 상관 (c) 음의 상관 (d) 영의 상관

다음으로 x는 매일의 평균 온도이고, z는 그 날에 팔리는 스웨터(sweater)의 양이라 하자. 이렇게 하면 x가 증가할 때 z는 감소하리라고 믿는 것은 당연하다. 이 실험의 가상적인 분포 다이어그램을 그림 8.18c에 나타내었다. 따라서, $x-\bar{x}$가 양수(평균 이상의 온도)이면 $z-\bar{z}$는 음수(평균 이하의 스웨터 판매)인 경향이 있고, $x-\bar{x}$가 음수이면 $z-\bar{z}$는 양수인 경향이 있다. 따라서, 대부분의 경우에 있어서 $(x-\bar{x})(z-\bar{z})$의 값은 음수이며, 그 평균 $\overline{(x-\bar{x})(z-\bar{z})}=\sigma_{xz}$은 음수이다. 이런 경우에 우리는 x와 z는 음의 상관(negative correlation)이 있다고 한다. 여기서 주의할 점은 음의 상관이라 하여 x와 z가 관계가 없다(unrelated)는 의미가 아니라는 것이다. 이것은 그 둘은 종속적이며, 하나가 증가하면 나머지는 감소하고, 또는 그 반대의 경우를 의미한다.

마지막으로 (하루 평균 온도) 변수 x와 (신생아 출생 수) w와의 관계를 생각해보자. 하루의 온도는 태어나는 신생아의 수와 별로 관계가 없다고 기대할 수 있다. 가상의 분포 다이어그램을 그림 8.18d에 그려놓았다. 만일 $x-\bar{x}$가 양수일 때, $w-\bar{w}$는 같은 비율로 양수일 수도 있고 음수일 수도 있다. 곱셈 $(x-\bar{x})(w-\bar{w})$도 같은 비율로 양이거나 음이 된다. 그리고 그 평균 $\overline{(x-\bar{x})(w-\bar{w})}=\sigma_{xw}$은 영이다. 이런 경우에 우리는 두 확률 변수 x, w는 상관없음(uncorrelated)이라고 한다.

반복하여 말하면, 만일 σ_{xy}가 양수(혹은 음수)이면, x와 y는 양(혹은 음)의 상관을 가지며, 만일 $\sigma_{xy}=0$이면 두 변수 x, y는 상관없음(uncorrelated)이다.

이 사실로부터, 상관분산(covariance)은 어떠한 조건에서 두 변수의 종속관계를 측정하는 도구로 쓰일 수 있다. 이것은 두 확률 변수의 독립성에 관한 정보를 제공하며 많은 응용 분야에 쓰이고 있다.

상관분산 σ_{xy}를 다른 표현으로 나타내면 다음과 같다. 정의에 의해서

$$\begin{aligned}\sigma_{xy} &= \overline{(x-\bar{x})(y-\bar{y})} \\ &= \overline{xy} - \overline{\bar{x}y} - \overline{x\bar{y}} + \overline{\bar{x}\bar{y}} \\ &= \overline{xy} - \bar{x}\bar{y} - \bar{x}\bar{y} + \bar{x}\bar{y} \\ &= \overline{xy} - \bar{x}\bar{y}\end{aligned} \tag{8.77}$$

식 (8.77)로부터, 만일 다음 식과 같으면 변수 x, y는 상관없음($\sigma_{xy}=0$)이다.

$$\overline{xy} = \bar{x}\bar{y} \tag{8.78}$$

x와 y 사이의 상관(correlation)은 z와 w 사이의 상관과 직접적으로 비교될 수 없다. 이것은 다른 확률 변수들은 세기에서 다를 수도 있기 때문이다. 공정하게 하기 위하여, 상관분산 값은 적절히 정규화되어야만 한다. 이러한 이유로, 상관 계수(correlation coefficient)의 정의가 특히 유용하다. 상관 계수 ρ_{xy}는 σ_{xy}를 $\sigma_x\sigma_y$로 정규화한 것이다.

$$\rho_{xy} = \frac{\sigma_{xy}}{\sigma_x \sigma_y} \tag{8.79}$$

그러므로, 만일 x와 y가 상관없음이면, $\rho_{xy} = 0$이다. 또한, 다음이 성립한다(문제 8.5-5).

$$-1 \le \rho_{xy} \le 1 \tag{8.80}$$

○ 독립 대 상관없음

독립인 확률 변수들에 대하여는 [식 (8.64c)]

$$\overline{xy} = \bar{x}\bar{y} \qquad \text{and} \qquad \sigma_{xy} = 0$$

따라서, 독립인 확률 변수들은 상관없음이다. 이것은 앞서 제기되었던 경험적 이론을 뒷받침한다. 여기서, 독립인 확률 변수들은 상관없음이지만, 그 반대(상관없음이라서 독립이다)도 항상 성립하는 것은 아니라는 점을 명심하자(문제 8.5-3 참조). 일반적으로 독립은 상관없음보다 더 강하고 제한적인 조건이다. 독립인 변수들에 대하여, 식 (8.64b)에서처럼, 어떤 함수 $g_1(\cdot)$과 $g_2(\cdot)$에 대하여 평균들이 존재할 때,

$$\overline{g_1(x)g_2(y)} = \overline{g_1(x)}\;\overline{g_2(y)}$$

임을 이미 보였다. 그런데 상관없음에 대한 단 한 가지 요건은

$$\overline{xy} = \bar{x}\,\bar{y}$$

이다. 독립과 상관없음이 등가인 특별한 경우가 오직 한 가지가 있는데, 확률 변수 x와 y가 결합 가우시안일 때이다. x와 y가 결합 가우시안이면 x와 y 각자도 가우시안이다.

○ 상관없음 변수들의 합의 제곱 평균

만일 x, y가 상관없음(uncorrelated)이면, $z = x + y$일 때

$$\sigma_z^2 = \sigma_x^2 + \sigma_y^2 \tag{8.81}$$

이다. 즉, 합의 분산은 상관없음 변수들에 대하여는 분산의 합과 같다. 독립인 변수들 x, y에 관하여는 이미 증명한 바 있다. 식 (8.71)을 전개하면,

$$\begin{aligned}\sigma_z^2 &= \overline{[(x-\bar{x})+(y-\bar{y})]^2} \\ &= \overline{(x-\bar{x})^2} + \overline{(y-\bar{y})^2} + 2\overline{(x-\bar{x})(y-\bar{y})} \\ &= \sigma_x^2 + \sigma_y^2 + 2\sigma_{xy}\end{aligned}$$

x와 y가 상관없음이므로 $\sigma_{xy}=0$이 되고, 따라서 식 (8.81)이 된다. 만일 x, y의 평균이 영이면, z도 평균이 영이 되고, 이 변수들의 제곱 평균값들은 그들의 분산들과 같아진다. 그러므로, 만일 x, y가 상관없음이고 평균이 영이면

$$\overline{(x+y)^2} = \overline{x^2} + \overline{y^2} \tag{8.82}$$

이다. 그러므로, 식 (8.81)과 (8.82)는 x, y가 독립인 경우뿐만 아니라 x, y가 상관없음인 좀 덜 강한 조건에서도 성립한다.

8.5 선형 제곱 평균 추정(Linear Mean Square Estimation)

두 확률 변수 x, y가 서로 관계가 있을 때(related or dependent), 한 변수에 대한 정보는 나머지 변수에 관한 확실한 정보를 제공한다. 따라서, x 값에 대한 지식으로부터 y 값의 (인수나 신호) 추정이 가능하게 된다. y의 추정치는 또 다른 확률 변수 $\hat{y}$가 된다. 추정치 $\hat{y}$은 실제값 y와는 다른 값을 가질 것이다. 추정하는 방법에는 여러 가지 좋은 방법들이 있다. 최소 제곱 평균 오류는 그 중의 한 방법이다. 이 경우에 최적의 추정은 다음과 같이 주어진 제곱 평균 오류를 최소화하는 것이다.

$$\overline{\epsilon^2} = \overline{(y-\hat{y})^2}$$

일반적으로, 최적의 추정 $\hat{y}$은 x의 비선형 함수이다.* 여기서는 문제를 단순화하기 위해 $\overline{x}=0$로 가정하고† 다음과 같은 형태의 x에 대한 선형 함수로 추정 $\hat{y}$을 한정한다.

$$\hat{y} = ax$$

이렇게 하면,

$$\begin{aligned}\overline{\epsilon^2} &= \overline{(y-\hat{y})^2} = \overline{(y-ax)^2}\\ &= \overline{y^2} + a^2\overline{x^2} - 2a\overline{xy}\end{aligned}$$

---

* 최적의 추정 $\hat{y}$은 $x=x$일 때 y의 조건부 평균이다. 즉,

$$\hat{y} = E[y \mid x = x]$$

† 앞으로 변수들의 평균은 영으로 가정한다. 만일 평균이 영이 아닌 변수가 있다면, 변수 치환을 통하여 $x'=x-\overline{x}$와 $y'=y-\overline{y}$처럼 새로운 변수를 만들면 된다. 이 새로운 변수들은 평균이 영이 된다.

$\overline{\epsilon^2}$를 최소화하기 위하여,

$$\frac{\partial\overline{\epsilon^2}}{\partial a} = 2a\overline{\mathrm{x}^2} - 2\overline{\mathrm{xy}} = 0$$

따라서,

$$a = \frac{\overline{\mathrm{xy}}}{\overline{\mathrm{x}^2}} = \frac{R_{\mathrm{xy}}}{R_{\mathrm{xx}}} \tag{8.83}$$

$R_{xy}=\overline{\mathrm{xy}}$, $R_{xx}=\overline{\mathrm{x}^2}$이고, $R_{yy}=\overline{\mathrm{y}^2}$이다. 이 a 값을 대입하면

$$\epsilon = \mathrm{y} - a\mathrm{x} = \mathrm{y} - \frac{R_{\mathrm{xy}}}{R_{\mathrm{xx}}}\mathrm{x}$$

따라서,

$$\overline{\mathrm{x}\epsilon} = \overline{\mathrm{x}\left(\mathrm{y} - \frac{R_{\mathrm{xy}}}{R_{\mathrm{xx}}}\mathrm{x}\right)} = \overline{\mathrm{xy}} - \frac{R_{\mathrm{xy}}}{R_{\mathrm{xx}}}\overline{\mathrm{x}^2}$$

정의에 의해서 $\overline{\mathrm{xy}} = R_{\mathrm{xy}}$이고, $\overline{\mathrm{xx}} = \overline{\mathrm{x}^2} = R_{\mathrm{xx}}$이므로,

$$\overline{\mathrm{x}\epsilon} = R_{\mathrm{xy}} - R_{\mathrm{xy}} = 0 \tag{8.84}$$

식 (8.84)의 조건은 직교 법칙(principle of orthogonality)으로 알려져 있다. 물리적인 해석은 추정에서 사용된 데이터 (x)와 (최소) 오류(ϵ)는 제곱 평균 오류가 최소일 때 직교(이 경우는 상관없음을 의미함)한다는 것이다.

직교 법칙이 주어지면, 최소 제곱 평균 오류는 다음과 같다.

$$\begin{aligned}\overline{\epsilon^2} &= \overline{(\mathrm{y} - a\mathrm{x})^2} \\ &= \overline{(\mathrm{y} - a\mathrm{x})\mathrm{y}} - a\cdot\overline{\epsilon\mathrm{x}} \\ &= \overline{(\mathrm{y} - a\mathrm{x})\mathrm{y}} \\ &= \overline{\mathrm{y}^2} - a\cdot\overline{\mathrm{yx}} \\ &= R_{\mathrm{yy}} - aR_{\mathrm{xy}}\end{aligned} \tag{8.85}$$

○ n개의 확률 변수를 이용한 확률 변수의 추정

만일 확률 변수 x_0가 n개의 확률 변수 $x_1, x_2, \cdots, x_n$과 관련이 있다면, $x_1, x_2, \cdots, x_n$의 선형 조합으로 x_0를 추정할 수 있다.*

$$\hat{x}_0 = a_1x_1 + a_2x_2 + \cdots + a_nx_n = \sum_{i=1}^{n} a_ix_i \tag{8.86}$$

이 때의 제곱 평균 오류는 다음과 같다.

$$\overline{\epsilon^2} = \overline{[x_0 - (a_1x_1 + a_2x_2 + \cdots + a_nx_n)]^2}$$

$\overline{\epsilon^2}$를 최소화하기 위하여,

$$\frac{\partial\overline{\epsilon^2}}{\partial a_1} = \frac{\partial\overline{\epsilon^2}}{\partial a_2} = \cdots = \frac{\partial\overline{\epsilon^2}}{\partial a_n} = 0$$

즉,

$$\frac{\partial\overline{\epsilon^2}}{\partial a_i} = \frac{\partial}{\partial a_i}\overline{[x_0 - (a_1x_1 + a_2x_2 + \cdots + a_nx_n)]^2} = 0$$

미분과 평균의 순서를 바꾸어서 하면,

$$\frac{\partial\overline{\epsilon^2}}{\partial a_i} = -2\overline{[x_0 - (a_1x_1 + a_2x_2 + \cdots + a_nx_n)]x_i} = 0 \tag{8.87a}$$

식 (8.87a)는 다음과 같이 쓸 수 있다.

$$\overline{\epsilon \cdot x_i} = 0 \qquad i = 1, 2, \ldots, n \tag{8.87b}$$

이것은 Yule-Walker 식으로 쓸 수 있다.

$$R_{0i} = a_1R_{i1} + a_2R_{i2} + \cdots + a_nR_{in} \tag{8.88}$$

단,

$$R_{ij} = \overline{x_ix_j}$$

* 전과 마찬가지로 이 절에서 모든 확률 변수들의 평균이 영이라고 가정한다. 이것은 무리 없이 그렇게 할 수 있다.

$\overline{\epsilon^2}$를 a_1, $a_2, \cdots$, a_n에 대하여 미분하고 영으로 놓으면, 식 (8.88)에서 보이는 것과 같은 n 개의 식을 얻는다. 구하고자 하는 상수들 a_1, $a_2, \cdots$, a_n은 다음과 같이 역행렬에 의해 구할 수 있다.

$$\begin{bmatrix} a_1 \\ a_2 \\ \vdots \\ a_n \end{bmatrix} = \begin{bmatrix} R_{11} & R_{12} & \cdots & R_{1n} \\ R_{21} & R_{22} & \cdots & R_{2n} \\ \cdots & \cdots & \cdots & \cdots \\ R_{n1} & R_{n2} & \cdots & R_{nn} \end{bmatrix}^{-1} \begin{bmatrix} R_{01} \\ R_{02} \\ \vdots \\ R_{0n} \end{bmatrix} \tag{8.89}$$

식 (8.87)은 ϵ(오류)가 최적 추정을 위하여 데이터 (x_1, $\mathrm{x}_2, \cdots$, x_n)에 직교한다는 것을 보여준다. 이것은 제곱 평균 추정에서 직교 법칙에 대하여 더 일반적인 형태를 제공한다. 결과적으로, 제곱 평균 오류는 (최적의 조건에서) 다음과 같다.

$$\overline{\epsilon^2} = \overline{\epsilon\epsilon} = \overline{\epsilon[\mathrm{x}_0 - (a_1\mathrm{x}_1 + a_2\mathrm{x}_2 + \cdots + a_n\mathrm{x}_n)]}$$

$\overline{\epsilon \mathrm{x}_i} = 0$ $(i = 1,\ 2,\ \ldots,\ n)$이기 때문에

$$\begin{aligned} \overline{\epsilon^2} &= \overline{\epsilon \mathrm{x}_0} \\ &= \overline{\mathrm{x}_0[\mathrm{x}_0 - (a_1\mathrm{x}_1 + a_2\mathrm{x}_2 + \cdots + a_n\mathrm{x}_n)]} \\ &= R_{00} - (a_1R_{01} + a_2R_{02} + \cdots + a_nR_{0n}) \end{aligned} \tag{8.90}$$

● 예제 8.24

차동펄스부호변조(differential pulse code modulation, DPCM)에서는 표본값을 그대로 전송하는 것이 아니라, 이전의 n 표본의 정보로부터 각 표본의 값을 추정(예측)한다. k번째 표본의 실제값과 추정치의 차이인 추정 오류 ϵ_k를 양자화한 후 전송한다(그림 8.19). 같은 수의 양자화 레벨(같은 수의 PCM 부호 비트)일 경우 표본값 m_k보다 추정 오류값 ϵ_k가 작기 때문에 SNR이 증가한다. 증가된 SNR은 $\overline{m^2}/\overline{\epsilon^2}$와 같은데, 여기서 $\overline{m^2}$과 $\overline{\epsilon^2}$은 각각 음성 신호와 추정 오류 ϵ의 제곱 평균값임을 6.5절에서 보였다. 이 예에서는 최적의 선형 이차 예측기를 구하고 그것의 SNR 향상을 따져본다.

풀이 그림 8.19에 보이는 것처럼, 2차 예측기의 식은 다음과 같다.

$$\hat{\mathrm{m}}_k = a_1\mathrm{m}_{k-1} + a_2\mathrm{m}_{k-2}$$

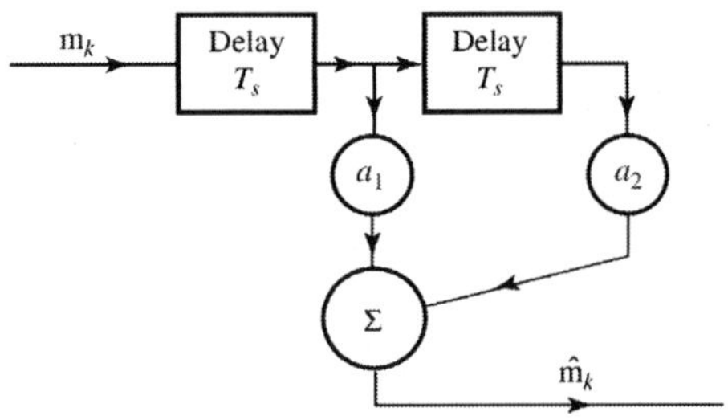

▸▸ 그림 8.19 예제 8.24에서 2차 예측기

여기서 $\hat{\mathrm{m}}_k$은 m_k의 가장 좋은 선형 추정이다. 추정 오류 ϵ_k는

$$\epsilon_k = \hat{\mathrm{m}}_k - \mathrm{m}_k = a_1 \mathrm{m}_{k-1} + a_2 \mathrm{m}_{k-2} - \mathrm{m}_k$$

음성 신호에 대하여, Jayant와 Noll[5]이 여러 가지 표본값들의 상관을 구해 놓았다.

$$\overline{\mathrm{m}_k \mathrm{m}_k} = \overline{\mathrm{m}^2}, \quad \overline{\mathrm{m}_k \mathrm{m}_{k-1}} = 0.825\overline{\mathrm{m}^2}, \quad \overline{\mathrm{m}_k \mathrm{m}_{k-2}} = 0.562\overline{\mathrm{m}^2},$$
$$\overline{\mathrm{m}_k \mathrm{m}_{k-3}} = 0.308\overline{\mathrm{m}^2}, \quad \overline{\mathrm{m}_k \mathrm{m}_{k-4}} = 0.004\overline{\mathrm{m}^2}, \quad \overline{\mathrm{m}_k \mathrm{m}_{k-5}} = -0.243\overline{\mathrm{m}^2}$$

여기서 $R_{ij} = \overline{\mathrm{m}_k \mathrm{m}_{k-(j-i)}}$이다. 따라서,

$$R_{11} = R_{22} = \overline{\mathrm{m}^2}$$
$$R_{12} = R_{21} = R_{01} = 0.825\overline{\mathrm{m}^2}$$
$$R_{02} = 0.562\overline{\mathrm{m}^2}$$

이다.

a_1, a_2의 최적값은 식 (8.89)를 이용하여 구하면 $a_1 = 1.1314$, $a_2 = -0.3714$이며, 추정의 제곱 평균 오류는 식 (8.90)에 의해서

$$\overline{\epsilon^2} = [1 - (0.825a_1 + 0.562a_2)]\overline{\mathrm{m}^2} = 0.2753\overline{\mathrm{m}^2} \tag{8.91}$$

SNR의 향상은 $10\log_{10}\overline{\mathrm{m}^2} \,/\, 0.2752\,\overline{\mathrm{m}^2} = 5.6$dB이다.

8.6 확률 변수들의 합

많은 응용에서, 두 확률 변수 x, y의 합을 확률 변수 z라고 하면 편하다:

$$z = x + y$$

$z = x + y$이기 때문에, x의 값에 상관없이 $y = z - x$이다. 따라서, 사건 $z \leq z$는 결합사건 [$y \leq z - x$이고, x는 $(-\infty, \infty)$ 사이의 임의의 값]이다. 따라서,

$$\begin{aligned} F_z(z) &= P(z \leq z) = P(x \leq \infty,\ y \leq z - x) \\ &= \int_{-\infty}^{\infty}\int_{-\infty}^{z-x} p_{xy}(x,\ y)\,dy\,dx \\ &= \int_{-\infty}^{\infty} dx \int_{-\infty}^{z-x} p_{xy}(x,\ y)\,dy \end{aligned}$$

이고

$$p_z(z) = \frac{dF_z(z)}{dz} = \int_{-\infty}^{\infty} p_{xy}(x,\ z - x)\,dx$$

이다. 만일 x와 y가 독립 확률 변수이면,

$$p_{xy}(x,\ z - x) = p_x(x)p_y(z - x)$$

이고

$$p_z(z) = \int_{-\infty}^{\infty} p_x(x)p_y(z - x)\,dx \tag{8.92}$$

이다. 그러면 PDF $p_z(z)$는 PDF들 $p_x(z)$와 $p_y(z)$의 콘볼루션이다. 이 결과를 n 개의 독립 변수 $x_1, x_2, \cdots, x_n$의 합으로 확장할 수 있다. 만일

$$z = x_1 + x_2 + \cdots + x_n$$

이면, PDF $p_z(z)$는 PDF들 $p_{x_1}(z),\ p_{x_2}(z),\ \ldots,\ p_{x_n}(z)$의 콘볼루션이다. 즉,

$$p_z(x) = p_{x_1}(x) * p_{x_2}(x) * \ldots * p_{x_n}(x) \tag{8.93}$$

○ 가우시안 확률 변수들의 합

가우시안 확률 변수들은 여러 가지 중요한 성질들을 갖고 있다. 예를 들면, 가우시안 확률 변수 x와 그것의 확률 밀도 함수 $p_x(x)$는 평균 μ_x와 분산 σ_x^2에 의해 모든 것이 설명될 수 있다. 더욱이, 임의의 수의 결합 분포된 가우시안 확률 변수들의 합은 그들의 (종속성과 같은)관계에 무관하게 역시 가우시안 확률 변수이다. 다시 한 번, 확률 변수들의 집합 $\{x_i\}$의 구성원들이 결합 가우시안이면, 각 개개의 확률 변수 x_i 역시 가우시안 분포를 갖는다.

예로써, 우리는 두 개의 독립이고 평균이 영인 가우시안 확률 변수의 합은 가우시안임을 보이겠다. x_1과 x_2를 평균이 영이고 독립인 가우시안 확률 변수라 하고, 다음의 확률 밀도 함수를 갖는다고 하자.

$$p_{x_1}(x) = \frac{1}{\sqrt{2\pi}\sigma_1} e^{-x^2/(2\sigma_1^2)} \qquad \text{and} \qquad p_{x_2}(x) = \frac{1}{\sqrt{2\pi}\sigma_2} e^{-x^2/(2\sigma_2^2)}$$

$$y = x_1 + x_2$$

라 하자. 그러므로 y의 확률 밀도 함수는

$$p_y(y) = \int_{-\infty}^{\infty} p_{x_1}(x) p_{x_2}(y - x)\, dx$$

이 콘볼루션(적분)을 수행하면,

$$\begin{aligned} p_y(y) &= \frac{1}{2\pi\sigma_1\sigma_2} \int_{-\infty}^{\infty} \exp\left(-\frac{x^2}{2\sigma_1^2} - \frac{(y-x)^2}{2\sigma_2}\right) dx \\ &= \frac{1}{\sqrt{2\pi(\sigma_1^2+\sigma_2^2)}} e^{-\frac{y^2}{2(\sigma_1^2+\sigma_2^2)}} \frac{1}{\sqrt{2\pi}\frac{\sigma_1\sigma_2}{\sqrt{\sigma_1^2+\sigma_1^2}}} \int_{-\infty}^{\infty} \exp\left(-\frac{1}{2\frac{\sigma_1^2\sigma_2^2}{\sigma_1^2+\sigma_2^2}}\left[x - \frac{\sigma_1^2}{\sigma_1^2+\sigma_2^2}y\right]^2\right) dx \end{aligned} \tag{8.94}$$

간단한 변수 치환을 다음과 같이 하면

$$w = \frac{\left[x - \frac{\sigma_1^2}{\sigma_1^2+\sigma_2^2}y\right]}{\frac{\sigma_1\sigma_2}{\sqrt{\sigma_1^2+\sigma_2^2}}}$$

식 (8.94)의 적분을 다음과 같이 다시 쓸 수 있다.

$$p_y(y) = \frac{1}{\sqrt{2\pi(\sigma_1^2+\sigma_2^2)}} e^{-\frac{y^2}{2(\sigma_1^2+\sigma_2^2)}} \frac{1}{\sqrt{2\pi}} \int_{-\infty}^{\infty} e^{-\frac{1}{2}w^2} dw = \frac{1}{\sqrt{2\pi(\sigma_1^2+\sigma_2^2)}} e^{-\frac{y^2}{2(\sigma_1^2+\sigma_2^2)}} \tag{8.95}$$

식 (8.95)를 살펴보면, y는 평균이 영이고 분산이 아래와 같은 가우시안 확률 변수임을 알 수 있다.

$$\sigma_y^2 = \sigma_1^2 + \sigma_2^2$$

실제로, x_1과 x_2는 독립이기 때문에, 그들은 상관없음이다. 이 관계는 식 (8.81)로부터 얻어질 수 있다.

더 일반적으로[5], 만일 x_1과 x_2가 꼭 독립은 아니지만 결합 가우시안이면, $y=x_1+x_2$은 가우시안 확률 변수이며, 평균이

$$\overline{y} = \overline{x_1} + \overline{x_2}$$

이고, 분산이

$$\sigma_y^2 = \sigma_{x_1}^2 + \sigma_{x_2}^2 + 2\sigma_{x_1x_2}$$

이다.

유추하면, 임의의 수의 결합 가우시안 분포 확률 변수들의 합은 역시 가우시안이다. 더 중요한 것은, 임의의 고정된 상수들 $\{a_i,\ i=1, \ldots, m\}$와 결합 가우시안 확률 변수들 $\{x_i,\ i=1, \ldots, m\}$에 대하여,

$$\sum_{i=1}^{m} a_i x_i$$

은 가우시안이다. 이 결과는 중요한 실제적 의미를 갖는다. 예를 들면, 만일 x_k가 임펄스 응답 $\{h_i\}$를 갖는 이산 시간 필터를 통과하는 결합 가우시안 신호의 수열이라면, 필터 출력

$$y = \sum_{i=0}^{\infty} h_i x_{k-i} \tag{8.96}$$

은 계속해서 가우시안이다. 가우시안 신호 입력에 대한 선형 필터 출력이 가우시안 신호라는 사실은 아주 중요한 것이며, 통신 분석에서 가장 유용한 결과들 중의 하나이다.

8.7 중앙 극한 이론

어떤 조건을 만족하는 상황에서는, 많은 수의 확률 변수들의 합이 그 더해진 변수들의 확률 밀도에 관계없이 가우시안 확률 변수의 형태를 취하게 된다.* 이러한 경향을 엄격하게 표현하자면 이것이 바로 중앙-극한 이론(central-limit theorem)이다.† 이 이론의 증명은 참고문헌[6, 7]을 참조하기 바란다. 여기서는 간단히 그럴듯한 예를 들겠다.

많은 수의 함수들이 그림 8.20에 보이는 것처럼 콘볼루션되면 가우시안 분포가 된다. 간단히 하기 위하여, 우리는 모든 PDF들은 똑같다(identical), 즉 게이트 함수 $0.5\Pi(x/2)$로 가정한다. 그림 8.20은 게이트 함수들의 연속된 콘볼루션을 보여준다. 경향이 종 모양의 밀도로 향하는 것이 뚜렷하다.

n개의 독립 베르누이 확률 변수들의 합의 분포(distribution)는 적절히 정규화 되었을 때 가우시안 분포를 향하여 수렴한다는 이 중요한 결과는 1700년대 초 A. de Moivre에 의해 처음으로 성립되었다. 임의의 분포에 대한 더 일반적인 증명은 1920년대에 J. W. Lindenber와 P. Levy가 하였다. "정규화된 합"은 n 확률 변수들의 표본 평균이다.

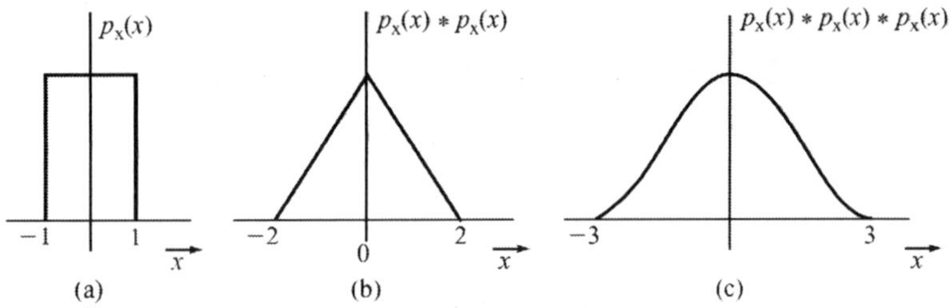

▸▸ 그림 8.20 중앙 극한 이론의 실연

○ 중앙 극한 이론(표본 평균에 대하여)

$x_1, x_2, \cdots, x_n$를 평균 μ와 분산 $\sigma^2 (0 < \sigma^2 < \infty)$을 갖는 분포로부터 얻은 독립 불규칙 표본값들이라고 하자. 그러면 임의의 값 x에 대하여,

$$\lim_{n\to\infty} P\left[\frac{1}{\sqrt{n}}\sum_{i=1}^{n}\frac{x_i-\mu}{\sigma} \le x\right] = \int_{-\infty}^{x}\frac{1}{\sqrt{2\pi}}e^{-v^2/2}\,dv \tag{8.97}$$

혹은,

* 만일 변수들이 가우시안이라면, 그 변수들이 독립이 아니더라도 성립한다.
† 실제로, 이런 종류의 이론들을 총칭하여 중앙-극한 이론이라고 한다.

$$\lim_{n\to\infty} P\left[\frac{\tilde{x}_n - \mu}{\sigma/\sqrt{n}} > x\right] = Q(x) \tag{8.98}$$

여기서

$$\tilde{x}_n = \frac{x_1 + \cdots + x_n}{n}$$

은 표본 평균이다. 해석하면, 영이 아닌 유한한 분산을 갖는 임의의 분포의 표본 평균은 고정된 평균 μ와 감소하는 분산 σ^2/n을 갖는 가우시안 분포에 수렴한다. 다른 말로 하면, x_i의 실제 분포에 관계없이, $\sum_{i=1}^{n} x_i$는 평균이 $n\mu$이고, 분산이 $n\sigma^2$인 가우시안 분포로 근사화될 수 있다.

● 예제 8.25

1024비트의 데이터 패킷을 전송하는 통신 시스템을 생각해보자. 각 비트는 10^{-2}의 오류 확률을 갖는다. 1024비트 가운데 30비트보다 많은 오류가 생길 확률의 근사치를 구하라.

풀이 확률 변수 x_i를 i번째 비트가 오류이면 $x_i = 1$이고, 아니면 $x_i = 0$이라고 정의하자. 따라서,

$$v = \sum_{i=1}^{1024} x_i$$

은 데이터 패킷에서의 오류의 수이다. 우리는 $P(v > 30)$을 구하고 싶은 것이다.
$P(x_i = 1) = 10^{-2}$이고 $P(x_i = 0) = 1 - 10^{-2}$이므로, 엄격히 말하면, 우리는

$$P(v > 30) = \sum_{m=31}^{1024} \binom{1024}{m} \left(10^{-2}\right)^m \left(1 - 10^{-2}\right)^{1024-m}$$

을 구할 필요가 있다. 이 계산은 시간을 많이 소모한다. 우리는 이제 이 문제를 근사값으로 풀기 위하여 중앙 극한 이론을 적용한다. 먼저,

$$\overline{x_i} = 10^{-2} \times (1) + (1 - 10^{-2}) \times (0) = 10^{-2}$$

$$\overline{x_i^2} = 10^{-2} \times (1)^2 + (1 - 10^{-2}) \times (0) = 10^{-2}$$

을 구한다. 따라서,

$$\sigma_i^2 = \overline{x_i^2} - (\overline{x_i})^2 = 0.0099$$

중앙 극한 정리에 기반하면, $\mathrm{v} = \sum i\, \mathrm{x}_i$는 평균이 $1024 \cdot 10^{-2} = 10.24$이고 분산이, $1024 \times 0.0099 = 10.1376$인 가우시안의 근사치이다. 여기서

$$\mathrm{y} = \frac{\mathrm{v} - 10.24}{\sqrt{10.1376}}$$

은 평균이 영이고, 분산이 일인 표준 가우시안이므로,

$$\begin{aligned} P(\mathrm{v} > 30) &= P\left(\mathrm{y} > \frac{30 - 10.24}{\sqrt{10.1376}}\right) \\ &= P(\mathrm{y} > 6.20611) \\ &= Q(6.20611) \\ &\simeq 1.925 \times 10^{-10} \end{aligned}$$

이제는 중앙 극한 이론에서 표본 평균에 대하여 조건들을 좀 더 완화해 볼 좋은 시간이다. 이 일반화는 대단히 중요한 것으로, 유명한 러시아 수학자 A. Lyapunov에 의해 1901년에 증명되었다.

○ 중앙 극한 이론(독립 확률 변수들의 합에 대하여)

확률 변수들 x_1, x_2, $\cdots$, x_n는 같은 분포를 가질 필요는 없지만 독립이라고 하자. 각 확률 변수들 x_i는 평균 μ_i와 영이 아닌 분산 $\sigma_i^2 < \infty$을 갖는다. 게다가, 각 3차 중심 모멘트는 유한하고

$$\overline{|\mathrm{x}_i - \mu_i|^3} < \infty, \qquad i = 1, \ldots, n$$

그리고

$$\lim_{n\to\infty} \sum_{i=1}^{n} \overline{|\mathrm{x}_i - \mu_i|^3} \left(\sum_{i=1}^{n} \sigma_i^2\right)^{3/2} = 0$$

라고 가정하자. 그러면 확률 변수

$$\mathrm{y}(n) = \frac{\sum_{i=1}^{n} \mathrm{x}_i - \sum_{i=1}^{n} \mu_i}{\sqrt{\sum_{i=1}^{n} \sigma_i^2}}$$

은 $n \to \infty$에 따라 표준 가우시안 밀도로 수렴한다, 즉

$$\lim_{n\to\infty} P[y(n) > x] = Q(x) \tag{8.99}$$

이다.

중앙 극한 이론은 실제 실험에서 많은 확률 변수들이 가우시안으로 근사화되는 잘 알려진 사실에 대하여 그럴듯한 설명을 제공한다. 예를 들면, 통신 채널 잡음은 많은 다른 불규칙한 왜곡 신호원들(예: 불꽃, 번개, 정전기 등)이 합한 영향이다. 중앙 극한 이론에 의해서, 모든 이러한 왜곡들의 합인 잡음은 가우시안으로 근사화되어야만 한다.

참고문헌

1. J. Singh, *Great Ideas of Modern Mathematics*, Dover, Boston, 1959.
2. M. Abramowitz and I. A. Stegun, Eds., *Handbook of Mathematical Functions*, National Bureau of Standards, Washington, DC, 1964, sec. 26.
3. The Chemical Rubber Co., *CRC Standard Mathematical Tables*, 26th ed., 1980.
4. J. M. Wozencraft and I. M. Jacobs, *Principles of Communication Engineering*, Wiley, New York, 1965, p. 83.
5. N. S. Jayant and P. Noll, *Digital Coding of Waveforms: Principles and Applications to Speech and Video*, Prentice-Hall, 1984.
6. A. Papoulis, *Probability, Random Variables, and Stochastic Processes*, 3rd ed., McGraw-Hill, New York, 1995.
7. M. H. DeGroot, *Probabilities and Statistics*, 2nd ed., Addison Wesley, Reading, MA, 1987.

연습문제

8.1-1 한 벌의 카드 중에서 한 장을 뽑는다. 다음의 사건이 나올 확률을 구하시오. (a) 빨간색 카드; (b) 검은색 퀸; (c) 그림 카드(에이스도 그림으로 친다); (d) 숫자 7인 카드; (e) 숫자가 5 이하인 카드.

8.1-2 세 개의 주사위를 던진다. 다음의 사건에 대하여 확률을 할당하시오. 세 개의 주사위에서 나오는 숫자의 합이 (a) 4; (b) 9; (c) 15.

8.1-3 주사위를 던질 때 i가 나올 확률을 k_i (i=1, 2, … , 6)라 하면, 여섯 가지 결과에 대한 확률을 할당하시오.

8.1-4 한 상자에 세 개의 O_1, O_2, O_3로 표시된 오실레이터 마이크로칩과 P_1, P_2로 표시된 두 개의 PLL칩이 들어 있다. 두 개의 칩을 차례로 다시 넣지 않고 뽑는다고 한다.

(a) 몇 가지의 경우가 있을까? (즉, 표본 공간에 몇 개의 점이 있을까?) 모든 결과를 적고 그 확률을 구하시오.

(b) 다음을 (a)에서 구한 결과들의 합집합으로 나타내고, 각 사건에 대하여 확률을 할당하시오. (i) 한 칩은 오실레이터이고 다른 한 칩은 PLL; (ii) 두 칩 모두 PLL; (iii) 두 칩 모두 오실레이터; (iv) 두 칩이 같은 종류.

8.1-5 문제 8.1-4(b)의 확률을 식 (8.12)를 이용하여 구하시오.

8.1-6 문제 8.1-4에서 다음의 확률을 구하시오.

(a) 첫 번째 칩이 PLL이라는 것을 알았을 때, 두 번째 칩이 오실레이터 칩인 경우

(b) 첫 번째 칩이 오실레이터라는 것을 알았을 때, 두 번째 칩도 오실레이터 칩인 경우

8.1-7 0과 1이 같은 확률로 발생할 때, 다음 사건들의 확률을 구하시오. (a) 정확하게 두 개의 1과 여덟 개의 0이 있을 확률; (b) 최소한 네 개의 0이 있을 확률.

8.1-8 49 개의 숫자(1부터 49 까지) 중에서 여섯 개를 고른다. 그리고 49 개의 공(1부터 49 까지의 숫자가 적힌) 중에서 여섯 개를 다시 넣지 않고 뽑는다. 다음의 확률을 구하시오.

(a) 여섯 개의 숫자와 여섯 개의 공이 일치할 경우

(b) 다섯 개의 공이 일치할 경우

(c) 네 개의 공이 일치할 경우

(d) 세 개의 공이 일치할 경우

8.1-9 열 개의 링크를 직렬로 연결한 하나의 네트워크가 있다(그림 P8.1-9). 만일 그 중에 한 링크가 고장나면 전체 네트워크도 작동을 안한다. 각 링크는 독립이다. 링크 하나가 고장날 확률은 0.01이다.

(a) 네트워크가 작동하지 않을 확률을 구하시오.

****힌트** : 어느 링크도 고장나지 않을 확률을 생각하시오.

(b) 네트워크의 신뢰도는 고장나지 않을 확률을 말한다. 만일 네트워크의 신뢰도가 0.99가 되어야 한다면, 각 링크의 고장확률은 얼마가 되어야 하나?

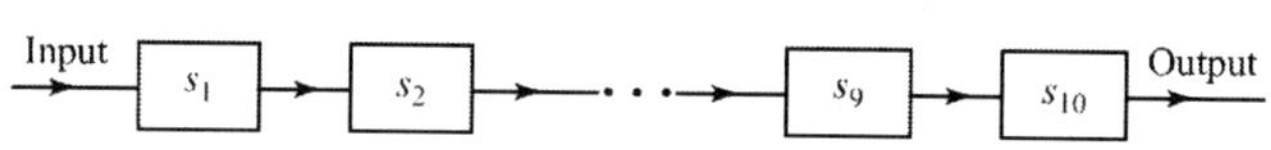

►► 그림 P8.1-9

8.1-10 네트워크의 신뢰도는 부가 링크들을 사용하면 향상된다. 문제 8.1-9(그림 P8.1-9)에서 네트워크의 신뢰도는 두 개의 네트워크를 병렬로 사용하면 향상된다(그림 P8.1-9). 그러면, 만일 한 네트워크가 고장나면, 다른 것이 연결시킬 것이다.

(a) 문제 8.1-9에서 구한 데이터를 이용하여 그림 P8.1-10에 있는 네트워크의 신뢰도를 구하시오.

(b) 만일 이 새로운 네트워크의 신뢰도가 0.999가 되어야 한다면, 각 링크의 고장확률은 얼마인가?

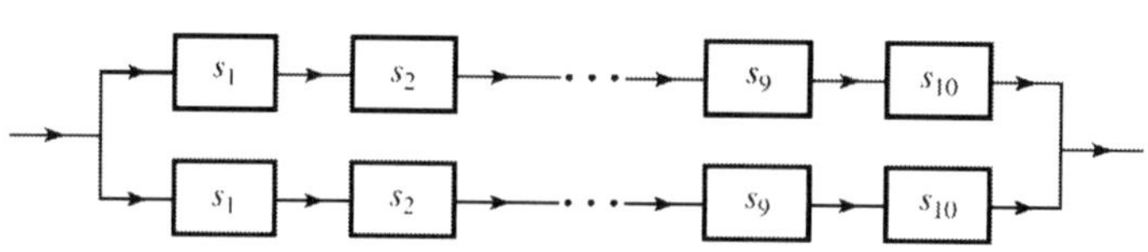

►► 그림 P8.1-10

8.1-11 링크 s_1과 s_2의 고장확률이 p일 때, 그림 P8.1-11에 있는 두 네트워크의 신뢰도를 비교하시오.

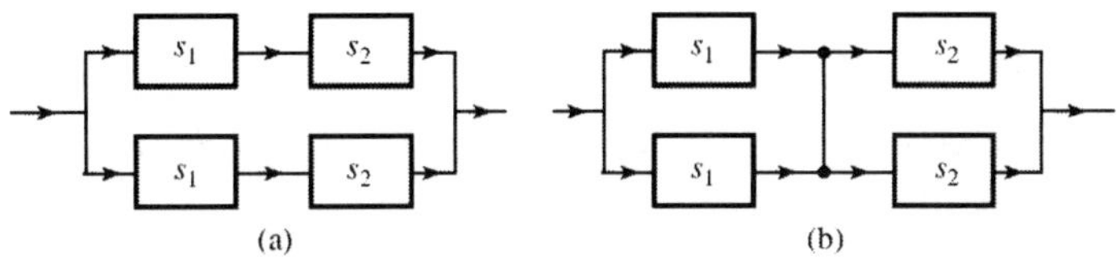

▸▸ 그림 P8.1-11

8.1-12 포커 게임에서 각 사람은 52장이 있는 한 벌의 카드로부터 다섯 장의 카드를 갖는다. 플러쉬(다섯 장 모두 같은 무늬)가 나올 확률을 구하시오.

8.1-13 두 개의 주사위를 던진다. 하나는 균일하고, 다른 하나는 다음의 확률을 갖는다.

$$P(1) = P(6) = \frac{1}{6}, \qquad P(2) = P(4) = 0, \qquad P(3) = P(5) = \frac{1}{3}$$

합이 (a) 4; (b) 5일 확률을 구하시오.

8.1-14 8.1절의 예제 8.5에서 다음을 구하시오.

(a) $P(B)$, 두 번째 뽑은 것이 빨간색 에이스일 확률.

(b) $P(A|B)$, 두 번째 뽑은 것이 에이스일 때 첫 번째 뽑은 것이 빨간색 에이스일 확률.

****힌트** : 사건 B는 두 가지의 방법으로 일어날 수 있다. 첫 번째가 빨간색 에이스이고 두 번째는 에이스인 경우와 첫 번째 뽑은 것이 빨간색 에이스가 아니고 두 번째 뽑은 것이 에이스인 경우. 이것은 $A \cap B \cup A^c B$이다. (그림 8.2 참조)

8.1-15 0과 1이 $P(1) = 0.8, P(0) = 0.2$의 확률로 발생한다.

(a) n 비트의 비트열에서 1이 정확히 두 비트일 확률을 구하시오.

(b) n 비트의 비트열에서 1이 적어도 세 비트일 확률을 구하시오.

8.1-16 2진 통신 채널에서 오류 확률 P_e 을 가지고 수신기가 2진 펄스를 검출한다. 100비트를 수신하였을 때, 네 비트보다 많지 않은 비트가 오류일 확률을 구하시오.

8.1-17 10개의 링크로 연결된 PCM 채널이 있다. 각 링크의 끝에는 재생 리피터가 있다. 만일 그 10개의 검출기들의 검출 오류 확률이 각각 p_1, $p_2, \cdots$, p_{10}일 때, 전체 채널의 오류 검출 확률을 구하시오. 단 $p_i \ll 1$.

8.1-18 예제 8.8에서는 신뢰도를 향상시키기 위해 세 비트를 반복하였다. 이 분석을 다섯 비트의 경우에 대하여 구하시오.

8.1-19 상자 안에 아홉 개의 불량 칩이 들어있다. 그런데 실수로 양호한 칩 하나를 그 상자에 넣었다. 양호한 칩을 뽑을 때까지 칩을 계속하여 뽑는다. 불량 칩이면 다시 넣지 않는다.

(a) 첫 번째 뽑은 것이 양호한 칩일 확률을 구하시오.

(b) 다섯 번만에 양호한 칩을 뽑을 확률을 구하시오.

8.1-20 아홉 개는 길이가 같고 하나는 길이가 짧은 열 개의 빨대가 있다. 열 사람이 차례로 하나씩 뽑는다. 짧은 것을 안 뽑으려면 몇 번째 뽑는 것이 가장 유리하고 몇 번째가 제일 불리한가?

8.2-1 2진 비대칭 채널에서

$$P_{\mathrm{y|x}}(\mathbf{0}|\mathbf{1}) = 0.1 \qquad \text{and} \qquad P_{\mathrm{y|x}}(\mathbf{1}|\mathbf{0}) = 0.2$$

여기서 x는 전송된 비트이고, y는 수신된 비트이다. 만일 $P_{\mathrm{x}}(0) = 0.4$일 때 $P_{\mathrm{y}}(0)$와 $P_{\mathrm{y}}(1)$을 구하시오.

8.2-2 2진 대칭 채널(예제 8.13 참조)에서 오류 확률이 P_e 이다. 1을 전송할 확률은 Q이다. 만일 수신기가 들어온 비트를 1이라고 판정을 한다면, 그 비트에 해당하는 전송된 비트가 (a) 1; (b) 0이었을 확률을 구하시오.

****힌트** : 만일 x를 전송된 비트, y를 수신된 비트라고 한다면, $P_{\mathrm{y|x}}(0|1) = P_{\mathrm{y|x}}(1|0) = P_e$ 이다. 이때 Bayes 법칙을 이용하여 $P_{\mathrm{x|y}}(1|1)$과 $P_{\mathrm{x|y}}(0|1)$을 구한다.

8.2-3 신호 x(t)의 진폭 x의 PDF가 $p_{\mathrm{x}}(x)=0.5|x|e^{-|x|}$이다.

(a) $\mathrm{x} \geq 1$일 확률을 구하시오.

(b) $-1 < \mathrm{x} \leq 2$일 확률을 구하시오.

(c) $\mathrm{x} \leq -2$일 확률을 구하시오.

8.2-4 가우시안 신호 x(t)의 진폭 x의 PDF는

$$p_{\mathrm{x}}(x) = \frac{1}{\sigma\sqrt{2\pi}} e^{-x^2/2\sigma^2}$$

이 신호가 반파 정류기(그림 P8.2-4)를 통과한다. 출력 신호의 진폭을 $\mathrm{y} = \mathrm{x} \cdot u(x)$ 라 할 때, $F_{\mathrm{y}}(y)$와 $p_{\mathrm{y}}(y)$를 구하시오. $\mathrm{x} = 0$의 확률은 영이 아니다.

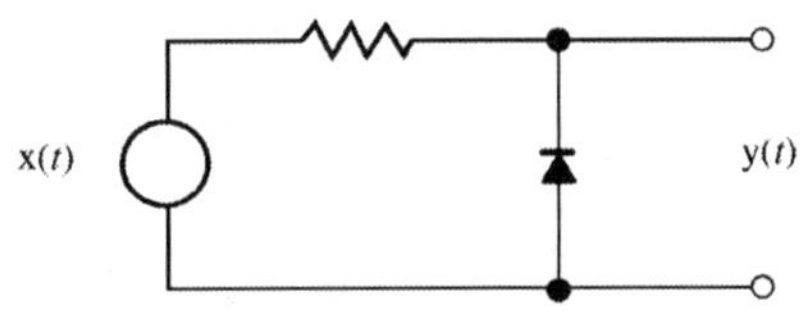

▸▸ 그림 P8.2-4

8.2-5 가우시안 변수 x의 PDF가

$$p_{\mathrm{x}}(x) = \frac{1}{3\sqrt{2\pi}} e^{-(x-4)^2/18}$$

일 때 다음을 구하시오.

(a) $P(\mathrm{x} \geq 4)$; (b) $P(\mathrm{x} \geq 0)$; (c) $P(\mathrm{x} \geq -2)$.

8.2-6 다음의 PDF를 갖는 확률 변수 x가 있다.

$$p_{\mathrm{x}}(x) = \frac{1}{2\sqrt{2\pi}} e^{-x^2/32} u(x)$$

(a) $p_{\mathrm{x}}(x)$를 그리고 이것이 가우시안 확률 변수인지를 밝히시오.

(b) 다음을 구하시오. (i) $P(\mathrm{x} \geq 1)$ (ii) $P(1 < \mathrm{x} \leq 2)$.

(c) 다른 가우시안 확률 변수로부터 확률 변수 x를 만들 수 있는가? 블록도를 그리고 설명하시오.

8.2-7 확률 변수 x, y의 결합 PDF가 그림 P8.2-7에 있다.

(a) 다음을 구하시오. (i) A; (ii) $p_{\mathrm{x}}(x)$; (iii) $p_{\mathrm{y}}(y)$; (iv) $p_{\mathrm{x|y}}(x|y)$; (v) $p_{\mathrm{y|x}}(y|x)$.

(b) x와 y는 독립인가? 설명하시오.

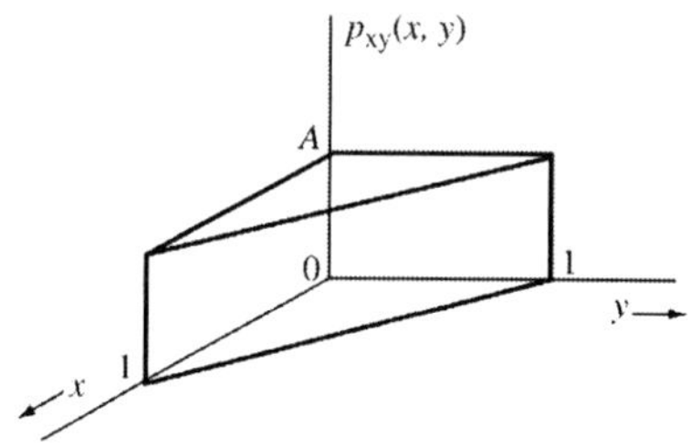

►► 그림 P8.2-7

8.2-8 두 연속 확률 변수의 결합 PDF가 다음과 같이 주어졌다.

$$p_{\mathrm{xy}}(x, y) = xy\, e^{-(x^2)} e^{-y^2/2} u(x)u(y)$$

(a) $p_{\mathrm{x}}(x)$, $p_{\mathrm{y}}(y)$, $p_{\mathrm{x|y}}(x|y)$, $p_{\mathrm{y|x}}(y|x)$를 구하시오.

(b) x와 y는 독립인가?

8.2-9 확률 변수 x, y의 결합 가우시안이며 결합 PDF가 다음과 같다.

$$p_{\mathrm{xy}}(x, y) = \frac{1}{2\pi\sqrt{M}} e^{-(ax^2+by^2-2cxy)/2M}$$

여기서 $M = ab - c^2$이다. $p_{\mathrm{x}}(x)$, $p_{\mathrm{y}}(y)$, $p_{\mathrm{x|y}}(x|y)$, $p_{\mathrm{y|x}}(y|x)$가 모두 가우시안이며 $\overline{\mathrm{x}^2} = b$, $\overline{\mathrm{y}^2} = a$, $\overline{\mathrm{xy}} = c$ 임을 보이시오.

****힌트** :

$$\int_{-\infty}^{\infty} e^{-px^2+qx}\, dx = \sqrt{\frac{\pi}{p}} e^{q^2/4p}$$

8.2-10 결합 PDF가 다음과 같을 때

$$p_{xy}(x, y) = ke^{-(x^2+xy+y^2)}$$

(a) 상수 k; (b) $p_x(x)$; (c) $p_y(y)$; (d) $p_{x|y}(x|y)$; (e) $p_{y|x}(y|x)$를 구하시오. x와 y는 독립인가?

8.2-11 임계치 검출의 예(예제 8.16)에서 1과 0은 같은 확률로 전송된다고 가정하였다. 만일 이 확률이 같지 않다면, 최적의 임계값은 0이 아니고 다음과 같은 a로 정해지는 것을 보이시오.

$$a = \frac{\sigma_n^2}{2A_p} \ln \frac{P_x(\mathbf{0})}{P_x(1)}$$

****힌트** : 최적의 임계값을 a라 하자. P_e를 Q-함수로 나타낸다. 최적인 경우에는 $\frac{dP_e}{da} = 0$이다. 다음의 사실을 이용하시오.

$$Q(x) = 1 - \frac{1}{\sqrt{2\pi}} \int_{-\infty}^{x} e^{-y^2/2}\, dy$$

그리고

$$\frac{dQ(x)}{dx} = -\frac{1}{\sqrt{2\pi}} e^{-x^2/2}$$

8.3-1 가우시안 신호 $x(t)$의 진폭 x가 평균이 2이고 제곱 평균 제곱근값이 3일 때, 그것의 PDF를 구하시오.

8.3-2 문제 8.2-3에서 확률 변수 x의 평균, 제곱 평균, 분산을 구하시오.

8.3-3 문제 8.2-4에서 확률 변수 x의 평균, 제곱 평균을 구하시오.

8.3-4 문제 8.2-6에서 확률 변수 x의 평균, 제곱 평균을 구하시오.

8.3-5 그림 P8.3-5의 PDF를 갖는 확률 변수 x의 평균, 제곱 평균, 분산을 구하시오.

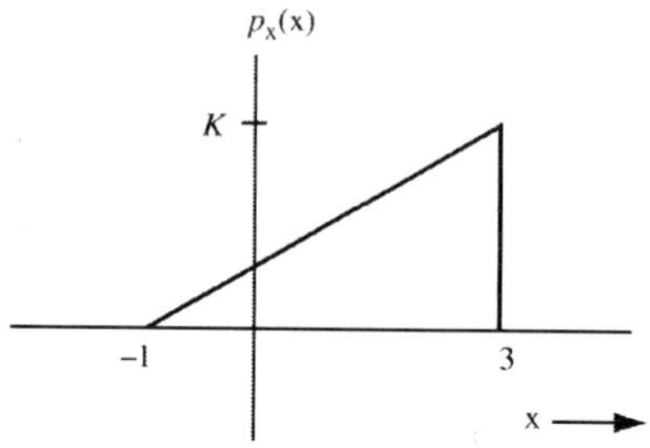

▸▸ 그림 P8.3-5

8.3-6 예제 8.12에서 분석한 것처럼 두 개의 주사위를 던질 때 점의 합을 확률 변수 x라고 하자. x의 평균, 제곱 평균, 분산을 구하시오.

8.3-7 가우시안 PDF $p_x(x) = (1/\sigma_x\sqrt{2\pi})e^{-x^2/2\sigma_x^2}$에 대하여 다음을 보이시오.

$$\overline{x^n} = \begin{cases} (1)(3)(5)\cdots(n-1)\sigma_x^n & n \text{ even} \\ 0 & n \text{ odd} \end{cases}$$

****힌트** : 표준 수학표에서 적절한 정적분을 참조하시오.

8.3-8 열 개의 주사위를 던진다. 점들의 합을 확률 변수 x라고 하자. 평균, 제곱 평균, 분산을 구하시오.

****힌트** : 각 주사위의 결과는 독립임을 기억하시오.

8.5-1 ρ_{xy}가 확률 변수 x, y의 상관 계수[식 (8.79)]일 때, $|\rho_{xy}| \leq 1$임을 보이시오.

****힌트** : 임의의 실수 a에 대하여,

$$\overline{[a(x-\bar{x})-(y-\bar{y})]^2} \geq 0$$

이다. a에 관한 이 이차식의 판별식은 양이 아니다.

8.5-2 두 확률 변수 x, y가 다음과 같은 관계를 가질 때, 상수 k_1 이 양수이면 상관 계수 ρ_{xy} 가 1이고, 상수 k_1 이 음수이면 ρ_{xy}가 −1이 됨을 보이시오.

$$y = k_1 x + k_2$$

8.5-3 x = cosΘ, y = sinΘ이고, Θ는 구간 (0, 2π)에서 균일한 분포를 갖는 확률 변수이다. x, y는 상호상관이지만 독립은 아님을 보이시오.

8.6-1 그림 P8.6-1a와 같은 불규칙 2진 신호 x(t)는 같은 확률로 3과 0의 두 가지 값만을 갖는다. 그림 P8.6-1b와 같은 가우시안 채널 잡음 n(t)가 이 신호에 더해져서 수신된 신호 y(t)를 만든다. 잡음 진폭 n의 PDF는 평균이 영이고, 분산이 2인 지수함수이다. 진폭 y의 PDF를 구하고 그리시오.

****힌트** : 식 (8.92)를 사용하시오.

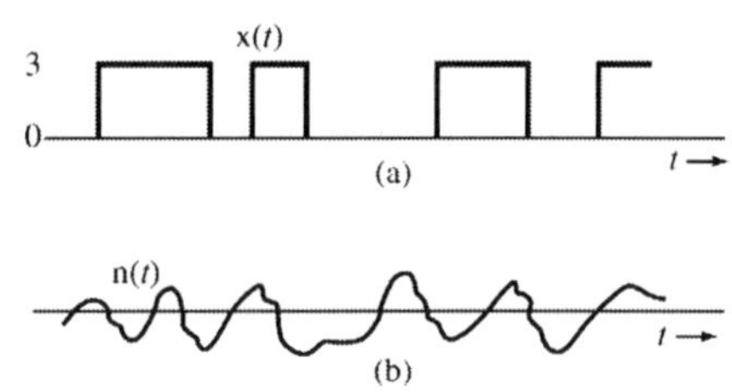

▸▸ 그림 P8.6-1

8.6-2 x(t)의 진폭 3과 0의 발생 확률이 $P_x(3) = 0.6$이고 $P_x(0) = 0.4$로써 같지 않을 때, 문제 8.6-1을 반복하시오.

8.6-3 만일 x(t)와 y(t)가 −1과 1의 값을 갖는 독립한 2진 신호라면

$$P_x(1) = Q = 1 - P_x(-1)$$
$$P_y(1) = P = 1 - P_y(-1)$$

일 때, z = x + y의 $P_z(z_i)$를 구하시오.

8.6-4 만일 x와 y가 독립인 가우시안 확률 변수이고 $z = x + y$라면, 여기서

$$p_x(x) = \frac{1}{\sigma_x\sqrt{2\pi}}e^{-(x-\bar{x})^2/2\sigma_x^2} \quad \text{and} \quad p_y(y) = \frac{1}{\sigma_y\sqrt{2\pi}}e^{-(y-\bar{y})^2/2\sigma_y^2}$$

z도 역시 가우시안임을 보이시오. 이 때

$$\bar{z} = \bar{x} + \bar{y} \qquad \textit{and} \qquad \sigma_z^2 = \sigma_x^2 + \sigma_y^2$$

****힌트** : $p_x(x)$와 $p_y(y)$를 콘볼루션하시오. 표 3.1의 22번 쌍 참조.

8.6-5 예제 8.24에서 음성 신호를 위한 최적의 3차 예측기를 디자인하고 SNR의 향상을 구하시오. 음성 신호들에 대한 여러 상관 계수들의 값은 예제 8.24에 주어졌다.

09 랜덤 프로세스와 스펙트럼 해석

랜덤 프로세스의 개념은 확률 변수(random variable, RV)의 자연스런 확장이라고 할 수 있다. 예를 들어, 어떤 도시에서 정오의 온도 x를 생각해 보자. 온도 x는 하나의 확률 변수이며 매일 다른 값을 가질 것이다. 이러한 x의 완전한 통계를 얻기 위해서는 여러 날(많은 시행)에 걸쳐서 정오의 x값을 기록하여야 한다. 이 데이터로부터 확률 변수 x(정오의 온도)의 전력 밀도 함수(PDF) $p_x(x)$를 결정할 수 있다.

그러나 이 온도란 것은 시간의 함수이기도 하다. 예를 들어, 오후 1시에는 온도가 정오의 온도와는 아주 다른 분포를 가질 수 있다. 그래도, 두 온도는 결합 확률 밀도 함수를 통하여 관련이 있을 수도 있다. 그러므로 확률 변수 x는 시간의 함수이며 $x(t)$로 표현할 수 있다. 만일 확률 변수가 시간 구간 $t \in [t_a, t_b]$에서 정의된다면, $x(t)$는 시간의 함수이며 매 순간 $t \in [t_a, t_b]$에서 랜덤하다. 시간의 함수인 확률 변수를* 랜덤 프로세스(random process) 혹은 스토캐스틱 프로세스(stochastic process)라고 한다. 그러므로 랜덤 프로세스는 무한히 많은 확률 변수들의 집합이다. 잡음과 마찬가지로 시간에 따라 불규칙하게 변하는 통신 신호들은 랜덤 프로세스로 잘 특징지을 수 있다. 이러한 이유로, 랜덤 프로세스를 다른 통신시스템들의 성능 분석에 대한 공부를 하기 전에 이 장에서 다룬다.

9.1 확률 변수에서 랜덤 프로세스까지

확률 변수 x를 명확히 말하기 위하여, 우리는 아주 많은 횟수의 실험을 반복하고 그 결과(outcomes)를 바탕으로 $p_x(x)$를 결정한다. 마찬가지로, 랜덤 프로세스 $x(t)$를 구하기 위하여 각각의 t값에 대하여 똑같이 한다. 앞에서 얘기한 도시의 온도에 관한 랜덤 프로세스 $x(t)$의 예를 계속해 보자. 이를 위하여 각각의 값(하루의 매 시간에 대한) t에서의 일일 온도를 기록해야 한다. 이는 하루의 매 시간마다 온도를 기록하면 하나의 파형 $x(t, \zeta_i)$가 생긴다. 여기서 ζ_i는 기록한 날을 표시한다. 이러한 과정을 아주 많은 날에 걸쳐서 반복해야 한다. 모든 가능한 파형들의 모음(collection)을 우리는(그 표본 공간에

* 실제로, 랜덤 프로세스가 되기 위하여 x는 거리와 같은 다른 변수의 함수일 수도 있다. 또 하나의 랜덤 프로세스는 두 개 이상의 변수의 함수일 수도 있다.

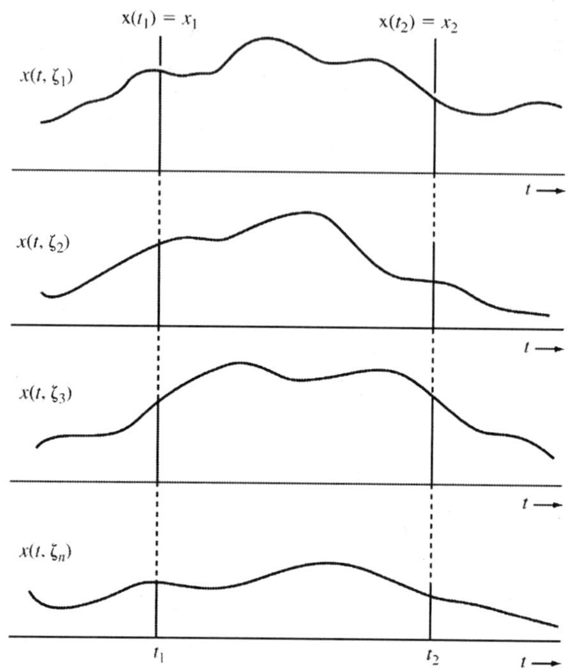

▸▸ 그림 9.1 한 도시의 온도를 표현하는 랜덤 프로세스

해당하는) 랜덤 프로세스 $\mathrm{x}(t)$의 앙상블(ensemble)이라 한다. 이 모음에서의 한 파형을 우리는 그 랜덤 프로세스의 (표본값(sample point)이라기보다는) 표본 함수(sample function)라고 한다(그림 9.1). 어느 순간 $t = t_1$에서의 표본 함수의 진폭들은 여러 번의 시행에 의한 확률 변수 $\mathrm{x}(t_1)$에서 취한 값들이다.

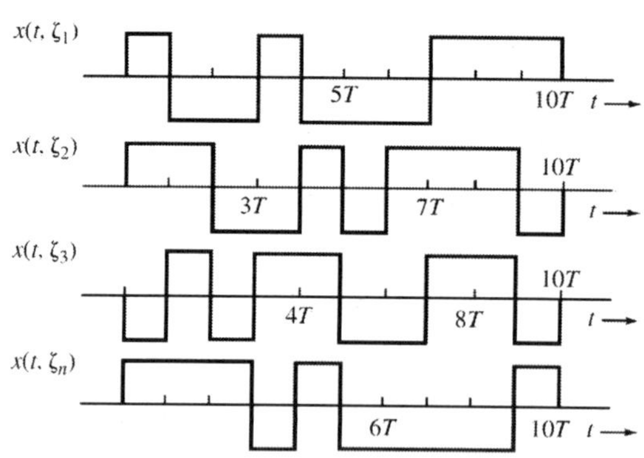

▸▸ 그림 9.2 유한한 수의 표본 함수를 갖는 앙상블

랜덤 프로세스를 다른 각도에서 볼 수도 있다. 확률 변수의 경우, 실험의 각 시행에서 나온 결과는 하나의 숫자이다. 우리는 랜덤 프로세스를 실험의 결과로 간주할 수도 있는데, 여기서 각 시행의 결과는 t의 함수인 하나의 파형(표본 함수)이다. 한 앙상블에 있는 파형의 수는 유한할 수도 있고 무한히 많을 수도 있다. 한 도시의 온도에 대한 랜덤 프로세스 $\mathrm{x}(t)$의 경우에는 앙상블은 무한개의 파형을 갖는다. 반면, 2진 신호 발생기(binary signal generator)의 출력(0에서 10T의 주기에 대하여)을 생각하면, 이 앙상블에는 많아 봐야 210개의 파형이 있다(그림 9.2).

좀 더 명확하게 말하자면, 앙상블에 있는 파형(혹은 표본 함수)들은 불규칙하지 않다는 것이다. 그들은 이미 일어난 것이고 그러므로 결정적(deterministic)이다. 이 경우에 있어서의 불규칙성(randomness)은 파형 그 자체가 아니라 그 시행(trial)에서 어느 파형이 발생할지가 불확실(uncertainty)하다는 것이다. 이 점은 확률 변수의 경우와 완벽히 닮았다. 예를 들어, 동전을 네 번 연속하여 던지는 실험에서(예제 8.4), 16가지의 가능한 결과가 있으며, 이 모든 것은 다 알려져 있다. 이 상황에서의 불규칙성은 그 결과들 자체에 있는 것이 아니라 한 시행을 하였을 때 16가지의 결과 중에서 어느 것이 나올지 모르는 불확실성이다. 실제로, 랜덤 프로세스는 기본적으로 확률 변수들로 된 무한히 긴 벡터이다. 한 실험이 완료되면, 표본된 벡터는 결정적이다. 하지만, 그 벡터의 각 원소는 불규칙하기 때문에, 어떤 벡터(혹은 함수)가 각 실험에서 생성될지에 대한 불확실성을 일으키면서, 그 실험 결과 역시 불규칙하다.

○ 랜덤 프로세스의 특성

이제 중요한 문제는 그러면 어떻게 랜덤 프로세스를 특징지을(설명할) 것인가 하는 것이다. 어떤 경우에는 해석적(analytically)으로 설명할 수도 있다. 예를 들어, 다음과 같이 $\mathrm{x}(t) = A\cos(\omega_c t + \Theta)$로 표현된 랜덤 프로세스를 생각해보자. 여기서 Θ는 구간 $(0, 2\pi)$에서 균일하게 분포된(uniformly distributed) 확률 변수이다. 이 해석적 표현은 그 랜덤 프로세스(그리고 그것의 앙상블)를 완벽하게 묘사하고 있다. 각 표본 함수는 진폭이 A이고 주파수가 ω_c인 정현파이다. 그러나 위상은 불규칙(random)하다(그림 9.5 참조). 위상은 구간 $(0, 2\pi)$에서 임의의 값을 똑같이(equally likely) 취할 수 있다. 이러한 해석적인 설명은 랜덤 프로세스는 확률 변수들이라는 특정한 인자들에 의해 그 특징을 묘사하는 것과 같은 잘 정의된 모델을 필요로 한다.

불행하게도, 랜덤 프로세스를 해석적으로 묘사하는 것이 항상 가능한 것은 아니다. 어떤 특정한 모델이 없이, 실험적으로 구한 앙상블만 가지고 있을 수도 있다. 이 앙상블은 랜덤 프로세스에 관한 모든 정보를 갖고 있다. 이 앙상블로부터 그 랜덤 프로세스를 설명하고 특징지을 수 있는 어떤 정량적인 것(quantitative measure)을 찾아내야 한다. 이런 경우에 우리는 랜덤 프로세스를 시간 함수인 확률 변수 x로 생각한다. 그러므로 한 랜덤 프로세스는 일반적으로 서로 종속적인, 무한개의 확률 변수들의 모음(collection)이다.

우리는 여러 개의 종속적인 확률 변수들에 대한 완전한 정보는 그 변수들의 결합 PDF에 의해서 제공된다는 것을 알고 있다. x_i를 $t=t_1$일 때 랜덤 프로세스의 진폭에 의해 생기는 확률 변수 $\mathrm{x}(t_i)$라고 하자. 그러므로 그림 9.1에서 보는 바와 같이, x_1은 $t=t_1$일 때의 진폭에 의해 생기는 확률 변수이고, x_2는 $t=t_2$일 때의 진폭에 의해 생기는 확률 변수이다. $t=t_1,\ t_2,\ t_3,\ \cdots,\ t_n$일 때의 진폭에 의해 생기는 n개의 확률 변수들 $\mathrm{x}_1,\ \mathrm{x}_2,\ \mathrm{x}_3,\ \cdots,\ \mathrm{x}_n$은 일반적으로 종속적(dependent)이다. n개의 표본들에 대하여, 그들은 n차 결합 확률 밀도 함수 혹은 n차 결합 누적 분포 함수(CDF)에 의해서 완벽하게 특징지을 수 있다.

$$F_{\mathrm{x}}(x_1,\ x_2,\ \ldots,\ x_n;t_1,\ t_2,\ \ldots,\ t_n) = P[\mathrm{x}(t) \le x_1;\mathrm{x}(t) \le x_2;\ \ldots;\ \mathrm{x}(t_n) \le x_n]$$

n개의 표본들에 대한 결합 CDF의 정의는 결합 PDF를 유도한다.

$$p_{\mathrm{x}}(x_1,\ x_2,\ \ldots,\ x_n;t_1,\ t_2,\ \ldots,\ t_n) = \frac{\partial^n}{\partial x_1 \partial x_2 \ldots \partial x_n} F_{\mathrm{x}}(x_1,\ x_2,\ \ldots,\ x_n;t_1,\ t_2,\ \ldots,\ t_n) \tag{9.1}$$

이 논의는 약간의 좋은 통찰력을 제공한다. 랜덤 프로세스가 모든 n(∞까지)과 $t_1,\ t_2,\ t_3,\cdots,\ t_n$의 임의의 선택에 대하여 n차 결합 PDF(식 9.1)에 의해 완벽하게 설명되는 것을 보일 수 있다. 이러한 (무한 차수의) PDF를 구하는 일은 만만치 않은 일이다. 다행히도, 선형 시스템에 관련된 랜덤 프로세스(불규칙 신호들과 잡음들)에서는 1차 또는 2차적 통계(statistics)만을 다룬다는 것을 곧 알게 될 것이다.

높은 차수의 PDF는 다중 시간 구간들에서의 랜덤 프로세스에 대한 결합 PDF이다. 따라서 우리는 간단한 적분을 통하여 고차의 PDF로부터 낮은 차수의 PDF를 항상 유도할 수 있다. 예를 들면,

$$p_{\mathrm{x}}(x_1;\ t_1) = \int_{-\infty}^{\infty} p_{\mathrm{x}}\,(x_1,\ x_2;\ t_1,\ t_2)\,dx_2$$

따라서 n차의 PDF가 있다면, n보다 아래 차수의 PDF에 관해서는 설명할 필요가 없다. 랜덤 프로세스 $\mathrm{x}(t)$의 평균 $\overline{\mathrm{x}(t)}$은 1차 PDF로부터 다음과 같이 구할 수 있다.

$$\overline{\mathrm{x}(t)} = \int_{-\infty}^{\infty} x\, p_{\mathrm{x}}(x;\ t)\, dx \tag{9.2}$$

이것은 대개 시간 t에 대한 결정적 함수(deterministic function)이다.

○ 왜 앙상블 통계가 필요한가?

앞의 논의는 랜덤 프로세스를 설명하기 위해서는 앙상블 통계가 필요하다는 것을 보였다. 예를 들어, PDF $p_{x_1}(x_1)$를 구하기 위하여 $t=t_1$일 때 모든 표본 함수들의 값들을 알아야만 한다. 이런 것이 앙상블 통계(ensemble statistics)이다. 마찬가지로, 랜덤 프로세스를 설명하기 위한 모든 가능한 통계들은 앙상블 통계와 같은 것을 필요로 한다. 결정적인 신호들(deterministic signals)에서는, 시간의 함수로서 파형의 데이터를 연구한다. 따라서 앙상블 통계를 조사한다는 생각은 처음에는 좀 불편하게 느껴질지도 모른다. 이론적으로는 수긍이 가지만, 그것이 실제로 무슨 의미가 있을까? 어떻게 이런 개념이 실제 상황에서 쓰일 수 있을까? 이러한 궁금증들을 풀어보도록 하자.

앙상블 통계의 필요성을 이해하기 위하여, 예제 8.16에 있는 임계치 검출의 문제를 생각해 보자. 1을 $p(t)$로 보내고, 0을 $-p(t)$로 보낸다(polar signaling). 최대 진폭은 A_p이다. 1이 전송되면, 수신된 표본은 A_p+n이며, 여기서 n은 잡음이다. 만일 표본된 순간 t_s에서 잡음의 진폭이 $-A_p$보다 작으면, 신호와 잡음의 합이 임계치보다 아래로 떨어지게 되므로, 결정 오류(decision error)가 발생하게 된다. 이 오류 확률을 구하기 위하여 실험을 N번 ($N \to \infty$) 반복하면서 몇 번이나 잡음이 $t=t_s$에서 $-A_p$보다 작아지는지를 관찰한다(그림 9.3). 이 정보는 순간 t_s에서 잡음 프로세스(noise process)의 앙상블 통계 가운데 단 하나일 뿐이다.

앙상블 통계의 중요성은 이 예를 보면 명확하다. 우리가 하나 혹은 여러 개의 랜덤 프로세스를 다룰 때, 그 시행에서 어떤 표본 함수가 발생할지 모른다. 따라서 그 랜덤 프로세스에 대한 어떤 통계적 설명이나 특징을 짓기 위하여, 우리는 전체 앙상블에 대한 평균을 구할 필요가 있다. 이것이 랜덤 프로세스에서 앙상블 통계가 나오게 된 기본적인 물리적 이유이다.

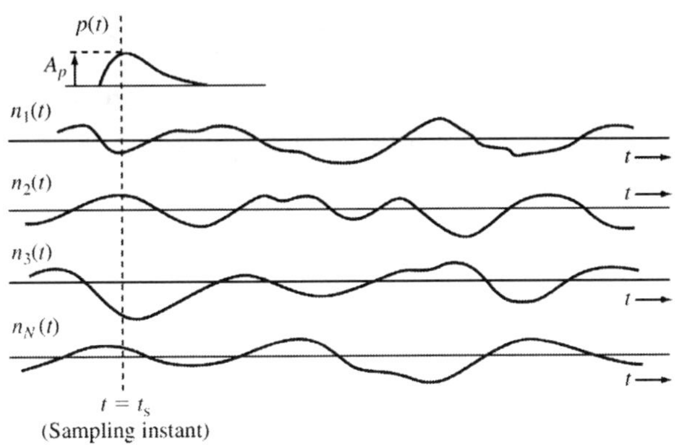

►► 그림 9.3 채널 잡음을 표현하는 랜덤 프로세스

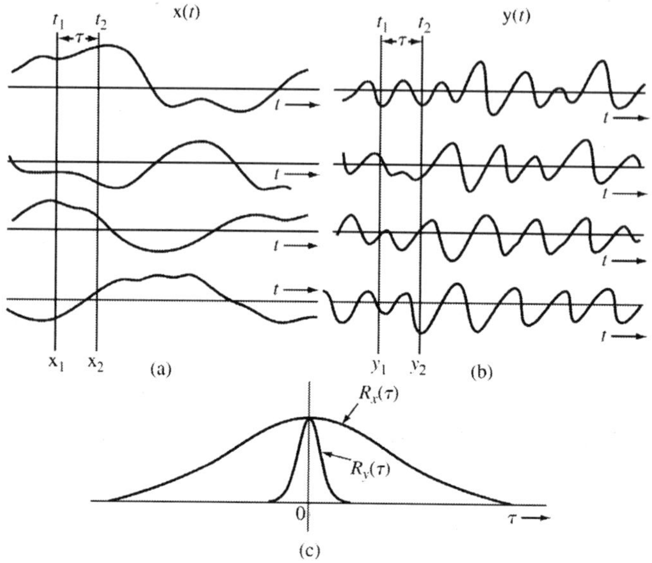

▸▸ 그림 9.4 천천히 변하는 것과 빠르게 변하는 랜덤 프로세스에 대한 자기상관 함수들

○ 랜덤 프로세스의 자기상관 함수

신호 해석의 목적을 위하여 랜덤 프로세스의 가장 중요한 특성들 중의 하나는 자기상관 함수(autocorrelation function)인데, 랜덤 프로세스의 스펙트럼 정보를 제공해준다. 한 프로세스의 주파수 성분은 시간에 따라 진폭이 얼마나 빨리 변하는지에 달려 있다. 이는 진폭을 t_1과 $t_1+\tau$에서의 상관도를 측정하여 얻을 수 있다. 평균적으로, 그림 9.4a에 있는 랜덤 프로세스 $x(t)$는 그림 9.4b에 있는 프로세스 $y(t)$에 비하여 천천히 변하는 프로세스이다. $x(t)$의 경우, t_1과 $t_1+\tau$에서의 진폭이 비슷하다(그림 9.4a), 즉 아주 강한 상관관계를 가지고 있다. 반면, $y(t)$의 경우, t_1과 $t_1+\tau$에서의 진폭은 거의 닮지 않았다(그림 9.4b), 즉 아주 약한 상관관계를 가지고 있다. 상관(correlation)이 두 확률 변수의 유사도를 측정하는 척도임을 생각하면, 상관을 t_1과 $t_1+\tau$에서의 진폭의 유사도를 측정하는데 이용할 수 있다. 만일 확률 변수들 $x(t_1)$과 $x(t_2)$를 각각 x_1과 x_2라고 하면, 실수의 랜덤 프로세스에* 대하여 자기상관 함수 $R_x(t_1, t_2)$를 다음과 같이 정의한다.

$$R_x(t_1, t_2) = \overline{x(t_1)x(t_2)} = \overline{x_1 x_2} \qquad (9.3a)$$

* 복소수의 랜덤 프로세스일 때는 자기상관 함수는 다음과 같이 정의한다.

$$R_x(t_1, t_2) = \overline{x^*(t_1)x(t_2)}$$

이것은 확률 변수 $x(t_1)$과 $x(t_2)$의 상관(correlation)이며, 확률 변수 $x(t_1)$과 $x(t_2)$ 사이의 닮음 정도를 나타낸다. 이것은 표본 함수를 t_1과 t_2에서 표본한 진폭값들을 서로 곱한 후 이 곱을 앙상블에 대하여 평균해서 구한다. 아주 작은 τ에서 곱한 결과 x_1x_2는 대부분의 표본 함수 $x(t)$에 대하여 양수가 될 것이다. 그러나 y_1y_2는 대부분의 표본 함수 $y(t)$에 대하여 양수와 음수가 비슷하게(equally likely) 나올 것이다. 따라서 $\overline{x_1x_2}$가 $\overline{y_1y_2}$보다 클 것이다. 게다가, x_1과 x_2는 상당히 큰 τ 값에 대하여 상관을 보이겠지만, y_1과 y_2는 그림 9.4c에서 보는 바와 같이 심지어 작은 τ 값에 대해서도 빨리 상관이 없어진다. 그러므로, $x(t)$의 자기상관 함수 $R_x(t_1\ t_2)$는 그 프로세스의 주파수 성분에 관한 아주 중요한 정보를 제공한다. 실제로, $x(t)$의 PSD는 다음과 같이 주어지는 자기상관 함수를 푸리에 변환한 것이다.

$$\begin{aligned} R_x(t_1,\ t_2) &= \overline{x_1x_2} \\ &= \int_{-\infty}^{\infty}\int_{-\infty}^{\infty} x_1x_2p_x(x_1,\ x_2;\ t_1,\ t_2)\,dx_1\,dx_2 \end{aligned} \tag{9.3b}$$

따라서, $R_x(t_1\ t_2)$는 2차 PDF인 x_1과 x_2의 결합 PDF로부터 유도될 수 있다.

9.2 랜덤 프로세스의 분류

랜덤 프로세스는 대략 다음과 같이 분류할 수 있다.

○ 정상과 비정상 랜덤 프로세스

시간에 따라 통계적 특성이 변하지 않는 랜덤 프로세스는 정상 랜덤 프로세스(stationary random process)로 분류한다. 정상 프로세스에 대하여, 우리는 시간축의 이동을 감지하기가 불가능하다고 말할 수 있다. 즉, 프로세스가 똑같게 보인다. $p_x(x;t_1)$를 구하고, 이것을 t_0만큼 시간축을 이동하여 다시 $p_x(x;t_1)$를 구한다고 가정하자. 새 프레임 기준에서의 시간 t_1은 이전 프레임의 기준으로 보면 $t_2 = t_1 + t_0$가 된다. 따라서 t_1과 $t_2 = t_1 + t_0$에서의 x의 PDF는 같아야만 한다. 즉, $p_x(x;t_1)$과 $p_x(x;t_2)$는 정상 랜덤 프로세스에서는 같아야 한다. 이 사실은 $p_x(x;t)$가 t에 독립(independent)이어야만 가능하다. 그러므로 정상 랜덤 프로세스의 1차 확률 밀도는 다음과 같이 표현할 수 있다.

$$p_x(x;\ t) = p_x(x)$$

마찬가지로, 정상 랜덤 프로세스에 대하여 자기상관 함수 $R_x(t_1, t_2)$는 t_1과 t_2의 차이인 t_2-t_1에 의해서만 결정되어야 한다. 만일 그렇지 않다면, 우리는 유일한 시간축을 구할 수 있다. 따라서 실수의 정상 프로세스에 대하여

$$R_x(t_1, t_2) = R_x(t_2 - t_1)$$

이다. 그러므로

$$R_x(\tau) = \overline{x(t)x(t+\tau)} \tag{9.4}$$

정상 프로세스에서는 x_1과 x_2의 결합 PDF는 오직 t_2-t_1에 의해서만 결정된다. 마찬가지로, 고차 PDF들은 원점의 선택에 대해 모두 독립이어야 한다. 즉,

$$\begin{aligned} p_x(x_1, x_2, \ldots, x_n; t_1, t_2, \ldots, t_n) &= p_x(x_1, x_2, \ldots, x_n; t_1 - t, t_2 - t, \ldots, t_n - t) \qquad \forall t \\ &= p_x(x_1, x_2, \ldots, x_n; 0, t_2 - t_1, \ldots t_n - t_1) \end{aligned} \tag{9.5}$$

한 도시의 온도를 나타내는 랜덤 프로세스 $x(t)$는 비정상 랜덤 프로세스(nonstationary random process)의 예이다. 왜냐하면, 온도에 관한 통계(예를 들어 평균)는 그 날의 시간에 종속적(dependent)이기 때문이다. 반면에, 그림 9.3에 있는 잡음 프로세스는 정상이다. 왜냐하면, 그 통계들(평균, 제곱 평균 등)은 시간에 대하여 변하지 않기 때문이다. 일반적으로, 어느 프로세스가 정상(stationary)인지를 결정하는 것은 쉽지 않다. 왜냐하면, n차($n \to \infty$) 통계를 모두 조사해봐야만 알 수 있기 때문이다. 실제 상황에서는 신호 생성의 원리(signal-generating mechanism)가 변하지 않는다면 우리는 정상으로 간주한다. 그러한 경우가 그림 9.3에 있는 잡음 프로세스이다.

○ 넓은 의미의 정상 프로세스

바로 앞에서 얘기한 것처럼 엄격한 의미(strict sense)에서 정상이 아닌 프로세스라도 시간축의 이동에 독립인 평균값과 자기상관 함수를 가질 수 있다. 이것은

$$\overline{x(t)} = \text{constant}$$

이고

$$R_x(t_1, t_2) = R_x(\tau) \qquad \tau = t_2 - t_1 \tag{9.6}$$

임을 뜻한다. 이러한 프로세스를 넓은 의미의 정상 프로세스(wide-sense stationary process, or weakly stationary process)라고 한다. 정상이란 것이 넓은 의미의 정상보다 훨씬 강한 조건이라는 것을 명심하자. 모든 정상 프로세스들은 넓은 의미의 정상이 될 수 있다. 하지만, 가우시안 랜덤 프로세스를 제외하고는, 그 반대는 항상 성립하는 것은 아니다.

실제 상황에서 아주 정확한 정현파 신호가 존재하지 않듯이, 현실에서는 진정으로 정상인 프로세스가 일어나지 않는다. 실제 상황에서의 모든 프로세스는 어느 한정된 시간에서 시작하고 또 어느 한정된 시간에서 끝이 나야 하므로 비정상(nonstationary)이다. 순수하게 정상인 프로세스는 $t = -\infty$에서 시작해서 영원히 계속되어야만 한다. 하지만 많은 프로세스들은 우리가 관심을 두는 시간 동안에 대해서 정상으로 생각될 수 있으며, 정상이라고 가정하게 되면 수학적으로 아주 의미있는 모델을 만들 수 있다. 정상인 모델을 사용한다는 것은 결정적 해석(deterministic analysis)에서 정현파 모델을 사용하는 것과 비슷하다.

예제 9.1

• 랜덤 프로세스

$$\mathrm{x}(t) = A\cos(\omega_c t + \Theta)$$

가 넓은 의미의 정상 프로세스임을 보이시오. 여기서 Θ는 $(0,\ 2\pi)$에서 균일하게 분포된(uniformly distributed) 확률 변수이다.

풀이 앙상블(그림 9.5)은 일정한 진폭 A, 주파수 ω_c와 불규칙인 위상 Θ를 갖는 정현파이다. 임의의 표본 함수에 대하여 위상은 구간 $(0,\ 2\pi)$에서 어느 값을 가질 확률은 똑같다. Θ가 $(0,\ 2\pi)$에서 균일하게 분포된(uniformly distributed) 확률 변수이므로, $p_{\mathrm{x}}(x;t)$를 구할 수 있으며[1] 따라서 식 (9.2)와 같이 $\overline{\mathrm{x}(t)}$를 구할 수 있다. 하지만 이 특별한 경우에, $\overline{\mathrm{x}(t)}$는 다음과 같이 확률 변수 Θ의 함수로 직접 구할 수 있다.

$$\overline{\mathrm{x}(t)} = \overline{A\cos(\omega_c t + \Theta)} = A\,\overline{\cos(\omega_c t + \Theta)}$$

$\cos(\omega_c t+\Theta)$가 확률 변수 Θ의 함수이므로, [식 (8.61b) 참조]

$$\overline{\cos(\omega_c t + \Theta)} = \int_0^{2\pi} \cos(\omega_c t + \theta) p_\Theta(\theta)\, d\theta$$

또, 구간 (0, 2π)에서 $p_\Theta(\theta) = 1/2\pi$이고, 이 구간 밖에서는 0이므로

$$\overline{\cos(\omega_c t + \Theta)} = \frac{1}{2\pi}\int_0^{2\pi} \cos(\omega_c t + \theta)\, d\theta = 0$$

따라서,

$$\overline{\mathrm{x}(t)} = 0 \tag{9.7a}$$

그러므로, 임의의 순간 t에서도 표본 함수의 진폭에 대한 앙상블 평균은 영이다.

이 프로세스에 대한 자기상관 함수 $R_x(t_1, t_2)$도 역시 식 (9.3a)로부터 직접 구할 수 있다.

$$\begin{aligned}R_x(t_1, t_2) &= \overline{A^2 \cos(\omega_c t_1 + \Theta)\cos(\omega_c t_2 + \Theta)} \\ &= A^2\, \overline{\cos(\omega_c t_1 + \Theta)\cos(\omega_c t_2 + \Theta)} \\ &= \frac{A^2}{2}\left\{\overline{\cos[\omega_c(t_2 - t_1)]} + \overline{\cos[\omega_c(t_2 + t_1) + 2\Theta]}\right\}\end{aligned}$$

오른쪽의 첫 번째 항은 확률 변수를 포함하고 있지 않다. 따라서 $\overline{\cos[\omega_c(t_2 - t_1)]}$는 그 자신인 $\cos[\omega_c(t_2 - t_1)]$가 된다. 두 번째 항은 균일 확률 변수 Θ의 함수이며, 그 평균은

$$\overline{\cos[\omega_c(t_2 + t_1) + 2\Theta]} = \frac{1}{2\pi}\int_0^{2\pi} \cos[\omega_c(t_2 + t_1) + 2\theta]\, d\theta = 0 \tag{9.7b}$$

따라서

$$R_x(t_1, t_2) = \frac{A^2}{2}\cos[\omega_c(t_2 - t_1)] \tag{9.7b}$$

혹은

$$R_x(\tau) = \frac{A^2}{2}\cos \omega_c \tau \qquad \tau = t_2 - t_1 \tag{9.7c}$$

이다. 식 (9.7a)와 (9.7,b)로부터 x(t)는 넓은 의미의 정상 프로세스임이 확실하다.

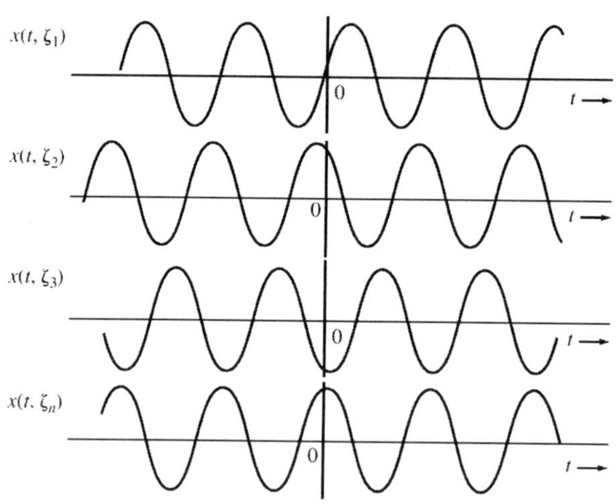

►► 그림 9.5 랜덤 프로세스 Acos($\omega_c t$+Θ)의 앙상블

○ 에르고딕 넓은 의미의 정상 프로세스

지금까지 랜덤 프로세스의 평균과 자기상관 함수에 관하여 공부하였다. 이들은 모두 앙상블 평균(ensemble average)이다. 예를 들어, $\overline{\mathrm{x}(t)}$는 t에서의 표본 함수 진폭의 앙상블 평균이며, $R_{\mathrm{x}}(t_1, t_2) = \overline{\mathrm{x}_1\mathrm{x}_2}$는 표본 함수 진폭 $\mathrm{x}(t_1)$과 $\mathrm{x}(t_2)$를 곱한 것의 앙상블 평균이다.

또, 각 표본 함수에 대한 시간 평균(time average)을 정의할 수도 있다. 예를 들어, 표본 함수 $\mathrm{x}(t)$의 시간 평균(time mean)은*

$$\widetilde{x(t)} = \lim_{T\to\infty} \frac{1}{T} \int_{-T/2}^{T/2} x(t)\, dt \tag{9.8a}$$

마찬가지로, 식 (3.82a)에서 정의된 시간 자기상관 함수$\mathfrak{R}_{\mathrm{x}}(\tau)$는

$$\mathcal{R}_{\mathrm{x}}(\tau) = \widetilde{x(t)x(t+\tau)} = \lim_{T\to\infty} \frac{1}{T} \int_{-T/2}^{T/2} x(t)x(t+\tau)\, dt \tag{9.8b}$$

에르고딕 (넓은 의미의) 정상 프로세스(ergodic (wide-sense) stationary process)란, 임의의 표본 함수에 대해서 앙상블 평균은 시간 평균과 같은 경우를 말한다. 그러므로 에르고딕 프로세스 $\mathrm{x}(t)$는

$$\overline{\mathrm{x}(t)} = \widetilde{x(t)} \tag{9.9a}$$

$$R_{\mathrm{x}}(\tau) = \mathcal{R}_{\mathrm{x}}(\tau) \tag{9.9b}$$

이들은 에르고딕 넓은 의미의 정상 프로세스에 대한 두 가지 평균이다. 한 에르고딕 프로세스의 더 넓은 정의를 위하여, 모든 가능한 앙상블 평균들은 그에 대응하는 시간 평균들과 같은데, 시간 평균들을 구하는 함수는 그 프로세스의 여러 표본 함수들 중의 한 함수이다. 그림 9.6은 다른 종류의 (에르고딕) 프로세스들 사이의 관계를 보여준다. 이 교재에서 다루는 범위에서, 우리가 집중하는 것은 에르고딕 넓은 의미의 정상 프로세스들의 종류에 있다.

어떤 프로세스가 에르고딕인지를 판단하는 일은 대단히 어렵다. 왜냐하면, 모든 가능한 차수의 시간 평균과 앙상블 평균을 비교해야 하기 때문이다. 그렇지만, 실제 상황에서는 많은 정상 프로세스들이 평균(mean)이나 자기상관과 같은 2차 평균까지는 에르고딕하다. 예제 9.1(그림 9.5)에서 나오는 프로세스에 대하여, $\widetilde{x(t)}=0$이고 $\mathfrak{R}_{\mathrm{x}}(\tau) = (A^2/2)\cos\omega_c\tau$

* 여기서는 표본 함수 $x(t, \zeta_i)$를 편의상 $x(t)$로 나타낸다.

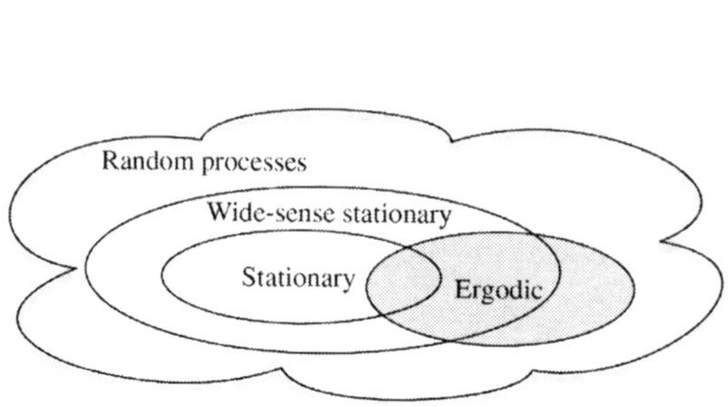

▶▶ 그림 9.6 랜덤 프로세스의 분류

(문제 3.8-1 참조) 임을 보일 수 있다. 그러므로 이 프로세스는 최소한 1차와 2차 평균에 관하여는 에르고딕하다.

에르고딕 개념(ergodicity concept)은 도시의 교통 신호등과 같은 간단한 예로 설명할 수 있다. 모든 거리가 동서 혹은 남북 방향으로만 나있고 각 교차 지점에 신호등이 달려 있는 도시 계획이 아주 잘 된 도시가 있다고 하자. 각 신호등은 동서 방향에서는 0.75초 동안 초록색 불이 들어오고, 남북 방향으로는 0.25초 동안 초록색 불이 들어오며, 신호등의 신호가 바뀌는 것은 다른 신호등과는 전혀 관계가 없다고 가정하자. 문제를 간단히 하기 위하여 주황색 신호는 없다고 하자.

만일 어떤 운전자가 동서 방향으로 임의의 신호등에 도착한다면, 그 운전자가 푸른 신호를 받을 확률은 0.75이다. 즉, 평균적으로 75%의 시간에 대하여 운전자는 초록색 신호등을 볼 것이다. 반면에, 만일 아주 많은 운전자들이 어떤 시간 t에 동서 방향의 신호등에 도착한다고 하면, 75%의 운전자들이 푸른 신호를 받고 25%의 운전자들은 빨간 신호를 받을 것이다. 그러므로 한 운전자가 어느 신호등에 불규칙하게(randomly) 여러 번 도착했을 때의 경험은 어느 한 순간에 아주 많은 운전자들이 여러 개의 신호등에 도착했을 때의 경우(앙상블 통계)와 똑같은 통계적 정보(표본 함수 통계)를 지니고 있을 것이다.

에르고딕 개념은 대단히 중요하다. 왜냐하면 앙상블 평균을 계산하기에 충분히 많은 표본 함수들을 실제에서는 가질 수 없기 때문이다. 만일 어느 프로세스가 에르고딕이라는 것이 알려지면, 앙상블 평균을 구하기 위하여 우리는 단순히 한 표본 함수만 있으면 된다. 앞에서도 말한 바와 같이, 실제로 접하게 되는 많은 정상 프로세스(stationary process)들은 최소한 2차 평균에 관해서는 에르고딕하다. 앞으로 선형 시스템과 연계하여 정상 프로세스를 다루게 되면 알겠지만, 1차 또는 2차 평균만 알면 된다. 이 점은 대부분의 경우에 있어서, 흔히 실제 경우에서처럼, 한 표본 함수만 있으면 된다는 것을 의미한다.

9.3 전력 스펙트럼 밀도

전자 분야의 엔지니어들은 본능적으로 주파수 영역(frequency domain)에서 표현된 신호(signals)와 선형 시스템(linear systems)을 생각한다. 선형 시스템은 그것의 주파수 응답(frequency response), 즉 전달 함수(transfer function)에 의해 특성을 알 수 있으며, 신호는 그것의 주파수 성분(푸리에 변환)의 상대 진폭과 위상에 의해 표현된다. 입력 스펙트럼과 전달 함수의 정보를 통하여 어떤 한 신호에 대한 선형 시스템의 응답을 그 신호의 주파수 성분에 관한 항으로 구할 수 있다. 이것은 결정 신호(deterministic signals)에 있어서는 대단히 중요한 해석 과정이다(procedure). 그렇다면 여기서 우리는 랜덤 프로세스에 대해서도 비슷한 방법들을 적용할 수 있을지 의문이 간다. 이상적으로, 랜덤 프로세스의 모든 표본 함수들은 모든 시간 구간 $(-\infty, \infty)$에 대하여 존재한다고 가정한다. 따라서 전력 신호이다*. 그러므로 전력 스펙트럼 밀도(power spectral density, PSD)가 존재하는지를 묻게 된다. 피상적으로 랜덤 프로세스의 PSD에 대한 개념은 다음과 같은 이유로 볼 때 앞뒤가 맞지 않는다. 첫째로는 표본 함수를 해석적(analytically)으로 정확하게 표현할 수 없으며, 둘째로는 어떤 주어진 프로세스에 대하여 모든 표본 함수는 다른 것들과 제 각각으로 다르기 때문이다. 그래서 한 PSD가 각각의 표본 함수에 대해서 존재한다고 해도, 다 다를 것이다. 하지만 다행히도, 위의 두 문제점들을 간단히 해결할 수 있으며, 정상(최소한 넓은 의미의 정상) 랜덤 프로세스에 대해서는 어느 정도 의미 있는 PSD를 정의하는 것이 가능하다. 비정상(nonstationary) 프로세스에 대해서는, PSD가 존재하지 않을 수도 있다.

불규칙성(randomness)이 개입될 때마다 우리는 잘해봐야 평균이라는 용어를 사용하여 질문에 대답하게 된다. 예를 들어 동전을 던질 때 우리가 그 결과에 관하여 가장 잘 답할 수 있는 방법은 평균적으로 반은 앞면이고 반은 뒷면이 나올 것이라고 말하는 것이다. 불규칙 신호(random signals)나 확률 변수들(random variables)에 대하여 우리는 그 결과에 대하여 확실하게 예견할만한 충분한 정보를 가지고 있지 않으며, 그래서 우리는 평균이라는 대답을 받아들여야만 한다. 그 프로세스에 대한 원천적인 무지 때문에 이러한 정보의 한계를 극복하기는 불가능하다. 모든 가능한 표본 함수들에 대한 가중 평균(weighted mean)의 개념을 도입하여 랜덤 프로세스의 PSD를 정의해 보는 것도 그런대로 타당성이 있어 보인다. 이것은 우리가 정확하게 그 시행에서 어느 표본 함수가 발생할지를 모르기 때문에 오직 생각할 수 있는 괜찮은 해답이다. 우리는 어떤 표본 함수에 대해서도 만족시켜야 한다. 예를 들어 어떤 랜덤 프로세스를 필터링(filtering)하는 문제를 생각해보

* 곧 알게 되겠지만, PSD가 존재하려면 프로세스는 정상(최소한 넓은 의미의 정상)이어야 한다. 정상 프로세스는 그들의 통계가 시간에 따라 변하지 말아야 하므로 전력 신호이다.

자. 우리는 어느 특정 표본 함수만을 위한 필터를 만들려고 하지 않는다. 왜냐하면 그 앙상블에 있는 어느 표본 함수라도 입력으로 들어올 수 있기 때문이다. 한 가지 괜찮은 방법은 입력 프로세스의 평균 인자들(mean parameters)을 고려하여 필터를 설계하는 것이다. 어떤 기능을 하는 시스템을 설계하기 위하여, 그 전체의 앙상블을 고려해야만 한다. 그러므로 모든 표본 함수의 PSD들의 앙상블 평균으로써 랜덤 프로세스 $\mathrm{x}(t)$의 PSD $S_{\mathrm{x}}(f)$를 정의한다는 것은 타당성이 있다. 따라서 [식 (3.80) 참조],

$$S_{\mathrm{x}}(f) = \lim_{T\to\infty} \overline{\left[\frac{|\mathrm{X}_T(f)|^2}{T}\right]} \qquad \text{W/Hz} \tag{9.10a}$$

여기서 $X_T(f)$는 끝을 자른 랜덤 프로세스

$$\mathrm{x}_T(t) = \mathrm{x}(t)\,\Pi(t/T)$$

의 푸리에 변환이고, 바(bar)는 앙상블 평균을 의미한다. 앙상블 평균은 극한을 취하기 전에 수행되어야 함에 주의하자. 이제 식 (9.10a)에 정의된 PSD는 프로세스 $\mathrm{x}(t)$의 자기상관 함수 $R_{\mathrm{x}}(\tau)$를 푸리에 변환한 것임을 보이도록 하자. 즉,

$$R_{\mathrm{x}}(\tau) \Longleftrightarrow S_{\mathrm{x}}(f) \tag{9.10b}$$

이것은 다음과 같이 증명할 수 있다.

$$\mathrm{X}_T(f) = \int_{-\infty}^{\infty} \mathrm{x}_T(t) e^{-j2\pi ft}\,dt = \int_{-T/2}^{T/2} \mathrm{x}(t) e^{-j2\pi ft}\,dt \tag{9.11}$$

그러므로 실수 $\mathrm{x}(t)$에 대하여,

$$\begin{aligned}
|\mathrm{X}_T(f)|^2 &= \mathrm{X}_T(-f)\mathrm{X}_T(f) \\
&= \int_{-T/2}^{T/2} \mathrm{x}(t_1) e^{j2\pi ft_1}\,dt_1 \int_{-T/2}^{T/2} \mathrm{x}(t_2) e^{-j2\pi ft_2}\,dt_2 \\
&= \int_{-T/2}^{T/2}\int_{-T/2}^{T/2} \mathrm{x}(t_1)\mathrm{x}(t_2) e^{-j2\pi f(t_2-t_1)}\,dt_1 dt_2
\end{aligned}$$

이며

$$\begin{aligned} S_x(f) &= \lim_{T\to\infty} \overline{\left[\frac{|X_T(f)|^2}{T}\right]} \\ &= \lim_{T\to\infty} \overline{\left[\frac{1}{T}\int_{-T/2}^{T/2}\int_{-T/2}^{T/2} x(t_1)x(t_2)e^{-j2\pi f(t_2-t_1)}\,dt_1\,dt_2\right]} \end{aligned} \tag{9.12}$$

적분과 앙상블 평균의 순서를 바꾸면,*

$$\begin{aligned} S_x(f) &= \lim_{T\to\infty} \frac{1}{T}\int_{-T/2}^{T/2}\int_{-T/2}^{T/2} \overline{x(t_1)x(t_2)}e^{-j2\pi f(t_2-t_1)}\,dt_1\,dt_2 \\ &= \lim_{T\to\infty} \frac{1}{T}\int_{-T/2}^{T/2}\int_{-T/2}^{T/2} R_x(t_2-t_1)e^{-j2\pi f(t_2-t_1)}\,dt_1\,dt_2 \end{aligned}$$

여기서 프로세스 $x(t)$는 최소한 $\overline{x(t_1)x(t_2)} = R_x(t_2-t_1)$를 만족하는 넓은 의미의 정상(wide-sense stationary)이라고 가정하자. 편의상,

$$R_x(t_2-t_1)e^{-j2\pi f(t_2-t_1)} = \varphi(t_2-t_1) \tag{9.13}$$

이라고 하면,

$$S_x(f) = \lim_{T\to\infty} \frac{1}{T}\int_{-T/2}^{T/2}\int_{-T/2}^{T/2} \varphi(t_2-t_1)\,dt_1\,dt_2 \tag{9.14}$$

오른쪽에 있는 적분은 적분 변수가 각각 t_1, t_2이고 구간이 $(-T/2, T/2)$인 중적분이다. 이것은 t_1-t_2평면에서 정사각형의 영역을 적분해야 하며, 이 영역을 그림 9.7에 나타내었다. 식 (9.14)에 있는 적분은 그림 9.7에 있는 정사각형의 영역에 해당하는 곡면 $\varphi(t_2-t_1)$ 아래의 면적이 된다. 식 (9.14)에 있는 중적분은 곡면 $\varphi(t_2-t_1)$가 t_1-t_2 평면에서 어떤 직선 $t_2-t_1=\tau$(상수)를 따라서도 상수라는 점에 의해서 하나의 적분으로 바꿀 수 있다(그림 9.7 참조).

두 개의 직선 $t_2-t_1=\tau$와 $t_2-t_1=\tau+\Delta\tau$를 생각해 보자. 만일 $\Delta\tau\to 0$이면, $(T-\tau)\Delta\tau$의 면적을 갖는 색칠한 영역에서 $\varphi(t_2-t_1) \simeq \varphi(\tau)$가 된다. 따라서 색칠한 영역에서 곡면 $\varphi(\tau)$의 아래에 있는 체적은 $\varphi(\tau)(T-\tau)\Delta\tau$가 된다. 만일 τ가 음수이면 체적은 $\varphi(\tau)(T+\tau)\Delta\tau$가 된다. 그러므로 일반적으로 색칠한 부분 아래의 체적은 $\varphi(\tau)(T-|\tau|)\Delta\tau$이다.

* 앙상블 평균의 계산 역시 적분의 일종이라 할 수 있다. 따라서 앙상블 평균과 적분의 순서를 바꾸는 것은 그냥 적분의 순서를 바꾸는 것과 마찬가지이다.

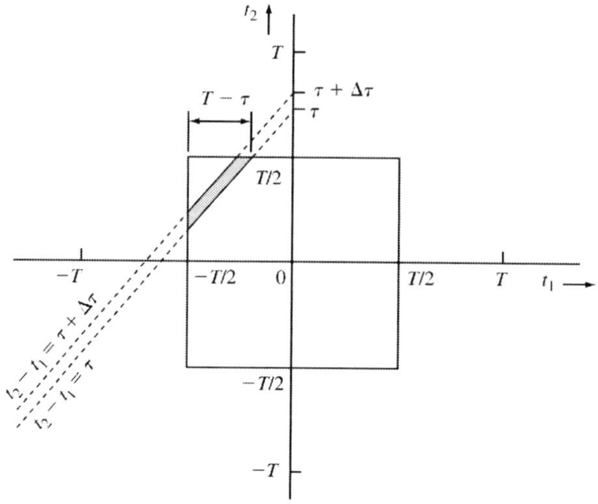

▶▶ 그림 9.7 Wiener-Khintchine 이론의 유도

그림 9.7에 있는 정사각형 영역에서 구하려는 체적은 $\varphi(\tau)(T-|\tau|)$를 구간 $(-T, T)$를 갖는 τ에 관하여 적분하면 된다. 그러므로 $\int_{-\infty}^{\infty}|\tau|\varphi(\tau)d\tau$는 유한한 값을 갖는다는 가정을 하면,

$$S_X(f) = \lim_{T\to\infty}\frac{1}{T}\int_{-T}^{T}\varphi(\tau)(T-|\tau|)\,d\tau$$
$$= \lim_{T\to\infty}\int_{-T/2}^{T/2}\varphi(\tau)\left(1-\frac{|\tau|}{T}\right)d\tau$$
$$= \int_{-\infty}^{\infty}\varphi(\tau)\,d\tau$$

이 식에 식 (9.13)을 대입하면, $\int_{-\infty}^{\infty}|\tau|R_X(\tau)e^{-j2\pi f\tau}d\tau$는 유한한 값을 갖는다는 가정을 하면,

$$S_X(f) = \int_{-\infty}^{\infty}R_X(\tau)e^{-j2\pi f\tau}\,d\tau \tag{9.15}$$

그러므로 넓은 의미의 정상 랜덤 프로세스의 PSD는 그 자기상관 함수를 푸리에 변환한 것과 같다.*

* 이것은 복소수 랜덤 프로세스에 대하여도 성립하며, $R_X(\tau)=\overline{x^*(t)x(t+\tau)}$과 같이 정의된다.

$$R_x(\tau) \Longleftrightarrow S_x(f) \tag{9.16}$$

이것이 바로 3장에서 처음 얘기한 Wiener-Khinchine 이론이다.

지금까지 말한 바에 의하면, 자기상관 함수는 랜덤 프로세스의 스펙트럼 해석을 위한 가장 중요한 요소 중의 하나인 것을 알 수 있었다. 앞에서는 어떻게 자기상관 함수가 랜덤 프로세스의 주파수 성분과 관련이 있는지 보였다.

실수 프로세스의 자기상관 함수 $R_x(\tau)$는 τ에 대하여 우함수(even function)이다. 이 사실은 두 가지 방법으로 증명할 수 있다. 첫째는 $|X_T(f)|^2 = |X_T(f)X_T^*(f)| = |X_T(f)X_T(-f)|$가 f에 대하여 우함수이므로 $S_x(f)$도 역시 f에 대하여 우함수이며, 역변환 $R_x(\tau)$ 역시 τ에 대하여 우함수가 된다. 다른 방법은,

$$R_x(\tau) = \overline{x(t)x(t+\tau)} \qquad \text{and} \qquad R_x(-\tau) = \overline{x(t)x(t-\tau)}$$

라고 할 수 있으며, $t-\tau=\sigma$라고 하면,

$$R_x(-\tau) = \overline{x(\sigma)x(\sigma+\tau)} = R_x(\tau) \tag{9.17}$$

PSD $S_x(f)$는 실수이고 f에 대하여 우함수가 된다.

랜덤 프로세스 $x(t)$의 제곱 평균값(mean square value) $\overline{x^2}$는 $R_x(0)$이다.

$$R_x(0) = \overline{x(t)x(t)} = \overline{x^2(t)} = \overline{x^2} \tag{9.18}$$

제곱 평균값 $\overline{x^2}$는 표본 함수의 시간 제곱 평균이 아니라 어느 순간 t에서의 표본 함수 진폭의 제곱을 앙상블 평균한 것이다.

○ 랜덤 프로세스의 전력

넓은 의미의 정상 프로세스 $x(t)$의 전력 P_x(평균 전력)는 그 프로세스의 제곱 평균값 $\overline{x^2}$이다. 식 (9.16)으로부터

$$R_x(\tau) = \int_{-\infty}^{\infty} S_x(f)e^{j2\pi f\tau}\,df$$

따라서 식 (9.18)에 의해

$$P_x = \overline{x^2} = R_x(0) = \int_{-\infty}^{\infty} S_x(f)\,df \tag{9.19a}$$

$S_x(f)$가 f에 대하여 우함수이므로,

$$P_x = \overline{x^2} = 2\int_0^{\infty} S_x(f)\, df \tag{9.19b}$$

여기서 f는 헤르쯔 단위의 주파수이다. 이것은 결정적 신호에 대하여 3장에서 구한 [식 (3.81)]과 같은 관계를 갖는다. 전력 P_x는 PSD 아래의 면적과 같다. 또한, $P_x = \overline{x^2}$은 어느 순간에서 표본 함수의 진폭의 제곱을 앙상블 평균한 것이다.

다시 한 번 말하지만 넓은 의미의 정상이 아닌 프로세스에서는 PSD가 존재하지 않을 수도 있다. 따라서 앞으로는 특별히 명시하지 않으면 랜덤 프로세스는 모두 최소한 넓은 의미의 정상(wide-sense stationary)이라고 가정한다.

예제 9.2

백색 잡음(white-noise) PSD $S_x(f) = \mathcal{N}/2$를 갖는 저역통과 랜덤 프로세스의 자기상관 함수 $R_x(\tau)$와 전력 P_x를 구하시오.

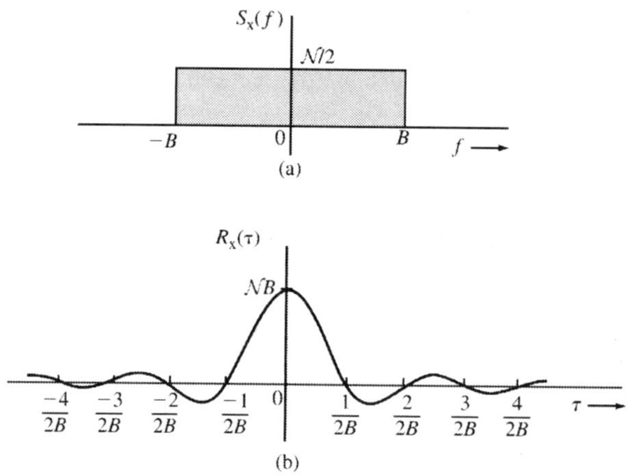

▸▸ 그림 9.8 저역통과 백색 잡음의 PSD와 자기상관 함수.

풀이 그림에서

$$S_x(f) = \frac{\mathcal{N}}{2}\Pi\left(\frac{f}{2B}\right) \tag{9.20a}$$

따라서, 표 3.1 (18번째 쌍)으로부터

$$R_x(\tau) = \mathcal{N}B\,\text{sinc}\,(2\pi B\tau) \tag{9.20b}$$

이것은 그림 9.8b에 있다. 또한,

$$P_x = \overline{x^2} = R_x(0) = \mathcal{N}B \tag{9.20c}$$

다르게 구하면,

$$\begin{aligned} P_x &= 2\int_0^{\infty} S_x(f)\,df \\ &= 2\int_0^{B} \frac{\mathcal{N}}{2}\,df \\ &= \mathcal{N}B \end{aligned} \tag{9.20d}$$

● 예제 9.3

• 랜덤 프로세스

$$x(t) = A\cos\,(\omega_c t + \Theta) \tag{9.21a}$$

의 PSD와 제곱 평균값(mean square value)을 구하시오. 여기서 Θ는 $(0,\ 2\pi)$에서 균일하게 분포된(uniformly distributed) 확률 변수이다.

풀이 여기서 $R_x(\tau)$는 식 (9.7c)에서 이미 구하였다.

$$R_x(\tau) = \frac{A^2}{2}\cos\,\omega_c\tau \tag{9.21b}$$

따라서,

$$S_x(f) = \frac{A^2}{4}[\delta(f+f_c) + \delta(f-f_c)] \tag{9.21c}$$

$$P_x = \overline{x^2} = R_x(0) = \frac{A^2}{2} \tag{9.21d}$$

그러므로 프로세스 $x(t)$의 전력과 제곱 평균값은 $A^2/2$이다. 전력 P_x는 f에 대하여 $S_x(f)$를 적분하여 구할 수도 있다.

예제 9.4

• 진폭 변조(Amplitude Modulation)

DSB-SC 변조된 프로세스 $m(t)\cos[\omega_c t+\Theta]$의 자기상관 함수와 PSD를 구하시오. 여기서 $m(t)$는 넓은 의미의 정상 랜덤 프로세스이고, Θ는 $(0,\ 2\pi)$에서 균일하게 분포된(uniformly distributed) 확률 변수이며 $m(t)$와 독립이다.

풀이

$$\varphi(t) = m(t)\cos(\omega_c t + \Theta)$$

라고 하면,

$$R_\varphi(\tau) = \overline{m(t)\cos(\omega_c t + \Theta)\cdot m(t+\tau)\cos[\omega_c(t+\tau)+\Theta]}$$

$m(t)$와 Θ는 독립이므로 다음과 같이 쓸 수 있다[식 (8.64b)와 (9.7c) 참조].

$$\begin{aligned} R_\varphi(\tau) &= \overline{m(t)m(t+\tau)}\ \overline{\cos(\omega_c t+\Theta)\cos[\omega_c(t+\tau)+\Theta]} \\ &= \frac{1}{2}R_m(\tau)\cos\omega_c\tau \end{aligned} \tag{9.22a}$$

결과적으로,*

$$S_\varphi(f) = \frac{1}{4}[S_m(f+f_c) + S_m(f-f_c)] \tag{9.22b}$$

식 (9.22a)로부터

$$\overline{\varphi^2(t)} = R_\varphi(0) = \frac{1}{2}R_m(0) = \frac{1}{2}\overline{m^2(t)} \tag{9.22c}$$

따라서 DSB-SC 변조된 신호의 전력은 변조 신호(modulating signal) 전력의 반이다. 우리는 결정적 신호(deterministic signal)에 대해서도 같은 결과[식 (3.93)]를 앞에서 구했다.

---

* $\varphi(t) = m(t)\sin(\omega_c t+\theta)$일지라도 같은 결과를 얻는다.

불규칙 위상 Θ가 없으면, DSB-SC 진폭 변조된 신호 $m(t)\cos(\omega_c t)$는 실제로 넓은 의미의 정상이 아니다. 이것의 PSD를 구하기 위하여 우리는 3장의 시간 자기상관 개념을 다시 적용할 수 있다.

예제 9.5

• 랜덤 2진 프로세스

이번 예에서는 그림 9.9a에 있는 것과 같은 전형적인 랜덤 2진 프로세스의 표본 함수를 생각해보자. 신호는 단지 두 종류의 상태(값) 1과 −1을 같은 확률로 갖는다. 한 상태(state)에서 다른 상태로의 천이(transition)는 매 T_b초마다 일어난다. 한 상태에서 다른 상태로 천이할 확률은 0.5이다. 첫 번째 점(node)은 원점(origin)으로부터 구간 0과 T_b 사이의 임의의 순간에서 똑같은 확률로 일어날 수 있다. 분석하면, $x(t)$를 다음과 같이 표현할 수 있다.

$$x(t) = \sum_n a_n p(t - nT_b - \alpha)$$

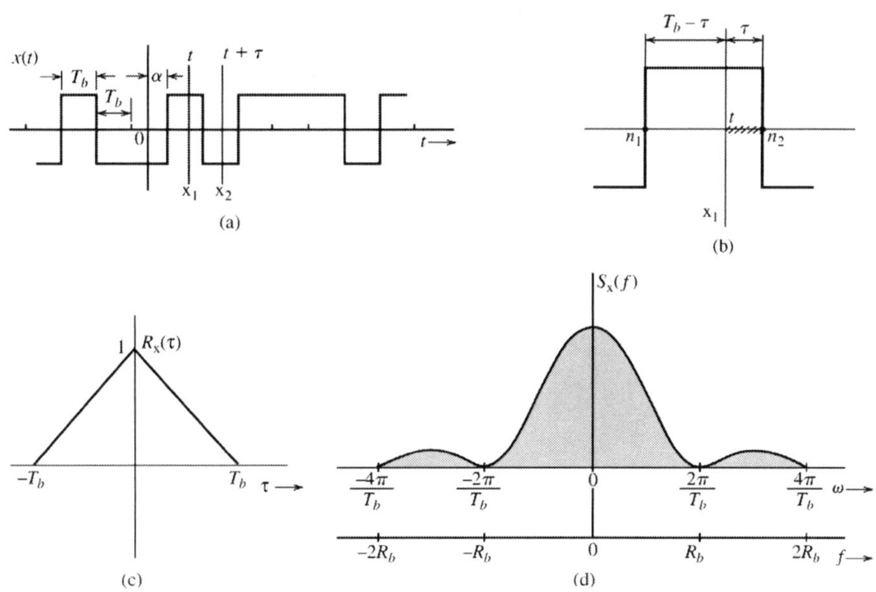

▸▸ 그림 9.9 불규칙 2진 프로세스의 자기상관 함수와 PSD의 유도.

여기서 α는 (0, T_b) 구간에서 균일하게 분포된 확률 변수이고, $p(t)$는 기본 펄스이다 (이 경우에는 $\Pi[(t-T_b/2)/T_b]$이다). α는 원점에서부터 첫 번째 점까지의 거리이며, 이것은 표본 함수로부터 표본 함수까지 불규칙하게 변한다. 게다가, a_n은 불규칙하며 1 또는 −1 값을 같은 확률로 갖는다. t에서의 진폭은 확률 변수 x_1으로 나타내고, $t+\tau$에서의 진폭은 x_2로 나타낸다. x_1과 x_2는 이산(discrete)이며, 각각은 단지 두 가지의 값 1과 −1만을 갖는다.

풀이 따라서

$$\begin{aligned} R_x(\tau) = \overline{x_1x_2} &= \sum_{x_1}\sum_{x_2} x_1x_2P_{x_1x_2}(x_1, x_2) \\ &= P_{x_1x_2}(1, 1) + P_{x_1x_2}(-1, -1) - P_{x_1x_2}(-1, 1) - P_{x_1x_2}(1, -1) \end{aligned} \tag{9.23a}$$

대칭성에 의하여, 우변의 처음 두 항과 마지막 두 항은 같다. 그러므로

$$R_x(\tau) = 2[P_{x_1x_2}(1, 1) - P_{x_1x_2}(1, -1)] \tag{9.23b}$$

Bayes 법칙으로부터

$$\begin{aligned} R_x(\tau) &= 2P_{x_1}(1)[P_{x_2|x_1}(1|1) - P_{x_2|x_1}(-1|1)] \\ &= P_{x_2|x_1}(1|1) - P_{x_2|x_1}(-1|1) \end{aligned} \tag{9.23c}$$

그리고

$$P_{x_2|x_1}(1|1) = 1 - P_{x_2|x_1}(-1|1)$$

이므로,

$$R_x(\tau) = 1 - 2P_{x_2|x_1}(-1|1)$$

먼저 작은 τ값에 대하여 $R_x(\tau)$을 구하는 것이 유리하다. 먼저, $\tau < T_b$인 경우를 생각해보자. 한 점은 커봐야 구간 t와 $t+\tau$사이에 있다. 이 경우에 $x_1=1$이 주어지고 $x_2=-1$인 사건은, 사건 A를 "한 점이 구간(t, $t+\tau$)에 있다"로 하고, 사건 B를 "이 점에서 상태가 변한다"로 했을 때의 결합 사건(joint event) A∩B이다. 이때 A와 B는 독립 사건이므로,

$$\begin{aligned} P_{x_2|x_1}(-1|1) &= P(\text{a node lies in } t \text{ to } t+\tau)P(\text{state change}) \\ &= \tfrac{1}{2}P(\text{a node lies in } t \text{ to } t+\tau) \end{aligned}$$

그림 9.9b는 시간 t를 가운데 두고 있는 인접한 두 점 n_1, n_2를 나타낸다. 점 n_2에서부터 간격 τ를 표시하였다. 만일 t가 이 구간(꺽기 표시된 구간)의 어느 곳에 있으면, 점 n_2는 t와 $t+\tau$사이에 있다. 그러나 시간 t는 두 점 n_1, n_2 사이의 임의의 지점에 있으므로 n_1, n_2 사이의 T_b 초 동안 똑같은 확률(equally likely)로 발생할 수 있다. 그러므로 t가 칠해진 구간에서 발생할 확률은 단순히 τ/T_b가 된다. 그러므로

$$P_{x_2|x_1}(-1|1) = \frac{1}{2}\left(\frac{\tau}{T_b}\right) \tag{9.24}$$

이고

$$R_x(\tau) = 1 - \frac{\tau}{T_b} \qquad \tau < T_b \tag{9.25}$$

$R_x(\tau)$는 τ의 우함수이므로,

$$R_x(\tau) = 1 - \frac{|\tau|}{T_b} \qquad |\tau| < T_b \tag{9.26}$$

다음으로 $\tau > T_b$인 경우를 생각해보자. 이 경우, 최소한 한 점은 구간 t와 $t+\tau$사이에 있다. 따라서 x_1과 x_2는 독립이 된다. 그리고

$$R_x(\tau) = \overline{x_1x_2} = \overline{x_1}\,\overline{x_2} = 0 \qquad \tau > T_b$$

여기서, $\overline{x_1}=\overline{x_2}=0$(그림 9.9a)이다. 이 결과는 $|\tau| > T_b$에서 x_1과 x_2는 독립이고, $x_1 = 1$(또는 -1)일 때 $x_2 = 1$ 또는 -1일 확률은 같다. 따라서 식 (9.23a)에 있는 모든 네 개의 확률은 똑같이 1/4이며,

$$R_x(\tau) = 0 \qquad \tau > T_b$$

그러므로

$$R_x(\tau) = \begin{cases} 1 - |\tau|/T_b & |\tau| < T_b \\ 0 & |\tau| > T_b \end{cases} \tag{9.27a}$$

이고

$$S_x(f) = T_b \operatorname{sinc}^2(\pi f T_b) \tag{9.27b}$$

이 프로세스의 자기상관 함수와 PSD가 그림 9.9c와 d에 있다. 예상했던 것처럼 $\overline{x^2} = R_x(0) = 1$임을 알 수 있다.

예제 9.5에서 설명한 불규칙 2진 프로세스는 때로는 전신 신호로 알려져 있다. 이 프로세스는 역시 펄스의 모양이 직각 NRZ 펄스(그림 7.2)일 때 7.2.2절의 분극신호방식(polar signaling)과 일치한다. 넓은 의미의 정상에 대하여, 신호의 초기 시작점 α는 불규칙하게 분포한다.

이제 7.2절에서 논의한(그림 7.3) 좀 더 일반적인 경우인 펄스열(pulse train) $y(t)$를 생각해보자. 이 열의 PSD의 정보로부터 개폐(on-off), 분극(polar), 쌍극(bipolar), 쌍2진(duobinary), 위상조각(split-phase), 그리고 여러 가지의 중요한 디지털 신호에 대한 PSD를 유도할 수 있다.

● 예제 9.6

• 랜덤 PAM 펄스열

그림 9.10a와 같이 디지털 데이터가 기본 펄스 $p(t)$를 사용하여 전송된다. 연속한 펄스는 T_b 초의 간격이며, k 번째 펄스를 $a_k p(t)$라고 하자. 여기서 a_k는 확률 변수이다. 원점에서부터 첫 번째 펄스($k=0$에 해당하는 펄스)와의 거리 α는 구간 $(0, T_b)$의 임의의 값을 가질 확률이 균일하다. 표본 함수가 그림 9.10b에 그려진 것처럼 이러한 랜덤 펄스열 $y(t)$의 자기상관 함수와 PSD를 구하시오.

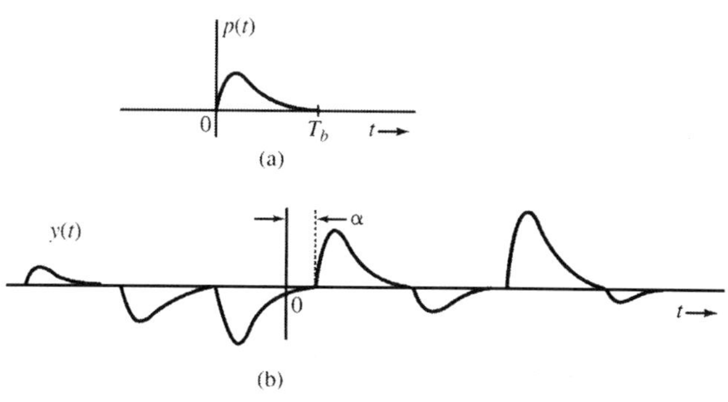

▸▸ 그림 9.10 랜덤 PAM 프로세스

풀이 랜덤 프로세스 $y(t)$는 다음과 같이 표현될 수 있다.

$$y(t) = \sum_{k=-\infty}^{\infty} a_k p(t - kT_b - \alpha)$$

여기서 α는 구간 $(0, T_b)$에서 균일한 분포를 갖는 확률 변수이다. 그러므로 α는 각 표본 함수마다 다르다. 구간 $(0, T_b)$에서 $p(\alpha)=1/T_b$이며, 다른 곳에서는 영이다.* $\overline{y(t)}=(\overline{a_k}/T_b)\int_{-\infty}^{\infty}p(t)dt$은 상수임을 보일 수 있다.† 정의식으로부터,

$$
\begin{aligned}
R_y(\tau) &= \overline{y(t)y(t+\tau)} \\
&= \overline{\sum_{k=-\infty}^{\infty} a_k p(t-kT_b-\alpha) \sum_{m=-\infty}^{\infty} a_m p(t+\tau-mT_b-\alpha)} \\
&= \sum_{k=-\infty}^{\infty}\sum_{m=-\infty}^{\infty} \overline{a_k a_m p(t-kT_b-\alpha)p(t+\tau-mT_b-\alpha)}
\end{aligned}
$$

a_k와 a_m은 α와 독립이기 때문에,

$$
R_y(\tau) = \sum_{k=-\infty}^{\infty}\sum_{m=-\infty}^{\infty} \overline{a_k a_m} \cdot \overline{p(t-kT_b-\alpha)\cdot p(t+\tau-mT_b-\alpha)}
$$

k와 m은 정수이다. $m=k+n$이라 하면, 다음과 같이 쓸 수 있다.

$$
R_y(\tau) = \sum_{k=-\infty}^{\infty}\sum_{n=-\infty}^{\infty} \overline{a_k a_{k+n}} \cdot \overline{p(t-kT_b-\alpha)\cdot p(t+\tau-[k+n]T_b-\alpha)}
$$

이중합 안에서 첫 번째 항은 확률 변수들 a_k와 a_{k+n}의 상관(correlation)이며 $\mathfrak{R}_n$으로 표기하자. 두 번째 항은 확률 변수 α에 대한 평균인데 하나의 적분으로 표시할 수 있다. 그러므로

$$
R_y(\tau) = \sum_{n=-\infty}^{\infty} \mathcal{R}_n \sum_{k=-\infty}^{\infty} \int_0^{T_b} p(t-kT_b-\alpha)p(t+\tau-[k+n]T_b-\alpha)p(\alpha)\,d\alpha
$$

* 만일 $\alpha=0$이면, 프로세스는 $y(t)=\sum_{k=-\infty}^{\infty} a_k p(t-kT_b)$로 표현할 수 있다. 이 경우에 $\overline{y(t)}=\overline{a_k}\sum_{k=-\infty}^{\infty} p(t-kT_b)$은 상수가 아니다. 그러나 주기가 T_b인 주기 함수이다. 마찬가지로, 자기상관 함수도 주기 T_b를 갖는 주기 함수일 수 있다. 이것은 주기정상(cyclostationary) 혹은 주기적인 정상(periodically stationary) 프로세스라고 한다. 주기정상 프로세스는 당연히 넓은 의미의 정상(wide-sense stationary)이 아니다. 그러나 이 예에서처럼 y(t)에 확률 변수 α를 첨가하여서 약간의 변형을 하면 넓은 의미의 정상으로 만들 수 있다.

† 똑같은 방법을 사용하여 식 (9.28)의 유도과정에서 쓰인 것처럼, $\overline{y(t)}=(\overline{a_k}/T_b)\int_{k=-\infty}^{\infty} p(t)dt$ 임을 보일 수 있다.

α는 구간 $(0, T_b)$에서 균일하게 분포하므로, 구간 $(0,\ T_b)$에서 $p(\alpha)=1/T_b$이고 다른 곳에서는 영이다. 그러므로

$$\begin{aligned} R_y(\tau) &= \sum_{n=-\infty}^{\infty} \mathcal{R}_n \sum_{k=-\infty}^{\infty} \frac{1}{T_b}\int_0^{T_b} p(t-kT_b-\alpha)p(t+\tau-[k+n]T_b-\alpha)\,d\alpha \\ &= \frac{1}{T_b}\sum_{n=-\infty}^{\infty} \mathcal{R}_n \sum_{k=-\infty}^{\infty} \int_{t-(k+1)T_b}^{t-kT_b} p(\beta)p(\beta+\tau-nT_b)\,d\beta \\ &= \frac{1}{T_b}\sum_{n=-\infty}^{\infty} \mathcal{R}_n \int_{-\infty}^{\infty} p(\beta)p(\beta+\tau-nT_b)\,d\beta \end{aligned}$$

우변에서 적분은 $\tau-nT_p$를 인수로 하는 펄스 $p(t)$의 시간-자기상관 함수이다. 그러므로

$$R_y(\tau) = \frac{1}{T_b}\sum_{n=-\infty}^{\infty} \mathcal{R}_n\, \psi_p(\tau-nT_b) \tag{9.28}$$

여기서,

$$\mathcal{R}_n = \overline{a_k a_{k+n}} \tag{9.29}$$

이고

$$\psi_p(\tau) = \int_{-\infty}^{\infty} p(t)p(t+\tau)\,dt \tag{9.30}$$

식 (3.74)에 있는 것처럼, 만일 $p(t) \Leftrightarrow P(f)$이면, $\psi_p(\tau) \Leftrightarrow |P(f)|^2$이다. 그러므로, $R_y(\tau)$의 푸리에 변환과 같은 $y(t)$의 PSD는 다음과 같이 주어진다.

$$\begin{aligned} S_y(f) &= \frac{1}{T_b}\sum_{n=-\infty}^{\infty} \mathcal{R}_n |P(f)|^2 e^{-jn2\pi f T_b} \\ &= \frac{|P(f)|^2}{T_b}\sum_{n=-\infty}^{\infty} \mathcal{R}_n e^{-jn2\pi f T_b} \end{aligned} \tag{9.31}$$

이 결과는 식 (7.11b)에서 구한 결과와 비슷하다. 차이점은 이 장에서는 $\Re_n$을 정의하기 위하여 앙상블 평균을 사용하였고, 7장에서는 R_n이 시간 평균이라는 것이다.

예제 9.7

분극(polar) 2진 랜덤 신호의 PSD $S_y(f)$를 구하시오. 여기서 1은 푸리에 변환이 $P(f)$인 펄스 $p(t)$(그림 9.11)로 전송되고 0은 $-p(t)$로 전송된다. 1과 0은 같은 확률로 발생하며, 한 비트는 T_b초 동안 전송된다. 각 비트는 다른 비트와 독립이다

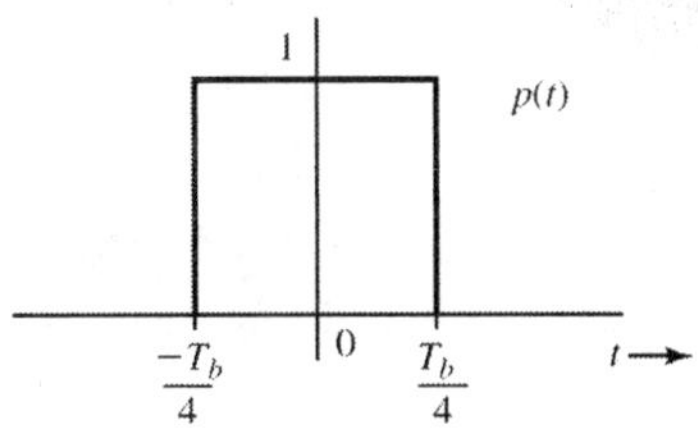

▸▸ 그림 9.11 랜덤 2진 분극 신호를 위한 기본 펄스

풀이 이 경우, a_k는 1과 −1을 각각 1/2의 확률로 취할 수 있다. 따라서,

$$\begin{aligned}\overline{a_k} &= \sum_{k=1,-1} a_k P(a_k) = (1)P_{a_k}(1) + (-1)P_{a_k}(-1) \\ &= \frac{1}{2} - \frac{1}{2} = 0 \\ \mathcal{R}_0 = \overline{a_k^2} &= \sum_{k=1,-1} a_k^2 P(a_k) = (1)^2 P_{a_k}(1) + (-1)^2 P_{a_k}(-1) \\ &= \frac{1}{2}(1)^2 + \frac{1}{2}(-1)^2 = 1\end{aligned}$$

이며, 각 비트는 나머지에 대해서 독립이므로,

$$\mathcal{R}_n = \overline{a_k a_{k+n}} = \overline{a_k}\;\overline{a_{k+n}} = 0 \qquad n \geq 1$$

그러므로 식 (9.31)로부터,

$$S_y(f) = \frac{|P(f)|^2}{T_b}$$

이 결과는 이미 식 (7.13)에서 앙상블 평균 대신에 시간 평균을 이용하여 구하였다. 프로세스가 2차(혹은 고차)의 에르고딕일 때, 앙상블과 시간 평균들은 같은 결과를 가진다. 예제 9.5가 이것의 특별한 경우이며, 여기서 $p(t)$는 $P(f) = T_b\text{sinc}(\pi f T_b)$인 전폭 구형 펄스(full-width rectangular pulse) $\Pi(t/T_b)$이다. 따라서,

$$S_y(f) = \frac{|P(f)|^2}{T_b} = T_b \operatorname{sinc}^2(\pi f T_b)$$

● 예제 9.8

그림 9.11에 있는 $p(t)$를 기본 펄스로 하는 개폐(on-off), 쌍극(bipolar) 랜덤 신호의 PSD $S_y(f)$를 구하시오. 1과 0은 같은 확률로 발생하며, 한 비트는 T_b초 동안 전송된다. 각 비트는 다른 비트와 독립이다. 모든 이런 라인 부호들은 7.2절에서 설명하였다.

풀이 각 경우에 대하여, 먼저 $\mathfrak{R}_0, \mathfrak{R}_1, \cdots, \mathfrak{R}_n$을 구하자.

(a) 개폐 신호방식(On-off signaling) : 이 경우, a_k는 1과 0을 각각 1/2의 확률로 취할 수 있다. 따라서,

$$\overline{a_k} = (1)P_{a_k}(1) + (0)P_{a_k}(0) = \frac{1}{2}(1) + \frac{1}{2}(0) = \frac{1}{2}$$

$$\mathcal{R}_0 = \overline{a_k^2} = (1)^2 P_{a_k}(1) + (0)^2 P_{a_k}(0) = \frac{1}{2}(1)^2 + \frac{1}{2}(0)^2 = \frac{1}{2}$$

그리고 각 비트는 나머지에 대해서 독립이므로,

$$\mathcal{R}_n = \overline{a_k a_{k+n}} = \overline{a_k}\,\overline{a_{k+n}} = \left(\frac{1}{2}\right)\left(\frac{1}{2}\right) = \frac{1}{4} \qquad n \geq 1$$

그러므로 식 (9.31)로부터,

$$S_y(f) = \frac{|P(f)|^2}{T_b}\left[\frac{1}{2} + \frac{1}{4}\sum_{\substack{n=-\infty \\ n\neq 0}}^{\infty} e^{-jn2\pi f T_b}\right] \tag{9.32a}$$

$$= \frac{|P(f)|^2}{T_b}\left[\frac{1}{4} + \frac{1}{4}\sum_{n=-\infty}^{\infty} e^{-jn2\pi f T_b}\right] \tag{9.32b}$$

식 (9.32b)는 $\mathfrak{R}_0$에 해당하는 항 1/2을 둘로 나누어서 식 (9.32a)로부터 얻어진다. 즉 합 밖에서 1/4과 합 안($n=0$에 해당)에서 1/4. 이 결과는 시간 평균을 이용하여 구한 식 (7.18b)와 동일하다.

이제 Poisson 합 공식(Poisson sum formula)을 사용하면*

$$\sum_{n=-\infty}^{\infty} e^{-jn2\pi fT_b} = \frac{1}{T_b}\sum_{n=-\infty}^{\infty}\delta\left(f-\frac{n}{T_b}\right)$$

이 결과를 식 (9.32b)에 대입하면

$$S_y(f) = \frac{|P(f)|^2}{4T_b}\left[1+\frac{1}{T_b}\sum_{n=-\infty}^{\infty}\delta\left(f-\frac{n}{T_b}\right)\right] \tag{9.32c}$$

스펙트럼 $S_y(f)$는 이산 부분과 연속 부분으로 구성되어 있다. 클럭 주파수($R_b = 1/T_b$)마다 있는 이산 부분들은 스펙트럼으로 나타나고, 연속 부분은$|P(f)|^2/4T_b$이며 예제 9.7에서 구한 분극 신호(polar signal)의 스펙트럼과 같다(상수 1/4만 틀림). 이것은 그림 7.3에서 보는 것처럼 개폐 신호는 분극 부분과 주기 부분으로 표현되므로 맞는 결과이다. 분극 부분(polar component)은 정확히 앞에서 다룬 분극 신호의 반이다. 따라서 이 부분의 PSD는 분극 신호에 대한 PSD의 1/4이 된다. 주기 부분은 클럭 주파수가 R_b이며, R_b와 이것의 정수배(harmonics)의 주파수에서 이산 부분들로 구성된다.

(b) 쌍극 신호방식(Bipolar signaling) : 이 경우, a_k는 0, 1, −1을 각각 1/2, 1/4, 1/4의 확률로 취한다. 따라서,

$$\begin{aligned}\overline{a_k} &= (0)P_{a_k}(0)+(1)P_{a_k}(1)+(-1)P_{a_k}(-1)\\ &= \frac{1}{2}(0)+\frac{1}{4}(1)+\frac{1}{4}(-1)=0\\ \mathcal{R}_0 = \overline{a_k^2} &= (0)^2P_{a_k}(0)+(1)^2P_{a_k}(1)+(-1)^2P_{a_k}(-1)\\ &= \frac{1}{2}(0)^2+\frac{1}{4}(1)^2+\frac{1}{4}(-1)^2=\frac{1}{2}\end{aligned}$$

그리고,

$$\mathcal{R}_1 = \overline{a_k a_{k+1}} = \sum_{k}\sum_{k+1} a_k a_{k+1} P_{a_k a_{k+1}}(a_k a_{k+1})$$

---

* 그림 3.23a의 임펄스열(impulse train)은 $\delta_{T_b}(t) = \sum_{n=-\infty}^{\infty}\delta(t-nT_b)$로 표현할 수 있다.
한편, $\delta(t-nT_b) \Leftrightarrow e^{-jn2\pi fT_b}$이다. 따라서 이 임펄스열의 푸리에 변환은 $\sum_{n=-\infty}^{\infty} e^{-jn2\pi fT_b}$이 된다. 그러나 이 열의 다른 형태의 푸리에 변환은 식 (3.43)에서 구했다(예제 3.11). 따라서

$$\sum_{n=-\infty}^{\infty} e^{jn2\pi fT_b} = \frac{1}{T_b}\sum_{n=-\infty}^{\infty}\left(f-\frac{n}{T_b}\right)$$

$$\mathcal{R}_1 = (1)(1)P_{a_k a_{k+1}}(1, 1) + (-1)(1)P_{a_k a_{k+1}}(-1, 1) + (1)(-1)P_{a_k a_{k+1}}(1, -1) + (-1)(-1)P_{a_k a_{k+1}}(-1, -1)$$

a_k와 a_{k+1}은 각각 세 종류의 값을 가질 수 있으므로, 위의 식에서 오른쪽의 합은 아홉 개의 항이 된다. 그리고 그 중 네 항(a_k와 a_{k+1}에 대하여 ±1에 해당하는 값)만이 영이 아닌 값을 갖는다. 그러므로,

$$\mathcal{R}_1 = (1)(1)P_{a_k a_{k+1}}(1, 1) + (-1)(1)P_{a_k a_{k+1}}(-1, 1) + (1)(-1)P_{a_k a_{k+1}}(1, -1) + (-1)(-1)P_{a_k a_{k+1}}(-1, -1)$$

쌍극의 규칙 때문에,

$$P_{a_k a_{k+1}}(1, 1) = P_{a_k a_{k+1}}(-1, -1) = 0$$

이며,

$$P_{a_k a_{k+1}}(-1, 1) = P_{a_k}(-1)P_{a_{k+1}|a_k}(1|-1) = \left(\frac{1}{4}\right)\left(\frac{1}{2}\right) = \frac{1}{8}$$

마찬가지로, $P_{a_k a_{k+1}}(1, -1) = 1/8$이다. 이 값들을 $\Re_1$에 대입하면,

$$\mathcal{R}_1 = -\frac{1}{4}$$

$n \geq 2$일 때, 펄스의 크기 a_k와 a_{k+1}는 독립이다. 따라서,

$$\mathcal{R}_n = \overline{a_k a_{k+n}} = \overline{a_k}\;\overline{a_{k+n}} = (0)(0) = 0 \qquad n \geq 2$$

이 값들을 식 (9.31)에 대입하고 $\Re_n$이 n에 대하여 우함수이므로

$$S_y(f) = \frac{|P(f)|^2}{T_b} \sin^2(\pi f T_b)$$

이 결과는 앞에서 시간 평균을 이용하여 구한 식 (7.21b)와 동일하다.

9.4 여러 개의 랜덤 프로세스

두 실수 랜덤 프로세스 x(t)와 y(t)에 대하여, 상호상관 함수(cross-correlation function)* $R_{xy}(t_1, t_2)$는 다음과 같이 정의된다.

$$R_{xy}(t_1, t_2) = \overline{x(t_1)y(t_2)} \tag{9.33a}$$

두 프로세스는 만일 각각의 프로세스가 각자 넓은 의미의 정상이고, 식 (9.33b)를 만족하면 (넓은 의미에서) 결합 정상(jointly stationary)이라고 한다.

$$\begin{aligned} R_{xy}(t_1, t_2) &= R_{xy}(t_2 - t_1) \\ &= R_{xy}(\tau) \end{aligned} \tag{9.33b}$$

○ 비상관, 직교, 독립 프로세스

만일 두 랜덤 프로세스 x(t)와 y(t)의 상호상관 함수가 각각의 평균의 곱과 같다면, 두 프로세스는 비상관(uncorrelated)이라 한다. 즉,

$$R_{xy}(\tau) = \overline{x(t)y(t+\tau)} = \bar{x}\bar{y} \tag{9.34}$$

이것은 두 확률 변수 x(t)와 y($t+\tau$)가 모든 t와 τ에 대하여 비상관이라는 것을 의미한다.

만일

$$R_{xy}(\tau) = 0 \tag{9.35}$$

이면, 두 프로세스 x(t)와 y(t)는 직교한다(orthogonal or incoherent)고 한다. 직교 프로세스는 $\bar{x}=0$ 혹은 $\bar{y}=0$을 갖는 비상관 프로세스이다.

만일 임의의 t_1, t_2에 대하여 확률 변수들 x(t_1)과 y(t_2)가 독립이면, 프로세스 x(t)와 y(t)는 독립(independent) 랜덤 프로세스이다.

* 복소수 랜덤 프로세스의 경우는 상호상관 함수를 다음과 같이 정의한다.

$$R_{xy}(t_1, t_2) = \overline{x^*(t_1)y(t_2)}$$

○ 상호-전력 스펙트럼 밀도

두 랜덤 프로세스 x(t)와 y(t)에 대하여 다음과 같이 상호-전력 스펙트럼 밀도 (cross-power spectral density) $S_{xy}(f)$를 정의한다.

$$S_{xy}(f) = \lim_{T\to\infty} \frac{\overline{X_T^*(f) Y_T(f)}}{T} \tag{9.36}$$

여기서 $X_T(f)$와 $Y_T(f)$는 각각 잘린(truncated) 프로세스 x(t)$\Pi(t/T)$와 y(t) $\Pi(t/T)$의 푸리에 변환이다. 식 (9.16)의 유도와 같이 하면,*

$$R_{xy}(\tau) \Longleftrightarrow S_{xy}(f) \tag{9.37a}$$

식 (9.33)으로부터 실수 랜덤 프로세스 x(t)와 y(t)에 대하여

$$R_{xy}(\tau) = R_{yx}(-\tau) \tag{9.37b}$$

그러므로,

$$S_{xy}(f) = S_{yx}(-f) \tag{9.37c}$$

9.5 선형 시스템에서의 랜덤 프로세스의 전송

만일 랜덤 프로세스 x(t)가 전달 함수(transfer function)가 $H(f)$인 안정한 선형 시 불변 시스템(stable linear time-invariant system)(그림 9.12)의 입력이라고 하면, 출력 프로세스 y(t)의 자기상관 함수와 PSD를 구할 수 있다. 즉,

$$R_y(\tau) = h(\tau) * h(-\tau) * R_x(\tau) \tag{9.38}$$

이고

$$S_y(f) = |H(f)|^2 S_x(f) \tag{9.39}$$

이것을 증명하기 위하여,

$$y(t) = \int_{-\infty}^{\infty} h(\alpha) x(t-\alpha)\, d\alpha$$

* 식 (9.37a)는 복소 프로세스에 대하여도 유효하다.

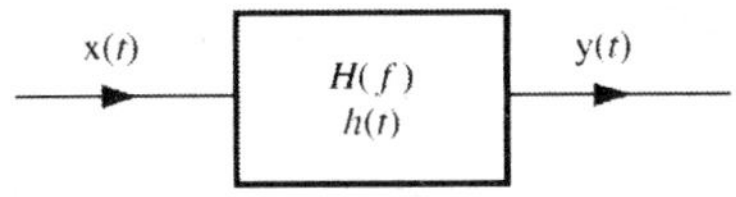

▶▶ 그림 9.12 선형 시불변 시스템을 통한 랜덤 프로세스의 전송

이며

$$y(t+\tau) = \int_{-\infty}^{\infty} h(\alpha)x(t+\tau-\alpha)\,d\alpha$$

이므로,*

$$\begin{aligned} R_y(\tau) = \overline{y(t)y(t+\tau)} &= \overline{\int_{-\infty}^{\infty} h(\alpha)x(t-\alpha)\,d\alpha \int_{-\infty}^{\infty} h(\beta)x(t+\tau-\beta)\,d\beta} \\ &= \int_{-\infty}^{\infty}\int_{-\infty}^{\infty} h(\alpha)h(\beta)\overline{x(t-\alpha)x(t+\tau-\beta)}\,d\alpha\,d\beta \\ &= \int_{-\infty}^{\infty}\int_{-\infty}^{\infty} h(\alpha)h(\beta)R_x(\tau+\alpha-\beta)\,d\alpha\,d\beta \end{aligned}$$

이 중적분은 정확하게 이중 콘볼루션 $h(\tau) * h(-\tau) * R_x(\tau)$가 된다. 따라서, 식 (9.38)과 (9.39)가 나온다.

예제 9.9

• 열잡음(Thermal noise)

값이 R인 저항에서 전자의 불규칙한 열 움직임(thermal motion)은 그것의 양 단자에 걸리는 랜덤 전압을 생기게 한다. 이 전압 n(t)를 **열잡음(thermal noise)**이라 한다. 이것의 PSD $S_n(f)$는 실제로 아주 넓은 대역(상온에서 1000 GHz 까지)에 걸쳐서 일정하며, 다음과 같이 주어진다.[1]

$$S_n(f) = 2kTR \tag{9.40}$$

* 여기서 우리는 평균과 적분의 순서를 바꾼다. 평균은 적분의 일종이며, 적분의 순서를 바꾸고, 그리고 가능하다고 가정한다.

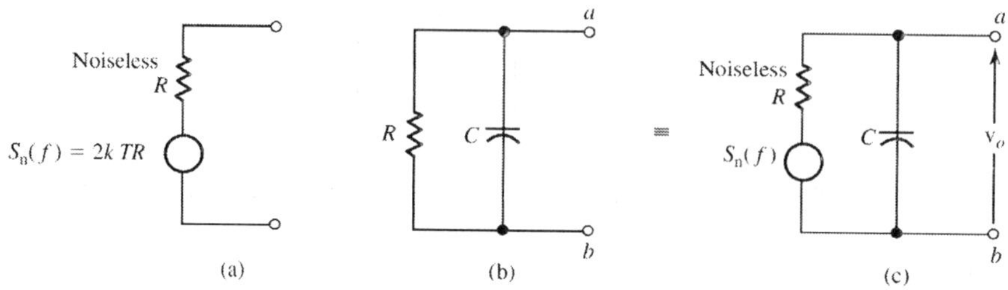

▸▸ 그림 9.13 저항에서의 열잡음 표현

여기서 k는 Boltzmann 상수(1.38×10^{-23})이고 T는 캘빈 온도이다. 온도 T일 때 저항 R은 무잡음 저항 R과 PSD가 $2kTR$인 불규칙 백색 잡음 전압원이 직렬로 연결된 것으로 나타낼 수 있다(그림 9.13a). 대역폭 Δf에 걸쳐있는 열잡음 전력은 $(2kTR)2\Delta f = 4kTR\Delta f$이다.

풀이 그림 9.13b에 있는 간단한 RC 회로에 걸리는 열잡음 전압(제곱 평균 제곱근 값)을 계산해보자. 저항 R은 등가의 무잡음 저항과 열잡음 전압원이 직렬로 연결된 것으로 나타내었다. 열잡음 전압에 대한 터미널 ab의 전압 v_o의 전달 함수 $H(f)$는 다음과 같다.

$$H(f) = \frac{1/j2\pi fC}{R + 1/j2\pi fC} = \frac{1}{1 + j2\pi fRC}$$

만일 $S_0(f)$가 전압 v_o의 PSD라면, 식 (9.39)로부터,

$$\begin{aligned} S_0(f) &= \left| \frac{1}{1 + j2\pi fRC} \right|^2 2kTR \\ &= \frac{2kTR}{1 + 4\pi^2 f^2 R^2 C^2} \end{aligned}$$

제곱 평균값 $\overline{v_o^2}$은

$$\begin{aligned} \overline{v_o^2} &= \int_{-\infty}^{\infty} \frac{2kTR}{1 + 4\pi^2 f^2 R^2 C^2} df \\ &= \frac{kT}{C} \end{aligned} \tag{9.41}$$

따라서, 커패시터에 걸리는 제곱 평균 평방근 열잡음 전압은 $\sqrt{kT/C}$이다.

○ 랜덤 프로세스들의 합

두 정상 프로세스(최소한 넓은 의미의 정상) $x(t)$와 $y(t)$가 더해져서 $z(t)$가 된다고 하면, $z(t)$의 통계(statistics)는 $x(t)$와 $y(t)$의 통계에 의해서 구할 수 있다. 만일,

$$z(t) = x(t) + y(t) \tag{9.42a}$$

이면,

$$\begin{aligned} R_z(\tau) &= \overline{z(t)z(t+\tau)} = \overline{[x(t)+y(t)][x(t+\tau)+y(t+\tau)]} \\ &= R_x(\tau) + R_y(\tau) + R_{xy}(\tau) + R_{yx}(\tau) \end{aligned} \tag{9.42b}$$

만일 $x(t)$와 $y(t)$가 비상관(uncorrelated)이면, 식 (9.34)로부터

$$R_{xy}(\tau) = R_{yx}(\tau) = \bar{x}\bar{y}$$

이고

$$R_z(\tau) = R_x(\tau) + R_y(\tau) + 2\bar{x}\bar{y} \tag{9.43}$$

통신 문제에서 관심있는 대부분의 프로세스들은 평균이 영이다. 만일 프로세스 x(t)와 y(t)가 비상관이고 $\bar{x}$ 혹은 $\bar{y}=0$이면(즉, 만일 $x(t)$와 $y(t)$가 직교하면),

$$R_z(\tau) = R_x(\tau) + R_y(\tau) \tag{9.44a}$$

이고

$$S_z(f) = S_x(f) + S_y(f) \tag{9.44b}$$

식 (9.42a)와 (9.17)로부터

$$\overline{z^2} = \overline{x^2} + \overline{y^2} \tag{9.44c}$$

따라서, 직교하는 프로세스들의 합의 제곱 평균은 이들 프로세스의 제곱 평균들의 합과 같다.

예제 9.10

독립인 두 랜덤 프로세스 $x_1(t)$와 $x_2(t)$가 그림 9.14와 같이 RC 회로에 인가되며, 다음과 같은 PSD를 갖는다.

$$S_{x_1}(f) = K \qquad S_{x_2}(f) = \frac{2\alpha}{\alpha^2 + (2\pi f)^2}$$

출력 랜덤 프로세스 $y(t)$의 PSD와 전력 P_y를 구하시오. 회로에서 저항의 열잡음은 무시한다.

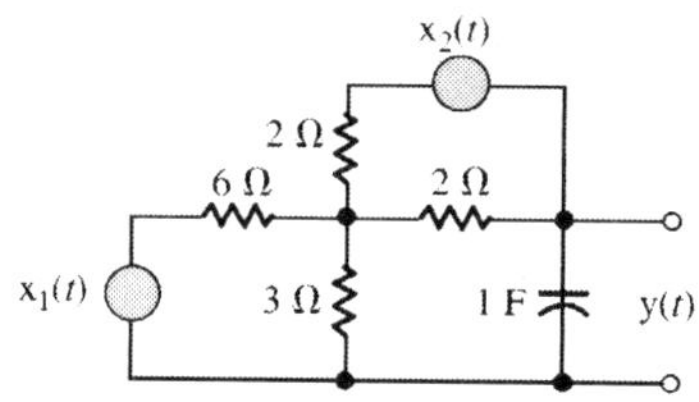

▸▸ 그림 9.14 저항회로에서의 잡음 계산.

풀이 회로가 선형이므로 출력 전압 $y(t)$는 다음과 같이 표현될 수 있다.

$$y(t) = y_1(t) + y_2(t)$$

여기서 $y_1(t)$는 입력이 $x_1(t)$일 때의 출력이고[$x_2(t) = 0$로 가정할 때], $y_2(t)$는 입력이 $x_2(t)$일 때의 출력이다[$x_1(t) = 0$로 가정할 때]. $y(t)$를 $x_1(t)$와 $x_2(t)$와 관련하여 전달 함수를 구하면, 각각 $H_1(f)$와 $H_2(f)$가 된다.

$$H_1(f) = \frac{1}{3(3 \cdot j2\pi f + 1)}, \qquad H_2(f) = \frac{1}{2(3 \cdot j2\pi f + 1)}$$

따라서,

$$S_{y_1}(f) = |H_1(f)|^2 S_{x_1}(f) = \frac{K}{9[9(2\pi f)^2 + 1]}$$

$$S_{y_2}(f) = |H_2(f)|^2 S_{x_2}(f) = \frac{\alpha}{2[9(2\pi f)^2 + 1][\alpha^2 + (2\pi f)^2]}$$

입력 프로세스 $x_1(t)$와 $x_2(t)$는 독립이므로, 그 출력 $y_1(t)$와 $y_2(t)$도 역시 독립이다. 또, $y_1(t)$와 $y_2(t)$의 PSD들은 $f=0$에서 임펄스가 없다. 즉, 직류 성분이 없다 [즉, $\overline{y_1(t)}=\overline{y_2(t)}=0$]. 따라서, $y_1(t)$와 $y_2(t)$는 직교하며,

$$\begin{aligned} S_y(f) &= S_{y_1}(f) + S_{y_2}(f) \\ &= \frac{2K[\alpha^2+(2\pi f)^2]+9\alpha}{18[9(2\pi f)^2+1][\alpha^2+(2\pi f)^2]} \end{aligned}$$

전력 P_y(혹은 제곱 평균값 $\overline{y^2}$)는 두 가지 방법으로 구할 수 있다. 아래의 식과 같이 $S_{y_1}(f)$과 $S_{y_2}(f)$의 역변환을 취하여 $R_y(\tau)$를 구할 수 있다.

$$R_y(\tau) = \underbrace{\frac{K}{54}e^{-|\tau|/3}}_{R_{y_1}(\tau)} + \underbrace{\frac{3\alpha - e^{-\alpha|\tau|}}{4(9\alpha^2-1)}}_{R_{y_2}(\tau)}$$

이고

$$P_y = \overline{y^2} = R_y(0) = \frac{K}{54} + \frac{3\alpha - 1}{4(9\alpha^2-1)}$$

다르게는, f에 대하여 $S_y(f)$를 적분함으로써 $\overline{y^2}$를 구할 수 있다[식 (9.19) 참조].

9.6 응용 : 최적 필터링(Wiener-Hopf 필터)

원하는 신호가 잡음과 섞였을 때, SNR은 이 혼합된 신호를 신호가 약하고 잡음이 강한 주파수 부분을 억제시키는 필터에 통과시킴으로써 향상시킬 수 있다. 이 경우에 SNR의 증가는 백색 잡음이 고주파 영역에서 PSD가 감소하는 신호 $m(t)$와 섞여 있는 경우를 생각하여 잘 설명할 수 있다. 만일 필터가 높은 주파수를 더 많이 감쇄시킨다면, 신호는 감소될 것이다-실제로, 왜곡된다. 이 왜곡(distortion) 부분 $m_\epsilon(t)$를 부가 잡음과 같이 나쁘게 생각할 수도 있다. 그러므로, 고주파에서의 감쇄(attenuation)는 (신호 왜곡으로부터) 부가적인 잡음을 야기한다. 하지만, 그 보상으로, 고주파에서 아주 강한 채널 잡음을 줄이는 작용을 한다. 고주파에서 신호는 아주 작은 전력 성분을 가지기 때문에, 왜곡 부분은 채널 잡음의 감소와 비교하면 상대적으로 아주 작다. 그래서 전체적인 잡음은 필터를 통과하기 전보다 작아진다.

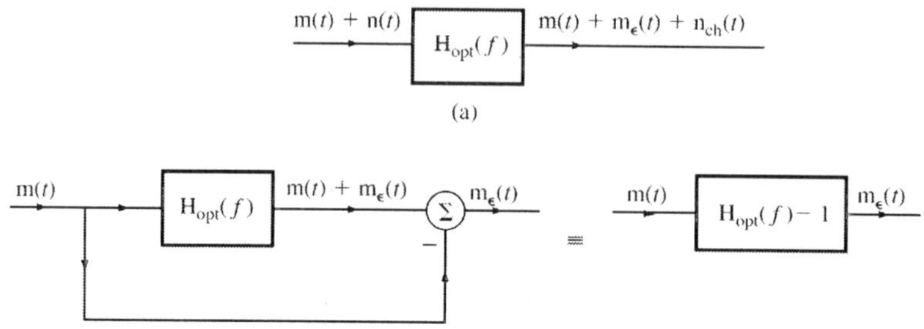

▶▶ 그림 9.15 Wiener–Hopf 필터 계산.

$H_{\text{opt}}(f)$를 최적 필터(optimum filter)라고 하자(그림 9.15a). 이 필터는 이상적이지 못하므로 신호 왜곡을 일으킨다. 왜곡된 신호 $m_\epsilon(t)$를 그림 9.15b처럼 구할 수 있다. 출력부에 나타나는 왜곡 신호 전력 N_D는 다음과 같다.

$$N_D = \int_{-\infty}^{\infty} S_{\text{m}}(f)|H_{\text{opt}}(f) - 1|^2\, df$$

여기서 $S_{\text{m}}(f)$는 수신 필터 입력에서의 신호 PSD이다. 필터 출력부에 나타나는 채널 잡음 전력 N_{ch}는 다음과 같다.

$$N_{\text{ch}} = \int_{-\infty}^{\infty} S_{\text{n}}(f)|H_{\text{opt}}(f)|^2\, df$$

여기서 $S_{\text{n}}(f)$는 수신 필터 입력에서의 잡음 PSD이다. 왜곡 부분은 잡음으로 작용한다. 신호와 채널 잡음은 직교(incoherent)하므로, 수신 필터 출력에서의 전체 잡음 N_0는 채널 잡음 N_{ch}와 왜곡 잡음 N_D의 합이 된다.

$$\begin{aligned} N_o &= N_{\text{ch}} + N_D \\ &= \int_{-\infty}^{\infty} \left[\left|H_{\text{opt}}(f)\right|^2 S_{\text{n}}(f) + \left|H_{\text{opt}}(f) - 1\right|^2 S_{\text{m}}(f) \right] df \end{aligned} \tag{9.45a}$$

$|A+B|^2 = (A+B)(A^* + B^*)$를 이용하고 $S_{\text{m}}(f)$와 $S_{\text{n}}(f)$는 실수인 점을 감안하면, 식 (9.45a)를 다음과 같이 다시 쓸 수 있다.

$$N_o = \int_{-\infty}^{\infty} \left[\left| H_{\text{opt}}(f) - \frac{S_{\text{m}}(f)}{S_{\text{r}}(f)} \right|^2 S_{\text{r}}(f) + \frac{S_{\text{m}}(f)S_{\text{n}}(f)}{S_{\text{r}}(f)} \right] df \tag{9.45b}$$

여기서 $S_r(f)=S_m(f)+S_n(f)$이다. 식 (9.45b)의 우변에서 적분항은 음수가 아니다. 그리고 두 개의 음이 아닌 항들의 합이다. 따라서, N_0를 최소화하기 위하여, 각각의 항을 최소화해야만 한다. 두 번째 항 $S_m(f)S_n(f)/S_r(f)$는 $H_{opt}(f)$와 독립이기 때문에, 첫 번째 항만 최소화할 수 있다. 식 (9.45b)로부터 다음과 같을 때 이 항은 영에서 최소가 되는 것이 분명하다.

$$H_{opt}(f) = \frac{S_m(f)}{S_r(f)} = \frac{S_m(f)}{S_m(f)+S_n(f)} \tag{9.46a}$$

이 최적의 값에 대하여, 출력 잡음 전력 N_0는

$$N_o = \int_{-\infty}^{\infty} \frac{S_m(f)S_n(f)}{S_r(f)}\,df = \int_{-\infty}^{\infty} \frac{S_m(f)S_n(f)}{S_m(f)+S_n(f)}\,df \tag{9.46b}$$

이 최적 필터를 Wiener-Hopf 필터라고 한다. 식 (9.46a)는 $S_m(f) \gg S_n(f)$일 때 $H_{opt}(f) \approx 1$ (무손실, no attenuation)이 된다. 그러나 $S_m(f) \ll S_n(f)$일 때 필터는 아주 큰 감쇄(attenuation)를 갖는다. 다시 말해 최적 필터는 잡음이 상대적으로 강한 대역에서 아주 강하게 감쇄시킨다. 이렇게 하면 약간의 신호 왜곡이 생기지만 동시에 잡음을 더 많이 감소시키므로 전체적인 SNR은 증가된다.

○ 최적 필터에 대한 주석

만일 필터 입력의 SNR이 크다면 – 예를 들어 $S_m(f) > 100S_n(f)$ (20dB의 SNR)– 이 경우의 최적 필터[식 (9.46a)]는 실제 상황에서는 이상적인 필터라고 할 수 있으며, 출력 잡음 전력 N_0[식 (9.46b)]는

$$N_o \simeq \int_{-\infty}^{\infty} S_n(f)\,df$$

이렇기 때문에 큰 입력 SNR에 대해서는, 최적화가 향상시키는 정도가 미미하다. 따라서, Wiener-Hopf 필터는 입력 SNR이 작은 경우(큰 잡음의 경우)일 때만 쓸모가 있다.

또 다른 사항은 식 (9.46a)에 있는 최적 필터의 실현 가능성이다. $S_m(f)$와 $S_n(f)$는 둘 다 f에 관하여 우함수이기 때문에, 최적 필터 $H_{opt}(f)$는 f에 관하여 우함수이다. 따

라서, 임펄스 응답 $h_{\text{opt}}(t)$도 t에 관하여 우함수이다(문제 3.1-1 참조). 이것은 $h_{\text{opt}}(t)$가 커절(causal)이 아니며 따라서 이런 필터는 구현 불가능이다. 앞에서도 언급한 바와 같이, 이러한 필터는 만일 출력에서의 약간의 지연을 허락한다면 근사치로 구현이 가능하다. 그러나 만일 이러한 지연이 용납되지 않는다면, $H_{\text{opt}}(f)$는 실현 가능성 조건을 고려하여 다시 유도해야 한다. 실현 가능한 최적 필터는 식 (9.46a)에 주어진 최적 필터보다 성능이 좋을 수 없다. 그러므로, 식 (9.46a)에 있는 필터는(출력 SNR) 성능의 한계이다(upper bound). 실현 가능한 최적 필터들의 논의는 참고문헌에서 볼 수 있다.[1, 2]

● 예제 9.11

랜덤 프로세스 신호 m(t)가 백색 채널 잡음 n(t)와 섞여있다. 그 PSD가 다음과 같을 때 SNR을 최대화하는 Wiener-Hopf 필터를 구하시오. 그 결과 출력 잡음 전력 N_0을 구하시오.

$$S_{\text{m}}(2f) = \frac{2\alpha}{\alpha^2 + (2\pi f)^2} \qquad \text{and} \qquad S_{\text{n}}(f) = \frac{\mathcal{N}}{2}$$

풀이 식 (9.46a)로부터,

$$\begin{aligned} H_{\text{opt}}(f) &= \frac{4\alpha}{4\alpha + \mathcal{N}[\alpha^2 + (2\pi f)^2]} \\ &= \frac{4\alpha}{\mathcal{N}[\beta^2 + (2\pi f)^2]} \qquad \beta^2 = \frac{4\alpha}{\mathcal{N}} + \alpha^2 \end{aligned} \tag{9.47a}$$

따라서,

$$h_{\text{opt}}(t) = \frac{2\alpha}{\mathcal{N}\beta} e^{-\beta|t|} \tag{9.47b}$$

그림 9.16a는 $h_{\text{opt}}(t)$이다. 보는 바와 같이 이 필터는 실현 불가능이다. 하지만 이 필터를 지연시킨 것(그림 9.16b), 즉 $h_{\text{opt}}(t-t_0)$은 $t_0 \geq 3/\beta$라고 가정하고 $t<0$인 꼬리 부분을 없앤다면(그림 9.16c) 아주 근사하게 구현할 수 있다.

출력 잡음 전력 N_0[식 (9.46b)]는

$$N_o = \int_0^\infty \frac{2\alpha}{\beta^2 + (2\pi f)^2} df = \frac{\alpha}{\beta} = \frac{\alpha}{\sqrt{\alpha^2 + (4\alpha/\mathcal{N})}} \tag{9.48}$$

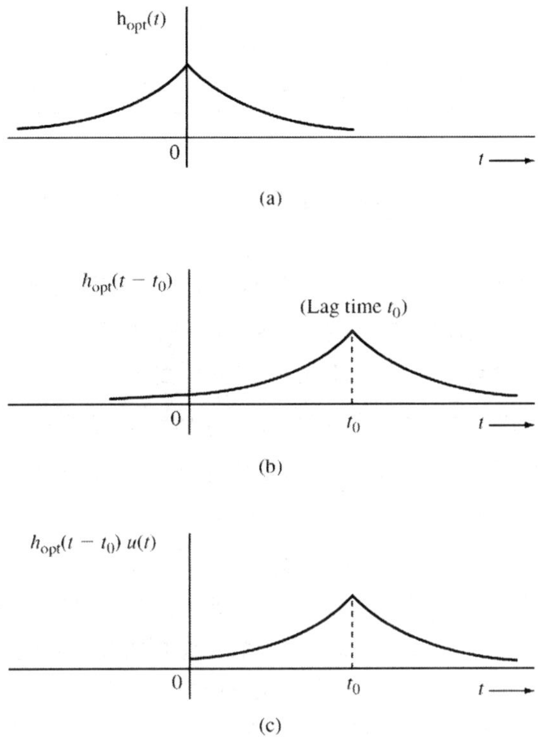

►► 그림 9.16 지연을 이용한 실현 불가능 필터의 근사치 구현.

9.7 응용 : 기저대역 아날로그 시스템의 성능 분석

이제 우리는 전력 스펙트럼 밀도(PSD)의 개념을 기저대역 아날로그 통신 시스템의 성능을 분석하는데 적용한다. 아날로그 신호들에서, SNR은 신호의 품질을 가늠하는데 기본이 된다. 음성 신호들에 대하여, 수신기에서 5에서 10dB의 SNR은 간신히 알아들을 수 있는 정도를 의미한다. 전화 품질 신호들은 25에서 35dB의 SNR을 가지며, 한편 텔레비전에 대해서는 45에서 55dB의 SNR이 요구된다.

그림 9.17은 아날로그 신호 $m(t)$가 채널(전송 매체를 의미함)을 통하여 전력 S_T로 전송되는 간단한 통신 시스템을 보여준다. 전송된 신호는 전송되는 동안에 부가적인 채널 잡음에 의해 더럽혀진다. 채널 역시 신호를 감쇠(그리고 왜곡)시킨다. 수신기 입력에서, 우리는 잡음과 섞인 신호를 받는다. 수신기 입력에서 신호와 잡음의 전력은 각각 S_i와 N_i이다.

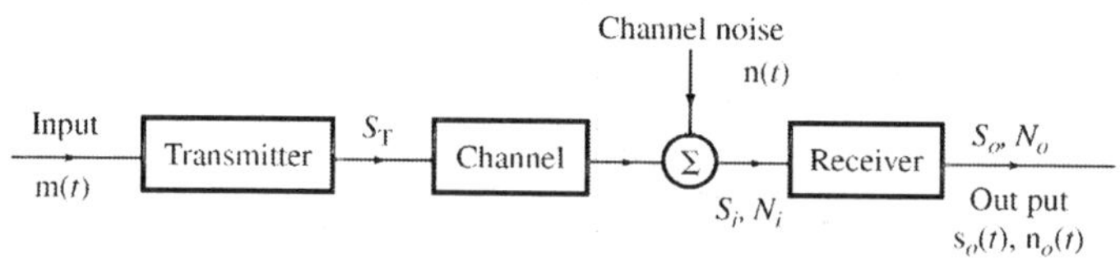

▶▶ 그림 9.17 통신 시스템 모델

수신기는 출력 $s_o(t)+n_o(t)$가 나오도록 신호를 처리(필터링)한다. 잡음 성분 $n_o(t)$는 수신기에 의해 $n(t)$를 처리하는 과정에서 나오고, 신호 성분 $s_o(t)$는 메시지 $m(t)$로부터 나온다. 수신기 출력에서의 신호와 잡음 전력은 각각 S_o와 N_o이다. 아날로그 시스템에서, 수신된 신호의 품질은 S_o/N_o 즉 출력 SNR에 의해서 결정된다. 따라서, 우리는 고정된 전송 전력 S_T 혹은 주어진 S_i에 대한 상황에서 이러한 값에 우리의 주의를 집중할 것이다.

기저대역 시스템에서의 신호는 어떤 변조도 없이 바로 전송된다. 이런 통신 형식은 전화선이나 동축 케이블에 적합하다. 이것은 주로 short-haul 링크들에서 사용된다. 기저대역 시스템을 위하여, 송신기와 수신기는 이상적인 기저대역 필터들이다. 이상적인 저역통과 송신기는 입력 신호 스펙트럼을 어느 주어진 대역폭으로 제한하며, 저역통과 수신기는 대역 밖의 잡음과 다른 채널 간섭들을 제거한다. (다음 절에서 보이는 것처럼, 더 정교한 송신기와 수신기 필터들이 사용될 수도 있다.)

기저대역 신호 $\mathrm{m}(t)$는 평균이 영이고 B Hz로 대역 제한된 넓은 의미의 정상 랜덤 프로세스로 가정한다. 우리는 송신기와 수신기에서 대역폭 B를 갖는 이상적인 저역통과 (혹은 기저대력) 필터들의 경우를 생각한다(그림 9.17). 채널은 왜곡이 없다고 가정한다. $\mathrm{m}(t)$의 전력, 즉 제곱 평균값은 $\overline{\mathrm{m}^2}$이고 다음과 같이 주어진다.

$$S_i = \overline{\mathrm{m}^2} = 2\int_0^B S_{\mathrm{m}}((f))\,df \tag{9.49}$$

이 경우에 대하여,

$$S_o = S_i \tag{9.50a}$$

이고

$$N_o = 2\int_0^B S_{\mathrm{n}}(f)\,df \tag{9.50b}$$

이며, 여기서 $S_{\mathrm{n}}(f)$는 채널 잡음의 PSD이다. 백색 잡음의 경우에 대해서는 $S_{\mathrm{n}}(f)=\mathcal{N}/2$이며,

$$N_o = 2\int_0^B \frac{\mathcal{N}}{2}\,df = \mathcal{N}B \tag{9.50c}$$

이고

$$\frac{S_o}{N_o} = \frac{S_i}{\mathcal{N}B} \tag{9.50d}$$

이다. 우리는 인수 γ를 다음과 같이 정의한다.

$$\gamma = \frac{S_i}{\mathcal{N}B} \tag{9.51}$$

식 (9.50d)와 (9.51)로부터,

$$\frac{S_o}{N_o} = \gamma \tag{9.52}$$

인수 γ는 S_i와 직접적으로 비례하고, 그러므로, S_T에 직접적으로 비례한다. 따라서, 주어진 S_T(혹은 S_i)는 γ가 주어짐을 의미한다. 식 (9.52)는 정확히 우리가 기대하는 결과이다. 이것은 주어진 S_T(혹은 S_i)에 대하여 수신기 출력 SNR을 준다.

식 (9.52)에 있는 SNR의 값은 다른 변조 시스템들의 출력 SNR들이 실제에서 측정된 것에 대해 비교대상으로 자주 쓰인다.

9.8 응용 : 최적의 preemphasis-deemphasis

전송되는 신호에 대한 의도적인 왜곡(preemphasis)과 수신기에서 해당하는 보상(deemphasis)을 통하여 출력 SNR을 향상시키는 것이 가능하다. 이 과정의 직관적인 이해를 위해서, 백색 채널 잡음과 PSD가 주파수에 따라 감소하는 신호 $m(t)$의 경우를 생각해보자. 이 경우에, 우리는 송신기에서 $m(t)$의 고주파 성분을 높여줄 수 있다 (preemphasis). 신호는 고주파에서 상대적으로 적은 전력을 가지기 때문에, 이 preemphasis는 전송 전력에 아주 작은 증가만을 요구한다.* 수신기에서, 고주파 성분은 송신기에서의 preemphasis를 상쇄하기 위해 감쇠(deemphasis)된다. 이것은 유용한 신호를 그것의 원래 모양으로 되돌아오게 한다. 채널 잡음은 완전히 다른 처리를 받는다. 잡음은 송신기 이후에 더해지기 때문에, 그것은 preemphasis를 지나지 않는다. 하지만, 수신기에서 deemphasis (즉, 고주파 성분의 감쇠)는

* 실제로, 전송 전력은 preemphasis된 신호를 약간 감쇠시켜서 상수를 유지한다.

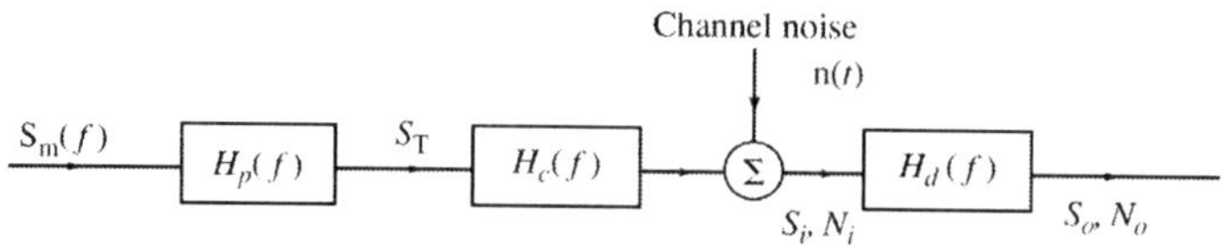

▶▶ 그림 9.18 기저대역 시스템에서 최적의 preemphasis와 deemphasis 필터들

겪게 된다. 그러므로, 수신기 출력에서 신호 전력은 회복되지만 잡음 전력은 감소된다 그러므로 출력 SNR이 증가하게 된다.

이 절에서, 우리는 기저대역 시스템을 생각한다. preemphasis와 deemphasis를 변조된 시스템에 확장하는 것은 간단하다. 송신기에서 preemphasis 필터 $H_p(f)$를 갖고 수신기에서 그에 해당하여 보상하는 deemphasis 필터 $H_d(f)$를 갖는 기저대역 시스템이 그림 9.18에 있다. 채널 전달 함수는 $H_c(f)$이고, 입력 신호 m(t)의 PSD는 $S_{\mathrm{m}}(f)$이다. 이제 신호 m(t)의 무왜곡 전송을 위하여 요구되는 최적의 preemphasis-deemphasis(PDE) 필터 $H_p(f)$와 $H_d(f)$를 구해보자.

무왜곡 전송을 위하여,

$$|H_p(f)H_c(f)H_d(f)| = G \quad \text{(a constant)} \tag{9.53a}$$

이고

$$\theta_p(f) + \theta_c(f) + \theta_d(f) = -2\pi f t_d \tag{9.53b}$$

이다. 우리는 주어진 전송 전력 S_T에 대하여 출력 SNR S_o/N_o를 최대화하기를 원한다.

그림 9.18을 참고하면,

$$S_T = \int_{-\infty}^{\infty} S_{\mathrm{m}}(f)|H_p(f)|^2\, df \tag{9.54a}$$

$H_p(f)H_c(f)H_d(f) = G\exp(-j2\pi f t_d)$이기 때문에, 수신기 출력에서 신호 전력 S_o는

$$S_o = G^2\int_{-\infty}^{\infty} S_{\mathrm{m}}(f)\, df \tag{9.54b}$$

이다. 수신기 출력에서 잡음 전력 N_o는

$$N_o = \int_{-\infty}^{\infty} S_{\mathrm{n}}(f)|H_d(f)|^2\, df \tag{9.54c}$$

이다. 그러므로,

$$\frac{S_o}{N_o} = \frac{G^2 \int_{-\infty}^{\infty} S_m(f)\, df}{\int_{-\infty}^{\infty} S_n(f)|H_d(f)|^2\, df} \tag{9.55}$$

우리는 S_T가 주어진 상수라 하고 식 (9.54a)에 있는 조건에 대하여 이 비례식을 최대화하기를 원한다. 이 전력 제한을 적용하는 것은 $H_p(f)$의 설계를 잘 꾸며진 문제로 만들며, 큰 이득을 갖는 다른 필터들에 대하여 항상 더 좋을 것이다. 우리는 식 (9.54a)의 좌변과 우변을 각각 식 (9.55)의 우변의 분자와 분모에 곱하여 이 조건을 포함할 수 있다.

$$\frac{S_o}{N_o} = \frac{G^2 S_T \int_{-\infty}^{\infty} S_m(f)\, df}{\int_{-\infty}^{\infty} S_n(f)|H_d(f)|^2\, df \int_{-\infty}^{\infty} S_m(f)|H_p(f)|^2\, df} \tag{9.56}$$

식 (9.56) 우변의 분자는 PDE 필터들에 의해 고정되었으며 영향을 받지 않는다. 따라서, S_o/N_o를 최대화하기 위하여, 단지 식 (9.56)의 우변에서 분모를 최소화하기만 하면 된다. 이렇게 하기 위하여, Cauchy-Schwarz 부등식 (부록 B)을 사용한다.

$$\begin{aligned}\int_{-\infty}^{\infty} S_m(f)|H_p(f)|^2\, df \int_{-\infty}^{\infty} S_n(f)|H_d(f)|^2\, df \\ \geq \left| \int_{-\infty}^{\infty} [S_m(f)S_n(f)]^{1/2} |H_p(f)H_d(f)|\, df \right|^2\end{aligned} \tag{9.57}$$

등식은

$$S_m(f)|H_p(f)|^2 = K^2 S_n(f)|H_d(f)|^2 \tag{9.58}$$

일 때만 성립하며, 여기서 K는 임의의 상수이다. 그러므로 S_o/N_o를 최대화하기 위하여, 식 (9.58)이 만족되어야만 한다. 식 (9.53a)를 식 (9.58)에 대입하면,

$$|H_p(f)|^2_{\text{opt}} = GK \frac{\sqrt{S_n(f)/S_m(f)}}{|H_c(f)|} \tag{9.59a}$$

$$|H_d(f)|^2_{\text{opt}} = \frac{G}{K} \frac{\sqrt{S_m(f)/S_n(f)}}{|H_c(f)|} \tag{9.59b}$$

상수 K는 식 (9.59a)를 식 (9.54a)의 전력 상수에 대입하여 다음과 같이 구한다.

$$K = \frac{S_T}{G \int_{-\infty}^{\infty} [\sqrt{S_m(f) S_n(f)} / |H_c(f)|] \, df} \qquad (9.59c)$$

이 값 K를 식 (9.59a)와 (9.59b)에 대입하면

$$|H_p(f)|^2_{\text{opt}} = \frac{S_T \sqrt{S_n(f)/S_m(f)}}{|H_c(f)| \int_{-\infty}^{\infty} [\sqrt{S_m(f) S_n(f)} / |H_c(f)|] \, df} \qquad (9.60a)$$

$$|H_d(f)|^2_{\text{opt}} = \frac{G^2 \int_{-\infty}^{\infty} [\sqrt{S_m(f) S_n(f)} / |H_c(f)|] \, df}{S_T |H_c(f)| \sqrt{S_n(f)/S_m(f)}} \qquad (9.60b)$$

최적 조건 아래에서 출력 SNR은 식 (9.56)의 분모에 식 (9.57)의 우변을 대신하여 얻어진다. 마지막으로, $|H_p(f)H_d(f)| = G/|H_c(f)|$를 대입하여

$$\left(\frac{S_o}{N_o}\right)_{\text{opt}} = \frac{S_T \int_{-\infty}^{\infty} S_m(f) \, df}{\left(\int_{-\infty}^{\infty} [\sqrt{S_m(f) S_n(f)} / |H_c(f)|] \, df\right)^2} \qquad (9.60c)$$

을 구한다. 식 (9.60a)와 (9.60b)는 최적 필터들 $H_p(f)$와 $H_d(f)$의 크기를 제공한다. 위상 함수들은 무왜곡 전송의 조건 [식 (9.53b)]을 만족하도록 선택되어져야만 한다.

식 (9.59a)에서 preemphasis 필터는 신호가 약한 곳의 주파수 성분을 올려주고 신호가 강한 곳의 주파수 성분을 억압한다. 식 (9.59b)에 있는 deemphasis 필터는 정확히 반대로 행동한다. 그러므로, 신호는 변함이 없지만 잡음은 감소된다.

● 예제 9.12

$\alpha = 1400\pi$를 갖는 다음의 경우를 생각해보자.

$$S_m(f) = \begin{cases} \frac{C}{(2\pi f)^2 + \alpha^2} & |f| \le 4000 \\ 0 & |f| \ge 4000 \end{cases} \qquad (9.61a)$$

채널 잡음은 백색이고, PSD는 다음과 같다.

$$S_n(f) = \frac{\mathcal{N}}{2} \qquad (9.61b)$$

채널은 관심있는 대역(0–4000Hz)에서 이상적[$H_c(f) = 1$이고, $G = 1$]이라 가정한다.

풀이 preemphasis–deemphasis 없이,

$$\begin{aligned} S_o &= \int_{-4000}^{4000} S_m(f)\,df \\ &= 2\int_0^{4000} \frac{C}{(2\pi f)^2+\alpha^2}\,df \qquad \alpha = 1400\pi \\ &= 10^{-4}C \end{aligned}$$

또한, $G=1$이기 때문에, 전송 전력은 $S_T = S_o$.

$$S_o = S_T = 10^{-4}C$$

이고, preemphasis–deemphasis 없는 잡음 전력은

$$N_o = \mathcal{N}B = 4000\mathcal{N}$$

그러므로,

$$\frac{S_o}{N_o} = 2.5\times 10^{-8}\frac{C}{\mathcal{N}} \tag{9.62}$$

최적의 전송 및 수신 필터들은 다음과 같이 주어진다[식 (9.60a)와 (9.60b)].

$$|H_p(f)|^2 = \frac{10^{-4}\sqrt{(2\pi f)^2+\alpha^2}}{\int_{-\infty}^{\infty}\left(1/\sqrt{(2\pi f)^2+\alpha^2}\right)df} = \frac{1.286\sqrt{(2\pi f)^2+\alpha^2}}{10^4} \qquad |f|\le 4000 \tag{9.63a}$$

$$|H_d(f)|^2 = \frac{10^4\int_{-\infty}^{\infty}\left(1/\sqrt{(2\pi f)^2+\alpha^2}\right)df}{\sqrt{(2\pi f)^2+\alpha^2}} = \frac{0.778\times 10^4}{\sqrt{(2\pi f)^2+\alpha^2}} \qquad |f|\le 4000 \tag{9.63b}$$

최적 preemphasis와 deemphasis를 사용한 출력 SNR은 식 (9.60c)로부터 다음과 같이 구해진다.

$$\begin{aligned} \left(\frac{S_o}{N_o}\right)_{\text{opt}} &= \frac{(10^{-4}C)^2}{(\mathcal{N}C/2)\left[\int_{-4000}^{4000}\left[1/\sqrt{4\pi^2f^2+(1400\pi)^2}\right]df\right]^2} \\ &= 3.3\times 10^{-8}\frac{C}{\mathcal{N}} \end{aligned} \tag{9.64}$$

식 (9.62)와 (9.64)를 비교하면 preemphasis–deemphasis는 출력 SNR을 1.32배 증가시키는 것을 알 수 있다.

9.9 대역통과 랜덤 프로세스

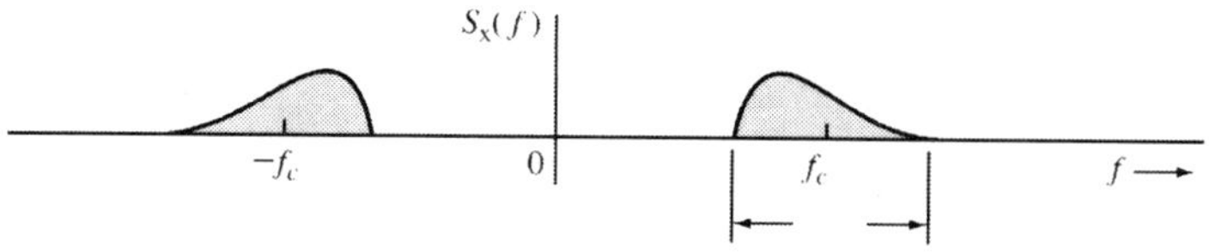

▸▸ 그림 9.19 대역통과 랜덤 프로세스의 PSD

만일 랜덤 프로세스의 PSD가 어느 특정한 통과대역(passband)에 한정되어 있다면(그림 9.19), 이 프로세스는 대역통과(bandpass) 랜덤 프로세스이다. 대역통과 랜덤 프로세스들은 변조된 통신 신호들과 대역통과 잡음들을 모델링하기 위해 아주 효과적으로 사용될 수 있다. 대역통과 신호를 직교 성분(quadrature components)으로 나타낼 수 있는 것과 마찬가지로[식 (3.39) 참조], 대역통과 랜덤 프로세스 $\mathrm{x}(t)$도 아래와 같이 직교 성분으로 표현할 수 있다.

$$\mathrm{x}(t) = \mathrm{x}_c(t)\cos\,\omega_c t + \mathrm{x}_s(t)\sin\,\omega_c t \tag{9.65}$$

이 표현식에서, $\mathrm{x}_c(t)$는 대역통과 랜덤 프로세스의 동위상(in-phase) 성분이고, $\mathrm{x}_s(t)$는 직교(quadrature) 성분이라고 한다.

이것은 그림 9.20a에 있는 시스템을 생각하면 증명할 수 있다. 여기서 $H_0(f)$는 임펄스 응답 $h_0(t)$를 갖는 이상적인 저역통과 필터이다(그림 9.20b). 먼저, 그림 9.20a에 있는 시스템은 그림 9.20c와 같은 전달 함수 $H(f)$의 이상적인 대역통과 필터라는 것을 보인다. 이것은 임펄스 입력 $\delta(t)$를 입력했을 때의 응답 $h(t)$를 계산하여서 쉽게 보일 수 있다. 하지만, 시스템은 시변하는(time-varying) 곱셈기(multiplier)를 가지고 있기 때문에, 우리는 그것이 시변인지 시불변인지를 잘 알아야 한다. 그러므로 입력 $\delta(t-\alpha)$에 대한 시스템 응답을 생각하는 것이 마땅하다. $f(t)\delta(t-\alpha)=f(\alpha)\delta(t-\alpha)$라는 점을 이용하여[식 (2.10b) 참조], 다음과 같이 여러 점에서의 신호들을 표현할 수 있다.

a_1 : $\cos\,(\omega_c\alpha+\theta)\,\delta(t-\alpha)$

a_2 : $\sin\,(\omega_c\alpha+\theta)\,\delta(t-\alpha)$

b_1 : $\cos\,(\omega_c\alpha+\theta)h_0(t-\alpha)$

b_2 : $\sin\,(\omega_c\alpha+\theta)h_0(t-\alpha)$

c_1 : $\cos\,(\omega_c\alpha+\theta)\cos\,(\omega_c t+\theta)h_0(t-\alpha)$

c_2 : $\sin\,(\omega_c\alpha+\theta)\sin\,(\omega_c t+\theta)h_0(t-\alpha)$

$$d: \quad h_0(t-\alpha)\,[\cos(\omega_c\alpha+\theta)\cos(\omega_c t+\theta)+\sin(\omega_c\alpha+\theta)\sin(\omega_c t+\theta)]$$
$$= 2h_0(t-\alpha)\cos[\omega_c(t-\alpha)]$$

그러므로, 입력 $\delta(t-\alpha)$에 대한 시스템 응답은 $2h_0(t-a)\cos[\omega_c(t-a)]$가 된다. 따라서, 시스템은 선형 시불변이며 임펄스 응답

$$h(t) = 2h_0(t)\cos\omega_c t$$

을 가지며, 전달 함수는 다음과 같다.

$$H(f) = H_0(f+f_c) + H_0(f-f_c)$$

전달 함수 $H(f)$ (그림 9.20c)는 이상적인 대역통과 필터를 나타낸다.

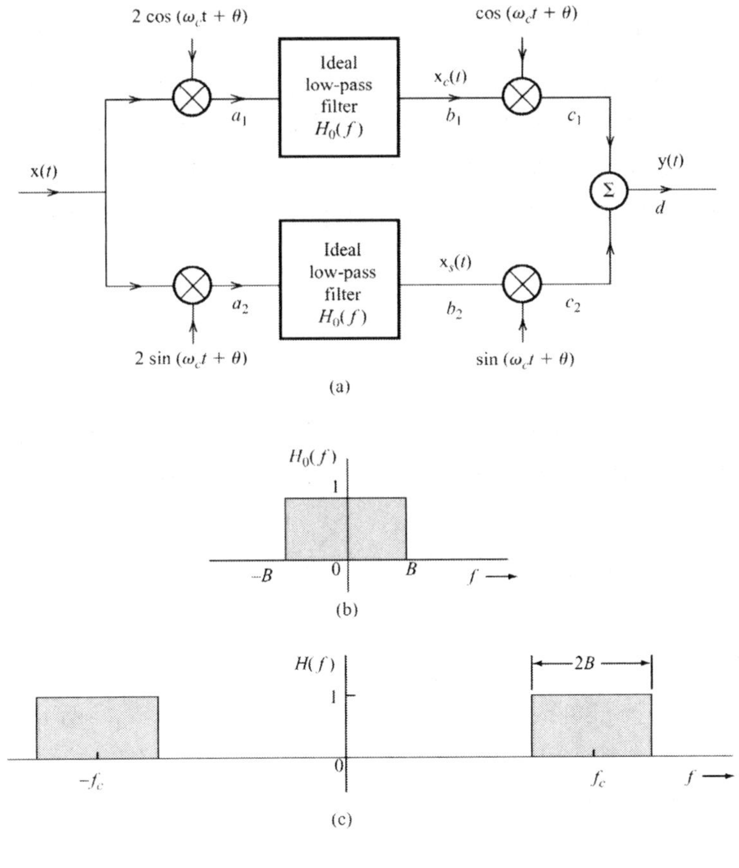

▶▶ 그림 9.20 (a) 이상적인 대역통과 필터의 등가 회로 (b) 이상적인 저역통과 필터의 주파수 응답 (c) 이상적인 대역통과 필터의 주파수 응답

만일 이 시스템에 대역통과 프로세스 x(t)를 입력하면(그림 9.19), d에서 출력 y(t)는 x(t)와 똑같게 유지될 것이다. 따라서, 출력 PSD는 다음과 같이 입력 PSD와 똑같게 될 것이다.

$$|H(f)|^2 S_x(f) = S_x(f)$$

만일 b_1과 b_2 지점에서의 프로세스들(저역통과 필터의 출력)을 각각 $x_c(t)$, $x_s(t)$라고 하면, 출력 x(t)는 다음과 같이 쓸 수 있다.

$$x(t) = x_c(t)\cos(\omega_c t + \theta) + x_s(t)\sin(\omega_c t + \theta) \tag{9.66}$$

여기서 $x_c(t)$와 $x_s(t)$는 B Hz로 대역 제한된 저역통과 랜덤 프로세스들이다(왜냐하면 대역폭이 B인 저역통과 필터의 출력이기 때문이다). 식 (9.66)은 임의의 값의 θ에 대하여 만족하기 때문에 $\theta = 0$을 대입하여 식 (9.65)과 같이 원하는 표현을 얻을 수 있다.

$x_c(t)$와 $x_s(t)$의 특성을 파악하기 위하여, 입력 x(t)를 갖는 그림 9.20a를 다시 한번 생각해보자. θ는 (0, 2π)에서 균일하게 분포된(uniformly distributed) 확률 변수라 하자. 즉, 표본 함수에서 θ는 (0, 2π)의 범위에서 임의의 값을 가질 확률이 똑같다. 이 경우에, x(t)는 식 (9.66)으로 표현된다. $x_c(t)$는 x(t)에 $2\cos(\omega_c t + \theta)$를 곱한 후 저역통과 필터를 통과한 결과라는 것을 알 수 있다. $2x(t)\cos(\omega_c t + \theta)$의 PSD는 [식 (9.22b) 참조]

$$4 \times \frac{1}{4}[S_x(f + f_c) + S_x(f - f_c)]$$

이 PSD는 그림 9.21a에 있는 것처럼 $S_x(f)$를 f_c만큼 위와 아래로 이동시킨 것이다. 이것이 저역통과 필터를 통과할 때, $x_c(t)$의 결과 PSD가 그림 9.21b에 있다. 따라서

$$S_{x_c}(f) = \begin{cases} S_x(f + f_c) + S_x(f - f_c) & |f| \le B \\ 0 & |f| > B \end{cases} \tag{9.67a}$$

이와 같은 방법으로 $S_{x_s}(f)$도 구할 수 있다. PSD를 구하는데 있어서는 $\cos(\omega_c t + \theta)$ 혹은 $\sin(\omega_c t + \theta)$를 곱하는 것이 차이가 없다[식 (9.22a)의 주석 참조]. 그래서

$$S_{x_c}(f) = S_{x_s}(f) = \begin{cases} S_x(f + f_c) + S_x(f - f_c), & |f| \le B \\ 0, & |f| > B \end{cases} \tag{9.67b}$$

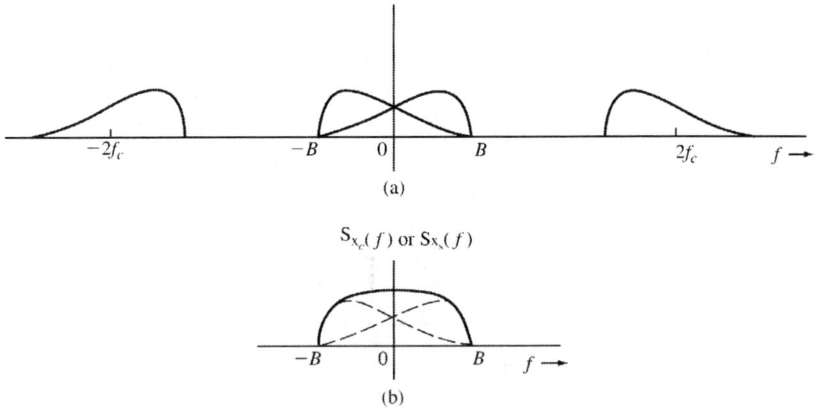

▸▸ 그림 9.21 대역통과 랜덤 프로세스의 직교 성분들의 PSD 유도 과정.

식 (9.19)와 (9.21b)로부터, 세 가지 PSD $S_x(f), S_{x_c}(f), S_{x_s}(f)$ 아래의 면적이 똑같다는 재미있는 사실을 알 수 있다. 따라서, 다음이 성립한다.

$$\overline{x_c^2(t)} = \overline{x_s^2(t)} = \overline{x^2(t)} \tag{9.67c}$$

그러므로 $x_c(t)$와 $x_s(t)$의 제곱 평균값 (혹은 전력)은 $x(t)$의 제곱 평균과 같다.

이 결과는 θ를 확률 변수라고 가정한 후 구하였다. 식 (9.65)의 표현에 관하여, $\theta = 0$이고 식 (9.67b)와 (9.67c)가 성립하지 않을 수도 있다. 다행히, 이 식들은 $\theta = 0$에 대하여 우함수이다. 이것의 증명은 귀찮은 작업이기 때문에 여기서는 다루지 않는다. 참고문헌[1-3]을 참조하기 바란다. 또한,

$$\overline{x_c(t)x_s(t)} = R_{x_c x_s}(0) = 0 \tag{9.68}$$

즉, 어느 순간에서의 진폭들 x_c와 x_s는 비상관(uncorrelated)이다. 게다가, 만일 $S_x(f)$가 f_c에 대하여 대칭이면($-f_c$에 대하여도),

$$R_{x_c x_s}(\tau) = 0 \tag{9.69}$$

● 예제 9.13

대역통과 백색 잡음 $n(t)$의 PSD는 $\mathcal{N}/2$이다(그림 9.22a). 이 프로세스를 직교 성분들을 이용하여 표현하시오. $S_{n_c}(f)$, $S_{n_s}(f)$를 유도하고 $\overline{n_c^2} = \overline{n_x^2} = \overline{n}_c$임을 증명하시오.

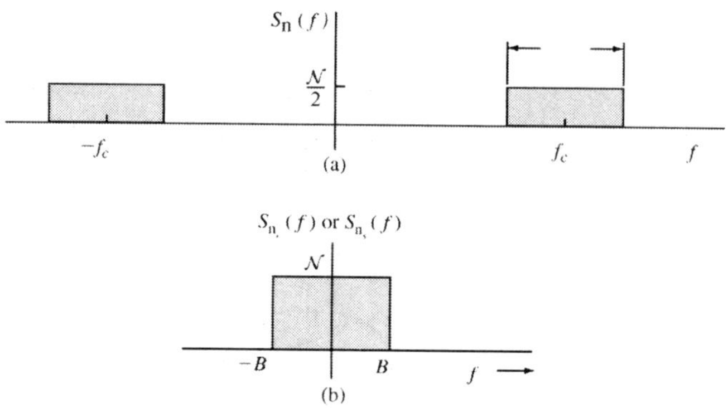

▸▸ 그림 9.22 (a) 대역통과 백색 잡음 프로세스의 PSD (b) 그것의 직교 성분들의 PSD

풀이 우리는 다음과 같이 표현할 수 있다.

$$\mathrm{n}(t) = \mathrm{n}_c(t)\cos\,\omega_c t + \mathrm{n}_s(t)\sin\,\omega_c t \qquad (9.70)$$

여기서

$$S_{\mathrm{n}_c}(f) = S_{\mathrm{n}_s}(f) = \begin{cases} S_\mathrm{n}(f+f_c) + S_\mathrm{n}(f-f_c) & |f| \le B \\ 0 & |f| > B \end{cases}$$

이 식과 그림 9.22로부터,

$$S_{\mathrm{n}_c}(f) = S_{\mathrm{n}_s}(f) = \begin{cases} \mathcal{N} & |f| \le B \\ 0 & |f| > B \end{cases} \qquad (9.71)$$

또,

$$\overline{\mathrm{n}^2} = 2\int_{f_c-B}^{f_c+B} \frac{\mathcal{N}}{2}\,df = 2\mathcal{N}B \qquad (9.72\mathrm{a})$$

그림 9.22b로부터,

$$\overline{\mathrm{n}_c^2} = \overline{\mathrm{n}_s^2} = 2\int_0^B \mathcal{N}\,df = 2\mathcal{N}B \qquad (9.72\mathrm{b})$$

그러므로,

$$\overline{\mathrm{n}_c^2} = \overline{\mathrm{n}_s^2} = \overline{\mathrm{n}^2} = 2\mathcal{N}B \qquad (9.72\mathrm{c})$$

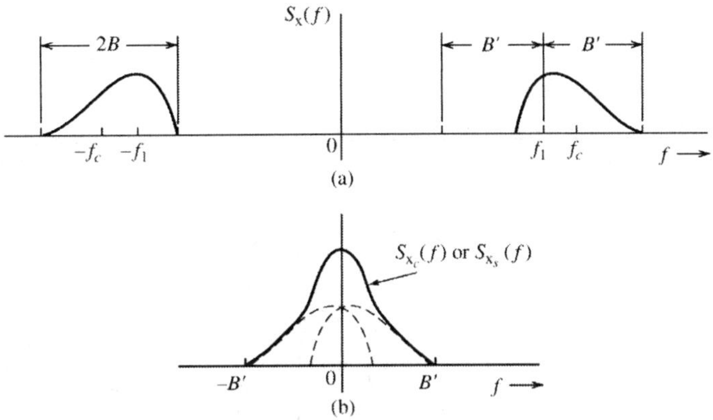

▸▸ 그림 9.23 대역통과 프로세스의 직교 성분 표현의 다양성.

○ 직교 표현의 다양성

대역통과 신호의 중심 주파수는 여러 개일 수 있다. 예를 들어, 그림 9.23a에 있는 스펙트럼을 보면, f_c를 중심으로 $2B$의 대역폭을 가진 스펙트럼이 있다. 이와 똑같은 모양의 스펙트럼이 그림 9.23a에 있는 것처럼 f_1을 중심으로 $2B'$의 대역폭을 가지고 있다고 생각할 수 있다. 이것의 직교 표현(quadrature representation) [식 (9.65)]은 중심 주파수 f_1에 대해서도 할 수 있다.

$$x(t) = x_{c_1}(t) \cos \omega_1 t + x_{s_1}(t) \sin \omega_1 t$$

여기서

$$S_{x_{c_1}}(f) = S_{x_{s_1}}(f) = \begin{cases} S_x(f+f_1) + S_x(f-f_1) & |f| \leq B' \\ 0 & |f| > B' \end{cases} \tag{9.73}$$

이것은 그림 9.23b에 나타내었다. 그러므로, 대역통과 프로세스의 직교 표현은 하나만 존재하는 것이 아니다. 중심 주파수의 선택에 따라서 무한히 많이 있을 수 있으며, 각 중심 주파수에 따라 구한 직교 표현은 서로 다르다.

● 예제 9.14

SSB 채널(저측파대)의 대역통과 백색 잡음 PSD가 그림 9.24a에 있다. 이 신호를 중심 주파수를 f_c로 하여 직교 성분들로 표현하시오.

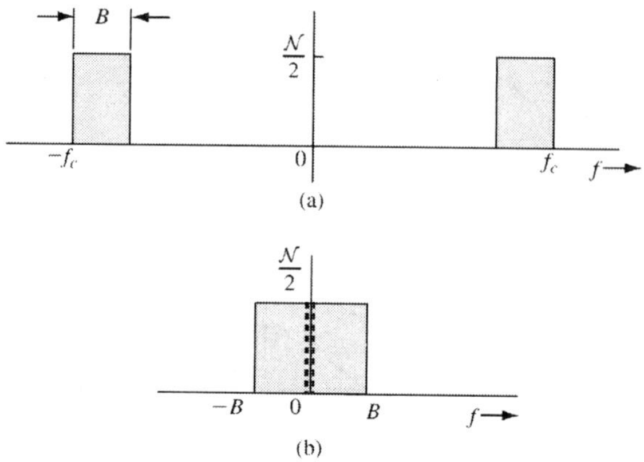

▸▸ 그림 9.24 SSB에서 잡음을 직교 성분으로 표현한 예.

풀이 이 PSD의 진짜 중심 주파수는 f_c가 아니다. 그러나, 앞에서 언급한 바와 같이 그래도 f_c를 중심 주파수로 사용할 수 있다.

$$\text{n}(t) = \text{n}_c(t)\cos\omega_c t + \text{n}_s(t)\sin\omega_c t \tag{9.74}$$

$S_n(f)$를 f_c만큼 위와 아래로 이동하여 얻은 $S_{\text{n}_c}(f)$와 $S_{\text{n}_s}(f)$[식 (9.73) 참조]가 그림 9.24b에 있다.

$$S_{\text{n}_c}(f) = S_{\text{n}_s}(f) = \begin{cases} \frac{\mathcal{N}}{2} & |f| \le B \\ 0 & |f| > B \end{cases} \tag{9.75}$$

그림 9.24a로부터,

$$\overline{\text{n}^2} = \mathcal{N}B \tag{9.76a}$$

마찬가지로, 그림 9.24b로부터,

$$\overline{\text{n}_c^2} = \overline{\text{n}_s^2} = \mathcal{N}B \tag{9.76b}$$

따라서,

$$\overline{\text{n}_c^2} = \overline{\text{n}_s^2} = \overline{\text{n}^2} = \mathcal{N}B \tag{9.76c}$$

○ 대역통과 백색 가우시안 랜덤 프로세스

아직까지 가우시안 랜덤 프로세스를 정의하지 않았다. 가우시안 랜덤 프로세스는 아마도 통신 분야에서 가장 중요한 랜덤 프로세스이다. 하지만, 조심스럽고 차분하게 가우시안 프로세스에 관하여 설명하는 것은 이 책의 범위를 벗어난다. 지금 알아야 할 것은 한 가우시안 프로세스에서 어느 순간 t에서의 표본 함수의 진폭들로 만들어진 확률 변수 $\mathrm{x}(t)$는 식 (8.39)의 모양을 하는 PDF를 갖는 가우시안이라는 것이다.

균일한 PSD를 갖는 가우시안 랜덤 프로세스는 백색 가우시안 랜덤 프로세스(white Gaussian random process)라고 한다. 대역통과 백색 가우시안 프로세스(bandpass "white" Gaussian process)란 용어는 실제로는 정확한 것이 아니다. 하지만, ω_c를 중심으로 대역폭 $2B$에 걸쳐서 PSD $\mathcal{N}/2$를 갖는 랜덤 프로세스 $\mathrm{n}(t)$를 나타내기 위한 잘 알려진 표현이다 (그림 9.22a). 직교 성분 표현을 이용하면, 다음과 같이 표현할 수 있다.

$$\mathrm{n}(t) = \mathrm{n}_c(t)\cos\,\omega_c t + \mathrm{n}_s(t)\sin\,\omega_c t \tag{9.77}$$

여기서, 식 (9.71)로부터,

$$S_{\mathrm{n}_c}(f) = S_{\mathrm{n}_s}(f) = \begin{cases} \mathcal{N} & |f| \le B \\ 0 & |f| > B \end{cases}$$

또, 식 (9.72c)로부터,

$$\overline{\mathrm{n}_c^2} = \overline{\mathrm{n}_s^2} = \overline{\mathrm{n}^2} = 2\mathcal{N}B \tag{9.78}$$

대역통과 신호는 극좌표 형태로도 표현할 수 있다[식 (3.40) 참조].

$$\mathrm{n}(t) = \mathrm{E}(t)\cos\,(\omega_c t + \Theta) \tag{9.79a}$$

여기서 랜덤 진폭과 랜덤 위상은 다음과 같이 정의된다.

$$\mathrm{E}(t) = \sqrt{\mathrm{n}_c^2(t) + \mathrm{n}_s^2(t)} \tag{9.79b}$$

$$\Theta(t) = -\tan^{-1}\frac{\mathrm{n}_s(t)}{\mathrm{n}_c(t)} \tag{9.79c}$$

확률 변수들 $\mathrm{n}_c(t)$와 $\mathrm{n}_s(t)$는 비상관(uncorrelated)이며[식 (9.68) 참조], 평균이 영이고 분산이 $2\mathcal{N}B$[식 (9.78) 참조]인 가우시안 확률 변수이다. 따라서, 그들의 PDF는 동일하다.

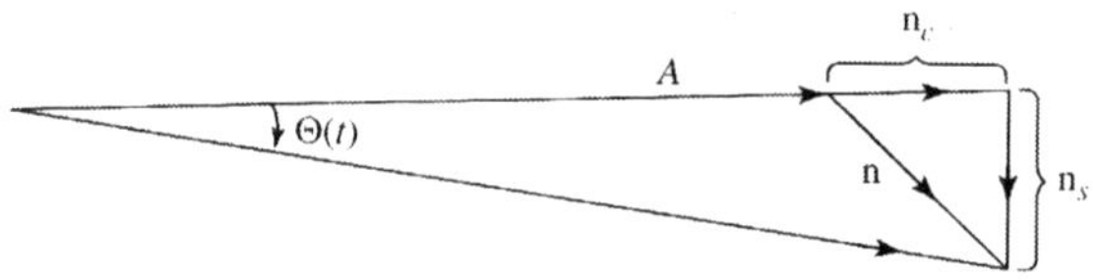

▸▸ 그림 9.25 정현파와 협대역 가우시안 잡음의 위상 표현.

$$p_{n_c}(\alpha) = p_{n_s}(\alpha) = \frac{1}{\sigma\sqrt{2\pi}} e^{-\alpha^2/2\sigma^2} \tag{9.80a}$$

단,

$$\sigma^2 = 2\mathcal{N}B \tag{9.80b}$$

만일 두 가우시안 확률 변수가 비상관이면, 그들은 독립이라는 사실은 문제 8.2-10에서 보였다. 그런 경우에, 예제 8.17에서 보는 것처럼 $E(t)$는 레일리(Rayleigh) 밀도를 갖는다.

$$p_E(E) = \frac{E}{\sigma^2} e^{-E^2/2\sigma^2} u(E), \qquad \sigma^2 = 2\mathcal{N}B \tag{9.81}$$

이며 식 (9.79a)에 있는 Θ는 $(0,\ 2\pi)$에서 균일하게 분포되었다.

○ 잡음이 더해진 정현파 신호

또 다른 흥미로운 경우는 정현파와 협대역(narrow-band) 가우시안 잡음이 더해진 것이다. 만일 $A\cos(\omega_c t+\varphi)$가 ω_c를 중심으로 하는 가우시안 대역통과 잡음 $n(t)$와 혼합된 정현파라면, 그 합인 $y(t)$는 다음과 같다.

$$y(t) = A\cos(\omega_c t + \varphi) + n(t)$$

대역통과 잡음을 나타내기 위하여 식 (9.66)을 사용하면,

$$y(t) = [A + n_c(t)]\cos(\omega_c t + \varphi) + n_s(t)\sin(\omega_c t + \varphi) \tag{9.82a}$$

$$= E(t)\cos[\omega_c t + \Theta(t) + \varphi] \tag{9.82b}$$

여기서 $E(t)$는 진폭(envelope)이며 $[E(t) > 0]$ $\Theta(t)$는 그림 9.25에 보이는 각도이다.

$$\mathrm{E}(t) = \sqrt{[A + \mathrm{n}_c(t)]^2 + \mathrm{n}_s^2(t)} \tag{9.83a}$$

$$\Theta(t) = -\tan^{-1} \frac{\mathrm{n}_s(t)}{A + \mathrm{n}_c(t)} \tag{9.83b}$$

$\mathrm{n}_c(t)$와 $\mathrm{n}_s(t)$는 분산이 σ^2인 가우시안이다. 백색 가우시안 잡음은 $\sigma^2=2\mathcal{N}B$[식 (9.80b)]이다. 식 (8.57)의 유도와 비슷하게 하면,

$$\begin{aligned}
\mathrm{n}_c^2 + \mathrm{n}_s^2 &= E^2 - A^2 - 2A\mathrm{n}_c \\
&= E^2 - 2A(A + \mathrm{n}_c) + A^2 \\
&= E^2 - 2AE\cos\Theta(t) + A^2
\end{aligned}$$

따라서,

$$p_{\mathrm{E}\Theta}(E, \theta) = \frac{E}{2\pi\sigma^2} e^{-(E^2 - 2AE\cos\theta + A^2)/2\sigma^2} \tag{9.84}$$

여기서 σ^2은 n_c(혹은 n_s)의 분산이고, 백색 잡음일 때 $2\mathcal{N}B$이다. 식 (9.84)로부터

$$\begin{aligned}
p_{\mathrm{E}}(E) &= \int_{-\pi}^{\pi} p_{\mathrm{E}\Theta}(E,\theta)\, d\theta \\
&= \frac{E}{\sigma^2} e^{-(E^2+A^2)/2\sigma^2} \left[\frac{1}{2\pi}\int_{-\pi}^{\pi} e^{(AE/\sigma^2)\cos\theta}\, d\theta\right]
\end{aligned} \tag{9.85}$$

식 (9.85)의 우변에서 괄호 안의 항은 $I_0(AE/\sigma^2)$으로 정의한다. 여기서 I_0는 변형된 영차 베셀 함수(modified zero-order Bessel function)이다. 그러므로,

$$p_{\mathrm{E}}(E) = \frac{E}{\sigma^2} e^{-(E^2+A^2)/2\sigma^2} I_0\left(\frac{AE}{\sigma^2}\right) \tag{9.86a}$$

이것을 라이스 밀도(Rice density), 혹은 라이시안 밀도(Ricean density)라고 한다. 큰 정현파 신호($A \gg \sigma$)에 대하여[4],

$$I_0\left(\frac{AE}{\sigma^2}\right) \simeq \sqrt{\frac{\sigma^2}{2\pi AE}}\, e^{AE/\sigma^2}$$

이며

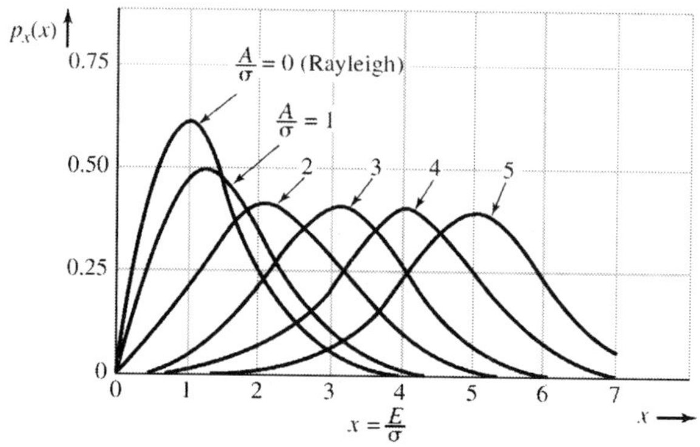

▶▶ 그림 9.26 라이시안 PDF

$$P_E(E) \simeq \sqrt{\frac{E}{2\pi A\sigma^2}} e^{-(E-A)^2/2\sigma^2} \tag{9.86b}$$

$A \gg \sigma$이므로, $E \simeq A$이며, 식 (9.86b)에서 $p_E(E)$는 평균이 A이고, 분산이 σ인 가우시안 밀도와 거의 같다.

$$p_E(E) \simeq \frac{1}{\sigma\sqrt{2\pi}} e^{-(E-A)^2/2\sigma^2} \tag{9.86c}$$

그림 9.26은 정규화된(normalized) 확률 변수 E/σ의 PDF를 보여준다. $A/\sigma=0$일 때, 레일리 밀도가 된다.

결합 PDF $p_{E\Theta}(E, \theta)$로부터, E에 관하여 결합 PDF를 적분을 하면 위상 Θ의 PDF $p_\Theta(\theta)$를 구할 수 있다.

$$p_\Theta(\theta) = \int_0^\infty p_{E\Theta}(E, \theta)\, dE$$

비록 적분으로 간단히 나타냈지만 여러 과정의 계산이 필요하다. 따라서 여기서는 그 결과만 나타낸다. 최종 결과는 다음과 같다.

$$p_\Theta(\theta) = \frac{1}{2\pi} e^{-A^2/2\sigma^2} \left\{1 + \frac{A}{\sigma}\sqrt{2\pi} \cos\theta e^{A^2\cos^2\theta/2\sigma^2} \left[1 - Q\left(\frac{A\cos\theta}{\sigma}\right)\right]\right\} \tag{9.86d}$$

참고문헌

1. B. P. Lathi, *An Introduction to Random Signals and Communication Theory*, International Textbook Co., Scranton, PA, 1968.
2. J. M. Wozencraft and I. M. Jacobs, *Principles of Communication Engineering*, Wiley, New York, 1965.
3. A. Papoulis, *Probability, Random Variables, and Stochastic Processes*, 2nd ed., McGraw-Hill, New York, 1984.
4. S. O. Rice, "Mathematical Analysis of Random Noise," *Bell. Syst. Tech. J.*, vol. 23, pp. 282–332, July 1944; vol. 24, pp. 46–156, Jan. 1945.

연습문제

9.1-1 (a) 아래 랜덤 프로세스의 앙상블을 그리시오.

$$x(t) = a\cos(\omega_C t + \Theta)$$

여기서, ω와 Θ는 상수이고 a는 구간$(-A, A)$에서 균일하게 분포한 확률 변수이다.

(b) 앙상블을 보고 이것이 정상 프로세스인지 정상이 아닌 프로세스인지를 결정하고 이유를 밝히시오.

9.1-2 만일 a와 Θ는 상수이고 ω_c는 구간 (0, 100)에서 균일하게 분포한 확률 변수일 때, 문제 9.1-1(a)를 다시 하시오.

9.1-3 (a) 아래 랜덤 프로세스의 앙상블을 그리시오.

$$x(t) = at + b$$

여기서, b는 상수이고 a는 구간 (-2, 2)에서 균일하게 분포한 확률 변수이다.

(b) 앙상블을 보고 이것이 정상 프로세스인지 정상이 아닌 프로세스인지를 결정하고 이유를 밝히시오.

9.1-4 문제 9.1-1에 있는 랜덤 프로세스에 대하여 $\overline{x(t)}$와 $R_x(t_1, t_2)$를 구하시오. 그리고 이것이 넓은 의미의 정상 프로세스인지를 결정하시오.

9.1-5 문제 9.1-2에 있는 프로세스 $x(t)$에 대하여 문제 9.1-4를 다시 하시오.

9.1-6 문제 9.1-3에 있는 프로세스 $\mathrm{x}(t)$에 대하여 문제 9.1-4를 다시 하시오.

9.1-7 어떤 랜덤 프로세스가 $\mathrm{x}(t) = \mathrm{k}\,t$일 때, 여기서 k는 구간 (−1, 1)에서 균일하게 분포한 확률 변수이다.

(a) 이 프로세스의 앙상블을 그리시오.

(b) $\overline{\mathrm{x}(t)}$를 구하시오.

(c) $R_{\mathrm{x}}(t_1,\ t_2)$를 구하시오.

(d) 이것이 넓은 의미의 정상 프로세스인가?

(e) 이것이 에르고딕 프로세스인가?

(f) 만일 이것이 넓은 의미의 정상 프로세스라면, 전력 P_{s}[즉, 이것의 제곱 제곱값 $\overline{\mathrm{x}^2(t)}$]는?

9.1-8 다음의 랜덤 프로세스에 대하여 문제 9.1-7을 다시 하시오.

$$\mathrm{x}(t) = \mathrm{a}\cos(\omega_C t + \Theta)$$

여기서 ω_c는 상수이고, a와 Θ는 각각 구간 (−1, 1)과 (0, 2π)에서 균일하게 분포한 독립인 확률변수이다.

9.2-1 다음 함수들에 대하여 실수 랜덤 프로세스의 유효한 PSD인지를 밝히시오.

(a) $\dfrac{(2\pi f)^2}{(2\pi f)^2 + 16}$

(b) $\dfrac{1}{(2\pi f)^2 - 16}$

(c) $\dfrac{(2\pi f)}{(2\pi f)^2 + 16}$

(d) $\delta(2\pi f) + \dfrac{1}{(2\pi f)^2 + 16}$

(e) $\delta[2\pi(f + f_0)] - \delta[2\pi(f - f_0)]$

(f) $j\,[\delta(f + f_0) + \delta(f - f_0)]$

(g) $\dfrac{j\,(2\pi f)^2}{(2\pi f)^2 + 16}$

9.2-2 넓은 의미의 정상 프로세스 $x(t)$에 관하여 다음을 보이시오.

(a) $R_x(0) \geq |R_x(\tau)| \qquad \tau \neq 0$

****힌트** : $\overline{(x_1 \pm x_2)^2} = \overline{x_1^2} + \overline{x_2^2} \pm \overline{2x_1x_2} \geq 0$

단, $x_1 = x_1(t_1)$, $x_2 = x_2(t_2)$

(b) $\lim_{\tau \to \infty} R_x(\tau) = \bar{x}^2$

****힌트** : $\tau \to \infty$ 에 따라, x_1과 x_2는 독립이 되는 경향이 있다.

9.2-3 만일 랜덤 프로세스 $x(t)$의 PSD가 B Hz로 대역 제한되었다면, 그리고

$$R_x\left(\frac{n}{2B}\right) = \begin{cases} 1 & n = 0 \\ 0 & n = \pm 1, \pm 2, \pm 3, \ldots \end{cases}$$

이라면, 이런 자기상관 함수로 표현되는 최소 대역폭 프로세스 $x(t)$는 백색 대역 제한된 프로세스임을 보이시오. 즉, $S_x(f) = k\Pi(f/2W)$.

****힌트** : $R_x(\tau)$를 재생하는 표본화 이론을 이용한다.

9.2-4 예제 9.5 (그림 9.9a)에서 랜덤 2진 프로세스에 대하여, 만일 각 점에서의 천이(1에서 −1로 또는 그 반대로) 확률이 0.5가 아니고 p일 때 $R_x(\tau)$와 $S_x(f)$를 구하시오.

9.2-5 B Hz로 대역 제한된 넓은 의미의 정상 백색 프로세스 $m(t)$가 Nyquist 율로 표본화된다. 각 표본은 그 표본값에 기본 펄스 $p(t)$를 곱하여 전송된다. 이것이 PAM 신호이다. PAM 신호의 PSD가 $2BR_m(0)|P(f)|^2$임을 보이시오.

****힌트** : 식 (9.31)를 사용한다. Nyquist 표본들 a_k와 a_{k+n} $(n \geq 1)$은 비상관임을 보이시오.

9.2-6 Lender에 의해 제안된 듀오바이너리 라인 부호(duobinary line code)는 쌍극과 비슷한 삼극 구조(ternary scheme)이다. 이것은 쌍극의 대역폭의 반이면 된다. 이 부호에서는 0은 펄스를 안 보내고, 1은 다음의 규칙에 따라 펄스 $p(t)$ 또는 $-p(t)$를 전송한

다.: 만일 인접한 두 1 사이에 0이 짝수 개 있으면 바로 전의 1을 위해 사용한 펄스를 다시 사용하고, 만일 인접한 두 1 사이에 0이 홀수 개 있으면 바로 전의 1을 위해 사용한 펄스의 반대 펄스를 사용한다. 랜덤 2진 비트들은 매 T_b초마다 전송된다. $P(0) = P(1) = 0.5$로 가정할 때, 다음을 보이시오.

$$S_y(f) = \frac{|P(f)|^2}{T_b} \cos^2 (\pi f T_b)$$

만일 사용하는 기본 펄스 $p(t)$가 반폭 구형 펄스(half-width rectangular pulse) $(\Pi(2t/T_b))$일 때, $S_y(f)$를 구하시오.

9.2-7 만일 $P(1)=Q$이고 $P(0)=1-Q$라면, 분극 신호(polar signaling)에 대한 $S_y(f)$를 구하시오.

9.2-8 임펄스 잡음 $x(t)$는 불규칙 순간들에서(그림 P9.2-8) 위치한 임펄스의 열로 모델링할 수 있다. 평균적으로 초당 α개의 임펄스가 발생하며, 임펄스의 위치는 다른 임펄스와는 독립이다. 이 때, $R_x(\tau) = \alpha\delta(\tau) + \alpha^2$임을 보이시오.

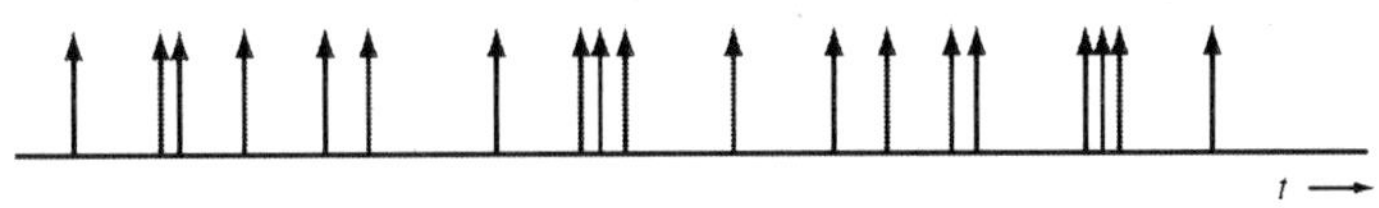

▸▸ 그림 P9.2-8

9.2-9 만일 임펄스가 양 또는 음일 확률이 같을 때, 문제 9.2-8을 다시 하시오.

9.2-10 랜덤 프로세스 $x(t)$의 한 표본 함수가 그림 P9.2-10에 있다. 신호 $x(t)$는 불규칙 순간에서 급격히 변한다. 평균적으로 초당 β번의 진폭 변화가 있다. τ초 동안 진폭 이동이 일어나지 않을 확률이 $P_0(\tau) = e^{-\beta\tau}$이다. 한 번의 변화가 있은 후 진폭은 그 변화 이전의 진폭과는 독립된다. 진폭들은 PDF $p_x(x)$를 가지며 불규칙하게 분포되어 있다. 다음을 보이시오.

$$R_x(\tau) = \overline{x^2} e^{-\beta|\tau|} \qquad \text{and} \qquad S_x(f) = \frac{2\beta \overline{x^2}}{\beta^2 + (2\pi f)^2}$$

이 프로세스는 열잡음에 대한 모델을 나타낸다.[1]

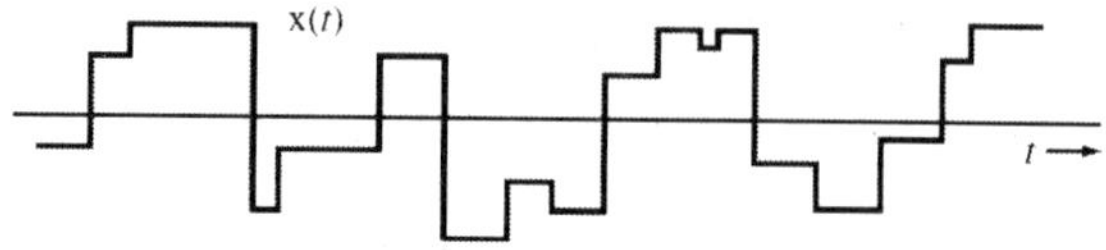

▸▸ 그림 P9.2-10

9.3-1 결합적 넓은 의미의 정상인 실수 랜덤 프로세스 $x(t)$와 $y(t)$에 대하여 다음을 보이시오.

$$|R_{xy}(\tau)| \le [R_x(0)R_y(0)]^{1/2}$$

****힌트** : 임의의 실수 a에 대하여, $\overline{(ax-y)^2} \ge 0$이다.

9.3-2 $x(t)$와 $y(t)$는 직교 랜덤 프로세스이고, 새로운 두 프로세스 $u(t)$와 $v(t)$는 다음과 같이 만들어진다.

$$u(t) = 2x(t) - y(t) \qquad v(t) = x(t) + 3y(t)$$

이 때, $R_x(\tau)$와 $R_y(\tau)$로 $R_u(\tau)$, $R_v(\tau)$, $R_{uv}(\tau)$, $R_{vu}(\tau)$를 구하시오.

9.3-3 두 랜덤 프로세스 $x(t)$와 $y(t)$는

$$x(t) = A\cos(\omega_0 t + \varphi) \qquad \text{and} \qquad y(t) = B\sin(n\omega_0 t + n\varphi + \psi)$$

여기서 n은 0이 아닌 정수이고 A, B, ψ, ω_0는 상수이며, φ는 구간 $(0, 2\pi)$에서 균일하게 분포한 확률 변수이다. 두 프로세스가 직교(incoherent)함을 보이시오.

9.3-4 주기 랜덤 프로세스 $x(t)$의 표본 함수가 그림 P9.3-4에 있다. 첫 번째 펄스가 시작하는 초기 지연 b는 구간 $(0, T_b)$에서 균일하게 분포한 확률 변수이다.

(a) 표본 신호는 b=0일 때 그것의 삼각 푸리에 변환을 먼저 구하므로써 다음과 같이 써질 수 있음을 보이시오.

$$x(t) = C_0 + \sum_{n=1}^{\infty} C_n \cos\left[n\omega_0(t - b) + \theta_n\right]$$

(b) 다음을 보이시오.

$$R_x(\tau) = C_0^2 + \frac{1}{2}\sum_{n=1}^{\infty} C_n^2 \cos n\omega_0\tau \qquad \omega_0 = \frac{2\pi}{T_0}$$

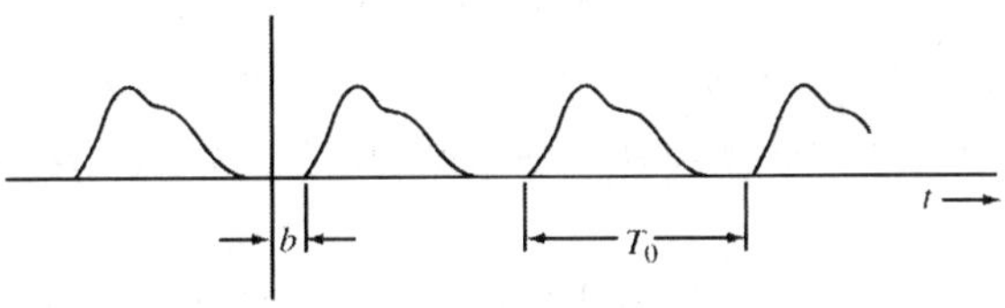

▶▶ 그림 P9.3-4

9.4-1 간단한 RC 회로가 저항 R_1과 R_2를 병렬로 갖고 있다(그림 P9.4-1). 다음의 두 가지 방법을 이용하여 캐패시터에 걸리는 열잡음 전압 v_0의 제곱 평균 제곱근(rms) 값을 계산하시오.

(a) 저항 R_1과 R_2를 각각 열잡음 전압의 PSD $2kTR_1$과 $2kTR_2$를 갖는 별개의 두 저항으로 생각한다. 즉, 두 전원은 독립이다.

(b) 병렬 저항 R_1과 R_2를 열잡음 전압원의 PSD가 $2kTR_1R_2/(R_{1+R_2})$인 하나의 저항 $R_1R_2/(R_1+R_2)$로 생각한다(그림 P9.4-1c).

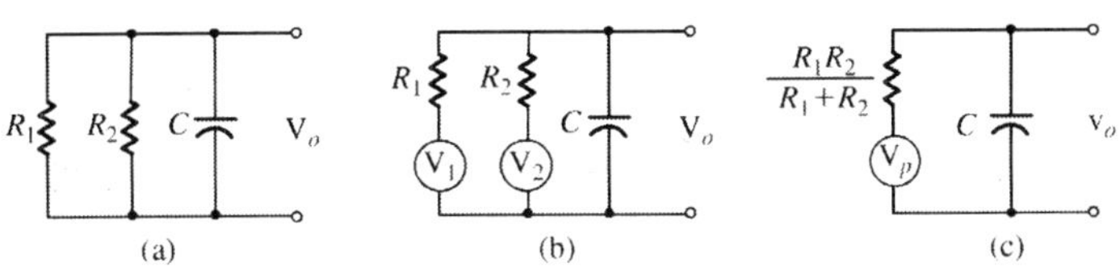

▶▶ 그림 P9.4-1

9.4-2 그림 9.12에서 입력 프로세스 $\mathrm{x}(t)$와 출력 프로세스 $\mathrm{y}(t)$의 상호상관 함수 $R_{\mathrm{xy}}(\tau)$는 다음과 같음을 보이시오.

$$R_{\mathrm{xy}}(\tau) = h(\tau) * R_{\mathrm{x}}(\tau) \qquad \text{and} \qquad S_{\mathrm{xy}}(f) = H(f)S_{\mathrm{x}}(f)$$

따라서, 그림 9.13에서(예제 9.9) 열잡음 $\mathrm{n}(t)$와 출력 $\mathrm{v_o}(t)$에 대하여 다음을 보이시오.

$$S_{\mathrm{nv}_o}(f) = \frac{2kTR}{1+j2\pi fRC} \qquad \text{and} \qquad R_{\mathrm{nv}_o}(\tau) = \frac{2kT}{C}e^{-\tau/RC}u(\tau)$$

9.4-3 샷잡음(shot noise)은 불규칙한 임펄스가 아니고 유한한 폭을 가진 펄스로서 문제 9.2-8에 있는 임펄스 잡음과 비슷하다. 만일 그림 P9.2-8에 있는 각각의 임펄스를 어느 정도 펄스끼리 겹쳐지도록 폭이 1/α보다 큰 펄스 $h(t)$로 바꾸면 샷잡음이 만들어진다. 펄스 겹침의 결과는 그림 P9.4-3에 보이는 것처럼 신호를 연속 랜덤 신호처럼 보이게 한다.

(a) 이 랜덤 프로세스의 자기상관 함수와 PSD를 유도하시오.

****힌트** : 샷잡음은 임펄스 잡음을 적당한 필터에 통과시킨 결과이다. 먼저 샷잡음의 PSD를 구하고, PSD로부터 자기상관 함수를 구한다. 답은 α, $h(t)$, $H(f)$로 될 것이다.

(b) 트랜지스터에서 샷잡음은 다음과 같이 모델한다.

$$h(t) = \frac{q}{T}e^{-t/T}u(t)$$

여기서 q는 전자에 있는 전하이고, T는 전자의 전달 시간이다. 트랜지스터 샷잡음의 자기상관 함수와 PSD를 그리고 구하시오.

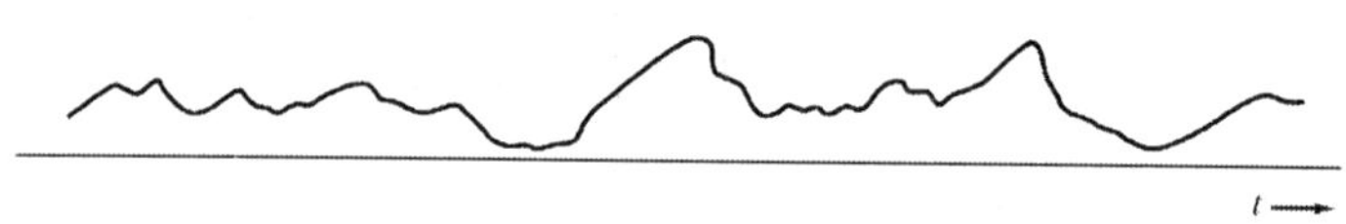

▸▸ 그림 9.4-3

9.6-1 신호 프로세스 m(t)가 채널 잡음 n(t)와 섞여 있다. 각각의 PSD는

$$S_{\mathrm{m}}(f) = \frac{6}{9 + (2\pi f)^2} \qquad \text{and} \qquad S_{\mathrm{n}}(f) = 6$$

(a) 최적 Wiener-Hopf 필터를 구하시오.

(b) 임펄스 응답을 그리시오.

(c) 이 필터를 근사치로 구현할 경우 어느 정도의 지연이 필요한지 추정하시오.

(d) 필터의 입력과 출력에서 잡음 전력을 구하시오.

9.6-2 문제 9.6-1을 다음의 경우로 하시오.

$$S_{\mathrm{m}}(f) = \frac{4}{4 + (2\pi f)^2} \qquad \text{and} \qquad S_{\mathrm{n}}(f) = \frac{32}{64 + (2\pi f)^2}$$

9.7-1 메시지 신호 m(t)가 다음을 가지면서

$$S_{\mathrm{m}}(f) = \left[\frac{\alpha^2}{(2\pi f)^2 + \alpha^2}\right]^2 \qquad (\alpha = 3000\pi)$$

100 kHz의 캐리어로 DSB-SC된다. $H_C(f) = 10^{-3}$인 이상적인 채널과 $S_{\mathrm{n}}(f) = 2 \times 10^{-9}$의 채널 잡음 PSD를 가정하자. 전송된 전력은 1 kW가 필요하고 $G = 10^{-2}$이다.

(a) 최적의 preemphasis와 deemphasis 필터의 전달 함수를 구하시오.

(b) 출력 신호 전력, 잡음 전력, 그리고 출력 SNR을 구하시오.

(c) 복조기 입력에서 γ를 구하시오.

9.7-2 SSB(USB) 경우에 대하여 문제 9.7-1을 다시 하시오.

9.7-3 기저대역 m(t)가 균일한 PSD를 가지면서 대역 제한되었을 때, PM과 FM은 SNR 관점에서 동일한 성능을 가진다는 것을 교재에서 보였다. 그러한 m(t)에 대하여, 각 변조에서 최적의 PDE 필터들은 4/3(혹은 1.3 dB)배 정도만 출력 SNR을 향상시킴을 보이시오. 최적 PDE 필터의 전달 함수를 구하시오.

9.8-1 PSD가 N/2인 백색 프로세스가 대역통과 필터 $H(f)$를 통과한다(그림 P9.8-1). 필터의 출력 $n(t)$를 직교 성분으로 표현하고, 중심 주파수가 100 kHz (즉, $f_c = 100 \times 10^3$)일 때 $S_{n_c}(f)$, $S_{n_s}(f)$, $\overline{n_c^2}$, $\overline{n_s^2}$, $\overline{n^2}$를 구하시오.

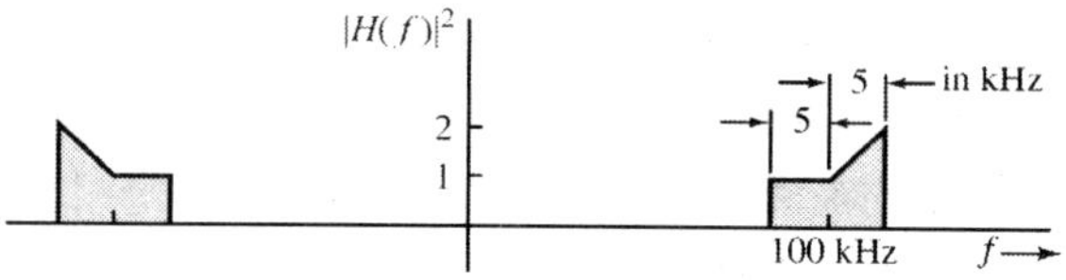

▸▸ 그림 P9.8-1

9.8-2 중심 주파수가 진짜로 가운데 있지 않은 경우에 대하여 문제 9.8-1을 다시 하시오.
(a) f_c=105 kHz; (b) f_c=95 kHz; (c) f_c=90 kHz

9.8-3 그림 P9.8-3a와 같은 PSD를 갖는 랜덤 프로세스 $x(t)$가 대역통과 필터(그림 P9.8-3b)를 통과한다. 출력 프로세스의 직교 성분들의 PSD와 제곱 평균 값들을 구하시오. 중심 주파수는 0.5 MHz로 가정한다.

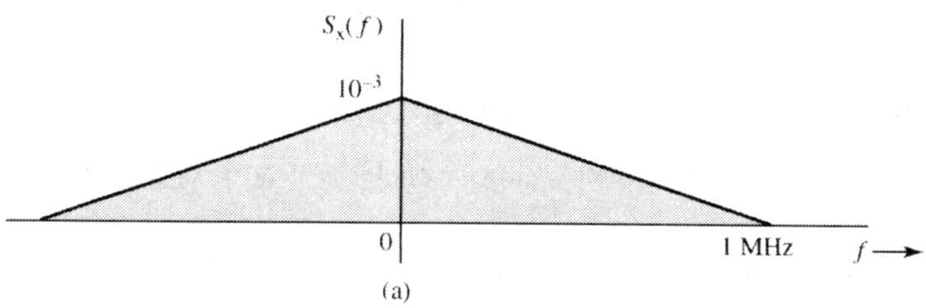

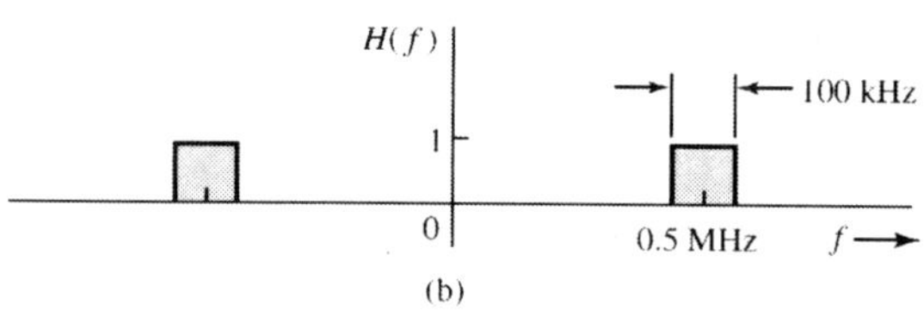

▸▸ 그림 P9.8-3

10 디지털 통신 시스템의 성능 분석

아날로그 통신에서의 주요 목적은 고 해상도의 신호 파형을 복원하는 것이다. 이에 따른 적절한 성능 판별식은 출력 신호-대-잡음 비(signal-to-noise ratio)이다. 이러한 판별식의 선택은 신호-대-잡음 비가 메시지의 품질을 반영하고, 청취자가 메시지를 해석하는 능력과 관련됨을 의미한다.

디지털 통신 시스템에서 송신기의 입력은 가능한 심볼들의 유한 집합으로부터 선택된다. 수신기의 목적은 높은 해상도를 가지는 심볼을 전송하는 파형의 복원이 아니다. 대신에 수신기는 가능한 심볼들의 집합 중에서 어떠한 심볼이 전송되었는지를 정확하게 결정하고자 한다. 각각의 심볼은 송신기에서 하나의 특별한 파형으로 표현되므로 잡음이 섞인 수신 신호로부터 어떠한 파형이 전송되었는지를 결정하는 것이다. 디지털 통신 시스템에서 논리적으로 적절한 성능 지수는 수신기에서 이러한 결정에 대한 오류 확률이다. 특히, 비트 오류율(bit error rate : BER)이라고도 알려진 비트 오류 확률(probability of bit error)은 통신시스템의 직접적인 품질 척도이다. BER이 디지털 정보원에 대하여 중요할 뿐만 아니라, 아날로그 정보원에 대하여 신호의 복원 품질 또한 직접적인 관련을 가진다.

10.1 2진 쌍극 신호 방식을 위한 최적 선형 검출기

2진 통신 시스템에서, 각 시간 구간 T_0 동안 정보는 0 또는 1이 전송된다. 먼저 정보원 신호 비트 1과 0이 각각 $\pm p(t)$로 표현되는 그림 10.1a의 2진 쌍극 신호를 고려하자. 무왜곡 잡음 채널을 통과할 경우 수신 신호의 파형은

$$y(t) = \pm p(t) + \mathrm{n}(t) \qquad 0 \le t \le T_0 \tag{10.1}$$

이고, 여기서 $n(t)$는 가우시안 채널 잡음이다.

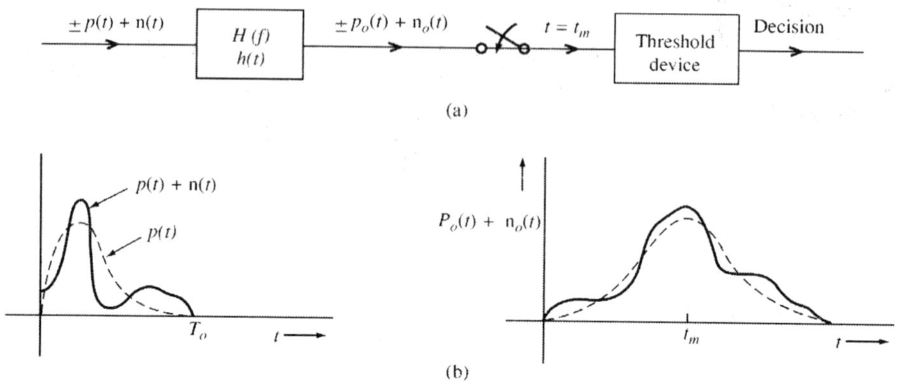

▶▶ 그림 10.1 전형적인 2진 쌍극 신호와 선형 수신기

10.1.1 2진 임계 검출

식 (10.1)의 수신 파형이 주어졌을 때, 2진 수신기는 전송된 정보가 0인지 1인지를 결정해야 한다. 따라서 수신 신호 $y(t)$를 이용하여 각 심볼을 결정하기 위한 변수를 얻어야 한다. 그림 10.1a와 같은 2진 신호 방식에 대한 선형 수신기는 일반적인 최적 수신기 형태를 가진다 (이는 10.6절에서 설명한다). 수신기가 $H(f)$또는 $h(t)$로 주어졌을 때, 구간 $0 \leq t \leq T_0$에서의 출력 신호는 다음과 같다.

$$y(t) = \pm\underbrace{p(t) * h(t)}_{p_o(t)} + \underbrace{\mathrm{n}(t) * h(t)}_{\mathrm{n}_o(t)} = \pm p_o(t) + \mathrm{n}_o(t) \tag{10.2}$$

이러한 2진 선형 수신기의 신호 결정을 위한 결정 변수는 시간 $t = t_m$에서 수신기 출력의 표본으로 다음과 같다.

$$r(t_m) = \pm p_o(t_m) + \mathrm{n}_o(t_m) \tag{10.3}$$

8.6절의 가우시간 변수 특징에 따라 $n(t)$가 평균이 0인 가우시안 잡음일 경우,

$$\mathrm{n}_o(t) = \int_0^t \mathrm{n}(\tau)h(t-\tau)\,d\tau$$

은 평균이 0인 가우시안이다. 다음의 정의를 이용하면,

$$A_p = p_o(t_m) \tag{10.4a}$$

$$\sigma_{\mathrm{n}}^2 = E\{\mathrm{n}_o(t_m)^2\} \tag{10.4b}$$

이러한 2진 검출 문제는 예제 8.16의 임계 검출 문제와 같다. 예제 8.16에서와 같이, 2진 정보가 0 또는 1일 확률이 같다면, 최적의 임계 검출 방법은 다음과 같다.

$$\mathrm{dec}\{r(t_m)\} = \begin{cases} \mathbf{1} & \text{if } r(t_m) \geq 0 \\ \mathbf{0} & \text{if } r(t_m) < 0 \end{cases} \tag{10.5a}$$

따라서 (비트) 오류 확률은

$$P_e = Q(\rho) \tag{10.5b}$$

이고,

$$\rho = \frac{A_p}{\sigma_{\mathrm{n}}} \tag{10.5c}$$

이다. $Q(\rho)$가 ρ에 따라서 단조 감소하므로 P_e를 최소화하기 위하여, ρ를 최대화하여야 한다.

10.1.2 최적 수신기 필터-정합필터

그림 10.1 처럼 수신 펄스 $p(t)$는 시간축에서 제한된 신호라고 하자. 여기서는 가능하면 일반화된 논의를 하도록 하자. BER 또는 P_e를 최소화하기 위하여 $Q(\rho)$가 최소화 되는 최적의 수신기 $H(f)$와 표본화 시간 t_m을 결정한다. 다시 말하면, 수신단에서 다음 식 (10.6)으로 주어지는 ρ값을 최대로 하는, 전달함수 $H(f)$를 갖는 필터를 찾아야 한다. ρ 값은 다음 식으로 표현될 수 있다.

$$\rho^2 = \frac{p_o^2(t_m)}{\sigma_{\mathrm{n}}^2} \tag{10.6}$$

이 식은 시간 $t = t_m$에서의 신호대 잡음비와 일치한다.

먼저 $p(t)$의 푸리에 변환을 $P(f)$라 하고, 채널 잡음 $n(t)$의 PSD를 $S_n(f)$라 하자. 이제 주파수 영역에서의 최적인 수신기를 결정하려고 한다. 다음으로 주어지는

$$\begin{aligned} p_o(t) &= \mathcal{F}^{-1}[P(f)H(f)] \\ &= \int_{-\infty}^{\infty} P(f)H(f)e^{j2\pi ft}\,df \end{aligned}$$

을 이용하여, $t = t_m$ 에서의 표본 값은 다음과 같다.

$$p_o(t_m) = \int_{-\infty}^{\infty} P(f)H(f)e^{j2\pi f t_m}\,df \tag{10.7}$$

그리고 여파된 잡음은

$$\overline{\mathrm{n}_o(t)} = \overline{\int_0^t \mathrm{n}(\tau)h(t-\tau)\,d\tau} = \int_0^t \overline{\mathrm{n}(\tau)}h(t-\tau)\,d\tau = 0$$

과 같이 평균이 0이며, 분산은 다음과 같다.

$$\sigma_\mathrm{n}^2 = \overline{\mathrm{n}_o^2(t)} = \int_{-\infty}^{\infty} S_\mathrm{n}(f)|H(f)|^2\,df \tag{10.8}$$

$$\rho^2 = \frac{\left|\int_{-\infty}^{\infty} H(f)P(f)e^{j2\pi f t_m}\,df\right|^2}{\int_{-\infty}^{\infty} S_\mathrm{n}(f)|H(f)|^2\,df} \tag{10.9}$$

따라서 주파수 영역에서의 신호대 잡음비는 다음과 같다.

Cauchy-Schwarz 부등식(부록 B)은 최적의 수신기 $H(f)$를 구하는데 아주 유용하다. 다음과 같이

$$X(f) = H(f)\sqrt{S_\mathrm{n}(f)} \qquad Y(f) = \frac{P(f)e^{j2\pi f t_m}}{\sqrt{S_\mathrm{n}(f)}}$$

를 이용하고, Cauchy-Schwarz 부등식을 식 (10.9)의 분자에 적용하면,

$$\begin{aligned}\rho^2 &= \frac{\left|\int_{-\infty}^{\infty} X(f)Y(f)\,df\right|^2}{\int_{-\infty}^{\infty} |X(f)|^2\,df} \\ &\le \frac{\int_{-\infty}^{\infty} |X(f)|^2\,df \cdot \int_{-\infty}^{\infty} |Y(f)|^2\,df}{\int_{-\infty}^{\infty} |X(f)|^2\,df} \\ &= \int_{-\infty}^{\infty} |Y(f)|^2\,df \\ &= \int_{-\infty}^{\infty} \frac{|P(f)|^2}{S_\mathrm{n}(f)}\,df\end{aligned} \tag{10.10a}$$

와 같으며, 여기서 등호는 $X(f) = Y^*(f)$ 또는

$$H(f)\sqrt{S_n(f)} = k\left[\frac{P(f)e^{j2\pi ft_m}}{\sqrt{S_n(f)}}\right]^* = \frac{kP(-f)e^{-j2\pi ft_m}}{\sqrt{S_n(f)}}$$

을 만족할 경우에 성립한다. 따라서 임의의 상수 k에 대하여

$$H(f) = k\frac{P(-f)e^{-j2\pi ft_m}}{S_n(f)} \tag{10.10b}$$

을 만족할 경우, SNR은 최대화된다. 이러한 최적의 수신기를 정합 필터라 한다. 이는 2진 선형 수신기에서 최적의 필터는 다음의 몇가지 중요한 요소에 의하여 결정됨을 알 수 있다. (1) 잡음 PSD $S_n(f)$, (2) 표본화 순간 t_m, (3) 펄스의 형태 $P(f)$. 같은 이득은 신호와 잡음에 모두 동시에 영향을 주어 SNR에는 변화가 없으므로 수신기에서의 이득 k와는 무관함을 알 수 있다.

채널 잡음 $S_n(f)=\mathcal{N}/2$에 대항 식 (10.10a)는

$$\rho^2 \le \rho^2_{\max} = \frac{2}{\mathcal{N}}\int_{-\infty}^{\infty}|P(f)|^2\,df = \frac{2E_p}{\mathcal{N}} \tag{10.11a}$$

가 되고, E_p는 $p(t)$의 에너지이며, 정합 필터는

$$H(f) = k'P(-f)e^{-j2\pi ft_m} \tag{10.11b}$$

이고, $k'=2k/\mathcal{N}$은 임의의 상수이다.

최적 필터의 단위 임펄스 응답 $h(t)$는 다음과 같이 역 푸리에 변환을 하면 얻을 수 있다.

$$h(t) = \mathcal{F}^{-1}[k'P(-f)e^{-j2\pi ft_m}]$$

$p(-t)\Leftrightarrow P(-f)$이고 $e^{-j2\pi ft_m}$는 t_m의 시간 지연을 의미한다. 따라서 다음과 같다.

$$h(t) = k'p(t_m - t) \tag{10.11c}$$

응답 $p(t_m-t)$는 t_m만큼 시간 지연된 신호 펄스 $p(-t)$이다. 그림 10.2에 다음의 세가지 경우, $t_m < T_0$, $t_m = T_0$, 그리고 $t_m > T_0$*에 대하여 나타내었다. 첫 번째 경우 $t_m < T_0$은

* $t_m < T_0$인 경우에 결정을 내리는 시스템을 고려해 보면, 직관적으로 실현 불가능하다는 것을 이해할 수 있다. 이 경우는 신호가 필터에 완전히 들어오기도 전에 결정을 내리도록 강압하는 현상으로 나타난다. 이러한 것을 예측 필터라고 하며, 이 경우는 실현 불가능한(non-causal) 필터로만 구현 가능하다.

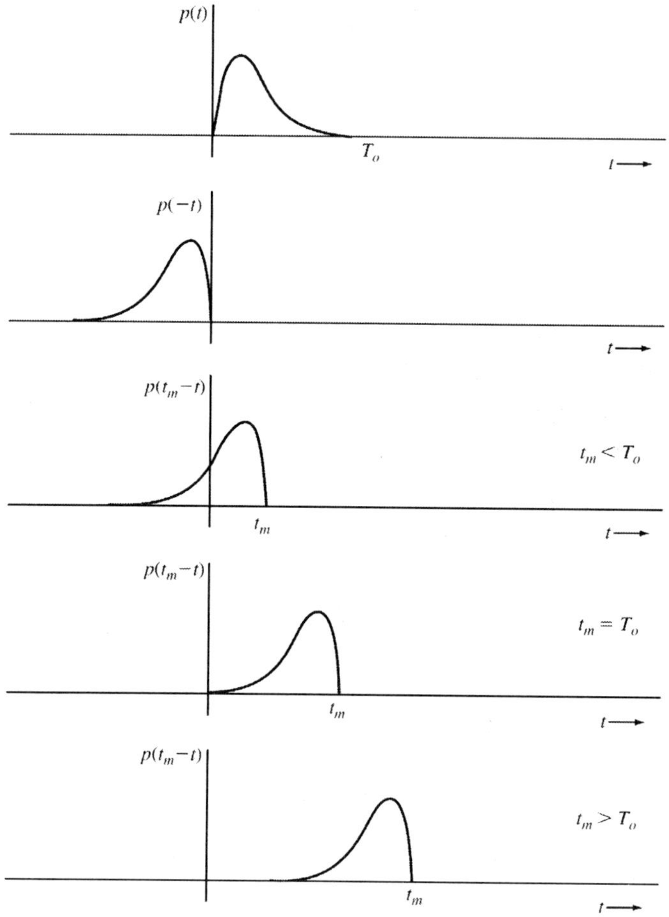

▶▶ 그림 10.2 최적의 표본화 순간

구현 불가능한 noncausal 임펄스 응답이 나타난다. 나머지 두 가지 경우는 구현 가능한 필터들이지만, 마지막 경우 $t_m > T_0$는 결정 시간 t_m을 불필요하게 지연시킨다. $t_m = T_0$는 구현 가능한 필터를 이용하여 결정 시간을 최소로 지연시킨다. 우리는 특별한 언급이 없는 한 앞으로 $t_m = T_0$라 가정한다.

$p(t)$와 $h(t)$는 T_0초의 폭을 가지고 있다. 따라서 두 신호의 콘볼루션 결과인 $p_0(t)$는 $2T_0$ 만큼의 폭을 가진다. 이때 결정 값이 얻어지는 첨두치는 $t = T_0$에서 생긴다. 또한 $P_0(f) = P(f)H(f) = k'|P(f)|^2 e^{-j2\pi f T_0}$이므로 $p_0(t)$는 $t = T_0$를 기준으로 해서 대칭을 이룬다*

* 이 현상이 생기는 것은 $|P(\omega)|^2$이 ω에 관해서 우함수이기 때문이다. 따라서 이 신호의 푸리에 역 변환된 신호는 $t=0$를 기준으로 좌우 대칭이다. 이전 펄스에 대한 출력값은 $t_0 = T$에서 "0" 값을 나타내고, 이후에 오는 펄스의 출력 또한 $t_0 = T$에서 "0" 값을 나타낸다. 따라서 결정순간인 T_0에서 옆 심벌의 간섭(ISI)은 없게 된다.

임의의 상수 k'은 신호대 잡음비에는 영향을 주지 않으므로 $k'=1$로 놓자. 그러면 백색 잡음 환경에서 $h(t)$와 $H(f)$는 다음 식들로 표현된다.

$$h(t) = p\,(T_o - t) \tag{10.12a}$$

$$H(f) = P(-f)e^{-j2\pi fT_o} \tag{10.12b}$$

이 필터의 출력값을 살펴보면 $t = T_0$일 때, 신호대 잡음비가 최대가 된다.

정합필터는 결정 순간에 신호의 크기 대 잡음의 크기의 비가 최대로 된다는 의미에서 최적의 필터이다. 실제로 이렇게 SNR값을 최대화시키는 것이 검출 에러확률을 최소화시킬 수 있다는 가정은 설득력이 있다. 그리고 임계검출(threshold detection)에서 채널이 백색의 가우시안이라고 가정할 때, 정합 필터가 검출 에러 확률측면에서 진정으로 최적의 필터라는 것은 10.6절에서 설명한다.

백색 가우시안 잡음에서 정합 필터는 식 (10.11a)의 $\rho_{\max}$를 가지며, 다음의 최소 BER을 가진다.

$$P_e = Q(\rho_{\max}) = Q\left(\sqrt{\frac{2E_p}{\mathcal{N}}}\right) \tag{10.13}$$

식 (10.13)은 매우 중요하다. 정합 필터를 사용할 때, $p(t)$ 신호를 다음 식과 같이 같은 에너지로 사용하는 경우는 모든 경우에 대해 성능이 같이 나오는 것을 알 수 있다.

$$E_p = \int_{-\infty}^{\infty} |P(f)|^2\, df = \int_0^{T_o} |p(t)|^2\, dt$$

정합 필터는 그림 10.3처럼 다른 방법으로 구현할 수 있다. 정합 필터의 입력을 $y(t)$라 하고, 출력을 $r(t)$라 하면, $r(t)$는 다음과 같다.

$$\mathrm{r}(t) = \int_{-\infty}^{\infty} \mathrm{y}(x)h(t-x)\, dx \tag{10.14}$$

여기서 $h(t) = p(T_0 - t)$이고

$$h(t-x) = p\,[T_o - (t-x)] = p\,(x + T_o - t) \tag{10.15}$$

이다. 그러므로 다음과 같이 표현할 수 있다.

$$\mathrm{r}(t) = \int_{-\infty}^{\infty} \mathrm{y}(x)p\,(x + T_o - t)\, dx \tag{10.16a}$$

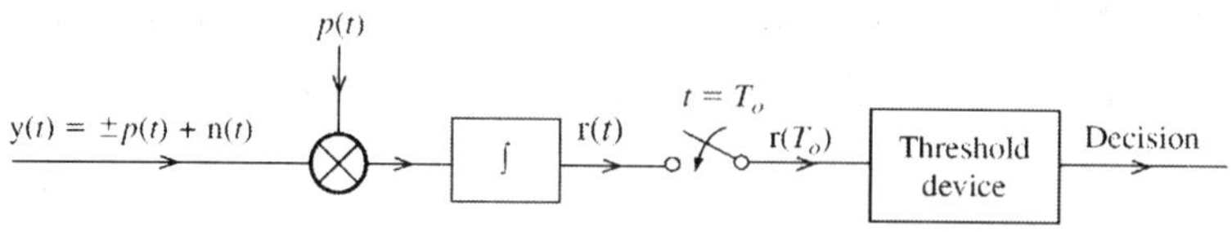

▸▸ 그림 10.3 상관 검출기

결정을 내리는 순간 $t = T_0$에서 $r(t)$의 값은

$$r(T_o) = \int_{-\infty}^{\infty} y(x)\, p(x)\, dx \tag{10.16b}$$

와 같다. 입력신호 $y(x)$는 $x = 0$에서 시작한다고 가정하고, $p(x) = 0$, $x > T_0$이므로 다음과 같이 쓸 수 있다.

$$r(T_o) = \int_{0}^{T_o} y(x)\, p(x)\, dx \tag{10.16c}$$

식 (10.16)은 그림 10.3과 같이 구현할 수 있다. 이런 형태의 구현을 상관수신기(correlation receiver)라고 한다. 그리고 이것은 정합 필터와 등가이다.

식 (10.16c)의 오른쪽 항은 수신 펄스와 $p(t)$의 상호 상관 함수(cross correlation)이다. 2.7절에서 이미 보았듯이 상관함수는 기본적으로 신호의 유사성을 살펴보는 척도이다. 따라서 최적의 검출기는 $p(t)$ 펄스와 수신 신호의 유사성을 측정하는 것이다. 이렇게 유사성 측정을 한 것을 바탕으로 상관기의 부호가 $p(t)$ 또는 $-p(t)$ 펄스가 전송 되었는지를 판단한다.

이제까지 반대 부호를 가지는 기본함수 $p(t)$ 하나만을 이용해서 송수신하는 방법인 쌍극 신호 방식을 논의해 왔다. 일반적으로 두 가지 신호를 사용해서 수행하는 통신의 경우, 서로 다른 두 신호 $p(t)$와 $q(t)$를 사용한다. 이제부터 이러한 경우에 대한 최적의 수신기를 논의한다.

10.2 일반적인 2진 신호 방식

10.2.1 최적의 선형 수신기 분석

2진(binary) 통신 시스템에서는 T_b 시간마다 한 개의 심벌을 전송한다. 이때 1과 0을 전송하기 위해 각각 $p(t)$와 $q(t)$를 사용한다고 하자. 최적의 수신기 구조는 그림 10.4a에서 보여 주고 있다. 수신 신호는 다음과 같다.

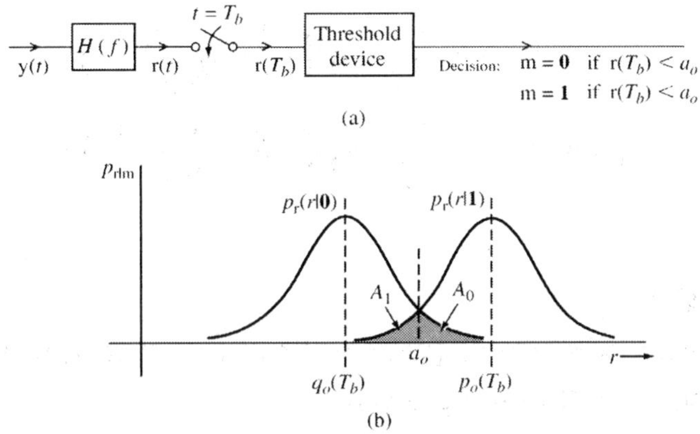

►► 그림 10.4 최적 2진 임계치 검출

$$y(t) = \begin{cases} p(t) + \mathrm{n}(t) & 0 \le t \le T_b \quad \text{for data symbol } \mathbf{1} \\ q(t) + \mathrm{n}(t) & 0 \le t \le T_b \quad \text{for data symbol } \mathbf{0} \end{cases}$$

수신 펄스는 $H(f)$를 통과해서 $\mathrm{r}(t)$값으로 되고, 그 값은 T_b 간격으로 샘플링 된다. '0' 과 '1'로의 결정은 샘플링된 값 즉, $\mathrm{r}(T_b) < a_0$인지 혹은 $\mathrm{r}(T_b) > a_0$인지에 의해 결정된다. 여기서 a_0의 값은 최적의 임계치이다.

$p_0(t)$와 $q_0(t)$를 $p(t)$와 $q(t)$가 $H(f)$를 통과한 뒤의 신호라 하자. 그러면 식 (10.7)로부터 다음 식들을 얻을 수 있다.

$$p_o(T_b) = \int_{-\infty}^{\infty} P(f)H(f)e^{j2\pi fT_b}\,df \tag{10.17a}$$

$$q_o(T_b) = \int_{-\infty}^{\infty} Q(f)H(f)e^{j2\pi fT_b}\,df \tag{10.17b}$$

그리고 필터 출력단의 잡음 전력을 $\sigma_{\rm n}^2$ 이라 하면, 다음과 같이 쓸 수 있다.

$$\sigma_{\rm n}^2 = \int_{-\infty}^{\infty} S_{\rm n}(f)|H(f)|^2\,df \tag{10.17c}$$

$P_0(T_b) > Q_0(T_b)$이라 하자. n을 T_b마다 샘플된 잡음 신호라고 하면, 샘플 출력은 $\mathrm{r}(T_b) = q_0(T_b) + \mathrm{n}$ 혹은 $p_0(T_b) + \mathrm{n}$으로 표현될 수 있다. 따라서 r은 평균값이 $q_0(T_b)$ 혹은 $p_0(T_b)$이고, 분산이 σ_n^2인 가우시안 랜덤변수이다. 즉 샘플된 출력값 $\mathrm{r}(T_b)$의 조건부 확률밀도 함수는 다음과 같다.

$$p_{\mathrm{r}|\mathrm{m}}(r|\mathbf{0}) = \frac{1}{\sigma_{\mathrm{n}}\sqrt{2\pi}} \exp\left(-\frac{[r - q_o(T_b)]^2}{2\sigma_{\mathrm{n}}^2}\right)$$
$$p_{\mathrm{r}|\mathrm{m}}(r|\mathbf{1}) = \frac{1}{\sigma_{\mathrm{n}}\sqrt{2\pi}} \exp\left(-\frac{[r - p_o(T_b)]^2}{2\sigma_{\mathrm{n}}^2}\right)$$

○ 최적 임계치

그림 10.4에서 두 확률 밀도 함수를 보여주고 있다. 만일 a_0가 최적의 임계값이라고 하면, 수신 신호는 다음과 같이 결정된다.

$$\mathrm{m} = \begin{cases} \mathbf{0} & \text{if r} < a_o \\ \mathbf{1} & \text{if r} > a_o \end{cases}$$

$m = \mathbf{0}$으로 결정했을 때의 조건 에러 확률은 $P(\epsilon|\mathrm{m}=0)$로 나타난다. 이것은 $P_{\mathrm{r}|\mathrm{m}}(\mathrm{r}|\mathbf{0})$ 확률 밀도 함수의 A_0 영역을 a_0부터 ∞까지 적분한 값이다. 마찬가지로 $P(\epsilon|\mathrm{m}=1)$은 $P_{\mathrm{r}|\mathrm{m}}(\mathrm{r}|1)$함수의 A_1 영역을 $-\infty$부터 a_0까지 적분한 것이다 (그림 10.4b). 그렇게 해서 에러확률을 구하면 다음과 같다.

$$\begin{aligned} P_e &= \sum_i P(\epsilon|m_i)P(m_i) = \frac{1}{2}(A_0 + A_1) \\ &= \frac{1}{2}\left[Q\left(\frac{a_o - q_o(T_o)}{\sigma_{\mathrm{n}}}\right) + Q\left(\frac{p_o(T_o) - a_o}{\sigma_{\mathrm{n}}}\right)\right] \end{aligned} \tag{10.18}$$

이때 $P_{\mathrm{m}}(0) = P_{\mathrm{m}}(1) = 0.5$ 로 가정한다. 그림 10.4로부터 영역 $A_0 + A_1$ 의 값이 최소가 되는 경우는 두 확률밀도 함수가 겹치는 점으로 a_0를 선택하는 경우이다. 이러한 최적의 값은 식 (10.18)에서 주어진 P_e를 미분하여 0이 되는 값을 구함으로써 다음과 같이 구할 수 있다.

$$\begin{aligned} \frac{\partial P_e}{\partial a_o} &= \frac{1}{2}\left[Q'\left(\frac{a_o - q_o(T_o)}{\sigma_{\mathrm{n}}}\right)\frac{1}{\sigma_{\mathrm{n}}} - Q'\left(\frac{p_o(T_o) - a_o}{\sigma_{\mathrm{n}}}\right)\frac{1}{\sigma_{\mathrm{n}}}\right] \\ &= \frac{1}{2\sigma_{\mathrm{n}}}\left[\frac{1}{\sigma_{\mathrm{n}}\sqrt{2\pi}} \exp\left[-\frac{[a_o - q_o(T_b)]^2}{2\sigma_{\mathrm{n}}^2}\right] - \frac{1}{\sigma_{\mathrm{n}}\sqrt{2\pi}} \exp\left(-\frac{[p_o(T_b) - a_o]^2}{2\sigma_{\mathrm{n}}^2}\right)\right] \\ &= 0 \end{aligned}$$

따라서 최적의 a_0는

$$a_o = \frac{p_o(T_b) + q_o(T_b)}{2} \tag{10.19a}$$

와 같으며, 이 때 P_e는

$$\begin{aligned} P_e &= P(\epsilon|\mathbf{0}) = P(\epsilon|\mathbf{1}) \\ &= \frac{1}{\sigma_n\sqrt{2\pi}}\int_{a_o}^{\infty} \exp\left(-\frac{[r-q_o(T_b)]^2}{2\sigma_n^2}\right) dr \\ &= Q\left[\frac{a_o - q_o(T_b)}{\sigma_n}\right] \\ &= Q\left[\frac{p_o(T_b) - q_o(T_b)}{2\sigma_n}\right] \end{aligned} \tag{10.19b}$$

$$= Q\left(\frac{\beta}{2}\right) \tag{10.19c}$$

이며,

$$\beta = \frac{p_o(T_b) - q_o(T_b)}{\sigma_n} \tag{10.20}$$

와 같이 정의한다.

식 (10.17)을 식 (10.20)에 대입하면, 다음을 얻는다.

$$\beta^2 = \frac{\left|\int_{-\infty}^{\infty}[P(f)-Q(f)]H(f)e^{j2\pi fT_b}\,df\right|^2}{\int_{-\infty}^{\infty} S_n(f)|H(f)|^2\,df}$$

이 식의 $P(f)$ 대신 $P(f)-Q(f)$를 대입하면 식 10.9와 같은 형태의 식을 얻을 수 있다. 그러므로 Cauchy-Schwarz 부등식을 이용하여 다음과 같이 얻을 수 있다.

$$\beta_{\max}^2 = \int_{-\infty}^{\infty} \frac{|P(f)-Q(f)|^2}{S_n(f)}\,df \tag{10.21a}$$

그리고 최적의 필터 $H(f)$는 다음과 같이 표현된다.

$$H(f) = k\frac{[P(-f)-Q(-f)]e^{-j2\pi fT_b}}{S_n(f)} \tag{10.21b}$$

여기서 k는 임의의 상수이다.

○ 백색 가우시안 잡음의 경우

백색잡음인 경우 $S_n(\omega)=\mathcal{N}/2$으로 할 수 있고, 이때 최적의 필터 $H(f)$는 다음과 같다.*

$$H(f)=[P(-f)-Q(-f)]e^{-j2\pi fT_b} \tag{10.22a}$$

$$h(t)=p(T_b-t)-q(T_b-t) \tag{10.22b}$$

이것은 신호 $p(t)-q(t)$와 정합이 되는 필터이다. 따라서 β 값은 다음과 같다[식 (10.21a)].

$$\beta_{\max}^2=\frac{2}{\mathcal{N}}\int_{-\infty}^{\infty}|P(f)-Q(f)|^2\,df \tag{10.23a}$$

$$=\frac{2}{\mathcal{N}}\int_0^{T_b}[p(t)-q(t)]^2\,dt \tag{10.23b}$$

$$=\frac{E_p+E_q-2E_{pq}}{\mathcal{N}/2} \tag{10.23c}$$

여기서 E_p와 E_q는 각각 $p(t)$와 $q(t)$의 에너지를 나타낸다. 그리고

$$E_{pq}=\int_0^{T_b}p(t)q(t)\,dt \tag{10.24}$$

이제까지 에러확률을 P_e라고 해왔다. 2진 전송의 경우, 에러 확률을 비트 에러 확률(bit error probability) 혹은 비트 에러율(bit error rate : BER)이라 부르고 P_e 대신에 P_b를 사용한다. 따라서 식 (10.19c)와 식 (10.23c)는 다음과 같이 표현할 수 있다.

$$P_b=Q\left(\frac{\beta_{\max}}{2}\right) \tag{10.25a}$$

$$=Q\left(\sqrt{\frac{E_p+E_q-2E_{pq}}{2\mathcal{N}}}\right) \tag{10.25b}$$

최적의 임계값 a_0는 식 (10.17a, b)와 식 (10.22a)를 식 (10.19a)에 대입하고 정리한 다음의 식을 통해 얻을 수 있다.

* 식 (10.21b)에서 k는 임의의 상수이므로, 편의에 의해 $k=\mathcal{N}/2$으로 선택한다.

$$\int_{-\infty}^{\infty} P(f)Q(-f)\,df = \int_{-\infty}^{\infty} P(-f)Q(f)\,df = E_{pq} \tag{10.26}$$

따라서

$$a_o = \tfrac{1}{2}(E_p - E_q) \tag{10.27}$$

이다. 최적의 2진 수신기를 설명하면서 수신기의 구조를 그림 10.4에 주어진 임계치를 이용하여 결정하는 수신기의 구조에 대한 것으로 가정했다. 그림 10.4보다 더 좋은 성능을 보여주는 최적의 수신기가 있는지의 여부는 아직 확실치 않다. 10.6장에서는 가우시안 잡음이 있는 경우 여기서 설명한 수신기가 최적이라는 것을 증명해 준다. 즉 식 (10.25b)의 P_b 값이 채널의 잡음이 백색잡음인 경우 최적의 수신기에 대한 BER임을 보여준다. 백색잡음이 아닌 경우는 식 (10.21a)의 $\beta_{\max}$ 값을 식 (10.25a)에 대입해서 구할 수 있다.

○ 등가 최적 2진 수신기

그림 10.4a의 최적 수신기에서 $H(f)$는 다음 식으로 표현된다.

$$H(f) = P(-f)e^{-j2\pi fT_b} - Q(-f)e^{-j2\pi fT_b}$$

이 필터는 그림 10.5a의 구조처럼 $p(t)$와 $q(t)$에 대한 정합 필터를 병렬로 놓아서 구성할 수 있다. 또 다른 방법으로는 그림 10.5b처럼 구할 수 있다. 임계값은 $(E_p - E_q)/2$이기 때문에, 각각의 정합 필터 출력으로부터 $E_p/2$와 $E_q/2$를 빼주면 빼준 결과를 단순히 비교함으로써 결정을 내릴 수 있다. 이는 임계치가 0인 경우와 같다. $E_p = E_q$인 경우는 두 개의 출력으로부터 각각 $E_p/2$와 $E_q/2$를 빼줄 필요가 없이 그림 10.5c와 같이 두 신호를 단순히 비교하면 된다.

10.2.2 일반적인 2진 시스템의 성능 분석

본 절에서는 일반적인 2진 수신기를 설명하기 위하여 앞 절에서 설명한 기법들을 적용한다. 그리고 이들을 바탕으로 몇 가지 전형적인 2진 디지털 통신 시스템들의 성능을 분석한다.

○ 양극(Polar) 신호 기법

이 경우 $q(t) = -p(t)$이다. 그러므로,

$$E_p = E_q \quad \text{그리고} \quad E_{pq} = -\int_{-\infty}^{\infty} p^2(t)\,dt = -E_p \tag{10.28}$$

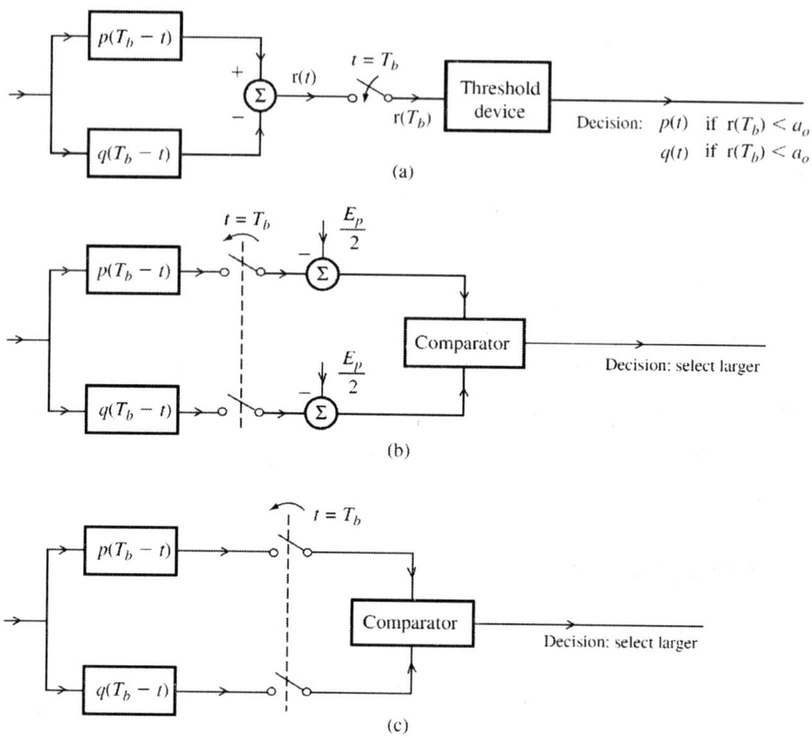

▸▸ 그림 10.5 최적 2진 임계 검출기의 구현

이 식들을 식 (13.25b)에 대입하면, 다음과 같다.

$$P_b = Q\left(\sqrt{\frac{2E_p}{\mathcal{N}}}\right) \tag{10.29}$$

또한 식 (10.22b)로부터, 다음을 얻을 수 있다.

$$h(t) = 2p(T_b - t) \tag{10.30}$$

$h(t)$의 값에 어떤 상수를 곱하면, 곱해 지는 값은 신호와 잡음에 동시에 곱해지기 때문에 시스템의 성능에는 영향을 주지 못한다. 따라서 편의를 위해서 $h(t)$에 0.5를 곱하면 다음과 같이 된다.

$$h(t) = p(T_b - t) \tag{10.31}$$

식 (10.27)로부터, 임계치 a_0는 다음과 같다.

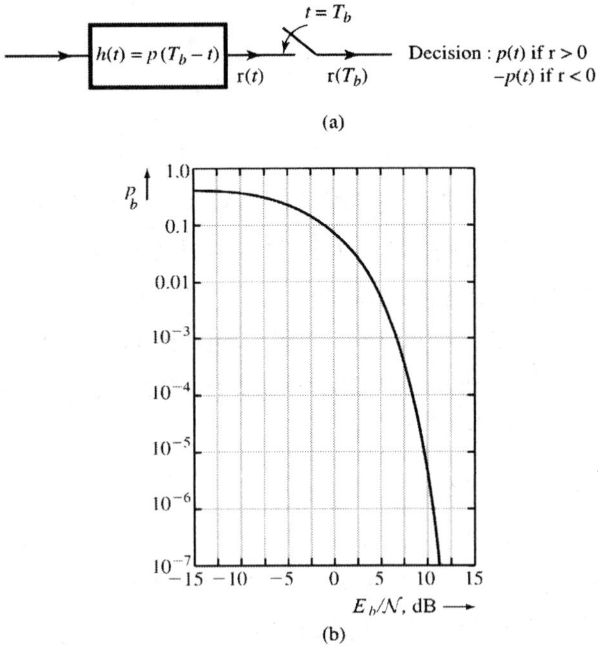

▸▸ 그림 10.6 (a) 최적의 임계치 검출기 (b) 쌍극 신호에 대한 오류 확률

$$a_o = 0 \tag{10.32}$$

그러므로 양극 신호를 사용하는 경우, 그림 10.5a의 수신기는 그림 10.6a로 바뀌고, 임계값은 0이 된다. 이 필터는 그림 10.3과 같다.

오류 확률은 좀 더 기본적인 변수인 한 비트당 에너지 E_b로 다음과 같이 표현할 수 있다.

$$E_b = \text{energy per bit}$$

양극 신호의 경우, $E_p = E_q$이고 비트 에너지 E_b는

$$\begin{aligned} E_b &= E_p\, P\,(\mathrm{m} = \mathbf{1}) + E_q\, P\,(\mathrm{m} = \mathbf{0}) \\ &= E_p\, P\,(\mathrm{m} = \mathbf{1}) + E_p\,[1 - P\,(\mathrm{m} = \mathbf{1})] \\ &= E_p \end{aligned}$$

이므로 식 (10.29)로부터, 다음을 얻을 수 있다.

$$P_b = Q\left(\sqrt{\frac{2E_b}{\mathcal{N}}}\right) \tag{10.33}$$

$E_b/\mathcal{N}$는 정규화된 비트당 에너지의 잡음에 대한 비이다. 이 변수는 디지탈 통신에서 성능을 분석하는 가장 중요한 변수이다.* 신호의 전력은 E_b에 비트율을 곱한 것이므로 신호의 전력은 신호의 E_b를 아는 것과 같다. 그러므로 두 시스템의 E_b를 비교하는 것은 두 시스템의 전력을 비교하는 것과 같다.

그림 10.6b는 $E_b/\mathcal{N}$(dB)에 대한 P_b를 그린 것이다. 식 (10.33)은 최적의 임계 검출 방법의 경우, 양극 시스템 성능은 펄스의 모양에 영향을 받는 것이 아니라 펄스의 에너지에 영향을 받는다는 것을 알 수 있다.

○ 개폐(on-off) 신호 방식

개폐(on-off) 신호 방식의 경우 $q(t)=0$이다. 그리고, 수신기 구조는 그림 10.5a의 수신기 구조에서 $q(T_b-t)$의 아래 단 필터가 없는 형태이다. 식 (10.27)로부터, 개폐 신호 방식 수신기의 최적 임계치는 다음과 같다.

$$a_o = E_p/2$$

또한 $q(t)=0$을 식 (10.24)와 (10.25)에 대입하면, 다음을 얻는다.

$$E_q = 0, \qquad E_{pq} = 0, \qquad \text{and} \qquad P_b = Q\left(\sqrt{\frac{E_p}{2\mathcal{N}}}\right) \tag{10.34}$$

두 심볼 $m=0$과 $m=1$이 같은 확률 0.5를 가진다면, 평균 비트 에너지는 다음과 같다.

$$E_b = \frac{E_p + E_q}{2} = \frac{E_p}{2}$$

따라서 BER은 다음과 같다.

$$P_b = Q\left(\sqrt{\frac{E_b}{\mathcal{N}}}\right) \tag{10.35}$$

* 전송률이 초당 R_b인 경우, 신호의 전력 S_i는 $S_i = E_b R_b$로 나타나고, $E_b/\mathcal{N} = S_i/\mathcal{N}R_b$로 된다. 여기서 $S_i/\mathcal{N}R_b$는 아날로그 시스템의 γ(SNR $S_i/\mathcal{N}R_b$)와 비슷함을 알 수 있다.

식 (10.35)와 (10.33)을 비교해 보면, 같은 성능(다시 말하면, 같은 P_e)를 얻기 위하여 개폐 신호 방식은 양극 신호 방식에 비해 정확하게 두 배의 비트 당 에너지(3 dB 많은 전력)를 필요로 함을 알 수 있다.

○ 직교 신호 기법

직교 신호 기법에서는 $p(t)$와 $q(t)$가 구간 $(0, T_b)$ 사이에서 직교하도록 선택한다. 즉, 다음식을 만족한다.

$$E_{pq} = \int_0^{T_b} p(t)q(t)\,dt = 0 \tag{10.36}$$

개폐 신호 방식은 직교 신호 방식의 특별한 경우이다. 그림 10.7에서 2진 직교 펄스에 대한 두 가지 예를 보여준다. 식 (10.25)로부터 다음 식을 얻을 수 있다.

$$P_b = Q\left(\sqrt{\frac{E_p + E_q}{2\mathcal{N}}}\right) \tag{10.37}$$

'1'과 '0'이 같은 확률로 전송된다고 가정하면

$$E_b = \frac{E_p + E_q}{2}$$

로 표현할 수 있고, 비트 에러율은 다음과 같다.

$$P_b = Q\left(\sqrt{\frac{E_b}{\mathcal{N}}}\right) \tag{10.38}$$

이 결과로부터 직교 신호 기법의 성능은 양극 신호 기법 보다는 3dB 나쁨을 알 수 있다.

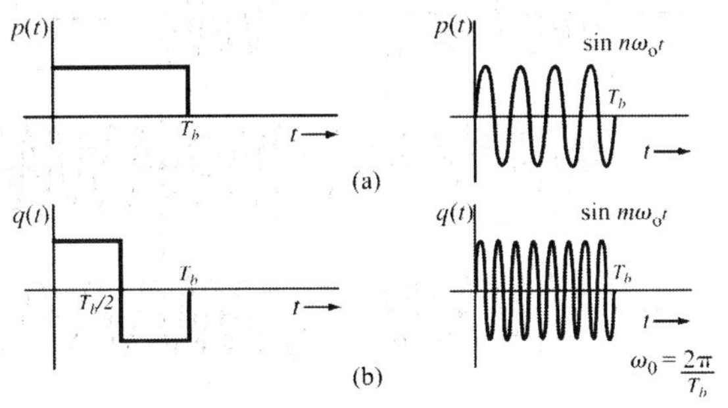

▸▸ 그림 10.7 직교 신호의 예

10.3 디지털 반송파 변조를 위한 동기 수신기

7.9절에서 진폭 천이 변조(amplitude shift keying : ASK), 주파수 천이 변조(frequency shift keying : FSK), 그리고 위상 천이 변조(phase shift keying : PSK)에 대해서 간략히 소개했다. 그림 10.8은 직각의 기저 대역 펄스에 대한 세 가지 방법에 대해 표현한다. 기저 대역의 펄스들은 심볼간 간섭(intersymbol interference :ISI)을 줄이거나 유한한 대역폭을 갖도록 상승 코사인 펄스처럼 특별한 모양을 가질 수도 있다.

○ BPSK

특히 2진 PSK(BPSK) 변조는 다음과 같이 2진 심볼을 전송한다.

$$\mathbf{1}: \quad \sqrt{2}p'(t)\cos\omega_c t$$
$$\mathbf{0}: \quad -\sqrt{2}p'(t)\cos\omega_c t$$

여기서 $p'(t)$는 기저 대역 펄스이다. $p(t) = \sqrt{2}\,p'(t)\cos\omega_c t$일 때, 기저대역 양극 신호 기법과 정확하게 같은 신호 형태가 된다. 따라서 최적의 2진 수신기는 그림 10.5a의 형태가 된다. 결과적으로 등가 확률(equally likely) 2진 신호의 경우, 최적의 임계치는 $a_0 = 0$이고, 검출 오류의 최소 확률은 등가적으로 다음과 같다.

$$P_b = Q\left(\sqrt{\frac{2E_b}{\mathcal{N}}}\right) = Q\left(\sqrt{\frac{2E_p}{\mathcal{N}}}\right) \tag{10.39}$$

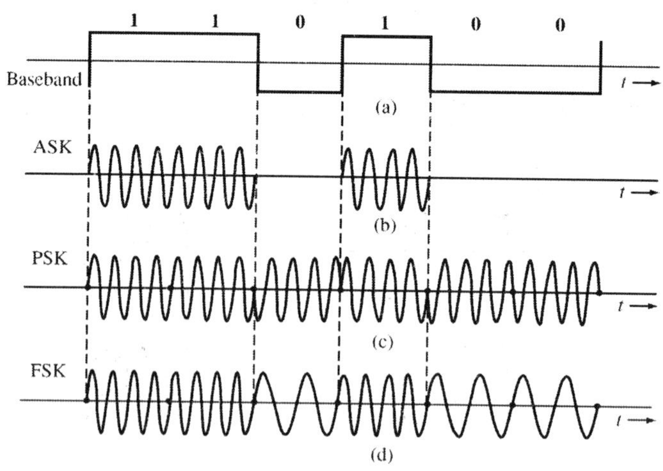

▸▸ 그림 10.8 디지털 변조된 파형

여기서 펄스 에너지는 다음과 같다.

$$\begin{aligned} E_p &= \int_0^{T_b} p^2(t)\,dt \\ &= 2\int_0^{T_b} [p'(t)]^2 \cos^2 \omega_c t\,dt \\ &= \int_0^{T_b} [p'(t)]^2\,dt \\ &= E_{p'} \end{aligned}$$

이러한 결과는 $f_c T_b \gg 1$과 같이 반송파 주파수가 충분히 큼을 가정한다.

○ 2진 ASK

유사한 방법으로 2진 ASK의 경우 다음과 같은 신호 전송한다.

$$\begin{aligned} &\mathbf{1}: \quad \sqrt{2}p'(t)\cos \omega_c t \\ &\mathbf{0}: \quad 0 \end{aligned}$$

이 경우는 앞서 분석했던 on-off 신호 기법과 같다. 그러므로 ASK의 검출기는 임계값이 $a_0 = E_p/2$이고, 2진 ASK의 최소 BER은 다음과 같다.

$$P_b = Q\left(\sqrt{\frac{E_b}{\mathcal{N}}}\right) \tag{10.40}$$

여기서

$$E_b = \frac{E_p}{2} = \frac{E_{p'}}{2}$$

이다. 식 (10.39)와 식 (10.40)을 비교하면, 두 방법이 같은 성능을 얻기 위해서는 ASK의 펄스 에너지가 PSK보다 두 배 커야 한다는 것을 알 수 있다. 즉 ASK가 3dB 더 많은 전력을 필요로 한다. 그러므로, 최적의 동기 검출의 경우 PSK가 ASK에 비해 더 선호되는 방법이다. 이런 이유 때문에 최적의 검출에 있어서 ASK는 실질적으로 별로 중요하지 않다. 하지만 ASK는 비동기 시스템(예로 광 통신)에 유용하다. 예로서 포락선 검출은 ASK에서 사용된다. PSK는 정보가 위상에 실려 있기 때문에 비동기 검출로는 검출될 수 없다.

반송파 시스템에서 사용되는 기저대역 펄스 $p(t)$는 ISI가 최소가 되도록 만들어져야 한다. PSK와 ASK의 대역폭은 기저 대역 신호의 대역폭의 2배이다*.

* 대역폭 효율을 2배 향상시키기 위하여 QAM(quadature multiplexing)을 사용할 수 있다.

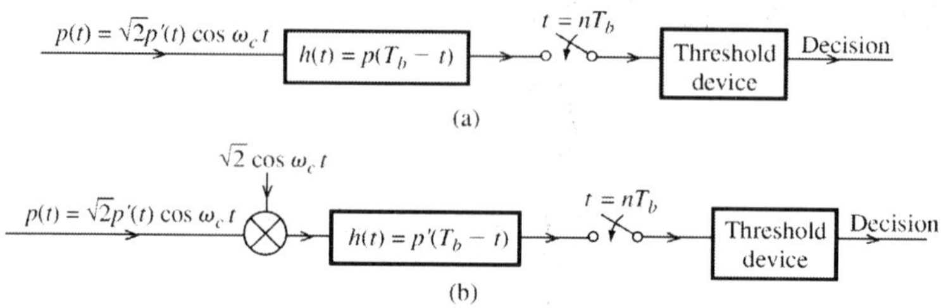

►► 그림 10.9 디지털 변조 신호의 동기 검출

○ 동기 수신기로서 대역 통과 정합 필터

PSK와 ASK에 대하여, 그림 10.5a의 최적 정합 필터를 구현할 수 있다. 그림 10.9a와 같이 수신된 RF 펄스는 표본화기와 임계 검출기 앞에 있는 RF 펄스에 정합된 필터에 의해 검출될 수 있다.

반면에 검출을 위한 신호 표본들의 변화없이 같은 정합 필터 수신기가 그림 10.9b와 같이 변화될 수 있다. RF 펄스에 먼저 $\sqrt{2}\cos\omega_c t$를 곱해서 동기 복조를 한 뒤에 검출할 수도 있다. 곱한 결과는 기저 대역 신호 $p'(t)$*와 PSD를 $\mathcal{N}/2$으로 갖는 기저 대역 잡음으로 이루어져 있다(예제 9.13 참조). 이 값은 기저 대역 펄스 $p'(t)$에 정합되어있는 필터에 가해진다. 두 개의 수신기 형태는 등가이고, 상관 수신기로서 구현될 수 있다.

○ 주파수 천이 변조

FSK에서는 RF 2진 신호들이 다음과 같이 전송된다.

$$\begin{aligned}\mathbf{0}: &\quad \sqrt{2}p'(t)\cos[\omega_c-(\Delta\omega/2)]t\\ \mathbf{1}: &\quad \sqrt{2}p'(t)\cos[\omega_c+(\Delta\omega/2)]t\end{aligned}$$

이런 형태의 파형은 2개의 ASK 파형이 사이사이에 끼워져 있는 것과 같다. 따라서 이 파형의 PSD는 두 개의 PSD의 합으로 표현된다. 각각의 중심은 $[f_c-(\Delta f/2)]$와 $[f_c+(\Delta f/2)]$이다. $\Delta f/f_c$가 큰 경우에는 PSD는 서로 겹치지 않는다. 하지만 $\Delta f/f_c$가 작은 경우는 두 개의 스펙트럼이 합쳐져서 대역폭이 감소한다. 두 경우 모두 ASK나 PSK보다 대역폭이 크게 나타난다.

최적 상관 수신기는 그림 10.10에 나타내었다. 사용되는 펄스들의 에너지 값이 같기 때문에 두 개의 심볼이 등가 확률일 때, 최적의 임계치는 $a_0=0$이다.

사각 펄스 $p'(t)=A$를 고려한 보다 일반적인 경우를 생각하자. 즉 펄스 정형이 없는 경우의 FSK는 다음과 같다.

---

* 이 경우 $2\omega_c$에 $p'(t)$의 스펙트럼이 존재한다. 하지만 이것은 $p'(t)$에 대한 정합 필터에 의해 제거된다.

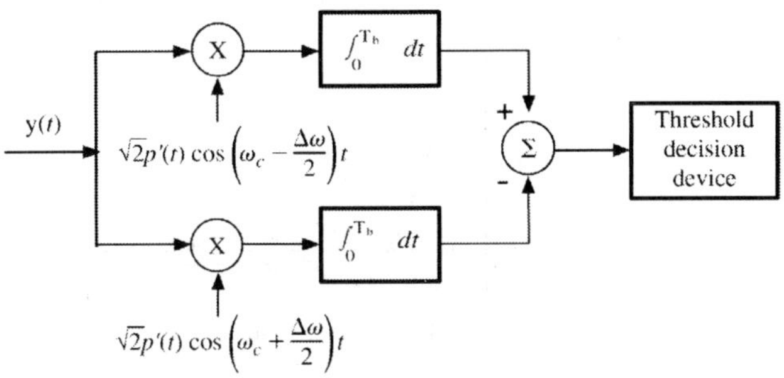

►► 그림 10.10 2진 FSK 신호의 최적 동기 검출

$$q(t) = \sqrt{2}A \cos\left(\omega_c - \frac{\Delta\omega}{2}\right)t$$

$$p(t) = \sqrt{2}A \cos\left(\omega_c + \frac{\Delta\omega}{2}\right)t$$

식 (10.25b)로부터 P_b를 구하려면, 다음과 같이 E_{pq}를 구해야 한다.

$$\begin{aligned} E_{pq} &= \int_0^{T_b} p(t)q(t)\,dt \\ &= 2A^2 \int_0^{T_b} \cos\left(\omega_c - \frac{\Delta\omega}{2}\right)t \cos\left(\omega_c + \frac{\Delta\omega}{2}\right)t\,dt \\ &= A^2\left[\int_0^{T_b} \cos(\Delta\omega)t\,dt + \int_0^{T_b} \cos 2\omega_c t\,dt\right] \\ &= A^2 T_b\left[\frac{\sin(\Delta\omega)T_b}{(\Delta\omega)T_b} + \frac{\sin 2\omega_c T_b}{2\omega_c T_b}\right] \end{aligned}$$

실제의 경우 $\omega_c T_b \gg 1$이다. 따라서 오른쪽의 두번째 항은 생략할 수 있다. 그러므로

$$E_{pq} = A^2 T_b \operatorname{sinc}(\Delta\omega T_b)$$

이다. 유사한 방법으로 다음을 얻을 수 있다.

$$E_b = E_p = E_q = \int_0^{T_b} [p(t)]^2\,dt = A^2 T_b$$

등가 2진 심볼 0과 1에 대한 식 (10.25b)의 BER 분석은 다음과 같다.

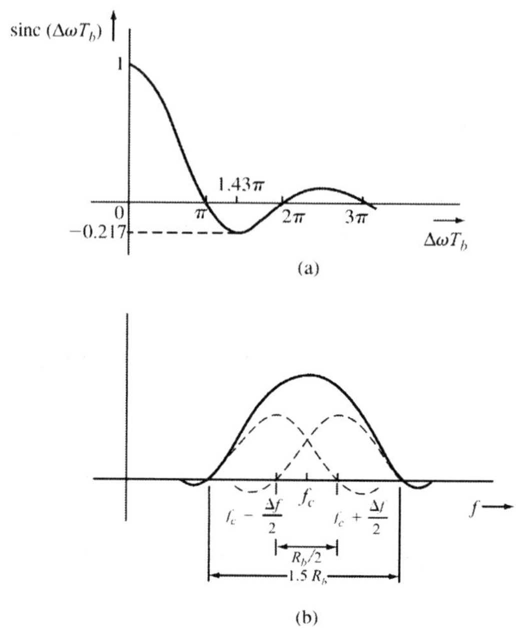

▸▸ 그림 10.11 (a) Sinc 함수의 최소, (b) MSK 스펙트럼

$$P_b = Q\left(\sqrt{\frac{E_b - E_b \operatorname{sinc}(\Delta\omega T_b)}{\mathcal{N}}}\right)$$

P_b값을 최소화하기 위해서 2진 FSK에 대하여 $\Delta\omega$는 $\sin(\Delta\omega T_b)$가 최소가 되도록 선택해야 한다. 그림 10.11a는 $(\Delta\omega T_b)$에 따른 $\sin(\Delta\omega T_b)$를 나타내었다. E_{pq}의 최소값은 $(\Delta\omega T_b) = 1.43\pi$일 때, 또는

$$\Delta f = \frac{\Delta\omega}{2\pi} = \frac{0.715}{T_b} = 0.715R_b$$

일 때이다. 그러므로 다음의 최소 2진 FSK BER을 얻는다.

$$P_b = Q\left(\sqrt{\frac{1.217E_b}{\mathcal{N}}}\right) \tag{10.41a}$$

$E_{pq} = 0$인 경우, 직교 신호 기법의 경우가 된다. 그림 10.11a로부터, 임의의 정수 n에 대하여 $\Delta f = n2T_b$인 경우 $E_{pq} = 0$인 것을 명확히 알 수 있다. 이는 2진 FSK 시스템이 Δf를 결정할 때, 임의의 n을 선택할 수 있는 것처럼 보이지만, Δf가 크다는 것은

$\left(\omega_c - \dfrac{\Delta\omega}{2}\right)$과 $\left(\omega_c + \dfrac{\Delta\omega}{2}\right)$의 간격이 커진다는 것이고, 따라서 전송대역이 커진다는 것이다. 대역폭을 최소화하기 위해서는 Δf를 가능한 작게 하여야 한다. 그림 10.11a로부터 최소 Δf 값은 $1/2T_b$이다. Δf 값을 이값으로 쓰는 FSK를 최소 천이 변조(minimum shift keying : MSK)라 부른다.

○ MSK

MSK의 경우, 두 주파수를 $1/2T_b$만큼 떨어지도록 할 뿐만 아니라, 송신기에서 $f \pm \Delta f$ 사이의 천이 때에 나타나는 위상 연속성을 유지한다. 즉 다른 FSK에서 나타나는 비트천이 순간에서의 갑작스런 위상 변화가 일어나지 않도록 한다. MSK의 특별한 경우인 위상이 연속적으로 변하도록 유지되는 FSK 기법(continuous phase FSK : CPFSK)들은 스펙트럼의 부엽들을 감소시키기 때문에 사용 대역폭 측면에서 효율적이다.

CPFSK(혹은 MSK)에서 위상의 연속성을 유지하기 위하여 모든 비트천이에서의 위상값을 이전의 데이터열에 관련시켜서 만든다. 예를 들어 $t=0$에서 시작하는 1001…의 데이터열을 생각해 보자. 첫 번째 비트 '1'에 해당하는 첫 번째 펄스는 구간 $(0, T_b)$ 사이에서 $\cos[\omega_c + (\Delta\omega/2)]t$로 표현된다. $t = T_b$에서 이 펄스의 위상은 $[\omega_c + (\Delta\omega/2)]\,T_b$이다. 다음 펄스는 두 번째 데이터 비트 '0'에 해당하고, $\cos[\omega_c - (\Delta\omega/2)]t$이다. 이 펄스는 $[\omega_c + (\Delta\omega/2)]\,T_b$만큼의 위상이 추가적으로 더해진다. 이렇게 함으로써 천이순간에 위상의 연속성을 갖게 된다. 매번의 천이 때 이러한 방법을 계속 수행한다.

MSK는 직교 신호 기법이다. 따라서 에러확률은 다음과 같다.

$$P_b = Q\left(\sqrt{\frac{E_b}{\mathcal{N}}}\right) \tag{10.41b}$$

이것은 식 (10.41a)로 주어진 최적의 경우보다는 성능이 떨어진다. 좀 더 깊이 연구해 보면 MSK의 성능이 소위 최적의 수신기의 성능보다 좋음을 보여줄 수 있다. 만일 MSK를 일반적인 FSK의 동기 수신기로 T_b의 수신 시간 동안 검출을 하면 에러 확률은 식 (10.41b)와 같고 성능은 FSK보다 떨어진다. 그러나 MSK는 CPFSK임을 상기하자. 즉 각 펄스의 위상값은 이전의 펄스에 영향을 받는다는 것을 상기하자. 따라서 T_b보다 큰 구간에서의 신호 파형을 이용하여 수신 신호를 검출하면 더 나은 성능을 얻을 수 있다. MSK를 $2T_b$구간 동안의 신호를 이용해서 검출을 하면, MSK의 성능이 PSK의 성능과 같음을 알 수 있다. 즉, 에러확률은 다음과 같다.

$$P_b = Q\left(\sqrt{\frac{2E_b}{\mathcal{N}}}\right) \tag{10.41c}$$

MSK는 또 다른 유용한 성질을 가지고 있다. 그것은 자기동기(self-synchronization) 능력이 있고, 사용 대역폭은 그림 10.11b처럼 $1.5R_b$이다. 이것은 쌍 2진 신호의 대역폭보다 50%만 더 사용하는 것이다. 더군다나 MSK의 스펙트럼은 $1/f^4$의 비율로 급속히 줄어든다. PSK의 경우는 빨리 줄어들지 못한다. 즉 PSK의 경우는 $1/f^2$의 비율로 줄어든다 [식 (7.15) 또는 (7.22) 참조]. 이러한 특징들 때문에 최근에는 MSK가 많은 관심을 끌고 있다. MSK에 대한 좀 더 자세한 내용은 참고문헌 1과 2를 참조하기 바란다.

10.4 최적 검출을 위한 신호 공간 분석

지금까지 가우시안 잡음에서 2진 신호 전송을 위한 선형 임계 검출의 간단한 방법에 제한을 두고 디지털 수신기 최적화를 살펴보았다. 이러한 수신기들은 선형적인 형태의 수신기에 한정된다. 지정한 최적의 수신기는 다음의 해답을 필요로 한다. 채널 잡음을 가지는 M진 전송과

$$\mathrm{y}(t) = p_i(t) + \mathrm{n}(t) \qquad 0 \le t \le T_o \qquad i = 1, \ldots, M$$

와 같은 채널 출력을 고려할 때, 최소 오류 확률을 가지는 최적의 수신기는 무엇인가?

이 문제에 대답하기 위해서는 보다 근본적인 관점에서 디지털 신호 검출 문제를 분석해야 한다. 채널 출력은 $0 \le t \le T_0$에서의 랜덤 과정 $\mathrm{y}(t)$임을 명심하자. 따라서 수신기는 $\mathrm{y}(t)$를 유한 차원의 결정 공간으로 변환하여 신호를 검출해야 한다. 이는 신호와 잡음의 기하학적 해석으로 분석할 수 있다.

표기법 : 혼동을 피하기 위하여 표기법을 여기서 명확히 설명한다. 앞에서와 같이, 랜덤 변수 또는 랜덤 과정은 x 또는 $\mathrm{x}(t)$로 표기한다. 어떤 실행에서 랜덤 변수로 가정되는 특별한 값은 이탤릭 체로 표기한다. 따라서 x는 랜덤 변수 x의 특정 값이다. 유사한 방법으로 $x(t)$는 랜덤 과정 $\mathrm{x}(t)$의 특별한 표본 함수를 나타낸다. 랜덤 벡터는 일반적인 표기법을 따른다. 즉 **r**은 랜덤 벡터를, $\boldsymbol{r}$은 **r**의 특별한 값을 의미한다.

10.4.1 기하학적 신호 공간

$M-ary$ 전송 시스템에서 하나의 신호는 실제적으로 n차원 벡터이고, n차원 ($n \le M$) 공간상의 한 점을 나타낸다. 이러한 관점의 기본내용은 2.6절에 소개했다.

어느 순서에 따라 나열된 n개(ordered n-tuple)의 숫자($x_1, x_2, \cdots, x_n$)는 n차원 벡터 $\boldsymbol{x}$이다. n차원 (신호) 벡터 공간은 n개의 단위 벡터((unit vectors) 다음과 같이 정의되는 $\varphi_1, \varphi_2, \cdots, \varphi_n$)에 의하여 확장(span)된다.

$$\begin{aligned} \boldsymbol{\varphi}_1 &= (1,\ 0,\ 0, \ldots, 0) \\ \boldsymbol{\varphi}_2 &= (0,\ 1,\ 0, \ldots, 0) \\ &\cdots \\ \boldsymbol{\varphi}_n &= (0,\ 0,\ 0,\ \ldots,\ 1) \end{aligned} \tag{10.42}$$

임의의 벡터 $\boldsymbol{x}=(x_1,\ x_2,\ \cdots,\ x_n)$은 n개의 단위 벡터들의 선형 조합(linear combination)으로 표현된다.

$$\boldsymbol{x} = x_1\boldsymbol{\varphi}_1 + x_2\boldsymbol{\varphi}_2 + \cdots + x_n\boldsymbol{\varphi}_n \tag{10.43a}$$

$$= \sum_{k=1}^{n} x_k\boldsymbol{\varphi}_k \tag{10.43b}$$

이러한 벡터 공간을 설명하기 위하여 다음과 같은 두 벡터의 내적

$$<\boldsymbol{x},\ \boldsymbol{y}> = \sum_{k=1}^{n} x_k y_k \tag{10.44}$$

그리고, 다음과 같은 벡터 놈(norm)의 정의를 이용한다.

$$||\boldsymbol{x}||^2 = <\boldsymbol{x}, \boldsymbol{x}> = \sum_{k=1}^{n} x_k^2 \tag{10.45}$$

어느 벡터 $\mathbf{x}$의 길이(length)는 $||\mathbf{x}||$로 나타내며, 놈과 같다. 두 벡터 $\mathbf{x}$와 $\mathbf{y}$는 그들의 내적 즉, 다음 식을 만족할 경우 직교(orthogonal)한다고 말한다.

$$<\boldsymbol{x}, \boldsymbol{y}> = 0 \tag{10.46}$$

n차원 벡터들을 원소로 하는 어떤 집합이 있을 때, 만일 그 집합 속에 있는 벡터들 중 어느 것도 그 집합 내의 나머지 벡터들의 선형 조합으로 표현할 수 없다면 그 n차원 벡터들의 집합은 독립(independent)이라고 말한다. 따라서, 만일 $\boldsymbol{y}_1,\ \boldsymbol{y}_2,\ \cdots,\ \boldsymbol{y}_m$이 독립인 집합이라면,

$$a_1\boldsymbol{y}_1 + a_2\boldsymbol{y}_2 + \cdots + a_m\boldsymbol{y}_m = 0 \tag{10.47}$$

을 만족하는 계수는 $a_i = 0,\ i = 0, \cdots, m$이다. 어느 주어진 n차원 공간에서 벡터의 부분집합(subset)은 n보다 작은 차원을 가질 수 있다. 예로서, 3차원 공간에서 한 평면에 놓인 모든 벡터들은 2차원으로 표현할 수 있으며, 한 선에 위의 벡터들은 1차원으로 표현할

수 있다.

n차원 공간은 최대로 n개의 독립한 벡터를 가질 수 있다. 만일 어느 공간(space)이 최대로 n개의 독립한 벡터를 갖는다면 그 공간 내의 모든 벡터 $\mathbf{x}$는 이들 n개의 독립한 벡터들의 선형 조합으로 표현할 수 있다. 그러므로 이 공간 내의 모든 벡터는 n개의 수로 표현될 수 있으며 n차원 공간의 한 원소이다. 이러한 이유로 인하여, n차원 공간에서의 n개의 독립인 벡터로 구성된 집합은 해당 공간의 기저벡터(basis vectors)라고 할 수 있다.

기저벡터의 집합은 좌표계의 축을 이루지만 유일한(unique) 것은 아니다. 식 (10.42)에 있는 n개의 단위 벡터는 독립이며, 기저벡터로 사용될 수 있다. 이들 벡터는 다음과 같은 부가적인 특징을 가진다. 즉 이들 벡터는 상호(mutually) 직교(orthogonal)하고, 정규화된 길이를 가진다.

$$<\boldsymbol{\varphi}_j, \boldsymbol{\varphi}_k> = \begin{cases} 0 & j \neq k \\ 1 & j = k \end{cases} \tag{10.48}$$

이러한 집합을 직정규 벡터의 집합(orthonormal set of vectors)이라 한다. 벡터 $\boldsymbol{x}=(x_1, x_2, \cdots, x_n)$는 다음과 같이 표현할 수 있다.

$$\mathrm{y}(t) = p_i(t) + \mathrm{n}(t) \qquad 0 \leq t \leq T_o \qquad i = 1, \ldots, M$$

여기서 x_i는 $\boldsymbol{x}$를 기저벡터 φ_k로의 정사영한 값이며, k번째 좌표값이다. 식 (10.48)을 이용하여 k번째 좌표값을 다음과 같이 구할 수 있다.

$$<\boldsymbol{x}, \boldsymbol{\varphi}_k> = x_k \qquad k = 1, 2, \ldots, n \tag{10.49}$$

n개의 기저벡터의 집합을 이용하여 n차원 공간에서의 임의의 벡터를 표현할 수 있으므로 이러한 기저벡터 집합을 완전한 직정규(complete orthonomal) (CON) 집합이라고 한다.

10.4.2 신호 공간과 기저 신호

벡터 공간과 기저 벡터의 개념은 시간 구간 Θ에서 정의되는 연속 시간 신호를 설명하기위해 일반화될 수 있다. 2.6절에서 설명한 바와 같이 직정규 신호 $\{\varphi_i(t)\}$는

$$\int_{t\in\Theta} \varphi_j(t)\varphi_k(t)\, dt = \begin{cases} 0 & j \neq k \\ 1 & j = k \end{cases} \tag{10.50}$$

을 만족하면 $t\in\Theta$에 대하여 정의될 수 있다. 만약에 $\{\varphi_i(t)\}$이 구간 Θ에서 정의되는 신호 공간의 직정규 함수의 완전한 집합이면, 이러한 공간에서의 모든 신호 $x(t)$를 다음과 같이 표현할 수 있다.

$$x(t) = \sum_k x_k \varphi_k(t) \quad t \in \Theta \tag{10.51}$$

여기서 $\varphi_k(t)$ 방향으로의 신호 성분은 다음과 같다.*

$$x_k = \int_{t \in \Theta} x(t)\varphi_k(t)\, dt \tag{10.52}$$

한 가지 예로 $\Theta = (-\infty, \infty)$을 생각할 수 있다. 대역폭이 B Hz인 기저대역 통과 신호는 표본화 이론에 의하여 다음과 같이 표현할 수 있다.

$$x(t) = \sum_k x_k \underbrace{\sqrt{2B}\,\text{sinc}\,(2\pi Bt - k\pi)}_{\varphi_k(t)} \tag{10.53a}$$

그리고

$$x_k = \int_{-\infty}^{\infty} x(t)\sqrt{2B}\,\text{sinc}\,(2\pi Bt - k\pi)\, dt = \frac{1}{\sqrt{2B}} x\left(\frac{k}{2B}\right) \tag{10.53b}$$

이다. 하나의 벡터 공간에 대한 가능한 기저 벡터는 수는 무한하듯이, 주어진 신호 공간에서의 기저 신호 집합 또한 무한하다. 대역 제한된 신호 공간에서 $\{\sqrt{2B} \cdot \text{sinc}(2\pi Bt - k\pi)\}$는 기저 신호 집합이 될 수 있다.

$x(k/2B)$는 원래의 대역 제한된 신호가 Nyquist 표본화율로 표본화된 샘플들이다. 대역 제한된(band-limited) 신호는 시간 제한(time-limited)될 수 없다는 점을 상기하자. 따라서, 초당 $2B$ 샘플의 Nyquist 율(rate)로 샘플된 총 샘플의 수는 무한개가 되며 무한대의 차원을 갖는다. 하지만, 높은 차원들은 무시될 수 있다. 왜냐하면 그들의 기여도가 아주 미미하기 때문이다. 이 결과에 대한 자세한 이론은 Landau와 Pollak3의 논문을 참조하기 바란다.

○ 스칼라곱과 신호 에너지

어느 한 신호 공간에서, $x(t)$와 $y(t)$로 표현되는 두 개의 신호를 고려하자. 만일

---

* 만일 $\varphi_k(t)$가 복소수 신호이면, 직교성은 다음과 같은 의미를 지닌다.

$$\int_{t \in \Theta} \varphi_j(t)\varphi_k^*(t)\, dt = 0$$

그리고 식 (10.52)은 다음과 같이 바뀌어야 한다.

$$x_k = \int_{t \in \Theta} x(t)\varphi_k^*(t)\, dt$$

$\{\varphi_k(t)\}$가 직정규(orthonormal) 기저 신호라고 하면, $x(t)$와 $y(t)$를 다음과 같이 표현할 수 있다.

$$x(t) = \sum_i x_i \varphi_i(t)$$
$$y(t) = \sum_j y_j \varphi_j(t)$$

따라서

$$<x(t), y(t)> = \int_{t \in \Theta} x(t)y(t)\,dt = \int_{t \in \Theta} \left[\sum_i x_i \varphi_i(t)\right]\left[\sum_j y_j \varphi_j(t)\right] dt$$

기저 신호들은 직정규 신호이기 때문에 다음과 같은 결과를 얻는다.

$$\int_{t \in \Theta} x(t)y(t)\,dt = \sum_k x_k y_k \tag{10.54a}$$

여기서 식 (10.54a)의 우변은 두 벡터 $\boldsymbol{x}$와 $\boldsymbol{y}$의 스칼라 곱으로 정의된다. 그러므로 Parseval 정의에 의하여 다음과 같음을 알 수 있다.

$$<x(t), y(t)> = \int_{t \in \Theta} x(t)y(t)\,dt = \sum_k x_k y_k = <\boldsymbol{x}, \boldsymbol{y}> \tag{10.54b}$$

어느 한 신호 $x(t)$에 대하여 에너지 E_x는 다음과 같이 주어진다.

$$\begin{aligned} E_x &= \int_{t \in \Theta} x^2(t)\,dt \\ &= <\boldsymbol{x}, \boldsymbol{x}> = ||\boldsymbol{x}||^2 \end{aligned} \tag{10.55}$$

그러므로, 신호 에너지는 대응하는 벡터의 길이의 제곱으로 구할 수 있다.

● 예제 10.1

어느 한 신호 공간이 네 개의 신호 $s_1(t), s_2(t), s_3(t), s_4(t)$로 그림 10.12(a)와 같이 구성된다. 이 때 알맞은 기저벡터의 집합과 이 신호의 차원을 구하시오. 이 신호들을 벡터 공간에서 기하학적으로 표현하시오.

풀이

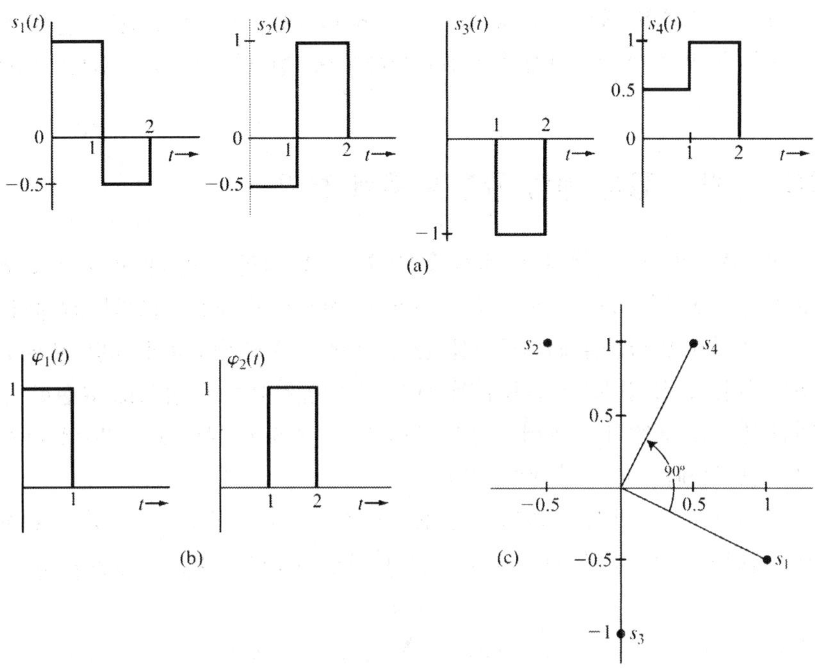

▸▸ 그림 10.12 신호들과 신호 공간에서의 표현

그림 10.12b에서 두 개의 구형파(rectangular pulse) $\varphi_1(t)$와 $\varphi_2(t)$는 기저 신호의 집합으로 적합하다. 이 집합을 기준으로 할 때, 신호 $s_1(t)$, $s_2(t)$, $s_3(t)$, $s_4(t)$에 대응하는 벡터들 $\boldsymbol{s}_1$, $\boldsymbol{s}_2$, $\boldsymbol{s}_3$, $\boldsymbol{s}_4$는 각각 $\boldsymbol{s}_1$=(1, −0.5), $\boldsymbol{s}_2$=(−0.5, 1), $\boldsymbol{s}_3$=(0, −1), $\boldsymbol{s}_4$=(0.5, 1)이 된다. 그림 10.12c에 이 점들을 나타내었다. 잘 관찰해보면

$$<\boldsymbol{s}_1, \boldsymbol{s}_4> = 0.5 - 0.5 = 0$$

따라서, $\boldsymbol{s}_1$과 $\boldsymbol{s}_4$는 직교한다. 이 결과는 다음과 같이 적분을 하여 증명할 수도 있다.

$$\int_{-\infty}^{\infty} s_1(t)s_4(t)\,dt = 0$$

그림 10.12c에 그려진 신호 공간에서의 각 점들은 어느 파형에 해당한다는 점을 잊지 말자.

○ 직교 기저 신호의 결정

주어진 신호 집합에 유한한 수의 신호 $x_i(t)$가 존재하면, 직정규 기저 신호는 발견적인 방법 또는 체계적인 방법을 통하여 구할 수 있다. 발견적 접근 방법은 서로 다른 신호들간의 관계를 정확히 이해해야 할 뿐만 아니라 어느 정도의 운도 필요하다. Gram-

Schmidt 직교화 과정(orthogonalization process)은 알고 있는 신호 집합으로부터 기저 신호를 구할 수 있는 체계적인 방법이다. 자세한 방법은 부록 C를 참고하라.

10.5 백색 잡음 랜덤 과정의 벡터 분해

디지털 통신시스템에서 메시지 신호는 M개의 가능한 파형중의 하나이다. 따라서 CON(완전한 직정규) 기저 신호의 집합을 이용하여 모든 가능한 M개의 파형을 표현하는 것은 어렵지 않다. 실제로 도전할 만한 문제는 수신기에서의 랜덤 잡음 $n(t)$에 대한 벡터 분해이다. 결정 신호는 하나의 벡터로, 신호 공간에서는 점으로 표현할 수 있다. 그렇다면 랜덤 변수를 표현하는 벡터로서의 랜덤 과정을 표현하는 것은 가능할까? 만약에 가능하다면, 검출문제는 매우 간단해 진다.

구간 $[0,\ T_0]$에서 정의되는 신호 공간에서 기저 함수 $\{\varphi_k(t)\}$의 CON 집합을 고려하자. 이러한 신호 공간에서 임의의 결정 신호 $s(t)$는 다음의 조건을 만족한다.

$$\int_0^{T_o} |s(t) - \sum_k s_k \varphi_k(t)|^2 dt = 0 \tag{10.56a}$$

이는 $t \in [0,\ T_0]$에 대하여 다음과 같은 등식이 성립함을 의미한다.

$$s(t) = \sum_k s_k \varphi_k(t)$$

그러나 구간 $[0,\ T_0]$에서 정의되는 랜덤 과정에 대해서는 적용되지 않으며, 적당한 변형이 필요하다.

10.5.1 랜덤 과정에 대한 기저함수의 결정

우선 일반적인 랜덤 과정 $\mathbf{x}(t)$는 식 (10.56a)를 만족하지 않는다. 대신에 제곱 평균 관점에서 다음의 수렴 조건을 가진다.

$$E\left\{\int_0^{T_o} \left| \mathrm{x}(t) - \sum_k \mathrm{x}_k \varphi_k(t) \right|^2 dt \right\} = 0 \tag{10.56b}$$

이러한 등식은 다음과 같이 나타낼 수 있다.

$$\mathrm{x}(t) \overset{\text{m.s.}}{=} \sum_k \mathrm{x}_k \varphi_k(t) \tag{10.56c}$$

만약에 $\mathbf{x}(t)$와 $\mathbf{y}(t)$가 제곱 평균 관점에서 같다면, 두 랜덤 과정의 차이는 물리적으로 0인 에너지를 가진다. 통신에 있어서 0인 에너지를 갖는 신호(또는 신호 차이)는 물리적인 영향을 갖지 않으며, 0으로 보일 뿐이다.

결정 신호의 집합에 대한 기저 신호는 Gram-Schmidt 직교화 과정을 통하여 구할 수 있다. 그러나 Gram-Schmidt는 랜덤과정에는 적용할 수 없다. 실제로 랜덤과정 $\mathbf{x}(t)$는 신호들의 앙상블이다. 따라서 기저 신호 $\{\varphi_k(t)\}$는 랜덤 과정의 특징에 따라 결정된다.

랜덤과정의 분해에 대한 충분하고 실제적인 설명은 전통적인 참고문헌[4]에 나타나 있다. 여기서는 직정규 기저함수는 다음의 적분 식의 해가됨을 알고 있자.

$$\lambda_i \cdot \varphi_i(t) = \int_0^{T_o} R_{\mathrm{x}}(t, t_1) \cdot \varphi_i(t_1)\, dt_1 \qquad 0 \le t \le T_o \tag{10.57}$$

식 (10.57)의 해를 Karhunen-Löeve 확장이라 한다. 자기상관 함수 $R_{\mathbf{x}}(t, t_1)$를 커널 함수라 한다. 식 (10.57)은 선형 대수의 특성치(eigenvalue) λ와 특성벡터(eigenvector) ϕ관점에서 보면 다음의 관계가 성립한다.

$$\lambda \boldsymbol{\phi} = \boldsymbol{R}_{\mathrm{x}} \boldsymbol{\phi}$$

여기서 ϕ는 열 벡터이고 $\boldsymbol{R}_{\mathbf{x}}$는 positive semidefinite 행렬이다. λ_i는 특성치이고 기저함수 $\varphi_i(t)$는 그에 따른 특성함수이다.

Karhunen-Löeve 확장은 랜덤과정 $\mathbf{x}(\mathrm{t})$가 자기상관 함수 $R_{\mathbf{x}}(t, t_1)$에 의하여 결정됨을 명확하게 보여 준다. 우리는 CON 함수 집합을 임의로 선택할 수 없다. 실제로 Karhunen-Löeve 확장은 명백한 해가 아니다.

10.5.2 백색 잡음 과정의 기하학적 표현

정상(stationary) 백색 잡음 과정 $\mathbf{x}(t)$는 다음과 같은 자기 상관 함수를 가진다.

$$R_{\mathrm{x}}(t, t_1) = \frac{\mathcal{N}}{2}\delta(t - t_1)$$

이러한 특수한 커널에 대하여 식 (10.57)의 적분 식은 다음과 같이 간단하게 된다.

$$\lambda_i \cdot \varphi_i(t) = \int_0^{T_o} \frac{\mathcal{N}}{2}\delta(t - t_1) \cdot \varphi_i(t_1)\, dt_1 = \frac{\mathcal{N}}{2}\varphi_i(t) \qquad t \in (0, T_o) \tag{10.58}$$

이러한 결과는 기저함수의 임의의 CON 집합이 정상 백색 잡음 과정을 표현할 수 있음을 의미한다. 또한 특성치는 등가적으로 $\lambda_i = \mathcal{N}/2$이다.

이러한 특수한 결과는 우리에게 가장 중요하다. 대부분의 디지털 통신에서 우리는 백색 잡음 채널에서의 최적 수신기 설계와 성능 분석을 수행한다. M진(M진) 전송에서 M개의 파형 $\{s_i(t)\}$를 표현하기 위한 기저함수 $\{\varphi_k(t)\}$의 직정규 집합은 다음 식을 만족한다.

$$s_i(t) = \sum_k s_{i,k}\varphi_k(t) \qquad i = 1, \ldots, M \tag{10.59a}$$

식 (10.58)으로부터 이러한 기저 함수들은 다음 식을 만족하는 백색 채널 잡음 $\mathrm{n}_w(t)$의 표현에 적절함을 알 수 있다.

$$\mathrm{n}_w(t) \overset{\text{m.s.}}{=} \sum_k \mathrm{n}_k\varphi_k(t) \qquad 0 \le t \le T_o \tag{10.59b}$$

결론적으로, 송신기가 $s_i(t)$를 전송할 때, 수신 신호는 다음과 같다.

$$\begin{aligned} \mathrm{y}(t) &= s_i(t) + \mathrm{n}_w(t) \\ &\overset{\text{m.s.}}{=} \sum_k s_{i,k}\varphi_k(t) + \sum_k \mathrm{n}_k\varphi_k(t) \\ &\overset{\text{m.s.}}{=} \sum_k \mathrm{y}_k\varphi_k(t) \end{aligned} \tag{10.59c}$$

그리고, 다음과 같다.

$$\mathrm{y}_k = \int_0^{T_o} \mathrm{y}(t)\,\varphi_k^*(t)\,dt = s_{i,k} + \mathrm{n}_k \qquad \text{if } s_i(t) \text{ is sent} \tag{10.59d}$$

결과적으로, 채널 잡음이 백색인 경우, 수신 채널 출력 신호는 식 (10.59d)의 랜덤 변수 $\{\mathrm{y}_k\}$의 신호열로서 표현할 수 있다. 다시 말하면, 백색 잡음 채널일 경우, 최적의 수신기는

$$(\mathrm{y}_1,\ \mathrm{y}_2,\ \ldots,\ \mathrm{y}_k,\ \ldots).$$

에 포함된 정보로부터 구할 수 있다.

백색 잡음 $\mathbf{x}(t)$는 표본 함수의 항상블로 구성된다. 식 (10.59b)의 분해에서 계수는 다음 식과 같고,

$$\mathrm{x}_k = \int_0^{T_o} \mathrm{x}(t)\,\varphi_k^*(t)\,dt \qquad k = 1, 2, \ldots$$

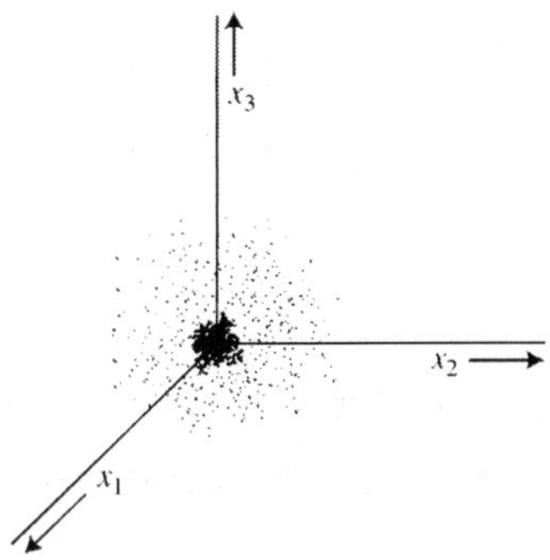

▸▸ 그림 10.13 가우시안 랜덤 과정의 기하학적 표현

이는 각 표본 함수마다 다르다. 결론적으로 계수들은 랜덤 변수이다. 각 표본 함수는 특수한 벡터$(x_1,\ x_2,\ \cdots,\ x_n)$를 가지며, 수신신호의 한 점으로 사상(mapping)된다. 즉, 그림 10.13과 같이 랜덤 과정 $\mathbf{x}(t)$에 대한 샘플 함수의 앙상블은 신호 공간의 점들의 앙상블로 사상된다. 그림은 3차원으로 표현되었지만 (그 이상의 차원은 그림으로 표현하는 것이 가능하지 않다), 개념을 설명하기에는 충분하다.

매번 실험이 행해질 때마다 (샘플 함수의) 결과(outcome)는 어떤 점 $\boldsymbol{x}$가 된다. 신호 공간에서 이러한 점들의 앙상블은 구름처럼 보인다. 이 구름은 그 영역에서 $\boldsymbol{x}$가 관찰될 확률에 직접적으로 비례하는 점들의 밀도를 갖는다. 만일 $p_{\mathbf{x}}(\boldsymbol{x})$로 $\mathrm{x}_1,\ \mathrm{x}_2,\ \cdots,\ \mathrm{x}_n$의 결합 PDF를 표현하면 다음과 같다.

$$p_{\mathbf{x}}(\boldsymbol{x}) = p_{\mathrm{x}_1\mathrm{x}_2\cdots\mathrm{x}_n}(x_1,\ x_2,\ \ldots,\ x_n) \tag{10.60}$$

따라서 $p_{\mathbf{x}}(\boldsymbol{x})$는 신호 공간에서 각 점에 해당하는 어떤 값을 가지며, $\mathbf{x}=\boldsymbol{x}$를 가질 상대적 확률(구름 밀도)를 나타낸다.

10.5.3 백색 가우시안 잡음

채널 잡음 $\mathrm{n}_w(t)$가 백색이며, 가우시안이라면, 8.6절에서와 같이 확장 계수는 다음과 같다.

$$\mathrm{n}_k = \int_0^{T_o} \mathrm{n}_w(t)\,\varphi_k(t)\,dt \tag{10.61}$$

또한 이러한 계수들은 가우시안이다. 실제, $(\mathbf{n}_1, \mathbf{n}_2, \cdots, \mathbf{n}_k, \cdots)$는 결합 가우시안이다.

여기서 우리는 기본적인 가우시안 랜덤 변수 특징을 살펴보자. 먼저 n랜덤 변수의 열 벡터을 다음과 같이 정의하자.

$$\mathbf{x} = \begin{bmatrix} \mathrm{x}_1 \\ \mathrm{x}_2 \\ \vdots \\ \mathrm{x}_n \end{bmatrix}$$

x^T는 x의 전치(transpose) 형태이다. $\overline{\mathbf{x}}$는 $\mathbf{x}$의 평균이다. 랜덤 변수들 $\mathbf{x}_1, \mathbf{x}_2, \cdots, \mathbf{x}_n$은 결합 확률 밀도 함수(joint PDF)가 다음과 같이 주어지면 결합적 가우시안(jointly Gaussian)이라 한다.

$$p_{\mathrm{x}_1\mathrm{x}_2\ldots\mathrm{x}_n}(x_1, x_2, \ldots, x_n) = \frac{1}{(2\pi)^{n/2}\sqrt{\det(K_{\mathrm{x}})}} \exp\left[-\frac{1}{2}(\boldsymbol{x} - \overline{\mathbf{x}})^T K_{\mathrm{x}}^{-1}(\boldsymbol{x} - \overline{\mathbf{x}})\right] \quad (10.62)$$

여기서 K는 $n \times n$ 상관분산(covariance) 행렬로서 다음과 같다.

$$K_{\mathrm{x}} = \overline{(\mathbf{x} - \overline{\mathbf{x}}) \cdot (\mathbf{x} - \overline{\mathbf{x}})^T} = \begin{bmatrix} \sigma_{11} & \sigma_{12} & \cdots & \sigma_{1n} \\ \sigma_{21} & \sigma_{22} & \cdots & \sigma_{2n} \\ \vdots & \vdots & \vdots & \vdots \\ \sigma_{n1} & \sigma_{n2} & \cdots & \sigma_{nn} \end{bmatrix} \quad (10.63a)$$

그리고 $\mathbf{x}_i$와 $\mathbf{x}_j$의 상관분산은 다음과 같다.

$$\sigma_{ij} = \overline{(\mathrm{x}_i - \bar{\mathrm{x}}_i)(\mathrm{x}_j - \bar{\mathrm{x}}_j)} \quad (10.63b)$$

여기서 $\det(K_{\mathbf{x}})$는 행렬(matrix) K의 행렬식(determinant)이며, $K_{\mathbf{x}}^{-1}$은 행렬(matrix) $K_{\mathbf{x}}$의 역행렬이다.

가우시안 변수는 많이 나오기도 하고 다른 형태의 확률 변수로는 불가능하거나 대단히 어려운 수학적 과정들을 쉽게 만들어 주는 성질이 있기 때문에 대단히 중요하다. 이런 성질들은 다음과 같다.

- **성질 1** : 가우시안 밀도는 일차와 이차 모멘트(평균과 상관분산), 즉 $\overline{\mathbf{x}}$와 $K_{\mathbf{x}}$만 알면 구할 수 있다. 식 (10.62)로부터 알 수 있다.
- **성질 2** : 만일 n개의 결합적 가우시안 변수들 $\mathbf{x}_1, \mathbf{x}_2, \cdots, \mathbf{x}_n$이 서로 비상관(uncorrelated)일 때, 이들은 독립이다.

만일 n개의 변수들이 서로 비상관이면 $\sigma_{ij}=0(i \neq j)$ 이며, $K_{\mathbf{x}}$는 대각 행렬이다. 따라서 식 (10.62)는 다음과 같이 간단히 쓸 수 있다.

$$p_{x_1 x_2 \cdots x_n}(x_1, x_2, \ldots, x_n) = \prod_{i=1}^{n} \frac{1}{\sqrt{2\pi\sigma_i^2}} \exp\left[\frac{-(x_i - \overline{x_i})^2}{2\sigma_i^2}\right] \tag{10.64a}$$

$$= p_{x_1}(x_1) p_{x_2}(x_2) \ldots p_{x_n}(x_n) \tag{10.64b}$$

앞에서도 본 바와 같이 독립한 변수들은 항상 서로 비상관이지만, 서로 비상관의 변수들이 독립이라고 말할 수는 없다. 하지만 결합적 가우시안 확률 변수의 경우에는 서로 비상관은 독립을 의미한다.

- **성질 3** : $\mathbf{x}_1, \mathbf{x}_2, \cdots, \mathbf{x}_n$이 결합적 가우시안일 때, 모든 부분 밀도(marginal density) $p_{\mathbf{x}_i}(x_i)$와 모든 조건 밀도(conditional densities) $p_{\mathbf{x}_i \mathbf{x}_j | \mathbf{x}_k \mathbf{x}_l \cdots \mathbf{x}_p}(x_i, x_j | x_k, x_l \cdots, x_p)$도 가우시안이다. 이 성질은 이미 문제 8.2-9에서 증명하였다.
- **성질 4** : 결합적 가우시안 변수들의 선형 조합은 역시 결합적 가우시안이 된다. 따라서 만일 m 개의 변수들 $y_1, y_2, \cdots, y_m (m \le n)$이 아래와 같이 표현되면 $y_1, y_2, \cdots, y_m$도 역시 결합적 가우시안 변수들이다.

$$y_i = \sum_{k=1}^{n} a_{ik} x_k \tag{10.65}$$

10.5.4 가우시안 랜덤 과정의 특징

만일 랜덤 변수들 $x(t_1), x(t_2), \cdots, x(t_n)$이 모든 n과 모든 집합 $(t_1, t_2, \cdots, t_n)$에 대하여 결합적 가우시안 [식 (10.62)]이면, 랜덤 프로세스 $x(t)$를 가우시안이라 한다. 따라서 가우시안 랜덤 프로세스의 랜덤 변수들 $x(t_1), x(t_2), \cdots, x(t_n)$의 결합 PDF는 식 (10.62)와 같이 주어진다. 평균과 상관분산식 $K_{\mathbf{x}}$는 다음과 같다.

$$\overline{x(t_i)} \quad \text{and} \quad \sigma_{ij} = R_x(t_i, t_j) - \overline{x(t_i)} \cdot \overline{x(t_j)} \tag{10.66}$$

이것은 가우시안 랜덤 프로세스는 자기상관 함수(autocorrelation function) $R_x(t_i, t_j)$와 평균 값 $\overline{x(t)}$에 의해 완전하게 구해질 수 있다는 것을 보여준다.

9장에서 이야기하였듯이, 만약에 가우시안 랜덤 과정이 다음 두 가지 조건,

$$R_x(t_i, t_j) = R_x(t_i - t_j) \tag{10.67a}$$

$$\overline{x(t)} = \text{constant for all } t \tag{10.67b}$$

를 만족한다면, 넓은 의미의 정상(wide-sense stationary)이라 한다. 또한, 식 (10.67)은 가우시안 랜덤 변수 $x(t_1)$, $x(t_2)$, $\cdots$, $x(t_n)$의 결합 PDF가 시간 천이에 대하여 무관함을 의미한다. 따라서 우리는 넓은 의미의 정상 가우시안 랜덤 과정(wide-sense stationary Gaussian random process)은 엄격한 의미의 정상 (strict-sense stationary)임을 알 수 있다.

가우시안 프로세스의 또 다른 중요한 성질은 가우시안 프로세스를 선형 시스템에 통과시킨 응답도 가우시안 프로세스라는 것이다. 이것은 성질 4로부터 알 수 있다. $x(t)$를 가우시안 프로세스라 하고, 임펄스 응답이 $h(t)$인 시스템의 입력라고 하자. 만일 $y(t)$가 그 출력 프로세스라 하면,

$$\begin{aligned} y(t) &= \int_{-\infty}^{\infty} x(t-\tau)h(\tau)\,d\tau \\ &= \lim_{\Delta\tau \to 0} \sum_{k=-\infty}^{\infty} x(t-k\Delta\tau)h(k\Delta\tau)\,\Delta\tau \end{aligned}$$

와 같으며, 가우시안 랜덤 변수의 가중 합(weighted sum)이다. $x(t)$는 가우시안 프로세스이므로 모든 변수들 $x(t-k\Delta\tau)$는 (정의에 따라) 결합적 가우시안이다. 따라서, 모든 n과 집합 $(t_1, t_2, \cdots, t_n)$에 대하여 변수들 $y(t_1), y(t_2), \cdots, y(t_n)$은 결합적 가우시안 변수들의 선형 조합이다. 그러므로, 앞에서 말한 것처럼 변수들 $y(t_1), y(t_2), \cdots, y(t_n)$은 결합적 가우시안 변수이어야만 한다. 따라서, 이 프로세스 $y(t)$는 가우시안 프로세스이다.

요약하면, 가우시안 랜덤 프로세스는 다음과 같은 성질을 가지고 있다.

1. 가우시안 랜덤 프로세스는 그것의 자기상관함수와 평균값에 의해 완벽하게 정의된다.
2. 만일 가우시안 랜덤 프로세스가 넓은 의미의 정상이라면 그것은 엄격한 의미의 정상이 된다.
3. 가우시안 랜덤 프로세스를 입력으로 하는 선형 시스템의 출력도 역시 가우시안 랜덤 프로세스이다.

PSD가 $\mathcal{N}/2$인 백색 잡음 프로세스 $n_w(t)$를 가정하자. $\varphi_1(t), \varphi_2(t), \cdots$를 이 공간에 대한 직정규 기저 신호들의 완전한 집합이라 하자. 그러면 $n_w(t)$를 다음과 같이 표현할 수 있다.

$$\begin{aligned} n_w(t) &= n_1\varphi_1(t) + n_2\varphi_2(t) + \cdots \\ &= \sum_k n_k \varphi_k(t) \end{aligned}$$

백색 잡음은 무한대의 대역폭을 갖는다. 결과적으로, 신호 공간의 차원은 무한대가 된다.

이제 확률 변수들 n_1, n_2, …은 각각의 분산이 $\mathcal{N}/2$이며 서로 독립임을 보이기로 하자. 먼저 다음을 알 수 있다.

$$\begin{aligned}\overline{n_j n_k} &= \overline{\int_0^{T_o} n_w(\alpha)\varphi_j(\alpha)\,d\alpha \int_0^{T_o} n_w(\beta)\varphi_k(\beta)\,d\beta} \\ &= \int_0^{T_o}\int_0^{T_o} \overline{n_w(\alpha)n_w(\beta)}\varphi_j(\alpha)\varphi_k(\beta)\,d\alpha\,d\beta \\ &= \int_0^{T_o}\int_0^{T_o} R_{n_w}(\beta-\alpha)\varphi_j(\alpha)\varphi_k(\beta)\,d\alpha\,d\beta\end{aligned}$$

또 $R_{n_w}(\tau)=\mathcal{N}/2)\delta(\tau)$ 이므로, 다음과 같다.

$$\begin{aligned}\overline{n_j n_k} &= \int_0^{T_o}\int_0^{T_o} \frac{\mathcal{N}}{2}\delta(\beta-\alpha)\varphi_j(\alpha)\varphi_k(\beta)\,d\alpha\,d\beta \\ &= \frac{\mathcal{N}}{2}\int_0^{T_o}\varphi_j(\alpha)\varphi_k(\alpha)\,d\alpha \qquad (10.68)\\ &= \begin{cases} 0 & j\neq k \\ \frac{\mathcal{N}}{2} & j=k\end{cases}\end{aligned}$$

따라서, n_j와 n_k는 비상관(uncorrelated) 가우시안 확률 변수이며, 각각은 $\mathcal{N}/2$의 분산을 갖는다. 또 이들이 가우시안이므로 비상관은 독립을 의미한다.

일단, N 차원의 경우만 고려하기로 하자. 각각의 평균이 영이고 분산 $\mathcal{N}/2$을 갖는 독립인 결합 가우시안 확률 변수들 $n_1, n_2, \cdots n_N$의 결합 PDF는 다음과 같다[식 (10.64) 참조].

$$\begin{aligned}p_{\mathbf{n}}(\boldsymbol{n}) &= \prod_{j=1}^{N}\frac{1}{\sqrt{2\pi\mathcal{N}/2}}e^{-n_j^2/2(\mathcal{N}/2)} \\ &= \frac{1}{(\pi\mathcal{N})^{N/2}}e^{-(n_1^2+n_2^2+\cdots+n_N^2)/\mathcal{N}} \qquad (10.69a)\end{aligned}$$

$$= \frac{1}{(\pi\mathcal{N})^{N/2}}e^{-\|\boldsymbol{n}\|^2/\mathcal{N}} \qquad (10.69b)$$

이것은 PDF $p_{\mathbf{n}}(\boldsymbol{n})$은 잡음 벡터 $\mathbf{n}$의 크기인 $\|\mathbf{n}\|$에만 관련되며, 하이퍼공간(hyperspapce)

상에서 잡음 벡터 n의 표본화된 길이이다. 만일 N 차원에서 이것을 그린다면 구형으로 대칭(spherically symmetrical)이 되는 것을 알 수 있다.

10.6 백색 가우시안 잡음 채널에서의 최적의 수신기

10.6.1 기하학적 표현

이제 좀 더 근본적인 관점에서 가우시안 백색 부가 잡음(AWGN) 환경에서의 M진 통신의 문제를 다루기로 하자. 이러한 채널을 간단히 AWGN 채널이라 한다. 10.1절부터 10.3절까지 살펴보았던 선형 수신기와 달리, 본 절에서는 최적의 수신기 구조에 대한 어떠한 제약도 두지 않는다. 어떠한 수신기가 최소 오류 확률을 가질까라는 근본적인 문제에 대한 해답을 찾고자 한다.

신호 검출의 문제를 잘 이해하기 위해서는 신호의 기하학적 표현을 잘 이용해야 한다. 신호 공간에서 신호는 한 점으로 표현된다(혹은 하나의 벡터). 랜덤 프로세스는 불규칙하게 변하는 한 점으로 표현된다(혹은 랜덤 벡터). 불규칙한 점들이 발생하는 영역에서는 아마도 구름처럼 보일 것이다. 이 구름은 그 영역에서 신호가 발생할 확률에 비례하여 그 밝기가 차이가 나게 된다. 한편, M진 방식은 M개의 메시지 심볼, m_1, m_2, …, m_M을 가지고 있다. 이들 각각의 심볼은 어떤 특정한 파형을 나타낸다. 여기서 그 각각에 대응하는 파형을 $s_1(t)$, $s_2(t)$, …, $s_M(t)$라고 하자. 즉, 심볼 (또는 메시지) m_k는 파형 $s_k(t)$를 전송하여 보내진다. 이들 파형들은 다음과 같은 전력 스펙트럼 밀도를 갖는 AWGN $\mathrm{n}_w(t)$에 의해 손상된다(그림 10.14).

$$S_{n_w}(\omega) = \frac{\mathcal{N}}{2}$$

수신기에 수신된 신호 $\mathrm{r}(t)$는 다음 식과 같이 M개의 메시지 중의 하나에 해당되는 파형 $s_k(t)$에 채널 잡음이 더해진 파형이 된다.

$$\mathrm{r}(t) = s_k(t) + \mathrm{n}_w(t) \tag{10.70a}$$

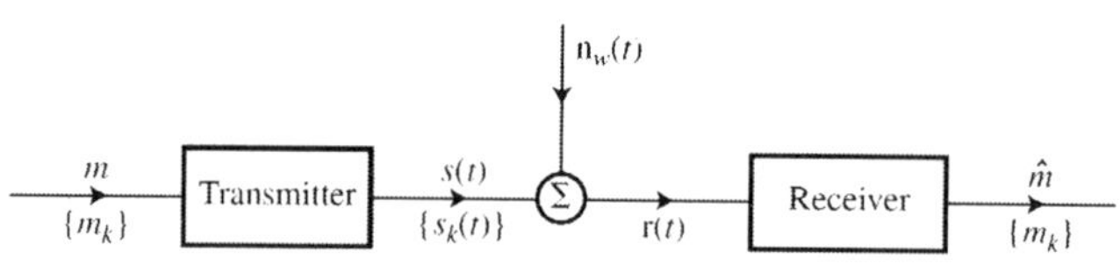

▶▶ 그림 10.14 M진 통신 시스템

잡음 $n_w(t)$는 백색이므로, $s_k(t)$와 $n_w(t)$를 모두 분해할 수 있는 같은 기저 함수를 사용할 수 있다. 따라서 신호 공간에서 $r(t)$를 $\mathbf{r}$로 표현하고, $s_k(t)$와 $n_w(t)$를 각각 $\boldsymbol{s}_k$와 $\mathbf{n}_w$로 표현하면, 다음과 같다.

$$\mathbf{r} = \boldsymbol{s}_k + \mathbf{n}_w \tag{10.70b}$$

신호 벡터 $\boldsymbol{s}_k$는 파형 $s_k(t)$가 랜덤하지 않기 때문에 고정된 벡터이다. 반면 잡음 벡터 $\mathbf{n}_w$는 랜덤하다. 그러므로 벡터 $\mathbf{r}$도 역시 랜덤하게 된다. 한편, $n_w(t)$는 가우시안 백색 잡음이므로, $\mathbf{n}_w$의 확률 분포는 신호 공간에서 구형으로 대칭된다(앞 절 참조). 따라서, $\mathbf{r}$의 분포는 그림 10.15에 보이는 것처럼 고정점 $\boldsymbol{s}_k$를 중심으로 구형으로 분포된다. 메시지 m_k가 전송될 때마다, 어느 영역에서 수신된 신호 $r(t)$를 관찰할 확률은 그림 10.15에 나타난 구름의 색깔의 강도에 의해 표시된다. 실제로 잡음이 백색이므로 이 공간은 무한대의 차원을 갖는다. 하지만 간단히 하기 위하여 이 공간을 3차원으로 그렸다. 마찬가지로 여러 가지 점들 $\boldsymbol{s}_1$, $\boldsymbol{s}_2$, …, $\boldsymbol{s}_M$에 대해서도 비슷하게 그릴 수 있다. 그림 10.16a는 s_j와 s_k가 신호 공간에서 멀리 떨어져 있을 때 두 메시지 m_j와 m_k에 대한 영역을 나타낸 그림이다. 이 경우에는 두 영역간에 거의 겹치는 부분이 없다. 따라서 만일 m_j나 m_k가 전송되더라도 수신된 신호는 두 영역 중 한 곳에 있을 것이다. 수신된 신호의 위치로부터 m_j와 m_k중에 어떤 것이 전송되었는지를 아주 작은 오류 확률을 가지고 결정할 수 있다.

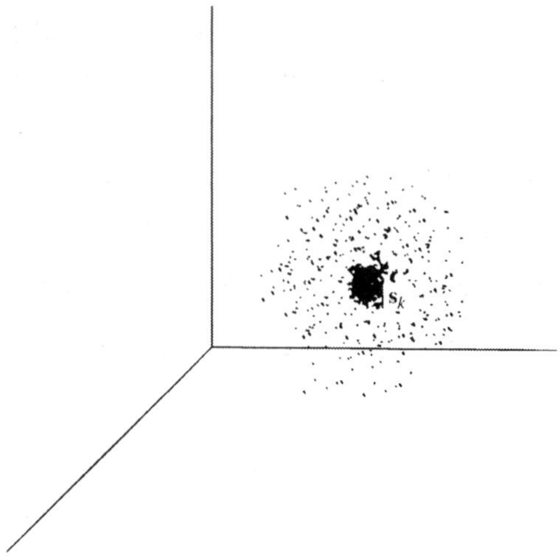

▸▸ 그림 10.15 수신 신호에 대한 가우시안 채널 잡음의 영향

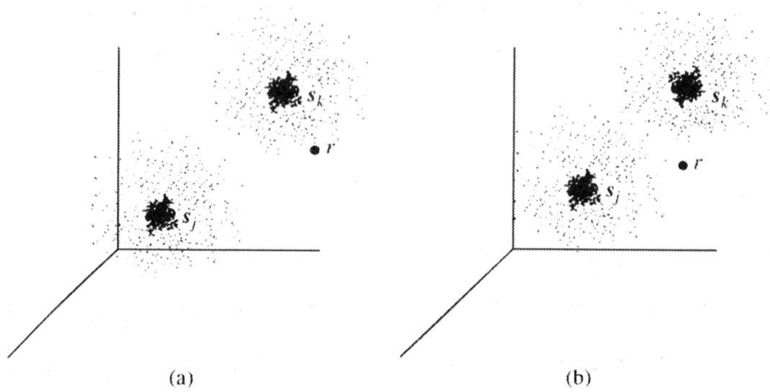

▸▸ 그림 10.16 잡음 환경에서의 2진 통신

그림 10.16a에서 수신된 신호 r은 $\boldsymbol{s}_j$보다 $\boldsymbol{s}_k$에 더 가깝게 위치해 있다. 따라서 우리는 m_k가 전송되었을 확률이 높다고 생각하게 되는 것이다. 비록 수신된 신호가 그 중심으로부터 아주 빨리 멀어지게 될 확률은 아주 작지만 이론적으로 각 영역은 무한대까지 퍼져 있다. 따라서 두 영역은 항상 겹치는 부분이 있다. 이것은 에러 확률이 '0'이 될 수 없게 하는 이유이다. 그러므로 그림 10.16a와 같이 수신된 신호 r이 $\boldsymbol{s}_k$에 훨씬 더 가깝게 있지만, 수신 신호 r은 $\boldsymbol{s}_j$에 채널 잡음이 더해진 신호일 수 있다.

그림 10.16b는 잡음의 크기가 큰 경우의 수신 신호 분포이다. 이러한 경우 상당한 영역이 서로 겹치는 것을 볼 수 있다. 수신된 신호 $\boldsymbol{r}$이 $\boldsymbol{s}_k$보다 $\boldsymbol{s}_j$에 더 가깝게 있기 때문에 m_j가 전송되었을 확률이 높다. 그러나 이 경우는 m_k가 전송되었을 확률도 상당히 크다. 따라서 이런 경우에는 결정 과정에서 아주 높은 에러 확률을 가질 수 있다.

최적의 수신기는 수신된 $\boldsymbol{r}$의 정보를 바탕으로 어떤 메시지가 전송되었는지를 결정해야만 한다. 신호 공간은 M개의 겹치지 않는 부분 R_1, R_2, ⋯, R_M으로 나눌 수 있다. 이들 각 영역은 M개의 메시지 m_1, m_2, ⋯, m_M에 대응하는 것이다. 만일 $\boldsymbol{r}$이 영역 R_k에 떨어지면, 결정은 m_k가 전송되었다고 한다. 수신기를 설계하는 문제는 결정 과정에서 에러 확률을 최소화하는 결정 영역(decision region) R_1, R_2, ⋯, R_M의 경계면을 선택하는 문제와 같다.

요약하면 : 송신기는 M개의 메시지 심볼의 집합, m_1, m_2, ⋯, m_M 중에서 만들어진 메시지 시퀀스를 전송한다. 이들 메시지 시퀀스는 유한한 에너지를 갖는 파형들 $s_1(t)$, $s_2(t)$, ⋯, $s_M(t)$로 표현된다. 하나의 파형은 매 $T_0 = T_M$초 동안 보내진다. 여기서 수신기는 송신기와 동기가 일치된다고 가정한다. 전송 중의 파형들은 PSD가 $\mathcal{N}/2$인 AWGN에 의해 왜곡된다. 수신 파형을 이용하여 수신기는 어떤 파형이 전송되었는지 결정한다. 수신기를 결정하는 요인은 결정의 에러 확률을 최소화하는 것이다.

10.6.2 신호 공간 검출의 차원

이제 우리에게 주어진 문제에서 신호 공간의 차원에 관하여 이야기 해보자. 만일 잡음이 없다면 단지 M개의 파형 $s_1(t)$, $s_2(t)$, …, $s_M(t)$만을 고려하면 된다. 이런 경우, 신호 공간은 기껏해야 M차원이면 충분하다. 이것은 신호 공간의 차원은 그 공간 내에 독립한 신호의 수보다 작거나 같기 때문이다(10.4절 참조). 일반성을 유지하기 위하여 N차원($N \le M$)의 신호 공간을 가정하자. $\varphi_1(t)$, $\varphi_2(t)$, …, $\varphi_N(t)$를 이 공간의 직정규(orthonormal) 기저 신호(basis)라고 하자. 이러한 집합은 부록 C에서 설명한 Gram−Schmidt 방법을 이용하여 만들 수 있다. 이제 신호 파형 $s_k(t)$를 다음과 같이 표현할 수 있다.

$$s_j(t) = s_{j,1}\varphi_1(t) + s_{j,2}\varphi_2(t) + \cdots + s_{j,N}\varphi_N(t) \tag{10.71a}$$

$$= \sum_{k=1}^{N} s_{j,k}\varphi_k(t) \quad j = 1, 2, \ldots, M \tag{10.71b}$$

여기서 다음과 같다.

$$s_{j,k} = \int_{T_M} s_j(t)\varphi_k(t)\,dt \tag{10.71c}$$

이제 백색 가우시안 채널 잡음 $\mathrm{n}_w(t)$를 고려하자. 이 신호는 무한대의 대역폭($B = \infty$)을 가지고 있다. 따라서, 잡음은 무한대의 차원을 가지며 당연히 앞에서 말한 N차원으로는 표현이 불가능하다. 하지만, $\mathrm{n}_w(t)$를 두 가지의 요소로 구분할 수는 있다: (1) N차원의 공간에 존재하는 $\mathrm{n}_w(t)$ 부분, 그리고 (2) N차원의 신호 공간에 직교하는(orthogonal) 나머지 부분들. 이 두 부분을 $\mathrm{n}(t)$와 $\mathrm{n}_0(t)$로 표시하면,

$$\mathrm{n}_w(t) = \mathrm{n}(t) + \mathrm{n}_0(t) \tag{10.72}$$

여기서

$$\mathrm{n}(t) = \sum_{k=1}^{N} \mathrm{n}_j\varphi_j(t) \tag{10.73a}$$

그리고

$$\mathrm{n}_0(t) = \sum_{k=N+1}^{\infty} \mathrm{n}_j\varphi_j(t) \tag{10.73b}$$

여기서

$$n_j = \int_{T_M} n(t)\varphi_j(t)\,dt \tag{10.73c}$$

그런데 $n_0(t)$는 N차원 공간에 직교하므로 그 공간 내의 모든 신호에 대하여 직교한다. 따라서,

$$\int_{T_M} n_0(t)\varphi_j(t)\,dt = 0 \qquad j = 1, 2, \ldots, N$$

그러므로

$$\begin{aligned} n_j &= \int_{T_M} [n(t) + n_0(t)]\varphi_j(t)\,dt \\ &= \int_{T_M} n_w(t)\varphi_j(t)\,dt \quad j = 1, 2, \ldots, N \end{aligned} \tag{10.74}$$

식 (10.73a)과 (10.74)로부터 $n_w(t)$에서 $n_0(t)$를 제거할 수 있다. 수신 신호 $r(t)$를 살펴보면 다음과 같다.

$$\begin{aligned} r(t) &= s_k(t) + n_w(t) \\ &= s_k(t) + n(t) + n_0(t) \\ &= q(t) + n_0(t) \end{aligned} \tag{10.75}$$

여기서 $q(t)$는 $r(t)$를 N차원 공간에 투영한 것이다. 따라서,

$$q(t) = s_k(t) + n(t) \tag{10.76}$$

다음 식을 이용하여 $r(t)$로부터 투영된 $q(t)$를 얻을 수 있다.

$$q(t) = \sum_{j=1}^{N} (s_{kj} + n_j)\varphi_j(t) \tag{10.77}$$

식 (10.71c), (10.74), (10.77)로부터, 만일 수신된 신호 $r(t)$를 그림 10.17에 나온 시스템에 입력하면 그 결과로 $q(t)$를 얻을 수 있을 것이다. 그러므로, 직교하는 잡음 성분은 메시지 신호를 변형하지 않고 제거시킬 수 있게 된다.

여기서 제기될 수 있는 질문은 : 이러한 필터링이 결정에 도움이 되느냐 하는 것이다. 이렇게 하는 것이 해가 되지는 않는다는 것은 쉽게 보일 수 있다. 잡음 $n_w(t)$는 신호 파형 $s_k(t)$와 독립이다. 따라서 잡음의 한 요소인 $n_0(t)$도 $s_k(t)$와 독립이다. 그러므로 $n_0(t)$는 전송된 신호에 관하여 아무런 정보를 가지고 있지 않다. 그리고 수신된 신호 r(t)에서 이 부분을 없앤다고 하여도 신호 파형 $s_k(t)$에 관한 정보의 손실은 없다. 하지만 이것으로는 아직 미흡하다. $[n_0(t)]$를 제거한 잡음 신호가 나머지 부분의 잡음 n(t)에 아무런 영향을 미치지 않는 것을 확인하여야 한다. 만일 $n_0(t)$와 $n(t)$가 어떤 형식으로든지 관련이 있다면 $n_0(t)$에서 $n(t)$에 관한 정보를 얻을 수 있을 것이며, 따라서 적은 에러 확률로 신호를 검출할 수 있을 것이다. 만일 $n_0(t)$와 $n(t)$가 독립한 랜덤 프로세스라면 $n_0(t)$는 $n(t)$에 관하여 아무런 정보를 가지고 있지 않게 되며 제거할 수 있다. 이러한 관계에서 보면, $n_0(t)$는 수신기에서의 결정과정에 무관하다.

과정(process) $n(t)$는 $\varphi_1(t)$, $\varphi_2(t)$, $\cdots$, $\varphi_N(t)$를 따라서 n_1, n_2, $\cdots$, n_N으로 표현되며, $n_0(t)$는 완전 집합(complete set) $\varphi_k(t)$의 나머지 기저 신호들의 (무한개의) 요소로 표현된다. 식 (10.68)로부터, 모든 요소들(components)은 서로 독립임을 알 수 있다. 따라서 $n_0(t)$를 표현하는 요소들은 n(t)를 나타내는 요소들과 독립이다. 그러므로 $n_0(t)$와 $n(t)$는 독립이며 상관없는 데이터이다.

수신된 신호 $r(t)$는 이제 $q(t)$로 줄어들었다. 이 신호는 원하는 신호 파형과 N차원 신호 공간에 투영된 채널 잡음만 가지고 있다. 따라서, 신호 $q(t)$는 신호 공간에서 완벽하게 표현될 수 있다. $n(t)$와 $q(t)$를 나타내는 벡터를 $\mathbf{n}$과 $\mathbf{q}$라고 하자. 따라서,

$$\mathbf{q} = \boldsymbol{s} + \mathbf{n}$$

여기서 $\boldsymbol{s}$는 벡터 $\boldsymbol{s}_1$, $\boldsymbol{s}_2$, $\cdots$, $\boldsymbol{s}_M$ 중의 하나이다.

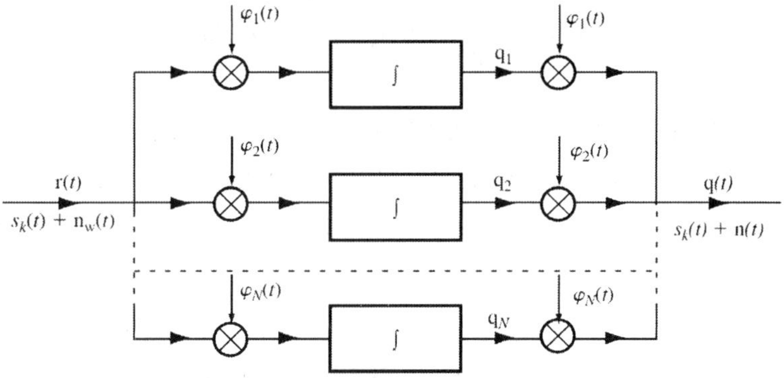

▸▸ 그림 10.17 신호 공간에서 직교하는 잡음 제거

랜덤 벡터 $\mathbf{n}(\mathrm{n}_1, \mathrm{n}_2, \cdots, \mathrm{n}_N)$은 각각이 평균이 0이고 분산이 $\sigma_n^2 = \mathcal{N}/2$인 독립한 N개의 가우시안 변수들로 표현된다. 이 경우 벡터 $\mathbf{n}$의 결합 PDF는 식 (10.69b)와 같이 구형 대칭을 이룬다.

$$p_{\mathbf{n}}(\boldsymbol{n}) = \frac{1}{(\pi\mathcal{N})^{N/2}} e^{-\|\boldsymbol{n}\|^2/\mathcal{N}} \tag{10.78a}$$

위 식은 다음 식의 축약형 표현이다.

$$p_{\mathrm{n}_1,\mathrm{n}_2,\ldots,\mathrm{n}_N}(n_1, n_2, \ldots, n_N) = \frac{1}{(\pi\mathcal{N})^{N/2}} e^{-(n_1^2+n_2^2+\cdots+n_N^2)/\mathcal{N}} \tag{10.78b}$$

10.6.3 (간략화된) 신호 공간과 검출 과정

이제 문제가 아주 간단해졌다. 관계없는 잡음 부분은 제거되었다. 제거되고 남은 신호 $\mathrm{q}(t)$는 N차원 신호 공간에서 표현할 수 있다. 이제 이 공간에서 M 개의 결정 영역 $R_1, R_2, \cdots, R_M$을 구하기만 하면 된다. 이 영역들은 신호를 결정할 때 에러 확률이 최소가 되도록 선택하면 된다.

수신된 벡터를 $\mathbf{q} = \boldsymbol{q}$라고 하자. 만일 수신기가 $\hat{m} = m_k$로 결정하면, 올바른 결정을 할 조건 확률은 다음과 같다.

$$P(C|\mathbf{q} = \boldsymbol{q}) = P(m_k|\mathbf{q} = \boldsymbol{q}) \tag{10.79}$$

여기서 $\mathbf{q} = \boldsymbol{q}$일 경우, $P(C|\mathbf{q} = \boldsymbol{q})$는 올바른 결정을 내릴 조건 확률이며, $P(m_k|\mathbf{q} = \boldsymbol{q})$는 m_k가 전송되었을 조건 확률이다. 이때 에러가 아닐 확률은 다음과 같이 된다.

$$P(C) = \int_{\boldsymbol{q}} P(C|\mathbf{q} = \boldsymbol{q}) p_{\mathbf{q}}(\boldsymbol{q})\, d\boldsymbol{q} \tag{10.80}$$

여기서 적분은 $\mathbf{q}$가 속할 수 있는 모든 영역에 대하여 행해진다. 이 적분은 신호 파형의 구간에서 변수들 $\mathrm{q}_1, \mathrm{q}_2, \cdots, \mathrm{q}_N$에 대하여 행해지는 N차 중적분이다. 또, $p_q(\boldsymbol{q}) \geq 0$이므로, 이 적분결과는 $P(C|\mathbf{q} = \boldsymbol{q})$가 최대일 때 최대값을 갖는다. 식 (10.79)로부터, 만일 결정이 $\hat{m} = m_k$이라면 다음 식이 최대가 될 때 에러 확률이 최소가 되는 것을 알 수 있다.

$$P(C) = \int_{\boldsymbol{q}} P(C|\mathbf{q} = \boldsymbol{q}) p_{\mathbf{q}}(\boldsymbol{q})\, d\boldsymbol{q}$$

확률 $P(m_k|\mathbf{q}=\boldsymbol{q})$를 m_k의 사후 확률(a posteriori probability)이라 한다. 이것은 $\mathbf{q}$가 수신되었을 때 m_k가 전송되었을 확률을 나타내기 때문이다.

올바른 검출 $P(C)$의 확률을 최대화하기 위한, 즉 오류 확률을 최소화하기 위한 검출 과정(decision process)은 명확해졌다. $\mathbf{q}=\boldsymbol{q}$가 수신되면, 모든 M 개의 사후 확률 함수 $P(m_k|\mathbf{q}=\boldsymbol{q})$를 계산한다. 그리고 사후 확률이 가장 큰 메시지로 결정하면 된다. 즉 수신기는 다음과 같은 경우에 $\hat{m}=m_k$라고 결정한다.

$$P(m_k|\mathbf{q}=\boldsymbol{q}) > P(m_j|\mathbf{q}=\boldsymbol{q}) \qquad \text{for all } j \neq k \tag{10.81}$$

따라서, 에러 확률을 최소화하는 검출기는 최대 사후 확률(MAP, maximum a posteriori probability) 검출기이다.

사후 확률을 계산하기 위하여 Bayes 규칙(8장 참조)을 사용하자.

$$P(m_k|\mathbf{q}=\boldsymbol{q}) = \frac{P(m_k)p_{\mathbf{q}}(\boldsymbol{q}|m_k)}{p_{\mathbf{q}}(\boldsymbol{q})} \tag{10.82}$$

따라서, 만일 검출 함수(decision function)가 다음 식이 최대가 되는 $i=k$이면, 수신기는 $\hat{m}=m_k$로 결정을 내린다.

$$\frac{P(m_i)p_{\mathbf{q}}(\boldsymbol{q}|m_i)}{p_{\mathbf{q}}(\boldsymbol{q})} \qquad i=1,\ 2,\ \ldots,\ M$$

여기서 분모 $p_q(q)$는 모든 검출 함수에 대하여 똑같으므로 무시해도 된다. 따라서, 만일 검출 함수가 다음 식이 최대가 되는 $i=k$이면 수신기는 $\hat{m}=m_k$로 결정을 내린다.

$$P(m_i)p_{\mathbf{q}}(\boldsymbol{q}|m_i) \qquad i=1,\ 2,\ldots,\ M \tag{10.83}$$

그러므로, $\boldsymbol{q}$가 수신되면 모든 메시지 m_1, m_2, $\cdots$, m_M에 대하여 검출 함수[식 (10.83)]를 계산하고 그 결과가 최대인 메시지로 결정한다.

이제 검출 함수를 계산하는 방법에 대하여 설명하기로 하자. 사전 확률(a priori probability) $P(m_i)$는 메시지 m_i가 전송될 확률을 나타낸다. 만일 위의 경우를 적용하기 위해서는 이 사전 확률들을 미리 알고 있어야 한다*. $p_{\mathbf{q}}(\boldsymbol{q}|m_i)$항은 $s(t)=s_i(t)$일 때 $\mathbf{q}$의 PDF를 나타낸다. 이 때

$$\mathbf{q} = \boldsymbol{s}_i + \mathbf{n}$$

* 이 확률을 모르는 경우는, 이후에 설명하는 최대 우도(maximum likelihood) 혹은 최소최대(minimax)와 같은 다른 방법을 사용하여야 한다.

이며, 따라서 다음과 같다.

$$\mathbf{n} = \mathbf{q} - \boldsymbol{s}_i$$

점 $\boldsymbol{s}_i$는 상수이며, $\mathbf{n}$은 랜덤한 점이다. 당연히 $\mathbf{q}$는 점 $\boldsymbol{s}_i$를 중심으로 하고, $\mathbf{n}$과 같은 분포를 갖는 랜덤한 점이 된다.

한편, $\mathrm{m} = m_i$일 때 $\mathbf{q} = \boldsymbol{q}$에서의 확률 밀도는 $\mathbf{n} = \boldsymbol{q} - \boldsymbol{s}_i$의 확률과 같다. 따라서, 식 (10.87a)를 적용하면 다음과 같이 된다.

$$p_{\mathbf{q}}(\boldsymbol{q}|m_i) = p_{\mathbf{n}}(\boldsymbol{q} - \boldsymbol{s}_i) = \frac{1}{(\pi\mathcal{N})^{N/2}} e^{-\|\boldsymbol{q}-\boldsymbol{s}_i\|^2/\mathcal{N}} \tag{10.84}$$

식 (10.83)의 검출 함수는 이제 다음과 같은 식으로 변형할 수 있다.

$$\frac{P(m_i)}{(\pi\mathcal{N})^{N/2}} e^{-\|\boldsymbol{q}-\boldsymbol{s}_i\|^2/\mathcal{N}} \tag{10.85}$$

검출 함수는 항상 모든 i 값에 대하여 음수가 아니다. 따라서, 이 함수들을 비교한다는 것은 그들의 대수(logarithm)를 비교하는 것과 동일한 결과를 나타낸다. 왜냐하면 양의 값에 대한 대수는 단순(monotone) 증가 함수이기 때문이다. 그러므로, 검출 함수는 식 (10.85)를 대수한 것으로 대신해도 무방하다. 게다가, $(\pi\mathcal{N})$N/2은 모든 i값에 대하여 같은 값으로 일정하므로 값의 비교만을 할 경우 제거할 수 있다. 따라서, 검출 함수는 다음과 같이 간단히 표현할 수 있다.

$$\ln P(m_i) - \frac{1}{\mathcal{N}}\|\boldsymbol{q} - \boldsymbol{s}_i\|^2 \tag{10.86}$$

여기서 $\|\boldsymbol{q} - \boldsymbol{s}_i\|^2$은 벡터 $\boldsymbol{q} - \boldsymbol{s}_i$의 길이에 제곱이므로, 다음과 같다.

$$\begin{aligned} \|\boldsymbol{q} - \boldsymbol{s}_i\|^2 &= <\boldsymbol{q} - \boldsymbol{s}_i, \boldsymbol{q} - \boldsymbol{s}_i> \\ &= \|\boldsymbol{q}\|^2 + \|\boldsymbol{s}_i\|^2 - 2<\boldsymbol{q}, \boldsymbol{s}_i> \end{aligned} \tag{10.87}$$

따라서, (전체에 $\mathcal{N}/2$을 곱한 후) 식 (10.86)의 결정 함수는 다음 식과 같아진다.

$$\frac{\mathcal{N}}{2}\ln P(m_i) - \frac{1}{2}\left(\|\boldsymbol{q}\|^2 + \|\boldsymbol{s}_i\|^2 - 2<\boldsymbol{q}, \boldsymbol{s}_i>\right) \tag{10.88}$$

여기서 $|\boldsymbol{s}_i|^2$은 $\boldsymbol{s}_i$의 길이의 제곱이며 신호 $s_i(t)$의 에너지 E_i 를 나타낸다. $\mathcal{N}\ln P(m_i)$와 E_i는 검출 함수에서 상수이다. a_i를 다음과 같이 정의하자.

$$a_i = \frac{1}{2}[\mathcal{N} \ln P(m_i) - E_i] \tag{10.89}$$

이제 식 (10.88)에서의 검출 함수는 다음과 같다.

$$a_i + <\boldsymbol{q}, \boldsymbol{s}_i> - \frac{||\boldsymbol{q}||^2}{2}$$

$||\boldsymbol{q}||^2/2$ 항은 모든 M개의 결정 함수에서 공통으로 존재하므로 비교의 목적이라면 없애도 무방하다. 따라서, 새로운 검출 함수 b_i는 다음 식과 같다.

$$b_i = a_i + <\boldsymbol{q}, \boldsymbol{s}_i> \tag{10.90}$$

모든 i=1, 2, ⋯ , N에 대하여 함수 b_i를 계산하고, 수신기는 그 함수 값이 최대로 큰 $i = k$인 신호 $\hat{m} = m_k$로 결정한다. 만일 신호 $q(t)$가 임펄스 응답이 $h(t)$인 시스템에 입력된다면, $t = T_M$에서의 출력은 다음과 같이 주어진다.

$$\int_{-\infty}^{\infty} q(\tau)h(T_M - \tau)\, d\tau$$

만일 신호 $s_i(t)$에 정합 필터를 사용한다면, 즉 $h(t) = s_i(T_M - t)$라면,

$$h(T_M - \tau) = s_i(\tau)$$

이며, Parseval 정리에 의하여 출력은 다음과 같다.

$$\int_{-\infty}^{\infty} q(\tau)s_i(\tau)\, d\tau = <\boldsymbol{q}, \boldsymbol{s}_i>$$

따라서, $<\boldsymbol{q}, \boldsymbol{s}_i>$는 q$(t)$가 입력될 때 $s_i(t)$에 정합된 필터 출력의 $t = T_M$일 때 값이다.

실제로는 $q(t)$라는 신호는 없다. 들어오는 신호 $r(t)$를 다시 표현하면,

$$\begin{aligned} r(t) &= s_i(t) + \mathrm{n}_w(t) \\ &= \underbrace{s_i(t) + \mathrm{n}(t)}_{q(t)} + \underbrace{\mathrm{n}_0(t)}_{\text{irrelevant}} \end{aligned}$$

여기서 $n_0(t)$는 N차원 신호 공간에 직교하는 $n_w(t)$의 요소와는 연관이 없다. $n_0(t)$는 이 공간에 직교하기 때문에 이 공간의 모든 신호들과 직교한다. 따라서, 신호 $s_i(t)$에 직교한다.

$$\int_{-\infty}^{\infty} \mathrm{n}_0(t)s_i(t)\,dt = 0$$

그리고

$$\begin{aligned}<\boldsymbol{q}, \boldsymbol{s}_i> &= \int_{-\infty}^{\infty} q(t)s_i(t)\,dt + \int_{-\infty}^{\infty} \mathrm{n}_0(t)s_i(t)\,dt \\ &= \int_{-\infty}^{\infty} [q(t) + \mathrm{n}_0(t)]s_i(t)\,dt \\ &= \int_{-\infty}^{\infty} r(t)s_i(t)\,dt\end{aligned} \tag{10.91}$$

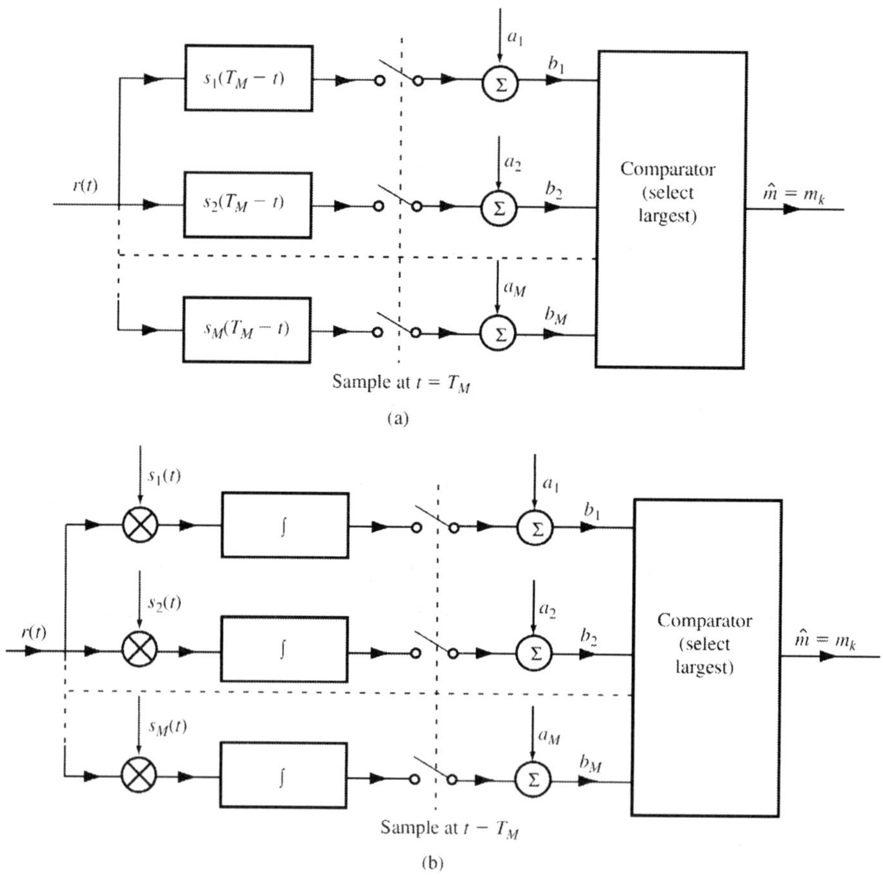

▸▸ 그림 10.18 최적의 M진 수신기 (a) 정합 필터 검출기 (b) 상관 검출기

그러므로 입력에서 $q(t)$ 혹은 $r(t)$ 중 어느 것을 사용해야 할지는 중요하지 않다. 따라서 입력 신호 $r(t)$를 병렬로 구성된 정합 필터들에 적용하고, 이 필터들의 출력을 $t = T_M$에서 표본화한다. 그리고 i번째 필터의 출력 샘플에 상수 a_i를 더하고 그 결과들을 비교한다. 신호에 대한 검출은 이 결과가 최대인 신호로 한다. 이러한 검출 과정을 위한 수신기의 구조를 그림 10.18a에 나타내었다. 10.1절에서 본 바와 같이 정합 필터(matched filter)는 상관기(correlator)와 등가이다. 그러므로 정합 필터 대신에 상관기를 사용해도 된다. 그림 10.18b에 이것을 보였다.

지금까지 AWGN 환경에서 정합 필터 수신기가 최소 에러 확률을 위한 최적의 수신기라는 사실을 알았다. 비록 선형 시스템이라고 가정하지는 않았지만 이 시스템은 선형이다.

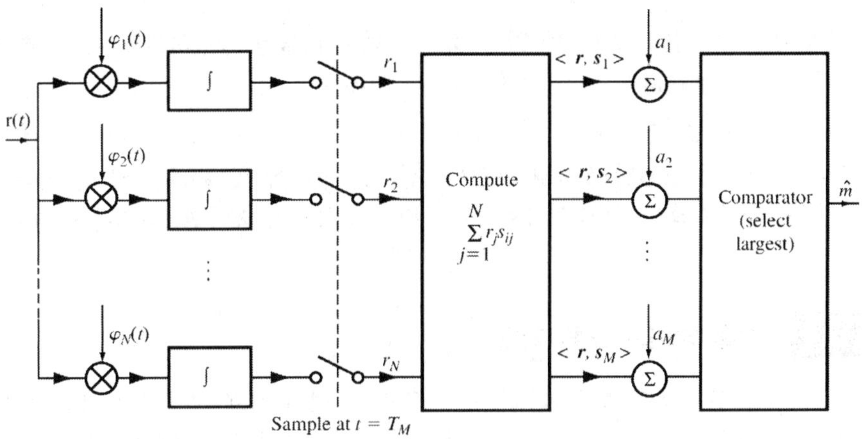

(a)

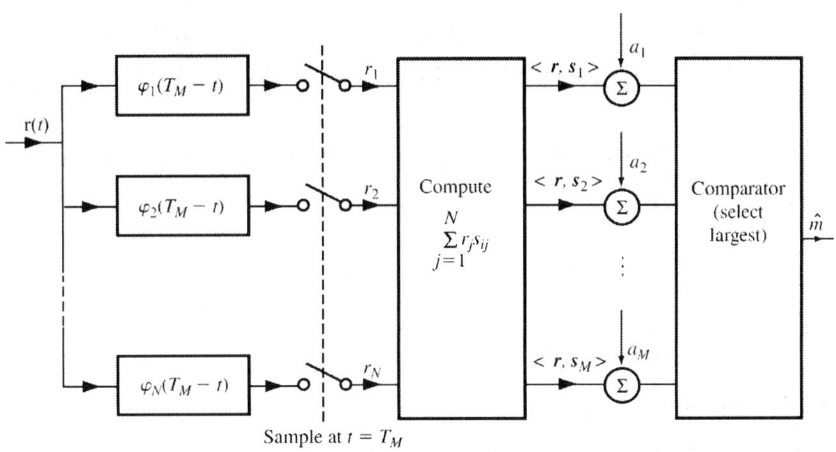

(b)

▸▸ 그림 10.19 최적의 M진 수신기의 다른 형태 (a) 상관기 (b) 정합 필터

그러므로, 백색 가우시안 잡음에 대한 최적의 수신기는 우연히도 선형이다. 10.1절과 10.2절에서 구한 정합 필터와 검출 과정(decision procedure)은 동일하다.

최적의 수신기는 다른 방법으로도 구현할 수 있다. 식 (10.91)로부터, 다음을 알 수 있다.

$$<\boldsymbol{q}, \boldsymbol{s}_i> = <\boldsymbol{r}, \boldsymbol{s}_i>$$

또 식 (10.44)를 이용하여 다시 쓰면 다음과 같다.

$$<\boldsymbol{q}, \boldsymbol{s}_i> = \sum_{j=1}^{N} r_j s_{ij}$$

$<\boldsymbol{q}, \boldsymbol{s}_i>$는 그림 10.19a에 있는 것처럼 먼저 r_j들을 생성하고 $r_j s_{ij}$의 합을 계산하여 구한다. 그림 10.18b에 있는 M개의 상관 검출기는 그림 10.19b와 같이 $\varphi_1(t)$, $\varphi_2(t)$, $\cdots$, $\varphi_N(t)$에 해당하는 N개의 정합 필터로 바꿀 수 있다. 두 가지 형태의 최적 수신기(그림 10.18과 10.19)는 동일한 성능을 보인다. 선택은 상황에 맞게 하면 된다. 예를 들면, 만일 $N < M$이고 신호들$\{\varphi_j(t)\}$이 $\{s_j(t)\}$보다 생성하기가 쉽다면, 선택은 당연히 그림 10.19이다.

10.6.4 검출 영역과 오류 확률

최적 수신기의 에러 확률을 계산하기 위하여, 먼저 신호 공간에서 결정 영역을 결정해야 한다. 앞에서도 언급한 바와 같이, 신호 공간은 M개의 메시지에 대응하는 M개의 겹치지 않는 결정 영역 R_1, R_2, $\cdots$, R_M으로 나뉜다. 만일 q가 영역 R_k에 떨어지면 결정은 m_k가 전송된 것으로 결정한다. 결정 영역은 수신기의 에러 확률을 최소로 하는 영역으로 선택한다. 기하학적 표현을 이용하여, 어떻게 최적 수신기가 이 영역에 맞춰지는지 알아보자.

검출 함수는 식 (10.86)으로 주어진다. 만일 아래의 식이 $i = k$에서 최대라면, 최적 수신기는 $\hat{m} = m_k$로 한다.

$$\mathcal{N} \ln P(m_i) - ||\boldsymbol{q} - \boldsymbol{s}_i||^2$$

이 식은 결정 영역을 정의한다.

○ 신호 공간에서의 기하학적 해석

간단히 하기 위하여, 먼저 동일 확률의 메시지, 즉 모든 i에 대하여 $P(m_i) = 1/M$인 경우를 생각하자. 이 경우, 검출 함수의 첫 번째 항은 모든 i에 대하여 동일하다. 따라서 무시해도 된다. 그러므로, 수신기가 만일 $-||\boldsymbol{q} - \boldsymbol{s}_i||^2$이 $i = k$에 서 최대라면, 최적 수신기는

$\hat{m} = m_k$로 결정한다. 다르게 이야기하면 수신기가 만일 $\|\boldsymbol{q}-\boldsymbol{s}_i\|^2$이 $i=k$에서 최소라면, 최적 수신기는 $\hat{m} = m_k$로 결정한다. 여기서 $\|\boldsymbol{q}-\boldsymbol{s}_i\|$는 두 점 $\boldsymbol{q}$와 $\boldsymbol{s}_i$ 간의 거리이다. 따라서, 이 경우의 검출 과정은 기하학적 공간에서는 쉽게 해석된다. 검출은 신호 공간에서 $\boldsymbol{r}$의 투영인 $\boldsymbol{q}$에서 제일 가까운 거리의 신호가 된다.

이 결과는 가우시안 잡음이 구형으로 대칭이기 때문에 예상되는 결과이다. 그러나 만일 신호가 동일 확률(equiprobable)이 아니면 이렇게 말할 수 없다. 만일 어느 특정 신호 m_i가 더 큰 발생 확률을 가진다면 다른 메시지에 비하여 더 많은 결정을 하는 것이 안전하다. 따라서, 그런 경우에는 결정 영역이 m_i에 유리하도록 바이어스(bias)되거나 더 많은 비중이 가해졌을 것이다. 이 사실은 결정 함수에서 $\ln P(m_i)$ 항이 있음으로써 알 수 있다. 이것을 더 자세히 이해하기 위하여, 그림 10.20a에 보이는 것처럼 2차원 신호 공간과 두 신호 $\boldsymbol{s}_1$과 $\boldsymbol{s}_2$를 생각해보자. 이 그림에서 결정 영역 R_1과 R_2는 $P(m_1)=P(m_2)=0.5$인 동일 확률의 메시지이다. 결정 영역의 경계는 두 점 $\boldsymbol{s}_1$과 $\boldsymbol{s}_2$를 잇는 선분을 이등분하며 수직인 선이다. 경계선 위의 모든 점들은 $\boldsymbol{s}_1$과 $\boldsymbol{s}_2$에서 같은 거리에 있다. 만일 q가 경계선상에 떨어지면 임의로 m_1과 m_2 중에서 하나를 선택하면 된다. 그림 10.20b는 두 메시지가 동일 확률이 아닌 경우를 나타낸다. 결정 영역의 경계를 그리기 위하여 식 (10.86)을 이용하자. 만일 다음이 성립하면 결정은 m_1으로 하고, 아니면 m_2로 정한다.

$$\|\boldsymbol{q}-\boldsymbol{s}_1\|^2 - \mathcal{N}\ln P(m_1) < \|\boldsymbol{q}-\boldsymbol{s}_2\|^2 - \mathcal{N}\ln P(m_2)$$

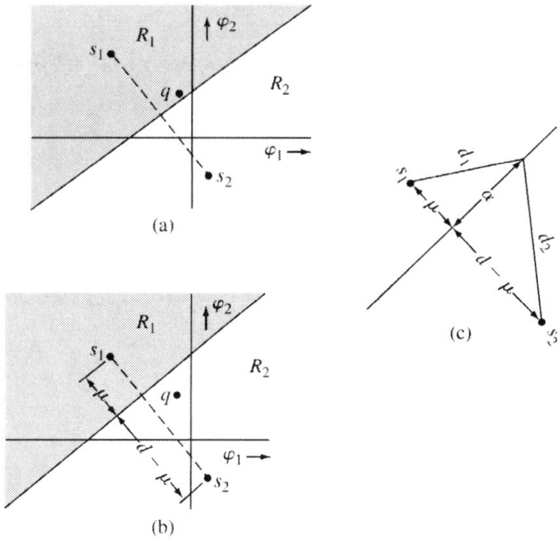

▸▸ 그림 10.20 2진 신호에 대한 최적의 검출 영역의 결정

여기서 $\|\boldsymbol{q}-\boldsymbol{s}_1\|$과 $\|\boldsymbol{q}-\boldsymbol{s}_2\|$는 각각 $\boldsymbol{q}$에서 $\boldsymbol{s}_1$과 $\boldsymbol{s}_2$까지의 거리 d_1과 d_2를 나타낸다. 따라서, 결정은 다음과 같을 때 m_1으로 정한다.

$$d_1^2 - d_2^2 < \mathcal{N} \ln \frac{P(m_1)}{P(m_2)}$$

위 부등식의 우변은 다음과 같은 상수 c이다.

$$c = \mathcal{N} \ln \frac{P(m_1)}{P(m_2)}$$

따라서, 검출 규칙은 다음과 같다.

$$\text{Decision}\,(\boldsymbol{q}) = \begin{cases} m_1 & \text{if } d_1^2 - d_2^2 < c \\ m_2 & \text{if } d_1^2 - d_2^2 > c \\ \text{randomly } m_1 \text{ or } m_2 & \text{if } d_1^2 - d_2^2 = c \end{cases}$$

결정 영역의 경계는 $d_1^2 - d_2^2 = c$와 같다. 이제 경계가 선분 $\boldsymbol{s}_1 - \boldsymbol{s}_2$에 수직하며, $\boldsymbol{s}_1$에서부터 거리가 μ에서 $\boldsymbol{s}_1 - \boldsymbol{s}_2$를 통과함을 보이기로 하자. 여기서는 다음과 같으며, d는 $\boldsymbol{s}_1$에서 $\boldsymbol{s}_2$까지의 거리이다.

$$\mu = \frac{c + d^2}{2d} = \frac{\mathcal{N}}{2d} \ln \left[\frac{P(m_1)}{P(m_2)} \right] + \frac{d}{2} \tag{10.92}$$

이 증명을 위하여 그림 10.20b를 10.20c와 같이 다시 그렸다. 그림으로부터 다음과 같은 사실을 알 수 있다.

$$d_1^2 = \alpha^2 + \mu^2$$
$$d_2^2 = \alpha^2 + (d - \mu)^2$$

따라서, 다음과 같다.

$$d_1^2 - d_2^2 = 2d\mu - d^2 = c$$

그러므로, 다음을 얻을 수 있다.

$$\mu = \frac{c + d^2}{2d}$$

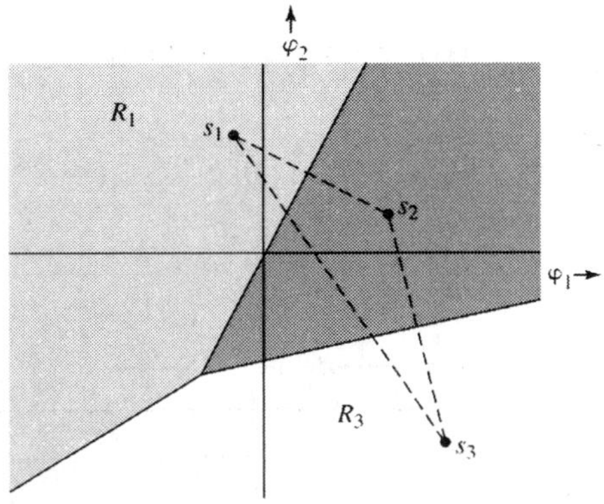

▶▶ 그림 10.21 최적 결정 영역 구하기

이것이 바로 구하고자 하는 결과이다. 따라서, 결정 경계를 따라 $d_1{}^2 - d_2{}^2$은 상수이며 c와 같다. $M>2$에 대한 결정 영역의 경계들은 비슷한 방법으로 구하면 된다. 세 개의 동일 확률 2차원 신호에 대한 결정 영역이 그림 10.21에 있다. 결정 영역의 경계는 원래 전송 신호를 수직 이등분하는 선이다. 만일 신호들이 동일 확률이 아니면 경계는 큰 발생 확률을 가진 신호로부터 멀어질 것이다.

N차원 공간에 있는 신호들에 대한 결정 영역은 N차원 곡면이 될 것이다. 만일 결정 영역이 R_1, R_2, ⋯, R_M인 M 개의 신호 m_1, m_2, ⋯, m_M이 있다면, m_i가 전송되었을 때 정확하게 결정할 확률 $P(C|m_i)$는 다음과 같이 주어진다.

$$P(C|m_i) = P(\boldsymbol{q} \text{ lies in } R_i) \tag{10.93}$$

그리고, 정확하게 결정할 확률 $P(C)$는 다음과 같다.

$$P(C) = \sum_{i=1}^{M} P(m_i)P(C|m_i) \tag{10.94}$$

또한, 에러 확률 P_{eM}은 아래와 같이 주어진다.

$$P_{eM} = 1 - P(C) \tag{10.95}$$

● 예제 10.2

2진 신호를 잡음 PSD가 $\mathcal{N}/2$인 AWGN 채널에서 분극 신호방식(polar signaling)으로 전송한다. 두 신호는 다음과 같다.

$$s_1(t) = -s_2(t) = \sqrt{E}\varphi(t) \tag{10.96}$$

볼 확률 $P(m_1)$과 $P(m_2)$는 같지 않다. 이 때 최적 수신기를 설계하고 대응하는 에러 확률을 구하시오.

풀이

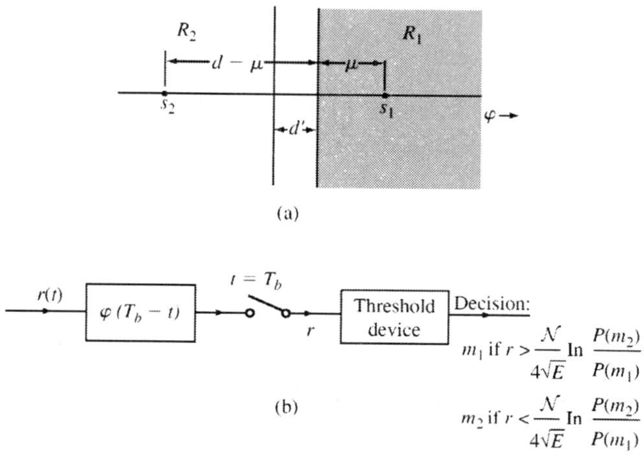

▶▶ 그림 10.22 예제 10.2의 2진 신호 전송을 위한 결정 영역

두 신호는 그림 10.22a과 같이 나타낼 수 있다. 만일 각 신호의 에너지를 E라고 하면, 원점으로부터 각 신호까지의 거리는 $\sqrt{E}$이다. 따라서 두 신호간의 거리 d는,

$$d = 2\sqrt{E}$$

결정 영역 R_1과 R_2는 그림 10.22a에 있다. 거리 μ는 식 (10.92)에 의해 주어진다. 또,

$$\begin{aligned}
P(C|\mathrm{m} = m_1) &= P(\text{noise vector originating at } s_1 \text{ remains in } R_1) \\
&= P(n > -\mu) \\
&= 1 - Q\left(\frac{\mu}{\sigma_\mathrm{n}}\right) \\
&= 1 - Q\left(\frac{\mu}{\sqrt{\mathcal{N}/2}}\right)
\end{aligned}$$

비슷한 방법으로,

$$P(C|\mathrm{m} = m_2) = 1 - Q\left(\frac{d - \mu}{\sqrt{\mathcal{N}/2}}\right)$$

따라서,

$$P(C) = P(m_1)\left[1 - Q\left(\frac{\mu}{\sqrt{\mathcal{N}/2}}\right)\right] + P(m_2)\left[1 - Q\left(\frac{d-\mu}{\sqrt{\mathcal{N}/2}}\right)\right]$$
$$= 1 - P(m_1)Q\left(\frac{\mu}{\sqrt{\mathcal{N}/2}}\right) - P(m_2)Q\left(\frac{d-\mu}{\sqrt{\mathcal{N}/2}}\right)$$

이고,

$$P_e = 1 - P(C) = P(m_1)Q\left(\frac{\mu}{\sqrt{\mathcal{N}/2}}\right) + P(m_2)Q\left(\frac{d-\mu}{\sqrt{\mathcal{N}/2}}\right) \tag{10.97a}$$

여기서

$$d = 2\sqrt{E} \tag{10.97b}$$

이며,

$$\mu = \frac{\mathcal{N}}{4\sqrt{E}} \ln \frac{P(m_1)}{P(m_2)} + \sqrt{E} \tag{10.97c}$$

이다. 만일 $P(m_1) = P(m_2) = 0.5$이면, $\mu = \sqrt{E}$가 되며, 식 (10.97a)는 다음과 같이 간략해진다.

$$P_e = Q\left(\sqrt{\frac{2E}{\mathcal{N}}}\right) \tag{10.97d}$$

이 문제에서, N=1이고 M=2이므로, 그림 10.19에 있는 수신기가 그림 10.18의 수신기보다 간단하다. 이 경우 그림 10.19b에 있는 형태의 수신기는 그림 10.22b에 보이는 형태로 된다. 그림 10.22a에서 보는 것처럼 결정 경계 d'는 다음과 같아진다.

$$d' = \sqrt{E} - \mu = \frac{\mathcal{N}}{4\sqrt{E}} \ln \frac{P(m_2)}{P(m_1)}$$

따라서, 그림 10.22b에서 만일 수신기 출력이 $r > d'$라면, 결정은 m_1이 된다. 그 반대의 경우는 m_2가 된다.

그러므로 $P(m_1) = P(m_2) = 0.5$일 때, 결정 경계는 0이 된다. 이 결과는 분극 신호에 관하여 10.1절에서 유도한 결과와 정확히 일치한다.

10.6.5 다중 진폭 신호 방식(PAM)

이제 펄스 진폭변조(PAM, pulse amplitude modulation)로 알려진 2진 양극 신호의 M진 일반화에 관하여 살펴보고자 한다. 2진 신호의 경우, 두 가지의 심벌을 전송한다. 즉 $\pm p(t)$ 펄스를 보낸다. 여기서 $p(t)$는 기저 대역 펄스일 수도 있고, 기저 대역으로 변조된 펄스일 수도 있다. 다중 진폭(multiamplitude, PAM)을 갖는 경우는 M개의 심벌을 M개의 펄스 $\pm p(t)$, $\pm 3p(t)$, ..., $\pm(M-1)p(t)$로 전송한다. 따라서 1초에 R_M개의 M진 디지트를 보내기 위해서는 $kp(t)$의 형태를 갖는 R_M개의 펄스를 1초에 전송해야 한다. 펄스는 T_M초마다 한 개씩 전송된다. 따라서 $T_M = 1/R_M$이다. 만일 E_p가 펄스 $p(t)$의 에너지라면, 그리고 $\pm p(t)$, $\pm 3p(t)$, ..., $\pm(M-1)p(t)$가 같은 확률로 전송된다고 가정하면, 평균 펄스에너지 E_{PM}은 다음과 같다.

$$\begin{aligned} E_{pM} &= \frac{2}{M}[E_p + 9E_p + 25E_p + \cdots + (M-1)^2 E_p] \\ &= \frac{2E_p}{M}\sum_{k=0}^{\frac{M-2}{2}}(2k+1)^2 \qquad (10.98\text{a}) \\ &= \frac{M^2-1}{3}E_p \\ &\simeq \frac{M^2}{3}E_p \qquad M \gg 1 \qquad (10.98\text{b}) \end{aligned}$$

한 개의 M진 심벌은 $\log_2 M$비트의 정보를 전송한다. 따라서 한 비트 당 에너지 E_b는 다음과 같다.

$$E_b = \frac{E_{pM}}{\log_2 M} = \frac{M^2-1}{3\log_2 M}E_p \qquad (10.98\text{c})$$

전송 대역폭은 펄스의 크기와는 상관없기 때문에, M진 신호의 대역폭은 2진 신호가 같은 펄스율로 전송될 때와 같다. 그러면서 더 많은 정보를 전송하게 된다. 이것은 주어진 정보율에 대해서, PAM의 대역폭이 2진 통신의 경우에 비해 $\log_2 M$만큼 적은 대역폭을 사용한다는 것이다.

에러 확률을 구하기 위하여 최적의 M진 수신기를 구축하고자 할 때, 우리는 $p(t)$를 기본 펄스로 사용하기 때문에 $p(t)$에 정합되는 필터를 사용한다. 입력신호가 $kp(t)$일 때, 샘플링 순간의 출력은 다음과 같다.

$$\mathrm{r}(T_M) = kA_p + \mathrm{n}_o(T_M)$$

여기서 $A_p = E_p$이고, 이것은 $p(t)$의 에너지이다. 또한 $n_o(t)$의 분산은 σ_n^2이고 그 값은 $\frac{\mathcal{N}E_p}{2}$이다. 따라서 M진의 다중 진폭 신호기법에서는 그림 10.3과 10.6a와 같은 2진 양극 신호기법과 같은 형태의 최적 수신기를 갖는다. 표본화기의 출력은 다음과 같이 우리가 검출하고자 하는 M개의 가능한 출력 값을 갖는다.

$$\pm kA_p + \mathrm{n}_o(T_M) \qquad k = 1,\ 3,\ 5, \ldots,\ M-1$$

조건 확률 밀도 함수 $p(r|m_i)$은 그림 10.23a와 같이 평균이 $\pm kA_p$이고 분산이 σ_n^2인 가우시안 분포를 나타낸다. P_{eM}을 한 개의 심벌을 검출할 때 생기는 오류 확률이라고 하고, $P(\epsilon|m_i)$을 심벌 m_i이 전송되었을 때의 오류 확률이라고 하자.

P_{eM}을 계산하기 위해 살펴보면, 두 양극(bipolar)의 신호 $[\pm(M-1)p(t)]$의 경우 2진 신호의 경우와 비슷함을 알 수 있다. 다른 신호들은 양쪽으로 경계를 고려해야 하지만, 이 경우는 한쪽만 고려하면 되기 때문이다. 따라서 다른 신호들의 에러 값은 양극단의 신호의 에러 값의 두 배가 된다. 따라서 그림 10.23(a)의 경우를 보면 양극단의 신호의 경우 $P(\epsilon|m_i)$는 $Q(A_p/\sigma_n)$로 나타나고 나머지는 $2Q(A_p/\sigma_n)$이다. 그러므로 P_{eM}은 다음 식으로 표현된다.

$$P_{eM} = \sum_{i=1}^{M} P(m_i)P(\epsilon|m_i) \tag{10.99a}$$

$$\begin{aligned} &= \frac{1}{M}\sum_{i=1}^{M} P(\epsilon|m_i) \\ &= \frac{1}{M}\left[Q\left(\frac{A_p}{\sigma_n}\right) + Q\left(\frac{A_p}{\sigma_n}\right) + (M-2)2Q\left(\frac{A_p}{\sigma_n}\right)\right] \qquad (10.99\text{b}) \\ &= \frac{2(M-1)}{M}Q\left(\frac{A_p}{\sigma_n}\right) \end{aligned}$$

정합필터 수신기에 대해서는, $(A_p/\sigma_n)^2 = 2E_p/\mathcal{N}$이다. 따라서 다음과 같다.

$$P_{eM} = 2\left(\frac{M-1}{M}\right)Q\left(\sqrt{\frac{2E_p}{\mathcal{N}}}\right) \tag{10.99c}$$

$$= 2\left(\frac{M-1}{M}\right)Q\left[\sqrt{\frac{6\log_2 M}{M^2-1}\left(\frac{E_b}{\mathcal{N}}\right)}\right] \tag{10.99d}$$

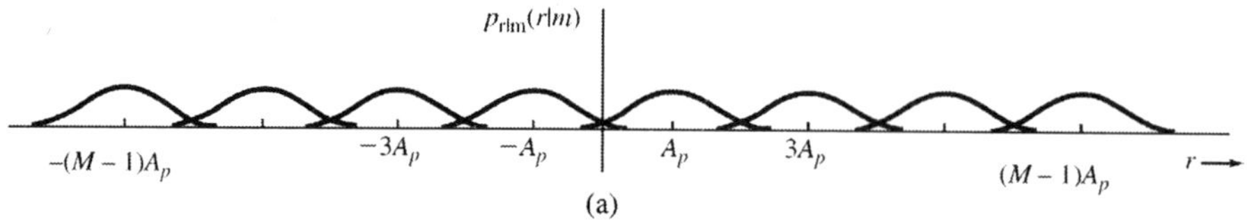

(a)

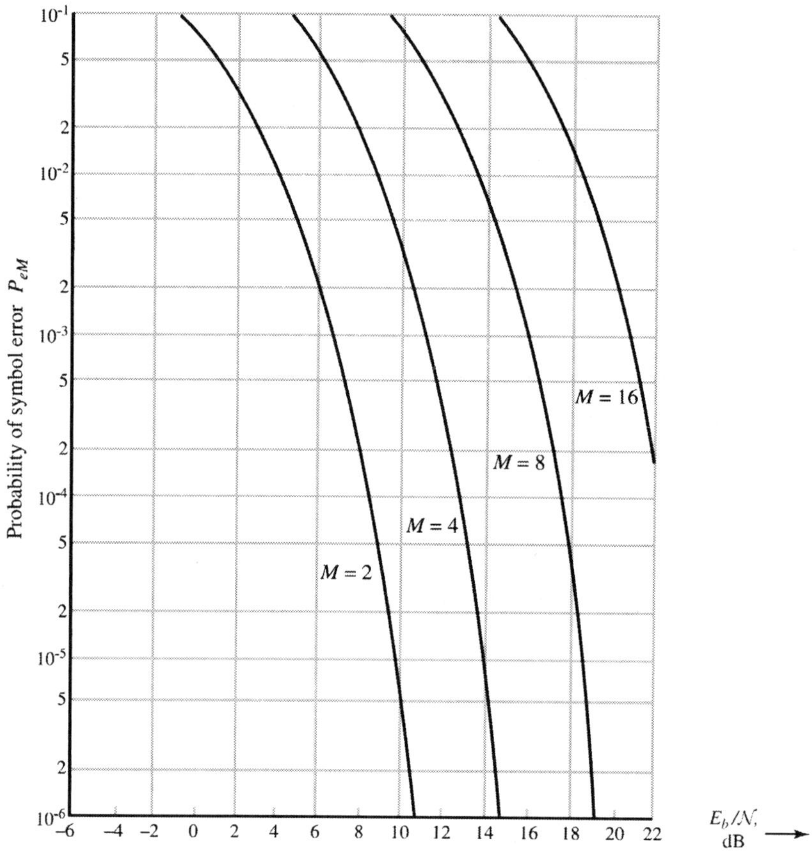

(b)

▸▸ 그림 10.23 (a) PAM에서의 조건 PDF (b) PAM에서의 오류 확률

○ 비트 오류율(BER, Bit Error Rate)

M진 신호의 성능을 P_{eM}을 가지고 비교하는 것은 바람직하지 못하다. 이 경우 한 심벌은 $k = \log_2 M$ 비트를 전송한다. 이것은 M이 커질수록 더 불공정하게 된다. 공정하게 비교하기 위해서는 심벌 오류율 P_{eM}이 아닌 비트 오류율 P_b를 이용해야 한다. 이제 다중 진폭을 갖는 신호 기법의 비트 오류율은 $P_b \approx P_{eM}/\log_2 M$ 임을 보인다.

일반적으로 그림 10.23(a)에서 보듯이 에러에 가장 큰 영향을 끼치는 것은 바로 옆 심벌에 의해서이다. 따라서 M진 심벌에서 바로 옆의 심벌에 가장 작은 디지트만큼 다른 심벌을 위치시키는 것이 논리적이다. Gray 부호*가 이러한 경우에 적합하다. 왜냐하면 Gray 부호의 경우 바로 옆의 부호가 한 디지트만 다른 형태로 나타나기 때문이다. 따라서 M진 심벌 검출 시 발생하는 하나의 오류는 M진 심벌을 전송할 때 보내는 $\log_2 M$개의 2진 디지트중 단지 하나의 에러를 야기시킨다. 그러므로 비트 오류율은 $P_b = P_{eM}/\log_2 M$이다. 그림 10.23b에서 여러 가지 M에 대하여 $E_b/\mathcal{N}$에 대한 P_{eM}에 대한 P_{eM}값을 보여주고 있다. PAM에서는 $P_b = P_{eM}/\log_2 M$이 성립한다. 하지만 다른 경우에는 틀린 부호 규격을 쓰기 때문에 적용될 수 없다. 따라서 다른 변조 시스템에서는 P_b와 P_{eM}의 관계를 새롭게 구해야 한다.

○ 전력과 대역폭의 Trade-off

주어진 정보율을 유지하기 위해서는, M진의 경우 펄스의 전송율을 $k = \log_2 M$ 만큼 줄여야 한다. 즉 M진의 경우 대역폭이 $k = \log_2 M$ 만큼 줄게 된다. 하지만 P_{eM}값을 유지하기 위해서는 식 10.99에서 보듯이 비트 당 전송 전력을 대략 다음과 같이 증가시켜야 한다.

$$M^2/\log_2 M = 2^{2k}/k$$

반대로 만일 주어진 대역폭을 그대로 유지한다면, M진의 경우 정보 전송량이 $k = \log_2 M$만큼 증가하게 된다. 전송 전력은 E_b에 비트 전송률이 곱해진 형태로 나타난다. 따라서 전송율이 높아지면, 전송 전력도 다음 식과 같이 증가한다.

$$(M^2/\log_2 M)(\log_2 M) = 2^{2k}$$

즉 정보율을 k배 높이면 전력을 k의 지수배로 늘려야 한다. 고출력 전파 전송 시스템에서는 이렇게 전력을 높이는 것은 불가능하다. 다중 진폭 시스템은 대역폭을 사용하기가 매우 어려운 경우에 사용된다. 따라서 우리는 대역폭에 대한 전력의 관계를 알 수 있다.

---

* Gary 부호의 구성 방법은 다음과 같다. n-digit 자연 2진 부호(NSC, natural binary code)를 2^n 10진수에 따라 구성한다. 만약에 $b_1 b_2 \cdots b_n$이 이 부호에 부호라면, Gray 부호 $g_1 g_2 \cdots g_n$은 다음 규칙에 의하여 얻는다.

$$g_1 = b_1$$
$$g_k = b_k \oplus b_{k-1} \qquad k \geq 2$$

따라서 $n = 3$의 경우, 2진 부호 000, 001, 010, 011, 100, 101, 110, 111의 Gray 부호는 000, 001, 011, 010, 110, 111, 101, 100이 된다.

전화망의 경우 음성 전송을 위한 통신 채널로서 대역폭이 고정되어 있다. 이 경우 다중 진폭 신호 기법(또는 다중 위상 또는 두 가지의 혼합 형태)을 이용해서 정보율을 높일 수 있다. 이는 음성 대역을 이용하는 컴퓨터 통신이 높은 정보율을 어떻게 가질 수 있는 지 보여준다.

여기서 유도된 모든 결과는 동기 검출 경우에 기저 대역 신호나 변조된 신호에 대하여 적용할 수 있다. 비동기 검출의 경우에도 2진과 M진 사이의 관계가 비슷한 성향을 보인다*.

10.6.6 M진 QAM 분석

M진 전송 신호는 다음과 같다.

$$s_i(t) = a_i \underbrace{\sqrt{\frac{2}{T_s}} \cos \omega_c t}_{\varphi_1(t)} + b_i \underbrace{\sqrt{\frac{2}{T_s}} \sin \omega_c t}_{\varphi_2(t)} \tag{10.100}$$

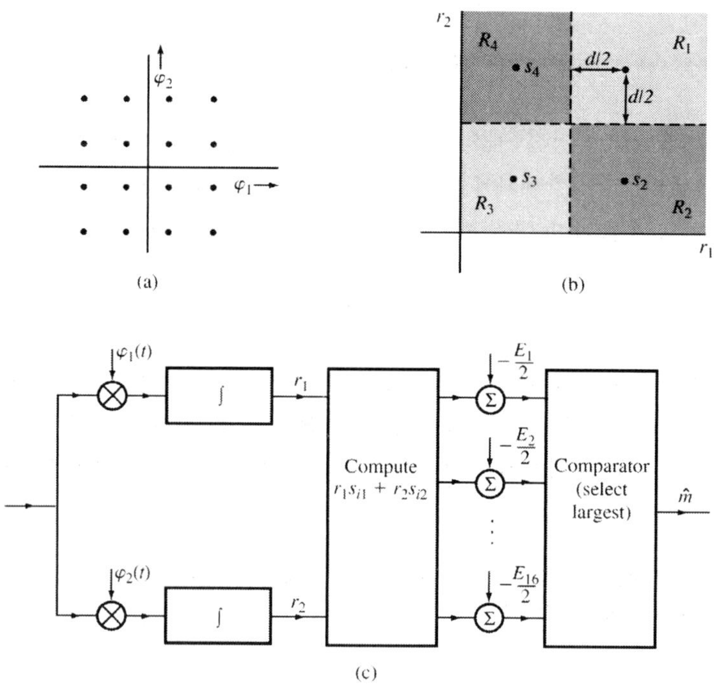

▶▶ 그림 10.24 16진 QAM

* 비동기 검출의 경우, 기저 대역 신호는 같은 극성을 가져야 한다. 예로서 0, $p(t)$, $2p(t)$,$\cdots$,$(M-1)p(t)$.

여기서 a_i와 b_i는 각각 다음과 같다.

$$a_i = \pm\frac{d}{2},\ \pm\frac{3d}{2},\ \ldots \pm\frac{(\sqrt{M}-1)d}{2}$$
$$b_i = \pm\frac{d}{2},\ \pm\frac{3d}{2},\ \ldots \pm\frac{(\sqrt{M}-1)d}{2}$$

QAM 신호 공간은 기저함수 $\varphi_1(t)$와 $\varphi_2(t)$를 가지는 2차원 공간이다. 임의의 QAM 신호에 대한 최적의 수신기와 에러 확률을 구하는 대신에 그림 10.24a에 주어진 16개의 점으로 구성된 QAM을 분석하여 기본적인 해석방법을 알아보자. 모든 신호는 등가 확률을 가지며 AWGN 채널을 가정한다.

먼저 에러 확률을 구해보자. 신호 공간의 1사분면을 그림 10.24b에 나타내었다. 모든 신호가 같은 발생 확률을 가지므로 결정 영역의 경계는 그림 10.24b에 보이는 것처럼 여러 신호를 잇는 선분을 수직 이등분한다.

그림 10.24b에서 다음과 같이 생각할 수 있다.

$$\begin{aligned}
P(C|m_1) &= P(\boldsymbol{s}_1\text{에 해당하는 잡음 벡터가 영역 } R_1\text{에 있을 사건}) \\
&= P\left(n_1 > -\frac{d}{2},\ n_2 > -\frac{d}{2}\right) \\
&= P\left(n_1 > -\frac{d}{2}\right) P\left(n_2 > -\frac{d}{2}\right) \\
&= \left[1 - Q\left(\frac{d/2}{\sigma_n}\right)\right]^2 \\
&= \left[1 - Q\left(\frac{d}{\sqrt{2\mathcal{N}}}\right)\right]^2
\end{aligned}$$

식을 간단히 표현하기 위하여 다음과 같이 정의한다.

$$p = 1 - Q\left(\frac{d}{\sqrt{2\mathcal{N}}}\right) \tag{10.101}$$

따라서,

$$P(C|m_1) = p^2$$

비슷한 이유로

$$P(C|m_2) = P(C|m_4) = \left[1 - Q\left(\frac{d}{\sqrt{2N}}\right)\right]\left[1 - 2Q\left(\frac{d}{\sqrt{2N}}\right)\right]$$
$$= p(2p-1)$$

이며, 다음과 같다.

$$P(C|m_3) = (2p-1)^2$$

모든 각 사분면에서 신호가 대칭이므로, 각 사분면에 있는 네 신호에 대한 확률은 같은 결과를 얻게 된다. 따라서,

$$\begin{aligned} P(C) &= \sum_{i=1}^{16} P(C|m_i)P(m_i) \\ &= \frac{1}{16}\sum_{i=1}^{16} P(C|m_i) \\ &= \frac{1}{16}[4p^2 + 4p(2p-1) + 4p(2p-1) + 4(2p-1)^2] \end{aligned} \tag{10.102}$$

$$= \frac{1}{4}[9p^2 - 6p + 1]$$
$$= \left(\frac{3p-1}{2}\right)^2$$

그리고, 다음과 같다.

$$P_{eM} = 1 - P(C) = \frac{9}{4}\left(p + \frac{1}{3}\right)(1-p)$$

실제로, SNR이 높다면, $P_{eM} \to 0$이고, 그러므로 $P(C) \to 1$이 된다. 이것은 $p \simeq 1$이고 $p + \frac{1}{3} \approx \frac{4}{3}$[식 (10.102) 참조]이며, 다음과 같다.

$$P_{eM} \simeq 3(1-p) = 3Q\left(\frac{d}{\sqrt{2N}}\right) \tag{10.103}$$

이것을 수신 전력 S_i로 표현하기 위하여, 그림 10.24에 있는 신호 집합의 평균 에너지

$\overline{E}$를 구한다. $\boldsymbol{s}_k$의 에너지 E_k는 원점에서 $\boldsymbol{s}_k$까지 거리의 제곱이기 때문에 다음과 같이 쓸 수 있다.

$$E_1 = \left(\frac{3d}{2}\right)^2 + \left(\frac{3d}{2}\right)^2 = \frac{9}{2}d^2$$

$$E_2 = \left(\frac{3d}{2}\right)^2 + \left(\frac{d}{2}\right)^2 = \frac{5}{2}d^2$$

마찬가지로,

$$E_3 = \frac{d^2}{2} \qquad \text{and} \qquad E_4 = \frac{5}{2}d^2$$

따라서,

$$\bar{E} = \frac{1}{4}\left[\frac{9}{2}d^2 + \frac{5}{2}d^2 + \frac{d^2}{2} + \frac{5}{2}d^2\right] = \frac{5}{2}d^2$$

이고, $d^2 = 0.4\overline{E}$이다. 또, M=16이면 각 심볼은 $\log_2 16 = 4$비트의 정보를 전달한다. 따라서, 비트당 에너지 E_b는

$$E_b = \frac{\bar{E}}{4}$$

이며

$$\frac{E_b}{\mathcal{N}} = \frac{\bar{E}}{4\mathcal{N}} = \frac{5d^2}{8\mathcal{N}}$$

이다. 그러므로,

$$\begin{aligned} P_{eM} &= 3Q\left(\frac{d}{\sqrt{2\mathcal{N}}}\right) \\ &= 3Q\left(\sqrt{\frac{4}{5}\frac{E_b}{\mathcal{N}}}\right) \end{aligned} \tag{10.104}$$

이것과 2진 PSK[식 (13.33)]를 비교하면 16 QAM은 2진 PSK보다 약 2.5배의 많은 전력을 필요로 하는 반면, 전송률은 $\log_2 M = 4$배로 증가한다. 이 비교는 BER P_b가 P_{eM}보다 약간 작다는 것을 고려하지 않은 것이다.

여기서 $N=2$이고 $M=16$이므로 수신기는 그림 10.19의 것이 더 유리하다. 이 수신기가 그림 10.24c에 있다. 한편, 모든 신호의 발생 확률이 동일하므로 다음과 같이 쓸 수 있다.

$$a_i = -\frac{E_i}{2}$$

PSK는 모든 신호가 하나의 원 위에 존재하는 QAM의 특수한 경우이다. 따라서 같은 분석 방법을 적용할 수 있다. 그러나 분석은 극 좌표계를 이용하면 더욱 편리하다. 우리는 두 가지 접근 방법을 설명하기 위하여 다음 예제를 소개한다.

● 예제 10.3

• MPSK

각 신호의 에너지가 E이고, 발생 확률이 같은 MPSK 신호에 대한 최적 수신기의 에러 확률을 구하시오.

풀이

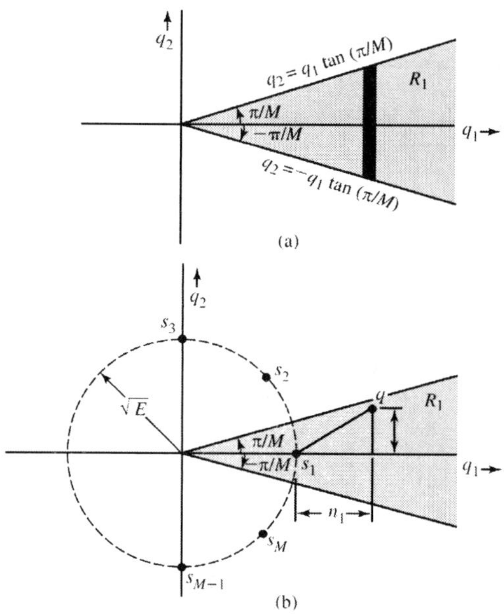

▸▸ 그림 10.25 MPSK 신호.

그림 10.25a는 $M=8$인 MPSK 신호의 구성도이다. 모든 신호는 같은 발생 확률을 가지므로, 보이는 것처럼 결정 영역은 부채꼴 모양을 한다. 메시지 m_1은 신호 $\boldsymbol{s}_1(t)$로 전송되고, 이것을 다시 벡터 $\boldsymbol{s}_1(\boldsymbol{s}_1, 0)$으로 표시한다. 만일 수신된 신호 $\boldsymbol{r}$을 신호 공간에 투영한 결과가 $\boldsymbol{q}(q_1, q_2)$라 하고 잡음이 $\boldsymbol{n}(n_1, n_2)$라 하면, 다음과 같은 관계가 있다.

$$\mathbf{q} = (s_1 + n_1,\ n_2) = (\underbrace{\sqrt{E} + n_1}_{q_1},\ \underbrace{n_2}_{q_2})$$

또,

$$P(C|m_1) = P(\mathbf{q} \text{ lies in } R_1)$$

이것은 단순히 q_1과 q_2의 결합 PDF의 부채꼴 영역에서의 체적(volume)이 된다. n_1과 n_2는 분산이 $\mathcal{N}/2$인 독립 가우시안 확률 변수이므로 q_1과 q_2는 각각 평균이 $\sqrt{E}$과 0이고, 분산이 $\mathcal{N}/2$인 독립 가우시안 확률 변수가 된다. 따라서,

$$p_{\mathbf{q}_1\mathbf{q}_2}(q_1, q_2) = \left[\frac{1}{\sqrt{\pi\mathcal{N}}} e^{-(q_1-\sqrt{E})^2/\mathcal{N}}\right]\left[\frac{1}{\sqrt{\pi\mathcal{N}}} e^{-q_2^2/\mathcal{N}}\right]$$

이고

$$P(C|m_1) = \frac{1}{\pi\mathcal{N}}\int_{R_1} e^{-[(q_1-\sqrt{E})^2+q_2^2]/\mathcal{N}}\, dq_1\, dq_2 \tag{10.105a}$$

$$= \frac{1}{\pi\mathcal{N}}\int_{q_1}\left(\int_{q_2} e^{-q_2^2/\mathcal{N}}\, dq_2\right) e^{-(q_1-\sqrt{E})^2/\mathcal{N}}\, dq_1 \tag{10.105b}$$

R_1에 대하여 적분을 하면, 먼저 그림 10.25b의 색칠한 부분에 대하여 적분을 한다. R_1의 경계에서

$$q_2 = \pm\left(\tan\frac{\pi}{M}\right) q_1$$

이므로

$$P(C|m_1) = \frac{1}{\pi\mathcal{N}}\int_0^\infty \left(\int_{-q_1\tan(\pi/M)}^{q_1\tan(\pi/M)} e^{-q_2^2/\mathcal{N}}\, dq_2\right) e^{-\left(q_1-\sqrt{E}\right)^2/\mathcal{N}}\, dq_1$$

$$= \frac{1}{\sqrt{\pi\mathcal{N}}}\int_0^\infty \left[1 - 2Q\left(\frac{q_1\tan(\pi/M)}{\sqrt{\mathcal{N}/2}}\right)\right] e^{-\left(q_1-\sqrt{E}\right)^2/\mathcal{N}}\, dq_1$$

변수를

$$x = \sqrt{2/\mathcal{N}}\, q_1$$

로 치환하면,

$$P(C|m_1) = \frac{1}{\sqrt{2\pi}}\int_0^\infty \left[1 - 2Q\left(x\tan\frac{\pi}{M}\right)\right] e^{-\left(x-\sqrt{2E/\mathcal{N}}\right)^2/2}\, dx \tag{10.106a}$$

비트당 에너지 E_b는 $E/\log_2 M$인 사실을 이용하여 다음을 얻는다.

$$P(C|m_1) = \frac{1}{\sqrt{2\pi}} \int_0^\infty \left[1 - 2Q\left(x \tan \frac{\pi}{M}\right)\right] e^{-\left[x - \sqrt{(2\log_2 M)(E_b/\mathcal{N})}\right]^2/2} dx \quad (10.106b)$$

적분은 원통좌표계(cylindrical coordinates)를 사용하여 구할 수도 있다. 이때의 변환 관계식은 $q_1 = \rho\sqrt{\mathcal{N}/2}\cos\theta$와 $q_2 = \rho\sqrt{\mathcal{N}/2}\sin\theta$이다. ρ의 영역은 $(0, \infty)$이며, θ는 $(-\pi/M, \pi/M)$이다. 따라서,

$$P(C|m_1) = \frac{1}{2\pi} \int_{-\pi/M}^{\pi/M} d\theta \int_0^\infty \rho e^{-(\rho^2 - 2\rho\sqrt{2E/\mathcal{N}}\cos\theta + 2E/\mathcal{N})/2} d\rho \quad (10.107a)$$

$$= \frac{1}{2\pi} \int_{-\pi/M}^{\pi/M} d\theta \int_0^\infty \rho e^{-[\rho^2 - 2\rho\sqrt{(2\log_2 M)(E_b/\mathcal{N})}\cos\theta + (2\log_2 M)(E_b/\mathcal{N})]/2} d\rho \quad (10.107b)$$

신호가 대칭이므로 $P(C|m_i)$는 모든 i에 대하여 같다. 따라서,

$$P(C) = P(C|m_1)$$

이며, 다음과 같다.

$$P_{eM} = 1 - P(C|m_1)$$

반면에 $s_i(t) = \sqrt{2E/T_M}\cos(\omega_o t + \theta_i)$이고 단 $\omega_o = 2\pi/T_M$이고, $\theta_i = 2\pi i/M$이면, 최적 수신기는 그림 10.24(문제 10.6-10 참조)에 보이는 것과 비슷한 위상 검출기와 같아진다. 이를 바탕으로 P_{eM}을 구할 수 있다. sin 펄스의 위상 θ의 PDF $p_\Theta(\theta)$는 식 11.64(d)처럼 대역 통과 가우시안 잡음 형태로 나타난다. 따라서 P_{eM}은 다음 식으로 나타난다.

$$P_{eM} = 1 - \int_{-\pi/M}^{\pi/M} p_\Theta(\theta)\, d\theta$$

식 (9.86d)의 PDF $p_\Theta(\theta)$는 A(sin 함수의 진폭)과 σ_n^2(잡음의 분산)값을 포함하고 있다. 정합 필터를 사용하고 또한 채널의 잡음을 백색 잡음이라고 가정하면,

$$\frac{A^2}{\sigma_n^2} = \frac{2E_p}{\mathcal{N}} = \frac{2E_b \log_2 M}{\mathcal{N}}$$

이 된다. 그러므로 다음과 같이 P_{eM}을 얻을 수 있다.

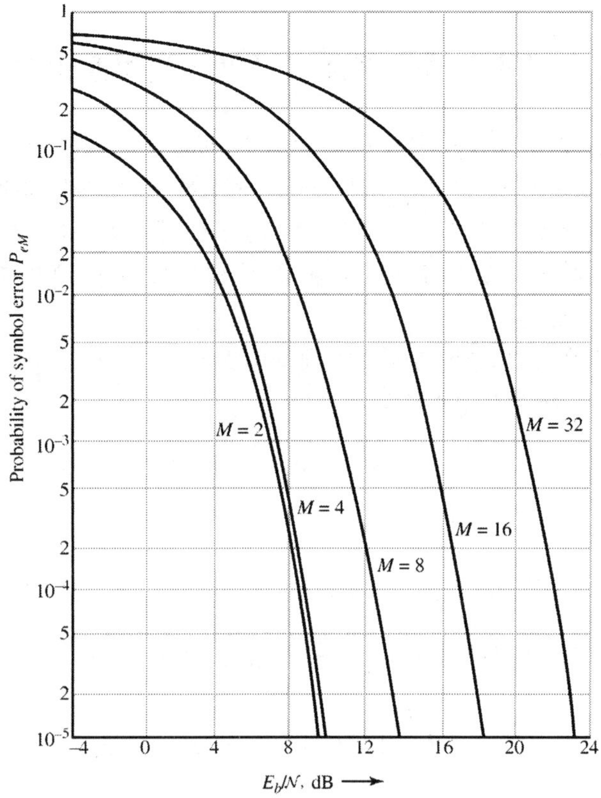

▸▸ 그림 10.26 MPSK의 오류 확률

$$P_{eM} = 1 - \frac{1}{2\pi}\int_{-\pi/M}^{\pi/M} e^{-(E_b \log_2 M/\mathcal{N})}\left\{1 + \sqrt{\frac{4\pi E_b \log_2 M}{\mathcal{N}}}\cos\theta\, e^{(E_b \cos^2\theta \log_2 M/\mathcal{N})}\right.$$
$$\left.\times\left[1 - Q\left(\sqrt{\frac{2E_b \log_2 M}{\mathcal{N}}}\cos\theta\right)\right]\right\} d\theta \qquad (10.108)$$

그림 10.26에서 $E_b/\mathcal{N}$에 대한 P_{eM}의 그래프를 보여주고 있다. $E_b/\mathcal{N} \gg 1$이고 $M \gg 2$인 경우 식 13.53은 다음과 같이 근사될 수 있다.[7]

$$P_{eM} \simeq 2Q\left(\sqrt{\frac{2E_b \log_2 M}{\mathcal{N}}}\sin\frac{\pi}{M}\right) \qquad (10.109a)$$

$$\simeq 2Q\left(\sqrt{\frac{2\pi^2 E_b \log_2 M}{M^2\mathcal{N}}}\right) \qquad (10.109b)$$

10.7 최적 수신기의 에러 확률에 대한 일반적인 표현

지금까지는 결정 영역을 쉽게 구할 수 있는 비교적 간단한 경우를 보았다. 그리고 결정 영역에 대한 정보를 이용하여 에러 확률을 계산하는 방법에 대해서도 알아보았다. 신호 공간의 차원이 커질수록 결정 영역을 그리기가 어려우며, 이에 따라서 그 방법들도 점점 적용하기가 어려워진다. 이제 일반적인 M진 구조에 대한 에러 확률을 계산하는 해석적 표현을 알아보자.

그림 10.18에 있는 최적 수신기의 구조로부터, 만일 m_1이 전송되었다면 정확한 결정은 다음 사항이 만족될 경우이다.

$$b_1 > b_2,\ b_3,\ \ldots,\ b_M$$

다시 말하면,

$$P(C|m_1) = \text{probability}\ (b_1 > b_2,\ b_3,\ \ldots,\ b_M | m_1) \tag{10.110}$$

만일 m_1이 전송되었다면, (그림 10.18) 다음과 같다.

$$\mathrm{b}_k = \int_0^{T_M} [s_1(t) + \mathrm{n}(t)] s_k(t)\, dt + a_k \tag{10.111}$$

여기서 상호상관 계수(crosscorrelation coefficients) ρ_{ij}를 정의하자.

$$\rho_{ij} = \int_0^{T_M} s_i(t) s_j(t)\, dt \qquad i,\ j = 1,\ 2,\ \ldots,\ M \tag{10.112}$$

따라서 (만일 m_1이 전송되었다면),

$$\mathrm{b}_k = \rho_{1k} + \int_0^{T_M} \mathrm{n}(t) s_k(t)\, dt + a_k \tag{10.113a}$$

$$= \rho_{1k} + a_k + \sum_{j=1}^{N} s_{kj} \mathrm{n}_j \tag{10.113b}$$

이고, 여기서 n_j는 $\mathrm{n}(t)$의 $\varphi_j(t)$ 성분이다. $\rho_{1k} + a_k$는 상수이고, 변수 $\mathrm{n}_j (j = 1, 2, \cdots, \mathrm{N})$는 각각이 평균이 0이고, 분산이 $\mathcal{N}/2$인 독립한 결합 가우시안 변수들이다. 따라서 변수들 b_k는 결합 가우시안 변수들의 선형 조합이며, $b_1,\ b_2,\ \cdots,\ b_M$도 역시 결합 가우시안이다. m_1이 전송되었을 때 정확한 결정을 할 확률은 식 (10.110)을 이용하여 구할 수 있다. b_1은

$(-\infty, \infty)$ 구간의 어디에나 위치할 수 있다. 좀 더 자세히 하면, 만일 $p(b_1, b_2, \cdots, b_M|m_1)$이 $b_1, b_2, \cdots, b_M$의 결합 PDF라면, 식 (10.110)은 다음과 같이 표현된다.

$$P(C|m_1) = \int_{-\infty}^{\infty} \int_{-\infty}^{b_1} \cdots \int_{-\infty}^{b_1} p(b_1, b_2, \ldots, b_M|m_1)\, db_1, db_2, \ldots, db_M \qquad (10.114a)$$

여기서 b_1의 적분 값들은 $(-\infty, \infty)$이고, 나머지 변수들의 적분 값들은 $(-\infty, b_1)$이다. 따라서, 다음과 같다.

$$P(C|m_1) = \int_{-\infty}^{\infty} db_1 \int_{-\infty}^{b_1} db_2 \cdots \int_{-\infty}^{b_1} p(b_1, b_2, \ldots, b_M|m_1)\, db_M \qquad (10.114b)$$

비슷하게, $P(C|m_2), P(C|m_2), \cdots, P(C|m_M)$도 계산할 수 있다.

$$P(C) = \sum_{j=1}^{M} P(C|m_j)P(m_j)$$

그리고, 다음과 같다.

$$P_{eM} = 1 - P(C)$$

● 예제 10.4

• 직교 신호 집합

직교 신호 집합(orthogonal signal set)에서는 M개의 동일한 에너지를 갖는 신호 $s_1(t)$, $s_2(t)$, $\cdots$, $s_M(t)$는 서로 수직이다(orthogonal). 예를 들면 $M=3$인 신호 집합이 그림 10.27에 있다.

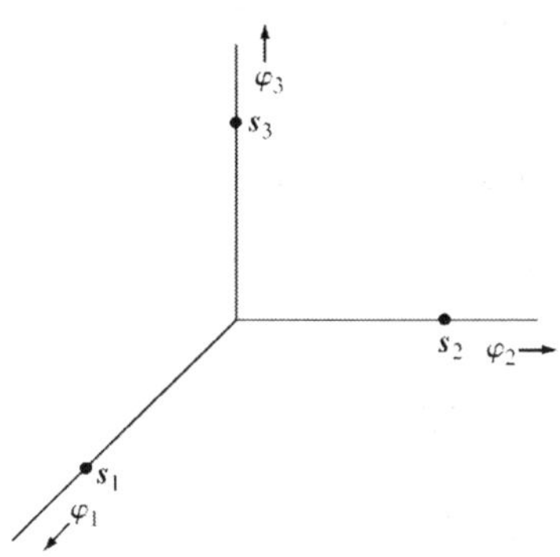

▸▸ 그림 10.27 직교 신호

풀이 직교집합 $s_k(t)$는 다음과 같은 성질이 있다.

$$<\boldsymbol{s}_j, \boldsymbol{s}_k> = \begin{cases} 0 & j \neq k \\ E & j = k \end{cases} \tag{10.115}$$

따라서,

$$\rho_{ij} = <\boldsymbol{s}_i, \boldsymbol{s}_j> = \begin{cases} 0 & i \neq j \\ E & i = j \end{cases} \tag{10.116}$$

모든 신호가 발생 확률이 같다면,

$$\begin{aligned} a_k &= \frac{1}{2}\left[\mathcal{N} \ln\left(\frac{1}{M}\right) - E_k\right] \\ &= -\frac{1}{2}(\mathcal{N} \ln M + E) \end{aligned}$$

여기서 E는 각 신호의 에너지이다. a_k는 모든 k에 대하여 같다. 따라서 이것을 무시하면, 직교 집합에 대하여 다음 식이 성립한다.

$$s_k(t) = \sqrt{E}\,\varphi_k(t) \tag{10.117}$$

그러므로,

$$s_{kj} = \begin{cases} \sqrt{E} & k = j \\ 0 & k \neq j \end{cases} \tag{10.118}$$

따라서, 식 (10.113b), (10.116), (10.118)로부터 (m_1이 전송되었을 때),

$$\mathrm{b}_k = \begin{cases} E + \sqrt{E}\,\mathrm{n}_1 & k = 1 \\ \sqrt{E}\,\mathrm{n}_k & k = 2, 3, \ldots, M \end{cases} \tag{10.119}$$

여기서 $\mathrm{n}_1, \mathrm{n}_2, \cdots, \mathrm{n}_M$은 각각의 평균이 영이고, 분산이 $\mathcal{N}/2$인 독립 가우시안 변수들이다. $(\alpha \mathrm{n}_k + \beta)$ 형태를 갖는 b_k 변수들도 역시 독립 가우시안 변수들이다. 식 (10.119)에서 b_1은 평균이 E이고, 분산이 $(\sqrt{E})^2(\mathcal{N}/2) = \dfrac{\mathcal{N}E}{2}$이다. 따라서, 다음과 같다.

$$\begin{aligned} p_{\mathrm{b}_1}(b_1) &= \frac{1}{\sqrt{\pi \mathcal{N} E}} e^{-(b_1 - E)^2/\mathcal{N}E} \\ p_{\mathrm{b}_k}(b_k) &= \frac{1}{\sqrt{\pi \mathcal{N} E}} e^{-b_k^2/\mathcal{N}E} \qquad k = 2, 3, \ldots, M \end{aligned}$$

변수들 b_1, b_2, ⋯, b_M이 독립이기 때문에 결합 확률 밀도 함수는 다음 식과 같이 각 밀도 함수들의 곱으로 표현된다.

$$p(b_1, b_2, \ldots, b_M|m_1) = \frac{1}{\sqrt{\pi \mathcal{N} E}} e^{-(b_1-E)^2/\mathcal{N}E} \prod_{k=2}^{M} \left(\frac{1}{\sqrt{\pi \mathcal{N} E}} e^{-b_k^2/\mathcal{N}E} \right)$$

그리고, 다음과 같다.

$$\begin{aligned} P(C|m_1) &= \frac{1}{\sqrt{\pi \mathcal{N} E}} \int_{-\infty}^{\infty} db_1 [e^{-(b_1-E)^2/\mathcal{N}E}] \times \prod_{k=2}^{M} \left(\int_{-\infty}^{b_1} \frac{1}{\sqrt{\pi \mathcal{N} E}} e^{-b_k^2/\mathcal{N}E}\, db_k \right) \\ &= \frac{1}{\sqrt{\pi \mathcal{N} E}} \int_{-\infty}^{\infty} db_1 [e^{-(b_1-E)^2/\mathcal{N}E}] \times \left(\int_{-\infty}^{b_1} \frac{1}{\sqrt{\pi \mathcal{N} E}} e^{-x^2/\mathcal{N}E}\, dx \right)^{M-1} \qquad (10.120a) \\ &= \frac{1}{\sqrt{\pi \mathcal{N} E}} \int_{-\infty}^{\infty} \left[1 - Q\left(\frac{b_1}{\sqrt{\mathcal{N}E/2}} \right) \right]^{M-1} \times e^{-(b_1-E)^2/\mathcal{N}E}\, db_1 \end{aligned}$$

$b_1/\sqrt{\mathcal{N}E/2} = y$ 치환하고, $E/\mathcal{N} = (\log_2 M)E_b/\mathcal{N}$이라는 사실을 이용하면,

$$P(C|m_1) = \frac{1}{\sqrt{2\pi}} \int_{-\infty}^{\infty} e^{-\left(y-\sqrt{2E/\mathcal{N}}\right)^2/2} [1 - Q(y)]^{M-1}\, dy \qquad (10.120b)$$

$$= \frac{1}{\sqrt{2\pi}} \int_{-\infty}^{\infty} e^{-\left[y-\sqrt{(2\log_2 M)E_b/\mathcal{N}}\right]^2/2} [1 - Q(y)]^{M-1}\, dy \qquad (10.120c)$$

이 신호 집합이 기하학적으로 대칭이므로, 즉, 모든 신호는 집합 내에서 다른 신호들과 같은 관계를 가지므로

$$P(C|m_1) = P(C|m_2) = \cdots = P(C|m_M)$$

따라서,

$$P(C) = P(C|m_1)$$

그리고,

$$\begin{aligned} P_{eM} &= 1 - P(C) \\ &= 1 - \frac{1}{\sqrt{2\pi}} \int_{-\infty}^{\infty} e^{-\left[y-\sqrt{(2\log_2 M)E_b/\mathcal{N}}\right]^2/2} [1 - Q(y)]^{M-1}\, dy \qquad (10.120d) \end{aligned}$$

그림 10.28은 P_{eM}과 $E_b/\mathcal{N}$의 관계를 나타낸다. 이 그림은 $M=\infty$의 경우에 대한 흥미로운 결과를 보여준다. M이 증가함에 따라 성능은 향상되나, 대역폭은 증가한다. 따라서 이는 대역폭과 성능 사이의 전형적인 관계를 보여준다.

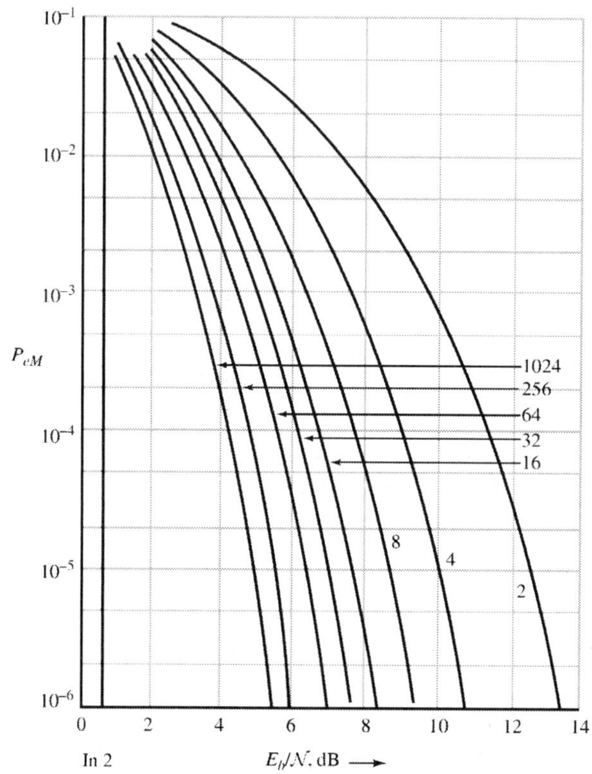

▶▶ 그림 10.28 직교 신호와 동기 MFSK의 오류 확률

○ 다중톤 신호기법(MFSK)

다중톤 신호 방식의 경우, M개의 심벌이 주파수가 ω_1, ω_2, …, ω_M인 M개의 직교하는 펄스들로 구성되어 있다. 각 펄스의 길이는 T_M이다. 따라서 M개의 전송되는 펄스는 다음과 같다.

$$\sqrt{2}p'(t)\cos\omega_k t \quad \text{where,} \quad \omega_k = \frac{2\pi(N+k)}{T_M}$$

그림 10.29의 수신기는 2진 수신기를 단순히 확장한 것이다. 수신된 신호는 각각의 기준 신호들 $\sqrt{2}cos\omega_i t$ (i=1, 2, ..., M)과 곱해진다. 필터 $H(f)$는 기저대역 펄스 $p'(t)$에 다음 식과 같이 정합(matched)되어 있다.

$$h(t) = p'(T_M - t)$$

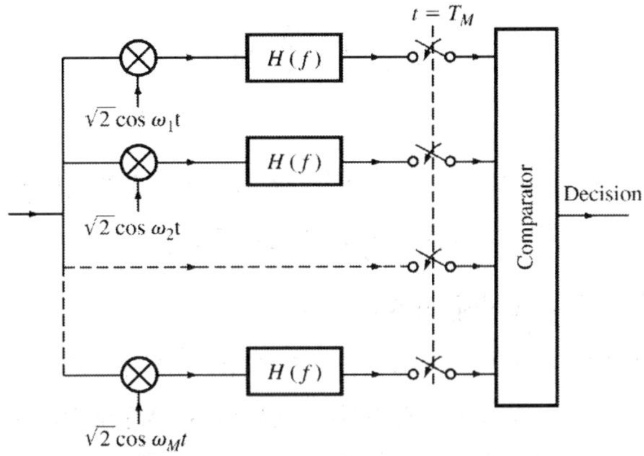

►► 그림 10.29 동기 MFSK 수신기

수신기의 i번째 가지에서 곱셈기와 $H(f)$를 사용하는 대신에 RF 펄스 $\sqrt{2}\,p'(t)\cos\omega_k t$에 정합된 필터를 사용하여 같은 결과를 얻을 수 있다. 시간 $t = T_M$에서 표본화된 M개의 출력을 $b_1, b_2, \cdots, b_M$이라 하자.

M 신호 펄스는 직교하므로 예제 10.4로부터의 분석을 바로 적용하여 다음을 얻을 수 있다.

$$P_{eM} = 1 - \frac{1}{\sqrt{2\pi}}\int_{-\infty}^{\infty} e^{-\left(y-\sqrt{2E_b \log_2 M/\mathcal{N}}\right)^2/2}[1 - Q(y)]^{M-1}\,dy \tag{10.121}$$

M진 결과를 그림 10.28에 나타내었다.

식 (10.121)의 우변에 나타나는 적분을 계산하여 그림 10.28(P_{eM} 대 $E_b/\mathcal{N}$)에 나타내었다. 이 그림을 보면 $M = \infty$인 경우에 재미있는 결과를 보여준다. 즉 식 (10.121)의 P_{eM} 을 $M \to \infty$ 로 보내게 되면, 다음과 같은 결과를 얻을 수 있다.

$$\lim_{M\to\infty} P_{eM} = \begin{cases} 1 & E_b/\mathcal{N} < \log_e 2 \\ 0 & E_b/\mathcal{N} \geq \log_e 2 \end{cases}$$

신호의 전력은 $S_i = E_b R_b$ 이다. 여기서 R_b 는 비트 전송율이다. 따라서 에러가 없는 전송을 위해서는 다음과 같은 조건을 만족해야 한다.

$$\frac{E_b}{\mathcal{N}} \geq \log_e 2 = \frac{1}{1.44} \quad \text{or} \quad \frac{S_i}{\mathcal{N} R_b} \geq \frac{1}{1.44}$$

그러므로 R_b 값은 다음과 같은 조건을 만족하게 된다.

$$R_b \leq 1.44\frac{S_i}{\mathcal{N}} \text{ bit/s} \tag{10.122}$$

이 결과는 M진 직교 신호 기법은 $M \to \infty$인 경우 초당 $1.44\frac{S_i}{\mathcal{N}}$비트를 에러없이 전송할 수 있다는 것을 보여준다(그림 10.28 참조).

○ 직교 신호의 비트 에러율(BER)

MASK와 MPSK의 경우, Gray 부호를 이용할 경우, $P_b = P_{eM}/\log_2 M$임을 보였다. 이 결과는 MFSK에 맞지 않는 결과이다. MASK와 MPSK의 경우 가장 두드러진 에러는 바로 옆 심벌로 잘못 인식되는 경우이다. Gray 부호를 사용해서 바로 옆 심벌에 한 비트 차이가 나는 부호를 정해주면 위의 경우를 만족시킬 수 있다. 하지만 MFSK의 경우 한 개의 심벌은 다른 $M-1$개의 심벌들로 잘못 판정될 확률이 똑같다. 따라서 한 개의 심벌이 잘못 인식될 확률은 다음과 같다.

$$P(\epsilon) = \frac{P_{eM}}{M-1} = \frac{P_{eM}}{2^k - 1}$$

만일 M진 심벌이 있을 때, 이 심벌과 1비트 차이나는 심벌의 개수가 N_1이라고 하고, 2비트 차이가 나는 심벌의 개수가 N_2라고 하자. 이때 한 개의 M진 심벌을 수신했을 때 평균적으로 나타나는 비트 에러의 개수 $\overline{N_\epsilon}$는 다음과 같이 나타난다.

$$\begin{aligned}
\overline{N}_\epsilon &= \sum_{n=1}^{k} nN_n P(\epsilon) \\
&= \sum_{n=1}^{k} nN_n \frac{P_{eM}}{2^k - 1} \\
&= \frac{P_{eM}}{2^k - 1} \sum_{n=1}^{k} n \binom{k}{n} \\
&= k\, 2^{k-1} \frac{P_{eM}}{2^k - 1}
\end{aligned}$$

이것은 k 비트의 데이터 열(한 개의 M진 심벌)의 에러가 나는 평균 비트의 숫자이다. 결론적으로 BER, P_b는 다음과 같이 나타난다.

$$P_b = \frac{2^{k-1}}{2^k - 1} P_{eM} \approx \frac{P_{eM}}{2} \qquad k \gg 1$$

이러한 결과로부터 한 가지 흥미로운 사실을 알 수 있다. 최적의 수신기가 사용될 경우에는 항상 에러 확률이 특정한 신호 파형에 무관하다는 것이다. 에러 확률은 단지 신호 공간에서 신호의 기하학적 형태에 의해 결정됨을 알 수 있다.

○ *M*진 직교 신호에 대한 대역폭과 전력 관계

Landau와 Pallak[3]이 제시하였듯이, 한 신호의 차원은 $2BT_M+1$이다. 여기서 T_M은 신호의 길이이고 B는 그것의 기본 대역폭이다. N차원 신호 공간에서($N \le M$), 대역폭은 $B=(\mathrm{N}-1)/2T_M$이다. 따라서, N을 줄이면 대역폭도 줄어든다.

어떤 특정한 신호 집합을 구성하여 N차원 신호가 $(N-1)/2T_M$ Hz로 전송될 수 있음을 증명해보자. 다음과 같이 신호를 선택한다.

$$
\begin{aligned}
\varphi_0(t) &= \frac{1}{\sqrt{T_M}} \\
\varphi_1(t) &= \sqrt{\frac{2}{T_M}}\sin \omega_o t \\
\varphi_2(t) &= \sqrt{\frac{2}{T_M}}\cos \omega_o t \qquad \omega_o = \frac{2\pi}{T_M} \\
\varphi_3(t) &= \sqrt{\frac{2}{T_M}}\sin 2\omega_o t \qquad 0 \le t \le T_M \\
\varphi_4(t) &= \sqrt{\frac{2}{T_M}}\cos 2\omega_o t \\
&\vdots \\
\varphi_{k-1}(t) &= \sqrt{\frac{2}{T_M}}\sin\left(\frac{k}{2}\,\omega_o t\right) \\
\varphi_k(t) &= \sqrt{\frac{2}{T_M}}\cos\left(\frac{k}{2}\,\omega_o t\right)
\end{aligned} \tag{10.123}
$$

이들은 전체 대역폭이 $(k/2)(\omega_0/2\pi)=k/2T_M$ Hz를 갖는 k+1개의 직교 펄스이다. 따라서, $k+1=N$일 때 대역폭은* $(N-1)/2T_M$이다. 그러므로 $N=2T_MB+1$이다.

* 여기서는 각 귀퉁이(edge)에서 일어나는 대역퍼짐 현상(band spreading)을 무시한다. 이러한 퍼짐은 약 $1/T_M$ Hz이다. 실제 대역폭은 이 양만큼 $(N-1)/2T_M$ 보다 커진다.

주어진 에러 확률을 얻기 위하여, 신호 집합의 평균 에너지와 그것의 대역폭 사이에 상호보완 관계(trade-off)가 있다. 만일 신호 공간의 차원을 줄이면 전송 대역폭은 줄어든다. 그러나 신호들은 줄어든 차원으로 인하여 서로 가깝게 위치한다. 이것은 P_{eM}을 증가시킨다. 따라서, P_{eM}을 유지하기 위해서는 신호를 멀리 떼어 놓아야 한다. 즉 에너지를 증가시키게 된다. 그러므로 대역폭을 줄인 대가는 에너지의 증가로 치뤄진다. 13.6절에서 대역폭과 신호 에너지 사이의 상호보완을 정보이론 측면에서 살펴보고자 한다.

M진 신호 기법은 전송율, 전송대역폭, 전송전력을 서로 교환할 수 있는 추가적인 방법을 제공한다. 이것은 적절한 통신 시스템을 설계할 때 유연성을 제공한다. 따라서 주어진 전송율에 대하여 전송전력을 줄이기 위해서는 전송대역폭을 더 사용할 수 있다. 또한 전송대역폭을 더 사용하거나 전송전력을 더 사용하거나 하는 방법으로 정보전송율을 $k(k=\log_2 M)$배 만큼 더 높일 수도 있다. 그림 10.28의 다중톤 신호 기법에서 M이 커짐에 따라 전송전력이 줄어드는 것을 볼 수 있다. 하지만 전송대역폭은 M에 선형적으로 커짐을 알 수 있다. 따라서 다중톤 신호기법은 MASK나 MPSK와는 기본적으로 다른 시스템이다. 후자의 경우는 대역폭이 M에 무관하다. 하지만 전송전력이 $M^2/\log_2 M = 2^{2k}/k$로 늘어나게 된다. 따라서 정보전송률 k의 증가에 따라 전송전력이 지수적으로 증가하게 된다. 즉 k가 증가함에 따라 MFSK의 경우는 대역폭이 지수적으로 증가하게 되고, MASK나 MPSK는 전력이 지수적으로 증가하게 된다.

그러므로 대역폭을 사용하기 어려운 환경(예를 들면, 전화 시스템)에서는 MASK나 MPSK를 사용하고, 전력을 사용하기 어려운 환경(우주 통신)에서는 MFSK를 사용한다. 이 두 가지 극단적인 경우에 대한 절충방안도 있다. 2진 펄스의 수를 k배만큼 증가시켜 전송함으로써 정보전송률을 k배만큼 높일 수 있는 가능성에 대해 분석해 보자. 이 경우 전송전력은 k에 선형적으로 비례해서 늘게 된다. 또한 대역폭은 펄스 전송율에 비례하므로 전송대역폭은 k에 선형적으로 비례한다. 따라서 이 경우에는 정보전송량을 k배 늘이기 위해 전송전력과 대역폭을 각각 k배씩 늘여서 사용한다. 따라서 M진 신호기법에서 나타나는 지수적인 증가는 이 경우에 나타나지 않는다. 하지만 M진 신호기법에서는 대역폭이나 전력 중 한 가지만 크게 해 주면 되지만, 이 경우는 두 가지 모두 크게 해 주어야 한다. 그러므로 우리는 여러 가지 변수에 대하여 교환할 수 있는 유연성을 가지게 되고, 우리의 요구사항에 맞는 통신 자원을 찾을 수 있다.

● 예제 10.5

2.08×10^6의 2진 신호를 $P_b \le 10^{-6}$이 되도록 전송하고자 한다. 세 가지 가능한 방법들을 고려해보자.

(a) 2진신호(Binary)
(b) 16진 ASK
(c) 16진 PSK

채널의 잡음 PSD, $S_n(\omega) = 10^{-8}$이다. 각각의 경우에 전송대역폭과 수신단 입력부에 필요로 하는 신호전력을 구하라.

풀이 (a) 2진 신호 : Polar 신호기법을 고려하자. (가장 효율적인 방법임)

$$P_b = P_e = 10^{-6} = Q\left(\sqrt{\frac{2E_b}{\mathcal{N}}}\right)$$

이것은 $E_b / \mathcal{N} = 11.35$를 나타낸다. 신호의 전력은 $S_i = E_b R_b$이다. 그러므로,

$$S_i = 11.35\,\mathcal{N}R_b = 11.35(2 \times 10^{-8})(2.08 \times 10^6) = 0.47\,\mathrm{W}$$

상승 코사인 기저대역펄스라 가정하면, 대역폭 B_T는

$$B_T = R_b = 2.08\,\mathrm{MHz}$$

(b) 16진 ASK : 각각의 16진 심벌은 $\log_2 16 = 4$비트를 전송한다. 따라서 우리는 초당 $R_M = (2.08 \times 10^6)/4 = 0.52 \times 10^6$개의 16진 펄스를 전송한다. 이것은 상승 코사인 펄스를 쓴다고 가정하면 기저대역에서는 520KHz의 대역폭을, 변조펄스에서는 1.04MHz의 대역폭을 필요로 한다. 또한

$$P_b = 10^{-6} = \frac{P_{eM}}{\log_2 16}$$

그러므로 P_{eM}은 다음과 같다.

$$P_{eM} = 4 \times 10^{-6} = 2\left(\frac{M-1}{M}\right) Q\left[\sqrt{\frac{6E_b \log_2 16}{\mathcal{N}(M^2-1)}}\right]$$

M = 16인 경우, $E_b = 0.499 \times 10^{-5}$이 된다. M진 펄스 전송율이 R_M이면

$$\begin{aligned} S_i &= E_{pM} R_M = E_b \log_2 M \cdot R_M \\ &= 0.499 \times 10^{-5} \times 4 \times (0.52 \times 10^6) = 9.34\,\mathrm{W} \end{aligned}$$

(c) 16진 PSK : 1초당 $R_M = 0.52 \times 10^6$개만의 펄스를 전송하면 된다. 기저대역에서는 520 KHz의 대역폭을 PSK 변조된 신호에 대해서는 1.04MHz의 대역폭이 필요하다. 또한

$$P_{eM} = 4P_b = 4 \times 10^{-6} \simeq 2Q\left[\sqrt{\frac{2\pi^2 E_b \log_2 16}{256\mathcal{N}}}\right]$$

따라서 $E_b = 137.8 \times 10^{-8}$이 되고, S_i는 다음과 같이 구해진다.

$$\begin{aligned} S_i &= E_b \log_2 16 R_M \\ &= (137.8 \times 10^{-8}) \times 4 \times (0.52 \times 10^6) = 2.86\,\mathrm{W} \end{aligned}$$

10.8 등가 신호 집합

에러 확률의 계산은 좌표축을 이동하거나 회전시킴으로써 쉽게 구할 수 있다. 이제부터 그러한 것이 가능하다는 것을 보이기로 한다.

그림 10.30a와 같은 결정 영역을 가진 신호 집합이 있다고 생각하자. 조건 확률 $P(C|m_1)$은 $\boldsymbol{s}_1$에서부터 그린 잡음 벡터가 R_1 속에 있을 확률이다. 이 확률은 좌표계의 원점과는 상관이 없다. 이제 좌표계를 원하는 곳으로 이동시켜 보자. 이것은 신호 집합과 해당하는 결정 영역을 이동시키는 것과 같다. 따라서, 그림 10.30b에 있는 이동된 시스템에 대한 $P(C|m_i)$는 그림 10.30a에 있는 시스템과 동일하다.

가우시안 잡음의 경우는 또 다른 중요한 관찰을 할 수 있다. 잡음 벡터의 확률 밀도가 구형으로 대칭이기 때문에 좌표계를 회전하여도 에러 확률에는 영향을 미치지 않는다. 그림 10.30c는 그림 10.30a의 신호 집합을 이동하고 회전시킨 것이다. 좌표계의 회전은 반대로 생각하면 신호 집합을 회전시킨 것과 같다. 여기서는 편의를 위하여 좌표계 대신에 신호 집합을 회전시킨다. $\boldsymbol{s}_1$에서부터 그린 잡음 벡터 $\boldsymbol{n}$이 R_1 속에 있을 확률은 그림 10.30a와 c에서 똑같다.

왜냐하면 이 확률은 영역 R_1에 대하여 잡음 확률 밀도 $p_{\mathrm{n}}(\mathbf{n})$을 적분한 결과이기 때문이다. $p_{\mathrm{n}}(\mathbf{n})$은 가우시안 잡음에 대하여 구형으로 대칭이기 때문에 확률은 영역 R_1을 회전시켜도 영향을 받지 않는다. 분명히, 부가 가우시안 채널 잡음에 대해서는 좌표계의 이동과 회전(혹은 신호 집합의 이동과 회전)이 에러 확률에 아무런 영향을 미치지 않는 것을 알았다. 신호 집합을 이동하거나 회전시키면 그 결과의 집합은 전혀 다른 신호 집합을 나타낸다. 하지만 그래도 두 집합의 에러 확률은 같다. 이러한 집합을 등가 집합(equivalent sets)이라고 한다.

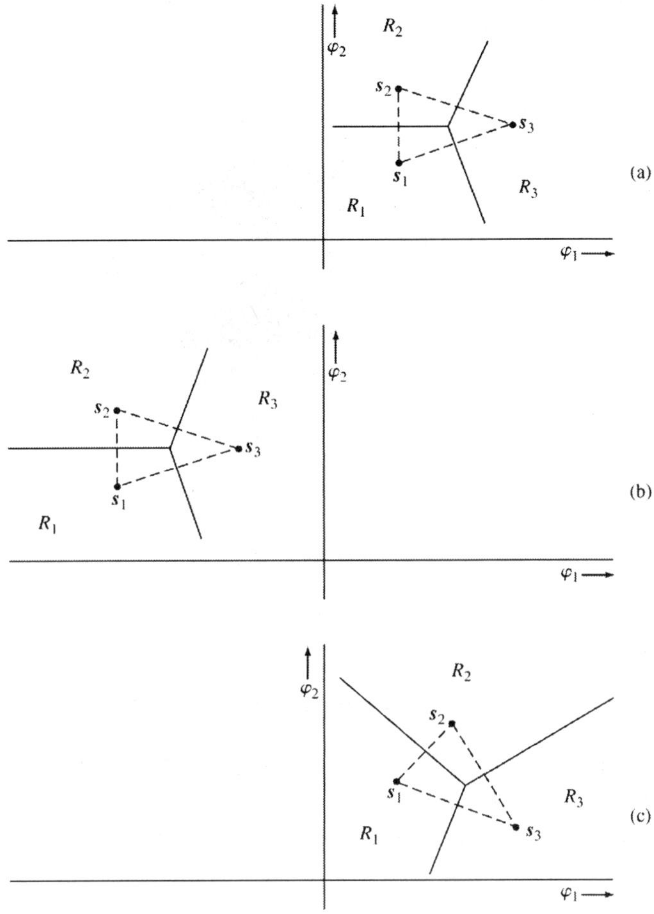

►► 그림 10.30 좌표계의 이동과 회전

다음의 예는 에러 확률을 계산함에 있어서 신호 집합의 이동과 회전의 유용성을 보여준다.

● 예제 10.6

QPSK 신호가 그림 10.31a에 있다.

$$\mathbf{s}_1 = -\mathbf{s}_2 = \sqrt{E}\,\boldsymbol{\varphi}_1$$

$$\mathbf{s}_3 = -\mathbf{s}_4 = \sqrt{E}\,\boldsymbol{\varphi}_2$$

모든 심볼은 같은 발생 확률을 갖는다고 가정할 때, 잡음 PSD가 $\mathcal{N}/2$인 AWGN 채널에서 P_{eM}을 구하시오.

풀이

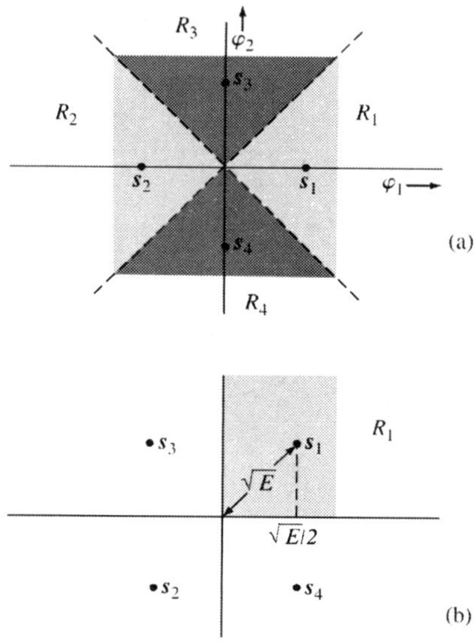

►► 그림 10.31 QPSK의 분석

이 문제는 이미 예제 10.4에서 일반적인 경우 M에 대하여 풀었다. 여기서는 $M=4$에 대하여 풀고 축의 회전이 얼마나 유용한지를 보인다.

모든 심볼의 발생 확률이 같기 때문에 결정 영역의 경계는 여러 신호점들을 수직 이등분하는 선들이다 (그림 10.31a). 이제

$$P(C|m_1) = P(\mathbf{s}_1\text{에서 부터 그린 잡음 벡터 } \mathbf{n}\text{이 } R_1\text{속에 있을 사건}) \tag{10.124}$$

이것은 영역 R_1에 대하여 n_1과 n_2의 결합 PDF를 적분하여 구할 수 있다. 이 중적분은 식 (14.59)에서처럼 적당한 적분 구간을 이용하여 구할 수 있다. 하지만 만일 그림 14.16b처럼 신호 집합을 45° 회전시키면, 이 문제는 대단히 간단해진다. 결정 영역은 직사각형이 되고, 만일 n_1과 n_2가 φ_1과 φ_2의 성분이라면, 식 (14.73)은 다음과 같이 표현된다.

$$\begin{aligned}
P(C|m_1) &= P\left(n_1 > -\sqrt{\frac{E}{2}},\ n_2 > -\sqrt{\frac{E}{2}}\right) \\
&= P\left(n_1 > -\sqrt{\frac{E}{2}}\right) P\left(n_2 > -\sqrt{\frac{E}{2}}\right) \\
&= \left[1 - Q\left(\sqrt{\frac{E}{2\sigma_n^2}}\right)\right]^2
\end{aligned}$$

$$= \left[1 - Q\left(\sqrt{\frac{E}{\mathcal{N}}}\right)\right]^2 \tag{10.125a}$$

$$= \left[1 - Q\left(\sqrt{\frac{2E_b}{\mathcal{N}}}\right)\right]^2 \tag{10.125b}$$

10.8.1 최소 에너지 집합

앞에서도 언급한 바와 같이, 무한개의 등가 신호 집합이 존재한다. 신호 에너지는 원점에서부터의 거리에 좌우되지만 등가 집합은 꼭 같은 평균 에너지를 가질 필요는 없다. 따라서, 무한히 많은 등가 신호 집합 중에서 원점에 제일 가까운 신호 집합이 최소의 평균 신호 에너지(혹은 전송전력)를 갖는다.

신호 집합에서 점 $\boldsymbol{s}_1$, $\boldsymbol{s}_2$, $\cdots$, $\boldsymbol{s}_M$에 의해 표현되며 $s_1(t)$, $s_2(t)$, $\cdots$, $s_M(t)$의 파형으로 전송되는 M 개의 메시지 m_1, m_2, $\cdots$, m_M이 있다고 하자. 이 신호 집합의 평균 에너지 $\overline{E}$는 다음과 같이 주어진다.

$$\overline{E} = \sum_{i=1}^{M} P(m_i)\, \|\boldsymbol{s}_i\|^2$$

이 신호 집합의 이동(translation)은 각 신호로부터 벡터 $\boldsymbol{a}$를 빼주면 등가가 된다. 이 연산(operation)이 최소 평균 에너지 집합을 만든다고 하자. 이 때 다음과 같은 새로운 평균 에너지가 최소가 되는 벡터 $\boldsymbol{a}$를 구해 보자.

$$\overline{E}' = \sum_{i=1}^{M} P(m_i) \|\boldsymbol{s}_i - \boldsymbol{a}\|^2 \tag{10.126}$$

이러한 벡터 $\boldsymbol{a}$는 각각 질량(masses) $P(m_1)$, $P(m_2)$, $\cdots$, $P(m_M)$을 가지며, $\boldsymbol{s}_1$, $\boldsymbol{s}_2$, $\cdots$, $\boldsymbol{s}_M$에 위치한 M개의 점의 중심이 되어야만 한다는 것을 보일 수 있다.

$$\boldsymbol{a} = \sum_{i=1}^{M} P(m_i)\boldsymbol{s}_i = \overline{\boldsymbol{s}_i} \tag{10.127}$$

이것을 증명하기 위하여, 평균 에너지가 어느 이동 $\boldsymbol{b}$에 의해서 최소가 된다고 가정하자.

$$\begin{aligned}\overline{E}' &= \sum_{i=1}^{M} P(m_i)||\boldsymbol{s}_i - \boldsymbol{b}||^2 \\ &= \sum_{i=1}^{M} P(m_i)||(\boldsymbol{s}_i - \boldsymbol{a}) + (\boldsymbol{a} - \boldsymbol{b})||^2 \\ &= \sum_{i=1}^{M} P(m_i)||\boldsymbol{s}_i - \boldsymbol{a}||^2 + 2<(\boldsymbol{a} - \boldsymbol{b}).\ \sum_{i=1}^{M} P(m_i)(\boldsymbol{s}_i - \boldsymbol{a})> + \sum_{i=1}^{M} P(m_i)||\boldsymbol{a} - \boldsymbol{b}||^2\end{aligned}$$

식 (10.127)의 관계식에 의하여 그리고 다음 식의 관계에 의하여 위 식의 두 번째 항은 없어진다.

$$\begin{aligned}\sum_{i=1}^{M} P(m_i)(\boldsymbol{s}_i - \boldsymbol{a}) &= \sum_{i=1}^{M} P(m_i)\boldsymbol{s}_i - \boldsymbol{a}\sum_{i=1}^{M} P(m_i) \\ &= \boldsymbol{a} - \boldsymbol{a} \cdot 1 = 0\end{aligned}$$

따라서 다음과 같다.

$$\overline{E}' = \sum_{i=1}^{M} P(m_i)\ \|\boldsymbol{s}_i - \boldsymbol{a}\|^2 + \sum_{i=1}^{M} P(m_i)\ \|\boldsymbol{a} - \boldsymbol{b}\|^2$$

이것은 $\boldsymbol{b} = \boldsymbol{a}$일 때 최소가 된다. 좌표계의 회전은 에너지를 변화시키지 않는다. 따라서, 에너지를 최소화시키기 위하여 신호 집합을 회전시킬 필요는 없다.

● 예제 10.7

그림 10.32a에 보이는 2진 직교 신호 집합에 대하여, 등가의 최소 에너지 신호 집합을 구하시오.

풀이 이 경우에 최소 에너지 집합은 그림 10.32b에 나타나 있다. 원점이 신호들의 중심에 있다. 편의를 위하여 신호들도 회전시켰다. 거리 k_1과 k_2는 다음을 만족하여야 한다.

$$k_1 + k_2 = d$$

그리고, 다음과 같다.

$$k_1 P(m_1) = k_2 P(m_2)$$

이 두 식의 해는

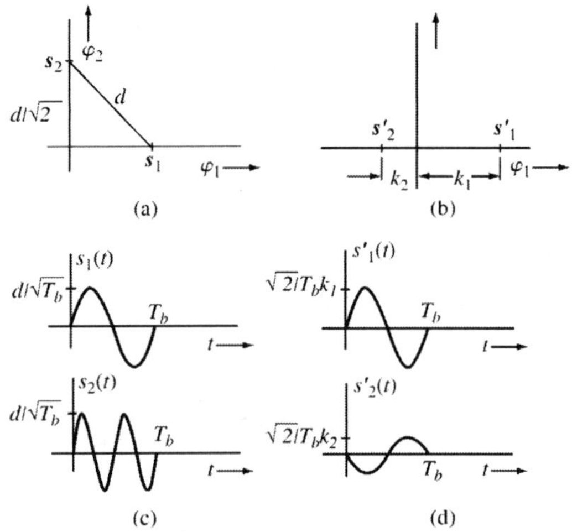

▶▶ 그림 10.32 등가 신호 집합

$$k_1 = P(m_2)d$$

이고

$$k_2 = P(m_1)d$$

이다.

두 신호 집합은(그림 10.32a와 b) 같은 에러 확률을 갖지만, 나중 것이 작은 평균 에너지를 갖는다. 만일 $\overline{E}$와 $\overline{E'}$가 두 신호 집합의 평균 에너지라면,

$$\overline{E} = P(m_1)\frac{d^2}{2} + P(m_2)\frac{d^2}{2} = \frac{d^2}{2}$$

이고, 다음과 같다.

$$\begin{aligned}\overline{E'} &= P(m_1)k_1^2 + P(m_2)k_2^2 \\ &= P(m_1)P^2(m_2)d^2 + P(m_2)P^2(m_1)d^2 \\ &= P(m_1)P(m_2)d^2\end{aligned}$$

$P(m_1)+P(m_2)=1$에 대하여, 곱 $P(m_1)P(m_2)$은 $P(m_1)=P(m_2)=1/2$일 때 최대가 된다. 이 경우

$$P(m_1)P(m_2) = \frac{1}{4}$$

이고, 다음을 얻는다.

$$\overline{E'} \le \frac{d^2}{4}$$

따라서,

$$\overline{E'} \le \frac{\overline{E}}{2}$$

이 되며, 같은 발생 확률의 신호에 대하여,

$$\overline{E'} = \frac{\overline{E}}{2}$$

이다. 이 경우에는,

$$k_1 = k_2 = \frac{d}{2}$$

$$\overline{E} = \frac{d^2}{2} \qquad \text{and} \qquad \overline{E'} = \frac{d^2}{4}$$

그림 10.32b에 있는 신호들을 $k_1 = k_2$일 때 양극 신호(antipodal signals)라고 한다. 그림 10.32a(그리고 10.32b)에 있는 신호 집합의 에러 확률은 그림 10.22a에 있는 것과 같으며 식 (10.97a)에서 구할 수 있다. 확실한 예로써, 주파수가 $\omega_0 = 2\pi/T_M$인 정현파를 기저 신호로 하자.

$$\varphi_1(t) = \sqrt{\frac{2}{T_M}} \sin \omega_o t$$

$$0 \le t < T_M$$

$$\varphi_2(t) = \sqrt{\frac{2}{T_M}} \sin 2\omega_o t$$

따라서,

$$s_1(t) = \frac{d}{\sqrt{2}} \varphi_1(t) = \frac{d}{\sqrt{T_M}} \sin \omega_o t$$

$$0 \le t < T_M$$

$$s_2(t) = \frac{d}{\sqrt{2}} \varphi_2(t) = \frac{d}{\sqrt{T_M}} \sin 2\omega_o t$$

신호 $s_1(t)$와 $s_2(t)$는 그림 10.32c에 있으며, 기하학적 표현은 그림 10.32a와 같다. 두 신호는 원점으로부터 $d/\sqrt{2}$ 의 거리에 있으며, 두 신호간의 거리는 d가 된다.
이 집합에 대한 최소 에너지 신호들 $s'_1(t)$, $s'_2(t)$는 다음과 같다.

$$s_1'(t) = \sqrt{\frac{2}{T_M}} P(m_2) d \sin \omega_o t$$

$$0 \le t < T_M$$

$$s_2'(t) = -\sqrt{\frac{2}{T_M}} P(m_1) d \sin \omega_o t$$

이 신호들은 그림 10.32d에 그려 놓았다.

10.8.2 단방향(Simplex) 신호 집합

발생 확률이 같은 직교 집합의 최소 에너지 등가 신호 집합을 단방향(simplex) 혹은 이동직교(transorthogonal) 신호 집합이라 한다. 식 (10.115)에 있는 직교 집합에 대응하는 단방향 집합을 구할 수 있다.

최소 에너지 집합을 구하기 위하여, 원점을 그 신호 집합의 중심으로 이동시켜야 한다. 2차원의 경우(그림 10.33a), 그림 10.33c와 같은 단방향 집합이 되며, 3차원의 경우(그림 10.33b), 그림 10.33d와 같은 단방향 집합이 된다. 단방향 신호 집합의 차원은 직교 집합의 차원보다 한 차원 작다. 이것은 임의의 값 M에 대하여 적용된다. 단방향 신호 집합이 에너지가 한정된 백색 가우시안 잡음에서의 동일 확률 신호에 대하여 최적(최소 에러 확률)이라는 것을 보일 수 있다.[4, 8]

식 (10.127)에 주어진 벡터 $\boldsymbol{a}$에 의해서 직교 집합을 이동시킴으로써 단방향 집합의 최소 에너지를 계산할 수 있다.

$$\boldsymbol{a} = \frac{1}{M}\sum_{i=1}^{M} \boldsymbol{s}_i$$

직교 신호에 대하여,

$$\boldsymbol{s}_i = \sqrt{E}\,\boldsymbol{\varphi}_i$$

이므로,

$$\boldsymbol{a} = \frac{\sqrt{E}}{M}\sum_{i=1}^{M} \boldsymbol{\varphi}_i$$

여기서 E는 직교 집합에 있는 각 신호의 에너지이며, φ_i는 i 번째 좌표축에 해당하는 단위 벡터이다. 단방향 집합에 있는 신호들은 다음과 같이 주어진다.

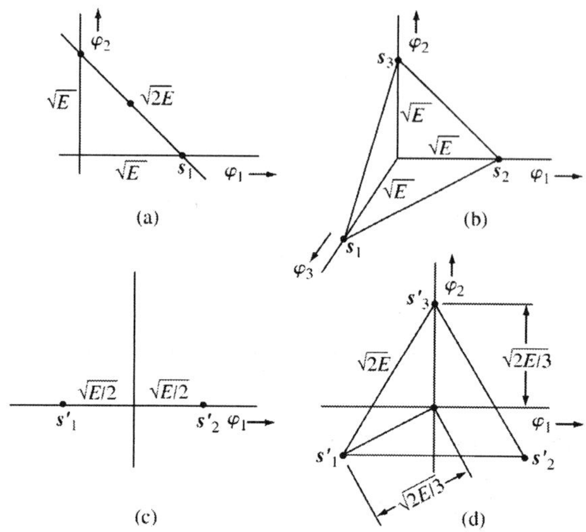

▶▶ 그림 10.33 단방향 신호

$$\begin{aligned} s'_k &= s_k - a \\ &= \sqrt{E}\varphi_k - \frac{\sqrt{E}}{M}\sum_{i=1}^{M}\varphi_i \end{aligned} \tag{10.128}$$

신호 s_k'의 에너지 E'은 $|s_k'|^2$이며,

$$E' = \langle s'_k, s'_k \rangle \tag{10.129}$$

식 (10.129)에 식 (10.128)을 대입하고 집합 φ_i가 직정규(orthonormal)인 것을 생각하면,

$$\begin{aligned} E' &= E - \frac{E}{M} \\ &= E\left(1 - \frac{1}{M}\right) \end{aligned} \tag{10.130}$$

가 된다. 따라서, 같은 성능(에러 확률)에 대하여, 단방향 신호 집합의 평균 에너지는 직교 신호 집합의 1 - $1/M$배가 된다. $M \gg 1$인 경우에는 그 차이가 미미하다. 이러한 이유와 생성의 용이함 때문에 M이 4 또는 5를 넘어가는 경우에는 실제 상황에서는 단방향 신호보다는 직교 신호를 사용한다.

다음 장에서 $M \to \infty$일 때 직교 신호(그리고 단방향 신호)가 Shannon 이론에 의해 예견된 성능의 상한(upper bound)에 도달하는 것을 보인다.

10.9 유색(Nonwhite, colored) 채널 잡음

지금까지는 백색 가우시안 채널 잡음에 관하여만 논의하였다. 이제 유색(colored, nonwhite) 가우시안 채널 잡음에 대하여 확장시켜 보자. 이러한 확장이 가능하기 위해서는 식 (10.57)의 Karhunen–Löeve 확장의 해가 자기 상관 $R_x(t, t_1)$을 가지는 유색(colored) 잡음에 대하여 존재해야 한다. 그러나 이러한 해는 구하기가 너무나도 복잡하다.[4]

다행히 유색 잡음의 대부분에 대하여, PSD $S_n(f)$는 메시지 대역폭 B내에서 영이 아니다. 이러한 성질은 효율적인 또 다른 방법을 제공한다. 우리는 다음 식과 같은 수신기의 입력단에 잡음 백색화(noise whitening) 필터 $H(f)$를 사용한다.

$$H(f) = \frac{1}{\sqrt{S_{\mathrm{n}}(f)}} e^{-j2\pi f t_d}$$

백색화 필터가 causal (구현 가능)이기 위하여 지연 t_d가 사용된다.

신호 집합 $s_i(t)$와 백색이 아닌[$S_{\mathrm{n}}(\omega)$가 상수값이 아닌] 채널 잡음 $\mathrm{n}(t)$가 있다고 하자. 수신기의 입력에서 (그림 10.34처럼) 유색 잡음을 백색 잡음으로 바꾸어주는 잡음 백색화 필터 $H(f)$를 사용한다. 따라서 이 필터는 다음 식과 같이 신호 집합 $\{s_i(t)\}$를 $\{s_i'(t)\}$로 바꾼다.

$$s_i'(t) = s_i(t) * h(t)$$

이 새로운 백색 가우시안 잡음과 혼합된 신호 집합 $\{s_i'(t)\}$를 가지고 앞에서 배운 방법을 이용하여 최적의 수신기와 이에 해당하는 에러 확률을 구할 수 있다.

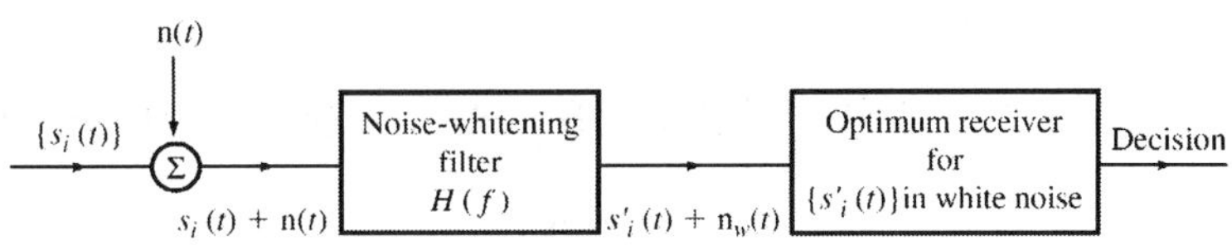

▸▸ 그림 10.34 유색 채널 잡음에 대한 최적의 M진 수신기

10.10 다른 유용한 성능 척도

최적의 수신기는 관찰된 데이터와 가용한 사전 정보(a priori information)를 가장 적절하게 이용하는 결정 방법(decision strategy)을 사용한다. 그 방법이란 것은 여러 가지 형태의 에러에 할당된 가중치에 관련이 있다. 이 장에서는 지금까지 모든 에러는 똑같은 가중치(혹은 똑같은 비용)를 가지고 있다고 가정하였다. 이러한 가정은 어떤 경우에는 맞지 않을 수도 있으며, 따라서 결정 규칙을 고쳐야 할 수도 있다.

○ 일반화된 Bayes 수신기

만일 사전 확률과 여러 가지 형태의 오류에 대한 비용 함수(cost function)가 주어졌다고 할 때, 결정의 평균 비용을 최소화하는 수신기를 Bayes 수신기라고 하고 그 결정 규칙을 Bayes 결정 규칙이라고 한다. 지금까지 논의된 수신기는 모든 에러는 같은 비용(가중치)을 가진다는 조건 아래서 Bayes 수신기라고 할 수 있다. 이 규칙을 일반화시키기 위하여,

$$C_{kj} = \text{cost of deciding that } \hat{m} = m_k \text{ when } m_j \text{ was transmitted} \tag{10.131}$$

이고, 전과 같이 다음을 이용하자.

$$P(m_i|\boldsymbol{q}) = \text{conditional probability that } m_i \text{ was transmitted when } \boldsymbol{q} \text{ is received}$$

만일 $\boldsymbol{q}$가 수신되면, m_j가 전송되었을 확률은 모든 j=1, 2, ⋯ , M에 대하여 $P(m_j|\boldsymbol{q})$이다. 따라서, 결정 $\hat{m}=m_k$의 평균 비용은 다음과 같은 β_k이다.

$$\begin{aligned}\beta_k &= C_{k1}P(m_1|\boldsymbol{q}) + C_{k2}P(m_2|\boldsymbol{q}) + \cdots + C_{kM}(m_M|\boldsymbol{q}) \\ &= \sum_{j=1}^{M} C_{kj}P(m_j|\boldsymbol{q})\end{aligned} \tag{10.132}$$

그러므로, 만일 $\boldsymbol{q}$가 수신되면, 아래와 같은 식을 만족할 때 최적의 수신기는 $\hat{m}=m_k$로 결정한다.

$$\beta_k < \beta_i \qquad \text{for all } i \neq k$$

또는

$$\sum_{j=1}^{M} C_{kj}P(m_j|\boldsymbol{q}) < \sum_{j=1}^{M} C_{ij}P(m_j|\boldsymbol{q}) \qquad \text{for all } \ i \neq k \tag{10.133}$$

식 (10.133)에서 Bayes 혼합 규칙을 적용하면, 다음과 같이 된다.

$$\sum_{j=1}^{M} C_{kj}P(m_j)p_{\mathbf{q}}(\boldsymbol{q}|m_j) < \sum_{j=1}^{M} C_{ij}P(m_j)p_{\mathbf{q}}(\boldsymbol{q}|m_j) \qquad \text{for all } i \neq k \tag{10.134}$$

여기서 C_{kk}는 m_k가 전송되었을 때 $\hat{m}=m_k$로 정하는 비용이다. 이 비용은 일반적으로 영이다. 만일 모든 다른 에러에게 똑같은 가중치를 할당하면,

$$C_{kj} = \begin{cases} 0 & k=j \\ 1 & k \neq j \end{cases} \tag{10.135}$$

이 되고, 식 (10.134)에 있는 결정 규칙은 예상대로 식 (10.83)에 있는 규칙으로 간단해진다. M=2의 경우에 대하여 일반화된 Bayes 수신기는 $C_{11}=C_{22}=0$으로 가정하면, 다음 식과 같을 때 $\hat{m}=m_1$로 정한다.

$$C_{12}P(m_2)p_{\mathbf{q}}(\boldsymbol{q}|m_2) < C_{21}P(m_1)p_{\mathbf{q}}(\boldsymbol{q}|m_1)$$

그렇지 않으면 수신기는 $\hat{m}=m_2$로 결정한다.

○ 최대 우도(Maximum likelihood) 수신기

앞에서 논의한 Bayes 수신기에서 사용된 결정 방법은 일반적인 것이다. 단, 그 방법은 사전 확률 $P(m_1)$, $P(m_2)$, ⋯, $P(m_M)$을 알고 있을 때만 가능한 것이다. 대부분의 경우 이러한 정보는 주어지지 않는다. 이러한 상황에서는 가정을 어떻게 하느냐에 따라 여러 가지 가능성이 존재한다. 예를 들면, 다른 신호에 비하여 어느 특정 신호가 발생할 확률이 높다고 할 이유가 전혀 없는 경우에는, 모든 메시지에 대하여 똑같은 확률을 할당할 수 있다.

$$P(m_1) = P(m_2) = \cdots = P(m_M) = \frac{1}{M}$$

이 경우 Bayes 규칙[식 (10.83)]은 다음과 같다. 만일

$$p_{\mathbf{q}}(\boldsymbol{q}|m_k) > p_{\mathbf{q}}(\boldsymbol{q}|m_i) \qquad \text{for all } i \neq k \tag{10.136}$$

이면, $\hat{m}=m_k$로 결정한다. $p_{\mathbf{q}}(\boldsymbol{q}|m_k)$는 m_k가 전송되었을 때 $\boldsymbol{q}$를 수신할 확률을 나타내는 것임을 생각하자. 그러므로, 수신기는 어떤 신호가 전송되었을 때, 수신된 $\boldsymbol{q}$를 받음으로써 유사도(혹은 확률)를 최대로 하는 신호를 선택한다. 따라서, 이 수신기를 최대 우도 수신기(maximum likelihood receiver)라고 한다. 최대 우도 수신기는 메시지의 사전 확

률이 똑같다는 조건에서 식 (10.135)의 비용에 대한 Bayes 수신기와 같다. 기하학적 개념에서 보면, 최대 우도 수신기는 수신된 데이터 q에 제일 가까운 신호를 선택한다. 최대 우도 수신기를 구현하는 문제는 모든 사전 확률이 $1/M$이라고 가정하고 Bayes 수신기(그림 10.18과 10.19)를 구현하는 것과 같다.

만일 신호 집합이 기하학적으로 대칭이고, 모든 사전 확률이 똑같으면(최대 우도 수신기), 여러 신호들에 대한 결정 영역들은 합동(congruent)이다. 이런 경우, 대칭성 때문에 올바른 결정을 할 조건 확률은 어떤 신호가 전송되더라도 똑같다. 즉, 다음 식과 같다.

$$P(C|m_i) = \text{constant} \qquad \text{for all } i$$

왜냐하면,

$$P(C) = \sum_{i=1}^{M} P(m_i)P(C|m_i)$$

이기 때문에, 이 경우 다음과 같다.

$$P(C) = P(C|m_i) \tag{10.137}$$

그러므로, 최대 우도 수신기의 에러 확률은 대칭 신호 집합에 대하여 실제 정보원(source) 통계(source statistics) $P(m_i)$에 무관하다. 하지만, 만일 실제 정보원 통계를 미리 알고 있다면, Bayes 결정 규칙을 이용하여 더 좋은 수신기를 설계할 수 있음을 명심해야 한다.

만일 정보원 통계를 모른다면 최대 우도 수신기가 대칭 신호 집합에 대해서는 꽤 괜찮은 수신기임이 명백하다. 그러한 수신기에서는, 오류 확률을 실제 정보원 통계에 무관하게 결정한다.

○ 최소최대(Minmax) 수신기

어떤 결정 규칙을 가지고 수신기를 설계하는 것은 조건 확률 $P(C|m_i)$를 완벽하게 설명하는 것이다. 오류 확률은 다음과 같이 주어진다.

$$\begin{aligned} P_{eM} &= 1 - P(C) \\ &= 1 - \sum_{i=1}^{M} P(m_i)P(C|m_i) \end{aligned}$$

따라서, 일반적으로(어떤 결정 규칙을 가진) 수신기에 대한 오류 확률은 정보원의 통계 $P(m_i)$에 관련이 있다. 오류 확률은 어느 특정한 정보원의 통계에서 최대가 된다. 최악의 경우에 해당하는 오류 확률을 $[P_{eM}]_{\max}$ 라고 하고, 그 수신기의 오류 확률의 한계(bound)를 나타낸다. 이러한 상한(upper bound) $[P_{eM}]_{\max}$ 는 수신기의 품질을 나타내는 하나의 척도이다. 각 수신기(어떤 결정 규칙을 가진)는 그것에 해당하는 $[P_{eM}]_{\max}$ 를 갖는다. 이러한 오류 확률의 상한이 가장 작은 값을 갖는 수신기를, 즉 최소 $[P_{eM}]_{\max}$ 인 것을 최소최대 수신기(minimax receiver)라고 한다.

개폐 신호방식(on-off signaling)을 하는 2진 수신기에 대하여 최소최대의 개념을 설명하자. 시간 $t = T_b$에서 샘플된 수신 필터 출력 r의 조건 PDF는 $p(r|\mathbf{1})$과 $p(r|\mathbf{0})$이다. 이들은 각각 on과 off 펄스에 대한 r의 PDF들이다. 그림 10.35a는 어떤 임계치 a를 갖는 PDF들을 보이고 있다. 만일 r≥a이면 "신호 있음(signal present)"(1)을 선택한다. a의 오른쪽의 색칠한 부분은 잘못된 경보(false alarm)의 확률이다(신호가 존재하지 않는데, "신호 있음"으로 결정하는 것). 만일 r< a이면 "신호 없음(signal absent)"(0)을 선택한다. a의 왼쪽의 색칠한 부분은 잘못된 무시(false dismissal)의 확률이다(신호가 존재하는데, "신호 없음"으로 결정하는 것). 임계치 a가 클수록 잘못된 무시 에러가 커지고 잘못된 경보 에러가 작아진다(그림 10.35b 참조).

이제 이러한 수신기의 최소최대 조건을 구해보자. 최소최대 수신기에 대하여, 모든 가능한 수신기(이 경우에 모든 가능한 a의 값들)를 생각하고 최악의 사전 확률 분포에서 일어나는 최대 에러 확률을 구한다. 그림 10.35b에 보이는 것처럼 $a = a_1$이라 하자. 이 때 최악의 가능한 경우는 P(0)=1이고, P(1)=0일 때이다. 즉, 신호 $s(t)$가 항상 존재하지 않을 때이다. 이 경우의 에러의 형태는 잘못된 경보이다. 이들 에러는 C_1의 비용을 갖는다. 반대로, 만일 $a = a_2$를 선택하면, 최악의 가능한 경우는 P(0)=0이고, P(1)=1일 때 발생한다. 즉, 잘못된 무시 형태의 에러만 일으키는 신호가 항상 존재할 때이다. 이들 에러는 C_2의 비용을 갖는다.

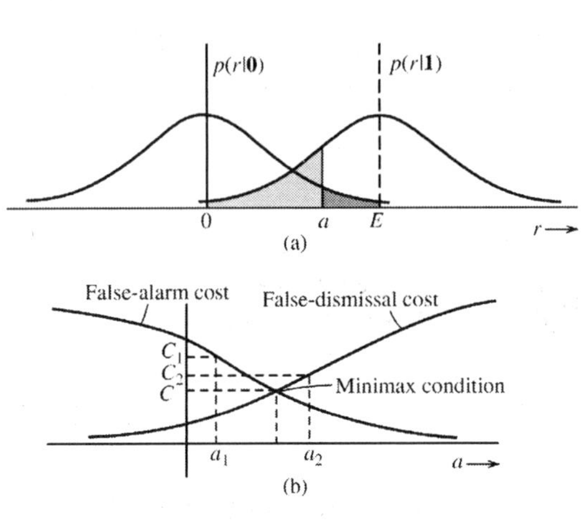

▶▶ 그림 10.35 최소최대 개념

$a=\alpha$로 정하면 잘못된 경보와 잘못된 무시의 비용은 똑같다. 즉, C_α이다. 따라서, 모든 가능한 정보원의 통계에 대하여 비용은 C_α가 된다. $C_\alpha < C_1$이고 $C_\alpha < C_2$이기 때문에 이 비용은 모든 가능한 a의 값에서 나올 수 있는 최대로 가능한 비용(최악의 경우를 다루고 있기 때문) 중에서 최소가 된다. 따라서 $a=\alpha$는 최소최대 결정을 나타낸다.

앞에서 논의한 최소최대 수신기는 아주 보수적이다. 이것은 최악의 정보원 통계가 존재한다는 비관적인 가정 하에서 설계된 것이다. 반면, 최대 우도 수신기는 모든 메시지는 같은 발생 확률을 갖는다는 가정 하에서 설계되는 것이다. 하지만, 대칭인 신호 집합에 대해서는 최대 우도 수신기는 최소최대 수신기와 같아진다. 이것은 대칭인 신호 집합에서는 최대 우도 수신기(동일한 사전 확률)의 에러 확률은 정보원 통계에 무관하다[식 (10.137)]는 것에 의해 증명할 수 있다. 따라서, 대칭의 집합에 대하여, 최대 우도 수신기의 에러 확률 $P_{eM}=\alpha$는 $[P_{eM}]_{\max}$와 같다. 이제 어떤 수신기도 $[P_{eM}]_{\max}=\alpha$가 대칭인 신호 집합에 대한 최대 우도 수신기의 α보다 작을 수 없다는 것을 보이자. 이것은 같은 발생 확률의 메시지에 대하여, 최대 우도 수신기가 정의에 의해 최적이라는 사실로부터 보일 수 있다. 다른 모든 수신기들은 발생 확률이 같은 메시지들에 대하여 $P_{eM}>\alpha$이어야 한다. 따라서, 이들 수신기에 대한 $[P_{eM}]_{\max}$는 α보다 작을 수 없다. 이것은 최대 우도 수신기가 정말로 대칭 신호 집합에 대하여 최소최대 수신기인 것을 증명한다.

10.11 비동기 복조

만일 수신된 RF펄스 $\sqrt{2}\,p'(t)\cos(\omega_c t+\theta)$의 위상값 θ를 알 수 없다면, 우리는 동기 검출을 할 수 없다. 이 경우는 포락선 검출과 같은 비동기 검출을 해야 한다. 수신 펄스의 위상 θ가 $(0, 2\pi)$에 균일하게 랜덤으로 존재할 경우, 최적의 수신기는 $\sqrt{2}\,p'(t)\cos\omega_c t$에 정합된 정합 필터와 포락선 검출기, 샘플러($t=T_b$에 샘플링), 그리고 결정을 하는 비교기로 이루어진다[9, 10](그림 10.36 참조).

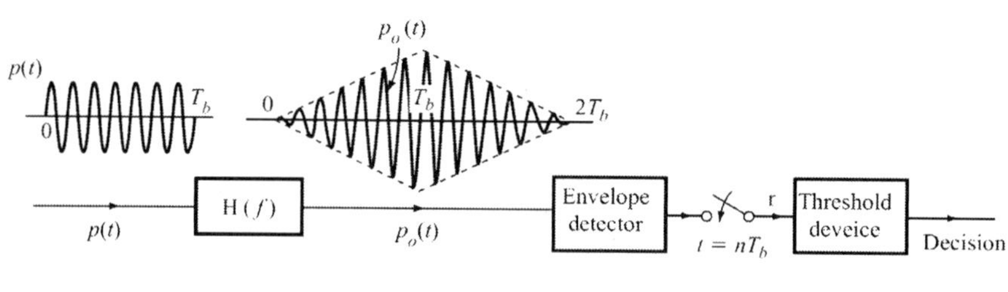

▸▸ 그림 10.36 디지털 변조된 ASK 신호의 비동기 검출

○ 진폭 천이 변조(Amplitude shift keying, ASK)

그림 10.36에 ASK의 비동기 검출기를 나타내었다. 필터 $H(f)$는 수신된 RF 펄스의 위상을 고려하지 않은 신호에 정합된 필터이다. 이것의 의미는 필터의 출력값 A_p는 샘플링 순간에 최대가 되지 않을 수도 있다. 하지만 샘플링 순간의 포락선은 최대값에 가깝게 된다(그림 10.36). 이 정합 필터의 출력값은 포락선 검출기에 들어간다. 이 포락선은 $t=T_b$에서 샘플되고, 이 값으로 결정을 수행한다.

'1'이 전송되었을 때, $t=T_b$에서의 포락선 검출기의 출력은 진폭이 A_p인 sin파의 포락선이 된다. 이 경우 채널의 잡음은 분산이 σ_n^2인 가우시안 잡음이다. 이 경우 포락선 r은 식 9.86(a)와 같은 Rician 분포인 다음 식으로 표현된다.

$$p_{\rm r}(r|{\rm m}=\mathbf{1}) = \frac{r}{\sigma_{\rm n}^2} e^{-(r^2+A_p^2)/2\sigma_{\rm n}^2} I_0\left(\frac{rA_p}{\sigma_{\rm n}^2}\right) \tag{10.138a}$$

또한 $A_p \gg \sigma_n$(즉 잡음이 적은 경우)인 경우, 식 9.86(c)로부터 다음을 구할 수 있다.

$$p_{\rm r}(r|{\rm m}=\mathbf{1}) \simeq \sqrt{\frac{r}{2\pi A_p \sigma_{\rm n}^2}}\, e^{-(r-A_p)^2/2\sigma_{\rm n}^2} \tag{10.138b}$$

$$\simeq \frac{1}{\sigma_{\rm n}\sqrt{2\pi}}\, e^{-(r-A_p)^2/2\sigma_{\rm n}^2} \tag{10.138c}$$

윗식에서 보면 잡음이 적은 경우, PDF는 실제로 가우시안이다. 이때 평균값은 A_p이고 분산은 $\sigma_{\rm n}^2$이다. '0'이 전송되었을 때 포락선 검출기의 출력값은 분산이 $\sigma_{\rm n}^2$인 가우시안 잡음의 포락선이 된다. 이 경우의 포락선은 식 (9.81)과 같은 Rayleigh 분포를 갖는다.

$$p_{\rm r}(r|{\rm m}=\mathbf{0}) = \frac{r}{\sigma_{\rm n}^2}\, e^{-r^2/2\sigma_{\rm n}^2}$$

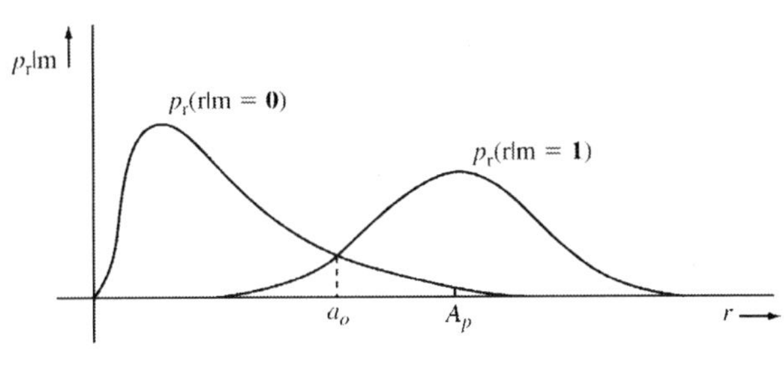

▸▸ 그림 10.37 ASK 신호에 대한 비동기 검출에서의 조건부 PDF

그림 10.37에서 $p_r(r|\mathrm{m}=0)$과 $p_r(r|\mathrm{m}=1)$을 보여준다. 앞에서 이미 논의한 바와 같이(그림 10.4 참조) 최적의 임계값은 두 확률밀도함수가 겹치는 점으로 정해진다. 따라서 최적의 임계값 a_0는

$$\frac{a_o}{\sigma_\mathrm{n}^2} e^{-(a_o^2+A_p^2)/2\sigma_\mathrm{n}^2} I_0\left(\frac{A_p a_o}{\sigma_\mathrm{n}^2}\right) = \frac{a_o}{\sigma_\mathrm{n}^2} e^{-a_o^2/2\sigma_\mathrm{n}^2}$$

또는

$$e^{-A_p^2/2\sigma_\mathrm{n}^2} I_0\left(\frac{A_p a_o}{\sigma_\mathrm{n}^2}\right) = 1$$

를 만족한다. 이 수식은 다음과 같은 근사식으로 표현될 수 있다.

$$a_o = \frac{A_p}{2}\sqrt{1+\frac{8\sigma_\mathrm{n}^2}{A_p^2}}$$

정합 필터를 사용하기 때문에, $A_p = E_p$이고 $\sigma_n^2 = \mathcal{N} E_p/2$이다. 더구나 ASK의 경우 평균적으로 $R_b/2$ 펄스가 전송된다. 따라서 $E_b = E_p/2$이다. 그러므로

$$\left(\frac{A_p}{\sigma_\mathrm{n}}\right)^2 = \frac{2E_p}{\mathcal{N}} = 4\frac{E_b}{\mathcal{N}}$$

이며,

$$a_o = E_b\sqrt{1+\frac{2}{E_b/\mathcal{N}}} \tag{10.139a}$$

이다. 여기서 최적의 임계값은 상수가 아니라 $E_b/\mathcal{N}$에 의해 영향을 받는다는 것을 알 수 있다. 이것은 fading 채널에서는 매우 심각한 문제이다. 신호가 매우 큰 경우, 즉 $E_b/\mathcal{N} \gg 1$에는 다음과 같다.

$$a_o \simeq E_b = \frac{A_p}{2} \tag{10.139b}$$

이고,

$$\begin{aligned} P(\epsilon|\mathrm{m}=\mathbf{0}) &= \int_{A_p/2}^{\infty} p_{\mathrm{r}}(r|\mathrm{m}=\mathbf{0})\,dr \\ &= \int_{A_p/2}^{\infty} \frac{r}{\sigma_{\mathrm{n}}^2}\, e^{-r^2/2\sigma_{\mathrm{n}}^2}\,dr \\ &= e^{-A_p^2/8\sigma_{\mathrm{n}}^2} \\ &= e^{-\frac{1}{2}E_b/\mathcal{N}} \end{aligned} \tag{10.140}$$

이다. 또한 다음과 같다.

$$P(\epsilon|\mathrm{m}=\mathbf{1}) = \int_{-\infty}^{A_p/2} p_{\mathrm{r}}(r|\mathrm{m}=\mathbf{1})\,dr$$

이 식을 분석하는 것은 조금 성가신 일이다. 신호 성분이 큰 경우(즉 $E_b/\mathcal{N} \gg 1$), Rician PDF는 가우시안 PDF로 근사화될 수 있다(식 (9.86c)). 그리고

$$\begin{aligned} P(\epsilon|\mathrm{m}=\mathbf{1}) &\approx \frac{1}{\sigma_{\mathrm{n}}\sqrt{2\pi}} \int_{-\infty}^{A_p/2} e^{-(r-A_p)^2/2\sigma_{\mathrm{n}}^2}\,dr \\ &= Q\left(\frac{A_p}{2\sigma_{\mathrm{n}}}\right) \\ &= Q\left(\sqrt{\frac{E_b}{\mathcal{N}}}\right) \end{aligned} \tag{10.141}$$

결과적으로, 다음과 같다.

$$P_b = P_{\mathrm{m}}(\mathbf{0})(\epsilon|\mathrm{m}=\mathbf{0}) + P_{\mathrm{m}}(\mathbf{1})P(\epsilon|\mathrm{m}=\mathbf{1})$$

$P_{\mathrm{m}}(1) = P_{\mathrm{m}}(0) = 0.5$라고 가정하면

$$P_b = \frac{1}{2}\left[e^{-\frac{1}{2}E_b/\mathcal{N}} + Q\left(\sqrt{\frac{E_b}{\mathcal{N}}}\right)\right] \tag{10.142a}$$

식 (8.38a)의 근사화 방법을 이용하면, 다음과 같다.

$$P_b \simeq \frac{1}{2}\left(1 + \frac{1}{\sqrt{2\pi E_b/\mathcal{N}}}\right) e^{-\frac{1}{2}E_b/\mathcal{N}} \qquad E_b/\mathcal{N} \gg 1 \tag{10.142b}$$

$$\simeq \frac{1}{2} e^{-\frac{1}{2}E_b/\mathcal{N}} \tag{10.142c}$$

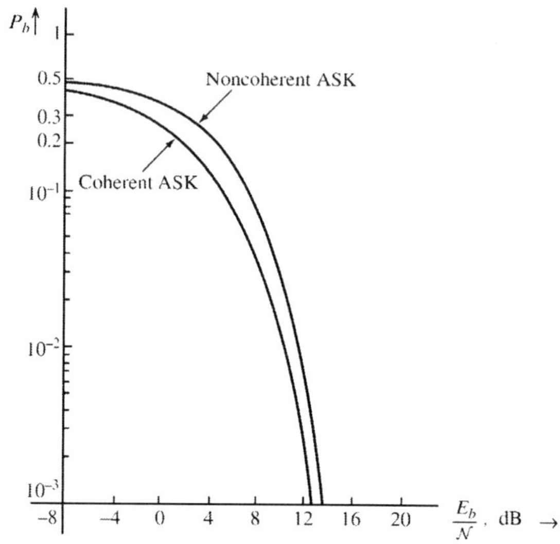

▸▸ 그림 10.38 비동기 ASK의 오류 확률

최적의 수신기에서, $E_b/\mathcal{N} \gg 1$인 경우, $P(\epsilon \mid \mathrm{m}=1)$의 값이$P(\epsilon \mid \mathrm{m}=1)$보다 훨씬 작다. 예를 들면 $E_b/\mathcal{N}=10$인 경우, $P(\epsilon \mid \mathrm{m}=0) \simeq 8.7P(\epsilon \mid \mathrm{m}=1)$이다. 그러므로 '1'을 '0'으로 잘못 인식하는 형태의 에러가 훨씬 많다. 비동기 검출의 시간정보는 7.5.2절에서 논의한 방법으로 수신신호의 포락선에서 부터 얻을 수 있다.

동기 검출기에서 P_b값은 다음과 같다.

$$
\begin{aligned}
P_b &= Q\left(\sqrt{\frac{E_b}{\mathcal{N}}}\right) \\
&\simeq \frac{1}{\sqrt{2\pi E_b/\mathcal{N}}} e^{-\frac{1}{2}E_b/\mathcal{N}} \qquad E_b/\mathcal{N} \gg 1
\end{aligned}
\tag{10.143}
$$

이 식은 식 (10.142c) (비동기검출의 경우)와 비슷하다. 즉 $E_b/\mathcal{N}$가 큰 경우, 동기 검출의 성능과 비동기 검출의 성능은 비슷하다(그림 10.38).

○ 주파수 천이 변조(FSK, Frequency shift keying)

FSK 신호의 비동기 검출기는 그림 10.39에 나타나 있다. $H_0(f), H_1(f)$필터들은 각각 0과 1에 해당하는 RF 신호에 정합되어 있다. $t=T_b$에서 포락선 검출기의 출력값은 각각 r_0와 r_1이다. $H_0(f)$와 $H_1(f)$의 출력단에서 나타나는 잡음신호는 가우시안 랜덤변수 n_0와 n_1이다. 그리고 $\sigma_{\mathrm{n}_0}=\sigma_{\mathrm{n}_1}=\sigma_{\mathrm{n}}$이다.

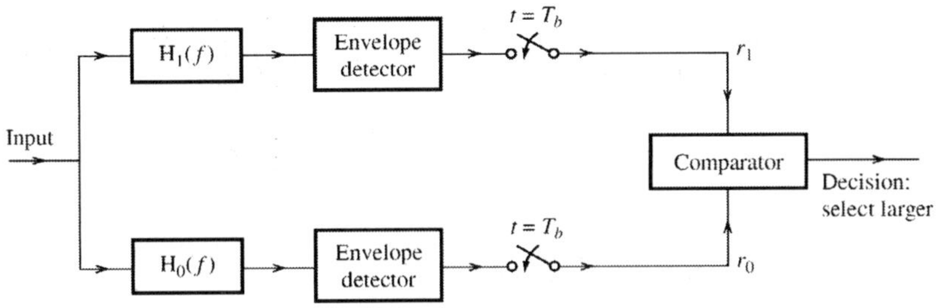

▸▸ 그림 10.39 2진 FSK의 비동기 검출

'1'이 전송된 경우, 샘플링 순간에 포락선 r_1은 다음 식과 같이 Rician 분포를 보인다.*

$$p_{r_1}(r_1) = \frac{r_1}{\sigma_n^2} e^{-(r_1^2+A_p^2)/2\sigma_n^2} I_0\left(\frac{r_1 A_p}{\sigma_n^2}\right)$$

그리고 r_0에서는 잡음의 포락선이 다음 식과 같이 Rayleigh 분포로 나타난다.

$$P_{r_0}(r_0) = \frac{r_0}{\sigma_n^2} e^{-r_0^2/2\sigma_n^2}$$

마지막으로 $r_1 > r_0$이면 $m = 1$로, $r_1 < r_0$이면 $m = 0$으로 결정한다. 그러므로 2진수 '1'이 전송되었을 경우 $r_0 > r_1$이면 에러가 발생한 것이다.

$$P(\epsilon|m = \mathbf{1}) = P(r_0 > r_1)$$

사건(event) $r_0 > r_1$은 공동사건(joint event) "r_1이 0보다 크고†, r_0가 r_1보다 크다"와 같다. 즉 이것은 공동사건$(0 < r_1 < \infty, r_0 > r_1)$이다. 그러므로

$$\begin{aligned} P(\epsilon|m = \mathbf{1}) &= P(0 < r_1 < \infty,\ r_0 > r_1) \\ &= \int_0^\infty \int_{r_1}^\infty p_{r_1 r_0}(r_1,\ r_0)\, dr_1\, dr_0 \end{aligned}$$

r_1과 r_0는 서로 독립(independent)이므로, $p_{r_1 r_0} = p_{r_1} p_{r_0}$이다. 그러므로

---

* 직교 FSK를 가정한 경우이다. 이 경우 '1'이 전송되었을 때 r_0와 r_1은 Rayleigh와 Rician 분포를 이룬다.
† r_1은 포락선 검출기의 출력값이고 항상 '0'보다 큰 값으로 나타난다.

$$P(\epsilon|\mathrm{m}=\mathbf{1}) = \int_0^\infty \frac{r_1}{\sigma_{\mathrm{n}}^2} e^{-(r_1^2+A_p^2)/2\sigma_{\mathrm{n}}^2} I_0\left(\frac{r_1 A_p}{\sigma_{\mathrm{n}}^2}\right) \int_{r_1}^\infty \frac{r_0}{\sigma_{\mathrm{n}}^2} e^{-r_0^2/2\sigma_{\mathrm{n}}^2} dr_1\, dr_0$$
$$= \int_0^\infty \frac{r_1}{\sigma_{\mathrm{n}}^2} e^{-(2r_1^2+A_p^2)/2\sigma_{\mathrm{n}}^2} I_0\left(\frac{r_1 A_p}{\sigma_{\mathrm{n}}^2}\right) dr_1$$

$x = \sqrt{2}\, r_1$, $\alpha = A_p/\sqrt{2}$ 로 놓으면

$$P(\epsilon|\mathrm{m}=\mathbf{1}) = \tfrac{1}{2} e^{-A_p^2/4\sigma_{\mathrm{n}}^2} \int_0^\infty \frac{x}{\sigma_{\mathrm{n}}^2} e^{-(x^2+a^2)/2\sigma_{\mathrm{n}}^2} I_0\left(\frac{x\sigma}{\sigma_{\mathrm{n}}^2}\right) dx$$

윗 식에서 적분기호 안에 있는 것은 Rician 밀도 분포이다. 그러므로 적분값은 1이다. 그러므로

$$P(\epsilon|\mathrm{m}=\mathbf{1}) = \tfrac{1}{2}\, e^{-A_p^2/4\sigma_{\mathrm{n}}^2} \tag{10.144a}$$

이다. 정합필터의 경우, 다음과 같다.

$$\rho_{\max}^2 = \frac{A_p^2}{\sigma_{\mathrm{n}}^2} = \frac{2E_p}{\mathcal{N}}$$

FSK의 경우 $E_b = E_p$이다. 그러므로 식 (10.144a)는 다음과 같이 된다.

$$P(\epsilon|\mathrm{m}=\mathbf{1}) = \tfrac{1}{2}\, e^{-\frac{1}{2}E_b/\mathcal{N}} \tag{10.144b}$$

비슷한 방법으로 '0'이 전송되었을 때의 경우를 구하면

$$P(\epsilon|\mathrm{m}=\mathbf{0}) = \tfrac{1}{2}\, e^{-\frac{1}{2}E_b/\mathcal{N}} \tag{10.144c}$$

이고

$$P_b = \tfrac{1}{2}\, e^{-\frac{1}{2}E_b/\mathcal{N}} \tag{10.145}$$

이다. 이러한 현상은 비동기 검출한 ASK와 비슷하다[식 (10.142c) 참조]. 즉 $E_b/\mathcal{N} \gg 1$인 경우 비동기 FSK 검출과 동기 FSK 검출의 성능이 비슷함을 알 수 있다.

실질적인 측면에서 보면 FSK가 ASK에 비해 더 선호된다. 왜냐하면 FSK는 고정된 최적의 임계치를 가지고 있지만, ASK는 $E_b/\mathcal{N}$에 의해 최적의 임계치가 변화하기 때문이다. 그럼으로 인해 ASK는 fading 채널에서 매우 열악한 성능을 나타낸다. FSK의 검출은 r_0와 r_1 사

이의 비교를 통하여 이루어지 때문에, 두 변수는 신호의 페이딩에 의하여 같은 영향을 받는다. 따라서 채널 페이딩은 비동기 ASK의 검출에 주었던 성능 저하 현상을 비동기 FSK 검출 성능에는 주지 않는다. 이 현상은 비동기식 FSK가 비동기식 ASK에 대해 갖는 큰 장점이다. 또한 ASK와는 달리, 비동기 FSK에서는 $P(\epsilon|\mathrm{m}=1)$과 $P(\epsilon|\mathrm{m}=0)$ 값이 같다. ASK에 대한 FSK의 단점은 FSK가 ASK에 대해 더 큰 대역폭을 사용한다는 것이다.

○ 비동기 MFSK

실질적인 측면에서 보면, M개의 주파수에 대한 위상 동기를 맞추기는 매우 어렵다. 따라서 실제로는 동기식 MFSK를 거의 사용하지 않는다. 비동기식 MFSK가 더 일반적이다. 비동기식 MFSK의 수신기는 비동기식 BFSK의 수신기(그림 10.39)와 비슷하다. 단지 M개의 주파수에 대한 M개의 필터 뱅크가 필요할 뿐이다. $H_i(f)$ 필터는 RF 펄스 $p(t)\cos\omega_i t$에 정합되어 있다. 분석은 아주 간단하다. 만일 $m=1$이 전송되었다고 가정하면, r_1은 크기가 A_p인 sin 함수에 대역통과 가우시안 잡음이 더해진 신호의 포락선이고, $r_j(j=2, 3, \ldots, M)$는 대역통과 가우시안 잡음의 포락선이다. 그러므로 r_1은 Rician 분포를 나타내고, $\mathrm{r}_2, \mathrm{r}_3, \ldots, \mathrm{r}_M$은 Rayleigh 분포를 나타낸다. 동기방식에서와 같은 형태로 분석하면 P_{CM}은 다음과 같다.

$$\begin{aligned} P_{\mathrm{CM}} &= P(C|\mathrm{m}=\mathbf{1}) = P(0 \le \mathrm{r}_1 < \infty,\ \mathrm{n}_2 < \mathrm{r}_1,\ \mathrm{n}_3 < \mathrm{r}_1, \ldots,\ \mathrm{n}_M < \mathrm{r}_1) \\ &= \int_0^\infty \frac{\mathrm{r}_1}{\sigma_\mathrm{n}^2} I_0\left(\frac{r_1 A_p}{\sigma_\mathrm{n}^2}\right) e^{-(r_1^2+A_p^2)/2\sigma_\mathrm{n}^2} \left(\int_0^{r_1} \frac{x}{\sigma_\mathrm{n}^2} e^{-x^2/2\sigma_\mathrm{n}^2}\,dx\right)^{M-1} dr_1 \\ &= \int_0^\infty \frac{\mathrm{r}_1}{\sigma_\mathrm{n}^2} I_0\left(\frac{r_1 A_p}{\sigma_\mathrm{n}^2}\right) e^{-(r_1^2+A_p^2)/2\sigma_\mathrm{n}^2} \left(1 - e^{-r_1^2/2\sigma_\mathrm{n}^2}\right)^{M-1} dr_1 \end{aligned}$$

위의 식에서 $r_1^2/2\sigma_n^2 = x$, $(A_p/\sigma_n)^2 = 2E_p/\mathcal{N} = 2E_b\log M/\mathcal{N}$을 대입하면, 다음 식을 얻는다.

$$P_{\mathrm{CM}} = e^{-(E_b \log_2 M/\mathcal{N})} \int_0^\infty e^{-x}(1-e^{-x})^{M-1} I_0\left(2\sqrt{\frac{xE_b \log_2 M}{\mathcal{N}}}\right) dx \qquad (10.146\mathrm{a})$$

Binomial 이론에 의해 $(1-e^x)^{M-1}$을 전개하면, 다음과 같다.

$$(1-e^x)^{M-1} = \sum_{m=0}^{M-1} \binom{M-1}{m} (-1)^m e^{-mx}$$

이 결과를 식 (10.146a)에 대입하고, 다음의 관계를 이용하면

$$\int_0^{\infty} ye^{-ay^2} I_0(by)\,dy = \frac{1}{2a}e^{-b^2/4a}$$

다음과 같이 P_{CM}을 구할 수 있다.

$$P_{\text{CM}} = \sum_{m=0}^{M-1} \binom{M-1}{m} \frac{(-1)^m}{m+1} e^{-mE_b \log_2 M/\mathcal{N}(m+1)} \tag{10.146b}$$

그리고, P_{eM}은 다음 식으로 표현된다.

$$P_{eM} = 1 - P_{\text{CM}} = \sum_{m=1}^{M-1} \binom{M-1}{m} \frac{(-1)^{m+1}}{m+1} e^{-mE_b \log_2 M/\mathcal{N}(m+1)} \tag{10.146c}$$

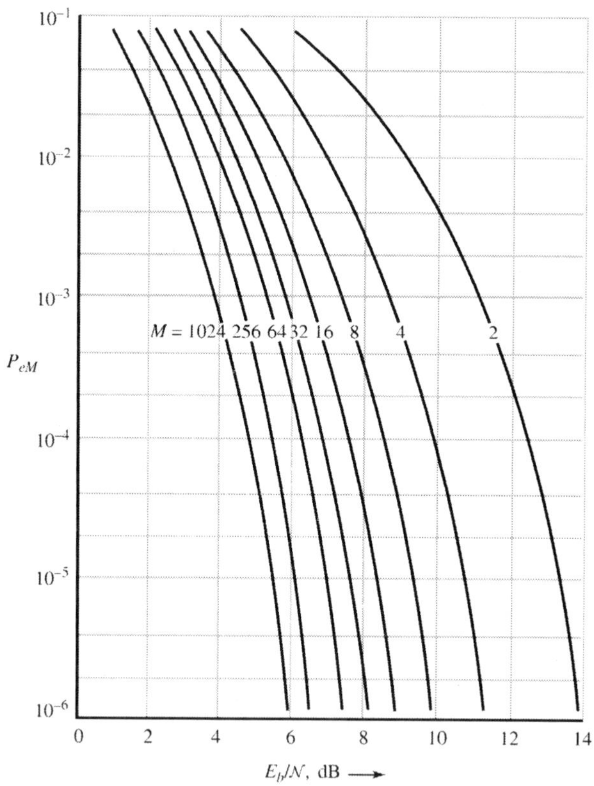

▸▸ 그림 10.40 비동기 MFSK의 오류 확률

P_{eM} 값은 그림 10.40에서 $E_b/\mathcal{N}$에 대하여 그려져 있다. 이 그림에서 보면 비동기식 MFSK의 성능은 동기식 MFSK에 비해 약간 떨어지는 것을 알 수 있다. 하지만 M이 큰 경우에는 차이가 미미하다.

○ 차동 동기 PSK(Differential coherent PSK)

DSB-SC를 포락선 검출기로 복조할 수 없듯이 PSK(실제로 DSB-SC이다)를 비동기 검출할 수 없다. 하지만 PSK를 DPSK(differential PSK) 형태로 비동기 검출할 수는 있다.

최적의 수신기는 그림 10.41과 같다. 이 수신기는 그림 10.3의 상관 수신기(correlation detector)와 매우 유사하다. 상관 수신기에서는 수신기에서 만든 $p(t)$를 수신된 신호에 곱해준다. DPSK에서는 PSK가 전송된 RF 펄스들이 부호(부는 위상)만 다르고 나머지는 같다는 사실을 이용한다. 그림 10.41의 검출기에서는 수신된 펄스에 바로 이전의 펄스를 곱한다. 따라서 이전의 펄스를 수신기에서 만든 펄스처럼 사용한다. 따라서 채널 잡음 때문에 이전 펄스는 잡음이 섞인 형태이다. 이것이 DPSK가 동기식 PSK에 비해 성능저하를 보이는 이유이다. 출력값 r이 양수이면 현재의 펄스가 이전의 펄스와 같고, r이 음수이면 현재의 펄스가 이전 펄스의 음수 값으로 된다. 그러므로 첫 번째 기준 신호를 알고 있다면, 수신되는 신호를 검출해 낼 수 있다. 검출은 7.3.6절에서 논의한 소위 차동부호를 사용해서 수행한다.

DPSK의 에러 확률 값을 구해보자. 차동부호를 사용하는 DPSK는 사실상 직교 신호 기법이다. 2진수 '1'이 전송되는 경우는 두 개의 펄스가 (천이 없이) $2T_b$ 동안 (p, p) 혹은 $(-p, -p)$로 전송될 경우이다. 마찬가지로 '0'이 전송되는 경우는 $2T_b$ 동안 (천이가 존재하는) $(p, -p)$ 혹은 $(-p, p)$가 전송되는 경우이다. '1'이 전송되는 경우의 펄스 형태와 '0'이 전송되는 경우의 펄스 형태는 서로 직교하게 된다. 수신기에서 송신된 신호의 위상을 알 필요가 없으므로 검출은 비동기식이며, 펄스의 에너지는 $2E_p$(펄스 하나의 에너지의 두 배)이다. 그렇지만 실제로 한 펄스의 에너지는 FSK와 마찬가지로 E_p이다. 따라서 DPSK의 성능은 FSK에 비해 3 dB 뛰어나게 된다. 그러므로 식 (10.145)로부터 DPSK의 P_b를 다음과 같이 구할 수 있다.

$$P_b = \frac{1}{2}e^{-E_b/\mathcal{N}} \tag{10.147}$$

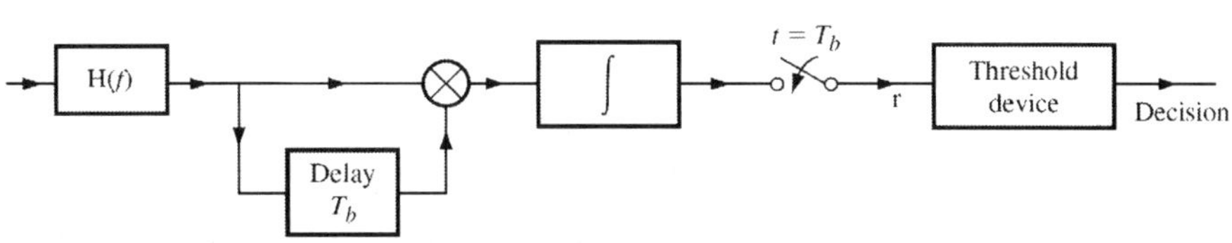

▸▸ 그림 10.41 차동 PSK의 검출

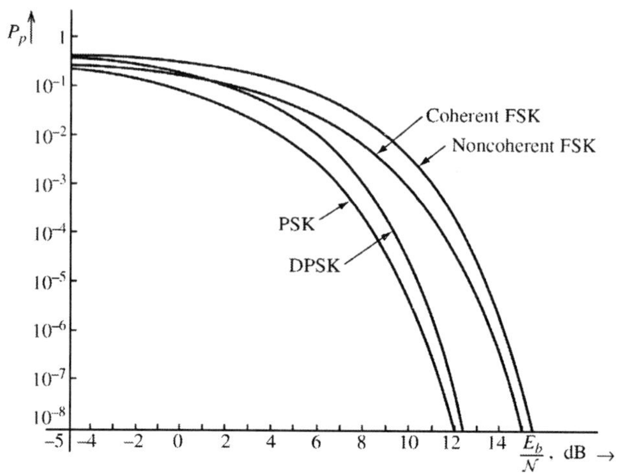

▸▸ 그림 10.42 PSK, DPSK 그리고 동기와 비동기 FSK의 오류 확률

위 식의 에러 확률은 비동기식 FSK보다 3dB 뛰어나며, $E_b/\mathcal{N} \gg 1$인 경우는 동기식 PSK와 성능이 비슷하다(그림 10.42). 이 현상은 이미 예측한 바 있다. 왜냐하면 DPSK는 PSK와 비슷하다는 것을 이미 앞에서 보았기 때문이다. 식 (10.147)의 실질적인 유도는 참고문헌[7]에서 찾을 수 있다.

10.12 매트랩 연습

본 컴퓨터 연습에서는 기본적인 디지털 통신 시스템의 구현과 성능을 시험해 볼 수 있는 기회를 제공하고자 한다.

● 컴퓨터 예제 10.1

• 서로 다른 펄스를 갖는 2진 양극 신호 방식

첫 번째 연습에서는 10.1절에서 주어진 2진 양극 신호에 대한 성능 분석을 검증한다. 최적(정합 필터) 검출이 수신기에서 사용된다. 프로그램 Ex10_1.m에서 양극 신호 방식을 위하여 3가지 다른 펄스를 사용한다.

- Rectangular pulse $p(t) = u(t) - u(t - T)$
- Half-sine pulse $p(t) = \sin(\pi t/T)[u(t) - u(t - T)]$
- Root-raised cosine pulse with roll-off factor $r = 0.5$(or bandwidth $0.75/T$) and truncated to duration of $6T$.

```
% Matlab Program <Ex10_1.m>
% This Matlab exercise <Ex10_1.m> performs simulation of
% binary baseband polar transmission in AWGN channel.
% The program generates polar baseband signals using 3 different
% pulse shapes (root-raised cosine (r=0.5), rectangular, half-sine)
% and estimate the bit error rate (BER) at different Eb/N for display
clear;clf;
L=1000000;              % Total data symbols in experiment is 1 million
% To display the pulse shape, we oversample the signal
% by factor of f_ovsamp=8
f_ovsamp=8;             % Oversampling factor vs data rate
delay_rc=3;
% Generating root-raised cosine pulseshape (rolloff factor = 0.5)
prcos=rcosflt([ 1 ], 1, f_ovsamp, 'sqrt', 0.5, delay_rc);
prcos=prcos(1:end-f_ovsamp+1);
prcos=prcos/norm(prcos);
pcmatch=prcos(end:-1:1);
% Generating a rectangular pulse shape
prect=ones(1,f_ovsamp);
prect=prect/norm(prect);
prmatch=prect(end:-1:1);
% Generating a half-sine pulse shape
psine=sin([0:f_ovsamp-1]*pi/f_ovsamp);
psine=psine/norm(psine);
psmatch=psine(end:-1:1);
% Generating random signal data for polar signaling
s_data=2*round(rand(L,1))-1;
% upsample to match the 'fictitious oversampling rate'
% which is f_ovsamp/T (T=1 is the symbol duration)
s_up=upsample(s_data,f_ovsamp);

% Identify the decision delays due to pulse shaping
% and matched filters
delayrc=2*delay_rc*f_ovsamp;
delayrt=f_ovsamp-1;
delaysn=f_ovsamp-1;
% Generate polar signaling of different pulse-shaping
xrcos=conv(s_up,prcos);
xrect=conv(s_up,prect);
xsine=conv(s_up,psine);
t=(1:200)/f_ovsamp;
subplot(311)
figwave1=plot(t,xrcos(delayrc/2:delayrc/2+199));
title('(a) Root-raised cosine pulse.');
```

```
set(figwave1,'Linewidth',2);
subplot(312)
figwave2=plot(t,xrect(delayrt:delayrt+199));
title('(b) Rectangular pulse.')
set(figwave2,'Linewidth',2);
subplot(313)
figwave3=plot(t,xsine(delaysn:delaysn+199));
title('(c) Half-sine pulse.')
xlabel('Number of data symbol periods')
set(figwave3,'Linewidth',2);
% Find the signal length
Lrcos=length(xrcos);Lrect=length(xrect);Lsine=length(xsine);
BER=[];
noiseq=randn(Lrcos,1);
% Generating the channel noise (AWGN)
for i=1:10,
    Eb2N(i)=i;                        %(Eb/N in dB)
    Eb2N_num=10^(Eb2N(i)/10);         % Eb/N in numeral
    Var_n=1/(2*Eb2N_num);             %1/SNR is the noise variance
    signois=sqrt(Var_n);              % standard deviation
    awgnois=signois*noiseq;           % AWGN
    % Add noise to signals at the channel output
    yrcos=xrcos+awgnois;
    yrect=xrect+awgnois(1:Lrect);
    ysine=xsine+awgnois(1:Lsine);

    % Apply matched filters first
    z1=conv(yrcos,pcmatch);clear awgnois, yrcos;
    z2=conv(yrect,prmatch);clear yrect;
    z3=conv(ysine,psmatch);clear ysine;

    % Sampling the received signal and acquire samples
    z1=z1(delayrc+1:f_ovsamp:end);
    z2=z2(delayrt+1:f_ovsamp:end);
    z3=z3(delaysn+1:f_ovsamp:end);
    % Decision based on the sign of the samples
    dec1=sign(z1(1:L));dec2=sign(z2(1:L));dec3=sign(z3(1:L));
    % Now compare against the original data to compute BER for
    % the three pulses
    BER=[BER;sum(abs(s_data-dec1))/(2*L)...
        sum(abs(s_data-dec2))/(2*L) ...
        sum(abs(s_data-dec3))/(2*L)];
    Q(i)=0.5*erfc(sqrt(Eb2N_num));          %Compute the Analytical BER
end
```

```
figure(2)
subplot(111)
figber=semilogy(Eb2N,Q,'k-',Eb2N,BER(:,1),'b-*',...
    Eb2N,BER(:,2),'r-o',Eb2N,BER(:,3),'m-v');
legend('Analytical', 'Root-raised cosine','Rectangular','Half-sine')
xlabel('E_b/N (dB)');ylabel('BER')
set(figber,'Linewidth',2);
figure(3)
% Spectrum comparison
[Psd1,f]=pwelch(xrcos,[],[],[],'twosided',f_ovsamp);
[Psd2,f]=pwelch(xrect,[],[],[],'twosided',f_ovsamp);
[Psd3,f]=pwelch(xsine,[],[],[],'twosided',f_ovsamp);
figpsd1=semilogy(f-f_ovsamp/2,fftshift(Psd1));
ylabel('Power spectral density');
xlabel('frequency in unit of {1/T} ');
tt1=title('(a)  PSD  using  root-raised  cosine  pulse  (rolloff  factor
r=0.5)');
set(tt1,'FontSize',11);
figure(4)
figpsd2=semilogy(f-f_ovsamp/2,fftshift(Psd2));
ylabel('Power spectral density');
xlabel('frequency in unit of {1/T} ');;
tt2=title('(b) PSD using rectangular NRZ pulse');
set(tt2,'FontSize',11);
figure(5)
figpsd3=semilogy(f-f_ovsamp/2,fftshift(Psd3));
ylabel('Power spectral density');
xlabel('frequency in unit of {1/T} ');
tt3=title('(c) PSD using half-sine pulse');
set(tt3,'FontSize',11);
```

이 프로그램은 먼저 그림 10.43에 나타난 양극 변조된 2진 신호를 보여 준다. 서로 다른 3개의 파형은 서로 다른 펄스 형태를 사용하기 때문이다. 그럼에도 불구하고, 그들의 BER은 그림 10.44와 같이 서로 동일하다. 이로부터 양극 신호 방식은 펄스의 형태에 무관하다라는 내용의 10.1절의 결과들을 확인할 수 있다.

프로그램은 또한 서로 다른 변조 신호를 사용한 2진 양극 신호 방식의 PSD를 보여 준다. 그림 10.45로부터, 루트 상승 코사인 펄스는 가장 적은 대역폭을 가짐을 알 수 있다. Half-sine 신호 방식은 보다 큰 주엽(main lobe)을 갖지만, 전체 대역폭은 적다. 정사각 형태를 갖는 파형은 가장 나쁜 대역폭 효율을 갖는다. 따라서 같은 BER 성능을 갖지만, 서로 다른 양극 변조는 서로 다른 채널 대역폭을 가짐을 알 수 있다.

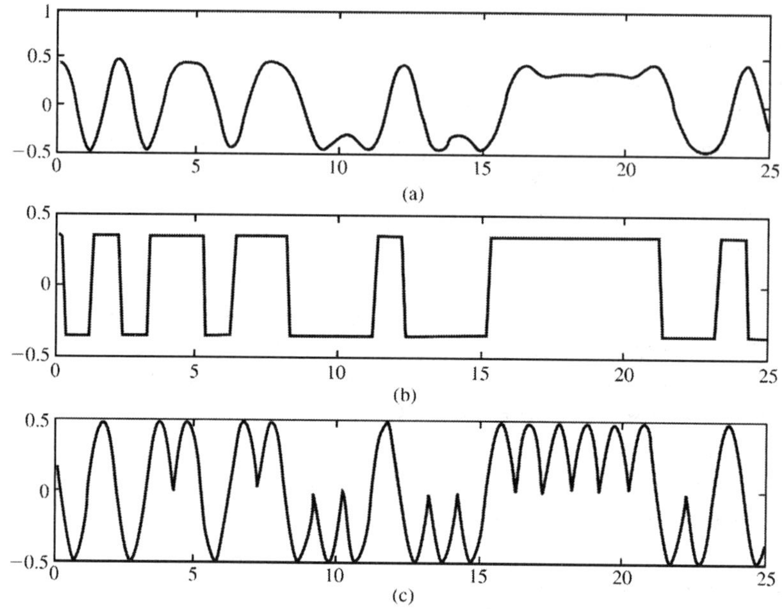

▸▸ 그림 10.43 서로 다른 펄스 모양을 사용한 변조 신호들의 형태 (a) roll-off 인자가 0.5인 루트 상승 코사인 펄스 (b) 구형파 (c) half sine 펄스

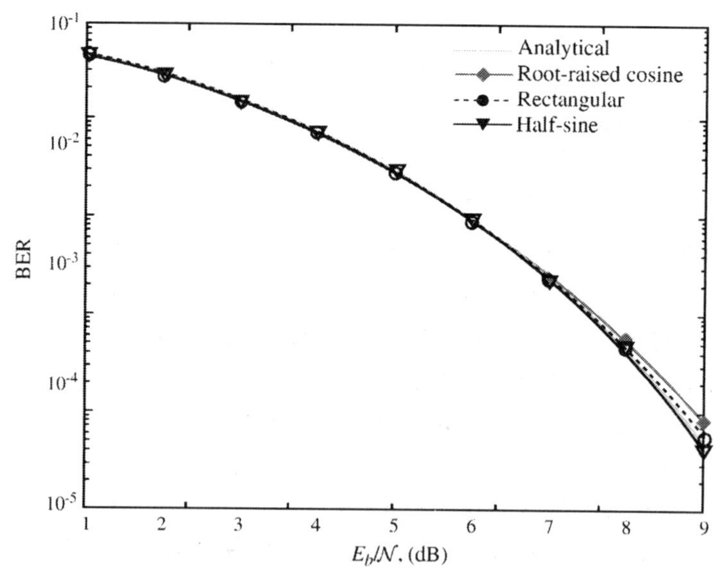

▸▸ 그림 10.44 서로 다른 신호 펄스를 사용한 양극 신호 방식에 대한 최적(정합필터) 수신기의 BER (a) roll-off 인자가 0.5인 루트 상승 코사인 펄스 (b) 구형파 (c) half sine 펄스

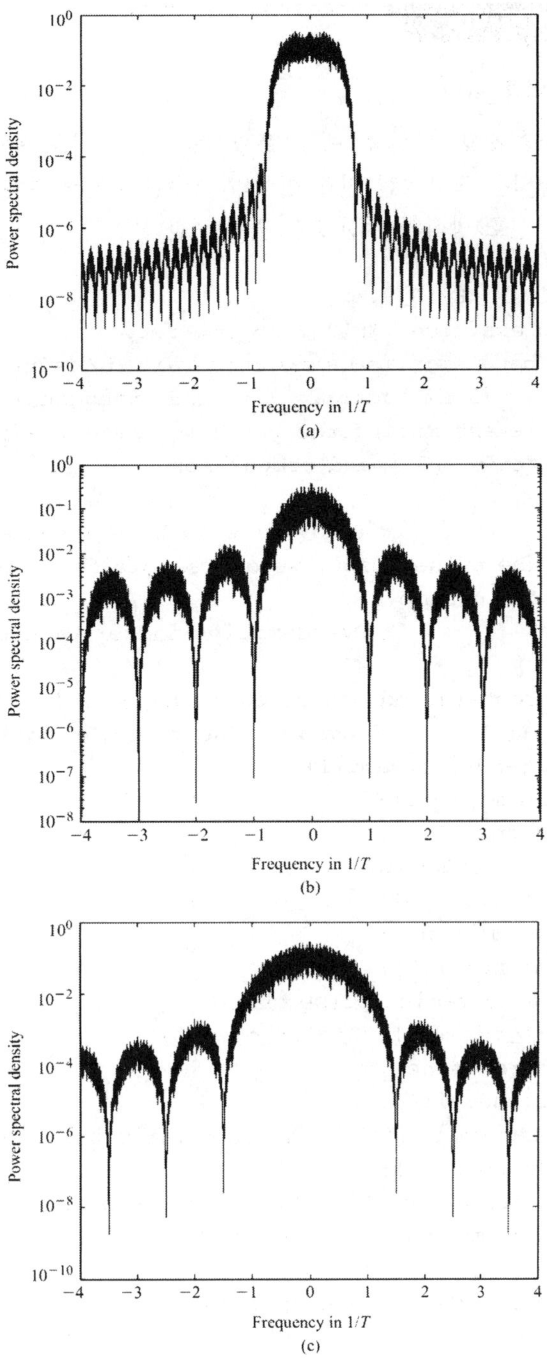

▸▸ 그림 10.45 서로 다른 신호 펄스를 사용한 양극 신호 방식에 대한 PSD (a) roll-off 인자가 0.5인 루트 상승 코사인 펄스 (b) 구형파 (c) half sine 펄스

● 컴퓨터 예제 10.2

• On-off 2진 신호 방식

다음으로 on-off 신호 방식과 보다 포괄적인 직교 신호 방식을 구현하고 실험한다. On-off 신호 방식은 직교 2진 신호 방식의 특수한 형태임을 명심하라. 매트랩 프로그램 Ex10_2.m은 두 신호 방식의 수신 BER을 측정한다.

```
% MATLAB PROGRAM <Ex10_2.m>
% This Matlab exercise <Ex10_2.m> generate
% on/off baseband signals using root-raised cosine
% pulseshape (rolloff factor = 0.5) and orthogonal baseband
% signal before estimating the bit error rate (BER) at different
% Eb/N ratio for display and comparison
clear;clf
L=1000000;              % Total data symbols in experiment is 1 million
% To display the pulse shape, we oversample the signal
% by factor of f_ovsamp=8
f_ovsamp=16;            % Oversampling factor vs data rate
delay_rc=3;
% Generating root-raised cosine pulseshape (rolloff factor = 0.5)
prcos=rcosflt([ 1 ], 1, f_ovsamp, 'sqrt', 0.5, delay_rc);
prcos=prcos(1:end-f_ovsamp+1);
prcos=prcos/norm(prcos);
pcmatch=prcos(end:-1:1);
% Generating a rectangular pulse shape
psinh=sin([0:f_ovsamp-1]*pi/f_ovsamp);
psinh=psinh/norm(psinh);
phmatch=psinh(end:-1:1);
% Generating a half-sine pulse shape
psine=sin([0:f_ovsamp-1]*2*pi/f_ovsamp);
psine=psine/norm(psine);
psmatch=psine(end:-1:1);
% Generating random signal data for polar signaling
s_data=round(rand(L,1));
% upsample to match the 'fictitious oversampling rate'
% which is f_ovsamp/T (T=1 is the symbol duration)
s_up=upsample(s_data,f_ovsamp);
s_cp=upsample(1-s_data,f_ovsamp);

% Identify the decision delays due to pulse shaping
% and matched filters
delayrc=2*delay_rc*f_ovsamp;
delayrt=f_ovsamp-1;
```

```
% Generate polar signaling of different pulse-shaping
xrcos=conv(s_up,prcos);
xorth=conv(s_up,psinh)+conv(s_cp,psine);
t=(1:200)/f_ovsamp;
figure(1)
subplot(211)
figwave1=plot(t,xrcos(delayrc/2:delayrc/2+199));
title('(a) On/off root-raised cosine pulse.');
set(figwave1,'Linewidth',2);
subplot(212)
figwave2=plot(t,xorth(delayrt:delayrt+199));
title('(b) Orthogonal modulation.')
set(figwave2,'Linewidth',2);
% Find the signal length
Lrcos=length(xrcos);Lrect=length(xorth);
BER=[];
noiseq=randn(Lrcos,1);
% Generating the channel noise (AWGN)
for i=1:12,
    Eb2N(i)=i;                      %(Eb/N in dB)
    Eb2N_num=10^(Eb2N(i)/10);       % Eb/N in numeral
    Var_n=1/(2*Eb2N_num);           %1/SNR is the noise variance
    signois=sqrt(Var_n);            % standard deviation
    awgnois=signois*noiseq;         % AWGN
    % Add noise to signals at the channel output
    yrcos=xrcos+awgnois/sqrt(2);
    yorth=xorth+awgnois(1:Lrect);

    % Apply matched filters first
    z1=conv(yrcos,pcmatch);clear awgnois, yrcos;
    z2=conv(yorth,phmatch);
    z3=conv(yorth,psmatch);clear yorth;

    % Sampling the received signal and acquire samples
    z1=z1(delayrc+1:f_ovsamp:end);
    z2=z2(delayrt+1:f_ovsamp:end-f_ovsamp+1);
    z3=z3(delayrt+1:f_ovsamp:end-f_ovsamp+1);
    % Decision based on the sign of the samples
    dec1=round((sign(z1(1:L)-0.5)+1)*.5);dec2=round((sign(z2-z3)+1)*.5);
    % Now compare against the original data to compute BER for
    % the three pulses
    BER=[BER;sum(abs(s_data-dec1))/L sum(abs(s_data-dec2))/L];
    Q(i)=0.5*erfc(sqrt(Eb2N_num/2));      % Compute the Analytical BER
end
figure(2)
```

```
subplot(111)
figber=semilogy(Eb2N,Q,'k-',Eb2N,BER(:,1),'b-*',Eb2N,BER(:,2),'r-o');
fleg=legend('Analytical', 'Root-raised cosine on/off','Orthogonal
signaling');
fx=xlabel('E_b/N (dB)');fy=ylabel('BER');
set(figber,'Linewidth',2);set(fleg,'FontSize',11);
set(fx,'FontSize',11);
set(fy,'FontSize',11);
% We can plot the individual pulses used for the binary orthogonal
% signaling
figure(3)
subplot(111);
pulse=plot((0:f_ovsamp)/f_ovsamp,[psinh 0],'k-',...
    (0:f_ovsamp)/f_ovsamp,[psine 0],'k-o');
pleg=legend('Half-sine pulse', 'Sine pulse');
ptitle=title('Binary orthogonal signals');
set(pulse,'Linewidth',2);
set(pleg,'Fontsize',10);
set(ptitle,'FontSize',11);
```

컴퓨터 연습 10.1에서의 루트 상승 코사인 펄스를 on-off 신호 방식에서 사용한다. 보다 포괄적인 직교 신호 방식에서는 길이가 T인 두 개의 펄스 형태를 사용한다. 그림 10.46은 이러한 직교 신호를 나타낸다. 마지막으로 그림 10.47은 두 신호 방식에 대하여 이론적인 BER과 측정된 BER을 나타낸다. 두 가지 측정된 BER은 분석으로부터 구한 BER과 일치함을 알 수 있다.

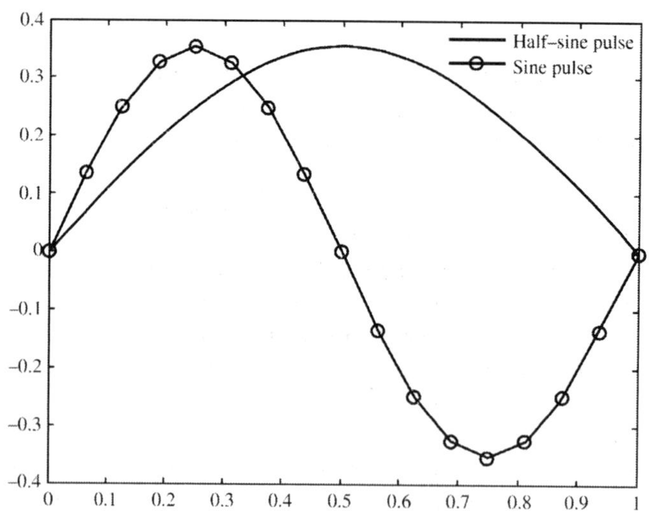

▸▸ 그림 10.46 직교 2진 신호 방식에서 사용된 두 펄스의 파형

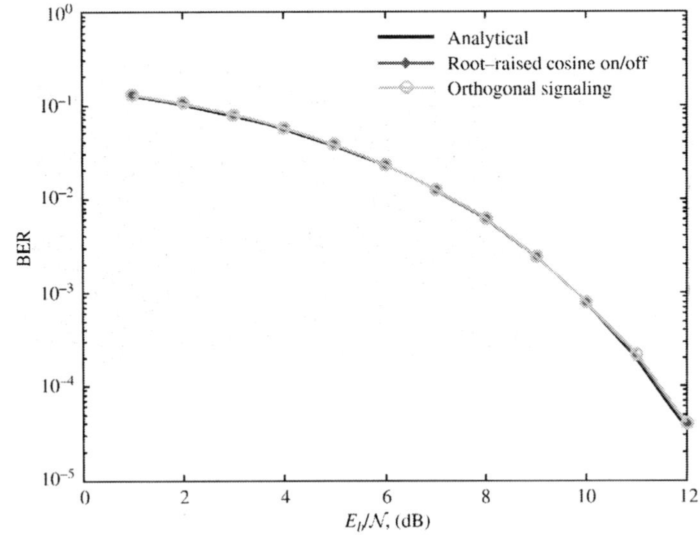

►► 그림 10.47 측정된 BER과 이론적인 BER의 비교

● 컴퓨터 예제 10.3

• 16-QAM 변조

이번 연습에서는 전송을 위해 보다 복잡한 QAM 성상도를 고려한다. M진 QAM은 10.6.6절에서 살펴 보았다. 매트랩 프로그램 Ex10_3.m에서 기저대역 펄스 형태와 같이 roll-off 인자가 0.5인 루트 상승 코사인 펄스를 이용하여 전송 대역폭을 조절한다. 각각의 심볼 구간 T에 대하여 8개의 균일 표본들이 연속 시간 신호들을 근사화하기 위하여 사용되었다. 그림 10.48은 표본화되기 전에 정합필터 출력의 동위상(in-phase, 실수) 부분의 eye-diagram을 나타낸다. 아주 적은 ISI가 표본화 순간에 관찰됨을 알 수 있다. 이는 ISI가 없는 통신 시스템을 위한 정합 필터와 함께 사용되는 루트 상승 코사인 펄스의 사용에 대한 유용성을 나타낸다.

```
% Matlab Program <Ex10_3.m>
% This Matlab exercise <Ex10_3.m> performs simulation of
% QAM-16 baseband polar transmission in AWGN channel.
% Root-raised cosine pulse of rolloff factor = 0.5 is used
% Matched filter receiver is designed to detect the symbols
% The program estimates the symbol error rate (BER) at different Eb/N
clear;clf;
L=1000000;              % Total data symbols in experiment is 1 million
% To display the pulse shape, we oversample the signal
% by factor of f_ovsamp=8
```

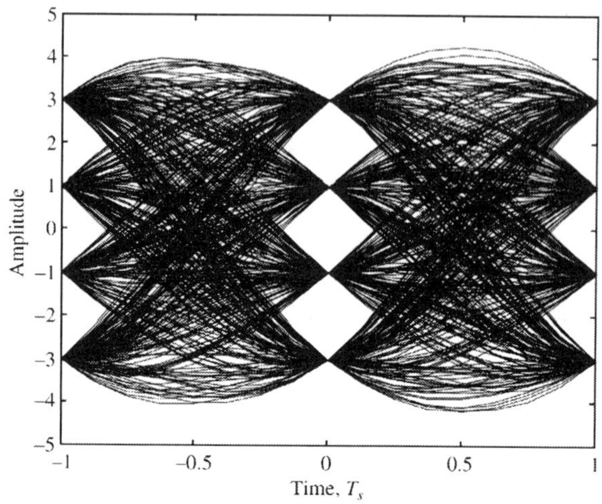

▶▶ 그림 10.48 16-QAM 전송에서 수신기 정합 필터 출력의 실수(동위상) 성분 eye-diagram

```
f_ovsamp=8;             % Oversampling factor vs data rate
delay_rc=4;
% Generating root-raised cosine pulseshape (rolloff factor = 0.5)
prcos=rcosflt([ 1 ], 1, f_ovsamp, 'sqrt', 0.5, delay_rc);
prcos=prcos(1:end-f_ovsamp+1);
prcos=prcos/norm(prcos);
pcmatch=prcos(end:-1:1);

% Generating random signal data for polar signaling
s_data=4*round(rand(L,1))+2*round(rand(L,1))-3+...
    +j*(4*round(rand(L,1))+2*round(rand(L,1))-3);
% upsample to match the
'oversampling rate'
% which is f_ovsamp/T (T=1 is the symbol duration)
s_up=upsample(s_data,f_ovsamp);

% Identify the decision delays due to pulse shaping
% and matched filters
delayrc=2*delay_rc*f_ovsamp;
% Generate QAM-16 signaling with pulse-shaping
xrcos=conv(s_up,prcos);

% Find the signal length
Lrcos=length(xrcos);
SER=[];
noiseq=randn(Lrcos,1)+j*randn(Lrcos,1);
Es=10;                       % symbol energy
```

```
% Generating the channel noise (AWGN)
for i=1:9,
    Eb2N(i)=i*2; %(Eb/N in dB)
    Eb2N_num=10^(Eb2N(i)/10);           % Eb/N in numeral
    Var_n=Es/(2*Eb2N_num);             %1/SNR is the noise variance
    signois=sqrt(Var_n/2);              % standard deviation
    awgnois=signois*noiseq;            % AWGN
    % Add noise to signals at the channel output
    yrcos=xrcos+awgnois;

    % Apply matched filters first
    z1=conv(yrcos,pcmatch);clear awgnois, yrcos;

    % Sampling the received signal and acquire samples
    z1=z1(delayrc+1:f_ovsamp:end);
    % Decision based on the sign of the samples
    dec1=sign(real(z1(1:L)))+sign(real(z1(1:L))-2)+...
         sign(real(z1(1:L))+2)+...
         j*(sign(imag(z1(1:L)))+sign(imag(z1(1:L))-2)+...
         sign(imag(z1(1:L))+2));
    % Now compare against the original data to compute BER for
    % the three pulses
    %BER=[BER;sum(abs(s_data-dec1))/(2*L)]
    SER=[SER;sum(s_data~=dec1)/L];
    Q(i)=3*0.5*erfc(sqrt((2*Eb2N_num/5)/2));
%Compute the Analytical BER
end

figure(1)
subplot(111)
figber=semilogy(Eb2N,Q,'k-',Eb2N,SER,'b-*');
axis([2 18 .99e-5 1]);
legend('Analytical', 'Root-raised cosine');
xlabel('E_b/N (dB)');ylabel('Symbol error probability');
set(figber,'Linewidth',2);
% Constellation plot
figure(2)
subplot(111)
plot(real(z1(1:min(L,4000))),imag(z1(1:min(L,4000))),'.');
axis('square')
xlabel('Real part of matched filter output samples')
ylabel('Imaginary part of matched filter output samples')
```

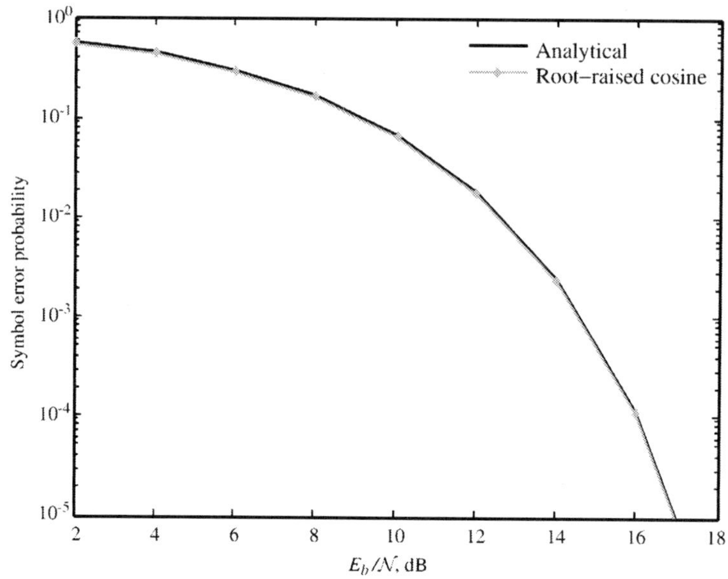

►► 그림 10.49 루트 상승 코사인 펄스를 사용하는 16-QAM 신호의 측정된 SER과 이론적 SER의 비교

16-QAM 성상도를 이용한 신호를 전송하기 때문에 측정된 BER 대신에 수신기에서 심볼 오류 확률을 측정한다. 그림 10.49는 측정된 SER과 10.6절에서 주어진 분석 결과와 거의 일치함을 나타낸다.

최적의 QAM 수신기에 대한 정확한 동작 여부는 정합 필터 출력에서 얻어진 표본들의 실수부와 허수부를 관찰함으로써 알 수 있다. 각각의 측정된 표본을 점으로 표현함으로써 "scatter plot"을 얻을 수 있다. 이는 검출의 신뢰성을 보여준다. 점들이 원래의 성상도 위치를 중심으로 밀접하게 존재하면, 검출은 높은 신뢰성을 가진다. 반대인 경우, 많은 검출 오류가 발생한다. 그림 10.50은 $E_b/N_0 = 18$ dB일 때, 수신기에서 측정된 scatter plot을 나타내었다. 측정된 표본점들이 밀집되어 있는 것은 결과 BER이 아주 낮음을 나타낸다.

● 컴퓨터 예제 10.4

• 비동기 FSK 검출

비동기 2진 FSK 수신기의 결과를 실험하기 위하여 매트랩 프로그램 Ex10_4.m을 이용한다. FSK에서 사용된 두 개의 주파수는 직교함을 가정한다. 측정된 BER은 이론적인 BER과 일치함을 그림 10.51로부터 알 수 있다.

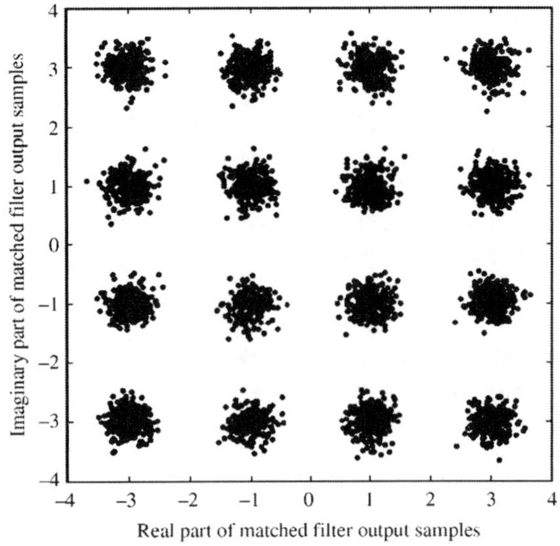

▸▸ 그림 10.50 $E_b/\mathcal{N}_0 = 18$ dB일 때, 루트 상승 코사인 펄스를 사용한 16-QAM 신호에 대한 정합 필터 출력에서의 scatter plot

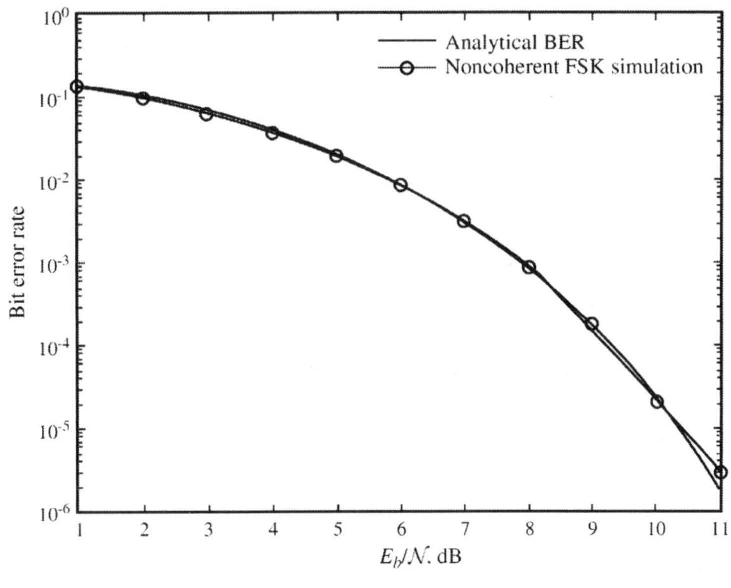

▸▸ 그림 10.51 비동기 검출을 이용한 2진 FSK 신호의 BER

```
% MATLAB PROGRAM <Ex10_4.m>
% This program provides simulation for noncoherent detection of
% orthogonal signaling including BFSK. Noncoherent MFSK detection
% only needs to compare the magnitude of each frequency bin.
L=100000;           %Number of data symbols in the simulation
s_data=round(rand(L,1));
%  Generating random phases on the two frequencies
xbase1=[exp(j*2*pi*rand) 0];
xbase0=[0 exp(j*2*pi*rand)];
%  Modulating two orthogonal frequencies
xmodsig=s_data*xbase1+(1-s_data)*xbase0;
%  Generating noise sequences for both frequency channels
noisei=randn(L,2);
noiseq=randn(L,2);
BER=[];
BER_az=[];
% Generating the channel noise (AWGN)
for i=1:12,
    Eb2N(i)=i; %(Eb/N in dB)
    Eb2N_num=10^(Eb2N(i)/10);            % Eb/N in numeral
    Var_n=1/(2*Eb2N_num);               %1/SNR is the noise variance
    signois=sqrt(Var_n);              % standard deviation
    awgnois=signois*(noisei+j*noiseq);       % AWGN complex channels
    % Add noise to signals at the channel output
    ychout=xmodsig+awgnois;
    % Non-coherent detection
    ydim1=abs(ychout(:,1));
    ydim2=abs(ychout(:,2));
    dec=(ydim1>ydim2);
    % Compute BER from simulation
    BER=[BER; sum(dec~=s_data)/L];
    % Compare against analytical BER.
    BER_az=[BER_az; 0.5*exp(-Eb2N_num/2)];
end
figber=semilogy(Eb2N,BER_az,'k-',Eb2N,BER,'k-o');
set(figber,'Linewidth',2);
legend('Analytical BER', 'Noncoherent FSK simulation');
fx=xlabel('E_b/N (dB)');
fy=ylabel('Bit error rate');
set(fx,'FontSize',11); set(fy,'Fontsize',11);
```

● 컴퓨터 예제 10.5

• 2진 차동 PSK 신호의 비동기 검출

2진 차동 위상 천이 변조 시스템의 결과를 실험하기 위하여, 매트랩 프로그램 Ex10_5.m을 이용한다. 이전의 예제들과 같이 그림 10.52는 측정된 BER과 이론적인 BER이 일치함을 나타낸다.

```
% MATLAB PROGRAM <Ex10_5.m>
% This program provides simulation for differential detection of
% binary DPSK. Differential detetion only needs to compare the
% successive phases of the signal samples at the receiver
%
clear;clf
L=1000000;               %Number of data symbols in the simulation
s_data=round(rand(L,1));
% Generating initial random phase
initphase=[2*rand];
% differential modulation
s_denc=mod(cumsum([0;s_data]),2);
% define the phase divisible by pi
```

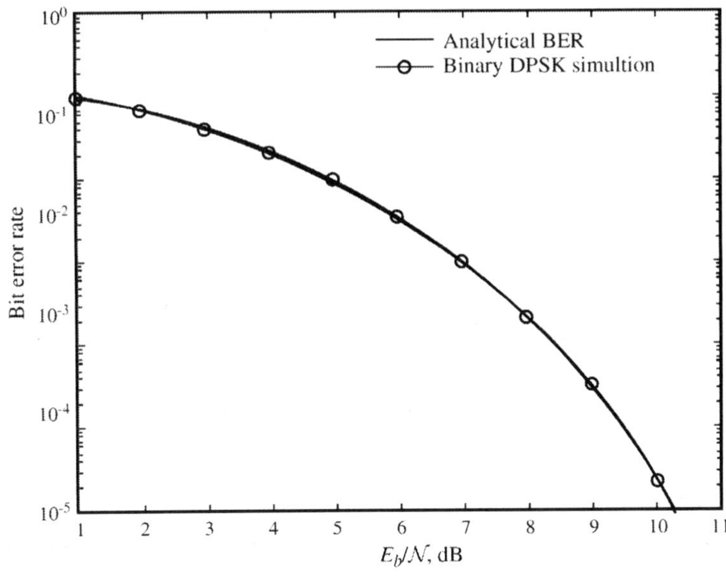

▸▸ 그림 10.52 비동기 검출을 이용한 2진 DPSK 신호의 BER

```
xphase=initphase+s_denc;
clear s_denc;
% modulate the phase of the signal
xmodsig=exp(j*pi*xphase); clear xphase;
Bit error rate
Lx=length(xmodsig);
% Generating noise sequence
noiseq=randn(Lx,2);
BER=[];
BER_az=[];
% Generating the channel noise (AWGN)
for i=1:11,
    Eb2N(i)=i;                          %(Eb/N in dB)
    Eb2N_num=10^(Eb2N(i)/10);          % Eb/N in numeral
    Var_n=1/(2*Eb2N_num);              %1/SNR is the noise variance
    signois=sqrt(Var_n);               % standard deviation
    awgnois=signois*(noiseq*[1;j]);             % AWGN complex channels
    % Add noise to signals at the channel output
    ychout=xmodsig+awgnois;
    % Non-coherent detection
    yphase=angle(ychout);          %find the channel output phase
    clear ychout;
    ydfdec=diff(yphase)/pi;        %calculate phase difference
    clear yphase;
    dec=(abs(ydfdec)>0.5);         %make hard decisions
    clear ydfdec;
    % Compute BER from simulation
    BER=[BER; sum(dec~=s_data)/L];
    % Compare against analytical BER.
    BER_az=[BER_az; 0.5*exp(-Eb2N_num)];
end
% now plot the results
figber=semilogy(Eb2N,BER_az,'k-',Eb2N,BER,'k-o');
axis([1 11 .99e-5 1]);
set(figber,'Linewidth',2);
legend('Analytical BER', 'Binary DPSK simulation');
fx=xlabel('E_b/N (dB)');
fy=ylabel('Bit error rate');
set(fx,'FontSize',11); set(fy,'Fontsize',11);
```

참고문헌

1. S. Pasupathy, "Minimum Shift Keying: A Spectrally Efficient Modulation," *IEEE Commun. Soc. Mag.*, vol. 17, pp. 14–22, July 1979.
2. J. J. Spilker, *Digital Communications by Satellite*, Prentice-Hall, Englewood Cliffs, NJ, 1977.
3. H. J. Landau and H. O. Pollak, "Prolate Spheroidal Wave Functions, Fourier Analysis, and Uncertainty, III: The Dimensions of Space of Essentially Time- and Band-Limited Signals," *Bell Syst. Tech. J.*, vol. 41, pp. 1295–1336, July 1962.
4. H. L. Van Trees, *Detection, Estimation, and Modulation Theory*, vols. I, II, and III, Wiley, New York, 1968–1971.
5. A. J. Viterbi, *Principles of Coherent Communication*, McGraw-Hill, New York, 1966.
6. H. J. Landau and D. Slepian, "On the Optimality of the Regular Simplex Code," *Bell Syst. Tech. J.*, vol. 45, pp. 1247–1272, Oct. 1966.
7. S. G. Wilson, *Digital Modulation and Coding*, Prentice Hall, Upper Saddle River, NJ, 1996.
8. A. V. Balakrishnan, "Contribution to the Sphere-Packing Problem of Communication Theory," *J. Math. Anal. Appl.*, vol. 3, pp. 485–506, Dec. 1961.
9. E. Arthurs and H. Dym, "On Optimum Detection of Digital Signals in the Presence of White Gaussian Noise—A Geometric Interpretation and a Study of Three Basic Data Transmission Systems," *IRE Trans. Commun. Syst.*, vol. CS-10, pp. 336–372, Dec. 1962.
10. B. P. Lathi, *An Introduction to Random Signals and Communication Theory*, International Textbook Co., Scranton, PA, 1968.

연습문제

10.1-1 그림 13.1-1에서 소위 integrate-and-dump 회로를 보여준다. 궤환 증폭기는 이상적인 적분기이다. s_1 스위치는 잠시 닫힌 채로 있다가 $t = T_b$에서 열린다. 그래서 C의 모든 전하를 버린다. 따라서 출력값이 '0'이 되게 한다. 스위치 s_2는 버리는 동작이 일어나기 바로 전에 샘플을 한다.

(a) 직각파 $p(t)$가 이 필터에 들어갔을 때 출력 $p_0(t)$를 그려라.

(b) 직각파 $p(t)$에 정합된 필터의 출력 $p_0(t)$를 그려라.

(c) intergrate-and-dump 회로와 정합필터가 같음을 보여라. ; 즉 두 경우의 ρ값이 같음을 보여라.

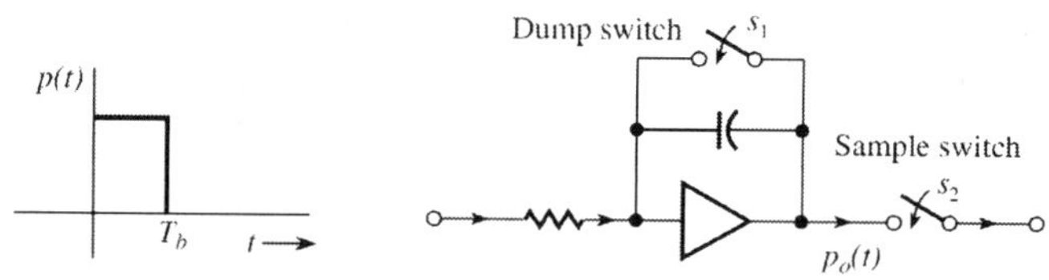

▸▸ 그림 P10.1-1

10.1-2 최적화 필터 대신 사용하는 것이 부분 최적화 필터인데, 여기서는 특별한 필터가 ρ를 최대화하도록 자신의 파라미터들을 형성하고 조정한다고 생각한다. 이러한 필터들은 최적화 필터에 비하면 성능은 열등하지만 설계가 간단하다. 크기가 A이고, 폭이 T_b인 입력 사각파(그림 13.1-2)에 대해, 정합필터를 사용하는 대신 $H(\omega) = 1/(1 + j\omega RC)$의 전달함수를 갖는 RC 필터가 사용되었다고 하자. 이때 ρ값을 결정하라. 백색 가우시안 잡음의 PSD는 $\mathcal{N}/2$로 가정하고 최적의 성능은 $1/RC = 1.26/T_b$일 때 얻어짐을 보여라.

****힌트** : $d\rho^2/dx = 0$ $(x = T_b/RC)$로 놓아라.

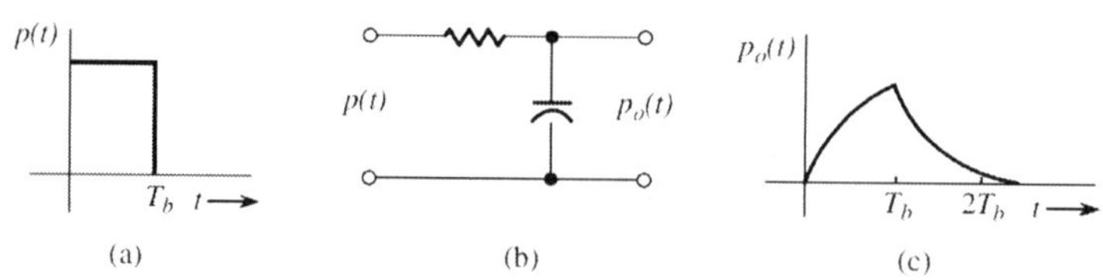

▸▸ 그림 P10.1-2

10.2-1 2진 PPM의 동기 검출을 고려하고, 구간 $0 \leq t \leq T_b$ 동안에 이진수 "0"과 "1"에 대하여 서로 다른 지연을 갖는 다음 식과 같은 half-width 펄스 $p_0(t)$가 전송된다.

$$p_0(t) = u(t) - u(t - T_b/2)$$

따라서 2진 PPM 전송은 단순히 다음과 같이 표현할 수 있다.

$$\begin{array}{ll} p_0(t), & \text{if "0" is sent} \\ p_0(t - T_b/2), & \text{if "1" is sent} \end{array}.$$

채널 잡음은 스펙트럼 $\mathcal{N}/2$을 갖는 AWGN을 고려한다.

(a) 문제에서 주어진 2진 시스템에 대한 최적의 수신기 구조를 결정하라. 시간 영역에서의 최적의 수신기 필터 응답을 그려라.

(b) $P[0] = 0.4$이고, $P[1] = 0.6$일 때 최적의 임계치와 그 때의 비트 오류 확률을 계산하라.

(c) 수신기는 $P[0] = 0.5 = P[1]$로 잘못 알고 있다고 가정하자. 따라서 이러한 잘못된 정보를 이용하여 설계된 수신기를 고려하자. 실제 사전 확률들인 $P[0] = 0.4$이고, $P[1] = 0.6$일 때의 오류 확률을 계산하고, 문제 (b)의 결과와 비교하라.

10.2-2 2진 chirp 변조에 대한 동기 복조를 고려한다. 구간 $0 \leq t \leq T_b$동안에 다음과 같이 전송된다.

$$\begin{array}{ll} A\cos(\alpha_0 t^2 + \theta_0), & \text{if "0" is sent} \\ A\cos(\alpha_1 t^2 + \theta_1), & \text{if "1" is sent} \end{array}.$$

채널 잡음은 스펙트럼 $\mathcal{N}/2$을 갖는 AWGN을 고려한다. 또한 2진 정보는 확률적으로 등가이다.

(a) 최적의 수신기를 설계하라.

(b) (a)에서 구한 최적 수신기의 비트 오류 확률을 계산하라.

10.2-3 동기구조에서는 동기화를 위해 약간의 pilot이 더해진다. Pilot은 정보를 운반하지 않기 때문에, 이는 P_b 저하의 원인이 된다. 각각 구간 T_b를 갖는 다음 두 펄스들을 사용한 동기 PSK를 고려해보자.

$$p(t) = A\sqrt{1 - m^2}\cos\omega_c t + Am\sin\omega_c t$$

$$q(t) = -A\sqrt{1 - m^2}\cos\omega_c t + Am\sin\omega_c t$$

여기서 $Am\sin\omega_c t$는 pilot이다. 채널의 잡음이 백색 가우시안일 때

$$P_b = Q\left[\sqrt{\frac{2E_b(1-m^2)}{\mathcal{N}}}\right]$$

가 됨을 보여라.

****힌트** : 수식 (10.25b)를 사용하라.

10.2-4 극성 2진 통신시스템에서, 결정시의 각 에러에는 대가(cost)가 따른다. $m=1$이 전송되고 수신단에서 이를 $m=0$으로 인식한 경우, 양적인 대가 C_{10}가 할당된다. 마찬가지로 전송된 $m=0$에 대해 수신단에서 이를 $m=1$로 판단할 경우 C_{01}이 할당된다. $P_m(0)=P_m(1)=0.5$ 인 극성의 경우 백색 가우시안 채널잡음에 대해 전체 대가를 최소화하는 최적 임계치가 0이 아니라 다음과 같이 주어지는 a_0 임을 보여라.

$$a_o = \frac{\mathcal{N}}{4}\ln\frac{C_{01}}{C_{10}}$$

****힌트** : 문제 8.2-11의 힌트를 보라.

10.2-5 메시지 전송확률이 같지 않은 극성 2진 시스템에 대해, 최적 결정임계치 a_0가 다음과 같음을 보여라

$$a_o = \frac{\mathcal{N}}{4}\ln\frac{P_m(\mathbf{0})C_{01}}{P_m(\mathbf{1})C_{10}}$$

여기서 C_{01}과 C_{10}은 문제 13.2-2에서 설명한 에러의 대가이며, $P_m(0)$과 $P_m(1)$은 각각 0과 1을 전송할 확률이다.

****힌트** : 문제 8.2-11의 힌트를 보라.

10.2-6 4ary 통신에서 메시지는 네 개의 심벌 $m_1=00$, $m_2=01$, $m_3=10$ 그리고 $m_4=11$ 중에 하나가 선택되며, 네 심벌은 $\pm p(t)$, 0, $\pm 3p(t)$의 펄스에 의해 각각 전송된다. 수신단에서는 $p(t)$에 정합된 필터를 사용한다. 에너지는 E_p이고, 채널잡음의 PSD는 $S_n(\omega)=\mathcal{N}/2$를 가지는 AWGN이다.

(a) r을 t_m 에서의 정합 여파기 출력이라고 할 때, $P_r(r|m_i)$ (00,01,10,11)를 그려라. 모든 메시지는 등가 확률을 갖는다.

(b) (a)에서 검출 오류를 최소화하기 위한 최적 결정임계치와 에러확률 P_e를 평균 심볼 에너지 대 잡음의 비를 이용하여 구하라.

10.2-7 2진 데이터를 전송하는데 0에 대해서는 $p(t)$를 사용하고 1에 대해서는 $3p(t)$를 사용한다. 이 경우, 최적의 수신기는 그림 P10.2-7에 보인것과 같이 $p(t)$에 정합되고 검출 임계치 $2E_p$를 갖는 필터임을 보여라. 0과 1이 같은 확률로 전송되는 경우, 이 수신기의 에러확률 P_b를 $E_b/\mathcal{N}$의 함수로 결정하라.

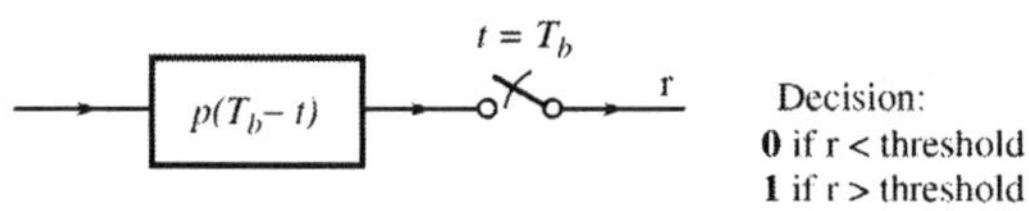

▶▶ 그림 P10.2-7

10.2-8 2진 전송 시스템을 고려하자. Roll-off 인자 0.2인 raised-cosine 펄스 $p(t)$가 기저대역 양극 전송을 위하여 사용된다. 이상적인 기저대역 통과 채널은 $f_0 = 5000$ Hz 의 대역폭을 가진다.

(a) 채널잡음의 PSD는 $S_n(\omega) = \mathcal{N}/2$를 갖는 AWGN이다. 최적의 수신기 필터를 구하고 필터의 주파수 응답을 그려라.

(b) 채널 잡음이 가우시안이고, 다음 식과 같은 PSD를 갖는다.

$$S_n(f) = 0.5\mathcal{N}\frac{1}{1+(f/f_0)^2}$$

최적의 수신기 필터를 구하고, 주파수 응답을 그려라.

10.3-1 FSK 시스템에서, RF 2진 신호는 다음과 같이 전송된다.

$$\mathbf{0}: \quad \sqrt{2}\sin(\pi t/T_b)\cos[\omega_c - (\Delta\omega/2)]t \qquad 0 \le t \le T_b$$
$$\mathbf{1}: \quad \sqrt{2}\sin(\pi t/T_b)\cos[\omega_c + (\Delta\omega/2)]t \qquad 0 \le t \le T_b$$

채널 잡음은 AWGN이고, 2진 신호는 확률적으로 등가이다.

(a) 최적의 동기 수신기와 임계치를 구하라.

(b) 최소 비트 오류 확률을 구하라.

(c) 비트 오류 확률을 최소화하기 위한 최적의 $\Delta\omega$를 구하는 것이 가능한가?

10.4-1 시간 구간 $(0,\ T)$에서 다음 4개의 신호를 고려하자.

$$p_0(t) = u(t) - u(t-T)$$
$$p_1(t) = \sin(2\pi t/T)[u(t) - u(t-T)]$$
$$p_2(t) = \sin(\pi t/T)[u(t) - u(t-T)]$$
$$p_3(t) = \cos(\pi t/T)[u(t) - u(t-T)]$$

Gram-Schmidt 과정을 이용하여 주어진 신호 공간에서의 직정규 신호를 구하라. 주어진 신호 공간의 차원은 무엇인가?

10.4-2 3차원 신호 공간의 기저 신호가 $\varphi_1(t) = p(t)$, $\varphi_2(t) = p(t-T_0)$, $\varphi_3(t) = p(t-2T_0)$이고, $p(t)$는 다음과 같다.

$$p(t) = \sqrt{\frac{2}{T_o}} \sin\left(\frac{\pi t}{T_o}\right)[u(t) - u(t-T_o)]$$

(a) 이 공간에서 (1, 1, 1), (−2, 0, 1), (1/3, 2, −0.5), (−0.5, −1, 2)로 표현되는 신호들의 파형을 그려라.

(b) (a)에서 구한 각 신호들의 에너지를 구하라.

10.4-3 기저 신호가 다음과 같이 주어질 때, 문제 14.4-2를 반복하라.

$$\varphi_1(t) = \frac{1}{\sqrt{T_o}}$$
$$\varphi_2(t) = \sqrt{\frac{2}{T_o}} \cos\frac{\pi}{T_o}t \quad \varphi_3(t) = \sqrt{\frac{2}{T_o}} \cos\frac{2\pi}{T_o}t \qquad 0 \le t \le T_o$$

10.4-4 문제 14.4-3에서 주어진 기저 신호와 다음 신호를 고려하자.

$$x(t) = 1 + 2\sin^3\left(\frac{\pi t}{T_o}\right)$$

(a) $x(t)$를 근사화하기 위한 최소 오류 에너지 관점에서 3개의 기저 신호를 고려하자. 최소 근사 오류 에너지는 무엇인가?

(b) 다음 식과 같은 기저 신호를 추가적으로 고려하자.

$$\varphi_4(t) = \sqrt{\frac{2}{T_O}} \sin \frac{\pi}{T_O} t \qquad 0 \le t \le T_O$$

최소 근사 오류 에너지를 구하고 문제(a)와 비교하라.

10.4-5 $p(t)$가 문제 10.4-2에서와 같고, 기저 함수가 다음과 같다.

$$\varphi_k(t) = p[t - (k-1)T_O] \qquad k = 1, 2, 3, 4, 5$$

(a) 이 공간에서 (−1, 2, 3, 1, 4), (2, 1, −4, −4, 2), (3, −2, 3, 4, 1), (−2, 4, 2, 2, 0)로 표현되는 신호들을 그리시오.
(b) 각 신호의 에너지를 구하시오.
(c) 모든 신호 쌍에 대한 각도(angle)들을 구하시오.

****힌트** : 벡터 $\boldsymbol{a}$와 $\boldsymbol{b}$의 내적은 $< \boldsymbol{a}, \boldsymbol{b} > = \|\boldsymbol{a}\| \cdot \|\boldsymbol{b}\| \cos(\theta)$의 관계식이므로 두 벡터 사이의 각도 θ와 관계가 있음을 이용하라.

10.5-1 $p(t)$는 문제 10.4-2와 같으며, 다음과 같다.

$$s_k(t) = p[t - (k-1)T_O] \qquad k = 1, 2, 3, 4, 5$$

$s_k(t)$가 전송되고, 잡음 $n_\omega(t)$가 존재할 때, 수신 신호는 다음과 같다.

$$y(t) = s_k(t) + n_w(t) \qquad 0 \le t \le 5T_O$$

잡음 $n_\omega(t)$가 $\mathcal{N}/2$인 스펙트럼을 갖는 백색 가우시안일 경우 다음을 구하시오.
(a) $y(t)$에 대하여 다음 식을 만족하는 기저 함수 집합을 구하시오.

$$E\{|y(t) - \sum y_i \varphi_i(t)|^2\} = 0$$

(b) $s_k(t)$가 전송될 때, 랜덤 변수 y_i를 설명하시오.
(c) $s_k(t)$가 전송될 때, 랜덤 변수 $\{y_1, \ldots, y_5\}$의 결합 확률 밀도 함수를 구하시오.

10.5-2 어느 정상 가우시안 랜덤 프로세스 $x(t)$에 대하여, $R_x(\tau) = e^{-\tau^2}$이다. 확률 변수 $x(t)$, $x(t+0.5)$, $x(t+1)$, $x(t+2)$의 결합 PDF를 구하시오.

10.5-3 가우시안 잡음은 평균과 자기 상관 함수에 의하여 정의된다. 정상 과정인 가우시안 잡음 $\mathrm{x}(t)$는 평균이 0이고, $R_{\mathrm{X}}(\tau)$인 자기상관을 가진다.

(a) 임펄스 응답 $h(t)$를 갖는 선형 시불변 시스템의 입력이 $\mathrm{x}(t)$일 때, 선형 시스템 출력 $\mathrm{y}(t)$의 평균과 자기 상관 함수를 구하시오.

(b) 선형 시변 시스템의 입력이 $\mathrm{x}(t)$일 때, 선형 시스템 출력 $\mathrm{y}(t)$은 다음과 같다.

$$\mathrm{y}(t) = \int_{-\infty}^{\infty} h(t, \tau)\mathrm{x}(\tau)\, d\tau$$

출력 과정의 종류는 무엇인지 보이시오. 그리고 선형 시스템 출력 $\mathrm{y}(t)$의 평균과 자기 상관 함수를 구하시오.

10.5-4 문제 10.5-3의 (a)에서 선형 시스템의 출력 PSD를 구하시오.

10.5-5 문제 10.5-3의 (b)에서 선형 시스템의 출력 PSD를 구하시오.

10.6-1 그림 10.17의 전처리과정을 고려하자. 채널 잡음 $\mathrm{n}_{\omega}(t)$는 백색 가우시안이다.

(a) 유한한 시간 구간 $[0, T_M]$에서 $\mathrm{r}(t)$와 $\mathrm{q}(t)$의 에너지를 구하시오.

(b) $\mathrm{r}(t)$와 $\mathrm{q}(t)$가 같지 않을 경우에도 두 신호 모두 유용한 신호 성분을 가지고 있음을 증명하시오.

(c) $s_k(t)$가 전송될 때, $(q_1, q_2, \cdots, q_5)$의 결합 밀도 함수가 다음 식과 같음을 보이시오.

$$p_{\mathbf{q}}(\boldsymbol{q}) = \frac{1}{(\pi\mathcal{N})^{N/2}} \exp\left(-\|\boldsymbol{q} - \boldsymbol{s}_k\|^2/\mathcal{N}\right).$$

10.6-2 부가 백색 잡음 채널을 고려하자. m_i가 전송될 때, 신호를 정사영 시킨 후, 수신된 $N \times 1$ 신호 벡터는 다음과 같다.

$$\mathbf{q} = \boldsymbol{s}_i + \mathbf{n}$$

잡음 벡터 $\mathbf{n}$은 다음과 같은 결합 밀도 함수를 가진다.

$$\prod_{i=1}^{N} \frac{1}{\tau} \exp\left(\frac{-|\mathrm{n}_i|}{(2\tau)}\right)$$

(a) 검출 오류를 최소화 할 수 있는 (MAP) 검출기를 구하시오.

(b) AWGN 잡음에 대한 최적의 수신기 유도과정을 이용하여 주어진 non-가우시안 백색 잡음 채널에 대한 최적의 수신기 구조를 구하시오.

(c) 2차원 ($N=2$) 신호 공간에서 잡음이 가우시안일 경우와 non-가우시안일 경우 결정 영역(decision region)의 차이를 나타내시오.

10.6-3 2진 정보원이 400,000 bit/s의 비율로 데이터를 보낸다. $M=2$, 16, 32인 Multi amplitude-shift keying(PAM)를 고려하자. 각 경우에 대해 수신 입력단에서 요구되는 신호전력과 최소 전송대역폭을 구하라. $S_n(\omega)=10^{-8}$이고, 비트 오류율 P_b가 10^{-6}보다 낮아야 한다.

10.6-4 M진 PSK 신호에 대하여 문제 10.6-3을 반복하시오.

10.6-5 발생 확률이 같은 M 개의 신호가 있으며, 그림 P10.6-5에 있는 것처럼 $\boldsymbol{s}_1$, $\boldsymbol{s}_2$,⋯, $\boldsymbol{s}_M$을 할당한다. AWGN 채널에 대하여 최적 수신기에 대응하는 에러 확률 P_{eM}을 E_b/N_0의 함수로 구하시오.

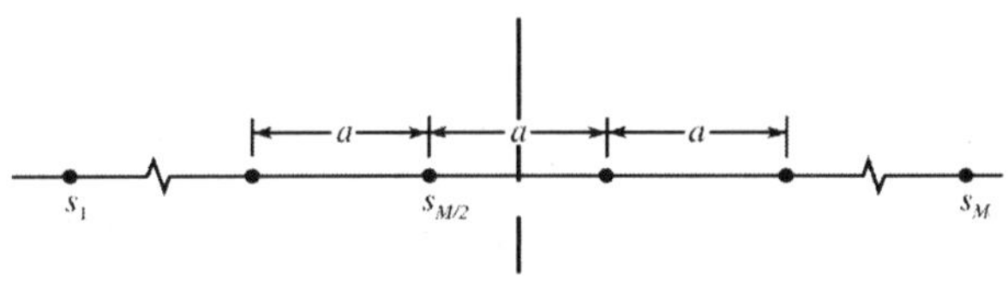

▸▸ 그림 P10.6-5

10.6-6 발생 확률이 같은 신호가 있으며, 그림 10.6-6에 있는 것처럼 $\boldsymbol{s}_1, \boldsymbol{s}_2, \cdots, \boldsymbol{s}_8$을 할당한다.

(a) AWGN 채널에 대한 최적 수신기를 구하시오.

(b) 최적 수신기의 결정 영역과 에러 확률 P_{eM}을 E_b의 함수로 구하시오.

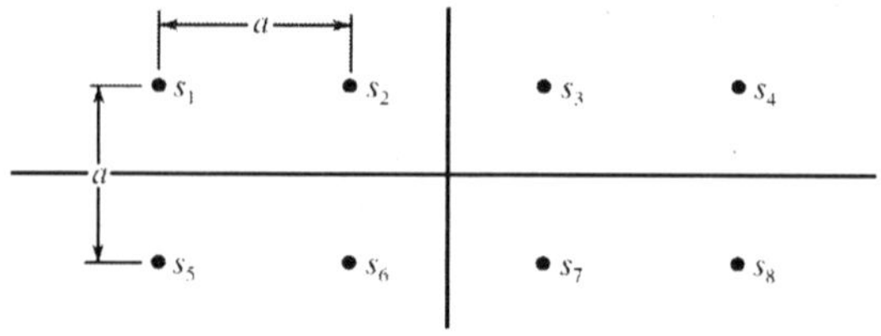

▸▸ 그림 P10.6-6

10.6-7 $E_b/\mathcal{N}_0 \gg 1$이고, $M \gg 2$일 때, MPSK에 대하여 식 (10.109b)의 오류 확률 근사화를 증명하라.

10.6-8 16-PSK에 대한 식 (10.109b)의 근사화를 이용하여 16-QAM과 16-PSK의 심볼 오류 확률을 비교하라. 16-PSK와 16-QAM의 $E_b/\mathcal{N}_0$ (SNR) 차이가 얼마(dB)인지 근사적으로 구하시오 (Q-함수 앞의 상수 차이는 무시하라).

10.6-9 16-PAM, 16-PSK 그리고 16-QAM의 심볼 오류 확률을 비교하시오. 심볼 오류 확률을 $E_b/\mathcal{N}_0$의 함수로 그리시오.

10.6-10 MPSK에 대하여 그림 10.19a에 있는 형태의 최적 수신기는 위상 비교기와 같음을 보이시오. 모든 메시지는 같은 확률로 발생하고 AWGN 채널이라고 가정한다.

10.6-11 다음과 같은 신호를 전송하기 위한 3진 신호를 고려하자.

$$m_0 : 0, \qquad m_1 : 2p(t), \qquad m_2 : -2p(t).$$

(a) $P(m_0) = P(m_1) = P(m_2) = 1/3$일 경우, 최적의 결정 영역(decision region)과 $\overline{E}$에 대한 함수로서 최적 수신기의 P_{eM}을 구하시오. 모든 메시지는 등가 확률을 가지고 AWGN 채널을 가정한다.

(b) $\overline{E}/\mathcal{N}$의 함수로서 P_{eM}을 구하시오.

(c) $P(m_0) = 1/2$, $P(m_1) = P(m_2) = 0.25$일 경우, 문제 (a)와 (b)를 반복하시오.

10.6-12 16진 신호 구성이 그림 P10.6-12에 있다. AWGN 채널로 가정하고, 모든 신호의 발생 확률이 같다고 할 때, 최적 수신기의 에러 확률 P_{eM}을 식으로 표현하시오(적분을 계산하지는 마시오).

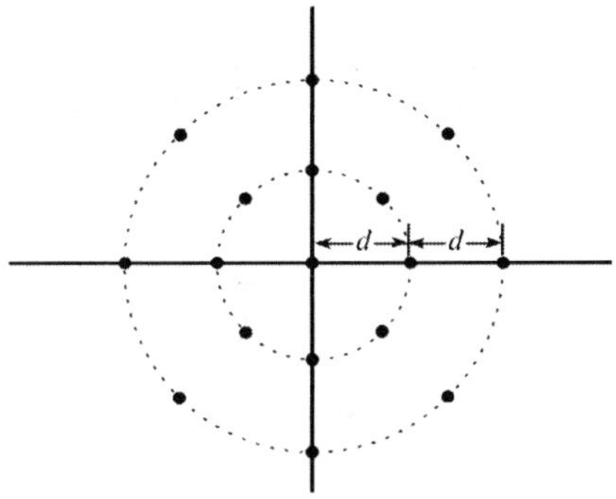

▸▸ 그림 P10.6-12

10.6-13 2차원 공간에서 다섯 개의 신호가 그림 P10.6-13에 있다.

(a) $\varphi_1(t) = \sqrt{2/T_0}\,cos\omega_c t$와 $\varphi_2(t) = \sqrt{2/T_0}\,sin\omega_c t$를 정하고 다섯 신호의 파형을 그리시오.

(b) 신호 공간에서 AWGN 채널을 가정하고 최적의 결정 영역을 그리시오.

(c) 최적 수신기의 에러 확률 P_{eM}을 $\overline{E}$의 함수로 구하시오.

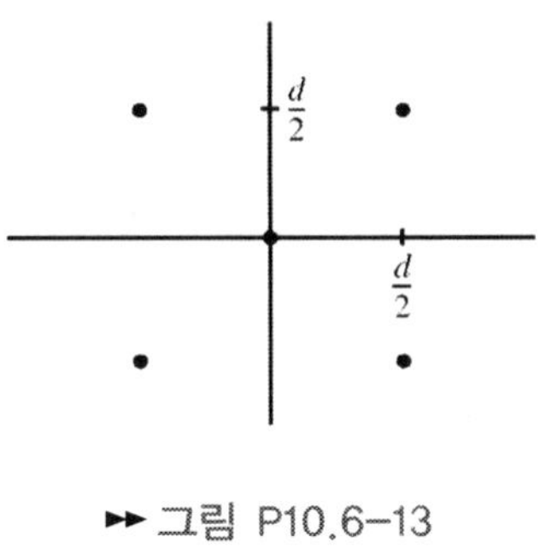

▸▸ 그림 P10.6-13

10.6-14 16-QAM 신호의 구성이 그림 P10.6-14에 있다. 모든 신호의 발생 확률이 같다고 할 때, AWGN 채널에서 최적 수신기의 에러 확률 P_{eM}을 E_b의 함수로 구하시오. 이 방법의 성능을 10.6절에 있는 정사각형 16-QAM과 비교하시오.

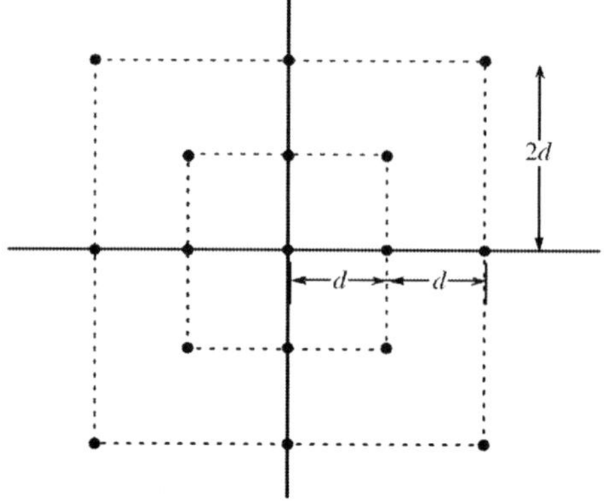

▶▶ 그림 P10.6-14

10.7-1 N차원 입방체(hypercube)의 꼭짓점들(vertices)은 아래와 같은 2^N개의 신호들의 집합이다.

$$s_k(t) = \frac{d}{2}\sum_{j=1}^{N} a_{kj}\varphi_j(t)$$

여기서 $\varphi_1(t), \varphi_2(t), \cdots, \varphi_N(t)$은 N개의 직정규 신호들의 집합이고, a_{kj}는 1 또는 −1이다. 모든 N개의 신호들은 원점에서 $\sqrt{Nd/2}$ 의 거리에 있으며, N차원 입방체의 꼭짓점을 형성한다.

(a) N=1, 2, 3일 때, 신호 공간에서 신호의 구성을 그리시오.

(b) 위 (a)에서 구한 각각의 구조에 대하여, 가능한 파형의 집합을 하나 그리시오.

(c) 만일 2^N개의 심볼에 대한 발생 확률이 같을 때, AWGN 채널에 대한 최적 수신기를 구하고 최적 수신기의 에러 확률 P_{eM}을 E_b의 함수로 구하시오.

10.7-2 직교 신호 집합이 다음과 같이 주어진다.

$$s_k(t) = \sqrt{E}\,\varphi_k(t) \qquad k = 1, 2, \ldots, N$$

이 직교(biorthogonal) 신호 집합은 직교 신호 집합을 각 신호에 반대 부호를 하는 신호를 첨가함으로써 형성된다. 즉, 직교 집합에 아래와 같은 다른 집합을 더한다.

$$s_{-k}(t) = -\sqrt{E}\,\varphi_k(t)$$

이렇게 하면 N 차원 공간에 $2N$ 개의 신호가 된다. 모든 신호의 발생 확률이 같고 AWGN 채널이라고 가정할 때, 최적 수신기의 에러 확률을 구하시오. 직교 집합과 이 직교 집합의 대역폭을 비교하시오.

10.8-1 (a) 2진 on-off 신호 집합의 최소 에너지 등가 신호 집합은 무엇인가?

(b) 2진 FSK 신호 집합의 최소 에너지 등가 신호 집합은 무엇인가?

(c) 기하학적 신호 공간 개념을 이용하여, 2진 on-off와 2진 직교 집합이 같은 오류 확률을 가지는 지 설명하라. 또한 2진 쌍극 신호 에너지 필요량이 on-off 그리고 직교 신호 집합보다 3dB 적은 이유를 설명하라.

10.8-2 발생 확률이 같은 4개의 메시지 m_1, m_2, m_3, m_4가 각각 $s_1(t), s_2(t), s_3(t), s_4(t)$로 아래와 같이 전송된다.

$$\left.\begin{aligned} s_1(t) &= 20\sqrt{2}\sin\tfrac{2\pi}{T_M}t \\ s_2(t) &= 0 \\ s_3(t) &= 10\sqrt{2}\cos\tfrac{2\pi}{T_M}t \\ s_4(t) &= -10\sqrt{2}\cos\tfrac{2\pi}{T_M}t \end{aligned}\right\} \qquad T_M = \frac{1}{20}$$

이들 각 신호의 간격은 $0 \le t \le T_M$이고, 이 구간 밖에서는 0을 갖는다. 신호는 AWGN 채널로 전송된다.

(a) 신호 공간에서 이 신호들을 표현하시오.

(b) 결정 영역을 구하시오.

(c) 등가의 최소 에너지 집합을 구하시오.

(d) 최적 수신기를 구하시오.

10.8-3 4진 신호 구조는 다음과 같은 네 개의 파형을 사용한다.

$$s_1(t) = 4\,\varphi_1(t)$$

$$s_2(t) = 2\varphi_1(t) + 2\,\varphi_2(t)$$

$$s_3(t) = -2\,\varphi_1(t) - 2\varphi_2(t)$$

$$s_4(t) = -4\,\varphi_2(t)$$

여기서 $\varphi_1(t)$와 $\varphi_2(t)$는 직정규(orthonormal) 기저 신호이다. 모든 신호의 발생 확률은 같으며 채널 잡음은 PSD가 $S_n(\omega) = 10^{-4}$인 백색 가우시안이다.

(a) 신호 공간에서 이 신호들을 나타내고, 최적의 결정 영역을 구하시오.

(b) 최적 수신기의 에러 확률을 계산하시오.

(c) 최소 에너지 등가 신호 집합을 구하시오.

(d) 최소 에너지 등가 신호 집합이 전송될 경우, 평균 에너지 감소량을 구하시오.

10.8-4 $M=4$인 직교 신호 시스템은 $\sqrt{E}\cdot\varphi_1(t)$, $-\sqrt{E}\cdot\varphi_2(t)$, $\sqrt{E}\cdot\varphi_3(t)$, 그리고 $\sqrt{E}\cdot\varphi_4(t)$를 전송한다.

(a) 최소 에너지 등가 신호 집합을 구하시오.

(b) 3차원 공간에서 최소 에너지 등가 신호 집합을 그리시오.

(c) 최소 에너지 등가 신호 집합이 전송될 경우, 평균 에너지 감소량을 구하시오.

10.8-5 삼진(ternary) (M=3) 신호 시스템이 다음의 파형을 이용하여 전송한다.

$$s_1(t) = [u(t) - u(t - T_0/3)]$$
$$s_2(t) = u(t) - u(t - T_0)$$
$$s_3(t) = -[u(t - 2T/3) - u(t - T_0)]$$

전송률은 초당 $1/T_0 = 200$킬로심볼이다. 세 신호의 발생 확률은 같으며, 채널 잡음은 PSD가 $S_n(\omega) = 2\times 10^{-6}$인 백색 가우시안이다.

(a) 최적 수신기의 결정 영역을 구하시오

(b) 최소 에너지 신호 집합을 구하고 파형을 그리시오.

(c) (b)에서 구한 최소 에너지 등가 집합과 신호 집합의 평균 에너지를 계산하시오.

10.8-6 $P(m_1) = 0.25, P(m_2) = 0.5, P(m_3) = 0.25$일 때, 문제 10.8-5를 다시 하시오.

10.8-7 2진 신호는 다음과 같은 파형을 이용한다.

$$s_1(t) = \text{rect}\left(\frac{t - 0.001}{0.002}\right) \qquad \text{and} \qquad s_2(t) = -\Delta\left(\frac{t - 0.001}{0.002}\right)$$

(이러한 신호들에 대한 정의는 3장을 참조하라). 신호 전송률은 초당 1000 펄스이다. 두 신호의 발생 확률은 같고, 채널 잡음은 PSD가 $S_n(\omega) = 2 \times 10^{-4}$인 백색 가우시안이다.

(a) 최소 에너지 등가 신호 집합을 구하시오.

(b) 최적 수신기의 에러 확률을 구하시오.

(c) 적당한 직교 신호 공간을 사용하여 이 신호들을 벡터로 표현하시오.

****힌트** : 적당한 기저 신호 $\varphi_1(t)$와 $\varphi_2(t)$를 구하기 위하여 Gram-Schmidt 직교화 방법을 사용하시오.

10.10-1 메시지 m_0와 m_1을 전송하는 2진 전송 시스템에서, 비용(cost)은 다음과 같다.

$$C_{00} = C_{11} = 1 \qquad \text{and} \qquad C_{01} = C_{10} = 4$$

두 개의 메시지가 같은 확률일 때, 최적의 Bayes 수신기를 구하시오.

10.10-2 메시지 m_0와 m_1을 전송하는 2진 전송 시스템에서, 비용(cost)은 다음과 같다.

$$C_{00} = C_{11} = 0 \qquad \text{and} \qquad C_{01} = C_{10} = C$$

m_0의 확률은 1/3이고, m_1의 확률은 2/3이다.

(a) 최적의 Bayes 수신기를 구하시오.

(b) 최소 오류 확률 수신기를 구하시오.

(c) 최대 우도(Maximum likelihood) 수신기를 구하시오.

(d) (a)와 (b)에서 구한 두 수신기의 오류 확률을 비교 하시오.

10.11-1 2진 ASK, 2진 FSK 그리고 2진 DPSK의 비동기 검출기에 대한 오류 확률을 비교하라.

10.11-2 QPSK의 서로 다른 표현 방법에 대한 심볼 오류 확률을 구하시오.

11 대역 확산 통신

전통적인 통신 시스템에서 기저대역 펄스-정형(pulse-shaping)과 변조 기술의 설계는 전송 중에 변조 신호에 의하여 사용되는 대역폭의 크기를 최소화하는 것이 목적이다. 이러한 목적은 대역폭 자원을 아껴, 우수한 주파수 효율을 달성하고자 함이다. 그럼에도 불구하고, 협대역 디지털 통신 시스템은 두 가지 주요한 단점을 가진다. 첫째, 중심 주파수에 집중된 스펙트럼 형태는 의도되지 않은 사용자에 의하여 검출 또는 가로챔을 당하기 쉽다(예로서 전쟁터에서 적군에게 또는 비권한자에게 도청). 둘째, 심지어 부분적인 간섭도 신호 수신을 방해하므로, 아주 적은 여유를 가지는 협대역은 전파 간섭에 신호가 쉽게 손상 받을 수 있다.

대역 확산 기술은 초기에 재밍(jamming)이나 도청과 같은 앞서 언급한 단점들을 극복하기 위하여 군사용 또는 보완용으로 개발되었다. 각 사용자의 신호가 필요로 하는 대역폭보다 넓은 주파수 스펙트럼을 이용하는 것이 기본적인 아이디어이다. 고정된 전송 전력에 대해, 넓은 스펙트럼을 가진다는 것은 신호가 저전력이며 보다 많은 주파수 여유를 가짐을 의미한다. 의도적이건 아니건 간에 저전력 신호는 검출이나 도청이 어려우며, 많은 주파수 여유는 부분 대역 간섭에 강한 저항력을 가진다.

대역 확산에는 주파수 도약(frequency hopping) 대역 확산(FHSS)과 직접 신호열(direct sequence) 대역 확산(DSSS)의 두 가지 주요한 방법이 존재한다. 본 장에서는 이러한 두 가지 시스템에 대한 자세한 설명을 한다.

11.1 주파수 도약 대역 확산(FHSS) 시스템

FHSS의 개념은 실제로 아주 간단하고 이해하기에 쉽다. 각 사용자는 일반적인 변조 기법을 사용할 수 있다. 유일한 차이점은 반송파 주파수가 일정 구간마다 변할 수 있다는 것이다. 각 사용자가 자신의 반송파를 의사랜덤(pseudorandom) 형태로 정해진 방법에 따라 변화할 때, 실제 사용되는 전체 대역폭은 대단히 넓으며, 도청이나 방해하기가 어렵다.

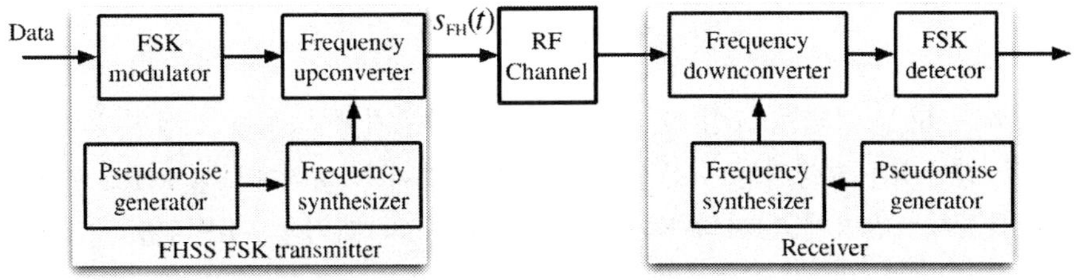

▶▶ 그림 11.1 주파수 도약 확산 스펙트럼 시스템(FHSS)

그림 11.1은 FHSS 시스템을 나타낸다. 먼저 그림에서 두 개의 주파수 변환기를 제거하면 FSK 변조기와 복조기를 가지는 간단한 디지털 통신 시스템과 동일하다. 이러한 FHSS 시스템에서의 유일한 차이점은 송신기에서 의사잡음(pseudonoise) 발생기에 의한 제어된 반송파 주파수 도약(hopping)이다. 반송파 주파수의 도약을 추적하기 위하여 수신기는 송신기 PN 발생기와 동기가 맞추어진 동일한 PN 발생기를 이용해야 한다.

대부분의 FHSS 신호는 보다 효율적인 변조 방법인 PAM, PSK 또는 QAM 대신에 2진 또는 M진 FSK 변조 방법을 사용한다. FSK를 사용하는 이유는 보다 덜 복잡한 비동기 복조 검출을 사용할 수 있기 때문이다. 이와는 대조적으로 동기 검출은 일반적으로 PAM, PSK, 그리고 QAM 변조 기법을 사용한 경우에 필요하다. PN 도약의 형태로 인하여, 동기 검출은 도약에 사용되는 모든 주파수에서 송신기와 수신기가 위상 동기를 서로 맞추어서 유지하고 있어야 한다. 이러한 요건을 주파수 도약 중에 만족시키기 어렵다. 반면에 FSK 검출은 반송파 위상 동기의 필요성 없이 비동기적으로 이루어 질 수 있으며, 쉽게 FHSS 시스템과 결합될 수 있다.

4장의 예제 4.2에서 다루었던 주파수 상향 변환기(upconverter)는 바로 다음에 대역 통과 필터와 함께 연결되어 믹서(mixer) 또는 곱셈기로 사용될 수 있다. T_s를 심볼 구간이라 하자. M진 FSK 변조 신호는 다음과 같다.

$$s_{FSK}(t) = A\cos(\omega_m t + \phi_m) \qquad mT_s \le t \le (m+1)T_s \tag{11.1a}$$

여기서 M진 FSK 각 주파수는 다음과 같다.

$$\omega_m = \omega_c \pm \frac{1}{2}\Delta\omega,\ \omega_c \pm \frac{3}{2}\Delta\omega, \ldots,\ \omega_c \pm \frac{M-1}{2}\Delta\omega \tag{11.1b}$$

주파수 합성기(synthesizer)의 출력은 "칩(chip)"이라고 부르는 구간 T_c에 상수이다. 주어진 칩동안 주파수 합성기의 출력을 ω_h라 하면, FHSS 신호는 칩 구간 T_c에 대하여 다음과 같다.

$$s_{\text{FH}}(t) = A\cos\left[(\omega_h + \omega_m)t + \phi_m\right] \tag{11.2}$$

주파수 도약 형태는 그림 11.2와 같이 PN 발생기에 의하여 조절된다. 수신기에서 사용되는 동일한 PN 발생기는 수신기에서 정확한 주파수 대역에서의 FHSS 신호 검출을 가능하게 해준다. 만약에 원래의 FSK 신호가 B_sHz의 대역을 가진다면, FHSS 신호는 다음 식과 같이 L배 더 큰 대역을 가진다.

$$B_c = L \cdot B_s$$

여기서 L을 확산 인자라고 한다.

심볼 주기 T_s와 칩 주기 T_c에 따른 심볼율은 $R_s = 1/T_s$이고, 도약율(hopping rate)은 $R_c = 1/T_c$이다. FHSS에는 두 가지 형태의 주파수 도약이 존재한다. $T_c \geq T_s$일 때, FH은 느린 도약이라 한다. $T_c < T_s$일 경우, 빠른 FHSS라 하고, 각 데이터 심볼내에 다중 도약(multiple hops)이 이루어진다. 다시 말하면, 빠른 도약에서는 각각의 데이터 심볼이 다수의 주파수 대역들에 걸쳐서 확산되고, 이러한 주파수들에 검출이 이루어져야 한다.

FHSS의 한 가지 장점은 재밍에 대한 강한 특성이다. 재밍 전력이 유한한 값인 P_J를 가지는 재밍원(jamming source)를 가정하자. 대역폭 B_s를 가지는 협대역(narrow) 신호에 대하여 재밍원의 간섭 PSD 수준은 P_J/B_s가 되고, 항상 B_s내에 전송된다. 따라서 협대역(NB, narrowband) 전송에 대한 신호 대 잡음 비(SIR, signal-to-interference ratio)는 다음과 같다.

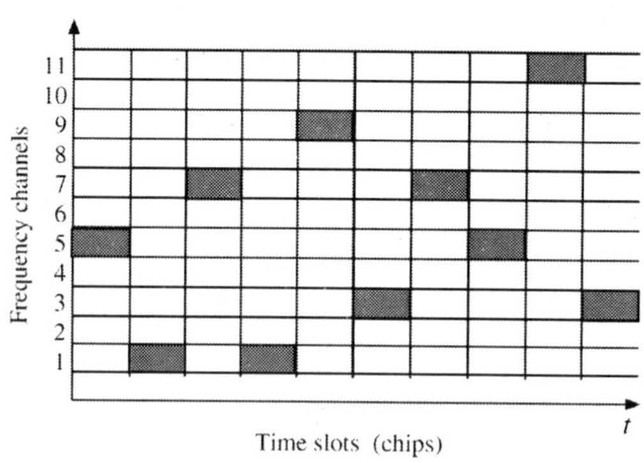

▸▸ 그림 11.2 블루투스(bluetooth) 시스템에서의 전형적인 주파수 도약 형태

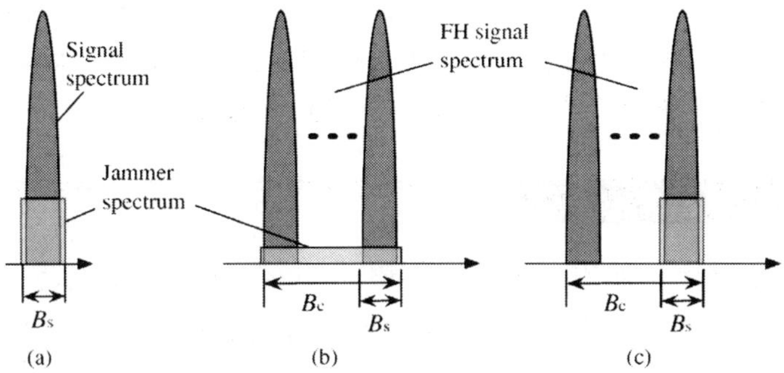

▶▶ 그림 11.3 (a) 협대역 재밍의 영향 (b) FHSS 신호에 대한 광대역 재밍의 영향 (c) FHSS 신호에 대한 부분대역 재밍의 영향

$$\left(\frac{E_b}{I}\right)_{\mathrm{NB}} = \frac{E_b}{P_J/B_s} = \frac{E_b}{P_J}B_s \tag{11.3a}$$

이에 반하여, 대역폭이 B_c인 FHSS에 대하여, 재밍원의 간섭 영향은 나뉘어지고, 평균값인 P_J/B_c의 간섭 PSD 수준을 발생시킨다. 결과적으로 임의의 주어진 시간에서 신호의 대역폭은 여전히 B_s이고, SIR은 다음과 같다.

$$\left(\frac{E_b}{I}\right)_{\mathrm{FH}} = \frac{E_b}{P_J/B_c} = \frac{E_b}{P_J}B_c = L\cdot\left(\frac{E_b}{I}\right)_{\mathrm{NB}} \tag{11.3b}$$

따라서 확산 인자 L을 가지는 FH 신호는 유한한 전력을 가지는 재밍 신호에 대하여 협대역 전송의 경우보다 L배 더 강인한 특성을 가진다. 그림 11.3a와 b는 협대역 신호와 FHSS 신호에 대한 유한한 재밍 전력에 대한 서로 다른 영향을 설명하였다.

반면에, 재밍은 FHSS에 대하여, 협대역 신호 대역폭에서 P_J의 전력을 가지고 존재할 수 있다. 이는 부분 대역 재밍이다. $T_c = T_s$와 같이 주파수 도약이 느리다면, 그림 11.3c와 같이 L개의 사용자 심볼 중에 하나는 강한 간섭의 영향을 받는다. BFSK를 고려하자. 우리는 재밍 주파수 대역에서 전송되는 비트들은 0.5라는 최악의 BER을 가지는 아주 강한 간섭을 고려하자. L개의 대역을 평균하면, 이러한 부분 대역 재밍의 영향을 받은 FHSS 시스템에 대한 전체 BER은 다음과 같다.

$$P_b = \frac{L-1}{L}\cdot\frac{1}{2}\exp\left(-\frac{E_b}{2\mathcal{N}}\right) + \frac{1}{L}\cdot\frac{1}{2} \geq \frac{1}{2L} \tag{11.4}$$

따라서 부분적으로 재밍의 영향을 받은 FHSS 신호의 검출은 느린 도약의 경우에 더 높은 BER을 갖는다. 이러한 종류의 데이터 오류들은 14장에서 다룰 강력한 성능의 오류 정정 부호를 사용함으로써 수신기에서 수정될 수 있다.

예제 11.1

$T_c \ll T_s$인 빠른 도약 시스템을 고려하자. 이러한 FHSS 시스템은 L개의 주파수 대역을 가진다. 재밍원은 L대역 중에서 하나의 대역에 영향을 준다고 가정하자. T_s마다 이루어지는 도약의 수는 L보다 작고, 각 T_s에 반복되는 주파수는 없다고 하자. 이러한 부분 재밍에 대한 빠른 도약 BFSK 시스템의 BER 성능을 구하시오.

풀이 빠른 도약의 경우, 다음 식과 같은 협대역에서 각 사용자 심볼은 도약을 한다.

$$L_h \triangleq T_s/T_c \quad Lh \leq L$$

따라서 평균적으로 한 사용자 심볼은 L_h/L의 확률을 가지고 부분 재밍을 만난다. 도약 동안 BFSK 심볼이 부분 대역 재밍을 만나지 않으면, BER은 변화가 없다. 만약에 BFSK 심볼이 부분 대역 재밍을 만나게 되면, 재밍과 만난 대역의 신호 에너지만큼 신호 에너지를 제거하여 근사화한 BER 성능을 계산할 수 있다. 다시 말하면, 재밍 상황에서는 다음 식과 같은 신호의 에너지를 사용하여 근사화 BFSK 심볼 성능을 계산할 수 있다.

$$\frac{L_h - 1}{L_h} \cdot E_b$$

따라서 평균적으로 빠른 도약을 이용하는 BFSK 성능은 두 가지 형태의 BFSK 비트의 통계적인 평균으로 이루어진다.

$$\begin{aligned} P_b &= \frac{1}{2}\exp\left(-\frac{E_b}{2\mathcal{N}}\right)\cdot\left(1-\frac{L_h}{L}\right)+\frac{1}{2}\exp\left(-\frac{E_b}{2\mathcal{N}}\cdot\frac{L_h-1}{L_h}\right)\cdot\frac{L_h}{L} \\ &= \frac{1}{2}\left(1-\frac{T_s}{LT_c}\right)\exp\left(-\frac{E_b}{2\mathcal{N}}\right)+\frac{1}{2}\left(\frac{T_s}{LT_c}\right)\exp\left(-\frac{E_b}{2\mathcal{N}}\cdot\frac{T_s-T_c}{T_s}\right) \end{aligned}$$

특히, $L \gg 1$일 때, 빠른 도약 FHSS 다음 식과 같은 훨씬 우수한 BER을 가진다.

$$P_b \approx \frac{1}{2}\left(1-\frac{T_s}{LT_c}\right)\exp\left(-\frac{E_b}{2\mathcal{N}}\right)+\frac{1}{2}\left(\frac{T_s}{LT_c}\right)\exp\left(-\frac{E_b}{2\mathcal{N}}\cdot 1\right)=\frac{1}{2}\exp\left(-\frac{E_b}{2\mathcal{N}}\right)$$

다시 말하면, 빠른 도약을 이용함으로써, 부분 재밍 하에서 FHSS의 BER 성능은 재밍이 없을 때의 BER 성능에 근접한다.

11.2 다중 FHSS 사용자 시스템과 성능

FHSS 시스템은 적의 재밍에 대한 공격이나 도청에 대하여 보다 우수한 보안성을 가진다. 설정된 도약의 형태에 대한 충분한 정보 없이 상대방은 FHSS 시스템에 대한 도청이나 재밍을 할 수 없다. 반면에, FHSS 시스템이 하나의 송신기만 가지고 있다면, 보다 넓은 대역폭 B_c의 사용은 너무나도 낭비적인 시스템이 된다. FHSS 시스템의 대역폭 효율을 향상시키기 위하여 다중 사용자가 아주 적은 성능의 저하를 초래하면서 같은 주파수 대역 B_c를 사용할 수 있다.

그림 11.4에서와 같이 M명의 사용자는 FHSS에서 자신의 주파수 도약 형태를 조절하는 사용자 고유의 PN 도약 부호를 각각 가진다. 사용자들은 사용자들 서로가 스펙트럼에서 전혀 또는 아주 드물게 충돌이 일어나도록 부호를 선택한다. 동일한 L 대역을 사용하는 다중 사용자들이 존재할 경우, FHSS의 보안면에서의 장점에 대한 손실없이 주파수 효율을 원래의 FSK 신호의 주파수 효율과 동일하게 할 수 있다. 따라서 다중 사용자 접속(multiple user access)은 이러한 서로 다른 도약 (확산) 부호를 서로 다른 사용자에게 할당함으로써 가능하다. 이러한 시스템이 부호 부할 다중 접속(CDMA, code division multiple access)이다.

일반적으로 두 명 또는 그 이상의 사용자 PN 신호열의 중첩은 주파수 대역에서 신호 충돌을 초래한다. 이러한 경우, PN 신호열 값은 어떤 칩 구간 동안 동일하다. 이론적으로 잘 설계된 도약 부호는 이러한 사용자 충돌을 방지할 수 있다. 그러나 실제로 모든 사용자들이 인지할 수 있는 일반적인 동기 시간의 부족은 각 사용자가 주파수 도약을 독립적으로 실행함을 의미한다. 또한 때때로 FHSS 시스템에 L명 이상의 사용자가 접속할 수도 있다. 두 경우 모두 사용자 충돌을 유발한다. 느린 도약과 빠른 도약 모두 이러한 충돌이 사용자 검출 오류의 막대한 증가를 초래한다.

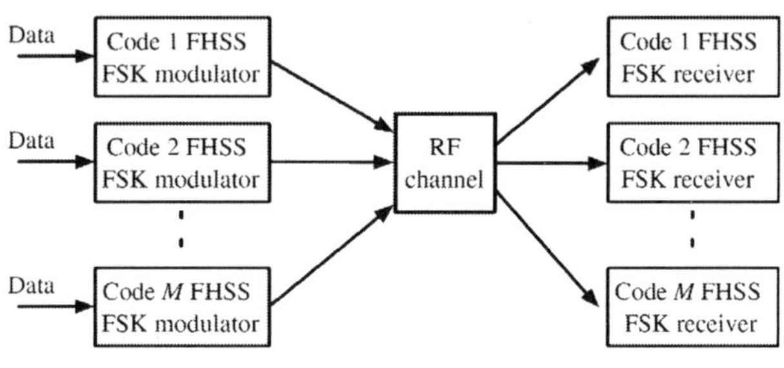

▸▸ 그림 11.4 사용자 고유의 PN 부호를 가진 M 사용자 FHSS CDMA

○ 다중 사용자 접속을 가진 FHSS 시스템의 성능

임의의 특정한 FHSS CDMA 사용자에 대하여 충돌문제는 전형적으로 부분 대역에 한정된다. 사실, 이러한 충돌의 영향은 다음에 분석한 것과 같이, 부분 대역 상황과 유사하다.

FSK 시스템에 대한 AWGN 채널에서의 성능 분석은 10장(10.7절)에서 이루졌음을 기억하자. 비동기 M진 FSK 신호의 심볼 검출 오류에 대한 확률은 다음과 같다.

$$P_{eM} = 1 - P_{cM} = \sum_{m=1}^{M-1} \binom{M-1}{m} \frac{(-1)^{m+1}}{m+1} e^{-mE_b \log_2 M/\mathcal{N}(m+1)} \tag{11.5}$$

느린 도약 시스템에 대하여, 각 데이터 심볼은 고정된 주파수 반송파를 통하여 전송된다. 그러므로, 느린 도약 FHSS 시스템의 검출 오류 확률은 식 (11.5)와 동일하다. 특히, 2진 FSK 시스템의 BER은 (10.11절의 식 (10.145) 참조) 다음과 같다.

$$P_b = \frac{1}{2} e^{-E_b/2\mathcal{N}}$$

그러나, 두 명의 사용자가 동시에 같은 주파수 대역을 이용하여 전송한다면, 충돌이 발생한다. 이러한 경우, 오류 확률을 0.5로 가정한다*. 따라서 전체 비트 오류 확률은 다음과 같다.

$$P_b = \frac{1}{2} e^{-E_b/2\mathcal{N}} (1 - P_h) + \frac{1}{2} P_h \tag{11.6}$$

여기서 P_h는 우리가 결정해야 할 충돌이 일어날 확률이다. 랜덤 도약을 고려하자. L개의 주파수 대역이 있다면, 주어진 간섭이 사용자 주파수 대역에 존재할 확률은 $1/L$이다. 만약에 $M-1$개의 간섭 또는 다른 사용자가 존재할 경우, 전송하려고 하는 신호의 사용자가 사용하는 주파수 대역에 적어도 1개의 간섭 또는 다른 사용자가 존재할 확률은 다음과 같다.

$$P_h = 1 - \left(1 - \frac{1}{L}\right)^{M-1} \approx \frac{M-1}{L} \tag{11.7}$$

여기서 L은 충분이 크다고 가정한다. 이 식을 식 (11.6)에 대입하면, 다음을 얻는다.

* 이 값이 보다 낮을 수 있음이 연구를 통하여 보여졌기 때문에 이러한 가정은 실제로 낙관적인 가정이라 할 수 있다.

$$P_b = \frac{1}{2}e^{-E_b/2\mathcal{N}}\left(1 - \frac{M-1}{L}\right) + \frac{1}{2}\frac{M-1}{L} \tag{11.8}$$

만약에 $M=1$이면, 오류 확률은 BFSK의 BER과 같다. 만약에 $M \neq 1$일 경우에는 $E_b/\mathcal{N}_0$를 무한대로 가정하면, 랜덤 도약의 경우 다음과 같다.

$$\lim_{E_b/\mathcal{N}\to\infty} P_b = \frac{1}{2}\frac{M-1}{L} = \frac{1}{2}P_h \tag{11.9}$$

따라서 다중 접속 간섭(MAI, multiple access interference)으로 인하여 검출된 비트 오류율은 특정값 이하로 줄어 들 수 없음을 의미한다. 다중 사용자 시스템의 경우, P_h을 줄이기 위하여 도약 형태의 설계가 중요함을 알 수 있다.

○ 비동기 FHSS

이전의 분석은 모든 사용자가 동기적으로 그들의 반송파 주파수로 도약함을 가정하였다. 이는 슬롯 주파수 간격 도약이라 부른다. 모든 송수신 사이의 거리가 같다면 이러한 종류의 시간 슬롯화(slotting)는 간단하다. 그러나 이는 많은 FHSS시스템에서 실제적이지 않다. 심지어 동기가 각 사용자 개인 시간 사이에 발생할 때 조차도, 서로 다른 전달 지연으로 인하여 서로 다른 전송 경로의 동기가 어긋나게 된다. 비동기 성능의 단순한 전개는 Geronoitis와 Pursley[1]의 접근 방법을 이용하여 다음 식과 같이 충돌의 확률을 구할 수 있다.

$$P_h = 1 - \left[1 - \frac{1}{L}\left(1 + \frac{1}{N_b}\right)\right]^{M-1} \tag{11.10}$$

여기서 N_0는 도약마다 존재하는 비트의 수이다. 식 (11.7)과 (11.10)을 비교하면, 비동기의 경우에, 충돌의 확률은 예상대로 증가함을 알 수 있다. 식 (11.6)에 식 (11.10)을 이용하면, 다음 식과 같이 비동기 경우의 오류 확률을 얻는다.

$$P_b = \frac{1}{2}e^{-E_b/\mathcal{N}}\left[1 - \frac{1}{L}\left(1 + \frac{1}{N_b}\right)\right]^{M-1} + \frac{1}{2}\left\{1 - \left[1 - \frac{1}{L}\left(1 + \frac{1}{N_b}\right)\right]^{M-1}\right\} \tag{11.11}$$

부분 대역 재밍의 경우에서와 같이 FHSS 사용자의 BER은 확산 인자가 증가함에 따라 감소한다. 추가적으로 송신기에서 충분히 우수한 오류 정정 부호를 사용함으로써 FHSS CDMA 사용자는 대부분의 충돌을 수용할 수 있다.

● 예제 11.2

잡음 수준이 $\mathcal{N}=10^{-11}$인 AWGN 채널을 고려하자. 한 사용자의 신호는 대역폭이 20 kHz이고 16 kbits/s의 데이터율의 2진 FSK 변조 신호이다. 수신 신호 전력은 −20 dBm이다. 적은 협대역 또는 광대역 신호를 재밍할 수 있는 재밍 장치를 가지고 있다. 재밍 전력은 유한하여 전체 수신 재밍 신호 전력은 많아야 −26 dBm이다. 확산 인자는 $L=20$을 이용하여 재밍하에서 FHSS시스템에 대한 SNR 향상이 얼마인지 구하시오.

풀이 $P_s=-20$ dBm$=10^5$ W이고 $T_b=1/16{,}000$이므로, 비트 당 에너지는 다음과 같다.

$$E_b = P_s \cdot T_b = \frac{1}{1.6\times 10^9}$$

반면에, 잡음 수준은 $\mathcal{N}=10^{11}$이다. 재밍 신호가 가우시안 분포를 갖는다고 가정하자. 재밍 전력은 $P_J=-26$ dBm$=4\times 10^{-6}$ W이다.
재밍의 20 kHz의 협대역에서 발생할 때, 간섭의 전력 수준은 다음과 같다.

$$J_n = \frac{P_J}{20{,}000\ \text{Hz}} = 2\times 10^{-10}$$

따라서, 결과 SNR은 다음과 같다.

$$\frac{E_b}{J_n+\mathcal{N}} = \frac{(1.6\times 10^9)^{-1}}{2\times 10^{-10}+10^{-10}} \approx 4.74\ \text{dB}$$

재밍이 L배 만큼 확장되어 확산 스펙트럼 전체에 존재한다면, 간섭의 전력 수준은 20만큼 약화되어 다음과 같다.

$$J_n = \frac{P_J}{400{,}000\ \text{Hz}} = 1\times 10^{-11}$$

따라서, 결과 SNR은 다음과 같다.

$$\frac{E_b}{J_n+\mathcal{N}} = \frac{(1.6\times 10^9)^{-1}}{10^{-11}+10^{-11}} \approx 14.95\ \text{dB}$$

SNR에서의 향상은 근사적으로 10 dB이다.

11.3 FHSS의 응용

FHSS는 실제적인 시스템에 채용되어 왔다. 가장 유명한 시스템은 802.11[2]이라고 알려진 Wi-Fi를 위한 WLAN(wireless local area network) 표준과 블루투스의 WPAN(wireless personal area network)이다.

○ IEEE 802.11에서 블루투스까지

IEEE 802.11은 1997년에 시작된 첫 번째 Wi-Fi 표준이다. 2 Mbits/s의 제한된 데이터율을 가지는 802.11은 FHSS 조항이 제거된 802.11a와 802.11b가 발표된 1999년 이전까지는 아주 제한적으로 사용되었다. 현재는 IEEE 802.11은 아주 성공적으로 상업화 되어 블루투스로서 사용되고 있다.[3] 블루투스는 Wi-Fi와는 다르다. Wi-Fi 시스템은 높은 처리량(throughput)과 보다 넓은 거리를 제공해야 한다.[4] 또한 Wi-Fi는 비용이 더 들며, 전력 소비도 크다.

반면에 블루투스는 휴대용 전화기, 컴퓨터, 자동차, 모뎀, 헤드셋, 그리고 가전과 같이 전자 제품에서 사용되는 아주 근거리 통신 시스템이다. 블루투스는 적외선 직접파(line-of-sight)를 대체하여, 두 개 또는 그 이상의 기기들이 서로 근접해 있을 때 사용할 수 있다. 또한 높은 대역폭을 필요로 하지도 않는다. 블루투스는 기본적으로 IEEE 802.11의 주파수 도약과 같기 때문에, 자세히 설명하고자 한다.

프로토콜(protocol)은 인허가가 필요없는 2.4에서 2.4835 GHz의 ISM대역에서 동작한다. ISM 대역에서 다른 기기 또는 다른 통신망과의 간섭을 피하기 위하여 블루투스 프로토콜은 대역을 1 MHz의 대역폭을 갖는 79개의 채널로 나누어, 최대 1600 Hz의 비율로 (느린) 주파수 도약을 사용한다. 두 개의 블루투스 기기는 master-slave 모드 관계에서 통신하여 주파수 주약을 동기화한다. 8개의 기기까지 망을 구성하여 하나의 master를 가지는 피코넷(piconet)을 구성한다. 하나의 피코넷에서 slave 모드로 동작하는 노드들은 다른 피코넷의 master가 될 수도 있다. 피코넷에서 Master와 slave 노드들의 관계는 그림 11.5에 나타내었다. Master Blutooth 기기는 7개까지 활성화된 기기와 항상 통신할 수 있다. 마스터 기기는 추가적으로 255개의 비활성화 기기들을 활성화 할 수 있다. 블루투스의 특별한 특징 하나는 적응적 주파수 도약(AFH, adaptive frequency hopping) 기능을 들 수 있다. 이러한 적응성은 블루투스 기기들로 하여금 도약에서 밀집된 주파수 대역을 피하게 하기 위함이다.

그림 11.6에 블루투스 신호의 변조를 나타내었다. 2진 신호가 가우시안 펄스 정형(shaping)을 이용한 FSK 변조 신호를 통하여 전송된다. 가우시안 저역 통과 필터를 포함하여 Gaussian FSK(GFSK)라고 부르는 신호를 생성한다. GFSK는 연속 위상 FSK이다.

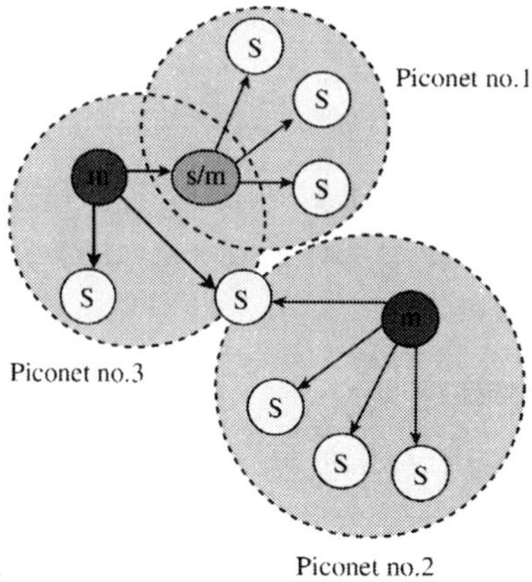

▶▶ 그림 11.5 세 개의 피코넷에 대한 커버리지와 지역. **m** : master node, **s** : slave node, **s/m** : slave/master. 하나의 노드는 한 피코넷(1번)의 마스터이면서 다른 피코넷(3번)의 슬레이브가 될 수 있다.

이는 위상의 연속성을 갖게 함으로써 주파수 효율을 보다 증대 시킬 수 있다. 보다 우수한 주파수 효율은 GFSK에서 부분 응답 신호 방식(PRS, partial response signaling)을 이용하여 얻을 수 있다. Guassian 필터 응답은 다중 심볼 구간에 걸쳐서 나타난다.

Gaussian LPF의 임펄스 응답은 이상적으로 다음과 같다.

$$h(t) = \frac{1}{\sqrt{2\pi}\sigma} e^{-t^2/2\sigma^2} \qquad \sigma = \frac{\sqrt{\ln 2}}{2\pi B}$$

여기서 B는 Gaussain LPF의 3 dB 대역폭이다. 응답이 noncausal이므로 실제 필터의 출력 응답은 $4T_s$가 된다. 이러한 방법으로 각 정보 비트는 비트 구간 T_s보다 3배가 넓게 확장된다.

B는 심볼율 $1/T_s$에 의하여 결정됨을 주의하라. 802.11과 블루투스에서 $B = 0.5/T_s$이다. FM 변조 지수(index)는 028과 0.35 사이이다. GFSK 심볼율은 항상 1 MHz이다. 2진 FSK와 4개의 단계를 가지는 FSK는 각각 처리량이 1Mbit/s와 2Mbit/s인 GFSK-2와 GFSK-4로 구현될 수 있다. 표 11.1에 IEEE 802.11과 블루투스에서 주요한 파라미터와 차이점을 정리하였다.

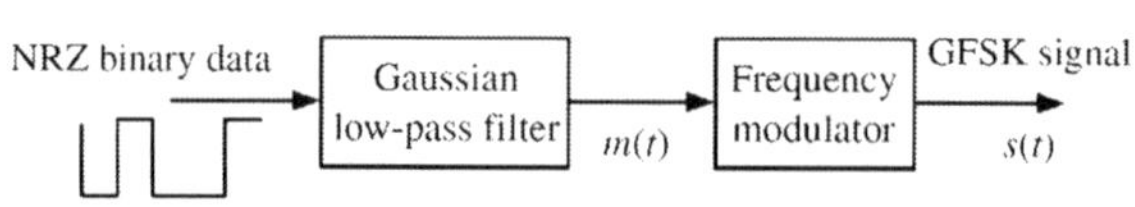

▶▶ 그림 11.6 802.11과 블루투스에서의 FHSS 변조

▶▶ 표 11.1 802.11과 블루투스의 주요 특징

	802.11 FHSS	Bluetooth (basic rate)
Frequency band	ISM (2.4–2.4835 GHz)	
Duplex format	TDD	
Single-channel bandwidth	1 MHz	
Number of nonoverlapping channels	79	
BT_s product	0.5	
Minimum hopping distance	6	
Modulation	GFSK-2 and GFSK-4	GFSK-2
Data rate	1 Mbit/s and 2 Mbit/s	723.1 kbit/s
Hopping rate	2.5–160 Hz	1600 Hz

블루투스는 주로 1.1과 1.2 버전에 관하여 설명하였다. 최근에 버전 2가 출시되었다.[4] 2.0은 2.1 Mbit/s까지 지원되는 향상된 데이터율을 가진다. 기술적으로 2.0버전을 지원하는 기기들은 FHSS를 지원하지만 보다 효율적인 (differential) PSK 변조를 권장한다.

○ SINCGARS

SINCGARS는 single channel ground and airborne radio system을 의미한다. 이는 미국군에서 사용되는 전투용 VHF-FM의 일종이다. 1983년에 ITT에 의하여 처음으로 개발되었고, 음성은 FM을, 16 kbit/s의 데이터는 2진 CPFSK를 잉여하여 전송한다. 대역폭은 25 kHz이다. 30부터 87.975 MHz의 동작 대역에 2320개의 채널이 존재한다.

재밍에 대비하기 위하여 100 Hz의 느린 속도로 주파수 도약을 수행한다. 도약이 매우 느리기 때문에 SINCGARS는 현대 재밍 기기들에 대하여 더 이상 효율적이지 못하다. 이러한 이유로 SINCGARS는 새롭고 보다 기능이 우수한 위성 JTRS(joint tactical radio system)로 대체되어 가고 있다.

○ Hollywood에서 CDMA

많은 우수한 아이디어와 같이 주파수 도약의 개념은 발명가들의 다중 권리를 가진다. 아주 적은 관심을 갖는 특허는 1932년 8월에 네덜란드 암스텔담의 Willem Broerjes에게 돌아갔다(미국 특허 번호 1,869,659[5]). 그러나 주파수 도약에 관한 가장 흥미로운 특허는 2차 세계 대전 중에 헐리우드의 유명한 여배우 Hedy Lamarr로부터 나왔다. 1942년에 그녀와 그녀의 공동 발명가 George Antheil(괴짜 작곡가)이 "비밀 통신 시스템(secret communication system)"에 대해서 미국 특허 번호 2,292,387에 대한 특허권을 가진다. 헐리우드의 명성으로 인하여 여배우 Hedy Lamarr은 전설적인 인물이 되며, 종종 CDMA의 창시자 대접을 받는 반면에 Willem Broerjes는 거의 잊혀지게 된다.

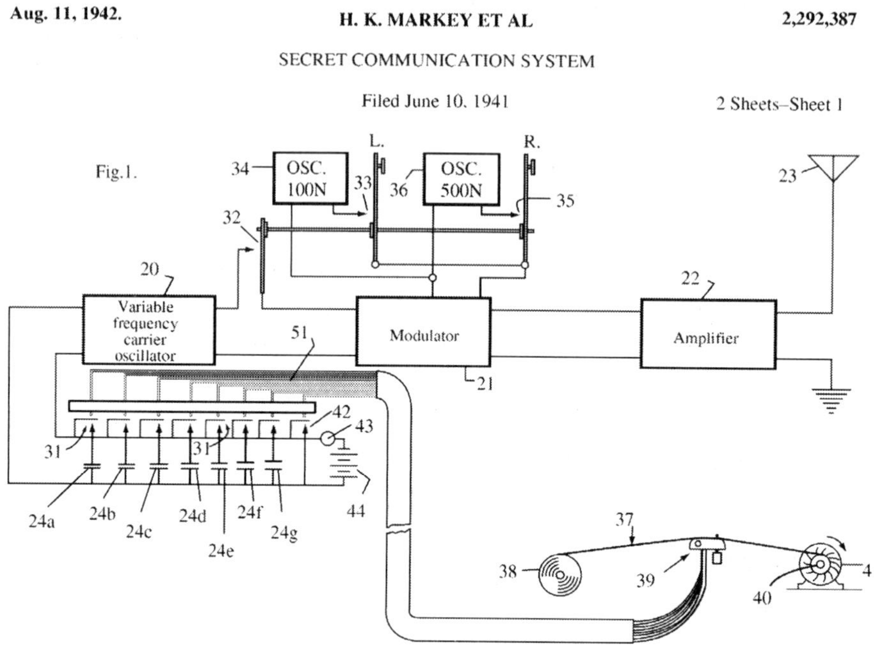

▸▸ 그림 11.7 Lamarr-Antheil 특허의 그림 1

Hedy Lamarr은 그 시대에 주요 영화 배우 중의 한 명이었다. 그녀는 오스트리아 비엔나에서 태어났다. 1933년 오스트리아 영화 Ecstacy라는 보편적이지 않은 영화에 출현하며 명성을 받게된다. 1937년에 나찌와 나찌의 무기 상인이었던 그녀의 첫 남편으로부터 탈출하여 영국으로 향한다. 그 곳에서 MGM 스튜디오의 주인이자 창업자인 Louis Burt Mayer를 만난다. Mayer는 그녀에게 Hedy Lamarr이라는 이름과 영화 계약을 제공하여 오스트리아 여배우에게 헐리우드 경력을 쌓게 해준다. 그녀는 Clark Gable, Spencer Tracy, 그리고 Judy Garland와 함께 10여편 이상의 영화에 출연하여 영화 배우로서 인기를 쌓는다.

그녀는 전쟁을 돕기 위하여 작곡가인 George Antheil과 함께 일을 한다. 그들은 재밍을 견딜 수 있는 무선 조정 어뢰를 위한 아이디어를 개발한다. 1942년 8월에 그녀는 결혼한 후의 이름인 Hedy Kiesler Markey라는 이름으로 그림 11.7과 같이 미국 특허 번호 2,292,387에 대한 특허권을 George Antheil과 함께 가진다. 그들은 이 특허를 기부한다. 작곡가의 피아노로부터 나온 영감(inspiration)을 그려서 주파수 도약이라는 그들의 발명은 88개의 주파수를 이용한다.

그러나 발명은 2차 대전 중에 구현되지 못한다. 단지 진공관 전자 기기를 어뢰속으로 넣기가 어렵기 때문이었다. 그럼에도 불구하고 주파수 도약이라는 아이디어는 20년 후인 쿠바 미사일 위기 당시에 구현된다. 이러한 시스템은 당시 쿠바로의 통신이나 쿠바로부터의 통신을 차단하기 위한 배에 장착되었다. 아이러니하게도 그 당시 그들의 특허는 만료되었다. 주파수 도약의 아이디어는 보다 넓은 의미로 대역 확산의 아이디어는 군에서 사용되어 오다가 셀룰러 전화, WLAN, 블루투스 그리고 다양한 무선 통신 시스템을 포함한 민간용으로 확대 사용된다.

최근에 와서 Hedy Lamarr은 축복 받은 발명가로서 주목 받기 시작하였다. 1997년에 Hedy Lamarr과 George Antheil은 Electronic Frontier Foundation(EFF) Pioneer Award(발명에서의 "Oscar")를 받는다. 또한 1997년 8월에 Lamarr는 BULBIE Gnass Spirit of Achievement Bronze Award를 수상한다. 그녀가 영화계에서 그녀의 영화에 대한 아카데미상을 수상하였다면, 두 개의 서로 다른 Oscar상을 받는 유일한 인물이 되었을 것이다.

발명가 Hedy Kiesler Markey는 86세의 나이로 2000년에 생을 마감한다.

11.4 직접 신호열 확산 스펙트럼 (DSSS, Direct Sequence Spread Spectrum)

FHSS 시스템은 재밍에 강하고 소수신기의 구조가 간단하다는 장점들을 가진다. 그러나 주파수 도약에서 반송파 동기의 어려움 때문에 실제로 FSK 또는 DPSK에 대한 비동기 복조만이 실제로 구현된다. 10.11절에서 살펴본 바와 같이 FSK와 DPSK는 동기 검출이 필요한 QAM 시스템에 비하여 열악한 BER 성능(전력 효율)과 열악한 대역폭 효율을 가진다. 또한 신호끼리의 충돌 문제도 FHSS가 CDMA 위한 기술로서의 효율이 떨어짐을 나타낸다. 현대 통신 시스템들이 보여 주듯이, 직접 신호열 대역 확산 (DSSS) 시스템은 대역폭이나 전력의 이용 측면에서 보다 효율적이다.[7] 오늘날, DSSS는 발전된 무선 통신 시스템에서 주요한 CDMA 기술이 되었다. DSSS와 CDMA를 거의 같은 의미로 사용한다는 말은 결코 과장이 아니다.

○ DSSS PSK의 최적 수신기

DSSS는 QAM/PSK와 같은 대역폭 효율이 좋은 선형 변조 시스탬과 함께 사용하는 것이 보다 바람직하다. DSSS를 설명하는 방법에는 몇 가지가 있으나, 스펙트럼 확산의 주요 동작은 PN 부호 또는 PN 칩이라고도 부르는 PN 신호열에 의하여 수행된다. PN 신호열은 대부분 1과 0으로 구성되는 2진수이다. 1과 0은 +1과 −1의 쌍극 신호로 표현된다. 간섭을 최소화하고 칩동기를 수용하기 위하여 PN 신호열은 몇 가지 우수한 자기 상관 및 상호 상관 특성을 가진다.

DSSS는 전통적인 협대역 신호를 확산 신호 $c(t)$를 이용하여 확장한다. 그림 11.8에서와 같이 원래의 데이터 신호는 선형적으로 변조된 QAM 신호인 $s_{QAM}(t)$이다. 이 신호를

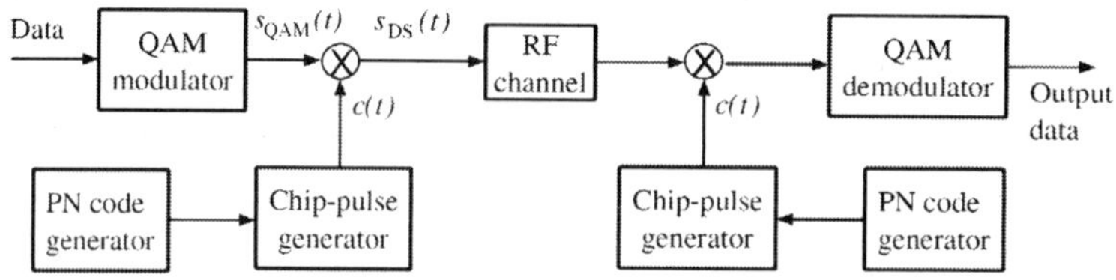

►► 그림 11.8 DSSS 시스템

필요한 대역폭을 통하여 직접 보내기 전에 DSSS는 확산 칩 신호 $c(t)$를 QAM 협대역 신호에 곱하여 QAM 신호를 변형한다. 신호의 반송파 주파수는 ω_c로 변화가 없음에도 불구하고, 확산 후의 새로운 신호는 다음과 같다.

$$s_{DS}(t) = s_{QAM}(t)c(t) \tag{11.12}$$

따라서 전송된 신호 $s_{DS}(t)$는 두 신호의 곱이며, 대역폭은 QAM 신호 $s_{QAM}(t)$와 확산 신호 $c(t)$ 대역폭의 합과 같다.

○ PN 신호열 발생

좋은 PN 신호열은 백색 잡음의 자기 상관과 같은 자기 상관 특징을 가진다. PN 신호열의 자기 상관 특성은 그림 11.9a와 같이 $\tau = 0$ 근처에서 크고, $\tau \neq 0$인 곳에서는 작음을 의미한다. 또한 CDMA를 이용하는 시스템들에서는 몇 명의 사용자들이 서로 다른 PN 신호열을 이용하여 같은 대역을 함께 공유한다. 따라서 서로 다른 PN 신호열의 상호 상관은 상호 간섭을 줄이기 위하여 작아야 한다.

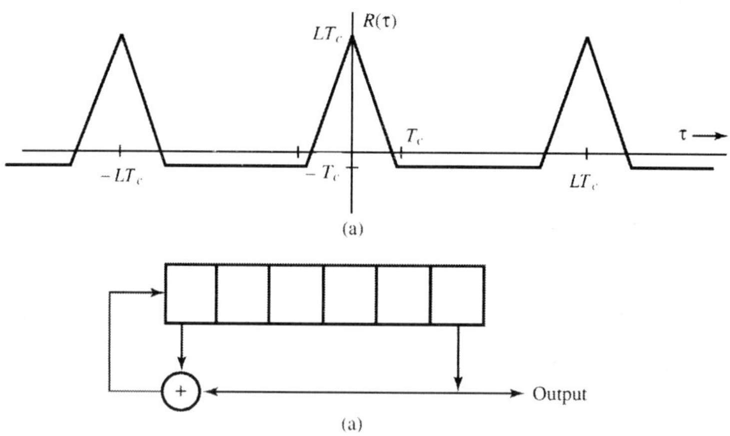

►► 그림 11.9 (a) PN 신호열의 자기 상관 특성 (b) 최대 길이 PN 신호열의 6-stage 발생기

PN 부호는 주기 신호이다. 출력 궤환(output feedback)을 가지는 디지털 쉬프트 레지스터(digital shift register)는 긴 주기를 가지는 신호열을 발생할 수 있다. 또한 외부에 의한 구조 식별이 어렵다. 가장 널리 알려진 PN 신호열은 최대 길이 (maximum length) 쉬프트 레지스터 신호열(m-신호열, m-sequence)이다. 적절한 궤환 연결을 가지는 m-단계(m-stage)에 의하여 발생될 수 있는 신호열은 유한 상태 기계(finite state machine)에 대하여 최대 주기 즉 $L = 2^m - 1$의 길이를 가진다. 그림 11.9b는 $m = 6$과 $L = 63$인 쉬프트 레지스터의 부호화기(encoder)이다. 이러한 "짧은(short)" PN 신호열에 대한 자기 상관 특성은 거의 임펄스와 같고 주기는 다음과 같다.

$$R_c(\tau) = \int_0^{T_s} c(t)c(t+\tau)\,d\tau = \begin{cases} LT_c & \tau = 0,\ \pm LT_c, \ldots \\ -T_c & \tau \neq 0,\ \pm LT_c, \ldots \end{cases} \tag{11.13}$$

용어상의 관점에서 PN 신호열 주기가 데이터 심볼 주기 T_s와 같다면, DSSS 확산 부호는 짧은 부호(short code)이다. PN 부호 주기가 데이터 심볼 주기의 (전형적으로 큰) 배수이면 DSSS 확산 부호는 긴 부호(long code)이다.

○ 단일 사용자 DSSS 분석

DSSS 시스템의 가장 간단한 분석은 그림 11.8을 바탕으로 할 수 있다. 스펙트럼 확산을 위해서 칩 신호 $c(t)$는 전형적으로 QAM 신호보다 훨씬 빠르게 변화한다. 그림 11.8에서와 같이 T_s의 각 심볼 주기 내에 ± 1의 값을 가지는 다수의 칩들이 존재한다. 확산 인자를 다음과 같이 표기한다.

$$L = T_s/T_c \qquad T_c = \text{chip period}$$

그러면, 확산 스펙트럼은 다음 식과 같이 원래의 변조 스펙트럼 보다 L배 크다.

$$B_c = (L+1)B_s \approx L \cdot B_s$$

임의의 순간에 확산 신호 $c(t) = \pm 1$임을 유의하라. 2진 칩 신호가 쌍극 특성을 가질 때, AWGN 채널에서 수신기는 수신 신호를 "역확산(despread)"할 수 있다.

$$y(t) = s_{\mathrm{DS}}(t) + \mathrm{n}(t) = s_{\mathrm{QAM}}(t)c(t) + \mathrm{n}(t) \tag{11.14}$$

이므로, 수신 신호와 칩 신호를 곱하면 다음과 같다.

$$\begin{aligned} r(t) &= c(t)y(t) \\ &= s_{\mathrm{QAM}}(t)c^2(t) + \mathrm{n}(t)c(t) \end{aligned} \tag{11.15}$$

$$= s_{\mathrm{QAM}}(t) + \underbrace{\mathrm{n}(t)c(t)}_{\mathrm{x}(t)} \tag{11.16}$$

따라서 이러한 곱은 수신기로 하여금 확산 스펙트럼 신호를 "역확산(despread)"하게 한다. DSSS 수신기의 분석은 잡음 $\mathrm{x}(t)$의 특성에 달려 있다. $c(t)$가 결정 신호이고, $\mathrm{n}(t)$는 평균이 0인 가우시안이므로, $\mathrm{x}(t)$는 평균이 0인 가우시안이다. 결과적으로 수신기의 성능 분석은 $\mathrm{x}(t)$의 PSD를 알아내기만 하면 된다.

"역확산(despread)" 잡음 $\mathrm{x}(t) = \mathrm{n}(t)c(t)$의 전력 스펙트럼 밀도(PSD)를 구하기 위하여, 다음 식과 같은 PSD의 정의(9.3절)에서부터 시작하자.

$$S_{\mathrm{x}}(f) = \lim_{T\to\infty} \overline{\left[\frac{|\mathrm{X}_T(f)|^2}{T}\right]} \tag{11.17a}$$

$$= \lim_{T\to\infty} \overline{\left[\frac{1}{T}\int_{-T/2}^{T/2}\int_{-T/2}^{T/2} \mathrm{x}(t_1)\mathrm{x}(t_2)e^{-j2\pi f(t_2-t_1)}\,dt_1\,dt_2\right]}$$

$$= \lim_{T\to\infty} \frac{1}{T}\int_{-T/2}^{T/2}\int_{-T/2}^{T/2} \overline{\mathrm{x}(t_1)\mathrm{x}(t_2)}e^{-j2\pi f(t_2-t_1)}\,dt_1\,dt_2$$

$$= \lim_{T\to\infty} \frac{1}{T}\int_{-T/2}^{T/2}\int_{-T/2}^{T/2} c(t_1)c(t_2)\overline{\mathrm{n}(t_1)\mathrm{n}(t_2)}e^{-j2\pi f(t_2-t_1)}\,dt_1\,dt_2 \tag{11.17b}$$

$$= \lim_{T\to\infty} \frac{1}{T}\int_{-T/2}^{T/2}\int_{-T/2}^{T/2} c(t_1)c(t_2)R_{\mathrm{n}}(t_2-t_1)e^{-j2\pi f(t_2-t_1)}\,dt_1\,dt_2$$

다음 식을 유의하자.

$$R_{\mathrm{n}}(t_2-t_1) = \int_{-\infty}^{\infty} S_n(\nu)e^{j2\pi\nu(t_2-t_1)}\,d\nu$$

그러므로 우리는 다음을 얻을 수 있다.

$$S_{\mathrm{x}}(f) = \lim_{T\to\infty} \frac{1}{T}\int_{-\infty}^{\infty}\int_{-T/2}^{T/2}\int_{-T/2}^{T/2} c(t_1)c(t_2)S_n(\nu)e^{-j2\pi(f-\nu)(t_2-t_1)}\,dt_1\,dt_2\,d\nu \tag{11.18a}$$

$$= \int_{-\infty}^{\infty} S_{\mathrm{n}}(\nu)\lim_{T\to\infty}\frac{1}{T}\int_{-T/2}^{T/2}\int_{-T/2}^{T/2} c(t_1)c(t_2)e^{-j2\pi(f-\nu)(t_2-t_1)}\,dt_1\,dt_2\,d\nu$$

$$= \int_{-\infty}^{\infty} S_{\mathrm{n}}(\nu)\lim_{T\to\infty}\frac{1}{T}\left|\int_{-T/2}^{T/2} c(t)e^{-j2\pi(f-\nu)t}\,dt\right|^2 d\nu$$

$$= \int_{-\infty}^{\infty} S_{\mathrm{n}}(\nu)\lim_{T\to\infty}\frac{|C_T(f-\nu)|^2}{T}\,d\nu \tag{11.18b}$$

$$= \int_{-\infty}^{\infty} S_{\mathrm{n}}(\nu)S_c(f-\nu)\,d\nu$$

마지막 부등식은 $c(t)$에 대한 PSD 정의를 이용하였다. 식 (11.18)은 검출기 잡음의 PSD가 칩 신호 $c(t)$에 영향을 받음을 나타낸다. PN 신호열이 거의 직교하므로 식 (11.13)을 만족하며, 다음과 같다.

$$R_c(\tau) \approx LT_c \cdot \sum_i \delta(\tau - i \cdot LT_c) \tag{11.19a}$$

$$S_c(f) \approx LT_c \cdot \frac{1}{LT_c} \sum_k \delta(f - k/LT_c) = \sum_k \delta(f - k/LT_c) \tag{11.19b}$$

그리고, 다음과 같다.

$$S_x(f) = \sum_k S_n(f - k/LT_c) \tag{11.20}$$

다시 말하면, 칩 신호열이 근사적으로 직교하는 한, QAM 검출기에서의 잡음은 평균이 0인 백색 가우시안이다. 실제적으로, 백색 잡음 $n(t)$는 수신기에서 $1/2T_c$로 대역 제한되어 필터링된다. 결과적으로 역확산기 이후의 잡음 스펙트럼은 다음과 같다.

$$S_x(f) = \frac{\mathcal{N}}{2} \tag{11.21}$$

다시 말하면, 스펙트럼 단계는 여전히 변화하지 않는다. 따라서 10장의 동기 QAM과 PSK 검출에서 수행되었던 성능 분석이 그대로 적용될 수 있다.

10.6절에서 잡음의 PSD가 $\mathcal{N}/2$인 채널에 대하여 쌍극 신호방식에 대한 최적 수신기의 오류 확률은 다음과 같다.

$$P_b = Q\left(\sqrt{\frac{2E_b}{\mathcal{N}}}\right) \tag{11.22}$$

여기서 E_b는 비트 당 에너지(하나의 펄스에 대한 에너지)이다. 이 결과는 우리가 DSSS를 사용하든 사용하지 않든 간에 최적 수신기의 오류 확률이 변화하지 않음을 보여준다. 이러한 결과는 어느 정도 놀라운 결과로 보일 수 있지만, 실제로 AWGN 분석들과 매우 일관된 결과이다. 단일 사용자에 대하여 DSSS에서의 유일한 변화는 새로운 펄스 $c(t)$의 효과적인 사용에 따른 광대역 스펙트럼을 이용한 확산 전송이다. 따라서 변조는 QAM이고 채널은 여전히 AWGN이다. 결과적으로 10.6절의 동기 검출 분석이 DSSS 신호에 대하여 모두 적용될 수 있다.

11.5 DSSS 시스템의 탄력적인 특징들

FHSS에서와 같이 DSSS 시스템은 L배 확산된 대역폭에 대하여 전체 신호 에너지를 확산하여 강력한 재밍과 도청에 보다 우수한 보안성을 제공한다. 첫째, DSSS의 낮은 전력 수준은 검출하기가 어렵다. 또한 확산 부호 $c(t)$에 대한 정확한 정보없이 상대방은 역확산이나 기저대역 QAM 신호를 효과적으로 복원할 수 없다. 부가적으로 부분 대역 재밍 신호는 신호 에너지의 일부만을 간섭한다. 부분 대역 간섭은 전체 신호 스펙트럼을 방해할 수 없으므로 DSSS 신호에 대하여 비효율적이다.

부분 대역 재밍에 대한 분석을 위하여 다음 식과 같이 수신기에 영향을 주는 간섭을 고려하자.

$$y(t) = s_{\mathrm{QAM}}(t)c(t) + i(t)$$

간섭의 대역폭을 B_i라 하자. 역확산 후에 간섭을 포함한 출력 신호는 다음과 같다.

$$y(t)c(t) = s_{\mathrm{QAM}}(t) + i(t)c(t) \tag{11.23}$$

간섭 항이 $c(t)$에 의한 역확산으로 인하여 다음 식과 같이 새로운 주파수 성분을 갖게 된다.

$$i_a(t) = i(t)c(t) \Longleftrightarrow I(f) * C(f) \tag{11.24}$$

이러한 간섭은 대략적으로 $B_c + B_i = LB_s + B_i$의 대역폭을 가진다.

○ 협대역 재머(Jammer)에 의한 DSSS 분석

간섭이 QAM 신호와 같은 대역폭 B_s를 가지면, 역확산 간섭 $i_a(t)$는 $(L+1)B_s$와 같은 대역폭을 가진다. 다시 말하면, 협대역 간섭 $i(t)$는 실제로 역확산 신호 $c(t)$에 의하여 L배 만큼 크게 확산된다.

만약에 협대역 간섭의 총 전력이 P_i이고 대역폭이 B_s라면, 원래의 간섭 스펙트럼은 역확산 되기 전에는 다음과 같다.

$$S_i(f) = \frac{P_i}{B_s} \qquad f \in (f_c - 0.5B_s, f_c + 0.5B_s)$$

역확산 후에는 간섭 $i_a(t)$의 스펙트럼은 다음과 같다.

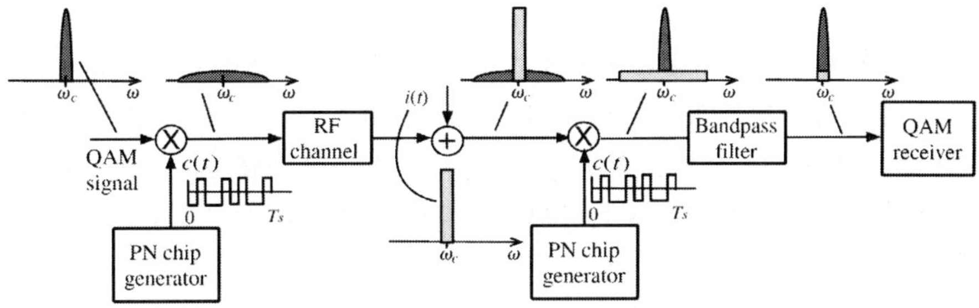

▸▸ 그림 11.10 DSSS 역확산기에 의한 협대역 간섭의 완화

$$S_{i_a}(f) = \frac{P_i}{(L+1)B_s} \qquad f \in [f_c - 0.5(L+1)B_s, \quad f_c + 0.5(L+1)B_s]$$

역확산 과정으로 인하여 협대역 간섭은 원래의 스펙트럼 세기에 비교하여 $1/(L+1)$로 변화한다.

우리가 사용하는 QAM 신호는 여전히 원래의 대역폭 $(\omega_c - \pi B_s,\ \omega_c + \pi B_s)$을 가진다. 따라서 협대역 간섭에 대하여 역확산은 신호 대 간섭비(SIR)를 다음 식과 같은 비율로 감소시킨다.

$$\frac{\dfrac{E_b}{P_i/B_s}}{\dfrac{E_b}{P_i/(L+1)B_s}} = L+1 \tag{11.25}$$

이러한 결과는 DSSS가 협대역 재밍 신호에 대하여 매우 효율적임을 나타낸다. DSSS가 확산 인자만큼 SIR을 효과적으로 향상시키다. 협대역 간섭 신호에 대한 역확산기의 확산 효과는 그림 11.10에 나타내었다.

협대역 간섭에 대한 DSSS의 성능은 협대역 통신 신호 DSSS신호와 공존할 수 있음을 의미한다. SIR 분석과 그림 11.10은 이미 DSSS 신호의 협대역 간섭에 대한 저항 능력을 나타내고 있다. 역으로 협대역 신호가 DSSS 신호가 존재할 때 복조되어야 한다면, 협대역 대역 통과 필터를 가진 역확산기를 이용하여 DSSS 신호로부터 아주 적은 간섭만이 존재한 상황에서 협대역 신호를 검출할 수 있다. 이러한 경우 신호와 간섭의 역할은 실제로 반대가 된다.

○ 광대역 재머에 대한 DSSS 분석

많은 경우에 있어, DSSS 확산이 적용되지 않는 광대역 근원으로부터 간섭이 발생된다. 이러한 간섭에 대하여 역확산의 과정은 간섭의 스펙트럼을 단지 약간 확산시키고 완화시킬 뿐이다.

간섭이 확산 신호와 같은 대역폭 LB_s를 가지는 광대역으로 확산된다고 가정하자. 식 (11.24)을 이용하면 역확산 후의 간섭은 $i_a(t)$가 되고, 대역폭은 $2LB_s$이다. 다시 말하면, 광대역 간섭 $i(t)$는 실제로 간섭 세기는 절반으로 간섭 스펙트럼 폭은 거의 2배로 확장된다. 이를 바탕으로 DSSS 신호는 협대역 신호에 가장 효율적이며, 광대역 간섭에는 효율적이지 못함을 알 수 있다.

11.6 DSSS의 부호 분할 다중 접속 (CDMA, code division multiple access)

DSSS 시스템의 RF 다이어그램을 그림 11.11과 같이 기저대역 다이어그램으로 등가적으로 나타낼 수 있다. 이러한 표현은 분석을 용이하게 하며, DSSS 시스템에 대한 새로운 시각을 제공한다. 다음 식과 같은 (복소) QAM 신호를 가정하자.

$$s_k = a_k + j\,b_k \qquad (k-1)T_s \le t < kT_s \tag{11.26}$$

PN 칩 신호열로부터 확산 후의 PN 신호열은 다음 식과 같음을 알 수 있다.

$$s_k \cdot c(t) = (a_k + j\,b_k) \cdot c(t) \qquad (k-1)T_s \le t < kT_s \tag{11.27}$$

다시 말하면, 심볼 s_k는

$$c(t) \qquad (k-1)T_s \le t < kT_s$$

을 전송을 위한 펄스의 형태로 사용한다. 결과적으로 수신기에서 최적의 수신기는 $c(t)$를 상관 수신기(또는 등가적으로 정합 필터)로서 사용한다. 그림 11.11로 부터 역확산기는 최적의 정합 필터 (또는 상관 수신기)의 역할을 정확하게 수행함을 알 수 있다. 이러한 수신기를 일반적인 단일 사용자 최적 수신기라 한다.

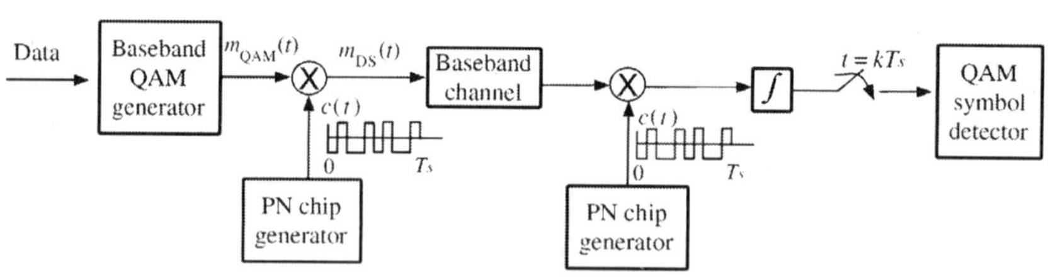

▸▸ 그림 11.11 DSSS 시스템의 등가 기저 대역 다이어그램

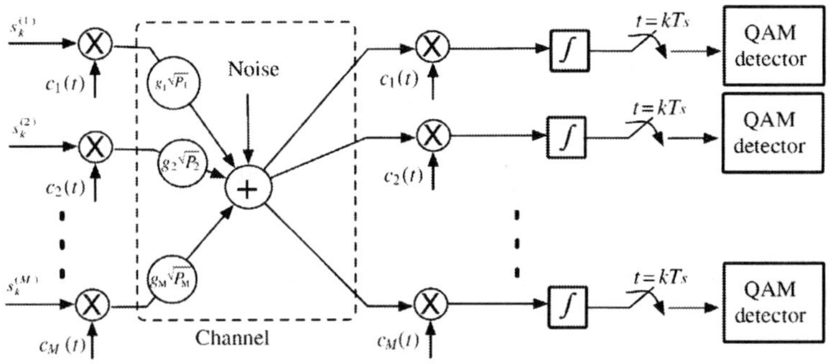

►► 그림 11.12 DSSS를 기반으로 하는 CDMA

DSSS 시스템은 도청이나 협대역 재밍의 위협에 대한 장점이 있음을 보았다. 그러나 만약에 DSSS 시스템이 하나의 신호만을 전송한다면, 보다 큰 신호 대역폭 B_c의 사용은 너무나도 낭비적이다. FHSS에서와 같이 DSSS의 CDMA는 각각 서로 다른 PN 확산 신호를 가진 다수의 사용자들로 하여금 LB_s의 광대역 대역폭에 동시에 접속할 수 있게 한다. CDMA를 바탕으로 하는 이러한 다중 접속 시스템을 그림 11.12에 나타내었다. 각 사용자는 단일 사용자 최적 수신기를 이용할 수 있다.

이러한 CDMA 사용자들은 시간 분할이나 주파수 분할 없이 전송할 수 있기 때문에 다중 접속 간섭이 각 수신기에 존재한다. M명의 다중 접속 사용자를 가진 DSSS 시스템을 분석하기 위하여 1명의 수신기에서 나머지 $M-1$명의 사용자에 의해 발생되는 간섭을 계산한다. 시간 구간 $[(k-1)T_s,\ kT_s]$와 모든 M명에 대한 사용자의 k번째 신호를 고려하자. 그림 11.12에서 간단한 분석을 위해 다음과 같은 가정을 이용한다.

- i번째 사용자는 구간 $[(k-1)T_s,\ kT_s]$에서 하나의 심볼 $s_k^{(i)}$를 전송한다.
- M명의 사용자간의 상대적인 지연은 없다. 그리고 각 수신기는 $[(k-1)T_s,\ kT_s]$ 내에 모든 M명의 k번째 심볼을 수신한다.
- 모든 사용자 심볼은 단일 전력을 갖는다. 즉 $E\{|s_k^{(i)}|^2\}=1$.
- i번째 사용자의 전송 전력은 P_i이다.
- i번째 사용자 채널은 이득 g_i를 가진다.
- 채널은 잡음 $n(t)$인 AWGN이다.

처음 두 개의 가정은 모든 M명의 사용자가 동기가 맞추어졌음을 의미한다. 비동기 CDMA시스템이 실제적으로 많이 존재하지만, 비동기 시스템에 대한 분석은 동기 시스템의 분석을 바로 확장할 수 있지만 이는 동기 시스템의 특수한 일반화이다*.

* 비동기 CDAM 분석에서 분석은 윈도우는 비동기 시스템을 더 많은 사용자를 가진 등가 동기 CDMA 시스템으로 전환하기 위하여 확대되어야 한다.[8, 9]

모든 사용자는 같은 대역폭을 공유하므로, 모든 수신기는 다음 식과 같이 주어지는 채널 출력 신호에 동등한 접근을 가진다.

$$y(t) = \sum_{j=1}^{M} g_j \sqrt{P_j} s_k^{(j)} c_j(t) + \mathrm{n}(t) \tag{11.28a}$$

정합 필터 적용된 후(역확산), $t = kT_s$의 표본화 순간에서의 i번째 수신기 출력은 다음과 같다.

$$\begin{aligned} \mathrm{r}_k^{(i)} &= \int_{(k-1)T_s}^{kT_s} c_i(t) y(t)\, dt \\ &= \sum_{j=1}^{M} g_j \sqrt{P_j} s_k^{(j)} \int_{(k-1)T_s}^{kT_s} c_i(t) c_j(t)\, dt + \int_{(k-1)T_s}^{kT_s} c_i(t) \mathrm{n}(t)\, dt \\ &= \sum_{j=1}^{M} g_j \sqrt{P_j} R_{i,j}(k) s_k^{(j)} + \mathrm{n}_i(k) \end{aligned} \tag{11.28b}$$

표기상의 편의를 위하여, 두 개의 확산 부호 사이의 (시변) 상호 상관 계수를 다음과 같이 정의한다.

$$R_{i,j}(k) = \int_{(k-1)T_s}^{kT_s} c_i(t) c_j(t)\, dt \tag{11.28c}$$

그리고, i번째 잡음 표본을 다음과 같이 정의한다.

$$\mathrm{n}_i(k) = \int_{(k-1)T_s}^{kT_s} c_i(t) \mathrm{n}(t)\, dt \tag{11.28d}$$

식 (11.28d)의 잡음 표본은 다음 식과 같은 평균을 가지는 가우시안임을 유의하라.

$$\overline{\mathrm{n}_i(k)} = \int_{(k-1)T_s}^{kT_s} c_i(t) \overline{\mathrm{n}(t)}\, dt = 0$$

두 개의 잡음 표본 사이의 상호 상관은 다음과 같다.

$$\begin{aligned}\overline{\mathrm{n}_i(k)\mathrm{n}_j(\ell)} &= \int_{(k-1)T_s}^{kT_s}\int_{(\ell-1)T_s}^{\ell T_s} c_i(t_1)c_j(t_2)\overline{\mathrm{n}(t_1)\mathrm{n}(t_2)}\,dt_1\,dt_2 \\ &= \int_{(k-1)T_s}^{kT_s}\int_{(\ell-1)T_s}^{\ell T_s} c_i(t_1)c_j(t_2)R_{\mathrm{n}}(t_2-t_1)\,dt_1\,dt_2 \\ &= \int_{(k-1)T_s}^{kT_s}\int_{(\ell-1)T_s}^{\ell T_s} c_i(t_1)c_j(t_2)\frac{\mathcal{N}}{2}\delta(t_2-t_1)\,dt_1\,dt_2 \\ &= \frac{\mathcal{N}}{2}\delta[k-\ell]\int_{(k-1)T_s}^{kT_s} c_i(t_1)c_j(t_1)\,dt_1\end{aligned} \tag{11.29a}$$

$$= \frac{\mathcal{N}}{2}R_{i,j}(k)\delta[k-\ell] \tag{11.29b}$$

수식 (11.29)는 DSSS CDMA 수신기에서 잡음 표본들이 백색임을 나타낸다. 이는 서로 다른 표본 시간 순간의 가우시안 잡음 표본들은 서로 독립임을 의미한다. 그러므로 $\{s_k^{(i)}\}$의 최적 검출은 시간 $t=kT$에서 표본 $\{\mathrm{r}_k^{(i)}\}$을 이용하여 구할 수 있다.

짧은 부호(short-code) CDMA의 경우, $c_i(t)$는 주기 신호이며, 주기는 T_s이다. 다시 말하면, PN 확산 신호 $\{c_i(t)\}$는 각각의 구간 $[(k-1)T_s, kT_s]$에 대하여 동일하다. 그러므로 짧은 부호 CDMA 시스템에서 두 확산 부호 사이의 상호 상관 계수는 다음 식과 같이 상수이다.

$$R_{i,j}(k) = R_{i,j} \tag{11.30}$$

i번째 수신기의 결정 변수(decision variable)는 다음과 같다.

$$\mathrm{r}_k^{(i)} = g_i\sqrt{P_i}R_{i,i}(k)s_k^{(i)} + \underbrace{\sum_{j\neq i}^{M} g_j\sqrt{P_j}R_{i,j}(k)s_k^{(j)}}_{I_k^{(i)}} + \mathrm{n}_i(k) \tag{11.31}$$

$I_k^{(i)}$는 $M-1$개의 간섭 신호로 인한 다중 접속 간섭을 나타내는 부가적인 항이다. 확산 부호를

$$R_{i,j}(k) = 0 \qquad i \neq j$$

와 같이 직교 조건을 만족하도록 선택할 때, CDMA 다중 접속 간섭은 0이 되고, 각 CDMA 사용자의 성능은 단일 CDMA 사용자의 성능 또는 단일 기저대역 QAM 사용자의 성능과 동일한다.

직교 확산 부호를 발생시키는 방법은 다양하다. 가장 잘 알려진 직교 확산 부호는 Walsh-Hadamard 부호이다. 확산 인자와 동일한 길이의 부호 길이 L이 주어졌을 때, 총 L개의 Walsh-Hadamard 부호가 존재한다. $L=8$인 Walsh-Hadamard 부호의 간단한 예를 살펴보자. 식 (11.32)의 행렬의 각 행은 길이가 8인 확산 부호이다.

$$W_8 = \begin{bmatrix} +1 & +1 & +1 & +1 & +1 & +1 & +1 & +1 \\ +1 & -1 & +1 & -1 & +1 & -1 & +1 & -1 \\ +1 & +1 & -1 & -1 & +1 & +1 & -1 & -1 \\ +1 & -1 & -1 & +1 & +1 & -1 & -1 & +1 \\ +1 & +1 & +1 & +1 & -1 & -1 & -1 & -1 \\ +1 & -1 & +1 & -1 & -1 & +1 & -1 & +1 \\ +1 & +1 & -1 & -1 & -1 & -1 & +1 & +1 \\ +1 & -1 & -1 & +1 & -1 & +1 & +1 & -1 \end{bmatrix} \tag{11.32}$$

다음 단계에서 Walsh-Hadamard 부호는 길이가 16이다. 이는 다음 식과 같이 W_8로부터 얻을 수 있다.

$$W_{2^k} = \begin{bmatrix} W_{2^{k-1}} & W_{2^{k-1}} \\ W_{2^{k-1}} & -W_{2^{k-1}} \end{bmatrix}$$

실제로 $k=0$인 $W_1=[1]$로부터 시작하여, 과정을 반복하면 길이가 $L=2^k$인 Walsh-Hadamard 부호를 발생시킬 수 있다.

○ 직교화가 아닌 MAI의 가우시안 근사화

실제 통신 시스템에서, 많은 사용자 확산 부호는 완전한 직교화가 이루어지지 않는다. 결과적으로 사용자 검출 성능에 대한 MAI의 영향은 심각할 수도 있다. 단일 사용자 수신기에 대한 MAI의 영향을 분석하기 위하여 MAI의 확률 분포를 살펴보자. I_k에 대한 정확한 확률 분석이 어렵다. 따라서 근사화 방법을 사용하는 것도 하나의 방법이다. M이 매우 클 때, MAI를 가우시안 랜덤 변수로 근사화하기 위하여 중심 극한 정리(central limit theorem)를 이용할 수 있다. QAM 심볼 $s_k^{(j)}$는 평균이 0이고, 단일 분산을 가지며, 독립임을 유의하자. 즉 다음과 같다.

$$\overline{s_k^{(j)}} = 0$$

$$\overline{s_k^{(j)} s_k^{(i)*}} = 0 \qquad i \neq j$$

$$\overline{\left|s_k^{(j)}\right|^2} = 1$$

따라서, 다음 식과 같은 평균

$$\overline{I_k^{(i)}} = \sum_{j \neq i}^{M} g_j \sqrt{P_j} R_{i,j}(k) \overline{s_k^{(j)}} = 0 \tag{11.33}$$

과, 분산

$$\overline{\left|I_k^{(i)}\right|^2} = \sum_{j \neq i}^{M} |g_j|^2 \; P_j \; |R_{i,j}(k)|^2 \tag{11.34}$$

을 가지는 가우시안으로 MAI를 근사화할 수 있다.

이러한 MAI 근사화의 효과를 보다 강화된 채널 잡음의 효과를 나타낸다. 실제적으로 결정 변수(decision variable) $r_k^{(i)}$를 바탕으로 한 검출 성능은 부가적인 가우시안 MAI에 의하여 저하된다. 단일 사용자 분석을 바탕으로 새로운 등가 SNR은 저하되고 다음과 같다.

$$\frac{2E_b}{E_b \left(|g_i|^2 \; P_i \; |R_{i,i}(k)|^2\right)^{-1} \sum_{j \neq i}^{M} |g_j|^2 \; P_j \; |R_{i,j}(k)|^2 + \mathcal{N}}$$

BPSK 또는 쌍극 신호 방식의 경우, i번째 CDMA 사용자의 BER은 근사적으로 다음과 같다.

$$Q\left(\frac{2E_b}{E_b \left(|g_i|^2 \; P_i \; |R_{i,i}(k)|^2\right)^{-1} \sum_{j \neq i}^{M} |g_j|^2 \; P_j \; |R_{i,j}(k)|^2 + \mathcal{N}}\right) \tag{11.35}$$

단일 사용자만이 존재할 때($M=1$), 식 (11.35)는 우리가 잘 알고 있는 다음 식과 같은 쌍극 신호의 BER과 같다.

$$P_b = Q\left(\frac{2E_b}{\mathcal{N}}\right)$$

모든 확산 부호가 상호 직교(mutually orthogonal)이므로 $R_{i,j}(k)=0$, $i \neq j$일 때, 역시 같은 결과를 얻을 수 있다.

잡음이 없는 극단적인 경우에, 신호 대 잡음비가 매우 높아($E_b/\mathcal{N} \to \infty$), 다음과 같다.

$$\lim_{E_b/\mathcal{N} \to \infty} P_b = Q\left(\frac{|g_i|^2 \; P_i \; |R_{i,i}(k)|^2}{\sum_{j \neq i}^{M} |g_j|^2 \; P_j \; |R_{i,j}(k)|^2}\right)$$

이는 MAI 제한된 경우로서 시스템에 더 이상 제거할 수 없는 오류가 존재함을 의미한다. 이러한 더 이상 제거할 수 없는 오류는 확산 부호가 상호 직교하여 $R_{i,j}(k)=0$, $i \neq j$ 일 때, 사라지게 된다.

○ 원근 문제(Near-Far problem)

MAI에 대한 가우시안 근사화는 시스템 성능을 예측할 때 제한을 가진다. 중심 극한 정리(centrall limit theorem)가 $I_k^{(i)}$의 분포는 중심 근처에서 가우시안 분포의 형태에 수렴해 간다는 것을 의미할 때, 이러한 수렴은 많은 사용자 수의 CDMA 사용자 M을 필요로 한다. 전형적인 CDMA 시스템에서 사용자 수 M은 단지 64 또는 128이다. M이 충분히 크지 않을 때 MAI의 가우시안 근사화는 매우 부정확하다. 이러한 부정확성은 특히 원근(near-far) 환경일 경우 매우 심각하다.

이른 바 원근(near-far) 환경은 다음의 시나리오와 같다.

- 보내고자 하는 송신기가 간섭으로 작용할 수 있는 다른 송신기보다 수신기로부터 상당히 멀리 떨어져 있다.
- 확산 부호는 상호 직교(mutually orthogonal)가 아니다. 즉, $i \neq j$일 때, $R_{i,j}(k) \neq 0$.

모든 경우에 동일한 사용자 전력을 가정한다면(즉, $P_j = P_0$), 원근 환경에서 전송하고자 하는 신호 채널 이득 g_i는 다른 간섭 사용자들의 채널 이득들보다 매우 작다. 다시 말하면, 다음 수식과 같은 사용자 집합 $\mathfrak{J}$가 존재할 수 있다.

$$g_i \ll g_j \qquad j \in \mathcal{J} \tag{11.36}$$

결과적으로, 수식 (11.31)은 다음과 같다.

$$\begin{aligned} \mathrm{r}_k^{(i)} &= \sqrt{P_o} g_i R_{i,i}(k) s_k^{(i)} + \sqrt{P_o} \sum_{j \in \mathcal{J}} g_j R_{i,j}(k) s_k^{(j)} + \left[\sqrt{P_o} \sum_{j \notin \mathcal{J}} g_j R_{i,j}(k) s_k^{(j)} + \mathrm{n}_i(k) \right] \\ &= \sqrt{P_o} g_i R_{i,i}(k) s_k^{(i)} + \sqrt{P_o} \sum_{j \in J} g_j R_{i,j}(k) s_k^{(j)} + \mathrm{n}_i'(k) \end{aligned} \tag{11.37}$$

여기서, 등가 잡음 항인

$$\mathrm{n}_i'(k) = \sqrt{P_o} \sum_{j \notin \mathcal{J}} g_j R_{i,j}(k) s_k^{(j)} + \mathrm{n}_i(k) \tag{11.38}$$

은 근사적으로 가우시안이다.

원근 환경에서 신호의 채널 이득이 더 작고 영이 아닌 상호 상관은 다음 식과 같은 (먼) 신호 요소가

$$g_i R_{i,i}(k) s_k^{(i)}$$

다음 식과 같은 강한 (가까운) 신호의 지배를 받게 된다.

$$\sum_{j \in \mathcal{J}} g_j R_{i,j}(k) s_k^{(j)}$$

식 (11.35)에서 주어진 BER의 가우시안 근사화 분석은 더 이상 적용될 수 없다.

● 예제 11.3

두 명의 사용자($M=2$)를 가지는 CDMA 시스템을 고려하자. 두 신호의 전송 전력은 10mW이다. 사용자 1에 대한 수신기는 두 사용자 신호를 수신한다. 사용자 1의 수신기에서 두 신호의 채널 이득은 다음과 같다.

$$g_1 = 10^{-4} \qquad g_2 = 10^{-1}$$

다음 수식을 만족하는 확산 이득은, $L=128$이다.

$$R_{1,1}(k) = 128 \qquad R_{1,2}(k) = -1$$

표본화된 잡음 $\mathrm{n}_1(t)$는 평균이 0이고, 분산이 10^{-6}인 가우시안이다. 사용자 1에 대한 BER을 구하시오.

풀이 시간 k에서 수신기의 결정 변수(decision variable)는 다음과 같다.

$$\begin{aligned}\mathrm{r}_k &= \sqrt{10^{-2}} \cdot 10^{-4} \cdot 128 \cdot s_k^{(1)} + \sqrt{10^{-2}} \cdot 10^{-1} \cdot (-1) \cdot s_k^{(2)} + \mathrm{n}_1(k) \\ &= 10^{-2}\left[0.128 s_k^{(1)} - s_k^{(2)} + 100\mathrm{n}_1(k)\right]\end{aligned}$$

등가 확률을 가지는 정보 신호 ± 1에 대한 사용자 1의 BER은 다음과 같다.

$$\begin{aligned}P_b &= 0.5 \cdot P\left[\mathrm{r}_k > 0 | s_k^{(1)} = -1\right] + 0.5 \cdot P\left[\mathrm{r}_k < 0 | s_k^{(1)} = 1\right] \\ &= P\left[\mathrm{r}_k < 0 | s_k^{(1)} = 1\right] \\ &= P\left[0.128 - s_k^{(2)} + 100\mathrm{n}_1(k) < 0\right]\end{aligned}$$

등가 확률을 가지는 정보 신호는 $P\left[s_k^{(2)} = \pm 1\right] = 0.5$이므로 전체 확률은 다음과 같다.

$$\begin{aligned} P_b &= 0.5P\left[0.128 - s_k^{(2)} + 100\mathrm{n}_1(k) < 0 \middle| s_k^{(2)} = 1\right] \\ &\quad + 0.5P\left[0.128 - s_k^{(2)} + 100\mathrm{n}_1(k) < 0 \middle| s_k^{(2)} = -1\right] \\ &= 0.5P\,[0.128 - 1 + 100\mathrm{n}_1(k) < 0] + 0.5P\,[0.128 + 1 + 100\mathrm{n}_1(k) < 0] \\ &= 0.5P\,[100\mathrm{n}_1(k) < 0.872] + 0.5P\,[100\mathrm{n}_1(k) < -1.128] \\ &= 0.5\,[1 - Q\,(8.72)] + 0.5Q\,(11.28) \\ &\approx 0.5 \end{aligned}$$

따라서 전송하고자 하는 신호의 BER은 0.5이다. 이는 전송하고자 하는 사용자는 원근 환경에 의한 간섭에 의하여 신호 전송을 완벽하게 방해받을 수 있음을 나타낸다.

○ CDMA에서의 전력 제어(Power control)

원근 문제가 수신기에서 사용자 신호의 전력 차이에 의한 직접적인 결과이기 때문에 이러한 원근 효과를 극복하기 위한 한 가지 효율적인 방법은 가까운 사용자는 전력을 감소시키고 먼 사용자의 전력은 증가 시키는 것이다. 이러한 전력 균형(balancing) 접근 방식을 CDMA에서 전력 제어(power control)이라 한다.

전력 제어는 모든 사용자들이 함께 사용됨을 가정한다. 예를 들어, 셀룰러 통신은 한 셀에 통신 서비스를 제공하는 기지국(base station)과 각 셀 내의 많은 사용자들을 연결해 준다. 셀 내의 모든 이동 전화 전송은 기지국에서 수신되고 검출된다. 하나의 단말기로부터 기지국으로의 전송은 상향 링크(uplink) 또는 역방향 링크(reverse link)라고 한다. 이에 반하여 기지국이 사용자에게 전송할 때의 연결(link)을 하향 링크(downlink) 또는 순방향 링크(forward link)라 한다. 원근 효과는 하향링크에서는 나타나지 않는다. 실제로 다중 사용자 전송이 완벽하게 동기를 이루었을 때, 하향 링크 CDMA는 직교성을 유지하기 위하여 쉽게 동기를 이룰 수 있다. 또한 각 이동 수신기는 같은 기지국으로부터 수신하기 때문에 모든 신호가 같은 채널 이득을 갖는다. 따라서 원근 조건이 발생할 수 없다. 이러한 이유 때문에 하향 링크에서의 CDMA 사용자들은 심각한 MAI를 완화하기 위한 방법으로 전력 제어를 필요로 하지 않는다.

다중 사용자들이 그들의 신호를 기지국으로 전송하기 위한 상향 링크로 CDMA가 사용될 때, 원근 문제는 자주 발생한다. 전력 제어 기술을 채용함으로써 기지국은 이동 단말기들에게 그들의 전송 전력을 감소 또는 증가하라는 명령을 보낸다. 이러한 목적은 모든 사용자 신호들이 서로 다른 채널 이득을 가짐에도 불구하고 기지국으로 유사한 전력 수준을 가진 사용자 신호들이 수신되도록 하기 위함이다. 다시 말하면, 수신기로부터 되돌아오는(feedback) 정보를 이용한 전력 제어는 이동 수신기들에게 명령을 제공하기 때문에 상수의 $|\mathrm{g}_i|^2 P_i$를 유지할 수 있다.

주요 2세대 셀룰러 표준의 하나인 cdmaOne(또한 IS-95로도 알려져 있는)은 Qualcomm에 의하여 개발되었고 DSSS CDMA 시스템이다. 이 시스템은 기지국에서 원근 문제를 극복하기 위하여 전력 제어를 이용한다.

전력 제어에는 개-루프(open loop)와 폐-루프(closed loop) 제어라는 두 가지 방법이 있다. 개-루프 전력 제어의 경우, 이동 단말기는 기지국으로부터 수신되는 신호의 세기를 바탕으로 자신의 전력을 조절한다. 이는 상향 링크와 하향링크가 서로 상호적인 관계가 존재한다고 추정하는 것이다. 그러나 이러한 가정은 상향 링크와 하향 링크가 서로 다른 주파수 대역을 사용할 경우 유효하지 않다. 결과적으로 기지국은 단말기에게 전송전력 조절을 지시할 수 있으므로 폐-루프 전력 제어가 자주 사용된다.

○ 원근 저항력(resistance)

원근 저항력에 대한 가장 중요한 개념은 S. Verdú[10]에 의하여 정의되었다. 주요 목적은 하나의 CDAM 수신기가 단순히 신호 대 잡음비 $E_b/\mathcal{N}_0$를 증가시킴으로써 MAI를 극복할 수 있는 지를 결정하는 것이다. CDMA 시스템의 모든 사용자에 대하여 간섭이 아무리 강하더라도 다음 식을 만족하는 γ가 존재한다면 수신기는 원근 저항력이 있다라고 한다.

$$\lim_{\mathcal{N}\to 0} \frac{P_b^{(i)}(E_b/\mathcal{N})}{Q(\sqrt{\gamma \cdot 2E_b/\mathcal{N}})} < +\infty$$

이는 원근 저항력 있는 수신기는 $\mathcal{N} \to \infty$일 때, 제거할 수 없는 BER을 갖지 않는다. 심지어 가우시안 근사화를 바탕으로 하는 일반적인 정합 필터 수신기의 분석은 일반적인 단일 사용자 수신기가 원근 저항력이 부족함을 보여 준다. 전력 제어가 원근 효과를 완화함에도 불구하고 일반적인 수신기의 원근 저항력을 만들 수는 없다. 원근 저항력을 갖기 위해서는 부가적인 가우시안 잡음으로서 간섭의 합을 근사화하는 것 대신에 모든 사용자에 대한 심볼 검출과 결합하여 다중 사용자 검출(multiuser detection) 수신기가 필요하다.

11.7 다중 사용자 검출기(MUD, multiuser detection)

다중 사용자 검출(MUD)은 전력 제어와 같이 일종의 원근 효과에 대한 도구이다. 전력 제어와 달리 MUD는 수신기로부터 송신기로의 궤환(feedback) 없이 수신된 신호를 등화(equalize)할 수 있다. 대신에 MUD는 수신 신호 세기의 차이와는 무관하게 모든 사용자의 신호를 결합적으로 검출하는 것을 목적으로 하는 중앙화된 수신기이다.

MUD에 대한 일반적인 가정은 다음과 같다. 수신기는 식 (11.31)에 주어진 모든 M개의 신호 표본을 처리할 수 있다. 대신에 수신기는 다음의 정보를 알고 있다고 가정한다.

1. 사용자 신호 세기 $g_i\sqrt{P_i}$
2. 확산 신호 상호 상관 $R_{i,j}(k)$
3. 잡음 표본의 통계 $n_i(k)$

서로 다른 MUD 수신기를 설명하기 위하여, 식 (11.31)을 벡터 형태로 표현하는 것이 더 편리하다.

$$\begin{bmatrix} r_k^{(1)} \\ r_k^{(2)} \\ \vdots \\ r_k^{(M)} \end{bmatrix} = \begin{bmatrix} R_{1,1}(k) & R_{1,2}(k) & \cdots & R_{1,M}(k) \\ R_{2,1}(k) & R_{2,2}(k) & \cdots & R_{1,M}(k) \\ \vdots & \vdots & \cdots & \vdots \\ R_{M,1}(k) & R_{M,2}(k) & \cdots & R_{M,M}(k) \end{bmatrix} \begin{bmatrix} g_1\sqrt{P_1} & & & \\ & g_2\sqrt{P_2} & & \\ & & \ddots & \\ & & & g_M\sqrt{P_M} \end{bmatrix} \begin{bmatrix} s_k^{(1)} \\ s_k^{(2)} \\ \vdots \\ s_k^{(M)} \end{bmatrix} + \begin{bmatrix} n_1(k) \\ n_2(k) \\ \vdots \\ n_M(k) \end{bmatrix} \tag{11.39a}$$

우리는, 다음의 벡터를 정의할 수 있다.

$$\mathbf{r}_k = \begin{bmatrix} r_k^{(1)} \\ r_k^{(2)} \\ \vdots \\ r_k^{(M)} \end{bmatrix} \qquad \boldsymbol{s}_k = \begin{bmatrix} s_k^{(1)} \\ s_k^{(2)} \\ \vdots \\ s_k^{(M)} \end{bmatrix} \qquad \mathbf{n}_k = \begin{bmatrix} n_1(k) \\ n_2(k) \\ \vdots \\ n_M(k) \end{bmatrix} \tag{11.39b}$$

또한, 다음의 행렬도 정의할 수 있다.

$$\boldsymbol{R}_k = \begin{bmatrix} R_{1,1}(k) & R_{1,2}(k) & \cdots & R_{1,M}(k) \\ R_{2,1}(k) & R_{2,2}(k) & \cdots & R_{1,M}(k) \\ \vdots & \vdots & \cdots & \vdots \\ R_{M,1}(k) & R_{M,2}(k) & \cdots & R_{M,M}(k) \end{bmatrix} \tag{11.39c}$$

$$\boldsymbol{D} = \begin{bmatrix} g_1\sqrt{P_1} & & & \\ & g_2\sqrt{P_2} & & \\ & & \ddots & \\ & & & g_M\sqrt{P_M} \end{bmatrix} \tag{11.39d}$$

그러면, MUD를 위해 이용 가능한 M개의 출력 신호 표본은 다음과 같다.

$$\mathbf{r}_k = \boldsymbol{R}_k \cdot \boldsymbol{D} \cdot \boldsymbol{s}_k + \mathbf{n}_k \tag{11.39e}$$

잡음 벡터 $\mathbf{n}_k$는 평균이 0이고, 다음 식과 같은 분산[식 (11.29)]을 가지는 가우시안이다.

$$\overline{\mathbf{n}_k \left(\mathbf{n}_k^*\right)^T} = \frac{\mathcal{N}}{2}\boldsymbol{R}_k \tag{11.40}$$

MUD 수신기의 목적은 수신된 신호 벡터 값 $\mathbf{r}_k = \boldsymbol{r}_k$을 바탕으로 사용자 데이터 벡터 $\boldsymbol{s}_k$를 결정하는 것이다. 식 (11.39)의 시스템 모델을 바탕으로 서로 다른 결합 MUD 수신기는 서로 다른 설계 기준에 의하여 구할 수 있다.

MUD에 대한 논의에서 간단한 표기를 위하여, 행렬 $\boldsymbol{A}$의 공액(conjugate)은 $\boldsymbol{A}^*$로, 행렬 $\boldsymbol{A}$의 전치(transpose) 행렬은 $\boldsymbol{A}^T$로 나타낸다. 또한 행렬 $\boldsymbol{A}$의 공액 전치(conjugate transpose)는 다음과 같다.

$$\boldsymbol{A}^H = \left(\boldsymbol{A}^*\right)^T$$

어떤 행렬의 공액 전치 행렬은 Hermitian이라 한다.

○ 최적의 MUD : 최대 우도(maximum likelihood) 수신기

등가 확률을 갖는 심볼이라는 가정하에, 식 (11.39)의 신호 모델을 바탕으로 한 최적의 MUD는 최대 우도 검출기(MLD, maximum likelihood detector)이다. 10.6절에서 논의한 바와 같이 최소 심볼 오류 확률을 가지는 최적의 수신기는 다음과 같은 MAP 수신기이다.

$$\boldsymbol{s}_k = \arg\max_{\boldsymbol{s}_k} p\left(\boldsymbol{s}_k \middle| \boldsymbol{r}_k\right) \tag{11.41a}$$

$\boldsymbol{s}_k$의 모든 값이 등가 확률이라면, 다음 식과 같이 MAP 검출기는 최대 우도 검출기(MLD)가 된다.

$$\boldsymbol{s}_k = \arg\max_{\boldsymbol{s}_k} p\left(\boldsymbol{r}_k \middle| \boldsymbol{s}_k\right) \tag{11.41b}$$

잡음 벡터 $\mathbf{n}_k$가 평균이 0이고, 공분산이 $0.5\mathcal{N}\boldsymbol{R}_k$인 결합 가우시안이므로, 다음과 같다.

$$p\left(\boldsymbol{r}_k \middle| \boldsymbol{s}_k\right) = (\pi\mathcal{N})^{-M}\left[\det\left(\boldsymbol{R}_k\right)\right]^{-1} \exp\left[-\frac{1}{\mathcal{N}}\left(\boldsymbol{r}_k - \boldsymbol{R}_k\boldsymbol{D}\boldsymbol{s}_k\right)^T \boldsymbol{R}_k^{-1}\left(\boldsymbol{r}_k - \boldsymbol{R}_k\boldsymbol{D}\boldsymbol{s}_k\right)^*\right] \tag{11.42}$$

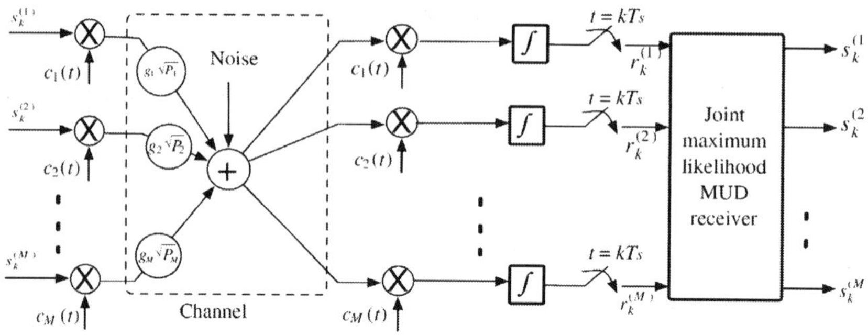

▶▶ 그림 11.13 최대 우도(maximum likelihood) 다중 사용자 검출(MUD, multiuser detection) 수신기

MLD 수신기는 다음과 같이 구현할 수 있다.

$$\max_{\boldsymbol{s}_k} p\left(\boldsymbol{r}_k \middle| \boldsymbol{s}_k\right) \iff \min_{\boldsymbol{s}_k} (\boldsymbol{r}_k - \boldsymbol{R}_k \boldsymbol{D} \boldsymbol{s}_k)^T \boldsymbol{R}_k^{-1} (\boldsymbol{r}_k - \boldsymbol{R}_k \boldsymbol{D} \boldsymbol{s}_k)^*$$
$$\iff \min_{\boldsymbol{s}_k} \left\| \boldsymbol{R_k}^{-1/2} (\boldsymbol{r}_k - \boldsymbol{R}_k \boldsymbol{D} \boldsymbol{s}_k) \right\|^2 \qquad (11.43)$$

최대 우도 MUD 수신기는 그림 11.13에 나타내었다.

따라서 최대 우도 MUD 수신기는 알 수 없는 사용자 심볼 $\mathbf{s}_k$의 모든 가능한 선택에 대하여 다음 식과 같은 값들을 계산하고 비교해야 한다.

$$\left\| \boldsymbol{R_k}^{-1/2} (\boldsymbol{r}_k - \boldsymbol{R}_k \boldsymbol{D} \boldsymbol{s}_k) \right\|^2$$

각 사용자가 16-QAM을 데이터 변조에 사용한다면, 이러한 최적의 MUD는 식 (11.43)을 16^M만큼 계산해야 한다. 최적의 최대 우도 MUD는 상당한 복잡도를 가짐을 알 수 있다. 사실, 계산의 복잡도는 CDMA 사용자 수에 따라 지수적으로 증가한다.[10] 이것이 최적의 그리고 원근 저항력을 가지는 CDMA 수신기를 사용하는 댓가이다.[10]

○ 역상관(Decorrelator) 수신기

최대 우도 MUD 수신기의 높은 복잡도는 실제 사용에 많은 걸림돌이 된다. 계산량을 줄이기 위하여 저 복잡도와 준 최적의 몇 가지 MUD 수신기를 제안한다. 역상관 MUD는 선형 방법으로 서로 다른 사용자 간의 MAI를 제거하기 위하여 행렬을 곱한다. 식 (11.39)를 바탕으로 서로 다른 사용자 간의 MAI는 상관 행렬 $\boldsymbol{R}_k$의 대각 성분이 아닌 요소들에 의하여 발생된다. 따라서 MAI의 영향은 다음 식과 같이 $\boldsymbol{r}_k$를 $\boldsymbol{R}_k$의 의사역행렬에 곱하고 사용자 신호들을 비상관시킴으로써 제거할 수 있다.

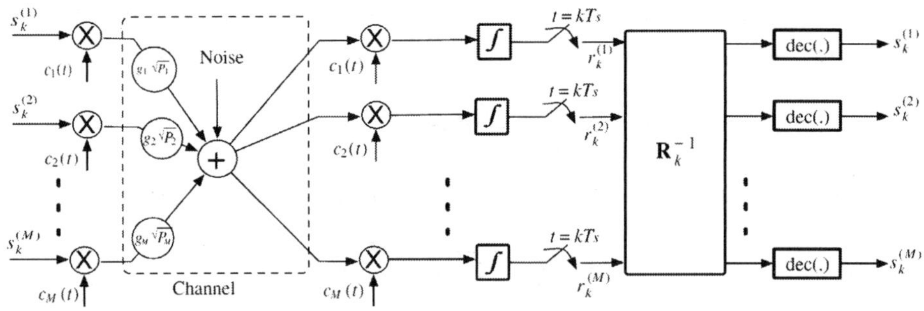

►► 그림 11.14 역상관 MUD 수신기

$$R_k^{-1} \cdot \mathbf{r}_k = \boldsymbol{D}\,\boldsymbol{s}_k + \boldsymbol{R}_k^{-1} \cdot \mathbf{n}_k \qquad (11.44)$$

이러한 역상관 과정은 사용자 신호에 영향을 줄 수 있는 잡음 항 $R_k^{-1}\mathbf{n}_k$만을 남긴다. 다음 식과 같이 QAM 경판정 결정과정을 사용자 심볼을 결정하기 위하여 적용할 수 있다.

$$\hat{s}_k = \mathrm{dec}\left(\boldsymbol{R}_k^{-1}\,\mathbf{r}_k\right) \qquad (11.45)$$

그림 11.14는 역상관 MUD 수신기의 그림이다. 역상관 MUD 수신기의 주요 동작은 행렬 R_k^{-1}의 곱하기이므로 계산량의 복잡도는 $O(M^2)$의 차수에 따라 증가한다. 역상관 수신기는 원근 저항력이 있고, 자세한 내용은 Lupas와 Verdú의 참고문헌[11]을 참고하라.

○ 최소 제곱 평균 오류(minimum mean square error(MMSE)) 수신기

역상관 MUD 수신기의 단점은 $R_k^{-1}\mathbf{n}_k$에 의한 잡음 변환에 있다. 실제로 상관 행렬 R_k가 역행렬이 존재하지 않는다면 잡음 변환은 잡음 증폭이라는 부정적인 영향을 가진다. 이러한 위험을 완화하기 위하여 다른 그리고 더욱 강인한 MUD[12, 13]가 제곱 평균 오류를 최소화하는 것이다. 이는 다음 식을 만족하는 최적의 G_k를 찾는 우수한 선형 MUD이다.

$$\min_{\boldsymbol{G}}\; E\{||\boldsymbol{s}_k - \boldsymbol{G}\,\mathbf{r}_k||^2\} \qquad (11.46)$$

이러한 G는 선형 검출기이다. 일단 G가 정해지면 MUD 수신기는 다음 식과 같이 선형 변환된 신호에 대한 경판정이 이루어진다.

$$\hat{s}_k = \mathrm{dec}\,(\boldsymbol{G}\,\mathbf{r}_k) \qquad (11.47)$$

최적의 행렬 $\boldsymbol{G}$는 직교 원리[8.5절의 수식 (8.84)]를 이용하여 구할 수 있다. 직교 원리는 오류 벡터

$$\boldsymbol{s}_k - \boldsymbol{G}\,\mathbf{r}_k$$

를 수신 신호 벡터 $\mathbf{r}_k$에 직교하도록 한다. 다시 말하면 다음과 같다.

$$\overline{(\boldsymbol{s}_k - \boldsymbol{G}\,\mathbf{r}_k)\,\mathbf{r}_k^H} = 0 \tag{11.48}$$

따라서, 최적의 수신 행렬 $\boldsymbol{G}$는 다음과 같다.

$$\boldsymbol{G} = \overline{\boldsymbol{s}_k\mathbf{r}_k^H}\left[\overline{\mathbf{r}_k\,\mathbf{r}_k^H}\right]^{-1} \tag{11.49}$$

잡음 벡터 $\mathbf{n}_k$와 수신 벡터 $\boldsymbol{s}_k$는 독립이므로,

$$\overline{\boldsymbol{s}_k\mathbf{n}_k^H} = \mathbf{0}_{M\times M}$$

이 상호 상관이다.

또한, 다음과 같이 앞서 구한 값들을 고려하자.

$$\overline{\boldsymbol{s}_k\boldsymbol{s}_k^H} = \boldsymbol{I}_{M\times M} \qquad \overline{\mathbf{n}_k\mathbf{n}_k^H} = \frac{\mathcal{N}}{2}\boldsymbol{R}_k$$

여기서, $\boldsymbol{I}_{M\times M}$은 $M\times M$ 단위 행렬이다. 따라서 다음과 같다.

$$\overline{\boldsymbol{r}_k\boldsymbol{r}_k^H} = \boldsymbol{R}_k\boldsymbol{D}\boldsymbol{D}^H\boldsymbol{R}_k^H + \frac{\mathcal{N}}{2}\boldsymbol{R}_k \tag{11.50a}$$

$$\overline{\boldsymbol{s}_k\boldsymbol{r}_k^H} = \boldsymbol{D}^H\boldsymbol{R}_k^H \tag{11.50b}$$

그러므로, 최적의 선형 수신기 행렬은 다음과 같다.

$$\boldsymbol{G}_k = \boldsymbol{D}^H\boldsymbol{R}_k^H\left(\boldsymbol{R}_k\boldsymbol{D}\boldsymbol{D}^H\boldsymbol{R}_k^H + \frac{\mathcal{N}}{2}\boldsymbol{R}_k\right)^{-1} \tag{11.51}$$

채널 잡음이 0(즉 $\mathcal{N}=0$)이라면, 식 (11.51)에 의하여 주어지는 최적의 행렬은 다음과 같다.

$$\boldsymbol{G}_k = \boldsymbol{D}^H\boldsymbol{R}_k^H\left(\boldsymbol{R}_k\boldsymbol{D}\boldsymbol{D}^H\boldsymbol{R}_k^H\right)^{-1} = (\boldsymbol{R}_k\boldsymbol{D})^{-1}$$

이는 역상관 수신기이다.

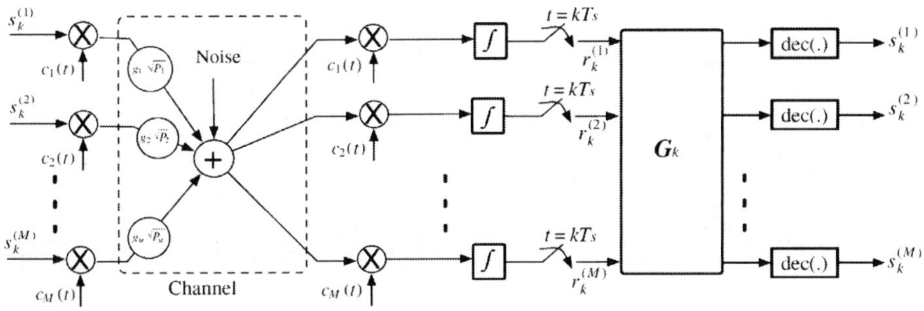

▶▶ 그림 11.15 최소 제곱 평균 오류 MUD 수신기

MMSE 선형 MUD 수신기는 그림 11.15에 나타나 있다. 역상관 수신기와 유사하게 주요 계산량은 G_k이 행렬 곱의 영향이다. MMSE 선형 수신기 역시 원근 저항력이 있는 수신기이다.[11]

○ 결정 궤환 수신기(decision feedback receiver)

역상관 그리고 MMSE MUD 수신기 모두 선형 행렬 과정을 이용한다. 따라서 이러한 수신기들은 복잡도가 낮은 선형 수신기이다. 반면에 최적의 MUD 수신기는 비선형이나, 훨씬 높은 복잡도를 요구한다. 비선형이고 아주 널리 사용되는 준최적 수신기가 존재한다. 이러한 방법은 연속적인 간섭 제거 개념을 바탕으로 한다. 이러한 MUD 수신기를 결정 궤환(decision feedback) MUD 수신기라 한다.

결정 궤환 수신기의 주요 동기는 원근 환경에서 모든 사용자가 같은 영향을 받지 않는다는 것이다. 원근 환경에서 강한 신호의 사용자는 실제로 승자가 되고 반면에 약한 신호의 사용자는 패자가 된다. 실제로 한 사용자가 다른 사용자들의 신호 세기보다 강한 세기 $\sqrt{P_l}\, g_l$를 가진다면, 강한 세기의 사용자는 신호의 세기가 같은 환경에서 가능한 성능보다 우수한 성능을 일반적인 정합 필터 수신기를 이용하여 얻을 수 있다. 따라서 $\{P_i g_i^2\}$로 측정되는 각 사용자의 수신 신호 세기의 순서대로 사용자들의 순서를 정하는 것이 합리적이다. 가장 강한 사용자의 QAM 심볼을 단일 사용자를 위한 일반적인 정합 필터 수신기를 이용하여 먼저 검출한다. 일단 가장 강한 신호를 가진 사용자의 심볼을 알면, 가장 강한 신호로 인하여 나머지 사용자들이 받는 간섭의 영향을 제거할 수 있다. 수신된 신호 벡터로부터 가장 강한 사용자 심볼을 제거함으로써 이제는 단지 $M-1$개의 검출을 위한 사용자 심볼만이 존재한다. 앞의 과정을 한 번 더 반복하면, 두 번째로 강한 신호의 세기를 갖는 신호를 가장 강한 간섭이 제거된 후에 보다 정확하게 검출할 수 있다. 따라서 이러한 영향을 나머지 $M-2$ 사용자 심볼에게 좋은 영향을 주기 위하여 수신 신호로부터 제거할 수 있다. 이러한 과정을 계속적으로 수행하면 마지막으로 가장 약한 사용자 신호는 모든 MAI가 제거되고 난 후에 마지막으로 검출된다.

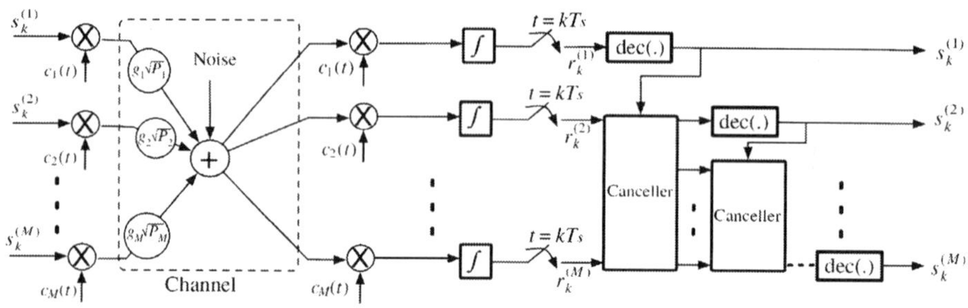

▸▸ 그림 11.16 연속 간섭 제거를 바탕으로 한 결정 궤환 MUD 수신기

결정 궤환 MUD 수신기는 보다 약한 사용자의 신호 검출을 위해 강한 사용자 간섭을 연속적으로 제거한다. 이러한 이유로 인하여 결정 궤환 MUD 수신기를 연속 간섭 제거(SIC, success interference cancellation) 수신기라 한다. 결정 궤환 MUD 수신기는 그림 11.16에 있다. 식 (11.31)을 바탕으로 SIC 수신기를 다음 과정과 같이 요약할 수 있다.

그림 11.16 연속 간섭 제거를 바탕으로 한 결정 궤환 MUD 수신기(모든 M 사용자들은 내림차순의 이득으로 순서되어 있다라고 가정한다.)

○ 결정 궤환 MUD

Step 1. 모든 사용자 신호 세기 $\{P_i g_i^2\}$의 순서를 정하라. 다음을 가정하자.

$$P_1 g_1^2 > P_2 g_2^2 > \cdots > P_{M-1} g_{M-1}^2 > P_M g_M^2$$

다음의 수식

$$y_1^{(i)} = r_k^{(i)}$$

와

$$\ell = 1$$

라 하자.

Step 2. l번째 (강한) 사용자 심볼을 검출하라.

$$\hat{s}_k^{(\ell)} = \text{dec}\left(y_\ell^{(\ell)}\right)$$

Step 3. 수신 신호로부터 첫 번째 (강한) 사용자 신호를 제거한다.

$$y_{\ell+1}^{(i)} = y_{\ell}^{(i)} - g_\ell \sqrt{P_\ell} R_{i,\ell}(k) \hat{s}_k^{(\ell)} \qquad i = \ell+1, \ldots, M$$

Step 4. $l = l+1$이라 하고, Step 2를 $l = M$까지 반복하라.

결정 궤환 MUD 수신기는 간섭 제거 과정에서 단지 $O(M^2)$의 복잡도를 가지므로 아주 적은 계산량만을 가진다. 결정 궤환 MUD 수신기는 매우 민감하고 낮은 복잡도를 갖는 수신기이다. 정확한 심볼 검출이 이루어졌을 때, 수신된 약한 신호로부터의 강한 간섭 제거는 완전하게 원근 문제를 해결해 준다. 결정 궤환 수신기의 중요한 결점 및 단점은 오류 전파(error propagation)에 있다. 오류 전파는 Step 2에서 사용자 심볼 $s_k^{(l)}$이 잘못 검출되었을 때 발생한다. 결과적으로 Step 3의 간섭 제거에서 사용되는 이러한 오류 심볼들은 실제로 MAI를 보다 심각하게 만들 수도 있다. 이는 다음 사용자 심볼 $s_k^{(l+1)}$에 대한 더 많은 검출 오류 확률을 갖게 하고, 또한 더 많은 검출 오류를 유발할 수 있다. 오류 전파의 영향에 관한 분석은 참고문헌[14, 15]에 나타나 있다.

11.8 현대의 실제 DSSS CDMA 시스템

1990년 이래로 셀룰러 전화, 개인 통신, 그리고 위치 추적을 포함하여 많은 중요한 상업용 통신 시스템에서 대역 확산 시스템을 이용된다. 본 장에서는 대역 확산 시스템의 장점을 설명하기 위하여 CDMA 기술을 이용하는 대표적인 몇 가지 시스템을 소개한다.

11.8.1 셀룰러 전화망에서의 CDMA

○ 셀룰러 망

셀룰러 망은 서비스 지역을 지형적으로 보다 작은 셀(cell, 그림 11.17)들로 나눈다. 각 셀은 서비스를 제공하는 기지국과 이동 사용자를 가진다. 모든 기지국들은 이동 전화 교환국(MTSO, mobile telephone seitching office)에 유선으로 연결된다. 이러한 MTSO는 다시 유선으로 중앙 전화국으로 연결된다. 통화자는 무선 채널을 통하여 기지국과 연결된다. 기지국은 신호를 MTSO로 전송하고, MTSO는 지상 기반의 전화 시스템 또는 또다른 기지국을 통하여 수신기에 통화 연결을 한다. 통화자가 한 셀에서 다른 셀로 이동함에 따라 핸드오프(handoff) 과정이 발생한다. 핸드오프 동안에 MTSO는 자동적으로 사용자를 새로운 셀에서 이용 가능한 채널로 변경하여 통화를 유지시킨다. 핸드오프는 대단히 빠르게 진행되어 사용자는 핸드오프를 인식할 수 없다.

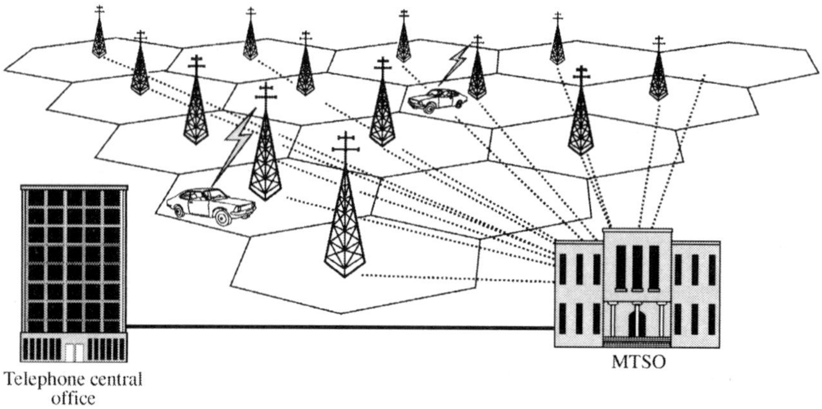

▸▸ 그림 11.17 셀룰러 전화 시스템

셀룰러 망의 실제적인 우수성은 다중 셀에서 같은 주파수 대역을 재사용할 수 있는 능력에 있다. 셀룰러 통신 이전에는 고출력 송신기를 이용하여 각각의 무선 채널이 전체 도시를 담당하였다. 따라서 한 채널은 도시에 있어 단지 한 사용자에 의해 사용되었다. 이것은 채널의 수와 동시에 다수의 사용에 대한 심각한 제한을 준다. 이러한 제한은 바로 인접한 셀들을 제외한 모든 셀들에서 같은 주파수를 재사용하는 셀룰러 기술에 의해 극복되었다. 이것은 신호가 한 셀로부터 직접 인접한 셀들을 넘어 전달되지 못할 정도로 충분히 작기 때문에 가능하다. 우리는 출력 레벨과 셀의 크기를 조화롭게 감소시켜 셀의 수를 증가시킴으로써 다수의 사용자를 수용할 수 있다.

1G(1세대) 아날로그 셀룰러는 30kHz의 전송 대역폭을 사용하여 FM 신호를 변조하기 위하여 음성 신호를 사용한다. 이같은 광대역 FM 신호는 높은 SNR을 나타낸다. 그러나 이와 같은 광대역 FM 신호는 주파수 재사용(reuse)과 대역폭 이용에 매우 비효율적이다. 2G(2세대) 셀룰러 시스템은 모두 디지털 방식이다. 그 중에서도 GSM과 cdmaOne은 가장 널리 사용되고 있는 셀룰러 시스템이다. GSM은 TDMA 기술을 채용하였다. TDMA 기술은 8명의 사용자가 하나의 200kHz 채널을 공유한다. GSM과 경쟁적인 기술인 cdmaOne (IS-95라고도 알려 있다)는 DSSS 시스템이다.

○ 셀룰러 시스템에서 왜 CDMA인가?

대역 확산은 협대역 간섭에 본질적으로 잘 적용되고 handoff와 네트워킹 지역 내에서 많은 편의를 제공한다할지라도, 무선 셀룰러 통신용 CDMA에 대한 현재의 근본적인 중요 특성은 증가되는 스펙트럼 효율에 대한 잠재력이다. 용량 증대는 두 개의 주요 관점에서 기인한다. 첫째는 CDMA를 이용함으로써 개선된 주파수 재사용이 허용되는 것이다. 협대역 시스템은 간섭의 잠재성 때문에 인접 셀들이 같은 전송 주파수를 사용할 수 없다. CDMA는 간섭에 대한 고유의 방지 기능이 있다. 인접 셀의 사용자가 전체 간섭 레벨에 영향을 미치기는 하겠지만, 그 영향은 같은 셀 사용자들로부터의 간섭보다는 충분히 작을 것이다. 이 결과는 많은 주파수 재사용 효율을 증가시킨다. 부연하면, CDMA 시스템은 데이터 트래픽(traffic) 부하(load)가 동적(dynamic)일 때 보다 증가된 전체 용량을 제공한다. 이는 사용자가 적은 CDMA 시스템에서의 사용자는 적은 간섭과 높은 성능을 제공할 수 있으나, 고정된 채널 대역폭을 가지는 TDMA 사용자는 이러한 혜택을 누릴 수 없다.

○ CDMA 셀룰러 시스템: cdmaOne(IS-95)

셀룰러 통신 시스템에서 처음으로 상업화에 성공한 CDMA 시스템은 EIA(전기 업체 협력체)에 의해 수락된 IS-95이다. 공식 명칭은 cdmaOne이다. 이 시스템은 1.2288 MHz 확산 신호열을 상향 및 하향 모두에 사용하는 DSSS이다. 상향 및 하향 전송 모두 1.25 MHz의 RF 대역폭을 가지며, 그림 11.18에 나타내었다.

QCELP(Qualcomm code-excited linear prediction) 알고리즘은 음성 부호화에 사용된다. 음성 부호화기는 대화에서의 틈과 묵음 기간을 이용하므로, 데이터 속도가 1.2에서 9.6 kbit/s까지로 가변적이다. 심볼 속도를 일정하게 하기 위해서, 비트율이 9.6 kbit/s의 최대 비트율 이하로 떨어질 때마다 반복송신에 의해 간격이 채워진다. 예를 들면, 음성 부호화기의 출력이 2.4 kbit/s 아래로 떨어지면(길쌈 부호에서는 빈번함), 출력은 그것을 인터리버에 보내기 전에 3번 반복한다. cdmaOne의 송신기는 최소 20 dB만큼, 4개의 동일 심볼 중에 3개가 출력되는 동안 출력 전력을 감소시킴으로써 반복 기간의 장점을 취한다. 이러한 방식에 의해, 다중 접속 간섭이 감소한다. 이 음성 동작에 따른 제어는 간섭을 감소시키고 전체 용량을 증가시킨다.

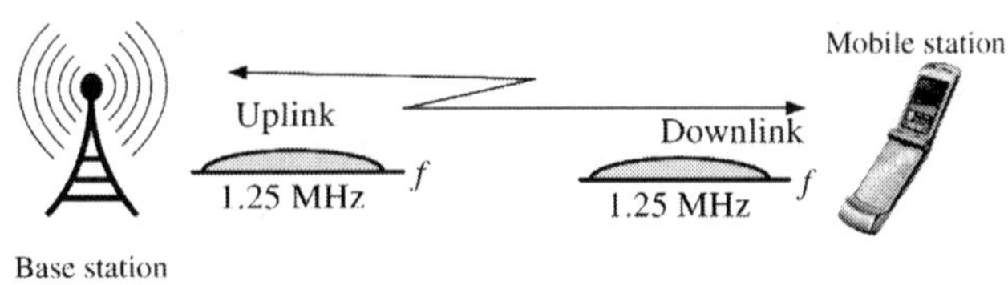

▸▸ 그림 11.18 상향 및 하향 전송 대역폭을 가진 IS-95

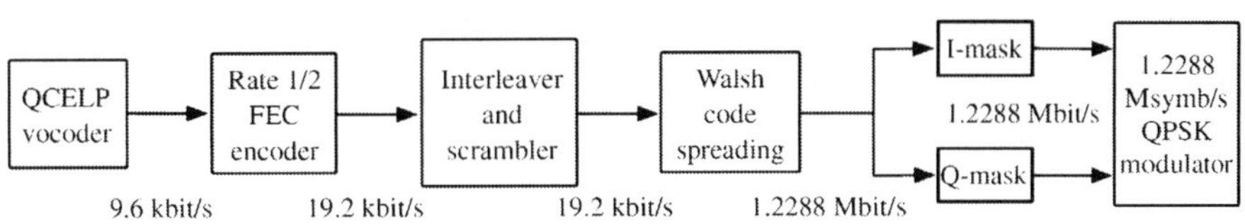

▸▸ 그림 11.19 cdmaOne(IS-95)의 순방향 링크의 변조와 Walsh 부호 확산

cdmaOne에서는 하향링크에서 QPSK 변조를 사용하고, 상향링크에서는 오프셋 QPSK (또는 OQPSK)라고 알려진 QPSK의 변형된 형태를 이용한다. 상향과 하향링크 사이에는 다른 중요한 차이점들이 있다. 그림 11.19는 순방향 링크에서의 변조와 확산에 관한 기본적인 동작을 나타내었다. 1/2 콘볼루션 오류 정정 부호화 후에 음성 정보는 19.2 kbit/s가 된다. 인터리빙(interleaving)은 데이터의 순서를 섞어 연집 오류 효과를 완화시킨다. 그리고 나서 긴 부호를 이용한 비화(scrambling)는 면목상의 개인 보호 기능을 제공한다. 그리고 길이가 64인 Walsh-Hadamard의 짧은 부호를 이용하여 확산함으로써 19.2 kbit/s의 데이터는 1.2288 Mbit/s의 신호열로 바뀐다. 순방향 링크는 동기 전송을 하므로 채널 왜곡이 없을 경우, 서로 다른 Walsh-Hadamard 부호를 가진 64개의 직교 채널이 존재한다. 서로 QPSK 변조의 동위상(I, in-phase)과 직교(Q, quadrature) 성분들은 서로 다른 masking 부호를 I와 Q에 각각 사용함에도 불구하고 1.25 MHz의 대역폭을 이용하여 같은 데이터를 전송한다.

역 방향 링크의 성능은 두 가지 이유에 있어 커다란 중대 관심사가 있다. 우선, 역 방향 링크는 원근 문제가 있다. 둘째로, 순 방향 링크에 대한 모든 전송은 같은 기지국에서 발생하기 때문에, 상호 상관 값이 영(zero)인 동기 신호를 발생하는 직교 Walsh-Hadamard 확산 부호를 사용한다. 역방향 링크는 다르다. 이와 같은 이유로, 더욱 강력한 오류 정정 부호(부호화율 1/3)가 역 방향 링크에서 사용된다. 또한 순방향 링크에서와 같이, 순수한 QCELP 음성 부호화기의 비트율은 9.6 kbit/s이다. 이는 결국에는 1.25 MHz의 대역폭을 이용하여 1.2288 Mchip/s로 확산된다.

앞서 언급한 바와 같이, 원근 문제는 이동 통신에 대역 확산이 이용될 때 확인될 필요가 있다. 이 문제를 해결하기 위해 IS-95에서는 전력제어를 이용한다. 순 방향 링크에서 전력 제어 목적의 부 채널이 존재한다. 매 1.25 ms마다 기지국 수신단에서는 이동 단위의 신호 세기를 계산한다. 이 값이 너무 크면 기지국에서는 부 채널에 1신호를, 이 값이 너무 작으면, 0신호를 전송한다. 이런 방법으로 이동국(mobile station)은 매 1.25 ms마다 다른 사용자들에 대한 간섭을 줄이기 위해 800 bits/s의 전력 제어 신호를 바탕으로 전력을 조정한다.

○ 3G 셀룰러 서비스[16-19]

새로운 천년을 맞이하여 무선 서비스 사업자들은 음성 중심의 2G 셀룰러 시스템을 다음 세대(3G) 무선 시스템으로 전환하고 있다. 3세대 서비스는 초고속 데이터 통신과 인터넷 접속을 지원한다. 이러한 이유로, 국제이동통신-2000(IMT-2000, International Mobile Telecommunications-2000) 표준은 3세대 무선 통신의 국제 표준이다. IMT-2000은 고정 또는 이동 무선 접속 시스템의 전세계 무선 접속에 대한 기본적인 틀을 제공한다. 고속 이동 사용에게는 144 kbit/s, 보행 사용자에게는 384 kbit/s, 그리고 실내 사용자에게는 2.048 Mbit/s의 용량을 제공하는 것이 목적이다. 3G 표준 중에서 CDMA DSSS 시스템을 기반으로 하는 시스템은 대표적으로 3가지 종류가 있다. 즉, 경쟁관계에 있는 3GPP와 3GPP2의 광대역 CDMA 기술과 중국용 3GPP인 TD-SCDMA가 존재한다.

3G 셀룰러 시스템은 기존에 존재하는 대역을 계속해서 사용하기 때문에 사용자 한명이 고속의 정보율을 가지는 서비스를 사용하면, 같은 셀 내의 다른 CDMA 사용자들의 서비스를 제한하게 된다. 반면에, 제한된 대역폭이 주어졌을 경우, 2.048 Mbit/s의 정보율을 제공하면서 cdmaOne과 같은 수의 사용자에게 서비스를 제공하는 것은 불가능하다. 따라서 단말기로의 또는 단말기로부터의 정보율은 셀내의 데이터 트래픽의 정도에 따라 변화되어야 한다. 대부분의 정보 트래픽 형태(인터넷 사용을 포함하여)는 간헐적으로 일순간에 집중되는 경향이 있으므로 3G 셀룰러에 의하여 제공되는 가변적으로 정보율이 변하는 서비스가 이러한 통신 시스템에 적합하다.

FDMA와 TDMA와는 달리 CDMA는 가변 정보율을 위한 완벽한 환경을 제공하며, 아주 간단한 변경만을 필요로 한다. FDMA와 TDMA는 가변율을 제공하기 위하여 다수의 주파수대역 또는 시간 슬롯(slot)을 이용하여 하나의 그룹으로 사용하여야 한다. 그러나 CDMA는 단지 확산 이득만을 변경하면 된다. 다시 말하면, 높은 정보율에서 하나의 CDMA 송신기는 낮은 확산 인자를 사용한다. 이러한 경우, 다른 사용자에 대한 간섭이 매우 크고, 적은 수의 사용자만을 수용할 수 있다. 낮은 정보율에서는 송신기가 높은 확산 인자를 사용하여 많은 사용자들이 통신할 수 있다.

3GPP2의 CDMA2000 표준에는 두 가지 전송 방법이 존재한다. 하나는 1.25 MHz 대역의 1xRTT이며, 또 다른 하나는 세 개의 1.25 MHz 대역을 모아 사용하는 3xRTT이다. 1xRTT 순방향 링크에서는 확산 인자가 4이고 최대 정보율은 307.2 kbit/s이다. 따라서 칩율(chip rate)는 여전히 1.2288 Mchip/s이다. 보다 최근에 발표된 3GPP2는 CDMA 2000 1x EV-DO revision A라 부른다. 여기서 EV-DO는 "데이터에 최적화된 발전(evolution data-optimized)"을 의미한다. 이 시스템은 1.25 MHz의 순방향 대역에서 3.1 Mbit/s의 최대 정보율을 제공한다. 이는 QPSK, 8-PSK 그리고 16-QAM을 포함한 적응적 변조 및 부호화 방법을 이용하여 구현하였다. 최대 정보율에서 확산 이득은 1이다(즉 확산이 없다).

3GPP의 WCDMA도 유사한 개념을 이용한다. CDMA2000과는 달리 WCDMA는 5 MHz의 표준 대역폭을 가진다. 확산이 사용되면, 칩율(chip rate)은 4.096 Mchip/s이다. 하향링크에서 3GPP WCDMA의 가변 확산 인자는 512에서 4까지이다. 이러한 가변 확산은 QPSK 변조와 함께, 16 kbit/s에서 2.048 Mchip/s의 가변 정보율을 제공한다. 3GPP WCDMA는 CDMA2000에서의 EV-DO 서비스와 유사한 초고속 패킷 접속(HSPA, high-speed packet access)을 가진다. 하향 링크에서 최근에 발표된 HSPA(Release 6)은 14.4 Mbit/s의 최대 정보율을 제공한다. 그러나 현재 설치되어 운용되는 시스템은 7.2 Mbit/s의 최대 정보율을 지원할 수 있다. 이러한 고속 정보율에서는 대부분의 데이터 사용자들은 고선명(high-definition) TV 시청을 제외하고는 만족할 것이다.

○ 전력 제어(Power control) 대 MUD

다중 사용자 CDMA 수신기에 대한 진지한 (1980년대와 1990년대의) 학술적인 연구에도 불구하고 여기서 언급한 모든 셀룰러 CDMA 시스템은 원근 문제를 해결하기 위하여 전력 제어를 이용한다. 이는 전력 제어는 구현하기에 매우 간단하고, 매우 효과적이기 때문이다. 반면에 MUD 수신기는 보다 많은 계산량을 가진다. 또한 MUD 수신기가 효과적으로 동작하기 위해서는 모든 실제 사용자들에 대한 너무나도 많은 채널 정보와 신호 정보가 필요하다. 부가적으로, MUD 수신기 단독으로는 원근 환경에서 성능의 차이를 극복할 수 없다.

11.8.2 위성 위치확인 시스템(GPS, Global Positioning System)에서의 CDMA

○ GPS란 무엇인가?

위성 위치확인 시스템(GPS, Global Positioning System)은 유일한 완전한 기능적인 글로벌 위성 항행(navigation) 시스템이다. 정확한 RF 신호를 전송하기 위하여 중간 정도의 지구 궤도 상에서 적어도 24개의 위성 배치를 이용하여 GPS 수신기로 하여금 자신의 위치, 속도, 그리고 방향을 결정하게 한다.

GPS 수신기는 세 개 또는 그 이상의 GPS 위성들과 거리를 바탕으로 수신기 자신의 위치를 계산한다. 신호는 알고 있는 속도로 전파되므로, 각 GPS 마이크로파 신호의 전송과 수신사이의 시간 지연을 측정하여 각 위성과의 거리를 알 수 있다. 신호 또한 위성의 위치에 대한 정보를 전달한다. 적어도 3개 이상의 위성과의 거리와 위치를 계산하고 삼각법(triangularization)을 이용하면 수신기는 자신의 위치를 알 수 있다. 수신기는 일반적으로 완벽하게 정확한 시간을 알 수 없으므로 수신기에서의 시간 오차를 보정하기 위하여 하나 또는 그 이상의 위성으로부터 시간을 추적한다.

각각의 GPS 위성은 연속적으로 자신의 (항행) 메시지를 50 bit/s의 전송율로 보낸다(broadcasting). 이러한 메시지는 두 개의 CDMA 확산 부호에 의하여 전송된다. 하나는 C/A(대략적인 신호 획득, coarse/acquisition) 모드이고, 또 다른 하나는 P(군사적 목적을 위한 정확한 신호 획득) 모드이다. C/A 확산 부호는 주기가 1023 칩인 PN 신호열로서 1.023 Mchip/s의 전송율을 가진다. 확산 이득은 $L = 20{,}460$이다. 대부분의 상용 사용자 접속은 C/A 모드이다*.

원래 군사용으로 개발된 GPS는 현재 비행기나 배의 항해, 자동차 운행 뿐만 아니라 탐사와 지리학 연구와 같은 민간 분야에서 많이 사용되고 있다. GPS는 수인치의 정확도를 가지고 지구상의 어디에서든지 정확한 위치(위도, 경도 그리도 고도)와 시간을 알 수 있다.

* P 확산 부호율은 10.23 Mchip/s이고, 확산 이득은 $L = 204{,}600$이다. P 모드 주기는 6.1871×10^{12} 비트만큼 길다. 실제로 10.23 Mchip/s의 칩율은 부호 주기가 1주일의 길이만큼이나 길다.

또한 정확한 이동속도도 알아 낼 수 있다. GPS 수신기는 매우 작고 저렴하여 모든 사람들이 자동차나 보트에서 이용할 수 있다. 휴대용 GPS 수신기는 그 종류가 무수하게 많으며, 셀룰러 전화에 장착되어 가고 있다.

○ 어떻게 GPS는 동작할까?

GPS 수신기는 정확한 참조점들인 공간상의 위성 그룹으로부터 그 거리를 측정함으로써 동작한다. GPS 시스템은 24개의 위성체들로 구성되며, 지구상 어디서든지 4개 이상의 위성을 항상 볼 수 있을 것이다. 24개의 위성은 6개의 궤도에 따라 22,000 km 높이에 위치해 있다. 각 위성체는 12시간만에 지구를 선회한다. 위성체는 일정하게, 매 순간마다 그 정확한 위치와 속도를 알고 있는 미국 국방부에 의해 감시된다. 이 정보는 위성에 되돌려 진다. 모든 위성은 보드상에 믿을 수 없을 정도의 정확한 원자 시계를 갖고 있고, 동시에 동일한 PN부호를 발생할 수 있도록 동기화 되어진다. 위성들은 이러한 PN 부호와 그들의 위치와 시간을 연속적으로 전송한다. 또한 지상의 GPS 수신기는 위성의 PN 부호와 동기화 되지는 않지만 똑같은 PN 부호를 발생시킨다. 이것은 GPS 수신기를 값싸게 제작하기 위해서이다. 따라서 수신기에 의해 발생된 PN 부호의 타이밍은 위성체의 PN부호와 α초(타이밍 바이어스: timing bias) 정도 어긋날 것이다.

우선 타이밍 바이어스가 $\alpha = 0$이라 가정하자. 한 위성으로부터 수신한 것과 그 자신의 PN 부호 사이에 시간 지연을 측정함으로써, 수신기는 위성으로부터의 거리 d를 계산할 수 있다. 이 정보는 수신기를 그림 11.20a에 보인 바와 같이 위성체 위치에 중심을 지닌 반지름 d인 구에 수신기를 위치시킨다. 이와 같이 세 위성으로부터 동시에 측정하여 세 개의 알려진 위성체 위치에 중심을 지닌 세 개의 구에 수신기를 위치하게 한다. 두 구의 교차점은 원이며(그림 11.20b), 세번째 구와 이 원과의 교차점은 그림 11.20c에서와 같이 두 개의 점으로 위치가 한정된다. 이 점 중 하나가 정확한 위치이다. 그러나 어느 것인가? 불행히도, 점 중 하나는 잘못된 답이다. 정확하지 않은 점은 지구상에 존재하지 않거나 혹은 그 수신기의 속도로는 불가능한 높은 속도를 나타낼 것이다. GPS 수신기의 컴퓨터는 정확한 점과 부정확한 점을 구별하는 다양한 기술을 가지고 있다.

실제로 타이밍 바이어스 α는 0이 아니다. 이 문제를 해결하기 위해서, 4번째 위성체로부터의 거리 측정이 필요하다. 사용자는 그림 11.20d에 보여진 것 같이 그 위치를 가능한 24개 위성체중 4개로부터 신호를 수신함으로써 파악한다. 수신기 내의 타이밍 바이어스에 따른 사용자의 3차원 공간에 4개의 미지수가 존재한다. 4개의 미지수는 4개의 위성 각각에 대한 4개의 거리에 관한 방정식을 이용하여 해결될 수가 있다.

DSSS 신호는 극히 좁은 펄스들의 시퀀스로 구성되기 때문에, 정확하게 신호의 도착 시간을 측정하는 것이 가능하다. GPS 시스템은 지구상의 어디든 10 m의 정확도를 얻을 수 있다. 차동(differential) GPS의 사용으로 센티미터 내의 정확도를 제공할 수도 있다. 이 경우에 위치가 정확하게 알려진 한 위치를 사용한다. GPS 수신기에 의해 읽혀진 좌표와

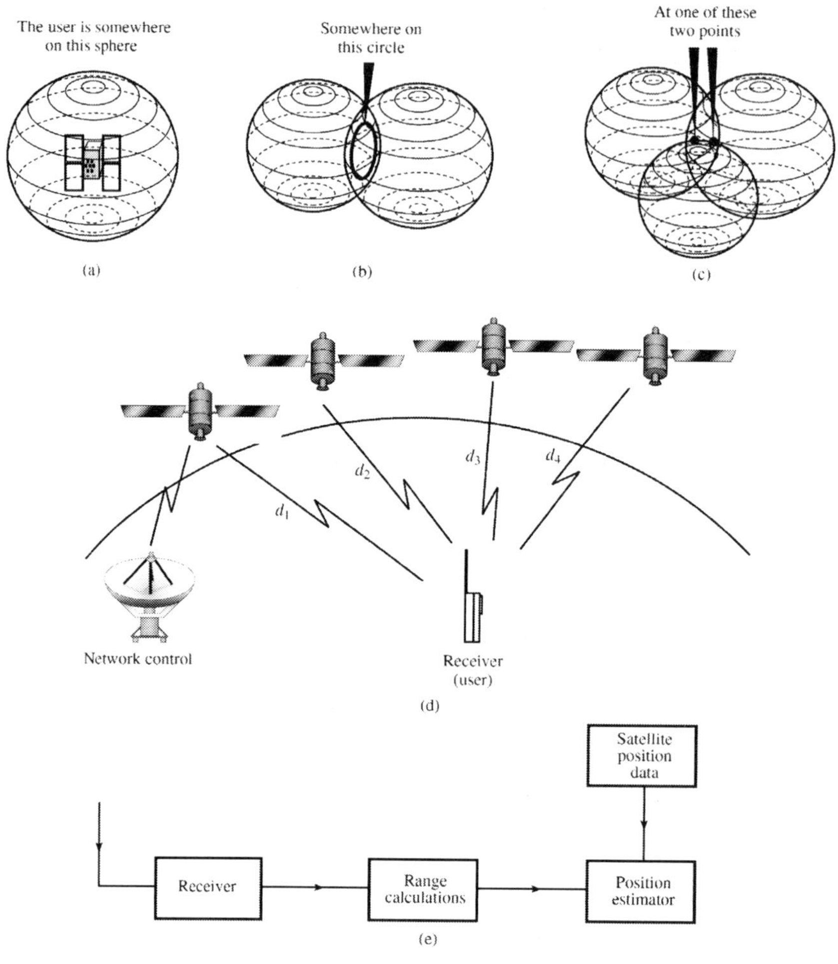

▸▸ 그림 11.20 (a) 1 위성체로부터의 수신 영역 (b) 2 위성체에 의해 좁혀진 수신 영역 (c) 3 위성체에 의해 좁혀진 수신 영역 (d) 4 위성체에 의한 실제의 GPS (e) GPS 수신기의 블록도

그것의 알려진 좌표의 비교는(같은 위치에 대해서) GPS 시스템의 에러(바이어스)를 제공하며, 이것은 다른 위치의 GPS 측정 에러를 정정하는데 사용될 수 있다. 이것은 위성이 너무 높게 위치해서, 한 수신기에 의해서 측정된 에러는 같은 장소의 다른 수신기에 대해서도 거의 정확하게 같은 값일 것이다라는 사실에 기초한다. 차동 GPS는 현재의 운송, 석유 파이프 라인 건설, 항공 시스템, 해양 항해 시스템, 그리고 지하 케이블부터 전봇대까지 매우 높은 정확도의 위치를 알아야 하는 다양한 응용 분야에 사용되고 있다.

○ 왜 GPS에서는 스펙트럼 확산을 사용할까?

GPS 시스템에서 대역 확산의 이용은 세 가지 목표를 달성하기 위한 것이다. 첫째는 위성체로부터의 신호가 비공인 사용으로부터 보호될 수 있다는 것이다. 둘째는, 실제적으로 더 중요한, 대역 확산의 본질적인 처리 이득이 사용되는 전력을 적정 수준으로 허용한다는 것이다. 위성체 가격은 그 무게에 비례하기 때문에, 가능한 한 요구 전력을 감소시키는 것이 바람직하다. 더군다나 각 위성체는 전체 지구의 반을 볼 수 있어야 하기 때문에, 매우 적은 안테나 이득이 가능하다. 고해상도를 얻기 위해서는 매우 정밀한 좁은 펄스들이 요구된다. 이것은 넓은 스펙트럼을 필요로 하므로, 그 결과 수신 신호가 잡음 크기보다 몇 데시벨 아래로 주어진다. 거리 정보는 매 초마다 단지 한번 계산될 필요가 있으므로, 데이터 대역폭은 약 100 Hz 정도가 필요하다. 이것이 대역 확산에 대한 자연스런 정합이다. 수신기에서 수신된 신호의 역 확산에 의해 상당한 처리 이득이 실현되므로, 적절한 전력 레벨에서 양호한 수신을 할 수 있다. 대역 확산을 사용하는 세 번째 이유는 각 위성체가 각 사용자 신호의 직교성에 의해, 다른 신호와 간섭없이 동일 주파수 대역을 사용할 수 있다는 점이다.

각 위성체는 지구를 12시간에 1번 선회하고, 두 주파수 상에서 직교 위상으로 변조된 두 PN 시퀀스를 송출한다. 두 주파수는 이온층에 의해 야기되는 지연을 정정하기 위해 필요하다.

11.8.3 무선 LAN을 위한 IEEE 802.11b

IEEE 802.11b는 휴대용 컴퓨터와 같은 기기에 고속 무선 연결을 제공하기 위한 무선 지역망(WLAN, wireless local wireless networks) 표준이다.

그 이전 표준인 802.11과 같이 802.11b는 2.4에서 2.4835 GHz의 허가가 필요없는 ISM 대역을 사용한다. 셀룰러 망과 유사하게, 서비스 영역내의 모든 휴대용 컴퓨터는 "접속 지점(access point)"를 가진 1대 1 통신 링크를 형성한다. 접속 지점은 휴대용 컴퓨터로 또는 휴대용 컴퓨터로부터 트래픽을 전달할 수 있는 고속 연결을 통해 인터넷에 연결된다. 이러한 방식으로 접속 지점은 컴퓨터와 인터넷간의 다리 역할을 한다.

ISM 대역은 마이크로파 오븐, 어린이 관찰 모니터, 무선 전화기 그리고 무선 조절기와 같은 무면허 무선기기로부터 오는 신호들로 인해 신호의 밀도가 대단히 크다. 따라서 WLAN 데이터를 전송하기 위해서는 이러한 무면허 전송에 대한 간섭 극복이 핵심적이다. 이러한 이유로 대역 확산은 이주 효율적인 기술이다.

FHSS IEEE 802.11에 사용되는 간단한 FSK는 2 Mbit/s까지 정보율을 제공하고 구현이 간단하다. 링크의 정보율은 여전히 매우 낮다. 휴대용 컴퓨터는 적당한 수준의 계산 능력을 제공하는 상대적으로 강력한 성능의 기기이기 때문에 휴대용 컴퓨터는 보다 복잡하고 빠른 변조 기법을 지원할 수 있다. IEEE 802.11b는 FHSS 기능을 제거하고 완전한 DSSS 전송을 채용하였다. 따라서 정보율을 11Mbit/s까지 지원하여 대부분의 컴퓨터 접속을 만족시킨다.

모든 국가에 모든 채널이 사용 가능하지는 않지만 국제적으로 ISM 대역에는 14개의 DSSS 채널이 존재한다. 북미에서는 22 MHz 대역의 11개 채널이 존재한다. 채널 간격은 5 MHz이다. 표 11.2에 11개의 DSSS 채널을 설명하였다.

IEEE 802.11b의 칩율은 11 MHz이며, 스펙트럼 확산 전송 대역폭은 대략 25 MHz이다. 802.11b의 정보율은 1, 2, 5.5 그리고 11 Mbit/s이다. 1 Mbit/s와 2 Mbit/s 정보율은 차동 BPSK와 차동 QPSK를 각각 사용한다. 5.5 Mbit/s와 11 Mbit/s의 고속 정보율에서는 보다 정교한 상보 부호 변조(CCK, complementary code keying)를 사용한다. 링크 정보율은 채널 상태의 품질에 따라 결정된다. 802.11b DSSS 변조에 대한 서로 다른 확산 이득은 표 11.3에 나타내었다.

각 접속 지점은 다중 링크를 제공한다. 부가적으로 주어진 지역에서 하나 이상의 접속 지점이 존재할 수 있다. 스펙트럼의 중복을 피하기 위하여 서로 다른 네트웍 링크는 최소 5개의 채널 이상 떨어져 있어야 한다. 예를 들면, 채널 1과 채널 6 그리고 채널 11은 상호 간섭없이 존재할 수 있다. 바로 옆의 채널은 다수의 네트웍 영역으로 혼잡해 질 수 있다. 따라서 스펙트럼이 겹치는 현상은 피할 수 없다. 서로 다른 네트웍이 스펙트럼 상으로 같은 채널을 사용하게 되면 신호 충돌이 발생한다. 이러한 데이터 충돌은 (물리 계층에서) 송신기와 수신기에 의하여 해결될 수 있다. 오히려 네트웍 프로토콜은 모든 네트웍과 사용자들로 하여금 한 발 물러서게(back off) 한다 (유한한 데이터 패킷을 전송하기 전에 타이머의 일정 시간 동안 기다리게 한다). 802.11 WLAN에서 이러한 타이머는 트래픽에 의한 균일 분포(uniform distribution)를 바탕으로 하는 랜덤 변수이다. WLAN에서 데이터 충돌을 해결하는 이러한 back off 프로토콜을 분산 조정 기능(DCF, distributed coordinator function)이라 한다.

▶▶ 표 11.2 IEEE 802.11b의 2.4GHz ISM 채널 할당

Channel	1	2	3	4	5	6	7	8	9	10	11
Center f, GHz	2.412	2.417	2.422	2.427	2.432	2.437	2.442	2.447	2.452	2.457	2.462

▶▶ 표 11.3 IEEE 802.11b 전송에서 변조 형식과 확산 인자

Chip rate	11 MHz			
Data rate	1 Mbit/s	2 Mbit/s	5.5 Mbit/s	11 Mbit/s
Modulation	Differential BPSK	Differential QPSK	CCK	CCK
Spreading gain	11	11	2	1

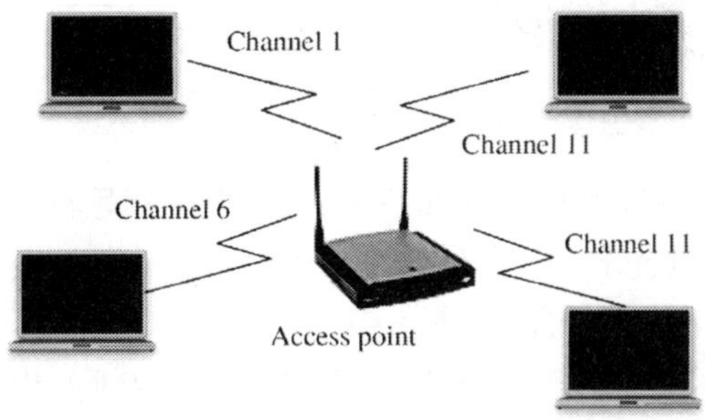

▸▸ 그림 11.21 접속 지점에서의 무선 LAN과 네 대의 컴퓨터 노드

다수의 링크들이 같은 채널을 공유하게 하기 위하여, DCF는 각 링크를 랜덤 주기 시간동안 채널을 강제적으로 비우게 한다. 이는 최대 데이터율 11Mbit/s를 다른 경쟁적인 채널 사용자들에 의하여 얻을 수 없음을 의미한다. 그림 11.21과 같이 네 개의 컴퓨터가 접속 지점에 연결되어 서로 같은 채널 11을 사용할 경우, DCF는 그들의 접속 시간을 줄이고 효과적인 데이터율로 전송율을 낮추게 된다. 이러한 경우, 완전한 해결 방법은 두 사용자 사이에 동등하게 11Mbit/s를 할당하는 것이다. 이러한 이상적인 상황은 DCF의 분산 프로토콜 하에서는 발생하기 어렵다. DCF를 이용하는 경우, 각 사용자의 최대 처리량은 5.5Mbit/s보다 훨씬 적게 된다.

IEEE 802.11b는 의심할 여지없이 상업용 WLAN 시장을 열어야 할 책임을 가진 무선 표준으로써, 가장 성공한 무선 표준 중의 하나이다. 그럼에도 불구하고, 주파수 효율과 최대 데이터 율을 향상시키기 위하여, 직교 주파수 분할 접속(OFDM, orthogonal frequency division multiplexing)이라는 새로운 변조 기법이 다음으로 개발된 표준인 IEEE 802.11a와 IEEE 802.11g에 채용되었다*. OFDM의 원리와 분석은 다음 장인 12장에 다룬다.

11.9 매트랩 연습

본 절에서는 대역확산 통신 시스템의 동작과 구현에 대한 컴퓨터 연습을 수행한다. 주파수 도약 스펙트럼 확산(FHSS)과 직접 수열 스펙트럼 확산(DSSS) 또는 CDMA, 그리고 다중 사용자 CDMA 시스템을 고려한다. 스펙트럼 확산 통신에서의 협대역 간섭 효과와 다중 사용자 CDMA 시스템에서의 원근(near-far) 효과를 살펴본다.

* IEEE 802.11g는 IEEE 802.11b와 같은 ISM 대역에서 동작하며, 호환성을 가진다. 따라서 IEEE 802.11g는 CDMA와 OFDM의 두 가지 기술을 포함한다. 그러나 IEEE 802.11a는 5 GHz 대역에서 동작하며, OFDM만을 이용한다.

● 컴퓨터 예제 11.1

• 부분대역 재밍이 있는 FHSS FSK 통신

첫 번째 매트랩 프로그램 Ex11_1.m은 FSK 변조와 비동기 검출 수신기를 이용하는 FHSS 통신 시스템을 구현한다. 입력 값 1(재밍 있음)과 0(재밍 없음)에 의하여 부분 대역 재밍 신호에 대한 FHSS의 영향을 설명할 수 있다.

Ex11_1.m에서 FHSS 시스템의 실험 인자들을 표 11.4에 나타내었다. 부분 대역 제밍이 존재 할 때, 고정되었지만 임의로 선택된 하나의 FSK 채널이 재밍에 의하여 소거된다. 부가 백색 가우시안 채널 잡음에서는 FHSS 사용자에 대한 부분 대역 재밍의 영향을 그림 11.22에 나타내었다. 재밍이 없을 경우 FHSS 성능은 10장과 11.1절의 분석과 정확하게 일치함을 알 수 있다. 부분 대역 재밍이 존재할 경우 FHSS 시스템의 BER은 식 (11.4)와 같음을 알 수 있다. L이 4에서 8, 16으로 증가함에 따라 성능은 향상됨을 알 수 있다.

▸▸ 표 11.4 컴퓨터 연습 11.1에 사용된 실험 인자

Number of users	$m = 1$
Spreading factor (number of FSK bands)	$L = 8$
Number of hops per symbol per bit	$L_h = 1$
Modulation	BFSK
Detection	Noncoherent
Partial band jamming	1 fixed FSK band

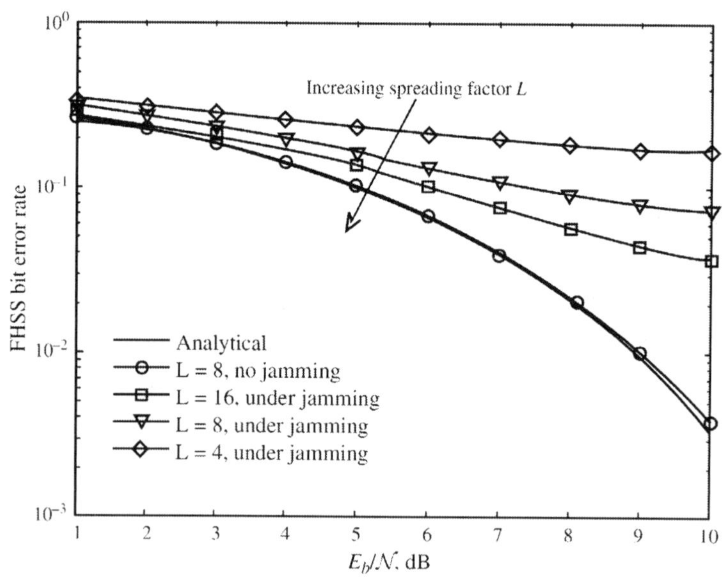

▸▸ 그림 11.22 부분 대역 재밍하에서 FHSS 비동기 검출 시스템의 성능

```
% can be turned on or off by inputting jamming=1 or 0
% Non-coherent MFSK detection
% only needs to compare the magnitude of each frequency bin.
%
clear;clf
n=10000;        %Number of data symbols in the simulation
L=8;             % Number of frequency bands
Lh=1;            % Number of hops per symbol (bit)
m=1;             % Number of users
% Generating information bits
s_data=round(rand(n,m));
% Turn partial band jamming on or off
jamming=input('jamming=? (Enter 1 for Yes, 0 for No)');
%  Generating random phases on the two frequencies
xbase1=[exp(j*2*pi*rand(Lh*n,1))];
xbase0=[exp(j*2*pi*rand(Lh*n,1))];
%  Modulating two orthogonal frequencies
xmodsig=[kron(s_data,ones(Lh,1)).*xbase1 kron((1-s_data),ones(Lh,1)).*xbase0];
clear xbase0 xbase1;
%  Generating a random hopping sequence nLh long
Phop=round(rand(Lh*n,1)*(L-1))+1;       % PN hopping pattern;
Xsiga=sparse(1:Lh*n,Phop,xmodsig(:,1));
Xsigb=sparse(1:Lh*n,Phop,xmodsig(:,2));
%  Generating noise sequences for both frequency channels
noise1=randn(Lh*n,1)+j*randn(Lh*n,1);
noise2=randn(Lh*n,1)+j*randn(Lh*n,1);
Nsiga=sparse(1:Lh*n,Phop,noise1);
Nsigb=sparse(1:Lh*n,Phop,noise2);
clear noise1 noise2 xmodsig;
BER=[];
BER_az=[];
%  Add a jammed channel (randomly picked)
if (jamming)
nch=round(rand*(L-1))+1;
Xsiga(:,nch)=Xsiga(:,nch)*0;
Xsigb(:,nch)=Xsigb(:,nch)*0;
Nsiga(:,nch)=Nsiga(:,nch)*0;
Nsigb(:,nch)=Nsigb(:,nch)*0;
end
% Generating the channel noise (AWGN)
for i=1:10,
    Eb2N(i)=i;                             %(Eb/N in dB)
    Eb2N_num=10^(Eb2N(i)/10);              % Eb/N in numeral
    Var_n=1/(2*Eb2N_num);                  %1/SNR is the noise variance
    signois=sqrt(Var_n);                   % standard deviation
    ych1=Xsiga+signois*Nsiga;              % AWGN complex channels
    ych2=Xsigb+signois*Nsigb;              % AWGN channels
    % Non-coherent detection

    for kk=0:n-1,
        Yvec1=[];Yvec2=[];
        for kk2=1:Lh,
            Yvec1=[Yvec1 ych1(kk*Lh+kk2,Phop(kk*Lh+kk2))];
            Yvec2=[Yvec2 ych2(kk*Lh+kk2,Phop(kk*Lh+kk2))];
```

```
        end
        ydim1=Yvec1*Yvec1';
        ydim2=Yvec2*Yvec2';
        dec(kk+1)=(ydim1>ydim2);
    end
    clear ych1 ych2;
    % Compute BER from simulation
    BER=[BER; sum(dec'~=s_data)/n];
    % Compare against analytical BER.
    BER_az=[BER_az; 0.5*exp(-Eb2N_num/2)];
end
figber=semilogy(Eb2N,BER_az,'k-',Eb2N,BER,'k-o');
set(figber,'Linewidth',2);
legend('Analytical BER', 'FHSS simulation');
fx=xlabel('E_b/N (dB)');
fy=ylabel('Bit error rate');
set(fx,'FontSize',11); set(fy,'Fontsize',11);
```

● 컴퓨터 예제 11.2

• QPSK DSSS 전송

본 연습에서는 협대역 재밍이 있을 경우의 기저대역 DSSS 시스템의 성능을 살펴본다. 다음 식과 같은 길이가 11인 Barker 부호를 확산 부호로 사용한다

pcode = [1 1 1 -1 -1 -1 1 -1 -1 1 -1]

이 부호는 짧은 (short) 부호로서 우수한 스펙트럼 확산의 특징을 가지고 있다. 채널 잡음은 부가 백색 가우시안 잡음을 가정한다. 매트랩 프로그램 Ex11_2b.m은 협대역 재밍이 존재할 경우, QPSK 변조를 이용한 DSSS 사용자의 결과를 제공한다.

```
% MATLAB PROGRAM <Ex11_2b.m>
% This program provides simulation for DS-CDMA signaling using
% coherent QAM detection.
% To illustrate the CDMA spreading effect, a single user is spread by
% PN sequence of different lengths.  Jamming is added as a narrowband;
% Changing spreading gain Lc;
clear;clf
Ldata=20000;          % data length in simulation; Must be divisible by 8
Lc=11;               % spreading factor vs data rate
                     % can also use the shorter Lc=7
%  Generate QPSK modulation symbols
data_sym=2*round(rand(Ldata,1))-1+j*(2*round(rand(Ldata,1))-1);
jam_data=2*round(rand(Ldata,1))-1+j*(2*round(rand(Ldata,1))-1);
% Generating a spreading code
pcode=[1 1 1 -1 -1 -1 1 -1 -1 1 -1]';
% Now spread
x_in=kron(data_sym,pcode);
%  Signal power of the channel input is 2*Lc
% Jamming power is relative
SIR=10;               % SIR in dB
```

```
% Generate noise (AWGN)
noiseq=randn(Ldata*Lc,1)+j*randn(Ldata*Lc,1); % Power is 2

 % Add jamming sinusoid sampling frequency is fc = Lc
 jam_mod=kron(jam_data,ones(Lc,1));    clear jam_data;
 jammer= sqrt(Pj/2)*jam_mod.*exp(j*2*pi*0.12*(1:Ldata*Lc)).'; %fj/fc=0.12.
 clear jam_mod;
 [P,x]=pwelch(x_in,[],[],[4096],Lc,'twoside');
 figure(1);
 semilogy(x-Lc/2,fftshift(P));
 axis([-Lc/2 Lc/2 1.e-2 1.e2]);
 grid;
 xfont=xlabel('frequency (in unit of 1/T_s)');
 yfont=ylabel('CDMA signal PSD');
 set(xfont,'FontSize',11);set(yfont,'FontSize',11);
 [P,x]=pwelch(jammer+x_in,[],[],[4096],Lc,'twoside');
 figure(2);semilogy(x-Lc/2,fftshift(P));
 grid;
 axis([-Lc/2 Lc/2 1.e-2 1.e2]);
 xfont=xlabel('frequency (in unit of 1/T_s)');
 yfont=ylabel('CDMA signal + narrowband jammer PSD');
 set(xfont,'FontSize',11);set(yfont,'FontSize',11);

 BER=[];
 BER_az=[];

 for i=1:10,
     Eb2N(i)=(i-1);                              %(Eb/N in dB)
     Eb2N_num=10^(Eb2N(i)/10);               % Eb/N in numeral
     Var_n=Lc/(2*Eb2N_num);                   %1/SNR is the noise variance
     signois=sqrt(Var_n);                    % standard deviation
     awgnois=signois*noiseq;                 % AWGN
     % Add noise to signals at the channel output
     y_out=x_in+awgnois+jammer;
     Y_out=reshape(y_out,Lc,Ldata).';    clear y_out awgnois;

     % Despread first
     z_out=Y_out*pcode;

     % Decision based on the sign of the samples
     dec1=sign(real(z_out))+j*sign(imag(z_out));
     % Now compare against the original data to compute BER
     BER=[BER;sum([real(data_sym)~=real(dec1);...
         imag(data_sym)~=imag(dec1)])/(2*Ldata)];
     BER_az=[BER_az;0.5*erfc(sqrt(Eb2N_num))];          %analytical
 end
 figure(3)
 figber=semilogy(Eb2N,BER_az,'k-',Eb2N,BER,'k-o');
 legend('No jamming','Narrowband jamming (-10 dB)');
 set(figber,'LineWidth',2);
 xfont=xlabel('E_b/N (dB)');
 yfont=ylabel('Bit error rate');
 title('DSSS (CDMA) with spreading gain = 11');
```

이 경우 $L = 11$ 인 확산 부호를 사용하므로 DSSS 신호는 근사적으로 11배 넓은 대역폭을 사용한다. 사용자 신호의 반송파로부터 $1.32/T$ 만큼의 반송파 주파수 차이를 가지는 협대역 QPSK 재밍 신호를 고려한다. 신호 대 간섭비(SIR)을 변화시킨다. 그림 11.23에 SRN=10 dB인 경우, 재밍 신호가 있을 때와 없을 때의 PSD를 나타내었다. 서로 다른 재밍(그림 11.24)을 적용하였을 때, 수신기에서의 역확산 동작을 수행한 후 QPSK 신호에 대한 BER 결과를 나타내었다. 재밍 신호가 강해질수록 BER의 성능 저하를 방지하기 위하여 보다 큰 확산 인자를 가지는 부호가 필요함을 알 수 있다.

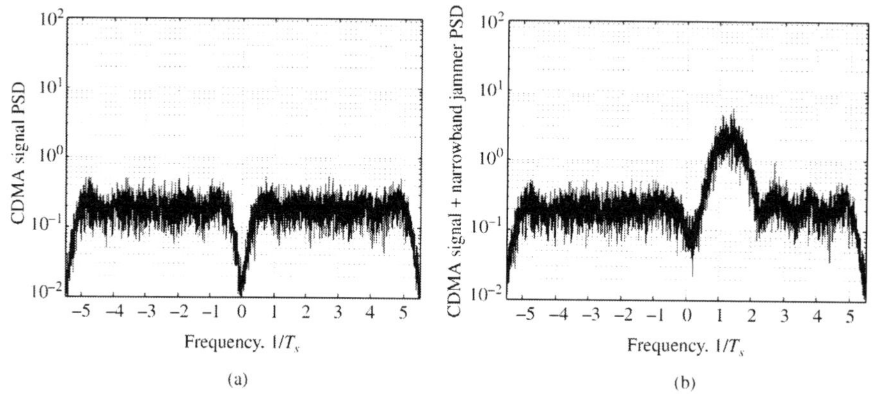

▸▸ 그림 11.23 길이가 11인 Barker 부호를 사용한 DSSS 신호의 전략 스펙트럼 밀도 (a) 재밍 신호가 없을 때 (b) 재밍 신호가 있을 때

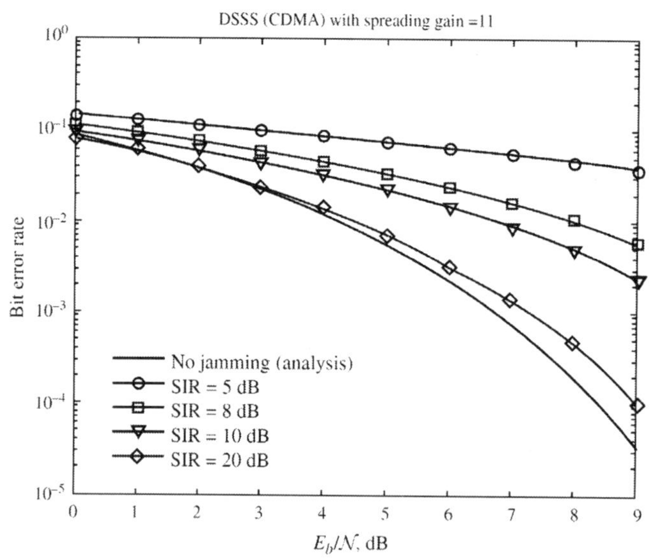

▸▸ 그림 11.24 협대역 재밍 신호가 존재할 때 QPSK 변조를 사용하는 DSSS 시스템의 BER

● 컴퓨터 예제 11.3

• 다중 사용자 DS-CDMA 시스템

DS-CDMA 시스템을 구현하기 위하여 좋은 상호 상관과 자기 상관을 가지는 다수의 확산 부호를 선택해야 한다. Gold 신호열은 아주 좋은 확산 부호로 알려져 있다. Gold 신호열은 상호 직교(mutually orthogonal)가 아니다. 이 신호열은 0이 아닌 아주 작은 상호 상관 값을 갖기 때문에 다중 사용자 검출 성능을 저하시킬 수 있다. 우리는 4개의 Gold 신호열을 사용하여 같은 송신 전력을 가지는 4명의 QPSK 사용자 신호를 확산한다. 본 예제에서는 원근 효과는 고려하지 않는다. 첫 번째 매트랩 프로그램, gold31code.m은 길이가 31인 Gold 신호열을 4명의 QPSK 사용자 신호에 할당한다.

```
% MATLAB PROGRAM <gold31code.m>
% to generate a table of 4 Gold sequence
% with length 31 each.
GPN=[1      1      1     -1
    -1      1     -1      1
    -1     -1      1      1
     1      1     -1     -1
    -1     -1     -1     -1
     1      1      1      1
     1      1     -1     -1
    -1     -1     -1      1
    -1      1     -1     -1
     1     -1     -1      1
    -1     -1      1      1
     1      1     -1      1
     1     -1     -1     -1
    -1      1      1      1
     1     -1      1      1
    -1      1      1     -1
    -1     -1      1     -1
    -1      1      1     -1
     1      1      1     -1
     1     -1      1      1
     1     -1      1     -1
     1      1     -1     -1
     1      1      1      1
     1      1     -1     -1
    -1     -1     -1     -1
     1      1     -1      1
     1     -1     -1     -1
    -1      1     -1      1
     1      1     -1     -1
     1      1      1      1
     1      1      1      1];
```

매트랩 프로그램 Ex11_3.m은 4명의 사용자 신호에 대한 확산을 수행한다. 4개의 확산 CDMA 신호의 합을 수신기에서 수행한 후, 검출한다. 4개의 사용자 신호 각각은 수신기에서 일반적인 역확산기(정합필터)를 통과하고 나서 심보 단위의 검출이 수행된다. 그림

11.25에 부가 백색 가우시안 잡음이 존재할 경우, 모든 사용자에 대한 BER 결과를 나타내었다. 또한 참고하기 위하여 AWGN 채널에서의 단일 사용자 BER을 함께 나타내었다. 모든 4명의 사용자는 같은 BER을 가진다. 단일 사용자 BER에 비하여 다중 사용자 BER이 약간의 성능 저하를 가진다. 이는 직교하지 않는 확산 부호를 사용하기 때문이다.

```
% MATLAB PROGRAM <Ex11_3.m>
% This program provides simulation for multiuser DS-CDMA signaling using
% coherent QPSK for 4 users.
%
%clear;clf
Ldata=10000;          % data length in simulation; Must be divisible by 8
Lc=31;               % spreading factor vs data rate
%User number = 4;

%  Generate QPSK modulation symbols
data_sym=2*round(rand(Ldata,4))-1+j*(2*round(rand(Ldata,4))-1);

% Select 4 spreading codes (Gold Codes of  Length 11)
gold31code;
pcode=GPN;
% Spreading codes are now in matrix pcode of 31x4
PowerMat=diag(sqrt([1 1 1 1]));
pcodew=pcode*PowerMat;
% Now spread
x_in=kron(data_sym(:,1),pcodew(:,1))+kron(data_sym(:,2),pcodew(:,2)) +...
kron(data_sym(:,3),pcodew(:,3))+kron(data_sym(:,4),pcodew(:,4));
```

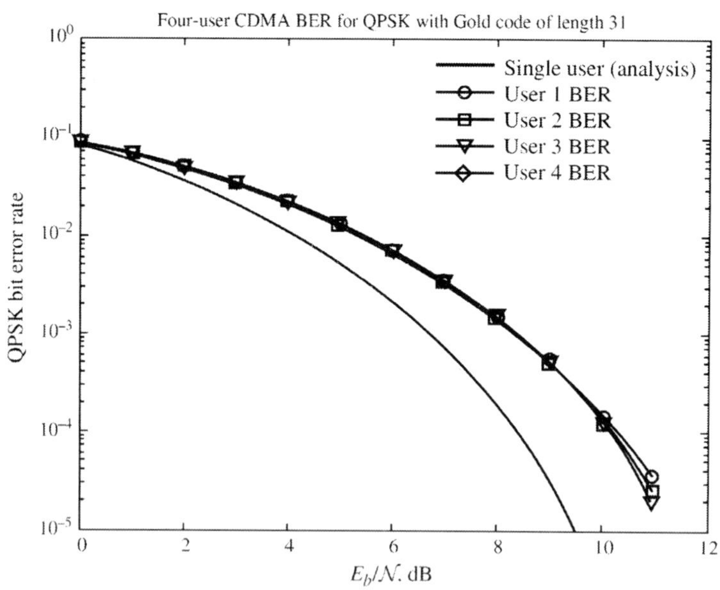

▸▸ 그림 11.25 원근 효과가 존재하지 않을 경우, 일반적인 단일 사용자 검출기를 사용하는 DS-CDMA 시스템의 성능

```
%  Signal power of the channel input is 2*Lc

% Generate noise (AWGN)
noiseq=randn(Ldata*Lc,1)+j*randn(Ldata*Lc,1); % Power is 2

BER1=[];
BER2=[];
BER3=[];
BER4=[];
BER_az=[];

for i=1:12,
    Eb2N(i)=(i-1);                              %(Eb/N in dB)
    Eb2N_num=10^(Eb2N(i)/10);                 % Eb/N in numeral
    Var_n=Lc/(2*Eb2N_num);                     %1/SNR is the noise variance
    signois=sqrt(Var_n);                      % standard deviation
    awgnois=signois*noiseq;                   % AWGN
    % Add noise to signals at the channel output

    y_out=x_in+awgnois;
    Y_out=reshape(y_out,Lc,Ldata).';    clear y_out awgnois;

    % Despread first
    z_out=Y_out*pcode;

    % Decision based on the sign of the samples
    dec=sign(real(z_out))+j*sign(imag(z_out));
    % Now compare against the original data to compute BER
    BER1=[BER1;sum([real(data_sym(:,1))~=real(dec(:,1));...
        imag(data_sym(:,1))~=imag(dec(:,1))])/(2*Ldata)];
    BER2=[BER2;sum([real(data_sym(:,2))~=real(dec(:,2));...
        imag(data_sym(:,2))~=imag(dec(:,2))])/(2*Ldata)];
    BER3=[BER3;sum([real(data_sym(:,3))~=real(dec(:,3));...
        imag(data_sym(:,3))~=imag(dec(:,3))])/(2*Ldata)];
    BER4=[BER4;sum([real(data_sym(:,4))~=real(dec(:,4));...
        imag(data_sym(:,4))~=imag(dec(:,4))])/(2*Ldata)];
    BER_az=[BER_az;0.5*erfc(sqrt(Eb2N_num))];          %analytical
end
BER=[BER1 BER2 BER3 BER4];
figure(1)
figber=semilogy(Eb2N,BER_az,'k-',Eb2N,BER1,'k-o',Eb2N,BER2,'k-s',...
    Eb2N,BER3,'k-v',Eb2N,BER4,'k-*');
legend('Single-user (analysis)','User 1 BER','User 2 BER',
'User 3 BER','User 4 BER')
axis([0 12 0.99e-5 1.e0]);
set(figber,'LineWidth',2);
xlabel('E_b/N (dB)');ylabel('QPSK bit error rate')
title('4-user CDMA BER with Gold code of length 31');
```

● 컴퓨터 예제 11.4

• 원근(near-far) 환경에서의 다중 사용자 CDMA 검출

이제 우리는 컴퓨터 연습 11.3에 주어진 프로그램을 변형하여 원근 효과를 고려하고자 한다. 4명의 사용자 중에서 사용자 2와 사용자 4는 같은 전력을 가지며, 송신기로부터 멀리 떨어져 있어 약한 수신 전력을 가진다. 사용자 1은 10 dB 강한 신호 세기를, 사용자 3은 7 dB 강한 신호 세기를 가진다고 가정하자. 이러한 원근 환경에서 사용자 2와 사용자 4는 모두 확산 부호가 완전하게 직교하지 않기 때문에 강한 간섭(사용자 1과 사용자 3)의 영향을 받는다. 두 명의 약한 사용자는 그들의 상관(correlation)에서의 차이로 인하여 같은 수준의 다중 사용자 간섭(MUI, multiuser interference)을 다른 사용자로부터 받는다. 매트랩 프로그램 Ex_11.4a는 11.7절에서 설명한 역확산(decorrelator) 다중 사용자 검출기(MUD, multiuser detector)의 성능과 일반적인 단일 사용자 검출기의 성능을 비교한다. 그림 11.26에 사용자 2와 사용자 4의 성능 결과를 나타내었다.

```
% MATLAB PROGRAM <Ex11_4a.m>
% This program provides simulation for multiuser CDMA system
% that experiences the near-far effect due to user Tx power
% variations.
%
% Decorrelator receivers are
% applied to mitigate the near-far effect
%
%clear;clf
```

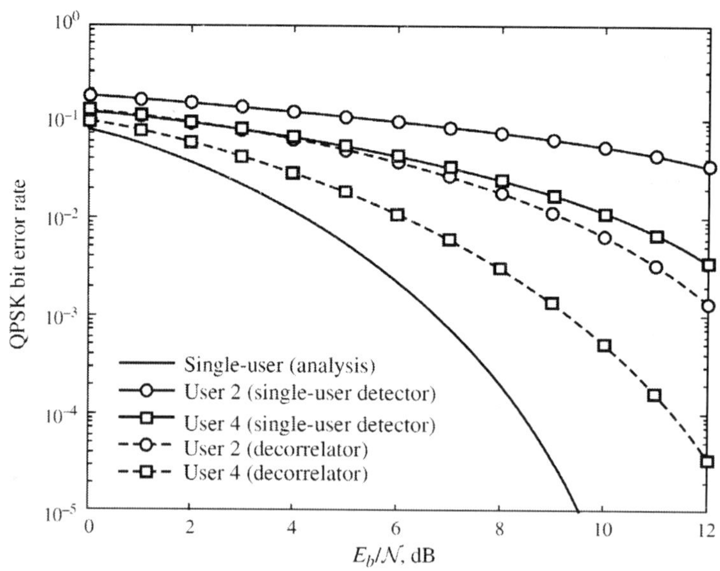

►► 그림 11.26 일반적인 단일 사용자 검출기와 역확산(decorrelaor) MUD의 성능 비교

```
Ldata=100000;         % data length in simulation; Must be divisible by 8
Lc=31;               % spreading factor vs data rate
%User number = 4;
%  Generate QPSK modulation symbols
data_sym=2*round(rand(Ldata,4))-1+j*(2*round(rand(Ldata,4))-1);

% Select 4 spreading codes (Gold Codes of  Length 11)
gold31code;
pcode=GPN;
% Spreading codes are now in matrix pcode of 31x4
PowerMat=diag(sqrt([10 1 5 1]));
pcodew=pcode*PowerMat;
Rcor=pcodew'*pcodew;
Rinv=pinv(Rcor);
% Now spread
x_in=kron(data_sym(:,1),pcodew(:,1))+kron(data_sym(:,2),pcodew(:,2)) +...
kron(data_sym(:,3),pcodew(:,3))+kron(data_sym(:,4),pcodew(:,4));

%  Signal power of the channel input is 2*Lc

% Generate noise (AWGN)
noiseq=randn(Ldata*Lc,1)+j*randn(Ldata*Lc,1); % Power is 2

BERb2=[];
BERa2=[];
BERb4=[];
BERa4=[];
BER_az=[];

for i=1:13,
    Eb2N(i)=(i-1);                          %(Eb/N in dB)


     Eb2N_num=10^(Eb2N(i)/10);            % Eb/N in numeral
     Var_n=Lc/(2*Eb2N_num);               %1/SNR is the noise variance
     signois=sqrt(Var_n);                 % standard deviation
     awgnois=signois*noiseq;              % AWGN
     % Add noise to signals at the channel output
     y_out=x_in+awgnois;
     Y_out=reshape(y_out,Lc,Ldata).';    clear y_out awgnois;
     % Despread first and apply decorrelator Rinv
     z_out=(Y_out*pcode);          % despreader (conventional) output
     clear Y_out;
     z_dcr=z_out*Rinv;             % decorrelator output

     % Decision based on the sign of the single receivers
     dec1=sign(real(z_out))+j*sign(imag(z_out));
     dec2=sign(real(z_dcr))+j*sign(imag(z_dcr));
     % Now compare against the original data to compute BER of user 2
     % and user 4 (weaker ones).
     BERa2=[BERa2;sum([real(data_sym(:,2))~=real(dec1(:,2));...
         imag(data_sym(:,2))~=imag(dec1(:,2))])/(2*Ldata)];
     BERa4=[BERa4;sum([real(data_sym(:,4))~=real(dec1(:,4));...
         imag(data_sym(:,4))~=imag(dec1(:,4))])/(2*Ldata)];
     BERb2=[BERb2;sum([real(data_sym(:,2))~=real(dec2(:,2));...
         imag(data_sym(:,2))~=imag(dec2(:,2))])/(2*Ldata)];
     BERb4=[BERb4;sum([real(data_sym(:,4))~=real(dec2(:,4));...
         imag(data_sym(:,4))~=imag(dec2(:,4))])/(2*Ldata)];
```

```
    BER_az=[BER_az;0.5*erfc(sqrt(Eb2N_num))];          %analytical
end
figure(1)
figber=semilogy(Eb2N,BER_az,'k-',Eb2N,BERa2,'k-o',Eb2N,BERa4,' k-s',...
    Eb2N,BERb2,'k--o',Eb2N,BERb4,'k--s');
legend('Single-user (analysis)','User 2 (single user detector)',...
    'User 4 (single user detector)','User 2 (decorrelator)',...
    'User 4 (decorrelator)')
axis([0 12 0.99e-5 1.e0]);
set(figber,'LineWidth',2);
xlabel('E_b/N (dB)');ylabel('QPSK bit error rate')
title('Weak-user BER comparisons');
```

우리는 또한 11.7절에서 설명한 결정 궤환 MUD를 매트랩 프로그램 Ex11_4b에 구현하였다. 두 명의 사용자에 대한 결정 궤환 MUD의 성능은 그림 11.27에 나타내었다.

```
% MATLAB PROGRAM <Ex11_4b.m>
% This program provides simulation for multiuser CDMA
% systems.  The 4 users have different powers to illustrate the
% near-far effect in single user conventional receivers
%
% Decision feedback detectors are  tested to show its
% ability to overcome the near-far problem.
%
%clear;clf
Ldata=100000;         % data length in simulation; Must be divisible by 8
Lc=31;              % spreading factor vs data rate
%User number = 4;
%  Generate QPSK modulation symbols
```

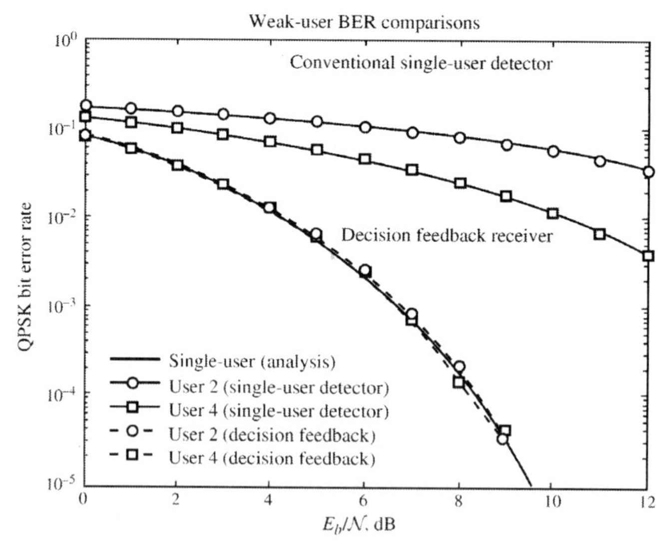

►► 그림 11.27 일반적인 단일 사용자 검출기와 결정 궤환 MUD의 성능 비교

```
data_sym=2*round(rand(Ldata,4))-1+j*(2*round(rand(Ldata,4))-1);

% Select 4 spreading codes (Gold Codes of  Length 11)
gold31code;
pcode=GPN;
% Spreading codes are now in matrix pcode of 31x4
PowerMat=diag(sqrt([10 1 5 1]));
pcodew=pcode*PowerMat;
Rcor=pcodew'*pcodew;
% Now spread
x_in=kron(data_sym(:,1),pcodew(:,1))+kron(data_sym(:,2),pcodew(:,2)) +...
kron(data_sym(:,3),pcodew(:,3))+kron(data_sym(:,4),pcodew(:,4));

%  Signal power of the channel input is 2*Lc

% Generate noise (AWGN)
noiseq=randn(Ldata*Lc,1)+j*randn(Ldata*Lc,1); % Power is 2

BER_c2=[];
BER2=[];
BER_c4=[];
BER4=[];
BER_az=[];

for i=1:13,
    Eb2N(i)=(i-1);                          %(Eb/N in dB)
    Eb2N_num=10^(Eb2N(i)/10);             % Eb/N in numeral
    Var_n=Lc/(2*Eb2N_num);                 %1/SNR is the noise variance
    signois=sqrt(Var_n);                   % standard deviation


    awgnois=signois*noiseq;                % AWGN
    % Add noise to signals at the channel output
    y_out=x_in+awgnois;
    Y_out=reshape(y_out,Lc,Ldata).';    clear y_out awgnois;
    % Despread first
    z_out=Y_out*pcode;          % despreader (conventional) output
    clear Y_out;
    % Decision based on the sign of the single receivers
    dec=sign(real(z_out))+j*sign(imag(z_out));

    % Decision based on the sign of the samples
    dec1=sign(real(z_out(:,1)))+j*sign(imag(z_out(:,1)));
    z_fk1=z_out-dec1*Rcor(1,:);
    dec3=sign(real(z_fk1(:,3)))+j*sign(imag(z_fk1(:,3)));
    z_fk2=z_fk1-dec3*Rcor(3,:);
    dec2=sign(real(z_fk2(:,2)))+j*sign(imag(z_fk2(:,2)));
    z_fk3=z_fk2-dec2*Rcor(2,:);
    dec4=sign(real(z_fk3(:,4)))+j*sign(imag(z_fk3(:,4)));
    % Now compare against the original data to compute BER
    BER_c2=[BER_c2;sum([real(data_sym(:,2))~=real(dec(:,2));...
        imag(data_sym(:,2))~=imag(dec(:,2))])/(2*Ldata)];
    BER2=[BER2;sum([real(data_sym(:,2))~=real(dec2);...
        imag(data_sym(:,2))~=imag(dec2)])/(2*Ldata)];
    BER_c4=[BER_c4;sum([real(data_sym(:,4))~=real(dec(:,4));...
        imag(data_sym(:,4))~=imag(dec(:,4))])/(2*Ldata)];
    BER4=[BER4;sum([real(data_sym(:,4))~=real(dec4);...
        imag(data_sym(:,4))~=imag(dec4)])/(2*Ldata)];
```

```
    BER_az=[BER_az;0.5*erfc(sqrt(Eb2N_num))];              %analytical
end
clear z_fk1 z_fk2 z_fk3 dec1 dec3 dec2 dec4 x_in y_out noiseq;
figure(1)
figber=semilogy(Eb2N,BER_az,'k-',Eb2N,BER_c2,'k-o',Eb2N,BER_c4,'k-s',...
Eb2N,BER2,'k--o',Eb2N,BER4,'k--s');
legend('Single-user (analysis)','User 2 (single user detector)',...
    'User 4 (single user detector)','User 2 (decision feedback)',...
    'User 4 (decision feedback)')
axis([0 12 0.99e-5 1.e0]);
set(figber,'LineWidth',2);
xlabel('E_b/N (dB)');ylabel('QPSK bit error rate')
title('Weak-user BER comparisons');
```

참고문헌

1. E. O. Geronoitis and M. B. Pursley, "Error Probabilities for Slow Frequency-Hopped Spread-Spectrum Multiple Access Communications over Fading Channels," *IEEE Trans. Commun.*, vol. 30, no. 5, pp. 996–1009, 1982.
2. Matthew S. Gast, *802.11 Wireless Networks: The Definitive Guide,* O'Reilly & Associates, Sebastopol, CA, 2002.
3. Brent A. Miller and Chatschik Bisdikian, *Bluetooth Revealed,* Upper Saddle River, NJ, Prentice-Hall, 2001.
4. http://www.bluetooth.com.
5. http://www.physics.princeton.edu/~rothman/Broertjes_patent.pdf.
6. David Wallace, "Hedy Lamarr," *Lost Magazine*, October 2006.
7. J. S. Lehnert, "An Efficient Technique for Evaluating Direct-Sequence Spread-Spectrum Communications," *IEEE Trans. on Commun.*, vol. 37, pp. 851–858, August 1989.
8. R. Lupas and S. Verdú, "Near-Far Resistance of Multiuser Detectors in Asynchronous Channels," *IEEE Trans. Commun.,* vol. COM-38, no. 4, pp. 496–508, April 1990.
9. S. Verdú, *Multiuser Detection*, Cambridge University Press, New York, 1998.
10. S. Verdú, "Optimum Multiuser Asymptotic Efficiency," *IEEE Trans. Commun.*, vol. COM-34, no. 9, pp. 890–897, Sept. 1986.
11. R. Lupas and S. Verdu, "Linear Multiuser Detectors for Synchronous Code-Division Multiple-Access Channel," *IEEE Trans. Inform. Theory*, vol. 35, pp. 123–136, Jan. 1989.
12. Z. Xie, R. T. Short, and C. K. Rushforth, "A Family of Suboptimum Detectors for Coherent Multiuser Communications," *IEEE Journal on Selected Areas of Communications*, vol. 8, pp. 683–690, May 1990.
13. M. K. Varanasi and B. Aazhang, "Near-Optimum Detection in Synchronous Code-Division Multiple-Access Systems," *IEEE Trans. Commun.*, vol. 39, pp. 825–836, May 1991.
14. A. J. Viterbi, "Very Low Rate Convolutional Codes for Maximum Theoretical Performance of Spread-Spectrum Multiple-Access Channels," *IEEE J. Select. Areas Commun.*, vol. 8, no 4, May 1990, pp. 641–649.
15. R. Kohno, H. Imai, M. Hatori, and S. Pasupathy, "Combination of an Adaptive Array Antenna and a Canceler of Interference for Direct-Sequence Spread-Spectrum Multiple-Access System," *IEEE J. Select. Areas Commun.*, vol. 8, no. 4, May 1990, pp. 675–682.
16. Juha Korhonen, *Introduction to 3G Mobile Communications*, Artech House, Boston, 2001.
17. S. C. Yang, *3G CDMA2000 Wireless System Engineering*, Artech House, Boston, 2004.
18. Keiji Tachikawa, ed. *W-CDMA Mobile Communications System*, Wiley, 2002.
19. 3rd Generation Partnership Project 2, "Physical Layer Standard for cdma2000 Spread Spectrum Systems," *3GGP2 C.S0002-D*, Version 1.0, Feb. 13, 2004.

연습문제

11.1-1 빠른 도약 2진 ASK 시스템을 고려하자. AWGN 스펙트럼은 $S_n(f) = 10^{-6}$을 가지고, 2진 신호는 각각 0과 2 V의 크기를 가진다. ASK는 100 kbit/s의 정보율을 가지고, 수신단에서 비동기 검출을 수행한다. ASK는 100 kHz의 전송 대역폭이 필요하다. 그러나 주파수 도약은 전제 1.2 MHz의 대역폭에서 12개의 ASK 대역을 이용한다. 부분 대역 재밍은 27 dBm을 가지는 가우시안 잡음 형태의 간섭이다.

(a) 부분 대역 재밍이 12개의 FH 채널 중의 하나를 재밍할 경우, FH-ASK의 BER을 구하시오. ASK 신호는 한 비트 구간동안 6대역을 도약한다고 가정하자.

(b) 부분 대역 재밍이 12개의 FH 채널 중의 두 개를 재밍할 경우, FH-ASK의 BER을 구하시오. ASK 신호는 한 비트 구간동안 6대역을 도약한다고 가정하자.

(c) 부분 대역 재밍이 12개의 FH 채널 중의 12개 모두를 재밍할 경우, FH-ASK의 BER을 구하시오. ASK 신호는 한 비트 구간동안 6대역을 도약한다고 가정하자.

11.1-2 ASK 신호가 한 비트 구간동안 12 대역을 도약할 경우, 문제 11.1-1을 반복하시오.

11.1-3 ASK 신호가 한 비트 구간동안 한 대역을 도약할 경우, 문제 11.1-1을 반복하시오.

11.2-1 각 사용자 전송을 위해 BFSK를 이용한 다중 사용자 FHSS 시스템에서 각 간섭 사용자를 부분 대역 재밍으로 간주하자. M 사용자와 L개의 총 신호 대역을 사용하는 동기 주파수 도약을 고려하자. 신호를 전송하고자 하는 사용자는 각 비트 구간 동안 L_h 대역을 도약한다.

(a) 하나의 신호 비트 동안에 사용되는 신호 대역 중에서 1개만이 간섭에 의해 재밍 당할 확률을 구하시오.

(b) 하나의 신호 비트 동안에 사용되는 신호 대역 중에서 어떠한 신호도 간섭에 의해 재밍 당하지 않을 확률을 구하시오.

(c) 부분적인 신호 대역이 재밍되었을 경우, 재밍된 신호 대역내의 에너지를 제거하여 BER영향을 계산할 수 있다. 시스템 내에 주어진 사용자의 BER을 구하시오.

11.4-1 $\mathcal{N}/2$의 스펙트럼을 가지는 AWGN 잡음을 고려하자. AWGN 잡음 $n(t)$가 이상적으로 $1/2T_c$ Hz로 대역 제한되어 있을 때, 다음을 증명하시오. 확산 부호 $c(t)$가 다음 식과 같은 자기 상관을 가질 때,

$$R_C(\tau) = \sum_i \delta(\tau - i \cdot LT_C)$$

$\mathrm{x}(t) = \mathrm{n}(t)c(t)$의 PSD는 근사적으로 다음과 같다.

$$S_X(f) = \int_{-\infty}^{\infty} S_n(\nu) S_C(f - \nu)\, d\nu = \frac{\mathcal{N}}{2}$$

11.5-1 간섭 신호 $i(t)$를 가지는 DSSS 시스템을 고려하자. 수신기에서 대역폭이 B_c인 역확산 신호 $c(t) = \pm 1$을 고려하자.

(a) $i(t)$와 다음 식과 같은 역확산 간섭신호가 같은 전력을 가짐을 보이시오.

$$i_a(t) = i(t)c(t)$$

(b) $i(t)$는 B_s의 대역폭을 가지고, 확산 인자는 L이어서 $B_c = L \cdot B_s$이다. $i_a(t)$의 전력 스펙트럼은 L배 작으며 L배 넓음을 보이시오.

11.6-1 DSSS의 다중 사용자 CDMA 시스템에서 모든 송신기는 수신기로부터 같은 거리에 있다. 다시 말하면 g_i는 상수이다. 부가 백색 가우시안 스펙트럼은 $S_n(f) = 5.0 \times 10^{-6}$이다. 모든 사용자는 BPSK 변조 형태를 이용하여 16 kbit/s의 정보율을 가진다.

(a) 확산 부호가 모두 상호 직교(mutually orthogonal)이라면, 10^{-5}의 BER을 얻기 위하여 요구되는 신호 전력 P_i를 구하시오.

(b) 확산 부호가 직교하지 않다면, 즉 다음 식과 같을 때,

$$R_{ii} = 1 \qquad R_{ij} = -1/16 \quad i \neq j$$

직교하지 않는 MAI에 대하여 가우시안 근사화를 이용하여 10^{-5}의 BER을 얻기 위하여 요구되는 신호 전력 P_i를 구하시오.

11.6-2 15개의 간섭 송신기 중에서 하나가 전송하고자 하는 수신기 보다 2배 더 가까워서 g_l이 4배 더 클 때, 문제 11.6-1을 반복하시오.

11.7-1 문제 11.6-3의 다중 사용자 CDMA 시스템에 대하여 역확산(decorrelator) 수신기와 MMSE 수신기를 설계하시오.

12 선형 왜곡 채널 환경에서의 디지털 통신

앞선 디지털 통신 시스템의 토론과 분석에서, 우리는 왜곡없는 이상적인 채널 환경을 가정하고, 오로지 부가 백색 가우시안 잡음(AWGN)의 영향만을 고려했다. 그러나 사실 통신 채널은 이상적인 채널과는 많이 다르다. 수많은 물리적 채널 왜곡중의 하나인 다중경로(multipath)는 무선통신 환경에서 직면하고 있는 가장 심각한 문제다. 아날로그 통신 시스템에서 다중경로는 인간의 눈(그림자로써)과 귀(메아리로써)가 견딜 수 있는 정도의 영향으로 나타나지만, 디지털 통신에서의 다중경로는 심벌간 간섭(ISI, intersymbol interference)으로 나타나게 되는 선형 채널 왜곡을 종종 발생시킨다. 이것은 동일한 신호가 다중경로에 의해 서로 다른 지연(delay)을 가지는 여러 개의 복사된 신호로 수신기(receiver)에 도착하기 때문이다. 그러므로 한 심볼 펄스가 지연이 되면, 인접한 하나 이상의 신호에 영향을 미치는데, 이것이 ISI이다. 우리가 논의한 것처럼 ISI는 수신기의 정확성에 심각한 영향을 줄 수 있다. 본 장에서, 우리는 다중경로 채널에 의한 ISI를 줄이기 위한 두 가지 효과적인 도구인 등화기(equalization)와 OFDM(Orthogonal Frequency Division Modulation)에 관해 논의한다.

12.1 무선 다중경로 채널에서의 선형 왜곡

디지털 통신에서 디지털 신호들은 송신기(transmitter)와 수신기(receiver) 사이의 어떤 특별한 매체를 통해 전송되어야 한다. 실제에서는 그러한 물리적 매체(channels)는 아날로그이다. 그러나 현실적인 제약 때문에, 아날로그 채널들은 불완전하고, 원치 않는 왜곡을 가져다 줄 수 있다. 비이상적인 아날로그 매체의 예들로써는 전화선(telephone lines), 동축선(coaxial cables), 수중 음파(underwater accoustics), 그리고 다양한 주파수의 RF 무선 채널들이 있다. 그림 12.1은 기지국(base station)에서 단말기로 전송될 때, 직면하는 두 가지 경로의 다중경로 채널의 간단한 예를 보여준다. 수신기에서는 두 개의 복사된 송신신호가 들어온다. 한 신호는 다른 하나의 지연된 신호다.

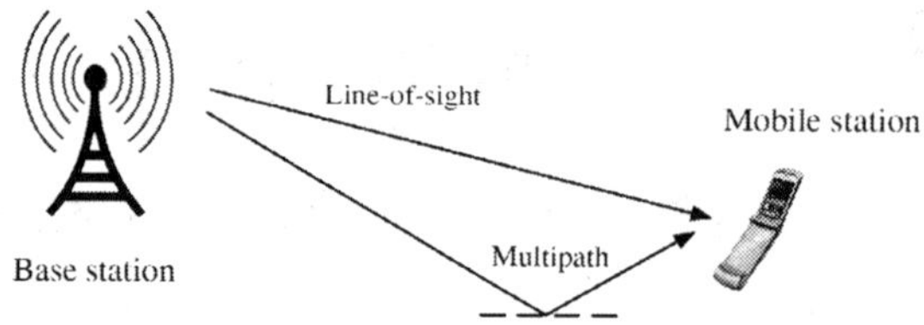

▸▸ 그림 12.1 두 경로 다중경로 채널의 단순한 그림

이 예의 다중경로의 영향을 이해하기 위해서, 우리는 직접파(line-of-sight) 신호 도착과, 반사 신호 도착으로 아래처럼 각각 표현할 수 있다.

$$s(t) = m(t)\cos\omega_c t \qquad \text{and} \qquad \alpha_1 s(t-\tau_1) = \alpha_1 m(t-\tau_1)\cos\omega_c(t-\tau_1)$$

여기서, 다음 식과 같이 PAM 메시지 신호를 DSB 변조했다고 가정한다(제7장).

$$m(t) = \sum_k a_k p(t-kT)$$

T는 PAM 심볼 주기이다. α_1과 τ_1을 주목하자. 이것들은 각각 다중경로 손실과, 직접파(line-of-sight) 신호와 연관된 지연을 나타낸다. 그러므로, 수신기의 RF 입력신호는 다음과 같다.

$$\mathrm{r}(t) = m(t)\cos\omega_c t + \alpha_1 m(t-\tau_1)\cos\omega_c(t-\tau_1) + \mathrm{n}_c(t)\cos\omega_c t + \mathrm{n}_s(t)\sin\omega_c t \qquad (12.1)$$

식 (12.1)에서 $\mathrm{n}_c(t)$와 $\mathrm{n}_s(t)$는 각각 통과대역 잡음의 동위상(in-phase) 성분과 직교(quadrature) 성분을 의미한다(Sec. 9.9). 동기 검출(coherent detection)을 적용하면, 수신기의 기저대역 출력신호는 다음과 같다.

$$\begin{aligned} y(t) &= \mathrm{LPF}\{2\mathrm{r}(t)\cos\omega_c t\} \\ &= m(t) + \alpha_1(\cos\omega_c\tau_1)m(t-\tau_1) + \mathrm{n}_c(t) \end{aligned} \qquad (12.2a)$$

$$\begin{aligned} &= \sum_k a_k p(t-kT) + (\alpha_1\cdot\cos\omega_c\tau_1)\sum_k a_k p(t-kT-\tau_1) + \mathrm{n}_c(t) \\ &= \sum_k a_k\left[p(t-kT) + (\alpha_1\cos\omega_c\tau_1)\,p(t-kT-\tau_1)\right] + \mathrm{n}_c(t) \end{aligned} \qquad (12.2b)$$

기저대역 파형을 다음과 같이 정의하자.

$$q(t) = p(t) + (\alpha_1\cos\omega_c\tau_1)\,p(t-\tau_1)$$

우리는 식 (12.2b)를 다음 식과 같이 단순화 시킬 수 있다.

$$y(t) = \sum_k a_k\, q(t - kT) + \mathrm{n}_c(t) \tag{12.2c}$$

실질적으로, 이 다중경로 채널은 원래의 펄스 형태 $p(t)$에서 $q(t)$로 바뀐다. 만약 $p(t)$가 다음 식과 같이 0의 ISI에 대한 Nyquist의 첫 번째 기준(Nyquist's first criterion of zero ISI)을 만족하게 설계되었다면(제7장에서와 같이) 즉,

$$p(nT) = \begin{cases} 1 & n = 0 \\ 0 & n = \pm 1, \pm 2, \ldots \end{cases}$$

이면, 그때 새로운 펄스 형태 $q(t)$는 아래처럼 틀림없이 ISI를 갖게 될 것이다.

$$q(nT) = p(nT) + (\alpha_1 \cdot \cos \omega_c \tau_1)\, p(nT - \tau_1) \neq 0 \qquad n = \pm 1, \pm 2, \ldots$$

이것을 일반화하기 위해, $K+1$개의 다른 경로가 있다고 가정할 경우, 그때의 실질적인 채널 응답은 다음과 같다.

$$q(t) = p(t) + \sum_{i=1}^{K} [\alpha_i \cos \omega_c \tau_i]\, p(t - \tau_i)$$

여기서 직접파(line-of-sight) 경로 지연은 $\tau_0 = 0$, 단위 경로 이득은 $\alpha_0 = 1$로 가정한다. $q(t)$에서 K합에 의한 ISI 영향은 (a) 다중경로 상대적인 이득 $\{\alpha_i\}$와 (b) 다중경로 지연 $\{\tau_i\}$에 의하여 결정된다.

○ 일반적인 QAM 모형(General QAM Models)

유무선 환경에서 대역폭을 아껴 쓰기 위해 QAM은 효과적인 전송방식이다. 다시 우리는 QAM의 심볼 주기를 T, 심볼율을 $1/T$라고 하자. QAM에서 데이터 심볼 $\{s_k\}$는 복소수 값이고, 직교(quadrature) 대역통과 RF 신호 전송은 다음과 같다.

$$s(t) = \left[\sum_k \mathrm{Re}\{s_k\} p(t - kT)\right] \cos \omega_c t + \left[\sum_k \mathrm{Im}\{s_k\} p(t - kT)\right] \sin \omega_c t \tag{12.3}$$

그러므로 $K+1$개의 경로를 가진 다중경로 채널 하에서 임펄스 응답은 다음과 같다.

$$\delta(t) + \sum_{i=1}^{K} \alpha_i \delta(t - \tau_i)$$

QAM에 대한 수신된 대역통과 신호는 다음과 같다.

$$\mathrm{r}(t) = s(t) + \sum_{i=1}^{K} \alpha_i s(t - \tau_i) + \mathrm{n}_c(t) \cos \omega_c t + \mathrm{n}_s(t) \sin \omega_c t \tag{12.4}$$

동기 검출 방식을 적용하면, QAM 복조기는 두 개의 기저대역 출력 $\mathrm{LPF}\{2\mathrm{r}(t)\cos\omega_c t\}$와 $\mathrm{LPF}\{2\mathrm{r}(t)\sin\omega_c t\}$를 출력한다. 이 두 개의 출력(동위상(in-phase)과 직교(quadrature))은 실수 값이고, 하나의 복소 출력값으로 쓸 수 있다. :

$$y(t) = \mathrm{LPF}\{2\mathrm{r}(t) \cos \omega_c t\} + j \cdot \mathrm{LPF}\{2\mathrm{r}(t) \sin \omega_c t\} \tag{12.5a}$$

$$\begin{aligned}
&= \sum_k \mathrm{Re}\{s_k\} \left[\sum_{i=0}^{K} (\alpha_i \cos \omega_c \tau_i) p(t - kT - \tau_i) \right] \\
&\quad + \sum_k \mathrm{Im}\{s_k\} \left[\sum_{i=0}^{K} (\alpha_i \sin \omega_c \tau_i) p(t - kT - \tau_i) \right] \\
&\quad - j \cdot \sum_k \mathrm{Re}\{s_k\} \left[\sum_{i=0}^{K} (\alpha_i \sin \omega_c \tau_i) p(t - kT - \tau_i) \right] \\
&\quad + j \cdot \sum_k \mathrm{Im}\{s_k\} \left[\sum_{i=0}^{K} (\alpha_i \cos \omega_c \tau_i) p(t - kT - \tau_i) \right] + \mathrm{n}_c(t) + j\,\mathrm{n}_s(t) \\
&= \sum_k s_k \left[\sum_{i=0}^{K} \alpha_i \exp(-j\omega_c \tau_i) p(t - kT - \tau_i) \right] + \mathrm{n}_c(t) + j\,\mathrm{n}_s(t)
\end{aligned} \tag{12.5b}$$

다시 한번 우리는 기저대역(복소수) 주파수 응답을 정의할 수 있다.

$$q(t) = \sum_{i=0}^{K} \alpha_i \exp(j\omega_c \tau_i) p(t - kT - \tau_i) \tag{12.6a}$$

그리고, 기저대역 복소수 잡음은 다음과 같다.

$$\mathrm{n}_e(t) = \mathrm{n}_c(t) + j\,\mathrm{n}_s(t) \tag{12.6b}$$

기저대역에서 수신단의 복조기의 출력은 다음과 같이 단순화해서 쓸 수 있다.

$$y(t) = \sum_k s_k q(t - kT) + \mathrm{n}_e(t) \tag{12.7}$$

여기에서 모든 변수들은 복소수 값이다. 분명한 것은, ISI가 없게끔 설계된 원래의 펄스 $p(t)$는 다중경로 채널에 의해 $q(t)$로 변형되었다는 것이다. 주파수축에서, 우리는 다음을 볼 수 있다.

$$Q(f) = \sum_{i=0}^{K} \alpha_i \exp[-j(2\pi f - \omega_c)\tau_i] \cdot P(f) \tag{12.8}$$

이것은 다중경로 응답 때문에, 원래의 주파수 응답 $P(f)$가 주파수에 의한 전달 함수(frequency-dependent transfer function)을 갖게 된 것을 의미한다.

$$\sum_{i=0}^{K} \alpha_i \exp(j\omega_c \tau_i) \exp[-j2\pi f \tau_i]$$

그러므로, 채널 왜곡은 주파수 f에 관한 함수로 생각할 수 있다. 주파수에 의한 왜곡(frequency-dependent distortions)으로 소개된 통신 채널들은 주파수 선택적(frequency-selective) 채널로써 잘 알려져 있다. 주파수 선택적 채널들은 ISI가 있음을 알 수 있고, 많은 검출 오류를 야기한다.

○ 유선 ISI

지금까지 우리는 무선환경에서 다중경로는 어떻게 ISI와 선형 채널 왜곡들을 일으키는지 보았다. 유선 시스템이라고 해서 그러한 문제들을 완전히 피해가지는 않는다. 유선 시스템은 모든 신호들이 얇은 케이블로 전송되기 때문에, 다중경로 환경을 가지지 않는다. 그러나 케이블들이 다수의 사용되지 않는 열린 단말장치(open terminal)를 갖는다. 따라서 이러한 열려 있는 단말 장치에서의 임피던스 부정합(impedance mismatch)은 반사 신호를 만들 수 있으며, 이러한 반사 신호는 수신기 단말장치에 지연되어 도달한다. 그러므로 선형 채널 왜곡 때문에, ISI가 유선시스템에서도 문제가 될 수 있다. 케이블 인터넷 서비스가 한 예다.

○ 등화와 OFDM

ISI 채널은 심각한 신호 저하와 열악한 검출환경을 야기하기 때문에, 송신단 또는 수신단에서 반드시 보정되어야 한다. 대부분의 경우, 불확실한 환경에서의 송신기는 실제 전송 환경을 알 수 없다. 그러므로 수신기는 미지의 다중경로 채널 $q(t)$를 확인하고, ISI의 영향을 줄일 수 있는 효과적인 수단을 찾아야 한다. ISI 채널의 영향을 줄일 수 있는 가장 일반적이고, 효과적인 방법은 채널등화와 OFDM이다.

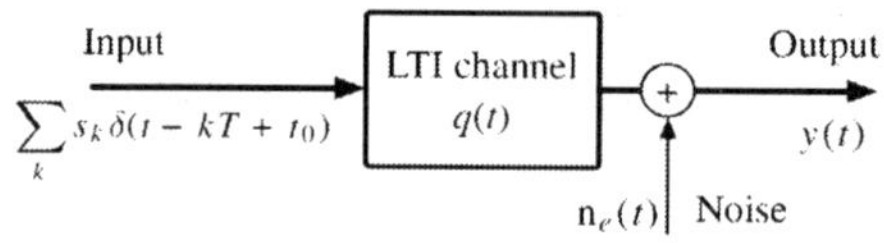

▶▶ 그림 12.2 ISI를 가진 선형 시불변 채널에서 QAM전송의 기저대역 표현

12.2 수신 채널 등화

정상상태(stationary) 채널의 경우에 채널등화의 문제를 표현하는 것은 쉽다. 우선 선형 시불변(LTI, linear time-invariant) 채널 등화에 관한 기초는 이해되었고, 적응적 기술은 시변 채널에서 다루어 질 수 있다.

채널이 LTI일 때, 채널 등화의 문제를 표현하기 위해 우리는 그림 12.2와 같이 단순한 시스템 다이어그램으로 나타낼 수 있다. 일반적으로 채널 등화는 (주파수 효율이 뛰어난) 디지털 QAM 시스템을 위해 연구되었다. QAM 데이터 통신 시스템을 위한 전형적인 기저대역 모델은 기저대역에서 송신기와 수신기 사이의 물리적 연결을 표현하는 미지의 LTI 채널 $q(t)$로 구성한다.

기저대역 송신기는 복소수 값을 가지는 임의의 입력 데이터 신호열 $\{s_k\}$를 발생시킨다. 이 신호열의 각 성분들은 QAM 심볼의 성상도 A에 속해있다. 데이터 신호열 $\{s_k\}$는 임펄스 응답 $q(t)$를 갖는 LTI 기저대역 채널을 통해 전송된다. QAM 심볼들 $\{s_k\}$는 복소수 값이기 때문에, 일반적으로 기저대역 채널 임펄스 응답 $q(t)$ 또한 복소수 값이어야 한다.

임펄스 응답 $q(t)$와 함께, 인과관계 시스템이며 복소수 값의 LTI 통신 채널 환경하에서, QAM 시스템의 입력과 출력의 관계는 다음과 같이 쓰일 수 있다.

$$y(t) = \sum_{k=-\infty}^{\infty} s_k q(t - kT + t_0) + n_e(t) \quad s_k \in \mathcal{A} \tag{12.9}$$

전형적으로 기저대역 채널 잡음 $n_e(t)$는 정상(stationary)이며, 가우시안이고, 채널 입력 s_k에 대해 독립이라 가정한다. 수신단에서 수신된 기저대역 신호 $y(t)$가 주어졌을 때, 채널 등화기의 역할은 수신된 신호 $y(t)$로부터 원래의 데이터 $\{s_k\}$를 추정하는 것이다.

앞으로 우리는 채널 등화과정의 전형적인 틀을 보일 것이다. 일반성을 잃지 않게, $t_0 = 0$이라 하자.

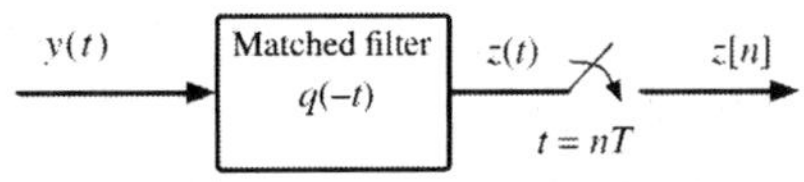

▶▶ 그림 12.3 최적의 정합 필터 수신기

12.2.1 Antialiasing 필터 vs. 정합 필터

우리는 10.1절과 10.6절에서 최적의 수신 필터는 총 응답 $q(t)$에 정합해야 한다고 보였다. 이 필터는 필터의 출력에서 샘플링 된 신호의 SNR을 최대화시킨다고 하였다. 비록 응답 $q(t)$가 ISI를 가진다 할지라도, Forney[1]는 그림 12.3과 같이 정합필터 수신기의 최적화를 확립하였다*. 정합 필터 $q(-t)$와 $t=nT$에서의 심볼(baud) 율로 표본화된다고 가정하면, 수신기는 송신 데이터 $\{s_k\}$와 수신기 표본 사이에 다음과 같은 관계를 가지는 출력 신호열을 얻는다.

$$z[n] = \sum_k s_k h(nT - kT) \tag{12.10}$$

여기서

$$h(t) = q(t) * q(-t) \tag{12.11}$$

이다. 만약 우리가 $h(t)$의 샘플을 다음과 같이 정의하면,

$$h[n] = h(nT)$$

식 (12.10)은, 다음과 같이 단순화 시킬 수 있다.

$$z[n] = \sum_k s_k h[n-k] = h[n] * s[n] \tag{12.12}$$

요컨대, 채널(입력-출력) 신호들은 전달함수로써 단일-입력 단일-출력(SISO, single-input single-output) 선형 이산 채널에 의해 연관되어 있다.

$$H(z) = \sum_n h[n] z^{-n} \tag{12.13}$$

* Forney는 입력 심볼 추정을 위한 충분한 통계적인 정보는 정합 필터 출력 신호의 $t=nT$에서 baud율 표본화에 의하여 계속 유지된다는 것을 증명했다. 이러한 결과는 정합 필터 표본화에 의하여 얻어진 단일-입력 단일-출력(SISO, single-input single-output) 시스템 모델의 기초를 형성한다. 그러나 $q(t)$를 알 수 없을 때, 더 이상 최적이 아니다.

선형 QAM 신호의 SISO 이산 표현은 표준 T 간격 등화기(TSE, T-spaced equalizer)를 유도한다. T 간격 등화(T-spaced equalization)란, 수신된 신호를 $1/T$의 속도로 표본화하여 처리하는 것을 나타낸다. 그러므로, 표본화된 신호들 사이의 시간 차이는 baud (심볼, symbol) 주기 T와 같다.

최적의 정합 필터 수신기는 큰 실질적인 장애에 직면한다. 바로 총 펄스 형태 응답 $q(t)$가 다중경로 채널 환경에 의존한다는 것이다. 실제로, 채널 환경이 빠르게 변화하기 때문에 수신필터를 시변하는 $q(t)$에 따라 적응시키기는 현실적으로 어렵다. 더욱이 일반적으로 수신기는 $q(t)$에 영향을 미치는 채널에 관한 사전정보를 가지고 있지 않다. 그 결과로, 활발하게 변하는 채널 환경을 최적화 시키는 수신 필터 $q(-t)$를 구현하는 것은 매우 어렵다. 그러므로, $y(t)$에서의 어떠한 신호 정보도 손실되지 않도록 수신 필터를 선택하는 것은 중요한 일이다.

해결책을 찾기 위해, QAM 채널 입력 신호를 상기하자.

$$x(t) = \sum_k s_k p(t - kT)$$

우리는 이미 7.2절[식 (7.9) 참조]에서 진폭 변조된 펄스열의 전력 스펙트럼 밀도(PSD)가

$$S_x(f) = |P(f)|^2 \frac{1}{T} \left[\sum_{n=-\infty}^{\infty} R_s[n] e^{-jn2\pi fT} \right] \tag{12.14a}$$

$$R_s[n] = \overline{s_{k+n} s_k^*} \tag{12.14b}$$

이고, 펄스 진폭 a_k를 QAM 심볼 s_k로 간단하게 대체함으로써 위와 같이 된다는 것을 배웠다. 식 12.14a의 신호 스펙트럼은 $y(t)$에서의 신호 성분이 $p(t)$또는 $P(f)$의 대역폭에 의해 제한된다는 것을 보여준다.

그러므로 수신필터는 정보가 담긴 신호 성분을 걸러내면 안되고, 반드시 $P(f)$의 대역폭과 일치해야만 한다. 반면에, 만약 우리가 수신 필터의 대역폭을 $P(f)$보다 크게 잡는다면, 더 많은 잡음이 그 필터를 통과하게 될 것이고, 신호의 이득은 적어지게 될 것이다.

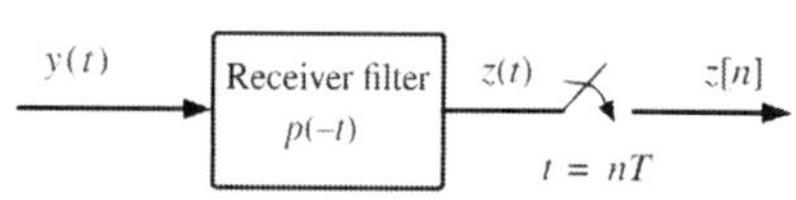

그림 12.4 일반적으로 사용되는 송신펄스에 정합하는 수신필터

이러한 이유로, 좋은 필터는 대역폭이 정확히 $P(f)$의 대역폭과 일치해야만 한다. 물론 많은 그러한 필터들이 존재한다. 송신 펄스 $p(t)$에 정합하는 필터는 다음과 같이 주어진다.

$$p(-t) \iff P^*(f)$$

또 다른 고려사항은 다음과 같다. 만약 채널이 추가적인 왜곡이 없다면, $q(t) = p(t)$가 된다. 이 경우 최적화 수신 필터는 $p(t)$에 정합하는 필터 $p(-t)$가 될 것이다. 결론적으로, 두 가지 이유로, 표준 수신 필터(그림 12.4)로써 $p(-t)$가 선택되었다.

(a) 필터 $p(-t)$는 수신된 신호 $y(t)$로부터 모든 신호의 스펙트럼 성분을 얻는다.
(b) 채널 왜곡이 발생하지 않는 환경에서는 필터 $p(-t)$가 최적이다.

그러므로, 우리는 주로 송신 펄스 형태 $p(t)$에 정합하는 수신 필터 $p(-t)$를 사용하게 된다. 이것은 전체 채널 임펄스 응답이 다음과 같이 이루어진다는 것을 의미한다.

$$h(t) = q(t) * p(-t)$$

필터링 때문에 $z(t) = p(-t) * y(t)$가 되는 것을 주목하자. 신호 $z(t)$는 다음과 같다.

$$z(t) = \sum_k s_k h(t - kT) + \mathrm{w}(t) \tag{12.15}$$

이 때, 필터를 통과한 잡음은 $\mathrm{w}(t)$로 정의된다.

$$\mathrm{w}(t) = p(-t) * \mathrm{n}_e(t) \tag{12.16}$$

이것의 PSD는 다음과 같다.

$$S_{\mathrm{w}}(f) = |P(f)|^2 \, S_{\mathrm{n}_e}(f)$$

최종적으로, 표본화된 출력 $z[k]$와 심볼 s_k 사이의 관계는 다음과 같이 주어진다.

$$\begin{aligned} z[n] &= \sum_k h[n-k] s_k + \mathrm{w}[n] \\ &= \sum_k h[k] \, s_{n-k} + \mathrm{w}[n] \end{aligned} \tag{12.17}$$

여기서 이산 잡음 표본들은 $\mathrm{w}[n] = \mathrm{w}(nT)$로 표기한다.

일반적으로 ISI 채널 환경에서 입력신호를 복원(다시 말하면 등화)하기 위해 채널의 문제를 해결하는 방법에는 두 가지의 접근 방법이 있다. 첫 번째, 접근 방법은 채널과 잡음 모형에 기반한 최적의 수신기를 결정하는 것이다. 이 방식은 많은 계산량을 필요로 하는 최대 우도 신호열 추정(MLSE, maximum likelihood sequence estimation)이다. 좀 더 계산량이 적은 방식으로는 채널 왜곡을 보상하는 채널 등화기로 알려진 필터를 설계하는 것이다. 이제부터, 우리는 우선 심볼을 복원하는 MLSE 방식을 공부하게 될 것이다. MLSE의 특징인 많은 계산량과 높은 복잡도를 그림을 이용해 확인함으로써, 우리는 차후에 다양한 복잡도의 채널 등화기의 관한 논의의 필요성을 제시할 것이다.

12.2.2 최대 우도 신호열 추정(MLSE ; Maximum Likelihood Sequence Estimation)

식 (12.17)의 관계에 따르면, 수신기의 출력 표본들 $\{[z_n]\}$은 미지의 QAM 입력 심볼들 $\{s_n\}$에 의존한다. $\{[z_n]\}$으로부터 $\{s_n\}$을 검출하는 최적(MAP)의 방법은 다음 식과 같이 결합 조건 확률(joint conditional probability)을 최대화하는 것이다 [식 (10.81)].

$$\max_{\{s_n\}} p(\ldots, s_{n-1}, s_n, s_{n+1}, \ldots \Big| \ldots, z[n-1], z[n], z[n+1], \ldots) \tag{12.18}$$

10.6절에서 분석하고 유도한 AWGN 채널에서의 최적의 심볼 검출(optimum symbol-by-symbol detection)과 달리, 식 (12.17)의 독립적인 관계는 다음을 의미한다. 즉 최적의 수신기는 반드시 수신된 신호 표본들 $\{z_{[n]}\}$의 신호열로부터 전체의 신호열 $\{s_n\}$을 찾아야 한다.

최적의 수신기를 단순화하기 위해, 우리는 우선 대부분의 통신 시스템들과 응용들에서 각각의 QAM 심볼 s_n이 성상도 A에서 등가 확률을 가지고 임의로 선택된다는 것에 주목한다. 그러므로 MAP 검출기는 다음 식과 같이 최대 우도 신호열 검출(MLSE, maximum likelihood sequence estimation)로 바뀔 수 있다.

$$\max_{\{s_n\}} p\left(\ldots, z[n-1], z[n], z[n+1], \ldots \Big| \ldots, s_{n-1}, s_n, s_{n+1}, \ldots\right) \tag{12.19}$$

원래의 채널 잡음 $\mathrm{n}_e(t)$가 백색 가우시안이라면, 식 (12.16)에서 보인 바와 같이 $\mathrm{w}[n]$은 $\mathrm{n}_e(t)$의 필터링된 출력이기 때문에, 이산 잡음 $\mathrm{w}[n]$ 또한 가우시안이다. 사실 우리는 백색 잡음 $\mathrm{n}_e(t)$의 PSD를 다음과 같이 정의할 수 있다.

$$S_{\mathrm{n}_e}(f) = \frac{\mathcal{N}}{2}$$

그러면, 필터링 된 잡음 $\mathrm{w}(t)$의 PSD는 다음과 같다.

$$S_{\mathrm{w}}(f) = |P(f)|^2\, S_{\mathrm{n}_e}(f) = \frac{\mathcal{N}}{2}\, |P(f)|^2 \tag{12.20}$$

이러한 정보로부터 우리는 잡음 표본들 사이에서 다음과 같은 자기상관 함수를 관찰할 수 있다.

$$\begin{aligned} R_{\mathrm{w}}[\ell] &= \overline{\mathrm{w}[\ell+n]\mathrm{w}^*[n]} \\ &= \overline{\mathrm{w}(\ell T+nT)\mathrm{w}^*(nT)} \\ &= \int_{-\infty}^{\infty} S_{\mathrm{w}}(f)e^{-j2\pi f\,\ell T}df \\ &= \frac{\mathcal{N}}{2}\int_{-\infty}^{\infty} |P(f)|^2\, e^{-j2\pi f\,\ell T}df \end{aligned} \tag{12.21}$$

일반적으로 식 (12.21)에서 두 개의 잡음 샘플들 사이의 자기상관은 이 경우에는 수신 필터 $p(-t)$에 의존한다. 7.3절에서 Nyquist의 첫 번째 기준(Nyquist's first criterion)을 바탕으로 한 ISI가 없는 펄스를 특별히 관심있게 다루었다. Nyquist의 첫 번째 기준은 송신기에서부터 수신기까지의 총 응답이 심벌간 간섭이 없어야 한다고 요구한다. 채널 왜곡이 없다면, 지금까지 우리가 배운 바로는 QAM 시스템의 총 임펄스 응답은 다음과 같다.

$$p(t)*p(-t) \iff |P(f)|^2$$

이 ISI가 제거된 결합 펄스 형태를 위해 우리는 다음 식과 같이 주파수 축에서 Nyquist의 첫 번째 기준을 적용할 수 있다.

$$\frac{1}{T}\sum_{k=-\infty}^{\infty}\left|P\left(f+\frac{k}{T}\right)\right|^2 = 1 \tag{12.22a}$$

이것은, 시간축으로 바꾸면 다음과 같다.

$$p(t)*p(-t)\Big|_{t=\ell T} = \begin{cases} 1 & \ell = 0 \\ 0 & \ell = \pm 1, \pm 2, \ldots \end{cases} \tag{12.22b}$$

다시 말하면, Nyquist 펄스-정형(pulse-shaping) 필터는 송신기와 수신기 사이에 동일하게 나누어진다. 식 12.22a에 따르면, 주파수 응답 $P(f)$의 펄스 형태는 주파수 축에서 Nyquist의 첫 번째 기준을 만족하는 펄스의 제곱근 형태이다. 7.3절에서 배운 상승 코사인 형태를 적용한다면, $P(f)$는 루트 상승 코사인 이라고 알려진 펄스가 될 것이다. 주어진 roll-off 계수가 r이라면, 시간축에서 루트 상승 코사인 펄스는 다음과 같다.

$$p_{\text{rrc}}(t) = \frac{2r}{\pi\sqrt{T}} \frac{\cos\left[(1+r)\frac{\pi t}{T}\right] + \left(4r\frac{t}{T}\right)^{-1} \sin(1-r)\frac{\pi t}{T}}{\left[1 - \left(4r\frac{t}{T}\right)^2\right]} \tag{12.23}$$

식 (12.22b)에서의 ISI가 없을 조건에 기초하여, 우리는 식 (12.21)로부터 다음을 유도할 수 있다.

$$\begin{aligned} R_{\text{W}}[\ell] &= \frac{\mathcal{N}}{2} \int_{-\infty}^{\infty} |P(f)|^2 e^{-j2\pi f \ell T} df \\ &= \frac{\mathcal{N}}{2} p(t) * p(-t)\Big|_{t=\ell T} \\ &= \begin{cases} \frac{\mathcal{N}}{2} & \ell = 0 \\ 0 & \ell = \pm 1, \pm 2, \ldots \end{cases} \end{aligned} \tag{12.24}$$

이것은 잡음 샘플 {w[n]}이 비상관(uncorrelated)하다는 것을 의미한다. 잡음 샘플 {w[n]}이 가우시안이기 때문에, 그것들 또한 독립이다. 결과적으로, 식 (12.19)의 결합 조건 확률(conditional joint probability)은 다음 식과 같이 좀 더 간단하게 된다.

$$\begin{aligned} & p\left(\ldots, z[n-1], z[n], z[n+1], \ldots \Big| \ldots, s_{n-1}, s_n, s_{n+1}, \ldots\right) \\ & = \prod_i p\left(z[n-i] \Big| \ldots, s_{n-1}, s_n, s_{n+1}, \ldots\right) \end{aligned} \tag{12.25}$$

식 (12.24)는 z[n−i]이 분산이 $\mathcal{N}/2$이고, 평균이 다음과 같은 가우시안임을 말해준다.

$$\sum_k h[k] s_{n-i-k}$$

그러므로, 가우시안 채널 잡음 환경과 식 (12.23)의 루트 상승 코사인 펄스 $p_{rrc}(t)$를 사용할 경우, 최적의 MLSE 수신기는 다음과 같다.

$$\begin{aligned} & \max_{\{s_n\}} \ \ln\left[\prod_i p\left(z[n-i] \Big| \ldots, s_{n-1}, s_n, s_{n+1}, \ldots\right)\right] \\ \Longleftrightarrow & \max_{\{s_n\}} \left\{ -\frac{2}{\mathcal{N}} \sum_i \left| z[n-i] - \sum_k h[k] s_{n-i-k} \right|^2 \right\} \end{aligned} \tag{12.26a}$$

그러므로, MLSE는 다음과 같다.

$$\min_{\{s_n\}} \sum_i \left| z[n-i] - \sum_k h[k] s_{n-i-k} \right|^2 \tag{12.26b}$$

통신 채널의 엄청난 정보를 표현하기 위해, 임펄스 응답 h[k]을 어떤 유한 차수의 유한 임펄스 응답(FIR, finite impulse response) 필터로써 근사화할 수 있다. 만약 채널의 최대 차수가 L이면,

$$H(z) = \sum_{k=0}^{L} h[k] z^{-k}$$

가 되고, MLSE 수신기는 다음 식의 해가 된다.

$$\min_{\{s_n\}} \sum_i \left| z[n-i] - \sum_{k=0}^{L} h[k] s_{n-i-k} \right|^2 \tag{12.27}$$

우리는 MLSE 알고리즘에서 수신기가 이산 채널 계수 {h[k]}의 정보를 알고 있어야 한다는 것에 주목한다. 정확한 채널 정보가 유효하지 않을 때, 수신기는 우선 채널 추정을 먼저 완료해야만 한다.

○ MLSE의 복잡도와 실제적 구현

식 (12.27)의 MLSE 알고리즘은 분명히 높은 복잡도를 가지고 있지만, Bellman의 dynamic programming principle에 기반한 비터비에 의해 주어지는 좀 더 효과적인 해결 방법이 있다. 비터비 알고리즘이라고 알려진 이 알고리즘은, 데이터 길이가 증가함에 따라 복잡도가 지수 함수적으로 증가하지 않는다. 대신에 만약 QAM 성상도의 사이즈가 M이라면, 비터비 알고리즘의 복잡도는 M^L에 비례하여 증가한다. 비터비 알고리즘은 매우 강력한 도구이다. 채널의 차수 L이 길지 않고, 성상도 사이즈 M이 크지 않은 경우에 특히 강력한 효과를 가진다. 비터비 알고리즘의 세부적인 사항은 14장에서 콘볼루션 부호를 복호할 때 자세히 다루도록 한다.

MLSE는 매우 흔하고 실용적인 도구이다. 특히, 많은 GSM 휴대전화 수신기는 다중경로에 대항하기 위해 여기서 배운 MLSE 검출기를 사용한다. GSM은 음성 전송시, 두개의 성상도만을 사용하기 때문에, 차수가 3에서 8인 FIR 응답으로써 근사화될 수 있는 일반적인 단말기 채널에서 MLSE 수신기의 복잡도가 합리적으로 낮다.

반면에 빠른 속도로 전화를 거는 모뎀에서 채택한 변조기 구성 방식은 매우 복잡하다. 예를 들어 심볼율이 2400 baud(symbol/s)일 때, V.32bis (14.4 kbit/s) 모뎀은 사이즈가

128(64개의 구분된 심볼을 가진)인 트렐리스 부호화된 QAM 성상도를 사용한다. 이런 응용에서는 심지어 L=5인 상대적으로 짧은 FIR 채널에서도 MLSE는 10억개 이상의 상태(state)를 필요로 한다. 사실 더 높은 비트율에서 모뎀에 전화를 거는 것은 256개의 QAM 또는 960개의 QAM으로 사용할 수 있다. 그 결과로써, MLSE의 수많은 상태(state)는 시스템의 수신기로써 적합하지 않게 만든다. 결론적으로, 낮은 복잡도를 가진 차선의 등화 방법으로의 접근은 좀 더 매력적으로 다가온다. 단순하고 효율적인 비용의 등화기 설계(효율적으로 배치된 음성 대역의 다이얼 업 모뎀을 포함한 응용)는 다음에 다루기로 한다.

12.3 선형 T 간격 등화(TSE, T-SPACED EQUALIZATION)

수신 필터가 송신 펄스 $p(t)$에 정합될 때, 그것은 더 이상 최적화되지 않는다. 비록 이상적인 정합 필터 $q(-t)$를 알고 적용한다 할 지라도, 실제로 그것은 옵셋 t_0인 표본화 순간에서만 즉, 표본화 순간인 $t = nT + t_0$에만 완전히 가능하다. 그러한 샘플링 옵셋은 타이밍 에러라고 잘 알려져 있다. 그러한 타이밍 에러가 있을 때, 수신기 또한 최적화되지 않는다. 실제 통신 시스템이 미지의 채널왜곡과 타이밍 지터를 가지고 있는 것은 아주 흔한 사실이다. 그럼에도 불구하고, T 간격 등화(TSE, T-spaced equalization)는 구현하기 쉽다. 여기 우리는 TSE 설계의 기초적인 점에 관해 논의한다.

T 간격(T-spaced) 표본화는 그림 12.5와 같이 식 12.17의 이산 선형 시스템을 야기하기 때문에, 기초적인 선형 등화기는 단순하게 직접적인 QAM 검출기 장치에 의해 선형 필터 $F(z)$가 만들어진다. 등화기(필터) $F(z)$의 동작 목표는 그것의 출력 d[n]으로부터 가능한 많은 ISI를 제거하는 것이다. 우리는 (causal) 등화기 전달함수를 표현함으로써 T 간격 등화기(T-spaced equalizer)의 관한 논의를 시작한다.

$$F(z) = \sum_i f[i] z^{-i}$$

만약 채널 잡음 w[n]이 포함되어 있다면, TSE의 출력은 다음과 같다.

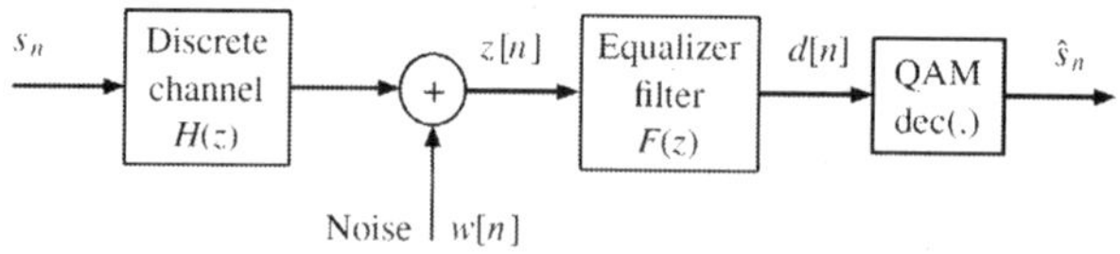

▶▶ 그림 12.5 TSE에서 SISO 이산 채널 모형

$$d[n] = F(z)z[n] = \underbrace{F(z)H(z)s_n}_{\text{signal term}} + \underbrace{F(z)\mathrm{w}[n]}_{\text{noise term}} \tag{12.28}$$

우리는 결합 채널 등화기의 전달함수를 다음과 같이 표현한다.

$$C(z) = F(z)H(z) = \sum_{i=0}^{\infty} c_i z^{-i}$$

등화기 $F(z)$의 목표는 u가 등화기 출력의 고정된 지연이라고 할 때, 다음 식과 같이 오류없는 검출을 하기위해 $d[n]$에서 ISI를 제거하는 것이다.

$$\hat{s}_n = \text{dec }(d[n]) = s_{n-u} \tag{12.29}$$

채널과 등화기는 모두 인과관계 시스템이어야 하기 때문에, 가능한 지연 u의 포함은 등화기를 설계하는데 있어 더 쉽고 나은 기회를 제공한다.

TSE 필터 $F(z)$의 설계를 보다 잘 이해하기 위하여, 우리는 다음 식과 같이 TSE의 출력을 분리하여 다른 형태로 표현할 수 있다.

$$\begin{aligned} d[n] &= \sum_{i=0}^{\infty} c_i s_{n-i} + \sum_{i=0}^{\infty} f[i]\mathrm{w}[n-i] \\ &= c_u\, s_{n-u} + \underbrace{\sum_{i=0,\, i\neq u}^{\infty} c_i s_{n-i}}_{\text{ISI term}} + \underbrace{\sum_{i=0}^{\infty} f[i]\mathrm{w}[n-i]}_{\text{noise term}} \end{aligned} \tag{12.30}$$

등화기 필터의 출력 $d[n]$은 정확한 지연을 가진 원하는 신호 성분과 ISI와 잡음 항이 더해진 항으로 구성되어 있다. 만약 ISI 항과 잡음 항이 모두 0이면, QAM 검출기는 에러 없이 항상 정확한 결정을 내릴 것이다. 그러므로 이 선형 등화기 필터 $F(z)$의 설계는 ISI와 잡음 항의 영향을 최소화하는 것이 목적이다. 실제로 선형 등화기에는 영 강압(ZF) 설계와 최소 제곱 평균 오류(MMSE) 설계의 매우 유명한 두 가지 유형이 있다.

12.3.1 영 강압 TSE

영 강압(ZF) 등화기 설계의 원리는 잡음의 영향에 관한 고려없이 ISI 항을 제거하는 것이다. 원칙적으로 완벽한 ZF 등화기는 다음과 같이 되어야만 한다.

$$\sum_{i=0,\, i\neq u}^{\infty} c_i s_{n-i} = 0$$

바꾸어 말하면, 모든 ISI항이 제거되어야 한다.

$$c_i = \begin{cases} 1 & i = u \\ 0 & i \neq u \end{cases} \tag{12.31a}$$

주파수 축으로 바꾸어 보면, ZF 등화기는 다음을 요구한다.

$$C(z) = F(z)H(z) = z^{-u} \tag{12.31b}$$

선형 등화기 $F(z)$는 다음 식과 같이 근본적으로 이산 ISI 채널 $H(z)$의 적당한 지연 u를 가진 역(inverse) 필터가 된다.

$$F(z) = \frac{z^{-u}}{H(z)} \tag{12.31c}$$

만약 식 (12.31c)의 ZF필터가 causal하고, 구현 가능하다면, $z[n]$에서 ISI는 완전히 제거된다. 검출기의 유일한 결정이 ISI 없이 다음 식에 기반하여 이루어 지기 때문에 이것은 훌륭한 해결책임을 나타낸다.

$$z[n] = s_{n-u} + F(z)\mathrm{w}[n]$$

ZF 등화기의 한가지 큰 결점은 잡음 항 $F(z)\mathrm{w}[n]$이 남아있다는 것이다. 만약 $z[n]$의 잡음 전력이 약하다면, QAM 검출은 높은 정확도를 가질 것이다. 전달함수 $F(z)$가 특정 주파수에서 강한 이득을 가지게 될 때, 문제가 발생한다. 결과적으로, $F(z)\mathrm{w}[n]$은 특정 주파수에서 증폭된다. 사실 $H(z)$의 주파수 응답이 0인 스펙트럼(spectral null)을 가질 때, 즉 다음 식과 같이

$$H(e^{j\omega_o}) = 0 \quad \text{for some } \omega_o \in [0, \pi]$$

일 때, ZF 등화기 $F(z)$는 ω_0에서 무한대의 이득을 가지게 될 것이고, ω_0에서 상당한 잡음이 증폭 될 것이다.

다른 관점은 필터링 된 잡음 분산을 고려하는 것이다. 만약 $\mathrm{w}[n]$이 independent identically distributed (i.i.d.)이며, 평균이 0이고, 분산이 $\mathcal{N}/2$인 가우시안이면, 필터링된 잡음 항은 다음과 같다.

$$\tilde{w}[n] = F(z)w[n] = \sum_{i=0}^{\infty} f[i]\mathrm{w}[n-i]$$

잡음 항 $\tilde{w}[n]$은 가우시안이고, 평균은 다음과 같다.

$$\overline{\sum_{i=0}^{\infty} f[i]\mathrm{w}[n-i]} = \sum_{i=0}^{\infty} f[i]\overline{\mathrm{w}[n-i]} = 0$$

또한, 분산은 다음과 같다.

$$\overline{\left|\sum_{i=0}^{\infty} f[i]\mathrm{w}[n-i]\right|^2} = \mathcal{N}/2 \cdot \sum_{i=0}^{\infty} |f[i]|^2$$

ZF 등화기의 출력은

$$z[n] = s_{n-u} + \tilde{w}[n]$$

이므로 dec($z[n]$)에서 검출 오류의 확률은 10장의 10.6절에서 사용했던 같은 방법을 적용하여 분석할 수 있다. 특히 BPSK 변조를 사용하고, 같은 확률을 갖는 $s_n = \pm\sqrt{E_b}$ 경우에, 검출 오류 확률은 다음과 같이 된다.

$$P_b = Q\left(\sqrt{\frac{2E_b}{\mathcal{N} \cdot \sum_{i=0}^{\infty} |f[i]|^2}}\right) \tag{12.32}$$

여기서 ZF 등화기 파라미터들은 역(inverse) Z-변환 관점에서 얻을 수 있다.

$$\begin{aligned} f[i] &= \frac{1}{2\pi j}\oint F(z)z^{i-1}dz \\ &= \frac{1}{2\pi j}\oint \frac{z^{i-1-u}}{H(z)}dz \end{aligned} \tag{12.33}$$

만약 $F(e^{j\omega})$가 0인 스펙트럼(spectral null)이 있다면, 식 (12.33)으로부터 $f[i]$는 매우 커지게 될 것이고, P_b의 증가를 야기할 것이다.

● 예제 12.1

다음 식과 같은 1차 채널을 고려하라.

$$H(z) = 1 + z^{-2}$$

BPSK 전송에서 ZF 등화기의 잡음 증폭현상을 결정하라.

풀이 $f=\pm 1/4$일 때, $H(e^{j2\pi f})=0$이기 때문에, $H(z)$가 0인 스펙트럼(spectral null)을 가지는 것은 분명하다. ZF 등화기를 사용함으로써 우리는 다음을 갖는다.

$$f[i] = \frac{1}{2\pi j}\oint \frac{z^{i-1-u}}{1+z^{-2}}dz$$
$$= \begin{cases} 0 & i < u \\ (-1)^{i-u} & i \geq u \end{cases}$$

그러므로

$$\sum_{i=0}^{\infty} |f[i]|^2 = \sum_{i=u}^{\infty}(1) = \infty$$

이것은 BPSK 전송의 BER이 다음과 같음을 의미한다.

$$P_b = Q(0) = 0.5$$

잡음증폭은 너무나 심각해서 검출은 완전히 임의적으로 된다.

예제 12.1은 ZF 등화기 때문에 생기는 잡음 증폭의 큰 충격을 명백히 보여준다. 잡음 증폭의 효과는 등화기를 다른 방식으로 설계하도록 동기부여를 한다.

12.3.2 MMSE에 기반한 TSE 설계

ZF 등화기의 잡음증폭 효과 때문에, 우리는 잡음 항의 부정적인 영향을 고려하면서 ISI를 제거해야만 한다. 사실 우리는 식 (12.30)의 등화기 출력과 차이(에러)를 고려한 $d[n]$의 전반적인 왜곡을 관찰할 수 있다.

$$d[n] - s_{n-u} = \sum_{i=0,\, i\neq u}^{\infty} c_i s_{n-i} - s_{n-u} + \sum_{i=0}^{\infty} f[i]\mathrm{w}[n-i] \qquad (12.34)$$

검출 에러의 수를 줄이기 위해

$$\mathrm{dec}\,(d[n]) \neq s_{n-u}$$

일 때, $d[n]$과 s_{n-u} 사이의 평균 제곱 오류(MSE, mean square error)를 최소화하는 등화기의 설계가 실용적이다. 다시 말하면, MMSE 등화기 설계는 다음을 최소화해야 한다.

$$\overline{|d[n] - s_{n-u}|^2} \qquad (12.35)$$

지금부터 식 (12.35)의 MSE를 최소화하는 등화기 필터를 찾는 과정을 진행해보도록 하자. 다시 한 번 최적의 검출을 하는 경우에(8.5절) 오류(차이) 신호는 반드시 필터의 입력으로 사용되는 신호와 직교해야 한다는 직교성의 원칙을 이용할 것이다. $d[n] = \sum_{i=0}^{\infty} f[i]z[n-i]$이므로, 반드시 다음 식을 만족해야 한다.

$$(d[n] - s_{n-u}) \perp z[n-\ell] \qquad \ell = 0, 1, \ldots$$

다시 말하면, 다음과 같다.

$$\overline{(d[n] - s_{n-u})\, z^*[n-\ell]} = 0 \qquad \ell = 0, 1, \ldots \qquad (12.36)$$

그러므로, 등화기 파라미터 $\{f[i]\}$는 반드시 다음을 만족해야 한다.

$$\overline{\left(\sum_{i=0}^{\infty} f[i]z[n-i] - s_{n-u}\right) z^*[n-\ell]} = 0 \qquad \ell = 0, 1, \ldots$$

신호 s_n과 잡음 $\mathrm{w}[n]$이 독립임을 주목하라. 더욱이 $\{s_n\}$은 평균이 0이고, 분산이 E_s인 i.i.d.이다. 그러므로 $\overline{s_{n-u}\mathrm{w}^*[n]} = 0$이고, 우리는 다음을 갖는다.

$$\begin{aligned}
\overline{s_{n-u}\, z^*[n-\ell]} &= \overline{s_{n-u}\,(\sum_{j=0}^{\infty} h[j]^* s^*_{n-j-\ell} + \mathrm{w}[n-\ell]^*)} \\
&= \sum_{j=0}^{\infty} h[j]^*\, \overline{s_{n-u}\, s^*_{n-j-\ell}} + 0 \qquad (12.37) \\
&= \begin{cases} E_s \cdot h[u-\ell]^* & 0 \le \ell \le u \\ 0 & \ell > u \end{cases}
\end{aligned}$$

또한, 우리는 다음과 같이 놓는다.

$$R_z[m] = \overline{z[n+m]\, z^*[n]} \qquad (12.38)$$

따라서, MMSE 등화기는 다음 선형 방정식의 근이다.

$$\sum_{i=0}^{\infty} f[i] R_z[\ell - i] = \begin{cases} E_s h[u-\ell]^* & \ell = 0, 1, \ldots, u \\ 0 & \ell = u+1, u+2, \ldots, \infty \end{cases} \tag{12.39}$$

채널의 출력 신호 모델을 바탕으로 우리는 다음을 보일 수 있다.

$$\begin{aligned} R_z[m] &= \overline{\left(\sum_{i=0}^{\infty} h_i s_{n+m-i} + \mathrm{w}[n+m]\right)\left(\sum_{j=0}^{\infty} h_j s_{n-j} + \mathrm{w}[n]\right)^*} \\ &= E_s \sum_{j=0}^{\infty} h_{m+j} h_j^* + \frac{\mathcal{N}}{2}\delta[m] \end{aligned} \tag{12.40}$$

○ Minimum MSE와 최적의 지연(optimum delay)

식 (12.36)의 직교성 조건에 의해 우리는 다음을 갖는다.

$$\overline{(d[n] - s_{n-u})\, d[n]^*} = 0$$

그러므로, MMSE 결과는 다음과 같다.

$$\begin{aligned} \mathrm{MSE}(u) &= \overline{(s_{n-u} - d[n])\, s_{n-u}^*} \\ &= E_s\,(1 - c_u) \\ &= E_s\left(1 - \sum_{i=0}^{\infty} h_i f[u-i]\right) \end{aligned} \tag{12.41}$$

서로 다른 지연들의 MMSE 등화기들은 서로 다른 MSE 결과를 갖게 된다. MSE를 최소화하는 지연을 찾기 위해 수신기는 다음 식을 만족하는 최적의 지연을 결정할 수 있다.

$$u_o = \arg\max_u \sum_{i=0}^{\infty} h_i f[u-i] \tag{12.42}$$

○ 유한 길이의 MMSE 등화기

등화기 $F(z)$가 causal함을 요구하기 때문에 식 (12.39)의 해답에 기반한 MMSE 등화기는 단순한 closed form을 갖지 못한다. 그 이유는 $\{f[i]\}$가 causal인 반면에 $R_z[m]$은 그렇지 않기 때문이다. 다행스럽게도, MMSE 등화기의 실질적 구현은 유한 임펄스 응답(FIR) 필터의 형태로 가정될 수 있다. $F(z)$가 FIR일 때, MMSE 등화기는 식 (12.39)에 의해 수치적으로 결정된다.

$$F(z) = \sum_{i=0}^{M} f[i]z^{-i}$$

이라 하자. 식 (12.39)의 직교성 조건은 다음 식과 같이 선형 방정식의 유한 집합(finite set)이 된다.

$$\sum_{i=0}^{M} f[i]R_z[\ell - i] = \begin{cases} E_s h[u-\ell]^* & \ell = 0, 1, \ldots, u \\ 0 & \ell = u+1, u+2, \ldots, M \end{cases} \tag{12.43a}$$

또한, $n < M$일 때 MMSE 조건을 행렬식으로 표현할 수 있다.:

$$\begin{bmatrix} R_z[0] & R_z[-1] & \cdots & R_z[-M] \\ R_z[1] & R_z[0] & \cdots & R_z[1-M] \\ \vdots & \vdots & \ddots & \vdots \\ R_z[M] & R_z[M-1] & \cdots & R_z[0] \end{bmatrix} \begin{bmatrix} f[0] \\ f[1] \\ \vdots \\ f[M] \end{bmatrix} = E_s \left.\begin{bmatrix} h[u]^* \\ h[u-1]^* \\ \vdots \\ h[0]^* \\ 0 \\ \vdots \\ 0 \end{bmatrix}\right\} M+1 \text{ rows} \tag{12.43b}$$

물론 만약 지연 u가 M을 초과하게 되면, 식 (12.43b)의 우변은 다음과 같이 된다.

$$\begin{bmatrix} R_z[0] & R_z[-1] & \cdots & R_z[-M] \\ R_z[1] & R_z[0] & \cdots & R_z[1-M] \\ \vdots & \vdots & \ddots & \vdots \\ R_z[M] & R_z[M-1] & \cdots & R_z[0] \end{bmatrix} \begin{bmatrix} f[0] \\ f[1] \\ \vdots \\ f[M] \end{bmatrix} = \begin{bmatrix} h[u]^* \\ h[u-1]^* \\ \vdots \\ h[u-M]^* \end{bmatrix} \tag{12.43c}$$

식 (12.43c)의 자기상관 행렬이 full rank를 갖는 한 그 해는 유일하다.

○ MMSE vs. ZF

만약 우리가 간단하게 잡음 스펙트럼 레벨을 $N=0$라고 설정한다면, 식 (12.39)와 (12.43c)의 MMSE 등화기는 ZF 등화기가 된다. 다시 말하면, MMSE로부터 ZF로 바꾸는 유일한 설계 변화는 잡음이 있는 경우에서 다음과 같이 잡음이 없는 경우로 $R_z[0]$을 대체하는 것이다.

$$R_z[0] = E_s \sum_{j=0}^{\infty} |h_j|^2$$

모든 다른 과정들은 ZF 등화기의 파라미터들을 숫자적으로 얻음으로써 직접적으로 따라갈 수 있다.

그러나 식 (12.43c)에 의한 유한길이 ZF 등화기의 설계는 그것의 목적인 모든 ISI를 0으로 만드는 것을 하든 못하든 그 설계를 이해하는 것은 중요하다. 사실 채널 $H(z)$가 유한 차수 L을 가지고 있다면, ZF 설계는 다음이 요구된다.

$$F(z)H(z) = \sum_{i=0}^{M} f[i]z^{-i} \sum_{i=0}^{L} h[i]z^{-i} = z^{-u}$$

이 등식은 어떤 안정한 causal 등화기라도 달성하기가 불가능 할 것이다. 우리가 다항식의 기초들을 고려한다면 그 이유는 간단하다. 좌변은 차수가 $M+L$인 다항식이다. 그러므로, 그것은 채널과 등화기의 전달함수에 의존하는 총 $M+L$개의 근을 가진다. 반면에 우변은 오직 무한개의 근을 가진다. 그러므로, 이러한 ZF 등식을 완전하게 달성하는 것은 불가능하다. 그러므로 아마 다음과 같은 의문이 따라올 것이다. 만약 식 (12.43c)를 따라 설계된 유한길이 등화기는 무엇을 달성할 수 있는가?

사실 그 답은 잡음이 0일 때, MMSE 목적 함수(objective function)에서 찾을 수 있다. 명확하게 등화기는 채널 잡음이 고려되지 않을 때, 다음을 최소화하기 위해 설계된다.

$$\overline{|d[n] - s_{n-u}|^2} = \overline{|F(z)H(z)s_n - s_{n-u}|^2}$$

그러므로, 식 (12.43c)의 해답은 $F(z)H(z)$와 순수한 지연 z^{-u}사이에 최소의 차이를 만드는 유한길이 등화기를 이끌어낼 것이다. 시간 축 관점에서 보면, 식 (12.43c)에 기반한 유한길이 ZF 설계는 ISI 왜곡이 최소화 될 것이다.

$$\begin{aligned} &|c_u - 1|^2 + \sum_{j\neq u} |c_j|^2 \\ &= \left|\sum_{i=0}^{M} f[i]h[u-i] - 1\right|^2 + \sum_{j\neq u}\left|\sum_{i=0}^{M} f[i]h[j-i]\right|^2 \end{aligned}$$

바꾸어 말하면, 이 등화기는 $d[n]$에서 MSE에 미치는 ISI 효과를 최소화할 것이다.

○ 유한 데이터 설계

식 (12.39)와 (12.43c)의 MMSE(그리고 ZF) 설계는 $R_z[m]$과 $\overline{s_{n-u}z^*[n-l]}$의 통계적 지식을 가정한다. 실제로 그런 정보는 항상 선뜻 이용이 가능하지 않고, 실시간 추정을 요구 할 수 있다. 대신에, 송신기에서 수신기가 최적의 등화기를 결정하기 위해 사용할 수

있는 학습(trainning) (또는 파일럿(pilot)) 심볼들의 짧은 신호열을 보내는 것은 더 흔한 방식이다. 지금부터 이 시나리오를 다루기 위해 우리는 어떻게 앞선 설계가 직접 확장되는지 설명 할 것이다.

학습 신호열 $\{s_n,\ n=n_1,\ n_1+1,\cdots,\ n_2\}$이 전송된다 하자. FIR 등화기의 설계를 위해

$$F(z)=f[0]+f[1]z^{-1}+\cdots+f[M]z^{-M}$$

우리는 평균 제곱 오류(average square error)를 최소화할 수 있다.

$$J=\frac{1}{n_2-n_1+1}\sum_{n=u+n_1}^{u+n_2}|d[n]-s_{n-u}|^2$$

여기서, 다음과 같다.

$$d[n]=\sum_{i=0}^{M}f[i]z[n-i]$$

J를 최소화하기 위해, 우리는 $f[i]$의 관점에서 그것의 기울기(gradient)를 취할 수 있다. 기울기(Gradient)를 0으로 놓음으로써, 우리는 최적의 등화기 파라미터들에 의해 요구되는 조건들을 유도할 수 있다.

$$\begin{aligned}\sum_{i=0}^{M}f[i]\frac{1}{n_2-n_1+1}\sum_{n=u+n_1}^{u+n_2}z[n-i]z^*[n-j]&=\frac{1}{n_2-n_1+1}\\ \times\sum_{n=u+n_1}^{u+n_2}s_{n-u}z^*[n-j]\qquad j&=0,\ 1,\ \ldots,\ M\end{aligned}\tag{12.44}$$

이들 $M+1$개의 식들은 다음과 같이 좀 더 간단하게 쓸 수 있다.

$$\begin{bmatrix}\tilde{R}_z[0,0] & \tilde{R}_z[1,0] & \cdots & \tilde{R}_z[M,0]\\ \tilde{R}_z[0,1] & \tilde{R}_z[1,1] & \cdots & \tilde{R}_z[M,1]\\ \vdots & \vdots & \ddots & \vdots\\ \tilde{R}_z[0,M] & \tilde{R}_z[1,M] & \cdots & \tilde{R}_z[M,M]\end{bmatrix}\begin{bmatrix}f[0]\\ f[1]\\ \vdots\\ f[M]\end{bmatrix}=\begin{bmatrix}\tilde{R}_{sz}[-u]\\ \tilde{R}_{sz}[-u+1]\\ \vdots\\ \tilde{R}_{sz}[-u+M]\end{bmatrix}\tag{12.45}$$

$i,j=0,\ 1,\ \cdots,\ M$에 대하여 자기상관 함수의 시간 평균 근사화를 다음과 같이 정하자.

$$\tilde{R}_z[i,j] = \frac{1}{n_2 - n_1 + 1} \sum_{n=u+n_1}^{u+n_2} z[n-i]z^*[n-j]$$

$$\tilde{R}_{sz}[-u+j] = \frac{1}{n_2 - n_1 + 1} \sum_{n=u+n_1}^{u+n_2} s_{n-u}z^*[n-j]$$

짧은 학습 신호열(preamble) 하에서 최적의 등화기는 자기상관 함수의 시간 평균 근사를 통해 그것들에 정확한 값을 대체함으로써 얻어질 수 있다는 것은 식 (12.45)와 (12.43c)를 비교함으로써 완전히 분명해진다. 만약 복잡도의 이유로 역함수가 어려워지면, 적응 채널 등화는 실행 가능한 기술이다. 적응 채널 등화는 전화 채널 상에서 Bell Labs의 Lucky에 의해 처음으로 개발되었다.[4, 5] 그것은 적응 필터링의 분야에 속한다. 관심있는 독자들은 Ding과 Li[6]가 쓴 책과 그 안의 참조문헌을 참고하라.

12.4 분수 간격 선형 등화기 (선형 FSE, LINEAR FRACTIONALLY SPACED EQUALIZERS)

우리는 채널 응답을 수신단에서 모를 때, TSE는 중요한 신호 정보를 잃어버리기 쉽다는 것을 보았다. 사실 이 점은 표본화 이론을 통해 분명하다. Gitlin과 Weinstein[7]에 의해 보여진 것처럼, 전송된 신호(또는 펄스 형태)가 $1/(2T)$ Hz의 주파수를 초과하는 스펙트럼 내용을 가지고 있을 때, $1/T$의 주파수에서 baud율 표본화는 Nyquist율 이하이고 스펙트럼 aliasing을 야기할 수 있다. 결론적으로 수신기의 성능은 정보의 손실로 인해 나빠지게 될 것이다.

대부분의 경우, 전송 펄스가 zero ISI의 Nyquist의 첫 번째 기준을 만족할 때, 수신된 신호 성분은 $1/(2T)$Hz를 초과하는 특정 주파수 성분을 포함하고 있다. 예를 들어, roll-off 계수가 r인 상승 코사인(또는 루트 상승 코사인 펄스) 펄스 $p_{rrc}(t)$를 사용할 때, [식 (12.33)] 신호성분의 대역폭은 다음과 같다.

$$\frac{1+r}{2T}\ \text{Hz}$$

이러한 이유로 $1/T$에서 표본화하는 것은 특정 스펙트럼 aliasing을 야기하거나, 우리가 완벽한 정합필터 $q(-t)$와 이상적인 표본화 순간 $t=kT$를 사용하지 않는다면, 정보의 손실을 발생시킬 것이다. 그러므로 빠른 표본화기의 사용은 아주 중요한 관건이다. 실제 표본화 주기가 baud 주기 T의 정수 분수(interger fraction)이면 선형 변조하에서 표본화된 신호는 단일 입력 다중 출력 (SIMO) 이산 시스템 모형에 의해 동일하게 표현될 수 있다. 등화기의 결과는 분수 간격 등화기(FSE, fractionally spaced equalizers)로 알려져 있다.

12.4.1 단일-입력 다중-출력 모델(SIMO, Single-Input-Multiple-Output Model)

FSE는 만약 채널의 출력이 baud 또는 심볼율 $1/T$보다 빠르다고 가정했을 때, 그림 12.6의 시스템으로부터 얻을 수 있다. m이 정수라고 하면, 표본화 간격은 $\Delta = T/m$이 된다. 일반적으로 (루트) 상승 코사인 펄스로 인하여 다음과 같은 대역폭 B를 가진다.:

$$\frac{1}{2T} \leq B = \frac{1+r}{2T} \leq \frac{1}{T}$$

$1/\Delta = m/T\ (m > 1)$형태의 어떤 표본화율이라도 Nyquist 표본화율 이상이 되어야 aliasing을 피할 수 있을 것이다. 분석을 위해 채널 출력의 표본들의 신호를 다음과 같이 놓는다.

$$\begin{aligned} z(k\Delta) &= \sum_{n=0}^{\infty} s_n h(k\Delta - nT) + \mathrm{w}(k\Delta) \\ &= \sum_{n=0}^{\infty} s_n h(k\Delta - n\,m\,\Delta) + \mathrm{w}(k\Delta) \end{aligned} \tag{12.46}$$

표기를 단순화하기 위해, oversample된 채널 출력 $z(k\Delta)$은 m개의 평행한 부신호열(subsequence)들로 재구성(decimated) 할 수 있다.

$$\begin{aligned} z_i[k] &\triangleq z(kT + i\Delta) \\ &= z(km\Delta + i\Delta) \\ &= \sum_{n=0}^{\infty} s_n h(km\Delta + i\Delta - n\,m\,\Delta) + \mathrm{w}(km\Delta + i\Delta). \\ &= \sum_{n=0}^{\infty} s_n h(kT - nT + i\Delta) + \mathrm{w}(kT + i\Delta) \qquad i = 1, \ldots, m \end{aligned} \tag{12.47}$$

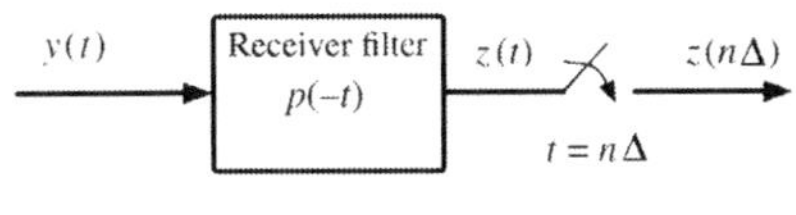

►► 그림 12.6 FSE에서 수신기 변환부의 분수 간격 sampling

각 부신호열 $z_i[k]$는 다음 식을 통해 원래의 데이터와 연관되어 있다.

$$z_i[k] \triangleq z(kT + i\Delta) = s_k * h(kT + i\Delta) + \mathrm{w}(kT + i\Delta)$$

사실상 각 부신호열은 선형 부채널의 출력이다. 다음과 같은 각 부수열 응답

$$h_i[k] \triangleq h(kT + i\Delta) \iff H_i(z) = \sum_{k=0}^{\infty} h_i[k]z^{-k}$$

과, 다음과 같은 부채널 잡음

$$\mathrm{w}_i[k] \triangleq \mathrm{w}(kT + i\Delta)$$

을 이용하면, 재구성된 m개의 부채널 출력은 다음과 같다.

$$\begin{aligned} z_i[k] &= \sum_{n=0}^{\infty} s_n h_i[k-n] + \mathrm{w}_i[k] \\ &= \sum_{n=0}^{\infty} h_i[n] s_{n-k} + \mathrm{w}_i[k] \quad i = 1, \ldots, m \end{aligned} \tag{12.48}$$

그러므로, 이들 m개의 부신호는 그림 12.7에서 보여진 것처럼 일반적 입력 신호열 $s[k]$를 가지는 이산 채널들의 m개의 정상(stationary) 출력으로써 보여질 수 있다. 자연스럽게, 이것은 m개의 안테나를 가지는 물리적 수신기와 유사한 단일 입력 다중 출력(SIMO) 시스템으로 표현된다. 사실 FSE는 그림 12.7에서 보여진 채널 왜곡을 최소화하려는 m개의 필터들 $\{F_i(z)\}$의 bank이다.

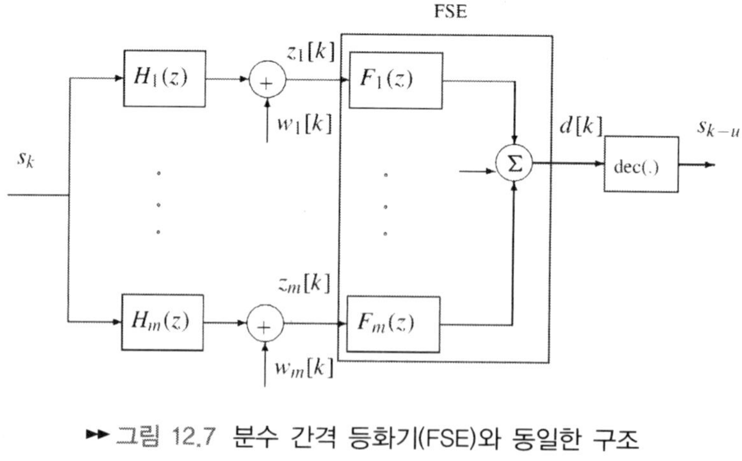

►► 그림 12.7 분수 간격 등화기(FSE)와 동일한 구조

12.4.2 FSE 설계

그림 12.7에서의 FSE의 SIMO 표현에 기반하여, 한 FSE 필터는 각각의 부신호열 $z_i[k]$가 주어진다. 사실 실제 등화기는 다음 식과 같이 필터들의 벡터이다.

$$F_i(z) = \sum_{k=0}^{M} f_i[k]z^{-k} \qquad i = 1, \ldots, m \tag{12.49}$$

다음 식과 같이 정상(stationary) 등화기의 출력을 구성하기 위하여 m개의 필터 출력은 더하여 진다.

$$y[k] = \sum_{i=1}^{m}\sum_{n=0}^{M} f_i[n]z_i[k-n] \tag{12.50}$$

등화기 출력과 등화기 파라미터들 사이에 선형관계가 주어질 때, 어떤 TSE 설계의 기준은 FSE설계로 일반화될 수 있다.

○ ZF 설계

ZF FSE를 설계하는 것은, 검출 소자의 입력에서 모든 ISI를 제거하는 목표를 가진다. 지금 m개의 평행한 부채널이 있기 때문에, ZF 필터들은 다음을 만족해야만 한다.

$$C(z) = \sum_{i=1}^{m} F_i(z)H_i(z) = z^{-u} \tag{12.51}$$

이러한 ZF 조건은 검출기 출력이 정수 u의 지연을 가진다는 것을 의미한다.

이러한 ZF 조건은 Bezout 항등으로 알려진 유명한 공식으로 연결된다. Bezout 항등에서 다음 식과 같이 L개까지의 차수를 가진 두 개의 다항식이 있다고 가정하자.

$$A_1(z) = \sum_{i=0}^{L} a_{1,i}z^{-i} \quad \text{and} \quad A_2(z) = \sum_{i=0}^{L} a_{2,i}z^{-i}$$

만약 $A_1(z)$와 $A_2(z)$가 어떤 공통근도 공유하지 않는다면, 이를 coprime이라고 한다. Bezout 항등은 만약, $A_1(z)$와 $A_2(z)$가 coprime이면, 반드시 다음과 같은 두 개의 다항식이 존재해야 한다고 언급한다.

$$B_1(z) = \sum_{i=0}^{M} b_{1,i}z^{-i} \quad \text{and} \quad B_2(z) = \sum_{i=0}^{M} b_{2,i}z^{-i}$$

따라서,

$$B_1(z)A_1(z) + B_2(z)A_2(z) = 1$$

이다. 차수(order) 조건은 $M \geq L-1$이다. $B_1(z)$와 $B_2(z)$의 해답이 반드시 유일할 필요는 없다. 식 (12.51)에서 요구하는 ZF 설계는 Bezout 항등의 m채널에 대한 일반화라는 것은 Kailath가 쓴 전통적인 교재를 통해 분명하다. 자세히 말해서, 최대차수가 L인 z^{-1}에 대한 유한 차수의 다항식 집합을 $\{H_i(z),\ i=1,\ 2,\ \cdots,\ m\}$이라 하자. 만약 m개의 부채널 전달함수 $\{H_i(z)\}$가 coprime이라고 하면, 차수가 $M \geq L-1$을 만족하는 필터들 $\{F_i(z)\}$의 집합이 존재한다. 따라서

$$\sum_{i=1}^{m} F_i(z)H_i(z) = z^{-u} \tag{12.52}$$

여기서 지연은 $u=0,\ 1,\ \cdots,\ M+L-1$의 범위에서 선택될 수 있다. 등화기 필터 $\{F_i(z)\}$는 원하는 지연 u에 의해 변한다. 더욱이, 각각의 지연 u에서 ZF 등화기 필터 $\{F_i(z)\}$은 필연적으로 유일할 필요는 없다.

이제 우리는 등화기 필터의 파라미터들을 찾기 위한 수치적인 접근을 표현할 것이다. z축에서의 다항식 표현을 계속하는 것 대신에, 우리는 다음과 같이 식 (12.52)의 행렬 표현을 찾을 수 있다.

$$\underbrace{\begin{bmatrix} h_1[0] & & & \cdots & \cdots & h_m[0] & & \\ h_1[1] & \ddots & & \cdots & \cdots & h_m[1] & \ddots & \\ \vdots & \ddots & h_1[0] & \cdots & \cdots & \vdots & \ddots & h_m[0] \\ h_1[L] & \ddots & h_1[1] & \cdots & \cdots & h_m[L] & \ddots & h_m[1] \\ & \ddots & \vdots & \cdots & \cdots & & \ddots & \vdots \\ & & h_1[L] & \cdots & \cdots & & & h_m[L] \end{bmatrix}}_{\mathcal{H}:\ (L+M)\times m(M+1)} \underbrace{\begin{bmatrix} f_1[0] \\ f_1[1] \\ \vdots \\ f_1[M] \\ \vdots \\ \vdots \\ f_m[0] \\ f_m[1] \\ \vdots \\ f_m[M] \end{bmatrix}}_{m(M+1)\times 1} = \underbrace{\begin{bmatrix} 0 \\ \vdots \\ 0 \\ 1 \\ 0 \\ \vdots \\ 0 \end{bmatrix}}_{(M+L)\times 1} \leftarrow u\text{th} \tag{12.53}$$

이러한 ZF 설계의 해답으로써 수치적인 설계는 H가 full row rank, 즉 H의 행들이 선형 독립이어야만 존재한다. 이 조건은 FSE에서(다시말하면 $m>1$) 만약 $M \geq L$이고, $\{H_i(z)\}$이 coprime하다면 만족한다.[6]

○ MMSE FSE 설계

우리는 MMSE FSE 설계에 유사한 기술을 적용할 것이다. FSE와 TSE사이의 차이는 다음 식과 같은 출력 신호 속에 있다.

$$d[n] = \sum_{i=1}^{m} \sum_{k=0}^{M} f_i[k] z_i[n-k]$$

MSE $\overline{|d[n-s_{n-u}]|^2}$를 최소화하기 위해, 직교성의 원칙을 이용하면 다음과 같다.

$$\overline{(d[n] - s_{n-u})\, z_j^*[n-\ell]} = 0 \qquad \ell = 0, 1, \ldots, M, \quad j = 1, \ldots, m \tag{12.54}$$

그러므로, 등화기 파라미터 $\{f_i[k]\}$는 다음을 반드시 만족해야 한다.

$$\sum_{i=1}^{m} \sum_{k=0}^{M} f_i[k] \overline{z_i[n-k] z_j^*[n-\ell]} = \overline{s_{n-u} z_j^*[n-\ell]}$$

$$\ell = 0, 1, \ldots, M, \quad j = 1, 2, \ldots, m$$

$m(M+1)$개의 알려지지 않은 파라미터들 $\{f_i[k]\}$, $i = 1, \cdots, m$, $k = 0, \cdots, M$에 대한 $m(M+1)$개의 방정식이 있다. MMSE FSE는 이 선형 방정식에 대한 집합의 해답으로써 찾을 수 있다. 실질적 이슈의 관점에서 우리는 또한 다음을 관찰해야 한다. :

- 우리가 필요한 통계들을 측정하기 위해 오직 유한 길이의 데이터를 가질 때,

$$\overline{s_{n-u}\, z_j^*[n-\ell]} \quad \text{and} \quad \overline{z_i[n-k]\, z_j^*[n-\ell]}$$

  은 제한된 데이터 모음으로부터 그들의 시간 평균에 의해 대체 될 수 있다. 이것은 TSE 설계와 유사하다.
- MMSE TSE 설계와 또한 유사하기 때문에 서로 다른 지연 u의 값들은 서로 다른 MSE의 원인이 된다. 최적의 지연을 찾기 위해 우리는 모든 가능한 지연 $u = 0, 1, \cdots, M+L-1$에서 MSE를 평가할 수 있고, 가장 낮은 MSE값을 가지는 지연을 선택할 수 있다.

그들의 처음 등장 때문에 적응 등화기들은 종종 FSE로써 구현되었다. 학습 데이터가 있을 때, FSE는 타이밍 위상 민감도를 억제하는 장점을 가졌다. TSE에서의 경우와 달리, 선형 FSE는 어쩔 수 없이 채널의 잡음이 증폭되지 않는다. 잡음 증폭의 영향은 coprime 채널 조건에 강하게 의존한다. 그러나 거의 모든 부채널의 근인 최소한 하나의 점 z_a가 있으면, 즉 다음 식을 만족하면

$$H_i(z_a) \approx 0 \qquad i = 1, \ldots, m$$

우리는 부채널들이 singular에 가깝다고 말한다. 부채널들이 coprime이지만, singular에 가까울 때, 잡음 증폭의 영향은 여전히 심각할 수 있다.

12.5 채널추정

지금까지 우리는 등화기 필터의 파라미터들이 직접적으로 채널 입력 신호 s_n과 채널 출력 신호 $z_i[n]$으로부터 추정되는 방식을 이용하여 등화기를 설계하였다. 우리는 만약 MLSE 수신기가 구현된다면, MLSE 알고리즘은 채널 파라미터 $\{h[k]\}$의 정보를 요구한다는 사실을 인식해야만 한다. 정확한 채널 정보를 모를 때, 우선 수신기는 채널 추정부터 완료해야만 한다.

채널 추정에서 유한 차수 L을 가지는 FIR 채널을 고려하는 것이 가장 일반적이다. 지난 절에서 소개한 등화기 파라미터들의 선형추정과 유사하게, 채널 추정은 다음 식과 같이 채널의 입출력 관계를 우선 고려해야 한다.

$$z[n] = \sum_{k=0}^{L} h[k] s_{n-k} + \mathrm{w}[n] \tag{12.55}$$

만약 연속적인 파일럿(pilot) 심볼들 $\{s_n,\ n = n_1,\ n_1+1,\ \cdots,\ n_2\}$이 전송된다면, 유한 채널 차수 L 때문에, 다음 식과 같은 채널 출력 표본

$$\{z[n], \quad n = n_1 + L, n_1 + L + 1, \ldots, n_2\}$$

은 파일럿 데이터와 잡음에만 의존한다. 우리는 평균 추정 오류(average estimation error)를 최소화하기 위한 채널 계수 $\{h[k]\}$를 추정하기 위해 다음 식과 같이 MMSE의 원칙을 적용 할 수 있다.

$$J(h[0], h[1], \ldots, h[L]) = \frac{1}{n_2 - n_1 - L + 1} \sum_{n_1+L}^{n_2} \left| z[n] - \sum_{k=0}^{L} h[k] s_{n-k} \right|^2 \tag{12.56}$$

이러한 MMSE 추정 방식은 각각의 $h[j]$의 관점에서 $J(h[0],\ h[1],\ \cdots,\ h[M])$의 도함수를 0으로 놓음으로써 단순화할 수 있다. 불필요한 상수들은 제거하면 우리는 다음을 가진다.

$$\left(\sum_{n_1+L}^{n_2} z[n]s_{n-j}^*\right) - \sum_{k=0}^{L} h[k]\cdot\left(\sum_{n_1+L}^{n_2} s_{n-k}s_{n-j}^*\right) = 0 \qquad j=0,1,\ldots,L$$

그러므로, 정의에 의해 다음을 얻는다.

$$\tilde{r}_{zs}[j] \triangleq \sum_{n_1+L}^{n_2} z[n]s_{n-j}^* \quad \text{and} \quad \tilde{R}_s[j,k] \triangleq \sum_{n_1+L}^{n_2} s_{n-k}s_{n-j}^* \qquad j=0,1,\ldots,L$$

우리는 간단한 행렬 형태로 다음 식과 같이 MMSE 채널 추정을 단순화할 수 있다.

$$\begin{bmatrix} \tilde{R}_z[0,0] & \tilde{R}_z[0,1] & \cdots & \tilde{R}_z[0,L] \\ \tilde{R}_z[1,0] & \tilde{R}_z[1,1] & \cdots & \tilde{R}_z[1,L] \\ \vdots & \vdots & \cdots & \vdots \\ \tilde{R}_z[L,0] & \tilde{R}_z[L,1] & \cdots & \tilde{R}_z[L,L] \end{bmatrix} \begin{bmatrix} h[0] \\ h[1] \\ \vdots \\ h[L] \end{bmatrix} = \begin{bmatrix} \tilde{r}_{sz}[0] \\ \tilde{r}_{sz}[1] \\ \vdots \\ \tilde{r}_{sz}[M] \end{bmatrix} \tag{12.57}$$

식 (12.57)은 채널 파라미터 $h[i]$를 추정하는데 역행렬을 이용하여 풀 수 있다.

FSE의 좀 더 일반적인 경우, 같은 방법을 단순히 $z[n-k]$를 $z_i[n-k]$로 대체함으로써 i번째 부채널 파라미터들을 추정하는데 사용될 수 있다.

12.6 결정 궤환 등화기

우리가 지금까지 논의한 TSE와 FSE는 등화가 메모리가 없는(memoryless) 판정 소자인 선형 필터로 구성되어 있기 때문에 선형 등화기로 알려져 있다. 이들 선형 등화기는 피드포워드(FFW) 등화기로도 알려져 있다. FFW 등화기의 장점들은 FIR 필터들로 쉬운 구현과 그것들이 제공하는 간단한 설계 접근에 있다. FFW 등화기는 비선형 MLSE 수신기보다 훨씬 적은 계산적 복잡도를 요구한다.

반면에 FFW 등화기는 심각한 약점이 있다. 첫째로, FFW형태의 TSE 또는 FSE는 채널 왜곡에 따른 심각한 잡음 증폭이 있을 수 있다. 둘째, 채널 다항식의 근에 의존하는 FFW 등화기가 효과적이려면 특히 채널이 거의 singular일 때, 매우 길어야 할 필요가 있다. 잡음 증폭의 위험 없이 간단하고 효과적인 채널 등화를 하기 위해, 결정 궤환 등화기(DFE, decision feedback equalizer)는 매우 유용한 방식이다.

일반적으로 FFW 등화기는 채널 역(inverse) 필터 (ZF 설계에서) 또는 조직적인 채널 역(inverse) 필터 (MMSE 설계에서)로 쓰인다. 그러나 DFE는 FFW 필터에 추가하여 또 다른

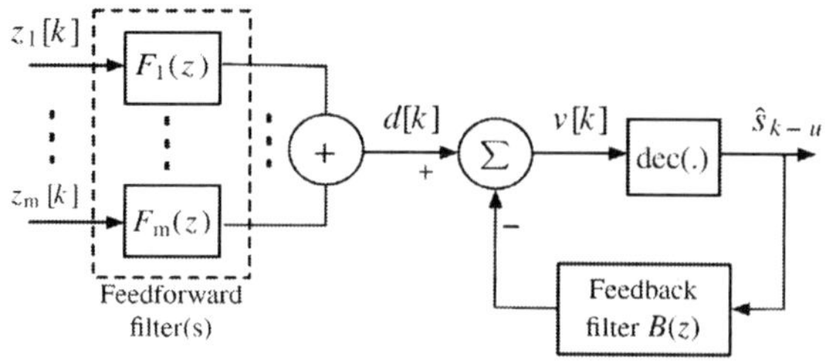

▸▸ 그림 12.8 분수 간격 samples를 가진 결정 궤환 등화기

feedback 필터를 조합한다. FFW 필터는 선형 TSE 또는 FSE와 동일하다. 반면에, 궤환 필터는 메모리없는 판정 소자에 의해 발생되는 데이터 추정을 사용하여 이전 데이터 샘플들로부터 ISI를 없애려고 한다. FFW 필터는 분수 간격 표본(fractionally spaced samples)에서 작동할 것이다. 그러므로 그림 12.8에서 보여지는 것처럼 m개의 평행한 필터들이 될 것이다.

궤환 필터 $B(z)$의 기본적인 아이디어는 FFW 필터 출력 $d[k]$가 여전히 ISI를 포함있다는 사실을 이용하는 것이다. 좀 더 분명하게, 다음 식과 같이 주어지는 FFW 출력 $d[k]$를 고려하자.

$$d[k] = s_{k-u} + \underbrace{\sum_{i=u+1}^{N} c_i s_{k-i}}_{\text{residual ISI}} + \underbrace{\tilde{w}[n]}_{\text{noise}} \tag{12.58}$$

식 (12.58)에는 잔여의 ISI 항과 잡음 항이 있다. 만약 검출기의 판정 출력이 매우 정확해서 다음과 같다면,

$$\hat{s}_{k-u} = s_{k-u}$$

궤환 필터의 입력은 실제 데이터 심볼과 동일할 것이다. 만약 우리가 다음과 같이 궤환 필터를 놓는다면,

$$B(z) = \sum_{i=1}^{N-u} b_i z^{-i}$$

우리는 다음을 얻는다.

$$\begin{aligned} v[k] &= d[k] - \sum_{i=1}^{N-u} b_i \hat{s}_{k-u-i} \\ &= s_{k-u} + \sum_{i=u+1}^{N} c_i s_{k-i} - \sum_{i=1}^{N-u} b_i \hat{s}_{k-u-i} + \tilde{\mathrm{w}}[n] \\ &= s_{k-u} + \sum_{i=u+1}^{N} c_i s_{k-i} - \sum_{i=1}^{N-u} b_i s_{k-u-i} + \tilde{\mathrm{w}}[n] \\ &= s_{k-u} + \sum_{i=1}^{N-u} (c_{u+i} - b_i) s_{k-u-i} + \tilde{\mathrm{w}}[n] \end{aligned} \tag{12.59}$$

잔여의 ISI를 제거하기 위해, 궤환 필터는 다음과 같은 계수들을 가져야만 한다.

$$b_i = c_{u+i} \quad i = 1, 2, \ldots, N - u - 1$$

이러한 DFE 파라미터들을 이용하면, 잔여의 ISI는 완전히 사라진다. 그러므로 다음 식과 같은 판정 소자의 입력

$$v[k] = s_{k-u} + \tilde{\mathrm{w}}[n]$$

은 ISI가 0이다. $\nu[k]$에 남아 있는 성가신 유일한 것은 잡음이다. $d[k]$에서 잡음 항이 영향을 미치지 않거나, 궤환 필터에 의해 증폭되기 때문에, 다음 순간의 검출은 잔여의 ISI가 제거된 후에 좀 더 정확해 질 것이다.

지금까지 우리의 DFE 분석은 검출 판정 결과들이 정확할 때, DFE의 이상적인 작동에 초점이 맞춰져 있다. 전통적으로 DFE의 설계와 분석은 종종 그런 이상적인 작동 시나리오에 기반한다. DFE 필터의 설계는 반드시 피드포워드 필터와 궤환 필터 둘 모두를 포함한다. 비록 역사적으로 피드포워드 필터와 궤환 필터의 설계를 완전히 분리시키는 시도가 있다 할지라도, Al Dhahir과 Cioffi[9]에 의한 최근의 연구는 포괄적이고 엄격한 논의를 제공한다.

DFE의 분석에서 정확한 판정 출력의 가정은 $\nu[k]$에서 ISI를 제거를 의미하고 이는 판정 출력이 정확하여 보다 우수한 유사도(likelihood)를 가진다. 도움이 되진 않지만, "닭이 먼저냐? 달걀이 먼저냐?"하는 순환 논쟁을 주목하라. 그 문제의 사실은 DFE에 내재하는 비선형 시스템이다. 좀 더 중요한 점은 경판정 소자는 미분 가능하지 않다. 그 결과로, 가장 전통적인 분석도구들은 선형적으로 발전했고, 비선형 시스템들에는 더 이상 적용하지 않았다. 이러한 이유로, 다소 아이러니한 "닭이 먼저냐? 달걀이 먼저냐?" 분석은 마지막 대안이 되었다. 다행이도, 높은 SNR 시스템에서 이 순환논쟁은 실험과 가장 가까운 분석적 결과를 도출했다.

○ 결정 궤환 등화기(DFE)의 오류 전파

궤환 구조로 인해 DFE는 특히 오류 전파라는 심각한 현상을 겪는다. 예를 들어 판정 소자에서 오류가 발생했을 때, 오류가 난 심볼은 궤환 필터로 보내지게 될 것이고, 식 (12.59)에서 같이 ISI 제거에 사용될 것이다. 그러나 심볼이 부정확하기 때문에, 이 심볼에 의해 발생된 ISI 제거 대신에, $\nu[k]$에 존재하는 ISI가 더욱 강화될 것이다. 그 결과로, 판정 소자는 쉽게 또 다른 오류를 발생한다. 이것은 오류 전파(error propagation)라 한다.

오류 전파는 실제 DFE 성능이 완벽한 판정이다라는 가정으로부터 도출한 분석적 결과보다 성능이 저하될 수 있음을 의미한다. 더욱이 오류 전파의 영향은 오류 전파 상태로부터 회복하기 전에 DFE가 짧은 연집(burst) 검출 오류를 쉽게 만들 수 있다는 것을 의미한다. 오류 전파로부터의 회복 시간은 채널응답에 의존하고 Kennedy와 Anderson[10]에 의해 조사 되었다.

12.7 OFDM(다중 반송파(multicarrier)) 통신

앞서 우리가 TSE와 FSE에서 배운 것처럼 채널 등화는 오로지 수신자의 몫이다. 수신자의 등화를 돕기 위해 송신자가 해줄 수 있는 것은 오직 훈련신호나 파일럿 신호를 보내주는 것뿐이다. 보통의 불확실한 통신환경에서 송신자는 채널 응답에 대한 정보가 전무하거나 매우 부족하기 때문에 수신자가 등화의 업무에 착수하는 일은 타당하다. 피드포워드 혹은 DFE와 같은 타입의 등화기는 최적의 MLSE에 비해 구현이 간단하지만, 간혹 만족스럽지 못한 성능을 보여준다. 뿐만 아니라 FFW와 DFE 등화기의 성능은 그 구조 안의 모든 파라미터에 대해 지나치게 민감한 특성을 보인다. 하나의 파라미터라도 희망했던 값을 유지를 못하면, 전반적인 등화기 성능이 무너진다.

하지만, 몇 가지 application에 대해서 수신자들은 채널 특성에 관한 일부 정보를 가지고 있다. 가장 중요한 채널 정보 중의 하나가 바로 채널 지연 확산이다; 즉, 한정된 길이의 채널은 다음과 같이 표현 가능하다.

$$H(z) = \sum_{k=0}^{L} h[k] z^{-k}$$

송신자가 비록 $\{h[k]\}$에 대해 여전히 무지하더라도, 채널 차수 L은 안다고 하자. 이렇게 주어진, 채널에 대한 부분적인 정보에 의해 직교 주파수 다중 변조(OFDM)라는 특별한 전송 기법을 구현하는 것이 송신자로 하여금 가능케 됐다. OFDM의 이용과 함께 수신자의 채널 등화는 훨씬 간소해졌다.

12.7.1 OFDM의 원리

송신자가 차수가 L인 FIR 채널, H(z)를 통해 데이터 신호, {sk}를 전송하는 상황을 생각해보자. OFDM의 기본 원칙에 대해 서술하기 전에 FIR 채널의 주파수 응답이 다음과 같이 표현 가능하다는 것에 주목하라.

$$H(e^{j2\pi fT}) = \sum_{k=0}^{L} h[k]e^{-j2\pi fkT} \tag{12.60}$$

여기서 T는 심볼 기간, 곧 샘플링 주기를 의미한다. $H(e^{j2\pi fT})$는 채널 $h[k]=h(kT)$의 주파수 응답이기 때문에 이것은 주기 $1/T$를 갖는 f에 대한 주기함수가 된다.

이산 푸리에 변환(DFT, discrete Fourier transform)은 채널 주파수응답을 표본화한 함수이다. N을 주파수 주기가 $1/T$인 균일한 표본의 총 수라고 하자. 그러면 주파수 f는 다음과 같이 표본화된다.

$$f_0 = 0 \cdot \frac{1}{NT} = 0$$

$$f_1 = 1 \cdot \frac{1}{NT} = \frac{1}{NT}$$

$$\vdots$$

$$f_{N-1} = (N-1) \cdot \frac{1}{NT} = \frac{(N-1)}{NT}$$

DFT 시퀀스를 $\omega n = 2\pi n/NT$라 함으로써, 다음 식과 같이 간단하게 표기할 수 있다.

$$\begin{aligned} H[n] &= H(e^{j\omega_n T}) \\ &= \sum_{k=0}^{L} h[k]\exp(-j\omega_n Tk) \\ &= \sum_{k=0}^{L} h[k]\exp\left(-j2\pi \frac{n}{NT} kT\right) \\ &= \sum_{k=0}^{L} h[k]\exp\left(-j2\pi \frac{nk}{N}\right) \qquad n = 0, 1, \ldots, (N-1) \end{aligned} \tag{12.61}$$

식 (12.61)로부터, $H[n]$은 주기 N의 주기함수라는 것을 쉽게 알 수 있다(그림 12.9). 그러므로 다음과 같다.

$$
\begin{aligned}
H[-n] &= \sum_{k=0}^{L} h[k]\exp\left(j2\pi\frac{nk}{N}\right) && (12.62a)\\
&= \sum_{k=0}^{L} h[k]\exp\left(j2\pi\frac{nk}{N} - j2\pi\frac{Nk}{N}\right)\\
&= \sum_{k=0}^{L} h[k]\exp\left[-j2\pi\frac{(N-n)k}{N}\right] && (12.62b)\\
&= H[N-n]
\end{aligned}
$$

채널 입력 $\{S_k\}$와 출력

$$
z[k] = \sum_{i=0}^{L} h[i]s_{k-i} + \mathrm{w}[k]
$$

사이의 선형 콘볼루션 관계에 기초하여 N개의 출력 심볼 벡터를 다음과 같이 행렬 꼴로 나타낼 수 있다.

$$
\begin{bmatrix} z[N] \\ z[N-1] \\ \vdots \\ z[L] \\ \vdots \\ z[1] \end{bmatrix}
=
\begin{bmatrix}
h[0] & h[1] & \cdots & h[L] & & & & \\
& h[0] & h[1] & \cdots & h[L] & & & \\
& & \ddots & \ddots & \ddots & \ddots & & \\
& & & h[0] & h[1] & \cdots & h[L] & \\
& & & & \ddots & \ddots & \ddots & \ddots \\
& & & & & h[0] & h[1] & \cdots & h[L]
\end{bmatrix}
$$

$$
\times \begin{bmatrix} s_N \\ s_{N-1} \\ \vdots \\ s_1 \\ s_0 \\ \vdots \\ s_{-(L-1)} \end{bmatrix}
+ \begin{bmatrix} \mathrm{w}[N] \\ \mathrm{w}[N-1] \\ \vdots \\ \mathrm{w}[L] \\ \vdots \\ \mathrm{w}[1] \end{bmatrix}
\qquad (12.63)
$$

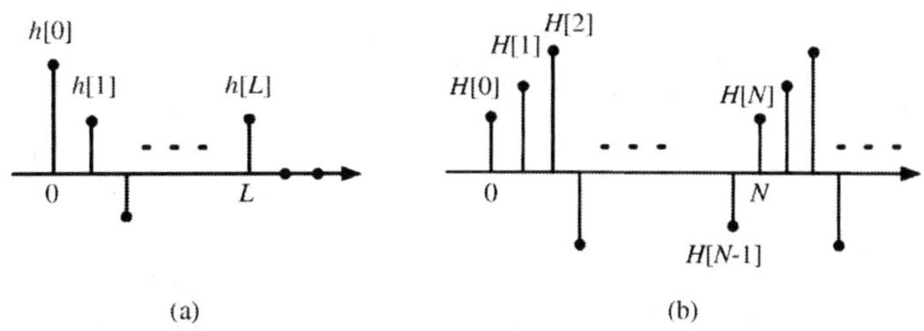

▸▸ 그림 12.9 (a) 이산 신호 영역 채널 응답과 (b) 그에 해당하는 주기적인 DFT

송신 데이터의 '순회 접두(cyclic prefix)'에 대해 알아보는 것은 OFDM에서 중요한 단계 중 하나이다. 이 단계에서 총 (N+L) 차원의 데이터 벡터 중 다음 식과 같은 앞선 M개의 성분이

$$s_0,\ s_{-1},\ \ldots,\ s_{-(L-1)}$$

다음 요소들의 값을 가진다.

$$\{s_N,\ s_{N-1},\ \ldots,\ s_{N-L+1}\} \longrightarrow \{s_0,\ s_{-1},\ \ldots,\ s_{-(L-1)}\}$$

이렇게 순회 접두를 삽입함으로써, 우리는 식 (12.63)을 다음과 같이 다시 표현할 수 있다.

$$\begin{bmatrix} z[N] \\ z[N-1] \\ \vdots \\ z[L] \\ \vdots \\ z[1] \end{bmatrix} = \begin{bmatrix} h[0] & h[1] & \cdots & h[L] & & & & & \\ & h[0] & h[1] & \cdots & h[L] & & & & \\ & & \ddots & \ddots & \ddots & \ddots & & & \\ & & & h[0] & h[1] & \cdots & h[L] & & \\ & & & & \ddots & \ddots & \ddots & \ddots & \\ & & & & & h[0] & h[1] & \cdots & h[L] \end{bmatrix}$$

$$\times \begin{bmatrix} s_N \\ s_{N-1} \\ \vdots \\ s_1 \\ s_N \\ \vdots \\ s_{N-L+1} \end{bmatrix} + \begin{bmatrix} \mathrm{w}[N] \\ \mathrm{w}[N-1] \\ \vdots \\ \mathrm{w}[L] \\ \vdots \\ \mathrm{w}[1] \end{bmatrix} \tag{12.64a}$$

$$= \underbrace{\begin{bmatrix} h[0] & h[1] & \cdots & h[L] & 0 & \cdots & 0 \\ 0 & h[0] & h[1] & \cdots & h[L] & \ddots & \vdots \\ \vdots & \ddots & \ddots & \ddots & \ddots & \ddots & 0 \\ 0 & \ddots & 0 & h[0] & h[1] & \cdots & h[L] \\ h[L] & \ddots & \ddots & 0 & h[0] & \cdots & h[L-1] \\ \vdots & \ddots & \ddots & \ddots & \ddots & \ddots & \vdots \\ h[1] & \cdots & h[L] & 0 & \cdots & 0 & h[0] \end{bmatrix}}_{\mathcal{H}_{\text{cp}}\,:\,(N\times N)} \begin{bmatrix} s_N \\ s_{N-1} \\ \vdots \\ s_1 \end{bmatrix} + \begin{bmatrix} \mathrm{w}[N] \\ \mathrm{w}[N-1] \\ \vdots \\ \mathrm{w}[L] \\ \vdots \\ \mathrm{w}[1] \end{bmatrix} \tag{12.64b}$$

순회 접두의 가장 중요한 역할은 식 (12.64a)의 콘볼루션 채널 행렬을 식 (12.64b)와 같은 우리가 잘 알고 있는 $N\times N$ 순환 행렬 H_{cp}로 변환할 수 있다는 점이다.

다음으로, N-point DFT 행렬과 그에 대응하는 역(inverse) DFT 행렬에 대해 알아보자. 먼저,

$$W_N = \exp\left(-j\frac{2\pi}{N}\right)$$

이라 하자.

이때, W_N은 다음과 같은 유용한 특성을 갖는다.

- $W_N^N = 1$
- $W_N^{-i} = W_N^{N-i}$

만약, 다음의 N차원 벡터에 DFT를 취한다면,

$$\boldsymbol{v} = \begin{bmatrix} v_0 \\ v_1 \\ \vdots \\ v_{N-1} \end{bmatrix}$$

이고, 우리는 다음과 같은 결과를 얻는다.

$$V[n] = \sum_{k=0}^{N-1} v_i \exp\left(-j2\pi\frac{nk}{N}\right) = \sum_{k=0}^{N-1} v_i W_N^{nk} \qquad n = 0, 1, \ldots, (N-1)$$

그리고

$$V[-n] = \sum_{k=0}^{N-1} v_i \exp\left(j2\pi \frac{nk}{N}\right) = \sum_{k=0}^{N-1} v_i W_N^{-nk} \qquad n = 0, 1, \ldots, (N-1)$$

이다. 마찬가지로, 역(inverse) DFT 또한 다음과 같이 간략화될 수 있다.

$$v_k = \frac{1}{N} \sum_{n=0}^{N-1} V[n] \exp\left(j2\pi \frac{nk}{N}\right) = \frac{1}{N} \sum_{k=0}^{N-1} V[n] W_N^{-nk} \qquad k = 0, 1, \ldots, (N-1)$$

그러므로 $\boldsymbol{v}$의 N포인트 DFT는 다음 식과 같이 행렬 형태로 표현 가능해진다.

$$\boldsymbol{V} = \begin{bmatrix} V[0] \\ V[1] \\ \vdots \\ V[N-1] \end{bmatrix} = \begin{bmatrix} W_N^{0\cdot 0} & W_N^{0\cdot 1} & \cdots & W_N^{0\cdot (N-1)} \\ W_N^{1\cdot 0} & W_N^{1\cdot 1} & \cdots & W_N^{1\cdot (N-1)} \\ \vdots & \vdots & \cdots & \vdots \\ W_N^{(N-1)\cdot 0} & W_N^{(N-1)\cdot 1} & \cdots & W_N^{(N-1)\cdot (N-1)} \end{bmatrix} \cdot \boldsymbol{v} \tag{12.65}$$

만약, $N \times N$ DFT 행렬이

$$\boldsymbol{W}_N \triangleq \begin{bmatrix} 1 & 1 & \cdots & 1 \\ 1 & W_N^1 & \cdots & W_N^{(N-1)} \\ \vdots & \vdots & \cdots & \vdots \\ 1 & W_N^{(N-1)} & \cdots & W_N^{(N-1)^2} \end{bmatrix} \tag{12.66a}$$

이면, $\boldsymbol{W}_N$의 역행렬 또한 다음과 같이 표현할 수 있다.

$$\boldsymbol{W}_N^{-1} = \frac{1}{N} \begin{bmatrix} 1 & 1 & \cdots & 1 \\ 1 & W_N^{-1} & \cdots & W_N^{-(N-1)} \\ \vdots & \vdots & \cdots & \vdots \\ 1 & W_N^{-(N-1)} & \cdots & W_N^{-(N-1)^2} \end{bmatrix} \tag{12.66b}$$

이는 다음을 보임으로써 증명될 수 있다(문제 12.7-1).

$$\boldsymbol{W}_N \cdot \boldsymbol{W}_N^{-1} = I_{N \times N}$$

주어진 이 표기법으로 우리는 다음과 같은 관계를 얻는다.

$$\boldsymbol{V} = \boldsymbol{W}_N \cdot \boldsymbol{v}$$
$$\boldsymbol{v} = \boldsymbol{W}_N^{-1} \cdot \boldsymbol{V}$$

순환 행렬 H_{cp}의 중요한 특성은 DFT와 IDFT 행렬을 적용함으로써 설립될 수 있다.

$$\begin{aligned}
\mathcal{H}_{\text{cp}} \cdot \boldsymbol{W}_N^{-1} &= \begin{bmatrix} h[0] & h[1] & \cdots & h[L] & 0 & \cdots & 0 \\ 0 & h[0] & h[1] & \cdots & h[L] & \ddots & \vdots \\ \vdots & \ddots & \ddots & \ddots & \ddots & \ddots & 0 \\ 0 & \ddots & 0 & h[0] & h[1] & \cdots & h[L] \\ h[L] & \ddots & \ddots & 0 & h[0] & \cdots & h[L-1] \\ \vdots & \ddots & \ddots & \ddots & \ddots & \ddots & \vdots \\ h[1] & \cdots & h[L] & 0 & \cdots & 0 & h[0] \end{bmatrix} \\
&\quad \times \frac{1}{N}\begin{bmatrix} 1 & 1 & \cdots & 1 \\ 1 & W_N^{-1} & \cdots & W_N^{-(N-1)} \\ \vdots & \vdots & \cdots & \vdots \\ 1 & W_N^{-(N-1)} & \cdots & W_N^{-(N-1)^2} \end{bmatrix} \\
&= \frac{1}{N}\begin{bmatrix} H[0] & H[-1] & \cdots & H[-N+1] \\ H[0] & H[-1]W_N^{-1} & \cdots & H[-N+1]W_N^{-(N-1)} \\ \vdots & \vdots & \cdots & \vdots \\ H[0] & H[-1]W_N^{-(N-1)} & \cdots & H[-N+1]W_N^{-(N-1)(N-1)} \end{bmatrix} \\
&= \frac{1}{N}\begin{bmatrix} 1 & 1 & \cdots & 1 \\ 1 & W_N^{-1} & \cdots & W_N^{-(N-1)} \\ \vdots & \vdots & \cdots & \vdots \\ 1 & W_N^{-(N-1)} & \cdots & W_N^{-(N-1)^2} \end{bmatrix} \begin{bmatrix} H[0] & & & \\ & H[-1] & & \\ & & \ddots & \\ & & & H[-N+1] \end{bmatrix} \\
&= \boldsymbol{W}_N^{-1} \cdot \boldsymbol{D}_H
\end{aligned} \tag{12.67a}$$

여기서 대각 행렬은 채널의 DFT 성분으로 다음과 같이 정의된다.

$$\boldsymbol{D}_H = \begin{bmatrix} H[0] & & & \\ & H[-1] & & \\ & & \ddots & \\ & & & H[-N+1] \end{bmatrix} = \begin{bmatrix} H[N] & & & \\ & H[N-1] & & \\ & & \ddots & \\ & & & H[1] \end{bmatrix}$$

마지막 등식은 식 (12.62b)에 주어진 $H[n]$의 주기적 성질로부터 유도된 것이다. 크기가 $N \times N$인 어떤 순환행렬은 $\boldsymbol{W}_N$을 미리 곱(premultiplication)하거나 나중에 곱(postmultiplication)함으로써 대각화될 수 있다는 것을 보이는 것은 문제로 남겨둔다(문제. 12.7-2).

식 (12.67a)을 바탕으로 우리는 다음과 같은 OFDM에 있어서 매우 중요한 관계에 관한 식을 세울 수 있다.

$$\begin{aligned}\mathcal{H}_{\text{cp}} &= \boldsymbol{W}_N^{-1} \cdot \boldsymbol{D}_H \cdot \boldsymbol{W}_N \\ &= \left(\frac{1}{\sqrt{N}}\boldsymbol{W}_N\right)^{-1} \cdot \boldsymbol{D}_H \cdot \frac{1}{\sqrt{N}}\boldsymbol{W}_N\end{aligned} \tag{12.67b}$$

순회 접두를 추가한 후에 채널의 입력과 출력의 관계는 식 (12.64b)로써 간소화된다는 사실을 상기하라. 결과적으로,

$$\begin{bmatrix} z[N] \\ z[N-1] \\ \vdots \\ z[1] \end{bmatrix} = \left(\frac{1}{\sqrt{N}}\boldsymbol{W}_N\right)^{-1} \cdot \boldsymbol{D}_H \cdot \left(\frac{1}{\sqrt{N}}\boldsymbol{W}_N\right) \begin{bmatrix} s_N \\ s_{N-1} \\ \vdots \\ s_1 \end{bmatrix} + \begin{bmatrix} \mathrm{w}[N] \\ \mathrm{w}[N-1] \\ \vdots \\ \mathrm{w}[1] \end{bmatrix}$$

만약, 정보데이터를 다음 식에 대입한다면,

$$\tilde{\boldsymbol{s}} \triangleq \begin{bmatrix} \tilde{s}_N \\ \tilde{s}_{N-1} \\ \vdots \\ \tilde{s}_1 \end{bmatrix} = \left(\frac{1}{\sqrt{N}}\boldsymbol{W}_N\right) \begin{bmatrix} s_N \\ s_{N-1} \\ \vdots \\ s_1 \end{bmatrix}$$

우리는 다음 식을 통하여 OFDM 전송 심볼을 얻을 수 있다.

$$\boldsymbol{s} \triangleq \begin{bmatrix} s_N \\ s_{N-1} \\ \vdots \\ s_1 \end{bmatrix} = \left(\frac{1}{\sqrt{N}}\boldsymbol{W}_N\right)^{-1} \begin{bmatrix} \tilde{s}_N \\ \tilde{s}_{N-1} \\ \vdots \\ \tilde{s}_1 \end{bmatrix}$$

비록 $1/\sqrt{N}$이 있다 하더라도, 우리는 $\sqrt{N}\,\boldsymbol{W}_N^{-1}$의 행렬 변환을 IDFT(역DFT) 과정으로 볼 수 있다. 다시 말해, 우리는 순회 접두를 삽입하기 전의 $\boldsymbol{s}$를 얻기 위해 OFDM 송신단에서 정보 정보원 데이터 $\tilde{\boldsymbol{s}}$에 IDFT를 적용한다.

마찬가지로, 우리는 채널 출력 벡터 또한 다음 식을 이용하여 변환할 수 있다.

$$\tilde{\boldsymbol{z}} \triangleq \begin{bmatrix} \tilde{z}[N] \\ \tilde{z}[N-1] \\ \vdots \\ \tilde{z}[1] \end{bmatrix} = \left(\frac{1}{\sqrt{N}}\boldsymbol{W}_N\right)\begin{bmatrix} z[N] \\ z[N-1] \\ \vdots \\ z[1] \end{bmatrix}$$

IDFT에 따른 이 과정은 DFT로 부를 수 있다. 마지막으로, DFT가 취해지는 채널 출력에서의 잡음 벡터는 다음과 같다.

$$\tilde{\mathbf{w}} \triangleq \begin{bmatrix} \tilde{\mathrm{w}}[N] \\ \tilde{\mathrm{w}}[N-1] \\ \vdots \\ \tilde{\mathrm{w}}[1] \end{bmatrix} = \left(\frac{1}{\sqrt{N}}\boldsymbol{W}_N\right)\begin{bmatrix} \mathrm{w}[N] \\ \mathrm{w}[N-1] \\ \vdots \\ \mathrm{w}[1] \end{bmatrix}$$

우리는 이제 DFT를 겪은 정보 데이터와 채널 출력 사이의 관계를 매우 간단하게 나타낼 수 있다.

$$\tilde{\boldsymbol{z}} = \boldsymbol{D}_H \tilde{\boldsymbol{s}} + \tilde{\mathrm{w}} \tag{12.68a}$$

$\boldsymbol{D}_H$가 대각행렬이기 때문에 이 행렬 곱을 요소 단위(element-wise)의 곱으로 나타낼 수 있다.

$$\tilde{z}[n] = H[n]\tilde{s}_n + \tilde{\mathrm{w}}[n] \qquad n = 1, \ldots, N \tag{12.68b}$$

이것은 각각 $H[n]$의 이득을 갖는 스칼라 채널로 구성된 N개의 평행한 (부)채널과 등가라는 사실을 보여준다. OFDM 전송에 있어서 각 N개의 데이터 심볼로 구성된 벡터를 OFDM 프레임 혹은 OFDM 심볼이라고 하고, 각 부채널 $H[n]$은 부반송파라고 한다.

그러므로 정보 데이터 벡터에 IDFT를, 채널 출력 벡터에 DFT를 각각 적용함으로써, OFDM은 ISI가 있는 차수 L의 채널을 ISI 없는 N개의 평행한 부채널로 변환시켜주는 역할을 한다. 우리는 더 이상 시간 영역 채널 응답을 포함하는 복잡한 콘볼루션 과정을 다루지 않아도 된다. 대신에 모든 부채널은 주파수 비선택적인 이득만을 갖게 된다. 각 부채널에는 더 이상 ISI가 존재하지 않게 된다. N개의 평행한 부채널의 잡음들은 서로 독립적이기 때문에, 각 부채널들도 또한 독립적이게 된다. 이것이 이러한 변조 기법을 직교 주파수 분할 변조(OFDM)라 부르는 이유이다. 차수 L의 선형 FIR채널에서 N-포인트 OFDM 시스템을 구현한 블록다이어그램이 그림 12.10에 주어져 있다.

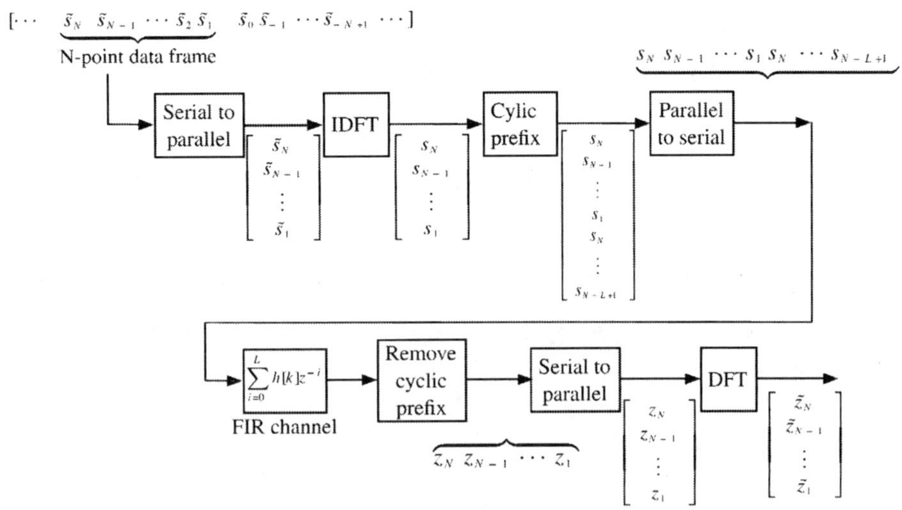

▶▶ 그림 12.10 N-포인트 OFDM 전송

12.7.2 OFDM 채널 잡음

식 (12.68b)에 따라, 각각의 N 채널은 채널 이득 $H[n]$을 갖고, 주파수 $f = n/NT$ 간격의 반송파처럼 행동한다. 실질적으로 원래의 데이터 심볼 $\{\widetilde{s_n}\}$은 N개로 나누어져 N개의 부반송파를 통해 전송된다. 이러한 이유로, OFDM은 다중반송파 통신 시스템이라고도 알려져 있다. 간단하게 말하자면, OFDM은 IDFT와 순회 접두를 이용함으로써, 실질적인 다중 (부)반송파를 변조하거나 생성할 필요없이 효과적으로 다중반송파 통신을 달성하였다. OFDM의 실제 블록다이어그램이 그림 12.11에 나타나 있다.

이제 그림 12.11의 변형된 잡음 샘플 $\widetilde{w}[n]$ 사이의 관계에 대해 알아보자. 먼저, 다음에 주목하라.

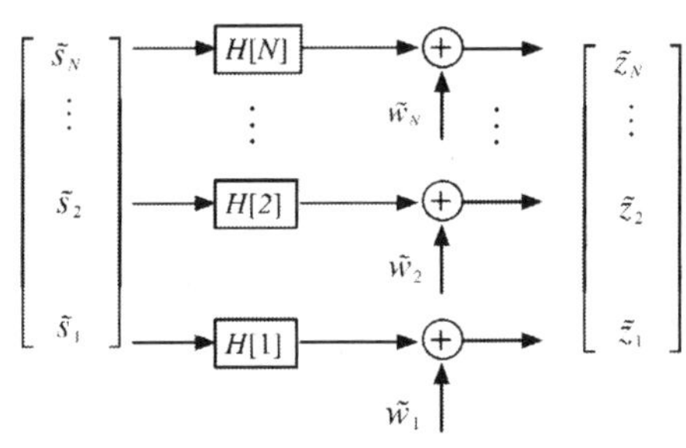

▶▶ 그림 12.11 OFDM에 의해 생성된 ISI 없는 N개의 독립적인 AWGN 채널

$$\begin{aligned}\tilde{\mathrm{w}}[N-j] &= \sum_{k=0}^{N-1} W_N^{k\cdot(N-j)}\mathrm{w}[N-k] \\ &= \sum_{k=0}^{N-1} W_N^{-kj}\mathrm{w}[N-k] \qquad j=0,1,\ldots,(N-1)\end{aligned}$$

이는 결합적으로 분포하는 가우시안 잡음 표본 $\{\mathrm{w}[N-k]\}$의 선형 결합이다. 그러므로 $\{\tilde{\mathrm{w}}[N-k]\}$ 또한 가우시안이다. 그런데 $\mathrm{w}[n]$의 평균이 0이기 때문에 우리는 다음과 같은 결과를 얻는다.

$$\overline{\tilde{\mathrm{w}}[N-j]} = \sum_{k=0}^{N-1} W_N^{-k\cdot j}\,\overline{\mathrm{w}[N-k]} = 0, \qquad j=0,1,\ldots,(N-1)$$

$$\begin{aligned}\overline{\tilde{\mathrm{w}}[N-i]\,\tilde{\mathrm{w}}[N-j]^*} &= \frac{1}{N}\overline{\sum_{k_1=0}^{N-1} W_N^{-k_1\cdot i}\mathrm{w}[N-k_1]\sum_{k_2=0}^{N-1} W_N^{k_2\cdot j}\mathrm{w}[N-k_2]^*} \\ &= \frac{1}{N}\sum_{k_1=0}^{N-1}\sum_{k_2=0}^{N-1} W_N^{k_2\cdot j-k_1\cdot i}\,\overline{\mathrm{w}[N-k_1]\,\mathrm{w}[N-k_2]*} \\ &= \frac{1}{N}\sum_{k_1=0}^{N-1}\sum_{k_2=0}^{N-1} W_N^{k_2\cdot j-k_1\cdot i}\cdot\frac{\mathcal{N}}{2}\delta[k_1-k_2] \\ &= \mathcal{N}/2N\sum_{k_1=0}^{N-1} W_N^{k_1(j-i)} \\ &= \mathcal{N}/2N\cdot\begin{cases} N & i=j \\ 0 & i\neq j\end{cases} \\ &= \frac{\mathcal{N}}{2}\delta[i-j]\end{aligned} \qquad (12.69)$$

$\{\tilde{\mathrm{w}}[n]\}$는 0의 상관관계와 함께, 0의 평균을 갖기 때문에 식 (12.69)에 따라 비상관(uncorrelated) 관계이다. 덧붙여, $\{\tilde{\mathrm{w}}[n]\}$는 또한 가우시안 잡음이다. 상관관계에 있지 않은 가우시안 랜덤 변수들은 또한 독립적이기 때문에, $\{\tilde{\mathrm{w}}[n]\}$은 동일한 $\mathcal{N}/2$의 분산과 0의 평균을 갖는 독립 가우시안 잡음이 된다. N개의 채널 잡음의 독립성은 그림 12.11에 나타낸 것과 같이, OFDM이 ISI를 갖는 총 차수 L의 FIR채널을 N개의 평행하고 독립적인 AWGN채널로 변환할 수 있다는 사실을 설명해준다.

12.7.3 영 삽입 OFDM

우리는 길이 L의 순회 접두를 소개함으로써, 순환적인 콘볼루션 채널 행렬이 성립될 수 있다는 것을 보았다. 어떤 크기의 순환행렬은 IDF와 DFT를 통하여 대각화될 수 있기 때문에 차수가 L인 혹은 더 작은 차수를 갖는 ISI 채널은 N개의 독립적이고 평행한 부채널로 변환될 수 있다.

순회 접두를 대체할 또 다른 접근방식이 있다. 이 방법은 영 삽입으로 알려져 있다. 송신자는 N개의 입력 데이터에 대하여 IDFT를 먼저 수행한다. 그리고 나서, 식 (12.64b)에서처럼 수식의 전송을 위해 마지막 L개의 심볼을 반복하는 대신에, 다음 식과 같이 보다 간단하게 순회 접두를 L개의 0으로 대체하여 전송할 수 있다.

$$\begin{bmatrix} s_N \\ s_{N-1} \\ \vdots \\ s_1 \\ s_N \\ \vdots \\ s_{N-L+1} \end{bmatrix}$$

$$\left.\begin{bmatrix} s_N \\ s_{N-1} \\ \vdots \\ s_1 \\ 0 \\ \vdots \\ 0 \end{bmatrix}\right\} (N+L)\times 1$$

OFDM 전송의 나머지 단계는 동일하다. 수신단에서 우리는 수신 심볼을 다음과 같이 표현할 수 있다.

$$\boldsymbol{y} = \begin{bmatrix} z[N] \\ z[N-1] \\ \vdots \\ z[L] \\ \vdots \\ z[1] \end{bmatrix} + \begin{bmatrix} 0 \\ \vdots \\ 0 \\ z[N+L] \\ \vdots \\ z[N+1] \end{bmatrix}$$

또한, 우리는 다음 식

$$\tilde{z} = \left(\frac{1}{\sqrt{N}}\boldsymbol{W}_N\right)\boldsymbol{y} \tag{12.70}$$

이 식 (12.68b)의 동일한 다중 채널(multichannel) 관계를 형성한다는 것을 증명할 수 있다(문제 12.7-4).

12.7.4 OFDM 순회 접두 부가정보

송신단에서 OFDM의 두 가지 중요한 단계는 순회 접두의 삽입과 N-point IDFT를 수행하는 것이다. 필요한 순회 접두의 길이 L은 FIR 채널의 차수에 의해 결정된다. 실제 시스템에서 채널의 차수는 다양하기 때문에 OFDM 송신자는 최대 채널의 차수에 대한 사전 정보를 알고 있어야 한다.

OFDM 송신자에게 있어서 채널 차수에 대한 과대평가는 수용할 만한 것일지라 하더라도 필요한 것보다 더 긴 순회 접두 삽입에 대한 주된 문제점은 채널 대역폭의 낭비를 야기한다는 것이다. 이러한 결점에 대해 이해하기 위해서 OFDM에서 순회 접두는 N개의 데이터 심볼 $\{\widetilde{s_1}, \cdots, \widetilde{s_N}\}$을 전송하기 위해서는 $(N+L)T$의 시간 지연이 필요하게 만든다는 사실에 주목하라. L개의 순회 접두 심볼은 OFDM에 있어서 단지 기존의 주파수 선택적인 채널 $H(z)$에 의한 ISI를 제거하기 위한 목적의 부가정보(redundancy)로서 여겨진다. N개의 정보 데이터를 전송하기 위해 (N+L)의 심볼 주기가 사용되기 때문에 OFDM의 유효 데이터율은 다음과 같게 된다.

$$\frac{N}{N+L}\frac{1}{T}$$

만약 L이 과대평가되면, 유효 데이터율은 감소하게 되고, 불필요하게 긴 순회 접두의 전송에 의해 채널 대역폭을 낭비하게 된다. 이러한 이유로 OFDM 송신자는 좋은 대역폭 효율을 얻기 위해 채널 지연 확산에 대한 보다 정확한 정보를 필요로 하게 된다. 만약 순회 접두가 L보다 작게 된다면, 수신자는 유효 채널 필터 응답을 LT 이내로 줄이기 위한 채널 쇼트닝 필터로 알려진 시간 영역 필터를 필요로 하게 된다.

12.7.5 OFDM 등화

우리는 주어진 그림 12.11에서처럼 OFDM이 어떤 ISI 채널을 N개의 평행한 AWGN 부채널로 변환한다는 사실을 알았다. N개의 각 부채널들은 평균이 0이고, 분산이 $\mathcal{N}/2$인 부가 백색 가우시안 잡음을 갖는다. 부채널의 이득은 k/NT Hz에서 FIR 주파수 응답인 $H[k]$와 동일하다. 엄격하게 말하면, 이러한 N개의 평행한 채널들은 어떠한 ISI도 갖지 않는다. 그러므로 채널 등화가 불필요하다. 하지만 각 부채널들은 다른 이득을 갖기 때문에

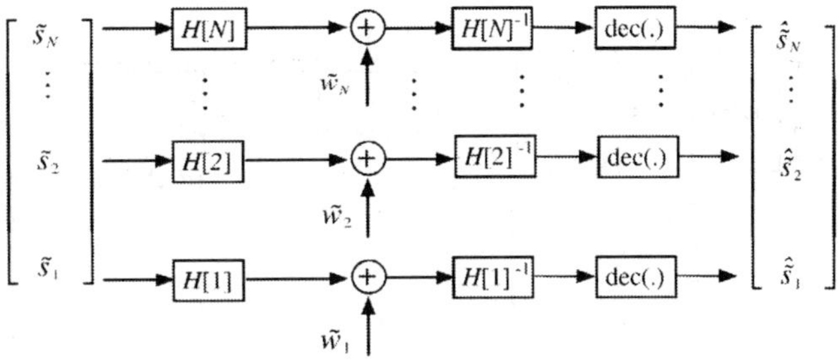

▸▸ 그림 12.12 시스템에서 이득 등화를 이루기 위한 N개의 독립적인 AWGN 채널의 수신단 이득 조절 뱅크(bank)의 사용

$$\tilde{z}[n] = H[n]\tilde{s}_n \quad n = 1, \ldots, N$$

로부터 $\{\widetilde{s_n}\}$의 최적의 검출을 위해서는 채널 이득 $H[n]$에 대한 정보를 필요로 하게 된다.

$$\hat{\tilde{s}}_n = \text{dec}\left(H[n]^{-1}\tilde{z}[n]\right) \quad n = 1, \ldots, N$$

OFDM 수신단에서의 이러한 결과가 그림 12.12에 나타나 있다. 각 부채널에서 단일탭의 이득 수정은 부채널에서의 크기 왜곡을 보상해주기 위해 적용될 수 있다. 사실 이것은 N개의 이득 수정탭 뱅크(bank)가 필요하다는 것을 의미한다. N개의 부채널을 보상하여 각 데이터 심벌의 총 이득이 QAM 결정 방법 소자 이전에 동등해지도록 하는 것이 목표이다. 이 과정이 부채널의 SNR이나 검출 정확성들을 변화시키지는 않는다. 단지, 등화기는 오직 모든 부채널에서 동일한 모듈러 결정 과정을 사용할 수 있게 하기 위해 이용된다. 수신단에서의 이러한 뱅크(bank) 이득 성분은 정확하게 고성능의 오디오 증폭기에서의 등화기와 동일하다. 이후로, 이 구조는 OFDM 수신자를 위한 단일탭 등화기로 알려진다.

12.8 이산 다중톤(DMT, discrete multitone) 변조

OFDM의 약간 다른 형태를 이산 멀티톤(DMT) 변조 방식이고 불린다. DMT에서 기본적인 신호 처리 과정은 OFDM과 본질적으로 동일하다. DMT와 일반적인 OFDM 사이의 차이점은 단지 DMT 송신자에게 부채널에 대한 정보가 주어진다는 것이다. 결과적으로, DMT는 다른 부채널(부반송파로 알려진)로 다른 성상도의 신호를 전송한다. 그림 12.13에서 보여지는 것처럼 단일 RF 채널은 OFDM 혹은 DMT에 의해 N개의 부반송파 혹은 부채널로 쪼개지게 된다. 각 부반송파는 다음 식과 같이 구별되는 데이터열을 전달한다.

$$\{\cdots\ \tilde{s}_i[k+1]\ \tilde{s}_i[k]\ \tilde{s}_i[k-1]\ \cdots\}$$

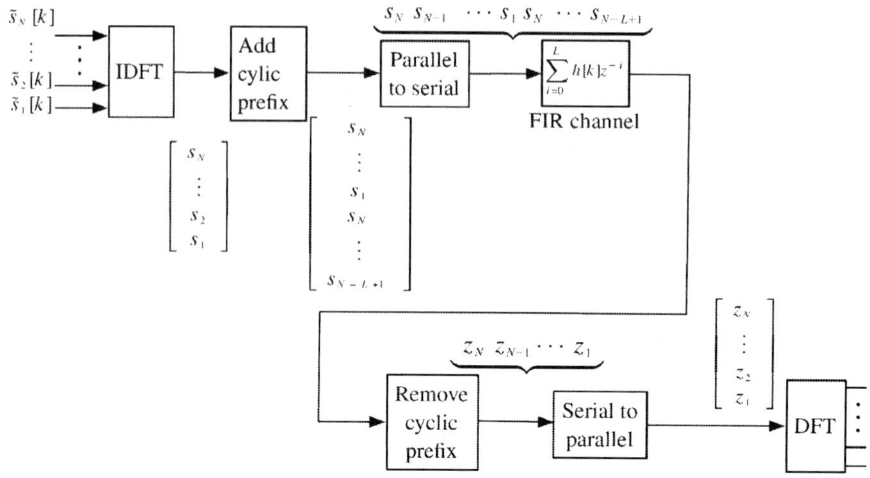

▸▸ 그림 12.13 하나의 FIR 채널을 거치는 N개의 다른 심볼 스트림의 DMT 전송

N개의 QAM 성상도는 종종 달라질 수 있다.

본래의 채널 왜곡은 주파수 선택적이기 때문에, 부반송파 이득은 일반적으로 대역폭 전체에 걸쳐 다르다. 그러므로 비록 DMT 또는 OFDM이 ISI 왜곡이 있는 채널을 ISI 없는 평행하면서 독립적인 채널로 전환한다 하더라도, 서로 다른 부반송파를 통해 전송되는 심볼들은 수신단 끝에서 서로 다른 SNR에 직면하게 될 것이다. DMT에서 수신자들은 모든 부채널에 대한 정보를 송신자에게 전달할 책임이 있다. 결과적으로 송신자는 다양한 성능을 최적화하기 위해 다양한 보상 조치를 구현할 수 있다. 아래에 DMT 송신자에게 채택된 두 가지 보통의 접근법에 대해 언급한다.

- 수신자 SNR의 평균을 최대로 하는 부반송파 전력 부하
- 부반송파에 따른 비트 오류율(BER)을 동등하게 하는 부반송파 비트 부하

○ 수신단 SNR을 최대화하기 위한 송신단 전력 부하

총 수신단측 SNR을 최대화하기 위한 송신단 측의 전력 할당 기법을 설명하기 위해 $s_i[k]$를 i번째 부채널을 통해 운반되는 데이터 스트림이라고 하고, $\{s_i[k]\}$를 시간 k에서의 독립적인 데이터 신호열이라 하자. 더 나아가 모든 데이터 신호열 $\{s_i[k]\}$ 또한 서로서로 독립적이라고 간주하자. $s_i[k]$의 평균전력은 다음과 같다.

$$P_i = \overline{|s_i[k]|^2}$$

총 채널 입력 전력은

$$\sum_{i=1}^{M} P_i$$

이 되고, 이에 상응하는 수신단에서의 채널 출력 전력은

$$\sum_{i=1}^{M} |H[i]|^2 \cdot P_i$$

와 같게 된다.

그러므로 총 채널 출력 SNR은 다음과 같다.

$$\frac{\sum_{i=1}^{M} |H[i]|^2 \cdot P_i}{N\mathcal{N}/2} = \frac{2}{\mathcal{N}N}\sum_{i=1}^{M} |H[i]|^2 \cdot P_i$$

최적의 전력 분포를 결정하기 위하여 출력 SNR을 최대화하고자 한다. 채널 입력 전력은 제한되어 있기 때문에 최적화 과정은 다음을 필요로 한다.

$$\max_{\{P_i \ge 0\}} \sum_{i=1}^{N} |H[i]|^2 \cdot P_i \tag{12.71}$$

$$\text{subject to} \quad \sum_{i=1}^{N} P_i = P$$

우리는 다음의 Cauchy-Schwartz 부등식을 이용하려고 한다.

$$\left|\sum_i a_i b_i\right|^2 \le \sum_i |a_i|^2 \sum_i |b_i|^2$$

Cauchy-Schwartz 부등식을 바탕으로 다음과 같다.

$$\max_{\{P_i \ge 0\}} \sum_{i=1}^{N} |H[i]|^2 \cdot P_i = \sqrt{\sum_{i=1}^{N} |H[i]|^4 \cdot \sum_{i=1}^{N} |P_i|^2} \tag{12.72a}$$

$$P_i = \lambda |H[i]|^2 \tag{12.72b}$$

입력 전력은 $\sum_{i=1}^{N} P_i = P$로 제한되어 있기 때문에 최적의 입력 전력 분포는 다음과 같이 되어야 한다.

$$\sum_{i=1}^{N} P_i = \lambda \cdot \sum_{i=1}^{N} |H[i]|^2 = P \tag{12.73a}$$

다시 말하면, 다음과 같다.

$$\lambda = \frac{1}{\sum_{i=1}^{N} |H[i]|^2} P \tag{12.73b}$$

식 (12.73b)를 식(12.72b)에 대입하면, 다음 식과 같은 N개의 부채널에 걸친 최적의 채널 입력 전력 할당을 얻을 수 있다.

$$P_i = \frac{|H[i]|^2}{\sum_{i=1}^{N} |H[i]|^2} P \tag{12.74}$$

OFDM에 있어서 전력 부하라 알려진, 이러한 최적의 전력 분포는 쉽게 이해될 수 있다. 채널이 높은 이득을 가질 때, 채널은 낮은 이득을 가질 때에 비하여 훨씬 더 효과적으로 그것의 입력 전력을 신장시킬 수 있다. 그러므로 높은 이득의 부채널에는 높은 전력 할당을, 반면에 낮은 이득의 부채널에는 훨씬 적은 전력 할당을 받게 될 것이다. 0의 이득을 갖는 부채널과 같은 극단적인 경우에는 낭비되는 전력이 없어야 한다. 왜냐하면 이 같은 부채널의 출력은 총 수신 신호 전력에 아무런 기여를 못하기 때문이다.

덧붙여, 평균 SNR을 최대화한다는 관점에서는 정보 이론은 또한 철저하게 주파수 선택전인 채널의 용량을 최대화하는 최적의 전력 할당(물붓기(water pouring)로 알려진)을 증명할 수 있다. 이에 대한 것은 다음(13.7절)에 논의될 것이다.

○ DMT에서의 부반송파 비트 부하

만약 송신자가 $|H[i]|$의 채널 정보를 얻는다면 각 부채널을 통해 전송된 심볼의 검출 오류 확률을 예측하는 것이 가능해진다. 각 부반송파의 SNR은 다음과 같다.

$$\text{SNR}_i = \frac{2|H[i]|^2}{\mathcal{N}} \overline{|s_i[k]|^2}$$

그러므로 특정 부반송파의 BER은 부채널의 SNR과 QAM 성상도에 의존한다. 서로 다른 부채널에서의 서로 다른 복조기법은 서로 다른 전력 $\overline{|s_i[k]|^2}$을 야기할 수 있다.

각 변조된 심볼에서 i번째 부반송파가 K_i비트를 운반하는 가장 일반적인 경우를 생각해 보자. 그리고 i번째 부채널의 BER을 $P_b[i]$라 하자. 그러면, N개의 부반송파에 걸친 평균 수신 비트 오류율은 다음과 같다.

$$P_b = \frac{\sum_{i=1}^{N} K_i \cdot P_b[i]}{\sum_{i=1}^{N} K_i}$$

만약 모든 부채널들에 같은 QAM 성상도를 적용한다면, 모든 i에 대하여, K_i가 상수가 되므로, 다음과 같다.

$$P_b = \frac{1}{N}\sum_{i=1}^{N} P_b[i]$$

분명히, 매우 낮은 SNR을 갖는 부채널은 많은 검출 오류를 발생할 것이고, 반면에 높은 SNR을 갖는 부채널은 매우 적은 검출 오류를 발생할 것이다. 만약 전력 부하가 없다면, i번째 부채널 SNR은 부채널의 이득 $|H[i]|^2$에 비례하게 된다. 다시 말하면, 좋지 못한 부채널의 BER은 좋은 부채널의 BER보다 훨씬 더 커질 수 있다. 그러므로 평균 BER P_b는 좋지 않은 부채널의 큰 BER $P_b[i]$에 지배적인 영향을 받을 것이다. 이에 근거하여 우리는 총 평균 BER을 줄이기 위하여 부채널 BER을 "등화(equalize)"하는 것이 요구된다는 사실을 알 수 있다. 각 부채널을 가능한 동등하게 믿을 수 있게 만듦으로써, DMT 시스템의 평균 BER은 향상 될 것이다. 부채널 BER을 "등화(equalize)"하기 위한 효과적인 방법 중에 하나가 바로 비트 부하를 적용하는 것이다.[11, 12]

비트 부하의 개념을 묘사하기 위해, 표 12.1에 우리에게 친숙한 5가지의 성상도에 대하여, 10^{-6}의 검출 오류 확률을 갖기 위해 필요한 SNR을 나타내었다. 작은 성상도(예를 들어, BPSK, QPSK)의 경우, 큰 성상도(예를 들어, 16-QAM, 32-QAM)에 비해서 훨씬 낮은 SNR을 필요로 한다는 것이 명백하다. 이는 낮은 이득을 갖는 부채널에는 보다 덜 복잡한 성상도가 배정되어야 하고, 보다 더 적은 심볼당 비트 수가 할당 되어야 한다는 것을 의미한다. 부채널의 이득이 0에 근접하는 극단적인 경우에, 그 부채널에는 비트를 할당하지 말아야 하며 비어 있는 채로 두어야 한다. 반면에, 큰 이득을 갖는 부채널에는 보다 복잡한 성상도를 배정하고, 보다 많은 수의 심볼당 비트 수를 할당해야 할 것이다. 송신단 측에서의, 이러한 부채널의 상태에 따른 비트 분포를 '비트 부하(bit loading)'라 부른다. 어떤 경우에는 부채널의 이득이 심볼당 n비트를 운반하기에는 너무 낮고, n-1비트를 운반하기에는 너무 낭비되는 경우가 있다. 이러한 경우엔 송신자는 그 부채널에 추가적인 전력 할당을 적용할 수 있다. 그러므로 송신단에서의 DMT 비트 할당과 전력 할당은 종종 상호보완적이 된다. 그림 12.14는 효과적인 DMT 비트 할당과 전력 할당을 간단히 나타낸 블록다이어그램이다.

▶▶ 표 12.1 10^{-6}의 검출 오류 확률을 얻기 위해 요구되는 SNR

Constellation	$E_b/\mathcal{N}$ at $P_e = 10^{-6}$, dB
BPSK	10.6
QPSK	10.6
8-PSK	14
16-QAM	14.5
32-QAM	17.4

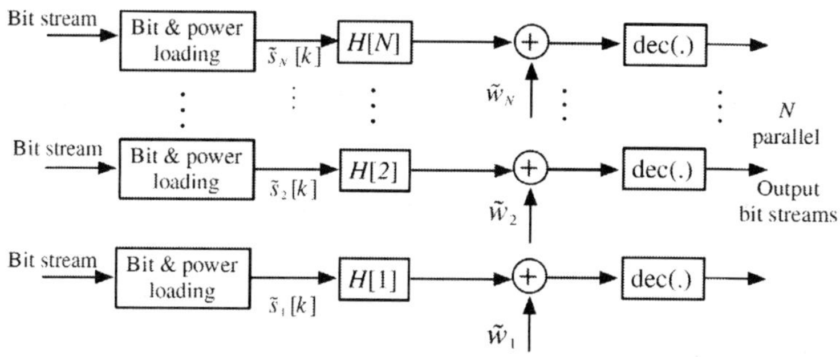

▶▶ 그림 12.14 N개의 부반송파를 갖는 DMT(OFDM) 전송 시스템에서의 비트 & 전력 부하(loading)

○ 순회 접두와 채널 쇼트닝

OFDM과 DMT의 원리는 FIR 통신 채널 응답의 차수보다 짧지 않은 순회 접두를 요구한다. 정의가 분명한 환경에 대해서 이러한 요구는 매우 합리적이지만, 많은 응용에 대해서 채널 차수 또는 지연 확산은 매우 넓은 변동 범위를 가지고 있다. 만약, 최악의 (큰) 지연 확산에 타겟을 둔, 긴 순회 접두가 항상 공급된다고 하면 OFDM/DMT 통신시스템의 전반적인 대역폭 효율은 매우 낮아질 것이다.

이러한 문제를 극복하기 위해, 유효 채널 차수를 짧게 하기 위한 수신단 측의 추가적인 시간 영역 등화기(TEQ, time domain equalizer)를 적용하는 것이 보다 바람직하다. 13.3절에서 이러한 시간 영역 등화기 (TEQ)가 전적으로 ISI를 제거하기 위한 것이 목표가 아니라는 사실에 주목하라. 대신에 TEQ 필터 $G_{TEQ}(z)$의 목적은 다음 식과 같이 채널 등화기의 결합된 응답의 유효 차수를 효과적으로 줄이는(shorten) 데 있다.

$$G_{\text{TEQ}}(z)H(z) \approx \sum_{k=0}^{L_1} q[k]z^{-k} \qquad L_1 < L$$

채널-쇼트닝(channel-shortening) 과정은 완벽한 ISI 제거에 비해 덜 과중한 업무이다. 원래의 차수 L보다 (대략적으로) 더 작은 L_1으로 줄임으로써 더 짧은 순회 접두가

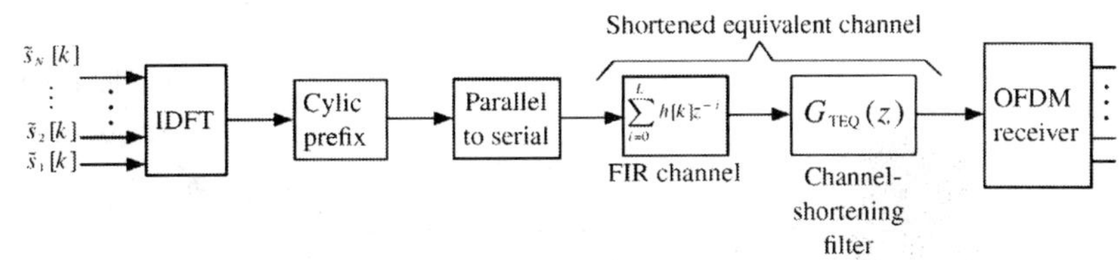

►► 그림 12.15 N개의 부반송파를 갖는 DMT (OFDM) 전송 시스템에서의 채널 쇼트닝을 위한 시간 영역 등화기 (TEQ)

OFDM/DMT의 전송 효율을 향상시키는데 이용될 수 있다. 채널 쇼트닝을 위한 TEQ가 포함된 블록 다이어그램이 그림. 12.15에 묘사되어 있다.

12.9 OFDM과 DMT의 실생활 응용

틀림없이 OFDM은 디지털통신에 있어서 가장 성공적인 신호 기술 중의 하나이다. 송신단 전력 부하, 비트 부하와 결합된 OFDM의 이점은 높은 스펙트럼 효율과, RF단의 간섭 또는 다중 경로 채널 왜곡에 대한 탄력성을 포함한다. 이러한 이점들로, 유선 디지털 가입자 회선(DSL, digital subscriber line) 시스템부터 무선 초광대역(UWB, ultrawideband) 라디오, 뿐만 아니라 위성 방송에 이르는 광범위한 OFDM/DMT 통신 시스템이 많이 존재한다.

○ 비대칭 디지털 가입자 회선(ADSL, asymmetric digital subscriber line)

수년 전, ADSL은 수많은 가정집의 인터넷 서비스를 제공하는 지배적인 기술이 되기 위하여 방대한 양의 음성 모뎀을 교체했다. 기존의 음성 대역 모뎀은 공중전화교환망(PSTN, public switched telephone network)에 의해 8 kHz로 표본화 된, 3.4 kHz까지의 아날로그 대역폭을 사용하였다. 이러한 다이얼 접속 모뎀은 비트를 이렇게 아주 작은 음성 대역에 맞는 파형으로 변환한다. 매우 작은 대역폭 때문에 음성 대역 모뎀은 매우 큰 QAM 성상도(예를 들어, V.34에서 28.8 kbits/s를 위해 960-QAM)를 적용하는 것이 강요됐다. 큰 QAM 성상도는 매우 높은 전송 전력과 복잡한 등화를 요구한다. 이러한 이유로 음성 대역 모뎀은 ITU-T V.90 제안에서 56 kbit/s의 속도에서 정체기를 맞게 된다.[13]

반면에, ADSL은 전화 음성 밴드에 의해 제한되지 않는다. 사실, ADSL은 데이터 서비스에 특화됨으로써 음성 전화 시스템을 완벽하게 우회한다. 각 가정에 last-mile 연결을 제공하는 것은 기존의 배배 꼬인 구리 전화선 쌍에 의한다. 주된 발상은 구리선 채널이 4 kHz에 해당하는 음성 대역보다 훨씬 큰 대역폭을 가지고 있는 사실에 있다. 그러나 거리가 멀어짐에 따라, 구리선 채널은 높은 주파수에서 급속도로 나빠진다. 그러므로 DSL은 오직 연결 거리가 짧은 (1~5 km) 경우라야 넓은 전화선 대역폭(1 MHz까지의)을 이용할 수 있다.

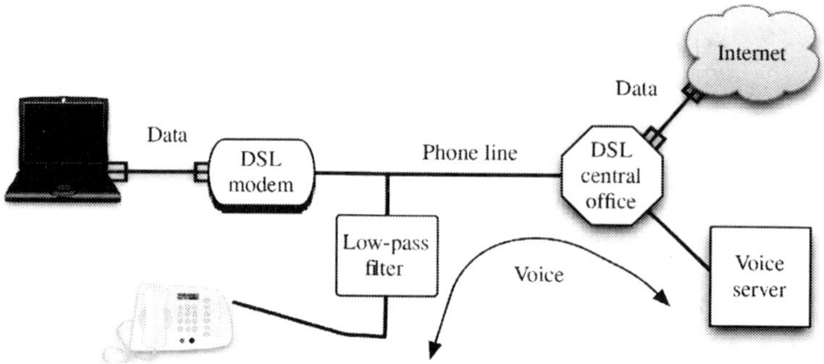

▶▶ 그림 12.16 데이터와 음성은 주파수 분할을 통해 동일한 전화선을 공유한다. 데이터 서비스는 DSL 모뎀 근처에 위치해 있는 DSL central office에 의해 제공된다.

음성 대역은 때때로 재래 전화 서비스(POTS, plain-old-telephone-service) 대역으로 알려져 있다. POTS와 DSL 데이터 서비스는 주파수 별로 분리되어 있다. 음성 통신은 3.4 kHz 아래의 음성 대역을 이용하여 계속된다. DSL 데이터는 음성 대역보다 위의 주파수를 사용한다.

그림. 12.16에서 보는 것처럼 DSL 서비스가 이용 가능할 때 두 신호의 분리는 전화 배출선과 각 전화 단위 사이의 간단한(in-line) 저역 통과 필터에 의해 이루어진다.

그림 12.17은 ADSL 시스템에서의 대역폭과 부반송파 할당을 보여준다. POTS 대역의 가장 위쪽부터 보통의 ADSL 상한인 1104 kHz까지 우리는 대역폭 4.3175 kHz의 255개로 등간격을 이루는 부채널(부반송파)을 가진다. 이러한 부반송파에는 1부터 255까지의 라벨이 붙는다. 4.3175 kHz에서 25.875 kHz 대역 사이의 약간의 부반송파들은 또한 서비스 제공자에 의해 선택적으로 사용된다. 하지만, 보통의 경우 ADSL 서비스 제공자들은 25.875 kHz ~1104 kHz(부반송파 6에서 255)의 명목상의 대역을 이용한다. 250개의 이용 가능한 부반송파들은 하향스트림 데이터 전송(DSL 서버로부터 가정집으로의)과 상향스트림 데이터 전송(가정집으로부터 DSL 서버로의)으로 분리된다.

오늘날 인터넷 응용에 있어서, 대부분의 개개인 소비자들은 하향스트림에 비해 더 높은 다운스트림 수요를 가진다. 사업자와는 다른, 이러한 “비대칭적인” 데이터 서비스 요구가 바로 ADSL의 목표이다. 그러므로 ADSL에 있어서 하향스트림 부반송파의 수는 상향스트림 부반송파의 수보다 훨씬 더 많아야 한다. ADSL에서 부반송파 6에서 32(25.875 kHz ~138 kHz에 해당하는)는 보통 상향스트림 데이터를 위해 할당된다. 부반송파 64번과 96번은 상향스트림 파일럿과 하향스트림 파일럿을 위해 예약되어 있다. 이 두개의 파일럿 부반송파를 제외한 33에서 255번까지(138 kHz~1104 kHz에 해당하는)의 부반송파는 하향스트림 데이터를 위해 할당된다. 전형적인 반송파 할당과 데이터율은 표 12.2에 요약되어 있다. 이 표는 ITU-T(G.992.1) 표준의 기본적인 DSL의 경우에 한한다는 사실에 명심하라.

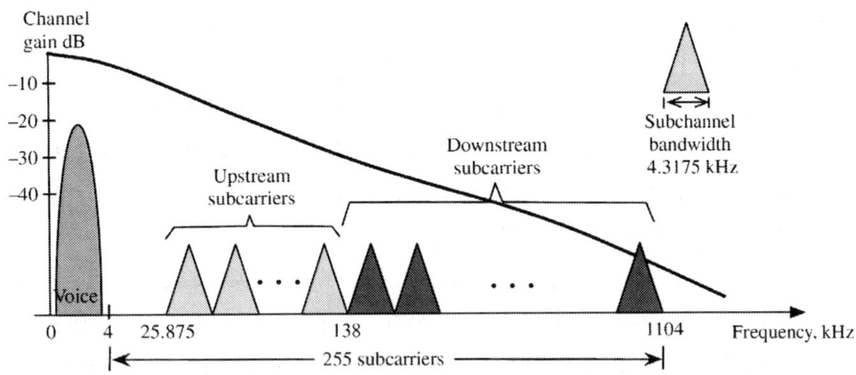

▸▸ 그림 12.17 ADSL 서비스에서의 주파수, 부반송파 할당

▸▸ 표 12.2 기본 ADSL 상향스트림과 하향스트림 부반송파 할당과 데이터율

	Upstream	Downstream
Modulation (bit loading)	QPSK to 64-QAM (2–6 bits per symbol)	
DMT frame transmission rate	4 kHz	
Pilot subcarrier	No. 64	No. 96
Typical subcarriers	6 to 32	33 to 255
Typical bits per frame	Up to 162 bits	Up to 1326 bits
Maximum possible subcarriers	1 to 63	1 to 255 (excluding 64 and 96)
Maximum bits per frame	Up to 378 bits	Up to 1518 bits
Maximum data rate	4 kHz ×378 = 1.512 Mbit/s	4 kHz ×1518 bits = 6.072 Mbit/s

채널의 상태에 따라 다양한 서비스 제공자들은 255개의 부반송파보다 더 많은 부반송파를 사용하거나 더 넓은 대역폭을 사용함으로써 데이터율을 높이는 선택을 할지도 모른다.

ADSL에서 DMT 프레임 송신율은 4kHz이다. 상향스트림 DMT는 64-포인트의 실수 IFFT를 이용하는데, 이것은 32-포인트 복소수의 IFFT의 경우와 동일하다. 상향스트림 순회 접두는 길이가 4이다. 하향스트림의 경우, 512-포인트의 실수 IFFT가 적용되는데, 이는 256-포인트 복소수 IFFT의 경우와 동일하다. 하향스트림 순회 접두는 길이가 32(길이 16의 복소수의 경우와 동일)이다. 채널 지연 확산은 보통 미리 규정된 순회 접두보다 더 길기 때문에, ADSL에서는 TEQ의 파라미터를 맞추기 위해 수천 개의 훈련 심볼(예를 들어, 하향스트림의 경우에)을 이용함으로써 TEQ 채널 쇼트닝이 적용된다.

○ 디지털 방송

비록 북미에서는 디지털 텔레비전 방송을 위해, 8-VSB 변조를 사용한 최대 데이터율 19.3 Mbit/s의 ATSC 표준을 채택하기로 결정했지만, 범유럽적으로는 DVB-T(디지털 비디오 방송-지상파)가 표준이 되었고, 이는 아시아의 일부, 라틴아메리카, 그리고 오스트레일리아에까지 채용되었다. DVB-T는 1997년에 처음 제안되었으며, 6, 7 또는 8 MHz 대역폭의 채널에 걸친 OFDM을 이용한다.

DVB-T는 크게 세 가지의 다른 OFDM 전송 방식으로 분류되며, 각각 다른 목표 비트율(비디오의 질)에 따라, 복잡도가 증가한다. 2048개의 부반송파(2K 방식)를 사용하기도 하고, 4096개의 부반송파(4K 방식)를 사용하기도 하고, 8196개의 부반송파(8K 방식)를 사용하기도 한다. 순회 접두 길이는 세 가지 방식에 따라 각각 FFT 길이의 1/32, 1/16, 1/8 또는 1/4이 된다. 각 부반송파는 세 가지 변조 형식 : QPSK, 16-QAM, 또는 64QAM을 가질 수 있다. 부채널의 질이 좋지 못할 때, QPSK와 같이 보다 간단한 성상도가 사용된다. 부채널의 SNR이 좋다면, 64-QAM 성상도가 사용된다. 각기 다른 품질의 채널은 디지털 표준 화질 TV(SDTV, standard-definition TV)에서부터 고화질 TV(HDTV, high-definition TV)에 이르는 각기 다른 비디오 품질을 야기한다.

손에 들고 쓰는 휴대폰을 이용한 이동 가능한 비디오 수신을 위해 DVB-H 표준이 2004년에 발표되었다. DVB-T 방식의 OFDM과 QAM 부반송파 변조 기법은 여전히 사용된다. 낮은 비디오 품질의 멀티미디어 서비스를 위해 디지털 멀티미디어 방송(DMB) 또한 OFDM을 적용하였는데, (differential) QPSK 부반송파 변조로 그 자체를 제한하였다. 1.7 MHz보다 더 적은 대역폭을 차지하면서, DMB는 1536개 만큼의 많은 부반송파를 이용할 수 있다.

○ 광대한 OFDM의 응용

디지털 통신 시스템에서, DSL과 DVB-T는 오직 두 가지 OFDM의 제한된 응용에 지나지 않는다. 대체로, OFDM은 많은 지상파 무선 통신 시스템에서 폭넓게 응용된다. 디지털 오디오방송(DAB, digital audio broadcasting), Wi-Fi(IEEE 802.11a, IEEE 802.11g), WiMAX(IEEE 802.16), 초광대역(UWB, ultrawideband) 라디오(IEEE 802.15.3a), 3세대 파트너쉽 프로젝트(3GPP, 3rd Generation Partnership Project) LTE(long-term-evolution), 그리고 고속 OFDM 패킷 접속(HSOPA, high-speed OFDM packet access)이 있다. 표 12.3은 다양한 통신시스템에서 OFDM의 중요한 역할에 대하여 간단히 정리하였다.

하지만, OFDM은 지향성 안테나를 이용하는 위성통신에서나 동축 케이블 시스템(예를 들어, 케이블모뎀, 케이블 DTV)에서는 그다지 인기가 없었다는 것에 주목하라. 그 이유는 사실 매우 명백하다. 지향성 위성 채널과 동축 케이블 채널은 매우 낮은 주파수 선택적 왜곡을 가진다. 특별히 그들은 보통 심각한 다중경로 영향을 겪지 않는다. 중요한 채널 지

▶▶ 표 12.3 OFDM 응용의 역사

Year	Events
1995	Digital audio broadcasting standard Eureka 147: first OFDM standard
1996	ADSL standard ANSI T1.413 (later became ITU G.992.1)
1997	DVB-T standard defined by ETSI
1998	Magic WAND project demonstrates OFDM modems for wireless LAN
1999	IEEE 802.11a wireless LAN standard (Wi-Fi)
2002	IEEE 802.11g standard for wireless LAN
2004	IEEE 802.16d standard for wireless MAN (WiMAX)
2004	MediaFLO announced by Qualcomm
2004	ETSI DVB-H standard
2004	Candidate for IEEE 802.15.3a (UWB) standard MB-OFDM
2004	Candidate for IEEE 802.11n standard for next-generation wireless LAN
2005	IEEE 802.16e (improved) standard for WiMAX
2005	Terrestrial DMB (T-DMB) standard (TS 102 427) adopted by ETSI (July)
2005	First T-DMB broadcast began in South Korea (December)
2005	Candidate for 3.75G mobile cellular standards (LTE and HSOPA)
2005	Candidate for CJK (China, Japan, Korea) 4G standard collaboration
2005	Candidate for IEEE P1675 standard for power line communications
2006	Candidate for IEEE 802.16m mobile WiMAX

연 확산과 ISI를 방지하려는 목적이 아닌 OFDM은 사실 쓸모가 없다. 이것이 디지털 위성 TV 서비스와 케이블 디지털 서비스 모두가 기존의 단일 반송파 변조 기법을 더 선호하는 이유이다. 반면에 직접 방송과 지상파 어플리케이션들은 종종 다중경로 왜곡에 직면하며, 따라서 OFDM을 위한 완벽한 후보자들이다.

○ 디지털 오디오 방송

표 12.3의 목록에서처럼, 유럽의 프로젝트 유레카 147(Eureka 147)은 성공적으로 OFDM 디지털 오디오 방송(DAB)을 개시했다. Eureka 147은 지상파 디지털 오디오 방송과 지향성(directional) 수신 안테나가 없는 직접 위성 오디오 방송을 모두 다룬다. 수신단에는 오직 전통적인 전방위(omnidirectional) 안테나가 설치 됐다. Eureka 147은 지상파와 위성 방송 모두를 위하여, L-band에서 1.452~1.492 MHz에 해당하는 새로운 주파수 대역을 개방하는 것을 필요로 한다.

하지만, 유럽에서의 Eureka의 성공에도 불구하고, L-band 스펙트럼 경쟁에 대한 우려는 미국으로 하여금 Eureka 147을 사용하는 것에 맞서도록 만들었다. 대신에 북미의 DAB는 전매 특허 기술에 의존하는 XM과 Sirius에 의한 위성 라디오 방송과 FCC에 의해 추천된 IBOC(in-band, on-channel) 표준을 이용한 지상파 방송으로 각각 나뉘었다. XM과 Sirius는 두 개의 독립된 회사로써 2008년 합병하기 전까지 경쟁하였다. 새로운 회사, Sirius XM은 IBOC가 기존의 가정 라디오 소비자들을 겨냥하는 동안, 위성 자동차 라디오를 제공했다. Sirius XM은 직접 위성 방송을 위해 2.3GHz의 S대역을 사용한다. iBiquity Digital Corporation에 의해 개발된 HD 라디오라는 상업명으로, IBOC는 아날로그 FM과 AM 방송이 그들의 콘텐츠를 디지털로 방송하기 위해 기존의 AM과 FM 라디오 방송 사이의 틈을 이용함으로써, 동일한 대역을 사용하는 것을 허용하였다. 2008년 10월, 150만이 넘는 HD 라디오 칩셋이 발송되었고, 미국에만 HD 라디오 방송국이 1800곳이 넘게 되었다.

위성 라디오 사업에 있어서, XM 라디오는 2332.5~2345.0 MHz의 대역을 사용한다. 12.5 MHz의 대역은 6개의 반송파들로 쪼개진다. 4개의 반송파는 위성 전송을 위해 사용된다. XM 라디오는 2개의 지구 정지 궤도상의 위성을 동일한 프로그램 콘텐츠를 전송하기 위해 사용한다. 신호는 각 위성으로부터 QPSK 변조되어 전송된다. 믿을 만한 수신 상태를 위해, 위성 1로부터 전송된 직접파(line-of-sight) 신호는 수신되어, 다중반송파 변조(OFDM)를 통해 재포맷되고, 지상파의 중계장치에 의해 재방송된다. 각 두개의 반송파 그룹은 8 kbit/s의 속도로 100 스트림을 전송한다. 이러한 스트림은 압축된 오디오 데이터로 나타난다. 이는 다양한 비트율을 사용하는 다양한 수의 채널을 형성하기 위한 특별한 과정을 거쳐 결합된다.

반면에, Sirius 위성 라디오는 2320~2332 MHz의 주파수 대역을 이용하는 세 개의 공전하는 위성을 이용한다. 이 위성들은 지구 정지 궤도상에 있지 않고, 그 보다 더 낮은 궤도에 있다. 사실, 그들은 툰드라 궤도로 알려진 고경사의 타원형 지구 궤도(HEO, highly inclined elliptical Earth orbit)를 따른다. 각 위성은 24시간에 한 번의 공전을 하기 때문에, 지구 동기화(geosynchronous)되어 있다고 말할 수 있다. 어떤 주어진 시간에 3개 중 2개의 위성들은 북미에 서비스를 제공할 것이다. 그러므로 12 MHz의 대역폭은 3개의 반송파사이에서 동등하게 나누어진다: 두 개는 통신 가능한 두 개의 위성으로부터, 나머지 하나는 지상파의 중계기로부터. 고신뢰의 QPSK 변조가 Sirius 방송에 채택되었다. 지상파 중계기는 위성 통신이 불가능한 도시 지역에서 유용하게 사용된다.

AM IBOC와 FM IBOC을 모두 합친 IBOC에서 지상파 HD 라디오 시스템을 위한 OFDM은 또한 중요한 변조 기법이다. 다양한 방송 프로그램을 단일 데이터 스트림으로 보내는 위성 DAB와는 다르게, AM IBOC와 FM IBOC는 전통적인 라디오 방송에서와 같이 각 방송국에게 방송을 위한 그들 소유의 할당된 주파수를 사용하는 것을 허용한다. FM IBOC는 방송 당 더 넓은 대역폭을 가지고 더 높은 데이터율로 공급한다. OFDM에 의해 FM IBOC 부채널 대역폭은 363.4 Hz와 동일하고, 부채널의 최대 수는 1093이 되었다. 각 부채널은 QPSK를 사용한다. 반면에 AM IBOC 부채널 대역폭은 181.7 Hz(절반의 대역폭), 104개만큼의 부채널이 사용된다. 각 부채널은 16-포인트 QAM(부 부채널) 또는 64-포인트 QAM(주 부채널)을 적용할 수 있다. IBOC에 대한 보다 자세한 정보는 Maxson의 책에서 찾을 수 있다.[16]

12.10 Blind 등화와 식별

수신단에서의 표준 채널 등화와 식별은 보통 송신자에 의해 전송된 알려진 (훈련) 신호를 필요로 한다. 훈련 신호열은 필요한 채널 등화기를 결정하는데 직접적으로 사용된다. 그림 12.18은 훈련 신호가 수신단의 초기 설정 단계(phase)에서 어떻게 이용되는지를 보여준다.

훈련 단계(phase) 동안, 이미 알려진 신호열이 송신자에 의해 전송된다. 이같은 등화기 출력은 오류를 알기 위해, 알고자 하는 입력과 비교될 수 있다. 등화기 파라미터는 MMSE를 최소화하기 위해 조정될 수 있다. 훈련 단계의 끝에서, 등화기 파라미터는 대부분의 ISI가 제거되기 위한 최적의 값에 충분히 근접해야 한다. 메모리없는 판정 소자(slicer)를 통한 등화기 출력으로부터 채널 입력이 정확하게 복구될 수 있기 때문에 실제 데이터 전송을 시작할 수 있다. 검출기 출력 $\hat{s}[k-u]$는 연속적인 등화기 조정이나 느린 채널 변화를 추적하기 위한, 심볼 오류를 형성하기 위해서 올바른 채널 입력으로써 사용될 수 있다. 그리고 나서, 적응적 등화기는 등화 시스템이 decision-directed 모드(그림 12.18)로 전환될 때 결정 출력으로부터 참조 신호를 얻는다. 이러한 훈련 메커니즘은 TSE, FSE 또는 DFE 등의 사용되는 등화기의 종류에 관계없이 적용될 수 있다는 것이 분명하다.

많은 통신에서, 신호들은 시변 채널을 거쳐 전송된다. 결과적으로 주기적인 훈련신호는 시변 채널 응답을 식별하거나 등화하는 데 필요하다. 이러한 접근방식의 단점은 많은 통신 시스템에서 훈련 신호열은 상당한 추가 비용이 되거나 심지어 비현실적일 수 있다는 것이다. 예를 들어, 수신자가 적의 통신 시스템을 도청하기 위하여 사용할 수 있는 학습 신호열은 존재하지 않는다. 멀티캐스트(multicast) 또는 방송 시스템에서 모든 존재하는 사용자들을 위한 일반적인 전송을 일시적으로 중단하고, 새로운 수신자를 위한 훈련 기간을 시작하는 것은 송신자 입장에서 매우 바람직하지 못하다. 결과적으로, 훈련 신호열의

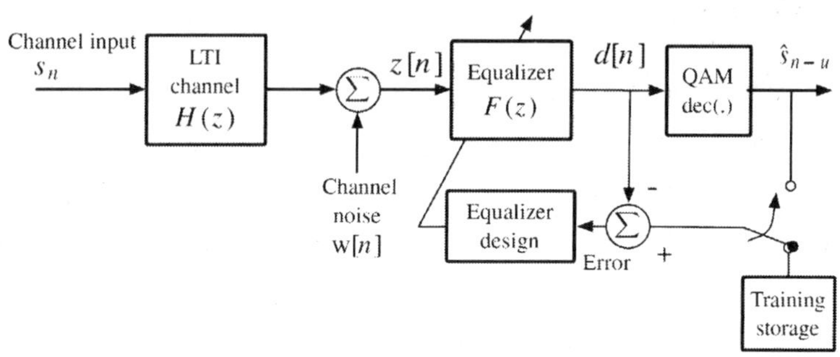

▶▶ 그림 12.18 결정 궤환 모드 전환 이전의 훈련 과정에 기초한 채널 등화

전송을 필요로 하지 않는 블라인드(blind) 등화기라고 알려진 특별한 종류의 등화기에 대한 강력하고 실질적인 요구가 있다. 디지털 케이블 TV와 케이블 모뎀은 블라인드 등화의 잇점을 누릴 수 있는 그러한 시스템의 훌륭한 예가 된다.

블라인드 등화의 문제에 접근하는 많은 다양한 방법들이 있다. 일반적으로 블라인드 등화 방법은 직접과 간접 접근 방식으로 분류될 수 있다. 직접 블라인드 등화 방식에서의 등화기 필터는 입력의 통계치와 관찰된 알려지지 않은 채널을 거친 출력 신호로부터 직접적으로 유도된다. 간접적인 블라인드 등화 방식은 적절한 등화기 필터 또는 MLSE 측정을 설계하기 전에 먼저 근본적인 채널 임펄스 응답을 식별한다. 이러한 문제에 대한 이해는 "블라인드 등화"란 용어를 처음 사용한 Benveniste 등이 1980년대에 쓴 논문[17, 18]을 포함하는 문헌들을 면밀히 읽어볼 것을 요구한다. Godard[19], Picchi와 Prati[20], Shalvi와 Weinstein[21, 22], Rupprecht[23], Kennedy와 Ding[24], Tong 외[25], Moulines 외[26], 그리고 Brillinger와 Rosenblatt[28]의 논문 등 또 다른 매우 유용한 정보들이 있다. 더 많은 체계적인 이해를 위해 독자들은 이 주제에 관해 출판된 몇 가지 책들을 참조하라.[6, 28, 29]

12.11 이동에 기인한 시변 채널 왜곡

이제까지 우리는 시불변의, 혹은 적어도 우리가 관심있어 하는 구간에서는 시간에 따라 변하지 않는 채널 왜곡에 초점을 맞추었다. 이동 무선 통신에서 사용자의 이동은 자연적으로 채널 변화를 야기한다. 다음의 두 가지 주된 요인 – (1) 주위 환경의 변화와 (2) 도플러 효과가 시변 채널을 초래한다. 예를 들어, 어떤 100 km/h의 속력의 송신자/수신자는 100 ms 동안 2.8미터를 이동한다. 그러나 900 MHz의 반송파 주파수에 대하여 도플러 주파수 이동에 해당하는 최대 주파수값은 83 Hz가 된다. 이것은 100 ms 이내에서 채널이 8번의 완전 순환 변화를 겪게 된다는 것을 의미한다. 그러므로 이동체가 갑자기 방향을 돌린다거나 터널에 들어가는 경우가 아니면, 보통 도플러 효과에 의한 영향이 주위 환경의 변화에 의한 영향보다 심각하게 된다.

○ 도플러 이동과 페이딩 채널

이동 통신에서 송신단과 수신단의 움직임은 19세기 오스트리안 물리학자 Christian Doppler에 의해 설명된 도플러(Doppler) 효과를 야기한다. 그는 빛과 소리 파동의 주파수가 파동의 근원지와 수신자의 상대적 움직임에 영향을 받는다는 사실을 관찰하였다. 라디오 파동은 송신단 또는 수신단의 움직임이 있을 때 똑같은 도플러 효과를 경험한다. 신호의 협대역 RF 전송의 경우, 신호는 다음과 같다.

$$m(t)\cos\omega_c t$$

만약 송신단과 수신단 사이의 거리 변화의 상대적 속도가 v_d와 같다면, 수신된 RF 신호는 실질적으로 다음과 같은 새로운 반송파를 가지게 될 것이다.

$$m(t)\cos(\omega_c + \omega_d)t \qquad \omega_d = \frac{v_d}{c}\omega_c$$

여기서, c는 빛의 속도를 의미한다. 곧, v_d와 w_d는 근원지에서 수신단사이의 거리가 감소할 때 음의 값을 갖고, 증가할 때 양의 값을 갖는다.

다중경로 환경에서, 만약 모바일 사용자가 v_d의 속도로 움직인다면, 직접파(line-of-sight) 경로는 가장 높은 변화율을 갖게 된다. 이것은 만약 채널에 K+1개의 다중경로가 있다고 한다면, i번째 지연 경로 거리는 v_i의 속도에 따라 다양해질 것을 의미한다. i번째 신호는 도플러 변화를 갖는 i번째 경로를 따라 이동하면서 그대로 옮겨진다.

$$\omega_i = \frac{v_i}{c}\omega_c \tag{12.75}$$

게다가,

$$-v_d \le v_i \le v_d$$

이기 때문에, 최대 도플러 변화(shift)는 다음과 같이 한정된다.

$$|\omega_i| \le \omega_{\max} = \frac{|v_d|}{c}\omega_c$$

도플러 분석에 근거하여 각 경로는 도플러 주파수 이동 ω_i, 지연 τ_i, 그리고 경로 손실 α_i를 갖게 된다. i번째 경로를 통한 신호는 다음과 같이 나타낼 수 있다.

$$\begin{aligned}&\alpha_i\left[\sum_k \mathrm{Re}\,\{s_k\}p(t-kT-\tau_i)\right]\cos\left[(\omega_c+\omega_i)(t-\tau_i)\right]\\&+\alpha_i\left[\sum_k \mathrm{Im}\,\{s_k\}p(t-kT-\tau_i)\right]\sin\left[(\omega_c+\omega_i)(t-\tau_i)\right]\end{aligned} \tag{12.76}$$

결과적으로, 복조 후의 기저대역 수신단 신호는 아래와 같다.

$$\begin{aligned} y(t) &= \sum_k s_k \left\{ \sum_{i=0}^{K} \underbrace{\alpha_i \exp[-j(\omega_c + \omega_i)\tau_i] \exp(-j\omega_i t)}_{\beta_i(t)} p(t - kT - \tau_i) \right\} \\ &= \sum_k s_k \left[\sum_{i=0}^{K} \beta_i(t) p(t - kT - \tau_i) \right] \end{aligned} \tag{12.77}$$

○ 주파수 선택적 페이딩 채널

원래의 기저대역 통신이 아래와 같다는 것을 상기하라.

$$x(t) = \sum_k s_k p(t - kT)$$

식 (12.77)의 채널 출력에서, 만약 이동속도가 0이라면, $\omega_i = 0$이고, $\beta_i(t) = \beta_i$로 상수가 된다. 이동속도가 0인 경우에 기저대역 채널 출력은 다음과 같이 간단하게 나타난다.

$$y(t) = \sum_k s_k \left[\sum_{i=0}^{K} \beta_i p(t - kT - \tau_i) \right]$$

이는, 이에 상응하는 채널이 임펄스 응답

$$h(t) = \sum_{i=0}^{K} \beta_i \delta(t - \tau_i) \tag{12.78}$$

을 갖고, 전송 함수

$$H(f) = \sum_{i=0}^{K} \beta_i \exp(-j2\pi f \tau_i) \tag{12.79}$$

를 갖는 선형 시불변 채널이라는 것을 의미한다. 이는 ISI를 가지는 주파수 선택적 채널이다.

이동속도 v_d가 0이 아닌 경우에는 $\beta_i(t)$가 시간에 따라 변한다. 결국, 채널은 더 이상 선형 시불변이 아니게 된다. 대신에 채널은 선형 시변특성을 갖는다. 채널 입력이 순수한 정현파 $x(t) = \exp(j\omega_p t)$라고 가정하면, 시변 채널의 출력은 식 (12.77)에 따라 다음과 같게 된다.

$$\sum_{i=0}^{K} \beta_i(t) \exp\left[j\omega_p(t-\tau_i)\right] = \exp(j\omega_p t) \cdot \sum_{i=0}^{K} \beta_i(t) \exp(-j\omega_p \tau_i) \tag{12.80}$$

이 관계는 정현파 입력에 대한 채널응답이 주파수는 동일하지만 시변적인 크기를 갖는 정현파와 동일하게 된다는 것을 보여준다. 게다가, 채널 출력의 시변적인 크기는 또한 입력 주파수 (ω_p)에 의존한다. 이러한 다중경로 채널의 채널 응답은 시변적 (time-varying)이고, 주파수 의존적 (frequency dependent)이게 된다. 무선 통신에서, 시변 채널은 페이딩(fading) 채널이라고 불린다. 시변적인 양상이 주파수 의존적일 때, 채널은 주파수 선택적 페이딩 채널(frequency selective fading channels)이라고 불린다. 시변 ISI에 의해 특징지어 지는 주파수 선택적 페이딩 채널은 무선통신에서 주된 장애물이다.

○ 평평한 페이딩 채널

고려해 볼 만한 하나의 특별한 상황으로, 다중경로 지연 $\{\tau_i\}$이 큰 확산을 갖지 않는 경우를 고려하자. 다시 말해, 우리는 다음을 가정한다.

$$0 = \tau_0 < \tau_1 < \cdots < \tau_K$$

만약 다중경로 지연확산이 작다면, $\tau_K \ll T$이고, 다음과 같다.

$$\tau_i \approx 0 \qquad i = 1, 2, \ldots, K$$

이러한 특별한 경우에 $p(t-\tau_i) \approx p(t)$이므로, 수신된 신호 $y(t)$는 간단하게 다음과 같이 나타낼 수 있다.

$$\begin{aligned}
y(t) &= \sum_k s_k \left\{ \sum_{i=0}^{K} \alpha_i \exp\left[-j(\omega_c+\omega_i)\tau_i\right] \exp\left(-j\omega_i t\right) p(t-kT-\tau_i) \right\} \\
&\approx \sum_k s_k \left\{ \sum_{i=0}^{K} \alpha_i \exp\left[-j(\omega_c+\omega_i)\tau_i\right] \exp\left(-j\omega_i t\right) p(t-kT) \right\} \\
&= \left\{ \sum_{i=0}^{K} \alpha_i \exp\left[-j(\omega_c+\omega_i)\tau_i\right] \exp\left(-j\omega_i t\right) \right\} \sum_k s_k p(t-kT) \\
&= \rho(t) \cdot \sum_k a_k p(t-kT)
\end{aligned} \tag{12.81}$$

여기서, 우리는 시변 채널 이득을 다음으로 정의한다.

$$\rho(t) = \sum_{i=0}^{K} \alpha_i \exp[-j(\omega_c + \omega_i)\tau_i] \exp(-j\omega_i t) \tag{12.82}$$

그러므로 다중경로 지연 확산이 작을 때, 수신 신호 $y(t)$는 오직 시변 이득 $\rho(t)$만을 왜곡으로 갖는다. 수신 신호의 세기에 대한 시간 변화를 페이딩이라고 한다. 오직 환경에 의존하는 시변 이득만을 보이는 채널을 평평한 페이딩 채널이라 한다. 평평한 페이딩 채널에는 어떠한 ISI도 존재하지 않기 때문에 채널 등화를 필요로 하지 않는다. 대신에, 평평한 페이딩 채널은 시변에 강한 출력 신호를 생산하기 때문에 오류없는 검출의 주기가 오류 연집(burst) 주기에 따르는 경향이 있다. 평평한 페이딩 채널에 의해 야기되는 연집 오류를 극복하기 위해, 오류 정정 부호전의 인터리빙은 효과적인 수단이다.

○ 주파수 선택적 페이딩 채널의 평평한 페이딩 채널로의 변화

이동 무선 통신에서 빠른 페이딩 선택적 채널은 심각한 도전을 제기한다. 채널 ISI를 일으키고 채널 특성은 또한 시변적이므로 12.3절에서 12.6절에 제시된 시간축 등화 기술이 ISI의 영향을 완화시키는데 효과적일 수 있지만, 이는 채널 파라미터를 알아보거나 등화기 파라미터를 추정하기 위한 훈련 데이터가 요구된다. 일반적으로 채널 또는 등화기의 파라미터 추정은 성공적인 훈련 기간 사이가 거의 변함없지 않는 이상 제대로 작동할 수 없다. 결과적으로 이 같은 시간 축 채널 등화기는 빠르게 변화하는 채널에 대해서는 잘 동작하지 않는다.

운 좋게도, 우리는 하나의 대안을 가지고 있다. 12.7절에서 우리는 OFDM이 주파수 선택적 채널을 평행한 그룹의 평평한 채널로 변환할 수 있다는 사실을 보였다. 근본적인 채널이 빠른 주파수 선택적 페이딩 채널일 때, OFDM은 이를 효과적으로 빠른 평평한 페이딩 채널로 변환할 수 있다. 결과적으로 부호 인터리빙 같은 빠른 평평한 페이딩 채널에 대응하기 위한 방법은 이제 성공적으로 빠른 주파수 선택적 페이딩 채널에 적용될 수 있다.

이제 우리는 빠른 페이딩 채널에서 페이딩 효과에 대응하기 위한 또 다른 매우 효과적인 방법이 채널 다이버시티(diversity)를 이용하는 것이란 점에 주목해야 한다. 채널 다이버시티는 동일한 전송 데이터를 많은 수의 채널을 통하여 보내는 것을 허용하는 것을 말한다. 채널 다이버시티는 시간축에서의 반복, 주파수축에서의 다중 대역, 또는 공간에서의 다중 송수신 안테나에 의해서 얻어질 수 있다. 시간 다이버시티와 주파수 다이버시티는 모두 더 많은 대역폭을 차지하기 때문에 다중 입력 다중 출력(MIMO, multiple-input multiple-output) 시스템과 같은 형태의 공간 다이버시티가 최근엔 특별히 각광받고 있다. 최근의 무선 표준, Wi-Fi(IEEE 802.11n), WiMAX(IEEE 802.16e), 그리고 셀룰러 LTE (long-term evolution)에서는 훨씬 높은 데이터율과 더 좋은 서비스 제공 지역을 얻기 위해 모두 OFDM과 MIMO 기술을 채택하였다. 우리는 13장에서 MIMO에 대한 기본적인 논의를 다룰 것이다.

12.12 매트랩 연습

우리는 이번 섹션에서 세 가지 다른 컴퓨터 예제를 제공한다. 모두 QAM 통신시스템 모델로써, 16-QAM 성상도를 이용해 데이터를 변조한다. 16-QAM 신호는 ISI를 가지는 선형 채널을 통과하고, 채널 출력에서 부가 백색 가우시안 잡음(AWGN)과 섞이게 된다.

● 컴퓨터 예제 12.1

• 16-QAM 선형 등화

첫 번째 매트랩 프로그램 〈Ex12_1.m〉은 전송을 위한 1,000,000 포인트의 16-QAM 데이터를 생성한다. 각 QAM은 T의 심볼 주기를 가진다. 전송 펄스 모양은 0.5의 roll-off 계수를 가진 루트 상승 코사인 형태이다[식 (12.23)]. 그러므로 기저대역에서 대역폭은 $0.75/T$ Hz이다.

```
% Matlab Program <Ex12_1.m>
% This Matlab exercise <Ex12_1.m> performs simulation of
% linear equalization under QAM-16 baseband transmission
% a multipath channel with AWGN.
% Correct carrier and synchronization is assumed.
% Root-raised cosine pulse of rolloff factor = 0.5 is used
% Matched filter is applied at the receiver front end.
% The program estimates the symbol error rate (SER) at different Eb/N
clear;clf;
L=1000000;              % Total data symbols in experiment is 1 million
% To display the pulse shape, we oversample the signal
% by factor of f_ovsamp=8
f_ovsamp=8;             % Oversampling factor vs data rate
delay_rc=4;
% Generating root-raised cosine pulseshape (rolloff factor = 0.5)
prcos=rcosflt([ 1 ], 1, f_ovsamp, 'sqrt', 0.5, delay_rc);  % RRC pulse
prcos=prcos(1:end-f_ovsamp+1);                              % remove 0's
prcos=prcos/norm(prcos);  % normalize
pcmatch=prcos(end:-1:1);  % MF

% Generating random signal data for polar signaling
s_data=4*round(rand(L,1))+2*round(rand(L,1))-3+...
   +j*(4*round(rand(L,1))+2*round(rand(L,1))-3);
% upsample to match the 'oversampling rate' (normalize by 1/T).
% It is f_ovsamp/T (T=1 is the symbol duration)
```

```
s_up=upsample(s_data,f_ovsamp);

% Identify the decision delays due to pulse shaping
% and matched filters
delayrc=2*delay_rc*f_ovsamp;
% Generate polar signaling of different pulse-shaping
xrcos=conv(s_up,prcos);
[c_num,c_den] = cheby2(12,20,(1+0.5)/8);
% The next commented line finds frequency response
%[H,fnlz]=freqz(c_num,c_den,512,8);

% The lowpass filter is the Tx filter before signal is sent to channel
xchout=filter(c_num,c_den,xrcos);

% We can now plot the power spectral densities of the two signals
%          xrcos and xchout
% This shows the filtering effect of the Tx filter before
% transmission in terms of the signal power spectral densities
% It shows how little lowpass Tx filter may have distorted the signal
plotPSD_comparison

% Apply a 2-ray multipath channel
mpath=[1 0 0 -0.65];   % multipath delta(t)-0.65 delta(t-3T/8)
% time-domain multipath channel
h=conv(conv(prcos,pcmatch),mpath);
hscale=norm(h);

xchout=conv(mpath,xchout);       % apply 2-ray multipath
xrxout=conv(xchout,pcmatch);  % send the signal through matched filter
                                 % separately from the noise
delaychb=delayrc+3;
out_mf=xrxout(delaychb+1:f_ovsamp:delaychb+L*f_ovsamp);
clear xrxout;

% Generate complex random noise for channel output
noiseq=randn(L*f_ovsamp,1)+j*randn(L*f_ovsamp,1);
% send AWGN noise into matched filter first
noiseflt=filter(pcmatch,[1],noiseq); clear noiseq;
% Generate sampled noise after matched filter before scaling it
% and adding to the QAM signal
noisesamp=noiseflt(1:f_ovsamp:L*f_ovsamp,1);

clear noiseq noiseflt;
Es=10*hscale;            % symbol energy
```

```
% Call linear equalizer receiver to work
linear_eq

for ii=1:10;
    Eb2Naz(ii)=2*ii-2;
    Q(ii)=3*0.5*erfc(sqrt((2*10^(Eb2Naz(ii)*0.1)/5)/2));
%Compute the Analytical BER
end
% Now plot results
plotQAM_results
```

전송은 다음과 같은 임펄스 응답을 가지는 2-ray 다중경로를 거친다.

$$h(t) = g(t) - 0.65g(t - 3T/8)$$

여기서 g(t)는 저역 통과 채널의 응답이며, 차수가 12, 정지대역(stopband) 간격 20 dB, 그리고 대역폭 0.75/T Hz를 갖는 유형 II의 Chebyshev 필터가 적용되었다. 이 채널의 임펄스 응답은 그림 12.19에 나타나 있다.

주프로그램 Ex12_1.m은 먼저 Chebyshev 저역 통과 필터의 전과 후의 전송신호의 PSD를 생성하기 위해 서브루틴 프로그램 plotPSD_comparison.m을 부를 것이다. 그림 12.20의 비교는 저역 통과 채널이 전송신호 스펙트럼의 통과대역에서 매우 작게 변하는 것을 보여주는 것처럼 루트 상승 코사인 설계가 거의 이상적인 대역제한을 한다는 것을 보여준다. 이것은 다중경로 환경이 오직 ISI 영향의 원인이 된다는 것을 의미한다.

```
% MATLAB PROGRAM <plotPSD_comparison.m>
% This program computes the PSD of the QAM signal before and after it
% enters a good chebyshev lowpass filter prior to entering the channel
%
[Pdfy,fq]=pwelch(xchout,[],[],1024,8,'twosided'); % PSD before
Tx filter
[Pdfx,fp]=pwelch(xrcos,[],[],1024,8,'twosided'); % PSD after
Tx filter
figure(1);
subplot(211);semilogy(fp-f_ovsamp/2,fftshift(Pdfx),'b-');
axis([-4 4 1.e-10 1.2e0]);
xlabel('Frequency (in unit of 1/T_s)');ylabel('Power Spectrum');
title('(a) Lowpass filter input spectrum')
subplot(212);semilogy(fq-f_ovsamp/2,fftshift(Pdfy),'b-');
axis([-4 4 1.e-10 1.2e0]);
xlabel('Frequency (in unit of 1/T_s)');ylabel('Power Spectrum');
title('(b) Lowpass filter output spectrum')
```

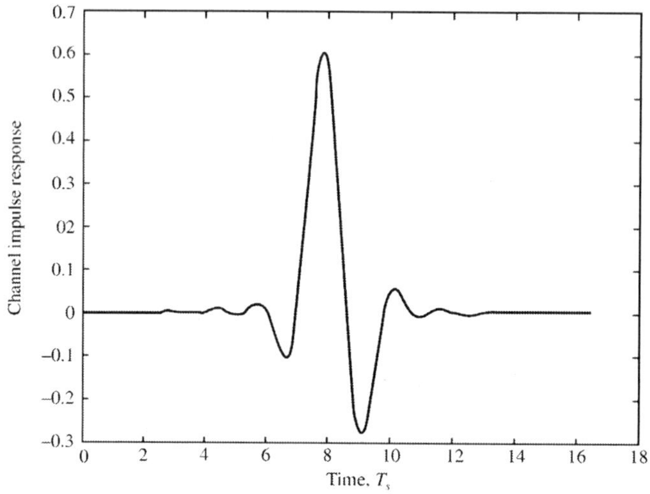

▸▸ 그림 12.19 QAM 전송에서의 2-ray 다중경로 채널 응답

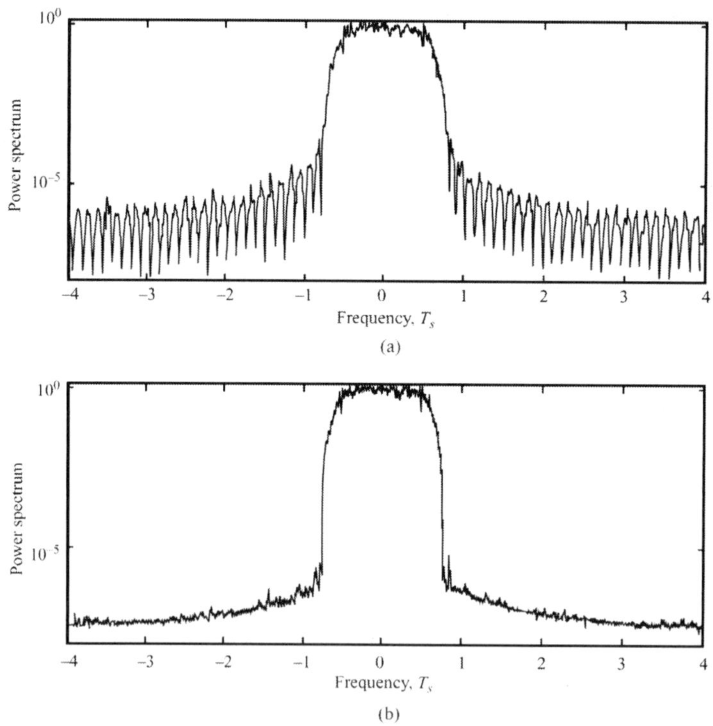

▸▸ 그림 12.20 0.75/T의 대역폭을 갖는 저역통과 채널 전과 후의 제곱근 올림 코사인 QAM 신호의 PSD : 저역 통과 필터의 (a) 입력 (b) 출력 스펙트럼

수신단에서 정합필터(제곱근 올림 코사인)가 적용된 후, QAM 신호는 표본화, 등화, 그리고 복호화된다. 서브루틴 프로그램 linear_eq.m은 12.3절[식 (12.43b)]에 묘사된 것처럼 차수 M=8의 T-spaced 유한 길이의 MMSE 필터이다. 등화기는 먼저 훈련신호로 200 QAM 심볼을 적용하여 설계된다. 등화기는 10장의 그림 10.24b의 결정 영역에 따라 16-QAM을 결정하기 전 정합필터 출력을 필터링한다.

```
% MATLAB PROGRAM <linear_eq.m>
% This is the receiver part of the QAM equalization example
%
Ntrain=200;              % Number of training symbols for Equalization
Neq=8;  % Order of linear equalizer (=length-1)
u=0;    % equalization delay u must be <= Neq
SERneq=[];
SEReq=[];
for i=1:13,
Eb2N(i)=i*2-1;                                  %(Eb/N in dB)
Eb2N_num=10^(Eb2N(i)/10);                      % Eb/N in numeral
Var_n=Es/(2*Eb2N_num);                         %1/SNR is the noise variance
signois=sqrt(Var_n/2);                          % standard deviation
z1=out_mf+signois*noisesamp;                   % Add noise
Z=toeplitz(z1(Neq+1:Ntrain),z1(Neq+1:-1:1));   % signal matrx for
                                 % computing R
dvec=[s_data(Neq+1-u:Ntrain-u)];             % build training data vector
f=pinv(Z'*Z)*Z'*dvec;                           % equalizer tap vector
dsig=filter(f,1,z1);                            % apply FIR equalizer
   % Decision based on the Re/Im parts of the samples
deq=sign(real(dsig(1:L)))+sign(real(dsig(1:L))-2)+...
   sign(real(dsig(1:L))+2)+...
   j*(sign(imag(dsig(1:L)))+sign(imag(dsig(1:L))-2)+...
   sign(imag(dsig(1:L))+2));
% Now compare against the original data to compute SER
% (1) for the case without equalizer
dneq=sign(real(z1(1:L)))+sign(real(z1(1:L))-2)+...
   sign(real(z1(1:L))+2)+...
   j*(sign(imag(dsig(1:L)))+sign(imag(z1(1:L))-2)+...
   sign(imag(z1(1:L))+2));
SERneq=[SERneq;sum(abs(s_data~=dneq))/(L)];
% (2) for the case with equalizer
SEReq=[SEReq;sum(s_data~=deq)/L];
end
```

일단 선형 등화를 이용한 후, 주 프로그램 Ex12_1.m은 예가 되는 그림을 제공하기 위한 또 다른 서브루틴 프로그램, plotQAM_results.m을 부른다. 그림 12.21에서 샘플링 전 수신단 정합필터의 출력에서 동위상(in-phase) 성분의 잡음없는 eye diagram은 강한 ISI의 영향을 보여준다. QAM 신호의 eye는 등화 없이는 닫혀있게 되고, 따라서 간단한 QAM 결정은 매우 높은 심볼 오류 확률(심볼 오류율)을 야기한다.

```
% MATLAB PROGRAM <plotQAM_results.m>
% This program plots symbol error rate comparison before and after
% equalization
% constellation points
% eye-diagrams before equalization
figure(2)
Amplitude
subplot(111)
figber=semilogy(Eb2Naz,Q,'k-',Eb2N,SERneq,'b-o',Eb2N,SEReq,'b-v');
axis([0 26 .99e-5 1]);
legend('Analytical', 'Without equalizer', 'With equalizer');
xlabel('E_b/N (dB)');ylabel('Symbol error probability');
set(figber,'Linewidth',2);
% Constellation plot before and after equalization
figure(3)
subplot(121)
plot(real(z1(1:min(L,4000))),imag(z1(1:min(L,4000))),'.');
```

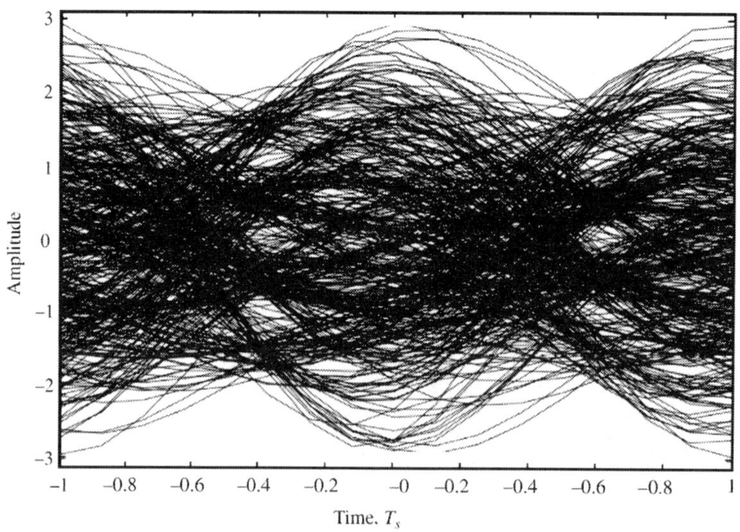

►► 그림 12.21 샘플링 전 수신단(정합필터 후)에서의 in-phase 성분의 잡음 없는 eye diagram : eye는 닫혀있고, ISI가 결정 오류를 야기할 것이다.

```
axis('square')
xlabel('Real part')
title('(a) Before equalization')
ylabel('Imaginary part');
subplot(122)
plot(real(dsig(1:min(L,4000))),imag(dsig(1:min(L,4000))),'.');
axis('square')
title('(b) After equalization')
xlabel('Real part')
ylabel('Imaginary part');
figure(4)
t=length(h);
plot([1:t]/f_ovsamp,h);
xlabel('time (in unit of T_s)')
title('Multipath channel impulse response');
% Plot eye diagrams due to multipath channel
eyevec=conv(xchout,prcos);
eyevec=eyevec(delaychb+1:(delaychb+800)*f_ovsamp);
eyediagram(real(eyevec),16,2);
title('Eye diagram (in-phase component)');
xlabel('Time (in unit of T_s)');
```

우리는 표본화된 정합필터 출력에 선형 등화를 적용함으로써 ISI의 대부분을 제거할 수 있다. 그림 12.22는 $E_b/\mathcal{N}$=26dB에서 등화 전과 후, 신호 표본들의 "scatter plot"을 비교한 것이다. 이러한 차이는 등화기가 다중경로 채널에서 ISI를 훨씬 효과적으로 완화할 수 있다는 것을 보여준다.

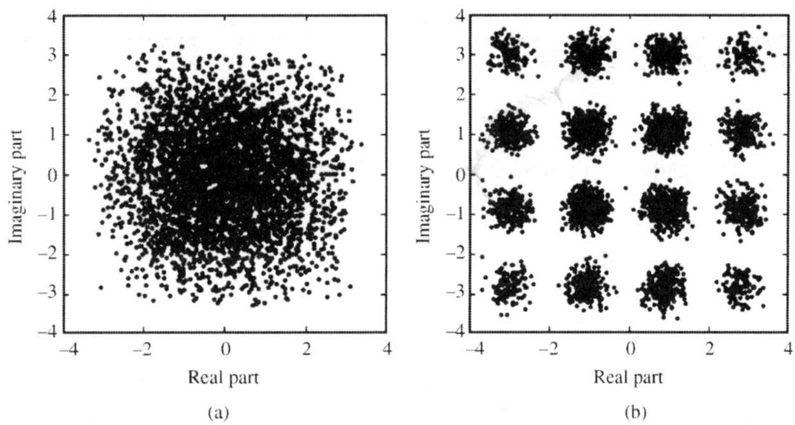

▸▸ 그림 12.22 선형 등화 전 (a)과 후 (b)의 신호 샘플들의 Scatter Plot은 선형 등화기에 의한 효과적인 ISI 완화를 보여준다.

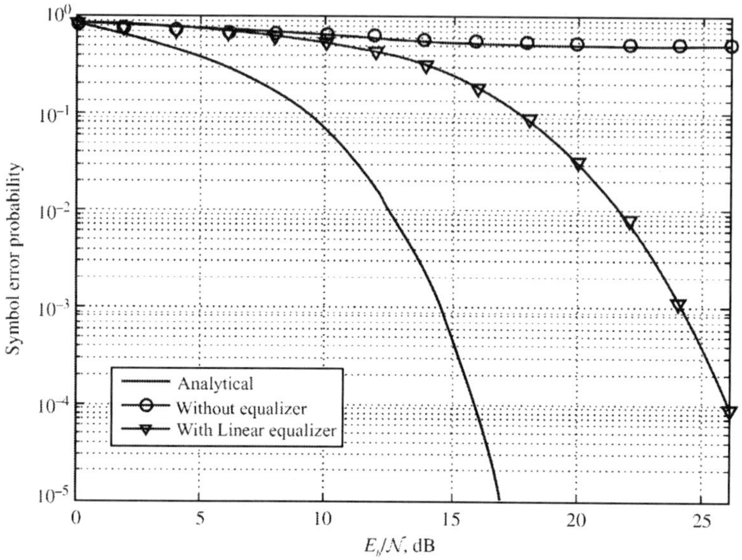

▸▸ 그림 12.23 선형 등화 전과 후의 심볼 오류율의 비교는 다중경로 채널 ISI에서 등화의 유효함을 보여준다.

프로그램 linear_eq.m은 다른 SNR에서의 심볼 오류율(SER)을 통계적으로 계산한다. 비교를 위하여 ISI 없는 AWGN 채널(10장)에 따른 이상적인 SER과 등화없는 SER을 추가적으로 계산하였다. 이 예제에서 그림 12.23에 나타난 결과는 분명하게 선형 등화의 효과를 보여준다.

● 컴퓨터 예제 12.2

• 결정 궤환 등화

본 연습에서, 우리는 지난 연습에서와 같은 종류의 데이터를 생성하기 위해 주 매트랩 프로그램, Ex12_2.m을 이용한다. 주요 차이점은 다음과 같이 ISI가 훨씬 더 극심한 약간 다른 2-ray 다중경로 채널을 적용한 점이다.

$$h(t) = g(t) - 0.65g(t - 3T/8)$$

수신단에서 선형 등화기를 사용하는 대신에 우리는 12.6절에서 설명한 DFE를 구현하고 테스트 할 것이다. 간단한 구현을 위해 FFW 필터없는 DFE 궤환 필터를 구현할 것이다.

```
% Matlab Program <Ex12_2.m>
```

```
% This Matlab exercise <Ex12_2.m> performs simulation of
% decision feedback equalization under QAM-16 baseband transmission
% a multipath channel with AWGN.
% Correct carrier and synchronization is assumed.
% Root-raised cosine pulse of rolloff factor = 0.5 is used
% Matched filter is applied at the receiver front end.
% The program estimates the symbol error rate (SER) at different Eb/N
clear;clf;
L=100000;                  % Total data symbols in experiment is 1 million
% To display the pulse shape, we oversample the signal
% by factor of f_ovsamp=8
f_ovsamp=8;                  % Oversampling factor vs data rate
delay_rc=4;
% Generating root-raised cosine pulseshape (rolloff factor = 0.5)
prcos=rcosflt([ 1 ], 1, f_ovsamp, 'sqrt', 0.5, delay_rc);  % RRC pulse
prcos=prcos(1:end-f_ovsamp+1);                            % remove 0's
prcos=prcos/norm(prcos);                                   % normalize
pcmatch=prcos(end:-1:1);                                   % MF

% Generating random signal data for polar signaling
s_data=4*round(rand(L,1))+2*round(rand(L,1))-3+...
    +j*(4*round(rand(L,1))+2*round(rand(L,1))-3);
% upsample to match the 'oversampling rate' (normalize by 1/T).
% It is f_ovsamp/T (T=1 is the symbol duration)
s_up=upsample(s_data,f_ovsamp);

% Identify the decision delays due to pulse shaping
% and matched filters
delayrc=2*delay_rc*f_ovsamp;
% Generate polar signaling of different pulse-shaping
xrcos=conv(s_up,prcos);
[c_num,c_den] = cheby2(12,20,(1+0.5)/8);
% The next commented line finds frequency response
%[H,fnlz]=freqz(c_num,c_den,512,8);

% The lowpass filter is the Tx filter before signal is sent to channel
xchout=filter(c_num,c_den,xrcos);

% We can now plot the power spectral densities of the two signals
%           xrcos and xchout
% This shows the filtering effect of the Tx filter before
% transmission in terms of the signal power spectral densities
% It shows how little lowpass Tx filter may have distorted the signal
plotPSD_comparison
```

```
% Apply a 2-ray multipath channel
mpath=[1 0 0 -0.83];   % multipath delta(t)-0.83 delta(t-3T/8)
%             or use mpath=[1 0 0 .45];
% time-domain multipath channel
h=conv(conv(prcos,pcmatch),mpath);
hscale=norm(h);

xchout=conv(mpath,xchout);        % apply 2-ray multipath
xrxout=conv(xchout,pcmatch);   % send the signal through matched filter
                          % separately from the noise
delaychb=delayrc+3;
out_mf=xrxout(delaychb+1:f_ovsamp:delaychb+L*f_ovsamp);
clear xrxout;

% Generate complex random noise for channel output
noiseq=randn(L*f_ovsamp,1)+j*randn(L*f_ovsamp,1);
% send AWGN noise into matched filter first
noiseflt=filter(pcmatch,[1],noiseq); clear noiseq;
% Generate sampled noise after matched filter before scaling it
% and adding to the QAM signal
noisesamp=noiseflt(1:f_ovsamp:L*f_ovsamp,1);

clear noiseq noiseflt;
Es=10*hscale;               % symbol energy

% Call decision feedback equalizer receiver to work
dfe
SERdfe=SEReq;
for ii=1:9;
   Eb2Naz(ii)=2*ii;
   Q(ii)=3*0.5*erfc(sqrt((2*10^(Eb2Naz(ii)*0.1)/5)/2));
%Compute the Analytical BER
end
% use the program plotQAM_results to show results
plotQAM_results
linear_eq
```

수신단에서, 먼저 신호는 루트 상승 코사인 정합 필터를 통과하게 되고, T 간격의 샘플들은 DFE로 보내질 것이다. 서브루틴 프로그램 dfe.m은 DFE 설계와 실제 등화를 구현한 것이다. DFE 설계는 수신자에게 먼저 이산 채널 응답을 추정할 것을 요구한다. 우리는 먼저 200개의 QAM 심볼을 채널 추정을 위한 훈련 심볼로 이용한다. 그리고 나서, dfe.m에서 DFE 출력의 SER을 계산한다. 필요한 프로그램 dfe.m이 다음에 주어져 있다.

```
% MATLAB PROGRAM <dfe.m>
% This is the receiver part of the QAM equalization
% that uses Decision feedback equalizer (DFE)
%
Ntrain=200;            % Number of training symbols for Equalization
Nch=3; % Order of FIR channel (=length-1)
SEReq=[]; SERneq=[];
for i=1:13,
    Eb2N(i)=i*2-1;                              %(Eb/N in dB)
    Eb2N_num=10^(Eb2N(i)/10);                   % Eb/N in numeral
    Var_n=Es/(2*Eb2N_num);                      %1/SNR is the noise
                                        variance
    signois=sqrt(Var_n/2);                      % standard deviation
    z1=out_mf+signois*noisesamp;                % Add noise

    Z=toeplitz(s_data(Nch+1:Ntrain),s_data(Nch+1:-1:1));
    % signal matrx for
                                                % computing R
    dvec=[z1(Nch+1:Ntrain)];
    % build training data vector
    h_hat=pinv(Z'*Z)*Z'*dvec;
    % find channel estimate tap vector
    z1=z1/h_hat(1);
    % equalize the gain loss
    h_hat=h_hat(2:end)/h_hat(1);
    % set the leading tap to 1

    feedbk=zeros(1,Nch);
    for kj=1:L,
        zfk=feedbk*h_hat;                       % feedback data
        dsig(kj)=z1(kj)-zfk;                    % subtract the feedback
        % Now make decision after feedback
        d_temp=sign(real(dsig(kj)))+sign(real(dsig(kj))-2)+...
        sign(real(dsig(kj))+2)+...
        j*(sign(imag(dsig(kj)))+sign(imag(dsig(kj))-2)+...
        sign(imag(dsig(kj))+2));
        feedbk=[d_temp feedbk(1:Nch-1)];
        % update the feedback data
    end
    %  Now compute the entire DFE decision after decision feedback
    dfeq=sign(real(dsig))+sign(real(dsig)-2)+...
        sign(real(dsig)+2)+...
```

```
        j*(sign(imag(dsig))+sign(imag(dsig)-2)+...
        sign(imag(dsig)+2));
    dfeq=reshape(dfeq,L,1);
    % Compute the SER after decision feedback equalization
    SEReq=[SEReq;sum(s_data(1:L)~=dfeq)/L];
    % find the decision without DFE
      dneq=sign(real(z1(1:L)))+sign(real(z1(1:L))-2)+...
        sign(real(z1(1:L))+2)+...
        j*(sign(imag(z1(1:L)))+sign(imag(z1(1:L))-2)+...
        sign(imag(z1(1:L))+2));
    % Compute the SER without equalization
    SERneq=[SERneq;sum(abs(s_data~=dneq))/(L)];
end
```

우선 DFE의 SER이 결정되고, 이는 지난 연습에서의 선형 등화 SER과 이상적인 AWGN 환경의 SER, 그리고 등화없는 수신단에서의 SER과 비교된다. 그림 12.24에 결과를 제공한다. 비교로부터 우리는 DFE와 선형 등화 모두 채널 ISI를 완화시키는데 효과적이란 것을 알 수 있다. 선형 등화는 낮은 SER에서 약간 더 좋은데, 이는 DFE가 낮은 SNR에서 오류 전파(error propagation)를 발생시키기 쉽기 때문이다.

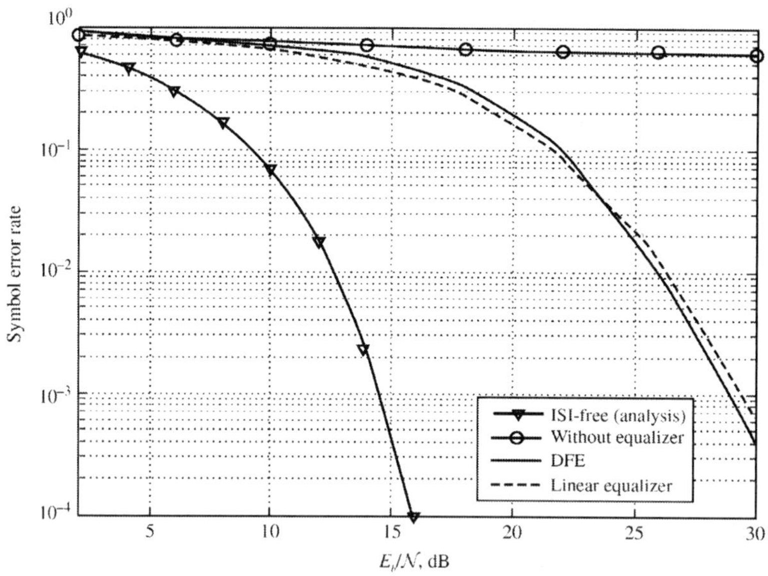

▸▸ 그림 12.24 DFE, 선형 등화, 그리고 이상 채널에서의 심볼 오류율 (SER) 비교

컴퓨터 예제 12.3

• QAM 신호의 OFDM 전송

이번 예제에서, 우리는 QAM 전송을 위해 OFDM을 이용할 것이다. $N = 32$의 부반송파의 개수(FFT 사이즈)를 선택한다. 유한 길이 응답(FIR) 채널은 다음과 같다.

$$\text{Channel} = [0.3\ -0.5\ 0\ 1\ .2\ -0.3]$$

채널 길이는 6 (12.7절에서는 $L = 5$)이다. 이런 이유로, 우리는 순회 접두 길이를 최소 $L = 5$로 선택할 수 있다.

```
% Matlab Program <Ex12_3.m>
% This Matlab exercise <Ex12_3.m> performs simulation of
% an OFDM system that employs QAM-16 baseband signaling
% a multipath channel with AWGN.
% Correct carrier and synchronization is assumed.
% 32 subcarriers are used with channel length of 6
% and cyclic prefix length of 5.
clear;clf;
L=1600000;              % Total data symbols in experiment is 1 million
Lfr=L/32;             % number of data frames
% Generating random signal data for polar signaling
s_data=4*round(rand(L,1))+2*round(rand(L,1))-3+...
    +j*(4*round(rand(L,1))+2*round(rand(L,1))-3);

channel=[0.3 -0.5 0 1 .2 -0.3];     % channel in t-domain
hf=fft(channel,32);                 % find the channel in f-domain

p_data=reshape(s_data,32,Lfr);      % S/P conversion

p_td=ifft(p_data);                  % IFFT to convert to t-domain
p_cyc=[p_td(end-4:end,:);p_td];     % add cyclic prefix
s_cyc=reshape(p_cyc,37*Lfr,1);      % P/S conversion

Psig=10/32;                         % average channel input power
chsout=filter(channel,1,s_cyc);     % generate channel output signal
clear p_td p_cyc s_data s_cyc;      % release some memory
noiseq=(randn(37*Lfr,1)+j*randn(37*Lfr,1));
SEReq=[];

for ii=1:31,
SNR(ii)=ii-1;                        % SNR in dB
```

```
Asig=sqrt(Psig*10^(-SNR(ii)/10))*norm(channel);
x_out=chsout+Asig*noiseq;          % Add noise
x_para=reshape(x_out,37,Lfr);       % S/P conversion
x_disc=x_para(6:37,:);              % discard tails
xhat_para=fft(x_disc);              % FFT back to f-domain

z_data=inv(diag(hf))*xhat_para;    % f-domain equalizing
% compute the QAM decision after equalization
deq=sign(real(z_data))+sign(real(z_data)-2)+sign(real(z_data)+2)+...
    j*(sign(imag(z_data))+sign(imag(z_data)-2)+sign(imag(z_data)+2));
% Now compare against the original data to compute SER
SEReq=[SEReq sum(p_data~=deq,2)/Lfr];
end

for ii=1:9,
    SNRa(ii)=2*ii-2;
    Q(ii)=3*0.5*erfc(sqrt((2*10^(SNRa(ii)*0.1)/5)/2));
%Compute the Analytical BER
end

% call another program to display OFDM Analysis
ofdmAz
```

주 매트랩 프로그램 Ex12_3.m은 OFDM 변조, 등화, 그리고 검출을 완료한다. 부반송파(부채널)가 다른 이득, 결과적으로 다른 SNR을 갖기 때문에, 32개의 각 부반송파는 서로 다른 SER을 갖게 될 것이다. 그러므로 단순하고 전반적인 SER 비교는 완벽한 설명이 아니다. 이러한 이유로 우리는 OFDM 시스템의 결과를 분석하기 위해 또 다른 프로그램 ofdmAz.m를 사용한다.

```
% MATLAB PROGRAM <ofdmAz.m>
% This program is used to analyze the OFDM subcarriers and their
% receiver outputs.

% Plot the subcarrier gains
figure(2);
stem(abs(hf));
xlabel('Subcarrier label');
title('Subchannel gain');

% Plot the subchannel constellation scattering after OFDM
figure(3);
subplot(221);plot(z_data(1,1:800),'.')        % subchannel 1 output
```

```
ylabel('Imaginary');
title('(a) Subchannel 1 output');axis('square');
subplot(222);plot(z_data(10,1:800),'.');    % subchannel 10 output
ylabel('Imaginary');
title('(b) Subchannel 10 output');axis('square');
subplot(223);plot(z_data(15,1:800),'.'); % subchannel 15 output
xlabel('Real');ylabel('Imaginary');
title('(c) Subchannel 15 output');axis('square');
subplot(224);plot(z_data(:,1:800),'b.'); % mixed subchannel output
xlabel('Real');ylabel('Imaginary');
title('(d) Mixed OFDM output');axis('square');

% Plot the average OFDM SER versus SER under "ideal channel"
% By Disabling 5 poor subcarriers, average SER can be reduced.
figure(4);
figc=semilogy(SNRa,Q,'k-',SNR,mean(SEReq),'b-o',...
    SNR,mean([SEReq(1:14,:);SEReq(20:32,:)]),'b-s');
set(figc,'LineWidth',2);
legend('Ideal channel','Using all subcarriers','Disabling 5 poor
subcarriers')
title('Average OFDM SER');
axis([1 30 1.e-4 1]);hold off;
xlabel('SNR (dB)');ylabel('Symbol Error Rate (SER)');
```

먼저, 부채널 이득 $H[n]$이 그림 12.25에 주어져 있다. 우리는 분명히 총 32개의 부반송파 중, 5개의 중심 근처의 부반송파가 가장 낮은 이득 곧, 가장 낮은 SNR을 갖는다는 것을 알 수 있다. 그러므로 우리는 이들이 가장 나쁜 성능을 보여줄 것이라고 예상할 수 있다. 30 dB에서 평균 채널 SNR을 고정함으로써 우리는 서로 다른 부반송파 등화기의 출력에서 차이를 금새 알아 볼 수 있다. 특별히, 각각 적절하거나 좋거나 혹은 나쁜 채널을 나타내는 부반송파 1, 10 그리고 15를 선택하였다. 출력 샘플의 Scatter plots(그림 12.26a–c)는 이들 사이의 대조적인 품질을 분명하게 보여준다. 만약 우리가 부반송파 사이의 어떤 차별을 만들지 않는다면, 우리는 그림 12.26d로부터 전반적인 OFDM 성능이 좋지 못한 부채널에 의해 주로 감쇄할 것이란 사실을 알 수 있다.

모든 32개의 개별적인 부채널들의 SER 또한 그림 12.27에서 확인할 수 있다. 5개의 가장 나쁜 채널에 의해 바로 5개의 가장 나쁜 SER 성능이 일어난다는 사실을 분명히 확인할 수 있다. 자연적으로 만약 우리가 모든 32개의 부채널에 대한 SER 평균을 낸다면, 더 큰 SER이 전반적인 OFDM 시스템의 SER 성능을 훨씬 높게 만드는 지배적인 요인이 된다.

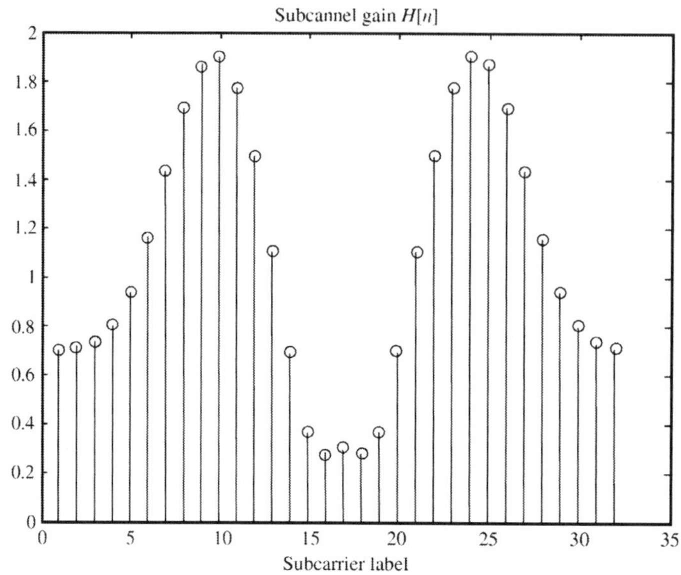

▶▶ 그림 12.25 32개의 부채널들의 채널 이득 비교

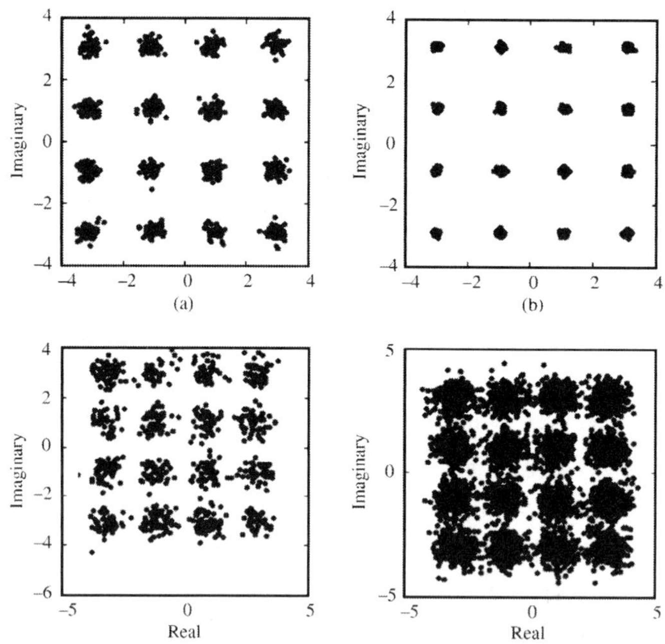

▶▶ 그림 12.26 각기 다른 채널 환경에서의 OFDM 채널 별 출력 scatter plot을 보여준다. :
(a) 부채널 1 (b) 부채널 10 (c) 부채널 15 (d) 혼합된 경우

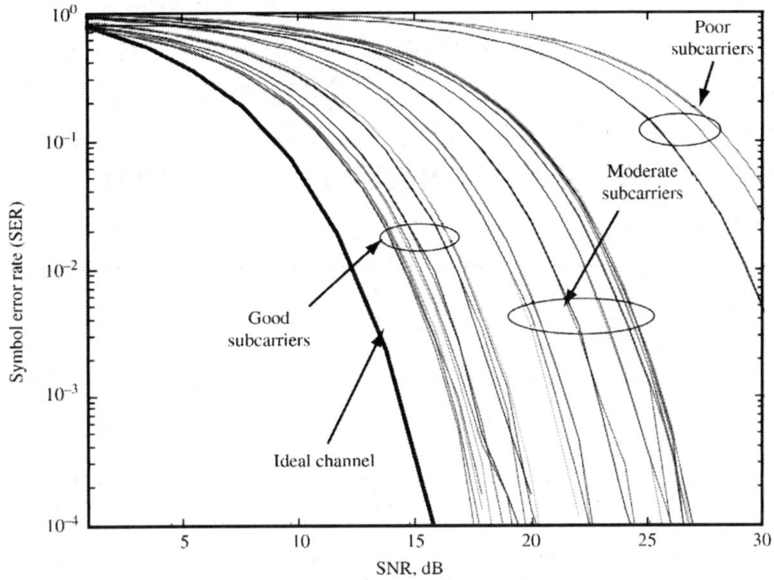

▸▸ 그림 12.27 다중경로 채널을 거친 모든 32개 부반송파들에 대한 심볼 에러율 (SER)

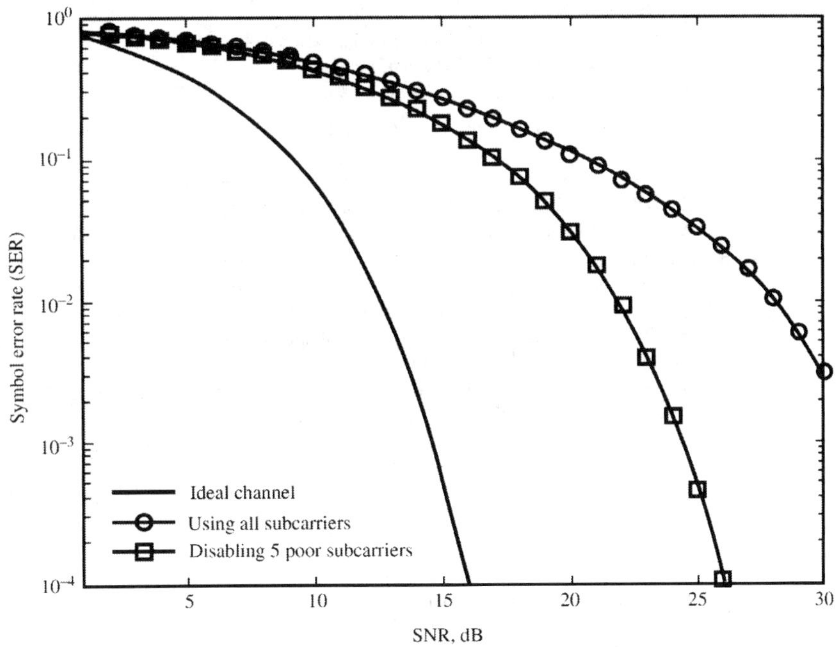

▸▸ 그림 12.28 5가지 최악의 채널을 사용하기 전과 후의 OFDM 부반송파 평균 SER

OFDM 시스템을 보다 신뢰할만하게 만들기 위한 한 가지 가능한 접근방법으로 비트 부하(loading)를 적용하는 것이다. 사실 비트 부하의 한 가지 극단적인 경우는 모든 좋지 못한 부채널을 아예 사용하지 않는 것이다(다시 말하면, 매우 낮은 이득을 갖는 부채널을 통해서는 아무것도 보내지 않는 것). 우리는 그림 12.28의 SER 비교로부터, 32개의 부반송파 중 5개의 가장 나쁜 채널을 사용하지 않는 경우 전반적인 SER이 상당히 감소(성능 향상)되는 것을 알 수 있다.

참고문헌

1. G. D. Forney, Jr.,"Maximum Likelihood Sequence estimation of Digital Sequences in the Presence of Intersymbol Interference," *IEEE Trans. Inform. Theory*, vol. IT-18, pp. 363–378, May 1972.
2. Andrew J. Viterbi, "Error Bounds for Convolutional Codes and an Asymptotically Optimum Decoding Algorithm," *IEEE Trans. Inform. Theory*, vol. 13, no. 2, pp. 260–269, April 1967.
3. Richard Bellman, "Sequential Machines, Ambiguity, and Dynamic Programming," *J. ACM*, vol. 7 no. 1, pp. 24–28, Jan. 1960.
4. R. W. Lucky, "Automatic Equalization for Digital Communication," *Bell Syst. Tech. J.*, vol. 44, pp. 547–588, April 1965.
5. R. W. Lucky, "Techniques for Adaptive Equalization of Digital Communication Systems," *Bell Syst. Tech. J.*, vol. 45, pp. 255–286, Feb. 1966.
6. Z. Ding and Y. Li, *Blind Equalization and Identification*, CRC Press, New York, 2001.
7. R. D. Gitlin and S. B. Weinstein, "Fractionally-Spaced Equalization: An Improved Digital Transversal Equalizer," *Bell Syst. Tech. J.*, vol. 60, pp. 275-296, 1981.
8. T. Kailath, *Linear Systems*, Chapter 5, Prentice Hall, Englewood Cliffs, NJ, 1979.
9. N. Al-Dhahir and J. Cioffi, "MMSE Decision Feedback Equalizers and Coding: Finite-Length Results," *IEEE Trans. Inform. Theory*, vol. 41, no. 4, pp. 961–976, July 1995.
10. R. A. Kennedy and B. D. O. Anderson, "Tight Bounds on the Error Probabilities of Decision Feedback Equalizers," *IEEE Trans. Commun.*, vol. COM-35, pp. 1022–1029, Oct. 1987.
11. P. Chow, J. Cioffi, and J. Bingham, "A Practical Discrete Multitone Transceiver Loading Algorithm for Data Transmission over Spectrally Shaped Channels," *IEEE Trans. Commun.*, vol. 43, no. 2/3/4, pp. 773–775, Feb./Mar./Apr. 1995.
12. A. Leke and J. M. Cioffi, "A Maximum Rate Loading Algorithm for Discrete Multitone Modulation Systems," *Proceedings of IEEE Globecom*, pp. 1514–1518, Phoenix. AZ, 1997.
13. International Telecommunication Union, ITU-T Recommendation V.90, September 1998.
14. International Telecommunication Union, ITU-T Recommendation G.992.1, June 1999.
15. ETSI, "Digital Video Broadcasting: Framing Structure, Channel Coding and Modulation for Digital Terrestrial Television," European Telecommunication Standard EN 300 744 V1.5, Nov. 2004.
16. D. P. Maxson, *The IBOC Handbook*, Elsevier Amsterdam, 2007.
17. A. Benveniste, M. Goursat, and G. Ruget, "Robust Identification of a Non-minimum Phase System: Blind Adjustment of a Linear Equalizer in Data Communications," *IEEE Trans. Autom. Control*, vol. AC-25, pp. 385–399, June 1980.
18. A. Benveniste and M. Goursat, "Blind Equalizers," *IEEE Trans. Commun.*, vol. 32, pp. 871–882, Aug. 1982.

19. D. N. Godard, "Self-Recovering Equalization and Carrier Tracking in Two-Dimensional Data Communication Systems," *IEEE Trans. Commun.*, vol. COM-28, pp. 1867–1875, Nov. 1980.
20. G. Picchi and G. Prati, "Blind Equalization and carrier Recovery Using a 'Stop-and-Go' Decision-Directed Algorithm," *IEEE Trans. Commun.*, vol. COM-35, pp. 877–887, Sept. 1987.
21. O. Shalvi and E. Weinstein, "New Criteria for Blind Deconvolution of Non-minimum Phase Systems (Channels)," *IEEE Trans. Inform., Theory*, vol. IT-36, pp. 312–321, March 1990.
22. O. Shalvi and E. Weinstein, "Super-exponential Methods for Blind Deconvolution," *IEEE Trans. Inform., Theory*, vol. IT-39, pp. 504–519, March 1993.
23. W. T. Rupprecht, "Adaptive Equalization of Binary NRZ-Signals by Means of Peak Value Minimization," In *Proc. 7th Eu. Conf. on Circuit Theory Design*, Prague, 1985, pp. 352–355.
24. R. A. Kennedy and Z. Ding, "Blind Adaptive Equalizers for QAM Communication Systems Based on Convex Cost Functions," *Opt. Eng.*, pp. 1189–1199, June 1992.
25. L. Tong, G. Xu, and T. Kailath, "Blind Channel Identification and Equalization Based on Second-Order Statistics: A Time-Domain Approach," *IEEE Trans. Inform., Theory*, vol. IT-40, pp. 340–349, March 1994.
26. E. Moulines, P. Duhamel, J.-F. Cardoso, and S. Mayrargue, "Subspace Methods for the Blind Identification of Multichannel FIR Filters," *IEEE Trans. Signal Process.*, vol. SP-43, pp. 516–525, Feb. 1995.
27. D. R. Brillinger and M. Rosenblatt, "Computation and Interpretation of *k*th Order Spectra," In *Spectral Analysis of Time Series*, B. Harris, E. Wiley, New York, 1967.
28. C.-Y. Chi, C.-C. Feng, C.-H. Chen, and C.-Y. Chen, *Blind Equalization and System Identification*, Springer, Berlin, 2006.
29. Simon Haykin, Ed. *Blind Deconvolution*, Prentice-Hall, Englewood Cliffts, NJ, 1994.

연습문제

12.1-1 심볼 rate가 1/T = 1MHz인 QAM전송이고, $p(t)$가 roll-off 계수 인자가 0.5인 상승 코사인 필터라고 가정하라. 사용한 반송주파수는 2.4GHz이다.

(a) 다중경로 채널 임펄스 응답이 다음과 같이 주어질 때, 기저대역 펄스 부분 $q(t)$의 결과를 유도하시오.

$$0.95\delta(t) - 0.3\delta(t - T/2)$$

(b) 채널의 출력이 $t = kT$에서 표본화되었을 때, (a)의 QPSK 전송 시 눈이 열리는지 보이시오.

12.2-1 문제 12.1-1의 신호 전송 모형을 고려하라.

(a) 다중경로 채널에서 비롯한 기저대역 펄스와 동일한 정합 필터를 구하시오.

(b) QAM 입력 심볼과 $t = kT$에서 표본화된 정합필터의 출력 사이에 같은 이산 선형 시스템 전달 함수 $H(z)$를 구하시오.

12.2-2 디지털 QAM 시스템에서 수신된 기저대역 펄스 형태는 $q(t) = \Delta\left(\dfrac{t}{2T}\right)$이다. 채널잡음은 (정합필터 전에) $\mathcal{N}/2$의 스펙트럼을 가진 AWGN이다.

(a) 정합필터의 출력에서 잡음 $\mathrm{w}(t)$의 PSD를 구하시오.

(b) 정합필터의 출력에서 표본화된 잡음 $\mathrm{w}[kT]$의 평균과 분산을 구하시오.

(c) 잡음 표본 $\mathrm{w}[kT]$가 독립인지 아닌지 보이시오.

12.3-1 BPSK 기저대역 시스템에서 이산 채널은 다음과 같다.

$$H(z) = 1 + 0.6z^{-1}$$

수신된 신호 샘플은 다음과 같다.

$$z[k] = H(z)s_k + \mathrm{w}[k]$$

BPSK 신호 $s_k = \pm 1$은 동일한 확률을 가진다. 이산 채널 잡음 $\mathrm{w}[k]$는 평균이 0이고, 분산이 $\mathcal{N}/2$인 부가 백색 가우시안이고 $E_b/\mathcal{N} = 18$이다.

(a) 만약 $z[k]$가 직접 BPSK 판정 소자로 보내질 때, 오류 확률을 구하시오.

(b) 만약 $z[k]$가 BPSK 판정 소자를 통과하기 전에 영 강압 등화기를 먼저 통과하게 될 때의 오류 확률을 구하시오.

12.3-2 만약 이산 채널이 다음과 같이 주어질 때, 문제 12.3-2을 반복하라.

$$H(z) = 1 + 0.9z^{-1}$$

12.3-3 문제 12.3-1과 12.3-2의 BER결과를 비교하라. 채널에 대한 0인 스펙트럼(spectral null)의 차이의 깊이를 관찰하고, 잡음 증폭 효과 차이에 근거해서 그것들의 BER 차이를 설명하라.

12.3-4 문제 12.3-1의 채널에서 6-tap MMSE 등화기 응답을 구하시오. 최소 MSE의 결과를 구하시오. 만약 ZF 등화기를 대신 적용한다면, 그때의 MSE는 무엇인가?

12.3-5 문제 12.3-3을 문제 12.3-2의 FIR 채널에서 반복하시오.

12.4-1 부분 표본화 채널(fractionally sampled channel)에서 표본화 주파수는 2/T로 선택되었다. (i.e., 모든 전송된 심볼 는 두가지 샘플이 있다.) 두 개의 샘플링 된 부채널 응답은 다음과 같다.

$$H_1(z) = 1 + 0.9z^{-1} \qquad H_2(z) = -0.3 + 0.5z^{-1}$$

부채널 둘 모두 평균이 0이고, 동일한 분산 $\sigma_w^2 = 0.2$를 가지는 독립인 부가 백색 가우시안 잡음을 가지고 있다. 입력 심볼 s_k는 $(\pm 1,\ \pm 3)$이 동일한 확률을 가진 4-PAM이다.

(a) $F_1(z) = 0.3$과 $F_2(z) = 1$이 ZF 등화기임을 보이시오.

(b) $F_1(z) = 1$과 $F_2(z) = -1.8$이 ZF 등화기임을 보이시오.

(c) 앞의 두 개의 분수 간격(fractionally spaced) ZF 등화기 중 어떤 것이 더 좋은 성능을 갖는지 보이시오. 이 결과로 지연의 차이가 ZF 등화기들이 다른 성능을 가짐을 보이시오.

12.4-2 문제 12.4-1과 같은 시스템에서 다음을 완성해라.

(a) 다음 식과 같이 ZF 등화기 필터의 차수가 1일 때, 지연이 각각 0,1 그리고 2인 ZF 등화기를 구하시오.

$$F_i(z) = f_i[0] + f_i[1]z^{-1} \qquad i = 1,\ 2$$

(b) 세 가지의 분수 간격(fractionally spaced) ZF 등화기 출력에서의 잡음 분포를 구하시오.

(c) 만약 등화기의 출력을 경판정하는 경우 심볼 에러 확률을 구하시오..

12.6-1 동일한 확률을 가진 $s_k = \pm 1$를 위한 DFE에서 피드포워드 필터의 출력 $d[k]$는 다음과 같이 주어졌다.

$$d[k] = s_{k-2} + 0.8 s_{k-3} + \mathrm{w}[k]$$

여기서 $\mathrm{w}[k]$는 평균이 0이고, 분산이 0.04인 백색 가우시안이다.

(a) DFE 필터의 계수를 구하시오.

(b) 궤환의 판정에서 오류가 없을 때, DFE 출력의 BER을 구하라.

(c) 만약 판정 수자에서 오류가 있을 때, 오류 전파(error propagation)가 발생할 것이다. 이전 판정 s_{k-3}이 틀렸을 때, 심볼 s_{k-2}에 관한 판정의 오류 확률을 구하시오.

12.7-1 $\boldsymbol{W}_N \cdot \boldsymbol{W}_N^{-1} = I_{N \times N}$임을 증명하라.

12.7-2 순환행렬은 완전히 첫 번째 행 (또는 열)에 의해 표현되는 행렬이다. i번째 행은 i-1행의 성분을 순환이동 한 것이다. 다시 말하면, 만약 행렬 C의 첫번째 행이 $a_1, \cdots, a_{N-1}, a_N$이면, 두 번 째 행은 $a_N, a_1, \cdots, a_{N-1}$이다. 크기가 $N \times N$인 순환 행렬이 $\boldsymbol{W}_N$과 $\boldsymbol{W}_N^{-1}$에 의해 대각선화될 수 있음을 즉, 다음과 같음을 보이시오

$$\boldsymbol{W}_N \cdot C \cdot \boldsymbol{W}_N^{-1} = \text{diagonal}$$

12.7-3 다음과 같은 임펄스 응답을 가지는 FIR 채널을 고려하라.

$$h[0] = 1.0, \qquad h[1] = -0.5, \qquad h[2] = 0.3$$

채널 잡음은 스펙트럼이 $\mathcal{N}/2$인 부가 백색 가우시안이다. N=16인 OFDM 시스템을 설계하면서 (a) 순회 접두의 길이를 구체화하고, (b) N개의 부채널의 이득을 정하고 (c) BPSK 변조에서 각 부채널의 비트 오류 확률을 유도하고 (d) 전체 OFDM 시스템의 평균 비트 오류율을 구하시오.

12.7-4 차수가 L까지인 FIR 채널을 고려하라. 먼저, 우리는 벡터 관점에서 데이터의 IDFT를 적용한다.

$$\mathbf{s} = \left(\frac{1}{\sqrt{N}}\mathbf{W}_N\right)^{-1} \tilde{\mathbf{s}}$$

다음으로, 식 (12.64b)와 같이 전송하기 전에 순회 접두를 적용하는 대신, 우리는 N개의 데이터 앞에 L개의 0을 삽입한다.

$$\left.\begin{bmatrix} s_N \\ s_{N-1} \\ \vdots \\ s_1 \\ 0 \\ \vdots \\ 0 \end{bmatrix}\right\} (N+L) \times 1$$

이 0을 삽입한 데이터 벡터는 일반적으로 FIR 채널 $\{h[k]\}$를 통해 전송된다. 수신기에서, 우리는 수신된 심볼$\{z[n]\}$을 다음과 같이 쌓아 올린다.

$$\mathbf{y} = \begin{bmatrix} z[N] \\ z[N-1] \\ \vdots \\ z[L] \\ \vdots \\ z[1] \end{bmatrix} + \begin{bmatrix} 0 \\ \vdots \\ 0 \\ z[N+L] \\ \vdots \\ z[N+1] \end{bmatrix}$$

다음을 증명하시오.

$$\tilde{\mathbf{z}} = \left(\frac{1}{\sqrt{N}}\mathbf{W}_N\right)\mathbf{y} = \begin{bmatrix} H[N] & & & \\ & H[N-1] & & \\ & & \ddots & \\ & & & H[+1] \end{bmatrix} \tilde{\mathbf{s}}$$

이것은 OFDM에서 순회 접두와 영 삽입이 등가임을 나타낸다.

12.7-5 AWGN 채널에서 cyclic OFDM과 영 삽입 OFDM이 동일한 채널 입력 전력에서 동일한 SNR을 달성하는지 보이시오.

13 정보 이론의 개요

지금까지 논의된 모든 통신 방법들은 항상 오류가 존재한다. 이 오류의 확률 P_e를 줄임으로써 디지털 신호의 정확성을 향상시킬 수 있다. 그러나 채널의 잡음이 존재하는 한 결코 통신은 오류로부터 자유로울 수 없다. 예를 들어, 지금까지의 모든 디지털 시스템에서, 대략 P_e는 e^{-kEb}의 비율로 변한다. 비트 당 에너지 E_b를 증가시킴으로써 원하는 수준까지 P_e를 줄일 수 있다. 신호 전력(signal power)은 $S_i = E_b R_b$이고, R_b는 비트율이다. 따라서 E_b의 증가는 S_i의 증가(주어진 비트율에서)나 R_b의 감소(주어진 전력에서)를 의미한다. 그러나 물리적인 한계로 인하여 S_i는 어느 한계 이상 증가시킬 수 없다. 따라서 P_e를 더 줄이기 위하여 정보의 전송률 R_b를 줄여야만 한다. 그러므로 P_e를 더 줄이기 위해 치러야 할 대가는 전송률의 감소이다. 따라서 채널 잡음이 존재하는 경우 오류 없이 통신을 하는 것은 불가능하다. 이러한 통신 엔지니어들의 생각은 1948년 Shannon의 논문이 발표될 때까지 유지되었다. Shannon은 어떤 주어진 채널에서 전송되는 초당 정보의 전송률이 물리적 채널에 의해 결정되는 어느 한계(채널 용량) 안에서 유지되기만 하면, 오류없는 통신이 가능하다는 것을 보였다. 즉, $P_e \to 0$을 얻기 위하여 $R_b \to 0$일 필요가 없다는 것이다. 이러한 목표($P_e \to 0$)는 $R_b < C$(채널 용량)만 유지하면 얻을 수 있다는 것이다. Shannon이 쓴 논문의 요지는 채널에서 발생하는 불규칙한 왜곡(disturbance)의 존재는 그 자체에 의해서 전송의 정밀성의 한계를 갖지 않는다는 것이다. 대신에, 임의의 아주 작은 오류 확률을 얻기 위하여($P_e \to 0$) 정보율의 한계에 따른다는 것이다.

지금까지 정보를 측량하기 위하여 "정보 전송률(rate of information transmission)"이라는 문구를 사용해왔다. 이제 "일반 상식(common sense)"과 "공학적 상식(engineering sense)"으로 이해할 수 있는 메시지의 정보량(information content)을 따져보기로 하자. 놀랍게도 이 두 가지 접근 방법은 한 메시지에 있는 정보량이 같음을 보인다.

13.1 정보의 측량

○ 일반 상식에 의한 정보의 측량

다음과 같은 조간신문의 세 가지 머리기사를 생각해보자.

1. 내일 해가 뜰 것이다.
2. 미국이 이란을 침공한다.
3. 이란이 미국을 침공한다.

독자들은 그들이 북극이나 남극 근처에 살지 않는 한, 첫 번째 머리기사에는 전혀 관심을 두지 않을 것이다. 아마 두 번째 기사는 매우 흥미 있어 할 것이다. 하지만 진짜로 독자들의 관심을 끄는 기사는 세 번째이다. 이 항목은 이전 두 머리기사보다 훨씬 더 많은 관심을 끌 것이다. "일반 상식"의 관점에서 보면, 첫 번째는 전혀 새로운 정보가 없고, 두 번째는 많은 정보를 갖고 있다. 그리고 세 번째는 훨씬 더 많은 양의 정보를 갖고 있다. 만일 이 세 사건이 일어날 확률에 대해 생각한다면, 첫 번째 사건이 일어날 확률은 1이며(전사건, certain event), 두 번째 사건의 확률은 아주 작다(작지만 유한한 확률의 사건). 세 번째 사건이 일어날 확률은 실제적으로 0이다(거의 불가능한 사건). 만일 확률이 적은 사건이 일어나면, 그것은 우리를 굉장히 놀라게 한다. 따라서 큰 확률로 발생하는 사건보다 더 많은 정보를 갖고 있다. 그러므로 정보는 놀라운 정도와 연관이 있다. 그것은 불확실성 혹은 기대치 못했던 결과이기 때문이다. 예상치 못했던 사건일수록 놀라움은 더 커지게 되며, 따라서 더 많은 정보를 내포한다. 한 사건이 일어날 확률은 그것의 의외성의 척도이다. 따라서 정보의 양과 관계가 있다. 그러므로 일반 상식의 관점에서는 한 메시지로부터 얻는 정보의 양은 불확실성(uncertainty)에 직접적으로 관련이 있든지 혹은 불확실성의 발생 확률의 역수에 관련이 있다. 만일 P가 한 메시지의 발생 확률이고 I가 그 메시지로부터 얻을 수 있는 정보라고 하면, 앞에서의 논의로부터 $P \to 1$일 때 $I \to 0$가 되며, $P \to 0$일 때 $I \to \infty$가 된다. 일반적으로 작은 오류 확률 P가 점점 작아지면 정보 I는 점점 커지게 된다. 이것은 다음과 같은 모델을 제시해준다.

$$I \sim \log \frac{1}{P} \tag{13.1}$$

○ 공학적인 정보의 측량

이제는 공학적인 관점에서 메시지의 정보량은 직관을 바탕으로 하여[식 (13.1)] 얻은 것과 같다는 것을 보이기로 하자. 그러면 공학적인 관점이란 무엇을 뜻하는가? 엔지니어는 효율적인 메시지의 전송에 대한 책임이 있다. 이러한 서비스에 대하여 엔지니어는 전송되는 정보의 양에 비례하여 사용자에게 대가를 요구할 것이다. 그러나 실제 상황에서는 메시지가 전송대역폭을 차지하는 시간에 비례하여 요구한다. 간단히 말해, 공학적 관점에서 보면, 메시지에 있는 정보는 메시지를 전송하는데 필요한 (최소의) 시간에 비례한다. 이제 이러한 정보의 개념 역시 식 (13.1)에 이르게 하는 것을 증명할 것이다. 이것은 높은 확률을 가진 메시지가 낮은 확률을 가진 메시지보다 짧은 시간에 전송할 수 있음을 의미한다. 이 사실은 모르스(Morse) 부호를 사용하여 영어의 알파벳을 전송하는 예로 증명될 수도 있다. 이 부호는 두 신호의 여러 가지 조합으로 만들어졌다. (모르스 부호에서 −와 • 혹은 A와 −A비트의 펄스)각 글자는 이들 심볼의 조합으로 표현되며, 이 조합을 **부호어(code word)**라고 하고 어떤 길이가 있다. 당연히, 효율적인 전송을 위하여 짧은 길이의 부호어들은 자주 나오는 e, t ,a, o와 같은 글자에 할당되어야 한다. 긴 부호어는 가끔 나오는 x, k, q, z와 같은 글자에 할당한다. 각 글자를 하나의 메시지로 생각할 수 있다. 더 자주 나오는(큰 발생 확률을 가진) 글자는 작은 발생 확률을 가진 것들과 비교할 때 짧은 전송 시간(짧은 부호어)이 필요하다는 것이 분명하다. 이제, 평균적으로, 발생 확률 P를 갖는 심볼(혹은 메시지)을 전송하는데 필요한 시간은 $\log(1/P)$에 비례하는 것을 보이자.

문제를 간단히 하기 위하여, 발생 확률이 같은 2진 메시지 m_1과 m_2의 경우에 대하여 시작해보자. 메시지 m_1과 m_2를 각각 2진수 0과 1을 이용하여 표현할 수 있다. 명백하게 발생 확률이 같은 두 메시지를 나타내기 위하여 최소한 한 비트가 필요하다. 다음으로, 발생 확률이 같은 4개의 메시지 m_1, m_2, m_3, m_4를 생각해보자. 만일 이 메시지들을 2진 형태로 표현하면, 메시지당 최소한 두 비트가 필요하다. 따라서 두 2진 비트의 조합은 4개의 부호어 00, 01, 10, 11을 만든다. 이들을 각각 발생 확률이 같은 4 개의 메시지 m_1, m_2,m_3,m_4에 할당시킬 수 있다. 이들 4개의 메시지 각각은 발생 확률이 같은 두 메시지에서 한 메시지를 보내는데 필요한 시간의 두 배가 걸릴 것이 확실하다. 따라서 2배의 정보를 포함하고 있다. 비슷하게, 발생 확률이 같은 8개의 메시지 중 하나를 표현하려면 최소한 3비트가 필요하다. 이것은 3개의 2진 비트는 8개의 다른 부호어를 만들 수 있어서 각각을 8개의 메시지에 할당할 수 있기 때문이다. 일반화하면, 발생 확률이 같은 n개의 메시지는 $\log_2 n$개의 2진 비트가 필요하다*. 모든 메시지의 발생 확률이 같으므로, 한 메시지의 발생 확률은 $1/n$이다. 따라서 각 메시지(확률 P)는 부호화를 위하여 $\log_2(1/P)$의 비트가 필요하다. 그러므로 공학적 관점에서, 발생 확률 P를 갖는 메시지에 포함된 정보 I는 $\log_2(1/P)$에 비례한다.

$$I = k \log_2 \frac{1}{P} \tag{13.2}$$

여기서 k는 나중에 결정될 상수이다. 다시 한 번, (공학적 관점에서) 메시지의 정보량은 그 메시지의 확률의 역수에 로그를 취한 값에 비례한다는 결론에 도달한다.

이제 식 (13.2)에 따라서 메시지에 포함된 정보를 정의하기로 하자. 일단 편의상 비례 상수는 1로 한다. 그러면 정보는 비트(bit, binary digit)라는 2진 단위로 할 경우,

* 여기서 n은 $\log_2 n$이 정수가 되도록 하는 수로 가정한다. 나중에는 이러한 제한이 필요 없음을 알게 될 것이다.

$$I = \log_2 \frac{1}{P} \quad \text{bits} \tag{13.3}$$

이 정의에 따라서 메시지에 있는 정보 I는 그 메시지를 부호화하기 위해 필요한 최소의 2진수의 수로 해석될 수 있다. 이것은 $\log_2(1/P)$로 주어지며, 여기서 P는 그 메시지의 발생 확률이다. 비록 이 결과는 발생 확률이 같은 메시지와 같은 특별한 경우에 해당하지만 다음 절에서는 발생 확률이 다른 경우에 대해서도 사실이라는 것을 보인다.

다음은 부호화를 위하여 2진 심볼 대신에 r진 경우에 대하여 생각해보자. r진 심볼은 각각 r개의 값($\mathbf{0}, \mathbf{1}, \mathbf{2}, \cdots, \boldsymbol{r}-\mathbf{1}$)이 있다고 가정할 수 있다. n 메시지의 각각은 (r진 심볼로 부호화할 경우) r진 신호의 시퀀스에 의해서 전송될 것이다. 각각의 r진 심볼은 r개의 값을 가질 수 있기 때문에, k개의 r진 심볼은 최대로 r^k개의 다른 부호어를 만들 수 있다. 따라서 n개의 발생 확률이 같은 메시지를 각각 부호화하기 위하여 최소 $k = \log_r n$개의 r진 심볼이 필요하다.* 그러나 $n = 1/P$이다. 여기서 P는 각 메시지의 발생 확률이다. 따라서 최소 $\log_r(1/P)$개의 r진 심볼이 필요하다. 그러므로 메시지당 정보 I는 다음과 같다.

$$I = \log_r \frac{1}{P} \quad r\text{진 단위} \tag{13.4}$$

식 (13.3)과 (13.4)로부터,

$$I = \log_2 \frac{1}{P} \quad \text{bits} = \log_r \frac{1}{P} \quad r\text{진 단위}$$

그러므로†

$$1 \ r\text{진 단위} = \log_2 r \ \text{bits} \tag{13.5}$$

---

* 여기서 다시 n은 $\log_r n$이 정수가 되도록 하는 수라고 가정한다. 나중에 알겠지만 이러한 제한은 필요 없다.

† 일반적으로,

$$1 \ r\text{진 단위} = \log_s r \qquad s\text{진 단위}$$

이다. 정보의 10진 단위는 R. V. L. Hartley[2]를 기념하기 위하여 **hartley**라고 한다. 그는 1920년대(Nyquist[3]와 Carson 등과 함께) 정보 전송 분야의 선구자 중의 한 사람이다. 하지만 정보 이론의 수학적 기반은 C. E. Shannon[1]에 의해 1948년 이루어졌다.

$$1 \ \text{hartley} = \log_2 10 = 3.32 \quad \text{bits}$$

때때로 단위 **nat**을 사용하기도 한다.

$$1 \ \text{nat} = \log_2 e = 1.44 \quad \text{bits}$$

정보의 단위 : 정보의 일반화된 단위로써 r진 단위(unit)가 더 많이 사용될 것 같지만 실제로는 2진 단위인 비트(bit, r=2)를 많이 사용한다. 이들 단위들은 식 (13.5)를 이용하여 항상 바꿀 수 있다. 따라서 별다른 언급이 없으면 2진 단위인 비트를 사용하기로 한다. 로그 함수의 베이스(base)가 생략된 경우는 2가 생략된 것으로 한다.

○ 메시지당 평균 정보: 정보원의 엔트로피

각각의 확률 $P_1, P_2, \cdots, P_n$을 갖는 (여기서 $P_1+P_2+\cdots+P_n=1$이다) 메시지 $m_1, m_2, \cdots, m_n$을 발생하는 메모리가 없는 정보원 m을 생각해보자. **메모리가 없는 정보원**은 발생하는 각각의 메시지가 이전의 메시지와 독립적이라는 의미이다. 식 (13.3)[또는 식 (13.4)]의 정의에 의해서 메시지 m_i의 정보량 I_i는 다음과 같이 주어진다.

$$I_i = \log \frac{1}{P_i} \quad \text{bits} \tag{13.6}$$

m_i의 발생 확률은 P_i이다. 따라서 정보원에서 발생하는 메시지당 평균 정보는 $\sum_{i=1}^{n} P_i I_i$ 비트가 된다. 정보원 m의 메시지당 평균 정보를 **엔트로피(entropy)**라 하고, $H(\mathrm{m})$으로 표기한다. 따라서

$$\begin{aligned} H(\mathrm{m}) &= \sum_{i=1}^{n} P_i I_i \quad \text{bits} \\ &= \sum_{i=1}^{n} P_i \log \frac{1}{P_i} \quad \text{bits} \end{aligned} \tag{13.7a}$$

$$= -\sum_{i=1}^{n} P_i \log P_i \quad \text{bits} \tag{13.7b}$$

정보원의 엔트로피는 메시지 확률의 함수이다. 최대의 엔트로피를 갖게 하는 메시지의 확률 분포를 구해 보는 것은 흥미 있는 일이다. 엔트로피는 불확실성의 척도이기 때문에, 최대의 불확실성을 갖게 하는 확률 분포가 최대의 엔트로피를 갖는다. 따라서 모든 메시지의 발생 확률이 같으면 엔트로피는 최대가 되리라고 예상할 수 있다.

$H(\mathrm{m})$이 확률 $P_1, P_2, \cdots, P_n$의 함수이므로, $H(\mathrm{m})$의 최대값은 모든 $i=1, 2, \cdots, n$에 대하여 $dH(\mathrm{m})/\mathrm{dP}_i=0$으로부터 구할 수 있다. 단,

$$1 = P_1 + P_2 + \cdots + P_{n-1} + P_n \tag{13.8}$$

왜냐하면, 최대화를 위한 함수는

$$H(\mathrm{m}) = -\sum_{i=1}^{n} P_i \log P_i \tag{13.9}$$

이므로, 새로운 함수의 형태를 위해 라그랑제(Lagrangian)를 이용해야 한다.

$$f(P_1,\ P_2,\ \ldots,\ P_n) = -\sum_{i=1}^{n} P_i \log P_i + \lambda(P_1 + P_2 + \cdots + P_{n-1} + P_n - 1)$$

따라서

$$\begin{aligned}\frac{df}{dP_j} &= -P_j\left(\frac{1}{P_j}\right)\log e - \log P_j + \lambda \\ &= -\log P_j + \lambda - \log e \qquad j = 1,\ 2,\ \ldots,\ n\end{aligned}$$

미분을 0으로 놓으면,

$$P_1 = P_2 = \cdots = P_n = \frac{2^\lambda}{e}$$

식 (13.8)의 확률 제약 조건에 의해,

$$n\frac{2^\lambda}{e} = 1$$

이다. 따라서

$$P_1 = P_2 = \cdots = P_n = \frac{1}{n} \tag{13.10}$$

식 (13.10)이 $[H(\mathrm{m})]_{\mathrm{min}}$이 아니라 $[H(\mathrm{m})]_{\mathrm{max}}$를 구하는 것이라는 점을 보이기 위하여 $P_1 = 1$이고 $P_2 = \cdots = P_n = 0$이면, $H(\mathrm{m}) = 0$이 되고, 식 (13.10)의 확률을 가지면 $H(\mathrm{m})$은 다음과 같은 값을 갖는다.

$$H(\mathrm{m}) = -\sum_{i=1}^{n} \frac{1}{n}\log\frac{1}{n} = \log n$$

직관적인 것과 공학적인 엔트로피의 해석 : 앞에서 우리는 직관적이든 공학적 관점이든지 한 메시지와 관련된 정보에 대한 정의가 같다는 것을 알았다. 하지만, 개념적인 근본은 두 관점이 완전히 다르다. 결과적으로, 정보에 대한 두 가지의 물리적 해석을 하였다.

공학적 관점에 따르면 어느 메시지의 정보량은 그 메시지를 부호화하는데 필요한 최소의 자릿수와 같고, 따라서 엔트로피 H(m)은 부호화하는데 평균적으로 필요한 메시지당 최소의 자릿수와 같다. 반면에, 직관적인 면으로 보면, 정보는 그 사건(혹은 메시지)과 관계하여 어느 정도로 놀라운 일인지 또는 불확실한 것인지와 유사하게 생각할 수 있다. 발생 확률이 작은 경우는 그 사건에 대해 불확실성이 크다는 것을 의미한다. 물론, 불확실성은 놀라운 정도와 관계가 있다. 따라서 직관적으로, 메시지에 관련된 정보는 그 메시지의 불확실성(뜻밖의 일)의 척도이다. 그러므로 $\log(1/P_i)$는 메시지 m_i에 대한 불확실성의 척도이고, $\sum_{i=1}^{n} P_i \log(1/P_i)$는 확률 P_1, P_2, $\cdots$, P_n을 갖는 메시지 m_1, m_2, $\cdots$, m_n을 발생하는 정보원의 (메시지당) 평균 불확실성이다. 이들 두 해석은 수학적 정의를 이해하는데 아주 유용하고 정보 이론의 바탕이 된다. 또, 엔트로피는 각 값들 m_1, m_2, $\cdots$, m_n의 확률이 $P(m_1)$, $P(m_2)$, $\cdots$, $P(m_n)$인 확률 변수 m에 관련된 함수로서 생각할 수도 있다.

$$H(\mathrm{m}) = \sum_{i=1}^{n} P(m_i) \log \frac{1}{P(m_i)} = \sum_{i=1}^{n} P_i \log \frac{1}{P_i}$$

따라서 엔트로피는 모든 이산 확률 변수와 관계지을 수 있다.

만일 정보원이 메모리가 있는 정보원이라면(즉, 어느 시간에 발생하는 메시지가 그 이전에 발생된 메시지와 독립하지 않다면), 정보원 엔트로피는 식 (13.9)의 H(m)보다 작을 것이다. 이것은 이전 메시지에 관련된 메시지는 그 불확실성이 감소되기 때문이다.

13.2 정보원 부호화

만일 정보원의 모든 메시지의 발생 확률이 똑같다면 (각 메시지의 확률은 P이다) 메시지를 부호화하기 위하여 필요한 최소의 2진 자릿수는 정보원 엔트로피 $\log(1/P)$와 같다는 것을 알았다. 이제 이 결과를 같지 않은 확률의 경우에 대하여 일반화하도록 하자. 부호화를 위하여 필요한 메시지당 평균 2진 자릿수는 임의의 확률 분포를 갖는 메시지에 대하여 H(m) 비트가 됨을 증명하겠다.

확률 P_1, P_2, $\cdots$, P_n을 갖는 메시지 m_1, m_2, $\cdots$, m_n을 발생하는 정보원 m이 있다고 하자. $N \to \infty$인 N개의 메시지가 있다. k_i를 이 시퀀스에서 메시지 m_i가 발생한 횟수라 하자. 그러면 상대 빈도(relative frequency)에 의한 해석에 따라(혹은 큰 수의 법칙, law of large numbers),

$$\lim_{N \to \infty} \frac{k_i}{N} = P_i$$

따라서 ($N \to \infty$를 가정할 때) 메시지 m_i는 N 메시지의 시퀀스에서 NP_i번 발생한다. 그러므로 임의의 N개 메시지의 시퀀스에서 m_1은 NP_1번 발생하고, m_2는 NP_2번 발생하고, ⋯ , m_n은 NP_n번 발생한다. 다른 경우는 극히 일어나기 힘들다. 따라서 어떤 임의의 시퀀스($N \to \infty$를 가정할 때)는 비록 그 순서는 다를지 몰라도 같은 비율을 갖는다. 여기서는 메모리가 없는 정보원을 가정한다. 이제 정보원으로부터 N 메시지를 갖는 임의의 한 시퀀스 S_N을 생각하자. 확률 P_1, P_2, ⋯, P_n을 갖는 n개의 메시지가 NP_1, NP_2, ⋯, NP_n번 일어나고, 각 메시지는 독립적이기 때문에 시퀀스 S_N이 일어날 확률은 다음과 같다.

$$P(S_N) = (P_1)^{NP_1}(P_2)^{NP_2}\cdots(P_n)^{NP_n} \tag{13.11}$$

이 정보원으로부터 N개의 메시지로 가능한 모든 시퀀스는 같은 구성을 갖기 때문에, 모든 (N개 메시지의) 시퀀스는 동일한 발생 확률 $P(S_N)$을 가진다. 이 긴 시퀀스들을 (여기서는 확률이 같다) 새로운 메시지로 생각하자. 이런 긴 시퀀스 하나를 부호화하기 위하여 필요한 2진 자릿수 L_N은 다음과 같다.

$$L_N = \log\left[\frac{1}{P(S_N)}\right] \quad \text{binary digits} \tag{13.12}$$

식 (13.12)에 식 (13.11)을 대입하면,

$$L_N = N\sum_{i=1}^{n} P_i \log\frac{1}{P_i} = NH(\mathrm{m}) \quad \text{binary digits}$$

여기서 L_N은 N개의 메시지로 구성된 시퀀스를 부호화하는데 필요한 부호어의 길이(2진 자릿수)이다. 따라서 메시지당 필요한 평균 자릿수 L은 L_N/N이 되며,

$$L = \frac{L_N}{N} = H(\mathrm{m}) \quad \text{binary digits} \tag{13.13}$$

따라서, N개의 연속적인 메시지들을 부호화함으로써, 평균적으로 메시지당 $H(\mathrm{m})$의 비트를 사용하여 정보원 메시지의 시퀀스들을 부호화하는 것이 가능하다. 여기서, $H(\mathrm{m})$은 정보원 메시지의 엔트로피이다. 게다가 $H(\mathrm{m})$이 평균적으로 실제로 이 메시지 정보원을 부호화하는데 필요한 최소의 자릿수라는 것을 증명할 수 있다. 어떤 부호의 평균 길이가 $H(\mathrm{m})$보다 작으면서 유일하게 복호되는(uniquely decodable) 부호를 찾는 것은 불가능하다.[4, 5]

○ Huffman Code

정보원 부호화 이론은 엔트로피가 $H(\mathrm{m})$인 정보원을 부호화하려면 평균적으로 메시지당 최소 $H(\mathrm{m})$ 비트가 필요하다는 것을 말한다. 부호어에서 자릿수를 그 부호어의 길이(length)라 한다. 따라서 최적 부호의 평균 워드 길이는 $H(\mathrm{m})$이다. 불행히도, 일반적으로 이 길이를 얻으려면, 한 번에 N개의 메시지 시퀀스($N \to \infty$)를 부호화하여야 한다. 만일 긴 시퀀스를 사용하지 않고 직접 각각의 메시지를 부호화한다면, 일반적으로, 메시지당 부호어의 평균 길이는 $H(\mathrm{m})$ 보다 길어질 것이다. 실제로는 전송지연이나 시스템의 복잡도 때문에 긴 시퀀스는 바람직하지 않다. 따라서 비록 부호어 길이가 증가하는 대가를 치루더라도 메시지를 직접 부호화하는 것이 바람직하다. 다음은 Huffman 부호라고 하는 최적 정보원 부호를 구하는 과정이다. 이 부호가 최적이라는 증명은 다른 문헌에 나타나 있다.[4-6]

2진 부호를 이용하여 과정을 살펴보도록 하자. 제일 먼저, 표 13.1에 보이는 것처럼 확률이 큰 순서대로 메시지를 정렬시킨다. 여섯 개의 메시지가 각각 0.30, 0.25, 0.15, 0.12, 0.10, 0.08의 확률을 갖는다. 이제 제일 아래에 있는 두 메시지를 한 메시지로 묶는다. 이 새로운 메시지의 확률은 $P_5 + P_6 = 0.18$이다. 이렇게 하면 다섯 개의 메시지가 되며 각각의 확률은 0.30, 0.25, 0.18, 0.15, 0.12이다. 이제 이 메시지들을 확률이 큰 순서부터 두 번째 열에 다시 정렬한다. 다시 제일 아래에 있는 두 메시지를 한 메시지로 묶고 확률이 큰 순서부터 다시 정렬하는 과정을 반복한다.

이 과정을 마지막 두 메시지가 남을 때까지 계속한다. 이들 두 (줄어든) 메시지에 0과 1을 할당한다. 이것은 부호 시퀀스의 첫 번째 자리가 된다. 이제 다시 반대로 가면서 바로 전 과정에서 합해졌던 두 메시지에 대해서 두 번째 자리에 해당하는 0과 1을 할당한다. 이러한 할당을 첫 번째 열까지 계속한다. 이렇게 최종적으로 구해진 부호는 최적임을 보일 수 있다. 전체 과정은 표 13.1과 13.2에 있다.

이러한 방식으로 구한 최적 (Huffman) 부호는 **컴팩트 부호(compact code)**라고도 한다. 앞의 예에 해당하는 컴팩트 부호의 평균 길이는 다음과 같이 주어진다.

$$L = \sum_{i=1}^{n} P_i L_i = 0.3(2) + 0.25(2) + 0.15(3) + 0.12(3) + 0.1(3) + 0.08(3)$$
$$= 2.45 \text{ binary digits}$$

정보원의 엔트로피 $H(\mathrm{m})$은 다음과 같다.

$$H(\mathrm{m}) = \sum_{i=1}^{n} P_i \log_2 \frac{1}{P_i}$$
$$= 2.418 \text{ bits}$$

▸▸ 표 13.1

Original Source		Reduced Sources			
Messages	Probabilities	S_1	S_2	S_3	S_4
m_1	0.30	0.30	0.30	0.43	0.57
m_2	0.25	0.25	0.27	0.30	0.43
m_3	0.15	0.18	0.25	0.27	
m_4	0.12	0.15	0.18		
m_5	0.08	0.12			
m_6	0.10				

▸▸ 표 13.2

Original Source			Reduced Sources							
Messages	Probabilities	Code	S_1		S_2		S_3		S_4	
m_1	0.30	**00**	0.30	**00**	0.30	**00**	0.43	**1**	0.57	**0**
m_2	0.25	**10**	0.25	**10**	0.27	**01**	0.30	**00**	0.43	**1**
m_3	0.15	**010**	0.18	**11**	0.25	**10**	0.27	**01**		
m_4	0.12	**011**	0.15	**010**	0.18	**11**				
m_5	0.08	**110**	0.12	**011**						
m_6	0.10	**111**								

따라서 (무한히 긴 시퀀스에 의해서 얻어지는) 최소 가능한 길이는 2.418 비트가 된다. 직접 부호화를 사용하면(Huffman 부호), 앞에서 주어진 바와 같이 2.45비트의 평균 길이를 얻을 수 있다. 이것은 얻을 수 있는 최적 성능과 비슷한 수치이다. 따라서 이 경우에는 긴 시퀀스를 사용하여 복잡한 부호화를 했을 때 얻을 수 있는 이득이 아주 작다.

어떤 부호의 장점은 그것의 평균 길이와 $H(\mathrm{m})$(평균 최소 길이)을 비교하여 측정할 수 있다. 부호 효율(code efficiency)을 다음과 같이 정의한다.

$$\eta = \frac{H(\mathrm{m})}{L}$$

여기서, L은 부호의 평균 길이이다. 앞의 예는

$$\begin{aligned}\eta &= \frac{2.418}{2.45} \\ &= 0.976\end{aligned}$$

부가정보(redundancy)는 다음과 같이 정의한다.

$$\begin{aligned}\gamma &= 1 - \eta \\ &= 0.024\end{aligned}$$

Huffman 부호는 가변적인 길이의 부호라 하더라도, 유일하게 복호될 수 있다(uniquely decodable). 즉, Huffman 부호화된 메시지 시퀀스를 받으면, 이 시퀀스는 오직 한 가지로만 복호된다. 예를 들어, 앞의 예에서 만일 다음과 같은 $m_1m_5m_2m_1m_4m_3m_6\cdots$ 의 메시지 시퀀스가 발생된다면 이 시퀀스는 **001101000011010111**…로 부호화된다. 이것을 복호해 보면 중간에 구별하는 마크가 없어도 오직 $m_1m_5m_2m_1m_4m_3m_6\cdots$ 의 한 가지로 복호되는 것을 알 수 있다. 이 고유성은 어떤 부호어도 다른(더 긴) 부호어의 앞에 오는 붙는 단어가 아니라는 특별한 특성에 의해 보장된다.

비슷한 과정이 r진 컴팩트 부호에도 적용되는 것을 알 수 있다. 이 경우는 메시지를 확률이 큰 순서로 정렬하고 제일 아래에서부터 r개를 묶어서 한 메시지로 만들고, 새롭게 확률이 큰 순서로 정렬한다. 이 과정을 마지막 r개의 메시지가 남을 때까지 반복한다. 이제 이들 r개의 메시지에 **0, 1, 2, …, r−1**의 숫자를 할당한다. 2진 경우에서처럼 원래의 각 메시지에 부호가 모두 할당될 때까지 이 과정을 반복한다.

r진 부호에 대하여, 원래 메시지의 총 수가 $r+k(r-1)$개 이면, 최종적으로 줄어든 메시지의 수는 정확히 r개일 것이다. 여기서 k는 정수이다. 이것은 각각의 줄이는 과정에서 r−1개 만큼의 메시지 수가 줄어들기 때문이다. 따라서 만일 k번의 줄이는 과정을 하면 원래 메시지의 총 수는 $r+k(r-1)$개가 된다. 원래 메시지의 수가 이 조건을 만족하지 않으면, 이 조건이 충족될 때까지 발생 확률이 0이 되는 메시지로 채워 넣어야 한다. 예를 들어, 만일 $r=4$이고 메시지의 수 n이 6이면, 총 메시지의 수가 7, 즉 [4+1(4−1)]이 되도록 발생 확률이 0인 메시지 하나를 추가하고 앞과 같은 과정을 한다. 이 과정은 예제 13.1에서 보여준다.

● 예제 13.1

메모리가 없는 정보원에서 확률이 0.3, 0.25, 0.15, 0.12, 0.1, 0.08인 여섯 개의 메시지가 발생된다. 4진 Huffman 부호를 구하시오. 이 부호의 평균 워드 길이, 효율, 부가정보를 구하시오.

풀이 이 경우에 $r+k(r-1)$의 조건을 만족시키기 위하여 하나의 부가 메시지(dummy message)를 추가할 필요가 있다. 앞에서와 같은 과정을 통하여 구한 Huffman 부호가 표 13.3에 있다. 이 부호의 길이 L은

$$\begin{aligned}L &= 0.3(1) + 0.25(1) + 0.15(1) + 0.12(2) + 0.1(2) + 0.08(2) + 0(2) \\ &= 1.3 \quad \text{4-ary digits}\end{aligned}$$

▸▸ 표 13.3

Original Source				
Messages	**Probabilities**	**Code**	**Reduced Sources**	
m_1	0.30	**0**	0.30	**0**
m_2	0.25	**2**	0.30	**1**
m_3	0.15	**3**	0.25	**2**
m_4	0.12	**10**	0.15	**3**
m_5	0.10	**11**		
m_6	0.08	**12**		
m_7	0.00	**13**		

또,

$$H_4(\mathrm{m}) = -\sum_{i=1}^{6} P_i \log_4 P_i$$
$$= 1.209 \quad \text{4-ary units}$$

부호 효율 η는 다음과 같이 주어진다.

$$\eta = \frac{1.209}{1.3} = 0.93$$

부가정보는 $\gamma = 1 - \eta = 0.07$이다.

부호 효율이 $\eta \to 1$이 되기 위해서는 $N \to \infty$ 이어야 한다. 일반적으로, Huffman 부호는 $N=1$을 사용하며, 그 효율은 1보다 작다. $N=1$과 $N=\infty$의 두 가지 극한 상황 사이에 절충점이 존재한다. 즉, $N=2$와 $N=3$의 사용이다. 대부분의 경우에, 다음의 예제에서 보는 바와 같이 $N=2$ 혹은 $N=3$의 사용은 거의 1에 가까운 효율을 나타낸다.

● 예제 13.2

메모리가 없는 정보원에서 각각의 확률이 0.8, 0.2인 두 메시지 m_1, m_2가 발생한다. 이 정보원에 대하여 이것의 2차와 3차 확장(즉, $N=2$와 3)에 대하여 최적의 (Huffman) 2진 부호를 구하시오. 또 각 경우에 대하여 부호 효율을 구하시오.

풀이 이 정보원에 대한 Huffman 부호는 단순히 0과 1이며 L=1이 된다.

$$H(\mathrm{m}) = -(0.8 \log 0.8 + 0.2 \log 0.2)$$
$$= 0.72 \quad \text{bit}$$

▸▸ 표 13.4

Original Source			Reduced Source			
Messages	**Probabilities**	**Code**				
m_1m_1	0.64	**0**	0.64	**0**	0.64	**0**
m_1m_2	0.16	**11**	0.20	**10**	0.36	**1**
m_2m_1	0.16	**100**	0.16	**11**		
m_2m_2	0.04	**101**				

▸▸ 표 13.5

Messages	Probabilities	Code
$m_1m_1m_1$	0.512	0
$m_1m_1m_2$	0.128	100
$m_1m_2m_1$	0.128	101
$m_2m_1m_1$	0.128	110
$m_1m_2m_2$	0.032	11100
$m_2m_1m_2$	0.032	11101
$m_2m_2m_1$	0.032	11110
$m_2m_2m_2$	0.008	11111

따라서

$$\eta = 0.72$$

이 정보원의 2차 확장($N=2$)에 대하여 살펴보면, 4가지의 가능한 메시지 m_1m_1, m_1m_2, m_2m_1, m_2m_2 각 0.64, 0.16, 0.16, 0.04의 확률을 갖는다. 표 13.4에 Huffman 부호를 구하였다.
이 경우, 평균 워드 길이 L'은 다음과 같다.

$$\begin{aligned} L' &= 0.64(1) + 0.16(2) + 0.16(3) + 0.04(3) \\ &= 1.56 \end{aligned}$$

이것은 원래 정보원의 두 메시지에 대한 부호어 길이이다. 따라서 메시지당 부호어 길이 L은

$$L = \frac{L'}{2} = 0.78$$

이고

$$\eta = \frac{0.72}{0.78} = 0.923$$

만일 $N = 3$(정보원의 3차 확장)으로 하면, 여덟 가지의 가능한 메시지가 있으며, 다음의 Huffman 부호화를 하여 표 13.5에 보이는 것처럼 부호를 구할 수 있다.
부호어 길이 L''은 다음과 같이 된다.

$$\begin{aligned} L'' &= (0.512)1 + (0.128 + 0.128 + 0.128)3 \\ &\quad + (0.032 + 0.032 + 0.032)5 + (0.008)5 \\ &= 2.184 \end{aligned}$$

따라서

$$L = \frac{L''}{3} = 0.728$$

이고,

$$\eta = \frac{0.72}{0.728} = 0.989$$

13.3 잡음 채널에서의 오류없는 통신

앞 절에서 본 바와 같이, 엔트로피가 $H(\mathrm{m})$인 정보원의 메시지는 메시지당 평균 $H(\mathrm{m})$ 비트를 사용하여 부호화할 수 있다. 이렇게 한 부호화는 부가정보(redundancy)는 0이다. 따라서 만일 잡음 채널에서 이렇게 부호화된 메시지를 전송한다면, 약간의 정보는 오류가 발생하여 수신될 것이다. 메시지의 부가정보가 0인 상태로 부호화되면 잡음 채널에서 오류없는 통신은 불가능하다. 일반적으로, 부가 정보의 사용은 잡음을 극복하는데 도움을 준다. 이 사실은 싱글 패리티 검사 부호의 예를 보면 알 수 있다. 만일 싱글 오류가 수신된 부호어에 발생한다면, 패리티를 위반할 것이며, 수신기는 재전송을 요구한다. 이것은 부가 정보의 유용성을 잘 보여주는 아주 간단한 예이다. n 비트의 오류를 정정할 수 있는 좀 더 복잡한 부호화 과정이 다음 장에서 논의된다.

여분의 한 비트를 추가하게 되면 평균 단어 길이가 $H(\mathrm{m})+1$으로 증가하며, 효율은 $\eta = H(\mathrm{m})/[H(\mathrm{m})+1]$이 되고, 부가정보는 $1-\eta = 1/[H(\mathrm{m})+1]$이다. 따라서 여분의 검사 비트의 추가는 부가정보를 증가시키는 반면, 잡음을 극복하는데 도움을 준다. 채널 잡음에 대한 면역(immunity)은 부가 정보를 늘임으로써 증가된다. Shannon은 충분한 부가 정보를 덧붙임으로써 오류없는 통신이 가능하다는 것을 증명했다.

○ 2진 대칭 채널(Binary Symmetric Channels) 통한 전송

예를 들어, 만약 오류 확률 P_e를 갖는 2진 대칭 채널이 있다고 하면, 이 채널에서 오류없는 통신을 하려면 엔트로피가 $H(\mathrm{m})$인 정보원으로부터 생성되는 메시지는 최소한 워드 길이가 $H(\mathrm{m})/\mathrm{C_s}$인 2진 부호로 부호화되어야 한다. 여기서 매개변수 $C_s(C_s < 1)$는 **채널 용량**이라 하며, 다음과 같다(13.4절 참조).

$$C_s = 1 - \left[P_e \log \frac{1}{P_e} + (1 - P_e) \log \frac{1}{1 - P_e}\right] \tag{13.14}$$

오류 보호를 위하여 부가정보의 의도적인 추가 때문에 이들 부호의 효율은 항상 $C_s < 1$이다. 만일 어떤 2진 채널에서 $C_s = 0.4$이면, 오류없는 통신을 하기 위한 부호는 최소한 메시지당 $2.5H(\mathrm{m})$ 비트가 필요하다. 이것은 부가 정보가 없는 경우의 2.5배 많은 비트 수이다. 이것은 메시지당 $1.5H(\mathrm{m})$ 비트의 부가 정보가 있다는 것을 의미한다. 따라서 평균적으로, 매 2.5비트가 전송될 때마다, 한 비트는 정보 비트이고 1.5비트는 부가 정보이다. 따라서 부가정보는 $1 - C_s = 0.6$이다.

이 장의 서두에서 논의된 것처럼, 2진 신호의 오류 확률 P_e는 e^{-kE_b}에 따라 변하고, 따라서 $P_e \to 0$이 되기 위하여 $S_i \to \infty$이거나 $R_b \to 0$이어야 한다. S_i는 유한한 값이어야 하므로, $R_b \to 0$일 때만 $P_e \to 0$이 된다. 그러나 Shannon의 결과는 대역폭 B인 오류없는 통신을 위하여 꼭 $R_b \to 0$일 필요는 없다는 것이다. 단지 필요한 것은 R_b가 C보다 작기만 하면 된다는 것이다. 여기서 C는 초당 채널 용량이다($C = 2BC_s$). 무슨 차이가 있을까? 이 질문에 답하기 위하여 오류없는 통신에서 부가 정보의 역할에 대하여 자세히 조사해보자. 비록 여기에서 이루어지는 논의가 2진의 경우를 다루지만, M진 경우에도 충분히 확장할 수 있다.

오류 확률 P_e를 줄이는 간단한 방법으로 주어진 한 비트마다 홀수 번 반복하는 경우를 생각해보자. 예를 들어, 0과 1을 000과 111로 전송한다. 수신기는 결정할 때 다수결의 규칙을 적용한다. 즉, 만일 세 비트 중에서 최소 두 비트 이상이 1이면 결정은 1로 하고, 만일 세 비트 중에서 최소 두 비트 이상이 0이면 결정은 0으로 한다. 따라서 세 비트 중 두 비트보다 적은 오차가 생기면 정보는 오류 없이 수신된다. 이 방법은 오류가 두 비트 이상 일어나면 실패라고 본다. 두 개의 오류를 정정하기 위하여 다섯 번의 반복이 필요하다. 어느 경우나 반복은 부가 정보를 야기하지만 P_e를 향상시킨다(예제 8.8 참조). 이것을 그림을 통하여 살펴보면 이해하기가 쉽다. 세 번 반복하는 경우를 생각하자. 정육면체의 각 꼭짓점에 3 비트의 모든 가능한 시퀀스를 그림 13.1에서처럼 볼 수 있다. 이렇게 하면 두 시퀀스간의 Hamming **거리**를 쉽게 알 수 있다. 만일 같은 길이의 두 개의 2진 시퀀스가 j번의

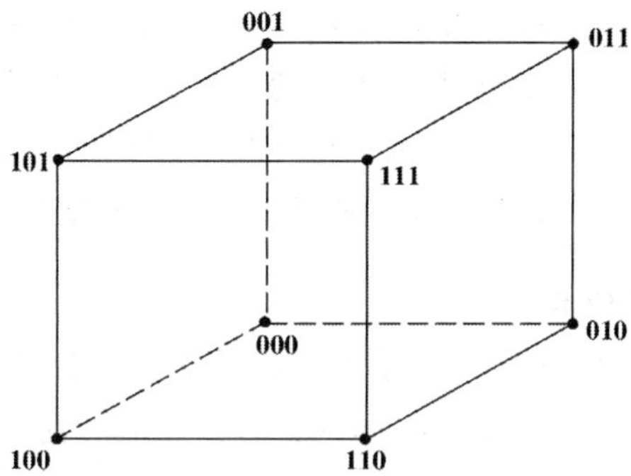

▸▸ 그림 13.1 Hamming 공간에서의 3차원 정육면체

위치(비트)에서 다르다면, 이들 두 시퀀스의 Hamming 거리는 j가 된다. 따라서 000과 010(혹은 001과 101)의 Hamming 거리는 1이고, 000과 111은 3이다. 세 번 반복의 경우 1은 111로 0은 000으로 전송한다. 이 두 시퀀스의 Hamming 거리는 3이다. 여덟 개 꼭짓점을 보면, 전송된 신호에 대하여는 두 점(000과 111)만이 대응된다. 하지만 수신기에서는 채널 잡음 때문에 8개의 시퀀스 중 어느 것도 있을 수 있다. 다수결 원칙은 수신된 시퀀스에서 Hamming 거리가 가장 가까운 메시지(000과 111)에 유리하게 결정한다. 시퀀스 000, 001, 010, 100은 000으로부터 Hamming 거리가 1 이내에 있고, 111로부터는 최소 2만큼 떨어져 있다. 따라서 이들 4개 시퀀스 중 하나를 수신하면 결정은 0으로 한다. 마찬가지로, 110, 111, 011, 101 중의 하나가 수신되면 결정은 1이 된다.

그러면 왜 이러한 방법이 오류 확률을 줄이는지 알아보자. 8개의 가능한 꼭짓점 중에서 Hamming 거리가 3 차이가 나는 2개의 점만을 사용하였다. 만일 이들 두 점(000과 111)을 각각 중심으로 하는 반지름이 1인 Hamming 구(sphere)*를 그려보면, 두 Hamming 구는 중복되지 않는다. 채널 잡음은 전송된 시퀀스와 수신된 시퀀스 사이에 거리가 생기도록 만든다. 이 거리가 1 보다 작거나 같기만 하면 오류 없이 메시지를 검출할 수 있다. 비슷한 방법으로, 다섯 번 반복의 경우는 5차원의 입방체에 의해서 표현할 수 있다. 전송된 시퀀스 00000과 11111은 다섯 비트만큼 떨어진 두 꼭짓점에 해당한다. 그리고 이 두 점을 중심으로 반지름이 2인 Hamming 구를 그리면 중복되지 않는다. 이 경우에, 비록 채널 잡음이 두 비트의 오류를 발생시켜도 메시지를 정확하게 검출할 수 있다. 따라서 오류 확률을 줄이는 이유는 메시지에 대하여 모든 가능한 점을 모두 사용하지 않았기 때문이다. 만일 모든 가능한 점들을 메시지가 차지하고 있다면(부가 정보나 반복이 없는 경우와 같이), 채널 잡음이 한 비트의 오류라도 유발시키면 수신된 시퀀스는 다른 전송 시퀀스에 해당하

* Hamming 구는 Hamming 거리가 실질적인 기하학적 거리가 아니기 때문에 진짜 기하학적 초구면체가 아니다(예를 들면, 시퀀스 001, 010, 100은 111을 중심으로 하는 Hamming 구에서 반지름이 2인 위치에 있다).

는 점이 될 것이고, 당연히 잘못된 결정을 내릴 것이다. 정확히 전송된 시퀀스의 이웃에 있는 점들을 사용하지 않고 남겨 두었기 때문에 채널 오류(어느 범위 내에서)가 생겨도 시퀀스를 정확히 검출할 수 있다. 사용되는 점의 비율이 낮을수록 오류 확률은 적어진다. 여기서 부가 정보(혹은 반복)가 사용하지 않는 점들을 만든다는 사실을 기억하자.

○ 반복은 비효율적이다.

만일 반복 횟수 n을 계속해서 증가시키면, 오류 확률 P_e는 줄일 수 있지만 이에 따라 역시 R_b도 감소할 것이다. 그러나 아무리 n을 증가시켜도 오류 확률은 결코 0이 되지 않는다. 이 방법의 문제점은 각 정보 비트에 부가(혹은 검사) 비트를 추가하기 때문에 비효율적이라는 것이다. 부가 정보(혹은 검사) 비트는 정보 비트를 보호하는 경비와 같다. 각 정보 비트가 경비를 고용하는 것은 도둑이 많은 거리에 사는 집들의 경우와 비슷하다. 각 집은 놀라서 경비를 고용한다. 이것은 당연히 비싸고 비효율적이다. 좀 더 나은 해결책은 그 거리의 모든 집을 위하여 경비를 한 명 고용하고 비용을 분담하는 것이다. 거리의 크기가 적당하다고 가정하면 경비 한 명이 그 거리의 모든 집을 검사할 수 있다. 만일 거리가 아주 길다면 더 많은 경비를 고용해야할지도 모른다. 그러나 확실히 한 집에 한 명씩 고용할 필요는 없다. 반복을 이용하는 것도 비슷한 상황이다. 부가(혹은 반복되는) 비트는 단지 하나의 전송 비트를 검사하기 위하여 사용된다. 앞에서 비유한 것을 적용하여, 부가 비트가 전송되는 개개의 한 비트만을 검사하지 않고 한 블록의 비트를 검사하는데 사용된다면 더 효율적일 수도 있다. 여기서 문제의 열쇠를 찾아보자. 이제 어떤 시간 간격 T초 동안에 해당하는 한 묶음(group)의 정보 비트를 생각하자. 그리고 이 모든 비트를 검사하기 위한 부가 비트들을 첨가한다.

초당 α개의 2진 정보 비트를 전송한다고 가정하자. 그러면 T초 동안에는 αT 비트의 블록이 된다. 만일 이 블록을 위하여 $(\beta-\alpha)T$개의 검사 비트를 첨가하면(초당 $(\beta-\alpha)$ 비트의 부가 정보), 매 αT 비트의 정보를 위하여 $\beta T(\beta > \alpha)$ 비트를 전송하여야 한다. 그러므로 T초 간격 동안,

$$
\begin{aligned}
\alpha T &= \text{information digits} \\
\beta T &= \text{total transmitted digits } (\beta > \alpha) \\
(\beta-\alpha)T &= \text{check digits}
\end{aligned}
\tag{13.15}
$$

따라서 $1/\alpha$초마다 1 비트를 보내는 대신에 αT 비트를 T초 동안 축적한다. 그리고 이것을 하나의 메시지로 하여 전송한다고 생각하자. 그러면 총 $2^{\alpha T}$개의 메시지가 생긴다. 따라서 총 $2^{\alpha T}$개의 메시지 중 한 메시지를 매 T초 동안 전송하게 된다. 한편 이 메시지들을 βT 비트의 시퀀스로 전송하므로, βT 비트에 대한 가능한 모든 시퀀스의 가짓수는 $2^{\beta T}$개가 되고 βT 차원 입방체의 한 꼭짓점으로 표현할 수 있다. 한편, 전송하고자 하는

메시지의 수는 $2^{\alpha T}$개이고 가능한 꼭짓점의 수는 $2^{\beta}T$개가 있으므로, βT 차원 입방체의 전체 꼭짓점 수에서 $2^{-(\beta-\alpha)T}$의 비율만 사용하고 있다. 여기서 전송률을 α/β의 비율로 낮추었다는 것을 생각하자. 이 감소 비율 α/β는 T와는 무관하다. 전송 메시지에 의해 사용되는 꼭짓점의 비율은 $2^{-(\beta-\alpha)T}$이고 단순히 T를 증가시킴으로써 작게 만들 수 있다. $T\to\infty$가 되면 점유율이 0이 되므로 오류 확률은 0이 되고 오류없는 통신의 가능성이 있게 된다.

하지만 중요한 문제가 아직 남아있다. 이러한 꿈을 실현시키기 위하여 전송률을 감소시키는 비율 α/β를 얼마로 정해야 할까? 이 질문에 답하기 위하여, T를 증가시키면 전송되는 시퀀스(βT 비트)의 길이가 증가한다는 것을 기억하자. 만일 P_e를 비트 오류 확률이라 하면, 상대 빈도(relative frequency)의 정의 혹은 큰수의 법칙에 따라서 $T\to\infty$이면 βT 비트($\beta T\to\infty$)의 시퀀스에서 오류가 일어나는 총 비트 수는 βTP_e이다. 따라서, 수신된 시퀀스는 전송된 시퀀스와 βTP_e의 Hamming 거리를 갖게 된다. 그러므로 오류없는 통신을 위하여, 각 $2^{\alpha T}$개의 사용된 꼭짓점 주위에 반경 βTP_e의 구 내에 있는 꼭짓점은 사용하지 않고 두어야 한다. 간단히 말하면, βT 차원의 Hamming 공간에 반경 βTP_e의 구를 겹치지 않고 $2^{\alpha T}$개를 채울 수 있어야 한다. 이것은 주어진 β에 대하여, α는 어느 한계 이상으로 커질 수 없음을 의미한다. Shannon의 이론은 이러한 구조에서 α/β는 어떤 상수(채널 용량) C_s보다 작아야 한다는 것을 밝혔다. C_s는 물리적으로 채널 잡음과 신호 전력의 함수이다.

$$\frac{\alpha}{\beta} < C_s \tag{13.16}$$

한 가지 명심해야 할 것은 그러한 완벽하게 오류없는 통신은 실제로는 불가능하다는 것이다. 왜냐하면, 이 시스템에서, 정보를 부호화하기 전에 T초 동안 축적해야만 하고, 또 $T\to\infty$이므로 오류없는 통신을 위하여 부호화를 시작하기 전에 한없이 기다려야만 한다. 따라서 전송단에서 무한대의 지연이 생길 것이며, 수신단에서 똑같은 양의 추가적인 지연이 생기게 된다. 둘째로, 무한대의 비트를 저장하고 부호화하고 복호화하는데 필요한 장비는 엄청날 것이다. 말할 필요도 없이 실제로 오류없는 통신의 꿈은 이루어질 수 없다. 그렇다면, Shannon의 결과는 어디에 사용할 것인가? 한 가지는 채널에서 가능한 오류없는 통신을 위한 전송률(rate)의 상한(upper limit)을 알 수 있다. 이것은 그 자체만으로도 굉장한 것이다. 둘째로, 정보 비트의 전송률에 작은 감소를 통하여 오류 확률을 줄일 수 있는 방법이 있음을 보여준다. 그러므로 무한대의 지연이 있는 오류없는 통신과 유한한 지연이 있으면서 궁극적으로는 오류없는 통신의 타협점을 찾을 수 있다.

13.4 메모리가 없는 이산 채널의 채널 용량

이 절에서는 메모리가 없는 이산 채널에 대하여 생각한다. 정보원에서 심볼 x_1, x_2, …, x_r인 r을 포함하는 메시지를 발생한다고 하자. 수신기는 심볼 y_1, y_2, …, y_s를 받는다. 심볼 집합 y_k는 수신기의 구조에 따라 집합 x_k와 같을 수도 있고 다를 수도 있다. 만일 10장에서 논의한 수신기의 형태를 사용한다면, 수신된 심볼 집합은 송신된 신호 집합과 같다. 이것은 신호를 받았을 때 최적의 수신기가 심볼 x_1, x_2, …, x_r 중에서 어느 것이 전송되었는지를 결정하기 때문이다. 여기서는 더 일반적인, 따라서 집합 $\{y_k\}$가 집합 $\{x_k\}$와 같다고 한정하지 않을 것이다.

만일 잡음이 없는 채널이라면 수신된 심볼 y_j로 정확하게 전송된 메시지를 결정한다. 하지만 잡음 때문에 심볼 y_j가 수신되었을 때 전송된 심볼에 대한 어느 정도의 불확실성이 존재한다. 만일 $P(x_i|y_j)$를 y_j가 수신되었을 때 전송된 심볼이 x_i일 조건 확률이라고 하면, y_j가 수신되었을 때 x_i에 대한 $\log[1/P(x_i|y_j)]$의 불확실성이 존재하게 된다. 모든 x_i와 y_j에 대한 불확실성을 평균하면, 한 심볼이 수신되었을 때 전송된 심볼에 대한 평균 불확실성 H(x|y)를 얻게 된다. 따라서,

$$H(\mathrm{x}|\mathrm{y}) = \sum_i \sum_j P(x_i, y_j) \log \frac{1}{P(x_i|y_j)} \quad \text{bits per symbol} \tag{13.17}$$

만일 채널에 잡음이 없으면, 불확실성은 0이 된다.* 분명히, 이 불확실성 $H(\mathrm{x}|\mathrm{y})$은 채널 잡음에 의하여 생긴다. 따라서 1개의 심볼이 수신되었을 때 전송된 심볼에 대한 정보의 평균 손실이 된다. $H(\mathrm{x}|\mathrm{y})$를 y에 대한 x의 **조건 엔트로피(conditional entropy)**라 한다(즉, y를 알고 있을 때, x에 대한 불확실성의 양).

$P(y_j|x_i)$는 x_i가 전송되었을 때 수신된 심볼이 y_j일 조건 확률이다. 따라서, 주어진 하나의 채널을 다음과 같은 **채널 행렬(channel matrix)**로 나타낼 수 있다.

---

* 잡음이 없는 채널에 대한 식 (13.17)의 모든 확률은 0 또는 1이 된다. 만일 $P(x_i|y_j)=1$이면 $\log[1/P(x_i|y_j)]=0$이고, 만일 $P(x_i|y_j)=0$이면 $P(x_i,y_j)=P(y_j)P(x_i|y_j)=0$이기 때문에 $H(x|y)=0$이다.

$$
\text{입력} \quad
\begin{array}{c} \\ x_1 \\ x_2 \\ \vdots \\ x_r \end{array}
\overset{\text{출력}}{
\begin{pmatrix}
y_1 & y_2 & \cdots & y_s \\
P(y_1|x_1) & P(y_2|x_1) & \cdots & P(y_s|x_1) \\
P(y_1|x_2) & P(y_2|x_2) & \cdots & P(y_s|x_2) \\
\vdots & \vdots & \vdots & \vdots \\
P(y_1|x_r) & P(y_2|x_r) & \cdots & P(y_s|x_r)
\end{pmatrix}}
$$

Bayes 규칙을 이용하여 사후(또는 역방향의) 조건 확률 $P(x_i|y_j)$를 구할 수 있다.

$$P(x_i|y_j) = \frac{P(y_j|x_i)P(x_i)}{P(y_j)} \tag{13.18a}$$

$$= \frac{P(y_j|x_i)P(x_i)}{\sum_i P(x_i, y_j)} \tag{13.18b}$$

$$= \frac{P(y_j|x_i)P(x_i)}{\sum_i P(x_i)P(y_j|x_i)} \tag{13.18c}$$

따라서 만일 입력 심볼 확률 $P(x_i)$와 채널 행렬을 안다면 사후 조건확률을 식 (13.18)을 이용하여 구할 수 있다. 사후 조건확률 $P(x_i|y_j)$는 y_j가 수신되었을 때 전송된 심볼이 x_i일 확률이다.

만일 채널에 잡음이 없으면, 수신된 정보에 관한 평균은 수신된 심볼당 $H(\mathrm{x})$ (정보원의 엔트로피) 비트가 될 것이다. $H(\mathrm{x})$는 심볼당 채널에 대한 전송된 평균 정보이다. 채널 잡음으로 인하여 y를 수신한 경우에도 여전히 심볼당 평균 $H(\mathrm{x}|\mathrm{y})$ 비트만큼의 정보 x에 대한 불확실성을 갖는다. 그러므로 이러한 상황에서 수신기가 받아들이는 정보의 양은 평균적으로 수신된 심볼당 $I(\mathrm{x};\mathrm{y})$ 비트이다. 여기서,

$$I(\mathrm{x};\mathrm{y}) = H(\mathrm{x}) - H(\mathrm{x}|\mathrm{y}) \qquad \text{bits per symbol} \tag{13.19}$$

$I(\mathrm{x};\mathrm{y})$를 x와 y의 **상호 정보(mutual information)**라고 한다. 왜냐하면,

$$H(\mathrm{x}) = \sum_i P(x_i) \log \frac{1}{P(x_i)} \qquad \text{bits}$$

따라서

$$I(\mathrm{x};\mathrm{y}) = \sum_i P(x_i) \log \frac{1}{P(x_i)} - \sum_i \sum_j P(x_i, y_j) \log \frac{1}{P(x_i|y_j)}$$

또한,

$$\sum_j P(x_i, y_j) = P(x_i)$$

이기 때문에,

$$\begin{aligned} I(\mathrm{x};\mathrm{y}) &= \sum_i \sum_j P(x_i, y_j) \log \frac{1}{P(x_i)} - \sum_i \sum_j P(x_i, y_j) \log \frac{1}{P(x_i|y_j)} \\ &= \sum_i \sum_j P(x_i, y_j) \log \frac{P(x_i|y_j)}{P(x_i)} \end{aligned} \tag{13.20a}$$

$$= \sum_i \sum_j P(x_i, y_j) \log \frac{P(x_i, y_j)}{P(x_i)P(y_j)} \tag{13.20b}$$

다르게 표현하면, 식 (13.20a)에 Bayes 규칙을 적용하면,

$$I(\mathrm{x};\mathrm{y}) = \sum_i \sum_j P(x_i, y_j) \log \frac{P(y_j|x_i)}{P(y_j)} \tag{13.20c}$$

혹은 식 (13.20a)에 식 (13.18c)를 대입하면

$$I(\mathrm{x};\mathrm{y}) = \sum_i \sum_j P(x_i)P(y_j|x_i) \log \frac{P(y_j|x_i)}{\sum_i P(x_i)P(y_j|x_i)} \tag{13.20d}$$

식 (13.20d)는 입력 심볼 확률과 채널 행렬에 의한 $I(\mathrm{x;y})$를 나타낸 것이다.

$I(\mathrm{x;y})$의 단위는 주의하여야 한다. $I(\mathrm{x;y})$는 전송된 심볼당 수신된 정보의 평균 양이며, 단위는 심볼당 비트(bits per symbol)이다. 만일 입력으로 2진수를 사용하면 심볼은 2진수가 되고, $I(\mathrm{x;y})$의 단위는 2진 자리수당 비트이다.

식 (13.20b)에서 $I(\mathrm{x;y})$는 x와 y에 관하여 대칭이므로 다음과 같이 쓸 수 있다.

$$I(\mathrm{x};\mathrm{y}) = I(\mathrm{y};\mathrm{x}) \tag{13.21a}$$

$$= H(\mathrm{y}) - H(\mathrm{y}|\mathrm{x}) \tag{13.21b}$$

$H(\mathrm{x|y})$라는 값은 x에 대한 y의 모호성이고, 전송된 심볼을 알 때 수신된 심볼에 대한 평균 불확실성이다. 식 (13.21b)는 다음과 같이 다시 쓸 수 있다.

$$H(\mathrm{x}) - H(\mathrm{x}|\mathrm{y}) = H(\mathrm{y}) - H(\mathrm{y}|\mathrm{x}) \tag{13.21c}$$

식 (13.20d)로부터, $I(\mathrm{x;y})$가 전송된 심볼 확률 $P(x_i)$와 채널 행렬의 함수임이 분명하다. 주어진 채널에서, $I(\mathrm{x;y})$는 어떤 확률 집합 $P(x_i)$에서 최대가 될 것이다. 이 최대값이 바로 채널 용량 C_s이다.

$$C_s = \max_{P(x_i)} I(\mathrm{x;y}) \quad \text{bits per symbol} \tag{13.22}$$

따라서 채널 입력에서 임의의 심볼 확률 $P(x_i)$을 선택할 수 있도록 허용했기 때문에, C_s는 그 채널을 통하여 1개의 심볼을 전송할 수 있는 최대 정보를 나타낸다. 이런 아이디어는 다음의 2진 대칭 채널의 예제를 통해 더욱 명백해질 것이다.

● 예제 13.3

그림 13.2에 보이는 2진 대칭 채널(BSC)의 채널 용량을 구하시오.

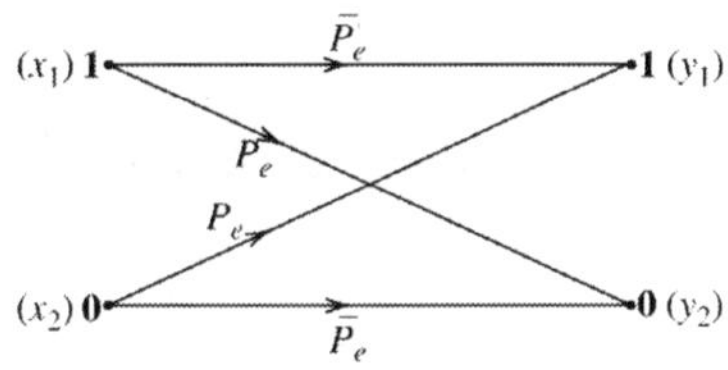

▸▸ 그림 13.2 2진 대칭 채널

풀이 $P(x_1)=\alpha$ 그리고 $P(x_2)=\bar{\alpha}=(1-\alpha)$라 하자. 그러면,

$$P(y_1|x_2) = P(y_2|x_1) = P_e$$
$$P(y_1|x_1) = P(y_2|x_2) = \bar{P}_e = 1 - P_e$$

식 (13.20d)에 이 식들을 대입하면,

$$\begin{aligned}
I(\mathrm{x;y}) &= \alpha\bar{P}_e \log\left(\frac{\bar{P}_e}{\alpha\bar{P}_e + \bar{\alpha}P_e}\right) + \alpha P_e \log\left(\frac{P_e}{\alpha P_e + \bar{\alpha}\bar{P}_e}\right) \\
&\quad + \bar{\alpha}P_e \log\left(\frac{P_e}{a\bar{P}_e + \bar{\alpha}P_e}\right) + \bar{\alpha}\bar{P}_e \log\left(\frac{\bar{P}_e}{\alpha P_e + \bar{\alpha}\bar{P}_e}\right) \\
&= (\alpha P_e + \bar{\alpha}\bar{P}_e)\log\left(\frac{1}{\alpha P_e + \bar{\alpha}\bar{P}_e}\right) \\
&\quad + (\alpha\bar{P}_e + \bar{\alpha}P_e)\log\left(\frac{1}{\alpha\bar{P}_e + \bar{\alpha}P_e}\right) - \left(P_e \log\frac{1}{P_e} + \bar{P}_e \log\frac{1}{\bar{P}_e}\right)
\end{aligned}$$

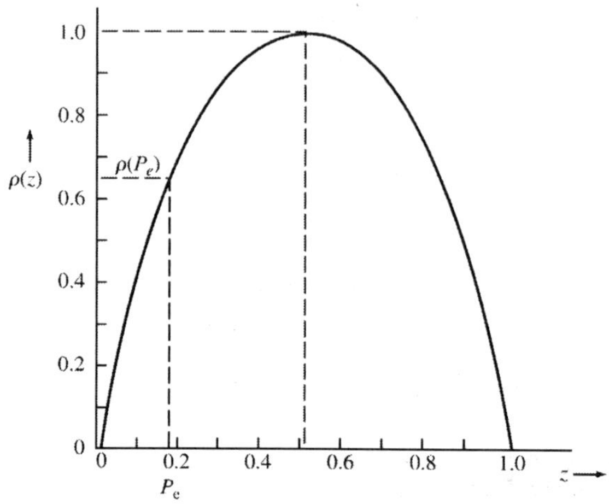

▸▸ 그림 13.3 $\rho(z)$의 그림

만일 다음과 같이 정의하면,

$$\rho(z) = z \log \frac{1}{z} + \bar{z} \log \frac{1}{\bar{z}}$$

여기서 $\bar{z} = 1 - z$이다.

$$I(\mathrm{x};\mathrm{y}) = \rho(\alpha P_e + \bar{\alpha}\bar{P}_e) - \rho(P_e) \tag{13.23}$$

함수 $\rho(z)$와 z의 관계를 그림 13.3에 그렸다. 여기서 보면 $\rho(z)$는 $z=1/2$일 때 최대가 된다. (여기서 $0< z <1$인 영역에만 관심이 있다.) P_e가 주어지면 $\rho(P_e)$는 고정된다. 따라서 식 (13.23)으로부터 $\rho(\alpha P_e + \bar{\alpha} P_e)$가 최대일 때 $I(x;y)$도 최대가 된다. 이것은 다음과 같을 때 일어난다.

$$\alpha P_e + \bar{\alpha}\bar{P}_e = 0.5$$

또는

$$\alpha P_e + (1-\alpha)(1-P_e) = 0.5$$

이 식은, 다음과 같을 때 만족된다.

$$\alpha = 0.5 \tag{13.24}$$

이 α값에 대하여, $\rho(\alpha P_e + \bar{\alpha}\overline{P_e}) = 1$이고,

$$\begin{aligned} C_s &= \max_{P(x_i)} I(\mathrm{x};\mathrm{y}) = 1 - \rho(P_e) \\ &= 1 - \left[P_e \log \frac{1}{P_e} + (1-P_e) \log \left(\frac{1}{1-P_e} \right) \right] \end{aligned} \tag{13.25}$$

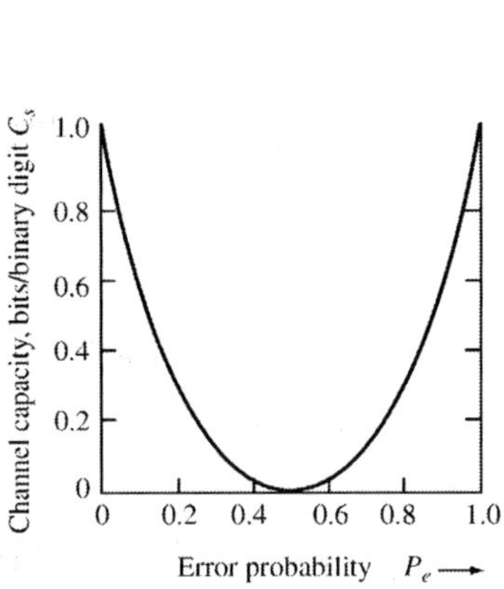

▸▸ 그림 13.4 오류 확률 함수 P_e에 대한 2진 대칭 채널 용량

그림 13.4는 C_s와 P_e의 관계를 보여준다. 이 그림으로부터 C_s의 최대값은 1이다. 이것은 최대로 1 비트당 1 비트의 정보를 전송할 수 있음을 뜻한다. 왜냐하면 1 비트는 발생 확률이 같은 두 메시지 가운데 하나를 나타내기 때문에 이 결과는 예상된 것이다. 발생 확률이 같은 두 메시지 가운데 하나에 들어 있는 정보의 양은 $\log_2 2 = 1$ 비트이다. 둘째로, 오류 확률이 $P_e = 0$ 또는 $P_e = 1$일 때 C_s가 최대이다. 오류 확률이 $P_e = 0$일 때 채널은 잡음이 없게 되고, C_s가 최대가 된다. 그런데 놀랍게도, $P_e = 1$일 때도 C_s는 최대가 된다. 이것은 확실하게 오류가 있는 채널은 잡음이 없는 채널과 마찬가지이기 때문이다. 단지 우리는 결정된 것의 반대로만 하면 되고, 따라서 오차 없는 수신을 할 수 있다. 채널 용량 C_s는 $P_e = 1/2$일 때 0(최소)이다. 만일 오류 확률이 1/2이면 전송된 심볼과 수신된 심볼은 통계적 독립이 된다. 예를 들어, 만일 **0**을 수신했다면, **0** 또는 **1**이 전송되었을 확률이 똑같다. 그러므로 수신된 정보는 없다.

○ 초당 채널 용량

식 (13.22)에 있는 채널 용량 C_s는 1개의 심볼이 전송될 때 최대로 가능한 전송 정보를 나타낸다. 만일 초당 K 심볼이 전송된다면, 초당 정보 전송의 최대율은 KC_s이다. 이것은 초당 정보 단위에서의 채널 용량이며, C(초당 비트 수)로 표시한다.

$$C = KC_s$$

채널 용량에 대한 설명 : 채널 용량은 정보가 전송되는 어떤 특정한 물리적 채널의 성질이다. 이것은 채널이라는 단어가 정확하게 해석되었다고 가정할 때 사실이다. 채널이란 단지 전송 매체만을 뜻하는 것이 아니라 신호의 종류와 사용된 수신기의 종류(수신기가 오류 확률을 결정한다)에 대한 특성들을 포함한다. 이런 모든 특성들이 채널 행렬에 포함된다. 채널 행렬은 채널을 설명한다. 만일 예를 들어 같은 물리적 채널에 2진 심볼 대신에 4진 심볼을 사용하기로 결정하면, 채널 행렬도 변하고(4×4 행렬이 된다) 채널 용량도 변한다.

마찬가지로, 수신기나 신호 전력 혹은 잡음 전력이 변하면 채널 행렬이 변하고, 따라서 채널 용량도 변한다.

○ 채널 용량 측정

채널 용량 C_s는 $H(\mathrm{x}) - H(\mathrm{x}|\mathrm{y})$의 최대값이다. 즉, $C_s \le \max H(\mathrm{x})$ (왜냐하면 $H(\mathrm{x}|\mathrm{y}) \ge 0$이므로) $H(\mathrm{x})$는 입력 심볼당 평균 정보이다. 따라서 C_s는 입력 심볼당 평균 정보보다 항상 작거나 같다. 만일 입력으로 2진 심볼을 사용하면 $P(x_1) = P(x_2) = \dfrac{1}{2}$일 때 $H(\mathrm{x})$의 최대값은 1 비트이다. 따라서 2진 채널에 대하여 $C_s \le 1$ 비트이다. 만일 r진 심볼을 사용하면, $H_r(\mathrm{x})$의 최대값은 1 r진 단위이다. 따라서 심볼당 $C_s \le 1$ r진 단위이다.

○ 2진 대칭 채널에 대한 오류없는 통신의 증명

잡음 채널에 대하여 심볼당 C_s의 정보가 전송됨을 보였다. 만일 2진 채널이라면, 이것은 전송된 각 비트당 수신된 정보는 C_s 비트($C_s \le 1$)이다. 따라서 1 비트의 정보를 전송하기 위하여 최소한 $1/C_s$의 비트를 전송하여야 한다. 이것은 부호 효율이 C_s이고 부가정보가 $1 - C_s$가 된다. 여기서 $I(x;y)$는 전송된 정보에서 채널의 잡음에 의해 손실된 정보를 제외한 것으로 정의하므로, 정보의 전송은 오류없이 전송하는 것을 의미한다.

이 문제는 그 정보의 어떤 추측에 근거한 정의를 기반으로 한다(식 (13.1) 참조). 그리고 이 정의에 의해, 채널을 통해 전송하는 동안 정보를 잃어버린다고 정의된다. 실제로 그것을 직접적으로 증명할 길이 없다. 따라서 모든 추측에 의한 구조가 이상이 없도록 확인하는 것이 유일한 방법이다. 채널을 통해 심볼당 오차없이 정보가 전송될 수 있는 C_s개의 비트를 볼 수 있다면, 증명은 완벽할 것이다. 일반적인 경우는 후에 논의될 것이다. 여기서는 BSC의 결과를 확인해 볼 것이다.

2진 정보원이 초당 α 비트의 속도로 메시지를 발생한다고 하자. 이 정보를 총 αT 비트가 되도록 T초 동안 축적한다. αT 비트는 총 $2^{\alpha T}$개의 조합을 만들기 때문에, 문제는 총 $2^{\alpha T}$개의 메시지 중 한 메시지를 매 T초 동안 전송하는 것이 된다. 한편 이 메시지들은 βT 비트의 워드 길이를 갖는 부호로 전송되고 $\beta > \alpha$이다. βT 비트는 $2^{\alpha T}$개의 다른 형태를 만들고(βT 차원 초구면체의 꼭짓점들) 전송하고자 하는 메시지의 수는 $2^{\alpha T}$개이기 때문에, 꼭짓점 수에서 $2^{-(\beta-\alpha)T}$의 비율만 사용하고 있다. 나머지 점들은 잡음을 없애기 위하여 일부러 사용하지 않는다. 만일 $T \to \infty$이면 꼭짓점의 사용률은 0으로 수렴한다. 각각의 전송된 시퀀스에 βT 비트가 있으므로 $T \to \infty$일 때 오류로 수신되는 비트의 수는 $\beta T P_e$이다. 이제 메시지로 사용되는 $2^{\alpha T}$개의 꼭짓점 주위에 반경 $\beta T P_e$의 Hamming 구를 만든다. 어떤 메시지가 전송될 때, 수신된 메시지는 그 메시지에 해당하는 점 주변의 Hamming 구 위에 있을 것이다. 다음과 같은 결정 규칙을 만들자. 만일 수신된 신호가 메시지 m_i를 둘러싸는 구의 위나 안쪽에 떨어지면 결정은 "m_i가 전송되었음"이다. 만일 $T \to \infty$ 이면, 모든 $2^{\alpha T}$개의 구가 겹치지 않는다면 결정은 오류가 없을 것이다.

βT 비트의 모든 가능한 시퀀스 가운데, 정확히 j 비트가 다른 시퀀스의 개수는 $\binom{\beta T}{j}$이다(예제 8.6 참조). 따라서 어느 시퀀스로부터 βTP_e 비트와 작거나 같은 수만큼 다른 총 시퀀스의 수 K는 다음과 같다.

$$K = \sum_{j=0}^{\beta TP_e} \binom{\beta T}{j} \tag{13.26}$$

여기서, 정보 이론에서 많이 쓰이는 부등식을 이용하자.[4, 7]

$$\sum_{j=0}^{\beta TP_e} \binom{\beta T}{j} \le 2^{\beta T \rho(P_e)} \qquad\qquad P_e < 0.5$$

따라서

$$K \le 2^{\beta T \rho(P_e)} \tag{13.27}$$

단,

$$\rho(P_e) = P_e \log \frac{1}{P_e} + (1 - P_e) \log \frac{1}{1 - P_e}$$

$2^{\beta T}$개의 가능한 점 중에서 $2^{\alpha T}$개만 선택하여 메시지에 적용한다. 그러면 어떻게 이 점들을 선택할까? 결정 과정으로부터 보면, 만일 어떤 점을 메시지에 할당하면 그 점을 중심으로 반경 βTP_e 내의 점들을 다른 메시지에 할당하지 않는다. 따라서 m_1을 위하여 한 점을 선택하면 식 (13.26)에 해당하는 K 개의 점은 고려 대상에서 제외된다. 나머지 $2^{\beta T} - K$ 개의 점 가운데 하나를 m_2에 할당한다. 이 과정을 모든 $2^{\beta T}$개의 점이 없어질 때까지 계속한다. 이제 필요한 $2^{\alpha T}$개의 점을 $2^{\beta T}$개의 점에서 랜덤하게 선택하면 어떻게 되는지 살펴보자. 이렇게 하면 반경 βTP_e 내에서 하나보다 많은 점을 선택할 위험이 있다. 하지만, 만일 α/β가 충분히 작으면 그런 선택을 할 확률은 $T \to \infty$ 일 때 극히 작다. $2^{\beta T}$개의 점에서 $2^{\alpha T}$개의 점 가운데 하나인 특별한 점 s_1을 선택할 확률은 $2^{\alpha T}/2^{\beta T} = 2^{-(\beta - \alpha)T}$이다.

s_1으로부터 거리가 βTP_e 내에 놓인 K 개의 점들을 고려하면, 이들의 K 개의 점들(s_1 주위로 Hamming 구를 형성하는)의 각각으로부터 거리가 βTP_e 내에 다른 점 s_2를 선택할 확률은 다음과 같음을 기억하라.

$$P = K2^{-(\beta-\alpha)T}$$

식 (13.27)로부터

$$P \leq 2^{-[\beta[1-\rho(P_e)]-\alpha]T}$$

따라서, $T \to \infty$ 함에 따라, 만일 아래 식이 만족하면,

$$\beta[1 - \rho(P_e)] > \alpha$$

즉,

$$\frac{\alpha}{\beta} < 1 - \rho(P_e) \tag{13.28a}$$

일 때 $P \to 0$이다.

그러나 $1-\rho(P_e)$는 2진 대칭 채널의 채널 용량 C_s이다[식 (13.25)]. 그러므로

$$\frac{\alpha}{\beta} < C_s \tag{13.28b}$$

따라서 거리 βTP_e 내에서 랜덤하게 두 시퀀스를 선택할 확률은 $(\alpha/\beta) < C_s$일 때 $T\to\infty$ 함에 따라 0에 접근한다. 따라서 오류없는 통신을 할 수 있다. 여기서 임의의 작은 값 ϵ에 대하여 $\alpha/\beta = C_s - \epsilon$로 선택할 수 있다.

13.5 연속 메모리가 없는 채널의 채널 용량

확률이 각각 $P(x_1)$, $P(x_2)$, …, $P(x_n)$인 x_1, x_2, …, x_n의 값을 갖는 이산 확률 변수 x에 대하여 엔트로피 $H(\mathrm{x})$는 다음과 같이 정의하였다.

$$H(\mathrm{x}) = -\sum_{i=1}^{n} P(x_i) \log P(x_i) \tag{13.29}$$

아날로그 데이터에 대해서는 연속 확률 변수를 사용해야 한다. 그러므로 엔트로피의 정의를 연속 확률 변수에 대해서 확장해야 한다. 연속 확률 변수에 대한 $H(\mathrm{x})$는 식 (13.29)와 같은 이산 합 대신에 적분을 사용하여 구한다*.

* 앞으로는 확률밀도함수 $p_{\mathrm{x}}(x)$를 $p(x)$로 쓸 것이다. 왜냐하면 혼동되지도 않고 식이 명쾌해지기 때문이다.

$$H(\mathrm{x}) = \int_{-\infty}^{\infty} p(x) \log \frac{1}{p(x)} dx \tag{13.30}$$

이제 식 (13.30)이 실제로 연속 확률 변수에 대한 엔트로피의 의미있는 정의임을 알 수 있을 것이다. 하지만, 이것이 불확실성에 대한 의미있는 해석임이 밝혀지지 않는 한 이 정의를 받아들일 수 없다. 확률 변수 x는 $\Delta x \to 0$일 때 $(n\Delta x,\ (n+1)\Delta x)$의 범위에서 확률 $p(n\Delta x)\Delta x$값을 갖는다. $\Delta x \to 0$일 때 근사화하면 오류는 사라진다. 따라서, 연속 확률 변수 x의 엔트로피 $H(\mathrm{x})$는 다음과 같이 주어진다.

$$\begin{aligned}
H(\mathrm{x}) &= \lim_{\Delta x \to 0} \sum_n p(n\Delta x)\, \Delta x \log \frac{1}{p(n\Delta x)\, \Delta x} \\
&= \lim_{\Delta x \to 0} \left[\sum_n p(n\Delta x) \Delta x \log \frac{1}{p(n\Delta x)} - \sum_n p(n\Delta x)\, \Delta x \log \Delta x \right] \\
&= \int_{-\infty}^{\infty} p(x) \log \frac{1}{p(x)}\, dx - \lim_{\Delta x \to 0} \log \Delta x \int_{-\infty}^{\infty} p(x)\, dx \\
&= \int_{-\infty}^{\infty} p(x) \log \frac{1}{p(x)}\, dx - \lim_{\Delta x \to 0} \log \Delta x
\end{aligned} \tag{13.31}$$

위 식에서, $\Delta x \to 0$일 때 $\log\Delta x \to -\infty$이다. 그러므로 연속 확률 변수의 엔트로피는 무한대가 된다. 연속 확률 변수에 관한 불확실성의 크기는 무한대이다. 이 사실은 직관적으로 보아도 맞다. 연속 확률 변수는 헤아릴 수 없이 많은 무한개의 값을 가정한다. 따라서 불확실성은 무한대의 단위가 된다. 이렇다면 과연 연속 확률 변수의 엔트로피는 아무 의미가 없는 것일까? 다른 각도에서 보면, 식 (13.31)의 첫 번째 항은 연속 확률 변수 x의 엔트로피(평균 정보)가 의미있는 값이라는 것을 시사한다. 첫 번째 항 $\int p(x)\log[1/p(x)]dx$를 $-\log\Delta x$의 기준값(reference)을 가진 상대적 엔트로피로 생각해보자. 채널을 통하여 전송되는 정보는 실제적으로는 두 항 $H(\mathrm{x})$와 $H(\mathrm{x}|\mathrm{y})$의 차이이다. 만일 두 $H(\mathrm{x})$와 $H(\mathrm{x}|\mathrm{y})$에 대한 공통 값이 존재한다면, 그 차인 $H(\mathrm{x}) - \mathrm{H}(\mathrm{x}|\mathrm{y})$는 두 값의 상대적 엔트로피의 차이와 같을 것이다. 그러므로 식 (13.31)에 있는 첫 번째 항을 x의 차동 엔트로피(differential entropy)로 생각하는 것이 합당하다. 하지만 우리는 이것이 절대적인(absolute) 엔트로피가 아니라 상대적인(relative) 엔트로피라는 사실을 항상 명심해야 한다. 이러한 확실한 사항을 간과하면 아주 다른 결과들은 가져오게 되는데, 그 하나가 예제 13.4이다.

이러한 관점에서, 연속 확률 변수의 차동 엔트로피 $H(\mathrm{x})$를 다음과 같이 정의할 수 있다.

$$H(\mathrm{x}) = \int_{-\infty}^{\infty} p(x) \log \frac{1}{p(x)}\, dx \quad \text{bits} \tag{13.32a}$$

$$= -\int_{-\infty}^{\infty} p(x) \log p(x)\, dx \quad \text{bits} \tag{13.32b}$$

비록 $H(\mathrm{x})$가 x의 차동 엔트로피 혹은 상대 엔트로피라 하더라도, 우리는 이것을 확률 변수 x의 엔트로피라고 할 것이다.

● 예제 13.4

어느 신호의 진폭 x는 (−1, 1)의 범위에서 균일하게 분포한 확률 변수이다. 이 신호가 이득(gain)이 2인 증폭기를 통과한다. 출력 y는 역시 (−2, 2)의 범위에서 균일하게 분포한 확률 변수이다. 이 때, 차동 엔트로피 $H(\mathrm{x})$와 $H(\mathrm{y})$를 구하시오.

풀이 두 확률 변수 x, y의 분포 식은 다음과 같다.

$$P(x) = \begin{cases} \dfrac{1}{2} & |x| < 1 \\ 0 & \text{나머지 경우} \end{cases}$$

$$P(y) = \begin{cases} \dfrac{1}{4} & |y| < 2 \\ 0 & \text{나머지 경우} \end{cases}$$

따라서, 각각의 엔트로피는 다음과 같다.

$$H(\mathrm{x}) = \int_{-1}^{1} \frac{1}{2} \log 2\, dx = 1 \text{ bit}$$

$$H(\mathrm{y}) = \int_{-2}^{2} \frac{1}{4} \log 4\, dx = 2 \text{ bits}$$

확률 변수 y의 엔트로피는 x의 엔트로피 보다 1비트 크다. 이 결과는 약간 예상 밖이다. 왜냐하면, x의 정보가 유일하게 y를 결정짓고, 그 반대도 마찬가지이며 y = 2x이기 때문이다. 따라서 x와 y에 대한 평균 불확실성은 같아야만 한다. 증폭하는 그 자체는 정보를 더하거나 빼지 않는다. 그러면, 왜 $H(\mathrm{y})$가 $H(\mathrm{x})$의 두 배가 될까? 이것은 $H(\mathrm{x})$와 $H(\mathrm{x})$가 차동 엔트로피(상대 엔트로피)이기 때문이다. 만일 그들의 기준값(reference) 엔트로피가 같다면 똑같았을 것이다. x에 대한 기준 엔트로피 R_1은 $-\log\Delta x$이고, y에 대한 기준 엔트로피 R_2는 $-\log\Delta y$이다($\Delta x \to 0$, $\Delta y \to 0$일 때). 여기서,

$$R_1 = \lim_{\Delta x \to 0} -\log \Delta x$$

$$R_2 = \lim_{\Delta y \to 0} -\log \Delta y$$

그리고

$$\begin{aligned} R_1 - R_2 &= \lim_{\Delta x, \Delta y \to 0} \log \left(\frac{\Delta y}{\Delta x} \right) \\ &= \log \left(\frac{dy}{dx} \right) \\ &= \log 2 = 1 \text{ bit} \end{aligned}$$

따라서, x의 기준 엔트로피 R_1은 y의 기준 엔트로피 R_2보다 높다. 그러므로 만일 x와 y가 같은 절대 엔트로피라면 그들의 차동 (상대) 엔트로피는 1 비트의 차이가 날 수밖에 없다.

○ x의 제곱 평균값이 주어졌을 때의 최대 엔트로피

이산 확률 변수에 대하여, 엔트로피는 모든 결과(outcomes)가 같은 발생 확률일 때 최대가 됨을 알았다. 연속 확률 변수에 대하여는 식 (13.32)에 있는 $H(\mathrm{x})$를 최대로 만드는 확률밀도함수 $p(x)$가 역시 존재한다. 하지만 연속 확률 변수의 경우에서는 x에 관한 추가적인 조건이 필요하다. x의 최대값이나 x의 제곱 평균값(mean square value)이 주어질 수도 있다. $\overline{\mathrm{x}^2}$가 상수 σ^2으로 주어졌을 때, 최대 엔트로피를 만드는 확률밀도함수 $p(x)$를 구하여 보자. 그러면, 이 문제는 $H(\mathrm{x})$를 최대화시키는 것이다.

$$H(\mathrm{x}) = \int_{-\infty}^{\infty} p(x) \log \frac{1}{p(x)}\, dx \tag{13.33}$$

여기서, 조건은

$$\int_{-\infty}^{\infty} p(x)\, dx = 1 \tag{13.34a}$$

$$\int_{-\infty}^{\infty} x^2 p(x)\, dx = \sigma^2 \tag{13.34b}$$

이 문제를 풀기 위하여, 변화량의 대수(calculus of variation)의 결과를 이용하자. 적분 I가 있을 때,

$$I = \int_a^b F(x,p)\,dx \tag{13.35}$$

위 식은, 다음과 같은 조건을 갖는다.

$$\begin{aligned} &\int_a^b \varphi_1(x,p)\,dx = \lambda_1 \\ &\int_a^b \varphi_2(x,p)\,dx = \lambda_2 \\ &\qquad\vdots \\ &\int_a^b \varphi_k(x,p)\,dx = \lambda_k \end{aligned} \tag{13.36}$$

여기서, λ_1, λ_2, $\cdots$, λ_k는 주어진 상수이다. 식 (13.36)의 조건을 만족하면서 식 (13.35)에 있는 I를 최대로 하는 $p(x)$의 형태는 다음 식의 해로부터 구할 수 있다.

$$\frac{\partial F}{\partial p} + \alpha_1 \frac{\partial \varphi_1}{\partial p} + \alpha_2 \frac{\partial \varphi_2}{\partial p} + \cdots + \alpha_k \frac{\partial \varphi_k}{\partial p} = 0 \tag{13.37}$$

α_1, α_2, $\cdots$, α_k는 미정 곱셈기(undetermined multipliers)라고 하는 조절 가능한 상수이다. 이들은 식 (13.36)에 식 (13.37)로부터 구한 $p(x)$의 해를 대입시켜서 구할 수 있다. 현재의 경우에서는,

$$\begin{aligned} F(p,x) &= p \log \frac{1}{p} \\ \varphi_1(x,p) &= p \\ \varphi_2(x,p) &= x^2 p \end{aligned}$$

따라서, p에 대한 해는 다음과 같이 주어진다.

$$\frac{\partial}{\partial p}\left(p \log \frac{1}{p}\right) + \alpha_1 + \alpha_2 \frac{\partial}{\partial p} x^2 p = 0$$

또는

$$-(1 + \log p) + \alpha_1 + \alpha_2 x^2 = 0$$

p 에 대하여 풀면,

$$p = e^{(\alpha_1 - 1)} e^{\alpha_2 x^2} \tag{13.38}$$

식 (13.34a)에 식 (13.38)을 대입하면,

$$\begin{aligned} 1 &= \int_{-\infty}^{\infty} e^{\alpha_1 - 1} e^{\alpha_2 x^2} dx \\ &= 2e^{\alpha_1 - 1} \int_0^{\infty} e^{\alpha_2 x^2} dx \\ &= 2e^{\alpha_1 - 1} \left(\frac{1}{2} \sqrt{\frac{\pi}{-\alpha_2}} \right) \end{aligned}$$

α_2가 음수이므로,

$$e^{\alpha_1 - 1} = \sqrt{\frac{-\alpha_2}{\pi}} \tag{13.39}$$

식 (13.34b)에 식 (13.38)과 (13.39)를 대입하면,

$$\begin{aligned} \sigma^2 &= \int_{-\infty}^{\infty} x^2 \sqrt{\frac{-\alpha_2}{\pi}} e^{\alpha_2 x^2} dx \\ &= 2\sqrt{\frac{-\alpha_2}{\pi}} \int_0^{\infty} x^2 e^{\alpha_2 x^2} dx \\ &= -\frac{1}{2\alpha_2} \end{aligned}$$

즉,

$$\alpha_2 = -\frac{1}{2\sigma^2} \tag{13.40a}$$

이고,

$$e^{\alpha_1 - 1} = \sqrt{\frac{1}{2\pi\sigma^2}} \tag{13.40b}$$

식 (13.38)에 식 (13.40)을 대입하면,

$$p(x) = \frac{1}{\sigma\sqrt{2\pi}} e^{-x^2/2\sigma^2} \tag{13.41}$$

그러므로 주어진 제곱 평균 값에 대하여, 최대 엔트로피(혹은 최대 불확실성)는 x의 분포가 가우시안일 때 얻을 수 있다. 이 최대 엔트로피 혹은 불확실성은 다음과 같이 주어진다.

$$H(\mathrm{x}) = \int_{-\infty}^{\infty} p(x) \log_2 \frac{1}{p(x)}\, dx$$

여기서

$$\log \frac{1}{p(x)} = \log\left(\sqrt{2\pi\sigma^2}\, e^{x^2/2\sigma^2}\right)$$

$$= \frac{1}{2}\log(2\pi\sigma^2) + \frac{x^2}{2\sigma^2}\log e$$

따라서,

$$H(x) = \int_{-\infty}^{\infty} p(x)\left[\frac{1}{2}\log(2\pi\sigma^2) + \frac{x^2}{2\sigma^2}\log e\right] dx \tag{13.42a}$$

$$= \frac{1}{2}\log(2\pi\sigma^2) + \frac{\log e}{2\sigma^2}\sigma^2$$

$$= \frac{1}{2}\log(2\pi e\sigma^2) \tag{13.42b}$$

$$= \frac{1}{2}\log(17.1\sigma^2) \tag{13.42c}$$

정리하면, 주어진 평균 자승 값 $\overline{\mathrm{x}^2}$에 대한 엔트로피는 가우시안일 때 최대가 되며, 그 엔트로피 값은 $\frac{1}{2}\log(2\pi e\sigma^2)$이다.

만일 x의 피크값이 $M(-M < \mathrm{x} < M)$으로 한정되면, x가 아래와 같은 균일한 분포를 가질 때 엔트로피가 최대가 되는 것을 비슷한 방법으로 알 수 있다(Prob 13-5.1).

$$p(x) = \begin{cases} \dfrac{1}{2M} & -M < x < M \\ 0 & \text{나머지의 경우} \end{cases}$$

○ 대역 제한된 백색 가우시안 잡음의 엔트로피

전력 스펙트럼 밀도(PSD)가 $\mathcal{N}/2$인 대역 제한된 백색 가우시안 잡음 $\mathrm{n}(t)$를 생각해 보자. 이것은

$$R_{\mathrm{n}}(\tau) = \mathcal{N}B\,\mathrm{sinc}\,(2\pi B\tau)$$

이기 때문에, $\mathrm{sinc}\,(2\pi B\tau)$는 $\tau = \pm k/2B$ (k는 정수)에서 0이 된다. 그러므로

$$R_{\mathrm{n}}\left(\frac{k}{2B}\right) = 0 \qquad k = \pm 1, \pm 2, \pm 3, \ldots$$

따라서

$$R_{\mathrm{n}}\left(\frac{k}{2B}\right) = \overline{\mathrm{n}(t)\mathrm{n}\left(t + \frac{k}{2B}\right)} = 0 \qquad k = \pm 1, \pm 2, \ldots$$

$\mathrm{n}(t)$와 $\mathrm{n}(t+k/2B)$ (여기서 $k = \pm 1, \pm 2, \cdots$)는 $\mathrm{n}(t)$의 Nyquist 샘플이므로, $\mathrm{n}(t)$의 Nyquist 샘플들은 모두 서로 상관없다(uncorrelated). 또, $\mathrm{n}(t)$는 가우시안이므로 상관이 없다는 것은 독립을 의미한다. 따라서 $\mathrm{n}(t)$의 모든 Nyquist 샘플들은 서로 독립적이다. 또,

$$\overline{\mathrm{n}^2} = R_{\mathrm{n}}(0) = \mathcal{N}B$$

따라서, 각각의 Nyquist 샘플의 분산(variance)은 $\mathcal{N}B$가 된다. 식 (13.42a)로부터 $\mathrm{n}(t)$에 대한 각 Nyquist 샘플의 엔트로피 $H(\mathrm{n})$은

$$H(\mathrm{n}) = \frac{1}{2}\log\,(2\pi e\mathcal{N}B) \quad \text{bits per sample} \tag{13.43a}$$

한편, $\mathrm{n}(t)$는 초당 $2B$ 개의 Nyquist 샘플에 의해 완전하게 표현될 수 있기 때문에, $\mathrm{n}(t)$의 초당 엔트로피는 $2B$ 개의 Nyquist 샘플의 엔트로피와 같다. 또 모든 샘플들이 독립적이므로 한 샘플의 정보는 다른 샘플에 대한 아무 정보도 주지 않는다. 따라서 $2B$개의 Nyquist 샘플의 엔트로피는 $2B$ 샘플들의 엔트로피들의 합이 된다.

$$H'(\mathrm{n}) = B\log\,(2\pi e\mathcal{N}B) \quad \text{bit/s} \tag{13.43b}$$

여기서 $H'(\mathrm{n})$은 $\mathrm{n}(t)$의 초당 엔트로피이다.

지금까지 유도된 결과로부터 한 가지 중요한 결론을 내릴 수 있다. B Hz로 대역 제한되고 제곱 평균값이 σ^2으로 한정된 모든 신호들 중에서 백색 가우시안 대역 제한된 신호가 가장 큰 초당 엔트로피를 갖는다. 그 이유는 주어진 제곱 평균값에서 가우시안 샘플들

이 최대의 엔트로피를 가지고, 더욱이, 가우시안 대역 제한된 프로세스의 모든 $2B$ 샘플이 독립이기 때문이다. 따라서 초당 엔트로피는 모든 $2B$ 샘플의 엔트로피들의 합이다. 백색이 아닌 프로세스에서는 Nyquist 샘플들은 상관관계가 있고(correlated), 따라서 초당 엔트로피도 $2B$ 샘플의 엔트로피들의 합보다 작다. 만일 신호가 가우시안이 아니면, 그 샘플들도 가우시안이 아니고, 따라서 샘플당 엔트로피는 역시 주어진 제곱 평균값에 대한 최대 가능한 엔트로피보다 작다. 다시 말해서, 어떤 제곱 평균값으로 한정된 대역 제한된 신호들 중에서 백색 가우시안 신호가 초당 가장 큰 엔트로피 혹은 불확실성을 가진다. 이것은 역시 백색 가우시안 잡음이 신호 전송을 방해하는 가장 최악의 잡음이기 때문이다.

○ 상호 정보 I(x; y)

어떤 개념의 궁극적인 목적은 그것이 얼마나 유용한가에 있다. 이제 식 (13.32)에서 정의한 상대적(relative) 엔트로피가 연속 확률 변수 x, y에 대한 상호 정보(mutual information) I(x; y)를 생각할 때 얼마나 의미가 있는 결과인지를 알아보자. 확률 변수 x를 채널을 통하여 전송한다. 주어진 연속 구간에 있는 x의 각 값은 전송하고자 하는 하나의 메시지이다. 수신기에서 복구된 메시지는 연속 확률 변수 y가 될 것이다. 만일 채널에 잡음이 없다면 수신된 값 y는 전송된 값 x를 정확히 결정할 수 있을 것이다. 그러나 채널 잡음은 x의 원래 값에 대한 어느 정도의 불확실성을 갖게 한다. 송신기에서 $(x,\ x+\Delta x)$의 구간에 있는 x의 값이 전송되는($\Delta x \to 0$) 사건을 생각하자. 이 사건의 확률은 $\Delta x \to 0$에서 $p(x)\Delta x$이다. 따라서 전송된 정보의 양은 $\log[1/p(x)\Delta x]$이다. 수신기에서 y의 값을 y라 하고, $p(x \mid y)$를 y = y일 때 x의 조건 확률 밀도라 하자. 그러면 $p(x \mid y)\Delta x$는 y = y일 때 x가 $(x,\ x+\Delta x)$의 구간에 있을 확률이다(단, $\Delta x \to 0$). 당연히, x가 $(x,\ x+\Delta x)$의 구간에 있을 사건에 대한 불확실성이 존재한다. 이 불확실성 $\log[1/p(x \mid y)\Delta x]$은 채널 잡음 때문에 생기며 따라서 정보의 손실을 나타낸다. $\log[1/p(x)\Delta x]$은 전송된 정보이고 $\log[1/p(x \mid y)\Delta x]$은 채널에서 잃어버린 정보이기 때문에 순수하게 수신된 정보는 다음과 같이 주어지는 I(x;y)이다.

$$
\begin{aligned}
I(x;y) &= \log\left[\frac{1}{p(x)\Delta x}\right] - \log\left[\frac{1}{p(x/y)\Delta x}\right] \\
&= \log\frac{p(x|y)}{p(x)}
\end{aligned}
\tag{13.44}
$$

즉, 수신된 정보 = 전송된 정보 − 채널에서 손실된 정보

이 관계식은 $\Delta x \to 0$일 때 사실이다. 그러므로 I(x; y)는 x가 전송되고(x = x) y가 수신되었을 때(y = y)채널을 통해 전송된 정보를 나타낸다. 우리는 어떤 x가 전송되고 y가 수신되었을 때 채널을 통해 전송된 평균 정보를 구하는데 관심이 있다. 그러므로 모든 x, y 값에 대한 I(x; y)의 평균을 내야만 한다. 전송된 평균 정보는 I(x; y)로 나타내며,

$$I(\mathrm{x};\mathrm{y}) = \int_{-\infty}^{\infty}\int_{-\infty}^{\infty} p(x, y)I(x; y)\,dx\,dy \tag{13.45a}$$

$$= \int_{-\infty}^{\infty}\int_{-\infty}^{\infty} p(x, y)\log\frac{p(x|y)}{p(x)}\,dx\,dy \tag{13.45b}$$

$$= \int_{-\infty}^{\infty}\int_{-\infty}^{\infty} p(x, y)\log\frac{1}{p(x)}\,dx\,dy + \int_{-\infty}^{\infty}\int_{-\infty}^{\infty} p(x, y)\log p(x|y)\,dx\,dy$$

$$= \int_{-\infty}^{\infty}\int_{-\infty}^{\infty} p(x)p(y|x)\log\frac{1}{p(x)}\,dx\,dy + \int_{-\infty}^{\infty}\int_{-\infty}^{\infty} p(x, y)\log p(x|y)\,dx\,dy$$

$$= \int_{-\infty}^{\infty} p(x)\log\frac{1}{p(x)}dx\int_{-\infty}^{\infty} p(y|x)\,dy + \int_{-\infty}^{\infty}\int_{-\infty}^{\infty} p(x, y)\log p(x|y)\,dx\,dy$$

참고로,

$$\int_{-\infty}^{\infty} p(y|x)\,dy = 1 \qquad \text{and} \qquad \int_{-\infty}^{\infty} p(x)\log\frac{1}{p(x)}\,dx = H(\mathrm{x})$$

따라서

$$I(\mathrm{x};\mathrm{y}) = H(\mathrm{x}) + \int_{-\infty}^{\infty}\int_{-\infty}^{\infty} p(x, y)\log p(x|y)\,dx\,dy \tag{13.46a}$$

$$= H(\mathrm{x}) - \int_{-\infty}^{\infty}\int_{-\infty}^{\infty} p(x, y)\log\frac{1}{p(x|y)}\,dx\,dy \tag{13.46b}$$

위 식의 오른쪽에 있는 적분은 $\log[1/p(x \mid y)]$를 x와 y에 대하여 평균을 구한 것이다. 그러나 $\log[1/p(x \mid y)]$는 y가 수신되었을 때 x에 대한 불확실성을 나타낸다. 앞에서도 본 바와 같이 이것은 채널에서 손실된 정보이다. $\log[1/p(x \mid y)]$의 평균은 x가 전송되고 y가 수신되었을 때 정보의 평균 손실이 된다. 이는, 정의에 의해 y에 대한 x의 조건(차동) 엔트로피인 $H(\mathrm{x} \mid \mathrm{y})$ 이다.

$$H(\mathrm{x}|\mathrm{y}) = \int_{-\infty}^{\infty}\int_{-\infty}^{\infty} p(x, y)\log\frac{1}{p(x|y)}\,dx\,dy \tag{13.47}$$

따라서,

$$I(\mathrm{x};\mathrm{y}) = H(\mathrm{x}) - H(\mathrm{x}|\mathrm{y}) \tag{13.48}$$

그러므로 x의 어떤 값이 전송되고 y의 어느 값이 수신되었을 때, 채널을 통하여 전달된 평균 정보는 식 (13.48)에 주어진 $I(\mathrm{x};\ \mathrm{y})$이다. 여기서 평균적으로 샘플당 혹은 전송된 값마다 전송할 수 있는 정보의 최대량으로써 채널 용량 C_s 를 정의할 수 있다.

$$C_s = \max I(\mathrm{x;y}) \tag{13.49}$$

주어진 채널에서, $I(\mathrm{x;\ y})$는 입력 확률 밀도 $p(x)$만의 함수이다. 이것은 다음과 같이 증명할 수 있다.

$$p(x,y) = p(x)p(y|x) \tag{13.50}$$

$$\begin{aligned}\frac{p(x|y)}{p(x)} &= \frac{p(y|x)}{p(y)} \\ &= \frac{p(y|x)}{\int_{-\infty}^{\infty} p(x,y)\,dx} \\ &= \frac{p(y|x)}{\int_{-\infty}^{\infty} p(x)p(y|x)\,dx}\end{aligned} \tag{13.51}$$

식 (13.45b)에 식 (13.50)과 (13.51)을 대입하면,

$$I(\mathrm{x;y}) = \int_{-\infty}^{\infty}\int_{-\infty}^{\infty} p(x)p(y|x)\log\left(\frac{p(y|x)}{\int_{-\infty}^{\infty} p(x)p(y|x)\,dx}\right)dx\,dy \tag{13.52}$$

조건 확률 밀도 $p(y \mid x)$는 주어진 채널의 특성이다. 따라서 주어진 채널에 대하여 $I(\mathrm{x;\ y})$는 입력 확률 밀도 $p(x)$만의 함수이다. 그러므로

$$C_s = \max_{p(x)} I(\mathrm{x;y})$$

만일 채널이 초당 K 개의 값을 전송할 수 있다면, 초당 채널 용량 C 는 다음과 같이 주어진다.

$$C = KC_s \text{ bit/s} \tag{13.53}$$

이산 변수의 경우와 같이, 연속 확률 변수에 대한 $I(\mathrm{x;\ y})$도 x와 y에 관해 대칭이다. 이것은 식 (13.45b)를 다음과 같이 다시 쓰면 알 수 있다.

$$I(\mathrm{x;y}) = \int_{-\infty}^{\infty}\int_{-\infty}^{\infty} p(x,y)\log\frac{p(x,y)}{p(x)p(y)}\,dx\,dy \tag{13.54}$$

이 식에서 $I(\mathrm{x;\ y})$는 x와 y에 관해 대칭이라는 사실을 알 수 있다. 따라서,

$$I(\mathrm{x};\mathrm{y}) = I(\mathrm{y};\mathrm{x})$$

식 (13.48)로부터

$$I(\mathrm{x};\mathrm{y}) = H(\mathrm{x}) - H(\mathrm{x}|\mathrm{y}) = H(\mathrm{y}) - H(\mathrm{y}|\mathrm{x}) \tag{13.55}$$

○ 대역 제한된 AWGN 채널의 용량

정의에 따라, 채널 용량 C는 채널을 통하여 전송할 수 있는 정보의 최대 전송률이다. 상호 정보 $I(\mathrm{x};\ \mathrm{y})$는 식 (13.55)에 의해 다음과 같이 주어진다.

$$I(\mathrm{x};\mathrm{y}) = H(\mathrm{y}) - H(\mathrm{y}|\mathrm{x}) \tag{13.56}$$

채널 용량 C는 초당 상호 정보 $I(\mathrm{x};\ \mathrm{y})$의 최대값이다. 우선 샘플당 $I(\mathrm{x};\ \mathrm{y})$의 최대값을 구해보자. 여기서 B Hz로 대역 제한되고 PSD가 $\mathcal{N}/2$인 백색 가우시안 잡음에 의해 왜곡된 채널의 채널 용량을 구하게 될 것이다. 게다가, 신호 전력(혹은 제곱 평균값)을 S로 한정한다. 또 잡음은 부가적(additive)이라고 가정한다. 즉, 수신된 신호 $\mathrm{y}(t)$는 다음과 같이 주어진다.

$$\mathrm{y}(t) = \mathrm{x}(t) + \mathrm{n}(t) \tag{13.57}$$

채널이 대역 제한되었으므로, 신호 $\mathrm{x}(t)$와 잡음 $\mathrm{n}(t)$도 B Hz로 대역 제한된다. 따라서 $y(t)$ 역시 B Hz로 대역 제한된다. 따라서 이들 신호는 초당 $2B$개의 일정한 비율의 샘플링에 의해 구해진 샘플들에 의해 완벽하게 표현된다. 이제 샘플당 전송할 수 있는 최대 정보를 구해보자. x, n, y는 각각 $\mathrm{x}(t)$, $\mathrm{n}(t)$, $\mathrm{y}(t)$의 샘플을 나타낸다. 샘플당 전송되는 정보 $I(\mathrm{x};\ \mathrm{y})$는 식 (13.56)에 의해 주어진다.

$$I(\mathrm{x};\mathrm{y}) = H(\mathrm{y}) - H(\mathrm{y}|\mathrm{x})$$

이제 $H(\mathrm{y} \mid \mathrm{x})$를 구해보자. 정의에 의해 식 (13.47)로부터,

$$\begin{aligned} H(\mathrm{y}|\mathrm{x}) &= \int_{-\infty}^{\infty}\int_{-\infty}^{\infty} p(x,y)\log\frac{1}{p(y|x)}\,dx\,dy \\ &= \int_{-\infty}^{\infty} p(x)\,dx \int_{-\infty}^{\infty} p(y|x)\log\frac{1}{p(y|x)}\,dy \end{aligned}$$

한편 $y = x + n$이므로, x가 주어지면, y는 n 더하기 상수(x)가 된다. 따라서, x의 값이 주어졌을 때 y의 분포는 x만큼 이동된 것을 제외하면 n의 분포와 똑같다. 만일 p_{n}이 잡음 샘플 n의 확률밀도함수라 하면,

$$p(y|x) = p_n(y - x) \tag{13.58}$$

$$\int_{-\infty}^{\infty} p(y|x) \log \frac{1}{p(y|x)}\, dy = \int_{-\infty}^{\infty} p_n(y - x) \log \frac{1}{p_n(y - x)}\, dy$$

여기서 $y - x = z$로 놓으면,

$$\int_{-\infty}^{\infty} p(y|x) \log \frac{1}{p(y|x)}\, dy = \int_{-\infty}^{\infty} p_n(y - x) \log \frac{1}{p_n(y - x)}\, dy$$

우변은 잡음 샘플 n의 엔트로피 $H(\mathrm{n})$이다. 따라서

$$\begin{aligned} H(\mathrm{y}|\mathrm{x}) &= H(\mathrm{n}) \int_{-\infty}^{\infty} p(x)\, dx \\ &= H(\mathrm{n}) \end{aligned} \tag{13.59}$$

식 (13.59)를 유도하면서 잡음에 대하여 아무런 가정도 하지 않았다. 따라서 식 (13.59)는 아주 일반적인 것이며 모든 종류의 잡음에 다 적용된다. 단 한 가지 조건은 잡음이 부가적인 방법으로 채널을 왜곡한다는 것이다. 그러므로

$$I(\mathrm{x};\mathrm{y}) = H(\mathrm{y}) - H(\mathrm{n}) \quad \text{bits per sample} \tag{13.60}$$

신호 x(t)의 제곱 평균값이 S로 한정되고 잡음의 제곱 평균값이 N이라고 가정하였다. 그리고 또 신호 x(t)와 잡음 n(t)는 독립이라고 가정한다. 그런 경우에, y의 자승 평균값은 x와 n의 두 제곱 평균을 합한 것이 된다. 따라서,

$$\overline{\mathrm{y}^2} = S + N$$

주어진 잡음에서(즉, $H(\mathrm{n})$이 주어지면), I(x; y)는 H(y)가 최대일 때 최대가 된다. 앞에서 y의 제곱 평균값이 주어지면 H(y)는 y가 가우시안일 때 최대가 되고, 최대 엔트로피 H_{max}(y)는 다음과 같이 주어진다.

$$H_{\max}(\mathrm{y}) = \frac{1}{2} \log [2\pi e(S + N)] \tag{13.61}$$

여기서 $\mathrm{y} = \mathrm{x} + \mathrm{n}$이고 n은 가우시안이므로, x만 가우시안이면 y도 가우시안이 된다. x의 제곱 평균값이 S이면, 이것은 다음과 같은 사실을 의미한다.

$$p(x) = \frac{1}{\sqrt{2\pi S}} e^{-x^2/2S}$$

그리고

$$\begin{aligned} I_{max}(\mathrm{x};\mathrm{y}) &= H_{max}(\mathrm{y}) - H(\mathrm{n}) \\ &= \frac{1}{2}\log[2\pi e(S+N)] - H(\mathrm{n}) \end{aligned}$$

제곱 평균값이 N인 백색 가우시안 잡음에 대하여,

$$H(\mathrm{n}) = \frac{1}{2}\log 2\pi eN \qquad N = \mathcal{N}B$$

이고

$$C_s = I_{max}(\mathrm{x};\mathrm{y}) = \frac{1}{2}\log\left(\frac{S+N}{N}\right) \tag{13.62a}$$

$$= \frac{1}{2}\log\left(1+\frac{S}{N}\right) \tag{13.62a}$$

초당 채널 용량은 초당 전송할 수 있는 최대 정보량이다. 식 (13.62)는 샘플당 전송할 수 있는 최대 정보를 나타낸다. 만일 모든 샘플이 통계적 독립(statistically independent)이라면, 초당 전송되는 최대 정보량은 $2B$ 곱하기 C_s가 될 것이다. 만일 샘플들이 독립이 아니라면, 총 정보량은 $2BC_s$보다 작을 것이다. 채널 용량 C는 초당 전송할 수 있는 최대로 가능한 정보를 나타내므로,

$$\begin{aligned} C &= 2B\left[\frac{1}{2}\log\left(1+\frac{S}{N}\right)\right] \\ &= B\log\left(1+\frac{S}{N}\right) \quad \text{bit/s} \end{aligned} \tag{13.63}$$

대역 제한된 가우시안 신호의 샘플들은 신호의 PSD가 오직 그 대역에서 균일한 경우에만 독립이다(예제 9.2와 문제 9.2-3). 당연히 최대로 정보를 전송하기 위하여[식 (13.63)], 신호 $\mathrm{y}(t)$의 PSD는 균일하게 분포되어야 한다. y의 PSD는 다음과 같다.

$$S_{\mathrm{y}}(f) = S_{\mathrm{x}}(f) + S_{\mathrm{n}}(f)$$

여기서 $S_{\mathrm{n}}(f) = \mathcal{N}/2$이므로, $\mathrm{x}(t)$의 PSD는 균일한 분포이어야 한다. 따라서 최대 전송률(C bits/s)은 $\mathrm{x}(t)$ 또한 백색 가우시안 신호일 때 얻어진다.

다시 요약하면, 채널 잡음이 부가적이고 자승 평균 값 $N(N = \mathcal{N}B)$을 갖는 백색 가우시안일 때, 주어진 신호 전력이 S로 한정된 대역 제한된 채널의 채널 용량 C는 다음과 같이 주어진다.

$$C = B \log\left(1 + \frac{S}{N}\right) \qquad \text{bit/s}$$

여기서 B는 채널 대역폭이고, 단위는 Hz이다. 최대 전송률(C bits/s)은 입력 신호가 백색 가우시안 신호일 때만 실현 가능하다.

○ 무한대의 대역폭을 가진 채널의 채널 용량

피상적으로, 식 (13.63)은 채널 대역폭 B가 ∞로 감에 따라 채널 용량도 ∞로 가는 것처럼 보인다. 하지만 이것은 사실이 아니다. 백색 잡음에 대하여, 잡음 전력은 $N = \mathcal{N}B$이다. 따라서 B가 증가함에 따라, N도 따라서 증가한다. $B \to \infty$일 때, C는 다음과 같은 극한값을 갖는다.

$$C = B \log\left(1 + \frac{S}{N}\right) \qquad \text{bit/s}$$

$$\begin{aligned}
C &= B \log\left(1 + \frac{S}{N}\right) \\
&= B \log\left(1 + \frac{S}{\mathcal{N}B}\right) \\
\lim_{B\to\infty} C &= \lim_{B\to\infty} B \log\left(1 + \frac{S}{\mathcal{N}B}\right) \\
&= \lim_{B\to\infty} \frac{S}{\mathcal{N}}\left[\frac{\mathcal{N}B}{S} \log\left(1 + \frac{S}{\mathcal{N}B}\right)\right]
\end{aligned}$$

이 극한값은 다음과 같이 구해진다.

$$\lim_{x\to\infty} x \log_2\left(1 + \frac{1}{x}\right) = \log_2 e = 1.44$$

따라서

$$\lim_{B\to\infty} C = 1.44\frac{S}{\mathcal{N}} \quad \text{bit/s} \tag{13.64}$$

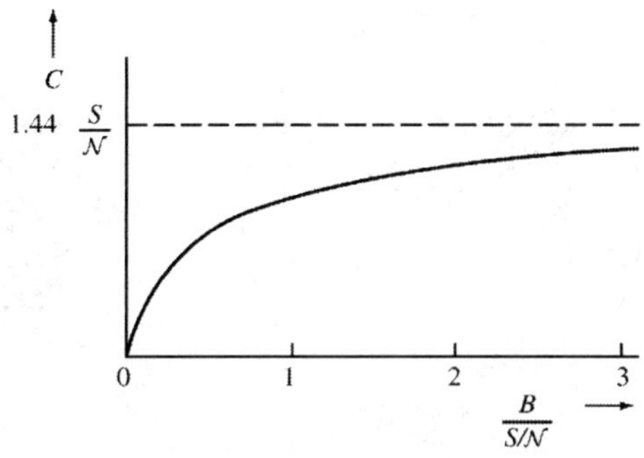

▶▶그림 13.5 백색 가우시안 잡음과 유한전력을 가진 채널에 대한 대역폭 대 채널용량

그러므로 백색 가우시안 채널 잡음에 대하여, 채널 용량 C는 $B\to\infty$일 때 $1.44S/N$으로 수렴한다. B에 따른 C의 변화를 그림 13.5에 그렸다. 채널 용량은 신호 전력 S를 무한대로 증가시켜야만 무한대로 만들 수 있다. 유한한 신호와 잡음 전력에서는 채널 용량은 항상 유한한 값을 갖는다.

○ 연속 채널을 통한 오류없는 통신의 증명

정보 이론의 개념을 사용하여, B Hz로 대역 제한된 채널을 통하여 $B\log_2(1+S/N)$ bits/s의 전송률로 오류없는 정보의 전송이 가능하다는 것을 알았다. 신호 전력은 S이고, 채널 잡음은 전력이 N인 백색 가우시안이다. 이 이론은 이산(discrete)의 경우 채널 용량의 증명에 적용한 것과 비슷하게 증명할 수 있다.

동일한 발생 확률을 갖는 M개의 메시지 $m_1, m_2, \cdots, m_M$을 각각 $s_1(t), s_2(t), \ldots, s_M(t)$로 전송하는 M진 통신을 생각하자. 모든 신호는 T초로 시간 제한(time-limited)되고, 대역폭이 B Hz이다. 이 신호들의 전력은 S보다 작거나 같다. 채널은 B Hz로 대역 제한되어 있고, 채널 잡음은 전력이 N인 백색 가우시안이다.

모든 신호와 잡음 파형은 $2BT+1$ 차원을 갖는다. 하지만 $T\to\infty$인 경우 $2BT\gg1$이므로 앞으로는 차원의 수를 $2BT$로 한다. 잡음 전력이 N이므로, T초 동안의 잡음 파형의 에너지는 NT이다. 주어진 신호 에너지가 S 이므로, 최대 신호 에너지는 ST이다. 신호와 잡음은 독립적이므로, 최대 수신 에너지는 $(S+N)T$가 된다. 따라서, 모든 수신된 신호는 반경이 $\sqrt{(S+N)T}$인 $2BT$ 차원의 초구면체 안에 있게 된다(그림 13.6a). 임의의 수신된 신호 $s_i(t)+n(t)$는 $(S_i+N)T$의 에너지를 갖고, 이 신호를 나타내는 점 r은 원점으로부터 $\sqrt{(S_i+N)T}$만큼 떨어져 있다(그림 13.6a). 신호 벡터 $\boldsymbol{s}_i$와 잡음 벡터 $\boldsymbol{n}$ 그리고 수신된 벡터 $\boldsymbol{r}$이 그림 13.6a에 나타나 있다.

$$|\boldsymbol{s}_i|=\sqrt{S_iT},\qquad |\boldsymbol{n}|=\sqrt{NT},\qquad |\boldsymbol{r}|=\sqrt{(S_i+N)T} \tag{13.65}$$

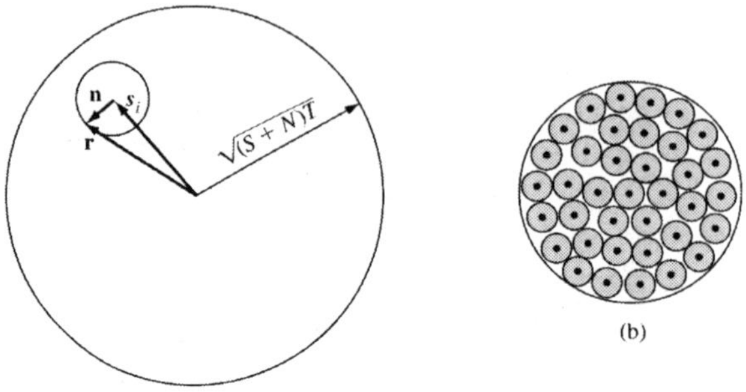

▸▸ 그림 13.6 (a) 전송신호와 수신신호와 잡음신호의 신호공간
(b) 오류가 없는 통신에서의 신호선택

이므로, 벡터 $\boldsymbol{s}_i$와 $\boldsymbol{n}$ 그리고 $\boldsymbol{r}$은 직각 삼각형을 이룬다. 또, $\boldsymbol{n}$은 중심이 $\boldsymbol{s}_i$이고 반경이 $\sqrt{NT}$인 구 위에 있다. 여기서 $\boldsymbol{n}$은 불규칙(random)이므로, 이것은 중심이 $\boldsymbol{s}_i$인 구 위의 아무 곳에 있을 수 있다.*

큰 구 안에 M개의 가능한 전송된 벡터들이 있다. 각각의 가능한 s에 대하여, s의 주위에 반경이 $\sqrt{NT}$인 구를 그릴 수 있다. 만일 수신된 벡터 $\boldsymbol{r}$이 이 작은 구 중의 하나에 있다면, 그 구의 중심이 바로 전송된 파형이다. 만일 큰 구를 전송된 파형에 해당하는 중심을 가지고 각각의 반경이 $\sqrt{NT}$인 M개의 겹치지 않는 구로 채운다면, 단순히 최대 우도 수신기(maximum likelihood receiver)를 사용하여 수신단에서 모든 M개의 파형을 검출할 수 있을 것이다. 이 최대 우도 수신기는 수신된 신호 벡터 $\boldsymbol{r}$을 보고, M개의 가능한 전송 신호 벡터의 점들 중에서 $\boldsymbol{r}$과 제일 가까운 점(최소 오류 벡터를 갖는 점)을 전송된 신호라고 결정한다. 모든 수신된 점 $\boldsymbol{r}$은 겹치지 않는 M개의 구 중의 하나에 있으며, 최대 우도 규칙을 사용하여, 전송된 신호는 $\boldsymbol{r}$이 위치한 구의 중심에 있는 점으로 정확하게 선택될 수 있을 것이다.

그러므로 큰 구 속에 채워질 수 있는 작은 구의 개수 즉, 겹치지 않는 최대의 수를 알아내야 한다. 이 수를 계산하기 위하여, D차원의 구에 대한 체적을 결정해야 한다.

○ D차원 구의 체적

D차원 구는 다음의 식으로 표현된다.

$$x_1^2 + x_2^2 + \cdots + x_D^2 = R^2$$

여기서 R은 구의 반지름이다. 반경이 R인 구의 체적 $V(R)$은 다음과 같이 주어진다.

* N이 평균 잡음 전력이므로, 구간 T에서의 에너지는 $NT+\epsilon$이다. 단 $T\rightarrow\infty$이면 $\epsilon\rightarrow\infty$이다. 따라서 n이 구 위에 있다고 가정할 수 있다.

$$V(R) = R^D V(1) \tag{13.66}$$

$V(1)$은 반경이 1인 D 차원 구의 체적이며, 따라서 상수이다. 이것을 증명하기 위하여, 다음의 정의를 이용하자.

$$V(R) = \int_{x_1^2+x_2^2+\cdots+x_D^2 \le R^2} \cdots \int dx_1\, dx_2 \cdots dx_D$$

$y_j = x_j/R$이라 하면,

$$\begin{aligned} V(R) &= R^D \int_{y_1^2+y_2^2+\cdots+y_D^2 \le 1} \cdots \int dy_1\, dy_2 \cdots dy_D \\ &= R^D V(1) \end{aligned}$$

따라서, 반경이 $\hat{R}$과 R인 두 구의 체적의 비는

$$\frac{V(\hat{R})}{V(R)} = \left(\frac{\hat{R}}{R}\right)^D$$

이 결과의 직접적인 결론은 D가 클 때 구의 대부분의 체적이 표면에 몰려 있다는 것이다. 이것은 만일 $\hat{R}/R < 1$이면 $D \to \infty$에 따라 $(\hat{R}/R)^D \to 0$이기 때문이다. 이 비는 $\hat{R}$이 R과 Δ만큼 아주 약간의 차이만 있어도 0으로 수렴한다(그림 13.7). 이것은 Δ가 얼마나 작은 값인 것에 상관없이 반경 $\hat{R}$ 내의 체적은 만일 D가 충분히 크다면 반경 R 내의 전체 체적에 비해 무시할만한 양이라는 것을 의미한다. 따라서 큰 D에 대하여, D 차원 구의 체적의 대부분은 표면에 집중되어 있다. 이러한 결과는 조금 의아하지만, 조금만 생각해보면 근거가 있음을 알 것이다. 이것은 체적이 반경의 D 제곱에 비례하기 때문이다. 따라서 큰 D에 대하여, R 값의 조그만 증가는 체적을 아주 많이 증가시킬 수 있다. 그리고 이 증가는 구의 표면 근처에서 R을 아주 약간 증가시킨 것이다. 그러므로 이것은 대부분의 체적은 표면에 집중되어 있다는 것을 의미한다.

반경이 $\sqrt{(S+N)T}$인 구에 반경 $\sqrt{NT}$의 구를 겹치지 않게 채울 수 있는 개수는 신호 구의 체적과 잡음 구의 체적의 비에 의해 한정된다. 따라서,

$$M \le \frac{\left[\sqrt{(S+N)T}\right]^{2BT} V(1)}{\left(\sqrt{NT}\right)^{2BT} V(1)} = \left(1 + \frac{S}{N}\right)^{BT} \tag{13.67}$$

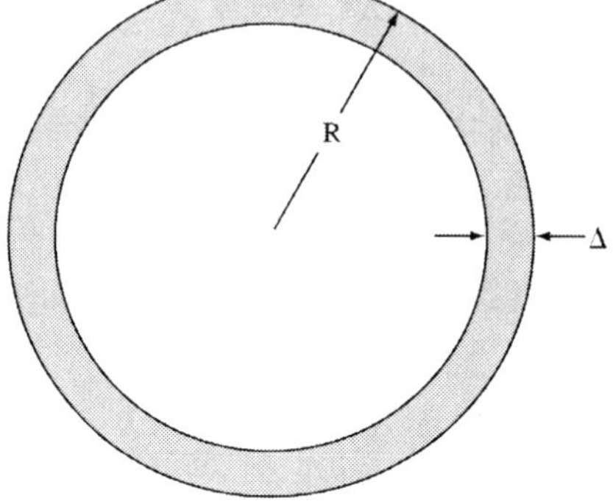

▸▸ 그림 13.7 D차원 초구면체의 껍질의 체적

M진 신호의 각각은 $\log_2 M$ 비트의 정보를 전송한다. 따라서 매 T초마다 M 신호 중의 하나를 전송하는 것은 다음과 같이 주어지는 정보 전송률 C와 같다.

$$C = \frac{\log M}{T} \le B \log\left(1 + \frac{S}{N}\right) \quad \text{bit/s} \tag{13.68}$$

이 식은 C의 상한(upper limit)을 보여준다. 실제로 오류없는 정보를 B $\log(1+S/N)$의 율로 수신할 수 있다는 것을 보이기 위하여, Shannon에 의해 제안된 논리를 사용하자.[8] 겹치지 않는 구의 중심에서 M 개의 전송된 메시지를 선택하는 대신에(그림 13.6b), Shannon은 반경 $\sqrt{ST}$의 신호 구 I_s에 랜덤하게 위치한 M 개의 점을 선택한다(그림 13.8). 이 중 하나의 전송된 신호 $\boldsymbol{s}_k$를 생각하자. 신호 에너지는 S보다 크지 않다고 가정하였기 때문에, 점 $\boldsymbol{s}_k$는 반경 $\sqrt{ST}$의 신호 구 I_s 내의 어느 곳에 위치한다. 또, 모든 M 개의 신호 점을 이 구로부터 랜덤하게 선택하였으므로, 체적 ΔV 내에서 신호를 발견할 확률은 $\min(1, M\Delta V/V_s)$이다. 단, V_s는 I_s의 체적이다. 그러나 큰 D에 대하여 구의 대부분의 체적은 표면에 몰려있기 때문에, 랜덤하게 선택된 모든 M 개의 신호 점들은 I_s의 표면 가까이에 놓여있을 것이다. 그림 13.8은 전송된 신호 $\boldsymbol{s}_k$, 수신된 신호 $\boldsymbol{r}$, 그리고 잡음 $\boldsymbol{n}$을 보여준다. 중심이 $\boldsymbol{r}$이고, 반경이 $\sqrt{NT}$인 구를 그려보자. 이 구는 구 I_s를 교차하고 렌즈 모양의 공통 영역을 이룬다. 신호 $\boldsymbol{s}_k$는 양쪽 구의 표면에 놓여 있을 것이다. 최대 우도 수신기를 사용한다. 이것은 $\boldsymbol{r}$이 수신되었을 때, 나머지 $M-1$ 개의 신호 점들이 $\boldsymbol{s}_k$보다 $\boldsymbol{r}$에 가깝지 않을 경우 $\boldsymbol{s}_k$가 전송되었다고 결정을 할 것이다. 이 렌즈 부분에 한 신호가 발견될 확률은 V_{lens}/V_s이다. 따라서, $\boldsymbol{r}$이 수신되었을 때 $\boldsymbol{s}_k$를 검출하는데 오류가 생길 확률은

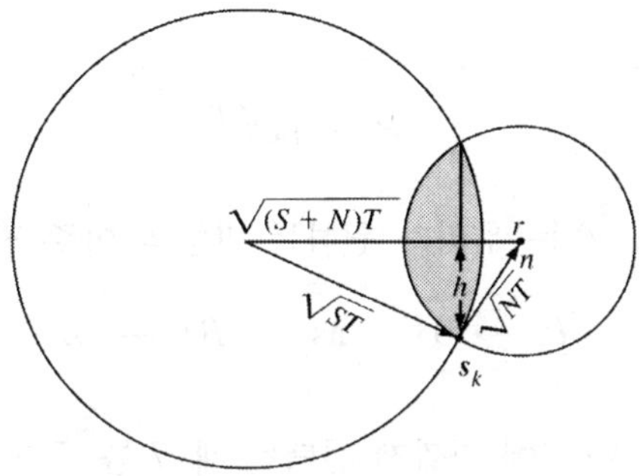

▸▸ 그림 13.8 채널 용량의 유도

$$P_e = (M-1)\frac{V_{\text{lens}}}{V_s}$$
$$< M\frac{V_{\text{lens}}}{V_s}$$

그림 13.8로부터, $V(h)$를 반경이 h 인 D차원 구의 체적이라 할 때 $V_{\text{lens}} < V(h)$임을 알 수 있다. $\boldsymbol{r}$, $\boldsymbol{s}_k$, $\boldsymbol{n}$은 직각삼각형을 이루므로,

$$h\sqrt{(S+N)T} = \sqrt{(ST)(NT)} \qquad \text{and} \qquad h = \sqrt{\frac{SNT}{S+N}}$$

따라서

$$V(h) = \left(\frac{SNT}{S+N}\right)^{BT} V(1)$$

또,

$$V_s = (ST)^{BT} V(1)$$

이고

$$P_e < M\left(\frac{N}{S+N}\right)^{BT}$$

만일,

$$M = \left[k\left(1+\frac{S}{N}\right)\right]^{BT}$$

라면,

$$P_e < [k]^{BT}$$

만일 $k=1-\triangle$라 하고, △는 우리가 원하는 만큼의 아주 작은 양수라고 하면,

$$P_e \to 0 \qquad \text{as} \qquad BT \to \infty$$

이것은 M이 $(1+S/N)^{BT}$에 가깝게 선택될 때 T를 증가시킴으로써 P_e를 아주 작게 만들 수 있다. 따라서

$$\begin{aligned} C &= \frac{1}{T}\log_2 M \\ &= \left[B\log\left(1+\frac{S}{N}\right)-\epsilon\right] \qquad \text{bit/s} \end{aligned} \tag{13.69}$$

여기서 ϵ은 아주 작은 양수이다. 이것은 $k=2^{-\epsilon T}$를 유도하고, 원하던 결과를 증명한다. 이 결과의 더 자세한 유도는 Wozencraft와 Jacobs의 책에 있다.[9]

신호 공간으로부터 M개의 신호가 임의적으로 선택되기 때문에, 백색잡음의 통계(예를 들어, 백색 가우시안 랜덤 프로세스)를 얻기 쉽다.[8]

○ 채널 용량에 대한 해석

이 장에서 유도된 결과에 따르면, 이론적으로는 C bits/s 까지는 오류없는 통신을 할 수 있다. 하지만 이 전송률을 실지로 얻기는 어렵다. 채널 용량의 공식을 유도할 때 통신은 T초 동안의 신호들에 의해 이루어진다고 가정하였다. 이것은 입력 데이터를 축적하기 위하여 T초 동안 기다려야만 하고, T초 동안의 파형들 중에서 하나를 이용하여 그것을 부호화한다. 채널 용량의 전송률은 오직 $T\to\infty$일 때만 가능하기 때문에, 수신기에서 정보를 받기까지는 아주 오랜 시간을 기다려야 한다. 더욱이, T초 동안에 전송할 수 있는 가능한 메시지의 수는 T에 따라 지수 함수적으로 증가하기 때문에, 송신기와 수신기의 구조는 $T\to\infty$일 때 상상할 수 없을 정도로 복잡해진다.

Shannon의 식[식 (13.69)]에 의해 표시된 채널 용량은 아무런 제한(대역폭 B, 신호 전력 S, 가우시안 백색 채널 잡음 전력 N은 제외)이 없이 최적의 시스템으로 가능한 오류없는 통신의 최대 전송률이다. 만일 다른 제한이 있으면, 최대율은 얻을 수 없다. 예를 들어, 2진 채널(두 신호만 전송하는 것으로 제한된 채널)을 생각하면, 비록 채널이 최적화되었다 하더라도 Shannon의 전송률은 얻을 수 없다. 13.9절에서 MATLAB 실습 예제 13.2를 통해 숫자로 확인할 수 있다. 채널 용량 식[식 (13.69)]은 신호 전력 S의 단조 증가 함수이다. 하지만, 2진 채널을 사용하면, 어느 점 이상에서 전송 전력의 증가는 그리

큰 효력이 없다. 따라서 2진 채널에서 S의 증가는 어떤 값 이상으로 오류없는 통신 전송률을 향상시키지 않을 것이다. 이것은 채널 용량의 식이 엉터리라는 뜻이 아니라 단지 (유한한 대역폭에서) 아주 큰 양의 전력이 가능할 때, 2진 방식은 최적의 통신 방식이 아니라는 것을 의미한다.

한 가지 마지막 설명 : Shannon의 결과는 오류없는 통신의 상위의 이론적 한계임을 말해주고 있다. 그러나 정밀하게 그것을 어떻게 성취할 것인지는 말하지 않았다. 1963년도에 쓴, Abramson의 책을 인용하면; "이것은 1948년의 Shannon의 논문 이후, 정보 이론가들이 해결하려고 한 문제 중의 하나이다. 정보이론의 탐구 이후로 엄청난 노력을 했음에도 불구하고, Shannon이 약속한 부호를 일반화하는 결정 방법은 여전히 찾는 중이다".[4] 놀랍게도 30년 후, Turbo 부호의 소개와 저-밀도 패리티 체크(LDPC; low-density parity check) 부호의 재발견은 완전하게 분위기를 변화시켰다. 14장에서는 이 부호들이 소개될 것이다.

13.6 Shannon의 식에 기초한 실제 통신 시스템

이 절에서는 채널 용량 식을 이용하여 SNR과 전송 대역폭 사이의 관계를 알아보자. 변조(혹은 부호화)를 위하여 메시지의 대역폭이 B이고, 변조된 신호의 전송 대역폭이 B_T라 하자. 이 신호는 신호와 잡음의 전력이 각각 S_i와 N_i로 이상적인 변조기의 입력에 수신된다(그림 13.9)*. 복조기의 출력 대역폭은 B이고, SNR은 S_o/N_o이다. SNR이 S/N이고 대역폭이 B이면 이상적으로는 $B\log(1+S/N)$ 비트의 정보를 전송할 수 있기 때문에, 복조기의 입력과 출력에서 신호의 이상적인 정보 전송률은 각각 $B_T\log(1+S_i/N_i)$ 비트와 $B\log(1+S_o/N_o)$이다. 복조기는 정보를 더하거나 빼지 않으므로, 두 비율은 같을 것이다. 즉,

$$B_T \log\left(1+\frac{S_i}{N_i}\right) = B\log\left(1+\frac{S_o}{N_o}\right)$$

그리고

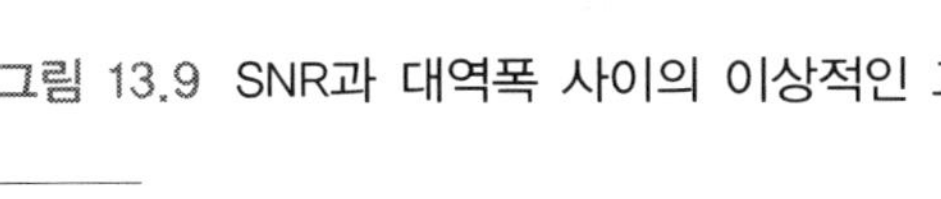

▸▸ 그림 13.9 SNR과 대역폭 사이의 이상적인 교환

* 부가 백색 가우시안 잡음 채널을 가정한다.

$$\left(1+\frac{S_o}{N_o}\right)=\left(1+\frac{S_i}{N_i}\right)^{B_T/B} \tag{13.70a}$$

실제로, 대부분의 시스템에서, S_i/N_i와 마찬가지로 $S_o\ /N_o \gg 1$이다. 따라서

$$\frac{S_o}{N_o}\simeq\left(\frac{S_i}{N_i}\right)^{B_T/B} \tag{13.70b}$$

또한,

$$\begin{aligned}\frac{S_i}{N_i}&=\frac{S_i}{\mathcal{N}B_T}\\&=\left(\frac{S_i}{\mathcal{N}B}\right)\left(\frac{B}{B_T}\right)=\frac{B}{B_T}\gamma \qquad\qquad \gamma=\frac{S_i}{\mathcal{N}B}\end{aligned}$$

그러므로, 식 (13.70)은 다음과 같이 된다.

$$\frac{S_o}{N_o}=\left(1+\frac{\gamma}{B_T/B}\right)^{B_T/B}-1 \tag{13.71a}$$

$$\simeq\left(\frac{\gamma}{B_T/B}\right)^{B_T/B} \tag{13.71b}$$

식 (13.70)과 (13.71)은 SNR과 대역폭의 이상적인 교환의 법칙을 보여준다. 그림 13.10에서 여러 가지 B_T/B 값에 따른 γ의 함수로 출력 SNR S_o/N_o을 그렸다.

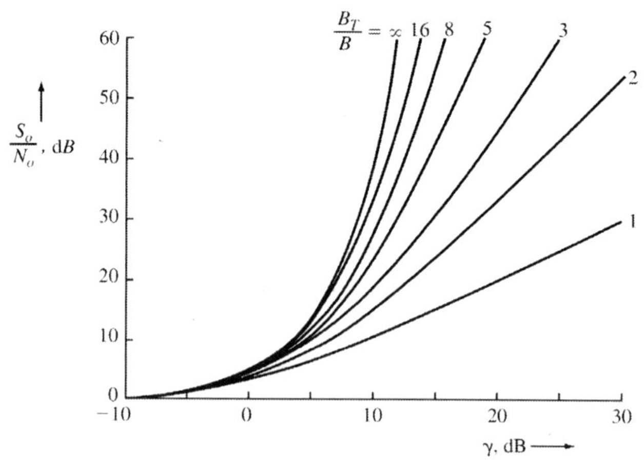

►► 그림 13.10 여러가지 B_T/B값에 따른 γ와 S_0/N_0의 이상곡선

출력 SNR은 대역폭 확장 계수(bandwidth expansion factor) B_T/B에 따라 지수 함수적으로 증가한다. 이것은 주어진 출력 SNR을 유지하기 위하여 전송된 신호 전력을 대역폭 확장 계수에 따라 지수 함수적으로 감소시킬 수 있음을 의미한다. 따라서, 대역폭을 약간 증가시키면 전송 전력을 상당히 줄일 수 있다. 반면에 대역폭을 약간 줄이면, 전송 전력을 많이 증가시켜야 한다.

이제 두 개의 디지털 시스템을 조사하고 이상적인 시스템과 얼마나 차이가 나는지 비교해보자.

○ 펄스 부호화 변조(PCM)

앞에서 본 바와 같이, M진 PCM은 γ가 증가함에 따라 M의 값을 크게 하지 않는 한 포화 효과(saturation effect)를 보인다. 만일 메시지 신호가 L 레벨로 양자화되면, 각 샘플은 $\log_M L$개의 M진 펄스에 의해 부호화될 수 있다. 만일 B가 메시지 신호의 대역폭이면, 초당 $2B$ 샘플을 전송해야 한다. 따라서, 초당 M진 펄스의 수 R_M은 다음과 같다.

$$R_M = 2B \log_M L$$

또, 전송 대역폭 B_T는 반이 된다. 따라서,

$$B_T = \frac{R_M}{2} = B \log_M L \tag{13.72a}$$

식 (10.98a)로부터, 전력 S_i는 다음과 같다.

$$S_i = \frac{M^2 - 1}{3} E_p R_M \tag{13.72b}$$

또,

$$N_i = \mathcal{N} B_T = \frac{\mathcal{N} R_M}{2} \tag{13.73}$$

각각의 M진 펄스는 $\log_2 M$ 비트의 정보를 전달한다. 그리고 초당 $2B \log_M L$개의 M진 펄스를 전송한다. 따라서, R_b 비트율로 정보를 전송하고 있다. 여기서,

$$\begin{aligned} R_b &= (2B \log_M L)(\log_2 M) \\ &= 2B_T \log_2 M \\ &= B_T \log_2 M^2 \quad \text{bit/s} \end{aligned}$$

이 식에, 식 (13.72b)와 (13.73)를 대입하면,

$$R_b = B_T \log_2\left(1 + \frac{3\mathcal{N}}{2E_p}\frac{S_i}{N_i}\right) \quad \text{bit/s} \tag{13.74}$$

지금 M진 PCM 채널을 통하여 초당 R_b 비트에 해당하는 정보를 전송하고 있다. 하지만 수신할 때 오류가 생긴다. 펄스는 식 (10.99c)에 주어진 오류 확률 P_{eM}을 가지고 검출된다. 만일 P_{eM}이 10^{-6} 정도라면, 이 경우의 수신은 오류가 없다고 생각할 수 있다. 식 (10.99c)로부터,

$$P_{eM} \simeq 2Q\left(\sqrt{\frac{2E_p}{\mathcal{N}}}\right) = 10^{-6} \qquad M \gg 1$$

여기서

$$\frac{2E_p}{\mathcal{N}} = 24$$

이 값을 식 (13.74)에 대입하면,

$$R_b = B_T \log_2\left(1 + \frac{1}{8}\frac{S_i}{N_i}\right) \quad \text{bit/s} \tag{13.75}$$

따라서 SNR이 S_i/N_i인 대역폭 B_T의 채널을 통하여 PCM 시스템은 식 (13.75)에 있는 R_b의 전송율로 정보를 보낼 수 있다. SNR이 S_i/N_i이고 대역폭이 B_T인 이상적인 채널은 C bits/s의 율로 정보를 전송한다. 여기서,

$$C = B_T \log_2\left(1 + \frac{S_i}{N_i}\right) \quad \text{bit/s} \tag{13.76}$$

PCM은 이상적인 시스템보다 대략 여덟 배(9 dB)의 많은 전력을 사용한다. 이 성능은 FM과 비교해도 월등한 성능이다. 그림 13.11은 S_i/N_i이의 함수로서 R_b/B_T를 그린 것이다. 이상적인 시스템에 대하여,

$$\frac{R_b}{B_T} = \frac{C}{B_T} = \log_2\left(1 + \frac{S_i}{N_i}\right) \tag{13.77}$$

임계치에서 PCM은 이상 곡선보다 9 dB 떨어진다.

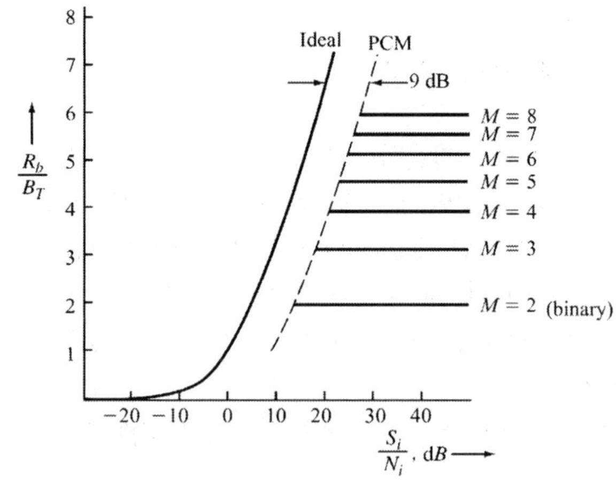

▸▸ 그림 13.11 이상적인 시스템과 PCM의 성능비교

PCM이 포화 상태일 때, 검출 오류 확률은 0에 접근한다. 각 M진 펄스는 $\log_2 M$ 비트를 전송하고, 초당 $2B_T$개의 펄스가 있다. 따라서,

$$R_b = 2B_T \log_2 M \tag{13.78}$$

또는,

$$\frac{R_b}{B_T} = 2 \log_2 M \tag{13.79}$$

이것은 그림 13.11에 명백하게 나타냈다.

○ **직교 신호(Orthogonal Signaling)**

M진 직교 신호[식 (10.122) 참조]에 대하여 이미 증명한 바와 같이, 오류없는 통신 전송률은

$$R_b \leq 1.44 \frac{S_i}{\mathcal{N}} \quad \text{bit/s} \tag{13.80}$$

이것은 무한대의 대역폭을 가진 이상적인 채널을 통하여 오류없는 통신의 전송률과 같음을 식 (13.64)에 보였다. 그러므로 M→∞일 때, M진 방식의 대역폭은 ∞로 접근하고, 그것의 통신 전송률은 이상적인 채널에 수렴한다.

13.7 주파수-선택 채널 용량

지금까지 백색 가우시안 잡음하에서 유한대역폭의 무왜곡 채널용량으로 논의를 제한했었다. 채널이 평탄하거나 평탄 페이딩(flat fading)일 때, 그런 채널 모델은 응용에 적합하다. 실제로, 우리는 복잡한 채널의 다양한 형태들에 직면한다. 특히, 12장에서는 중요한 다중경로가 존재할 때의 대부분의 무선 통신 채널이 주파수 선택 채널이 된다는 것을 보여주었다. 지금부터 왜곡없는 (평탄한) 스펙트럼을 갖지 않은 주파수 선택적 채널의 용량을 살피도록 하자.

첫째로, 랜덤한 출력이 다음식과 같은 대역제한 AWGN 채널을 고려해보자.

$$\mathrm{y} = H \cdot \mathrm{x} + \mathrm{n}$$

이 채널은 대역폭에 걸쳐 H의 일정한 이득을 갖고 있다. 식 (13.63)에 기초하여 대역폭이 B인 대역 제한된(저주파 통과) AWGN 채널은 다음의 용량을 가지고 있다.

$$C = B \cdot \log\left(1 + |H|^2 \frac{S}{N}\right) \qquad \text{bit/s} \tag{13.81}$$

이 때, S와 N은 각각 신호 전력과 잡음 전력이다. 게다가 4장과 9장에서 이미 변조를 통해 기저대역과 통과대역의 등가성을 보여주었다. 그러므로, 주어진 동일한 잡음 스펙트럼과 대역폭, AWGN 저주파 통과, 대역 제한된 채널과 AWGN 대역통과 채널은 동일한 채널 용량을 가지고 있다. 이제 주파수-선택 채널의 용량을 설명해보자.

주파수 f_i에서 굉장히 작은 대역폭 Δf를 갖는 채널을 고려해보자. 이 작은 대역에서 채널 이득은 $H(f_i)$이고, 신호 전력 스펙트럼 밀도(PSD)는 $S_{\mathrm{x}}(f_i)$, 가우시안 잡음 PSD는 $S_{\mathrm{n}}(f_i)$이다. 이 작은 대역폭이 기본적으로 식 (13.63)에 따라 대역-제한된 AWGN 채널이기 때문에, 이 채널의 용량은 다음과 같다.

$$\begin{aligned} C(f_i) &= \Delta f \cdot \log\left[1 + |H(f_i)|^2 \frac{S_{\mathrm{x}}(f_i)\,\Delta f}{S_{\mathrm{n}}(f_i)\,\Delta f}\right] \\ &= \log\left[1 + \frac{|H(f_i)|^2 S_{\mathrm{x}}(f_i)}{S_{\mathrm{n}}(f_i)}\right]\Delta f \qquad \text{bit/s} \end{aligned} \tag{13.82}$$

이는 대역폭 Δf의 작은 공통부분이 없는 AWGN 대역통과 채널에서 주파수-선택적 채널 $H(f)$를 나눌 수 있다는 것을 의미한다. 그러므로 채널 용량의 합을 간단하게 근사화하면,

$$\hat{C} = \sum_i \log\left[1 + \frac{|H(f_i)|^2 S_x(f_i)}{S_n(f_i)}\right]\Delta f \qquad \text{bit/s}$$

사실, 12장에서 논의된 실제 OFDM(또는 DMT) 시스템은 다른 이득을 갖는 병렬의 평탄 채널의 층으로 구성된 바로 이런 시스템이다. 채널 응답과 신호 PSD 또는 잡음 PSD가 0이 아닌 Δf에 대해서 상수가 되지 않을 수 있기 때문에 이 용량은 근사화된다. $\Delta f \to 0$으로 함으로써, 전체 채널용량을 다음과 같이 결정할 수 있다.

$$C = \int_{-\infty}^{\infty} \log\left[1 + \frac{|H(f)|^2 S_x(f)}{S_n(f)}\right] df \tag{13.83}$$

○ 최대 용량 전력 부하

식 (13.83)에서 응답 $H(f)$를 갖는 주파수 선택 채널의 용량은 $S_n(f)$의 PSD를 가지는 유색 가우시안 잡음하에서 입력 PSD $S_x(f)$에 의존한다는 것을 확인했다. 전체 채널 용량을 활용하기 위해 통합 용량을 최대화할 수 있는 입력 PSD $S_x(f)$의 최적 값을 찾을 필요가 있다.

$$\int_{-\infty}^{\infty} \log\left[1 + \frac{|H(f)|^2 S_x(f)}{S_n(f)}\right] df$$

그렇게 하기 위해서 임의의 입력 PSD $S_x(f)$가 고려되는 것이 공정하지 않다. 왜냐하면 서로 다른 PSD들이 전체 입력 전력의 다른 값들이 되기 때문이다. 같은 PSD로 주어진 두 신호에서 더 큰 전력을 가진 더 강한 신호는 송신에서 더 나쁜 이득과 더 많은 이득을 가진다. 그러므로 채널 용량 최대화를 공정하게 하려면 총 입력 신호 전력을 송신기 전력 P_x로 제한해야 한다. 총 전력이 제한되었을 때 최적의 입력 PSD를 찾는 문제는 최대 용량 전력 부하의 문제로 알려져 있다.

최대용량 전력부하를 이루는 PSD는 최적화 문제의 해결책이다. 최적화 문제는 다음과 같다.

$$\max_{S_x(f)} \int_{-\infty}^{\infty} \log\left(1 + \frac{|H(f)|^2 S_x(f)}{S_n(f)}\right) df \qquad \text{subject to} \quad \int_{-\infty}^{\infty} S_x(f)\, df \le P_x \tag{13.84}$$

최적화 문제를 풀기 위해 대역폭이 B인 채널을 대역폭 $\Delta f = B/K$의 K개의 좁은 평탄 채널 $(f_i,\ i = 1, 2, \cdots, K)$로 다시 분할한다.

$$N_i = S_n(f_i)\,\Delta f$$
$$H_i = H(f_i)$$
$$S_i = S_x(f_i)\,\Delta f$$

최적화 문제는 다음과 같이 이산적인 문제가 된다.

$$\max_{\{S_i\}} \sum_{i=1}^{K} \log\left(1 + \frac{|H_i|^2 S_i}{N_i}\right)\Delta f \tag{13.85a}$$

$$\text{subject to} \quad \sum_{i=1}^{K} S_i = P \tag{13.85b}$$

N개의 최적전력 값 $\{S_i\}$을 찾기 위한 문제는 최적의 전력부하 문제의 핵심사항이다.

이 문제는 수정된 목적함수를 이루고 있는 표준 라그랑제 곱셈기 λ를 소개함으로써 처리될 수 있다.

$$G(S_1, S_2, \ldots, S_K) = \sum_{i=1}^{K} \log\left(1 + \frac{|H_i|^2 S_i}{N_i}\right)\Delta f + \lambda \cdot \left(P - \sum_{i=1}^{K} S_i\right) \tag{13.86}$$

S_j에 관하여 $G(S_1, S_2, \cdots, S_K)$의 편미분을 취하고 0으로 놓으면

$$\frac{\Delta f}{1 + |H_j|^2 S_j / N_j}\frac{|H_j|^2}{N_j} - \lambda \ln 2 = 0 \qquad j = 1, 2, \ldots, K$$

이 최적 조건으로 다시 쓰면,

$$\frac{\Delta f}{\lambda \ln 2} - \frac{N_j}{|H_j|^2} = S_j \qquad j = 1, 2, \ldots, K$$

새로운 변수 $W = (\lambda \ln 2)^{-1}$로 정의함으로써, K개의 부채널 사이의 최적 전력할당 값은 다음과 같다.

$$S_i = W \cdot \Delta f - \frac{N_i}{|H_i|^2} \qquad i = 1, 2, \ldots, K \tag{13.87a}$$

$$\text{such that} \quad \sum S_i = P \tag{13.87b}$$

식 (13.87)의 최적전력 부하조건이 아직까지는 완벽하지 않다. 왜냐하면 특별한 주의가 없다면, 일부 S_i가 음수이기 때문이다. 그러므로 다음 식을 통해, $S_i \geq 0$을 보장하는 해답을 더욱 더 확실하게 해야 한다.

$$S_i = \max\left(W \cdot \Delta f - \frac{N_i}{|H_i|^2},\ 0\right) \qquad i = 1, 2, \ldots, K \tag{13.88a}$$

$$\text{such that} \qquad \sum S_i = P \tag{13.88b}$$

식 (13.88)에서의 두 식은 전력부하 최적화 문제의 해답을 설명한다. 구체적으로 지정될 필요가 있는 미지의 매개변수가 있다는 사실에 주목해야 한다. 따라서, 총 전력 제한을 $\sum S_i = P$로 함으로써, 매개변수 W를 결정할 수 있다.

결국, $\Delta f \to 0$과 $K \to \infty$로 제한하게 되며, $S_i = S_x(f_i)\Delta f$와 $N_i = S_n(f_i)\Delta f$이기 때문에, 최적 입력 신호 PSD는 다음과 같이 된다.

$$S_x(f) = \max\left(W - \frac{S_n(f)}{|H(f)|^2},\ 0\right) \tag{13.89a}$$

주어진 최적 상수 값 W에 대해 닫힌 형태의 해(closed form solution) 대신에, 최적값 W는 총 입력전력 제한으로부터 얻어진다.

$$\int_{-\infty}^{\infty} S_x(f)\,df = P \tag{13.89b}$$

또는

$$P = \int_{\{f:\, W - S_n(f)/|H(f)|^2 > 0\}} \left(W - \frac{S_n(f)}{|H(f)|^2}\right) df \tag{13.89c}$$

최적 PSD 식 (13.89)를 용량 공식으로 대체하면, 다음과 같이 최대 채널 용량을 구할 수 있다.

$$C_{\max} = \int_{\{f:\, W - S_n(f)/|H(f)|^2 > 0\}} \log\left(\frac{W|H(f)|^2}{S_n(f)}\right) df \tag{13.90}$$

○ 최적 전력부하의 Water-Pouring 설명

최적 채널입력 PSD는 전력 제약 식 (13.89c)를 만족해야만 한다. 일단 상수 W가 결정되면, 송신기는 채널 용량을 최대화시키는 식 (13.89a)으로 송신 PSD를 조절할 수 있다. 채널 입력 PSD 최적화 문제의 최적해는 water-filling 또는 water-pouring이다.[5]

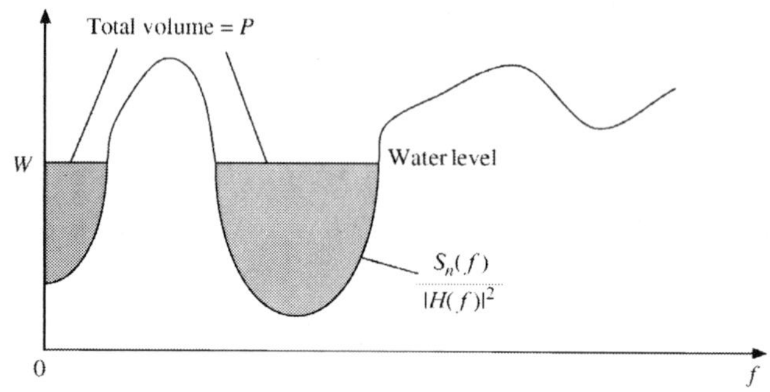

▸▸ 그림 13.12 최대 주파수 선택 채널 용량에 대한 Water-pouring 전력 할당도

최적 PSD 설계의 기본적인 water-pouring 설명은 그림 13.12에서 보여주고 있다. 첫째로, 주파수 응답 $S_n(f)/|H(f)|^2$을 그린다. 이 곡선은 물을 담는 그릇 바닥처럼 보인다. 전체 체적 P인 물 양동이를 전체 전력이라고 생각하자. 같은 수위로 만들기 위해 용기에 양동이 전체의 물을 부을 수 있다. 양동이가 비면, 최종 수위가 W로 올라갈 것이다. 모든 주파수 f에 대한 물의 깊이는 식 (13.89a)처럼 원하는 최적 PSD 레벨 $S_x(f)$이다. 분명히, 어떤 f에서 잡음 PSD가 높아서 $S_n(f)/|H(f)|^2$가 높아진다면, 부을 수 있는 물은 0이 될 것이다. 즉, 이 주파수들에 대한 최적 PSD는 0이 될 것이다. $S_n(f)/|H(f)|^2$의 높은 값은 채널 SNR $|H(f)|^2/S_n(f)$의 낮은 값을 의미한다는 것을 주의하라. 역으로, $S_n(f)/|H(f)|^2$이 낮거나 SNR이 높을 때, 최적 PSD 값 $S_x(f)$은 높게 유지되어야 한다. 요약하면, water-pouring 전력부하는 채널 SNR $|H(f)|^2/S_n(f)$이 높은 주파수에서 더 많은 신호 전력을 할당받고, 채널 SNR $|H(f)|^2/S_n(f)$이 낮은 주파수에서는 신호 전력을 아주 적게 또는 아예 할당 받지 않는다.

이는 12.8절에서 논의된 DMT 시스템의 최대 수신기 SNR에서의 송신기 전력 부하와 같지는 않지만 비슷하다.

○ OFDM/DMT에서의 최적 전력부하

water-filling에서 보여주듯이, W의 닫힌 형태의 표현을 찾는 것은 사실 불가능하다. 일단 P가 지정되면, 반복적인 water filling 알고리즘은 결국 W를 결정하기 위해 사용되고, 그 후에는 최적 전력부하 PSD $S_x(f)$을 결정하기 위해 사용된다. 물론 실제로 수위 W를 결정하기 위해서는 W를 수치적으로 풀어서 해결한다. 수치해는 전체 채널 대역폭을 충분히 작고 중복되지 않는 대역폭 Δf로 나누어서 해결한다.

실제 OFDM 또는 DMT 통신 시스템을 위해 반복적인 water-filling 알고리즘을 적절하게 사용함으로써 최대 채널 용량을 구한다. 최대 용량은 서로 다른 전력 S_i를 다른 직교 부반송파들에게 할당함으로써 구현 될 수 있다. 특별히, 부반송파 f_i에 할당된 전력은 다음과 같이 된다.

$$S_i = \Delta f \cdot \max\left(W - \frac{S_n(f_i)}{|H(f_i)|^2},\ 0\right)$$

이때, $\sum S_i = P$이다. 이 최적 전력할당 또는 전력 부하는 $\sum S_i = P$가 될 때까지 증분된 전력을 부 반송파에 하나씩 더함으로써 구할 수 있다.

13.8 다중입력 다중출력 통신 시스템

지난 10년간, 무선 통신에서 중요한 발전 중에 하나는 다중입력 다중출력(MIMO) 기술의 출현이다. 사실 Wi-Fi(IEEE 802.11n) 표준과 WiMAX(IEEE 802.16e) 표준 둘 다 통합 MIMO 송수신기(transceivers)이다. MIMO 무선 통신 시스템의 중요 장점은 추가 대역폭 요구나 송신기에서 신호 전력의 증가없이 무선 채널 용량을 크게 증가할 수 있다는 것이다. 흥미롭게도 MIMO 발전은 정보 이론의 기초로부터 출발한다. 이 절에서 MIMO와 정보이론의 연결 관계를 설명하려고 한다.

13.8.1 MIMO 채널 용량

이전에는 단일 신호 변수가 송신을 위해 고려된 사실이 있으므로, 이제는 입력과 출력 신호 벡터를 취급해보자. 즉, 각 신호 벡터는 MIMO 시스템에서 동시에 송신 또는 수신된 다중 데이터 심볼로 이루어진다. 랜덤 신호 벡터 $\mathbf{x} = (x_1,\ x_2,\ \cdots,\ x_N)^T$를 고려하자. 만약 랜덤 신호 벡터가 다음 확률을 가지고 이산이라면,

$$p_i = P(\mathbf{x} = \boldsymbol{x}_i) \qquad i = 1, 2, \ldots$$

$\mathbf{x}$의 엔트로피는 다음과 같이 결정된다.

$$H(\mathbf{x}) = -\sum_i p_i \log p_i \tag{13.91}$$

유사하게, $\mathbf{x}$가 확률 밀도 함수 $p(x_1, x_2, \cdots, x_N)$로 연속 분포를 가질 때, 차동 엔트로피는 다음과 같이 정의 된다.

$$H(\boldsymbol{x}) = -\int \cdots \int p(x_1, x_2, \ldots, x_N) \log p(x_1, x_2, \ldots, x_N)\, dx_1, dx_2, \ldots, dx_N \tag{13.92}$$

N개의 독립적이며 동일하게 분포된(i.i.d.) 가우시안 랜덤 변수로 이루어진 실수 랜덤 벡터 $\mathbf{x}$를 고려하자. $\mathbf{x}$는 평균이 $\boldsymbol{\mu}$이고, 다음과 같은 공분산을 갖는다고 하자.

$$\mathbf{C_x} = E\{(\mathbf{x} - \boldsymbol{\mu})(\mathbf{x} - \boldsymbol{\mu})^T\}$$

차동 엔트로피는 다음의 식이 된다.[5]

$$H(\boldsymbol{x}) = \frac{1}{2}[N \cdot \log(2\pi e) + \log\det(\boldsymbol{C}_{\mathbf{x}})] \tag{13.93}$$

명백하게, 랜덤 벡터의 엔트로피는 평균 $\boldsymbol{\mu}$에 영향을 받지 않는다. 그러므로 평균이 0인 랜덤 벡터로 고려하는 게 편하다. 이렇게 가정하면,

$$\boldsymbol{\mu} = E\{\mathbf{x}\} = 0$$

평균이 0이고, 다음 조건을 만족하는 모든 실수 랜덤 변수 벡터들 중에서,

$$\boldsymbol{C}_{\mathbf{x}} = \mathrm{Cov}(\mathbf{x}, \mathbf{x}) = E\{\mathbf{x}\mathbf{x}^T\}$$

다음 식을 가질 수 있다.[11]

$$\max_{p_{\mathbf{x}}(\boldsymbol{x}):\ \mathrm{Cov}(\mathbf{x}, \mathbf{x}^T) = \boldsymbol{C}_{\mathbf{x}}} H(\mathbf{x}) = \frac{1}{2}[N \cdot \log(2\pi e) + \log\det(\boldsymbol{C}_{\mathbf{x}})]. \tag{13.94}$$

이것은 가우시안 벡터 분포가 동일한 공분산 행렬의 모든 실 랜덤 벡터 중에서 최대 엔트로피를 가진다는 것을 의미한다.

이제 행렬 이득 $\boldsymbol{H}$를 가지는 평탄 페이딩 MIMO 채널을 고려해보자. $N \times M$ 채널 행렬 $\boldsymbol{H}$는 다음 식과 같이 $M \times 1$의 입력 벡터 $\mathbf{x}$와 $N \times 1$의 출력 벡터 $\mathbf{y}$로 연결되어 있다.

$$\mathbf{y} = \boldsymbol{H} \cdot \mathbf{x} + \mathbf{w} \tag{13.95}$$

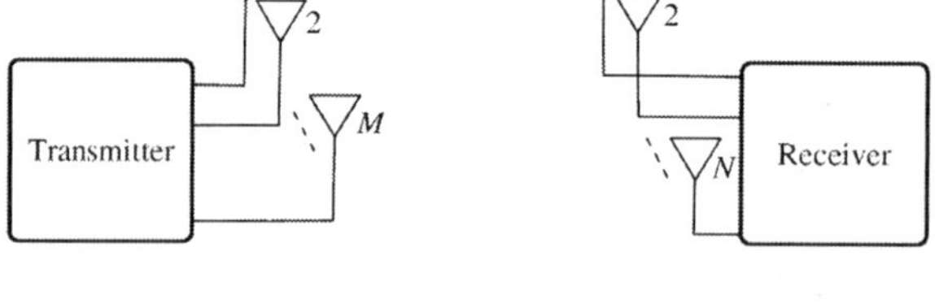

▸▸ 그림 13.13 M개의 송신 안테나와 N개의 수신 안테나가 있는 MIMO 시스템

여기서 $\mathbf{w}$는 평균이 0이고 공분산 행렬이 $C_{\mathbf{w}}$인 $N \times 1$의 부가 백색 가우시안 잡음 벡터이다. 그림 13.13에서 보듯이 MIMO 시스템은 송신기에서 M개의 송신 안테나와 수신기에서 N개의 수신 안테나로 이루어져 있다. 각 송신 안테나는 모든 N개의 수신 안테나로 송신할 수 있다. $N \times M$의 차원(예를 들어, M개의 송신 안테나와 N개의 수신 안테나)을 가지는 고정된 채널 $\boldsymbol{H}$ 가 주어졌을 때, 채널 입출력 벡터사이의 상호 정보는 다음과 같다.

$$I(\mathbf{x},\ \mathbf{y}) = H(\mathbf{y}) - H(\mathbf{y}|\mathbf{x}) \tag{13.96a}$$

$$= H(\mathbf{y}) - H(\mathbf{H} \cdot \mathbf{x} + \mathbf{w}|\mathbf{x}) \tag{13.96b}$$

$\mathbf{x}$가 알려진 조건하에서 $\mathbf{H} \cdot \mathbf{x}$의 평균은 상수인 것을 상기해 보자. 그러므로 주어진 $\mathbf{x}$에 대한 $\mathbf{y}$의 조건 엔트로피는 다음과 같다.

$$H(\mathbf{y}|\mathbf{x}) = H(\boldsymbol{H} \cdot \mathbf{x} + \mathbf{w}|\mathbf{x}) = H(\mathbf{w}) \tag{13.97}$$

그리고

$$I(\mathbf{x},\ \mathbf{y}) = H(\mathbf{y}) - H(\mathbf{w}) \tag{13.98a}$$

$$= H(\mathbf{y}) - \frac{1}{2}\left[N \cdot \log_2(2\pi e) + \log\det(\mathbf{C_w})\right] \tag{13.98b}$$

그러므로, 다음의 식을 얻기 위해서 식 (13.94)의 결과를 사용하면,

$$\max I(\mathbf{x},\ \mathbf{y}) = \max H(\mathbf{y}) - \frac{1}{2}\left[N \cdot \log_2(2\pi e) + \log\det(\mathbf{C_w})\right] \tag{13.99a}$$

$$\begin{aligned} &= \frac{1}{2}\left[N \cdot \log_2(2\pi e) + \log\det(\boldsymbol{C}_{\mathbf{y}})\right] \\ &\quad - \frac{1}{2}\left[N \cdot \log_2(2\pi e) + \log\det(\boldsymbol{C}_{\mathbf{w}})\right] \end{aligned} \tag{13.99b}$$

$$\begin{aligned} &= \frac{1}{2}\left[\log\det(\boldsymbol{C}_{\mathbf{y}}) - \log\det(\boldsymbol{C}_{\mathbf{w}})\right] \\ &= \frac{1}{2}\left[\log\det(\boldsymbol{C}_{\mathbf{y}} \cdot \boldsymbol{C}_{\mathbf{w}}^{-1})\right] \end{aligned} \tag{13.99c}$$

채널 입력 $\mathbf{x}$가 잡음 벡터 $\mathbf{w}$에 독립적이기 때문에, 다음과 같은 식을 가질 수 있다.

$$\boldsymbol{C}_{\mathbf{y}} = \mathrm{Cov}(\mathbf{y},\, \mathbf{y}) = \boldsymbol{H} \cdot \boldsymbol{C}_{\mathbf{x}}\boldsymbol{H}^T + \boldsymbol{C}_{\mathbf{w}}$$

그러므로 벡터 전송 당 채널의 용량은,

$$\begin{aligned} C_s &= \max_{p(\boldsymbol{x})} I(\mathbf{x},\, \mathbf{y}) \\ &= \frac{1}{2} \log \det \left(\boldsymbol{I}_N + \boldsymbol{H} \boldsymbol{C}_{\mathbf{x}} \boldsymbol{H}^T \boldsymbol{C}_{\mathbf{w}}^{-1} \right) \end{aligned} \tag{13.100}$$

대역폭이 B Hz인 대칭 저주파 통과 채널이 주어졌을 때, 다음 식의 채널 용량을 제공하기 위해 $\mathbf{x}$의 $2B$개의 샘플이 전송될 수 있다.

$$\begin{aligned} C(\boldsymbol{H}) &= B \log \det \left(I + \boldsymbol{H} \boldsymbol{C}_{\mathbf{x}} \boldsymbol{H}^T \boldsymbol{C}_{\mathbf{w}}^{-1} \right) \\ &= B \log \det \left(I + \boldsymbol{C}_{\mathbf{x}} \boldsymbol{H}^T \boldsymbol{C}_{\mathbf{w}}^{-1} \boldsymbol{H} \right) \end{aligned} \tag{13.101}$$

여기서, $\det(\boldsymbol{I} + \boldsymbol{A} \cdot \boldsymbol{B}) = \det(\boldsymbol{I} + \boldsymbol{B} \cdot \boldsymbol{A})$로 행렬 $\boldsymbol{A}$와 $\boldsymbol{B}$가 동일하다고 한다. 식 (13.101)로부터 채널 용량이 가우시안 입력 신호 벡터의 공분산 행렬 $\boldsymbol{C}_{\mathbf{x}}$에 의존한다는 것을 명확하게 알 수 있다. 이 결과는 송신기에서 MIMO 채널 $\left(\boldsymbol{H}^T \boldsymbol{C}_{\mathrm{w}}^{-1} \boldsymbol{H}\right)$을 알고 있다고 했을 때, 최적 입력 신호는 전체 채널 용량 $C(\boldsymbol{H})$를 최대화하기 위해 $\boldsymbol{C}_{\mathbf{x}}$를 설계함으로써 결정될 수 있다.

이제 고려할 수 있는 두 가지 시나리오가 남아 있다. (1) MIMO 채널 정보를 모르는 경우의 MIMO 송신기와 (2) 채널을 알고 있어 $\boldsymbol{C}_{\mathbf{x}}$를 최적화할 수 있는 MIMO 송신기이다. 이 두 가지 분리된 경우에서 각각 MIMO 채널 용량에 대해 논의해보자.

13.8.2 채널 정보를 모르는 송신기

채널 정보를 모르는 송신기에 대해 입력 공분산 행렬 $\boldsymbol{C}_{\mathbf{x}}$는 어떤 선호도도 없이 선택되어야 한다. 그 결과, 기본 값 $\boldsymbol{C}_{\mathbf{x}} = \sigma_{\mathrm{x}}^2 \boldsymbol{I}$이 선택되어야 한다. 이 경우 MIMO 시스템 용량은 간단히 다음과 같이 나타낼 수 있다.

$$C = B \log \det \left(\boldsymbol{I} + \sigma_{\mathrm{x}}^2 \boldsymbol{H}^T \boldsymbol{C}_{\mathbf{w}}^{-1} \boldsymbol{H} \right) \tag{13.102}$$

다음의 고유값 분해를 고려해보자.

$$\boldsymbol{H}^T \boldsymbol{C}_{\mathbf{w}}^{-1} \boldsymbol{H} = \boldsymbol{U} \boldsymbol{D} \boldsymbol{U}^H$$

여기서 $\boldsymbol{U}$는 $\boldsymbol{U} \cdot \boldsymbol{U}^H = \boldsymbol{I}_N$인 $N \times N$인 정방 unitary 행렬이고, $\boldsymbol{D}$는 내림차순으로 음의 값이 아닌 대각 요소를 가지는 대각 행렬이다.

$$\boldsymbol{D} = \mathrm{Diag}\,(d_1,\, d_2,\, \ldots,\, d_r,\, 0,\, \ldots,\, 0)$$

$d_r > 0$은 $\boldsymbol{H}^T \boldsymbol{C}_{\mathrm{w}}^{-1} \boldsymbol{H}$의 최소의 0이 아닌 고유값이며, 그것의 rank는 $r \le \min(N, M)$의 범위 안에 있다는 사실에 주의하라. $\det(\boldsymbol{I}+\boldsymbol{AB})=\det(\boldsymbol{I}+\boldsymbol{BA})$와 $\boldsymbol{U}^H\boldsymbol{U}=\boldsymbol{I}$ 이기 때문에, 다음의 식을 가질 수 있다.

$$C = B \log\det\left(\boldsymbol{I} + \sigma_{\mathrm{x}}^2 \cdot \boldsymbol{UDU}^H\right) \tag{13.103a}$$

$$= B \log\det\left(\boldsymbol{I} + \sigma_{\mathrm{x}}^2 \cdot \boldsymbol{DU}^H\boldsymbol{U}\right)$$

$$= B \log\det\left(\boldsymbol{I} + \sigma_{\mathrm{x}}^2 \boldsymbol{D}\right)$$

$$= B \log \prod_{i=1}^{r} (1 + \sigma_{\mathrm{x}}^2 d_i) \tag{13.103b}$$

$$= B \sum_{i=1}^{r} \log(1 + \sigma_{\mathrm{x}}^2 d_i) \tag{13.103c}$$

부가적이며, 백색이고, 가우시안인 채널 잡음이 특별한 경우에, $\boldsymbol{C}_{\mathrm{w}} = \sigma_{\mathrm{w}}^2 \boldsymbol{I}$는,

$$\boldsymbol{H}^T \boldsymbol{C}_{\mathbf{w}}^{-1} \boldsymbol{H} = \frac{1}{\sigma_{\mathrm{w}}^2} \boldsymbol{H}^T \boldsymbol{H} = \frac{1}{\sigma_{\mathrm{w}}^2} \boldsymbol{U} \begin{bmatrix} \gamma_1 & & & & & & \\ & \gamma_2 & & & & & \\ & & \ddots & & & & \\ & & & \gamma_r & & & \\ & & & & 0 & & \\ & & & & & \ddots & \\ & & & & & & 0 \end{bmatrix} \boldsymbol{U}^H \tag{13.104}$$

여기서 γ_i는 $\boldsymbol{H}^T\boldsymbol{H}$의 i번째로 가장 큰 고유값이며, rank r을 가진다고 가정한다. 결과적으로 이 MIMO 시스템의 채널 용량은 다음과 같다.

$$C = B \sum_{i=1}^{r} \log\left(1 + \frac{\sigma_{\mathrm{x}}^2}{\sigma_w^2} \gamma_i\right) \tag{13.105}$$

즉, r개의 병렬 AWGN 채널의 용량의 합이 이 시스템의 채널 용량이다. 각각의 준채널 SNR은 $\sigma_{\mathrm{x}}^2 \cdot \gamma_i/\sigma_w^2$이다. 그림 13.14는 r개의 능동적인 입력 신호 $\mathrm{x}_1, \cdots, \mathrm{x}_r$의 r개의 병렬 AWGN 채널로 구성된 동일한 시스템을 설명한다.

특별한 경우, 모든 MIMO 채널이 0이 아닌 모든 고유치들이 똑같은 $\gamma_i = \gamma$일 때, 채널 용량은,

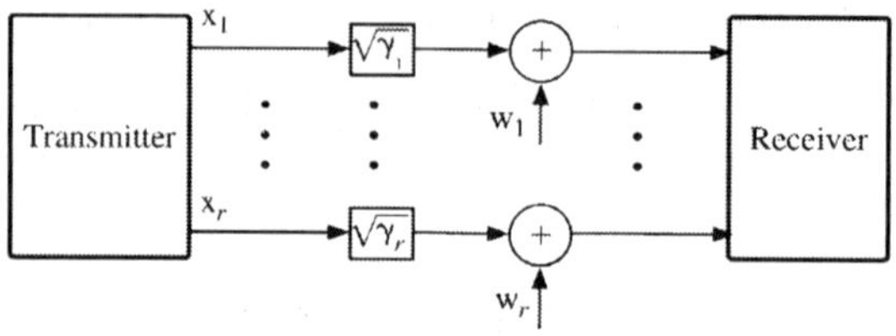

▸▸ 그림 13.14 송신단에서 채널정보를 모르는 MIMO 시스템과 등가인 r채널 통신 시스템

$$C_{\text{MIMO}} = r \cdot B \log\left(1 + \frac{\sigma_{\text{x}}^2}{\sigma_w^2}\gamma\right) \tag{13.106}$$

이다.

$\boldsymbol{H}$가 스칼라인($r = 1$) 단일 입력 단일 출력 채널과 비교하면, SISO 채널 용량은 간단하게,

$$C_{\text{SISO}} = B \log\left(1 + \frac{\sigma_{\text{x}}^2}{\sigma_w^2}\gamma\right) \tag{13.107}$$

그러므로 MIMO 송수신기에 적용함으로써, 채널 용량은 본래의 단일 입력 단일 출력 채널용량의 r배로 증가된다. 이 결과는 무선 통신에 있어 용량 향상을 제공해주는 MIMO 기술의 중요한 장점을 보여준다.

13.8.3 채널 정보를 아는 송신기

많은 경우의 무선 통신 시스템에서 송신기는 피드백 메카니즘을 통해 MIMO 채널 $\boldsymbol{H}^T \boldsymbol{C}_{\text{w}}^{-1} \boldsymbol{H}$의 지식을 얻는다. 이 경우 송신기는 MIMO 시스템의 용량을 최대화하기 위해 입력 신호 공분산 행렬 $\boldsymbol{C}_{\text{x}}$를 최적화할 수 있다.

첫째로 식 (13.101)의 채널 용량이 큰 상수 k의 행렬 $\boldsymbol{C}_{\text{x}}$를 조정함으로써 간단하게 증가할 수 있는 것을 관찰 할 수 있다. 물론 그렇게 하는 것은 효과적으로 송신 전력을 k배로 증가시키게 되고 결국 불공평하게 된다. 여기서 공평하게 된다는 의미는 최적 공분산 행렬 $\boldsymbol{C}_{\text{x}}$의 설계가 실질적인 제약에 기초되어야만 하는 것을 의미한다. 일반적인 통신 시스템에서 더 높은 신호 전력의 송신기는 더 높은 SNR과 더 큰 용량을 가질 것이다. 그러므로 주파수 선택적 채널의 water-pouring PSD 설계와 유사하게, 송신기 전력 문턱값 P로 MIMO 송신기의 총 송신 전력을 제한해야 한다.

이 전력 제약 방법이 입력 공분산 행렬 $\boldsymbol{C}_{\text{x}}$에 어떻게 영향을 미칠 것인가를 보기 위해서, 먼저 정방 행렬의 "대각합"(Trace) 연산자를 소개한다. $\boldsymbol{F}_{ij}$가 i번째 행과 j번째 열의 요소들로 정의되는 $M \times M$ 정방 행렬 $\boldsymbol{F}$를 고려하자. 그러면 행렬 $\boldsymbol{F}$의 대각합은 대각 요소들의 합이 된다.

$$\mathrm{Tr}\,(\boldsymbol{F}) = \sum_{i=1}^{M} F_{i,i} \tag{13.108}$$

대각합이 선형적이기 때문에 평균 연산자 $E\{\cdot\}$[식 (8.59)]의 특성으로부터 다음과 같이 나타낼 수 있다.

$$E\{\mathrm{Tr}\,(\boldsymbol{F})\} = \mathrm{Tr}\,(E\{\boldsymbol{F}\}) \tag{13.109}$$

대각합 연산자가 특성은 매우 유용하다. 만약 행렬 곱 $\boldsymbol{AB}$와 $\boldsymbol{BA}$ 둘 다 적절한 크기의 정방 행렬이라면, 이 둘은 같은 대각합을 갖는다. 즉,

$$\mathrm{Tr}\,(\boldsymbol{AB}) = \mathrm{Tr}\,(\boldsymbol{BA}) \tag{13.110}$$

이 항등식은 매우 중요하다. 식 (13.110)에 적용함으로써 벡터 $\mathbf{x}$에 대한 식을 알 수 있다.

$$\mathbf{x}^T\mathbf{x} = \mathrm{Tr}\left[\mathbf{x}^T\mathbf{x}\right] \tag{13.111a}$$

$$= \mathrm{Tr}\left[\mathbf{x}\mathbf{x}^T\right] \tag{13.111b}$$

신호 벡터 $\mathbf{x} = (\mathrm{x}_1,\ \mathrm{x}_2,\ \cdots,\ \mathrm{x}_\mathrm{M})$에서 신호 벡터 $\mathbf{x}$의 평균전력의 합을 증명하기 위해 식 (13.109)와 (13.111)을 적용할 수 있다.

$$\sum_{i=1}^{M} E\left\{\mathrm{x}_\mathrm{i}^2\right\} = E\left\{\sum_{i=1}^{M} \mathrm{x}_\mathrm{i}^2\right\} \tag{13.112a}$$

$$\begin{aligned} &= E\left\{\mathbf{x}^T\mathbf{x}\right\} \\ &= E\left\{\mathrm{Tr}\left[\mathbf{x}\mathbf{x}^T\right]\right\} \\ &= \mathrm{Tr}\left[E\left\{\mathbf{x}\mathbf{x}^T\right\}\right] \\ &= \mathrm{Tr}\,[\boldsymbol{C}_\mathbf{x}] \end{aligned} \tag{13.112b}$$

결과적으로, 전력 제약은 대각합 제약으로 변환된다.

$$\mathrm{Tr}\,(\boldsymbol{C}_\mathbf{x}) \le P$$

그러므로 송신기에서 $\boldsymbol{H}^T \boldsymbol{C}_{\mathrm{w}}^{-1} \boldsymbol{H}$을 안다고 주어졌을 때, 채널 용량을 최대화하기 위한 최적 입력 신호 공분산 행렬은 다음과 같이 정의된다.

$$\max_{\boldsymbol{C}_{\mathbf{x}}:\ \mathrm{Tr}(\boldsymbol{C}_{\mathbf{x}})\le P} B \log\det\left(\boldsymbol{I} + \boldsymbol{C}_{\mathbf{x}} \boldsymbol{H}^T \boldsymbol{C}_{\mathbf{w}}^{-1} \boldsymbol{H}\right) \tag{13.113}$$

이 최적화 문제는 이후에 잘 정의된다.

최적의 $\boldsymbol{C}_{\mathbf{x}}$를 찾기 위해 고유값 분해를 다시 적용해보면,

$$\boldsymbol{H}^T \boldsymbol{C}_{\mathbf{w}}^{-1} \boldsymbol{H} = \boldsymbol{U}\boldsymbol{D}\boldsymbol{U}^H$$

식 (13.110)의 대각합 성질을 적용함으로써, 다음 식의 최적 공분산 설계 문제를 다시 쓸 수 있다.

$$\max_{\mathrm{Tr}(\boldsymbol{C}_{\mathbf{x}})\le P} B \log\det\left(\boldsymbol{I} + \boldsymbol{C}_{\mathbf{x}} \boldsymbol{U}\boldsymbol{D}\boldsymbol{U}^H\right) = \max_{\mathrm{Tr}(\boldsymbol{C}_{\mathbf{x}})\le P} B \log\det\left(\boldsymbol{I} + \boldsymbol{U}^H \boldsymbol{C}_{\mathbf{x}} \boldsymbol{U}\boldsymbol{D}\right) \tag{13.114}$$

공분산 행렬이 양의 반정부호(Positive Semidefinite)(부록 D.7)이기 때문에, 새로운 양의 반정부호 행렬을 정의할 수 있다.

$$\overline{\boldsymbol{C}}_{\mathbf{x}} = \boldsymbol{U}^H \boldsymbol{C}_{\mathbf{x}} \boldsymbol{U} \tag{13.115}$$

식 (13.110)에 따르면,

$$\begin{aligned} \mathrm{Tr}\left[\overline{\boldsymbol{C}}_{\mathbf{x}}\right] &= \mathrm{Tr}\left[\boldsymbol{U}^H \boldsymbol{C}_{\mathbf{x}} \boldsymbol{U}\right] \\ &= \mathrm{Tr}\left[\boldsymbol{C}_{\mathbf{x}} \boldsymbol{U} \boldsymbol{U}^H\right] \\ &= \mathrm{Tr}\left[\boldsymbol{C}_{\mathbf{x}} \boldsymbol{I}\right] \\ &= \mathrm{Tr}\left[\boldsymbol{C}_{\mathbf{x}}\right] \end{aligned} \tag{13.116}$$

사실, 식 (13.116)은 $\boldsymbol{C}_{\mathbf{x}}$와 $\overline{\boldsymbol{C}}_{\mathbf{x}}$의 대각합이 동일함을 나타낸다. 이 항등식은 용량 최대화 문제를 다음 식으로 간단하게 변환시킨다.

$$C = \max_{\boldsymbol{C}_{\mathbf{x}}:\ \mathrm{Tr}(\boldsymbol{C}_{\mathbf{x}})\le P} B \log\det\left(\boldsymbol{I} + \boldsymbol{U}^H \boldsymbol{C}_{\mathbf{x}} \boldsymbol{U}\boldsymbol{D}\right)$$

$$= \max_{\overline{\boldsymbol{C}}_{\mathbf{x}}:\ \mathrm{Tr}(\overline{\boldsymbol{C}}_{\mathbf{x}})\le P} B \log\det\left(\boldsymbol{I} + \overline{\boldsymbol{C}}_{\mathbf{x}} \boldsymbol{D}\right) \tag{13.117a}$$

$$= \max_{\overline{\boldsymbol{C}}_{\mathbf{x}}:\ \mathrm{Tr}(\overline{\boldsymbol{C}}_{\mathbf{x}})\le P} B \log\det\left(\boldsymbol{I} + \boldsymbol{D}^{1/2} \overline{\boldsymbol{C}}_{\mathbf{x}} \boldsymbol{D}^{1/2}\right) \tag{13.117b}$$

식 (13.117b)의 문제는 $\boldsymbol{D}$가 대각 행렬이기 때문에 더 간단하다. 게다가 행렬 최적화에 종종 사용되는 매우 유용한 도구인 **Hadamard 부등식**을 적용하여 해결할 수 있다.

Hadamard 부등식 : a_{ij}가 $n \times n$의 복소 행렬 $\boldsymbol{A}$의 i번째 행과 j번째 열의 요소라고 하자. $\boldsymbol{A}$는 양의 반정부호(positive semidefinite)이고, Hermitian이다. 즉 $(conj(\boldsymbol{A}))^T = \boldsymbol{A}$이다. 그러면 다음의 부등식을 만족하는데,

$$det(A) \le \prod_{i=1}^{n} a_{ii}$$

이 식은 $\boldsymbol{A}$가 대각행렬일 때만 항등식을 가진다.

$\overline{\boldsymbol{C}_{\mathbf{x}}}$가 양의 반정부호이기 때문에(문제 13.8-3) $\boldsymbol{I} + \boldsymbol{D}^{1/2}\overline{C_{\mathrm{x}}}\,\boldsymbol{D}^{1/2}$도 양반정 부호로 쉽게 증명 할 수 있다. 식 (13.117b)에 Hadamard 부등식을 적용함으로써 우리가 필요로 하는 최대 채널 용량의 조건을 분명히 나타낼 수 있다.

$$\boldsymbol{D}^{1/2}\overline{C}_{\mathbf{x}}\boldsymbol{D}^{1/2} = \text{대각구조(diagonal)}$$

즉, 최적 채널 입력은 다음의 식을 필요로 한다.

$$\overline{C}_{\mathbf{x}} = \boldsymbol{D}^{-1/2} \cdot \text{대각구조} \cdot \boldsymbol{D}^{-1/2} = \text{대각구조} \tag{13.118}$$

식 (13.118)은 $\overline{\boldsymbol{C}_{\mathbf{x}}}$의 최적 구조가 대각 구조로 된다. 이 결과는 용량의 최대화 문제를 매우 간단하게 한다. 다음 식으로 최적 구조 공분산 행렬을 다음 식으로 정의해보자.

$$\overline{C}_{\mathbf{x}} = \text{대각구조}\ (c_1,\ c_2,\ \ldots,\ c_M)$$

그러면, 용량은 다음 식에 따라 양의 반정부호 행렬 $\overline{\boldsymbol{C}_{\mathbf{x}}}$에 의해 최대화된다.

$$C = \max_{\overline{C}_{\mathbf{x}}:\ \mathrm{Tr}(\overline{C}_{\mathbf{x}}) \le P} B \log\det\left(I + \boldsymbol{D}^{1/2}\overline{C}_{\mathbf{x}}\boldsymbol{D}^{1/2}\right) \tag{13.119a}$$

$$= \max_{\sum_{i=1}^{M} c_i \le P,\ c_i \ge 0} B \sum_{i=1}^{M} \log(1 + c_i d_i) \tag{13.119b}$$

즉, 제약조건 $\sum_i c_i \le P$인 상태에서, 식 (13.119b)를 최대화하기 위한 최적 양의 요소 $\{c_i\}$를 찾는 것이 우리의 목표이다.

라그랑제(Lagrangian) 접근법으로 수정된 목적 함수를 다음과 같이 정의할 수 있다.

$$g(c_1, c_2, \ldots, c_M) = B\sum_{i=1}^{M}\log(1 + c_i d_i) + \lambda\left(P - \sum_{i=1}^{M} c_i\right) \tag{13.120}$$

$c_j(j = 1, 2, \cdots, M)$에 대한 수정된 목적 함수를 미분하고, 0으로 놓으면,

$$B\frac{\log e \cdot d_j}{1 + c_j d_j} - \lambda = 0 \qquad j = 1,\ 2, \ldots,\ M$$

또는

$$c_j = \left[\frac{B}{\lambda \ln 2} - \frac{1}{d_j}\right] \qquad j = 1,\ 2, \ldots,\ M$$

이 된다.

최적 대각 요소 $\{c_i\}$는 제약조건으로 된다.

$$\sum_{i=1}^{M} c_i = P$$
$$c_j \geq 0 \qquad j = 1, \ldots, M$$

유색 가우시안 잡음 채널 전력 부하의 문제와 유사하게, 수위 $W = B/(\lambda \ln 2)$을 정의할 수 있다. 같은 반복적인 water-pouring 절차를 적용해보면, 다음 식과 같이 되는 (각 고유벡터에서의) 최적 전력 부하를 찾을 수 있다.

$$c_i = \max\left(W - \frac{1}{d_i},\ 0\right) \qquad i = 1,\ 2, \ldots,\ M \tag{13.121a}$$

총 전력 제약에서는

$$\sum_{i=1}^{M} c_i = P \tag{13.121b}$$

채널 정보가 주어졌을 때 MIMO 송신기에서 최적 전력 부하의 water-filling 해석은 그림 13.15에서 설명될 수 있다.

그러므로 최적 입력 신호 공분산 행렬은 다음과 같이 결정된다.

$$\boldsymbol{C}_{\mathbf{x}} = \boldsymbol{U} \cdot \text{대각구조}\,(c_1,\ c_2, \ldots,\ c_m,\ 0, \ldots,\ 0) \cdot \boldsymbol{U}^H$$

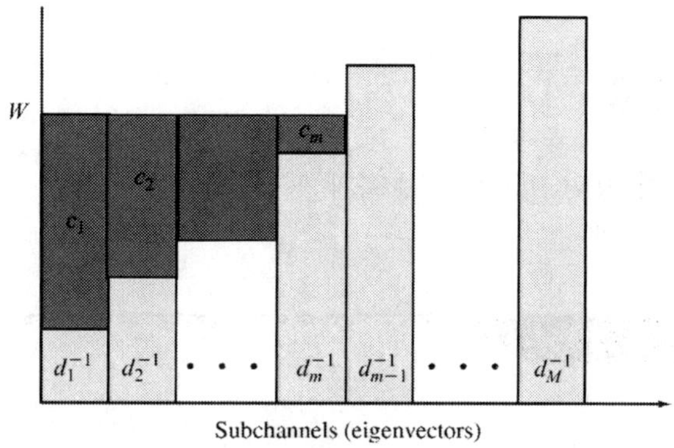

▶▶ 그림 13.15 채널 정보에 기반한 MIMO 전송전력 부하의 Water-filling 해석

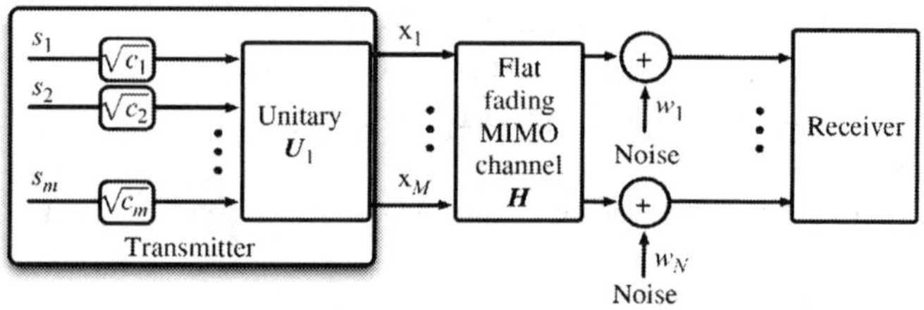

▶▶ 그림 13.16 채널 정보에 기반한 최적 MIMO 전송전력 부하의 Water-pouring 해석

즉, 입력 신호 벡터는 water pouring으로 c_i를 찾은 후에 단위 변환 $\boldsymbol{U}$에 의해 정해질 수 있다. 사실상, c_i는 $\boldsymbol{U}$의 i번째 열 전력 부하의 양이다. 즉, $\boldsymbol{H}^T \boldsymbol{C}_w^{-1} \boldsymbol{H}$의 i번째 고유벡터이다.

평균이 0이고, 단위 분산이 m개의 독립적인 신호 스트림 $\{s_1, s_2, \cdots, s_m\}$을 전송한다고 가정하자. 최적 MIMO 채널 입력은 다음 식을 통해 정할 수 있다.

$$\mathbf{x} = \boldsymbol{U}_1 \operatorname{diag}(\sqrt{c_1}, \sqrt{c_2}, \ldots, \sqrt{c_m}) \cdot \begin{bmatrix} s_1 \\ s_2 \\ \vdots \\ s_m \end{bmatrix} \tag{13.122}$$

여기서 $\boldsymbol{U}_1$은 $\boldsymbol{U}$의 첫 m열이다. 그림 13.16은 MIMO 채널을 알고 있다고 했을 때 채널 용량을 최대화할 수 있는 최적 MIMO 송신기의 블록선도를 나타낸다. 송신기에서 행렬 곱 $\boldsymbol{U}_1$의 대각요소 $\left(\sqrt{c_1}, \sqrt{c_2}, \cdots, \sqrt{c_m}\right)$는 최적의 선형 사전부호화기(precoder)로 알려져 있다.

13.9 매트랩 연습

이 절에서는 이 장의 정보원 부호화와 채널 용량의 개념을 강화하기 위해서 매트랩 연습을 제공한다.

● 컴퓨터 예제 13.1

• Huffman 부호

첫 프로그램 huffmancode.m은 Huffman 부호화기 함수이다. 이를 위해 반드시 모든 정보원 심볼 확률로 이루어진 확률 벡터가 필요하다. 확률은 순서대로 할 필요는 없다.

```
function [huffcode,n]=huffmancode(p);
% input p is a probability vector consisting of
% probabilities of source symbols x_i
if min(p)<0,
    error('Negative element cannot be in a probability vector')
    return
else if abs(sum(p)-1)>1.e-12,
    error('Sum of input probability is not 1')
    return
end

[psort,pord]=sort(p);

n=length(p);
q=p;

for i=1:n-1
    [q,l]=sort(q);
    m(i,:)=[l(1:n-i+1),zeros(1,i-1)];
    q=[q(1)+q(2),q(3:end),1];
end

Cword=blanks(n^2);

Cword(n)='0';
Cword(2*n)='1';

for i1=1:n-2
    Ctemp=Cword;
```

```
    idx0=find(m(n-i1,:)==1)*n;
    Cword(1:n)=[Ctemp(idx0-n+2:idx0) '0'];
    Cword(n+1:2*n)=[Cword(1:n-1) '1'];
    for i2=2:i1+1
        idx2=find(m(n-i1,:)==i2);
        Cword(i2*n+1:(i2+1)*n)=Ctemp(n*(idx2-1)+1:n*idx2);
    end
end

for i=1:n
    idx1=find(m(1,:)==i);
    huffcode(i,1:n)=Cword(n*(idx1-1)+1:idx1*n);
end

end
```

두 번째 프로그램 huffmanEx.m은 Huffman 부호화의 매우 간단한 예제이다. 이 예제에서 8번째 줄의 입력 확률 벡터를 제공한다. MATLAB 프로그램 huffmanEx.m은 모든 입력 심볼을 위한 부호어 리스트를 생성할 것이다. 정보원 $H(x)$의 엔트로피가 계산되고, 평균 Huffman 부호어 길이와 비교된다. 이 비율은 부호의 효율성을 보여준다.

```
% Matlab Program <huffmanEx.m>
% This exercise requires the input of a
% probability vector p that list all the
% probabilities of each source input symbol
clear;
p=[0.2 0.05 0.03 0.1 0.3 0.02 0.22 0.08];  % Symbol probability vector
[huffcode,n]=huffmancode(p);                % Encode Huffman code
entropy=sum(-log(p)*p')/log(2);             % Find entropy of the source
% Display the results of Huffman encoder
display(['symbol',' --> ',' codeword',' Probability'])
for i=1:n
codeword_Length(i)=n-length(find(abs(huffcode(i,:))==32));
display(['x',num2str(i),'    --> ',huffcode(i,:),'  ',num2str(p(i))]);
end
codeword_Length
avg_length=codeword_Length*p';
display(['Entropy = ', num2str(entropy)])
display(['Average codeword length = ', num2str(avg_length)])
```

프로그램 huffmanEx.m을 실행시킴으로써 다음의 결과를 얻을 수 있다.

```
huffmanEx
symbol   -->  codeword   Probability
x1       -->      00       0.2
x2       -->   10111       0.05
x3       -->  101101       0.03
x4       -->     100       0.1
x5       -->      11       0.3
x6       -->  101100       0.02
x7       -->      01       0.22
x8       -->    1010       0.08

codeword_Length =

     2     5     6     3     2     6     2     4

Entropy = 2.5705
Average codeword length = 2.61
```

컴퓨터 예제 13.2

• 채널 용량과 상호 정보

이 예제는 부가 백색 가우시안 잡음(Additive White Gaussian Noise)하에서의 단일 입력 단일 출력 채널용량을 계산한다.

MATLAB 프로그램 mutualinfo.m은 길이가 같은 x와 y의 두 데이터의 평균 상호 정보를 계산할 수 있는 함수를 포함한다. 식 (13.45a)의 정의에 따라 상호 정보를 계산하기 전에 결합 확률 밀도 함수 $p(x,y)$를 추정하기 위해 히스토그램을 사용한다.

```
function muinfo_bit=mutualinfo(x,y)
%mutualinfo Computes the mutual information of two
%             vectors x and y in bits
%    muinfo_bit = mutualinfo(X,Y)
%
%    output      : mutual information
%    X,Y         : The 1-D vectors to be analyzed
%
   minx=min(x);
   maxx=max(x);
   deltax=(maxx-minx)/(length(x)-1);
   lowerx=minx-deltax/2;
   upperx=maxx+deltax/2;
   ncellx=ceil(length(x)^(1/3));
```

```
    miny=min(y);
    maxy=max(y);
    deltay=(maxy-miny)/(length(y)-1);
    lowery=miny-deltay/2;
    uppery=maxy+deltay/2;
    ncelly=ncellx;

rout(1:ncellx,1:ncelly)=0;

xx=round( (x-lowerx)/(upperx-lowerx)*ncellx + 1/2 );
yy=round( (y-lowery)/(uppery-lowery)*ncelly + 1/2 );

for n=1:length(x)
    indexx=xx(n);
    indexy=yy(n);
    if indexx >= 1 & indexx <= ncellx & indexy >= 1 & indexy <= ncelly
        rout(indexx,indexy)=rout(indexx,indexy)+1;
    end;
end;

h=rout;

estimate=0;
sigma=0;
count=0;

% determine row and column sums

hy=sum(h);
hx=sum(h');

for nx=1:ncellx
   for ny=1:ncelly
      if h(nx,ny)~=0
         logf=log(h(nx,ny)/hx(nx)/hy(ny));
      else
         logf=0;
      end;
      count=count+h(nx,ny);
      estimate=estimate+h(nx,ny)*logf;
      sigma=sigma+h(nx,ny)*logf^2;
   end;
end;
```

```
% biased estimate

estimate=estimate/count;
sigma    =sqrt( (sigma/count-estimate^2)/(count-1) );
estimate =estimate+log(count);
nbias    =(ncellx-1)*(ncelly-1)/(2*count);

% remove bias
muinfo_bit=(estimate-nbias)/log(2);
```

주 MATLAB 프로그램 capacity_plot.m에서 S/N비가 0,5,10,15,20 dB에 대한 AWGN 채널 용량을 계산할 수 있다. 그림 13.17은 다른 SNR에서의 채널용량을 보여주고 있다. 게다가 채널 입력 x와 해당되는 채널 출력 y사이의 같은 SNR 레벨 하에서의 상호 정보 $I(x,y)$를 테스트 할 수 있다.

이 프로그램에서 분산이 1이며, 평균이 0인 서로 다른 5개의 입력 신호에 대한 $I(x,y)$를 측정할 수 있다.

- 가우시안 입력
- 동일한 확률의 2진 입력
- 동일한 확률의 PAM-4 입력
- 동일한 확률의 PAM-8 입력
- $[-\sqrt{3}, \sqrt{3}]$ 간격의 균일한 입력

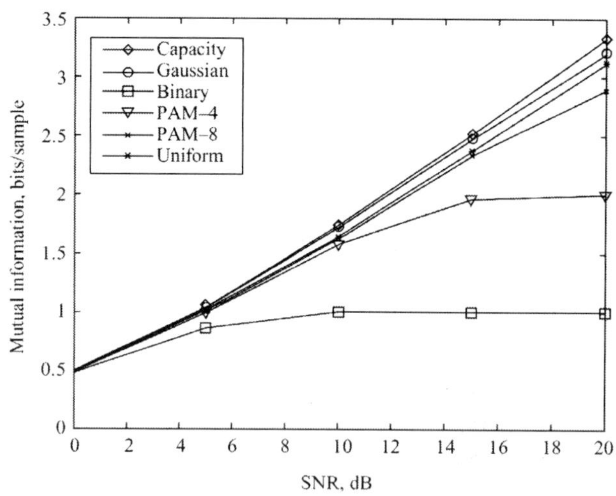

▶▶ 그림 13.17 채널 출력과 서로 다른 입력 사이에의 상호정보와 비교된 채널용량

상호 정보 $I(x,y)$는 1,000,000 데이터 샘플 이상의 평균값에 의해 추정된다.

```
% Matlab program <capacity_plot.m>
clear;clf;
Channel_gain=1;
H=Channel_gain;   % AWGN Channel gain
SNRdb=0:5:20;        % SNR in dB
L=1000000;

SNR=10.^SNRdb/10);
% Compute the analytical channel capacity
Capacity=1/2*log(1+H*SNR)/log(2);
% Now to estimate the mutual information between the input
% and the output signals of AWGN channels

for kk=1:length(SNRdb),
noise=randn(L,1)/sqrt(SNR(kk));
x=randn(L,1);
x1=sign(x);
x2=(floor(rand(L,1)*4-4.e-10)*2-3)/sqrt(5);
x3=(floor(rand(L,1)*8-4.e-10)*2-7)/sqrt(21);
x4=(rand(L,1)-0.5)*sqrt(12);

muinfovec(kk,1)=mutualinfo(x,x+noise);    %Gaussian input
muinfovec(kk,2)=mutualinfo(x1,x1+noise); % Binary input (-1,+1)
muinfovec(kk,3)=mutualinfo(x2,x2+noise); % 4-PAM input (-3,-1,1,3)
muinfovec(kk,4)=mutualinfo(x3,x3+noise); % 8-PAM input (-7,-5,-3,-1,1,3,5,7)
muinfovec(kk,5)=mutualinfo(x4,x4+noise); % Uniform input(-0.5,0.5)
end
plot(SNRdb,Capacity,'k-d');hold on
plot(SNRdb,muinfovec(:,1),'k-o')
plot(SNRdb,muinfovec(:,2),'k-s')
plot(SNRdb,muinfovec(:,3),'k-v')
plot(SNRdb,muinfovec(:,4),'k-x')
plot(SNRdb,muinfovec(:,5),'k-*')
xlabel('SNR (dB)');ylabel('mutual information (bits/sample)')
legend('Capacity','Gaussian','binary','PAM-4','PAM-8',...
   'uniform','Location','NorthWest')
hold off
```

추정된 상호 정보는 5개의 다른 입력 분포와 다른 SNR에서의 채널 용량에 대해 그려진다. (1) 가우시안; (2) 2진(±1); (3) 4-레벨 PAM(또는 PAM-4); (4) 8-레벨 PAM(또는 PAM-8); (5) 균일 분포. 5개의 모든 대칭 분포는 평균값 0과 단위 전력(분산)을 갖기 위해 조정된다. 그림 13.17에서 보는 것과 같이 가우시안 입력에 의해 이루어진 상호 정보는 엄밀히 이론적인 채널 용량과 일치한다. 이 결과는 가우시안 채널 입력이 채널 용량을 이루는 13.5절의 결론으로 확인할 수 있다. 그림 13.17은 다른 모든 채널 입력에 대한 상호 정보는 가우시안 입력에 의해 이루어진 상호정보에 미치지 못함을 보여준다. 5개의 다른 분포들 중에서 2진 입력은 최소 상호 정보를 이룬다. 반면에, PAM-8의 상호정보는 20 dB 이하의 SNR에 대한 채널 용량에 매우 가깝게 된다. 이는 채널 입력의 분포가 가우시안에 가깝게 될수록, 더 높은 상호정보를 가진다는 것을 의미한다.

● 컴퓨터 예제 13.3

• MIMO 채널 용량

이 문제에서는 MIMO 채널 용량이 송수신 안테나 수가 다를 때 어떻게 변하는지를 연습한다. MATLAB 프로그램 mimocap.m은 이론적인 MIMO 용량을 계산할 것이다. 이때, MIMO 용량은 3 dB의 SNR에서 다른 크기의 200개의 임의의 채널에서 계산된다. MIMO 채널정보에 대해 사전에 알고 있지 않은 송신기를 고려해보자. 각 송신 안테나는 같은 신호 전력 σ_x^2으로 할당되며, 또한 채널 잡음은 분산이 σ_w^2인 독립적인 부가 백색 가우시안(independent additive white Gaussian)이라고 가정한다.

MIMO 채널 행렬 $\boldsymbol{H}$의 항목은 평균이 0이고 단위 분산의 가우시안 분포로부터 임의적으로 생성된다. M개의 송신 안테나와 N개의 수신 안테나에 대해 채널들이 랜덤이기 때문에 각 전송에 대한 MIMO 용량은 다음과 같다.

$$C = \frac{1}{2}\log\left[\boldsymbol{I}_N + \frac{\sigma_x^2}{\sigma_w^2}\boldsymbol{H}\boldsymbol{H}^T\right]$$

MIMO 채널 행렬 $\boldsymbol{H}$의 항목들이 임의적으로 생성되기 때문에, 이에 해당하는 용량들 역시 랜덤하다. 200개의 채널로부터 각 $N \times M$ MIMO 배열은 200개의 다른 용량 값을 생성해야 한다.

```
% Matlab Program <mimocap.m>
% This program calculates the capacity of random MIMO (mxn) channels
% and plots the cumulative distribution (CDF) of the resulting
% capacity;
% Number of random channels:   K=200
% Signal to noise ratio:       SNRdb=3dB
clear
hold off
```

```
clf
K=200;
SNRdb=3;
SNR=10^(SNRdb/10);
m=1; n=1;     % 1x1 channels
for kk=1:K
    H=randn([m n]);      %Random MIMO Channel
    cap11(kk)=log(det(eye(n,n)+SNR*H'*H))/(2*log(2));
end
[N11,C11]=hist(cap11,K/10);      %CDF of MIMO capacity

m=2;n=2;     % 2x2 channels
for kk=1:K
    H=randn([m n]);      %Random MIMO Channel
    cap22(kk)=log(det(eye(n,n)+SNR*H'*H))/(2*log(2));
end
[N22,C22]=hist(cap22,K/10);      %CDF of MIMO capacity

m=4;n=2;     % 4x2 channels
for kk=1:K
    H=randn([m n]);      %Random MIMO Channel
    cap42(kk)=log(det(eye(n,n)+SNR*H'*H))/(2*log(2));
end
[N42,C42]=hist(cap42,K/10);      %CDF of MIMO capacity

m=2;n=4;     % 4x2 channels
for kk=1:K
    H=randn([m n]);      %Random MIMO Channel
    cap24(kk)=log(det(eye(n,n)+SNR*H'*H))/(2*log(2));
end
[N24,C24]=hist(cap24,K/10);      %CDF of MIMO capacity

m=4;n=4;     % 4x2 channels
for kk=1:K
    H=randn([m n]);      %Random MIMO Channel
    cap44(kk)=log(det(eye(n,n)+SNR*H'*H))/(2*log(2));
end
[N44,C44]=hist(cap44,K/10);      %CDF of MIMO capacity

m=8;n=4;     % 4x2 channels
for kk=1:K
    H=randn([m n]);      %Random MIMO Channel
    cap84(kk)=log(det(eye(n,n)+SNR*H'*H))/(2*log(2));
end
[N84,C84]=hist(cap84,K/10);      %CDF of MIMO capacity
```

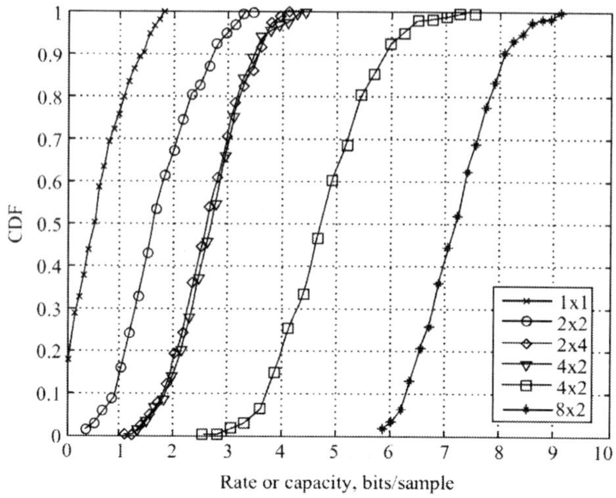

▶▶ 그림 13.18 서로 다른 MIMO에서의 확률분포함수

```
m=8;n=8;      % 4x2 channels
for kk=1:K
    H=randn([m n]);      %Random MIMO Channel
    cap88(kk)=log(det(eye(n,n)+SNR*H'*H))/(2*log(2));
end
[N88,C88]=hist(cap88,K/10);       %CDF of MIMO capacity
% Now ready to plot the CDF of the capacity distribution
plot(C11,cumsum(N11)/K,'k-x',C22,cumsum(N22)/K,'k-o',...
     C24,cumsum(N24)/K,'k-d',C42,cumsum(N42)/K,'k-v',...
     C44,cumsum(N44)/K,'k-s',C84,cumsum(N84)/K,'k-*');
legend('1x1','2x2','2x4','4x2','4x4','8x4','Location','SouthEast');
grid
xlabel('Rate or Capacity (bits/sample) for SNR=3dB');ylabel('CDF');
% End of the plot
```

그림 13.18에서 200개의 랜덤 채널로부터 추정된 각각의 MIMO 배열의 채널용량 C_{MIMO}의 확률분포함수(cumulative distribution function)는 다음의 식으로 설명할 수 있다.

$$\text{Prob}(C_{MIMO} \le r)$$

6개의 다른 MIMO 배열에 대한 채널용량의 확률분포함수를 계산했다: 1×1, 2×2, 2×4, 4×2, 4×4, 8×4. 이 결과는 많은 송수신 안테나를 가진 MIMO 시스템이 더 높은 용량 혹은 비율에서 집중된 확률분포함수의 분포를 가질 것이라는 것을 명확하게 보여준다. 예를 들어 2×2 MIMO 시스템은 1의 확률로 4bits/sample 이하의 용량을 가지지만, 4 × 4 MIMO 시스템은 같은 용량에서의 확률이 0.2로 떨어지며, 8 × 4 MIMO 시스템의 경우, 같은 용량에서의 확률은 0.05로 떨어진다. 이 수치적인 예제들은 MIMO 기술에 의해 이루어진 더 높아진 용량을 분명히 보여준다.

참고문헌

1. C. E. Shannon, "Mathematical Theory of Communication," *Bell Syst. Tech. J.*, vol. 27, pp. 379–423, July 1948; pp. 623–656, Oct. 1948.
2. R. V. L. Hartley, "Transmission of Information," *Bell Syst. Tech. J.*, vol. 7, pp. 535–563, July 1928.
3. H. Nyquist, "Certain Factors Affecting Telegraph Speed," *Bell Syst. Tech. J.*, vol. 3, pp. 324–346, April 1924.
4. N. Abramson, *Information Theory and Coding*, McGraw-Hill, New York, 1963.
5. R. G. Gallager, *Information Theory and Reliable Communication*, Wiley, New York, 1968.
6. D. A. Huffman, "A Method for Construction of Minimum Redundancy Codes," *Proc. IRE*, vol. 40, pp. 1098–1101, Sept. 1952.
7. R. W. Hamming, *Coding and Information Theory*, 2nd ed., Prentice-Hall, Englewood Cliffs, NJ, 1986.
8. C. E. Shannon, "Communication in the Presence of Noise," *Proc. IRE*, vol. 37, pp. 10–21, Jan. 1949.
9. J. M. Wozencraft and I. A. Jacobs, *Principles of Communication Engineering*, Wiley, New York, 1965, Chapter 5.
10. A. J. Viterbi, *Principles of Coherent Communication*, McGraw-Hill, New York, 1966.
11. A. Paulraj, R. Nabar, and D. Gore, *Introduction to Space-Time Wireless Communications*, Cambridge University Press, Cambridge, 2003.
12. T. M. Cover and J. A Thomas, *Elements of Information Theory*, Wiley-Interscience, New York, 1991.

연습문제

13.1-1 어떤 메시지 정보원에서 매 10^{-6}초 마다 4개 중의 한 메시지를 랜덤하게 생성한다. 각 메시지의 발생 확률은 0.4, 0.3, 0.2, 0.1이다. 각각의 발생된 메시지는 다른 것과 독립적이다.

(a) 정보원 엔트로피는 얼마인가?

(b) 이 정보원에 의해 생성되는 정보율은 얼마인가(bits/s)?

13.1-2 텔레비전 화면은 대략 300,000개의 기본 화소(한 프레임 당 수평으로 600 화소, 수직으로 500화소)로 구성되어 있다. 이 화소들은 10 단계의 밝기(검은색 혹은 회색과 같이)로 구분되며 발생 확률은 같다고 가정하자. 이 TV 한 프레임의 정보량을 구하시오.

13.1-3 10,000 단어의 어휘력을 가진 라디오 아나운서가 말로 1000 단어를 사용하여 텔레비전 화면을 설명한다. 이 10,000 단어는 발생 확률이 똑같다면, 화면을 설명할 때 아나운서에 의해 방송되는 정보의 양을 구하시오. 여러분은 아나운서가 1000 단어로 그 화면을 제대로 설명할 수 있다고 생각하는지요? "그림은 천마디의 말 이상의 가치가 있다"라는 속담이 있는데 이 내용이 과장인지 아니면 현실에 잘 맞는 이야기인지 판단해 보시오. 이 그림의 정보를 추정하기 위하여 문제 13.1-2의 데이터를 사용하시오.

13.1-4 아군의 수색대는 적군의 동향을 살핀 다음 아군 진지를 향하여 상황에 따라 전등을 켠다. 적군이 상륙하면 전등 하나를 켜고, 적군이 배를 타고 만을 따라 올라가면 전등 두 개를 켠다.

(a) 적군이 어떻게 할 지 아무런 정보가 없다고 가정하면, 전등이 두 개 켜진 것을 보았을 때 얼마만큼의 정보를 얻은 것일까?

(b) 만일 적군이 상륙할 것을 90% 자신하고 있다면, 두 개의 전등은 얼마만큼의 정보를 주는 것일까?

13.1-5 여러 가지 방법을 이용하여 영어에서 글자당 정보를 추정해보자. 각 글자는 독립적이라고 가정한다.

(a) 첫 번째 방법으로, 모든 27 개의 글자(26 글자와 띄어쓰기 빈칸)의 발생 확률이 같다고 가정한다. 이것은 대략적인 추측이다. 그러나 빨리 답을 내기 위해서는 좋은 방법이다.

▶▶ 표 13.1–5 영어의 글자 빈도확률

Letter	Probability	$-\log P_i$
Space	0.187	2.46
E	0.1073	3.22
T	0.0856	3.84
A	0.0668	3.90
O	0.0654	3.94
N	0.0581	4.11
R	0.0559	4.16
I	0.0519	4.27
S	0.0499	4.33
H	0.04305	4.54
D	0.03100	5.02
L	0.02775	5.17
F	0.02395	5.38
C	0.02260	5.45
M	0.02075	5.60
U	0.02010	5.64
G	0.01633	5.94
Y	0.01623	5.95
P	0.01623	5.95
W	0.01620	6.32
B	0.01179	6.42
V	0.00752	7.06
K	0.00344	8.20
X	0.00136	9.54
J	0.00108	9.85
Q	0.00099	9.98
Z	0.00063	10.63

(b) 두 번째 방법은, 여러 가지 글자의 확률표(표 13.1–5)를 이용하는 것이다.

(c) 마지막으로, 단어의 확률 순위를 관련시킨 Zipf의 법칙을 이용한다. 영어 문장에서, 가장 흔히 사용하는 단어 (the)를 1 순위로 하고, 두 번째로 많이 사용되는 (of)를 2 순위로 하고, 이런 식으로 하여 r번째 단어에 대한 확률 즉, $P(r)$을 다음과 같이 정한다.

$$P(r) = \frac{0.1}{r}$$

Zipf의 법칙을 이용하여 단어당 엔트로피를 계산한다. 8727개의 단어가 있다고 가정하자. 이렇게 정한 이유는 1부터 8727개의 단어의 확률을 다 더하면 $P(r)$이 1이 되기 때문이다. 놀랍게도 Zipf의 법칙은 그런대로 정확한 결과를 보여준다. 평균적으로 단어당 5.5글자(스페이스 포함)가 있다고 가정하고, 글자당 엔트로피와 정보를 계산하시오.

13.2-1 한 정보원에서 일곱 개의 메시지가 1/2, 1/4, 1/8, 1/16, 1/32, 1/64, 1/64의 확률로 각각 발생한다. 이 정보원의 엔트로피를 구하시오. 컴팩트 2진 부호를 구하고, 평균 부호어의 길이를 구하시오. 이 부호의 효율과 부가정보를 구하시오.

13.2-2 한 정보원에서 일곱 개의 메시지가 1/3, 1/3, 1/9, 1/9, 1/27, 1/27, 1/27의 확률로 각각 발생한다. 이 정보원의 엔트로피를 구하시오. 컴팩트 3진 부호를 구하고, 평균 부호어의 길이를 구하시오. 이 부호의 효율과 부가정보를 구하시오.

13.2-3 한 정보원에서 매 10^{-6}초 마다 4 개 중의 한 메시지를 랜덤하게 생성한다. 각 메시지의 발생 확률은 0.5, 0.3, 0.1, 0.1이다. 각각의 발생된 메시지는 다른 것과 독립적이다.

(a) 정보원 엔트로피는 얼마인가?

(b) 컴팩트 2진 부호를 구하고, 평균 부호어의 길이를 구하시오. 이 부호의 효율과 부가정보를 구하시오.

(c) 컴팩트 3진 부호에 대하여 (b)를 다시 하시오.

13.2-4 문제 13.2-1의 메시지에 대하여, 컴팩트 3진 부호를 구하고, 평균 부호어의 길이를 구하시오. 이 부호의 효율과 부가정보를 구하시오.

13.2-5 문제 13.2-2의 메시지에 대하여, 컴팩트 2진 부호를 구하고, 평균 부호어의 길이를 구하시오. 이 부호의 효율과 부가정보를 구하시오.

13.2-6 한 정보원이 동일한 확률을 갖는 세 개의 메시지를 랜덤하고 독립적으로 발생시킨다.

(a) 정보원 엔트로피를 구하시오.

(b) 컴팩트 3진 부호를 구하고, 평균 부호어의 길이를 구하시오. 이 부호의 효율과 부가정보를 구하시오.

(c) 2진 부호에 대하여 (b)를 다시 하시오.

(d) 2진 부호의 효율을 향상시키기 위하여, 이 정보원을 2차 확장시킨다. 컴팩트 2진 부호를 구하고, 평균 부호어의 길이를 구하시오. 이 부호의 효율과 부가정보를 구하시오.

13.4-1 2진 채널 행렬이 다음과 같이 주어진다.

$$\begin{array}{cc} & \text{Outputs} \\ & \begin{array}{cc} y_1 & y_2 \end{array} \\ \text{Inputs} \begin{array}{c} x_1 \\ x_2 \end{array} & \begin{pmatrix} \frac{2}{3} & \frac{1}{3} \\ \frac{1}{10} & \frac{9}{10} \end{pmatrix} \end{array}$$

이것은 $P_{y|x}(y_1|x_1)=2/3$, $P_{y|x}(y_2|x_1)=1/3$ 등을 의미한다. 또, $P_x(x_1)=1/3$, $P_x(x_2)=2/3$이다. 이 때, $H(x)$, $H(x|y)$, $H(y)$, $H(y|x)$, $I(x;\ y)$를 구하시오.

13.4-2 그림 13.4-2와 같은 3진 채널에 대하여, $P_x(x_1)=P$, $P_x(x_2)=P_x(x_3)=Q$이다. (여기서 $P+2Q=1$)

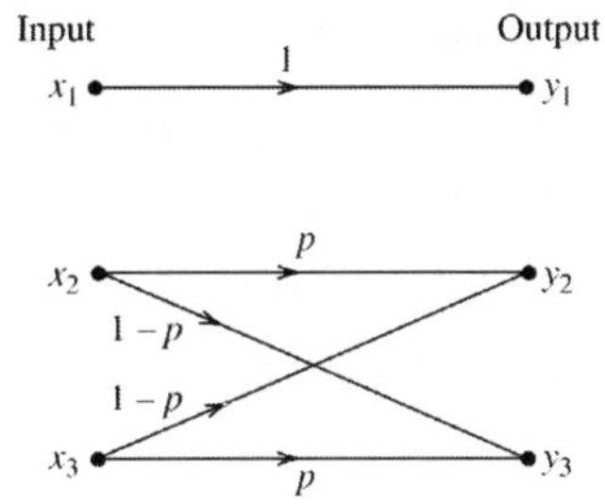

▸▸ 그림 P13.4-2

(a) $H(x)$, $H(x|y)$, $H(y)$, $I(x;\ y)$를 구하시오.
(b) 채널 용량이 다음과 같음을 보이시오.

$$C_s = \log\left(\frac{\beta+2}{\beta}\right) \tag{13.123}$$

여기서, $\beta = 2^{-[p\log p + (1-p)\log(1-p)]}$이다.

13.4-3 그림 13.4-3a에 있는 2진 대칭 채널을 생각하자. 채널 행렬은 다음과 같다.

$$M = \begin{bmatrix} 1-P_e & P_e \\ P_e & 1-P_e \end{bmatrix}$$

그림 13.4-3b는 두 개의 2진 대칭 채널을 직렬 연결한 것이다.

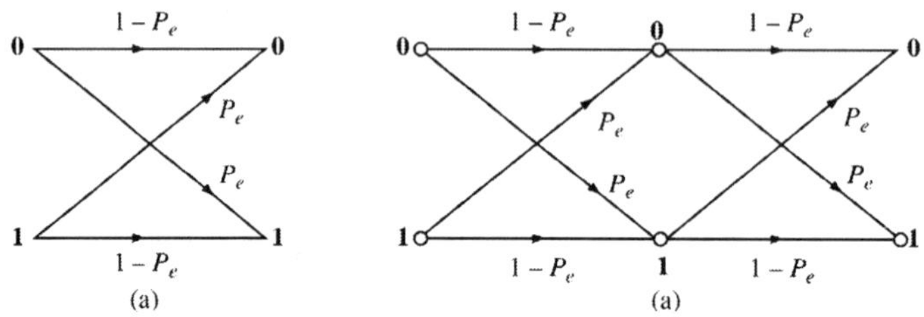

▸▸ 그림 P13.4-3

(a) 그림 13.4-3b처럼 직렬 연결된 것의 채널 행렬을 구하시오. 이 행렬이 M^2이 됨을 보이시오.

(b) 만일 그림 13.4-3b에서 두 2진 대칭 채널이 각각 오류 확률이 P_{e1}과 P_{e2}인 채널 행렬 M_1과 M_2를 갖는다면, 이 두 채널을 직렬 연결한 결과의 채널 행렬이 M_1M_2가 됨을 보이시오.

(c) 앞의 (b) 결과를 이용하여, k개의 동일한 2진 대칭 채널을 직렬 연결하면 그 결과의 채널 행렬이 M^k가 됨을 보이시오. 예제 8.7의 결과를 확인하기 위하여 n = 3인 경우에 대하여 비교하시오.

(d) 오류 확률이 P_e인 동일한 2진 대칭 채널 k개를 직렬 연결하였을 때의 채널 용량을 (c)의 결과를 이용하여 구하시오.

13.4-4 오류 검출 부호를 사용하는 데이터 통신에서, 오류가 검출되자마자 자동 재전송 요구(ARQ)는 오류가 난 데이터의 재전송을 요구한다. 이러한 채널에서는 오류가 난 데이터는 지워진다. 따라서 지워질 확률 p가 있다. 그러나 오류 확률은 영이다. 이러한 채널을 2진 삭제 채널(binary erasure channel, BEC)이라 하고, 그림 13.4-4와 같이 모델링할 수 있다. 두 전송된 메시지의 확률이 같다고 가정하고 $H(\mathrm{x})$, $H(\mathrm{x}|\mathrm{y})$, $I(\mathrm{x};\mathrm{y})$를 구하시오.

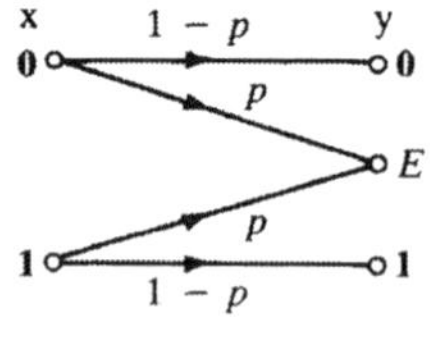

▸▸ 그림 P13.4-4

13.4-5 그림 13.4-5는 두 채널을 연결한 그림이다. 정보원, 첫 번째 채널의 출력, 두 번째 채널의 출력 심볼들을 각각 x, y, z라 하고, 다음을 증명하시오.

$$H(\mathrm{x}|\mathrm{z}) \geq H(\mathrm{x}|\mathrm{y})$$

이고

$$I(\mathrm{x};\mathrm{y}) \geq I(\mathrm{x};\mathrm{z})$$

이것은 연결된 채널을 통하여 전송될 수 있는 정보는 한 링크에서 전송된 것보다 클 수 없다는 것을 보여준다. 실제로도, 채널에서 정보가 누설되는 경향이 있다.

****힌트** :

$$P(\mathrm{z}_k|\mathrm{y}_j, \mathrm{x}_i) = P(\mathrm{z}_k|\mathrm{y}_j)$$

따라서, Bayes 규칙에 의해

$$P(\mathrm{x}_k|\mathrm{y}_j, \mathrm{z}_k) = P(\mathrm{x}_i|\mathrm{y}_j)$$

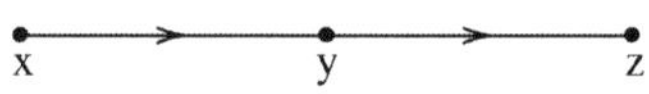

▸▸ 그림 P13.4-5

13.5-1 피크값이 $M(-M < \mathrm{x} < M)$으로 한정된 연속 확률 변수 x에 대하여, x가 $(-M,\ M)$의 범위에서 균일하게 분포되어 있을 때 엔트로피가 최대가 됨을 보이고, 이 최대 엔트로피 값은 $\log 2M$이 됨을 보이시오.

13.5-2 평균이 A이고 양수 값만을 갖는 연속 확률 변수 x에 대하여, 최대 엔트로피는 다음과 같은 확률밀도함수를 가질 때임을 보이시오.

$$P_{\mathrm{x}}(x) = \frac{1}{A}e^{-x/A}u(x)$$

이때의 엔트로피 값은 다음과 같음을 보이시오.

$$H(\mathrm{x}) = \log eA$$

13.5-3 텔레비전 전송은 초당 300,000개의 화소를 가진 30개의 프레임이 필요하다. 문제 13.1-2의 데이터를 이용하여, 만일 수신기에서의 SNR이 최소 50 dB 이상이어야 할 때 AWGN 채널의 이론적인 대역폭을 구하시오.

13.7-1 주파수-선택적 채널의 통신 시스템이 다음의 전달 함수를 갖는다.

$$H(f) = \frac{2}{1 + j\pi(f/200)}$$

입력 신호 PSD는

$$S_x(f) = \Pi\left(\frac{f}{400}\right)$$

이며, 채널잡음은 스펙트럼 $S_n(f) = 10^{-2}$을 갖는 부가 백색 가우시안 잡음이다. 이런 채널 입출력 사이의 상호 정보를 구하라.

14 오류 정정 부호

13장에서 논의한 바와 같이, 왜곡, 잡음, 간섭 등이 존재하는 상황에서 오류없는 디지털 통신을 구현하기 위한 열쇠는 원래 데이터 비트들에 적절한 부가정보(redundancy)를 사용하는 것이다. 홀수의 오류들을 검출하기 위해 하나의 패리티 검사 디지트를 추가하는 것이 좋은 예라 할 수 있다. Shannon의 선구자적인 논문[1] 이후로, 대부분의 연구는 전방 오류 정정(forward error correcting, FEC) 부호에 대한 분야에서 수행되었다. 이 장에서 우리는 간단한 소개만 할 것이다; 독자들은 Lin과 Costello[2]의 고전적인 교과서로부터 이 주제에 대해 훨씬 더 깊이 있는 내용을 구할 수 있다.

14.1 개론

일반적으로, FEC 부호에는 두 가지 중요한 부류가 있다: 블록 부호와 콘볼루션 부호. 블록 부호(block codes)에서, k개의 데이트 디지트들로 구성된 각 블록은 n개의 디지트 $(n > k)$들로 구성된 더 긴 부호어로 부호화된다. k개의 데이터 디지트들로 구성된 각각의 수열은 n개의 디지트들로 구성된 서로 다른 부호어들을 결정한다. 콘볼루션 부호(convolutional codes)에서, n 디지트의 부호화된 수열은 단지 k 데이터 디지트뿐만 아니라 이전의 $N-1$ 데이터 디지트$(N > 1)$에 좌우된다. 따라서, 부호화된 k개의 데이터 디지트들로 구성된 수열은 유일하게 되지 않고 이전의 $N-1$개의 데이터 디지트들에 따라 달라진다. 간단히 말해서, 부호기는 메모리를 갖고 있다. 블록 부호에서, k개의 데이터 디지트들은 축적된 다음에, n개의 디지트들로 구성된 부호어로 부호화된다. 콘볼루션 부호에서, 부호화는 k개의 데이터 디지트들을 축적하기보다는 오히려 연속적으로 흘러가면서 이루어진다.

잡음 채널의 용량에 대한 Shannon의 선구자적인 업적[1]은 잡음 채널 부호화 이론(noisy channel coding theorem)이라는 유명한 결과를 낳았다. 이 결과는 용량 C를 갖는 잡음 채널에 대하여 최대 우도 복호화가 오류 확률

$$P_e \leq 2^{-nE_b(R)} \tag{14.1}$$

을 갖도록 하는 부호율 $R < C$인 부호들이 존재한다고 설명한다. 여기서 $E_b(R)$은 부호율 R의 함수로 정의되는 정보 비트당 에너지이다. 이 놀랄만한 결과는 임의의 작은(arbitrarilly small) 오류 확률은 부호율을 상수로 유지하면서 블록 부호 길이 n을 증가시켜서 얻을 수 있다는 것을 보여준다. 콘볼루션 부호에 대해서도 비슷한 결과가 참고문헌 1에 있다. 이 결과는 좋은(good) 부호의 존재를 확립한다. 하지만, 이것은 그러한 부호를 어떻게 찾는지에 대해서는 말해주지 않는다. 실제에서, 이것은 좋은 부호 설계의 간단한 질문이 아니다. 실제, 이 결과는 오류 확률을 줄이기 위해 큰 n을 요구하며, 큰 부호어 크기 n을 위하여 큰 저장 공간과 높은 복잡도의 부호기를 필요로 한다. 그러므로, 부호 설계에서 열쇠가 되는 문제는 구현하기에 간단한 복호기 뿐만 아니라 오류 확률을 줄이기 위해 큰 길이 n을 갖는 좋은 오류 정정 부호를 찾는 것의 이중 과제이다. 지금까지 최고의 결과는 최근에 발견된 터보 부호와, 나중에 논의될, 재발견된 저밀도 패리티 검사(low-density parity check, LDPC) 부호이다. 전자는 콘볼루션 부호에서 유도되었고, 후자는 블록 부호의 형태이다.

오류 정정 부호화는 강한 수학적 배경을 요구한다. 이 주제에 관한 여러 가지 중요한 주제들의 충분하고 자세한 소개를 제공하기 위하여, 우리는 이해하기 위해 필요한 수학적 배경의 정도에 따라 이 장을 구성하였다. 우리는 최소한의 확률 해석을 요구하는 더 단순하고 더 직관적인 블록 부호를 다루면서 시작한다. 그리고는 콘볼루션 부호의 개념및 원리들과 그들의 복호를 소개한다. 마지막으로, 우리는 좀 더 복잡한 연판정 복호 개념에 초점을 맞추는데, 이것은 고성능 터보 부호와 저밀도 패리티 검사 부호에 관한 최근의 발전 상황 그 후의 범위를 위한 기초를 놓는다.

14.2 오류 정정을 위한 부가정보

FEC 부호들에서, 한 부호어란 독립적으로 복호될 수 있는 비트들의 단위이다. 부호어에 있는 비트들의 수를 부호 길이(code length)라 한다. 만일 k개의 데이터 디지트들이 n개의 디지트들로 구성된 하나의 부호어로 전송된다면, 검사 디지트의 수는 $m = n - k$가 된다. 부호율(code rate)은 $R = k/n$이다. 이러한 부호를 (n, k) 부호라 한다. 데이터 디지트 $(d_1, d_2, \ldots, d_k)$는 k개의 원소를 가지며, 따라서, 이것은 k차원 벡터 $\boldsymbol{d}$이다. 유사하게, 부호어 $(c_1, c_2, \ldots, c_n)$는 n차원의 벡터 $\boldsymbol{c}$가 된다. 시작 단계로서, 우리는 (n, k) 부호에서 t개의 오류를 검출 또는 정정하기 위해 필요한 최소 검사 디지트들의 수를 결정할 것이다.

만일 2진 부호 길이가 n이면, 총 2^n개의 부호어(또는 n 차원 입방체의 정점)들이 2^k개의 데이터어들에 할당될 수 있다. t개의 오류 디지트들까지 정정할 수 있는 부호를 구한다고 가정하자. 이러한 경우에, 부호어(또는 정점)들 중 하나의 부호어 $\boldsymbol{c}_j$로 데이터어 $\boldsymbol{d}_j$를 전송한다면, 채널 오류 때문에 수신된 부호어는 $\boldsymbol{c}_j$가 아니라 $\boldsymbol{c}_j'$가 될 것이다. 만일 채널 잡음이 t개 이하의 디지트들에 오류를 발생시킨다면, c_j'는 중심이 c_j'이고 반지름이 t인 해밍 구* 안쪽 어딘가에 존재할 것이다. 만일 이 부호가 t개까지의 오류를 정정한다면, 이 부호는 반드시 중심이 부호어이고 반지름이 t인 모든 해밍 구들이 서로 겹치지 않는다는 특성을 가져야만 한다. 이것은 부호어로서 다른 임의의 부호어로부터 해밍 거리 t 내에 존재하는 정점들을 사용하지 말아야만 한다는 것을 의미한다. 만일 수신된 부호어가 중심이 c_j'이고 반경이 t인 해밍 구 안에 존재한다면, 우리는 전송된 부호어를 c_j'라고 판단한다. 이러한 방법은 t개까지의 오류를 정정할 수 있으며, 겹치지 않으면서 t개의 오류 정정 부호어들 사이의 최소 거리 $d_{\min}$은 다음과 같이 된다.

$$d_{\min} = 2t + 1 \tag{14.2}$$

다음으로, n과 k 사이의 관계를 구하기 위해서, 우리는 2^n개의 정점들이나 부호어들이 2^k개의 데이터어들에 대해 존재하는지를 알아본다. 그러므로, 2^n-2^k가 부가정보 정점들이 있다. 반경이 t인 해밍 구 안에 얼마나 많은 정점들이나 부호어들이 존재할 수 있는가? j 디지트에 의해 주어진 한 수열과 다른(n 디지트의) 수열의 수는 n개 중에서 동시에 j개를 취하는 가능한 조합의 수이며, $\binom{n}{j}$로 주어진다[식 (8.16)]. 따라서, t개까지 오류가 발생할 수 있는 방법의 수는

$$\sum_{j=1}^{t}\binom{n}{j}$$

로 주어진다. 그러므로 각 부호어에 대하여, 우리는

$$\sum_{j=1}^{t}\binom{n}{j}$$

개의 사용하지 않는 정점(부호어)들을 반드시 남겨두어야만 한다. 우리는 2^k개의 부호어들을 가지기 때문에, 총

$$2^k\sum_{j=1}^{t}\binom{n}{j}$$

개의 사용하지 않은 부호어들을 반드시 남겨두어야만 한다. 그러므로, 총 부호어들의 수는 적어도 다음과 같이 되어야만 한다.

* 해밍 거리와 해밍 구의 정의에 대해서는 13장을 참조하시오.

$$2^k + 2^k \sum_{j=1}^{t} \binom{n}{j} = 2^k \sum_{j=0}^{t} \binom{n}{j}$$

그러나, 사용 가능한 총 부호어들이나 정점들의 수는 2^n이다. 그러므로, 다음과 같은 관계가 성립한다.

$$2^n \geq 2^k \sum_{j=0}^{t} \binom{n}{j}$$

또는

$$2^{n-k} \geq \sum_{j=0}^{t} \binom{n}{j} \tag{14.3a}$$

$n-k=m$은 검사 디지트들의 수이다. 따라서, 식 (14.3a)는 다음과 같이 표현될 수 있다.

$$2^m \geq \sum_{j=0}^{t} \binom{n}{j} \tag{14.3b}$$

위의 식을 해밍 한계식(Hamming bound)이라 한다. 또한 해밍 한계식은 일반적으로 필요조건이지 충분조건이 아니라는 것을 명심해야 한다. 하지만, 단일 오류 정정 부호에 대해서는 필요 충분 조건이 된다. 만약, 어떤 m값이 해밍 한계식을 만족한다면, 그것이 n 디지트의 t개-오류 정정 부호가 구성될 수 있다는 것을 필요적으로 의미하는 것은 아니다. 표 14.1은 몇 가지 오류 정정 부호들과 이 부호들의 부호율을 나타낸다.

식 (14.3)에 있는 부등식이 등식으로 되는 부호를 완전 부호(perfect code)라 한다. 이러한 부호에서, 해밍 구들(모든 부호어들에 대해)은 겹치지 않을 뿐만 아니라 2^n개의 모든 정점들을 사용하며, 이러한 구들 외부에는 어떠한 정점도 존재하지 않게 된다. e개-오류 정정 완전 부호는 모든 가능한 (수신된) 수열이 임의의 부호어로부터 거리가 기껏해야 e가 된다는 조건을 만족한다. 완전 부호는 단지 몇몇 경우에서만 존재한다. 2진, 단일 오류 정정 완전 부호를 해밍 부호(Hamming codes)라 한다. $t=1$이고, $d_{\min}=3$인 해밍 부호에 대해, 식 (14.3b)로부터 다음과 같이 쓸 수 있다.

$$2^m = \sum_{j=0}^{1} \binom{n}{j} = 1 + n \tag{14.4}$$

그리고

$$n = 2^m - 1$$

▶▶ 표 14.1 오류 정정 부호의 예

	n	k	부호	부호효율 (또는 부호율)
단일 오류 정정, t=1	3	1	(3,1)	0.33
최소 부호 분리 3	4	1	(4,1)	0.25
	5	2	(5,2)	0.4
	6	3	(6,3)	0.5
	7	4	(7,4)	0.57
	15	11	(15,11)	0.73
	31	26	(31,26)	0.838
2중 오류 정정, t=2	10	4	(10,4)	0.4
최소 부호 분리 5	15	8	(15,8)	0.533
3중 오류 정정, t=3	10	2	(10,2)	0.2
최소 부호 분리 7	15	5	(15,5)	0.33
	23	12	(23,12)	0.52

그러므로, 해밍 부호는 $n = 2^m - 1$, $k = 2^m - 1 - m$, 그리고 최소 거리 $d_{\min} = m$을 갖는 (n, k) 부호이다. 해밍 부호 가운데 가장 잘 알려진 것 중 하나는 (7, 4, 3) 부호이다.

오류를 정정하기 위한 또 하나의 방법은 t개의 오류까지 검출(정정이 아닌)할 수 있도록 부호를 설계하는 것이다. 수신기가 오류를 검출하게 되면 수신기는 재전송을 요청한다. 이런 방식을 자동 재전송 요청(automatic repeat request, ARQ)이라고 한다. 오류 검출은 더 적은 검사 디지트들을 필요로 하기 때문에, 이러한 부호들은 더욱 높은 부호율로 동작한다.

t개의 오류를 검출하기 위해, 부호어들은 최소 t+1의 해밍 거리만큼 떨어져야 한다. 그렇지 않으면, t개의 오류 비트들까지 가진 오류를 품은 수신된 비트열은 다른 전송된 부호어로 된다. 전송된 부호어 c_j가 $\alpha(\alpha \leq t)$개의 비트 오류를 포함한다고 가정하자. 그러면 수신된 부호어 c_j'는 c_j로 부터 α인 거리에 있다. 하지만, $\alpha \leq t$이기 때문에 c_j'는 결코 어느 다른 유효한 부호어로 될 수 없다. 이것은 모든 부호어들이 적어도 t+1 만큼 떨어져 있기 때문이다. 따라서, c_j'를 수신하면 곧바로 오류가 발생했다는 것을 알 수 있다. 그러므로, t개 오류 정정 부호어들 사이의 최소 거리 $d_{\min}$는 다음과 같이 된다.

$$d_{\min} = t + 1$$

설명하고 있는 부호 이론에서, 우리는 아래와 같이 정의된 모듈로 -2 덧셈을 사용할 것이다.

$$\mathbf{1} \oplus \mathbf{1} = \mathbf{0} \oplus \mathbf{0} = \mathbf{0}$$
$$\mathbf{0} \oplus \mathbf{1} = \mathbf{1} \oplus \mathbf{0} = \mathbf{1}$$

이것은 디지털 논리회로에서 XOR(exclusive OR)라고 한다. 임의의 2진 디지트를 자기 자신과 모듈로-2 덧셈을 하면 항상 0이 된다는 것에 유의하자. 앞으로 나오는 2진 부호의 수학적 전개에서 모든 덧셈은 모듈로-2 덧셈이다.

14.3 선형 블록 부호

부호어는 n개의 디지트 c_1, c_2, … c_n로 구성되고, 데이터는 k개의 디지트 d_1, d_2, …, d_k로 구성된다. 부호어와 데이터는 각각 n개와 k개의 디지트들로 구성되기 때문에, 각각 n차원과 k차원 벡터들이 된다. 이러한 부호어와 데이터를 표현하기 위하여 여기서는 다음과 같은 행 벡터를 사용할 것이다.

$$\boldsymbol{c} = (c_1, c_2, \ldots, c_n)$$
$$\boldsymbol{d} = (d_1, d_2, \ldots, d_k)$$

일반적인 선형 블록 부호의 경우에 대해, $\boldsymbol{c}$의 n디지트들은 k 데이터 디지트들의 선형 조합(모듈로-2 덧셈)으로 형성된다. $c_1 = d_1$, $c_2 = d_2$, …, $c_k = d_k$가 되고 c_{k+1}부터 c_n까지 나머지 디지트들이 d_1, d_2, …, d_k의 선형 조합이 되는 특별한 경우를 체계적 부호(systematic code)라고 한다. 따라서, 체계적 부호에서는 다음과 같이 부호어의 처음 k개의 디지트들이 데이터 디지트들이 되고 마지막 $m = n-k$개의 디지트들이 데이터 디지트 d_1, d_2, …, d_k의 선형조합에 의해 구성되는 패리티 검사 디지트들(parity check digits)이 된다.

$$\begin{aligned}
c_1 &= d_1 \\
c_2 &= d_2 \\
&\vdots \\
c_k &= d_k \\
c_{k+1} &= h_{11}d_1 \oplus h_{12}d_2 \oplus \cdots \oplus h_{1k}d_k \\
c_{k+2} &= h_{21}d_1 \oplus h_{22}d_2 \oplus \cdots \oplus h_{2k}d_k \\
&\vdots \\
c_n &= h_{m1}d_1 \oplus h_{m2}d_2 \oplus \cdots \oplus h_{mk}d_k
\end{aligned} \tag{14.5a}$$

또는

$$c = dG \tag{14.5b}$$

여기서 G는 다음과 같다.

$$G = \left[\underbrace{\begin{matrix} 1 & 0 & 0 & \cdots & 0 \\ 0 & 1 & 0 & \cdots & 0 \\ & & & \vdots & 0 \\ 0 & 0 & 0 & \cdots & 1 \end{matrix}}_{I_k(k \times k)} \quad \underbrace{\begin{matrix} h_{11} & h_{21} & \cdots & h_{m1} \\ h_{12} & h_{22} & \cdots & h_{m2} \\ & & \vdots & 0 \\ h_{1k} & h_{2k} & \cdots & h_{mk} \end{matrix}}_{P(k \times m)} \right] \tag{14.6}$$

$k\times n$ 행렬인 G를 생성 행렬(generator matrix)이라 하고, 이 생성 행렬은 $k\times k$인 항등 행렬 I_k와 $k\times m$인 행렬 P로 분리될 수 있다. P의 모든 원소들은 0이거나 1이다. 그러므로, 부호어는 다음과 같이 표현될 수 있다.

$$\begin{aligned} c &= dG \\ &= d[I_k \quad P] \\ &= [d \quad dP] \\ &= [d \quad c_p] \end{aligned} \tag{14.7}$$

여기서, 검사 디지트, 그리고 검사합 비트 혹은 패리티 비트로 불리는 c_p 는 다음과 같다.

$$c_p = dP \tag{14.8}$$

그러므로, 데이터 디지트들을 알고 있다면, 식 (14.8)로부터 검사 디지트들을 계산할 수 있으며, 결과적으로 부호어 c_p 를 알 수 있다. 부호어 c의 무게(weight)는 부호어에 들어 있는 1의 수이다. 두 부호어 c_a와 c_b 사이의 해밍 거리(Hamming distance)는 그들이 다른 원소의 수이다, 즉

$$d(c_a,\ c_b) = \textbf{weight of } (c_a \oplus c_b)$$

● 예제 14.1

(6,3) 부호에서, 생성 행렬 G는 다음과 같다.

$$G = \begin{bmatrix} \underbrace{\begin{matrix} 1 & 0 & 0 \\ 0 & 1 & 0 \\ 0 & 0 & 1 \end{matrix}}_{I_k} & \underbrace{\begin{matrix} 1 & 0 & 1 \\ 0 & 1 & 1 \\ 1 & 1 & 0 \end{matrix}}_{P} \end{bmatrix}$$

8개의 가능한 데이터어들에 해당하는 각각의 부호어들을 구하고 이 부호가 단일 오류 정정 부호임을 증명하시오.

풀이 표 14.2는 8개의 데이터어들과 $\boldsymbol{c}=\boldsymbol{d}\boldsymbol{G}$로부터 구한 이 데이터어들에 해당하는 부호어들을 나타낸다.

두 부호어들 사이의 거리가 적어도 3이라는 것에 주목하라. 따라서, 이 부호는 적어도 한 개의 오류를 정정할 수 있다. 그림 14.1에 보인 이 부호를 위해 가능한 부호기는 3디지트 쉬프트 레지스터와 3개의 모듈로-2 덧셈기를 사용한다.

▶▶ 표 14.2

데이터 d	부호어 c
111	111000
110	110110
101	101011
100	100101
011	011101
010	010011
001	001110
000	000000

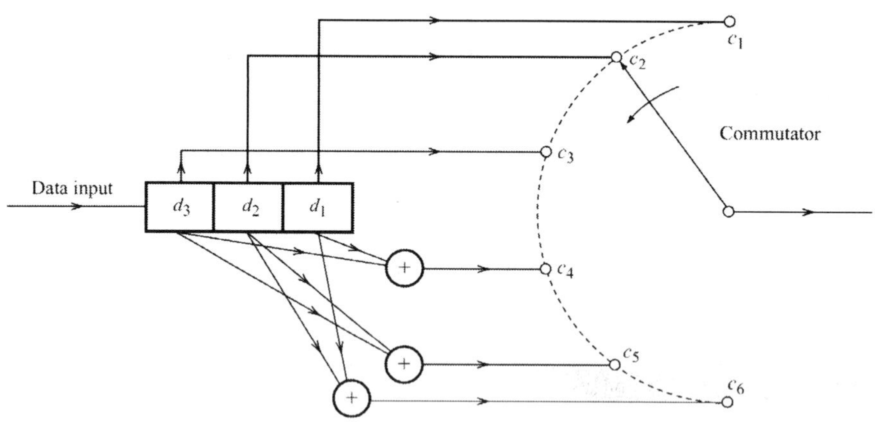

▶▶ 그림 14.1 선형 블록 부호의 부호기

○ 선형 부호

만일 어떤 블록 부호의 모든 부호어쌍 c_a와 c_b에 대하여

$$\mathbf{c}_a \oplus \mathbf{c}_b$$

가 역시 부호어이면, 이 블록 부호는 선형 블록 부호(linear block code)이다. 이러한 이유로, 선형 부호는 모두 영인 부호어 000...00를 반드시 가져야만 한다. 선형부호에 대하여, 최소 거리(minimum distance)는 최소 무게(minimum weight)와 같다.

○ 복호화

복호화를 위해 이용될 수 있는 부호어의 몇 가지 특성을 생각해보자. 식 (14.8)과 임의의 수열에 자기 자신을 모듈로-2 덧셈하면 0이라는 사실로부터, 우리는 다음과 같이 쓸 수 있다.

$$\boldsymbol{d} \cdot \boldsymbol{P} \oplus \boldsymbol{c}_p = \underbrace{[\boldsymbol{d} \quad \boldsymbol{c}_p]}_{\boldsymbol{c}} \begin{bmatrix} \boldsymbol{P} \\ \boldsymbol{I}_m \end{bmatrix} = 0 \tag{14.9}$$

여기서 $\boldsymbol{I}_m$은 차수가 $m \times m$ $(m = n - k)$인 항등 행렬이다. 그러므로,

$$\boldsymbol{c}\boldsymbol{H}^T = 0 \tag{14.10a}$$

이며, 여기서 $\boldsymbol{H}^T$는

$$\boldsymbol{H}^T = \begin{bmatrix} \boldsymbol{P} \\ \boldsymbol{I}_m \end{bmatrix} \tag{14.10b}$$

이고, 그것의 전치 행렬

$$\boldsymbol{H} = [\boldsymbol{P}^T \quad \boldsymbol{I}_m] \tag{14.10c}$$

을 패리티 검사 행렬(parity check matrix)이라 부른다. 모든 부호어는 식 (14.10a)을 만족해야만 한다. 이것이 복호화를 위한 실마리이다. 채널 잡음에 의해 야기되는 가능한 오류들 때문에, $\boldsymbol{r}$은 일반적으로 전송된 부호어 $\boldsymbol{c}$와는 다르다.

$$\boldsymbol{r} = \boldsymbol{c} \oplus \boldsymbol{e}$$

여기서 오류 부호어(오류 벡터) $\boldsymbol{e}$ 역시 n개의 원소들로 구성된 행 벡터이다. 예를 들어, 예제 14.1에서 데이터 100이 부호어 100101(표 14.2 참조)로 전송되고, 채널 잡음이 3번째 디지트에서 검출 오류를 발생시켰다면,

$$\boldsymbol{r} = \mathbf{101101}$$
$$\boldsymbol{c} = \mathbf{100101}$$

그리고

$$\boldsymbol{e} = \mathbf{001000}$$

그러므로, $\boldsymbol{e}$에서 원소 1은 해당 위치의 오류를 나타내고 0은 오류가 발생하지 않았다는 것을 나타낸다. $\boldsymbol{r}$과 $\boldsymbol{c}$ 사이의 해밍 거리는 단순히 $\boldsymbol{e}$에 있는 1의 개수가 된다.

전송된 부호어가 $\boldsymbol{c}_i$이고 채널 잡음에 의한 오류를 $\boldsymbol{e}_i$라고 가정하면, 수신된 부호어는 $\boldsymbol{r} = \boldsymbol{c}_i + \boldsymbol{e}_i$가 된다. 만약 오류가 없다면, 즉 $\boldsymbol{e}_i = 000000$이면, 우리는 $\boldsymbol{rH}^T = 0$을 가질 것이다. 그러나 채널 오류가 가능하기 때문에 $\boldsymbol{rH}^T$는 일반적으로 영이 아닌 행 벡터 $\boldsymbol{s}$가 된다. 이 행 벡터를 신드롬(syndrome)이라 한다.

$$\boldsymbol{s} = \boldsymbol{rH}^T \tag{14.11a}$$
$$= (\boldsymbol{c}_i \oplus \boldsymbol{e}_i)\boldsymbol{H}^T$$
$$= \boldsymbol{c}_i H^T \oplus \boldsymbol{e}_i \boldsymbol{H}^T \tag{14.11b}$$
$$= \boldsymbol{e}_i \boldsymbol{H}^T$$

$\boldsymbol{r}$을 수신하면, 우리는 신드롬 $\boldsymbol{s}$[식 (14.11a)]를 계산할 수 있으며, 아마 식 (14.11b)로부터 $\boldsymbol{e}_i$를 계산할 수도 있다. 불행하게도, $\boldsymbol{s}$에 대한 정보만 가지고는 $\boldsymbol{e}_i$가 하나만 되도록 풀 수 없다. 왜냐하면 $\boldsymbol{r}$이 또한 $\boldsymbol{c}_i$ 이외의 다른 부호어들로 표현될 수 있기 때문이다. 그러므로,

$$\boldsymbol{r} = \boldsymbol{c}_j \oplus \boldsymbol{e}_j \qquad j \neq i$$

따라서, $\boldsymbol{s}$는 다음과 같이 된다.

$$\boldsymbol{s} = (\boldsymbol{c}_j \oplus \boldsymbol{e}_j)\boldsymbol{H}^T = \boldsymbol{e}_j \boldsymbol{H}^T$$

2^k개의 가능한 부호어들이 존재하기 때문에,

$$\boldsymbol{s} = \boldsymbol{eH}^T$$

는 2^k개의 오류 벡터들에 대해서 만족되어야 한다. 다시 말해, 신드롬 $\boldsymbol{s}$ 스스로는 유일한 오류 벡터를 정의할 수 없다. 예를 들어, 만일 데이터 $\boldsymbol{d}$=100이 예제 14.1에서 부호어 100101로 전송되고, 3번째 디지트에서 검출 오류가 발생했다면, 수신된 부호어는 101101이 된다. 이 경우에, $\boldsymbol{c} = 100101$이 되고, $\boldsymbol{e} = 001000$이 된다. 그러나 $\boldsymbol{c} = 101011$이고, $\boldsymbol{e} = 000110$이거나 혹은 $\boldsymbol{c} = 010011$이고, $\boldsymbol{e} = 111110$ 등등이라면, 동일한 부호어가 수

신될 수 있다. 그러므로 식 (14.11b)를 모두 만족하는 8개의 가능한 오류 벡터(2^k개의 오류 벡터)들이 존재한다. 어느 벡터를 선택해야 할 것인가? 이를 위하여, 판정 기준을 정의해야만 한다. 한 가지 타당한 기준은 수신된 부호가 $\boldsymbol{r}$이라면, $\boldsymbol{r}$과 거리가 가장 가까운 $\boldsymbol{c}$로 판정을 하는 최대 우도 법칙(maximum likelihood rule)이다. 다시 말하면, 다음의 조건을 만족하면 "$\boldsymbol{c}_i$가 전송되었다"고 판단한다.

$$P(\boldsymbol{r}|\boldsymbol{c}_i) > P(\boldsymbol{r}|\boldsymbol{c}_k) \qquad k \neq i \text{ 인 모든 값에 대해}$$

2진 대칭 채널(binary symmetric channel, BSC)에서, 이 방법은 매우 간단한 해답을 제공한다. $\boldsymbol{r}$과 $\boldsymbol{c}_i$ 사이에서의 해밍 거리 d, 즉 채널 잡음이 d개의 디지트에서 오류를 발생시킨다고 가정하자. 그러면, 만일 P_e가 BSC의 디지트 오류 확률이면,

$$P(\boldsymbol{r}|\boldsymbol{c}_i) = P_e^d(1-P_e)^{n-d} = (1-P_e)^n\left(\frac{P_e}{1-P_e}\right)^d$$

만일 $P_e < 0.5$가 적당한 채널이라면, $P(\boldsymbol{r}\,|\,\boldsymbol{c}_i)$는 $P_e/(1-P_e) < 1$이기 때문에 d의 단조 감소 함수가 된다. 따라서, $P(\boldsymbol{r}\,|\,\boldsymbol{c}_i)$를 최대화하기 위해서, 우리는 $\boldsymbol{r}$에 가장 가까운 $\boldsymbol{c}_i$를 선택해야만 한다. 즉, 가장 적은 수의 1을 가진 오류 벡터를 선택해야만 한다. 가장 적은 수의 1을 갖는 벡터를 최소 무게 벡터(minimum weight vector)라고 한다. 이 최소 무게 벡터 $\boldsymbol{e}_{\min}$은 다음을 통하여 $\boldsymbol{r}$에 있는 오류를 정정하도록 사용될 것이다.

$$\boldsymbol{c} = \boldsymbol{r} \oplus \boldsymbol{e}_{\min}$$

● 예제 14.2

선형 (6,3) 부호가 예제 14.1의 생성 행렬에 따라 생성된다. 수신기는 $\boldsymbol{r}=100011$를 수신한다. 채널이 BSC 채널이고, 최대 우도 판정이 사용된다면, 수신된 부호에 대응하는 데이터를 구하시오.

풀이 신드롬 s는, 다음과 같다.

$$\begin{aligned} \boldsymbol{s} &= \boldsymbol{r}\boldsymbol{H}^T \\ &= [\mathbf{1}\quad \mathbf{0}\quad \mathbf{0}\quad \mathbf{0}\quad \mathbf{1}\quad \mathbf{1}]\cdot \begin{bmatrix} 1 & 0 & 1 \\ 0 & 1 & 1 \\ 1 & 1 & 0 \\ 1 & 0 & 0 \\ 0 & 1 & 0 \\ 0 & 0 & 1 \end{bmatrix} \\ &= [\mathbf{1}\quad \mathbf{1}\quad \mathbf{0}] \end{aligned}$$

모듈로-2 연산에서는 뺄셈이 덧셈과 같기 때문에, 바르게 전송된 부호어 $\boldsymbol{c}$는 다음과 같이 주어진다.

$$\boldsymbol{c} = \boldsymbol{r} \oplus \boldsymbol{e}$$

여기서 $\boldsymbol{e}$는, 다음을 만족한다.

$$\begin{aligned} \boldsymbol{s} = [\mathbf{1} \quad \mathbf{1} \quad \mathbf{0}] &= eH^T \\ &= [e_1 \quad e_2 \quad e_3 \quad e_4 \quad e_5 \quad e_6] \cdot \begin{bmatrix} 1 & 0 & 1 \\ 0 & 1 & 1 \\ 1 & 1 & 0 \\ 1 & 0 & 0 \\ 0 & 1 & 0 \\ 0 & 0 & 1 \end{bmatrix} \end{aligned}$$

우리는 $\boldsymbol{e}$ = 001000이 위의 식을 만족한다는 것을 안다. 그러나 $\boldsymbol{e}$ = 000110, 010101, 011011, 111110, 110000, 101101, 100011도 위의 식을 만족한다. 적절한 선택인 최소 무게 $e_{\min}$을 사용하면, 001000이 된다. 따라서, 부호어 $\boldsymbol{c}$는 다음과 같이 된다.

$$\boldsymbol{c} = \mathbf{100011} \oplus \mathbf{001000} = \mathbf{101011}$$

지금까지 설명한 복호화 과정은 좀 혼란스럽다. 좀 더 체계적으로 만들기 위하여, 우리는 모든 가능한 신드롬들을 고려하고 각각의 신드롬에 대해 최소 무게 오류 벡터를 연결지어 생각할 것이다. 예를 들어, 표 14.1에 있는 단일 오류 정정 부호는 3개의 디지트들로 구성된 신드롬을 가진다. 따라서, 8개의 가능한 신드롬들이 존재한다. 우리는 각각의 신드롬에 해당하는 최소 무게 오류 벡터를 표를 준비한다(표 14.3 참조). 이 표는 모든 가능한 최소 무게 오류 벡터들을 고려하고, 식 (14.11b)을 사용하여 각각의 오류 벡터들에 대한 $\boldsymbol{s}$를 계산함으로써 준비될 수 있다. 첫 번째 최소 무게 오류 벡터 000000은 당연한 경우지만 신드롬 000을 갖는다. 다음으로, 모든 가능한 단위 무게 오류 벡터를 고려해보자. 다음과 같은 여섯 개의 오류 벡터들, 100000, 010000, 001000, 000100, 000010, 000001이 존재한다. 이 여섯 개의 오류 벡터들에 대한 신드롬은 식 (14.11b)로부터 쉽게 계산될 수 있고 이 신드롬들을 표 14.3에 나타내었다. 그래도 하나의 오류 벡터와 맞아떨어지지 않는 한 신드롬 111이 남게 된다. 모든 단위 무게 오류 벡터들을 모두 사용하였기 때문에 무게가 2인 오류 벡터를 찾아야만 한다.

우리는 처음 일곱 개의 신드롬들(표 14.3)에 대해서, 단 하나씩의 최소 무게 벡터 $\boldsymbol{e}$가 존재한다는 것을 알 수 있다. 그러나, s = 111에 대해서 오류 벡터 e는 최소 무게가 2이고 유일하지는 않다. 예를 들어, e = 100010, 010100, 001001는 모두 $\boldsymbol{s}$ = 111을 가지며 이 3개 모두의 $\boldsymbol{e}$는 최소 무게이다(무게 2). 이러한 경우에는 3개의 $\boldsymbol{e}$ 가운데 하나를 정정

►► 표 14.3 표 14.2의 부호에 대한 복호표

e	s
000000	000
100000	101
010000	011
001000	110
000100	100
000010	010
000001	001
100010	111

가능한(correctable) 오류 패턴으로서 선택할 수 있다. 표 14.3에서, 우리는 정정 가능한 이중 오류 패턴으로 $\boldsymbol{e} = \mathbf{100010}$을 선택하였다. 이것은 현재 부호가 6개의 단일 오류 패턴들과 하나의 이중 오류 패턴(**100010**)을 모두 정정할 수 있음을 의미한다. 예를 들어, 만일 $\boldsymbol{e} = \mathbf{101011}$이 전송되고 채널 잡음이 이중 오류 **100010**을 발생시킨다면, 수신된 벡터는 $\boldsymbol{r} = \mathbf{001001}$이 되고, 신드롬은 다음과 같이 된다.

$$\boldsymbol{s} = \boldsymbol{r}\boldsymbol{H}^T = [\mathbf{1\,1\,1}]$$

표 14.3으로부터 $\boldsymbol{s} = \mathbf{111}$에 해당하는 $\boldsymbol{e} = \mathbf{100010}$이 되고, $\boldsymbol{c} = \boldsymbol{r} \oplus \boldsymbol{e} = \mathbf{101011}$이 된다는 것을 곧바로 알 수 있다. 그러나, 이 부호가 100010과 다른 패턴의 이중 오류는 정정할 수 없다는 것에 유의하자. 그러므로, 이 부호는 모든 단일 오류들뿐만 아니라 하나의 이중 오류 패턴도 정정한다. 이 부가적인 하나의 이중 오류 정정은 n과 k가 해밍 한계식[식(14.3b)]을 과다하게 만족하기 때문에 발생하게 된다. n과 k가 정확하게 해밍 한계식을 정확하게 만족하는 경우에는 단지 단일 오류 정정만을 할 수 있다. 이것은 모든 단일 오류 패턴만을 정정할 수 있는 (7,4) 부호의 경우이다.

그러므로 체계적인 복호화를 위해, 우리는 정정할 수 있는 모든 오류 패턴들과 이에 해당하는 신드롬들을 표로 준비한다. 복호화를 위해서, 우리는 단지 $\boldsymbol{s} = \boldsymbol{r}\boldsymbol{H}^T$만의 계산이 요구되고, 복호화 표로부터 이에 해당하는 $\boldsymbol{e}$만 찾으면 된다. 판정은 $\boldsymbol{c} = \boldsymbol{r} \oplus \boldsymbol{e}$가 된다. $\boldsymbol{s}$가 $m = n - k$개의 디지트들로 구성되기 때문에, 각각 $n - k$개의 디지트들로 구성되는 전체 2^{n-k}개의 신드롬이 있다. 각각 n개의 디지트들로 구성되는 똑같은 수의 정정할 수 있는 오류 벡터들이 있다. 따라서, 복호화를 위해서, 우리는 $(2n - k)2^{n-k} = (2n - k)2^m$의 저장공간이 필요하다. 이러한 저장 공간의 요구는 패리티 검사 디지트들의 수 m에 따라 지수적으로 증가하고 그다지 복잡하지 않은 부호인 경우조차도 상당히 크게 될 것이다.

○ 해밍 부호의 구성

어떻게 생성 행렬이나 패리티 검사 행렬의 계수들을 선택해야 하는지가 여전히 명확하지 않다. 불행하게도, 해밍 부호라고 알려진 단일 오류 정정 부호 종류와 순회 부호와 같은 몇몇 특별한 경우들을 제외하고는 부호를 설계하는 체계적이고 일반적인 방법은 없다. 단일 오류 정정 (7, 4) 부호를 생각해보자. 이 부호는 해밍 한계식을 정확하게 만족하며, 우리는 적절한 부호가 구성될 수 있음을 볼 것이다. 이 경우에 $m=3$이고 7개의 0이 아닌 신드롬들이 있으며, $n=7$이기 때문에 정확하게 7개의 단일 오류 패턴들이 존재한다. 따라서, 우리는 모든 단일 오류 패턴들을 정정할 수 있으며 그 이상은 아니다. 단일 오류 패턴 $e=1000000$을 살펴보자. 신드롬이 다음과 같기 때문에,

$$\boldsymbol{s}=\boldsymbol{e}\boldsymbol{H}^T$$

$\boldsymbol{e}\boldsymbol{H}^T$는 간단히 $\boldsymbol{H}^T$의 첫 번째 행이 될 것이다. 이와 유사하게, $\boldsymbol{e}=0100000$의 경우, $\boldsymbol{s}=\boldsymbol{e}\boldsymbol{H}^T$는 $\boldsymbol{H}^T$의 두 번째 행이 될 것이다. 이제 유일 복호화를 위해서, 우리는 7개의 단일 오류 패턴들에 해당하는 7개의 신드롬들이 서로 구별되는 것이 필요하다. 역으로, 만일 7개의 모든 신드롬들이 서로 구별된다면, 우리는 모든 단일 오류 패턴들을 복호할 수 있다. 이것은 H^T에 대한 단 하나의 요건은 7개의 모든 행이 서로 구별되고 0이 아니어야 한다는 것을 의미한다. H^T가 $(n\times n-k)$ 행렬이라는 것에 유의하자(이 경우에는 7×3). 왜냐하면 3개의 디지트들로 구성된 7개의 0이 아닌 패턴들이 존재하기 때문에, 3개의 디지트들로 구성된 7개의 영이 아닌 행을 구하는 것이 가능하다. 이 행들을 정렬하기 위한 여러 가지 방법들이 있다. 그러나 우리는 맨 밑의 3개 행이 반드시 항등 행렬 $\boldsymbol{I}_m$의 형태가 되어야 한다는 것을 강조한다[식 (14.10b) 참조].

$\boldsymbol{H}^T$의 한 가지 가능한 형태는 다음과 같다.

$$\boldsymbol{H}^T=\begin{bmatrix}1&1&1\\1&1&0\\1&0&1\\0&1&1\\1&0&0\\0&1&0\\0&0&1\end{bmatrix}=\begin{bmatrix}\boldsymbol{P}\\ \\ \boldsymbol{I}_m\end{bmatrix}$$

이에 해당하는 생성 행렬 $\boldsymbol{G}$는 다음과 같다.

$$\boldsymbol{G}=[\boldsymbol{I}_k \quad \boldsymbol{P}]=\begin{bmatrix}1&0&0&0&1&1&1\\0&1&0&0&1&1&0\\0&0&1&0&1&0&1\\0&0&0&1&0&1&1\end{bmatrix}$$

그러므로 $d = 1011$ 일 때, 이에 해당하는 부호어는 $c = 1011001$ 이다.

일반적인 선형 (n, k) 부호는 m 차원의 신드롬 벡터($m = n - k$)를 가진다. 따라서, $2^m - 1$ 개의 단일 오류 패턴을 정정할 수 있는 $2^m - 1$ 개의 영이 아닌 서로 구별되는 신드롬 벡터들이 존재한다. (n, k) 부호에서는 정확하게 n 개의 단일 오류 패턴들이 존재하기 때문에, 이러한 모든 단일 오류들은 다음과 같은 조건을 만족하면 정정될 수 있다.

$$2^m - 1 \geq n$$

이것은 정확하게 $t = 1$ 인 경우에 대한 식 (14.4)의 조건이다. 그러므로, 이 조건을 만족하는 임의의 (n, k) 부호에 대하여, 앞서 논의했던 과정에 의해 단일 오류 정정 부호를 구성하는 것이 가능하다. 요약하면, $(2^m - 1,\ 2^m - 1 - m,\ m)$ 해밍 부호는 다음과 같은 속성을 갖는다.

패리티 비트의 수	$m \geq 3$
부호 길이	$n = 2^m - 1$
메시지 비트수	$k = 2^m - m - 1$
최소 거리	$d_{\min} = 3$
오류 정정 능력	$t = 1$

블록 부호화에 대한 좀 더 자세한 내용을 위해서, 독자들은 Peterson과 Weldon[3]이 지은 책과 Lin과 Costello[2]의 책에서 찾아보면 된다.

14.4 순회 부호(Cyclic Codes)

순회 부호(cyclic codes)들은 선형 블록 부호들의 하위 분류이다. 앞서 보았듯이, 생성 행렬을 선택하는 과정은 단일 오류 정정 부호들에 대해서는 비교적 쉽다. 하지만 이러한 과정은 더 높은 차수의 오류 정정 부호를 구성하기에는 아주 멀다. 순회 부호들은 더 높은 차수의 오류 정정 부호를 설계할 수 있는 하나의 좋은 수학적 구조를 만족한다. 둘째로, 순회 부호들에서, 부호화와 신드롬 계산들은 간단한 쉬프트 레지스터들을 사용하여 쉽게 구현될 수 있다.

순회 부호에서, 부호어들을 단순히 서로 좌우 이동시키는 것이다. 예를 들어, 만일 $\boldsymbol{c} = (c_1, c_2, \ldots, c_{n-1}, c_n)$ 이 부호어라면, $(c_2, c_3, \ldots, c_n, c_1)$ 과 $(c_3, c_4, \ldots, c_n, c_1, c_2)$ 등도 부호어가 된다. 우리는 다음과 같은 표기법을 사용할 것이다. 만일

$$\boldsymbol{c} = (c_1, c_2, \ldots, c_n) \tag{14.12a}$$

가 한 부호의 부호어 벡터라면, $\mathbf{c}^{(i)}$는 $\mathbf{c}$를 순회적으로 i 만큼 왼쪽으로 천이된 것을 나타낸다. 즉, $\mathbf{c}^{(i)}$는 다음과 같다.

$$\mathbf{c}^{(i)} = (c_{i+1}, c_{i+2}, \ldots, c_n, c_1, c_2, \ldots, c_i) \tag{14.12b}$$

순회 부호들은 다항식의 형태로 표현될 수 있다. 이 특성은 순회 부호들을 분석하고 구현하는데 아주 유용하다. 식 (14.12a)에서 부호 벡터 $\mathbf{c}$는 $(n-1)$차 다항식으로 다음과 같이 표현될 수 있다.

$$c(x) = c_1x^{n-1} + c_2x^{n-2} + \cdots + c_n \tag{14.13a}$$

이 다항식의 계수들은 0 또는 1이고, 다음과 같은 성질을 갖는다.

$$\begin{array}{ll} \mathbf{0+0=0} & \mathbf{0\times 0=0} \\ \mathbf{0+1=1+0=1} & \mathbf{0\times 1=1\times 0=0} \\ \mathbf{1+1=0} & \mathbf{1\times 1=1} \end{array}$$

식 (14.12b)에서 부호 벡터 $\mathbf{c}^{(i)}$에 대한 부호 다항식 $c^{(i)}(x)$는

$$c^{(i)}(x) = c_{i+1}x^{n-1} + c_{i+2}x^{n-2} + \cdots + c_nx^i + c_1x^{i-1} + \cdots + c_i \tag{14.13b}$$

이다. 부호 다항식의 흥미로운 특징들 중에 하나는 $x^ic(x)$를 x^n+1로 나누면, 나머지는 $c^{(i)}(x)$가 된다는 것이다. 이러한 특성은 다음과 같이 증명될 수 있다.

$$xc(x) = c_1x^n + c_2x^{n-1} + \cdot \cdot \cdot + c_nx$$

$$xc(x) = c_1x^n + c_2x^{n-1} + \cdots + c_nx$$

$$\begin{array}{r|l} & c_1 \\ \hline x^n+1 & c_1x^n + c_2x^{n-1} + \cdots + c_nx \\ & c_1x^n + \qquad\qquad\qquad\qquad c_1 \\ \hline & \underbrace{c_2x^{n-1} + c_3x^{n-2} + \cdots + c_nx + c_1}_{\text{나머지}} \end{array}$$

나머지는 분명히 $c^{(1)}(x)$가 된다. 이러한 결과를 유도함에 있어서, 모듈로-2 연산이 사용될 경우에 뺄셈이 결과적으로 덧셈과 같다는 사실을 이용하였다. 이것을 계속하면, 우리는 $x^ic(x)$를 x^n+1로 나눈 나머지가 $c^{(i)}(x)$가 된다는 것을 보일 수 있다.

이제 우리는 부호의 생성 다항식 $g(x)$의 개념을 소개한다. 각 (n, k) 부호어는 다음과 같은 부호 다항식에 의해 표현될 수 있다.

$$c(x) = c_1 x^{n-1} + c_2 x^{n-2} + \cdots + c_n$$

$g(x)$는 부호의 생성 다항식($n-k$차)이고, 만일 $k-1$차의 데이터 다항식 $d(x)$에 대하여

$$d(x) = d_1 x^{k-1} + d_2 x^{k-2} + \cdots + d_k$$

이면, 우리는 다음 식을 통하여 부호 다항식을 생성할 수 있다.

$$c(x) = d(x)\, g(x) \tag{14.14}$$

2^k개의 다른 부호 다항식(혹은 부호어)이 있음을 기억하자. 순회 부호를 위하여, 순회 이동 후의 부호어도 역시 부호어이다.

이제 우리는 순회 부호에서 중요한 이론을 증명할 것이다.

순회 선형 블록 부호 이론 : 만일 $g(x)$가 $n-k$차 다항식이고 x^n+1의 인수(모듈로-2)라면, $g(x)$는 (n, k) 선형 순회 블록 부호를 생성하는 생성 다항식이다.

증명 : 데이터 벡터 $(d_1,\ d_2,\ \cdots,\ d_k)$에 대하여, 데이터 다항식은

$$d(x) = d_1 x^{k-1} + d_2 x^{k-2} + \cdots + d_k \tag{14.15}$$

이다.

k개의 다항식을 생각해보자.

$$g(x), \quad xg(x), \quad \ldots, \quad x^{k-1} g(x)$$

이들의 차수는 각각 $n-k$, $n-k+1$, ..., $n-1$이다. 따라서, 이들 다항식의 선형 조합은

$$d_1 x^{k-1} g(x) + d_2 x^{k-2} g(x) + \cdots + d_k g(x) = d(x)\, g(x) \tag{14.16}$$

이다. 데이터 값들 $\{d_i\}$에 상관없이, $d(x)g(x)$는 그래도 $g(x)$의 배수인 동안은 $n-1$차 또는 그 이하의 다항식이 된다. 따라서, 부호어는 식 (14.16)을 사용하여 만들어진다. 2^k개의 데이터 벡터들에 해당하는 데이터 다항식 $d(x)$의 서로 다른 다항식들(부호어들)이 총 2^k개가 존재한다. 그러므로, 식 (14.14)에 의해 생성되는 선형 (n,k) 부호를 얻는다. 이 부호가 순회 부호라는 것을 증명하기 위해,

$$c(x) = c_1 x^{n-1} + c_2 x^{n-2} + \cdots + c_n$$

을 이 부호[식 (14.16)]에서 부호 다항식이라고 하자. 그러면

$$\begin{aligned} xc(x) &= c_1x^n + c_2x^{n-1} + \cdots + c_nx \\ &= c_1(x^n + 1) + (c_2x^{n-1} + c_3x^{n-2} + \cdots + c_nx + c_1) \\ &= c_1(x^n + 1) + c^{(1)}(x) \end{aligned}$$

이다. $xc(x)$가 $xd(x)g(x)$가 되고, $g(x)$가 x^n+1의 인수가 되기 때문에, $c^{(1)}(x)$는 또한 $g(x)$의 배수가 되어야만 하고, 어떤 데이터 벡터 $\boldsymbol{d}$에 대해 $d(x)g(x)$로 표현될 수 있다. 그러므로, $c^{(1)}(x)$는 또한 부호 다항식이 된다. 이러한 방법으로 계속하면, $c^{(2)}(x)$, $c^{(3)}(x)$, ...는 식 (14.16)에 의해 생성되는 모든 부호 다항식임을 알 수 있다. 그러므로, $d(x)g(x)$에 의해 생성되는 선형 $(n,\ k)$ 부호는 순회 부호가 된다.

● 예제 14.3

(7,4) 순회 부호를 위한 생성 다항식 $g(x)$을 구하고, 데이터 벡터 1010, 1111, 0001, 1000에 대한 부호어 벡터들을 구하시오.

풀이 이 경우에 $n=7$이고, $n-k=3$이며,

$$x^7 + 1 = (x+1)(x^3+x+1)(x^3+x^2+1)$$

이다. (7, 4) 부호에 대하여, 생성 다항식은 $n-k=3$인 차수가 되어야만 한다. 이 경우에는 $g(x)$에 대해 x^3+x+1과 x^3+x^2+1인 2개의 가능한 선택이 존재한다. 가능한 생성 다항식으로 후자를 선택한다고 하자. 즉,

$$g(x) = x^3 + x^2 + 1$$

$\boldsymbol{d} = [1 0\ 1\ 0]$에 대해,

$$d(x) = x^3 + x$$

이고, 부호 다항식은

$$\begin{aligned} c(x) &= d(x)g(x) \\ &= (x^3+x)(x^3+x^2+1) \\ &= x^6+x^5+x^4+x \end{aligned}$$

이다. 따라서,

$$\boldsymbol{c} = \mathbf{1110010}$$

▸▸ 표 14.4

d	c
1010	1110010
1111	1001011
0001	0001101
1000	1101000

이다. 이와 유사하게, 다른 데이터들에 대한 부호어들을 구할 수 있다(표 14.4). 부호어들의 구조에 유의하자. 처음 k 디지트들이 꼭 데이터 비트들이라고 할 수 없다. 따라서, 이 부호는 체계적 부호가 아니다.

체계적 부호에서는, 처음 k개의 디지트들은 데이터 비트들이고, 마지막 $m = n - k$개의 디지트들은 패리티 검사 비트들이다. 체계적 부호들은 일반적인 부호들 중의 특별한 경우이다. 지금까지 우리가 논의한 것은 일반적인 순회 부호들에 적용되며, 체계적인 순회 부호들은 특별한 경우이다. 이제 우리는 체계적 순회 부호들을 생성하는 방법을 전개할 것이다.

○ 체계적 순회 부호

우리는 체계적 부호에서, 데이터 다항식 $d(x)$에 해당하는 부호어 다항식 $c(x)$가 다음과 같이 주어진다는 것을 증명할 것이다.

$$c(x) = x^{n-k}d(x) + \rho(x) \tag{14.17a}$$

여기서, $\rho(x)$는 $x^{n-k}d(x)$를 $g(x)$로 나눈 나머지이다.

$$\rho(x) = \text{Rem}\,\frac{x^{n-k}d(x)}{g(x)} \tag{14.17b}$$

이것을 증명하기 위해 다음을 살펴보자.

$$\frac{x^{n-k}d(x)}{g(x)} = q(x) + \frac{\rho(x)}{g(x)} \tag{14.18a}$$

여기서, $q(x)$는 $k-1$ 또는 그 이하의 차수가 된다. 식 (14.18a)의 양변에 $\rho(x)/g(x)$를 더하고, 모듈로-2 연산에서 $f(x)+f(x)=0$이기 때문에, 다음과 같이 된다.

$$\frac{x^{n-k}d(x) + \rho(x)}{g(x)} = q(x) \tag{14.18b}$$

또는

$$q(x)g(x) = x^{n-k}d(x) + \rho(x) \qquad (14.18c)$$

$q(x)$가 $k-1$ 또는 그 이하의 차수이기 때문에, $q(x)g(x)$는 부호 다항식이 된다. $x^{n-k}d(x)$는 $d(x)$가 $n-k$ 디지트만큼 왼쪽으로 이동된 것을 나타내기 때문에, 이 부호어의 처음 k개의 디지트들은 정확히 $\mathbf{d}$가 되고, $\rho(x)$에 해당하는 마지막 $n-k$개의 디지트들은 패리티 검사 디지트가 되는 것이 틀림없다. 이것은 예제를 통하여 보다 명확해 질 것이다.

예제 14.4

예제 14.3의 생성 다항식을 사용하여 체계적 (7, 4) 순회 부호를 구성하시오.

풀이 우리는

$$g(x) = x^3 + x^2 + 1$$

을 사용한다. 데이터 벡터 $\mathbf{d} = 1010$을 생각하자.

$$d(x) = x^3 + x$$

그리고

$$x^{n-k}d(x) = x^6 + x^4$$

따라서,

$$\begin{array}{rl}
 & x^3 + x^2 + 1 \qquad \leftarrow q(x) \\
x^3 + x^2 + 1 \,\big)\!\! & x^6 + x^4 \\
 & \underline{x^6 + x^5 + x^3} \\
 & x^5 + x^4 + x^3 \\
 & \underline{x^5 + x^4 + x^2} \\
 & x^3 + x^2 \\
 & \underline{x^3 + x^2 + 1} \\
 & 1 \qquad \leftarrow \rho(x)
\end{array}$$

따라서, 식 (14.17a)로부터,

$$\begin{aligned} c(x) &= x^3d(x) + \rho(x) \\ &= x^3(x^3 + x) + 1 \\ &= x^6 + x^4 + 1 \end{aligned}$$

그리고

$$\boldsymbol{c} = \mathbf{1010001}$$

또한, 식 (14.18c)를 사용하여 부호어 $\boldsymbol{c}$를 직접 구할 수도 있다. 그러므로, $c(x) = q(x)g(x) = (x^3 + x^2 + 1)(x^3 + x^2 + 1) = x^6 + x^4 + 1$이 된다. 우리는 이러한 방법으로 표 14.5와 같은 전체 부호표를 구성한다. 이것은 매우 지루한 과정이다. 하지만 부호 생성 행렬 $\boldsymbol{G}$를 사용하여 손쉽게 하는 방법이 있다. 우리는 앞의 과정을 사용하여, 데이터들 1000, 0100, 0010, 0001에 해당하는 부호어들을 계산할 수 있다. 이 부호어들은 1000110, 0100011, 0010111, 0001101이 된다. 이제 이 4개의 부호어들이 생성 행렬 $\boldsymbol{G}$에서 4개의 행이 된다는 것을 알 수 있다. 이것은 $\boldsymbol{c} = \boldsymbol{dG}$이기 때문이고 $\boldsymbol{d} = \mathbf{1000}$일 때 $\boldsymbol{dG}$가 $\boldsymbol{G}$의 첫 번째 행이고, 등등이 된다. 따라서,

$$\boldsymbol{G} = \begin{bmatrix} 1 & 0 & 0 & 0 & 1 & 1 & 0 \\ 0 & 1 & 0 & 0 & 0 & 1 & 1 \\ 0 & 0 & 1 & 0 & 1 & 1 & 1 \\ 0 & 0 & 0 & 1 & 1 & 0 & 1 \end{bmatrix}$$

이다. 이제 $\boldsymbol{c} = \boldsymbol{dG}$를 사용하여 부호표의 나머지를 구할 수 있다. 이것은 k개의 부호어들에 대한 정보만으로 전체 부호표를 구성할 수 있기 때문에 아주 효율적인 방법이 된다.

표 14.5는 전체 부호를 나타낸다. 두 부호어들 사이의 최소 거리 $d_{\min}$이 3이라는 것에 유의하자. 따라서, 이것은 단일 오류 정정 부호가 되고, 이 부호어들 중에서 14개의 부호어들은 두 부호어들 **1110010**과 **1101000**에 대해 연속적인 순회 천이를 통해 구할 수 있다. 나머지 두 부호어 **111111**과 **000000**은 순회 천이를 해도 변하지 않는다.

▶▶ 표 14.5

$\boldsymbol{d}$	$\boldsymbol{c}$
1111	1111111
1110	1110010
1101	1101000
1100	1100101
1011	1011100
1010	1010001
1001	1001011
1000	1000110
0111	0111001
0110	0110100
0101	0101110
0100	0100011
0011	0011010
0010	0010111
0001	0001101
0000	0000000

○ 순회 부호의 생성 다항식과 생성 행렬

순회 부호들은 생성 다항식 $\boldsymbol{G}$ (문제 14.3-6과 14.3-7)에 의해 역시 설명될 수 있다. 이것은 해밍 부호들은 순회 부호라는 것으로 보일 수 있다. 생성 다항식 $g(x)$가 주어지면, 패리티 부행렬(submatrix) $\boldsymbol{P}$의 결정에 의해서 체계적인 부호의 생성 행렬 $\boldsymbol{G}=[\boldsymbol{I} \quad \boldsymbol{P}]$을 구하는 것은 쉽다.

$$\begin{aligned} &\text{1st row of } \boldsymbol{P}\text{:} \quad \text{Rem}\frac{x^{n-1}}{g(x)} \\ &\text{2nd row of } \boldsymbol{P}\text{:} \quad \text{Rem}\frac{x^{n-2}}{g(x)} \\ &\qquad\qquad \vdots \\ &k\text{th row of } \boldsymbol{P}\text{:} \quad \text{Rem}\frac{x^{n-k}}{g(x)} \end{aligned} \tag{14.19}$$

생성 다항식이 다음과 같은 해밍 (7, 4, 3) 부호를 생각해보자.

$$g(x) = x^3 + x + 1.$$

$$\begin{aligned} \text{Rem}\frac{x^6}{g(x)} &= x^2 + 1 \\ \text{Rem}\frac{x^5}{g(x)} &= x^2 + x + 1 \\ \text{Rem}\frac{x^4}{g(x)} &= x^2 + x \\ \text{Rem}\frac{x^3}{g(x)} &= x + 1 \end{aligned} \tag{14.20}$$

그러므로, 이 순회 부호의 생성 행렬은

$$\boldsymbol{G} = \begin{bmatrix} 1 & 0 & 0 & 0 & 1 & 0 & 1 \\ 0 & 1 & 0 & 0 & 1 & 1 & 1 \\ 0 & 0 & 1 & 0 & 1 & 1 & 0 \\ 0 & 0 & 0 & 1 & 0 & 1 & 1 \end{bmatrix} \tag{14.21}$$

이다. 따라서, 해당하는 패리티 검사 행렬의 한 형태는 다음과 같다.

$$\boldsymbol{H} = \begin{bmatrix} 1 & 1 & 1 & 0 & 1 & 0 & 0 \\ 0 & 1 & 1 & 1 & 0 & 1 & 0 \\ 1 & 1 & 0 & 1 & 0 & 0 & 1 \end{bmatrix} \tag{14.22}$$

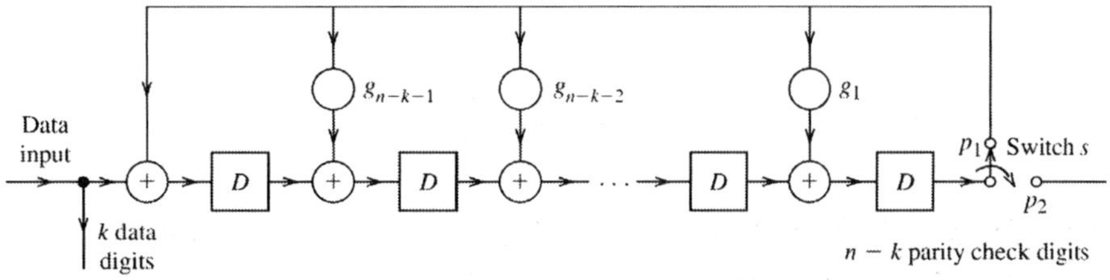

▶▶ 그림 14.2 체계적 순회 부호의 부호기

○ 순회 부호 생성

순회 부호의 장점들 중 하나는 부호화와 복호화가 쉬프트 레지스터들이나 모듈로-2 덧셈기들과 같은 간단한 소자들을 사용하여 구현될 수 있다는 것이다. 체계적으로 생성되는 부호는 식 (14.17)에서 설명하였다. 이것은 생성 다항식* $g(x) = x^{n-k} + g_1 x^{n-k-1} + \cdots + g_{n-k-1}x + 1$에 따라 궤환 연결된 쉬프트 레지스터로 구성된 나눗셈 회로에 의해 구현될 수 있는 $x^{n-k}d(x)$를 $g(x)$로 나누기와 관계된다. 이득 g_k는 0이거나 1이다. $n-k$개의 쉬프트 레지스터들로 구성된 부호기 회로가 그림 14.2에 보인다. 이 나눗셈 회로를 이해하는 데에는 선형 수열 네트워크에 대한 약간의 배경 지식이 요구된다. 이 나눗셈 회로의 기능에 대한 설명은 Peterson과 Weldon[3]에서 찾아 볼 수 있다. k개의 데이터 디지트들은 스위치 s가 p_1에서 닫힘과 동시에 입력으로 이동된다. 심벌 D는 하나의 디지트에 대한 지연을 나타낸다. 데이터 디지트들이 부호기를 통과하기 때문에, 이 데이터 디지트들은 또한 출력선으로 이동된다. 이것은 부호어의 처음 k개의 디지트들이 데이터 디지트들이기 때문이다. 마지막(또는 k번째) 데이터 디지트가 마지막[또는 $(n-k)$번째] 레지스터를 비우자마자 모든 레지스터들은 패리티 검사 디지트들로 채워진다. 그 다음에 스위치 s가 p_2에 위치하게 되고, 동시에 $n-k$개의 패리티 검사 디지트들이 출력선으로 한 번에 하나씩 이동된다.

○ 복호화

모든 유효한 부호 다항식 $c(x)$는 $g(x)$의 배수이다. 다시 말해서, $c(x)$는 $g(x)$로 나눠진다. 전송하는 동안에 오류가 발생하면, 수신된 부호어 다항식 $r(x)$는 만일 r에 있는 오류 수가 정정될 수 있다면 $g(x)$의 배수가 되지 않을 것이다. 그러므로,

$$\frac{r(x)}{g(x)} = m_1(x) + \frac{s(x)}{g(x)} \tag{14.23}$$

* 순회 부호들에서 생성 다항식은 이러한 형태가 되어야 한다.

그리고

$$s(x) = \text{Rem}\,\frac{r(x)}{g(x)} \tag{14.24}$$

여기서, 신드롬 다항식 $s(x)$는 $n-k-1$ 또는 그 이하의 차수를 갖는다.

$e(x)$가 오류 다항식이라면,

$$r(x) = c(x) + e(x)$$

이다. $c(x)$가 $g(x)$의 배수인 것을 상기하면,

$$\begin{aligned} s(x) &= \text{Rem}\,\frac{r(x)}{g(x)} \\ &= \text{Rem}\,\frac{c(x)+e(x)}{g(x)} \\ &= \text{Rem}\,\frac{e(x)}{g(x)} \end{aligned} \tag{14.25}$$

앞서와 같이, 수신된 부호어 $\mathbf{r}$ 은 2^k개의 부호어들 중의 하나와 적절한 오류에 대한 결과로 나타날 것이다. 예를 들어, 표 14.5의 부호에서, 만약 $\mathbf{r}=\mathbf{0110010}$이라면, 이것은 $\mathbf{c}=\mathbf{1110010}$과 $\mathbf{e}=\mathbf{1000000}$, 또는 $\mathbf{c}=\mathbf{1101000}$ 과 $\mathbf{e}=\mathbf{1011010}$, 또는 이러한 조합의 다른 14개가 될 수 있다는 것을 의미한다. 앞서 설명한 것처럼, 가장 그럴법한 오류 패턴은 최소 무게(최소 개수의 1)를 갖는 것이다. 따라서, 여기서 $\mathbf{c}=\mathbf{1110010}$과 $\mathbf{e}=\mathbf{1000000}$가 정확한 판정이다.

복호화 표, 즉 정정할 수 있는 모든 오류들에 대한 신드롬들의 목록을 준비하는 것이 편리하게 된다. 임의의 $\mathbf{r}$ 에 대해, 우리는 식 (14.24)로부터 신드롬을 계산하고, 복호화 표로부터 이에 해당하는 정정 가능한 오류 $\mathbf{e}$를 구할 수 있다. 그 다음, $\mathbf{c}=\mathbf{r}\oplus\mathbf{e}$를 결정한다. $s(x)$에 대한 계산[식 (14.24)]은 부호화[식 (14.18a)]하는 동안 $\rho(x)$를 계산하기 위해 필요한 것과 동일한 연산을 하게 된다는 것에 유의하자. 따라서, 그림 14.2의 회로는 $s(x)$를 계산하기 위해서도 역시 사용될 수 있다.

● 예제 14.5

표 14.5에서 단일 오류 정정 (7, 4) 부호를 위한 복호화 표를 구성하시오. 다음과 같이 수신된 벡터 $\mathbf{r}$ 에 대해 전송된 데이터 벡터들을 구하시오.

(a) **1101101** (b) **0101000** (c) **0001100**

풀이 첫 번째 단계는 복호화 표를 구성하는 것이다. $n-k-1=2$이기 때문에, 신드롬 다항식은 2차가 되고, 7개의 영이 아닌 가능한 신드롬들이 존재한다. 또한 $n=7$이기 때문에 7개의 정정 가능한 단일 오류 패턴들도 존재한다. 우리는 7개의 정정 가능한 오류 패턴들 각각에 대한 신드롬을 계산하기 위하여

$$\boldsymbol{s}=\boldsymbol{e}\cdot\boldsymbol{H}^T$$

를 사용할 수 있다. (예제 14.4)에서 다음을 기억하자.

$$\boldsymbol{H}=\begin{bmatrix} 1 & 0 & 1 & 1 & 1 & 0 & 0 \\ 1 & 1 & 1 & 0 & 0 & 1 & 0 \\ 0 & 1 & 1 & 1 & 0 & 0 & 1 \end{bmatrix}$$

우리는 이제 $\boldsymbol{H}$에 기초하여 신드롬들을 계산할 수 있다. 예를 들어, $\boldsymbol{e}=\mathbf{1000000}$에 대해,

$$\begin{aligned}\boldsymbol{s}&=[\mathbf{1\,0\,0\,0\,0\,0\,0}]\cdot\boldsymbol{H}^T\\&=\mathbf{110}\end{aligned}$$

비슷한 방법으로, 우리는 나머지 오류 패턴들에 대해서도 신드롬을 계산한다(표 14.6 참조). 수신된 부호어 $\boldsymbol{r}$이 **1101101**일 때, 우리는 식 (14.24)에 따르거나 단순히 행렬 곱셈

$$\begin{aligned}\boldsymbol{s}&=\boldsymbol{r}\cdot\boldsymbol{H}^T\\&=[\mathbf{1\,1\,0\,1\,1\,0\,1}]\cdot\boldsymbol{H}^T\\&=\mathbf{101}\end{aligned}$$

을 적용하여 $\boldsymbol{s}$를 계산할 수 있다. 따라서, 표 14.6으로부터, 이것은 $\boldsymbol{e}=\mathbf{0001000}$이 되고,

$$\boldsymbol{c}=\boldsymbol{r}\oplus\boldsymbol{e}=\mathbf{1101101}\oplus\mathbf{0001000}=\mathbf{1100101}$$

이다. 이 부호는 체계적이기 때문에,

▸▸ 표 14.6

e	s
1000000	110
0100000	011
0010000	111
0001000	101
0000100	100
0000010	010
0000001	001

$$d = 1100$$

이다. 이와 유사한 방법으로, 우리는 r=0101000에 대해서는 s=110, e=1000000을 구한다. 따라서 $c=r\oplus e$=1101000이고, d=1101이다. r=0001100에 대해서는 s=001, e=0000001이다. 따라서, $c=r\oplus e$=0001101이고, d= 0001이다.

○ Bose-Chaudhuri-Hocquenghen(BCH) 부호와 Reed-Solomon(RS) 부호

BCH 부호는 아마도 랜덤 오류를 정정할 수 있는 가장 강력한 순회 부호이다. 무엇보다도 복호화 과정이 간단히 구현될 수 있다. 해밍 부호는 BCH 부호의 특별한 경우이다. 이러한 BCH 부호들은 다음과 같이 표현될 수 있다. 즉, 임의의 양의 정수 m과 t $(t < 2^{m-1})$에 대해, $n = 2^m - 1$과 $n - k \le mt$인 t개 오류 정정 (n, k) 부호가 존재한다. 부호어들 사이의 최소 거리 $d_{\min}$은 부등식 $2t + 1 \le d_{\min} \le 2t + 2$의 관계를 가진다.

비 2진 BCH 부호의 특별한 경우로서, Reed-Solomon 부호는 단연 오늘날 실상에서 가장 성공적인 전방 오류 정정(FEC) 부호이다. Reed-Solomon 부호는 디지털 저장장치(DVD, CD-ROM), 고속 모뎀, 광대역 무선 시스템, HDTV 등과 같은 수많은 다른 것들에서 폭넓은 응용들이 있다. BCH 부호와 Reed-Solomon 부호들에 대한 보다 자세한 표현은 광범위한 현대 대수학의 사용을 필요로 하며, 이것은 소개만을 주로 하는 본 장의 범위를 벗어나므로 다루지 않겠다. BCH 부호와 Reed-Solomon 부호들에 대해 보다 자세히 알고 싶다면, 독자는 Lin과 Costello[2]의 고전적인 교과서를 참조하면 된다.

○ 오류 검출을 위한 순회 부가정보 검사(CRC) 부호

가장 많이 사용되는 순회 부호 가운데 하나는 데이터 전송 오류의 검출을 위한 순회 부가정보 검사 부호(cyclic redundancy check(CRC) codes)이다. CRC 부호는 순회적이고, (흔히 오류 정정 후에) 수신기에서 오류가 있는 데이터 패킷의 검출을 위하여 설계된다. 데이터 블록(패킷) 내용물의 순결성을 보장하기 위하여, 각 데이터 패킷은 길이 $n \le 2^m - 1$의 CRC 부호로 부호화된다. 가장 일반적인 CRC 부호는 다음의 부호 생성 다항식을 갖는 m=12, 16, 혹은 32이다.

$$g(x) = (1 + x)g_c(x)$$
$$g_c(x) = \text{순회 해밍 부호의 생성 다항식}$$

부호 생성 행렬을 선택하기 위하여, 설계 조건은 검출되지 않는 오류 사건들의 확률을 조절하는 것이다. 다시 말해서, CRC 부호는 검출되지 않는 오류의 확률이 다음과 같도록 가장 나올법한 오류 패턴들을 검출할 수 있어야만 한다.

▸▸ 표 14.7

Code	Number of Bits in FCS	Generator Polynomial $g(x)$
CRC-8	8	$x^8 + x^7 + x^6 + x^4 + x^2 + 1$
CRC-12	12	$x^{12} + x^{11} + x^3 + x^2 + x + 1$
CRC-16	16	$x^{16} + x^{15} + x^2 + 1$
CRC-CCITT	16	$x^{16} + x^{12} + x^5 + 1$
CRC-32	32	$x^{32} + x^{26} + x^{23} + x^{22} + x^{16} + x^{12} + x^{11} + x^{10} + x^8 + x^7 + x^5 + x^4 + x^2 + x + 1$

$$P\left(\boldsymbol{e}\,\boldsymbol{H}^T = \boldsymbol{0} \middle| \boldsymbol{e} \neq \boldsymbol{0}\right) < \epsilon \qquad (14.26)$$

여기서 ϵ은 부호의 품질 요구사항에 따라 사용자에 의해 정해진다. 가장 일반적인 CRC 부호가 표 14.7에 그들의 생성 다항식과 함께 주어져 있다. 송신기에서 데이터 비트의 각 프레임에 대해, CRC 부호기는 오류 검출을 위해 8, 12, 16, 또는 32비트 길이의 프레임-검사 수열(frame-checking sequence, FCS)을 생성한다. 예를 들어, IEEE802.11과 IEEE802.11b 패킷들은 CRC-CCITT의 16비트 수열로 검사하는 반면, IEEE802.11a 패킷은 CRC-32 수열로 검사한다.

14.5 오류 정정의 효과

○ 부호화된 시스템과 안된 시스템의 비교

부호화된 것과 안된 구조가 전력이나 정보율이 비슷한 조건일 때, 그들의 비트 오류 확률 (혹은 비트 오류율)을 비교해보는 것은 유익하다.

t개의 오류를 정정할 수 있는 (n, k) 부호를 살펴보자. 이러한 경우에, k개의 정보 디지트는 n개의 디지트로 부호화된다. 보다 적절한 비교를 하기 위해, k개의 정보 디지트들이 양쪽 시스템 상에 동일한 시간 간격으로 전송되고 또한 전송된 전력 S_i는 양쪽 시스템에서 동일하게 유지된다고 가정하자. 부호화되지 않은 시스템에서는 단지 k(부호화된 시스템에서는 n)개의 디지트들만이 전송되기 때문에, 비트율 R_b는 부호화된 시스템보다 k/n 의 요소만큼 낮다. 이것은 부호화된 시스템에 대한 부호화되지 않은 시스템의 대역폭 비율이 k/n임을 의미한다. 명확하게, 부호화된 시스템은 더 나은 신뢰도를 위해 대역폭을

희생한다. 반면에, 부호화된 시스템은 k개의 정보 비트를 위해 n개의 부호 비트를 보낸다. 공평성을 기하기 위해, n개의 부호 비트에 의해 사용되는 전체 에너지는 k개의 정보 비트를 위해 부호화되지 않은 시스템에서 사용되는 전체 에너지와 같아야만 한다. 그러므로, 부호화된 시스템에서, 각 부호 비트는 부호화되지 않은 시스템 비트의 k/n배인 E_b를 갖는다. 우리는 어떻게 오류 정정이 이런 부호 비트 에너지의 손실에도 불구하고 원래 더 높은 비트 오류율(bit error rate, BER)을 감소시킬 수 있는지 보일 필요가 있다.

$P_{\rm bu}$와 $P_{\rm bc}$를 각각 부호화되지 않은 것과 부호화된 경우에 대한 채널 데이터 비트 오류 확률들(raw data bit error probability)이라 하자. 부호화되지 않은 경우에 대해서, 채널 비트 오류율은 최종 비트 오류율 $P_{\rm eu}$이다.

t개-오류 정정 (n, k) 부호에 대해서, 복호기가 매 n 비트마다 t 비트의 오류까지 정정할 수 있기 때문에 채널 BER은 감소될 수 있다. 우리는 n비트에서 t개 보다 많은 오류가 발생하면 복호기는 부호어를 정정하려고 시도하지 않을 것이라는 이상적인 경우를 생각한다. 이러한 이상적인 오류 정정 복호기의 행동은 평균 BER을 감소시킬 수 있다. $P(j,\ n)$이 n개의 디지트에서 j개의 오류가 발생할 확률이라 하자. 그러면 오류 정정 후에 각 부호어에 있는 평균 오류 비트수는 다음과 같이 된다.

$$\begin{aligned}\overline{n}_e &= E\{j \text{ bit errors in } n \text{ bits}\}\\ &= \sum_{j=t+1}^{n} j \cdot P(j,n)\end{aligned} \tag{14.27a}$$

그러므로, 오류 정정 후의 평균 BER은

$$P_{\rm ec} = \frac{\overline{n}_e}{n} \tag{14.27b}$$

이다. n개의 디지트에서 j개의 오류가 발생할 수 있는 $\binom{n}{j}$ 가지의 방법이 존재하기 때문에(예제 8.6 참조), 우리는

$$P(j,n) = \binom{n}{j}(P_{\rm bc})^j(1-P_{\rm bc})^{n-j}$$

를 가진다. 식 (14.27a)를 기반으로

$$\overline{n}_e = \sum_{j=t+1}^{n} j\binom{n}{j}(P_{\rm bc})^j(1-P_{\rm bc})^{n-j} \tag{14.28a}$$

$$
\begin{aligned}
P_{\text{ec}} &= \sum_{j=t+1}^{n} \frac{j}{n}\binom{n}{j}(P_{\text{bc}})^{j}(1-P_{\text{bc}})^{n-j} \\
&= \sum_{j=t+1}^{n} \binom{n-1}{j-1}(P_{\text{bc}})^{j}(1-P_{\text{bc}})^{n-j}
\end{aligned}
\tag{14.28b}
$$

이다. $P_{\text{bc}} \ll 1$에 대해, 식 (14.28b)의 덧셈에서 첫 번째 항은 다른 모든 항들보다 크며, 우리가 첫 번째 항을 제외한 모든 항들은 무시하는 것이 정당화된다. 따라서,

$$P_{\text{ec}} = \binom{n-1}{t}(P_{\text{bc}})^{t+1}(1-P_{\text{bc}})^{n-(t+1)} \tag{14.29a}$$

$$\simeq \binom{n-1}{t}(P_{\text{bc}})^{t+1} \qquad \text{for} \quad P_{\text{bc}} \ll 1 \tag{14.29b}$$

이다.

보다 자세한 비교를 하기 위해서, 우리는 어떤 특별한 전송 방식을 가정해야만 한다. 동기 PSK 방식을 고려해보자. 이 경우에, AWGN 채널에 대하여,

$$P_{\text{eu}} = Q\left(\sqrt{\frac{2E_b}{\mathcal{N}}}\right) \tag{14.30a}$$

그리고, 부호화된 경우에 대한 E_b는 안된 경우의 k/n배이기 때문에,

$$P_{\text{bc}} = Q\left(\sqrt{\frac{2kE_b}{n\mathcal{N}}}\right) \tag{14.30b}$$

따라서,

$$P_{\text{ec}} = \binom{n-1}{t}\left[Q\left(\sqrt{\frac{2kE_b}{\mathcal{N}}}\right)\right]^{t+1} \tag{14.31a}$$

$$P_{\text{eu}} = Q\left(\sqrt{\frac{2E_b}{\mathcal{N}}}\right) \tag{14.31b}$$

부호화된 시스템과 부호화되지 않은 시스템을 비교하기 위해, 우리는 (부호화되지 않은 시스템에 대한) 채널 $E_b/\mathcal{N}$의 함수로서 P_{eu}와 P_{ec}를 그릴 수 있다. 식 (14.31)은 매개 변수

t, n, k와 관련되기 때문에, 적절한 비교를 하기 위해서는 두 그림이 필요하다. (7, 4) 단일 오류 정정 부호 ($t=1$, $n=7$, $k=4$)의 경우, 식 (14.31)의 P_{eu}와 P_{ec}를 $E_b/\mathcal{N}$ 함수로서 그림 14.3에 도시하였다. 높은 $E_b/\mathcal{N}$에서 부호화된 방식이 부호화되지 않은 방식보다는 우수하지만, 성능 개선(약 1dB)은 그렇게 크지 않다는 것을 알 수 있다. 하지만 n과 k가 큰 경우에, 부호화된 방식은 부호화되지 않은 방식보다 훨씬 우수하게 된다. 실제 채널은 페이딩과 임펄스 잡음의 방해를 받기 때문에, 강력한 부호는, 다음 예제에서 보는 것처럼, 상당한 양의 이득을 얻을 수 있다.

그림 14.3의 부호화된 시스템의 성능은 실제로는 약간 낙관적인 근사치임을 주의해야만 한다. 그 이유는, 그것의 비트 오류율을 분석할 때, 복호기는 각 부호어에서 오류의 수가 t를 넘으면 아무런 동작을 취하지 않는다고 가정했기 때문이다. 실제에서, 복호기는 부호어에 얼마나 많은 오류가 발생했는지를 결코 모른다. 그러므로, 복호기는 t개 보다 적은 오류를 가정하여 항상 부호어를 정정하려고 시도할 것이다. 이것은 t개 보다 많은 비트 오류가 생길 때, 복호화 과정이 심지어 오류의 개수를 증가시킬 수도 있음을 의미한다. 이런 역생산적인(counterproductive) 복호화 효과는 낮은 $E_b/\mathcal{N}$에서 P_e가 클 때 더욱 그렇게 될 수 있다. 이 효과는 나중에 14.13절의 MATLAB 연습문제에서 보일 것이다.

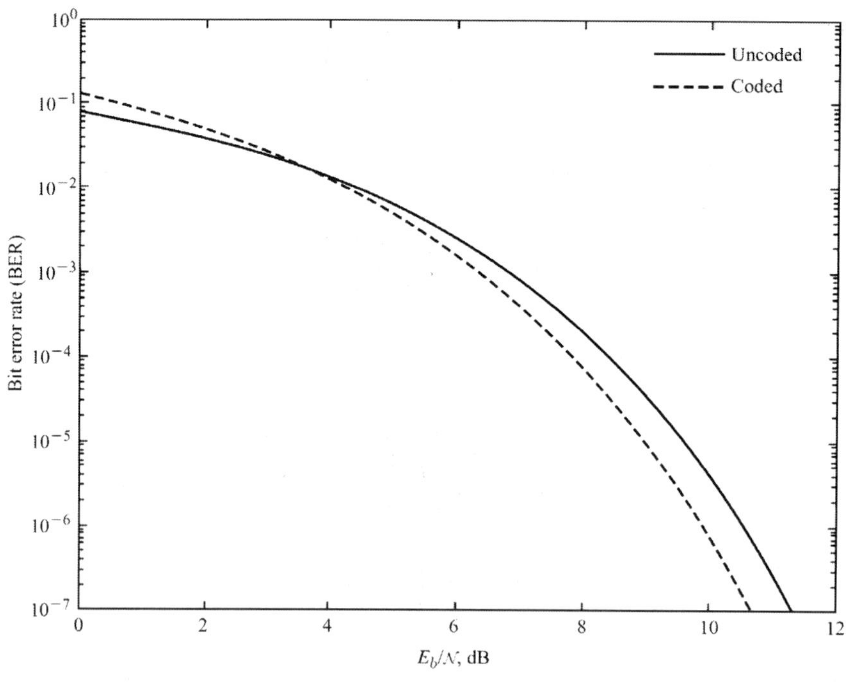

▶▶ 그림 14.3 부호화된(점선) 시스템과 부호화되지 않은(실선) 시스템의 성능 비교

● 예제 14.6

부호화되지 않은 방식에 대해 $E_b/\mathcal{N} = 9.0946$이고 데이터 전송을 위해 동기 PSK가 사용되는 경우에, 단일 오류 정정 (15,11) 부호를 사용하여 AWGN BSC의 성능과 부호화되지 않은 전송을 사용하는 동일한 시스템의 성능을 비교하시오.

풀이 식 (14.31b)로부터,

$$P_{eu} = Q(\sqrt{18.1892}) = 1.0 \times 10^{-5}$$

이고, 식 (14.31a)로부터,

$$P_{ec} = 14\left[Q\left(\sqrt{\frac{11}{15}(18.1892)}\right)\right]^2$$
$$= 14(1.3 \times 10^{-4})^2 = 2.03 \times 10^{-7}$$

부호화된 시스템의 부호어 오류 확률은 50배 정도 감소된다는 것에 주목하자. 반면에, 우리가 부호화되지 않은 시스템을 사용하여 부호화된 전송과 같은 오류 확률(2.03×10^{-7})을 얻기 원한다면, 반드시 전송 전력을 증가시켜야만 한다. 만일 E_b'가 $P_{eu} = 2.03 \times 10^{-7}$를 얻기 위한 E_b의 새로운 값이라면,

$$P_{eu} = Q\left(\sqrt{\frac{2E_b'}{\mathcal{N}}}\right) = 2.03 \times 10^{-7}$$

이것은 $E_b'/\mathcal{N} = 13.5022$가 된다. 이것은 이전 값 9.0946을 1.4846배 또는 1.716dB 만큼 증가시킨 것이 된다.

○ 연집 오류 검출 및 정정 부호

이제까지는 디지트 위치에서 독립적 또는 랜덤하게 발생하는 오류들을 검출하거나 정정하는 것에 대해 살펴보았다. 몇몇 채널들에서의 방해는 디지트의 블록 전체를 지워버릴 수 있다. 예를 들어, 번개 또는 인공적인 전기 방해는 인접하여 전송되는 여러 디지트들에 영향을 미칠 수 있다. 자기 저장 시스템의 경우에 자기 테이프의 결함은 보통 한 블록의 디지트에 영향을 미친다. 연집 오류들(burst errors)은 디지트 수열의 일부분 또는 전체를 지우는 오류들이다. 일반적으로, 랜덤 오류 정정 부호는 연집 오류를 정정하기에는 비효율적이다. 따라서, 특별한 연집 오류 정정 부호(burst error correcting codes)가 이러한 목적을 위해 사용된다.

길이가 b인 연집 오류는 처음 디지트와 b번째 디지트에서 오류가 반드시 발생하고 가운데 있는 $b-2$개의 디지트들은 오류이거나 정확하게 수신된 디지트들의 수열로서 정의

된다. 예를 들어, 오류 벡터 $e=0010010100$는 길이가 6인 연집 오류를 가진다.

길이가 n인 선형 블록 부호를 가지고 길이가 b 또는 그 이하인 모든 연집 오류를 검출하기 위해서는, b개의 패리티 검사 비트가 필요충분조건이 된다[3]. 길이가 b인 연집 오류를 검출할 b개의 패리티 검사 디지트를 갖는 길이 n의 부호를 구성함으로써 우리는 이 이론의 충분조건을 증명할 것이다.

이러한 부호를 구성하기 위해 k개로 구성된 데이터 디지트들을 길이가 b 디지트인 조각들로 나누도록 하자(그림 14.4). 마지막 부분에 b개로 구성된 패리티 검사 디지트들을 추가하는데, 이것은 다음과 같이 결정된다. 각각의 조각(패리티 검사 부분을 포함)으로부터, i번째 디지트의 모듈로-2 덧셈은 반드시 영이 되어야 한다. 예를 들어, 5개의 데이터 조각들에서 첫 번째 디지트들은 1, 0, 1, 1, 1이다. 따라서, 모듈로-2 덧셈이 0이 되기 위해, 우리는 첫 번째 패리티 검사 디지트로 0을 가져야만 한다. 이러한 방법으로 두 번째 디지트, 세 번째 디지트 등에서 b번째 디지트까지 계속한다. 패리티 검사 디지트들은 데이터 디지트들의 선형 조합이기 때문에, 이 부호는 선형 블록 부호이고 게다가 체계적 부호이다.

길이가 b 또는 그 이하인 디지트 수열에서 오류가 발생하였다면, 패리티에 위배될 것이기 때문에 오류가 발생되었다는 것이 검출(정정되지는 않음)될 것이고 수신기는 손실된 디지트에 대해 재전송을 요청할 수 있게 되는 것을 쉽게 볼 수 있다. 이 부호의 흥미로운 특징들 중 하나는 패리티 검사 디지트의 수 b는 k(또는 n)와 무관하다는 것인데, 이것은 데이터 디지트들이 패킷에서 패킷으로 변할 수 있는 패킷 스위칭과 같은 시스템에 대해 아주 유용하게 만든다. b개의 패리티 비트를 가진 선형 부호는 길이가 b 또는 그 이하인 모든 연집 오류들을 검출할 뿐만 아니라 더욱 긴 연집 오류들도 높은 확률로 검출할 수 있다는 것을 보일 수 있다.[3]

만일 우리가 연집 오류들을 검출하기보다 정정하는 것에 관심이 있다면, 2배만큼의 패리티 검사 디지트들이 필요하다. 해밍 구 논리에 따르면, 길이 b 또는 그 이하의 모든 연집 오류를 정정하기 위해서, 선형 블록 부호는 적어도 $2b$개의 패리티 검사 디지트들을 가져야만 한다.[3]

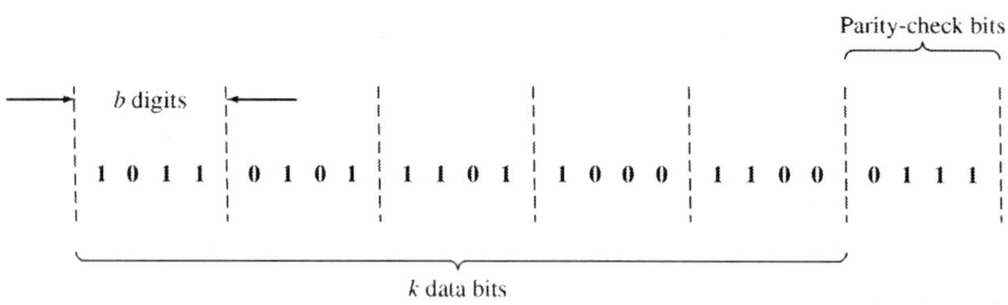

▸▸ 그림 14.4 연집 오류 검출

14.6 콘볼루션 부호

1955년에 소개된[4] 콘볼루션 부호는 다음과 같이 블록 부호들과는 다르다. 블록 부호에서는 어떤 특정 시간 단위에서 부호기에 의해 생성된 n개의 부호 디지트들은 오직 그 시간 단위에서 k 입력 데이터 디지트들의 블록에만 관련된다. 반면에, 콘볼루션 부호에서는 어떤 특정 시간 단위에서 부호기에 의해 생성된 n개의 부호 디지트 블록이 이 시간 단위에서의 k 메시지 디지트 블록뿐만 아니라 이전의 $N-1(N>1)$ 단위 시간 동안의 데이터 디지트 블록에도 관련된다. 콘볼루션 부호들에서, k와 n은 일반적으로 작은 값이다. 콘볼루션 부호는 랜덤 오류나 연집 오류 또는 이 두 오류들 모두를 정정할 수 있도록 설계될 수 있다. 부호화는 쉬프트 레지스터들에 의해 간단히 구현된다. 한 부류로서, 콘볼루션 부호는 부호화하기가 쉽다.

14.6.1 콘볼루션 부호기

구속장(constraint length)이 N인 콘볼루션 부호는 N단 쉬프트 레지스터와 l개의 모듈로-2 덧셈기들로 구성된다. 그림 14.5는 $N=3$이고 $l=2$인 경우에 대한 콘볼루션 부호기를 보여준다. 메시지 디지트들은 쉬프트 레지스터의 입력으로 인가된다. 부호화된 디지트 스트림은 전환기 출력단에서 얻어진다. 전환기는 각각의 입력 비트 간격동안에 l개의 모듈로-2 덧셈기를 차례로 한 번씩 값을 추출한다. 입력 디지트들로 **11010**을 사용하여 이러한 연산을 설명할 것이다.

초기에, 레지스터의 모든 값은 0이다. $k=1$인 시간에서, 첫 번째 데이터 디지트 **1**이 레지스터에 입력된다. d_k의 값은 **1**이 되고, 다른 모든 값들은 $d_{k-1}=0$과 $d_{k-2}=0$으로

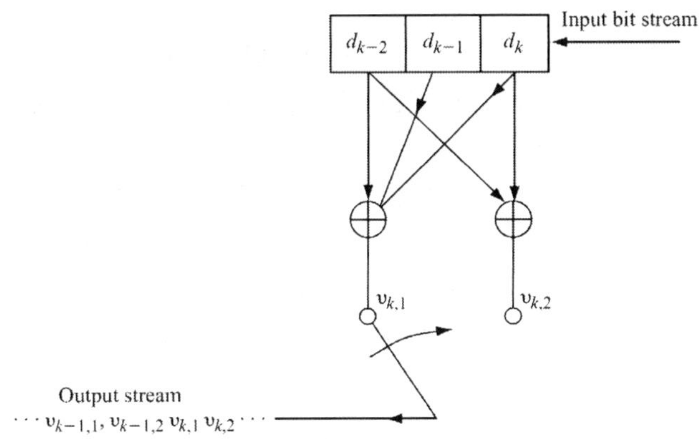

▸▸ 그림 14.5 콘볼루션 부호기

아직 변하지 않는다. 두 모듈로-2 덧셈기들은 이 데이터 입력에 대하여 부호기 출력 $v_{k,1}=1$과 $v_{k,2}=1$을 출력한다. 전환기는 이 출력의 표본을 추출한다. 따라서, 부호기의 출력은 11이다. $k=2$에서, 두 번째 메시지 비트 1이 레지스터에 들어온다. 이 비트는 d_k 단에 입력되고, 이전에 d_k에 있던 1은 d_{k-1}로 이동되며, d_{k-2}는 아직도 0이다. 이제 모듈로-2 덧셈기들은 $v_{k,1}=0$과 $v_{k,2}=1$을 출력한다. 따라서, 부호기 출력은 01이다. 동일한 방법으로, 새로운 디지트 0이 레지스터에 입력되면 $d_k=0$, $d_{k-1}=1$과 $d_{k-2}=1$이 되고, 부호기의 출력은 01이 된다.

각 데이터 디지트는 출력에서 l개의 디지트들로 구성된 N개의 그룹들에 영향을 미친다(이 경우에는 2개의 디지트들로 구성된 3개의 그룹들). 이 과정은 마지막 데이터 디지트가 d_k단으로 입력될 때까지 계속된다.* 하지만, 이러한 과정은 여기서 멈추지 않는다. 우리는 N−1개의 0을 입력 스트림(더미 또는 증가된 데이터)에 추가하게 되는데, 이것은 마지막 데이터 디지트(이 경우는 0)가 l개의 디지트들로 구성된 N개의 그룹에 영향을 미치는 모든 쉬프트 레지스터의 끝까지 나아가도록 하기 위함이다. 따라서, 입력 디지트들이 11010이면, 우리는 쉬프트 레지스터의 입력에 N−1개의 추가된 영들을 포함하는 1101000을 (왼쪽부터 오른쪽까지) 실제로 적용한다. 증가된 메시지 스트림의 마지막 디지트가 d_k로 들어가면, 메시지 스트림의 마지막 디지트는 레지스터의 모든 N단을 통과했다는 것을 볼 수 있다. 독자는 부호기 출력이 11010100101100으로 주어지는 것을 증명할 수 있다. 그러므로, 모든 k 데이터 디지트에 대하여 부호화된 출력으로 $n=(N+k-1)l$ 디지트가 있다. 실제로, $k \gg N$이므로 k개의 모든 데이터 디지트에 대해 대략 kl개의 부호화된 출력 디지트들이 존재하게 되고, 효율은 $\eta \simeq 1/l$이 된다.†

블록 부호기와 달리 콘볼루션 부호기는 연속적으로 동작하고, 각각의 데이터 디지트는 출력에 l개의 디지트들로 구성된 N개의 그룹들에 영향을 미친다는 것을 알 수 있다.

○ 부호 나무

부호화와 복호화 과정은 임의의 가능한 데이터 디지트들의 수열에 대해 부호화된 출력을 보여주는 부호 나무(code tree)라고 알려진 것에 의해 상당히 쉽게 된다. 그림 14.5에서 $k=5$인 부호기에 대한 부호 나무가 그림 14.6에 보인다. 첫 번째 디지트가 0이면, 부호기의 출력은 00이 되고, 1이면 11이 된다. 이것은 초기 노드(initial node)에서 시작하는 2개의 나무 가지(branch)들을 보면 알 수 있다. 상위 가지는 0을 나타내고 하위 가지는 1을 나타낸다. 이러한 약정은 계속해서 적용될 것이다. 2개의 가지들에 대한 각각의 종단 노드(terminal node)에서, 2번째 데이터 디지트에 해당하는 이와 동일한 과정을 따른다.

---

* 체계적 부호에서는 출력 디지트들 중에 하나의 디지트가 반드시 데이터 디지트가 되어야만 한다.

† 일반적으로, 한 번에 하나의 디지트를 천이시키는 대신에 한 번에 b개의 디지트들을 천이시킬 수 있다. 이 경우에, $\eta \simeq b/l$이 된다.

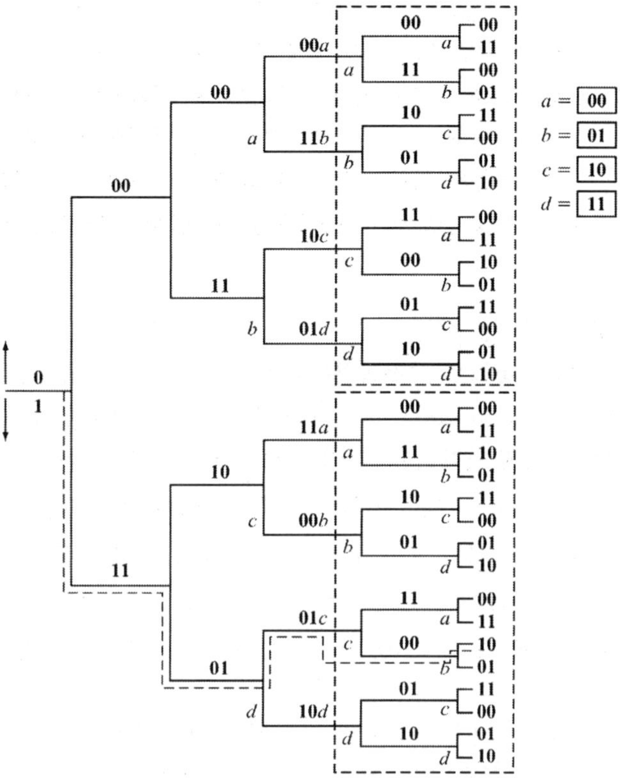

▸▸ 그림 14.6 그림 14.5의 부호기에 대한 부호 나무

따라서, 각 노드에서 시작되는 2개의 가지들은 0에 해당하는 상위 가지와 1에 해당하는 하위 가지가 된다. 이것은 k번째 데이터 디지트까지 계속된다. 거기서부터, 모든 입력 디지트(증가된 디지트)들은 0이기 때문에, 종단까지 단 한 개의 가지만을 갖게 된다. 따라서, 2^k 개의 가능한 데이터 벡터들에 해당하는 32(또는 2^k)개의 출력들이 존재한다. 입력 11010에 대한 부호화된 출력은 이 부호 나무로부터 쉽게 읽을 수 있다(그림 14.6에서 점선으로 표시된 경로).

그림 14.6에서는 부호 나무가 3번째 가지 이후에 반복되는 것을 보여준다. 이것은 점선으로 둘러싸인 2개의 블록이 서로 같다는 사실로부터 알 수 있다. 2개의 블록이 서로 같다는 것은 4번째 입력 디지트에 대한 출력이 첫 번째 디지트가 1 또는 0이든 간에 상관없이 같다는 것을 의미한다. 4번째 입력 디지트가 쉬프트 레지스터에 입력되면 첫 번째 입력 디지트는 레지스터 밖으로 출력되기 때문에 첫 번째 입력 디지트는 출력 디지트에 더 이상 영향을 미치지 않게 된다. 다시 말해, 데이터 벡터 $1x_1x_2x_3x_4\cdots$와 데이터 벡터 $0x_1x_2x_3x_4\cdots$는 출력 디지트들의 3번째 그룹 다음부터 동일한 출력을 생성한다. (3번째

가지의 시작에서 나타나는) 4개의 3번째 노드들에 대해 a, b, c, d 노드들과 같은 이름을 붙이는 것이 편리하다(그림 14.6). 이 반복적인 구조는 3번째 노드들에서의 a, b, c, d와 유사하게 4번째 노드들에서부터 5번째 노드들까지 계속된다. 따라서, 4번째와 5번째 노드들 또한 a, b, c 또는 d로 이름을 붙일 수 있다. 이것이 의미하는 것은 5번째 노드들에서, 처음 2개의 디지트들은 아무런 관계가 없다는 것이다. 즉, 처음 2개의 데이터 디지트들에 대한 4개의 조합(11, 10, 01 또는 00)들은 5번째 노드 이후에 동일한 출력을 생성시킬 것이다.

○ 상태 천이도 표현

이러한 부호기의 동작을 그것의 상태 천이도(state transition diagram)를 갖는 하나의 유한 상태 기구(finite state machine)의 관점에서 살펴볼 수 있다. 데이터 비트가 쉬프트 레지스터(d_k단)에 입력되면, 출력 비트는 d_k에 있는 데이터 비트뿐만 아니라 d_{k-2}와 d_{k-1}에 이미 있는 2개의 이전 데이터 비트들에 의해 결정된다. 2개의 이전 비트(d_{k-2}단과 d_{k-1}단)들에 대해 가능한 4개의 조합 00, 01, 10, 11이 존재한다. 이러한 4개의 상태들을 그림 14.7a에서 나타낸 것과 같이 각각 a, b, c, d로서 이름을 붙일 것이다. 그러므로, 2개의 이전 비트들이 01(d_{k-2}=0, d_{k-1}=1)이라면 상태는 b가 된다. 이 상태수는 2^{N-1}이다.

데이터 비트 0 또는 1은 부호기의 상태에 따라 4개의 서로 다른 출력을 생성한다. 데이터 비트가 0이라면 부호기의 출력은 부호기의 상태 a, b, c, d 에 따라 00, 10, 11 또는 01이 된다. 이와 유사하게, 데이터 비트가 1이라면 부호기의 출력은 부호기의 상태 a, b, c, d에 따라 11, 01, 00 또는 10이 된다. 이러한 전반적인 동작은 그림 14.7b의 상태도로 간단히 표현될 수 있는데, 이 상태도는 부호기의 입·출력 관계를 유일하게 나타내기 위해 4가지 상태의 방향을 표시한다. 각 천이 경로(transition path)에 다음과 같이 입력 비트 나누기 출력 비트로 이름을 붙인다.

$$\{d_k\}/\{v_{k,1}\ v_{k,2}\}$$

이 방법으로, 우리는 각 상태 천이에 대한 입력 정보 비트 d_k와 그것에 해당하는 부호기 출력 비트들 $\{v_{k,1}, v_{k,2}\}$을 정확하게 알 수 있다.

예를 들면, 부호기의 상태가 a일 때, 1이 입력되면 부호기의 출력은 11이다. 그러므로 천이 경로는 1/11로 이름이 붙여진다. 이 지점에서 이전 2개의 비트가 $d_{k-2}=0$이고 $d_{k-1}=1$이기 때문에, 다음 데이터 비트에 대한 부호기의 상태는 이제 b가 된다. 유사하게, 부호기의 상태가 a이고 입력이 0이면, 출력은 00이고 부호기의 상태는 a로 남는다. 어떤 주어진 상태에서든지 부호기는 입력되는 단일 데이터 비트의 의해 단지 2가지 상태로만 갈 수 있다. 이것은 매우 중요하고 이 후에 이용될 것이다. 부호기는 상태 a로부터

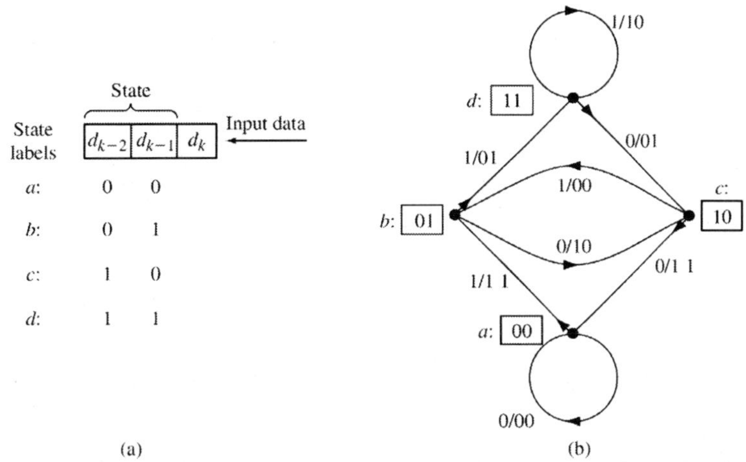

►► 그림 14.7 그림 14.5의 부호기에 대한 (a) 상태와 (b) 상태 천이도

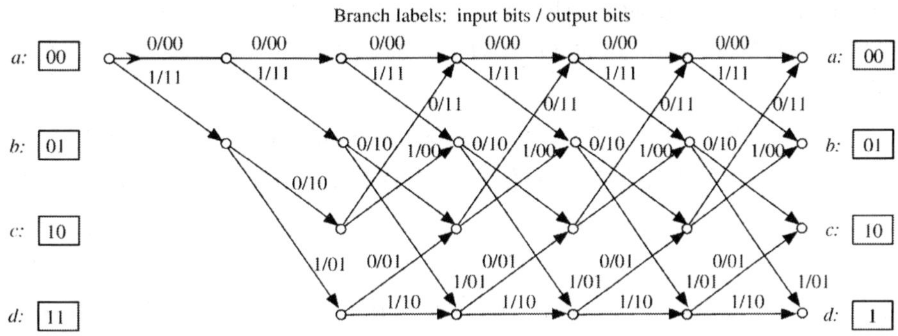

►► 그림 14.8 그림 14.5의 부호기에 대한 Trellis도

상태 b(입력이 1일 경우)나 상태 a(입력이 0일 경우)로 된다. 부호기는 한 번에 상태 a로부터 상태 c로 갈 수 없다. 부호기는 반드시 상태 a로부터 상태 b를 거쳐 상태 c가 되거나, 상태 a로부터 상태 b와 상태 d를 거쳐 상태 c가 되어야 한다. 우리는 부호 나무로부터 이러한 사실들을 역시 증명할 수 있다. 그림 14.7b는 부호 나무의 모든 정보를 포함한다.

부호 나무를 표현하는 또 다른 유용한 방법은 그림 14.8의 Trellis도이다. 이 Trellis도는 출발점(쉬프트 레지스터가 모두 0인, 즉 상태 a)에서 시작되고 각각의 입력 데이터 디지트에 따라 상태 천이를 한다. 이들 천이 가지들(branches)은 상태 천이도에서 한 것과 똑같이 이름이 붙여진다. 그러므로 첫 입력 비트가 0이면, 부호기 출력은 00이고 Trellis 가지는 0/00을 붙인다. 이것은 그림 14.7b에서 이미 보았다. 우리는 두 번째 입력 디지트에 대해서도 이 방법을 계속한다. 처음 두 입력 디지트 이후에, 부호기는 그림 14.8에

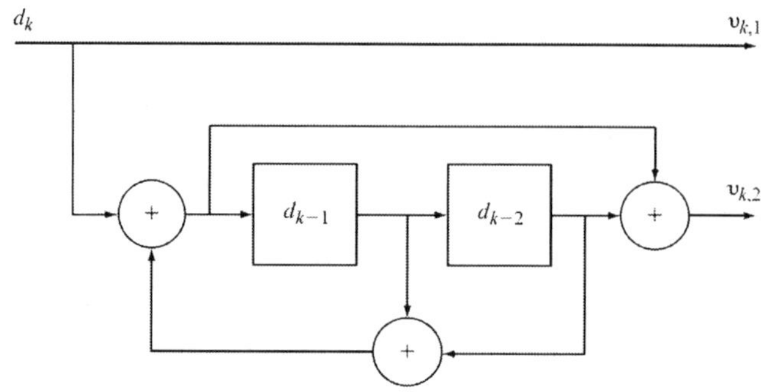

►► 그림 14.9 재귀 조직 콘볼루션(RSC) 부호기

보이는 것처럼 4개의 상태 a, b, c, d 중 하나가 된다. 만일 부호기가 상태 a(이전 2개의 데이터 디지트들이 00)라면, 다음 입력 비트가 1이면 부호기는 상태 b가 되고, 다음 입력 비트가 0이면 부호기는 상태 a를 유지하게 된다. 이렇게 하여, 부호기의 출력은 11(상태 a에서 상태 b로) 또는 00(상태 a에서 상태 a로)이 된다. Trellis도의 구조는 예상한 대로 완벽히 반복적인 구조이고, 그림 14.7b의 상태도를 사용하여 손쉽게 그릴 수 있다는 것에 유의하라.

콘볼루션 부호기는 궤환 가지(feedback branches)들을 가질 수도 있음을 명심하자. 사실, 콘볼루션 부호기에 있는 궤환은 소위 재귀적 부호(recursive code)를 생성한다. 그림 14.9에 보인 것과 같이, 데이터 비트는 출력 비트로 직접 경로를 가질 수 있다. 맨 위 가지로부터의 비트들은 입력으로부터 직접 오는 정보 비트들일 것이다. 그러므로 이 부호는 체계적(systematic)이다. 이 부호기는 재귀 조직적 콘볼루션(RSC) 부호기(recursive systematic convolutional (BSC) code)로 된다. RSC 부호기는 비슷한 상태 천이도와 Trellis도에 의해 역시 표현될 수 있음을 보일 수 있다(문제 14.5-3 참조). 결과적으로, 재귀적 콘볼루션 부호는 재귀적이 아닌 콘볼루션 부호를 위해 다음에 설명하는 방법을 사용하여 복호될 수 있다.

14.6.2 콘볼루션 부호 복호기

본 절에서는 다음과 같은 2가지의 중요한 기술들을 고려할 것이다. 즉, (1) 최대 우도 복호화(비터비 알고리즘)과 (2) 순차 복호화이다. 비록 둘 모두는 경판정(hard-decision) 복호기들로 알려져 있지만, 비터비 알고리즘(Viterbi algorithm, VA)은 훨씬 더 유연성이 있으며 실수 입력(soft input)을 받아들이고 실수 출력 판정(soft output decision)을 생성하는데 쉽게 적응될 수 있으며, 이 장의 후미에서 설명될 것이다.

○ 최대 우도 복호화: 비터비 알고리즘

콘볼루션 부호들을 위한 여러 가지 복호화 방법들 중에서, 비터비의 최대 우도 알고리즘(maximum likelihood algorithm)[5]은 계산의 복잡도가 중요한 요소인 디지털 통신을 위해 개발된 가장 좋은 기술들 중의 하나이다. 비터비 알고리즘은 최대 우도 복호화의 최대 성능 이득을 얻는 반면에 대부분의 장비를 간소화할 수 있다. 복호기의 구조는 짧은 구속장의 길이 때문에 비교적 간단하고 10 Gbit/s의 상대적으로 높은 속도에서도 복호화가 가능하다.

AWGN 채널에서, 최대 우도 수신기는 수신된 부호어에 가장 가까운 부호어를 선택한다. k개의 메시지 비트와 2^k개의 부호어들로 표현된 아주 긴 수신된 데이터 수열에 대하여, 최대 우도 복호의 판정(maximum likelihood decision, MLD)의 직접적인 구현은 2^k개 부호어에 대한 기억장치와 수신된 수열에 대한 그들의 비교가 필요하게 된다. 이러한 계산적인 필요성은 콘볼류셔날 부호화된, 특히 수백 또는 수천의 비트들 단위의 데이터 프레임들을 위한 아주 큰 k값들에 대하여 MLD 수신기에 아주 큰 짐이 된다.

비터비는 아주 간단한 MLD를 만들었다. 우리는 이 VA의 기본적인 동작을 보여주기 위하여 그림 14.5와 14.7의 콘볼루션 부호 예제를 사용할 것이다. 첫째로, 우리는 Trellis를 통하여 가로지르는 각각의 경로들(paths)은 유효한 부호어를 나타냄을 강조한다. MLD의 목적은 수신된 데이터 비트열에 가장 가까운(closest) Trellis 상의 가장 좋은 경로를 찾는 것이다. 이것을 이해하기 위하여, 그림 14.8의 Trellis도를 다시 생각해보자. 우리의 문제는 다음과 같다. 수신된 비트열이 주어지면, 우리는 수신된 수열과 가장 잘 일치하는 출력 디지트열을 가진 Trellis도 상의 경로를 찾아야 한다. 최소 (해밍) 거리 경로(minimum Hamming distance oath)는 i단계까지의 최대 우도 수열을 나타낸다.

그림 14.8에 보인 것처럼, 각 부호어는 상태 a (00)로부터 시작하는 Trellis 경로이다. i단계에서 모든 경로는 $i-1$단계에 있는 경로들로 퍼져나가야만 하기 때문에, i단계에서 각 상태까지 최적의 경로는 $i-1$단계에서 각 4개의 상태까지 최상의 경로 가운데 하나를 포함해야만 한다. 짧게 말해, i단계에서 각 상태까지 최적의 경로는 $i-1$단계에서 앞단의 자손이 된다. 임의의 $i+i_0$단계에서 모든 최적의 경로들은 i단계에서 최적의 경로의 자손들이다. 따라서, 단지 각 상태에서 가장 좋은 경로(best path)만 주어진 단계에서 저장되면 된다. 최적이 아닌 경로들은 수신된 데이터 수열에 대해 경로 거리 값(metric of path distance)을 증가만 시키기 때문에 각 단계에서 각 상태까지의 최적 경로 외에는 저장할 이유가 없다.

그림 14.7의 특수한 예제에서, 그것의 Trellis도(그림 14.8)는 각 4개의 상태들 (a, b, c, d)은 단지 두 자손만 가지고 있음을 보인다. 즉, 각 상태는 두 이전 상태들에 의해서만 도달될 수 있다. 더 중요하게, 단지 4개의 가장 좋은 살아남은 경로들(각 상태마다 하나씩)이 $i-1$단계에서 존재하기 때문에, i단계에서 각 상태를 위하여 단지 두 가능한 경로

들만 있다. 따라서, 두 경로의 전체 해밍 거리 (수신된 수열로부터)를 비교하여, 우리는 i 단계까지 수신된 수열과 가장 가까운 부호어에 대응하는 i단계에서 각 상태에 대해 최소 해밍 거리를 갖는 최적 경로를 구할 수 있다. 각 상태까지 최적 경로는 생존(survivor) 혹은 생존 경로(surviving path)라고 한다.

● 예제 14.7

이제 우리는 그림 14.5의 부호기에 의해 생성된 콘볼루션 부호의 최대 우도 복호화를 위한 비터비 알고리즘의 복호화 예를 공부한다. 처음 수신된 12개의 디지트들을 그림 14.10a–e에 보이는 것처럼 01 10 11 00 00 00이라고 하자. 수신된 디지트들을 가지 출력 비트들을 따라 함께 보여줌으로써, 각 단계에서 가지 해밍 거리를 계산하기 쉽게 해준다.

풀이 우리는 초기 상태를 a (00)로부터 시작한다. 복호화 과정의 모든 단계는 그 단계 동안 2개의 수신된 비트들이 주어진 4 상태까지 최적의 경로를 찾는 것이다. 임의의 주어진 상태에서 각 상태까지 이르는 두 개의 가능한 상태들이 있다. 최소 해밍 거리를 갖는 생존 경로는 유지되면(실선), 더 긴 거리를 갖는 다른 경로들은 지워버린다(점선). 각 생존 경로의 해밍 거리는 각 4개의 상태들까지 그 단계의 끝에 표기한다.

- 두 단계가 지난 후, 각 상태까지 정확히 하나의 최적 (생존) 경로가 있다(그림 14.10a). 생존 경로들의 해밍 거리는 각각 2, 2, 1, 그리고 3으로 표기되었다.
- 3단계에서 각 상태는 두 개의 가능한 경로들을 갖고 있다(그림 14.10b). 우리는 최소 거리(실선)를 갖는 최적 경로를 보관한다. 각 상태에 도달하는 (위부터 아래까지) 두 가능한 경로들의 거리는 둘 중 작은 것을 표기한다. 예를 들면, 상태 a에 대하여, 첫 번째 경로(a로부터 나온 점선)는 $2+2=4$의 해밍 거리를 갖는 반면, 두 번째 경로(c로부터 나온 실선)는 $1+0=1$의 거리를 갖는다.
- 그림 14.10c–e에 보이는 것처럼, 같은 과정을 4, 5, 6단계에 대하여 반복한다.
- 6단계 이후 마지막(final) 최적 경로는 그림 14.10e에 보이는 것처럼 상태 a에서 끝나는 최소 거리 2를 갖는 굵은 실선 경로로 식별된다. 그러므로, MLD 출력은

$$\text{부호어}: \mathbf{11\,10\,11\,00\,00\,00} \tag{14.32a}$$

$$\text{정보 비트}: \mathbf{1\quad 0\quad 0\quad 0\quad 0\quad 0} \tag{14.32b}$$

이다.

6단계의 끝까지 단지 4개의 경합하는 경로들(상태 a, b, c, d에서의 네 생존 경로들)만 있음을 유의하자. 단계 3까지 모든 네 경로들이 합쳐졌다. 이것은 처음 세 가지 선택이 가장 유력하다는 것을 의미한다. 실제로, 주어진 수신된 비트들에 대해 VA를 계속하는 것은 처음 세 가지들과 그들에 관련된 복호기 출력을 변화시키지 않는다.

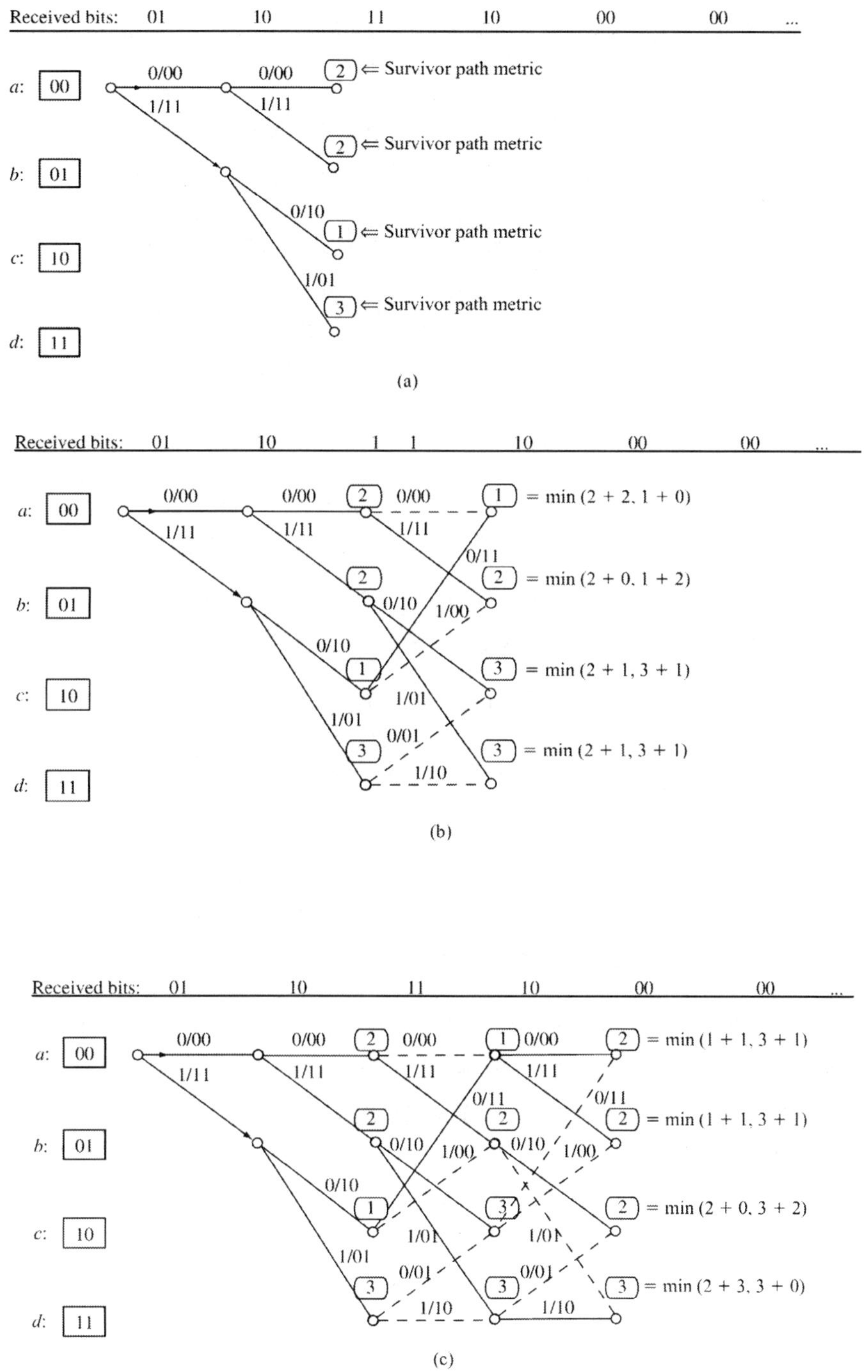

▸▸ 그림 14.10 그림 14.5의 비터비 복호화 예:
(a) 단계 1과 2 (b) 단계 3 (c) 단계 4 (d) 단계 5 (e) 단계 6

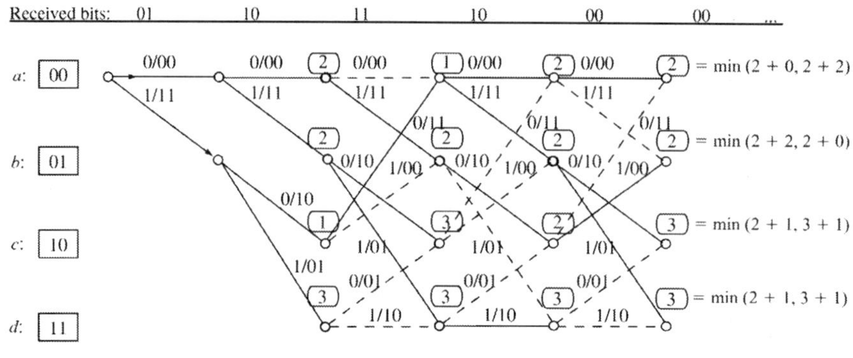

(d)

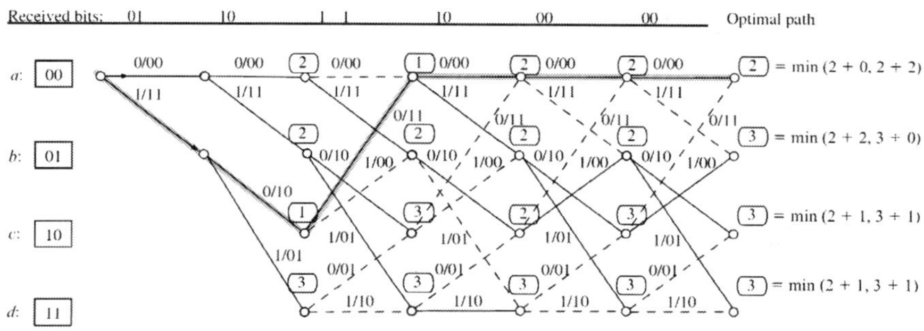

(e)

▸▸ 그림 14.10(계속) 그림 14.5의 비터비 복호화 예:
(a) 단계 1과 2 (b) 단계 3 (c) 단계 4 (d) 단계 5 (e) 단계 6

앞의 예제에서, 우리는 각 상태까지 이르는 최적 (생존) 경로를 결정하기 위하여 한 단계에서 다음 단계까지 어떻게 진행하는지 보였다. 이 경로들이 합쳐(merge)질 때, 합쳐진 가지들은 가장 유력한(most reliable) MLD 출력들을 나타낸다. 합쳐진 경로를 보이지 않는 나중 단계들에 대해, 우리는 그 단계까지 수신된 데이터 비트들에 기초하여 최대 우도 판정을 할 준비가 되어있다. 자르기(truncation)로 불리는 이 과정은 긴 복호화 지연을 유발하지 않고 모든 생존 경로들 중에서 한 경로를 강제로 결정하기 위하여 설계된 것이다. 자르기로 된 판정(truncated decision)을 하기 위한 한 가지 방법은 식 (14.32)에 있는 것처럼 최소 거리 경로를 택하는 것이다. 다른 대안은 여분의 부호어 정보에 의존하는 것이다. 그림 14.10e에서, 만일 부호기가 항상 마지막 두 데이터 디지트를 강제로 00이 되도록 한다면, 우리는 상태 a에서 끝나는 생존 경로만 고려하면 된다.

비터비 알고리즘을 사용한 기억 장치와 계산의 복잡도는 2^{N-1}에 비례하게 되고 구속장이 $N<10$인 경우에는 매우 효율적이 된다. 매우 낮은 오류 확률을 갖기 위해서는 더욱 긴 구속장이 필요하며, (다음에서 살펴볼) 순차 복호화가 매력적일 수도 있다.

○ 순차 복호화

Wozencraft에 의해 제안된 순차 복호화(sequential decoding) 기술은 복호기의 복잡도가 지수적이기 보다는 선형적으로 증가하게 된다. 이 기술을 설명하기 위해, $N=4$이고 $l=3$(그림 14.11)인 부호기를 고려해 보자. 이 부호기의 부호 나무를 그림 14.12에 나타내었다. 각각의 데이터 디지트는 3개($l=3$)의 출력 디지트들을 생성하지만 전체로는 3개의 디지트들로 구성된 4개의 그룹들에 영향을 미친다(12개의 디지트들).

이 복호화 방법에서는, 나중에 어려움을 초래하면 우리의 판정을 바꾸기 위한 준비와 함께 잠정적인 판정을 하기 위해 한 번에 3개(또는 l)의 디지트들만을 관찰한다. 순차 검출기는 때때로 갈림길에서 잘못된 선택을 하지만 재빨리 오류를 발견(도로신호 때문에)하고 다시 되돌아와서 다른 길을 선택하는 운전자와 매우 흡사하게 동작한다.

이러한 통찰력을 우리의 복호화 문제에 적용하면, 다음과 같은 유사한 과정이 있다. 우리는 처음 3개의 수신된 디지트들을 살펴본다. 거기에는 초기 노드 n_1으로부터 나온 3개의 디지트들로 구성된 2개의 경로만이 존재한다. 우리는 처음 3개의 수신된 디지트들로부터 가장 짧은 해밍 거리에 있는 수열의 경로를 선택한다. 그러므로, 우리는 가장 그럴듯한 노드쪽으로 진행한다. 이 노드에서도 3개의 디지트들로 구성된 2개의 경로들이 존재한다. 우리는 수신된 3개의 디지트들로 구성된 2번째 그룹을 살펴보고, 이 수신된 디지트들과 가장 가까운 수열의 경로를 선택한다. 이러한 방법으로 4번째 노드까지 진행한다. 불행

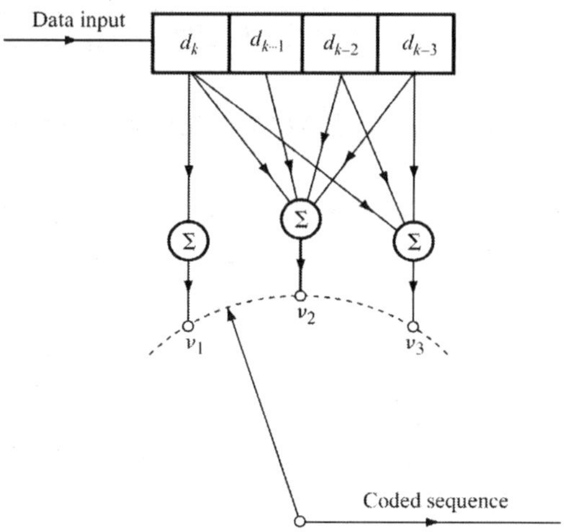

▸▸ 그림 14.11 콘볼루션 부호기

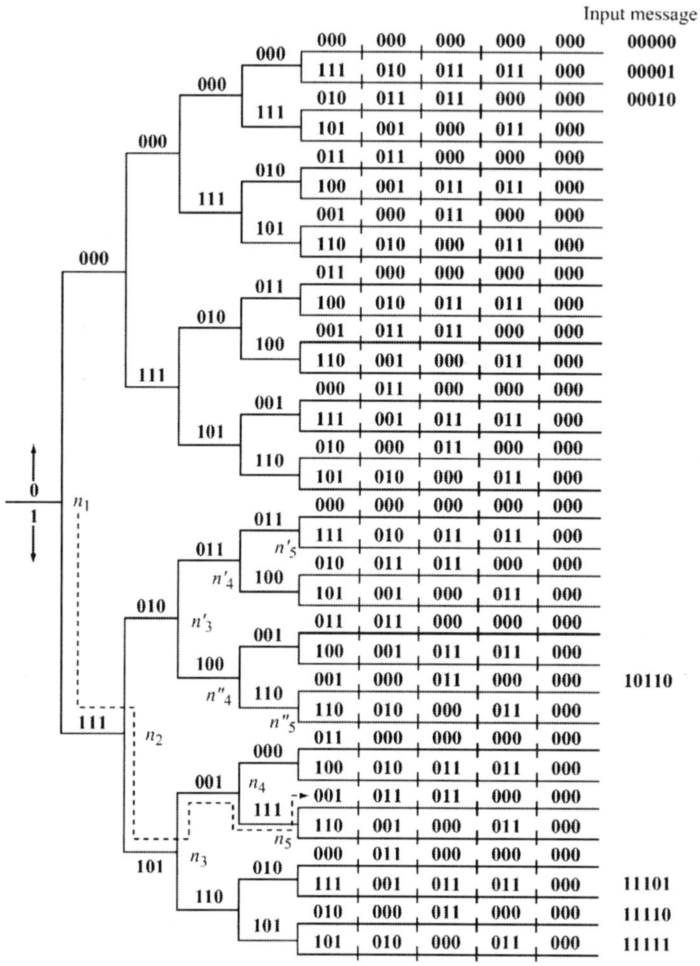

▸▸ 그림 14.12 그림 14.11의 부호기에 대한 부호 나무

하게도 l개의 디지트들로 구성된 수신된 그룹에서 많은 오류가 발생한다면, 잘못된 방향으로 가게 될 것이고 잘못된 노드로부터 사용할 수 있는 경로를 따라감으로서 수신된 디지트들에 일치하는 디지트들을 찾기는 더욱 어렵다는 것을 알게 될 것이다. 이것은 오류가 발생했다는 증거가 된다. 이러한 내용을 예를 들어 살펴보자.

데이터열 11010이 그림 14.11에 있는 부호기에 의해 부호화된다고 가정하자. $N=4$이기 때문에, 0인 3개의 가상 디지트들을 추가해서 증가된 데이터 수열이 11010000이 되도록 한다. 부호화된 수열은

111 101 001 111 001 011 011 000

이 될 것이다(그림 14.12의 부호 나무 참조). 수신된 수열을

101 011 001 111 001 011 011 000

이라고 하자. 여기에는 3개의 오류, 즉 첫 번째 그룹에 1개, 2번째 그룹에 2개가 있다. 우리는 초기 노드 n_1에서 시작한다. 첫 번째 수신된 그룹 101(오류 1개)은 111에 가깝기 때문에, 우리는 노드 n_2로 가도록 올바른 판정을 할 수 있다. 그러나 2번째 그룹 001(오류 2개)은 101보다는 010에 더 가깝기 때문에, 노드 n_3보다는 잘못된 노드 n_3'에 이르게 된다. 여기서부터 우리는 잘못된 경로에 들어서게 되고, 따라서 수신된 디지트들은 n_3'로부터 시작되는 어떠한 경로와도 일치하지 않게 될 것이다. 3번째 수신된 그룹은 001이고 n_3'에서 시작되는 어떠한 경로(즉, 001과 100)와도 일치하지 않는다. 그러나 이것은 011에 가깝다. 따라서, 우리는 n_4'로 가게 된다. 여기서 다시 4번째 수신된 그룹 111은 n_4'에서 시작되는 어떠한 경로(즉, 011과 100)와도 일치하지 않는다. 그러나 이것은 011에 가깝다. 이것은 n_5'로 우리를 가게 한다. 경로 n_1, n_2, n_3', n_4', n_5'을 따르는 12개의 디지트들로 구성된 수열과 처음 12개의 수신된 디지트들 사이의 해밍 거리는 4가 됨을 볼 수 있는데, 이것은 12개의 디지트들 중에 4개의 오류가 있음을 나타낸다(만일 우리의 경로가 올바르다면). 이렇게 많은 오류는 우리를 즉시 의심케 한다. 만약 P_e가 디지트 오류 확률이라면, d개의 디지트에서 기대되는 오류의 개수 n_e는 $P_e d$ 이다. P_e는 10^{-4}에서부터 10^{-6} 사이이기 때문에, 12개의 디지트에서 4개의 오류는 적당하지 않다. 따라서, 우리는 노드 n_3'로 다시 돌아가 n_5''쪽으로 가는 아래쪽 가지를 다시 시도한다. 이 경로 n_1, n_2, n_3' n_4'', n_5''는 12개의 디지트들 중에 5개의 오류가 발생하기 때문에, 이전의 경로보다도 더욱 좋지 않다. 따라서, 우리는 좀 더 깊이 n_2로 다시 돌아가 n_3와 다른 곳으로 가는 경로를 시도한다. 우리는 3개의 오류가 발생하는 경로 n_1, n_2, n_3, n_4, n_5을 발견하게 된다. 만일 우리가 더 깊은 n_1으로 돌아가서 다른 경로를 시도한다면, 5개보다 적은 오류를 가지는 어떠한 경로도 찾을 수 없다. 그러므로, 올바른 경로는 세 개의 오류를 주는 n_1, n_2, n_3, n_4, n_5이 된다. 이것은 처음 전송된 디지트를 1로 복호화하도록 한다. 다음으로, 처음 수신된 3개의 디지트들을 버리고, 노드 n_2에서 시작하여 두 번째 전송된 디지트를 복호하기 위해 과정을 반복한다. 우리는 모든 디지트가 복호될 때까지 이 과정을 반복한다.

다음으로 중요한 문제는 잘못된 경로가 선택되었을 때, 판정을 하기 위한 기준이다. 복호된 디지트 수 d의 함수로서, 기대되는 오류의 개수 n_e는 그림 14.13에 보이는 것처럼 기울기가 P_e인 직선($n_e = P_e d$)이 된다. 경로에 따른 실제의 오류 개수도 그림으로 나타내었다. 만일 오류의 수가 어떤 제한 범위(제거 수준) 내에 있다면, 복호화는 계속된다. 만일 어느 시점에서 오류가 제거 수준(discard level)을 초과하면, 우리는 가장 가까운 판정 노드로 되돌아가서 경로를 바꾸어 다시 시도하게 된다. 만일 오류가 제거 수준 이상으로 계속해서 증가하면, 경로를 따라 하나 이상의 이전 노드로 되돌아가서 경로를 바꾸어 다시 시도하게 된다. 이러한 과정은 오류가 고정된 제한 범위 안에 있을 때까지 계속된다.

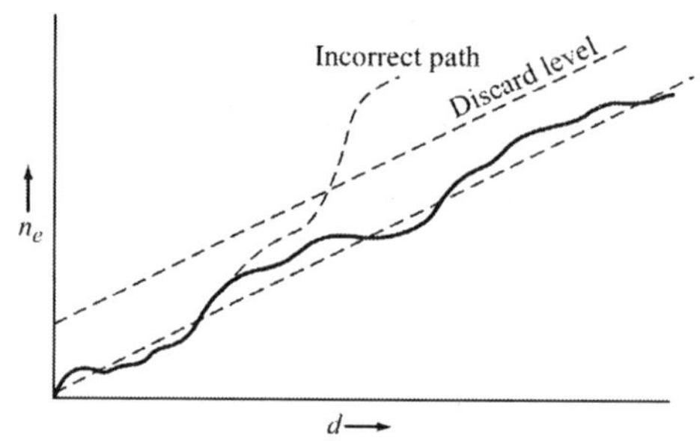

▸▸ 그림 14.13 순차 복호화의 임계치 설정

제거 수준을 아주 엄격(기대 오류 곡선에 가깝게)하게 한다면, 우리는 평균 계산량을 줄일 수 있다. 반면에 제거 수준을 너무 엄격하게 한다면, 잡음이 매우 많은 오류를 발생시키는 경우에 복호기는 모든 가능한 경로들을 제거시킬 것이다. 이러한 어려움은 일반적으로 엄격한 제거 수준에서 시작하여 해결된다. 만약 복호기가 모든 경로를 제거하는 드문 경우라면, 제거 수준은 경로중의 하나가 수용될 때까지 한 비트씩 완화시킬 수 있다.

이러한 방법에서 오류 확률은 N에 따라 지수적으로 감소하는 반면에 시스템 복잡도는 단지 k에 따라 선형적으로 증가한다. 부호율은 $\eta \simeq 1/l$ 된다. $\eta < \eta_0$이면, 복호되는 디지트 당 탐색된 틀린 가지들의 평균 개수는 유한하다. 반면에 $\eta > \eta_0$이면, 그렇지 않다. 따라서 η_0를 계산 차단율(computational cut-off rate)이라 한다.

순차 복호화에 대한 다음과 같은 몇 가지 단점들이 있다.

1. 틀린 경로 가지들의 수와 결과적으로, 계산 복잡도는 채널 잡음에 종속되는 확률 변수이다.
2. 기억장치 요구를 보다 용이하게 만들기 위해서, 복호화 속도를 입력되는 데이터의 속도보다 10~20배 정도 빠르게 유지해야만 한다. 이것은 최대 데이터율 용량(maximum data rate capability)을 제한한다.
3. 평균 가지들의 수가 때때로 매우 크게 되며, 상대적으로 긴 수열들이 지워지는 원인이 되는 기억장치 오버플로우가 발생할 수도 있다.

콘볼루션 부호를 복호화하기 위한 3번째 기술은 하위 부류로 임계치 복호화를 하는 궤환 복호화(feedback decoding)이다.[6] 임계치 복호기들은 손쉽게 구현된다. 하지만, 이 복호기들의 성능은 앞선 2가지 방법과 비교할 만큼 만족스럽지 않다.

14.7 블록 부호의 Trellis도

Trellis도는 직접적이고 간단한 방법으로 콘볼루션 부호와 연관 짓는 반면에, 신드롬 (syndrome) Trellis는 패리티 검사 행렬[7] $\boldsymbol{H}$에 따라서 2진 선형 (n, k) 블록 부호를 위하여 또한 구성될 수도 있다. 이 구성은 다음과 같이 설명된다.

- $(c_1, c_2, ,..., c_n)$을 블록 부호의 한 부호어라 하자.
- $\boldsymbol{H} = [\overrightarrow{h_1}\ \overrightarrow{h_2} \dots \overrightarrow{h_n}]$을 열 $\{\overrightarrow{h_i}\}$를 갖는 $(n-k)\times n$ 패리티 검사 행렬이라 하자.
- Trellis에는 $\min(2^k, 2^{n-k})$개의 가능한 상태가 있다.
- i 순간에서 한 부호어의 상태는 그 부호어와 첫 번째 부호어 비트부터 i번째 부호어 비트까지의 신드롬에 의한 패리티 검사 행렬에 의해 결정된다.

$$z_i = c_1\vec{h}_i \oplus c_2\vec{h}_2 \oplus \cdots \oplus c_i\vec{h}_i. \tag{14.33}$$

이 신드롬 Trellis는, 콘볼루션 부호의 상태 천이 Trellis와 다르게, 반복되지 않는 것이 일반적이다. 실제로, 이것은 "영" 상태에서 시작하여 "영" 상태로 항상 끝난다. 사실, 이 Trellis는 시간에 따라 변하는(time-varying) Trellis이다. 우리는 신드롬 Trellis의 구성을 보여주기 위하여 예제를 사용한다.

● 예제 14.8

다음의 패리티 검사 행렬을 갖는 해밍 (7, 4, 3) 부호를 생각하자.

$$\boldsymbol{H} = \begin{bmatrix} 1 & 1 & 1 & 0 & 1 & 0 & 0 \\ 0 & 1 & 1 & 1 & 0 & 1 & 0 \\ 1 & 1 & 0 & 1 & 0 & 0 & 1 \end{bmatrix} \tag{14.34}$$

이 블록 부호의 Trellis도를 그리시오.

풀이 이 부호에 대해서, 총 $2^3 = 8$개의 상태를 정의하는 3개의 오류 신드롬 비트들이 있다. 여덟 개의 상태를 $(S_0, S_1, S_2, S_3, S_4, S_5, S_6, S_7)$이라 표기하자. 패리티 검사 행렬 $\boldsymbol{H}$의 널-공간(null-space)에 있는 7개의 부호 비트들을 갖는 총 $2^k = 2^4 = 16$개의 부호어가 있다. 모든 16개의 부호어들을 숫자화하면, 우리는 Trellis를 통한 모든 경로들을 결정하기 위하여 식 (14.33)을 따른다. 해당하는 시간에 따라 변하는 Trellis도가 그림 14.14에 보인다. 각 경로는 한 부호어에 해당함을 유의하자. 우리는 항상 S_0에서 시작하고 S_0에서 끝난다. 콘볼루션 부호의 경우와는 다르게, 이 경우에는 Trellis 가지에 이름표를 붙일 필요는 없다. 다른 상태들 사이에 상태 천이가 일어날 때마다, 가지는

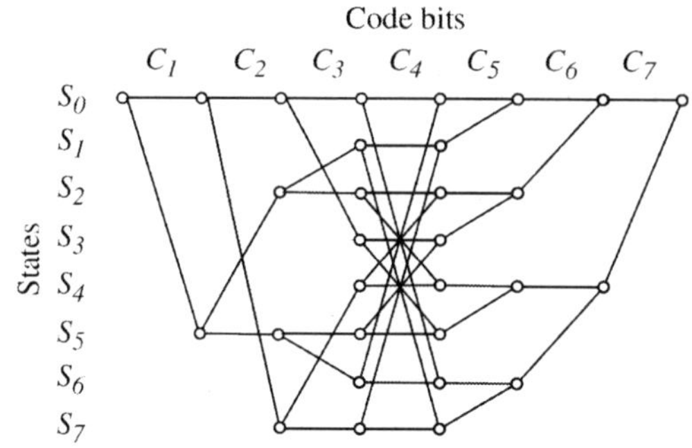

▸▸ 그림 14.14 식 (14.34)의 패리티 검사 행렬을 갖는 해밍 (7, 4, 3) 부호의 Trellis도

자동적으로 "1" 부호 비트에 해당한다. 상태가 똑같이 유지되면, 천이 가지는 "0" 부호 비트에 해당한다.

우리가 Trellis도만 가지면, 비터비 복호화 알고리즘은 감소된 복잡도로 블록 부호의 MLD를 위하여 구현될 수 있다. 블록 부호의 최대 우도 검출은 신드롬 기반 복호기보다 더 좋은 성능을 낼 수 있다. 우리가 보인 예는 비터비 복호화로부터 이득을 얻기 어려운 아주 짧은 부호임을 명심하라. 분명히, 비터비 알고리즘은 긴 부호를 복호화할 때 더 알맞다.

14.8 부호 결합과 인터리빙

간단하고 짧은 부호들은 길고 더 강력한 부호들로 만들어 지기 위해 여러 가지 방법으로 결합시킬 수 있다. 당연히, 여러 개의 부호들을 결합시키는 많은 가능한 방법들이 있다. 이 절에서 우리는 부호 결합을 통하여 부호를 구성하는 가장 일반적인 방법들 몇 가지를 간단히 소개한다.

○ 연집 및 랜덤 오류 정정을 위한 인터리빙 부호들

부호 결합을 위한 가장 간단하면서 아직까지 가장 효율적인 도구들 중 하나는 인터리빙(interleaving)인데, 이것은 부호기에 의해 생성된 (다수의) 부호어들을 순서를 바꾸거나(reordering) 섞는(shuffling) 과정이다. 그러므로 하나의 연집한 비트 오류는 하나가 아닌 여러 부호어들에 영향을 미친다. 인터리빙의 목적은 여러 부호어들에 걸쳐서 일어난 긴 연집 오류를 흩어서 각 부호어들이 단지 그 연집 오류의 일부분만을 정정하면 되도록 하기 위함이다. 이것은 일반적으로, 랜덤 오류 정정 부호들은 각 부호어에서 드문드문한 오류들을 처리하도록 설계되었기 때문이다. 불행하게도 대부분의 실제 시스템에서 우리는 두 종류 모두의 오류를 갖는다. 랜덤 오류와 연집 오류를 동시에 정정하기 위해 제안된 여러 가지 방법들 가운데, 인터리빙은 간단하고 효율적이다.

(n, k) 부호에 대해 만일 우리가 λ개의 부호어들을 인터리빙시키면, $(\lambda n, \lambda k)$ 인터리빙 부호(interleaved code)가 된다. 부호어들을 하나씩 전송하는 대신에 λ개의 부호어를 묶어서 서로 인터리빙시킨다. 예를 들어, $\lambda=3$이고 2개의 오류를 정정하는 (15, 8) 부호를 생각하자. 각각의 부호어는 15개의 디지트들로 구성된다. 우리는 3그룹으로 전송되도록 부호어들을 그룹화한다. 전송되는 처음 3개의 부호어를 각각 $\boldsymbol{x}(x_1, x_2, \ldots, x_{15})$, $\boldsymbol{y}(y_1, y_2, \ldots, y_{15})$, $\boldsymbol{z}(z_1, z_2, \ldots, z_{15})$라고 가정하자. 그러면 $x_1, x_2, \ldots, x_{15}, y_1, y_2, \ldots, y_{15}, z_1, z_2, \ldots, z_{15}$와 같은 순서로 $\boldsymbol{xyz}$를 전송하는 대신에, 우리는 $x_1, y_1, z_1, x_2, y_2, z_2, x_3, y_3, z_3, \ldots, x_{15}, y_{15}, z_{15}$를 전송한다. 이것을 λ개의 부호어들(이 경우에는 3개의 부호어)이 행으로 배열되는 그림 14.15로 설명될 수 있다. 정상적인 전송에서 우리는 하나의 행을 전송한 후에 또 다른 행을 전송한다. 인터리빙된 경우에 우리는 수열에서 λ성분의 열들(columns)을 차례대로 전송한다. 모든 $15(n)$개의 열들이 전송되고 나면, 다음 λ개의 부호어들이 전송될 수 있도록 이러한 과정을 반복한다.

이 인터리빙된 부호의 오류 정정 능력을 설명하기 위해 복호기는 가장 먼저 인터리빙을 제거하고 수신된 디지트들을 $x_1, x_2, \ldots, x_{15}, y_1, y_2, \ldots, y_{15}, z_1, z_2, \ldots, z_{15}$으로 재편성한다. 그림 14.15에서 음영 부분의 디지트들에서 오류가 발생하였다고 가정하자. 이 부호는 2비트 오류 정정 부호이기 때문에 각각의 행에서 두 개 또는 그 이하의 오류가 정정될 것이다. 따라서 그림 14.15에 있는 모든 오류들이 정정 가능하다. 우리는 전송된 모든 45개의 디지트들에 2개의 랜덤 또는 독립적인 오류들과 길이가 4인 하나의 연집 오류가 존재한다는 것을 알 수 있다. 일반적으로, 만일 원래의(n, k) 부호가 t개의 오류 정정 부호라면, 이 인터리빙된 부호는 길이가 λ 또는 그 이하인 t개의 연집 오류들의 조합을 정정할 수 있다.

그림 14.15에 설명된 인터리버는 한 블록의 비트들을 취하고 고정된 순서로 출력 수열을 생성하기 때문에, 이런 종류의 인터리버를 블록 인터리버(block interleavers)라고 한다. 인터리버의 총 메모리 길이를 인터리빙 깊이(interleaving depth)라고 한다. 큰 깊이의 인터리버는 더 긴 길이의 연집 오류를 더 잘 다룰 수 있는데, 이것은 큰 메모리와 긴 부호화 복호화 지연을 그 대가로 한다. 더 일반적인 인터리버는 의사잡음처럼(pseudorandomly) 데이터 비트들을 인터리버 내에서 재배열하고 송신기와 수신기 모두에서 알려진 순서대로 비트들을 출력할 수 있다. 그런 인터리버를 랜덤 인터리버(random interleaver)라고 한다. 랜덤 인터리버는 일반적으로 랜덤과 연집 오류 모두와 싸우는데 더 효율적이다. 이것은 한 고정된 순서에 따라 출력을 생성하지 않기 때문에 어떤 랜덤 오류 패턴 때문에 한 부호어에서 연집 오류 비트들을 수신할 확률이 훨씬 적다.

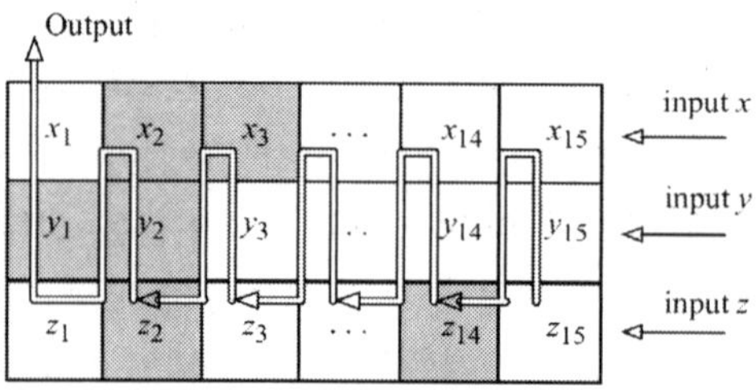

▸▸ 그림 14.15 랜덤 및 연집 오류들의 정정을 위한 블록(랜덤이 아닌) 인터리버

○ Product 부호

인터리빙된 부호는 인터리빙된 부호어들을 더 부호화하여 일반화시킬 수 있다. 결과로 나오는 부호는 두 패리티 검사(혹은 조건)를 만족해야만 하는 하나의 큰 부호어로 볼 수 있다. 그림 14.16은 원소 부호들(component codes)로서 알려진 두 체계적인 블록 부호들로부터 한 Product 부호를 어떻게 만드는지 보여준다. 처음은 $(n_1,\ k_1)$ 부호이고 두 번째는 $(n_2,\ k_2)$ 부호이다. 더 구체적으로, $k_1 \times k_2$ 메시지 비트들의 직사각형 블록이 두 부호기에 의해 부호화된다. 첫째로, k_1 메시지 비트들로 된 k_2 블록이 첫 번째 부호기에 의해 (n_1, k_1) 부호의 k_2개 부호어로 부호화된다. 그러면 $n_1 \times k_2$ 블록 인터리버가 두 번째 부호기에 k_2 비트로 된 n_1 블록을 보낸다. 두 번째 $(n_2,\ k_2)$ 부호기는 각 n_1 블록에 대해

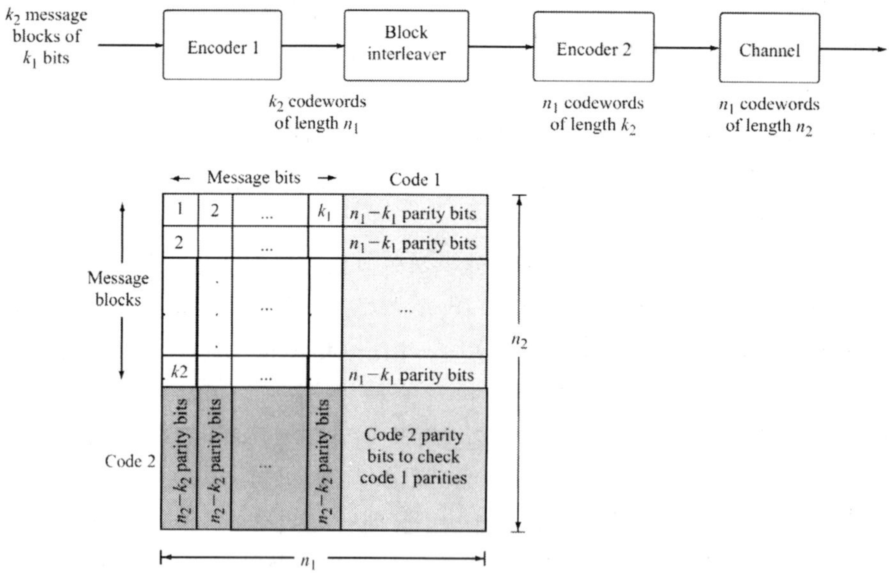

▸▸ 그림 14.16 블록 인터리버에 의해 구분되는 두 부호기에 의한 Product 부호

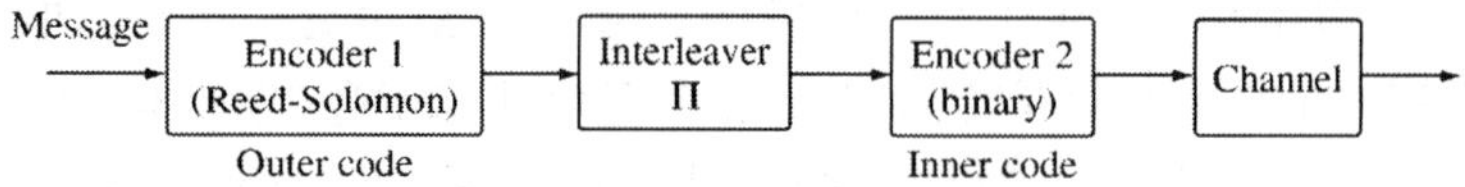

▸▸ 그림 14.17 비 2진 바깥 부호와 2진 안쪽 부호를 가진 연접 부호

$n_2 - k_2$개의 패리티 비트를 더하는데, 이것은 채널에 전송하기 위한 $(n_2,\ k_2)$ 부호의 부호어들을 n_1개 생성한다.

Product 부호의 사용은 두 블록 부호를 하나의 더 강력한 부호로 결합하기 위한 하나의 간단한 방법이다. Product 부호에서, 모든 부호 비트는 각각의 두 부호로부터 하나씩, 두 종류의 패리티들에 의해 제약을 받는다.

○ 연접 부호

Product 부호의 블록도로부터 블록 인터리버는 두 원소 부호들을 연결한다. 그림 14.17에 보이는 것과 같이, 더 일반적으로, 두 원소 부호들은 2진 블록 부호로 제한될 필요는 없으며, 더 일반적인 인터리버 Π가 사용될 수 있다. 이것의 결과 부호를 연접 부호(concatenated code)라 한다. 실제, Forney[8]는 더 강력한 부호를 구성하기 위하여 한 2진 부호와 한 비 2진 부호의 연접을 제안하였다. Product 부호는 2진 원소 부호들과 하나의 인터리버를 가진 연접 부호의 특별한 부류이다.

이 직렬 연접에서, 부호기 2는 안쪽 부호(inner code)라 하고, 부호기 1은 바깥 부호(outer code)라 한다. Forney[8]에 의해 제안된 것으로 가장 강력한 연접은 Reed-Solomon 바깥 부호와 콘볼루션 안쪽 부호를 사용한 것이다. 연접 부호는 디인터리빙(de-interleaving) 전에 안쪽 부호를 먼저 복호하고 바깥 부호를 복호하여 따로 복호될 수 있다. 더 좋은 성능을 얻기 위하여 더 복잡한 방법의 반복 복호화(iterative decoding) 역시 가능하다.

14.9 연판정 복호화

지금까지, 우리는 최대 우도 혹은 신드롬 기반 대수적 복호화에 기초한 경판정(hard decision)을 내리는 복호화 방법들에 초점을 맞추어왔다. 경판정 복호화는 복호기가 다른 가능성들에 대한 이 복호된 부호어의 상대적 신뢰도를 제공하지 않는 단지 가장 유사한 부호어를 생성한다는 사실에 적용된다. 다른 말로 해서, 경판정 복호된 부호어는 복호기가 이 판정에 대하여 얼마나 신뢰도가 있는지 나타내지 않는다. 고립된 복호기는 그것의 목적이 가장 좋은 후보를 복호된 부호어로 제공하는 것이기 때문에 경판정 복호기로 기능할 수 있다. 이것은 얼마나 많은 신뢰가 이 판정에 있는지 나타내지 않아도 된다.

하지만, 실제에서 복호기는 흔히 다른 복호기들 및 수신기 부품들과 함께 동작한다. 이것은 복호된 부호어는 현재의 패리티 검사 행렬의 조건을 만족해야 할 뿐만 아니라 그것의 출력 역시 연접된 오류 정정 부호에 있는 다른 원소 부호들의 패리티들에 적용되는 것들과 같은 다른 조건들도 만족시켜야만 한다는 것을 의미한다. 단지 하나의 경판정보다 많이 제공함으로써, 연판정(soft-decision) 복호기는 다수의 가능한 부호어들을 출력할 수 있는데, 각각은 관련된 신뢰도 (유사도) 값을 가지고 있다. 이러한 종류의 연판정 복호화는 수신기에서 다른 부품들에게 그 부호어가 만족시켜야만 하는 다른 관련된 조건들에 따라 복호기로부터 연판정 (신뢰도) 정보를 이용하여 최상의 부호어를 공동으로 선택하는 것을 허용한다.

연판정 복호화 개념을 BPSK 변조의 예로 보이면 더 편리하다. 10.6절의 최적 수신기를 다시 보자. 우리는 AWGN 채널 환경에서 $b_i = \pm 1$로 변조된 데이터 심볼을 나타내는 2진 변조의 특별한 경우에 초점을 둔다. $c_{j,i}$를 j번째 부호어 $\boldsymbol{c}_j$의 i번째 부호 비트라고 하자. 변조가 BPSK이기 때문에, 부호 비트 $c_{j,i}$와 그것에 대응하는 변조된 심볼 $b_{j,i}$ 사이의 관계는 단순히

$$b_{j,i} = 2 \cdot c_{j,i} - 1$$

이다. 수신기 필터 출력 신호는 ISI가 없다고 가정하면, 전송된 n-비트 부호어 $[c_{j,1}\ c_{j,2}\ \dots\ c_{j,n}]$에 해당하는 수신된 신호 표본들 r_i는

$$\mathrm{r}_i = \sqrt{E_b} b_{j,i} + \mathrm{w}_i \qquad i = 1, 2, \dots, n \tag{14.35}$$

로 써질 수 있다. 여기서 w_i는 한 AWGN 표본값이다. C를 모든 유효한 부호어들의 집합으로 표기한다. 10.6절[식 (10.91)과 그림 10.18]의 최적 수신기에 근거하여, 부호화되어 수신된 신호의 최대 우도 복호기(MLD)는 다음과 같다.

$$\begin{aligned} \boldsymbol{c} &= \arg\max_{\boldsymbol{c}_j \in C} \sum r_i b_{j,i} \\ &= \arg\max_{\boldsymbol{c}_j \in C} \sum r_i (2c_{j,i} - 1) \\ &= \arg\max_{\boldsymbol{c}_j \in C} 2 \sum r_i c_{j,i} - \sum r_i \\ &= \arg\max_{\boldsymbol{c}_j \in C} \sum r_i c_{j,i} \end{aligned} \tag{14.36}$$

모든 2^k개의 부호어 가운데, 연판정 MLD는 출력으로 가장 유사한 부호어를 결정할 수 있을 뿐만 아니라 복호화 과정 동안 부호어 $\boldsymbol{c}_j$의 상대적 유사도(relative likelihood)로서의

$$M_j = \sum r_i b_{j,i}$$

값(metric)을 역시 보존해야만 한다. 비록 거리값(distance measure)과 비슷하지만, 이 (상관) 값은 MLD에 대해 최대화되어야 한다. 거리와 다르게, 상관 값(correlation metric)은 양수이거나 음수일 수 있다.

비록 연판정 MLD가 구현하기에 직설적인 알고리즘인 것처럼 보이지만, 이것의 계산 복잡도는 부호의 크기에 영향을 받는다. 실제, 아주 큰 k를 가진 긴 부호이면, 2^k개의 값을 계산해야 하기 때문에 계산 복잡도는 지수적으로 증가한다. 많은 실질적인 블록 부호들에 대해, 이 요건은 부호 길이가 수백 비트를 넘어가면 감당할 수 없게 된다.

이 최적 복호기를 단순화하기 위하여, Chase는 계산 비용을 아주 많이 감소시키는데 효과적인 여러 종류의 최적에 가까운 연판정 복호 알고리즘(suboptimum soft decoding algorithm)[9]을 제안하였다. Chase 알고리즘의 첫 번째 단계는 수신된 표본값 r_i에 따른 한시적인 경판정 비트를 유도하는 것이다. 이 한시적 비트들은 부호어를 형성할 필요는 없다. 다른 말로 해서,

$$\bar{\mathbf{y}} = [y_1 \quad y_2 \quad \cdots \quad y_n] \tag{14.37a}$$

를 구한다. 여기서

$$y_i = \text{sign}\,(r_i) \qquad i = 1, 2, \ldots, n \tag{14.37b}$$

이다. 각 개개의 비트 판정은 신뢰도 $|r_i|$를 갖는다. 이 일시적인 비트들 $\{y_i\}$는, 예를 들어, 오류 신드롬에 기반한 대수적 복호기로 보내진다. 이 결과가 초기 부호어 $\bar{\mathbf{c}}_0 = [\bar{c}_{0,1}\ \bar{c}_{0,2} \cdots \bar{c}_{0,n}]$이다. 이 단계는 기존의 경판정 복호기와 정확하게 똑같다. 하지만, Chase 알고리즘은 가장 신뢰도가 떨어지는 비트들을 뒤집어서 경판정 복호기 입력 $\mathbf{y}$를 추가적으로 수정하는 것을 허용한다. 뒤집는다는 것은 부호 비트를 1에서 0으로 그리고 0에서 1로 바꾸는 것을 의미한다.

연판정 복호화의 생각은 다수의 후보 부호어들을 제공하는데, 각각은 관련된 신뢰도 값을 가지고 있다. Chase 알고리즘은 경판정 복호기 입력 $\mathbf{y}$를 수정하기 위해 사용되는 가장 유사한 뒤집기 패턴(flipping pattern)을 만든다. 각 뒤집기 패턴 $\boldsymbol{e}_i$는 뒤집는 위치에는 1로 하고 그대로 두는 비트 위치에는 0으로 한다. 각 뒤집기 패턴 $\boldsymbol{e}_i$에 대해,

$$\bar{\boldsymbol{c}}_i = \text{hard decision}\,(\boldsymbol{y}_i) \oplus \boldsymbol{e}_i \tag{14.38a}$$

를 구성하고, 해당하는 신뢰도 값

$$M_i = \sum_{j=1}^{n} r_j \cdot (2\bar{c}_{i,j} - 1) \tag{14.38b}$$

을 계산한다. 최대 M_i를 가진 부호어가 복호된 출력이다.

Chase 알고리즘에는 세 가지 종류가 있다. 먼저, 아래에서 높은 순서로 비트 신뢰도를 정렬한다:

$$|r_{i_1}| \leq |r_{i_2}| \leq \cdots \leq |r_{i_n}| \tag{14.39}$$

Type 1 $\lfloor d_{\min} - 1 \rfloor$ 보다 작거나 같은 무게의 모든 뒤집기 패턴들을 시험한다.

Type 2 $\lfloor d_{\min}/2 \rfloor$ 개의 가장 신뢰도가 낮은 비트 위치들 $\{i_1\ i_2 \cdots i_{\lfloor d_{\min}/2 \rfloor}\}$을 구한다. $\lfloor d_{\min}/2 \rfloor$ 보다 작거나 같은 무게의 모든 뒤집기 패턴들을 시험한다.*

Type 3 w개의 가장 신뢰도가 낮은 비트 위치들에 1을 넣어서 무게 $w = 1, 3, \ldots, d_{\min} - 1$인 뒤집기 패턴들을 시험한다.

Chase 알고리즘의 블록도가 그림 14.18에 보인다. 세 가지 Chase 알고리즘들은 단지 어떻게 뒤집기 패턴들이 생성되는지만 다르다. 게다가, Chase 복호기들은 복호화 성능을 향상시키기 위한 결합적인 노력으로 다른 수신기 과정들과 신뢰도와 유사도 정보를 교환할 수 있다. 입력단으로부터는 뒤집기 패턴의 설정은 다른 수신기 과정들로부터 추가적인 제안을 받을 수 있다. 출력단으로부터는 다수의 부호어 후보들이 그들의 신뢰도 값들과 함께 다음 처리와 궁극적인 제거를 위한 부가적인 복호 과정들로 보내질 수 있다.

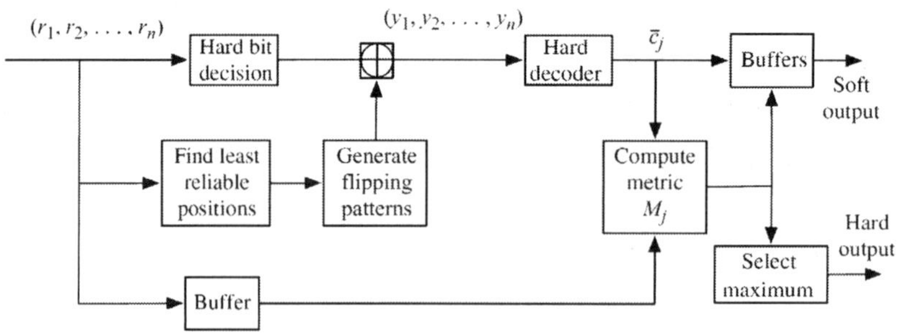

►► 그림 14.18 Chase 연판정-복호화 알고리즘의 블록도

* 연산 ⌊ ⌋은 흔히 “floor”라고 한다. 특히, $\lfloor x \rfloor$는 x보다 작거나 같은 가장 큰 정수를 나타낸다.

14.10 연판정 출력 비터비 알고리즘(SOVA)

Chase 알고리즘은 다수의 후보 부호어들과 관련된 신뢰도 값을 생성할 수 있다. 그러한 값의 정보는 최종적으로 복호된 부호어를 결정하기 위하여 다른 수신기 처리 과정들에 의해 이용될 수도 있다. 만일 복호기가 모든 복호된 비트들에 대한 연판정 신뢰도 정보를 만들 수 있다면, 그것은 다른 연판정 출력 복호기들과 처리기들과 함께 결합하여 훨씬 더 잘 이용될 수 있다. Chase 알고리즘과 달리, 연판정 출력 비터비 알고리즘(soft-output Viterbi algorithms, SOVA)[10]과 최대 사후(maximum a posterior, MAP) 알고리즘은 비트 신뢰도 정보를 생산하기 위한 두 가지 가장 일반적인 연판정 복호화 방법이다. 우리는 먼저 여기서 SOVA의 법칙들을 설명한다.

가장 믿을만하고, 정보를 주는 연판정 비트 정보는 수신된 신호 벡터

$$\boldsymbol{r} = (r_1, r_2, \dots, r_n)$$

에 기반한 특정한 부호 비트 c_i의 로그 유사도 비율(log-likelihood ratio, LLR)이다. 다른 말로 해서, LLR은 다음과 같이 정의된다.[11]

$$\Lambda(c_i) = \log \frac{P[c_i = 1 | \mathbf{r} = \boldsymbol{r}]}{P[c_i = 0 | \mathbf{r} = \boldsymbol{r}]} \tag{14.40}$$

이것은 $c_i = 1$로의 판정에 대한 복호기의 확실성 정도(degree of certainty)를 나타낸다. 확실성 정도는 $P[c_i = 0|\boldsymbol{r}] = 1$일 때, $-\infty$부터 $P[c_i = 0|\boldsymbol{r}] = 0$일 때 $+\infty$까지 다양하다.

다시 한 번, 우리는 $(2c_i - 1) = \pm 1$이 전송된 데이터인 BPSK 경우를 생각한다. 그리고

$$\mathrm{r}_i = (2c_i - 1) + \mathrm{w}_i \qquad i = 1, 2, \dots, n \tag{14.41}$$

여기서 w_i는 AWGN 표본값이다. Chase 알고리즘과 유사하게, 경로 값(path metric)은 $\{\mathrm{r}_i\}$와 BPSK 신호 $\{c_i\}$ 사이의 상관(correlation)에 의해 계산된다. 다른 말로, 수신된 데이터 표본값 $\{\mathrm{r}_i\}$에 근거하여, 우리는 다음을 추정할 수 있다.

$$n_1\text{과 } n_2 \text{ 단계들 사이의 경로 값} = \sum_{j=n_1+1}^{n_2} r_j \cdot (2\bar{c}_j - 1) \tag{14.42}$$

전통적인 비터비 알고리즘과 같이, SOVA 복호기는 그 (콘볼루션 혹은 블록) 부호의 해당 Trellis에 관해 동작한다. SOVA는 순방향 단계(forward step)와 역방향 단계(backward step)로 구성된다. 순방향 단계(forward step) 동안에는, 기존의 비터비 알고리즘으로서, SOVA는 먼저 가장 유사한 수열(생존 경로)을 찾는다. 현재 단계에 있는 상태들에서 단지 생존 경로 값들을 저장하는 기존의 VA와는 다르게, SOVA는 모든 단계들을 위하여 한 상태까지 오는 모든 생존 경로의 값을 저장한다.

이 생각을 공식화하기 위하여,

$$S_l(i) = \text{단계(시간) } i\text{에서 상태 } l$$

로 나타내자. 단계 i에서 상태 S_l의 각 생존 경로에 대해, 우리는 이 상태로까지 이르는 순방향 경로 값을 결정할 것이다. 시간 i에서 상태 l로 끝나는 순방향 경로 값들은 $M_l^f(i)$로 표기한다. 순방향 VA의 최종 상태에서 최대 전체 경로 값은 $M_{\max}$로 나타내며 최적 순방향 경로에 해당한다. 역방향 단계 동안에는, SOVA는 단계 K에서 종단(최종) 상태로부터 VA를 거꾸로 적용하여 단계 0에 있는 초기 상태에서 끝난다. 또한 단계 i에서 상태 l로 끝나는 역방향 값들 $M_l^b(i)$을 저장한다.

상태 $S_{l_a}(i-1)$과 상태 $S_{l_b}(i)$ 사이의 천이를 일으키는 정보 비트 $d_i = 0, 1$의 유사도 값은 순방향 단계 동안 VA에 의해 확인되기 때문에, 정보 비트의 값 $M_i(d_i)$로 고정될 수 있다.

$$M_i(d_i) = M_{\max}$$

우리의 다음 과제는 만일 반대 정보 비트 값 $1-d_i$가 단계 i에서 대신 선택될 때 최상의 경로와 해당하는 최대 경로 값 $M_i(1-d_i)$를 결정하는 것이다.

$$M(1-d_i) = \max_{\ell_a \xrightarrow{1-d_i} \ell_b} \left[M_{\ell_a}^f \left(S_{\ell_a}(i-1) \right) + B_{\ell_a, \ell_b} + M_{\ell_b}^b \left(S_{\ell_b}(i) \right) \right] \tag{14.43}$$

여기서 B_{l_a, l_b}는 수신된 표본값 r_i에 관한 l_a로부터 l_b까지의 상태 천이의 경로 거리이다. 최대화는 단계 i에서 정보 비트 값 $1-d_i$에 의해 생길 수 있는 모든 상태 천이들 ($l_a \xrightarrow{1-d_i} l_b$로 표기)에 관하여 된다.

이 단계는 만일 다른 비트 값 $1-d_i$가 선택된다면 Trellis를 통하여 최상의 다른 경로를 찾게 해준다. 이제 우리는 모든 단계 i에 대해 $M_i(d_i)$와 $M_i(1-d_i)$를 가지고 있으며, 모든 정보 비트의 유사도는 이 값의 차에 비례한다.

$$\begin{aligned} \Lambda_i = M_i(1) - M_i(0) &= (2d_i - 1)[M_i(d_i) - M_i(1-d_i)] \\ &= (2d_i - 1)[M_{\max} - M_i(1-d_i)] \end{aligned} \tag{14.44}$$

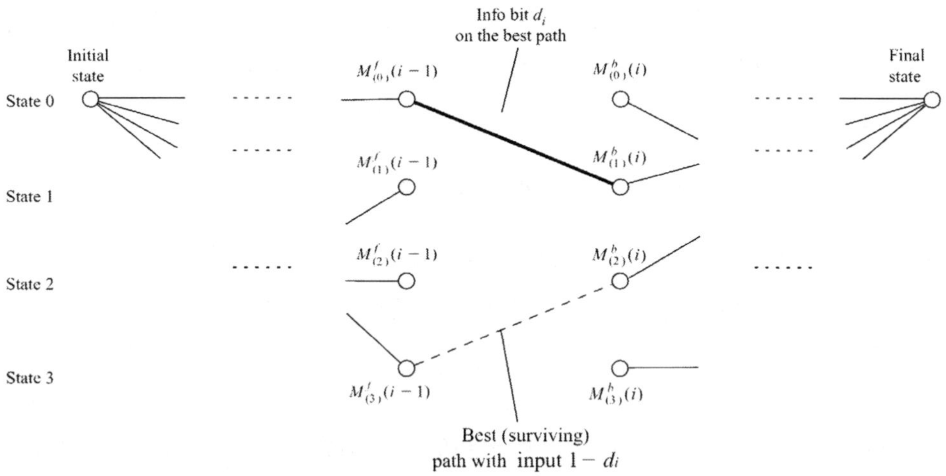

▶▶ 그림 14.19 Chase 연판정-복호화 알고리즘의 블록도

따라서, 로그 유사도 비율 Λ_i는 모든 정보 비트 d_i에 대해 SOVA에 의해서 만들 수 있다. 이제 우리는 이 가장 유사한 수열에서 모든 비트에 대한 LLR[식 (14.40)]을 결정하기 위하여 생존 경로를 사용할 수 있다. 정보 비트 값 $1-d_i$에 의해 생기는 최상의 다른 생존 경로를 찾는 기본 개념이 그림 14.19에 도시되었다.

14.11 터보 부호

14.1절에서 간단히 언급했던 것과 같이, 터보 부호는 과거 수십 년 동안에 걸쳐 부호 이론에 있어서 아주 중요한 진보[12] 가운데 하나이다. 터보 부호를 가능하게 만든 구조는 그것의 단순화된 복호기이다. 터보 부호는 연판정 복호화 알고리즘이 없이는 불가능했을 것이다. 실제, 30년 보다 더 이전에 Bahl, Cocke, Jelinek, 그리고 Raviv[13]에 의해 발표된 짧은 논문이 중요한 역할을 했다. 최대 사후 연판정 알고리즘(maximum a posterior (MAP) soft decoding algorithm)은 BCJR 알고리즘으로 불린다. 터보 부호의 핵심을 설명하기 전에, 우리는 BCJR 알고리즘의 기본을 소개한다.

○ MAP 검출을 위한 BCJR 알고리즘

여기서 설명되는 BCJR MAP 알고리즘은 Bahl, Cocke, Jelinek, 그리고 Raviv[13]에 의한 발표에 근거한다. 우리는 먼저 정보 데이터 비트들의 수열이

$$d_1\ d_2\ \cdots\ d_N \tag{14.45}$$

로 표기된다고 가정한다. 정보 비트 $\{d_i\}$는 부호어 비트 $\{v_i\}$로 부호화되고, 이것은 (복소수) 변조된 데이터 심볼 $\{b_i\}$로 더 변조된다. 일반적인 경우에, 우리는 단순히 하나의 대응(mapping)

$$\{d_i\} \longrightarrow \{b_i\} \tag{14.46}$$

이 있다고 생각한다. BPSK의 특별한 경우에는, $b_i = \pm 1$이다.

변조된 데이터 심볼들은 i.i.d. 잡음 채널에서 전송되고, 수신된 표본값들은

$$\mathrm{r}_i = b_i + \mathrm{w}_i \tag{14.47}$$

이며, w_i는 i.i.d. 잡음 표본값이다. MATLAB 표기를 따라하면, 우리는 수신된 데이터를

$$\vec{r}_{k_1:k_2} = (r_{k_1}, r_{k_1+1}, \ldots, r_{k_2})$$
$$\vec{r} = (r_1, r_2, \ldots, r_N)$$

로 표기한다. 데이터 심볼들과 채널 잡음은 i.i.d.이기 때문에, 조건 확률은 현재의 변조된 심볼에만 종속적이라고 결론지을 수 있다.

$$p(r_i | b_i, \vec{r}_{1:i-1}) = p(r_i | b_i) \tag{14.48}$$

(콘볼루션 혹은 블록) 부호는 Trellis도에 의해 표현되는데, $S_i = m$은 시간 i에서 Trellis 상태가 m인 사건을 나타낸다. $i-1$ 단계에서 i 단계까지 상태 m'과 m 사이의 천이 확률은

$$P[S_i = m | S_{i-1} = m']$$

으로 나타내진다. 이 상태 Trellis의 정의는 S_i가 Markov 프로세스*임을 의미한다. Markov 프로세스의 성질들과 $\vec{r}_{i+1:N}$과 $\vec{r}_{1:i}$는 독립이라는 지식에 기초하여 우리는 조건 확률을 다음과 같이 단순화 한다.

$$p\left(\vec{r}_{i+1:N} | S_i = m, S_{i-1} = m', \vec{r}_{1:i}\right) = p\left(\vec{r}_{i+1:N} | S_i = m\right) \tag{14.49a}$$

---

* 만일 랜덤 프로세스 x_k의 조건 확률이 다음을 만족하면, 이 프로세스는 Markov 프로세스이다.

$$p_{\mathrm{x}_k|\mathrm{x}_{k-1},\ldots}(x_k|x_{k-1},\cdots) = p_{\mathrm{x}_k|\mathrm{x}_{k-1}}(x_k|x_{k-1})$$

다른 말로 해서, Markov 프로세스는 아주 짧은 메모리를 갖는다. 그것의 전체 역사로부터 x_k까지 관련된 모든 정보는 바로 이전의 과거 x_{k-1}에 있다.

$$p\left(r_i,\, S_i = m \middle| S_{i-1} = m',\, \vec{r}_{1:i-1}\right) = p\left(r_i,\, S_i = m \middle| S_{i-1} = m'\right) \tag{14.49b}$$

MAP 검출기는 다음의 로그 유사도 비율을 결정할 필요가 있다.

$$\Lambda(d_i) \triangleq \log \frac{P[d_i = 1|\vec{r}\,]}{P[d_i = 0|\vec{r}\,]} = \log \frac{p(d_i = 1,\, \vec{r}\,)}{p(d_i = 0,\, \vec{r}\,)} \tag{14.50}$$

이제 우리는 BCJR 알고리즘의 동작을 설명할 준비가 되었다. 먼저, $\Omega_i(u)$를 $d_i = u$ $(u = 0, 1)$일 때, $S_{i-1} = m'$로부터 $S_i = m$까지의 모든 가능한 상태 천이들의 집합이라 하자. $d_i = 1$과 $d_i = 0$에 대하여 오직 두 개의 그러한 집합들이 있다. 우리는

$$\begin{aligned} p(d_i = 1,\, \vec{r}\,) &= \sum_{(m',m)\in\Omega_i(1)} p\left(S_{i-1} = m',\, S_i = m,\, \vec{r}\,\right) \\ &= \sum_{(m',m)\in\Omega_i(1)} p\left(S_{i-1} = m',\, \vec{r}_{1:i},\, S_i = m,\, \vec{r}_{i+1:N}\right) \end{aligned} \tag{14.51}$$

임을 볼 수 있다. 식 (14.49a)와 (14.49b)를 마지막 등식에 적용하면,

$$p(d_i = 1,\, \vec{r}\,) = \sum_{(m',m)\in\Omega_i(1)} p\left(S_{i-1} = m',\, \vec{r}_{1:i-1},\, S_i = m,\, r_i\right) \cdot p\left(\vec{r}_{i+1:N} \middle| S_i = m\right) \tag{14.52}$$

이다. Bahl 등[13]이 사용한 표기법을 적용하면,

$$\alpha_{i-1}(m') \triangleq p\left(S_{i-1} = m',\, \vec{r}_{1:i-1}\right) \tag{14.53a}$$

$$\beta_i(m) \triangleq p\left(\vec{r}_{i+1:N} \middle| S_i = m\right) \tag{14.53b}$$

$$\gamma_i(m',\, m) \triangleq p\left(S_i = m,\, r_i \middle| S_{i-1} = m'\right) \tag{14.53c}$$

로 정의된다. 식 (14.53)의 표기법에 의해 우리는 각 정보 비트 d_i의 LLR을 쓰기 위해 식 (14.50)부터 (14.52)까지 적용할 수 있다.

$$\Lambda(d_i) = \log \frac{\sum_{(m',m)\in\Omega_i(1)} \alpha_{i-1}(m')\gamma_i(m',\, m)\beta_i(m)}{\sum_{(m',m)\in\Omega_i(0)} \alpha_{i-1}(m')\gamma_i(m',\, m)\beta_i(m)} \tag{14.54}$$

이것은 i번째 정보 비트 d_i에 대한 연판정 복호화 정보를 제공한다. MAP 복호화는 단순히 LLR의 부호를 취하여 경판정을 할 수 있다.

$$u = \text{sign}\left[\Lambda(d_i)\right]$$

BCJR 알고리즘을 구현하기 위하여, 우리는 $\alpha_i(m)$을 얻기 위해 순방향 재귀(forward recursion)를 적용한다. 즉,

$$\begin{aligned}
\alpha_i(m) &\triangleq p\left(S_i = m, \vec{r}_{1:i}\right) \\
&= \sum_{m'} p\left(S_i = m, S_{i-1} = m', \vec{r}_{1:i-1}, r_i\right) \\
&= \sum_{m'} p\left(S_i = m, r_i \middle| S_{i-1} = m', \vec{r}_{1:i-1}\right) \cdot p\left(S_{i-1} = m', \vec{r}_{1:i-1}\right) \\
&= \sum_{m'} \gamma_i(m', m) \cdot \alpha_{i-1}(m')
\end{aligned} \tag{14.55}$$

마지막 등식은 식 (14.49b)로부터 나온다. 부호기의 초기 상태는 $S_0 = 0$이어야만 한다. 다른 말로, 순방향 재귀가 진행될 수 있도록

$$\alpha_0(m) = P[S_0 = m] = \delta[m] = \begin{cases} 1 & m = 0 \\ 0 & m \neq 0 \end{cases}$$

이다. 역방향 재귀(backward recursion)는 $\beta_i(m)$으로부터 $\beta_{i-1}(m')$을 계산하기 위함이다.

$$\begin{aligned}
\beta_{i-1}(m') &= p\left(\vec{r}_{i:N} \middle| S_{i-1} = m'\right) \\
&= \sum_{m} p\left(S_i = m, r_i, \vec{r}_{i+1:N} \middle| S_{i-1} = m'\right) \\
&= \sum_{m} p\left(\vec{r}_{i+1:N} \middle| S_{i-1} = m', S_i = m, r_i,\right) \cdot p\left(S_i = m, r_i \middle| S_{i-1} = m'\right) \\
&= \sum_{m} p\left(\vec{r}_{i+1:N} \middle| S_i = m,\right) \cdot \gamma_i(m', m) \\
&= \sum_{m} \beta_i(m) \cdot \gamma_i(m', m)
\end{aligned} \tag{14.56}$$

$S_N = 0$의 종단 상태를 가진 부호기에 대해, 우리는 역방향 재귀가 시작될 수 있도록

$$\beta_N(m) = \delta[m]$$

으로부터 역방향 재귀를 시작한다.

순방향과 역방향 재귀 모두는 함수 $\gamma_i(m',m)$에 종속적이다. 사실, $\gamma_i(m',m)$은 이미 간단한 행렬 형태로 있다. 원소 $\gamma_i(m',m)$는 기본 변조와 채널 정보로부터 단순화되고 유도될 수 있다.

$$\begin{aligned}\gamma_i(m', m) &\triangleq p\left(S_i = m,\, r_i \,\middle|\, S_{i-1} = m'\right)\\ &= p\left(r_i \,\middle|\, S_{i-1} = m',\, S_i = m\right) \cdot P[S_i = m \,|\, S_{i-1} = m'\,]\\ &= p\left(r_i \,\middle|\, c_i[m', m]\right) \cdot P[d_i = u\,]\end{aligned} \tag{14.57}$$

여기서 $c_i[m', m]$은 m'으로부터 m까지의 상태 천이에 해당하는 부호기 출력의 부호어이며, 여기서 $d_i = u$는 해당하는 입력 비트이다. 식 (14.57)에 따라서 $d_i = u$에 대한 $\gamma_i(m',m)$를 구하기 위해, $P[r_i|c_i[m', m]]$은 부호기 출력 $c_i[m', m]$을 변조된 심볼 b_i와 채널 잡음 분포 w_i에 대응시켜서 구한다.

그림 14.5에 있는 콘볼루션 부호의 특별한 경우에서, 모든 데이터 심볼 d_i에 대해, 콘볼루션 부호기는 두 부호화된 비트 $\{v_{i,1},\, v_{i,2}\}$를 생성한다. 부호화된 비트 $\{v_{i,1},\, v_{i,2}\}$로부터 변조된 심볼들 b_i로의 대응은 변조에 종속된다. BPSK에서 각 부호화된 비트는 ± 1로 대응되고 b_i는 두 원소를 갖는다.

$$b_i = \begin{bmatrix} 2v_{i,1} - 1 \\ 2v_{i,2} - 1 \end{bmatrix}$$

만일 QPSK 변조가 적용되면, 우리는 Gray 부호(Gray mapping)를 사용할 수 있다.

$$b_i = e^{j\phi_i}$$

여기서

$$\phi_i = \begin{cases} 0, & \{v_{i,1},\, v_{i,2}\} = \{0,\, 0\} \\ \pi/2, & \{v_{i,1},\, v_{i,2}\} = \{0,\, 1\} \\ \pi, & \{v_{i,1},\, v_{i,2}\} = \{1,\, 1\} \\ -\pi/2, & \{v_{i,1},\, v_{i,2}\} = \{1,\, 0\} \end{cases}$$

따라서 기저대역 AWGN 채널에서 QPSK 하에서 수신된 신호 표본값은

$$\mathrm{r}_i = \sqrt{E_s}e^{j\phi_i} + \mathrm{w}_i \tag{14.58}$$

이며, w_i는 확률 밀도 함수

$$p_w(x) = \frac{1}{\pi\mathcal{N}} \exp\left(-\frac{|x|^2}{\mathcal{N}}\right)$$

를 가진 복소수 i.i.d. 채널 잡음이다. 결과적으로, 이 경우에

$$\begin{aligned} p\left(r_i \left| c_i[m', m]\right.\right) &= p\left(r_i \left| d_i = u\right.\right) \\ &= p\left(r_i \left| b_i = e^{j\phi_i}\right.\right) \\ &= p_w\left(r_i - \sqrt{E_s}e^{j\phi_i}\right) \\ &= \frac{1}{\pi\mathcal{N}} \exp\left(-\frac{|r_i - \sqrt{E_s}e^{j\phi_i}|^2}{\mathcal{N}}\right) \end{aligned} \tag{14.59}$$

이다. BCJR MAP 알고리즘은 다음 식에 따라서 각 정보 비트의 LLR을 계산할 수 있다.

$$\begin{aligned} \Lambda(d_i) &= \log \frac{\sum_{(m', m)\in\Omega_i(1)} \alpha_{i-1}(m')p\left(r_i \left| c_i[m', m]\right.\right) P[d_i = 1]\beta_i(m)}{\sum_{(m', m)\in\Omega_i(0)} \alpha_{i-1}(m')p\left(r_i \left| c_i[m', m]\right.\right) P[d_i = 0]\beta_i(m)} \\ &= \underbrace{\log \frac{P[d_i = 1]}{P[d_i = 0]}}_{\Lambda^{(a)}(d_i)} + \underbrace{\log \frac{\sum_{(m', m)\in\Omega_i(1)} \alpha_{i-1}(m')c_i[m', m]\beta_i(m)}{\sum_{(m', m)\in\Omega_i(0)} \alpha_{i-1}(m')c_i[m', m]\beta_i(m)}}_{\Lambda^{(\ell)}(d_i)} \end{aligned} \tag{14.60}$$

식 (14.60)은 주어진 정보 심볼 d_i의 LLR이 두 부분으로 이루어졌음을 보여준다.

- 데이터 심볼 d_i의 사전 확률(prior probability)로부터 사전 정보 $\Lambda_i^{(a)}$, 이것은 다른 복호기에 의해 사전 혹은 외부적으로 제공될 수도 있다.
- 수신된 신호들과 부호 Trellis(혹은 상태 천이) 조건들에 의해 정해지는 지역 정보 $\Lambda_i^{(l)}$

이러한 LLR의 분해 관점을 가지고, 우리는 이제 터보 부호, 혹은 더 적절히, 터보 복호화의 개념을 설명할 준비가 되었다.

○ 터보 부호

터보 부호의 개념은 1993년에 열린 IEEE International Conference on Communications에서 Berrou, Glavieux, Thitimajshima[12]에 의해 처음으로 제안되었다. 거의 Shannon 한계에 도달하는 오류 정정 성능의 저자들 주장은 처음에는 대단히 회의적이었다. 제안된 터보 부호는 적절한 계산 복잡도 하에서 얻기는 거의 불가능한 대단히 도전적으로 여겨졌

던 Shannon 한계에서 1 dB 이내의 BER 성능을 나타냈기 때문에 이러한 반응은 당연하였다. 더욱이, 소위 터보 부호의 구조는 독특하게 구성된 형태가 아니다. 부호화 사회가 터보 부호의 비정상적인 BER 성능을 확신하게 되고 그것의 원리를 이해하기 시작하는데 거의 2년이 걸렸다. 오늘날, 터보 부호는 디지털 통신의 많은 면에서 스며들어 있으며, 자주 특별히 진화된 형태를 취한다. 본 절의 이 부분에서, 우리는 터보 부호의 기본 원리들을 간단히 소개한다.

첫 터보 부호기의 블록도가 그림 14.20a에 보인다. 이 터보는 두 재귀 조직 콘볼루션(recursive systematic convolutional, RSC) 부호로 이루어져 있다. 단위 지연을 D로 나타내면, 부호율 1/2 RSC 부호의 1×2 생성 행렬은

$$G(D)=\left[1 \quad \frac{g_2(D)}{g_1(D)}\right]$$

의 형태를 한다. 특히, Berrou 등[12]의 터보 부호 예는

$$G(D)=\left[1 \quad \frac{1+D^2+D^3+D^4}{1+D+D^4}\right]$$

으로 표현된다. 이 부호기의 간단한 구현은 그림 14.20b에 있다.

이 예에서, 정보 비트들 d_i의 한 프레임은 두 RSC 부호기를 통하여 보내진다. 두 콘볼루션 부호는 모두 부호율 1/2이고 체계적이다. 그러므로 첫 RSC 부호기는 정보 프레임과 같은 길이의 부호화된 비트들 $p_i^{(1)}$의 한 프레임을 생성한다. 둘째 부호기로 들어가기 전에, 정보 비트들은 랜덤 블록 인터리버 Π 에 의해 인터리빙된다. 그 결과로, 심지어 첫 부호기와 똑같은 부호기 구조를 가지고, 두 번째 부호기는 다른 부호화된 비트 프레임 $p_i^{(2)}$를 생성한다. 전체적인 터보 부호는 정보 비트들과 두 부호화된 (패리티) 비트 스트림들로

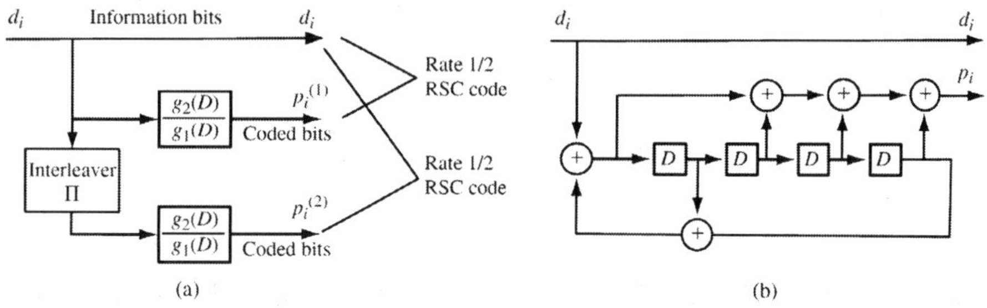

►► 그림 14.20 병렬 연접 터보 부호 : (a) 부호율 1/3 터보 부호기 (b) 재귀 조직 콘볼루션 (RSC) 부호기의 구현 $g_1(D)=1+D+D^4$, $g_2(D)=1+D^2+D^3+D^4$

구성된다. 이 터보 부호는 같은 정보 프레임에 대해 두 부호화된 프레임을 가지기 때문에 부호율은 1/3이다. 그러면 $\{d_i,\ p_i^{(1)},\ p_i^{(2)}\}$가 변조되고 통신 채널을 통하여 전송된다. 추가적인 인터리버들과 RSC 부호기들이 더 낮은 부호율을 가지면서 더 강력한 부호를 얻기 위하여 더해질 수 있다.

높은 부호율을 가지는 터보 부호를 구성하기 위해서, 두 콘볼루션 부호기 출력들 $p_i^{(1)}$와 $p_i^{(2)}$가 선택적이고 체계적으로 제거될 수 있다(예를 들어, $p_i^{(1)}$와 $p_i^{(2)}$에 있는 비트들의 반만 유지한다). 이 과정은, 일반적으로 펑쳐링(puncturing)이라고 하는데, 더 효율적인 각각 부호율 2/3인 두 RSC 부호를 만들어낸다. 모든 정보 비트에 대해 두 부호화된 비트(하나는 정보 비트이고 또 하나는 패리티 비트)가 있기 때문에, 전체 터보 부호율은 1/2이다.

그러므로 터보 부호의 핵심은 단순히 두 원소 RSC 부호들의 조합이다. 비록 각 원소 부호는 작은 수의 상태를 가지고 있으며 VA, SOVA, BCJR과 같은 복호화 알고리즘을 통하여 정례적으로 복호될 수 있지만, 랜덤 인터리버가 전체적인 부호를 훨씬 더 정확하게 복호하기에 도전적으로 만드는데, 그것은 너무 많은 상태들로 되어있어서 전통적인 MAP이나 VA 복호기로는 복호될 수 없기 때문이다. 각 원소 부호는 간단한 복호기로 복호될 수 있기 때문에 터보 부호의 진정한 장점은 사실 두 원소 복호기들이 정보를 반복적으로 교환하도록 하는 개념인 반복 복호에 있다.

○ 터보 부호를 위한 반복 복호

두 (경판정) 복호기 사이의 단순한 반복은 대단히 복잡한 결과로 수렴하는 것을 보장할 수 없지만 정확한 터보 복호기는 그렇다는 사실은 중요하다. 이미 논의된 BCJR 복호화 알고리즘(혹은 이것의 변형)을 이용하여 터보 복호화가 가능하며 강력하다. 각 원소 부호는 BCJR 연판정 복호화 알고리즘을 이용하여 복호될 수 있다. BCJR 연판정 복호화는 반복 터보 복호화가 두 연판정 복호기들 사이에서 연판정 정보를 교환할 수 있도록 해준다.

반복 복호화의 생각은 다음과 같이 간단히 설명될 수 있다. 채널 출력이 주어지면, 두 복호기들은 식 (14.60)에 따라서 연판정 정보 $\Lambda(d_i)$를 생성할 수 있다.

$$\Lambda_1(d_i) = \Lambda_1^{(a)}(d_i) + \Lambda_1^{(\ell)}(d_i) \tag{14.61a}$$

$$\Lambda_2(d_i) = \Lambda_2^{(a)}(d_i) + \Lambda_2^{(\ell)}(d_i) \tag{14.61b}$$

$\Lambda_1^{(a)}(d_i)$와 $\Lambda_2^{(a)}(d_i)$는 각각 복호기 1과 복호기 2에서 정보 비트 d_i에 관한 사전 정보이다. 어떤 사전 지식이 없으면, $d_i = \pm 1$은 같은 확률을 갖기 때문에 복호기들은 이들을 0으로 취급해야만 한다.

반복 복호는 정보를 교환하기 위하여 두 개의 복잡도가 낮은 복호기가 있어야만 한다. 이것을 이루기 위해, 복호기 1은 d_k에 관한 LLR 정보를 구하기 위해 BCJR 알고리즘을

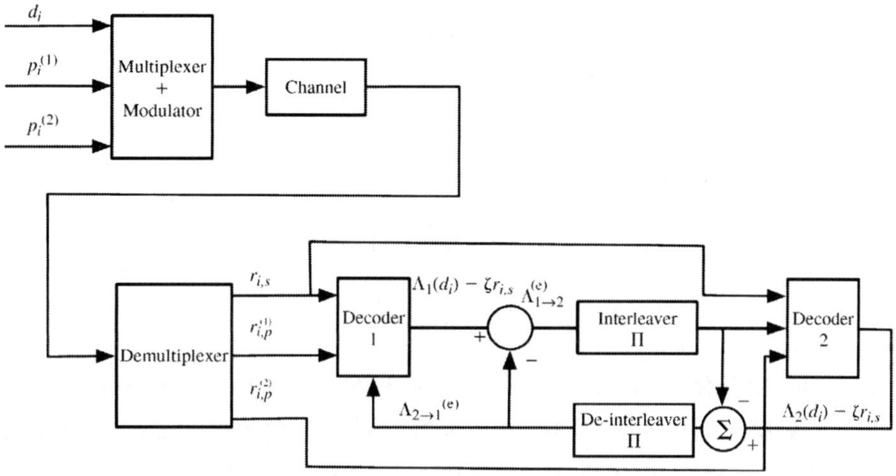

►► 그림 14.21 반복 터보 복호화를 위한 두 원소 BCJR 복호기들 사이의 외부 정보 교환

적용할 수 있다. 그러면 이 습득된 정보를 복호기 2에 사전(a priori) LLR로 전달할 수 있다. 이 습득된 정보는 자기 자신의 복호기와 다른 입력 신호들로부터는 복호기 2에게 허용되지 말아야만 한다. 혁신적인 정보를 제공하기 위해, 복호기 1은 복호기 2에게 전달할 외부 정보(extrinsic information) $\Lambda_{1\to 2}^{(e)}(d_i)$를 생성하기 위하여 부가정보의 정보를 제거해야만 한다. 비슷하게, 복호기 2도 그것의 외부 정보 $\Lambda_{2\to 1}^{(e)}(d_i)$를 찾아내고 (복호기 1에게 이전에는 없었던 것) d_k에 관한 LLR을 새롭게 하고/최신의 것으로 바꾸기(refresh/update) 위해 복호기 1을 위한 사전 정보로서 그것을 복호기 1에게 다시 뒤로 전달해준다. 이러한 폐-루프 반복(closed-loop iteration)은 만족한 수렴이 될 때까지 여러 번 반복될 것이다. 이 반복 터보 복호기의 개념적인 블록도가 그림 14.21에 나타나있다.

이제 우리는 두 연판정 복호기들 사이에 외부 정보 교환을 어떻게 새롭게 하는지 설명하기 위해 Bahl 등[13]에 의해 주어진 예를 사용할 것이다. 그림 14.21은 반복 터보 복호기의 기본적인 신호 흐름을 보여준다. 여기에는 두 BCJR MAP 복호기가 서로 연결되어있다. 이제 한 복호기 (복호기 1)와 그것의 BCJR 구현에 초점을 맞춘다. 첫 번째 체계적인 RSC 부호에 대해, 정보 비트 d_i에 대응하는 출력 부호 비트들은

$$c_i[m', m] = (d_i,\ p_i^{(1)})$$

이다. $P[r_i|c_i[m', m]]$을 구하기 위해 변조 체계와 채널 모델을 상술할 필요가 있다.

우리는 AWGN인 채널 잡음 하에서 BPSK 변조를 하는 단순한 경우를 고려한다. 이 경우에, 부호화된 비트들로 $c_i[m', m] = (d_i, p_i^{(1)})$의 결과로 두 수신된 신호 표본값들이 있다. 더 자세하게 부호기 1로부터 채널 출력은 두 신호 수열

$$\mathrm{r}_{i,s} = \sqrt{E_b}(2d_i - 1) + \mathrm{w}_i \tag{14.62a}$$

$$\mathrm{r}_{i,p}^{(1)} = \sqrt{E_b}(2p_i^{(1)} - 1) + \mathrm{w}_{i,1} \tag{14.62b}$$

로 구성된다. 반면 부호기 2로부터, 채널 출력은

$$\mathrm{r}_{i,s} = \sqrt{E_b}(2d_i - 1) + \mathrm{w}_i \tag{14.63a}$$

$$\mathrm{r}_{i,p}^{(2)} = \sqrt{E_b}(2p_i^{(2)} - 1) + \mathrm{w}_{i,2} \tag{14.63b}$$

이다. 가우시안 잡음 w_i, $\mathrm{w}_{i,1}$, $\mathrm{w}_{i,2}$는 모두 평균이 영이고, 분산이 $\mathcal{N}/2$인 동일한 가우시안 분포를 갖는 독립이다. 첫 BCJR 복호기는 복호를 위하여 $r_{i,s}$와 $r_{i,p}^{(1)}$ 신호들이 주어지고, 반면에 두 번째 BCJR은 복호를 위하여 $r_{i,s}$와 $r_{i,p}^{(2)}$ 신호들이 주어진다.

먼저 메시지 비트 d_i에 대응하는 복호기에서 i번째 패리티 비트를 $p_i[m', m]$로 표기하자. 이것은 자연스럽게 상태 m'으로부터 상태 m으로의 천이에 해당한다. 각 복호기에 대해, 수신된 채널 출력 신호들 $\boldsymbol{r}_i = [r_{i,s}, r_{i,p}]$는 다음과 같이 $\gamma_i(m', m)$을 상술한다.

$$\begin{aligned}
\gamma_i(m', m) &= p(\mathbf{r}_i | c_i[m', m])P(d_i) \\
&= p\left(r_{i,s}, r_{i,p} | d_i, p_i[m', m]\right) P(d_i) \\
&= \frac{1}{\pi\mathcal{N}} \exp\left[-\frac{|r_{i,s} - \sqrt{E_b}(2d_i - 1)|^2 + |r_{i,p} - \sqrt{E_b}(2p_i[m', m] - 1)|^2}{\mathcal{N}}\right] P(d_i) \\
&= \frac{1}{\pi\mathcal{N}} \exp\left[-\frac{r_{i,s}^2 + r_{i,p}^2 + 2E_b|^2}{\mathcal{N}}\right] \exp\left\{\frac{2\sqrt{E_b}}{\mathcal{N}}\left[r_{i,s}(2d_i - 1) + r_{i,p}(2p_i[m', m] - 1)\right]\right\} \\
&\quad \times P(d_i)
\end{aligned} \tag{14.64}$$

식 (14.64)의 첫 번째 항은 부호어 또는 m'에서 m으로의 천이와는 독립임을 유의하자. 그러므로 이 복호기에서 LLR은

$$\begin{aligned}
\Lambda(d_i) &= \log \frac{\sum_{(m', m) \in \Omega_i(1)} \alpha_{i-1}(m') p\left(\boldsymbol{r}_i | c_i[m', m]\right) P[d_i = 1] \beta_i(m)}{\sum_{(m', m) \in \Omega_i(0)} \alpha_{i-1}(m') p\left(\boldsymbol{r}_i | c_i[m', m]\right) P[d_i = 0] \beta_i(m)} \\
&= \log \frac{P[d_i = 1]}{P[d_i = 0]} + \log \frac{\sum_{(m', m) \in \Omega_i(1)} \alpha_{i-1}(m') \exp\left\{\frac{2\sqrt{E_b}}{\mathcal{N}}\left[r_{i,s} + 2r_{i,p} p_i[m', m]\right]\right\} \beta_i(m)}{\sum_{(m', m) \in \Omega_i(0)} \alpha_{i-1}(m') \exp\left\{\frac{2\sqrt{E_b}}{\mathcal{N}}\left[-r_{i,s} + 2r_{i,p} p_i[m', m]\right]\right\} \beta_i(m)}
\end{aligned} \tag{14.65}$$

이 된다.

이득 인자(gain parameter) $\zeta = 4\sqrt{E_b}/\mathcal{N}$를 정의하여 LLR을 간단히 할 수 있다.

$$\Lambda(d_i) = \underbrace{\log\frac{P[d_i=1]}{P[d_i=0]}}_{\Lambda^{(a)}} + \underbrace{\zeta\cdot r_{i,s}}_{\Lambda^{(c)}} + \underbrace{\log\frac{\sum_{(m',m)\in\Omega_i(1)}\alpha_{i-1}(m')\exp\left(\zeta\cdot r_{i,p}\,p_i[m',m]\right)\beta_i(m)}{\sum_{(m',m)\in\Omega_i(0)}\alpha_{i-1}(m')\exp\left(\zeta\cdot r_{i,p}\,p_i[m',m]\right)\beta_i(m)}}_{\Lambda^{(e)}} \tag{14.66}$$

다른 말로 해서, 모든 정보 비트 d_i에 대해, 두 복호기의 LLR은 다음과 같은 세 부분으로 분해될 수 있다.

$$\Lambda_j(d_i) = \Lambda_j^{(a)}(d_i) + \Lambda_j^{(c)}(d_i) + \Lambda_j^{(e)}(d_i) \qquad j = 1, 2$$

여기서 $\Lambda_j^{(a)}(d_i)$는 다른 복호기에 의해 제공되는 사전 정보이고, $\Lambda_j^{(c)}(d_i)$는 두 복호기가 공유하는 채널 출력 정보이며, 그리고 $\Lambda_j^{(e)}(d_i)$는 사전 정보로서 다른 복호기에 의해 사용되는 j번째 복호기에 의해 유일하게 얻어지는 외부 정보(extrinsic information)이다. 이것은 임의의 주어진 반복에서 복호기 1은

$$\Lambda_1(d_i) = \Lambda_{2\to1}^{(e)}(d_i) + \zeta\cdot r_{i,s} + \Lambda_{1\to2}^{(e)}(d_i) \tag{14.67a}$$

을 계산할 필요가 있음을 의미하는데, $\Lambda_{2\to1}^{(e)}(d_i)$은 복호기 2로부터 전달된 외부 정보이고 반면 $\Lambda_{1\to2}^{(e)}(d_i)$는 그것의 LLR을

$$\Lambda_2(d_i) = \Lambda_{1\to2}^{(e)}(d_i) + \zeta\cdot r_{i,s} + \Lambda_{2\to1}^{(e)}(d_i) \tag{14.67b}$$

을 통하여 새롭게 하고 최신 것으로 갱신하기 위해 복호기 2로 보내질 새로운 외부 정보이다.

두 복호기들에서 외부 정보를 갱신하는 것은 외부 정보를 계산하기 전에 $\alpha_i(m)$과 $\beta_i(m)$의 갱신을 필요로 한다.

$$\Lambda^{(e)} = \log\frac{\sum_{(m',m)\in\Omega_i(1)}\alpha_{i-1}(m')\exp\left(\zeta\cdot r_{i,p}\,p_i[m',m]\right)\beta_i(m)}{\sum_{(m',m)\in\Omega_i(0)}\alpha_{i-1}(m')\exp\left(\zeta\cdot r_{i,p}\,p_i[m',m]\right)\beta_i(m)} \tag{14.68}$$

외부 정보 $\Lambda^{(e)}$에 근거하여 $\alpha_i(m)$과 $\beta_i(m)$를 새롭게 하기 위해 우리는 각 복호기에서

$$\gamma_i(m', m) = p(\boldsymbol{r}_i | d_i) P(d_i) \tag{14.69}$$

$$\sim \left\{(1-d_i) + d_i \exp[\Lambda^{(e)}]\right\} \exp(0.5\zeta \cdot r_{i,s}) \exp\left(\zeta \cdot r_{i,p} p_i[m', m]\right) \tag{14.70}$$

을 다시 계산할 필요가 있다.

복호기 1이 그것의 BCJR 복호화를 끝내면, 복호기 2에 d_i에 관한 사전 정보로서 그것의 연판정 출력을 제공할 수 있다. 복호기 1로부터의 사전 정보를 이용하여, 복호기 2가 그것의 BCJR 복호화를 끝내면, d_i에 관한 그것의 새로운 연판정 정보를 복호기 1에게 되돌려 제공하여야 한다. 복호기 2가 원래 복호기 1로부터 온 "썩은" 정보를 다시 되돌려주지 않도록 확인하기 위하여, 우리는 궤환하기 전에 그 낡은 정보를 빼내야만 하며, 그러므로 다음 반복에서 복호기 1을 위한 사전 정보로서 복호기 1에게 오직 외부 정보 $\Lambda_{1\to 2}^{(e)}(d_i)$만을 되돌려 제공한다. 비슷하게, 다음 반복에서, 복호기 1은 그것의 연판정 출력을 갱신하고 복호기 2를 위한 사전 정보로서 새로운 외부 정보 $\Lambda_{2\to 1}^{(e)}(d_i)$를 제공하기 위해 원래 복호기 2로부터 온 낡은 정보를 제할 것이다. 이러한 외부 정보의 교환은 그림 14.21에 나타내었다.

보여주는 예로서, Berrou 등[12]에 의해 제안된 터보 부호의 원래 복호화 성능을 그림 14.22에 다시 그렸다. 이 결과는 반복적인 연판정 복호화 동안 반복이 계속됨에 따라 점차적으로 성능이 향상됨을 보여준다. 18번의 반복 이후에는, 비트 오류율 성능이 이론적인 한계로부터 단지 0.7 dB 차이만 난다.

14.12 저밀도 패리티 검사(LDPC) 부호

터보 부호의 발견에 따라서, 연구자들은 연판정 반복 복호에 적합한, 더 강력하지 않다면 똑같이 강력한 오류 정정 부호를 찾는 것을 목표로 하여 한바탕 광풍과 같은 활동을 전개하였다. 그로부터 얼마 지나지 않아서, 원래 Gallager[15]에 의해 1963년에 소개된 저밀도 패리티 검사(low-density parity check, LDPC) 부호로 알려진 거의 용량에 도달하는 다른 종류의 부호가 1995년 MacKay와 Neal[16, 17]에 의해 재발견되었다. 그 이후로 LDPC 부호 설계와 효율적인 LDPC 복호화 방법들이 부호 사회의 집중적인 연구 주제가 되어왔다. 많은 수의 LDPC 부호들이 터보 부호의 강력한 경쟁자로 제안되어왔는데, 비슷한 부호 길이, 부호율, 그리고 복호화 복잡도로 자주 더 좋은 성능을 얻는다.

LDPC 부호는 드문드문한(sparse) 패리티 검사 행렬을 갖는 선형 블록 부호이다. 필수적으로, 패리티 검사 행렬 $\boldsymbol{H}$는 저밀도(low-density) 패리티 검사 행렬을 형성하기 위해서 대부분의 0과 몇몇 1로 이루어진다. LDPC 부호는 전형적으로 아주 길면서(정상적으로

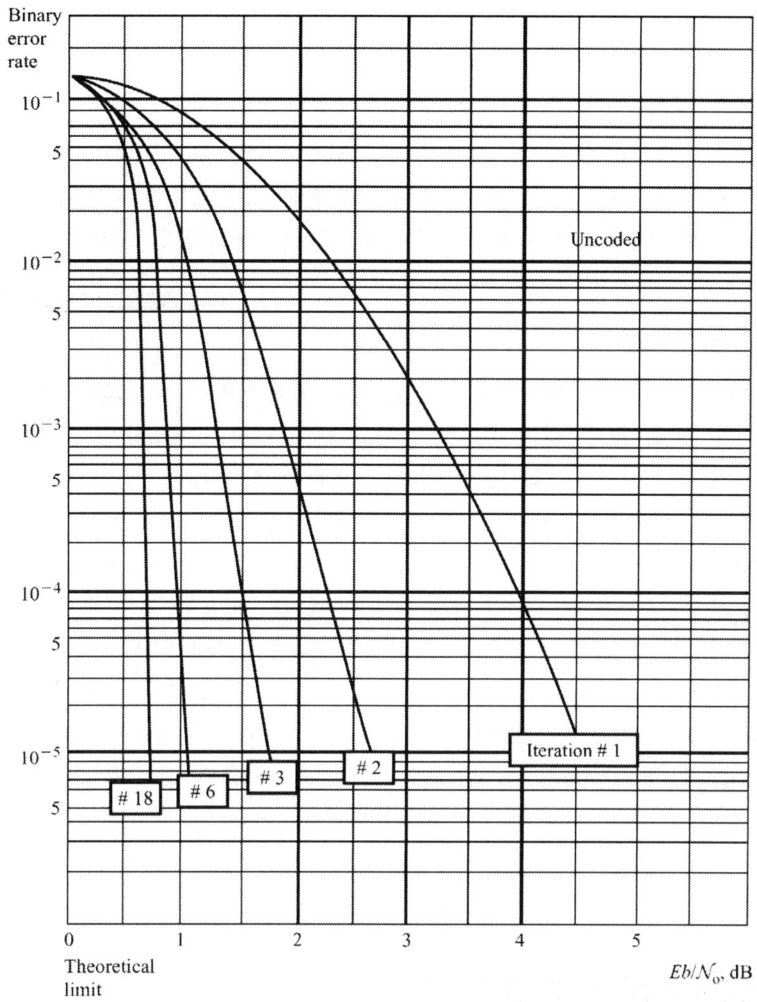

►► 그림 14.22 부호율 1/2 터보 부호의 복호화 성능이 이론적 한계에 아주 가깝게 보인다.

100비트보다 더 길다) 순회 부호가 아니다(noncyclic). 그러므로 BCJR—MAP 복호화 알고리즘의 정확한 구현은 아주 복잡하고 대부분 비실용적이다. 다행히 거의 최적 성능에 도달할 수 있는 LDPC 부호를 복호화하기 위한 여러 가지 잘 정립된 방법들이 있다.

LDPC 부호의 설계는 드문드문한 패리티 행렬 $\boldsymbol{H}$의 설계와 동일하다. $\boldsymbol{H}$가 정의되기만 하면, LDPC 부호는 그 패리티 행렬 $\boldsymbol{H}$의 널 공간(null-space)이다. $\boldsymbol{H}$의 i번째 행에 있는 1들의 수를 행 무게(row weight) ρ_i라 하며, 반면 j번째 열에 있는 1들의 수를 열 무게(column weight) γ_j라고 한다. LDPC 부호에서 행과 열 무게들 모두는 부호 길이 n보다는 훨씬 작다. 즉,

$$\rho_i \ll n \qquad \gamma_j \ll n$$

규칙적인(regular) LDPC 부호를 위해 모든 행은 똑같은 무게 $\rho_i = \rho$를 가져야 하고 모든 열들도 똑같은 무게 $\gamma_j = \gamma$를 가져야 한다. 불규칙적인(irregular) LDPC 부호를 위해서는, 행 무게들과 열 무게들이 변하며 전형적으로 어떤 무게 분포들을 보인다. 규칙적인 부호는 생성하기가 쉬운 반면, 긴 부호 길이를 가진 불규칙 부호가 성능이 더 좋을 수도 있다.

○ Tanner 그래프

Tanner 그래프는 선형 블록 부호를 편리하게 설명할 수 있는 그래픽 표현이다. 귀착(incidence) 행렬 $\boldsymbol{H}$를 갖는 이러한 2분 그래프(bipartite graph)는 1981년 R. M. Tanner[18]에 의해 소개되었다. (n, k) 선형 블록 부호를 생각해보자. 거기에는 n개의 부호화된 비트들과 $n-k$개의 패리티 비트들이 있다. 이 선형 블록 부호의 Tanner 그래프는 n개의 부호화된 비트들에 대응하는 n개의 변수 노드들을 갖는다. 이 n개의 변수 노드들은 패리티 검사 행렬 $\boldsymbol{H}$에 있는 1들에 따라 각자의 패리티 노드들(혹은 검사 노드들)과 연결된다. 만일 $\boldsymbol{H}$에 있는 해당되는 원소가 1이면, 하나의 변수 노드(하나의 열)와 하나의 검사 노드(하나의 행)는 연결된다. $\boldsymbol{H}$는 드문드문 하기 때문에 각 변수 노드와 검사 노드의 연결은 단지 몇 개일 뿐이다. 이 연결들을 변(edge)이라 한다. 각 행(row)은 검사 노드의 연결을 나타내고, 각 열(column)은 변수 노드의 연결을 나타낸다. LDPC 부호를 위해 만일 $\boldsymbol{H}$의 i번째 행이 행 무게 ρ_i를 가지면, 검사 노드는 ρ_i개의 변을 가진다. 만일 j번째 열이 열 무게 γ_j를 가지면, 변수 노드는 γ_j개의 변을 가진다. 우리는 $\boldsymbol{H}$와 Tanner 그래프와의 관계를 보여주기 위해 예제를 사용한다.

● 예제 14.9

다음의 패리티 검사 행렬을 갖는 해밍 (7, 4, 3) 부호를 생각한다.

$$\boldsymbol{H} = \begin{bmatrix} 1 & 1 & 1 & 0 & 1 & 0 & 0 \\ 0 & 1 & 1 & 1 & 0 & 1 & 0 \\ 1 & 1 & 0 & 1 & 0 & 0 & 1 \end{bmatrix} \tag{14.71}$$

Tanner 그래프를 구하시오.

풀이 이 부호는 7개의 변수 노드와 3개의 검사 노드를 가진다. $\boldsymbol{H}$에 있는 원소들에 근거하여, 각 검사 노드는 4개의 변수 노드와 연결되어있다. $\boldsymbol{H}$의 첫 번째 행은 검사 노드 1의 연결에 해당한다. $\boldsymbol{H}$의 영이 아닌 원소들은 연결된 변수 노드들을 표시한다. 결과의 Tanner 그래프가 그림 14.23에 있다.

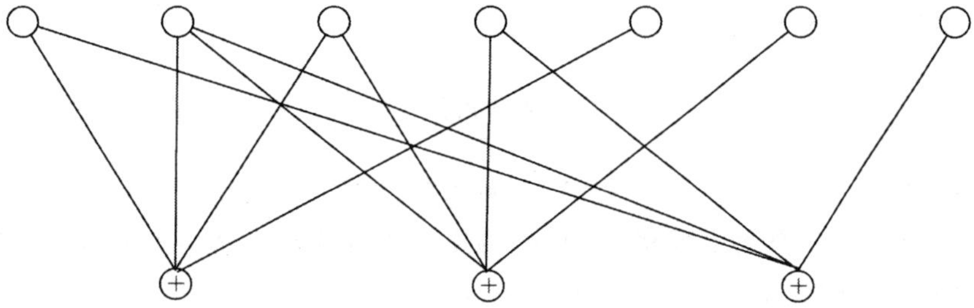

▸▸ 그림 14.23 (7, 4, 3) 해밍 부호의 Tanner 그래프

LDPC 부호는 일반적으로 길이가 1000보다 더 길기 때문에 Tanner 그래프가 대게 너무 커서 실제로 나타낼 수 없다. 하지만, 기본적인 Tanner 그래프 개념은 LDPC 부호와 그것의 반복 복호를 이해하는데 많은 도움이 된다.

Tanner 그래프에서 한 주기(cycle)는 연결된 변들의 폐-루프(closed loop)에 의해 구분된다. 이 루프는 같은 변수(또는 검사) 노드로부터 시작해서 끝난다. 한 주기의 길이는 변의 수로 정의된다. 예제 14.9에서 길이 4와 길이 6의 여러 주기가 존재한다. 길이 4와 6의 주기들은 짧은(short) 주기로 여겨진다. 짧은 주기들은 LDPC 부호를 위한 반복 복호에는 좋지 않은 것으로 알려져 있다. Tanner 그래프가 짧은 주기들에서 자유로우면, 소위 합-곱(sum-product) 알고리즘에 기반한 LDPC 부호의 반복 복호는 수렴하며 너무 복잡해서 실용적이지 못한 실물 크기의 MAP 복호기에 근접하는 결과를 생성할 수 있다.

길이 4의 주기를 방지하기 위해, LDPC 부호 설계는 대게 패리티 행렬 $\boldsymbol{H}$에 추가적인 조건을 강요한다: 두 행이나 열이 공동으로 하나보다 많은 원소를 가지면 안 된다. 이 성질은 행-열 조건(row-column (RC) constraint)이라 하는데, 길이 4의 주기를 피하기 위한 필요충분조건이다. 주기들의 존재를 컴퓨터 조사를 통한 대부분의 LDPC 부호 설계에서는 피할 수 없다. 상당한 수의 연구자들이 길이 4, 6, 그리고 가능하다면 8까지의 짧은 주기들을 제거하거나 혹은 수를 줄이는 도전적인 문제를 연구해오고 있다. 흥미가 있는 독자들은 Lin과 Costello[2]가 지은 책을 참조하기 바란다.

우리는 이제 LDPC 부호를 위한 두 가지 복호화 방법들을 설명한다.

○ 비트-뒤집기 LDPC 복호화

LDPC 부호의 큰 부호 길이는 복호를 굉장히 도전적인 문제로 만든다. 가장 일반적인 복호화 알고리즘 가운데 두 가지는 경판정 비트-뒤집기 알고리즘(hard decision bit-flipping(BF) algorithm)과 연판정 합-곱 알고리즘(soft decision sum-product algorithm, SPA)이다.

BF 알고리즘은 경판정 비트들 $\boldsymbol{r}$ =011010...010의 수열에 작용한다. $\boldsymbol{r}$ 에 대한 패리티 검사들은 신드롬 벡터

$$\boldsymbol{s} = \boldsymbol{r}\boldsymbol{H}^T$$

을 생성한다. 1 값의 신드롬 비트들은 패리티 실패를 나타낸다. BF 알고리즘은 뒤집기가 신드롬 비트들에 어떻게 영향을 미치는지에 근거하여 $\boldsymbol{r}$ 에 있는 비트들을 (뒤집기를 해서) 바꾸려고 시도한다.

한 부호 비트가 오직 하나의 실패한 패리티 검사에 관여하면, 이 비트를 뒤집으면 제일 잘되면 1개의 패리티 검사를 정정할 것이지만 그러나 $\gamma-1$개의 새로운 패리티 실패를 야기할 것이다. 이러한 이유로 해서, BF는 오직 많은 수의 실패한 패리티 검사들에 영향을 미치는 비트들만 뒤집는다. 간단한 BF 알고리즘은 다음의 단계들로 이루어진다.[2]

단계 1: 패리티 검사 $\boldsymbol{s}=\boldsymbol{r}\boldsymbol{H}^T$를 계산한다. 만일 모든 신드롬이 영이면, 복호화를 멈춘다.
단계 2: 모든 비트에 대한 실패한 패리티 검사들의 수를 구한다.

$$f_i \qquad i = 1, 2, \ldots, n$$

단계 3: 제일 큰 f_i를 가진 비트들의 집합 $F_{\max}$를 정하고 새로운 부호어 $\boldsymbol{r}'$을 생성하기 위하여 $F_{\max}$에 있는 비트들을 뒤집는다.
단계 4: 최대 반복 횟수에 도달할 때까지 $\boldsymbol{r}$ =$\boldsymbol{r}'$이라 하고 단계 1부터 3까지 반복한다.

○ LDPC 복호를 위한 합-곱 알고리즘

합-곱 알고리즘(sum-product algorithm, SPA)은 가장 일반적으로 사용되는 LDPC 복호 방법이다. 이것은 반복적인 신뢰 전파(iterative belief propagation)에 기반한 효율적인 연판정-입력 연판정-출력 복호 알고리즘이다. SPA는 Tanner 그래프로 더 잘 해석될 수 있다. SPA는 시소(see-saw) 게임과 비슷하다. 한 단계에서, 모든 변수 노드들은 그것의 변(edge)을 통하여 위-아래 전달-체계(top-down pass-flow)에서 연결된 검사 노드들에게 정보를 전달한다. 그 다음 단계에서, 모든 검사 노드들은 아래-위 전달-체계(bottom-up pass-flow)에서 연결된 모든 변수 노드들에게 정보를 되돌려 전한다.

SPA를 이해하기 위해 패리티 행렬을 크기가 $J\times n$인 $\boldsymbol{H}$라 하자. 여기서 (n, k) LDPC 블록 부호를 위해 $J=n-k$이다. 부호어는 변수 노드 비트들 $\{v_j, \quad j=1, \ldots, n\}$에 의해 표현된다고 하자. j번째 변수 노드 v_j에 대해,

$$\boldsymbol{\mu}_j = \{i : h_{ij} = 1,\ 1 \le i \le J\}$$

는 v_j에 연결된 검사 노드들의 집합을 나타낸다. i번째 검사 노드 z_i에 대해,

$$\boldsymbol{\sigma}_i = \{j : h_{ij} = 1,\ 1 \le j \le n\}$$

는 z_i에 연결된 변수 노드들의 집합을 나타낸다.

먼저, $v_j = u$일 때, 검사 노드 $z_i = 0$를 만족하는 확률을

$$R_{i,j}(u) = P\left[z_i = 0 \middle| v_j = u\right] \qquad u = 0,\ 1 \tag{14.72}$$

로 정의한다. 변수 비트들의 벡터를 $\boldsymbol{v}$로 표기하자. 조건 확률(8.1절)의 Bayes 이론을 사용하여

$$\begin{aligned} R_{i,j}(u) &= \sum_{\boldsymbol{v}:\, v_j = u} P\left[z_i = 0 \middle| \boldsymbol{v}\right] \cdot P\left[\boldsymbol{v} \middle| v_j = u\right] \\ &= \sum_{v_\ell :\, \ell \in \boldsymbol{\sigma}_i,\, \ell \neq j} P\left[z_i = 0 \middle| v_j = u,\ \{v_\ell : \ell \in \boldsymbol{\sigma}_i,\ \ell \neq j\}\right] \cdot P\left[\{v_\ell : \ell \in \boldsymbol{\sigma}_i,\ \ell \neq j\} \middle| v_j = u\right] \end{aligned} \tag{14.73}$$

을 보일 수 있다. 이것은 아래-위(bottom-up) 방향의 메시지 전파(message passing)이다.

확률 $P[\{v_l : l \in \boldsymbol{\sigma}_i,\ l \neq j\} \mid v_j = u]$을 추정하기 위해 검사 노드 z_i에 대해, 검사 노드는 변수 노드 집합 $\boldsymbol{\sigma}_i$로부터 정보를 수집해야만 한다. i번째를 제외한 검사 노드들로부터 얻어지는 $v_l = x$의 확률을

$$Q_{i,\ell}(x) = P\left[v_\ell = x \middle| \{z_m = 0 : m \in \boldsymbol{\mu}_\ell,\ m \neq i\}\right] \qquad x = 0,\ 1 \tag{14.74}$$

로 정의하자. 게다가, 변수 노드 확률들은 근사적으로 독립이라고 가정하자. 우리는

$$P\left[\{v_\ell : \ell \in \boldsymbol{\sigma}_i,\ \ell \neq j\} \middle| v_j = u\right] = \prod_{\ell \in \boldsymbol{\sigma}_i,\, \ell \neq j} Q_{i,\ell}(v_\ell) \tag{14.75}$$

를 추정할 수 있다. 이것은 검사 노드들이

$$R_{i,j}(u) = \sum_{v_\ell :\, \ell \in \boldsymbol{\sigma}_i,\, \ell \neq j} P\left[z_i = 0 \middle| v_j = u,\ \{v_\ell : \ell \in \boldsymbol{\sigma}_i,\ \ell \neq j\}\right] \cdot \prod_{\ell \in \boldsymbol{\sigma}_i,\, \ell \neq j} Q_{i,\ell}(v_\ell) \tag{14.76}$$

을 통하여 메시지를 갱신할 수 있음을 의미한다. 확률 $P[z_i = 0 \mid v_j = u,\ \{v_l : l \in \boldsymbol{\sigma}_i,\ l \neq j\}]$는 0 또는 1; 즉, 검사 노드 $z_i = 0$는 성공하거나 실패임을 유의하자. 식 (14.76)의 관계는 $R_{i,j}(u)$이 i번째 검사 노드가 $Q_{i,l}(v_l)$을 받으면 갱신되도록 한다.

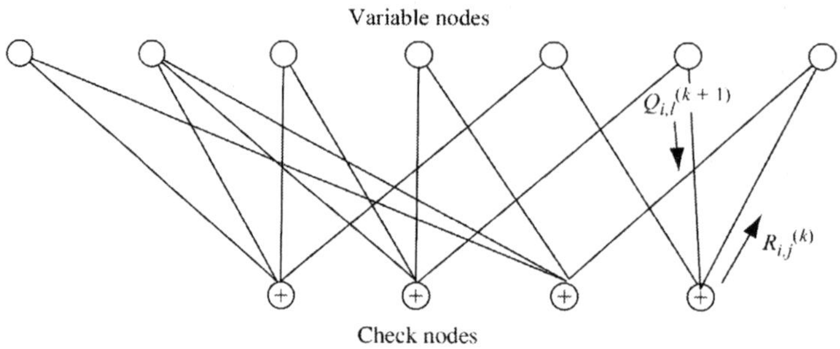

▶▶ 그림 14.24 합-곱 알고리즘에서 메시지 전달

$R_{i,j}(u)$가 갱신되기만 하면, $Q_{i,l}(x)$를 갱신하기 위해 아래-위 방향으로 변수 노드들에게 전달될 수 있다. 다시 Bayes 이론(8.1절)을 적용하면,

$$Q_{i,\ell}(x) = \frac{P[v_\ell = x] P\left[\{z_m = 0 : m \in \boldsymbol{\mu}_\ell, m \neq i\} \middle| v_\ell = x\right]}{P[\{z_m = 0 : m \in \boldsymbol{\mu}_\ell, m \neq i\}]} \tag{14.77}$$

다시 한 번 각 패리티 검사는 독립이라고 가정하면,

$$P\left[\{z_m = 0 : m \in \boldsymbol{\mu}_\ell, m \neq i\} \middle| v_\ell = x\right] = \prod_{m \in \boldsymbol{\mu}_\ell, m \neq i} R_{m,\ell}(x) \tag{14.78}$$

이다. 이제 사전 변수 비트 확률을 $p_l(x) = P(v_l = x)$로 정의하자. $\alpha_{i,l}$을 $Q_{i,l}(1) + Q_{i,l}(0) = 1$과 같은 정규화 인자라고 하자. 우리는 $Q_{i,l}(x)$를 식 (14.76)에 근거한 변수 노드들에서 갱신할 수 있다.

$$Q_{i,\ell}(x) = \alpha_{i,\ell} \cdot p_\ell(x) \prod_{m \in \boldsymbol{\mu}_\ell, m \neq i} R_{m,\ell}(x) \tag{14.79}$$

이 메시지는 위-아래 방향에서 검사 노드들에게 다시 전달될 것이다. 그림 14.24는 합-곱 알고리즘에서 아래-위와 위-아래 방향들에서 메시지 전달(message passing)의 기본 동작을 보여준다. SPA 알고리즘을 다음과 같이 요약할 수 있다.

초기화: $m = 0$라 하고, $m_{\max}$를 최대 반복 횟수라 하자. $\boldsymbol{H}$에 있는 모든 $h_{i,l} = 1$에 대해 사전 확률을

$$Q_{i,\ell}^{(0)}(1) = p_\ell(1), \quad \text{and} \quad Q_{i,\ell}^{(0)}(0) = p_\ell(0)$$

으로 정한다.

단계 1: 검사 노드 i가 그것의 정보를 갱신한다.

$$R_{i,j}^{(m)}(1) = \sum_{v_\ell:\, \ell \in \boldsymbol{\sigma}_i,\, \ell \neq j} P\left[z_i = 0 \middle| v_j = 1,\, \{v_\ell\}\right] \cdot \prod_{\ell \in \boldsymbol{\sigma}_i,\, \ell \neq j} Q_{i,\ell}^{(m)}(v_\ell). \tag{14.80a}$$

$$R_{i,j}^{(m)}(0) = \sum_{v_\ell:\, \ell \in \boldsymbol{\sigma}_i,\, \ell \neq j} P\left[z_i = 0 \middle| v_j = 0,\, \{v_\ell\}\right] \cdot \prod_{\ell \in \boldsymbol{\sigma}_i,\, \ell \neq j} Q_{i,\ell}^{(m)}(v_\ell) \tag{14.80b}$$

단계 2: 모든 변수 노드에서 (l로 색인된 것들), 갱신한다.

$$Q_{i,\ell}^{(m+1)}(0) = \alpha_{i,\ell}^{(m+1)} \cdot p_\ell(0) \prod_{m \in \boldsymbol{\mu}_\ell,\, m \neq i} R_{m,\ell}^{(m)}(0) \tag{14.81a}$$

$$Q_{i,\ell}^{(m+1)}(1) = \alpha_{i,\ell}^{(m+1)} \cdot p_\ell(1) \prod_{m \in \boldsymbol{\mu}_\ell,\, m \neq i} R_{m,\ell}^{(m)}(1) \tag{14.81b}$$

여기서 정규화 인자 $\alpha_{i,l}^{(m+1)}$을 다음과 같이 선택한다.

$$Q_{i,\ell}^{(m+1)}(0) + Q_{i,\ell}^{(m+1)}(1) = 1$$

단계 3: 변수 노드에서, 역시 사후 확률들을 추정한다.

$$P^{(m+1)}\left[v_\ell = 0 \middle| \boldsymbol{r}\right] = \alpha_\ell^{(m+1)} \cdot p_\ell(0) \prod_{m \in \boldsymbol{\mu}_\ell} R_{m,\ell}^{(m)}(0) \tag{14.82a}$$

$$P^{(m+1)}\left[v_\ell = 1 \middle| \boldsymbol{r}\right] = \alpha_\ell^{(m+1)} \cdot p_\ell(1) \prod_{m \in \boldsymbol{\mu}_\ell} R_{m,\ell}^{(m)}(1) \tag{14.82b}$$

여기서 정규화 인자 $\alpha_l^{(m+1)}$을 다음과 같이 선택한다.

$$P^{(m+1)}\left[v_\ell = 0 \middle| \boldsymbol{r}\right] + P^{(m+1)}\left[v_\ell = 1 \middle| \boldsymbol{r}\right] = 1$$

단계 4: 각 부호 비트의 경판정을 만든다.

$$\hat{v}_\ell = \text{sign}\left\{\log \frac{P^{(m+1)}\left[v_\ell = 1 \middle| \boldsymbol{r}\right]}{P^{(m+1)}\left[v_\ell = 0 \middle| \boldsymbol{r}\right]}\right\}$$

만일 복호된 부호어가 모든 패리티 검사를 만족하면, 복호를 중단한다. 그렇지 않으면, 다음 반복을 위해 단계 1로 되돌아간다.

외부 입력 신호들 $\{r_i\}$는 단지 사전 확률들 $p_l(1)$과 $p_l(0)$을 추정하는 동안에만 관련되는 것을 유의하자. SPA는 다음과 같이 사전 확률들을 사용한다.

$$p_\ell(1) = \frac{p(\boldsymbol{r}|v_\ell = 1)}{p(\boldsymbol{r}|v_\ell = 1) + p(\boldsymbol{r}|v_\ell = 0)} \quad \text{and} \quad p_\ell(0) = \frac{p(\boldsymbol{r}|v_\ell = 0)}{p(\boldsymbol{r}|v_\ell = 1) + p(\boldsymbol{r}|v_\ell = 0)}$$

더 확실한 예를 위해, BPSK 변조를 가진 AWGN 채널의 예를 생각해보자. v_l에 대해 수신된 신호 표본값은

$$\mathrm{r}_\ell = \sqrt{E_b}(2v_\ell - 1) + \mathrm{w}_\ell$$

여기서, w_l은 평균이 영이고, 분산이 $\mathcal{N}/2$인 가우시안이다. $\{\mathrm{r}_l\}$은 독립이기 때문에 우리가 $\mathrm{r}_l = r_l$을 수신하면, 우리는 단순히

$$p_\ell(1) = \frac{1}{1 + \exp\left(-4\frac{\sqrt{E_b}}{\mathcal{N}}r_\ell\right)} \quad \text{and} \quad p_\ell(0) = \frac{1}{1 + \exp\left(4\frac{\sqrt{E_b}}{\mathcal{N}}r_\ell\right)}$$

을 사용할 수 있다. 이것이 LDPC 부호의 복호를 위한 합-곱 알고리즘의 소개를 완성한다.

14.13 매트랩 연습

이 절에서, 우리는 블록 부호기와 복호기의 간단한 예를 보여주는 MATLAB 프로그램을 제공한다.

● 컴퓨터 예제 14.1

첫 번째 실험에서, 우리는 예제 14.1의 (6, 3) 선형 블록 부호를 복호하는 프로그램을 제공한다.

```
% Matlab Program <Ex14_1.m>
% to illustrate encoding and decoding of (6,3) block code
% in Example 14.1
%
G=[1 0 0 1 0 1                         %Code Generator
   0 1 0 0 1 1
   0 0 1 1 1 0];
H=[1 0 1                               %Parity Check Matrix
   0 1 1
```

```
    1 1 0
    1 0 0
    0 1 0
    0 0 1]';
E=[0 0 0 0 0 0                  %List of correctable errors
    1 0 0 0 0 0
    0 1 0 0 0 0
    0 0 1 0 0 0
    0 0 0 1 0 0
    0 0 0 0 1 0
    0 0 0 0 0 1
    1 0 0 0 1 0];
K=size(E,1);
Syndrome=mod(mtimes(E,H'),2);    %Find Syndrome List
r=[1    1    1    0    1    1]   %Received codeword
display(['Syndrome ','Error Pattern'])
display(num2str([Syndrome E]))
x=mod(r*H',2);                   %Compute syndrome
for kk=1:K,
    if Syndrome(kk,:)==x,
        idxe=kk;                 %Find the syndrome index
    end
end
syndrome=Syndrome(idxe,:)        %display the syndrome
error=E(idxe,:)
cword=xor(r,error)             %Error correction
```

이 MATLAB 프로그램을 실행하면 다음의 결과를 생성할 것인데, 이것은 오류가 섞인 부호어, 신드롬, 오류 패턴, 그리고 정정된 부호어를 포함한다.

```
Ex14_2
Syndrome Error Pattern
0  0  0  0  0  0  0  0  0
1  0  1  1  0  0  0  0  0
0  1  1  0  1  0  0  0  0
1  1  0  0  0  1  0  0  0
1  0  0  0  0  0  1  0  0
0  1  0  0  0  0  0  1  0
0  0  1  0  0  0  0  0  1
1  1  1  1  0  0  0  1  0

syndrome =
     0     1     1
```

```
error =
     0     1     0     0     0     0

cword =
     1     0     1     0     1     1
```

다음의 연습문제에서, 우리는 예제 14.3의 (7, 4) 해밍 부호를 복호하는 프로그램을 제공한다.

```
% Matlab Program <Ex14_3.m>
% to illustrate encoding and decoding of Hamming (7,4) code
%
G=[1 0 0 0 1 0 1                          % Code Generating Matrix
   0 1 0 0 1 1 1
   0 0 1 0 1 1 0
   0 0 0 1 0 1 1];
H=[G(:,5:7)', eye(3,3)];                  %Parity Check Matrix
E=[1 0 0 0 0 0 0                          %List of correctable errors
   0 1 0 0 0 0 0
   0 0 1 0 0 0 0
   0 0 0 1 0 0 0
   0 0 0 0 1 0 0
   0 0 0 0 0 1 0
   0 0 0 0 0 0 1];
K=size(E,1);
Syndrome=mod(mtimes(E,H'),2);             %Find Syndrome List
r=[1  0  1  0  1  1  1]                   %Received codeword
display(['Syndrome ','Error Pattern'])
display(num2str([Syndrome   E]))
x=mod(r*H',2);                            %Compute syndrome
for kk=1:K,
    if Syndrome(kk,:)==x,
        idxe=kk;                          %Find the syndrome index
    end
end
syndrome=Syndrome(idxe,:)                 %display the syndrome
error=E(idxe,:)
cword=xor(r,error)                      %Error correction
```

MATLAB 프로그램 Ex14_3.m을 실행하면 오류가 섞인 부호어, 그것의 신드롬, 오류 패턴, 그리고 정정된 부호어를 생성할 것이다.

```
Ex14_3

r =
     1     0     1     0     1     1     1

Syndrome Error Pattern
1  0  1  1  0  0  0  0  0  0
1  1  1  0  1  0  0  0  0  0
1  1  0  0  0  1  0  0  0  0
0  1  1  0  0  0  1  0  0  0
1  0  0  0  0  0  0  1  0  0
0  1  0  0  0  0  0  0  1  0
0  0  1  0  0  0  0  0  0  1

syndrome =
    1     0     0

error =
    0     0     0     0     1     0     0

cword =
    1     0     1     0     0     1     1
```

● 컴퓨터 예제 14.2

좀 더 실질적인 예에서, 우리는 긴 2진 메시지 비트열을 부호화하기 위하여 해밍 (7, 4) 부호를 사용할 것이다. 부호화된 비트들은 부가 백색 가우시안 채널(AWGN)에 분극 신호 방식으로 전송될 것이다. 채널 출력은 경판정 함수 sgn을 사용하여 검출될 것이다. 채널 잡음은 경판정 오류를 일으킬 것이다. 검출기 출력은 길이가 7인 각 부호어에서 1개 오류 정정이 가능한 해밍 (7, 4) 복호기를 사용하여 복호될 것이다.

이 결과는 부호화되지 않은 분극 전송과 비교된다. 공평하게 하기 위하여, 모든 정보 비트에 대한 평균 E_b/N_o율은 두 경우에 대하여 똑같게 만든다. MATLAB 프로그램 Sim74-Hamming.m은 다음과 같이 주어진다. 이 결과의 BER 비교는 그림 14.25에 보인다.

```
% Matlab Program <Sim74Hamming.m>
% Simulation of the Hamming (7,4) code performance
% under polar signaling in AWGN channel and performance
% comparison with uncoded polar signaling
clf;clear sigcw BER_uncode BER_coded
G=[1 0 0 0 1 0 1                    % Code Generator
   0 1 0 0 1 1 1
```

```
   0 0 1 0 1 1 0
   0 0 0 1 0 1 1];
H=[1 1 1 0 1 0 0                        % Parity Check Matrix
   0 1 1 1 0 1 0
   1 1 0 1 0 0 1];
E=[1 0 0 0 0 0 0                        % Error patterns
   0 1 0 0 0 0 0
   0 0 1 0 0 0 0
   0 0 0 1 0 0 0
   0 0 0 0 1 0 0
   0 0 0 0 0 1 0
   0 0 0 0 0 0 1
   0 0 0 0 0 0 0];
K2=size(E,1);
Syndrome=mod(mtimes(E,H'),2);                 % Syndrome list

L1=25000;K=4*L1;                                %Decide how many codewords

sig_b=round(rand(1,K));                       %Generate message bits
sig_2=reshape(sig_b,4,L1);                    %4 per column for FEC
```

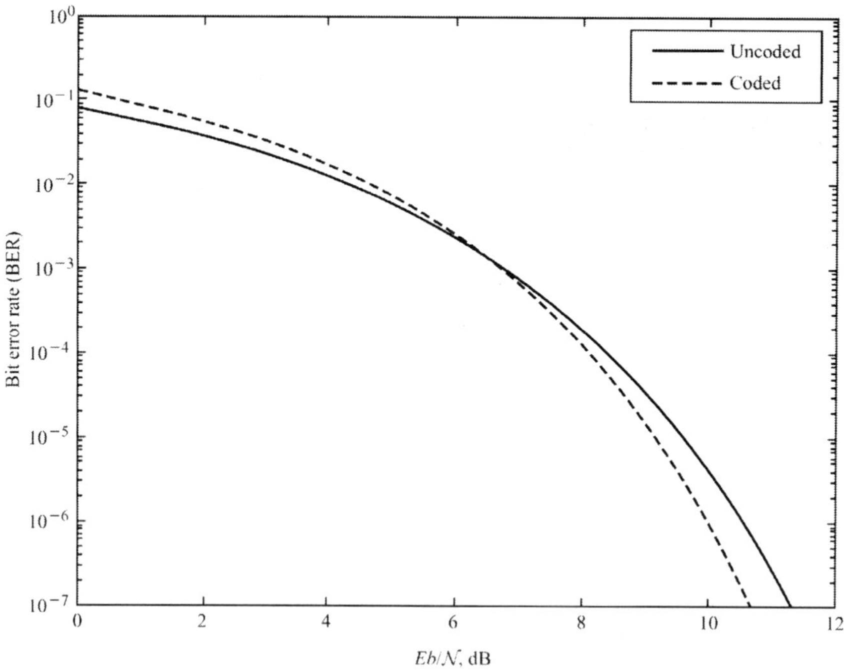

►► 그림 14.25 부호화되지 않은 분극 신호방식 전송과 해밍 (7, 4) 부호화된 메시지 비트의 분극 신호방식 전송의 비트 오류율의 비교

```
xig_1=mod(G'*sig_2,2);                        %Encode column by column
xig_2=2*reshape(xig_1,1,7*L1)-1;              %P/S conversion
AWnoise1=randn(1,7*L1);                       %Generate AWGN for coded Tx
AWnoise2=randn(1,4*L1);                       %Generate AWGN for uncoded Tx
% Change SNR and compute BER's
for ii=1:14
    SNRdb=ii;
    SNR=10^(SNRdb*0.1);
    xig_n=sqrt(SNR*4/7)*xig_2+AWnoise1;   %Add AWGN and adjust SNR
    rig_1=(1+sign(xig_n))/2;              %Hard decisions
    r=reshape(rig_1,7,L1)';               %S/P to form 7 bit codewords
    x=mod(r*H',2);                        % generate error syndromes
    for k1=1:L1,
        for k2=1:K2,
            if Syndrome(k2,:)==x(k1,:),
            idxe=k2;                      %find the Syndrome index
            end
        end
        error=E(idxe,:);                  %look up the error pattern
        cword=xor(r(k1,:),error);  %error correction
        sigcw(:,k1)=cword(1:4);           %keep the message bits
    end
    cw=reshape(sigcw,1,K);
    BER_coded(ii)=sum(abs(cw-sig_b))/K;   % Coded BER on info bits

    % Uncoded Simulation Without Hamming code
    xig_3=2*sig_b-1;                      % Polar signaling
    xig_m=sqrt(SNR)*xig_3+AWnoise2;       % Add AWGN and adjust SNR
    rig_1=(1+sign(xig_m))/2;              % Hard decision
    BER_uncode(ii)=sum(abs(rig_1-sig_b))/K;       % Compute BER
end
EboverN=[1:14]-3;          % Need to note that SNR = 2 Eb/N
```

자연스럽게, E_b/N_o가 작으면, 부호어당 1 비트보다 많은 오류가 있는 경향이 있다. 그러므로 1개보다 많은 오류가 있으면, 복호기는 여전히 부호어가 단지 1 비트의 오류만 있는 것으로 생각할 것이다. 1 비트 오류를 정정하기 위한 시도는 실제로는 한 개의 오류 비트를 더할 수도 있다. E_b/N_o가 크면, 부호어가 기껏해야 1 비트의 오류를 가진다는 것이 더 그럴 듯하다. 이것은 부호화된 BER이 낮은 E_b/N_o에서서는 더 나빠지고 높은 E_b/N_o에서는 더 좋아지는지를 설명해준다. 반면에, 그림 14.3은 각 부호어에서 오류 비트의 수가 1을 초과할 때 아무런 행동을 취하지 않는 인지 복호기(cognitive decoder)를 가정하여 얻은 낙관적인 근사치를 준다. 이것의 성능은 낮은 E_b/N_o에서 약간 더 낫다.

참고문헌

1. C. E. Shannon, "A Mathematical Theory of Communication," *Bell Syst. Tech. J.*, vol. 27, pp. 379–423, 623–656, 1948.
2. S. Lin and D. Costello, *Error Control Coding: Fundamentals and Applications*, 2nd ed., Prentice Hall, Upper Saddle River, NJ, 2004.
3. W. W. Peterson and E. J. Weldon, Jr., *Error Correcting Codes*, 2nd ed., Wiley, New York, 1972.
4. P. Elias, "Coding for Noisy Channels," *IRE Natl. Convention. Rec.*, vol. 3, part 4, pp. 37–46, 1955.
5. A. J. Viterbi, "Convolutional Codes and Their Performance in Communications Systems," *IEEE Trans. Commun. Technol.*, vol. CT-19, pp. 751–771, Oct. 1971.
6. J. L. Massey, *Threshold Decoding*, MIT Press, Cambridge, MA, 1963.
7. J. K. Wolf, "Efficient Maximum-Likelihood Decoding of Linear Block Codes Using a Trellis," *IEEE Trans. Inform. Theory*, vol. IT-24, pp. 76–80, Jan. 1978.
8. G. D. Forney, Jr., *Concatenated Codes*, MIT Press, Cambridge, MA, 1966.
9. D. Chase, "A Class of Algorithms for Decoding Block Codes with Channel Measurement Information," *IEEE Trans. Inform. Theory*, IT-18, pp. 170–182, 1972.
10. J. Hagenauer and P. Hoeher, "A Viterbi Algorithm with Soft-Decision Outputs and Its Applications," *Proc. of IEEE Globecom*, pp. 1680–1686, Nov. 1989.
11. H. L. Van Trees, *Detection, Estimation, and Modulation Theory*, Part I, Wiley InterScience, 2001 (reprint), Hoboken, NJ.
12. C. Berrou, A. Glavieux, and P. Thitimajshima, "Near Shannon Limit Error Correcting Coding and Decoding: Turbo Codes," *Proc. 1993 IEEE International Conference on Communications*, pp. 1064–1070, Geneva, Switzerland, May 1993.
13. L. R. Bahl, J. Cocke, F. Jelinek, and J. Raviv, "Optimum Decoding of Linear Codes for Minimizing Symbol Error Rate," *IEEE Trans. Inform. Theory*, vol. IT-20, pp. 284–287, March 1974.
14. C. Berrou and A. Glavieux, "Near Optimum Error Correcting Coding and Decoding: Turbo-Codes," *IEEE Trans. Commun.*, vol. 44, no. 10, pp. 1261–1271, Oct. 1996.
15. R. G. Gallager, *Low Density Parity Check Codes*, Monograph, MIT Press, cambridge, MA, 1963.
16. David J. C. MacKay and R. M. Neal, "Good Codes Based on Very Sparse Matrices," *Fifth IMA Conference on Cryptography and Coding, Lecture Notes on Computer Science no. 1025*, Colin Boyd, Ed., Springer, Berlin, 1995 pp. 100–111.
17. D. J. C. MacKay and R. M. Neal, "Near Shannon Limit Performance of Low Density Parity Check Codes," *Electron. Lett.*, vol. 33, March 13, 1997.
18. R. M. Tanner, "A Recursive Approach to Low Complexity Codes," *IEEE Trans. Inform. Theory*, IT-27, pp. 533–547, Sept. 1981.

연습문제

14.1-1 Golay의 (23,12) 부호는 3개의 오류를 정정하는 부호이다. n=23과 k=12가 t=3에 대해 정확하게 해밍 한계식을 만족한다는 것을 증명하시오.

14.1-2 (a) 3진 부호(세 부호 심볼은 0, 1, 2)에 대한 해밍 한계식을 결정하시오.
(b) 2개까지의 오류를 정정할 수 있는 3진 부호 (11,6)이 있다. 이 부호가 정확하게 해밍 한계식을 만족하는 것을 증명하시오.

14.1-3 3개까지의 오류를 정정할 수 있는 (18,7)인 2진 부호가 존재하는지를 입증하시오. 이 부호는 4개까지의 오류를 정정할 수 있는가?

14.2-1 $\boldsymbol{G}$와 $\boldsymbol{H}$가 각각 생성 행렬과 패리티 검사 행렬일 경우에 다음을 증명하시오.

$$\boldsymbol{G}\boldsymbol{H}^T = 0$$

14.2-2 (3, 1) 부호를 구성할 수 있는 생성 행렬이 다음과 같이 주어진다.

$$\boldsymbol{G} = [1 \quad 1 \quad 1]$$

이 부호는 얼마나 많은 오류를 정정할 수 있는가? 데이터 벡터 $\boldsymbol{d}=\boldsymbol{0}$과 $\boldsymbol{d}=\boldsymbol{1}$에 대한 부호어를 구하시오.

14.2-3 다음과 같은 생성 행렬에 대하여 문제 14.2-2를 반복하시오.

$$\boldsymbol{G} = [1 \quad 1 \quad 1 \quad 1 \quad 1]$$

이것은 (5,1) 부호를 만든다.

14.2-4 생성 행렬

$$\boldsymbol{G} = \begin{bmatrix} 1 & 0 & 1 & 1 \\ 0 & 1 & 1 & 0 \end{bmatrix}$$

은 (4, 2) 부호를 생성한다.

(a) 이 부호는 체계적인 부호인가?

(b) 이 부호의 패리티 검사 행렬은 무엇인가?

(c) 모든 가능한 입력 비트들에 대하여 부호어들을 구하시오.

(d) 이 부호의 최소 거리와 이 부호가 정정할 수 있는 오류 비트 수를 구하시오.

14.2-5 다음과 같이 주어지는 패리티 검사 디지트 c_{k+1}을 가지는 $(k+1, k)$ 체계적 선형 블록 부호를 살펴보자.

$$c_{k+1} = d_1 + d_2 + \cdots + d_k \tag{14.83}$$

(a) 이 부호에 대한 적절한 생성 행렬을 구성하시오.

(b) $k=3$인 경우에, 이 행렬에 의해 생성되는 부호를 구성하시오.

(c) 이 부호의 오류 검출 또는 오류 정정 능력을 결정하시오,

(d) 다음을 증명하시오.

$$\boldsymbol{c}\boldsymbol{H}^T = 0$$

그리고

$$\boldsymbol{r}\boldsymbol{H}^T = \begin{cases} \mathbf{0} & \text{에러가 발생하지 않을 경우} \\ \mathbf{1} & \text{단일 에러가 발생할 경우} \end{cases}$$

14.2-6 체계적이지 않은 (6, 3) 부호에 대한 다음과 같은 생성 행렬 $\boldsymbol{G}$를 생각해보자.

$$\boldsymbol{G} = \begin{bmatrix} 0 & 1 & 1 & 1 & 0 & 1 \\ 1 & 1 & 1 & 0 & 1 & 0 \\ 1 & 1 & 0 & 0 & 0 & 1 \end{bmatrix}$$

이 $\boldsymbol{G}$에 대한 부호를 구성하고, 부호어 사이의 최소 거리 $d_{\min}$이 3임을 증명하시오. 결과적으로, 이 부호는 적어도 1 개의 오류를 정정할 수 있다.

14.2-7 G가 다음과 같을 경우에, 문제 14.2-6을 반복하시오.

$$\boldsymbol{G} = \begin{bmatrix} 1 & 0 & 0 & 0 & 1 & 1 \\ 0 & 1 & 0 & 1 & 0 & 1 \\ 0 & 0 & 1 & 1 & 1 & 0 \end{bmatrix}$$

14.2-8 단일 오류를 정정할 수 있는 (15, 11) 선형 블록 부호에 대한 생성 행렬 $\boldsymbol{G}$를 구하시오. 데이터 벡터 10111010101에 대한 부호어를 구하시오.

14.2-9 (6, 3) 체계적 선형 블록 부호에 대해, 3개의 패리티 검사 디지트 c_4, c_5, c_6은 다음과 같다.

$$c_4 = d_1 + d_2 + d_3$$
$$c_5 = d_1 + d_2$$
$$c_6 = d_1 + d_3$$

(a) 이 부호에 대한 적절한 생성 행렬을 구성하시오.
(b) 이 생성 행렬에 의해 생성되는 부호를 구성하시오.
(c) 이 부호의 오류 정정 능력을 결정하시오.
(d) 적절한 복호화 표를 작성하시오.
(e) 다음의 수신된 부호어를 복호하시오 : 101100, 000110, 101010.

14.2-10 (a) 문제 14.2-6에서 행렬 $\boldsymbol{G}$에 의해 생성된 (6, 3) 부호에 대한 부호어 표를 작성하시오.
(b) 적절한 복호화 표를 작성하시오.

14.2-11 단일 오류를 정정할 수 있는 (7, 4) 선형 블록 부호(해밍 부호)와 이에 해당하는 복호화 표를 작성하시오.

14.2-12 예제 14.1에서 (6, 3) 부호에 대한 복호화 표는 표 14.3이다. 이 복호화 표를 사용하고 2개의 오류가 있는 오류 패턴 010100 또는 001001이 발생할 경우, 이 오류는 정정될 수 없다는 것을 증명하시오. 2개의 오류가 있는 단일 오류 패턴 010100(6개의 단일 오류 패턴과 함께)을 정정하기 위해서, 적절한 복호화 표를 구성하고 2개의 오류가 있는 단일 오류 패턴 010100만을 정정할 수 있지만, 나머지 2개의 오류가 있는 오류 패턴은 정정할 수 없음을 증명하시오.

14.2-13 (a) $k = 8$일 경우, 적어도 하나의 오류를 정정할 수 있는 부호를 위한 n의 최소 값을 구하시오.
(b) 이 부호에 대한 생성 행렬 $\boldsymbol{G}$를 구하시오.
(c) 이 부호는 얼마나 많은 이중 오류들을 정정할 수 있는가?

(d) 복호화 표를 작성하시오(신드롬들과 이에 해당하는 정정 가능한 오류 패턴).

14.2-14 다음의 행렬에 의해 생성되는 (6, 2) 부호를 살펴보자.

$$\begin{bmatrix} 1 & 0 & 1 & 1 & 1 & 0 \\ 0 & 1 & 1 & 0 & 1 & 1 \end{bmatrix}$$

(a) 이 부호에 대한 부호어 표를 작성하고 부호어들 사이의 최소 거리를 결정하시오.
(b) 적절한 복호화 표를 작성하시오.
****힌트** : 이 부호는 모든 단일 오류 패턴과 7개의 2중 오류 패턴을 정정할 수 있고, 2개의 3중 오류 패턴을 정정할 수 있다.

14.3-1 (a) 생성 다항식 $g(x) = x^3 + x + 1$을 이용하여 (7, 4) 체계적 순회 부호를 작성하시오.
(b) 이 부호의 오류 정정 능력은 어떠한가?
(c) 복호화 표를 작성하시오.
(d) 수신된 부호어가 1101100일 경우, 전송된 데이터어를 결정하시오.

14.3-2 3개의 오류를 정정할 수 있는 (23, 12) Golay 부호는 다음과 같은 생성 다항식을 가진 순회 부호이다.

$$g(x) = x^{11} + x^9 + x^7 + x^6 + x^5 + x + 1$$

데이터 벡터 000011110000, 101010101010, 11000101011110에 대한 부호어들을 결정하시오.

14.3-3 다음의 다항식을 인수분해하시오.

$$x^3 + x^2 + x + 1$$

****힌트** : 3차 다항식은 1차 항의 인수를 가져야만 한다. 유일한 1차 다항식의 소수는 x나 $x+1$이 된다. x는 주어진 다항식의 인수가 아니기 때문에, $x+1$에 대해 시도해 보라. $x^3 + x^3 + x + 1$을 $x+1$로 나누라.

14.3-4 문제 14.3-3에서 설명한 개념을 고차 다항식을 인수분해 하기 위해 확장할 수 있다. 이 방법을 이용하여 다음을 인수분해하시오.

$$x^5 + x^4 + x^2 + 1$$

**힌트 : 여기에는 적어도 하나의 1차 계수가 있어야만 한다. 2개의 1차 소인수 다항식을 x와 $x+1$로 나누어 보시오. 주어진 5차의 다항식은 $\phi_1(x)\phi_4(x)$로 표현할 수 있으며, 여기서 $\phi_1(x)$는 1차 다항식이고, $\phi_4(x)$는 5차의 다항식이며, 이것은 1차의 계수를 포함할 수도 있고, 그렇지 않을 수도 있다. $\phi_4(x)$를 x와 $x+1$로 나누어 보자. 만약 나누어지지 않는다면, 이것은 모두 소인수인 2개의 2차 다항식을 가지고 있다. 가능한 2차 다항식은 $x^2, x^2+1, x^2+x, x^2+x+1$이다. 이것이 소인수($x$나 $x+1$로 나누어지지 않는 것)인지를 결정하시오. 이러한 2차의 소인수 다항식으로 $\phi_4(x)$를 나누어 보시오. 만약 나누어지지 않는다면, $\phi_4(x)$는 4차의 소인수 다항식이고, 계수들은 $\phi_1(x)$와 $\phi_4(x)$이다.

14.3-5 문제 14.3-4에서 설명한 개념을 이용해 7차 다항식 x^7+1을 인수분해하시오.

**힌트 : 1차, 2차, 3차 다항식의 소인수 계수를 결정하시오. 가능한 3차의 다항식은 x^3, x^3+1, x^3+x, x^3+x+1, x^3+x^2, x^3+x^2+1, x^3+x^2+x, x^3+x^2+x+1이다. 문제 14.3-4의 힌트를 참조하시오.

14.3-6 식 (14.16)은 순회 부호에 대해 생성 행렬 $\boldsymbol{G}'$을 구성하는 방법을 나타낸다.

$$\boldsymbol{G}' = \begin{bmatrix} x^{k-1}g(x) \\ x^{k-2}g(x) \\ \cdots \\ g(x) \end{bmatrix} = \begin{bmatrix} g_1 & g_2 & \cdots & g_{n-k+1} & 0 & 0 & \cdots & 0 \\ 0 & g_1 & g_2 & \cdots & g_{n-k+1} & 0 & \cdots & 0 \\ \cdot & \cdot & \cdot & \cdot & \cdot & \cdot & \cdot & \cdot \\ 0 & 0 & 0 & \cdots & g_1 & g_2 & \cdots & g_{n-k+1} \end{bmatrix}$$

여기서 $g(x) = g_1 x^{n-k} + g_2 x^{n-k-1} + \ldots + g_{n-k+1}$은 생성 다항식이다. 이 부호는 일반적으로 비체계적 순회 부호이다.

(a) 생성 다항식 $g(x) = x^3 + x^2 + 1$을 가지는 단일 오류를 정정할 수 있는 (7, 4) 순회 부호에 대해 $\boldsymbol{G}'$을 구하고 이 부호를 구성하시오.

(b) 이 부호가 예제 14.3(표 14.4)에서 유도한 것과 동일하다는 것을 증명하시오.

14.3-7 부호어는 데이터 디지트들의 선형 조합으로 형성되기 때문에, 체계적 순회 부호(문제 14.3-6 참고)에 대한 생성 행렬 $\boldsymbol{G}$는 어떤 유효한 생성 행렬의 열에 다른 생성 행렬의 열을 추가함으로써 구현될 수 있다. 또한, 체계적 부호에 대한 생성 행렬은 반드시 첫 번째 k행에 항등 행렬 $\boldsymbol{I}_k$를 가져야 한다. 이러한 행렬은 다음과 같은 단계를 거쳐 형

성된다. 문제 14.3-6의 $\boldsymbol{G}'$ 에서 각각의 열은 아래쪽 행렬의 왼쪽으로 이동하며, 마지막 열은 $g(x)$가 된다. k번째(마지막) 열의 $g(x)$와 함께 시작한다. $g(x)$가 $n-k$ 차수이기 때문에 이 열은 필요에 따라 k번째 행에서 원소 1을 가진다. $(k-1)$번째 열에 대해서는, 왼쪽으로 하나 이동한 마지막 열을 이용한다. $\boldsymbol{I}_k$를 형성하기 위해서는 $(k-1)$번째 열의 k번째 행에서 0이 필요하다. 만약 $(k-1)$번째 열의 k번째 행에 0이 있다면, 유효한 $(k-1)$번째 열로서 수용한다. 그렇지 않다면 k번째 행에 0을 얻기 위해 $(k-1)$번째 열에 k번째 열을 추가한다. $(k-1)$번째 열이 최종 열이 된다. 단일 왼쪽 천이와 함께 이 열은 $(k-2)$번째 열로서 사용된다. 그러나 최근에 형성된 $(k-2)$번째 열이 자신의 k번째 행에 0을 갖지 않는다면 0을 얻기 위해 $(k-2)$번째 열에 k번째(마지막)열을 추가한다. 이러한 방법으로 k개의 모든 열이 형성될 때까지 계속한다. 이러한 방법으로 조직 (n,k) 순회 부호를 위한 생성행렬을 구할 수 있다.

(a) 생성 다항식 $g(x)=x^3+x^2+1$ 을 가진 단일 오류 정정 (7, 4) 체계적 순회 부호에서 $\boldsymbol{G}$를 구하고 부호를 구성하시오.

(b) 이 부호가 표 14.5(예제 14.4)의 부호와 동일함을 증명하시오.

14.3-8 (a) 비체계적 (7, 4) 순회 부호에 대해 생성 다항식 $g(x)=x^3+x+1$을 이용하여 생성 행렬 $\boldsymbol{G}'$ 을 구하시오.

(b) 이러한 행렬 $\boldsymbol{G}'$ 에 의해 생성된 부호를 구하시오.

(c) 이 부호의 오류 정정 능력을 결정하시오.

14.3-9 체계적 (7, 4) 순회 부호에 대해 생성 다항식 $g(x)=x^3+x+1$을 이용하여 생성 행렬 $\boldsymbol{G}$를 구하시오(문제 14.3-8 참고).

14.3-10 $\lambda=10$을 갖는 인터리브된 $(\lambda n,\ \lambda k)$ 순회 부호와 오류 3개 정정 (31, 16) BCH 부호를 사용한 것의 오류 정정 능력을 논하시오.

14.3-11 생성 다항식

$$g(x)=x^{10}+x^8+x^5+x^4+x^2+x+1$$

은 순회 BCH (15,5) 부호를 생성한다.

(a) (순회) 부호 생성 행렬을 구하시오.

(b) 부호화기에 데이터 $\boldsymbol{d}=\mathbf{10110}$이 입력될 때, 해당하는 부호어를 구하시오.

(c) 이 부호는 얼마나 많은 오류를 정정할 수 있는가?

14.4-1 부호화되지 않은 데이터가 $E_b/\mathcal{N} = 9$를 갖는 AWGN 채널을 통하여 PSK 변조되어 전송된다. 이제 이 데이터를 오류 3개 정정 (23,12) Golay 부호 (문제 14.1-1)를 사용하여 부호화하여 똑같은 데이터율로 똑같은 전송 전력을 사용하여 똑같은 채널로 전송한다.

(a) 부호화된 것과 부호화되지 않은 시스템에 대한 정정되는 오류 확률 P_{eu}와 P_{ec}를 구하시오.

(b) 만일 (a)에서 계산된 오류 확률 P_{eu}을 얻기로 한다면, 전송 전력을 증가시켜서 부호화되지 않은 시스템을 사용할 경우 필요한 $E_b/\mathcal{N}$ 값을 구하시오.

14.4-2 그림 14.4의 간단한 연집 오류 검출 부호는 또한 약간의 변경을 통해 단일 오류 정정 부호로서 사용될 수 있다. k개의 데이터 디지트는 그림 14.4에서와 같이 b 디지트 길이의 그룹으로 분할된다. 각각의 그룹에 패리티 검사 디지트를 추가함으로써 각각의 세그먼트는 b+1개의 디지트를 가진다(b개의 데이터 디지트와 한 개의 패리티 검사 디지트). 패리티 검사 디지트는 각 b+1개 디지트의 세그먼트에서 총 1의 개수가 확실하게 짝수개가 되도록 선택된다. 그렇다면, 새로운 데이터로 b+1개의 디지트를 고려하고 그림 14.4에서 했던 것처럼 b+1개의 패리티 검사 디지트로 구성된 마지막 세그먼트를 가지고 디지트를 증가시킨다. 그림 14.4의 데이터는 다음과 같이 전송될 것이다.

10111 01010 11011 10001 11000 01111

이러한 (30, 20)부호는 단일 오류 정정 능력이 있으며, 또한 길이가 5인 단일 연집 오류 검출 능력도 있음을 보이시오.

14.5-1 그림 14.5의 콘볼루션 부호기에서, 수신된 비트들은 01 00 01 00 10 11 11 00이다. 그림 14.8의 비터비 알고리즘과 Trellis도를 이용하여 이 수열을 복호하시오.

14.5-2 그림 P14.5-2에 있는 콘볼루션 부호기에 대해서:

(a) 상태도와 Trellis도를 그리고 데이터 디지트 11010100에 대한 출력 디지트 수열을 결정하시오.

(b) 비터비 알고리즘을 이용하여 다음의 수신된 수열을 복호하시오.

(i) 100 110 111 101 001 101 001 010
(ii) 010 110 111 101 101 101 001 010
(iii) 111 110 111 111 001 101 001 101

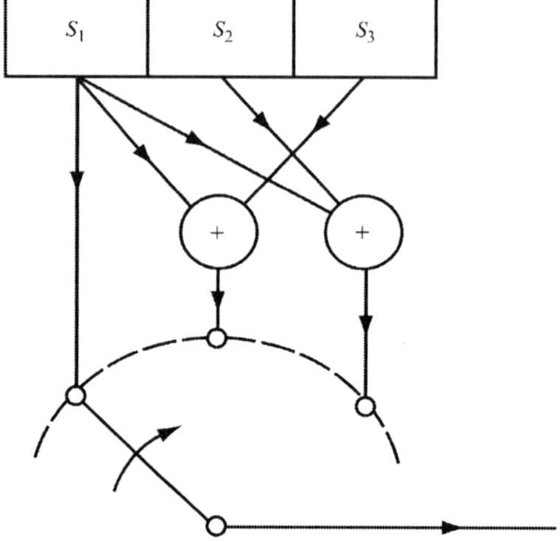

▸▸ 그림 P14.5-2

14.5-3 체계적 재귀 콘볼루션 부호기(그림 P14.5-3)은 부호율 1/2 부호를 생성한다. 앞의 예들과 다르게, 이 부호기는 귀환 가지들을 가지므로 재귀적이다. 이것은 우리가 이 부호기를 표현하기 위해서 간단한 Trellis와 상태 천이도를 사용할 수 있음을 나타낸다. 최대 우도 Viterbi 복호기도 역시 적용된다. 상태값을 (d_{k-1}, d_{k-2})로 표기하자.

(a) 이 부호기의 상태 천이도를 그리시오.

(b) 해당하는 Trellis도를 구하시오.

(c) 입력 데이터 열 0100110100에 대하여, 해당하는 부호어를 구하시오.

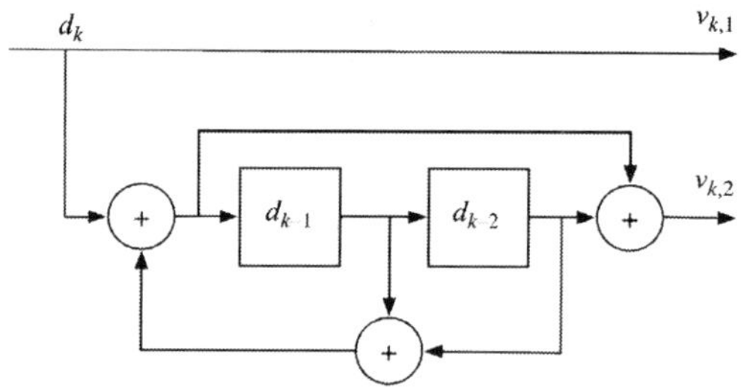

▸▸ 그림 P14.5-3

14.6-1 다음의 패리티 행렬을 갖는 블록 부호가 있다.

$$\boldsymbol{H} = \begin{bmatrix} 1 & 0 & 1 & 0 & 1 \\ 0 & 1 & 0 & 1 & 1 \end{bmatrix}$$

(a) 이 부호의 부호 생성 행렬을 구하시오.

(b) 최소 거리(minimum distance)를 구하시오.

(c) Trellis도를 구하시오.

14.6-2 문제 14.2-9에 있는 블록 부호에 대하여,

(a) 부호 생성 행렬을 구하시오.

(b) 최소 거리를 구하시오.

(c) Trellis도를 구하시오.

부록 A 몇몇 신호 집합에서의 직교성

A.1 삼각함수와 지수함수 집합에서의 직교성

다음과 같이 주어지는 적분 I를 살펴보자.

$$I = \int_{T_0} \cos n\omega_0 t \cos m\omega_0 t \, dt \tag{A.1a}$$

여기서 $\int_{T_0}$는 $T_0 = 2\pi/\omega_0$ 초의 연속 구간에 대한 적분을 나타낸다. 삼각 항등식(부록 E 참조)을 사용하면, 식 (A.1a)는 다음과 같이 표현될 수 있다.

$$I = \frac{1}{2}\left[\int_{T_0} \cos (n+m)\omega_0 t \, dt + \int_{T_0} \cos (n-m)\omega_0 t \, dt\right] \tag{A.1b}$$

$\cos\omega_0 t$가 T_0 초의 구간 동안에 한 주기를 갖기 때문에, $\cos(n+m)\omega_0 t$는 주기 T_0의 구간 동안에 $(n+m)$ 개의 주기를 갖게 된다. 그러므로 정현파의 $(n+m)$ 개의 주기 아래의 면적이 되는 (A.1b)의 첫 번째 적분은 0이 된다. 동일한 방법으로 (A.1b)의 두 번째 적분도 또한 0이 된다. 따라서 (A.1b)의 I는 $n \neq m$인 경우에, 0이 된다. $n = m$인 경우에, (A.1b)의 첫 번째 적분은 여전히 0이 되지만, 두 번째 적분은 다음과 같이 된다.

$$I = \frac{1}{2}\int_{T_0} dt = \frac{T_0}{2}$$

따라서 코사인 함수에 대해서 다음과 같은 결과를 얻을 수 있다.

$$\int_{T_0} \cos n\omega_0 t \cos m\omega_0 t \, dt = \begin{cases} 0 & n \neq m \\ \frac{T_0}{2} & m = n \neq 0 \end{cases} \tag{A.2a}$$

유사하게 사인함수에 대해서 다음과 같은 결과를 얻을 수 있다.

$$\int_{T_0} \sin n\omega_0 t \, \sin m\omega_0 t \, dt = \begin{cases} 0, & n \neq m \\ \frac{T_0}{2} & n = m \neq 0 \end{cases} \tag{A.2b}$$

그리고 다음과 같다.

$$\int_{T_0} \sin n\omega_0 t \, \cos m\omega_0 t \, dt = 0 \quad \text{모든 } n\text{과 } m\text{에 대해서} \tag{A.2b}$$

A.2 지수 신호 집합에서의 직교성

지수항 $e^{jn\omega_0 t}$ $(n = 0, \pm 1, \pm 2, \cdots)$들의 집합은 다음과 같이 주기 T_0의 구간 동안에는 직교한다.

$$\int_{T_0} e^{jm\omega_0 t}(e^{jn\omega_0 t})^* \, dt = \int_{T_0} e^{j(m-n)\omega_0 t} \, dt = \begin{cases} 0 & m \neq n \\ T_0 & m = n \end{cases} \tag{A.3}$$

식 (A.3)에서 좌변의 적분을 다음과 같은 I라고 하자.

$$\begin{aligned} I &= \int_{T_0} e^{jm\omega_0 t}(e^{jn\omega_0 t})^* \, dt \\ &= \int_{T_0} e^{j(m-n)\omega_0 t} \, dt \end{aligned} \tag{A.4}$$

$n = m$인 경우는 간단하다. 이 경우에 적분 안은 1이 되고 $I = T_0$가 된다. $n \neq m$인 경우, I는 다음과 같이 된다.

$$\begin{aligned} I &= \frac{1}{j(m-n)\omega_0} e^{j(m-n)\omega_0 t} \Big|_{t_1}^{t_1+T_0} \\ &= \frac{1}{j(m-n)\omega_0} e^{j(m-n)\omega_0 t_1}[e^{j(m-n)\omega_0 T_0} - 1] = 0 \end{aligned}$$

마지막 결과는 $\omega_0 T_0 = 2\pi$이고, 모든 k의 값에 대해 $e^{j2\pi k} = 1$이라는 사실로부터 알 수 있다.

부록 B Cauchy-Schwarz 부등식

유한한 에너지를 갖는 실수 신호 $f(t)$와 $g(t)$에 대하여 다음과 같은 Schwarz 부등식을 증명하라.

$$\left[\int_a^b f(t)g(t)\,dt\right]^2 \le \left[\int_a^b f^2(t)\,dt\right]\left[\int_a^b g^2(t)\,dt\right] \tag{B.1}$$

여기서 등호는 $g(t)=cf(t)$인 경우에만 성립하고, c는 임의의 상수이다.

유한한 에너지를 갖는 복소 신호 $X(\omega)$와 $Y(\omega)$에 대한 Schwarz 부등식은 다음과 같이 주어진다.

$$\left|\int_{-\infty}^{\infty} X(\omega)Y(\omega)\,d\omega\right|^2 \le \int_{-\infty}^{\infty} |X(\omega)|^2 d\omega \int_{-\infty}^{\infty} |Y(\omega)|^2\,d\omega \tag{B.2}$$

여기서 등호는 $Y(\omega)=cX^*(\omega)$인 경우에만 성립하고, c는 임의의 상수이다.

식 (B.1)은 다음과 같이 증명될 수 있다. 즉, 몇몇 실수값을 갖는 λ에 대해 다음과 같이 될 수 있다는 것을 알 수 있다.

$$\int_a^b [\lambda f(t) - g(t)]^2\,dt \ge 0 \tag{B.3}$$

또는

$$\lambda^2 \int_a^b f^2(t)\,dt - 2\lambda \int_a^b f(t)g(t)\,dt + \int_a^b g^2(t)\,dt \ge 0 \tag{B.4}$$

이 λ에 대한 2차 방정식이 몇몇 λ의 값들에 대해 음(−)의 값이 되지 않기 때문에, 이 식에 대한 판별식은 양(−)의 값이 되어서는 안되고 식 (B.1)이 성립한다. 이 식에 대한 판별식이 0이 되면 몇몇 $\lambda=c$의 값들에 대해 이 2차 방정식은 0이 된다. 이것은 $cf(t)-g(t)=0$인 경우에만 가능하게 된다.

식 (B.2)를 증명하기 위해서는 $|X(\omega)|$와 $|G(\omega)|$가 실수 함수들이기 때문에 식 (B.1)의 부등식을 적용할 수 있다는 것을 알 수 있다.

$$\left[\int_a^b |X(\omega)Y(\omega)|\, d\omega\right]^2 \le \int_a^b |X(\omega)|^2 d\omega \int_a^b |Y(\omega)|^2\, d\omega \tag{B.5}$$

여기서 등호는 $|Y(\omega)| = c|X(\omega)|$인 경우에만 성립하고, c는 임의의 상수이다. 이제 다음과 같은 관계를 상기하자.

$$\left|\int_a^b X(\omega)Y(\omega)\, d\omega\right| \le \int_a^b |X(\omega)||Y(\omega)|\, d\omega = \int_a^b |X(\omega)Y(\omega)|\, d\omega \tag{B.6}$$

여기서 등호는 $Y(\omega) = cX^*(\omega)$인 경우에만 성립하고, c는 임의의 상수이다. 식 (B.2)는 식 (B.5)와 식 (B.6)로부터 곧바로 알 수 있다.

부록 C

벡터 집합의 Gram-Schmidt 직교화

벡터 공간의 차원이 이 공간에서 독립적인 최대 벡터들의 수와 같다는 것을 정의하였다. 따라서 N 차원 공간에서는 N개 보다 많은 독립적인 벡터들이 존재하지 않게 된다. 독립적인 N개의 벡터들로 구성된 집합을 구하는 것은 항상 가능하다. 일단 이러한 집합이 선택되면, 이 공간의 어떠한 벡터도 이 집합 안의 벡터들로 표현될 수 있다(벡터들의 선형 조합). 이 집합은 일반적으로 좌표 시스템을 형성하는 기저(basis) 집합으로 표현된다. 이 N개의 독립적인 벡터들의 집합이 결코 유일한 것은 아니다. 독자는 3차원으로 구성되는 물리적인 공간에서 3개의 독립적인 벡터들로 구성된 집합을 무한히 구할 수 있다는 이 사실에 친숙할 것이다. 이것은 가능한 좌표 시스템들이 무한하다는 사실로부터 명백하다. 흥미로운 것은 직교 집합이 비직교 집합보다 다루기가 용이하다는 것이다. N개의 독립적인 벡터들로 구성된 집합이 주어진다면, 이 집합에 직교하는 또 다른N개의 독립적인 벡터들을 구할 수 있다. 이것은 Gram-Schmidt의 직교 과정에 의해 이루어진다.

다음의 유도에서는 벡터 $\boldsymbol{x}_2$를 벡터 $\boldsymbol{x}_1$에 투영한 것이 $c_{12}\boldsymbol{x}_1$이 된다는 식 (2.27)의 결과를 사용한다(그림 C.1 참조). 여기서 $c_{12}\boldsymbol{x}_1$은 다음과 같다.

$$c_{12} = \frac{< \mathbf{x}_1, \mathbf{x}_2 >}{\|\mathbf{x}_1\|^2}\mathbf{y}_1 \tag{C.1}$$

이 근사에서 오차는 벡터 $\boldsymbol{x}_2 - c_{12}\boldsymbol{x}_1$이 된다. 즉 다음과 같다.

$$\text{오차 벡터} = \mathbf{x}_2 - \frac{< \mathbf{x}_1, \mathbf{x}_2 >}{\|\mathbf{x}_1\|^2}\mathbf{x}_1 \tag{C.2}$$

그림 C.1에서 점선으로 나타낸 오차 벡터는 벡터 $\boldsymbol{x}_1$에 직교한다.

이 과정을 물리적으로 나타내기 위해서, 2차원 공간과 같은 간단한 경우를 살펴보도록 하자.

$\boldsymbol{x}_1$과 $\boldsymbol{x}_2$를 2차원 공간에서 2개의 독립적인 벡터들이라고 하자(그림 C.1 참조). 벡터 $\boldsymbol{x}_1$과 벡터 $\boldsymbol{x}_2$로부터 새로운 2개의 직교 벡터 $\boldsymbol{y}_1$과 $\boldsymbol{y}_2$를 생성하고자 한다. 편의상, 다음과 같이 선택할 것이다.

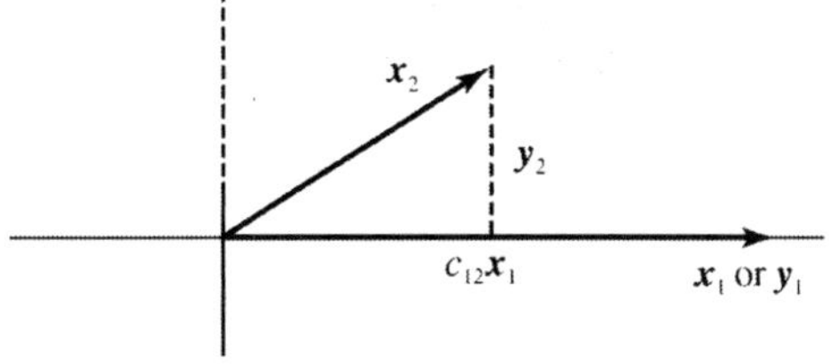

▶▶ 그림 C.1 2차원의 Gram-Schmidt 과정

$$\mathbf{y}_1 = \mathbf{x}_1 \tag{C.3}$$

이제 벡터 y_1(그리고 x_1)에 직교하는 또 하나의 벡터 y_2를 구한다. 그림 C.1에서는 벡터 y_1으로 근사된 벡터 x_2 사이에 점선으로 표시된 오차 벡터가 벡터 y_1과 직교하는 벡터 y_2가 된다.

그러므로 벡터 y_2는 다음과 같이 된다.

$$\begin{aligned} \mathbf{y}_2 &= \mathbf{x}_2 - \frac{<\mathbf{x}_1, \mathbf{x}_2>}{\|\mathbf{x}_1\|^2}\mathbf{x}_1 \\ &= \mathbf{x}_2 - \frac{<\mathbf{y}_1, \mathbf{x}_2>}{\|\mathbf{y}_1\|^2}\mathbf{y}_1 \end{aligned} \tag{C.4}$$

식 (C.2)와 (C.3)으로 원하던 직교 집합을 구할 수 있다. 이 집합이 유일한 것이 아니라는 것에 유의하라. (x_1, x_2) 로부터 생성될 수 있는 가능한 직교 벡터들의 집합 $(y_1,\ y_2)$는 무한하게 존재한다. $y_1 = x_1$ 대신에 $y_1 = x_2$ 로 놓고 유도할 수도 있다. 이렇게 하면 전반적으로 다른 직교 집합을 구할 수 있다.

독자는 이 결과들을 3차원인 경우로 확장할 수 있을 것이다. 이 공간에서 벡터 x_1, x_2, x_3의 독립적인 집합을 형성하려면, 식 (C.2)와 식 (C.3)에서와 같이 벡터 y_1과 벡터 y_2를 형성해야 할 것이다. y_3를 결정하기 위해서는 벡터 y_1과 벡터 y_2로 x_3를 근사화시킨다. 이 근사에서의 오차 벡터는 벡터 y_1과 벡터 y_2 둘 다에 직교하게 된다. 그러므로 3번째 직교 벡터 y_3를 구할 수 있다. 그러므로 y_3는 다음과 같이 된다.

$$\begin{aligned} \mathbf{y}_3 &= \mathbf{x}_3 - (\mathbf{y}_1\text{과 } \mathbf{y}_2\text{상에 } \mathbf{x}_3\text{의 투영합}) \\ &= \mathbf{x}_3 - \frac{<\mathbf{y}_1, \mathbf{x}_3>}{\|\mathbf{y}_1\|^2}\mathbf{y}_1 - \frac{<\mathbf{y}_2, \mathbf{x}_3>}{\|\mathbf{y}_2\|^2}\mathbf{y}_2 \end{aligned} \tag{C.5}$$

이 결과들을 N 차원 공간으로 확장시킬 수 있다. 일반적으로, N 개의 독립적인 벡터들 $\boldsymbol{x}_1$, $\boldsymbol{x}_2$, …, $\boldsymbol{x}_N$이 주어지면, 유사한 절차를 따라 누구나 직교 집합 $\boldsymbol{y}_1$, $\boldsymbol{y}_2$, …, $\boldsymbol{y}_N$을 구할 수 있다. 여기서 $\boldsymbol{y}_1$과 $\boldsymbol{y}_j$는 다음과 같이 된다.

$$\mathbf{y}_1 = \mathbf{x}_1 \tag{C.6}$$

그리고

$$\mathbf{y}_j = \mathbf{x}_j - \sum_{k=1}^{j-1} \frac{<\mathbf{y}_k, \mathbf{x}_j>}{\|\mathbf{y}_k\|^2}\mathbf{y}_k \qquad j = 2, 3, \ldots, N \tag{C.7}$$

이것이 집합 $\boldsymbol{x}_1$, $\boldsymbol{x}_2$, …, $\boldsymbol{x}_N$ 으로부터 형성될 수 있는 무한히 많은 직교 집합들 중에서 하나의 집합이라는 것에 유의하라. 더욱이, 이 집합은 정규 직교(orthonormal) 집합은 아니다. 정규 직교 집합 $\hat{\boldsymbol{y}}_1$, $\hat{\boldsymbol{y}}_2$, …, $\hat{\boldsymbol{y}}_N$은 다음과 같이 각 벡터들의 길이들로 정규화함으로써 구할 수 있다.

$$\hat{\mathbf{y}}_k = \frac{\mathbf{y}_k}{\|\mathbf{y}_k\|}$$

신호들과 벡터들 사이에 일대일 대응이 존재하기 때문에, 이 개념을 신호 공간에 적용할 수 있다. N개의 독립적인 신호들 $x_1(t)$, $x_2(t)$, …, $x_N(t)$ 이 주어지면, 다음과 같이 N개의 직교 신호들 $y_1(t)$, $y_2(t)$, …, $y_N(t)$의 집합을 형성할 수 있다.

$$\begin{aligned} y_1(t) &= x(t) \\ y_j(t) &= x_j(t) - \sum_{k=1}^{j-1} c_{kj} y_k(t) \qquad j = 2, 3, \ldots, N \end{aligned} \tag{C.8}$$

여기서 c_{kj}는 다음과 같다.

$$c_{kj} = \frac{\int y_k(t) x_j(t)\, dt}{\int y_k^2(t)\, dt} \tag{C.9}$$

이것이 집합 $x_1(t)$, $x_2(t)$, …, $x_N(t)$로부터 형성될 수 있는 무한히 많은 직교 집합들 중에서 하나의 집합이라는 것에 유의하라. 이 집합은 각각의 신호 $y_j(t)$를 자신의 에너지로 나눔으로써 정규화될 수 있다.

● 예제 C.1

다음과 같은 지수 함수들이 N 차원 공간에서 독립적인 신호들의 집합을 형성한다. 여기서 N은 임의의 정수이다.

$$g_1(t) = e^{-pt}u(t)$$
$$g_2(t) = e^{-2pt}u(t)$$
$$\vdots$$
$$g_N(t) = e^{-Npt}u(t)$$

그러나 이 집합은 직교하지 않는다. 이 공간에서 직교 집합을 얻기 위해서 Gram-Schmidt의 직교 과정을 사용할 수 있다. $y_1(t)$, $y_2(t), \cdots$, $y_N(t)$가 원하던 직교 단위 집합이라면, 다음과 같이 선택할 수 있다.

$$y_1(t) = g_1(t) = e^{-pt}u(t)$$

식 (C.8)과 식 (C.9)로부터 $y_2(t)$는 다음과 같이 된다.

$$y_2(t) = x_2(t) - c_{12}y_1(t)$$

여기서, c_{12}는 다음과 같이 된다.

$$\begin{aligned} c_{12} &= \frac{\int_{-\infty}^{\infty} y_1(t)x_2(t)\,dt}{\int_{-\infty}^{\infty} y_1^2(t)\,dt} \\ &= \frac{\int_0^{\infty} e^{-pt}e^{-2pt}\,dt}{\int_0^{\infty} e^{-2pt}\,dt} \\ &= \frac{2}{3} \end{aligned}$$

그러므로 $y_2(t)$는 다음과 같이 된다.

$$y_2(t) = (e^{-2pt} - \tfrac{2}{3}e^{-pt})u(t) \tag{C.10}$$

유사하게, 나머지 함수들 $y_3(t)$, $\cdots$, $y_N(t)$을 구하기 위하여 이 과정을 반복한다. 독자는 이 신호들이 서로 직교 집합이 된다는 것을 증명할 수 있을 것이다.

부록 D 기본적인 행렬 연산과 특징들

D.1 표기

$n \times 1$ 열(column) 벡터는 n개의 요소를 가지고, 다음과 같다.

$$\boldsymbol{x} = \begin{bmatrix} x_1 \\ x_2 \\ \vdots \\ x_n \end{bmatrix} \tag{D.1a}$$

$\boldsymbol{x}$의 전치(transpose)는 행(row) 벡터이고, 다음과 같다.

$$\boldsymbol{x}^T = \begin{bmatrix} x_1 & x_2 & \cdots & x_n \end{bmatrix} \tag{D.1b}$$

$\boldsymbol{x}$의 공액 전치(conjugate transpose)는 행(row) 벡터이고, 다음과 같다.

$$\boldsymbol{x}^H = (\boldsymbol{x}^*)^T = \begin{bmatrix} x_1^* & x_2^* & \cdots & x_n^* \end{bmatrix} \tag{D.1c}$$

$\boldsymbol{x}^H$는 $\boldsymbol{x}$의 Hermitian이다.

$m \times n$ 행렬은 다음 식과 같이 n개의 열(column) 벡터로 구성된다.

$$\boldsymbol{A} = \begin{bmatrix} \boldsymbol{a}_1 & \boldsymbol{a}_2 & \cdots & \boldsymbol{a}_n \end{bmatrix} \tag{D.2a}$$

$$= \begin{bmatrix} a_{1,1} & a_{1,2} & \cdots & a_{1,n} \\ a_{2,1} & a_{2,2} & \cdots & a_{2,n} \\ \vdots & \vdots & \cdots & \vdots \\ a_{m,1} & a_{m,2} & \cdots & a_{m,n} \end{bmatrix} \tag{D.2b}$$

또한 전치 행렬과 Hermitian을 각각 다음 식과 같이 정의할 수 있다.

$$\boldsymbol{A}^T = \begin{bmatrix} a_{1,1} & a_{2,1} & \cdots & a_{m,1} \\ a_{1,2} & a_{2,2} & \cdots & a_{m,2} \\ \vdots & \vdots & \cdots & \vdots \\ a_{1,n} & a_{2,n} & \cdots & a_{m,n} \end{bmatrix} \qquad \boldsymbol{A}^H = \begin{bmatrix} a_{1,1}^* & a_{2,1}^* & \cdots & a_{m,1}^* \\ a_{1,2}^* & a_{2,2}^* & \cdots & a_{m,2}^* \\ \vdots & \vdots & \cdots & \vdots \\ a_{1,n}^* & a_{2,n}^* & \cdots & a_{m,n}^* \end{bmatrix} \tag{D.2c}$$

- 만약에 $\boldsymbol{A}^T = \boldsymbol{A}$이면, $\boldsymbol{A}$는 대칭(symmetric) 행렬이다.
- 만약에 $\boldsymbol{A}^H = \boldsymbol{A}$이면, $\boldsymbol{A}$는 Hermitian 행렬이다.
- $\boldsymbol{A}$가 실수만을 요소로 가지면, Hermitian이고 대칭이다.

D.2 행렬 곱과 성질

$m \times n$ 행렬 $\boldsymbol{A}$와 다음 식과 같은 $n \times l$ 행렬 $\boldsymbol{B}$를 고려하자.

$$\boldsymbol{B} = \begin{bmatrix} b_{1,1} & b_{1,2} & \cdots & b_{1,\ell} \\ b_{2,1} & b_{2,2} & \cdots & b_{2,\ell} \\ \vdots & \vdots & \cdots & \vdots \\ b_{n,1} & b_{n,2} & \cdots & b_{n,\ell} \end{bmatrix} \tag{D.3}$$

행렬 곱 $\boldsymbol{C} = \boldsymbol{A} \cdot \boldsymbol{B}$는 $m \times l$ 차원을 가지고, 다음과 같다.

$$\boldsymbol{C} = \begin{bmatrix} c_{1,1} & c_{1,2} & \cdots & a_{1,\ell} \\ c_{2,1} & c_{2,2} & \cdots & a_{2,\ell} \\ \vdots & \vdots & \cdots & \vdots \\ c_{m,1} & c_{m,2} & \cdots & a_{m,\ell} \end{bmatrix} \qquad \text{where} \qquad c_{i,j} = \sum_{k=1}^{n} a_{i,k} b_{k,j} \tag{D.4}$$

일반적으로 $\boldsymbol{AB} \neq \boldsymbol{BA}$이다. 실제 곱셈 자체가 정의되지 않을 수 있다. $\boldsymbol{A}$와 $\boldsymbol{B}$의 곱셈이 정의되기 위하여 $\boldsymbol{A}$의 열의 수와 $\boldsymbol{B}$의 행의 수가 같아야 한다.

특히, 행 벡터와 열 벡터의 곱은 다음과 같다.

$$\boldsymbol{y}^H \boldsymbol{x} = \sum_{k=1}^{n} y_k^* x_k \tag{D.5a}$$

$$= < \boldsymbol{x}, \boldsymbol{y} > \tag{D.5b}$$

따라서 $\boldsymbol{x}^H \boldsymbol{x} = ||\boldsymbol{x}||^2$이다.

$\boldsymbol{y}^H \boldsymbol{x} = \boldsymbol{x}^H \boldsymbol{y} = 0$이면, 두 벡터 $\boldsymbol{x}$와 $\boldsymbol{y}$는 직교(orthogonal)이다.

행렬 곱에 관한 일반적인 특징은 다음과 같다.

$$A(B+C) = AB + AC \tag{D.6a}$$

$$A(BC) = (AB)C \tag{D.6b}$$

$$(AB)^* = A^* B^* \tag{D.6c}$$

$$(AB)^T = B^T A^T \tag{D.6d}$$

$$(AB)^H = B^H A^H \tag{D.6e}$$

D.3 항등 행렬과 대각 행렬

$n \times n$ 정사각 행렬에서 대각이 아닌 성분이 0이면, 그 행렬을 대각(diagonal) 행렬이라 한다.

$$D = \text{diag}\,(d_1, d_2, \ldots, d_n) \tag{D.7a}$$

$$= \begin{bmatrix} d_1 & 0 & 0 & \cdots & 0 \\ 0 & d_2 & 0 & \cdots & 0 \\ \vdots & \ddots & \ddots & \ddots & \vdots \\ 0 & \ddots & 0 & d_{n-1} & 0 \\ 0 & 0 & \cdots & 0 & d_n \end{bmatrix} \tag{D.7b}$$

항등 행렬 I_n은 다음 식과 같이 단위 대각 요소를 가진다.

$$I_n = \begin{bmatrix} 1 & 0 & \cdots & 0 \\ 0 & 1 & \cdots & 0 \\ \vdots & \ddots & \ddots & \vdots \\ 0 & 0 & \ddots & 1 \end{bmatrix}_{n \times n} \tag{D.8}$$

$n \times n$ 정사각 행렬 A에 대하여, 다음 식을 만족하는 $n \times n$ 정사각 행렬 B가 존재하면,

$$BA = AB = I_n$$

다음과 같은 식

$$B = A^{-1} \tag{D.9}$$

은 행렬 A의 역(inverse)이다. 예로서 다음과 같은 대각 행렬이 주어졌을 때, 다음과 같다.

$$D = \text{diag}\,(d_1, d_2, \ldots, d_n)$$
$$D^{-1} = \text{diag}\left(\frac{1}{d_1}, \frac{1}{d_2}, \ldots, \frac{1}{d_n}\right)$$

D.4 정사각 행렬의 판별식

$n \times n$ 정사각 행렬의 판별식(determinant)은 다음과 같다.

$$\det(\boldsymbol{A}) = \sum_{i=1}^{n} a_{i,j}(-1)^{i+j}\boldsymbol{M}_{i,j} \tag{D.10}$$

여기서 $\boldsymbol{M}_{ij}$는 $(n-1)\times(n-1)$ 행렬로서 $\boldsymbol{A}$의 i번째 행과 j번째 열을 제거한 minor라 한다. 특히 2×2 행렬에 대하여 다음과 같다.

$$\det\begin{bmatrix} a & b \\ c & d \end{bmatrix} = ad - bc$$

판별식을 바탕으로 하나의 수 α에 대하여 다음과 같다.

$$\det(\alpha\boldsymbol{A}) = \alpha^n \det(\boldsymbol{A}) \tag{D.11a}$$

$$\det\left(\boldsymbol{A}^T\right) = \det(\boldsymbol{A}) \tag{D.11b}$$

항등 행렬에 대하여 다음과 같다.

$$\det(\boldsymbol{I}) = 1 \tag{D.11c}$$

또한 두 개의 정사각 행렬 $\boldsymbol{A}$와 $\boldsymbol{B}$에 대하여 다음과 같다.

$$\det(\boldsymbol{AB}) = \det(\boldsymbol{A})\det(\boldsymbol{B}) \tag{D.11d}$$

따라서 다음과 같다.

$$\det\left(\boldsymbol{AA}^{-1}\right) = \det(\boldsymbol{A})\det\left(\boldsymbol{A}^{-1}\right) = 1 \tag{D.11e}$$

$m\times n$ 행렬 $\boldsymbol{A}$와 $n\times m$ 행렬 $\boldsymbol{B}$에 대하여 다음과 같다.

$$\det(\boldsymbol{I}_m + \boldsymbol{AB}) = \det(\boldsymbol{I}_n + \boldsymbol{BA}) \tag{D.12}$$

D.5 Trace

정사각 행렬 $\boldsymbol{A}$의 trace는 다음 식과 같이 대각 성분들의 합이다.

$$\mathrm{Tr}(\boldsymbol{A}) = \sum_{i=1}^{n} a_{i,i} \tag{D.13}$$

$m \times n$ 행렬 $\boldsymbol{A}$와 $n \times m$ 행렬 $\boldsymbol{B}$에 대하여 다음과 같다.

$$\mathrm{Tr}(\boldsymbol{AB}) = \mathrm{Tr}(\boldsymbol{BA}) \tag{D.14}$$

D.6 고유분해(Eigendecomposition)

$n \times n$ 정사각 행렬 $\boldsymbol{A}$가 Hermitian이면,

$$\boldsymbol{Au} = \lambda \boldsymbol{u} \tag{D.15}$$

는 고유치(eigenvalue) λ와 고유벡터(eigenvector) $\boldsymbol{u}$를 나타낸다.

$\boldsymbol{A}$가 Hermitian이면 고유치는 실수이다. 또한 $\boldsymbol{A}$는 다음 식과 같이 분해된다.

$$\boldsymbol{A} = \boldsymbol{U} \Lambda \boldsymbol{U}^H \tag{D.16}$$

여기서, 다음과 같다.

$$\boldsymbol{U} = [\boldsymbol{u}_1 \ \boldsymbol{u}_2 \ \cdots \ \boldsymbol{u}_n] \tag{D.17}$$

또한, 다음 식과 같은 직교 벡터를 구성한다.

$$\boldsymbol{U}\boldsymbol{U}^H = \boldsymbol{I}_n \tag{D.18}$$

이러한 성질을 만족하는 행렬을 unitary라 한다.

또한, 대각 행렬

$$\Lambda = \mathrm{diag}(\lambda_1 \ \lambda_2 \ \cdots \ \lambda_n) \tag{D.19}$$

는 $\boldsymbol{A}$의 고유치들을 구성한다.

다음 식과 같은 조건

$$\boldsymbol{U}^H \boldsymbol{U} = \boldsymbol{U}\boldsymbol{U}^H = \boldsymbol{I}_n \tag{D.20}$$

을 만족하기 때문에 다음과 같다.

$$\boldsymbol{U}^H \boldsymbol{A} \boldsymbol{U} = \Lambda \tag{D.21}$$

$\boldsymbol{A}$의 고유치는 아주 유용한 성질을 가지고 있다. 특히 다음과 같다.

$$\det(\boldsymbol{A}) = \prod_{i=1}^{n} \lambda_i \tag{D.22a}$$

$$\text{Trace}(\boldsymbol{A}) = \sum_{i=1}^{n} \lambda_i \tag{D.22b}$$

D.7 특별한 Hermitian 정사각 행렬

$n \times n$ 행렬 $\boldsymbol{A}$를 Hermitian이라 하자. 임의의 영이 아닌 $n \times 1$벡터 $\boldsymbol{x}$에 대하여 다음 식을 만족하면, $\boldsymbol{A}$는 positive definite이라 한다.

$$\boldsymbol{x}^H \boldsymbol{A} \boldsymbol{x} > 0 \tag{D.23}$$

임의의 영이 아닌 $n \times 1$벡터 $\boldsymbol{x}$에 대하여 다음 식을 만족하면, $\boldsymbol{A}$는 semipositive definite이라 한다.

$$\boldsymbol{x}^H \boldsymbol{A} \boldsymbol{x} \geq 0 \tag{D.24}$$

임의의 영이 아닌 $n \times 1$벡터 $\boldsymbol{x}$에 대하여 다음 식을 만족하면, $\boldsymbol{A}$는 negative definite이라 한다.

$$\boldsymbol{x}^H \boldsymbol{A} \boldsymbol{x} < 0 \tag{D.25}$$

모든 고유치(eigenvalue)가 양이면, $\boldsymbol{A}$는 positive definite이라 한다.

부록 E 유용한 수학 공식들

E.1 L'Hôpital의 정리

$\lim f(x)/g(x)$가 0/0이나 ∞/∞의 형태로 결과 값을 결정할 수 없을 경우에는 다음과 같이 계산한다.

$$\lim \frac{f(x)}{g(x)} = \lim \frac{\dot{f}(x)}{\dot{g}(x)} \tag{E.1}$$

E.2 Taylor 급수와 Maclaurin 급수

$$f(x) = f(a) + \frac{(x-a)}{1!}\dot{f}(a) + \frac{(x-a)^2}{2!}\ddot{f}(a) + \cdots$$

$$f(x) = f(0) + \frac{x}{1!}\dot{f}(0) + \frac{x^2}{2!}\ddot{f}(0) + \cdots$$

E.3 멱 급수

$$e^x = 1 + x + \frac{x^2}{2!} + \frac{x^3}{3!} + \cdots + \frac{x^n}{n!} + \cdots$$

$$\sin x = x - \frac{x^3}{3!} + \frac{x^5}{5!} - \frac{x^7}{7!} + \cdots$$

$$\cos x = 1 - \frac{x^2}{2!} + \frac{x^4}{4!} - \frac{x^6}{6!} + \frac{x^8}{8!} - \cdots$$

$$\tan x = x + \frac{x^3}{3} + \frac{2x^5}{15} + \frac{17x^7}{315} + \cdots \qquad x^2 < \frac{\pi^2}{4}$$

$$Q(x) = \frac{e^{-x^2/2}}{x\sqrt{2\pi}}\left(1 - \frac{1}{x^2} + \frac{1\cdot 3}{x^4} - \frac{1\cdot 3\cdot 5}{x^6} + \cdots\right)$$

$$(1+x)^n = 1 + nx + \frac{n(n-1)}{2!}x^2 + \frac{n(n-1)(n-2)}{3!}x^3 + \cdots + \binom{n}{k}x^k + \cdots + x^n$$

$$\approx 1 + nx \qquad |x| \ll 1$$

$$\frac{1}{1-x} = 1 + x + x^2 + x^3 + \cdots \qquad |x| < 1$$

E.4 합 공식

$$\sum_{m=0}^{k} r^m = \frac{r^{k+1}-1}{r-1} \qquad r \neq 1$$

$$\sum_{m=M}^{N} r^m = \frac{r^{N+1}-r^M}{r-1} \qquad r \neq 1$$

$$\sum_{m=0}^{k} \left(\frac{a}{b}\right)^m = \frac{a^{k+1}-b^{k+1}}{b^k(a-b)} \qquad a \neq b$$

E.5 복소수

$$e^{\pm j\pi/2} = \pm j$$

$$e^{\pm jn\pi} = \begin{cases} 1 & n \text{ even} \\ -1 & n \text{ odd} \end{cases}$$

$$e^{\pm j\theta} = \cos\theta \pm j\sin\theta$$

$$a + jb = re^{j\theta} \qquad r = \sqrt{a^2+b^2}, \quad \theta = \tan^{-1}\left(\frac{b}{a}\right)$$

$$(re^{j\theta})^k = r^k e^{jk\theta}$$

$$(r_1 e^{j\theta_1})(r_2 e^{j\theta_2}) = r_1 r_2 e^{j(\theta_1+\theta_2)}$$

E.6 삼각 항등식

$$e^{\pm jx} = \cos x \pm j \sin x$$

$$\cos x = \frac{1}{2}(e^{jx} + e^{-jx})$$

$$\sin x = \frac{1}{2j}(e^{jx} - e^{-jx})$$

$$\cos\left(x \pm \frac{\pi}{2}\right) = \mp \sin x$$

$$\sin\left(x \pm \frac{\pi}{2}\right) = \pm \cos x$$

$$2 \sin x \cos x = \sin 2x$$

$$\sin^2 x + \cos^2 x = 1$$

$$\cos^2 x - \sin^2 x = \cos 2x$$

$$\cos^2 x = \frac{1}{2}(1 + \cos 2x)$$

$$\sin^2 x = \frac{1}{2}(1 - \cos 2x)$$

$$\cos^3 x = \frac{1}{4}(3 \cos x + \cos 3x)$$

$$\sin^3 x = \frac{1}{4}(3 \sin x - \sin 3x)$$

$$\sin (x \pm y) = \sin x \cos y \pm \cos x \sin y$$

$$\cos (x \pm y) = \cos x \cos y \mp \sin x \sin y$$

$$\tan(x \pm y) = \frac{\tan x \pm \tan y}{1 \mp \tan x \tan y}$$

$$\sin x \sin y = \frac{1}{2}[\cos (x - y) - \cos (x + y)]$$

$$\cos x \cos y = \frac{1}{2}[\cos (x - y) + \cos (x + y)]$$

$$\sin x \cos y = \frac{1}{2}[\sin (x - y) + \sin (x + y)]$$

$$a \cos x + b \sin x = C \cos (x + \theta)$$

in which $C = \sqrt{a^2 + b^2}$ and $\theta = \tan^{-1}\left(\frac{-b}{a}\right)$

E.7 적분 공식

$$\int u\,dv = uv - \int v\,du$$

$$\int f(x)\dot{g}(x)\,dx = f(x)g(x) - \int \dot{f}(x)g(x)\,dx$$

$$\int \sin ax\,dx = -\frac{1}{a}\cos ax \qquad \int \cos ax\,dx = \frac{1}{a}\sin ax$$

$$\int \sin^2 ax\,dx = \frac{x}{2} - \frac{\sin 2ax}{4a} \qquad \int \cos^2 ax\,dx = \frac{x}{2} + \frac{\sin 2ax}{4a}$$

$$\int x\sin ax\,dx = \frac{1}{a^2}(\sin ax - ax\cos ax)$$

$$\int x\cos ax\,dx = \frac{1}{a^2}(\cos ax + ax\sin ax)$$

$$\int x^2\sin ax\,dx = \frac{1}{a^3}(2ax\sin ax + 2\cos ax - a^2x^2\cos ax)$$

$$\int x^2\cos ax\,dx = \frac{1}{a^3}(2ax\cos ax - 2\sin ax + a^2x^2\sin ax)$$

$$\int \sin ax\sin bx\,dx = \frac{\sin(a-b)x}{2(a-b)} - \frac{\sin(a+b)x}{2(a+b)} \qquad a^2 \neq b^2$$

$$\int \sin ax\cos bx\,dx = -\left[\frac{\cos(a-b)x}{2(a-b)} + \frac{\cos(a+b)x}{2(a+b)}\right] \qquad a^2 \neq b^2$$

$$\int \cos ax\cos bx\,dx = \frac{\sin(a-b)x}{2(a-b)} + \frac{\sin(a+b)x}{2(a+b)} \qquad a^2 \neq b^2$$

$$\int e^{ax}\,dx = \frac{1}{a}e^{ax}$$

$$\int xe^{ax}\,dx = \frac{e^{ax}}{a^2}(ax-1)$$

$$\int x^2e^{ax}\,dx = \frac{e^{ax}}{a^3}(a^2x^2 - 2ax + 2)$$

$$\int e^{ax}\sin bx\,dx = \frac{e^{ax}}{a^2+b^2}(a\sin bx - b\cos bx)$$

$$\int e^{ax}\cos bx\,dx = \frac{e^{ax}}{a^2+b^2}(a\cos bx + b\sin bx)$$

$$\int \frac{1}{x^2+a^2}\,dx = \frac{1}{a}\tan^{-1}\frac{x}{a}$$

$$\int \frac{x}{x^2+a^2}\,dx = \frac{1}{2}\ln(x^2+a^2)$$

INDEX

››› ㅅ

≫ ㅇ

정가45,000원

통신시스템공학

2012년 2월 25일 초판 인쇄
2012년 2월 29일 초판 발행

저 자 : B. P. Lathi · Zhi Ding
역 자 : 변윤식 · 김장복 · 김 남 · 이재진 · 최수용
발행자 : 우명찬 · 송 준
발행처 : 홍릉과학출판사
주 소 : ㊄142-885 서울시 강북구 인수동 455-60
등 록 : 1976년 10월 21일 제5-66호
전 화 : 999-2274~5, 903-7037
팩 스 : 905-6729
ISBN : 978-89-97570-04-1

hongpub@hongpub.co.kr
www.hongpub.co.kr

역자와의 협의하에 인지생략